U0942530

采矿工程师手册

（下）

于润沧　主编

北京
冶金工业出版社
2009

内容提要

本书分为上、下两册，共计18章，是一部全面介绍现代金属矿山开采工艺技术的工具书，它以矿山开采流程为线索，阐述了矿山开采的法律法规，矿产资源储量评价，相关的水文地质和矿山岩石力学应用，露天矿的开拓运输和开采工艺设计及优化，地下矿的开拓和提升运输，空场、充填和崩落三大类采矿方法及多种变形方案，同时专篇论述了深海采矿的崛起与发展，以深井开采、溶浸采矿和数字化矿山等为代表的现代采矿工艺技术，突出了矿山安全、环保和清洁生产等人本要求，强调了资源及项目的经济性和评价方法，并从国际矿业的视角汇集近年矿业并购的概况、合同采矿的管理等。全书贯穿了资源－经济－环境协调可持续发展的理念、企业的社会责任，并力求向读者简要展示全球矿业的前沿科学技术和管理，以及未来的发展趋势。

本书可供从事矿产资源开发的科技人员、管理人员，高等院校相关专业师生查阅，也可供政府部门在制定相关规划和政策时参考。

图书在版编目（CIP）数据

采矿工程师手册（下册）／于润沧主编．—北京：冶金工业出版社，2009．3

ISBN 978-7-5024-4845-5

Ⅰ．采…　Ⅱ．于…　Ⅲ．矿山开采—手册　Ⅳ．TD8－62

中国版本图书馆 CIP 数据核字（2009）第 024926 号

出 版 人　曹胜利
地　　址　北京北河沿大街嵩祝院北巷39号，邮编100009
电　　话　（010）64027926　电子信箱　postmaster@cnmip.com.cn
责任编辑　程志宏　刘　源　美术设计　李　心　版式设计　张　青
责任校对　王贺兰　责任印制　牛晓波
ISBN 978-7-5024-4845-5
北京盛通印刷股份有限公司印刷；冶金工业出版社发行；各地新华书店经销
2009年3月第1版，2009年3月第1次印刷
787mm×1092mm　1/16；42.5印张；1138千字；667页；1－3000册
199.00元

冶金工业出版社发行部　电话：（010）64044283　传真：（010）64027893
冶金书店　地址：北京东四西大街46号（100711）　电话：（010）65289081
（本书如有印装质量问题，本社发行部负责退换）

《采矿工程师手册》编撰人员

主　编　于润沧

（以下按姓氏笔画排序）

副主编　刘育明　唐　建　郭　然　彭怀生　熊小放

撰稿人　于长顺　教授级高级工程师

于润沧　中国工程院院士、教授级高级工程师

王树勋　教授级高级工程师

史本琳　高级工程师

刘育明　教授级高级工程师

安建英　教授级高级工程师

朱瑞军　高级工程师

张　敬　高级工程师

李云武　教授级高级工程师

束国才　教授级高级工程师

施士虎　高级工程师

唐　建　教授级高级工程师

徐京苑　教授级高级工程师

郭旭东　高级工程师

郭　然　教授级高级工程师

高明权　高级工程师

彭怀生　教授级高级工程师

谢志勤　教授级高级工程师

熊小放　教授级高级工程师

特邀撰稿人

王明和	教授级高级工程师
庄世勇	高级工程师
严铁雄	教授级高级工程师
李开文	教授级高级工程师
李占民	教授级高级工程师
李裕伟	研究员
肖卫国	高级工程师
邹来昌	高级工程师
陈业立	高级工程师
宫永军	教授级高级工程师
胡汉华	教授
唐绍辉	教授级高级工程师
曾鹏毅	工程师
童阳春	教授级高级工程师
魏顺仪	教授级高级工程师

前　言

曾几何时，有人将矿业比喻为夕阳工业，诸多高等学府的采矿系鉴于生源日趋紧缺而纷纷“更名换姓”。然而，矿业是人类步入文明社会的奠基石，是国民经济发展乃至高新技术产业的重要物质基础。在实现工业化、建设小康社会的进程中，无论从保障原材料可持续供应的角度，还是从节能减排的角度，矿业的地位都更加突出。进入21世纪以来，中国、印度等若干发展中国家的工业化高潮，极大地刺激了金属市场需求和矿业投资的猛增，国际间跨国矿业集团的兼并、重组浪潮风起云涌，一时间，矿业界呈现出一派欣欣向荣的景象。近十多年来，尽管矿石品位趋于降低、开采难度不断增加、环保要求日益严格，但在计算机技术、信息技术、现代化大型设备、岩石力学研究成果和经济全球化等的推动下，采矿技术获得了突飞猛进的发展，出现了日出矿13.7万t的地下矿山，采深达1000 m的露天矿山和采深达4500 m的深井开采矿山，年产阴极铜30万t的溶浸采矿矿山，数百千米的长距离矿浆管道输送工程，催生了生态矿业工程（如无废开采矿山）和远程遥控、自动化采矿的采区（最大单日生产能力达到2.8万t），采矿办公室化（在地表办公室遥控井下采矿作业）的理想已进入实现的婴幼期。在这些堪称“世界之最”的工程里，积淀了大量有代表性的采矿工程师的创造性成果，同时也赋予采矿工程师更崇高的历史使命：进一步推动矿业的加速发展。这种形势必将对高校采矿学科的教学和发展产生重要影响，同时也要求采矿工程师不但应具备广博的知识和高超的技术水平，而且还必须具有国际视野，以适应经济全球化和我国在平等互利前提下实施全球矿产资源战略的要求，这些正是编写这部手册的历史背景。

本书以有限的篇幅为采矿工程师，特别是年轻的采矿工程师提供了在自己的实际工作中拓宽知识，更新思维，促进创新的参考资料，为此在书中既介绍了目前实用的专业技术知识，也介绍了采矿科技前沿的发展成果。基于技术的进步，书中有些提法可能会有别于过去的设计规范和手册，供读者参考。本书分为上、下两册，共计18章，涵盖国家现行有关矿业的法律、法规，矿产资源，矿山岩石力学，露天开采，地下开采的矿床开拓、空场采矿法、充填采矿法、崩落采矿法，深井开采的特殊技术，溶浸采矿，矿山清洁生产及生态与环境保护，矿山安全，矿山项目评价，数字化矿山，深海采矿，矿业企业并购及合同（承包）采矿以及若干常用的相关参考资料。如果本书能促使采矿工程师更加热爱采矿专业，能更加激发起其敬业的精神，手册的编撰者便感到非常欣慰了。

本书由中国工程院院士于润沧担任主编，中国有色工程设计研究总院的著名教授级高级工程师彭怀生、郭然、熊小放、刘育明、唐建担任副主编,30多位专家、学者参加了本书的编写,参加撰稿的人员有:第1章,熊小放、史本琳;第2章,熊小放、徐京苑、郭旭东;第3章,郭然、唐绍辉;第4章,唐建、王树勋、于长顺、宫永军、庄世勇、曾鹏毅、陈业立、魏顺仪;第5章,刘育明、安建英;第6章,施士虎、张敬;第7章,郭然、于润沧;第8章,于润沧、童阳春;第9章,李云武、朱瑞军、肖卫国;第10章,刘育明、高明权;第11章,郭然、胡汉华;第12章,于润沧、李开文、邹来昌;第13章,彭怀生、高明权、朱瑞军;第14章,彭怀生、束国才、朱瑞军;第15章,谢志勤;第16章,于润沧;第17章,王明和、李裕伟、严铁雄;第18章,唐建、李占民。本书由于润沧、唐建统稿及终审定稿。由于水平所限,书中不妥之处望同行不吝赐教。

本书在编撰过程中参阅了大量的国内外文献资料,在此谨向有关文献作者表示衷心的感谢。阚世喆、高士田、顾秀华、本杰明、朱维根、宋连臣、刘国栋、夏长念等同行也为本书提供了珍贵的资料,在此一并向他们致以谢忱。

编 者
2008年5月

总 目 录

（上 册）

9 充填采矿法

9.1 概　　述

充填采矿法是一种比较古老的采矿方法。充填是指用适当的材料，如废石、碎石、河沙、炉渣或尾砂等，把地下采矿形成的空间进行回填的作业过程。充填的作用除用来防止由采矿引起的岩层大幅度移动、地表沉陷外，在充分回收矿产资源特别是高价和高品位矿石、保护生态和环境以及矿业可持续发展方面日益显示出其重要的作用，对深井开采和极复杂矿床开采也具有重要意义。因此，充填法的比重呈不断增长趋势。

在 20 世纪 30 年代之前，充填采矿法还只是采用干式充填。1933 年加拿大诺兰达公司的 Horne 矿利用粒状炉渣和脱泥尾矿再加入磁黄铁矿混合形成充填材料，磁黄铁矿的氧化作用把尾砂和炉渣胶结在一起，可以在其中掘进巷道而无须支护，这一尝试揭开了胶结充填的序幕。加拿大柯明柯公司 Sullivan 矿利用地表砾石、掘进废石、重介质尾矿和硫化物尾矿组成胶结充填料成为另一种尝试。前苏联库茨巴斯煤田利用低标号混凝土充填以提高回采率和窒息内因火灾，是又一种尝试。但是这些尝试由于在使用过程中遇到了种种问题，都未能推广应用。直到 1957 年，分级尾砂加硅酸盐水泥的胶结充填在加拿大鹰桥公司哈迪矿应用成功，才使胶结充填技术达到了生产实用阶段。在此之后，充填采矿法获得了非常迅速的发展。

胶结充填技术对金属矿山地下开采产生了巨大的影响，使不少复杂的技术难题从此找到了解决的途径。过去极厚大矿体的矿柱回采，一般都用大量崩落法，损失率、贫化率皆在 40% 以上。采用胶结充填技术，可以使贫化率和损失率降低到 5% ~7% 以内，从而最大限度地回收高价和高品位矿石，同时显著提高出矿品位，带来显著的经济效益。采用胶结充填技术，可以大幅度地降低岩层的移动，使水体下、建筑物下采矿和优先开采深部或下盘富矿得以实现，做到“采富保贫”。采用胶结充填技术，可以在一定程度上控制地压，对深井开采缓减岩爆威胁具有重要意义。此外，胶结充填技术与大型无轨设备相结合，使古老的充填采矿法面貌焕然一新，开始进入高效率采矿方法的行列。某些采用分层充填法的先进矿山，劳动生产率已达到 50 t/工班，盘区生产能力达到 800 ~1000 t/d。

纵观胶结充填技术在充填法中应用的历史，基本上是沿着经济因素、料浆参数因素和环境因素这三条主线发展的。从经济因素看，胶结充填技术虽然能给矿山带来诸多利益，但也存在不少问题，主要是投资增加，生产环节复杂，生产成本提高，在充填料浆浓度低的情况下，井下环境污染严重。因此，只有当胶结充填带来的经济效益足以平衡这些问题造成的影响时，才有可能得到推广应用。所以，降低成本便成为充填技术发展的永恒主题。

至于料浆参数因素，料浆浓度对于胶结充填具有头等重要的意义，高浓度不仅是提高充填体强度的有效途径，而且也是降低水泥单耗，节约充填费用的最佳措施，一举两得。遗憾的是当胶结充填技术应用了十多年后，人们才开始认识到这一点。所谓高浓度有特定的物理含义，即随着料浆浓度的提高，其流变特性逐渐发生变化，从图 9 -1 $i-v$ 关系曲线可知，当浓度低于某一临界值时，曲线为上凹曲线；当浓度达到此临界值时，$i-v$ 关系基本呈线性关系；如继续提高料浆浓度，

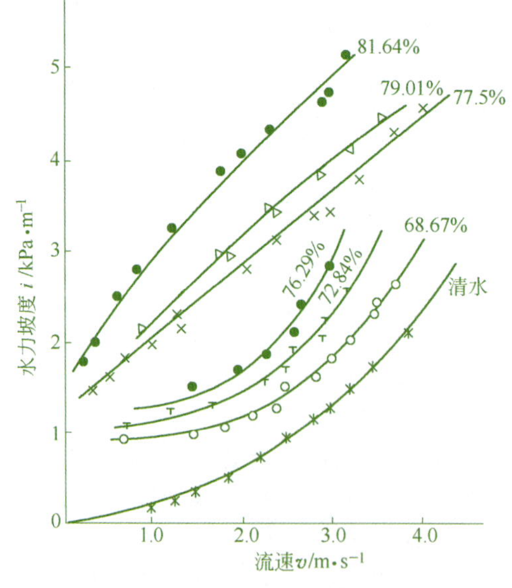

图 9 -1　水平直管 $i-v$ 曲线

$i-v$ 曲线成为下凹曲线。此临界值称为临界流态浓度，高于临界流态值的浓度才能称为高浓度。此时，料浆流态特性已发生变化，呈似均质状态，基本不产生离析，可在很低的流速下正常输送，但摩擦阻力增长很快。不同物料具有不同的临界流态浓度，须通过试验确定。从低浓度的分级尾砂水力充填到高浓度充填，是胶结充填技术发展的第一次飞跃。充填料在采场内不脱水，是充填法一种更高的技术追求，标志着胶结充填技术发展的第二次飞跃。膏体充填和高水速凝充填都可以实现充填过程不脱水，膏体充填在国外已进入快速发展阶段，在国内也开始应用于生产；高水速凝充填由于成本和充填体后期强度问题尚处于试验阶段。

由于环保要求日益严格，矿山产出的大量废石和尾矿除综合利用外，如能最大限度地用于充填，对减少占地、减少对生态和环境的影响、构建生态采矿工程具有重要意义，这就是环境因素。膏体充填可以采用全尾砂，与利用分级尾砂的水力充填比较，不仅有利于剩余尾砂的堆坝，而且膏体充填技术还催生了尾砂的干式、半干式储存以及和废石一起处理，这种技术正在逐步得到广泛应用。

在实际生产中，胶结充填和非胶结充填总是根据具体情况配合使用。在两步骤回采方案中，第二步回采除底部结构外，充填只是起支撑岩层的作用，则不需要添加胶凝剂，只有当采用膏体充填时，需要添加少量水泥以防止液化。开采低品位矿床时，可以通过经济比较，确定是否采用保留少量永久矿柱采用非胶结充填。对于某些矿床，倾斜进路非胶结充填连续回采也是可供选择的方案。

非胶结充填的充填料主要是利用分级尾砂，分级界限为 20 ~ 37 μm，多数采用后者，达到至少 10 cm/h 的渗透率，也有少数实例采用河沙、风沙、棒磨砂作为充填料，加水泥后便成为胶结充填料。非胶结充填料的输送为遵循两相流理论的水力输送，输送流速必须大于临界流速。

中国充填工艺技术的发展，经历了废石干式充填、碎石混凝土胶结充填、分级尾砂水力充填和胶结充填、高浓度棒磨砂或分级尾砂胶结充填、全尾砂膏体胶结充填（包括各种固化剂代替水泥做胶凝剂）的发展过程。

在 20 世纪 50 年代初期，废石干式充填采矿法曾经是中国主要的采矿方法之一，1955 年在有色金属矿床地下开采中占 38.2%，在黑色金属矿床地下开采中达到了 54.8%。但随着回采技术的发展，废石干式充填因其效率低、生产能力小和劳动强度大，已满足不了生产要求。因而，自 1956 年开始，国内干式充填法所占比重逐年下降，到 1963 年在有色矿山担负的产量仅占 0.7%，处于被淘汰的地位。

1960 年湘潭锰矿开始采用碎石水力充填，防止矿坑内因火灾；凡口铅锌矿从 1964 年开始采用压汽缸风力输送混凝土，充填体水泥单耗为 240 kg/m^3；金川龙首镍矿亦于 1965 年开始应用戈壁集料作为充填集料的胶结充填工艺，并采用电耙接力输送，其充填体水泥单耗量为 200 kg/m^3。这种粗骨料胶结充填工艺输送复杂，充填能力不高，因而一直未获得大规模推广使用。在 20 世纪 70 ~ 80 年代，几乎完全被细砂胶结充填取代。

1965 年，锡矿山南矿为了控制大面积地压活动，首次采用了尾砂水力充填工艺充填采空区。1973 年焦家金矿开始采用立式砂仓分级尾砂胶结充填料浆水力输送工艺的上向分层充填法，随后铜绿山铜矿、招远金矿、新城金矿和凡口铅锌矿等矿山也都应用了类似的充填工艺，到 20 世纪 80 年代以后已有数十座矿山广泛推广采用了立式砂仓分级尾砂胶结充填工艺技术。

1975 年，金川镍矿与北京有色冶金设计研究总院、长沙矿山研究院合作开发了戈壁集料棒磨砂高浓度胶结充填技术，使我国在高浓度充填方面居于国际前列。后来安庆铜矿等矿山在此基础上又发展了高浓度分级尾砂胶结充填。

20 世纪 90 年代初，金川镍矿、凡口铅锌矿、招远金矿等矿山开始了全尾砂充填的试验研究工作。1991 年，金川镍矿率先引进了全尾砂膏体充填技术，进行了膏体充填的工业试验，并建成了相应的充填系统。1992 年在铜绿山铜铁矿建成了我国第二套膏体充填系统。2006 年云南会泽铅锌矿利用引进的深锥浓密机制备膏体充填料的系统建成投产。在此期间，几种取代水泥做胶凝材料的固化剂专利技术研究成功，并在大红山铜矿等生产中得到应用。

9.2 充填采矿法适用条件及分类

9.2.1 充填采矿法适用范围

充填采矿法适用的范围包括：

(1) 矿石和围岩破碎、稳固性较差、品位较高的富矿体；

(2) 稀有、贵重金属矿床；

(3) 矿体形态变化较大，很不规则，分枝复合现象严重，含夹石多的矿床；

(4) 地表有建筑物、铁路、公路、水体、农田、果园、村庄等需要保护，不允许陷落；

(5) 露天地下联合开采，露天开采需要安全保证；

(6) 有发热、自燃、火灾、放射性等危害的矿床；

(7) 地压较大、赋存深度较深的矿体；

(8) 矿体垂深很大，需在垂直方向上分数个区段同时开采的矿床；

(9) 因某种原因，需从下而上回采的矿床。

总的来说，充填采矿法的适应条件很广，但它的种类很多，选择哪种充填法取决于矿体的稳固性和矿体产状。

9.2.2 充填采矿法分类

充填采矿法分类一般根据矿岩稳固性、矿体几何形态及空间赋存特点，按照采场构成要素、采场布置形式、回采作业顺序、采矿工艺等特点进行划分。主要可分为分层充填法、进路充填法、壁式充填法、削壁充填法、分段充填法、嗣后充填法。充填采矿法的分类及适用条件如表 9－1 所示。

表 9－1　充填采矿法分类及适用条件表

充填采矿法分类		矿岩稳固性	赋存条件
分层充填法	上向分层充填法	矿体稳固，围岩不稳固	倾斜、急倾斜，中厚、厚矿体
	上向分层点柱充填法	矿体中等稳固，围岩不稳固	倾斜、急倾斜，中厚、厚矿体
进路充填法	上向进路充填法	矿体不稳固到中等稳固，围岩不稳固、稳固	倾斜、急倾斜，薄到极厚矿体
	下向进路充填法	矿体极不稳固，围岩不稳固到稳固	倾斜、急倾斜，薄到极厚矿体

续表 9－1

充填采矿法分类		矿岩稳固性	赋 存 条 件
壁式充填法		矿体极不稳固到不稳固，围岩不稳固到稳固	缓倾斜、薄矿体
削壁充填法		矿体不稳固到稳固，围岩不稳固到稳固	缓倾斜到急倾斜，极薄矿体
分段充填法		矿体不稳固到中等稳固，围岩不稳固到稳固	倾斜、急倾斜，中厚、厚矿体
嗣后充填法	分段空场嗣后充填法	矿体中等稳固、稳固，围岩中等稳固、稳固	倾斜、急倾斜，中厚到极厚矿体
	VCR 法	矿体稳固，围岩稳固	急倾斜，中厚到极厚矿体
	大直径深孔空场嗣后充填法	矿体稳固，围岩稳固	急倾斜，中厚到极厚矿体

充填采矿法各方案和矿岩稳定性的关系如图 9－2 所示。

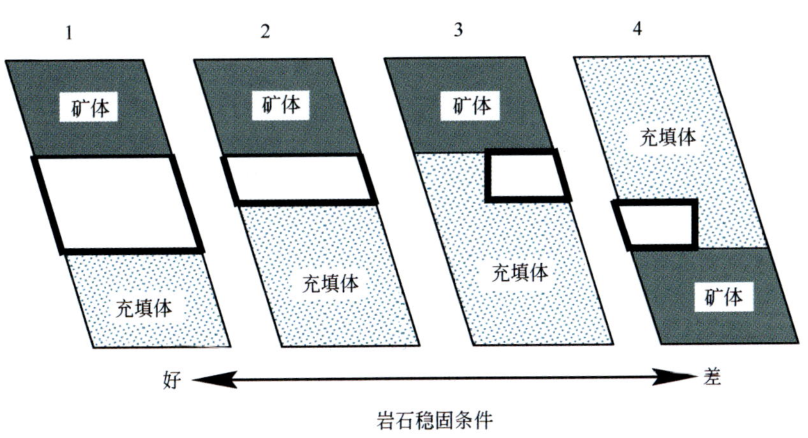

图 9－2　充填采矿法各方案和矿岩稳定性关系图

1—分段或阶段空场嗣后充填法、分段充填法；2—上向分层充填法；
3—上向分层进路式充填法；4—下向分层进路式胶结充填法

9.2.3　不同充填采矿法对充填体强度的要求

采用充填采矿法开采，对充填体强度的要求取决于矿体的赋存条件、岩石物理力学性质和采矿工艺特点，与采场布置形式、回采顺序、暴露面积、暴露时间等有密切的关系。不同充填采矿法的充填体在回采过程中所起的作用不同，对其强度要求自然也不一样。总结国内矿山充填采矿法的实际指标和国外充填采矿法矿山的经验，不同充填采矿法对充填体强度的要求可参考表 9－2，国外部分矿山充填体强度见表 9－3。

表 9－2 不同充填采矿法充填体强度选取表

充填采矿法	充填体作用	充填体强度/MPa
沿走向上向分层充填法，点柱充填法	(1) 保证自行设备正常行走； (2) 采场底部强度要求较高，为人工底柱或人工顶板	充填体表层(垫层)：1～2； 其他：0～0.5； 人工底柱：4～5
上向进路充填法	(1) 自行设备能正常行走； (2) 相邻进路回采时充填体不垮落； (3) 第 1～2 分层强度要高	充填体表层：1～2； 其他：0.5～1； 第 1、2 分层：4～5
下向进路充填法	(1) 保证在人工假顶下作业安全； (2) 相邻进路回采时充填体不垮落	假顶：4～5； 其他：1～2
壁式充填法	相邻进路回采时充填体不垮落	0～0.6
分段充填法	(1) 保证充填体有较大的自然安息角； (2) 个别作假巷时不垮落	0～1 或 2～4
间柱需用阶段充填法回采的充填体	(1) 充填体允许暴露面积大于 1500～2000 m^2； (2) 充填体在回采结束之前能自立	一般：1～2； 高阶段：1～4

表 9－3 国外部分矿山充填体强度

矿 山 名 称	采 矿 方 法	水泥含量或灰砂比	充填体平均强度/MPa
Mount Isa 矿 1100 号矿体(澳大利亚)	分段与阶段空场嗣后充填	含水泥 6%～8%	2.3(块石胶结)； 1.1(水砂胶结)
Kidd Creek (加拿大)	分段空场嗣后充填	含水泥 6%，岩石充填	1
Kristinberg A 矿体 (厚度 <5 m)(瑞典)	上向分层充填	1:20 分级尾砂胶结充填 最后 1 m 为 1:10～1:12	
Garpenberg (瑞典)	下向进路充填	进路最下部留 0.3 m 矿石 然后 1.8 m 为 1:4 分级尾砂胶结 再上 2.4 m 为 1:10 分级尾砂胶结	3
Broken Hill(澳大利亚)	下向充填法假顶厚 1 m； 上向分层充填电耙运矿垫层	1:10 分级尾砂胶结充填	
Strathcona (加拿大)	矿房：点柱充填法； 间柱：VCR 法	1:30 分级尾砂胶结充填	0.35～0.4
Levack West(加拿大)	矿房：上向水平分层充填； 间柱：VCR 法	1:30 分级尾砂胶结充填	
	分段充填法	水泥添加量 60～83 kg/m^3	2～3
	矿房：分段充填法； 间柱：空场嗣后充填或分段充填法	含水泥 5% 的尾砂胶结充填	1～4

表9-2、表9-3基本摘自《采矿设计手册》，对个别数据根据实际考察作了修正，对比两表可以看出，国内对胶结充填体强度的要求往往高于国外，提请读者注意。胶结充填体强度，重点是灰砂比，取决于保护对象、矿岩条件、料浆浓度控制、充填系统管理水平等因素，有时添加了很多水泥，但并没有起到提高充填体强度的作用。

9.2.4 不同充填法的主要指标

《有色金属采矿设计规范》（YSJ 021—92）中给出的充填采矿法采场构成要素见表9-4，充填采矿法的贫化率和损失率见表9-5，国内外部分充填法矿山技术经济指标见表9-6。

表9-4 充填采矿法采场构成要素 （m）

方法名称	矿房长度	阶段高度	顶柱高度	底柱高度	间柱宽度	备注
上向水平分层充填法	30~60 100~200	30~60 60~150	3~5	3~5	6~12	矿体厚度大于10~15 m时，垂直走向布置矿房； 阶段高度较大的用于全盘区机械化； 矿房长度较大的用于厚度小于10~15 m的矿体
下向分层充填法	50~65 50~100	30~60	—	—	—	矿体厚度大于20~25 m时，垂直走向布置矿房； 矿房长度较小的为电耙运矿，较大的为铲运机运矿
削壁充填法	50~60	25~50	2~3	2~3	—	顶、底柱或可不留
大直径深孔落矿嗣后充填法	15~50	40~60 80~100	—	7~10	—	阶段高度较大的用于全盘区机械化

表9-5 充填采矿法的贫化率和损失率 （%）

方法名称	贫化率				损失率			
	矿体厚度							
	<0.8 m	0.8~5 m	5~15 m	15~50 m	<0.8 m	0.8~5 m	5~15 m	15~50 m
上向分层充填法	—	9~15	6~12	5~10	—	5~12	4~10	3~8
下向充填法	—	—	5~8	4~7	—	—	3~10	3~7
削壁充填法	5~20	—	—	—	3~10	—	—	—
大直径深孔落矿嗣后充填法	—	—	—	8~15	—	—	—	5~10

注：表中数值包含一部分矿柱回采数据在内。

表 9-6　国内外部分充填法矿山技术经济指标

序号	矿山名称	矿山生产能力/t·d^{-1}	采矿方法	中段高度/m	采场长度/m	采场宽度/m	分段高度/m	分层高度/m	进路宽度/m	盘区或矿块生产能力/t·d^{-1}	凿岩设备	凿岩设备台班效率/t	出矿设备	出矿设备台班效率/t	矿石损失率/%	矿石贫化率/%
1	金川二矿区	9000～10000	机械化盘区下向水平分层进路胶结充填法	100；150	100(沿走向)		20	4	5	600～700	H128 双臂凿岩台车	250～300	6 m^3 柴油铲运机	250～300	5	7
2	金川龙首矿	4000	下向分层六角形进路胶结充填法	60	50(沿走向)	10～60	20	2.5，进路高 5	顶底宽 3，腰宽 6		普通气腿子浅孔凿岩机		2 m^3 柴油铲运机		5.17	6.17
3	金川 F17 以东	2000	下向分层六角形进路胶结充填法	60	矿体水平厚度	75					普通气腿子浅孔凿岩机		2 m^3 柴油铲运机			
4	凡口铅锌矿	4000	盘区机械化上向分层充填法	40	矿体水平厚度 30～50	矿房 8～10，矿柱 6～8	8	4		400～500	HS150X 上向接杆台车		ST3.5 柴油铲运机		0.89	7.82
5	三山岛金矿	1500～1700	上向分层点柱机械化充填法	90	100	矿体水平厚度	15	3		150～350	PLUTON-17 单臂或 MERCURY-14 双臂凿岩		ST3.5 柴油铲运机		10	13
6	新城金矿		盘区上向高分层连续回采充填法	50		7～8	6.8～11.6	4.3		282		133				
7	红透山铜矿		上向分层充填法	60	<500 m^2		6	3		92						
8	大冶铜绿山铜铁矿	2500（地采）	上向水平分层充填法	60	矿体水平厚度	12.5	12	3		120	YSP45		2 m^3 电动铲运机			
			VCR 法	60	矿体水平厚度	10					Simba261 潜孔钻机		2 m^3 和 EST3.5 电动铲运机			

续表 9－6

序号	矿山名称	矿山生产能力/t·d^{-1}	采矿方法	中段高度/m	采场长度/m	采场宽度/m	分段高度/m	分层高度/m	进路宽度/m	盘区或矿块生产能力/t·d^{-1}	凿岩设备	凿岩设备台班效率/t	出矿设备	出矿设备台班效率/t	矿石损失率/%	矿石贫化率/%
9	大冶丰山铜矿		分段碎石胶结充填法	50		6.67	10			100～250	CZZ－700台车配YGZ90机	40～50	2 m^3 柴油铲运机		9.65	14.13
10	江西武山铜矿	3000（其中南北矿带各1500）	下向分层高水速凝充填法	40	100	矿体厚度	10	3		北矿带35～168，南矿带53～82	气腿凿岩机		0.75 m^3 电动铲运机		6.9	7.2
11	大厂铜坑锡矿		分段空场嗣后充填法（块石胶结）		盘区长120，矿房长55，矿柱长55	矿体水平厚度，12～16	15			矿房700，矿柱500				300	12～18	10～12
12	安庆铜矿	3500	大直径深孔空场嗣后充填法	120	矿体厚度	15	60			1000（不含充填）	Simba261潜孔钻机	30 m	ST－5C柴油铲运机	300	15	12
			分段空场嗣后充填法	60	矿房长45，矿柱长15	矿体厚度	12.5			450（不含充填）	YGZ－90	40 m	ST－5C柴油铲运机		15	12
13	冬瓜山铜矿	10000	大直径深孔空场嗣后充填法	矿体厚度	盘区180，采场50	盘区100，采场18				盘区2400	Simba261潜孔钻机	40 m	TORO 1400E电动铲运机	800	13	8
			分段空场嗣后充填法	矿体厚度	盘区180，采场50	盘区100，采场18					Simba H1354台车		TORO 1400E电动铲运机			

续表 9－6

序号	矿山名称	矿山生产能力/t·d⁻¹	采矿方法	中段高度/m	采场长度/m	采场宽度/m	分段高度/m	分层高度/m	进路宽度/m	盘区或矿块生产能力/t·d⁻¹	凿岩设备	凿岩设备台班效率/t	出矿设备	出矿设备台班效率/t	矿石损失率/%	矿石贫化率/%
14	阿舍勒铜矿	4000	大直径深孔空场嗣后充填法	50	矿体水平厚度	矿房矿柱 12				940（不含充填）	Simba261 潜孔钻机	40 m	6 立码柴油铲运机	500	12	14
			分段空场嗣后充填法	50	矿体水平厚度	矿房矿柱 10				400（不含充填）	YGZ－90	30 m	6 立码柴油铲运机	500	9	10
15	陕西煎茶岭金矿	1000	上向水平分层充填法	50	矿体水平厚度		15	4			Boomer 282 双臂台车		ST－6C 柴油铲运机		10	10
16	加拿大 Brunswick 矿	365 万 t/a	分段空场嗣后充填法	250		17	30				MTI 潜孔钻机	75 m	ST－8B 柴油铲运机	580		10
17	瑞典辛格鲁万矿	83.5 万 t/a	分段空场嗣后充填法和深孔空场嗣后充填法	40		20～25					Simba M4C 和 Simba 1357	50000 m/a				
18	澳大利亚芒特艾萨矿	大于 1000 万 t/a	分段空场嗣后充填法	40	50	最大 30	40				Simba H4353，H1354，366，269 和 254		6.1 m^3 柴油铲运机			

9.3 上向分层充填采矿法

9.3.1 工艺技术特点

9.3.1.1 适用条件

上向分层充填法一般使用于矿石稳固、围岩不稳固的倾斜或急倾斜矿体，它能适应形态不规则、分支复合变化大的矿体。对于回采率要求较高和较低贫化率的矿体，由于分层充填采场的空区有限和充填体具有帮壁支护作用，可以精确地沿着很不规则的表面开采。较大的选择性有利于采出高品位矿石，这对采矿经济效益来说是很重要的。

上向分层充填采矿方法的主要优点包括：能够较有效地维护围岩，减小围岩的移动和防止其大量冒落；灵活性大，可以实现选择性开采；矿石损失和贫化小；可以防止矿床开采的内因火灾。其主要缺点是：回采工艺和充填工艺比较复杂，充填和采矿互相影响；采矿作业受充填时间和充填体强度影响较大；充填材料和充填作业增加了采矿成本。

9.3.1.2 开采顺序

上向分层充填采矿法一般采用水平分层自下而上逐分层回采，每分层回采结束后，即时对分层进行充填，以支撑采矿区两帮，并作为下一作业循环的作业平台。该方法为工作面循环作业，凿岩、爆破、通风、撬毛及支护、出矿和充填，完成一个循环后进行下一个循环作业。回采空间和范围可以控制，人员、设备在暴露的顶板下作业，因此控制顶板的安全是非常重要的，须根据顶板的稳固性采取必要的支护措施。

顶板的稳固性与顶板暴露面积及暴露时间有关，对于不同的矿岩稳固性条件和矿石的经济价值，上向分层充填法可采用进路或留点柱进行开采，即上向进路充填法、上向分层点柱充填法。

根据矿体赋存条件，矿体厚度不同，上向分层充填法可分为沿走向布置和垂直走向布置的布置形式。一般来说矿体厚度小于10～15 m时，采用沿走向布置，矿体厚度大于10～15 m时，采用垂直走向布置。

9.3.1.3 采准切割

采准切割工程一般有分段巷道、人行通风天井、充填井、分层联络道、矿石溜井、采准斜坡道、泄水井等。

采准系统的布置形式主要根据矿岩稳固性、矿体形态和所采用的采掘设备来确定。通常有脉内采准、脉外采准和脉内外联合采准。

脉内采准系统适用于矿体比围岩稳固的中小急倾斜矿体。采用电耙出矿，手持式凿岩机凿岩。通常从脉外运输巷道掘进穿脉巷道，自穿脉巷道上掘脉内天井，将运输水平与上阶段通风巷道相通，作为运送人员、材料、设备和通风的通道；对于大型长采场增设通风井。自运输巷道布置两条以上顺路溜矿井和顺路人行滤水井。采用顺路溜井时，浇灌混凝土和钢结构溜井支护应用广泛，溜井直径一般为1.6～2.0 m，通过矿石量一般为10万～15万t。

脉外采准系统主要适用于无轨机械化开采。在矿体上盘或下盘开掘采准斜坡道、分段沿脉巷道、溜井、分层联络道。斜坡道可以是从阶段巷道掘进的采准斜坡道，或者利用从地表掘进的主斜坡道或辅助斜坡道。也可以不设分段巷道，而是每个采场或盘区设采准斜坡道，从采准斜坡道直接掘进分层联络道。斜坡道坡度一般不超过1∶5，多数为1∶10～1∶6，当斜坡道作为矿石、废石运输通道时，取小值。溜井间距和数量根据采场结构参数、所采用的出矿设备以及通过的矿石量来确定。铲运机的经济合理运距一般在100～150 m。溜井直径应根据溜井高度和生产规模来确定，布置在较稳固的围岩中。分层联络道坡度一般为15%～20%，与进入采场的设备有关。根据围岩的稳固性特征以及采场分层高度，分段高度和分层联络道的坡度确定斜坡道或分段巷道至矿体的距离。

脉内外联合采准是在脉外采准的基础上，为了缩短运矿距离，增设脉内溜井，以提高采场出矿效率。

切割工作是在第一个分层内掘进巷道后扩帮，形成拉底空间。

采用斜坡道开拓的矿山，应尽可能利用主（或辅助）斜坡道兼作采准斜坡道用，以降低矿山掘进成本。上向分层充填采矿法如图9－3所示。

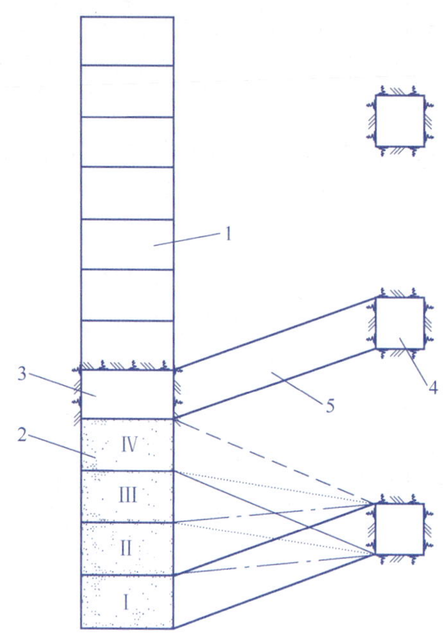

图9－3 上向分层充填法示意图

1—矿体；2—充填体；3—回采层；4—分段巷道或斜坡道；5—分层联络道

9.3.1.4 回采工艺

回采作业循环过程包括凿岩—爆破—通风—撬毛与支护—采场出矿，上一个回采循环作业结束后进行下一个回采循环作业，这与其他采矿法的回采工序基本相同。在完成一个分层的回采作业后，便可对分层进行充填作业。

A 凿岩爆破

分层充填采矿法所采用的凿岩设备有气腿式浅孔凿岩机、单臂或双臂浅孔凿岩台车，钻头直径32～44 mm，孔深1.8～4.6 m。分层充填法一般采用水平炮孔，采场顶板易于控制。采用气腿式凿岩机凿岩时一般分层高度为2～3 m；采用凿岩台车时一般为3～4.5 m。在矿岩较稳固的矿体，尽可能增加分层高度，以增加每次崩矿量，提高采场生产能力。根据矿体稳固性，在上向分层充填法中也采用上向炮孔落矿。采用凿岩台车凿岩时，可采用升降平台或其他辅助车辆进行采场辅助作业。凿岩台车穿孔速率一般1～1.5 m/min，双臂凿岩台车台班效率比单臂凿岩台车可提高30%～40%。爆破一般采用微差爆破，非电导爆管起爆，在整个掌子面的炮孔凿好后一次装药爆破。两种凿岩方式如图9－4所示。

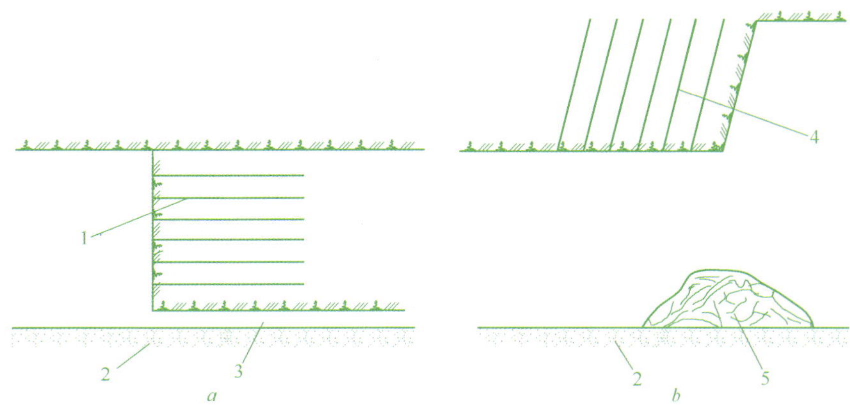

图9－4　两种凿岩方式示意图

a—水平凿岩；*b*—上向凿岩

1—水平炮孔；2—充填体；3—空顶空间；4—上向炮孔；5—矿石

B　通风

采场通风采用贯穿风流通风，新鲜风流由人行井或斜坡道进入工作面，由回风井（或兼作充填井）回风。一般采场有两条进风井，一条回风井，大型采场有两条以上回风井。为加快爆破炮烟排出或采场作业面自然通风不畅时，采场需要采用局扇加强通风。

C　撬毛和支护

矿石爆破之后，边帮和顶板的浮石需要处理，撬毛一般采用人工撬毛或撬毛车撬毛，支护一般采用锚杆、锚网或长锚索进行支护，工人站在爆堆上人工撬毛和用气腿凿岩机打眼，进行锚杆支护，或者用锚杆台车进行锚杆支护。

锚杆可以采用机械化方法布置的点锚式（胀壳式锚杆）、摩擦式（管缝式，Swellex）和水泥砂浆或树脂锚杆。锚杆是最通用的，因为它比较容易安装，效率高，不减少断面面积，并可以与其他岩层支护法联合使用。

胀壳式锚杆往往在安装后引起松裂，因此，必须对锚杆进行检查，如果需要可再扭转，这样的检查和再扭转工作必须在一周内或更多的时间内天天进行，其时间长短取决于岩层情况和邻近的爆破情况。

摩擦式锚杆易于快速安装，其主要优点包括：（1）支承力作用在锚杆的全部接触长度上；（2）具有保持所有支承力的能力；（3）锚固力随时间的推移而增加；（4）保持着平板式负荷；（5）孔周围充分接触对岩石沿剪切面和层面移动都具有较大的阻力。

在国外采用树脂锚杆较广泛，树脂锚固剂药卷干净而且易于运搬。锚杆可以是圆钢筋、螺纹钢筋或钢丝绳。缺点是成本高，在某些条件下，树脂和硬化剂混合得不好，且树脂锚固剂药卷的保管时间较短。

国内采用水泥砂浆锚杆和水泥卷锚杆较普遍。采用水泥砂浆锚杆，具有优良的加固性能，并且抗腐蚀，且价格便宜，缺点是凝固时间较长。

D　采场出矿

出矿一般采用电耙或铲运机出矿。电耙出矿通常用于脉内溜井出矿，台班效率50～100 t。目前采用铲运机出矿越来越普遍，斗容2 m^3 以下的铲运机一般采用国产设备，2 m^3 以上的铲运机进口的较普遍，但国产的也越来越多。矿石由柴油或电动铲运机从掌子面运出，并卸到采场矿石溜井，运输距离不远时，可以将矿石直接运到主矿石溜井。在采用卡车运输时，铲运机将矿石直接装入卡车运至集中溜井，或经斜坡道运出地表。

对于价值较高的矿石，在充填之前要仔细清底，回收粉矿。

矿石溜井可以布置在脉内或脉外，也可以在充填体中顺路架设。

E 充填

采场充填可以采用干式充填、水砂充填或膏体充填。分两步充填，即分层底部充填和分层上部浇面充填。底部充填可采用低灰砂比（1:20）或非胶结充填，充填材料可以是分级尾砂、掘进废石、地表堆存的基建废石或采石场废石。目前，大多数矿山使用分级尾砂充填，同时掘进的废石也在尽量充填到采场中。

上部浇面充填通常用灰砂比1:4～1:8尾砂胶结充填，浇面厚度一般为0.3～0.5 m，国外则通常以含水泥10%的胶结料铺面，目的是提高回收率，减少贫化。也有矿山用河沙、山砂、块石等胶结充填。当采用碎石充填时，应根据矿石的经济价值，可以在充填体表面浇注0.2 m左右厚的混凝土，或者损失一定量的矿石。当二者之间作比较时，若采用铲运机出矿，还应当考虑由于不浇面增加的铲运机轮胎消耗成本。采用无轨设备，如铲运机和凿岩台车时，胶结面的强度应相应提高。山东一些金矿采用特殊的水泥，浇面采用的灰砂比为1:20。

充填脱水有渗透脱水和溢流脱水两种方式或联合方式，通过泄水井排出。为了保证尾砂充填具有良好的脱水性能一般要求分级尾砂中 -20 μm 含量不超过8%（质量分数），分级尾砂的渗透系数达到10 cm/h。

9.3.2 实例

9.3.2.1 沿走向布置上向分层充填法实例

沿走向布置上向分层充填法适用于矿体厚度小于10～15 m的倾斜或急倾斜矿体，采用电耙出矿时，采场长度应为50 m左右；采用铲运机出矿时，采场长度100 m左右。这种方法是较为典型的上向分层充填法，使用较为普遍。

A 大尹格庄金矿盘区机械化上向水平分层充填法

大尹格庄金矿是山东招金矿业股份有限公司的主要矿山。矿山采用中央竖井开拓，中段高度90 m。目前矿石生产实际综合采选能力达到3300 t/d，为国内矿石生产能力最大、机械化配套作业程度高的现代化地下黄金矿山。

大尹格庄金矿已探明的有Ⅰ号和Ⅱ号矿体，其中Ⅱ号矿体为矿山生产的主矿体，目前保有金属储量占全矿总储量的70%以上。

Ⅱ矿体呈不规则脉状和透镜状产出，以平行多层矿形式产出，一般由3～4层矿组成，矿层间夹石厚度从几米至几十米，倾角16°～56°，厚大矿体部分平均厚度17.4 m。矿石金的地质品位为2.99 g/t。该矿段水文地质简单，地表不允许塌陷。采用盘区机械化上向分层充填采矿法开采。

盘区和采场均垂直于矿体走向布置，每个盘区布置两个采场。中段高度90 m，分段高度14 m，分层高为3 m，采场不留顶柱，留8 m高的底柱在下中段采场往上采时回收。相邻盘区之间留2 m宽的矿壁，采场长度按暴露面积不大于1200 m^2 确定。采矿方法见图9-5。

采用下盘脉外斜坡道、脉内外溜井联合采准方式。

分层回采从联络道入口处开始，首先沿采场中央自下盘向上盘方向压顶落矿，形成6～8 m宽度的切割槽至采场上盘边界，然后再从切割槽向两侧连续压顶落矿。当矿体为多层时，先采上盘矿体，后采下盘矿体，直至采完本分层为止。

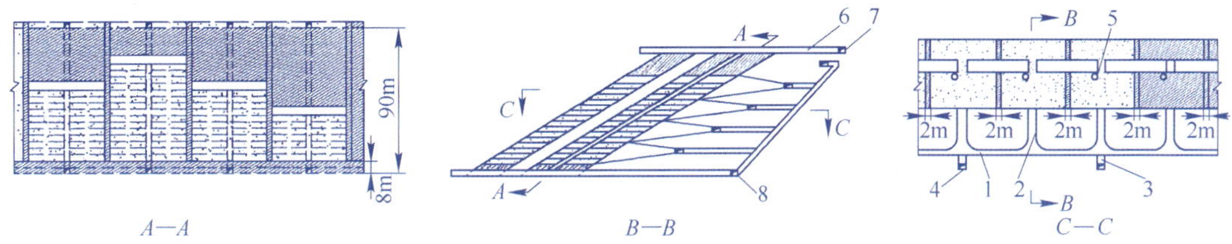

图 9－5 盘区机械化上向水平分层充填法

1—分段巷道；2—分层联络道；3—溜井联络道；4—溜矿井；5—充填、通风、泄水井；6—通风联络道；7— －290 m 中段运输巷道；8— －380 m 中段运输巷道

采场凿岩采用 Tamrock 公司生产的 MERCURY 1F D4-E50 液压凿岩台车打水平孔，采用 2 号岩石炸药、多段毫秒雷管微差顺序光面崩矿工艺。炮孔孔径 ϕ40 mm，孔深 3.8 m，孔距 1.1 m，排距 0.8 m。

采场采用国产 CYE-1.5 型电动铲运机和 CA-8 型地下卡车联合出运矿，将矿石运至盘区脉外溜井，或由铲运机直接铲到采场内顺路溜井。大块由铲运机集中起来后用加拿大 BTI 公司生产的 TM12HD/TB725X 型移动式液压碎石机进行破碎。

采场充填是在每一分层回采完毕后进行。首先进行采场充填的准备任务，包括清理工作面残矿，加高顺路钢溜井，安设泄水口，对分层联络道进行压顶垫高等。

充填采用选厂分级尾砂，在地表充填搅拌站制备，用管道自流输送到采场。掘进的废石则就近用铲运机运到采场充填。每次充填高度为 3 m，保留 1～1.5 m 的空间。溢流水经波纹滤水管流出或泄水井流出。充填完经过 2～3 天滤水后开始新分层的回采。

采场顶板管理采取四项措施：(1) 严格控制采场尺寸，最大暴露面积不大于 1200 m^2，在矿体水平厚度大于 20 m 时，布置不规则的点柱支撑顶板；(2) 对于节理裂隙发育的部位分别采用长锚索、锚杆或锚杆金属网联合支护，采用光面爆破工艺；(3) 提高采矿强度，缩短回采周期；(4) 对采场顶板进行下沉监测及岩体声发射动态跟踪定位监测预报。

采矿主要技术经济指标为：盘区综合生产能力 496 t/d，凿岩台效 496 t/台班，出矿台效 124 t/台班，矿石损失率 5.68%，矿石贫化率 7.15%，采矿直接成本 19.07 元/t。

B 红透山铜矿上向分层充填采矿法

红透山矿属于高中温热液充填矿床。上下盘稳固，但随着开采深度增加，地表崩落面积扩展到了 3 万 m^2。加之矿石品位高，经济价值大，为提高矿石的回收率，降低贫化率，以及解决高硫矿石的氧化和自燃的问题，矿山采用了上向分层尾砂充填采矿法，并占到了总采矿量的 80%。

应用脉外下盘斜坡道采准，距矿体下盘 5～10 m 处布置采准斜坡道，坡度 20%，采准斜坡道断面规格为 3.5 m×3.0 m，斜坡道路面浇注混凝土。每一分层高度上有联络道与采场相通，采场内布置斜溜井、充填人行滤水井 2 个，当矿房长度超过 100 m 时，设置 4 个溜矿井，采用木井框向上叠垛形成，井框外包麻袋片及钢丝网，作为滤水井。溜井紧贴下盘，提升井的规格为 3 m×3 m，上面安装慢速卷扬机，可以作为人员、设备、材料提升用。设计的分层高度为 5 m，采用 YSP－45 型浅孔凿岩机凿岩打上向孔，7655 型浅孔凿岩机打水平孔，使用 T_4G 或者 2 m^3 斗容 LK－1 铲运机出矿。在一翼出矿结束后即可进行充填作业，采用尾砂充填，在尾砂上面加 0.5 m 厚的混凝土胶结面。胶结面水泥用量为 250～300 kg，充填后养护所占时间为 8～12 天。两翼交错作业，提高效率。采矿方法如图 9－6 所示。

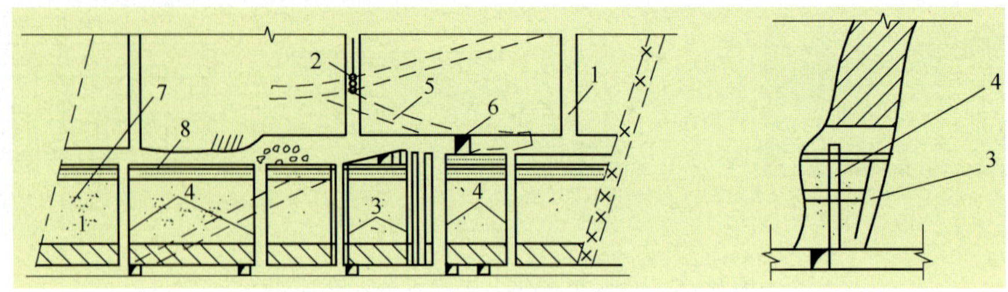

图 9-6 红透山铜矿上向分层充填采矿法

1—风井(2 m×2 m); 2—设备材料天井(3 m×3 m); 3—溜矿井(2 m×2.2 m); 4—滤水井(1.2 m×1.2 m);
5—采准斜坡道(3.5 m×3.3 m); 6—斜坡道联络道; 7—尾砂充填体; 8—混凝土浇筑面

主要技术经济指标:

(1) 采场综合生产能力:330 t/d;

(2) 采矿工效:27.4~39.2 t/工班;

(3) 矿石贫化率:19.5%;

(4) 矿石损失率:12%;

(5) 铲运机效率:227 t/台班。

C 加拿大 Strathcona 矿机械化上向分层充填法

Xstrata 公司所属的加拿大 Sudbury 的 Strathcona 矿,矿石年产量45 万 t,采用机械化上向分层充填采矿法。

其深部铜采区的采矿方法为上向薄矿脉分层充填法。起初,在采底柱的时候,3700 水平以上开始的三个分层和 3900 水平以上的七个分层采用胶结块石充填形成坚固的底柱。充填在减少岩爆发生的同时,也改善了局部采矿条件。在采矿接近矿柱回收的最后阶段,所有采场一般都采用尾砂非胶结充填。

采准切割:矿山所有巷道断面为 4.6 m×4.6 m,采用 Atlas Copco H227 掘进台车和 6 立方码 EIMCO 210 铲运机掘进。两人一个班组,年进尺 1300 m。为了改善作业循环时间,当出渣距离超过 150 m 时,增加倒运,另有班组将废石卸入废石溜井或附近采场。掘进巷道支护采用 1.8 m 机械锚杆和 1.6 m×3 m 的金属网。巷道中安装 100 mm 风管和 50 mm 水管,管道均为 3 m/根。为了减少废石量,矿山决定巷道宽度减少到 4.3 m。

设备:掘进组有一台 Atlas Copco 公司生产的 ST-8B 铲运机,凿岩采用 Atlas Copco H227 双臂掘进台车,带长推进梁,循环进尺 4 m,另一台台车由采场作业人员用来从斜坡道开凿采场联络道。剪式升降车用于支护、管道安装、风筒安装和喷射混凝土作业,采矿生产设备为 7 台单臂台车,主要的出矿设备是 JCI250M 铲运机。铲运机铲斗带铲齿以适应矿堆中的锚杆和金属网等。轮胎采用实心轮胎。采用 Caterpillar M120 平地机,每天一般负责整个斜坡道路面的维护。

采场联络道按照 15% 坡度下坡掘进直达矿体底板。采场分层高度为 3 m,工作面宽度从 1.8 m 到11 m 不等。炮孔直径为 38 mm,孔深 2.9 m,采用短进尺以适应矿体变化的灵活性,降低贫化。采用 ANFO 炸药,电雷管起爆。爆破之后,爆堆洒水,撬毛,将爆堆平到一定高度,以便于进行锚网支护。2.2~11 m 的工作面采用 JCI250M 铲运机,当遇到较小的工作面时采用 JCI125 铲运机。

采场支护在爆堆上进行。采用气腿凿岩机,上向式凿岩机。采场支护工作量至少和巷道掘进一样,两帮采用管缝式锚杆或喷射混凝土支护,顶板要求采用 Swellex 锚杆或喷射混凝土支护,甚至采用混凝土柱。

支护完成之后,用1~2立方码的小铲运机将矿石铲运至采场入口处的堆存处。再用大铲运机和卡车将矿石、废石运至矿石、废石溜井。有两台TORO 400 s,一台EJC210、一台ST-8B铲运机和一台JCI26t卡车。

采场出矿完毕,进行底板清理。底板的粉矿往往品位很高,因此必须回收。清理完底板之后,架设充填管和充填挡墙。为了减少贫化,底板采用胶结充填。

D 瑞典伦斯吐姆有色矿水平分层尾砂充填采矿法

矿山东北距波立登16 km,有三个矿体。西部矿体是主要矿体,矿体倾角为85°~90°,矿体长度为400 m,宽度为1~20 m。矿体为交代型矿床,主要矿物为黄铁矿、闪锌矿、黄铜矿等,主要脉石为石英,围岩为绿泥石石英岩。含矿品位:金2.5 g/t,银167g/t,铜0.8%,铅6.6%,锌1.6%。

矿山采用竖井开拓、上向水平分层尾砂充填采矿法。分层高度为3~4 m,先在联络天井处开一个3 m高的切割槽,充填时设备吊在切割槽中,充填后第二分层从切割槽开始回采。联络天井、溜矿井和通风泄水天井组成一个天井组。天井组的布置视矿体几何形状和装运设备而定,一般间距为80 m。不是每个矿体都设天井组,而是设共用天井。因此,在废石中掘穿脉巷道作互相连通和缩短运距之用。溜矿井直径为1.9 m,用15 mm厚的钢筒制成。通风泄水井直径为1 m,用6 mm厚的钢筒制成,均在充填前一节一节焊接。回采采用轮胎式单臂浅孔凿岩台车凿水平平行炮孔,炮孔深3 m,直径为38 mm,孔距为抵抗线的3~6倍。出矿采用TORO 100DH型铲运机,全矿共有80人,井下工人劳动生产率为14 t/人班,充填效率为130 m^3/班。采矿方法如图9-7所示。

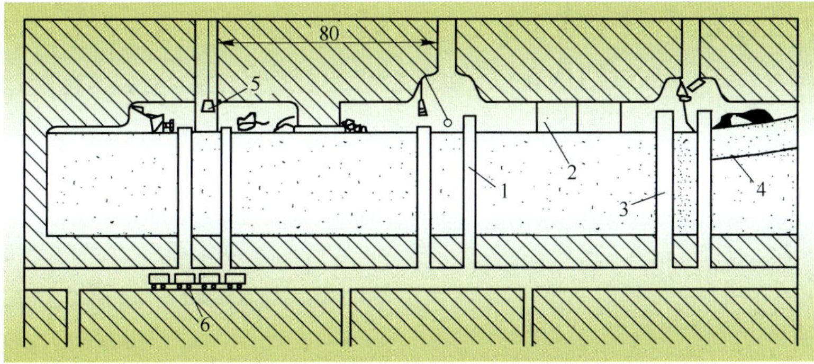

图9-7 瑞典伦斯吐姆有色矿水平分层尾砂充填采矿法

1—通风泄水井;2—穿脉巷道;3—溜矿井;4—泄水管;5—乘人罐;6—电机车

9.3.2.2 垂直走向布置上向分层充填法实例

垂直走向布置上向分层充填法适用于厚度较大矿体,矿体厚度大于10~15 m,倾斜或急倾斜。采场垂直矿体走向布置,分矿房矿柱两步骤回采,先采矿房,后采矿柱。矿房和矿柱的宽度(沿走向)根据矿体和围岩的稳固性及矿体的厚度来确定,一般在8~12 m左右。在每个矿块中按上向分层进行回采,采用电耙或铲运机出矿。一般矿房需采用胶结充填,矿柱则采用非胶结充填,但每一分层需要采用胶结浇面,以便为下一分层的回采创造条件。

A 铜绿山铜铁矿上向分层胶结充填采矿法

铜绿山铜铁矿-245 m中段4号矿体,矿体厚度大于10 m,矿体较稳固;上盘为大理岩,坚硬稳固,下盘为矽卡岩,风化破碎。采用上向分层胶结充填法开采,沿走向划分为矿房矿柱两步骤回采,沿走向矿房矿柱的长度均为12.5 m,采用脉外采准斜坡道采准,中段高度为60 m,分段高度 12 ~ 14 m，每分层采高 3 m。脉外采准斜坡道和分段巷道等工程布置在矿体的上盘，位于大理岩中。溜井也布置在脉外，在分段巷道的旁边。

采用 YSP45 上向式气腿凿岩机凿岩，1.5 m^3 或 2 m^3 斗容的电动铲运机出矿，采场采用长锚索护顶。采场生产能力为 120 t/d。

B 焦家金矿上向分层尾砂胶结充填采矿法

矿床属中温热液蚀变花岗岩类型，矿体由经热液蚀变而产生的绢云母化、硅化、黄铁矿化花岗岩组成，蚀变带厚 8 ~ 200 m。矿物呈硫化细脉浸染状产出，矿化较连续，但品位变化较大，中部富，两翼贫。矿体形态复杂，波状弯曲变化较大，倾角由浅到深逐步变缓，最大倾角 60°，最小倾角 40°，最大厚度 15.4 m，最小厚度 0.31 m，平均厚度 4.02 m。矿石体重 2.79 t/m^3，矿岩抗压强度 80 ~ 120 MPa，松散系数 1.65。

采用上向分层尾砂胶结充填采矿法，采场划分成矿块回采，矿块垂直走向布置，矿块长10 m，高为中段高度 40 m，宽为矿体厚度。分层高度 2.5 ~ 3 m，留底柱，底柱高 4 m。矿块两侧各布置一个人行泄水井，矿石溜井和充填井均布置在矿块中部。采矿法如图 9 - 8 所示。

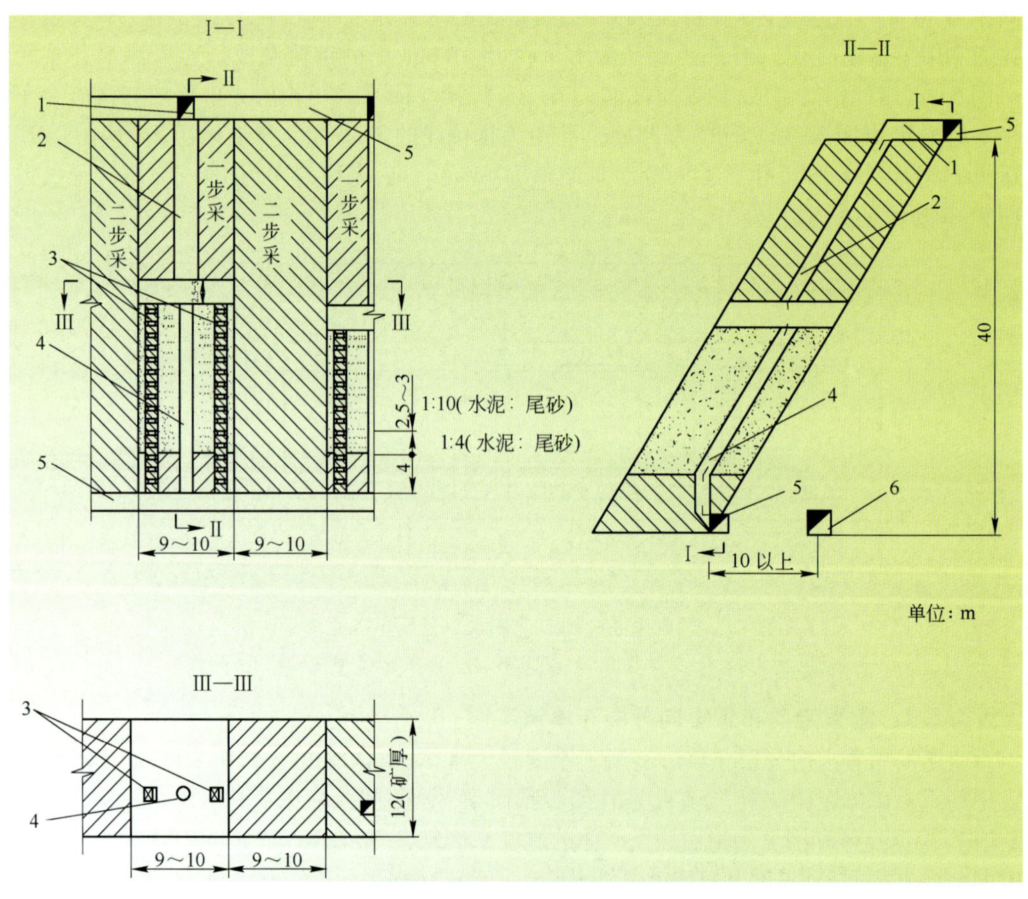

图 9 - 8 焦家金矿上向分层尾砂胶结充填采矿法

1—联络巷(2 m×2 m)；2—充填回风井(2.7 m×1.5 m)；3—顺路人行泄水井(1.5 m×1.5 m)；4—溜矿井(φ1.5 m)；5—沿脉出矿平巷(2 m×2 m)；6—运输平巷(2.4 m×2.6 m)

采准切割从沿脉出矿平巷向上开凿矿石溜井和泄水井，掘至底柱高度时，开始作切割工程。先使三条井贯通，然后向上、下盘及两侧推进到矿体边界。切割层高度为 2.5 ~ 3 m，然后架设人行泄水井和矿石溜井，人行泄水井倾角与矿体倾角一致。

采用7655浅孔气腿凿岩机进行分层回采，凿岩效率为38t/台班。炮孔布置形式为水平平行炮孔，炮孔直径42 mm，最小抵抗线0.8～1 m，孔间距1.5 m，孔深1.6～1.8 m，硝铵炸药，人工装药，装药系数0.7～0.8，采用火雷管起爆。

采场出矿用2DPJ－13电耙，出矿效率50 t/台班。出矿后的控顶高度为2.5～3 m，充填时绞车和耙斗吊在充填井内或矿石溜井上方。矿石溜井倾角不小于55°，矿石溜井由厚8～10 mm的钢板卷制焊接而成，直径1.5 m。

采场顶板用锚杆护顶，采用涨壳式锚杆，锚杆长度1.6～1.8 m，直径16 mm，安装网度1 m×1 m。此外，将顶板掘成拱形，并控制装药量，这样顶板暴露面积100 m^2，最大200 m^2。

泄水井有两种结构形式，木框结构和木垛结构，外扎两层麻布，泄水效果良好，泄水含泥量在1.2%以下。

采场通风的新鲜风从人行泄水井进入采场，污风从充填井排出。

分层回采结束后开始充填，用1∶4灰砂比的尾砂料浆充填，作为假顶其厚度为2.5～3 m。然后向上再用1∶10灰砂比料浆充填。

井下劳动组织：采矿工108人，采切掘进工60人，充填工79人。

主要技术经济指标：

(1) 矿块综合生产能力：27.8 t/d；

(2) 回采工效：4.54 t/工班；

(3) 贫化率：21.34%；

(4) 损失率：16.68%；

(5) 每米炮孔崩矿量：5～7 t；

(6) 大块率：15%；

(7) 采切比：48.64 m^3/kt。

9.3.2.3 点柱分层充填采矿法实例

点柱分层充填采矿法一般适用于矿体厚度在8 m以上的矿体，其采场布置和回采充填工艺与上向分层充填法基本相同，不同之处在于分层回采时，采场中留有点柱，以增加支撑矿石和上盘围岩的作用。点柱一般为圆形或矩形，圆形点柱直径一般为3～6 m，矩形点柱一般为3 m×3 m～6 m×6 m，点柱间距一般为10～15 m。图9－9为点柱分层充填采矿法示意图。

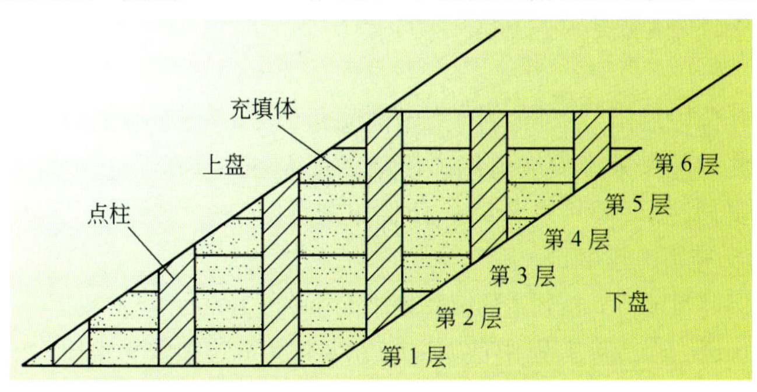

图9－9　点柱分层充填采矿法示意图

三山岛金矿上向分层点柱充填法

三山岛金矿位于山东省莱州市三山岛镇，南距莱州市27 km，西南距潍坊市124 km，东距龙口市65 km，交通方便。矿山赋存于沂沭大断裂东侧次一级断裂至三山岛断裂破碎带的蚀变花岗岩中，属蚀变岩型金矿床。矿体顶盘与矿体平行有 F1 断层及垂直矿体的 F3，矿体节理裂隙发育，矿石中等稳固。该矿三面环海，与海水有联系，涌水量大。矿体最大厚度 40 m，最小厚度2 m，平均 16 m。矿体及下盘围岩稳固，上盘不稳固。矿石体重 2.8 t/m^3，抗压强度 50 ~ 80 MPa，松散系数 1.7。开采技术条件复杂，地表有村庄，不允许陷落。

采场沿走向布置，长度 100 m，其中矿房 94 m，间柱 6 m，顶柱 6 m。采场高度 90 m，宽度为矿体厚度，回风泄水天井布置在间柱中，天井尺寸 2 m × 2 m。为便于无轨设备运行，矿体下盘布置分段巷道，分段高度 15 m，每个分段担负 5 个分层回采，分层高度 3 m。采矿方法如图 9 - 10 所示。

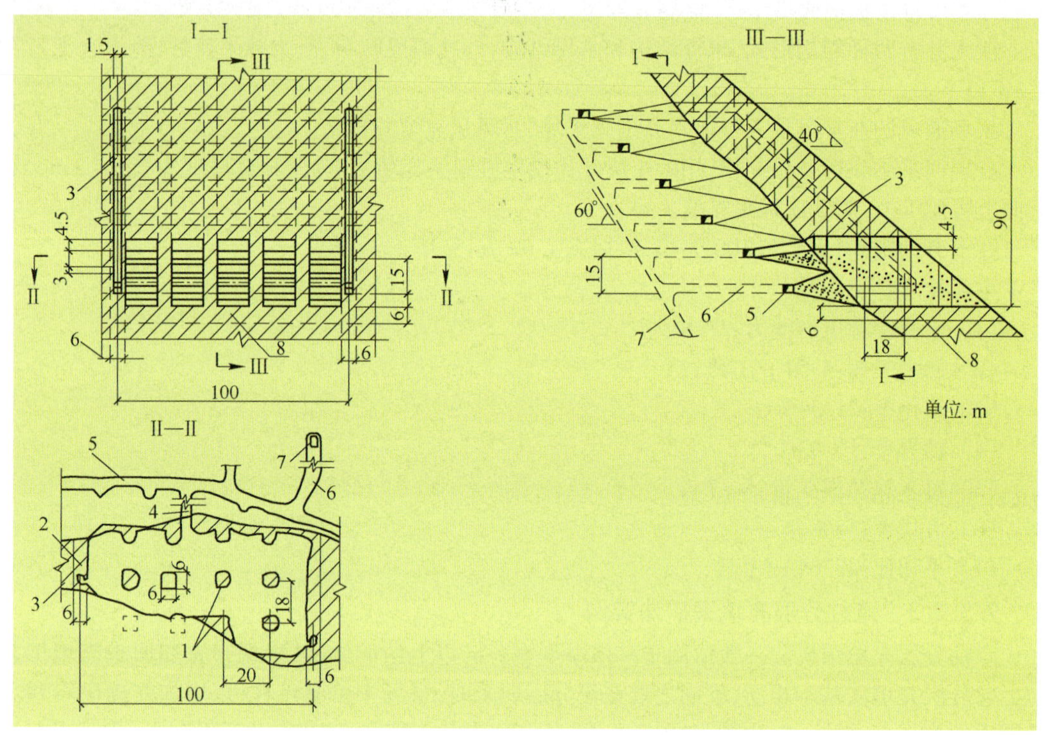

图 9 - 10 三山岛金矿点柱式机械化分层充填法

1—点柱(6 m × 6 m)；2—间柱(6 m)；3—回风泄水井(2 m × 2 m)；4—采场联络道(4 m × 3.2 m)；5—分段巷道(4 m × 3.2 m)；6—溜井联络道(3.6 m × 3.2 m)；7—溜井(2.5 m × 2.5 m)；8—顶柱(6 m)

采准工程主要有分段巷道、脉外溜井(沿走向间距 200 m)、斜坡道联络道、分层联络道、泄水回风天井。辅助斜坡道兼作采准斜坡道用。切割工程主要是在每个中段第一分层掘进一条切割巷道与矿柱内天井贯通，然后即可进行第一分层切割层回采。切割层高度 4.5 m，采用灰砂比为 1∶4 的尾砂胶结充填，充填高度 3 m。

回采作业的分层高度 4.5 m，分层充填高度 3 m，留有 1.5 m 爆破补偿空间。按规则布置点柱，点柱尺寸 6 m × 6 m(在二期工程中改为 4.5 m × 4.5 m)，沿走向间距 20 m，垂直走向间距 18 m。采场凿岩作业采用 PLUTON - 17 单臂或 MERCURY - 14 双臂凿岩台车，主要采用倒“V”形爆破顺序和楔形布孔，孔深 3.5 m，采用 2 号岩石炸药、人工装药和非电雷管起爆系统。爆破落矿大块采用液压碎石机进行二次破碎，采用锚杆台车进行采场顶板支护，配用 YGZ - 90 凿岩机打眼。采场出矿采用 ST - 3.5 型铲运机和 MT - 413 坑内卡车，在中小采场，ST - 3.5 型铲运机运距为 150 ~ 170 m；在大中型采场，ST - 3.5 型铲运机配 MT - 413 型卡车，运距 200 ~ 300 m；在大型采场，ST－3.5 型铲运机配两台 MT－413 卡车，运距 200～300 m。

采场通风新鲜风流经分段巷道和采场联络道进入采场，污风经由采场两翼风井到上部回风巷道。

分层充填作业采用分级尾砂和胶结浇面充填，其中分层尾砂充填高度 2.6 m，胶结浇面（灰砂比 1∶4）高度 0.4 m。

矿山采用全无轨机械化作业，按综合班进行劳动组织，其中采矿作业按三班工作制组成三个综合机械化班，每个班中分凿岩、出矿、锚杆支护、破碎大块、辅助作业、设备坑内维修等作业组。

主要技术经济指标：

（1）采场综合生产能力：150～350 t/d；

（2）掌子面工效：21.68 t/工班；

（3）损失率：10%；

（4）贫化率：13%；

（5）每米炮孔崩矿量：1.65 t；

（6）大块率：7%～8%；

（7）采切比：18 m^3/kt。

9.4 进路充填法

9.4.1 工艺技术特点

进路充填法适用于矿岩条件极不稳固和不稳固矿体，且矿体品位高，经济价值大。矿体厚度从薄到极厚，倾角从缓到急倾斜均可采用。采用进路充填法开采，顶板的跨度减小，回采作业安全性提高。

进路充填法分为上向回采和下向回采，即上向进路充填法和下向进路充填法。进路充填法的回采充填和分层充填法的工艺基本相同，实际上就是将分层划分成多条进路进行回采。矿体厚度小于 20 m 左右，进路沿走向布置；矿体厚度大于 20 m，进路垂直向布置；当矿体厚度较小，小于 5 m 时，即为单一进路回采。

回采进路断面取决于凿岩出矿设备，采用浅孔气腿凿岩机电耙出矿时，进路断面一般为 2 m×2 m～3 m×3 m；采用浅孔凿岩台车铲运机出矿时，进路断面一般为 4 m×4 m～5 m×5 m。进路既可以采用间隔回采，也可以采用连续顺序回采。同时回采进路数根据矿体厚度而定，一般有2～5 条进路可以同时回采，每条进路回采结束后随即进行充填。

进路充填采矿法矿石回收率高，贫化率低，但回采充填作业强度大，劳动生产率较低，并要求进路充填接顶。采用高效的凿岩台车凿岩和铲运机出矿，可以有效地提高采场综合生产能力。

9.4.2 上向进路充填法及实例

9.4.2.1 不同几何形状的进路回采

当开采矿石和围岩均不稳固或矿石不稳固而有价值很高的矿体时，为了减少顶板的跨度，提高回采工作的安全性，则可以把分层的回采划分成若干进路，如图 9－11 所示，即采用上向进路充填采矿法。该方案的特点是自下而上分层回采，每一分层的回采是在掘进分层联络道后，以分层全高沿走向或垂直走向划分进路，顺序或间隔地进行回采。整个分层回采和充填作业结束后进行上一分层的回采。

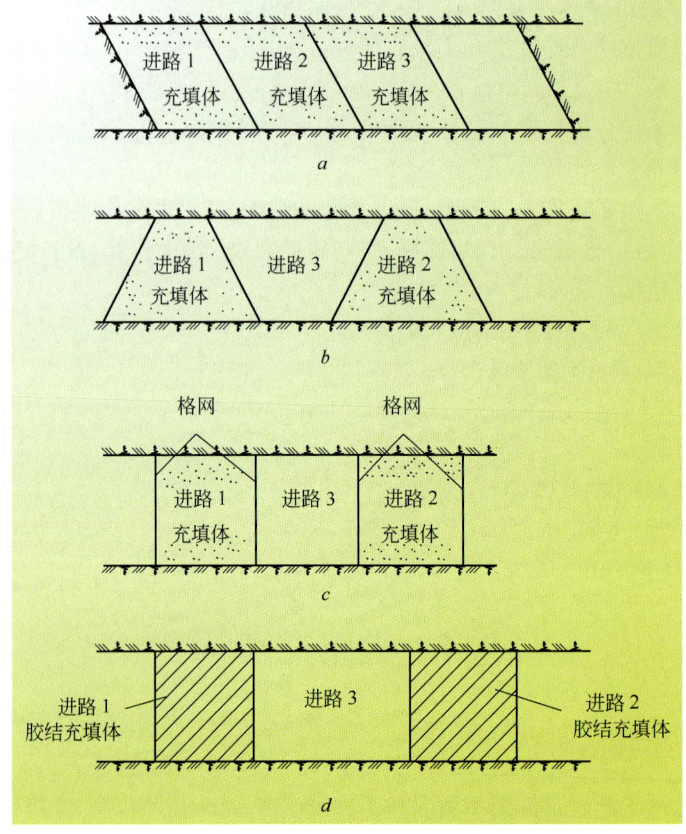

图 9 - 11　不同几何形状的进路回采

通过设计进路断面的几何形状，如图 9 - 11*a*、*b*，进路形成向下倾斜的帮壁，这样可以实现采用非胶结充填或减少水泥的使用量。分层内进路可以连续回采，如图 9 - 11*a* 所示；也可以间隔回采，如图 9 - 11*b* 所示。如果小心作业，第二步回采可以使贫化很小或者几乎没有贫化，这种方法叫做（连续）倾斜进路回采。通常采用矩形进路间隔回采，如图 9 - 11*c*、*d* 所示，为避免相邻进路回采时造成严重的贫化损失，第一步回采后需进行胶结充填；也可以第一步进路回采采用较窄的进路，第二步回采时采用较宽的进路，以降低水泥的用量，如图 9 - 11*d* 所示。当进路两侧均为充填体时，进路下层可以用低灰砂比 1:(20 ~ 30) 或非胶结充填。

9.4.2.2　小铁山铅锌矿上向进路充填法

小铁山矿床为一含铜、铅、锌多金属的黄铁矿型矿床，矿床产出于底盘碳钠长斑岩，顶盘绿泥石化岩石之间的强蚀变凝灰岩中，为一隐伏矿体，大部分矿体均赋存于侵蚀基准面以下。矿床除含有铜、铅、锌多种金属外，还有多种可利用的贵重金属及稀有元素，如金、银、镉、镓等，特别是金、银含量较高，具有单独开采的价值。矿体走向长度约 1100 m，倾向南西，倾角 60° ~ 80°，平均 75°。矿体上部矿量小，中部矿量大，深部变小尖灭的分布特点，矿体厚度 1 ~ 45 m，平均厚度 5.5 m。矿体和下盘围岩中等稳固，上盘不稳固。矿石体重 3.6 t/m^3，抗压强度 100 ~ 120 MPa，松散系数 1.73。矿床水文地质条件简单，地表允许陷落。

采场回采进路沿走向布置，长度 100 m，宽度为矿体厚度，高度为中段高度 60 m，为满足无轨设备运行，矿体下盘布置分段巷道，分段高度 12 m。采矿方法如图 9 - 12 所示。

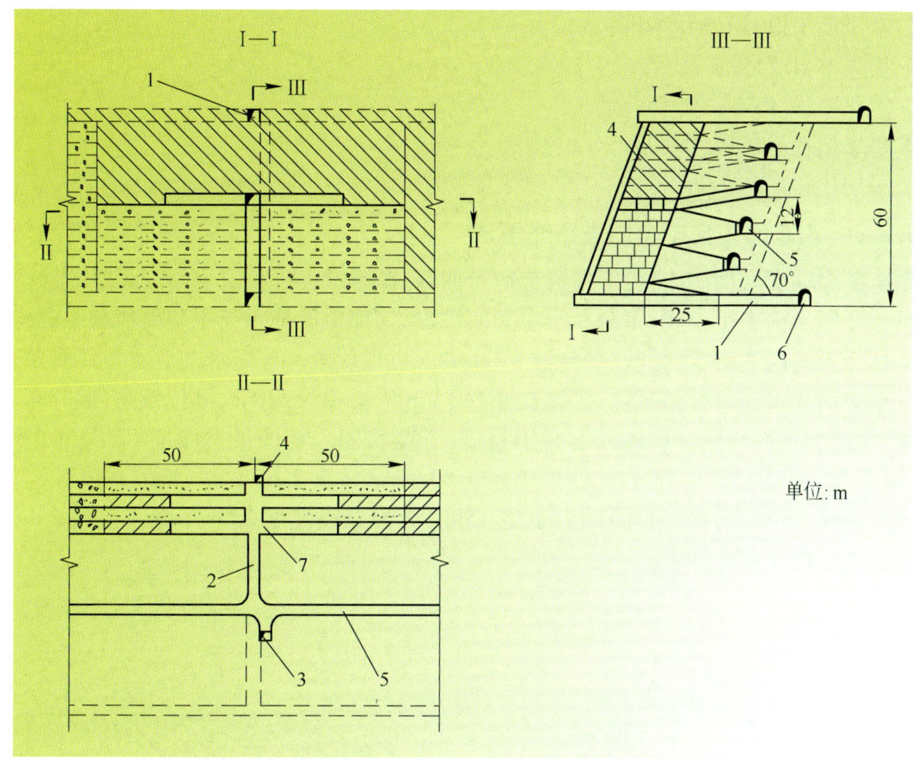

图 9－12 小铁山铅锌矿上向进路充填法

1—运输巷道(4 m×4 m)；2—分层联络道(4 m×4 m)；3—溜矿井(ϕ3 m)；4—回风充填井(2 m×4 m)；5—分段巷道(4 m×4 m)；6—阶段运输巷道(4 m×4 m)；7—切割横巷(4 m×4 m)

采准切割工作主要包括采准斜坡道、分段巷道、分层联络道、溜矿井和充填回风井以及切割横巷等。从采准斜坡道向矿体开掘联络道与分段巷道连通,每条分段巷道负担下、中、上 3 个分层的回采,分层采高为 4 m。采准斜坡道和分段联络道的坡度最大为 16.7%,断面 3.6 m × 3.6 m。在采场中部矿体的上、下盘脉外分别掘进充填回风井和溜矿井。

从切割巷道沿矿体走向,向采场两端掘进断面为 4 m×4 m 的回采进路,先单后双间隔回采。采用水星 14 型单臂凿岩台车,光面爆破布置炮孔,炮孔直径 38～41 mm,孔深 2.9 m。2 号岩石炸药,PT61 装药车装药,装药系数 0.8,非电导爆管起爆。在进路内用法国 CT－1500 型柴油铲运机或瓦格纳 EHST－1A 型电动铲运机(斗容 0.75 m^3)将矿石运到脉外溜井出矿。

采场单(或双)进路的回采结束后,在进路口用木柱、木板建筑隔墙,内侧衬以塑料纺织袋或草袋作滤水层。木隔墙、立柱间的空隙要用水泥砂浆或环氧树脂封堵,防止漏浆、跑浆。然后,沿进路顶部铺设充填管到进路内进行尾砂胶结充填。底柱和每一分层一步骤回采的进路采用灰砂比为 1:4 的料浆充填,二步骤用灰砂比为 1:(8～10)的料浆浇面。

采场通风,在采场分层联络道口安装 1～2 台局扇将新鲜风压入工作面,在上盘充填回风井上部安 1 台局扇,将污风抽至回风巷道。

劳动组织采用综合队形式。

主要技术经济指标:

(1) 采场综合生产能力:250～300 t/d ;

(2) 凿岩设备效率:260 m/台班;

(3) 出矿设备效率:130 t/台班;

(4) 掌子面工效:10.5 t/工班;

(5) 损失率:4.24%;

(6) 贫化率:9.45%;

(7) 每米炮孔崩矿量:1.2 t;

(8) 采切比:32.7 m^3/kt。

9.4.2.3 山东河东金矿上向进路充填法

河东金矿为蚀变岩型矿床,位于招掖金矿带西部,矿床赋存于焦家主断裂派生的次一级分支断裂。矿体受断裂蚀变带控制,多分布于主裂面底盘,局部地段分布于主裂面顶盘中的构造蚀变岩中。矿体为不规则透镜状、脉状,呈分枝复合、尖灭再现现象。矿床水文地质条件简单,为风化裂隙水。地表为良田,不允许陷落。矿体长度240~300 m,垂深340 m,品位较高,但分布不均,中上部富集,深部和边部较贫。矿体和上盘不稳固,下盘稳固。矿体最大厚度17.86 m,平均厚度6.56 m,倾角25°~55°,平均37°。矿体抗压强度80 MPa,体重2.65 t/m^3,松散系数1.6。

采场进路垂直走向布置,采场长17 m,宽15 m,高为中段高度25 m。留顶柱高5 m,不留底柱。采矿方法如图9-13所示。

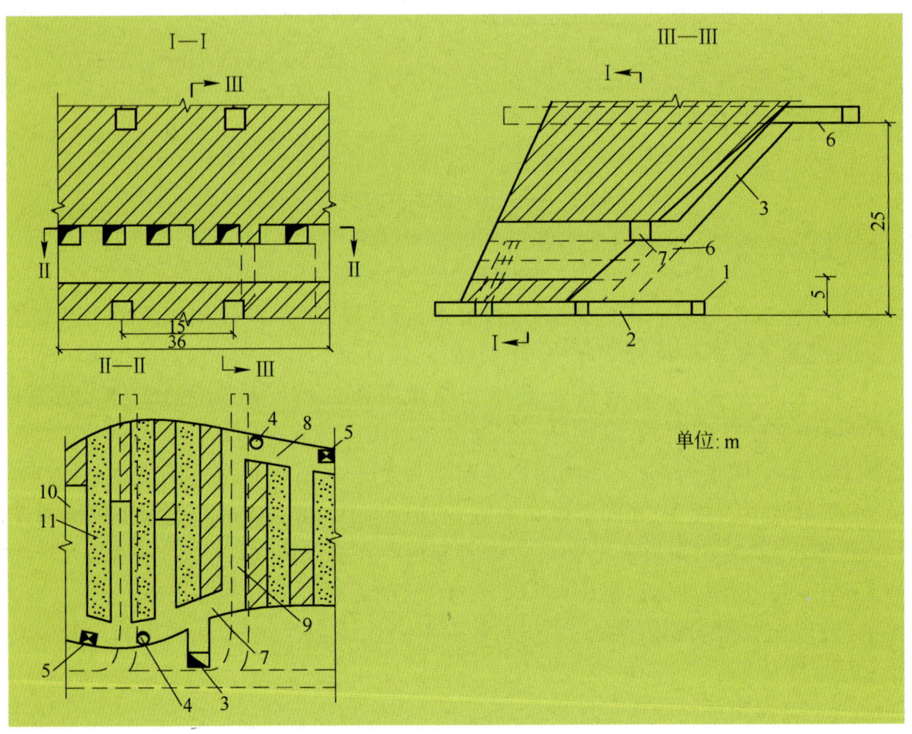

图9-13 山东河东金矿上向进路充填法

1—沿脉巷道(2.1 m×2.3 m);2—穿脉巷道(2.1 m×2.2 m);3—设备井(3 m×2.8m);4—矿石溜井(ϕ1.5 m);5—人行泄水井(1.2 m×1.2 m);6—设备井联络道(2.6 m×2.5 m);7—下盘联络道(2.6 m×2.5 m);8—上盘联络道(2.6 m×2.5 m);9—进路通道(3 m×2.5 m);10—采矿进路(3 m×2.5 m);11—充填进路(3 m×2.5 m)

采准切割作业在矿体底盘上掘设备井(倾角46°),在底柱上开凿联络道,以及溜矿井和人行泄水井至切割层,随着回采逐步架设顺路井。

进路回采按奇偶数顺序间隔进行回采,采用7655型凿岩机落矿,钎头直径40 mm,炮孔布置为梅花形,孔深1.3~1.5 m,孔底距0.6~0.7 m。2号岩石炸药,人工装药,装药系数0.7,火雷管起爆。应用控制爆破技术,楔形掏槽,周边眼采用0.6~0.7 m,ϕ32 mm药卷间隔装药。采用EHST-0.5型电动铲运机出矿。首采进路采用灰砂比1∶6胶结充填料,待固结后回采相邻进路。在分层进路回采结束,充填前必须上挑联络道,同时架设好顺路溜井和人行泄水井。顶板采用水泥卷锚杆支护,锚杆长1.8 m,沿进路方向每隔1.2 m布置一排,每排2根。回采结束的进路为了取得好的充填接顶效果,充填管在进路中出口处应在充填前挑高。

采场通风的新鲜风流经穿脉、顺路天井进入采场作业面,污风由设备井排至上部回风巷。

劳动组织分为两个组,即采矿组和充填组,采矿组由凿岩爆破、铲运机出矿、锚杆安装等作业人员组成,共12人,分进路作业,每班3~4人。充填组包括架设管路、挡墙、溜井、泄水井及充填作业人员组成,共7人,三班作业,每班2~3人。

主要技术经济指标:

(1) 采场综合生产能力:30~50 t/d;

(2) 掌子面工效:3~5 t/工班;

(3) 损失率:3%;

(4) 贫化率:5%;

(5) 每米炮孔崩矿量:1.45 t;

(6) 大块率:28%;

(7) 采切比:2.4 m^3/kt。

目前矿山采用了上向分层顺序进路尾砂充填法回采,进路断面形状为平行四边形(类似图9-11*a*),宽3 m,采高3 m,从一侧顺序回采,采完一条就充填,然后再采旁边的进路。采用尾砂充填,充填后的进路一侧倾角为80°左右,保证了尾砂充填体的稳定。这种方式完全用尾砂充填,节省了采矿成本,但要求尾砂的脱水性能好,一般适应于尾砂较粗的情况。

9.4.3 下向进路充填法及实例

9.4.3.1 概述

当开采矿岩均极不稳固但价值又很高的矿体时,适合采用下向进路充填采矿法开采。其特点是回采顺序为由上而下进路回采,除第一层中的进路外,每一层的进路都是在胶结充填料形成的人工顶板下进行回采作业。

在采用下向进路胶结充填法的矿山中,进路分为倾斜进路和水平进路,倾斜进路角度一般为5°~12°,以达到更好的充填接顶。在布置进路时,一般下一分层的进路和上一分层的进路错开布置,以有利于安全。

进路充填时,为保证下分层进路回采和相邻进路回采时的作业安全,每一进路均需要胶结充填。进路上层充填体强度较下层充填体强度低,一般用灰砂比1∶(8~10)料浆胶结充填。下层充填体强度要求要高,要保证下分层进路回采时对充填体强度的要求,可用灰砂比1∶(4~5)胶结充填,充填体强度要达到4~5 MPa。采矿方法示意图如图9-14所示。

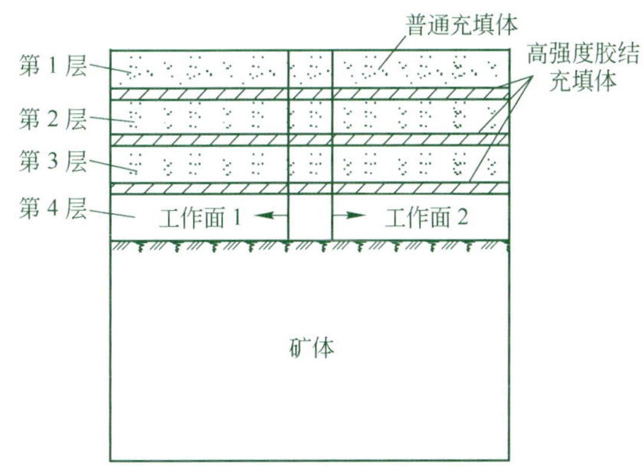

图9-14 下向分层充填采矿法示意图

9.4.3.2 金川二矿区机械化下向进路充填法

金川二矿区矿床属超基性硫化铜镍矿床，赋存于海西期含矿超基性岩体中，按成因类型可分为超基性岩型、接触交代型和贯入型三种，以超基性岩型为主，占全区储量的99.31%。矿体全长1600 m，平均厚度98 m，其中富矿长1300 m，厚度69 m。矿体呈似层状产生，产状与岩体下部产状基本一致，走向N 50°W，倾向SW，倾角65°~75°，矿体形态比较规则，矿体顶底盘围岩均以二辉橄榄岩为主，矿岩均不稳固。

由于矿体厚大，回采划分成盘区开采，以便于充分发挥无轨设备的灵活性。盘区垂直矿体走向布置，长度为矿体厚度，宽度为100 m，盘区间不留间柱，连续回采，中段高度为100 m和150 m。

盘区采用上盘脉外采准系统，在矿体上盘布置采准斜坡道，采准分斜坡道与通地表的主斜坡道、中段主运输道相连接。在距离矿体上盘100 m左右处布置分段巷道，分段巷道与采准斜坡道通过分段联络道相连接。每分段高度20 m，服务5个分层，分层高4 m。分段巷道与矿体通过分层联络道相接，在分段巷道上盘布置盘区溜井，原则上每个盘区1条溜矿井，每个中段布置一条废石井，溜井直径2.5~3 m，溜井均为钢模板壁后混凝土支护。充填回风系统布置在采场上部及矿体下盘，采场上部为穿脉道，矿体下盘为沿脉道，穿脉道通过预留的充填回风井与采场相通，沿脉道通过联络道与主回风井及钻孔相连接。

无轨设备采准斜坡道坡度不大于1∶7，分层联络道重车上坡坡度不大于1∶10，重车下坡坡度不大于1∶7。采准巷道净断面（宽×高）为：分层联络道4.6 m×4.1 m，分段巷道4.3 m×4.2 m，采准斜坡道为4 m×4 m，溜井联络道为4.3 m×4.1 m，充填回风道2.6 m×2.8 m，预留井为ϕ2 m。

盘区上、下分层进路垂直交错布置，回采进路断面规格（宽×高）为5 m×4 m，原则上进路长度不超过50 m。回采顺序为先上盘、后下盘，先两翼后中间，后退式回采。回采方式为“隔一采一”。采矿方法如图9－15所示。

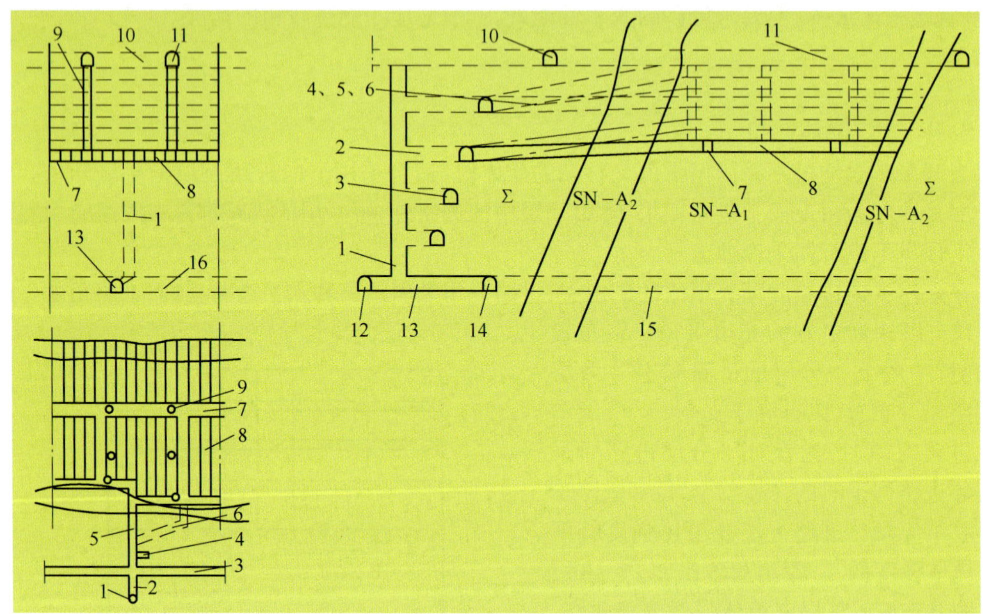

图9－15 金川二矿区机械化盘区下向进路胶结充填采矿法

1—溜井；2—溜井联络道；3—分段道；4—排污硐室；5—分层联络道；6—下分层联络道；7—分层道；8—进路；9—充填回风井；10—1250水平沿脉回风道；11—穿脉风道；12—1150沿脉运输道；13—1150穿脉运输道；14—1150下盘运输道；15—1150穿脉充填回风道；16—1150沿脉充填回风道

$SN-A_2$—贫矿；$SN-A_1$—富矿；Σ—超基性岩

凿岩采用瑞典阿特拉斯·科普柯公司制造的H128双臂液压凿岩台车，钎杆长4.3 m，钎头直径ϕ38 mm(柱齿形)，炮孔深度不小于2.5 m。根据进路顶板和两帮介质的不同，通常布置40～45个炮孔，采用楔形掏槽。

爆破采用ϕ32 mm卷状2号岩石乳化炸药，进行连续装药，半秒差非电塑料导爆管起爆，8号工业火雷管引爆。

出矿采用美国埃姆科公司制造的EIMCO928铲运机，斗容6 m^3，额定载重量13.6 t，盘区平均运距200 m，出矿能力60～120 t/h，矿石通过铲运机运至脉外盘区矿石溜井。

盘区通风采用压、抽混合式通风，新鲜风流经分段巷道两端的进风井进入分段巷道，再经分层联络道、分层巷道进入回采进路。污风经采场内预留的充填回风井排至主充填回风系统。

为使盘区回采工作连续进行，以及有效控制盘区内回采过程的地压活动，采取强采强充的方针，正常情况下盘区内只有2～3条进路同时回采，进路回采结束后，立即准备充填。充填前先清理干净进路内的残留矿石，用ϕ6.5 mm的钢筋网敷设底筋，网度400 mm×400 mm，顶底板间吊挂ϕ6.5 mm竖筋，网度1200 mm×1200 mm，顶板打锚杆固定充填管路(每节ϕ100 mm塑料管长4 m)。在进路口用粉煤灰空心砖封口，并喷射30～50 mm厚的混凝土。进路充填采用－3 mm的棒磨砂胶结充填，进路分两步骤充填，先充填进路底部，灰砂比1∶4，后充填进路上部，灰砂比1∶8，充填料浆浓度77%～79%。

主要技术经济指标：

(1) 盘区生产能力：600～700 t/d；

(2) 凿岩台车效率：139～278 m/台班；

(3) 铲运机效率：250～300 t/台班；

(4) 损失率：5%；

(5) 贫化率：7%。

9.4.3.3 金川龙首矿下向六角形进路机械化胶结充填采矿法

龙首矿矿床属岩浆熔离硫化铜镍矿，产于超基性岩体的中下部，上盘围岩主要为二辉橄榄岩，下盘围岩主要为大理岩、二辉橄榄岩。矿区断裂构造极其发育，虽然矿岩单体抗压强度较高，但由于节理裂隙发育，整体稳定性差，矿岩极易冒落。矿区水文地质条件简单。

龙首矿曾经使用过上向分层胶结充填法(多漏斗、电耙、装运机出矿)和下向倾斜分层胶结充填采矿法，目前主要采用下向分层六角形进路胶结充填采矿法。该方法是下向倾斜分层充填高进路回采方案的一种优化，是将正方形断面的进路改为六角形断面的进路，使采空区充填体呈蜂窝状镶嵌结构，从而改变其受力状况，提高了采场的稳定性，有效地控制了地应力。

采场垂直矿体走向布置，长度50～75 m，宽度为矿体的水平厚度，高度为中段高度60 m。采用脉内外联合采准系统，采准斜坡道布置在盘区上盘围岩中，折返式布置，断面为宽×高＝4 m×3.5 m，直墙半圆拱，喷锚网支护。分段高度15 m，分段联络道与采准斜坡道相通，采场每分层由分段巷道掘分层联络道进入矿体，每一分段巷道服务回采6层。在采场中垂直走向布置分层道，断面为4 m×2.8 m。在分层道位置布置2条脉内矿石溜井(当矿体水平厚度小于40 m时只布置1条)。回采水平以上充填时应预留通风井，作为采场顺路回风井。脉外布置1条废石井，通过分层联络道与分段巷道相通。采场两端布置穿脉充填巷道，采场进路端部掘充填小井与之相通，穿脉充填道与中段沿脉充填道相通。采场进路为垂直分层道双翼布置，长25～35 m。断面尺寸为六角形，顶底宽3 m，腰宽6 m，高为5 m。进路布置特点为相邻进路在垂直高度上交错半层，即2.5 m，进路“隔一采一”。采矿方法如图9－16所示。

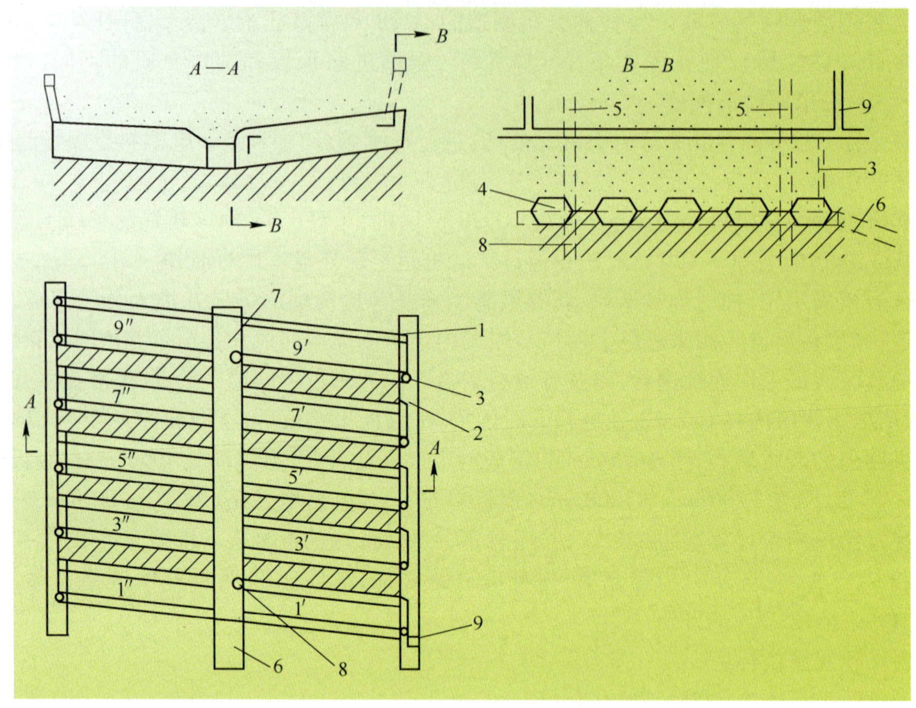

图 9－16　金川龙首矿下向六角形进路机械化胶结充填采矿法

1—主充填井；2—充填巷道；3—进路充填小井；4—进路；5—采场回风井；6—采场分层联络巷道；7—采场分层道；8—采场出矿溜井；9—充填巷道人行天井

六角形进路形成有四个步骤：第一步混凝土做假顶，新开采场第一层用低进路进行回采，断面规格 3 m×3 m，隔一采一进路采完后封口充填，再回采剩余进路，全部回采结束后，支顺路天井、封口，一次充填；第二步形成预备层，以宽×高 = 4.5 m×2.5 m 进路断面间隔回采一次充填或分段分次充填形成预备层；第三步形成雏形层，即第三层回采时以宽×高 = 4.5 m×5 m 进路断面回采第二层未采的进路，且必须把进路 2.5 m 高的下半部开帮形成底宽 3.0 m，腰宽 6 m 的倒梯形断面；第四步骤形成标准层，在实际回采中，进路绝大部分是一次性形成六角形断面，部分进路还需开帮处理形成。

进路充填在进路回采结束后进行，进路底部回填 0.1～0.2 m 厚碎矿石，扒平，形成 3°～5°倾斜角，以利充填，垫碎矿石的作用是对下层进路爆破时增加爆破自由面和保护充填体。在扒平的碎矿石上铺设钢筋网，再进行吊挂，吊挂中在第一分层都打吊挂锚杆，锚杆为 ϕ20 mm 螺纹钢，长 1.2 m，间距 1.5 m。再用 ϕ10 mm 的钢筋作吊筋，将底板铺的金属三角桁架与锚杆相连。三角桁架是用直径 10 mm 的钢筋焊接而成，顶筋与吊筋相连，吊环预埋至碎矿石中，以备下层进路充填吊筋连接之用。吊筋弯钩长度大于 400 mm，弯钩处互相缠绕连接。铺底钢筋网固定在三角桁架的底筋上，规格 3 m×1.6 m，网度 400 mm×300 mm（细砂充填）或 400 mm×500 mm（粗骨料充填），为 ϕ6.5 mm 钢筋焊接而成，钢筋网与桁架之间相互拧结相连。封口采用木板封口或空心粉煤灰砖砌筑隔墙封口，利用空心粉煤灰砖砌筑挡墙，墙体坚固，并有一定的滤水性，经济实用。为加固挡墙，砌筑之后，再喷射一层 50 mm 厚混凝土。采场平底、吊挂、封口结束后进行充填。东、中采区主要采用粗骨料充填。西采区采用细砂充填。

9.4.3.4　法国 SMJ 公司的 Bernardan 铀矿下向分层充填采矿法

法国 SMJ 公司的 Bernardan 铀矿床，位于法国东部，发现于 1968 年，1973 年开始生产。矿山生产能力 300 t/d,采矿方法为下向分层进路充填采矿法。斜坡道开拓,15% 坡度,20~40 t 卡车运输。由于岩石条件较差,第一分层顶板需要支护,工班效率较低,只有 9.5 t/工班。第一分层的每条进路一采完就立即用混凝土充填。第二分层进路掘进方向正交于上一层进路方向。不需要额外的支护,因此具有较高的生产率,达到 16.55 t/工班。每条进路用混凝土充填。第三分层继续。这种采矿方法的好处是作业人员在混凝土顶板下作业很安全,矿石回收率接近 100%,贫化率低。缺点是成本高,主要是混凝土成本和充填作业成本。

混凝土在地表搅拌,泵送至采场充填。为了保证混凝土的流动性,混凝土中的含水量较高,这降低了混凝土的强度。

矿山为了降低成本,采用较少充填量的措施。如图 9-17 所示,在上下两层都充填的中间层的中间进路不充填;底盘进路不充填。这样充填比降低到 3/4 至 5/6。1/2 的充填比也获得了成功,但是由于矿体几何形态的变化,不是在什么地方都可以用。

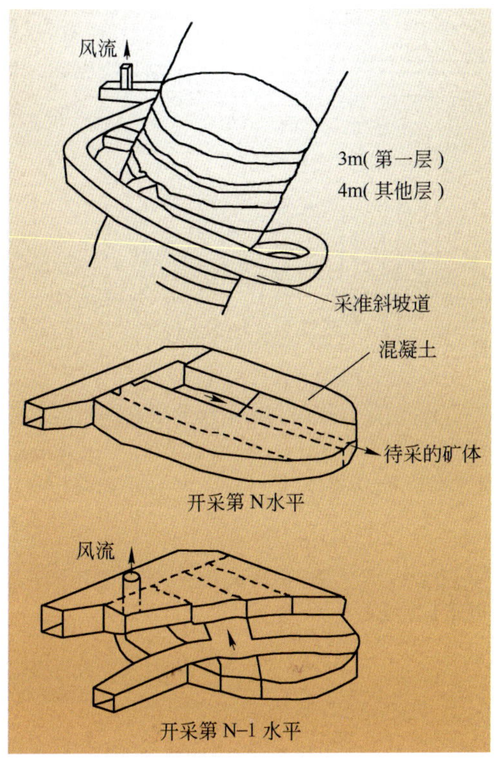

图 9-17　Bernardan 铀矿下向分层充填采矿法

9.4.3.5　前苏联佐茨克矿下向分层进路充填采矿法

该矿为交代岩中的脉状矿带和矿化岩脉,矿岩没有明显的地质接触线,细粒矿石容易结块。矿体形态复杂,为厚矿体,倾角 45°~85°,矿石体重为 2.4~2.6 t/m³,抗压强度 30~80 MPa。围岩为辉长岩和蛇纹石化橄榄岩,抗压强度为 120~150 MPa。

矿山上部 3~7 中段以上采用平硐开拓,下部采用竖井开拓。采矿方法为下向水平分层进路充填法,采场长度 170~200 m,宽度为矿体厚度,高度 45~55 m。脉外主要运输平巷至上部各中段用斜坡道连接,斜坡道坡度 8°~10°,便于铲运机行走。矿石溜井使用爬罐设备掘进;从上自下按分层进路回采,进路断面 4 m×4 m。进路掘进采用倾斜方式,角度 3°~4°。为避免未充填进路之间的矿柱在爆破时遭到破坏,矿柱宽度不得小于进路宽度的两倍,即 8 m。下分层进路的位置，相对于上分层进路错动半个进路宽度，使顶板充填体产生“夹紧”作用，并可回收临时留在上部进路底板上的崩落矿石。与充填体相邻的进路，只有当充填体强度达到0.7~1.0 MPa时才能开始回采。而充填体下面的进路，只有当强度达到2.7~2.9 MPa后才能开始回采。使用铲运机装运出矿。该矿使用下向水平分层倾斜进路充填采矿法的经验表明，在复杂的开采技术条件下，这种采矿法效率是很高的，矿石损失率小，贫化率低，安全可靠。采矿方法如图9-18所示。

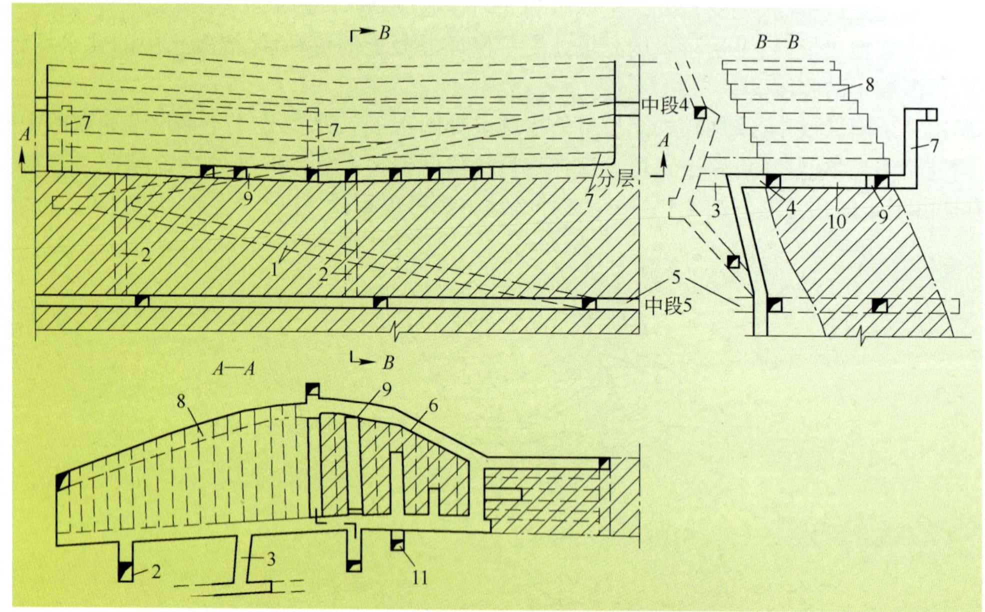

图9-18 前苏联佐茨克矿下向分层进路充填采矿法

1—采准斜坡道；2—溜矿井；3—分层联络道；4—卸矿横巷；5—运输平巷；6—充填通风平巷；7—充填通风天井；8—充填体；9—挡墙；10—回采进路；11—废石溜井

主要技术经济指标：

(1) 掌子面工效：27 t/工班；

(2) 铲运机出矿效率：207 t/台班；

(3) 损失率：2.3%；

(4) 贫化率：8%；

(5) 采切比：10 m^3/kt。

9.5 壁式充填采矿法

9.5.1 工艺技术特点

壁式充填采矿法适用于缓倾斜极薄至中厚不稳固矿体，上盘围岩稳固性较差，矿体产状较为规整。

主要特点是沿走向划分采场，回采分条从采场一端沿走向向另一端推进，回采结束后随即进行充填作业。分条工作面长度较长，一侧为充填体，另一侧为矿壁，凿岩一般采用浅孔气腿凿岩机，出矿采用电耙，在矿体倾角满足无轨设备运行时，尽可能采用凿岩台车凿岩和铲运机出矿，以提高采场生产能力。

根据矿岩稳固性,矿壁与充填体间可留一定的作业空间,或不留作业空间,必要时通过局部支柱来支撑上盘围岩,以保证作业面安全作业。回采作业主要分为三种方式:

(1) 一采一充留控顶距,先回采两排柱距,然后充填一排柱距,留控顶一排作下一排工作场地和爆破补偿空间;

(2) 一采一充不留控顶距,即壁式进路回采,进路宽度根据矿岩稳固而定,矿岩不稳固时,进路宽度 2 ~4 m,矿岩中等稳固时,进路宽度 4 ~8 m;

(3) 二采一充不留控顶距,作业面连续回采二排柱距,然后一次充填,第一排为进路式回采,第二排为长壁式回采,二排回采结束后一次充填。

9.5.2 湘潭锰矿壁式充填法

矿体呈似层状产出,赋存于震旦纪黑色页岩中,属浅海相沉积碳酸盐矿床。矿体平均倾角 47°,最大倾角为 85°,在 -30 m 标高以上矿体倾角较缓,平均在 30°以下。矿体厚度一般为 1.8 ~2.5 m,局部厚度 11 m,抗压强度 50 ~60 MPa。矿体因受小断层切割较甚,小折曲亦发育。底板起伏不平,稳固性较差。矿体直接顶板为叶片状黑色页岩,其上为贝壳状黑色页岩,极不稳固,页岩上的硅质页岩为含裂隙承压水,不允许陷落。直接底板为黑色页岩,其下为砂岩,稳固性较好。

采用斜井开拓,竖井行人、运料。采矿方法曾用过壁式崩落法、分层崩落法,现主要用水平分层和壁式水砂充填法。壁式充填法适用于矿体厚度小于 3.5 m,倾角小于 25°的矿体。垂直走向布置回采分条,其宽度为 2.4 ~2.6 m,逆倾向自下而上回采。出矿采用电耙出矿,用木支护,一梁二柱或一梁三柱。悬顶距 4.8 ~5.2 m,充填距 2.4 ~2.6 m,控顶距 2.4 ~2.6 m。由于用水砂充填,支架回收率较低。充填管自切割巷道进到工作面。回采一分条约一个月左右,即打孔、出矿、支护 22 天,充填 2 天,清理 1 天。采一排充一排,达到控顶目的。采矿方法如图 9 -19 所示。

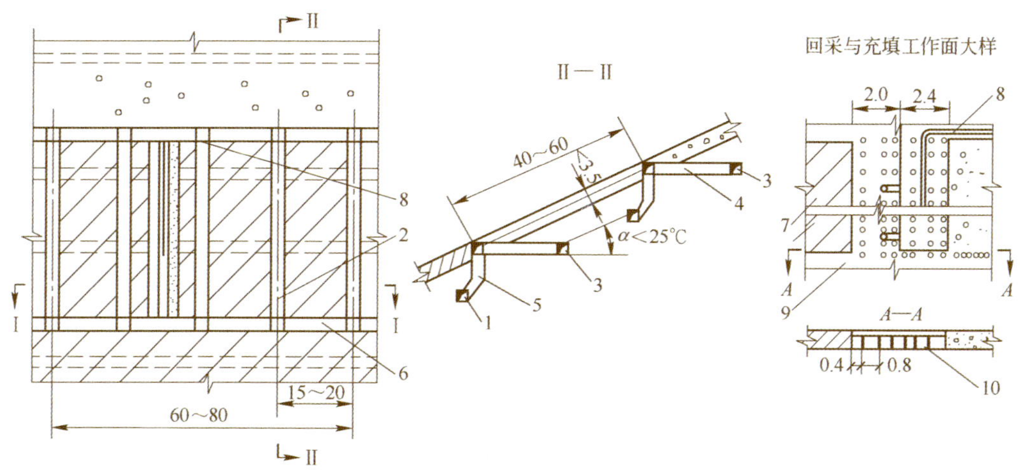

图 9 -19 湘潭锰矿壁式充填采矿法

1—脉外运输平巷; 2—切割上山; 3—脉外充填平巷; 4—充填联络道; 5—矿石溜井; 6—切割平巷; 7—立柱; 8—充填管道; 9—斜撑; 10—砂门

主要技术经济指标:

(1) 采场综合生产能力:39 ~47 t/d;

(2) 电耙出矿效率:20 t/台班;

(3) 掌子面工效:4 t/工班;

(4) 损失率:3% ~8%;

(5) 贫化率:9%;

(6) 采切比:30.4 ~37 m^3/kt。

9.6 削壁充填采矿法

9.6.1 工艺技术特点

削壁充填法适用于极薄矿体、矿石与围岩界线明显、贵重金属或价值高的矿石开采。削壁充填法需要通过崩落围岩,并将崩落的岩石存留在采空区进行充填。根据矿岩稳固性确定矿石和围岩的先后作业顺序,一般先采矿石后采围岩,如果围岩稳固性较差时,应先采围岩后采矿石。

削壁充填法采用浅孔气腿凿岩机凿岩,矿石运搬采用人工出矿和小型电耙出矿,作业面断面允许时,可采用小型铲运机运出矿。小型电耙适合在中小型矿山使用,可大幅度提高开采强度和矿块生产能力。

削壁充填法矿石爆破落矿含有部分围岩,导致贫化率较大,矿体越薄,贫化率越大,贫化率一般在5% ~20%之间,有的超过25%。为避免高品位粉矿混入充填料中造成损失,应在充填体面上铺设垫层,垫层一般采用木板、铁板、胶带、水泥砂浆或混凝土等。木板或铁板在崩落矿石时易被砸断或变形,从而造成大量粉矿损失。利用旧胶带铺设垫层时,为防止胶带在爆破时被砸坏,应在胶带下铺设一层草袋等缓冲材料,并在胶带与草袋层间铺一层帆布,以回收从胶带搭接处漏掉的粉矿。采用铲运机出矿时,适用混凝土铺面,铺面厚度一般为0.1 ~0.15 m。

当开采急倾斜矿体时,充填料可用人工、电耙或铲运机倒运、平整充填料堆面。当开采缓倾斜矿体时,充填随回采工作面的掘进,可每隔1.5 ~2.0 m用崩落下来的大块废石砌筑一道石墙,墙面与水平面间有70° ~80°夹角,石墙间用碎石填满。堆筑石墙和充填废石都要做到严密接顶。

9.6.2 桃江锰矿削壁充填法

桃江锰矿属倾斜及缓倾斜层状浅海相碳酸锰沉积矿床,矿层赋存于奥陶纪中下部的黑色炭质页岩和灰色黏土页岩之中。矿体倾角40°左右,向北倾斜,埋藏深度为485 ~161 m标高,矿石抗压强度60 ~80 MPa,体重3 t/m^3。直接顶板为灰色黏土页岩,直接底板为黑色页岩,两层矿之间为黑色页岩和黏土页岩,一般夹层厚1 ~2 m不等,矿体上层矿为0.3 ~1 m厚,下层矿为0.5 ~0.7 m,走向延长1000 m左右。矿区构造以褶皱为主,断裂次之,由于地质褶皱断裂影响,使矿体厚薄不匀,走向方向上呈波浪状起伏,影响中段划分,增加采掘比,加大损失贫化,对开采影响很大,降低了技术经济指标。

该矿采用斜井开拓,采矿方法为削壁充填采矿法。采矿顺序为前进式和100 m中段以下实现后退式。采场沿走向布置,采场长度50 m左右,中段高度50 m,中段运输平巷布置在脉外,掘漏斗通采场,采场中央布置中央天井,作通风下料之用。回采使用YT-25及9545型或7655型凿岩机,浅孔落矿,落矿时矿体置于上盘,刷底板岩石充填,保证最小采幅。采场运搬使用人力小推车。工作面一般不设垫板,随回采上推,在采场架设顺路天井,天井间距10 ~12 m左右,矿石由顺路天井溜至下部运输平巷。削壁充填法使用很成功,贫化和损失率指标控制较好,主要问题是采场运搬劳动强度较大。采矿方法如图9-20所示。

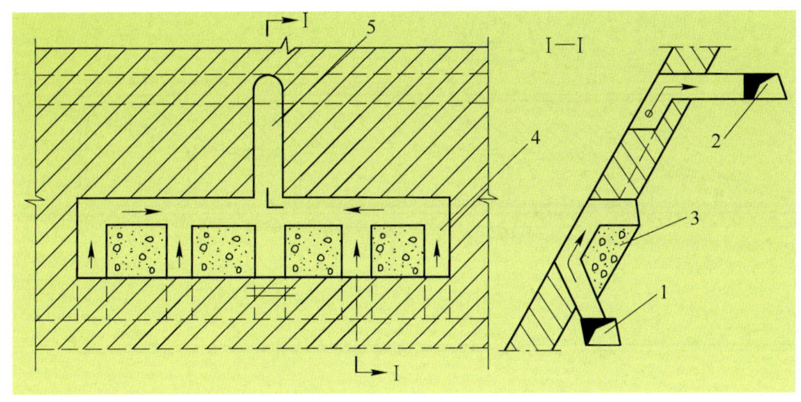

图 9－20　桃江锰矿削壁充填采矿法

1—中段运输平巷；2—回风平巷；3—废石充填体；4—溜矿井；5—采准天井

主要技术经济指标：

（1）采场综合生产能力：45～60 t/d；

（2）掌子面工效：3～4.66 t/工班；

（3）损失率：10.38%～11.34%；

（4）贫化率：6.34%～9.18%；

（5）采切比：40～61 m^3/kt。

9.6.3　金厂沟梁金矿削壁充填法

金厂沟梁金矿位于华北地台北缘内蒙地轴东段，矿床严格受构造控制，矿脉成群出现，矿化连续性好。矿体倾角45°～90°，平均为80°，矿体厚度变化较大，以0.08～0.86 m的极薄矿脉为主，各矿体的平均厚度为0.13～0.54 m，最大厚度为1.26～2.95 m。矿体稳固，矿石抗压强度40～140 MPa，体重3.25 t/m^3，松散系数1.5。矿脉均赋存于古老基底的变质岩中。矿体与围岩界线清楚，围岩以斜长角闪片麻岩及斜长角闪岩为主，顶底板围岩比较稳固，但在构造破碎及蚀变地段容易片帮冒落。矿山水文地质条件简单，用水量较小。为了保护农田及地表建筑物，矿体开采后，地表不允许陷落。

矿山采用机械化削壁充填法开采，适用于开采厚度大于0.3 m，长度应在160 m以上的矿体。采场沿走向布置，长度为100 m，高度为中段高度40 m。

采准切割工程主要包括采准斜坡道、采准斜坡道联络道、顺路放矿溜井、人工混凝土假底及人行通风天井等工程。采准斜坡道布置在脉内，坡度12°～13°，相邻两条采准斜坡道间距为100～110 m。

机械化削壁充填采矿法回采工艺包括掏槽落矿、出矿、削壁充填及为下一循环的准备工作。回采作业面长度为20～22 m，掏槽落矿分两次进行，第一次控制高度为0.5～0.7 m。第二次控制高度为1.2～1.5 m。由于矿体薄，炮孔布置呈“之”字形。凿岩主要用7655、YSP－45型浅孔气腿凿岩机和H102型液压浅孔凿岩台车，当矿体较厚时，使用液压凿岩台车凿岩，炮孔直径42 mm，孔深0.7～1.8 m。炸药为2号岩石炸药，人工装药，非电导管起爆。出矿采用CT500HE小型铲运机。由于围岩松散系数为1.5，所以削壁充填的顺序为“掏1、削2、充填3”。准备工作包括架设顺路天井、安装钢筒溜井、撬碴平场、铺胶垫层、采场支护及设备维修保养。采矿方法如图9－21所示。

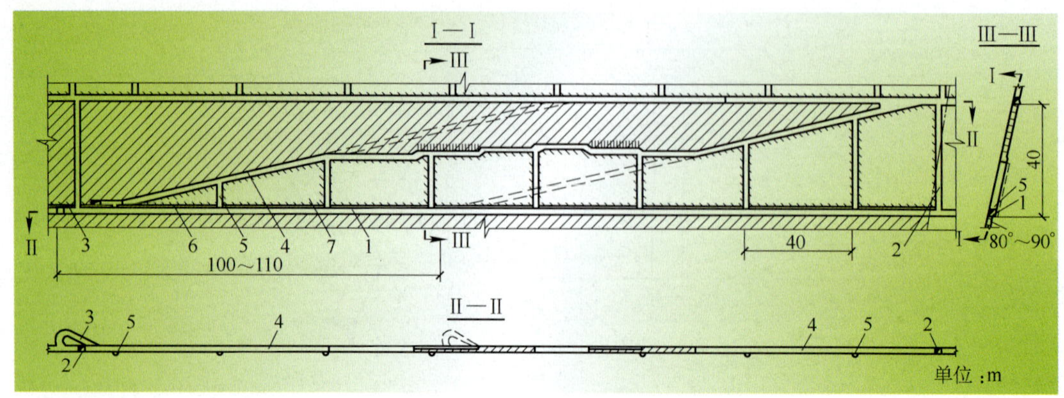

图 9-21 金厂沟梁金矿削壁充填法

1—沿脉运输巷道；2—人行通风天井（2.5 m×1.5 m）；3—联络斜坡道（2.5 m×2 m）；4—沿脉斜坡道（2.5 m×2 m）；5—顺路放矿溜井（ϕ1.5 m）；6—人工混凝土假底（2.5 m×0.5 m）；7—削壁碎石

采场通风新鲜风流从中段运输平巷进入采准斜坡道联络道，再进入脉内采准斜坡道，然后沿脉内采准斜坡道到作业面，污风排到上部回风巷道。

机械化削壁充填采矿法采用16人的综合作业队，三班一个循环，作业循环内容包括凿岩、架设顺路天井、安装钢筒溜井、铺胶垫、装药爆破、落矿、通风、撬碴、平场、支护、铲运机出矿、清理粉矿、撤胶垫。

主要技术经济指标：

(1) 采场综合生产能力:50 t/d;

(2) 掌子面工效:7 t/工班;

(3) 凿岩台车效率:70 t/台班;

(4) 铲运机出矿效率:60 t/台班;

(5) 损失率:7%;

(6) 贫化率:40%;

(7) 采切比:5.32 m^3/kt。

9.7 分段充填法

9.7.1 工艺技术特点

在分层充填采矿的基础上，如果矿岩的稳固程度都很好，那么就可以两个以上的分层同时回采，如图9-22所示。第一层按分层充填回采后作为出矿水平，先在第四层掘进一条巷道作为充填用，第二层和第三层同时回采。采场改用上向凿岩，在矿体的端部开凿切割槽作为自由面，一次可以爆破一排或多排炮孔。在逐步后退式采矿过程中，充填从采场的另一端同时进行，但是与矿体爆破端部保持一定的距离，以留出足够的补偿空间，如图9-23所示。第二、三层采完后，第四层作为出矿水平，在第七层中开凿巷道作为充填用，第五、六层以同样的方法进行回采。以此类推，重复进行。这就形成了分段充填采矿法，国外文献也叫做 Avoca 采矿法（the Avoca Mining Method 或 Bench and Filling）。

这种采矿方法，采准切割采用浅孔凿岩设备，回采凿岩采用中深孔凿岩设备，两层合并时为典型的中深孔凿岩爆破。充填可以采用块石胶结充填或膏体充填，一般不适合采用水砂充填。

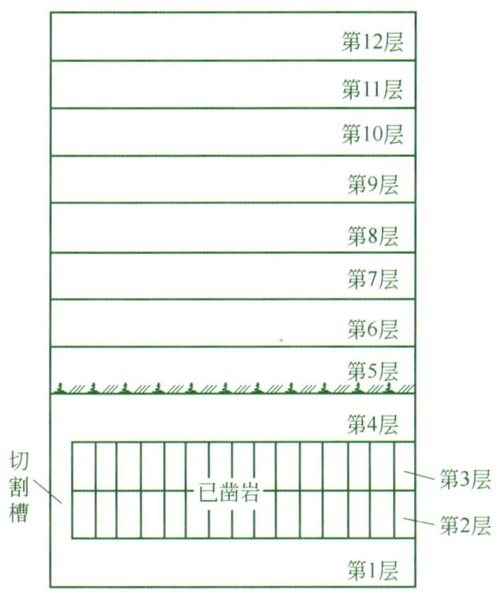

图 9－22 分段充填采矿法采场布置示意图

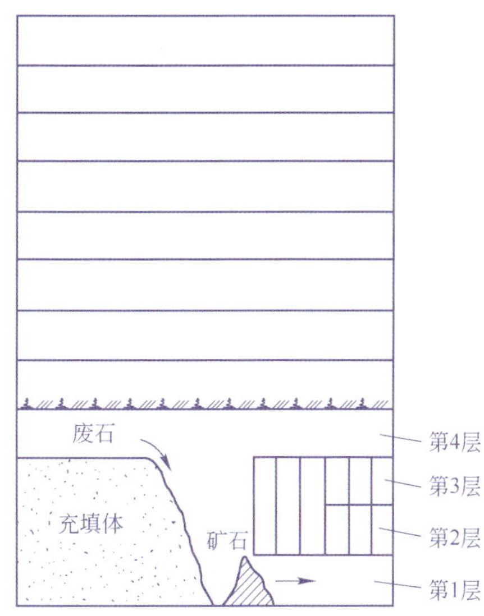

图 9－23 分段充填采矿法充填和回采作业

采用中深孔凿岩台车凿岩，铲运机出矿，有效提高了机械化作业水平，劳动生产率提高，采场综合生产能力高于分层充填法。分段充填法各项作业在分段巷道中进行，作业安全性较好。根据回采作业需求，可以多分段同时作业。

分段充填法充填工艺有两种形式：一种形式是在分段逐步后退式回采过程中，在出矿结束后，从分段的另一端随即进行充填，但与分段爆破端部保持一定的距离，以留出足够的补偿空间，也可不留分段端部补偿空间，采用拉底切割方式采用挤压爆破。这种形式由于充填次数多，因而作业效率低，采场生产能力小。但优点是不需要遥控铲运机作业。

另一种形式是在分段全部回采结束后，再对整个分段进行充填。这种形式由于存在集中出矿，因而采场生产能力大。一般需要铲运机进入采场出矿，因而需要遥控铲运机，国内矿山往往担心采场掉块砸坏设备，因此应用得较少。

分段充填法分为沿走向布置和垂直走向布置。当矿体厚度小于 12 ~ 15 m，分段沿走向布置；当矿体厚度大于 12 ~ 15 m 时，分段垂直走向布置。分段高度一般为 7 ~ 15 m，7 ~ 10 m 为低分段，10 ~ 15 m 为高分段，少数矿山超过 20 m。由于分段充填法采用中深孔凿岩，凿岩效率较分层充填法要高，在矿体开采技术条件允许时，尽可能采用分段充填法。

9.7.2 大冶丰山铜矿分段充填法

该矿为大型中偏高温矽卡岩型矿床，接触蚀变矿化带均为构造裂隙、破碎带，节理特别发育，矿体主要矿石类型为矽卡型铜矿石，稳固性差，上下盘接触带极不规则。分为南缘和北缘两个矿带，南缘矿带北西向延伸，倾向南西，倾角 50° ~ 70°。

矿山的南缘采用分段碎石胶结充填采矿法，采场按分段划分成矿块回采，矿块垂直走向布置，矿块宽度 6 ~ 7 m，长度为矿体厚度，高度为中段高度 50 m，分段高度 10 m。

采用下盘脉外采准斜坡道，主要采切工程有分段平巷、溜矿井、通风泄水井、充填井等，分段巷道与采准斜坡道连接。

矿块连续回采不留间柱，凿岩采用改装的 CZZ－700 型凿岩台车，配 YGZ－90 型中深孔凿岩机。钻凿的扇形炮孔，孔径 ϕ65 mm，孔深 7 m，炮孔排距 1.5 m，孔底距 1.6 ~ 2 m，凿岩台班效率为

40～50 m。采用挤压充填体爆破工艺，即在充填结束24 h内，利用充填料未凝固时压缩性向充填体挤压爆破。在靠近充填体的前2排炮孔进行同段爆破，其后各排炮孔采用排间微差爆破。步距一般不大于6 m。爆破采用粉状2号岩石炸药，装药用FZY－100型风动装药器装药，非电导爆管起爆。

出矿采用LK－1或LK－2型柴油铲运机（斗容2 m^3），将矿石装运至脉外矿石溜井。当采场步距大于6 m时，则采用遥控铲运机或从相邻的分段回采巷道开掘辅助出矿横巷出矿。

采用自然级配的碎石胶结充填技术，浇淋水泥浆充填料用铲运机运往采空区充填，在铲、装、运、卸的过程中均匀混合。充填碎石经水泥浆自淋混合，在采场不需脱水。台车凿岩，铲运机出矿和充填，实现回采、出矿和充填无轨机械化作业。采矿方法如图9－24所示。

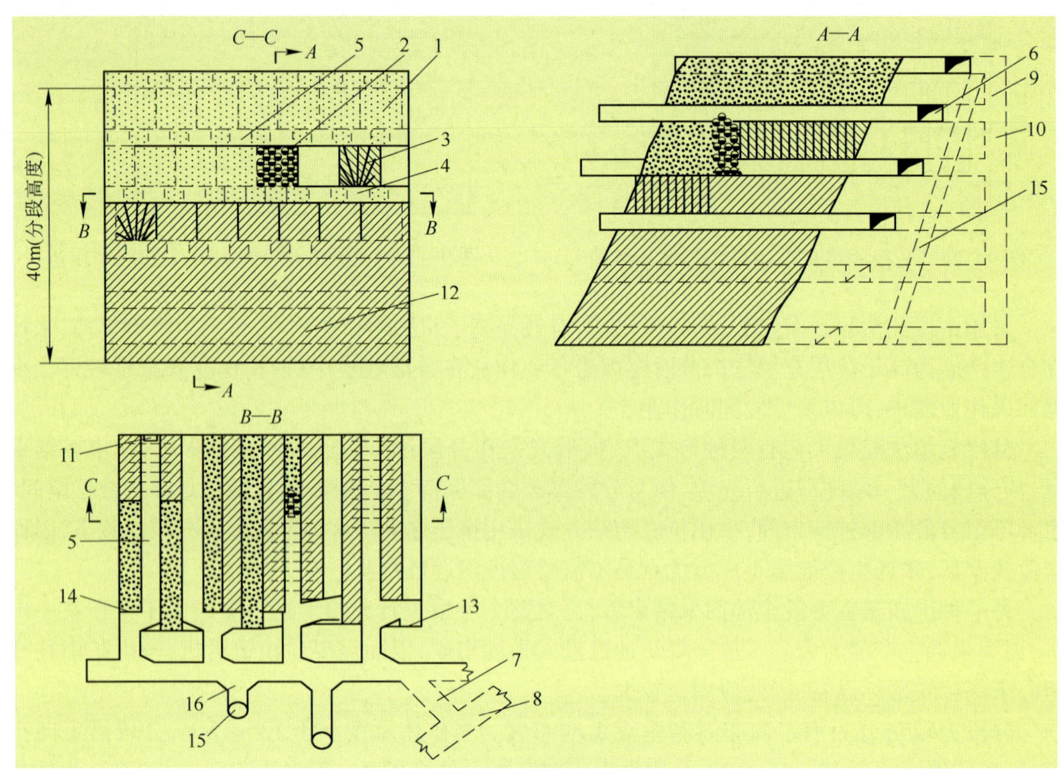

图9－24　丰山铜矿分段充填采矿法

1—充填体；2—崩落矿石；3—炮孔；4—凿岩巷道；5—充填道；6—下盘沿脉道；7—分段斜坡道；8—主斜坡道；9—溜矿井；10—溜矿井联络道；11—切割井；12—矿体；13—矿岩界限；14—充填体挡墙；15—充填井；16—充填井联络道

主要经济技术指标：

（1）矿山生产能力：北缘300 t/d，南缘1200 t/d；

（2）工班效率：9.7 t/工班；

（3）出矿设备效率：93～101 t/台班；

（4）损失率：9.65%；

（5）贫化率：14.13%。

9.7.3　赞比亚谦比西铜矿分段充填法

谦比西主矿体位于卡伏埃背斜西翼，谦比西－恩卡纳盆地的北翼。矿体走向东西，倾向南。

矿体出露地表，地表走向长度1200 m，地表以下走向长度先增加而后又缩短，在650 m水平走向长度达2250 m，而在900 m水平，走向长度为1800 m。矿体产状与谦比西－恩卡纳盆地北翼岩层产状一致，为向南倾斜的单斜构造。200 m水平以下(西端除外)矿体呈单斜状，总的趋势是矿体上部倾角缓，下部倾角陡；沿走向东部倾角陡，西部倾角缓。

矿体直接上盘围岩是矿化泥质板岩，直接上盘围岩下部的矿页岩为粉砂质淤泥板岩，而上部则为砂质泥板岩，下盘片岩是矿体与下盘直接围岩下盘砾岩的分界线。谦比西主矿体铜品位赋存的特点是：上部高，下部低；东部高，西部低；下盘高，上盘低。对开采影响最大的是距直接上盘约60 m处的燧石白云岩，该岩层是矿区主要含水层之一。矿体本身是矿区另一主要含水层。位于矿体和燧石白云岩之间的隔水层主要是位于矿体上盘35 m处的上石英岩层，采矿的大部分脉外采准工程均在泥质石英岩和中砾砾岩内。

谦比西主矿体分为以下几个部分：500 m以上西区，矿体倾角小于50°，岩体中等稳定；500 m以上东区的200 m以上，矿体倾角小于50°，岩体稳定性较差；500 m以上东区，200～500 m之间矿体倾角50°～55°，岩体稳定性中等；500～700 m之间沿走向西半部，矿体倾角小于55°，岩体稳定性较差；其余部分矿体倾角大于55°，岩体稳定性中等或中等以上。500～900 m之间矿体的矿量占主矿体回采矿量的82%，矿岩稳固性中等，大部分矿体倾角55°～70°。

矿山主要采用分段充填采矿法，采场沿走向布置，采场长度30 m，其中矿房长度27 m，矿房之间留3 m永久间柱。分段高度根据矿体倾角确定，当矿体倾角在55°～60°时，分段高度为16.5 m，当矿体倾角大于60°时，分段高度为33 m，800～880 m之间矿体倾角大部分在70°以上，分段高度为40 m。

采准切割工程主要有下盘沿脉巷道、矿石溜井、出矿进路、凿岩硐室及其联络道(作为上一分段的出矿进路)、拉底层、切割天井等。每一分段水平在下盘脉外距矿体约15～20 m掘进下盘沿脉巷道，自下盘沿脉垂直矿体走向掘进出矿进路，随后在矿体内靠近下盘掘进拉底巷道并刷大至矿体水平厚度，形成凿岩和出矿水平。凿岩硐室用1.5 m×1.5 m网度，2～2.2 m长的锚杆护顶，从凿岩硐室以长锚索支护矿体上盘围岩。继续向上回采时，下面一个分段凿岩水平作为上面一个分段的出矿水平，充填时不充满，充至与原凿岩硐室底板平齐为止。采场切割天井利用深孔爆破成井，然后用深孔崩矿拉开形成切割槽。用于切割的深孔在回采凿岩时一次打成，分次爆破。

回采凿岩采用Simba H1354电动液压凿岩台车，孔径为ϕ89～102 mm，自分段上部凿岩硐室向下打平行炮孔，侧向崩矿，每次爆破1～2排炮孔，孔网参数2.5 m×2.4 m。用装药车装粒状ANFO炸药，非电起爆。出矿用铲斗容积为5.6 m^3的ST－1000铲运机从分段下部的出矿进路出矿，将矿石倒入附近矿石溜井，下放到主运输水平。

采场通风的新鲜风流来自竖井和斜坡道，经下盘沿脉巷道进入出矿进路和凿岩硐室。为了保证新鲜风流进入工作面，用射流式风机将新鲜风流导入，污风用风机从工作面抽出经风筒送入附近回风天井(溜井上部作为回风天井)。

采场出矿完毕后即进行充填准备和充填工作。当有废石充入采场时先进行废石充填，然后在出矿进路中构筑充填挡墙并在采场中安装泄水管路，随后进行分级尾砂充填。采矿方法如图9－25所示。

主要技术经济指标：

(1) 采场综合生产能力：450 t/d；

(2) 凿岩设备效率：90 m/台班；

(3) 铲运机出矿效率：500 t/台班；

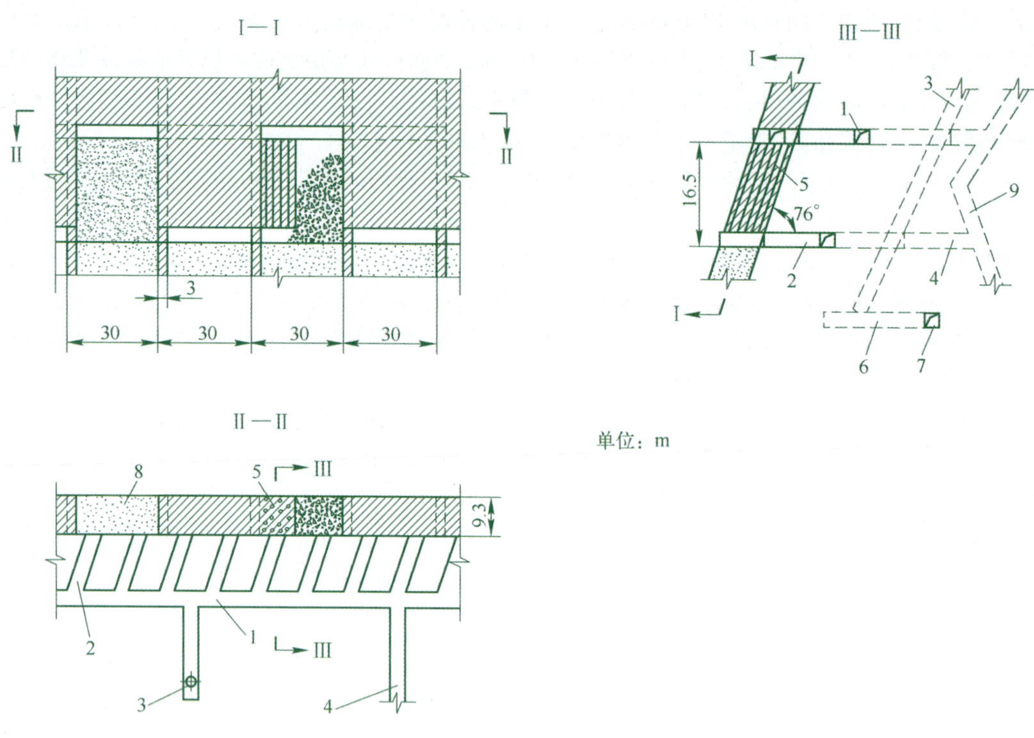

图 9－25 谦比西铜矿分段充填法

1—分段巷道；2—出矿进路；3—溜井；4—斜坡道联络道；5—炮孔；6—装矿穿脉；7—阶段运输平巷；8—充填体；9—采准斜坡道

（4）损失率:12%；

（5）贫化率:12%；

（6）每米炮孔崩矿量:9 t;

（7）采切比:110 m^3/kt。

9.7.4 苏联克里沃罗格矿区分段充填采矿法

该矿区北组脉为复合矿床,富矿和贫矿含铁石英岩及单独的贵重矿石共生,矿体为厚矿体,急倾斜赋存。

该矿富矿和贫矿含铁石英岩都采用阶段强制崩落法开采,而与含铁石英岩不相连的贵重矿石采用分段充填法开采,胶结充填。采场长度为 40～50 m,宽度为矿体厚度,高度为中段高度 70 m,分段高度 12～15 m。

采准切割工程包括侧翼天井、矿石溜井、分段巷道及切割天井,回采用凿岩台车凿岩,炮孔扇形布置,直径 65 mm,向切割天井爆破,形成切割槽。上分段爆破的矿石全部留矿,支撑矿壁,防止贫化。下分段紧接回采,在分段平巷内用铲运机出矿。上下分段同时作业,缩短了回采周期。当下分段落矿和留矿完全结束后,构筑隔墙,用充填管进行胶结充填。当充填体达到强度后,又开始回采相邻的下个中段。整个工序按落矿、留矿和出矿以及充填进行,用振动机在下部溜井放出矿石。充填前,在留矿堆表面铺设薄膜,以阻止充填料浆渗入留矿堆中,该方法留矿石能防止顶板岩石发生片落。胶结充填后,可减少暴露时间和暴露面积,安全可靠。分段凿岩出矿工效高,而充填又使贫化损失率降低,贫化损失率下降 20%～30%。采矿方法如图 9－26 所示。

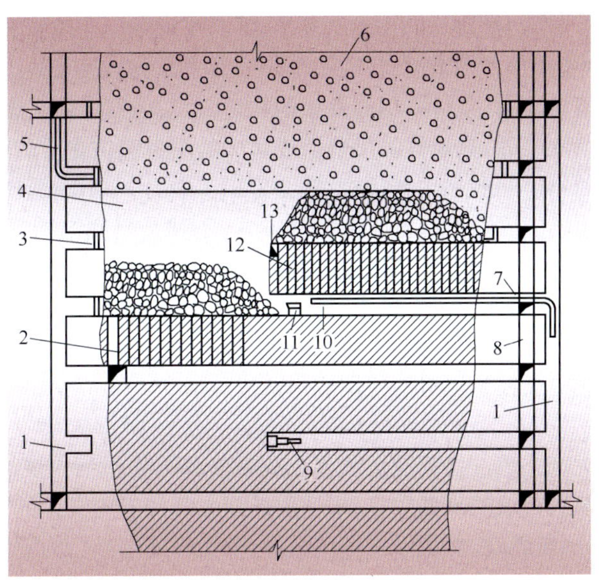

图 9-26 苏联克里沃罗格矿区分段充填采矿法

1—通风人行天井；2—切割天井；3—隔墙；4—采空区；5—充填管道；6—胶结充填料；7—局部扇风机；8—溜矿井；9—凿岩台车；10—分段巷道；11—铲运机；12—炮孔；13—崩落矿石

9.8 空场嗣后充填法

9.8.1 工艺技术特点

空场嗣后充填法是采用空场法回采后对采空区进行嗣后充填处理，实际就是空场法与充填法联合开采。空场法回采后留有较大的采空区，存在冒落隐患，对采空区进行嗣后充填，利用充填体对矿岩的支撑作用，最大限度地保证矿山生产安全，同时有利于回收矿柱和减少贫化损失。另一方面，为了减少矿山开采产生的废石、尾矿对地面环境的影响，采用嗣后充填将废石、尾砂回填到采空区中，也是嗣后充填采矿法应用越来越多的一个重要因素。

空场嗣后充填法适用于采用空场法开采的矿体，主要有分段空场嗣后充填法、大直径深孔空场嗣后充填法（含 VCR 法）。此外，房柱法嗣后充填、阶段矿房法嗣后充填、留矿法嗣后充填等都可采用充填来处理采空区。本节主要介绍分段空场嗣后充填法和大直径深孔空场嗣后充填法（含 VCR 法）。

作为空场法与充填法联合开采方法，采场结构参数、采切工程布置以及回采工艺与空场法是相同的，只是增加了充填工序，空场法的采场结构参数可以参考稳定性图表法选择。根据空场法回采工艺的不同，采空区处理可以采用胶结和非胶结充填。由于空场法开采的矿岩条件一般都要求比较稳固，所以应尽可能采用非胶结充填，以降低充填作业成本。一般来说，当矿柱不需要回收而作为永久损失时，采空区可采用非胶结充填。

分段空场嗣后充填法和大直径深孔空场嗣后充填法在底部结构形式、充填的要求上基本是一致的，主要的区别是在凿岩设备和爆破方式上。

矿体厚度小于 15～20 m 时，沿走向布置；矿体厚度大于 15～20 m 时，垂直走向布置；如矿体厚度特别厚大，超过 50～60 m 时，可划分为盘区开采，如 100 m×100 m、150 m×150 m。

垂直走向布置时，一般划分矿块（即矿房和矿柱为一个矿块），矿块一般采用“隔三采一”或“隔一采一”。矿块宽度根据矿体和围岩的稳固性来确定，一般为 8～15 m 左右，当有一侧是矿体时,矿块需要胶结充填,当侧边矿块均已用胶结充填后,矿块可采用非胶结充填。当一个矿块的充填体需要为相邻的矿块提供出矿通道时,其底部约 10 m 高需采用较高灰砂比的胶结充填料充填。

空场嗣后一次充填量大,有条件采用高效率的充填方式,但充填体必须具有足够的强度和站立高度,以保证回采过程中不因充填体的塌落造成过大的损失和贫化。

空场嗣后充填法的出矿一般采用铲运机,铲斗容积一般为 3 ~ 10 m^3。铲运机越大,采场的综合生产能力就越高。采场的底部结构主要有两种方式,一种是平底结构,另一种是堑沟式结构。采用平底结构时,在大量出矿后,为了清除采场的剩余矿石,必须采用遥控铲运机进行清底。采用堑沟式结构时,原则上不需遥控铲运机,但易留下底柱不能回收。

加强出矿速度,采用强采、强出、强充,对于减少采场贫化是有益的,对于以后相邻采场的回采也是有利的。该方法中遥控铲运机的使用较为普遍。加拿大 Brunswick 矿,采用遥控铲运机出矿矿量占到 80% 以上。

采场出矿完毕即进行充填准备和充填工作。充填准备工作包括打隔墙,在采场内布置泄水管。分段空场嗣后充填法充填时隔墙较多,采场内的泄水管按安庆铜矿的经验是采用波纹管,其上钻许多泄水眼,用漏水布缠绕,然后沿采场壁悬吊,并引至隔墙外。为了解决采场脱水的问题,最好的方法是采用膏体充填,使采场内不需脱水,并且可以较好地接顶。

当采用水力充填时,充填挡墙的构筑应当特别小心,充填挡墙承受的压力和采场的脱水是否良好有很大关系。为了安全起见,水力充填采场一般要分几次充填,以避免充填挡墙承受过高的饱和水压力。当采用膏体充填时,一般先采用含水泥比例较高的充填料将采场充填至出矿点眉线以上一定高度,然后再以水泥含量较低的充填料进行其余部分的充填。

分段空场和大直径深孔空场嗣后充填法的优点包括:适合机械化开采,采矿效率高,可以达到 100 t/工班以上;采场生产能力可以是中等到很高,有些矿山采场能力可以达到 1000 t/d 以上;安全,通风条件好;矿石回收率高,可以达到 90%;贫化率低,一般在 10% ~15%,大部分矿山能控制在 20% 以内。达产快,一旦采场爆破开始,可以立即形成出矿能力。

缺点是在采场形成出矿能力之前,需要大量的采切工程,尤其是分段空场法;不能选择性开采,适应顶底板的变化较差;当矿体倾角较缓的时候,效率降低,贫化增加。

国外部分矿山分段或阶段空场嗣后充填采矿法的基本尺寸,如表 9 – 7 所示。

表 9 – 7　国外部分矿山分段或阶段空场嗣后充填采矿法的基本尺寸

矿山名称	矿体	采场尺寸/ft				矿柱/ft	运输道间隔/ft
		宽度	长度	高度	分段高度		
Kidd Creek(Belford,1981)	大型硫化矿	79	98	299	98	70 ~ 98	397
Torman(Matikainen,1981)	大型石灰石	148 ~ 164	328 ~ 492	328	49 ~ 164	148 ~ 164	—
RioTinto(Botin and Singh,1981)	大型硫化矿	66	66 ~ 164	131 ~ 236	131 ~ 236	41	174 ~ 276
Mt. Isa(Goddard,1981)	层状硫化矿	82 ~ 164	98	410 ~ 820	66	82	574 ~ 984
Luanshya(Mabson and Russel,1981)	层状硫化矿	39	39	115	36	16 ~ 32	164 ~ 230

注: 1 ft = 0. 3048 m。

9. 8. 2　分段空场嗣后充填采矿法

分段空场嗣后充填采矿法一般应用于矿岩稳固性较好的倾斜、急倾斜矿体中。如果矿体底盘倾角小于 55°,则底盘崩落的矿体很难依靠重力全部放出,矿体底板的倾角应大于崩落矿石的自然安息角。缓倾斜矿体当矿体厚度超过 30 m 时,也可以用分段空场(嗣后充填)法回采。在急倾斜矿体中,分段空场也可以应用到薄矿体,最小矿体厚度可以达到 3 m,但是在这种情况下,要求矿岩界线清楚且规整。使用这种方法的基本准则是在完成采矿作业循环（充填）之前，采场能够保持稳定。

通常采准切割工程包括：采准斜坡道、下盘或上盘分段沿脉平巷、出矿进路、脉外分段巷道、脉内分段凿岩巷道、矿石和废石溜井、回风天井以及切割天井和拉底层等。

典型的沿走向布置的采场的采准切割布置：每一分段水平在下盘脉外距矿体约 15 ~ 20 m 掘进下盘沿脉巷道。在出矿水平，自下盘或上盘（取决于上下盘的岩石稳固性）沿脉巷道中垂直矿体走向或与矿体走向成一定角度掘进出矿进路。随后在矿体内掘进拉底巷道并刷大至矿体水平厚度或者形成 V 形出矿堑沟。在凿岩分段，同样自下盘或上盘沿脉向矿体掘进联络道，然后在矿体内沿走向掘进形成凿岩巷道。如果凿岩水平将来作为上一个分段的出矿水平时，联络道布置应兼顾以后的使用。在稳定岩层中，底盘分段巷道距离矿体至少 15 m；如果在深井高地应力状态下采矿时应该保持离开 23 ~ 30 m。根据出矿设备的规格确定溜井间距，一般在 100 ~ 150 m。对于局部不够稳固的地段，可以采用锚索对上下盘围岩进行加固。

分段空场嗣后充填法凿岩一般采用中深孔，孔径在 ϕ60 ~ 120 mm，可以采用中深孔电动液压凿岩台车或风动中深孔凿岩机配钻架或台车，但二者效率相差悬殊。一般钻凿扇形孔，有的凿岩台车可以打 360°的环形孔，如阿特拉斯柯普柯公司生产的 Simba 250 系列和 Simba 1350 系列的中深孔电动液压凿岩台车，山达维克生产的 SOLO 系列的中深孔电动液压凿岩台车。分段高度主要受凿岩设备的最大钻孔深度和能力限制，采用此类设备时，分段高度可达到 20 m 以上；而采用国产的 YGZ - 90 钻机时，分段高度一般在 15 m 左右为宜。分段巷道的断面尺寸也需按设备的要求来确定，采用 Simba 系列和 SOLO 系列台车时，一般为 3.5 m × 3.5 m ~ 4 m × 4 m，根据台车型号和所使用的钻机、钻杆来确定。采用 YGZ - 90 钻机时，一般断面尺寸不小于 2.5 m × 2.5 m，确定巷道断面尺寸时也要考虑出矿设备的外形尺寸。

分段空场嗣后充填法的装药一般采用装药车或普通装药器装药，炸药通常为粒状硝铵炸药。国外的装药车主要有瑞典 GIA 公司生产的装药车和芬兰 Normet 公司生产的装药车，国产的装药器主要有 BQF-100 型、BQF-50 型。起爆一般采用非电导爆雷管，微差爆破，一些矿山也采用导爆索起爆，或两者结合起来。

典型的分段空场（嗣后充填）采矿方法如图 9 - 27 所示。

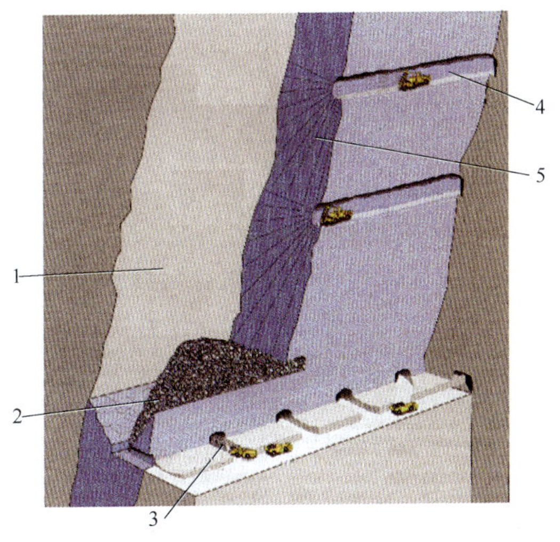

图 9 - 27　典型的分段空场（嗣后充填）采矿法

1—采空区；2—崩下的矿石；3—出矿进路；4—分段凿岩巷道；5—炮孔

9.8.3 VCR法和大直径深孔空场嗣后充填采矿法

VCR法(Vertical Crater Retreat)即垂直深孔球状药包后退式采矿法,是大直径深孔采矿法的一个特例,适用于矿石和围岩都稳固的急倾斜矿体,部分爆下的矿石可留在采场中作为临时支护。VCR法最先是由加拿大采矿公司INCO开发的,它是在大直径炮孔中使用高威力炸药的药包爆破技术,采用集中的球状装药(长径比≤6)爆破,将矿石以水平分层从采场底部向上逐层崩下,矿石在重力的作用下落到采场底部的放矿点,然后由铲运机运出,在采场充填前将采场清理干净。

VCR法的采切工程包括出矿水平的出矿运输巷道、出矿进路、拉底、位于采场顶部的凿岩巷道或凿岩硐室。

炮孔一般在采场顶部的凿岩硐室内采用潜孔钻机钻凿,凿岩硐室的高度按凿岩设备的要求而定,采用Simba 260系列潜孔钻机,其硐室高度一般在4～4.1 m,硐室的宽度要能满足边部孔的钻凿,一般炮孔距硐室边不得小于0.7 m。

拉底巷道完成后,一般用上向扇形中深孔拉底,拉底空间不小于一次崩矿量的35%。拉底也可采用浅孔法形成,只是效率很低。

炮孔主要为垂直孔,向下钻凿,穿到拉底层。炮孔直径在140～165 mm之间,网度通常为4 m×4 m。

VCR法采场一般采用密度为1.3～1.5 g/cm^3、爆速为4000～5000 m/s的高威力、低感度有足够稠度的特制炸药,在高硫矿床中不使用铝敏化炸药。

装药须由技术工人在凿岩硐室里进行,在炮孔的下面部分装填球状药包(长径比≤6)。首先要测定炮孔的深度,然后准确计算药包的装药位置,之后在正确的位置进行堵塞,再向炮孔装药包,然后再堵塞。

可采用垂直孔单层爆破、多层爆破,亦可采用扇形孔单层或多层爆破。单层爆破高度一般3～4 m,多层高度8～12 m。矿石爆下落到下面的空区里。当采场岩柱剩下约10 m左右时,一次装药全部爆下。出矿步骤类似留矿法,每分层爆破后,放出一次崩矿量的30%～40%,以形成下分层爆破的补偿空间,最后一分层爆破后整个采场一次出矿完毕。

大直径深孔空场嗣后充填法是由分段空场嗣后充填法发展而来,采用更大的炮孔直径、更深的炮孔,也是侧向崩矿。

大直径深孔空场嗣后充填法的适应条件和VCR法的适应条件是一致的,其工艺类似,凿岩设备、孔径、孔深是一致的,所不同的是大直径深孔空场嗣后充填法采用侧向崩矿。炮孔直径在140～165 mm之间,炮孔深度最大可达100 m。按孔径140 mm的炮孔布置时,每次可崩4 m厚,孔底距为6 m。回采时可在采场端部先打一个天井作为爆破的自由面,也可采用VCR法的爆破方式形成类似天井大小的空间作为自由面。炸药一般采用成本低廉的铵油炸药,以柱状药包形式爆破,药包长度一般为12～17 m,每段炸药量不超过300 kg。

国内VCR法和大直径深孔空场嗣后充填法一般采用阿特拉斯柯普柯公司生产的Simba 260系列潜孔钻机,钻机钻凿的段高一般在40～60 m,大多数矿山采场高度也是40～60 m。仅安庆铜矿采用120 m的采场高度,分两段凿岩,集中出矿。国产的设备主要有铜陵精升机械有限公司生产的T-150型潜孔钻机。

对于垂直走向布置的采场,为提高回采效率,矿房一般可采用大直径深孔空场嗣后充填法回采;对矿柱,由于两边都是充填体,为减少对充填体的破坏,矿柱一般采用VCR法回采,生产中应特别注意防止充填体破坏,避免造成不必要的矿石损失和贫化,甚至安全问题。

VCR法和大直径深孔空场嗣后充填法的采场综合生产能力较大，一般因凿岩设备、铲运机大小、采场大小、充填工艺不同而不同。

图9-28和图9-29分别是典型的VCR法和大直径深孔空场嗣后充填采矿方法图。

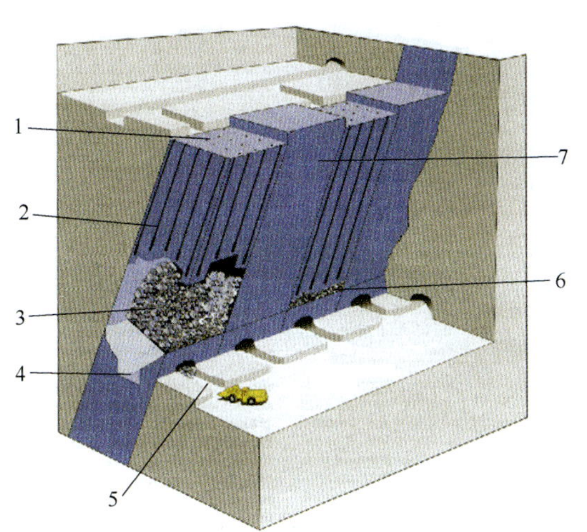

图9-28 VCR采矿方法

1—凿岩硐室；2—炮孔（球状药包装药）；3—爆下的矿石；4—堑沟；5—出矿点；6—拉底；7—第二步骤采场（矿柱）

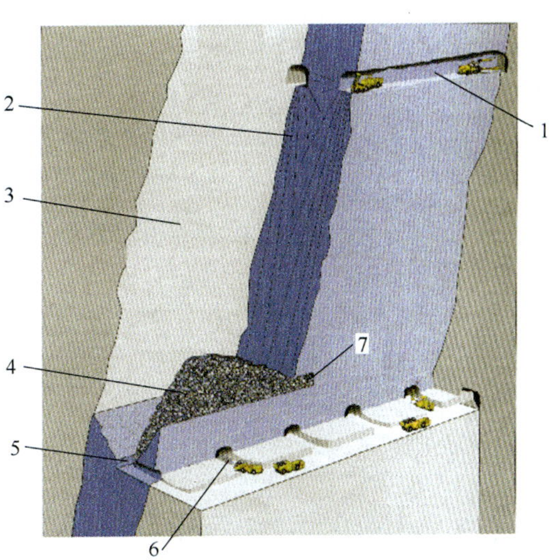

图9-29 典型的大直径深孔空场嗣后充填采矿法

1—凿岩硐室（凿岩巷道）；2—深孔凿岩和爆破；3—采场；4—爆下的矿石；5—堑沟；6—出矿点；7—拉底

9.8.4 矿山实例

9.8.4.1 冬瓜山铜矿大直径深孔空场嗣后充填法

A 地质概况

冬瓜山矿体位于青山背斜的轴部，赋存于石炭系黄龙组和船山组层位中，呈似层状产出。矿体产状与围岩一致，与背斜形态相吻合。矿体走向NE35°~40°，矿体两翼分别向北西、南东倾斜，中部倾角较缓，而西北及东南边部较陡，最大倾角达30°~40°。矿体沿走向向北东侧伏，侧伏角一般10°左右。矿体赋存于-690~-1007 m标高之间，地表标高+50~+145 m，埋藏深。1号矿体为主矿体，其储量占总储量98.8%，矿体水平投影走向长1810 m，最大宽度882 m，最小宽度204 m，矿体平均厚度34 m，最小厚度1.13 m，最大厚度100.67 m。矿体直接顶板主要为大理岩，矿体底板主要为粉砂岩和石英闪长岩。矿体主要为含铜磁铁矿、含铜蛇纹石和含铜矽卡岩。矿石平均含硫17.6%，硫铁矿中局部有少量胶状黄铁矿。

地表有大量的工业设施、民用建筑、道路和大面积高产农田，需要保护，地表不允许冒落。

B 采矿方法

矿体厚大部分采用大直径深孔嗣后充填采矿法。将矿体划分为盘区，盘区尺寸为100 m×180 m，每个盘区内布置20个采场，采场长度50 m，宽18 m，矿房、矿柱按“田”字形布置，采场高度为矿体厚度。采场沿矿体走向布置，使采场长轴方向与最大主应力方向呈小角度角相交，让采场处于较好的受力状态，以利于控制岩爆。采场回采顺序采用间隔回采，从矿体中部开始，垂直矿体走向按“隔三采一”方式向两翼推进。

沿矿体走向每隔200 m分别在顶底板各布置一条采准斜坡道，每条采准斜坡道服务其两侧的盘区。从采准斜坡道掘进联络斜坡道通向盘区出矿穿脉，出矿穿脉布置在盘区中间，回风穿脉设在盘区两侧，在每个盘区设1～2条矿石溜井。从采准斜坡道掘联络斜坡道通向盘区凿岩穿脉，凿岩穿脉和凿岩硐室布置在盘区中间矿体顶盘围岩中，回风穿脉布置在盘区两侧。

回采凿岩选用Simba261高风压潜孔钻机钻凿下向垂直深孔，炮孔直径ϕ165 mm。炮孔间距和排距为3.0～3.5 m，一次钻完一个采场的全部炮孔，分次装药爆破，爆破采用普通乳化炸药。以采场端部的切割天井和拉底层为自由面倒梯段侧向崩矿形成切割槽，以切割槽和拉底层为自由面倒梯段侧向崩矿。崩落下的矿石用EST－8B电动铲运机装卸入矿石溜井，铲运机斗容5.4～6.5 m^3，采场残留矿石采用遥控铲运机回收。

采矿通风的新鲜风流由采准斜坡道经联络斜坡道进入工作面，污风经回风穿脉排到回风巷道，每个工作面均形成贯穿风流通风。

嗣后充填作业在采场出矿完毕后进行充填准备工作，从采场凿岩巷道吊挂外包滤布的塑料波纹泄水管，在出矿进路中构筑充填泄水挡墙，充填泄水挡墙采用钢筋柔性挡墙。充填料浆用充填管输送到采场凿岩巷道，从充填天井或残留炮孔进入采场。掘进废石通过坑内卡车运到充填巷道，从充填天井与尾砂同时卸入充填采场。大直径深孔空场嗣后充填法如图9－30所示。

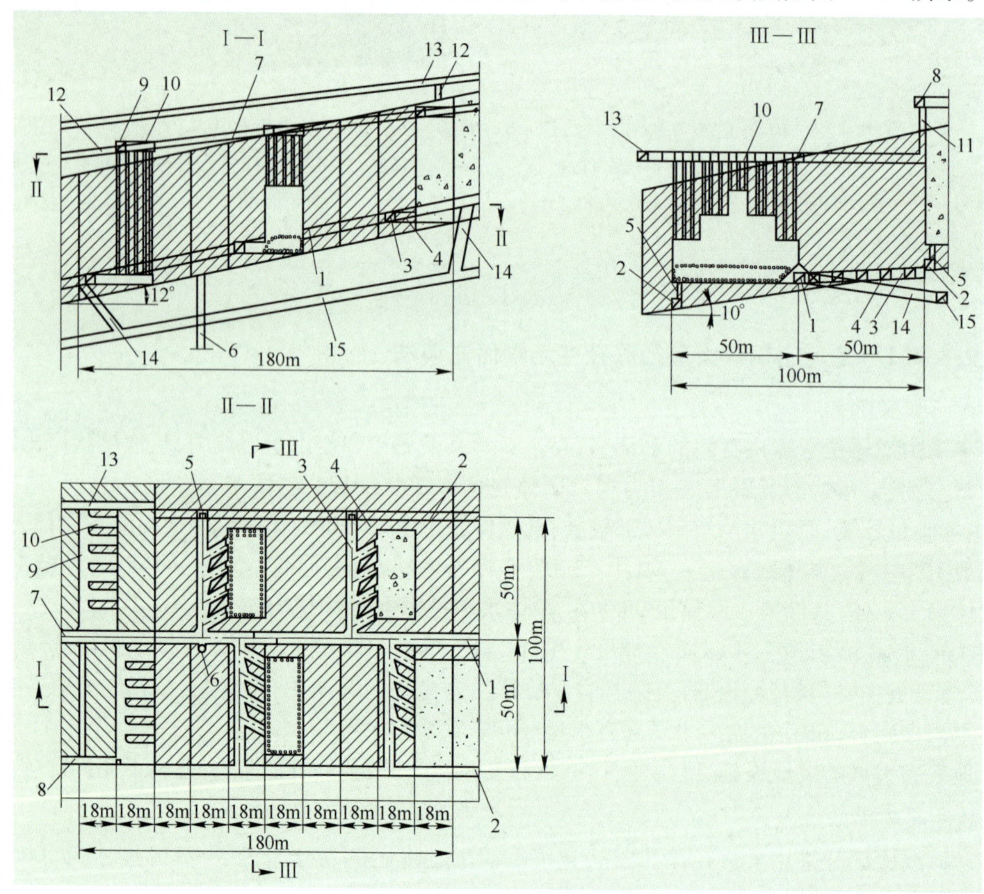

图9－30　冬瓜山铜矿大直径深孔空场嗣后充填法图

1—出矿水平出矿穿脉；2—出矿水平回风穿脉；3—出矿巷道；4—出矿进路；5—出矿回风天井；6—溜井；7—凿岩水平凿岩穿脉；8—凿岩水平回风穿脉；9—凿岩巷道；10—凿岩硐室；11—凿岩回风天井；12—充填天井；13—凿岩充填水平采准斜坡道；14—出矿水平联络斜坡道；15—出矿水平采准斜坡道

C 主要技术经济指标

(1) 盘区综合生产能力:2400 t/d;

(2) 凿岩设备效率:40 m/台班;

(3) 铲运机出矿效率:800 t/台班;

(4) 损失率:13%;

(5) 贫化率:8%;

(6) 采切比:80 m^3/kt。

9.8.4.2 安庆铜矿大直径深孔空场嗣后充填法

A 地质概况

矿区位于"淮阴山字型构造"前弧的东翼,北西与"郯庐"断裂相接,南东紧靠"沿江破碎带"区域构造以旋卷运动为主要特征。矿区断裂构造较为发育,地表出露五条,另有一条隐伏断裂。矿区发育的岩浆岩主要为燕山期闪长岩,整个矿区均有出现。矿石由含铜磁铁矿、矽卡岩型铜矿、闪长岩型铜矿和单铁矿石四种类型组成。除构造带外,一般均较坚硬稳固。矿体底盘为角页岩和闪长岩,角页岩的普氏强度系数$f<5$,闪长岩$f>10$,上盘为大理岩,$f>10$。闪长岩和大理岩坚硬稳固,角页岩稳固性较差。

矿床为接触交代矽卡岩型矿床,共有矿体40个,其中以1、2号矿体最大。1号矿体走向长度760 m,矿体倾角一般为70°左右,深部变缓。矿体厚度变化较大,最大厚度为110 m,最小厚度为10 m,平均厚度为40~50 m。2号矿体走向长度420 m,倾角35°~50°,厚度变化较大,最大厚度为60~65 m,最小厚度4~5 m,平均厚度20 m左右。矿体赋存在山间盆地中,地表为高产稻田,需要保护,不允许冒落。

B 采矿方法

矿山采用大直径深孔嗣后充填采矿法,采场垂直走向布置,矿房和矿柱宽均为15 m,一般情况下采场高度为60 m,当矿石和围岩稳固性好,充填体有足够强度时,采场高度可为120 m,即凿岩中段高度为60 m,出矿中段高度为120 m。

采准工程主要包括穿脉巷道、凿岩巷道、回风天井、出矿进路、凿岩硐室联络道、凿岩硐室、底拉层、切割小井等。

回采分两步进行,第一步回采矿房,第二步回采矿柱。凿岩设备采用Simba 261型潜孔钻机,炮孔直径为ϕ165 mm,炮孔间距3.5~4 m,最小抵抗线3.5 m。回采矿房时用柱状药包,回采矿柱时用球形药包爆破。柱状药包采用铵油炸药,球形药包爆破用乳化炸药。出矿用ST-5C型铲运机,集中在采场底部出矿。

通风新鲜风流由各中段副井石门进入下盘脉外巷道,并进入凿岩硐室和出矿巷道,污风由上盘回风平巷经回风井排出地表。

在矿房矿石全部出完后进行充填,根据生产的需要按规定的配比充填。胶结材料水泥标号为325,充填能力120~130 m^3/h,充填料浆浓度71%~72%,灰砂比为1∶4、1∶8、1∶10、1∶12。

大直径深孔空场嗣后充填法如图9-31和图9-32所示。

C 主要技术经济指标

(1) 采场综合生产能力:900 t/d;

(2) 凿岩设备效率:30 m/台班;

(3) 铲运机出矿效率:300 t/台班;

(4) 每米炮孔崩矿量:40 t;

(5) 采场工作面效率:75 t/工班;
(6) 回收率:85%;
(7) 贫化率:15%。

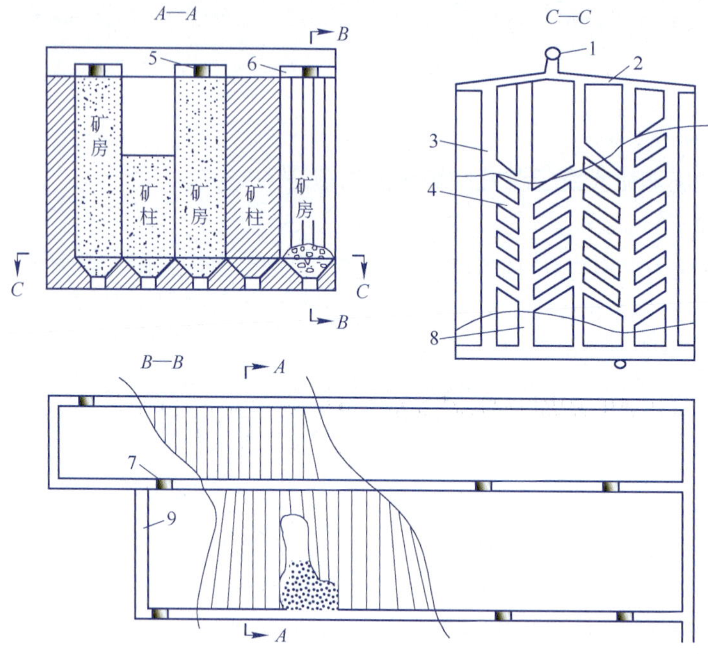

图 9-31 安庆铜矿大直径深孔嗣后充填法(一段凿岩一段出矿)
1—矿石溜井;2—下盘沿脉;3—出矿横巷;4—出矿进路;5—凿岩联络道;
6—凿岩硐室;7—通风联络道;8—回风道;9—回风井

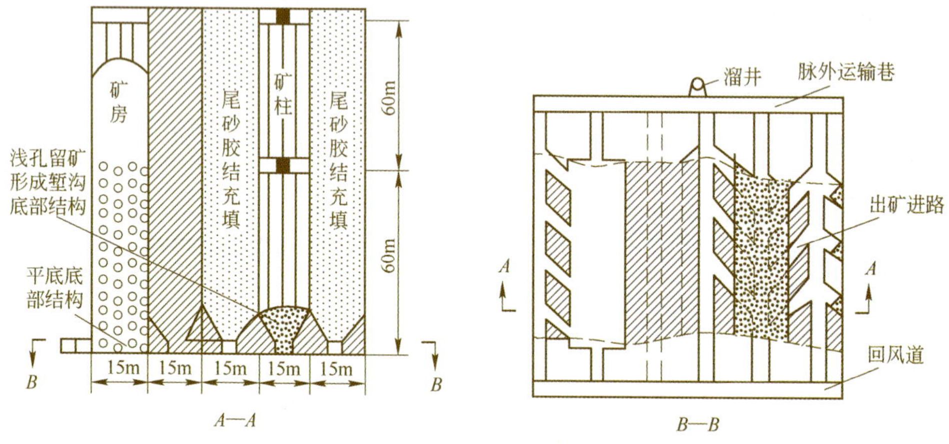

图 9-32 安庆铜矿大直径深孔嗣后充填法(两段凿岩一段出矿)

9.8.4.3 瑞典辛格鲁万(Zinkgruvan)矿空场嗣后充填采矿法

A 概述

瑞典的第三大采矿公司辛格鲁万采矿公司是 Rio Tinto 有限公司铜部的一个成员。辛格鲁万采矿公司生产锌精矿(55% Zn)和铅精矿(73% Pb 和 1400 g/t Ag),并船运至北欧的冶炼厂。

矿山自从 1857 年以来连续生产,目前矿石产量是 83.5 万 t/a,开拓的废石量为 18.5 万 t/a。

辛格鲁万矿矿石储量总计为1120万t，品位为Zn9.3%、Pb4.3%和Ag107g/t，相当大约15年的产量。除了这些，在20世纪90年代发现了一个350万t、Cu品位3.1%和Ag49g/t的铜矿化带。

采用空场法回采，由于岩石质量变差出现水力充填渗漏的问题，矿山现在改用膏体充填，矿山将主斜坡道开拓到800 m水平以下，而不再延伸主提升井。

B *采矿方法*

直到20世纪80年代中期，上向充填采矿法一直是主要的采矿方法。然而当采到尼格鲁万（Nygruvan）650 m水平时，第一次出现了岩石应力问题，导致增加岩石支护。当采矿到达566 m水平时，钻孔摄像揭示了采场之上6 m的顶板开裂，导致由于安全的原因而放弃充填法。

由于有高的岩石应力而采用了梯段法（类似分段充填法），采矿工作面宽度没有超过7 m。

这些年来，台阶法是从沿走向的台阶充填法（即沿走向布置的分段空场嗣后充填法）发展的。在回采上部梯段之前，采完的梯段用水力充填作嗣后充填，并在矿体中留垂直矿柱以使周围岩石保持稳定。

C *空场法*

进一步的发展是采用分段空场法，它是一个比沿走向的梯段充填法更大规模的空场采矿法。

分段空场法作为一种生产方法在尼格鲁万围岩质量非常好的地方用得非常成功。矿石是均质的，边界很明显，倾角大于75°。采场出矿完毕后空场高度高达70 m，宽15 m，长50 m。在出矿完成后，出矿点用挡墙封闭，然后用水力充填。

在20世纪90年代中期，开始开采布克兰德（Burkland）矿体，其岩石质量和矿体几何形状不同于早期的矿体，主要是上盘围岩较差，因而采用了改良的分段空场法，但仍保留空场法的优点。

在这种采矿方法中，采场尺寸约为高40 m×长50 m，矿体宽度最大到30 m。在采场之间留10 m厚的矿柱支撑上盘围岩，这样大约16%的矿石被用作矿柱。

在1998年后期，当第一个采场采完后，发现上盘的岩石质量比预期的差，造成崩塌，贫化较高和难以充填。

之后在450矿段，又改用过去为新发现的铜矿体推荐的用膏体充填的两步骤回采的深孔空场法。第一批的两个矿房在2000年10月采完。第二步骤矿柱是处于两个膏体充填体之间，采完后用废石充填或加少量水泥的膏体充填。

布克兰德矿体上部中段，改用深孔空场法更容易，因原来已确定中段高为100 m，因此采场高度变成了37 m。采场宽度设计为矿房长度的一半，原安排是用于分段空场法的。一步骤采场长为20 m，二步骤采场长为25 m。

采场上盘采用长锚索支护，从出矿水平的上盘巷道和上个分段中施工，采用ϕ15.7 mm锚索，它的最大抗拉强度为265 kN。联络道也采用锚索加固和喷射混凝土支护，以保证底盘眉线的稳定。

全矿共有4台深孔凿岩台车用于生产和打长锚索。采场是从矿体中的巷道和上部分段和联络道中打下向孔，采用直径600～1200 mm的天井钻机沿上盘钻孔形成切割天井。按顺序爆破，然后出渣。

改变成深孔空场法后生产成本有所降低，但充填费用增加了。然而由于不需要留矿柱，在第二步骤回采矿柱时矿石都得到了利用，增加80万t矿量，这就补偿了充填费用。

采矿方法如图9－33～图9－36所示。

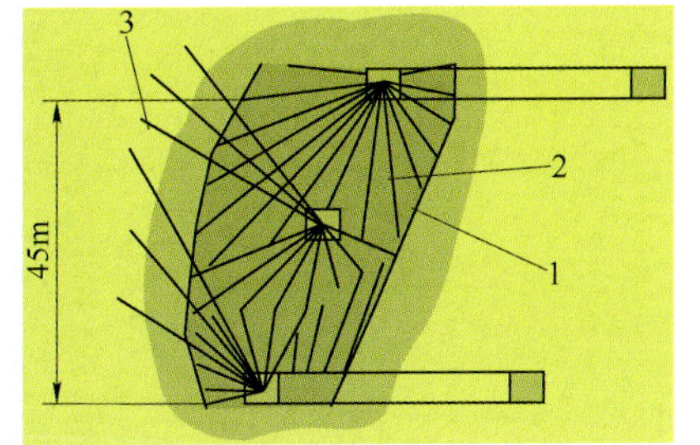

图9－33 辛格鲁万矿分段空场嗣后充填采矿法

1—矿体边界；2—炮孔；3—长锚索

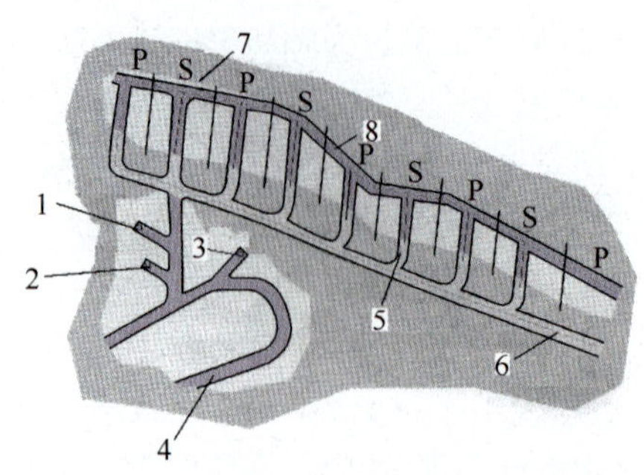

图 9－34　辛格鲁万矿两步骤采场布置图

1—矿石溜井；2—通风天井；3—废石溜井；4—斜坡道；5—运输巷道；6—下盘运输巷道；7—矿体边界；8—上盘切割巷道；P—第一步骤采场；S—第二步骤采场

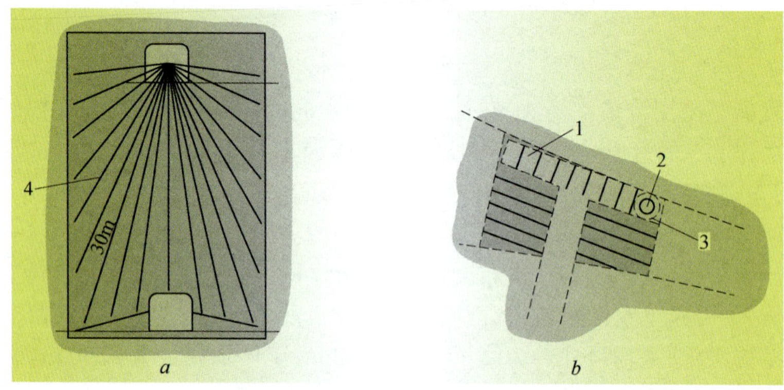

图 9－35　第一步骤采场凿岩布置图

a—炮孔布置图（正面图）；*b*—平面图（顶部俯视图）

1—切割槽；2—天井钻机；3—边部天井；4—炮孔

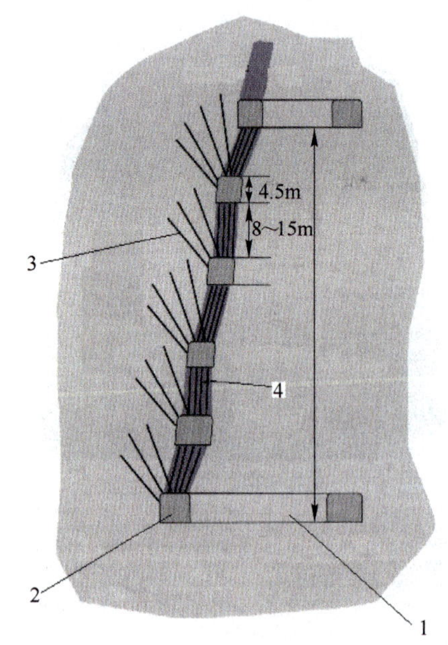

图 9－36　辛格鲁万矿采场布置图

1—出矿巷道；2—凿岩巷道；3—长锚索（ϕ51 mm 钻头）；4—炮孔（ϕ74 mm 钻头）

D 膏体充填

辛格鲁万在20世纪70年代初当新选厂建设时采用了水力充填,并成功应用了许多年。然而在转向分段空场法期间,使用水力充填在封闭采场时遇到了困难。由于出矿口岩石破碎,挡墙不能将其严密封闭,料浆通过破碎的岩柱渗出。由于在充填管理上的困难,一些采场一直不能及时充填,充填体垮塌的风险比空场法上盘垮塌的风险更大。

通过多方案研究,决定深孔空场法的第一和第二步骤采场均采用膏体充填。充填站及坑内管道铺设的投资达到4500万(瑞典)克朗。高德膏体技术公司(Golder Paste Technology)和辛格鲁万的人员共同完成了设计和建设。充填参数如表9-8所示。

表9-8 辛格鲁万充填参数

尼格鲁万	第一步采场	水泥:4%
	第二步采场(矿柱)	水泥:1.5%
	坍落度	150~180 mm
布克兰德	第一步采场	水泥:6%
	第二步采场(矿柱)	水泥:2%
	坍落度	200~250 mm

采场尺寸的设计是基于布克兰德矿体已开拓的水平。膏体充填需水平输送1.4 km才能到达采场,因此必须采用泵送。同样充填体必须达到0.35 MPa的最小强度,才能使40 m高的充填体能够自立。单轴抗压强度试验和可泵性试验得出的膏体充填的要求如下:

膏体充填通过两个钻孔达到350 m水平,一个ϕ165 mm孔自流输送到尼格鲁万,一个ϕ300 mm孔泵送到布克兰德。充填管为6英寸钢管,到采场用塑料管连接。

采用膏体充填的深孔空场法的优点是:改善了所有地下活动的井下环境;减少了矿柱矿量损失;由于有更多的采场可以同时生产和品位波动小,从而增加了灵活性;所有的尾砂都得到利用;不需要挡墙;减少了排水量;加大了充填废弃采场的可能性。

缺点是:比传统的水力充填成本高;需要更大的精力处理堵管和钻孔。

长期的目标是优化膏体充填的水灰比,以减少水泥耗量。

E 深部的开拓

为了开采800 m以下的水平,矿山采用了3台基律纳电动卡车,用于将矿石和废石运到主破碎站。生产采用了1台Simba M4C深孔凿岩台车,钻凿40 m长、ϕ76~89 mm的炮孔,能力为50000 m/a,而旧一些的Simba 1357钻凿ϕ51~64 mm孔,能力相当,一台新的Simba M7C处理锚索孔钻凿,钻机的消耗件都是由Atlas Copco Secoroc按合同提供。斜坡道是从当前的980 m水平下到1100 m水平。1台Atlas Copco Rocket Boomer L2C凿岩台车用于斜坡道和分段巷道的开拓,要求是在每天2班、每班7 h的制度下完成18循环/周。矿山还购买了第二台双臂Rocket Boomer凿岩台车,型号为M2C,这是已有的L2C型号的用于采矿的型号。

F 支护

矿山每年须安装多达2万根树脂锚杆,虽然改进了生产工艺,但发现锚杆变成了生产的瓶颈。在延长最新的Atlas Copco Boltec LC(锚杆台车)的试验后,矿山订购了两台。Boltec LC是完全机械化的锚杆台车,带有计算机控制系统,具有较高的生产率和精度。辛格鲁万购买的型号带有可装80根树脂卷的筐,足够安装16根锚杆。

9.8.4.4 芒特艾萨(Mount Isa)矿空场嗣后充填采矿法

澳大利亚芒特艾萨矿位于澳大利亚昆士兰市的西北面,年产矿石量超过了1000万t,是世界上最大的地下矿山之一。它是世界上三个最大的铅矿山之一,是世界上第五大银矿山,第十大锌矿山,第十九大铜矿山。其中的Eeterprise矿(采区)是澳大利亚最深的矿山。

目前芒特艾萨矿开采范围达到5 km长,1.2 km宽,最深点(Eeterprise矿)大约在地下1800 m。北部为锌铅银矿体,南部为铜矿体,Eeterprise矿处于北部锌铅银矿床的下部。

锌铅银矿体和铜矿体是分别采出的,使用的采矿方法都是空场法,但有微小的不同。

在铜矿体中,采用分段空场法,分三个步骤来回采。矿块长40 m,宽40 m,高为矿体的全高。分段巷道断面尺寸为5 m×5 m,分段高度为40 m。在采场的底部布置出矿点。

炮孔采用阿特拉斯柯普柯公司生产的Simba台车钻凿,主要型号有H4353、H1354、366、269和254,前三者为顶锤式,后两者为潜孔钻机。在出矿水平,钻凿V字形上向孔来形成堑沟。在分段凿岩巷道中,采用Simba台车以放射状钻凿扇形孔。在采场的一面沿采场高度形成一个切割面,形成空间进行正常爆破。顶锤式和潜孔钻机均可以用于钻凿超过50 m深的孔。

Simba H4354台车是一种用于大规模作业的全液压台车,可以进行90°的扇形炮孔、360°的环形炮孔或1.5 m宽的平形孔钻凿,推进臂可以前倾20°,后倾80°,孔径范围为89~127 mm,最大推荐孔深为51 m。凿岩控制是全自动的,采用COP 4050型钻机。

使用的炸药主要是ANFO炸药,在现场混合。在一次爆10万t矿时一般是采用这种炸药。出矿采用斗容6.1 m^3的柴油铲运机出矿,将矿石直接铲到溜井中进入破碎机,或者当采场离破碎机较远时,装入铰接式运输卡车中。破碎后的矿石通过1.6 km长的钢索胶带送到U62提升系统,由32 t的箕斗提升至地表。

矿石回采率为100%。矿块采空区采用水泥砂浆和废石混合充填,砂浆是由波特兰水泥和选矿厂尾砂混合而成。废石是由地表废石堆供给,尾砂是地表铅选厂的重介质废物,还有铜冶炼厂的炉渣。

在芒特艾萨矿,共有27台凿岩台车用于开拓和锚杆支护,17台生产台车,33台铲运机,16台铰接式自动卡车,7台天井钻机。

在锌铅银矿体虽然采用了分段空场法,但在合适的地段仍采用盘区空场法(Panel Stoping,即矿房矿柱两步骤分段空场嗣后充填法)和梯段空场法(Bench Stoping,即沿走向布置的分段充填法或分段空场嗣后充填法)。盘区空场法主要用于George Fisher矿体的较厚矿体,垂直矿体走向布置采场。梯段空场法用于较薄的矿体,沿矿体走向布置采场。

目前芒特艾萨矿面临的主要挑战是地热。由于开采深度大,围岩的温度达到大约60℃。然而通过合适的通风,井下的湿球温度可以降低到23℃以下。芒特艾萨矿的通风系统是世界上最大的地下通风系统之一,在地表有大型的制冷机对进入井下的空气降温。

芒特艾萨矿矿块回采顺序(平面)图如图9-37所示,采矿方法如图9-38所示。

9.8.4.5 金字塔式无矿柱连续回采分段空场嗣后充填法

A 采矿方法的演变

Xstrata公司的布伦斯维克(Brunswick)矿是一座年产365万t的大型铅锌铜银矿,为海底热液喷发形成的大型硫化矿床,矿山1964年以来持续生产。矿体由一组近似平行的10个矿体组成,走向南北,倾角75°,倾向西。走向长度大约1200 m,宽达200 m,延深达到地表以下1200 m。

矿山现有职工800人,其中采矿350人,选矿105人,维修车间水处理及锅炉房等地表设施260人,管理人员67人,其他18人。

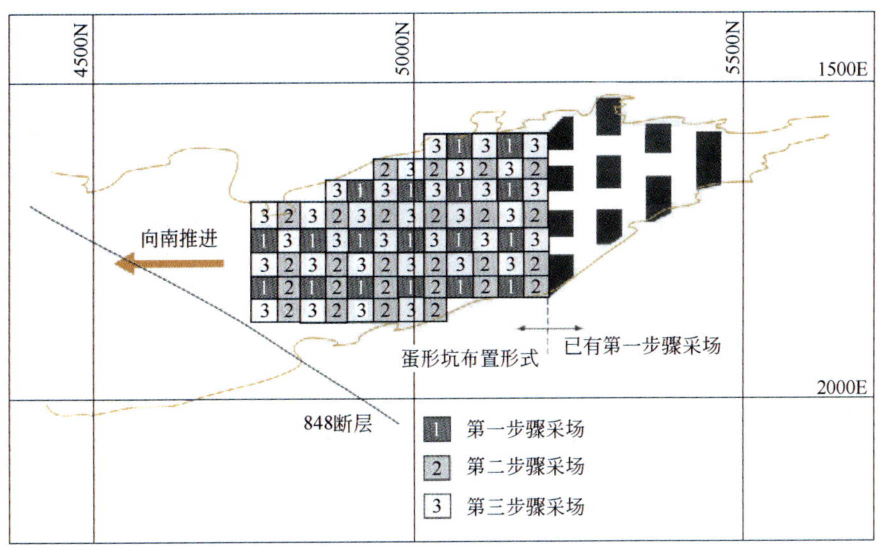

图 9-37 澳大利亚芒特艾萨矿矿块回采顺序(平面)图

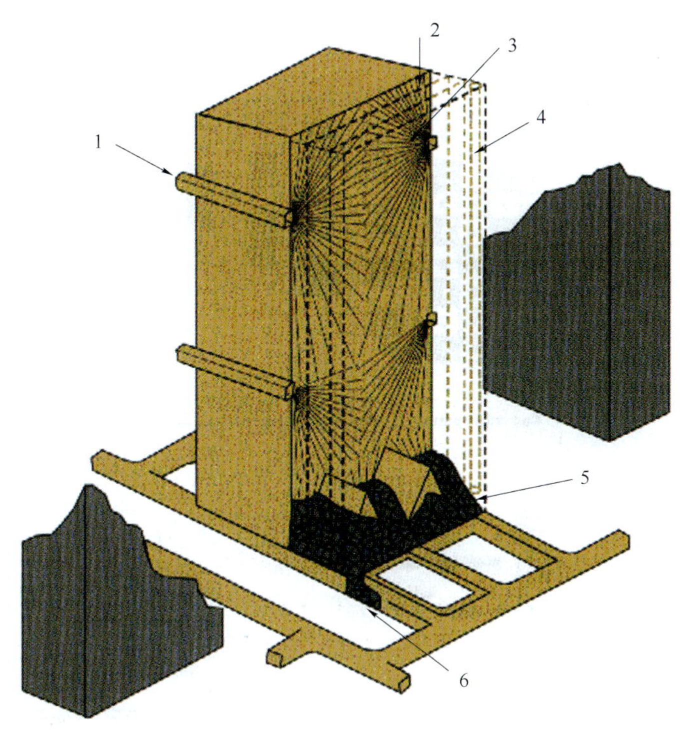

图 9-38 澳大利亚芒特艾萨矿分段空场(嗣后充填)采矿法

1—分段凿岩巷道；2—边界切割槽；3—炮孔；4—边界天井；5—爆下的矿石；6—出矿点

20 世纪 90 年代早期开始，矿山在地压管理方面遇到了很大的麻烦。主要是由于以下几个方面的问题：与第二步骤矿柱回采相关的应力问题；大跨度引起的不稳固问题；来自地表的充填废石供应不及时，而导致大量的采空区长期不能充填问题等，结果引起了频繁的岩石垮落。矿山自 1996 年起采取了一系列的措施，并且取得了成效。采矿方法的重大改变是从原来的两步骤回采向金字塔式无矿柱连续回采的转变。同时还采取了一系列的应力管理措施，如应力转移、应力解除和对峙距离的调整等对地压的控制起到了很好的效果。

大范围的喷射混凝土、增加锚索支护也是减少地压问题的手段。膏体充填虽然没有块石充填强度高，但是其输送的可靠性，能够充填难以进入的区域和对暴露面提供及时的支撑作用，允许弥补充填滞后和在难采区域恢复生产等，具有显著优越性。

微震监测也起到了很关键的作用。先进的实时微震监测系统能够让人们更好地理解岩体对采矿的反应从而调整采用的技术。基于微震活动的采矿设计和决策在矿山已经是很平常的事情，一年 365 天，每天 24 小时的微震监测，加上班前的系统分析给矿山提供了一个安全的采矿环境。

采矿方法的改变主要是由原来的两步骤回采向无矿柱连续回采转变。两步骤回采的分段空场嗣后充填采矿法，采场生产能力大，效率高，作业循环具有较高的灵活性。但是在高应力条件下，无论是放大或缩小第二步骤采场的尺寸，在其回采时都会遇到相当的困难。两步骤回采的顺序如图 9－39 所示。

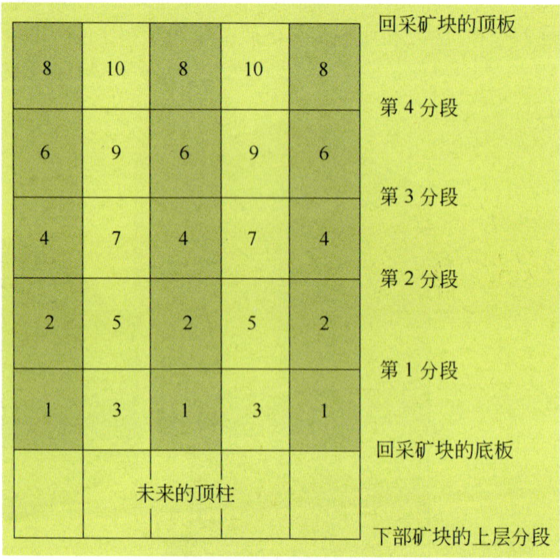

图 9－39　两步骤回采分段空场嗣后充填法回采顺序

为了使采场顶板跨度任何时候都在一个矿块尺寸之内（允许两个矿块同时回采），金字塔式无矿柱连续回采法采场在侧翼采场回采之前，就向上推进。

金字塔式无矿柱连续回采采矿法回采顺序如图 9－40 所示。采场可以向两翼或者三个方向（如果矿体足够厚的话）同时推进，以增加回采采场的数量。在这种方法中，在回采下一个采场之前必须先充填。这种采矿方法的回采顺序不仅复杂而且很严格，要求有次序地进行。采场在向侧翼回采之前，先向上推进，以便把采区顶板的跨度始终控制在一个矿块尺寸之内。这就大大降低了灵活性，增加了采矿的作业循环时间。如果矿体足够厚的话，该方法也可以应用在第三方向上，但是回采顺序就更复杂，如图 9－41 所示。这种方法将地应力引向未采动的原岩，消除了所有可能导致应力集中和回收困难的矿柱。

在布伦斯维克矿，为了提高顶板和上盘围岩的稳固性，在改变回采顺序的同时也减小了采场尺寸。小尺寸的采场出矿时间更短，充填更快，减少了采场的暴露时间。

为了不留下矿柱，这种采矿方法水平推进的方向始终是由采后区域向未采区域推进。

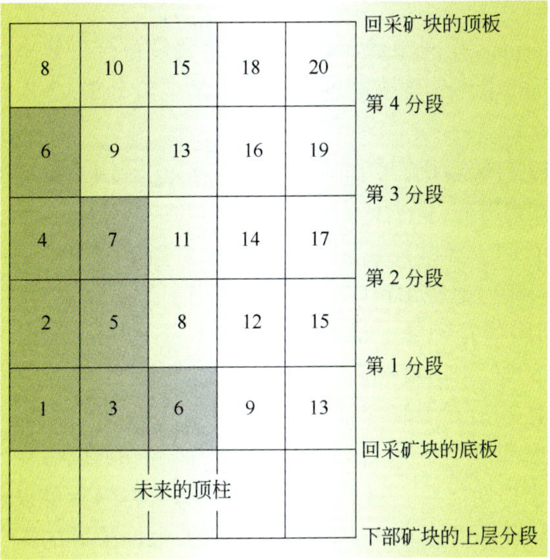

8
10
15
18
20
6
9
13
16
19
4
7
11
14
17
2
5
8
12
15
1
3
6
9
13
未来的顶柱
回采矿块的顶板
第 4 分段
第 3 分段
第 2 分段
第 1 分段
回采矿块的底板
下部矿块的上层分段

图 9－40　金字塔式无矿柱连续回采采矿法回采顺序

推进方向 1
4
8
5
9
10
6
推进方向 2
推进方向 3

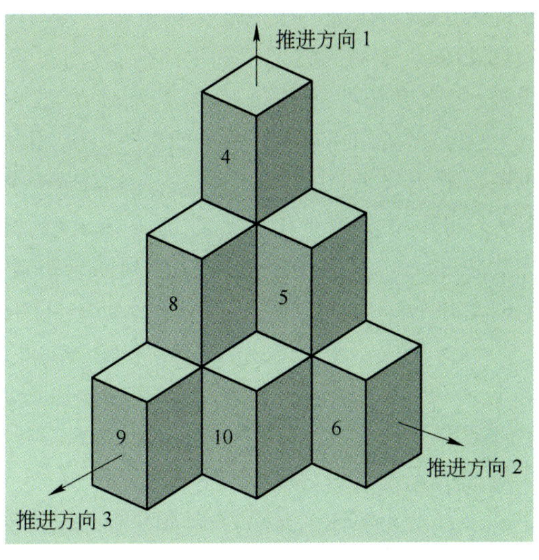

图 9－41　三个方向推进的金字塔式无矿柱连续回采采矿法回采顺序

在厚大矿体中采用三维金字塔推进时,设计采矿顺序要特别注意所采用的采矿顺序能够使大部分矿体的应力向外转移,如图 9－42 所示。由于应力基本解除,金字塔中心采场的尺寸可以相对较大。这种回采顺序,开始时矿山的生产能力较小,一旦金字塔中心的采场开始回采,矿山的能力就可以得到很大提高。

为了弥补金字塔式回采在采矿能力方面的不足,可以几个采区同时回采。但是由于相互之间相向推进,其代价是最终在采区之间会留下一个应力高度集中往往难以经济回收的矿柱,如图 9－43 所示。

应力流动线
1
2
4
3
6
5
高应力集中带
低应力区

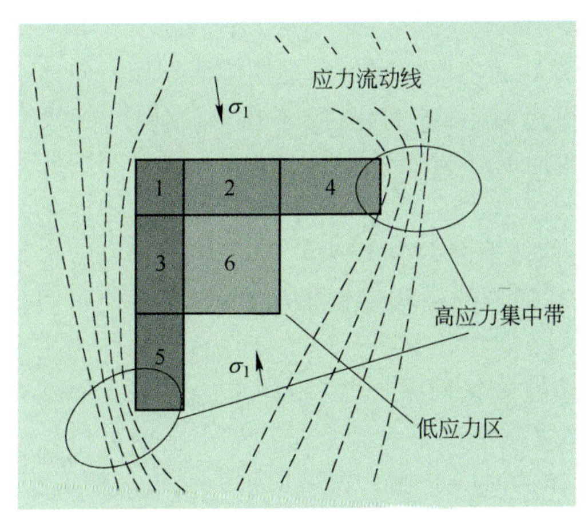

图 9－42　厚大矿体中向三个方向推进时矿块 6 处于低应力区

金字塔 1 的发展
金字塔 2 的发展
应力流动线

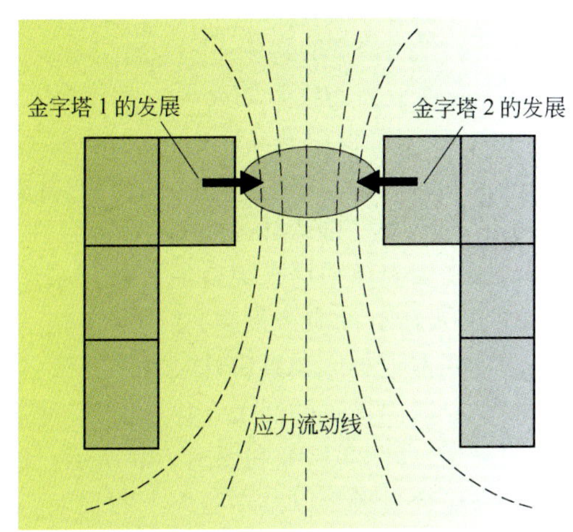

图 9－43　两个采区相向推进产生的应力集中区

矿山采用这种方法的贫化率小于 15%,一般在 10% 左右。

B 采矿工艺

(1) 凿岩爆破。采用潜孔钻机凿岩,孔径 114 mm,孔网参数 3 m×3 m。凿岩设备台班效率大约 75 m。采场爆破采用乳化炸药,装药车装药,非电雷管加起爆弹起爆。采场一般分 2~3 次爆破,每次爆破 4~5 排炮孔,炸药消耗 0.45~0.5 kg/t。

(2) 出矿。出矿采用 ST-8B 铲运机,共有 17 台铲运机,其中 14 台用于出矿,3 台用于掘进出渣。矿山采场 80% 以上的矿石用遥控铲运机方式出矿,铲出矿石直接卸入溜井或装卡车运至溜井。铲运机效率和出矿距离、出矿方式以及矿石卸入溜井还是装入卡车有关。当单程出矿距离为 400 m,矿石卸入溜井时,人工出矿台班效率 580 t,遥控出矿时台班效率 480 t,监视器遥控出矿时台班效率 460 t。设备完好率为 85%,工时利用率为 65%~85%。

(3) 充填。矿山采用膏体充填,输送浓度为 80%,坍落度控制在 200 mm,自流输送。正常情况下,采场先以含水泥 5% 的膏体充填至眉线以上 2 m,在采场底部形成一个塞子。如果计划以后还要在采场底部充填体中掘进巷道,则需充至眉线以上 5 m;若采场充入废石而又计划以后在采场底部掘进巷道,则充至眉线以上 10 m。3 天养护期之后,进行下一步充填。7 天之内不可以铲动该部分充填体。其余部分充填体的水泥含量根据需要在 3.2%~5%。如果根据采矿的需要,该部分充填体在充填后 28 天之前(7 天之后)需要铲动(掘巷道通过充填体),则需要采用水泥含量为 7% 的膏体充填至巷道高加宽的高度以上,其余部分按 5% 水泥含量充填。充填体强度要求最小不小于 1 MPa。水泥含量 7% 的充填体大约七天之后可以达到 1 MPa。

膏体充填要求的隔墙构筑工作量最小,除了水泥水化作用需要的水,系统中没有多余的水。因此虽然水力充填和膏体充填具有相同的充填输送能力,但是总的采场充填能力,水砂充填要小很多。这主要是因为水砂充填不得不停下来等待采场中料浆的饱和水平下降到关键水平以下,而膏体充填没有多余的水析出,无需等待。而充满采场的快慢对于采场围岩的稳定性是有很大影响的。可能在采场充填准备期间或充填的早期,采场岩壁就已在开始破坏。当这种破坏累积到一定程度就会导致以后采场回采时贫化加剧。采场设计时可以保守一些,让岩体在充填过程中保持稳定,但是这样的设计不是经济上最优的设计。在水砂充填的时候,过多的水还会润滑节理组,进一步弱化围岩,甚至在采场已经水砂充填完成之后,其仍需要一些时间获得足够的强度抵抗采场矿柱或岩壁的膨胀。

(4) 高地应力条件下的充填。膏体充填发展背后的主要原因之一是期望能利用它总体上的低孔隙率,来降低深部高应力区的地震活动。很遗憾,目前为止,除了在窄矿体中,还没有充填材料可以对岩壁的收敛提供足够的抵抗力从而阻止岩爆的发生。但是,在深部高应力区,采用快速充填(即膏体或块石)可以允许通过调整采用适当的回采顺序来改善岩爆问题的管理。对于大规模采场来说最经济的回采顺序是两步骤房柱式回采。但是在高应力的情形下,由于二步矿柱的应力很高,在生产爆破一开始其猛烈的破坏就变得不可避免,这使得回采二步矿柱变得很难。如果房柱尺寸不一致,这种情况会变得更糟。对此最好的解决办法是采用由中心向四周推进的回采顺序,即金字塔式无矿柱连续回采,下一步回采的采场紧邻刚充填完的采场,如图 9-38 和图 9-40 所示。这种回采顺序的最大缺点是在矿山早期可以投入生产的采场数量较少以及在顺序上回采下一步采场的时间耽搁。在采用水力充填的情况下,只有当矿山同时具有几个采区时才能实现。膏体或块石充填系统可以允许短得多的循环时间,这使得在高应力条件下采用中心向四周推进的回采顺序变得容易一些。通过快速充填来缩短采矿作业的循环时间,不仅改变高应力条件下的采矿方法,对于许多矿山来说都有可能从根本上改变其采矿方式。

9.9 充填工艺技术及充填系统

9.9.1 充填材料

9.9.1.1 充填材料的一般要求

常用的充填材料包括惰性材料、胶凝材料和改性添加材料三类，虽然不同的充填工艺对充填材料有不同的要求，但充填材料的选择一般都遵循以下原则：

(1) 充填材料要满足充填体强度要求，保证生产安全和创造良好的作业条件；

(2) 充填材料来源要有保障，便于运输或输送，储存方便；

(3) 充填材料要具有一定的化学稳定性，不含有过量或释放有毒和腐蚀性的物质；

(4) 在保证充填体质量的前提下，采用经济实用、成本低廉的充填材料；

(5) 应因地制宜、就地取材，尽量利用废弃物料。

9.9.1.2 充填材料的物理特性

充填材料的物理特性主要用密度、堆密度、孔隙率、粒度、渗透速度、沉缩率等指标来表述。

充填材料的粒级组成对充填工艺和充填体强度具有较大影响，管道输水力充填的最大粒径要求不大于管径的1/4，通常定为25 mm，25 mm以上即划为粗骨料；当充填材料中细粒级含量较多时，需要根据充填工艺的要求，进行旋流脱泥处理，除去多余的细泥，才能满足充填体的强度和采场脱水要求。衡量充填材料粒即组成的指标主要有均匀度、平均粒径、孔隙率、沉缩率、渗透系数等。

A 均匀度

充填材料中混合粒级组成的均匀程度是以颗粒均匀度系数来表示，均匀度系数越大，说明充填材料中粒级组成越不均匀，反之，均匀度系数越小，说明充填材料中粒级组成越均匀。

$$C_u = d_{60}/d_{10} \tag{9-1}$$

式中 C_u——均匀度系数；

d_{60}——筛下累计含量达到60%时的粒径值大小，mm；

d_{10}——筛下累计含量达到10%时的粒径值大小，mm。

B 平均粒径

充填材料的平均粒径用固体颗粒加权平均粒径计算，计算公式：

$$d_p = \sum_{i=1}^{n} d_i a_i \tag{9-2}$$

式中 d_p——加权平均粒径，mm；

d_i——每组筛分粒级上限粒径和下限粒径的平均值，$d_i = (d^i_{max} + d^i_{min})/2$，mm；

a_i——该粒级所占质量分数，%；

n——筛分粒级数。

C 孔隙率

孔隙率是指松散固体材料中孔隙体积所占的百分率，在一定程度上反映了固体颗粒的级配关系，在确定充填材料级配时，需要考虑粗细搭配后孔隙率的大小。

$$I = (\gamma_s - \gamma_i)/\gamma_s \tag{9-3}$$

式中 I——固体物料孔隙率；

γ_s——固体物料密度，t/m^3；

γ_i——固体物料堆密度,t/m^3。

D 沉缩率

充填材料由于水浸的作用和在受压的条件下,产生的固体颗粒重新排列、孔隙率减少和体积沉缩,称为充填材料的沉缩。沉缩率为沉缩后缩小的体积与沉缩前的原体积之比。充填材料沉缩率的大小决定于材料的物理性质、颗粒组成和松散状态下孔隙率的大小。沉缩率一般与材料的孔隙率成正比。沉缩率是衡量充填材料的重要质量指标之一,沉缩率小的充填料可以获得较坚实的充填体。

$$K = (V_o - V_a)/V_o \qquad (9-4)$$

式中 K——沉缩率,%;

V_o——沉缩前体积;

V_a——沉缩后体积。

E 渗透速度

充填材料的透水性以渗透速度表示,渗透速度的大小主要取决于细泥含量。细泥量多,渗透速度慢,透水性差。而水通过充填料的速度,在利用过滤方式脱水时一般要求渗透速度大于100 mm/h,并以此作为尾砂分级的参考指标。国内采用尾砂充填的矿山,大多将尾砂中-0.037 mm粒径部分脱去即可满足充填脱水的要求。而各矿山尾砂的粒级组成均不相同,确定脱去细泥的粒径应根据充填脱水的方式及使用条件,通过对渗透速度的试验来确定。当采用分级尾砂充填时,特别是在尾砂量不充足时,可在满足正常输送的前提下,尽量提高充填料浆浓度,适当降低尾砂分级界限。

9.9.1.3 充填材料的化学特性

充填材料的化学成分主要包括SiO_2、Al_2O_3、Fe_2O_3、MgO、CaO、CO_2、Na_2O、K_2O、FeO、S等,具有化学稳定性。MgO或CaO一般含量较少,若MgO含量较高,对充填体强度有影响,特别是硫含量较高时对充填体后期强度影响较大。凡口铅锌矿的试验表明:含硫量为1%的尾砂与含硫量为9%的尾砂,前者强度为后者的三倍。当采用含硫量高达12.35%的尾砂与普通硅酸盐水泥以1∶2~1∶10等七种配比,其90天龄期的强度为28天龄期的1.4~1.78倍,但90天之后试块即自行崩解。国外资料也表明用高硫尾砂制成的水泥尾砂试块强度,开始增长正常,但后期强度即下降,甚至自行崩解。

由于各矿的尾砂中含硫矿物的种类不同,加上其氧化程度又有差别,充填后与空气和水的接触条件也不相同,因而尚无尾砂胶结充填材料中允许含硫量的标准和规定。一般认为,尾砂中黄铁矿一般要求不超过8%,磁黄铁矿则要求不超过4%。因此,对于含硫高的尾砂用于胶结充填时,必须通过实验研究以确定含硫量对胶结充填体的影响程度。

部分矿山充填材料的化学成分如表9-9所示。

表9-9 部分矿山充填材料的化学成分 (%)

化学成分	黄沙坪铅锌矿	凡口尾砂	铜官山尾砂	红透山尾砂	金川尾砂
SiO_2	43.15	24.52	39.22	56.00	36.31
Al_2O_3	4.14	4.59	4.97	4.59	3.39
Fe_2O_3	—	3.57	—	20.11	9.51
MgO	4.12	2.79	3.82	0.13	28.15
CaO	15.81	32.01	15.14	1.79	3.86
CO_2	—	—	—	—	—

续表 9－9

化学成分	黄沙坪铅锌矿	凡口尾砂	铜官山尾砂	红透山尾砂	金川尾砂
Na_2O	—	—	—	—	—
K_2O	—	—	—	—	—
FeO	—	4.97	18.66	—	—
S	—	4.97	2.55	4.56	0.67

9.9.1.4 常用的充填材料

常用充填材料分为三类：

（1）胶凝材料。在环境的影响下，材料本身的物理和化学性质发生变化，使充填材料胶凝形成不同力学特性的整体，充填所用主要的胶凝材料是水泥。

（2）惰性材料。在充填过程和充填体中材料的物理和化学性质基本上不发生变化，是充填的主要材料。

（3）改性添加材料。大多数是高分子化合物，采用添加材料是为了减少水泥用量，改善充填料浆性能，提高充填质量。常用充填材料如表 9－10 所示。

表 9－10 常用充填材料

类别	充填材料
胶凝材料	水泥、粉煤灰、磨细的炉渣、石膏、生石灰、熟石灰、磨细的烧黏土、磁黄铁矿、硫化矿物等
惰性材料	碎石（废石）、分级尾砂、全粒级尾砂、戈壁集料、棒磨砂、风沙、山沙、河沙黏土、水淬炉渣等
添加材料	絮凝剂、减水剂、早强剂、速凝剂、缓凝剂、加气剂等

A 水泥

矿山充填使用的水泥品种主要有普通硅酸盐水泥（GB175—1999）、矿渣硅酸盐水泥、火山灰质硅酸盐水泥、粉煤灰硅酸盐水泥（GB1344—1999）。普通硅酸盐水泥的密度为 3.0～3.15 t/m^3，常取 3.1 t/m^3；堆密度 1.0～1.6 t/m^3，常取 1.3 t/m^3。矿渣水泥与火山灰水泥的密度为 2.85～3.0 t/m^3，常取 2.9 t/m^3；堆密度 0.8～1.15 t/m^3，常取 1.1 t/m^3。水泥的细度通常用水泥颗粒的比表面积来表示。普通水泥的细度为 3000～3500 cm^2/g，高标号水泥的细度指标达到 4000～6000 cm^2/g。充填所用的水泥标号多数为 32.5，少数为 42.5。

B 粉煤灰

粉煤灰由燃煤粉的电厂锅炉炉灰和烟道收尘的飞灰组成，现代化的电厂一般采用水力排灰，其采用很方便。粉煤灰可代替部分水泥作胶凝剂，改善充填料的活性和流动性，同时对环保也有好处。粉煤灰的密度为 1.95～2.4 t/m^3，松散堆密度为 0.55～0.8 t/m^3。粉煤灰的细度不仅影响充填料的流动性，而且与粉煤灰的活性密切相关。普通原状粉煤灰的比表面积为 2000～3000cm^2/g，磨细粉煤灰的比表面积为 3000～7000cm^2/g。粉煤灰粒级组成实例见表 9－11、表 9－12。粉煤灰的化学成分因煤的品种和燃烧条件不同而有所差异，一般来说粉煤灰中 SiO_2 含量为 45%～60%，Al_2O_3 含量为 20%～30%，Fe_2O_3 含量为 5%～10%。粉煤灰的活性主要与 SiO_2、Al_2O_3 及 Fe_2O_3 的含量有关，烧失量主要与含碳量有关。部分粉煤灰的化学成分见表 9－13。

表 9－11 铜陵冬瓜山铜矿粉煤灰粒级组成

粒径/mm	+0.065	0.050	0.040	0.030	0.020
产率/%	4.8	10.7	19.1	20.1	27.5
筛上累计/%	4.8	15.5	34.6	54.7	82.2

续表 9－11

粒径/mm	0.010	0.008	0.006	0.004	－0.004
产率/%	5.6	5.5	2.5	1.5	2.4
筛上累计/%	87.8	93.3	95.8	97.6	100

表 9－12　金川镍矿粉煤灰粒级组成

粒径/mm	+1.25	0.63	0.315	0.16	0.074	0.045	－0.045
产率/%	0.5	0.6	0.6	6.21	40.64	30.43	21.01
筛上累计/%	0.5	1.1	1.7	7.91	48.55	78.99	100

表 9－13　部分粉煤灰和炉渣的主要化学成分　（%）

成　分	SiO_2	Al_2O_3	MgO	CaO	S	Fe	Ni
铜陵冬瓜山干粉煤灰	38.54	20.30	1.05	15.75	0.23		
金川热电站干粉煤灰	38.38	19.57	0.82	3.13	0.62		
金川闪速炉水淬渣	39.65	2.65	10.46	1.59	1.07	32.47	0.187

C　*炉渣*

炼铁高炉炉渣已广泛用于水泥工业制造矿渣水泥。用冶炼炉渣做充填胶凝材料，主要是利用冶炼炉渣经过磨细处理后的胶结活性，代替部分水泥。国内矿山用炉渣作充填料大多数是利用没有经过磨细的高炉炉渣和铜、镍冶炼炉渣，实际是作为骨料的一部分，例如大冶有色金属公司铜绿山铜矿利用铜水淬渣作充填骨料，金川公司龙首矿的粗骨料充填系统中用镍冶炼炉渣作充填骨料。金川镍冶炼炉渣粒级组成见表 9－14、表 9－15。

表 9－14　金川公司镍闪速炉水淬渣自然级配

粒径/mm	+40	25	20	10	5.0	2.5	1.25	0.63	0.35	0.14	－0.14
产率/%	0.6	1.70	5.55	19.76	42.0	14.10	4.78	0.52	0.13	0.12	0.13
筛上累计/%	0.6	5.84	11.39	38.22	80.22	94.32	99.10	99.62	99.75	99.87	100.0

表 9－15　经磨细处理后镍粉状水淬渣粒级组成

粒径/mm	0.076	0.04	0.0385	0.03	－0.03
产率/%	0.4	8.6	3.28	14.95	72.77
筛上累计/%	0.4	9.0	12.28	27.23	100.0

粉煤灰、炉渣的活性是以火山灰的活性来表示，主要取决于化学成分、剥离相的含量、细度、颗粒形状及表面状态等。按化学成分衡量粉煤灰活性的计算方法为：

$$M_a = \frac{w(Al_2O_3)}{w(SiO_2)} \tag{9-5}$$

$$M_o = \frac{w(CaO) + w(MgO)}{w(SiO_2) + w(Al_2O_3)} \tag{9-6}$$

当 MgO 含量小于 10% 时：

$$K = \frac{w(CaO) + w(Al_2O_3) + w(MgO)}{w(SiO_2) + w(TiO_2)} \tag{9-7}$$

当 MgO 含量大于或等于 10% 时：

$$K = \frac{w(CaO) + w(Al_2O_3) + 10}{w(SiO_2) + w(TiO_2) + w(MgO)} \tag{9-8}$$

式中，M_o 表示碱性率；M_a 表示活性率；K 表示质量系数。

$M_o>0$ 时属碱性，$M_o<0$ 时属酸性，$M_o=0$ 时属中性。用于胶结充填的活性材料应达到 $M_a=0.17\sim0.25$，$M_o\geqslant0.65$，$K\geqslant1.6$。

D 各种固化剂

20 世纪 90 年代以来，国内有一些单位如中国建材研究院、中国矿业大学（北京）、西北矿冶研究院、武汉大学等先后研制成不同水硬性的固结材料，试用于矿山充填，其中包括高水速凝材料、全沙土固结材料等。高水速凝材料最早是英国 FOSROC 公司在 20 世纪 70 年代研究开发成功的一种新型胶凝材料，称作 Tekpak，由甲、乙两种材料组成，甲料称作 Tekcem，乙料称作 Tekbent，用于煤矿做隔离挡墙。Tekpak 的基本原理是：两种组分在单独加水搅拌过程中，24 小时不会凝结，可以泵送，当两种经搅拌的浆体混合后，迅速水化、凝结、硬化，形成钙矾石强度骨架和填充其中的含有大量水的水化凝胶体等水化产物。能够达到这样目的的水泥系统是很多的，如铝酸盐水泥系统、硫铝酸钙水泥系统、硫铝酸钙－硅硫铝酸钙水泥系统、氟铝酸盐水泥系统、铁铝酸盐水泥系统、含有高 Al_2O_3 的水泥系统等。无论采用哪种系统来配制高水基充填料，甲料都是最基本的。甲料除水泥熟料外一般还需添加增加其稳定性的特种缓凝剂。乙料的配制比较容易，其组成通常是硬石膏、石灰石、膨润土等，再加上起速凝、促硬、中和作用的外加剂。此类固化剂用于矿山充填，有两项最基本的要求：(1) 较好的稳定性，后期强度不能降低，暴露后表面不能“风化”；(2) 成本不能高于用低标号水泥。

E 分级尾砂和全尾砂

用选矿厂尾砂作为充填材料，在国内外使用最为普遍，并以分级尾砂为主。全尾砂细粒级含量较多，脱水较为困难。但随着充填技术的进步和发展，新材料、新工艺的产生，如膏体充填、高水速凝充填材料的应用，使得综合回收后的全尾砂作为充填材料有了更大的应用价值。使用全尾砂作充填材料也将是当前和今后充填材料发展的方向。

国内有色金属矿山和黄金矿山的选厂尾砂，密度一般为 $2.6\sim2.9\ t/m^3$，粒度多在 1 mm 以下。

按粒度大小，尾砂可分为粗、中、细三种。常用的尾砂分类方法见表 9－16。充填材料的粒级一般采用对数坐标图表示，见图 9－44。

表 9－16 矿山常用的尾砂分类方法

分类方法	粗		中		细	
按粒级所占百分含量	>0.074 mm	<0.019 mm	>0.074 mm	<0.019 mm	>0.074 mm	<0.019 mm
	>40%	<20%	20%～40%	20%～55%	<20%	>50%
按平均粒径 d_{av}	极粗	粗	中粗	中细	细	极细
	>0.25 mm	>0.074 mm	0.074～0.037 mm	0.037～0.03 mm	0.03～0.019 mm	<0.019 mm
按岩石生成方法	脉矿（原生矿）			砂矿（次生矿）		
	含泥量小，<0.005 mm 细泥少于 10%，例如南芬矿尾砂			含泥量大，一般大于 30%～50%，例如云锡大部分尾砂		

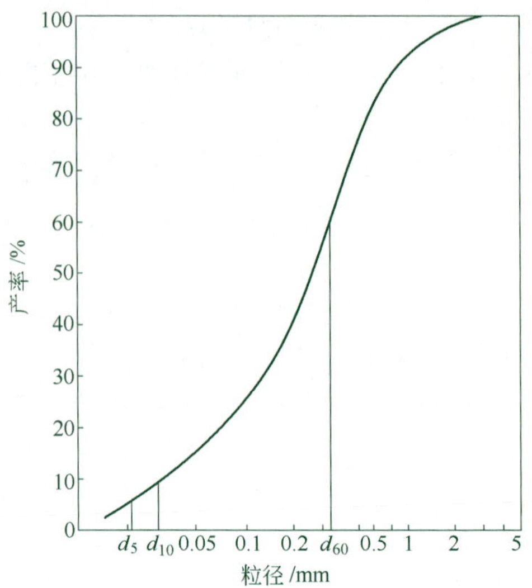

图 9 – 44　粒级曲线图

国内部分矿山尾砂粒级组成见表 9 – 17、表 9 – 18。

表 9 – 17　部分矿山分级尾砂的粒级组成

矿山名称	粒径与产率	粒级组成								
黄沙坪	粒径/mm	0.2	0.147	0.074	0.043	–0.043				
	产率/%	4.77	12.89	32.79	43.15	6.40				
铜绿山	粒径/mm	0.053	0.038	0.027	0.017	0.01	–0.01			
	产率/%	77.6	6.29	3.6	1.7	0.6	1.6			
凤凰山	粒径/mm	0.053	0.038	0.027	0.019	–0.019				
	产率/%	92.16	6.29	0.99	0.16	0.40				
东乡矿	粒径/mm	0.50	0.30	0.217	0.15	0.121	0.104	0.077	0.05	–0.04
	产率/%	0.15	1.08	3.82	11.37	12.21	3.72	14.43	20.73	28.45
锡矿山	粒径/mm	0.3	0.15	0.105	0.074	0.037	0.02	0.01		
	产率/%	22.5	15.0	20.5	7.50	21.17	9.31	4.02		
招　远	粒径/mm	0.18	0.15	0.125	0.09	0.075	0.063	0.053	0.044	–0.044
	产率/%	41.0	13.5	8.0	17.5	4.3	4.8	2.0	1.0	8.0
焦　家	粒径/mm	0.9	0.28	0.105	0.076	0.04	0.024	0.016	–0.016	
	产率/%	0.642	5.916	49.096	20.794	14.948	6.03	1.246	1.338	
水口山	粒径/mm	0.15	0.106	0.075	0.045	0.03				
	产率/%	63.68	23.78	3.69	7.71	1.14				
金　川	粒径/mm	0.1	0.08	0.06	0.05	0.04	0.03	0.02	–0.02	
	产率/%	27.5	15.5	25.0	7.0	5.0	3.0	2.0	15	

表 9－18　部分矿山的全尾砂粒级组成

矿山名称	粒径与产率	粒级组成											
凡口铅锌矿	粒径/mm	+0.442	0.442～0.297	0.297～0.196	0.196～0.152	0.152～0.088	0.088～0.074	0.074～0.053	0.053～0.037	0.037～0.027	0.027～0.019	0.019～0.013	－0.013
	产率/%	0.38	2.9	4.57	7.79	24.75	7.85	10.27	6.15	11.0	4.14	1.84	18.36
	累计/%	100	99.62	96.72	92.15	84.36	59.61	51.76	41.49	35.34	24.34	20.2	18.36
大红山铜矿	粒径/mm	0.074	0.037	0.018	0.01	－0.01							
	产率/%	28	32.9	22.2	6.4	10.5							
	累计/%	100	72	39.1	16.9	10.5							
武山铜矿	粒径/mm	+0.5	0.5～0.3	0.3～0.15	0.15～0.074	0.074～0.05	0.05～0.04	0.04～0.03	0.03～0.01	－0.01			
	产率/%	0.54	3.21	27.19	24.91	14.34	1.83	9.05	9.39	9.54			
	累计/%	100	99.46	96.25	69.06	44.15	29.81	27.98	18.93	9.54			
水口山矿	粒径/mm	0.15	0.106	0.075	0.045	0.03	－0.03						
	产率/%	53.69	11.41	12.08	7.38	1.07	5.83						
	累计/%	100	46.31	34.9	22.82	6.9	5.83						
金城金矿	粒径/mm	0.045	0.28	0.18	0.154	0.125	0.098	0.076	0.05	0.02	0.01	－0.01	
	产率/%	3.16	15.52	23.31	19.8	13.19	11.85	1.64	4.36	5.58	1.25	0.33	
	累计/%	99.99	96.83	81.31	58	38.2	25.01	13.16	11.52	7.16	1.58	0.33	
金川二选厂	粒径/mm	0.128	0.096	0.064	0.048	0.032	0.016	0.008	0.004	0.002	0.001	－0.001	
	产率/%	0.8	7.9	24	6.5	12.1	7.9	15.4	10.8	6.2	4.9	3.5	
	累计/%	100	99.2	91.3	67.3	60.8	48.7	40.8	25.4	14.6	8.4	3.5	

F 戈壁集料

戈壁集料主要由各种规格的卵石、次棱角的砾石、粗细不匀的砂子及含量不等的黄土自然级配而成，主要分布在我国西北地区，特别是新疆、甘肃地区分布广泛，储量丰富，并且开采方便，自然级配状态较好，是一种良好的充填材料。新疆的喀拉通克铜矿、阿舍勒铜矿均采用戈壁集料作充填材料。

戈壁集料的密度一般在2.5～2.7 t/m³，松散体重在1.6～1.8 t/m³，含水量3%左右。化学成分见表9－19，粒级组成见表9－20～表9－22。

表9－19 戈壁集料化学成分 （%）

化学成分	SiO_2	Al_2O_3	Fe_2O_3	CaO	MgO	TiO_2	K_2O	Na_2O	SO_3	S
喀拉通克	65.55	13.69	5.76	4.81	2.09	1.00	0.76	2.69		0.07
金 川	74.16	10.67		4.10	2.07				0.05	

表9－20 阿舍勒铜矿戈壁集料粒级组成

卵砾石	粒径/mm	+100	100～20	20～2	2～0.075
	产率/%	3	22	58	13
	筛上累计/%		25	83	96
粗 砂	粒径/mm	+2	2～0.5	0.5～0.075	－0.075
	产率/%	6.5	75	12	6.5
	筛上累计/%		81.5	93.5	100

表9－21 喀拉通克铜矿戈壁集料粒级组成(25 mm以下)

粒径/mm	25～20	20～14	14～12	12～10	10～8	8～5	5～4
产率/%	1.72	5.03	3.29	4.73	4.56	8.66	7.03
筛上累计/%	1.72	6.75	10.04	14.77	19.33	27.99	35.02
粒径/mm	4～2.5	2.5～0.9	0.9～0.63	0.63～0.2	0.2～0.1	－0.1	
产率/%	13.64	10.91	8.98	20.00	6.06	5.39	
筛上累计/%	48.66	59.57	68.55	88.55	94.61	100	

表9－22 金川镍矿戈壁集料粒级组成

粒径/mm	+60	60～40	40～30	30～20	20～10	10～5	－5
产率/%	2.1	9.4	7.4	14.3	21.2	12.8	32.8
筛上累计/%	2.1	11.5	18.9	33.2	54.4	67.2	100

G 棒磨砂、风沙及冲积砂

棒磨砂是将戈壁集料等经过破碎、棒磨加工成粒级组成符合矿山充填要求的充填骨料，其加工的方法简单，但加工费用高。风沙是自然采集到的天然细砂，如在沙漠地区，它是一种理想的充填材料，其颗粒呈圆珠状，成分90%为石英砂。冲积砂是古河床中形成的细砂，也可作为充填骨料。此外，还有河沙、湖砂、海砂等均可作为充填骨料。棒磨砂、风沙及冲积砂的物理化学性质见表9－23～表9－25。

表 9－23　棒磨砂、冲积砂、风沙的化学成分

式样名称	SiO_2	MgO	Al_2O_3	Fe_2O_3	CaO	BaO	Cr
－3 mm 棒磨砂/%	63.6	3.68		3.44	1.39	0.013	0.132
冲积砂/%	83.47	1.17			2.29		
风沙/%	91.90	1.10	2.13	2.43	2.44		

表 9－24　棒磨砂、冲积沙的物理性质

式样名称	密度/$t \cdot m^{-3}$	堆密度/$t \cdot m^{-3}$	孔隙率/%	渗水率/$mm \cdot h^{-1}$	含泥量/%
－3 mm 棒磨砂	2.67	1.501	43.78	116.2	3.89
冲积沙	2.65	1.525	42.45	150.0	7.38

表 9－25　棒磨砂、冲积沙、风沙的粒级组成

砂子种类	粒径、分计与累计	粒级组成							平均粒径	细度模数
－3 mm 棒磨砂	粒径/mm	2.5	1.25	0.63	0.35	0.154	0.074	－0.074	0.62	2.90
	分计/%	3.71	7.75	21.40	26.21	23.85	10.72			
	累计/%	3.71	11.46	32.86	59.07	82.12	93.64			
冲积砂	粒径/mm	2.5	1.25	0.63	0.35	0.154	0.074	－0.074	0.72	3.08
	分计/%	3.8	12.4	22.6	25.8	25.8	3.8	5.8		
	累计/%	3.8	16.2	38.8	64.6	90.4	94.2	100.0		
风　沙	粒径/mm	+0.63	0.355	0.196	0.152	0.121	0.08	－0.08	0.213	2.09
	分计/%	0.72	6.92	35.45	14.52	25.19	15.91	1.27		
	累计/%	0.72	7.64	43.10	57.62	82.81	98.72	100.0		

H　*碎石*

碎石材料一般来自于坑内掘进废石或露天剥离废石，大多数矿山对废石的应用是直接回填于采空区，也有部分矿山对废石进行破碎处理后再进行充填。废石破碎按各个矿山的不同需要，一般有－25 mm、－33 mm、－75 mm、－100 mm、－250 mm 等。因此，废石是否破碎或破碎到什么程度，要依据矿山对充填材料的具体要求。

I　*外加剂*

矿山充填工艺中常用的外加剂主要有絮凝剂、减水剂、早强剂和泵送剂等。

(1) 絮凝剂　絮凝剂能使水泥在充填体内均匀分布，减少充填体表面层细泥量，降低水泥用量或在水泥用量不变的条件下使充填体强度提高。采用立式砂仓时，欲使尾砂中细粒级快速沉降和脱水，一般都采用絮凝剂，使用絮凝剂制成带有不同电荷的胶体溶液，中和尾砂浆中颗粒上的电荷，减弱颗粒间的斥力，使小颗粒凝聚成大颗粒而下沉。有时絮凝剂加入高效浓密机，其底流泵入立式砂仓；有时絮凝剂直接加入立式砂仓在给料口与尾砂浆混合。常用的絮凝剂都是水溶性长链高分子聚合物，絮凝剂的品种较多，选用何种絮凝剂，应根据所絮凝矿浆性质而定。选择合适的絮凝剂，对综合效果影响较大。矿山充填常用絮凝剂如表 9－26 所示。

表 9－26 矿山常用絮凝剂

序 号	名 称	序 号	名 称
1	PAM 聚丙烯酰铵	5	PAA 聚丙烯酸
2	Poly(DMDAAC) 聚乙烷已二烯氯化铵	6	Poly(METAMS) 聚异丁烯酰乙基三甲基 甲基硫酸铵
3	Poly(MAPTAC) 聚丙烯酸甲酯丙基三甲基氯化铵		
4	AMPS 聚二甲酯二甲基丙烷磺酸	7	Poly(METAC) 聚丙烯酸甲酯乙基二甲基氯化铵

（2）减水剂　减水剂可以吸附在胶凝材料和惰性材料的亲水表面，在料浆浓度或坍落度基本相同的条件下，起到减少充填料中添加水量的作用，进而达到提高料浆浓度，增加充填体强度的目的，同时，添加减水剂也可以提高充填料浆的流动性。国外有些充填法矿山在全尾砂高浓度自流输送充填中，通过添加减水剂来提高充填料浆的输送距离，适应较大的充填倍线，起到减阻作用。减水剂的掺量通常为水泥用量的 0.2% ~0.5%，可减水 10% ~20%。

（3）早强剂　在充填料浆中添加早强剂可以加速其固化，提高早期强度，但对后期强度无显著影响。对于充填体早期强度要求较高的矿山，可以考虑使用早强剂。早强剂分无机盐类、有机物类和复合类三种，常用的无机盐类早强剂有氯化钙（$CaCl_2$）、氯化钠（NaCl）、氯化铁（$FeCl_2 \cdot 6H_2O$）、硫酸钠（Na_2SO_4）、硫酸钙（$CaSO_4$）、明矾（$Al \cdot K(SO_4)_3 \cdot 2H_2O$）等；有机早强剂有三乙醇胺［TEA，$N(C_2H_4OH)_3$］、甲酸钙［$Ca(HCOO)_2$］、三异丙醇胺［TP，$N(CH_5CHOH)_3$］等；复合早强剂是有机、无机早强剂的复合或早强剂与其他添加剂的复合，复合早强剂有时会取得比单组分更好的效果。几种早强剂的掺量和增强效果如表 9－27 所示。

表 9－27 几种早强剂的掺量和增强效果

早 强 剂	掺水泥量/%	凝结时间(时:分)		与未掺比对强度相/%		
		初 凝	终 凝	3d	7d	28d
氯化钙	0.5 ~1	－3:35	－3:57	130	115	110
氯化钠	0.5 ~1	—	—	134	—	110
氯化铁	1.5	—	—	130	—	100 ~125
硫酸钠	2	－1:40	－2:00	143	132	104
氯化钠＋TEA	0.5＋0.05	－3:00	－3:50	150	—	104 ~116
三乙醇胺	0.05	—	—	128	105 ~129	102 ~108

（4）泵送剂　泵送剂是防止膏体充填料浆在泵送管路中离析和堵塞，使其在泵压下顺利输送。减水剂、塑化剂、加气剂以及强稠剂等均可作泵送剂，并常按水泥用量和水灰比的不同，根据实际情况选用。

在充填料制备过程中使用外加剂时，外加剂应符合 GB8076—87 标准，在选择外加剂类型和确定其掺量时，还应参照该标准进行满足充填要求的对比试验。

9.9.2 充填料浆浓度及配比

9.9.2.1 充填料浆浓度

矿山充填分为胶结充填和非胶结充填两大类，胶结充填主要用于第一步骤回采的采场，下向分层、分段充填法的人工假顶，采场底部结构等。

料浆浓度是胶结充填最敏感的因素，然而直到 20 世纪 70 年代中期人们才开始认识到这一点，于是出现了高浓度充填，不过国外并没有对高浓度给出确切的定义，我国提出了“临界流态浓度”的概念，用以区分低浓度充填料浆和高浓度充填料浆。所谓临界流态浓度是指充填料浆开始进入不离析状态的浓度值，不同的物料具有不同的临界流态浓度值，主要取决于固体颗粒的粒径、形状、级配、比重等，而对显著影响料浆黏性的细粒级含量尤为敏感。低浓度充填料浆服从两相流体的规律，必须以高于临界流速的速度输送。料浆在采场内凝固后，往往在表面形成一层稀泥，溢流水中也会带走一些水泥，影响充填体的强度。高浓度充填料浆可以用宾汉体或触变体物理模型来近似地描述，可以避免上述缺点，可以以较低流速（如 1 m/s 左右）输送，在同样水泥用量时，充填体抗压强度最少提高 10% ~50%；反之，在保证相同充填体强度的前提下，采用高浓度充填料浆，可以降低水泥耗量，亦即降低充填成本。因此，选择充填料浆浓度以略高于临界流态浓度为最佳，并按此来确定充填系统的能力。

充填料浆的质量浓度用公式表示为：

$$C_w = \frac{\gamma_s}{\gamma_s - 1} \cdot \left(1 - \frac{1}{\gamma_m}\right) \times 100\% \qquad (9-9)$$

式中 C_w——料浆质量浓度，%；

γ_s——固体物料密度，t/ m³；

γ_m——浆体密度，t/m³。

充填料浆的体积浓度用公式表示为：

$$C_v = \frac{\gamma_m - 1}{\gamma_s - 1} \qquad (9-10)$$

式中 C_v——料浆体积浓度，%。

充填体强度与浓度的关系如图 9－45 所示。

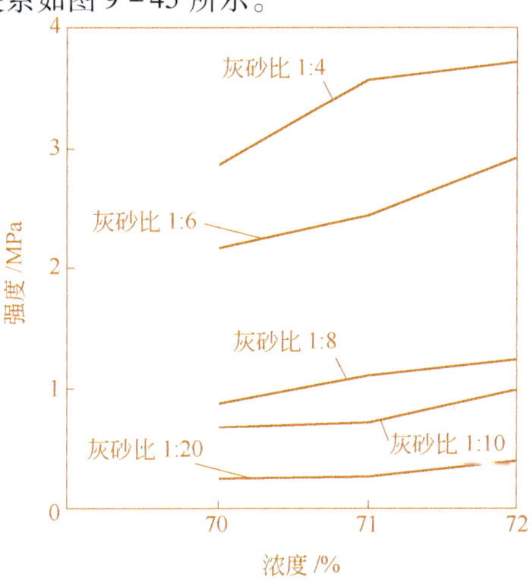

图 9－45 充填体强度（28d）与浓度的关系

9.9.2.2 胶结充填料浆的材料配比

胶结充填料浆的材料配比是指胶凝材料、充填骨料与水的用量比例。充填骨料不止一种时，充填骨料之间有不同的用量比例；采用其他胶凝材料代替部分水泥时，它们之间也有不同的用量比例。水灰比是指水与胶凝材料（主要是水泥）的比例。充填材料的配比是决定充填体强度的主要因素，水泥与骨料的比例，即灰砂比越大强度越高，水泥用量多，充填成本也高。

选择合理的充填材料配比主要遵循以下基本原则。

A 选择合适的充填材料

充填骨料用量大，必须是因地制宜，采用货源广、成本低的材料，井下废石、经综合利用后的尾砂当属首选，不仅成本低廉，而且可以减少占地，缓解对环境的污染，为创建无废矿山，构建生态采矿工程创造条件。在上述充填材料不能满足生产需要时，可以考虑采用河沙、风沙、海沙、卵石等自然材料或成本较高的人工碎石和人工磨砂等其他材料。

胶凝材料在充填成本中占很大比重，在满足充填体强度的前提下，应尽可能采用水泥的代用品，如粉煤灰、粉磨的冶炼炉渣等。

B 确定合理的灰砂比和料浆浓度

合理选择灰砂比和料浆浓度是充填材料配比最关键的问题。灰砂比的选择取决于设计充填体的功能，采用胶结充填的着眼点，一是提高充填体本身的自立性，一是利用充填体支护围岩，阻止其移动或者做人工假顶、采场底部结构。仅就提高充填体自立性而言，并不要求它具有很高的强度，根据加拿大 Levack West 矿的经验，在两个高度不超过 50 m 的上向分层充填法采场，采用 1∶30 灰砂比的条件下，中间的第二步骤采场采用 VCR 法回采，充填体的自立性完全能够适应，而国内矿山的水泥用量大都远高于这一比例。如果是利用充填体的后一种功能，则需要较高的强度，至于料浆浓度如上所述，应尽可能采用略高于临界流态浓度的浓度。总之，充填体强度必须满足采矿工艺的要求。

C 满足输送工艺的要求

充填料浆输送大多都采用管道输送的方式，所以，料浆的流动性必须满足管道输送的要求。在充填倍线确定的前提下，根据不同料浆管输摩阻损失，保证将充填料浆以自流或泵送的方式顺利地输送到井下采空区。

D 制备工艺简单

充填材料种类越少，地表储料仓建设和占地越小，建设费用越低，相应的充填制浆系统越简单，充填料浆的配比越容易控制。所以，在满足采矿工艺对充填体强度要求的条件下，应尽可能选择单一的充填骨料和简单的制浆系统，料浆配比的变化也尽量要少。只有在采矿工艺需要、充填规模较大、充填材料来源较多和充分考虑了综合技术经济指标的前提下，才选用多种充填材料的充填方式。

9.9.2.3 充填材料用量计算

A 日平均充填量

$$Q_{\mathrm{d}} = ZK_1K_2P_{\mathrm{d}}/\gamma_{\mathrm{k}} \tag{9-11}$$

式中 Q_{d}——日平均充填量，$\mathrm{m^3/d}$；

P_{d}——充填法日产量，t/d；

γ_{k}——矿石密度，$\mathrm{t/m^3}$；

Z——采充比，$\mathrm{m^3/m^3}$，一般取 $Z=0.8\sim1$；

K_1——沉缩比，$K_1=1.05\sim1.15$，一般情况下，干式、胶结充填取小值，水力充填取大值；

K_2——流失系数，一般情况下，水力充填 $K_2=1.05$；胶结充填 $K_2=1.02\sim1.05$，其中尾砂胶结充填取较大值；干式充填考虑运输过程中的损失，$K_2=1.00\sim1.02$。

B 年平均充填量

$$Q_a = NQ_d \tag{9-12}$$

式中 Q_a——年平均充填量，m^3/a；

N——年工作天数，d/a。

C 日充填能力

$$Q_r = KQ_d \tag{9-13}$$

式中 Q_r——日充填能力，m^3/d；

K——充填作业不均衡系数，一般取 $K=2\sim3$。

K 值选取原则：对采空区进行连续充填取较小值，进行分层充填时取较大值。井下掘进废石作充填料占比重显著时取较大值。

D 单位体积充填料浆各组分的质量

干物料密度（t/m^3）：

$$\delta_s = \frac{\gamma_c \cdot \gamma_s(1+n)}{\gamma_s + n\gamma_c} \tag{9-14}$$

料浆密度（t/m^3）：

$$\delta_m = \frac{\delta_s}{C_w + \delta_s(1-C_w)} \tag{9-15}$$

1 m^3 料浆中水泥质量（t）：

$$q_c = \delta_m \frac{C_w}{1+n} \tag{9-16}$$

1 m^3 料浆中砂的质量（t）：

$$q_s = \delta_m \frac{C_w \cdot n}{1+n} \tag{9-17}$$

1 m^3 料浆中水的质量（t）：

$$q_w = \delta_m(1-C_w) \tag{9-18}$$

式中 γ_c——水泥密度，t/m^3；

γ_s——砂的密度，t/m^3；

C_w——料浆质量浓度，%；

n——灰砂比。

计算取小数后三位。料浆质量浓度与体积浓度的换算：

料浆体积浓度（%）：

$$C_v = \frac{C_w}{C_w + \delta_s(1-C_w)} \tag{9-19}$$

料浆质量浓度（%）：

$$C_w = \frac{C_v \cdot \delta_s}{1 + C_v(\delta_s - 1)} \tag{9-20}$$

充填料浆堆密度（t/m^3）：

$$r_m = G_j/V \tag{9-21}$$

式中 G_j——充填料浆质量，t；

C_v——料浆体积浓度，%；

V——充填料浆体积，m^3。

采用尾砂胶结充填，充填料浆的堆密度一般在 1.6～2.1 t/m^3。

9.9.3 充填体力学性质

9.9.3.1 充填体含水与透水

料浆充填到采空区，其料浆中的水是以分子水、毛细水和重力水的形式存在。分子水是固体颗粒表面所吸附的一层极薄水膜,重力不能使分子水移动,只有蒸发才能消除;毛细水仅对细粒级充填料有意义,它能传递静压力,在重力与毛细力的联合作用下运动;重力水存在于充填料的孔隙内,以渗流形式排出,当用水量超过渗流量时,在充填体表面会泌出一层清水,可以通过溢流排出。

充填料的渗透性能与所选充填材料的粒径尺寸、孔隙率、颗粒级配、料浆浓度以及采场脱水条件等因素有直接关系。充填料的渗透性能用渗透系数 K_s 表征,国外对分级尾砂要求 20℃ 条件下的渗透系数 $K_{20}=10$ cm/h,我国水工规范渗透系数是以 10℃ 为标准,可用动黏性系数换算,对 $K_{20}=10$ cm/h 换算结果 $K_{10}=K_{20}\cdot\frac{\mu_{20}}{\mu_{10}}=7.7$ cm/h。国内部分矿山分级尾砂充填料的渗透系数见表 9－28。

表 9－28　部分矿山分级尾砂渗透系数 K_{10}

矿山名称	渗透系数	矿山名称	渗透系数	矿山名称	渗透系数
红透山铜矿	19	东乡铜矿	13.5	凡口铅锌矿	4～5.7
凤凰山铜矿	15	玲珑金矿	8～10	锡矿山锑矿	9.27
铜绿山铜矿	4～6	牟定铜矿	6		

充填料浆浓度过低,含水过多,在形成充填体的过程中会出现超饱和状态,在充填体表面上产生较大的泾流,粗颗粒物料很快下沉,细粒物料仍然处于悬浮,所形成的充填体产生粗、细物料的自然分离,严重影响充填体质量。

充填材料渗透性能的好坏,决定充填体的脱水速度、固结时间和强度,不同的采矿工艺对充填料的渗透性要求不同。如采用分层回采分层充填的采矿方法时,因充填后需在充填体上进行采矿作业,需要充填体迅速脱水,这就要求充填料的渗透性能要好;如果采空区是嗣后充填,在充填体上不再进行采矿作业或短期内不进行采矿作业,可允许充填体有较长时间进行脱水,则对充填料渗透性的要求无须太严格。

9.9.3.2　充填体沉降

充填体的总沉降是由自然沉降(初始下沉)和压缩沉降(二次下沉)组成的。充填体从过饱和状态变为饱和状态时,会产生体积的缩小,在毛细力的作用下,从饱和状态过渡到潮湿状态,由此形成初始沉降。对于下向充填法,初始下沉的结果是充填体与采场顶板间形成一个空间。造成顶板的悬空,一旦空顶面积大时,将导致顶板失稳。为防止其形成灾害,可通过调整采场结构、回采顺序,利用第二步骤回采进行补充充填。

9.9.3.3　充填体静压力

在充填的过程中和充填后的一段时间内,充填体中的孔隙全部被饱和水充满,孔隙中的水如果呈连续自由水状态,则充填体对其周围所产生的静压力与流体的静压力类似,即为各向同性、大小相等的流体压力。这种流态的充填体对结构物的压力很大,如果结构物被破坏,则可能产生跑砂而污染或淹没巷道。

9.9.3.4　充填体侧压力

在充填采空区中,充填体在垂直压力和自重的作用下,对采空区边帮产生侧向压力作用,侧压力大小与垂直压力相关,可通过侧压力系数计算。侧压力系数是侧向应力与垂直应力的比值。

$$K=\sigma_x/\sigma_z \tag{9-22}$$

或

$$K=\sigma_y/\sigma_z \tag{9-23}$$

式中　K——侧压力系数;

σ_x,σ_y——水平方向的应力；

σ_z——垂直方向的应力。

实际应用时，通过试验测得在一定载荷下侧压力大小，计算出充填体的侧压力系数。通过侧压力系数，根据单轴垂直压力求侧向压力的大小。

9.9.3.5 充填体强度

充填体强度通常采用单轴抗压强度表示，首先在实验室用标准试件进行检测，通常采用70.7 mm×70.7 mm×70.7 mm或100 mm×100 mm×100 mm试模，按3 d、7 d、28 d强度，每组3个试块取其平均值。然后充填过程在采场内预埋试模，按相应龄期取出，进行对比，或者在28天钻取岩芯进行对比。主要由于脱水条件的差异，采场内的试块强度要比室内试块低，这是作充填设计应当注意的因素。此外，外加剂、活化搅拌、磁化水（对含导磁率较高的金属的尾矿）对充填体强度的影响也应予以注意。金川、凡口等几个矿山充填料强度和其他力学性质见表9-29～表9-32，充填体强度随龄期的变化关系见图9-46。

表9-29 金川-3 mm棒磨砂胶结料试块单轴抗压强度

砂浆浓度/%		材料用量/kg·m^{-3}			砂浆比重	抗压强度/MPa		
质量浓度 C_w	体积浓度 C_v	水	水泥	砂		28 d	60 d	120 d
70	46.23	537.9	179.3	1076	1.793	1.55	2.94	3.89
75	52.49	475.0	203.5	1222	1.900	2.43	3.76	4.27
80	59.57	404.0	231.1	1387	2.022	8.66	5.23	5.69
70	46.33	536.0	139.2	1113	1.789	1.18	1.57	1.57
75	52.62	474.0	158.0	1264	1.896	1.32	2.16	2.26
80	59.68	403.2	179.2	1434	2.016	1.50	2.48	2.89
70	46.40	535.8	113.7	1137	1.789	0.56	0.92	1.22
75	52.68	473.3	129.1	1291	1.893	0.75	1.10	1.27
80	59.75	402.6	146.4	1464	2.023	1.67	2.04	2.37

表9-30 凡口全尾砂胶结料试块单轴抗压强度

序号	灰砂比	质量浓度 C_w/%	坍落度/mm	抗压强度/MPa			表观密度 /kg·m^{-3}	水泥用量 /kg·m^{-3}
				3 d	7 d	28 d		
1	1:4	70	211	0.55	1.01	3.65	1610	320
		72	181	0.75	1.09	4.35	1610	320
2	1:6	70	220	0.48	0.61	2.09	—	—
		72	193	0.53	0.76	2.56	—	—
3	1:8	70	187	0.28	0.46	1.16	1630	180
		72	172	0.36	0.55	1.17	1630	180
		75	77	0.48	0.69	1.72	1630	180
		78	10	0.70	1.02	3.02	1630	180
4	1:10	70	221	0.19	0.26	0.88	—	—
		72	199	0.20	0.33	0.97	—	—
		75	71	0.29	0.48	1.41	—	—
		78	17	0.53	0.72	2.24	—	—

表 9－31　金川全尾砂胶结料试块力学特性

序号	充填材料	质量浓度 C_w/%	水泥用量 /kg·m^{-3}	全尾砂与棒磨砂质量比	水泥与粉煤灰质量比	抗压强度/MPa			弹性模量 /MPa	内聚力 /MPa	内摩擦角 /(°)
						3 d	7 d	28 d			
1	全尾砂，棒磨砂，水泥	76	214	1:0.5	—	0.362	0.612	2.284	427.5	0.61	33.0
			213	1:0.75	—	0.301	0.562	2.171	494.5	0.51	34.0
			213	1:1	—	0.335	0.582	2.201	511.1	0.72	32.0
		77	219	1:0.5	—	0.536	0.959	3.066	474.1	0.74	33.5
			219	1:0.75	—	0.500	0.918	2.745	532.0	0.65	32.5
			218	1:1	—	0.454	0.884	2.538	555.8	0.78	31.0
2	全尾砂、水泥，粉煤灰	73	267	—	1:0.3	0.648	1.499	4.290	629.2	1.25	27.0
			231	—	1:0.5	0.501	1.192	3.313	571.5	0.87	29.0
			172	—	1:1	0.483	0.954	2.884	521.0	0.78	30.0

表 9－32　芒特艾萨矿块石胶结料试块力学特性

序号	类　型	水泥用量 /%	磨细的铜反射炉渣用量/%	块石与粗尾砂胶结料之比	抗压强度 /MPa	弹性模量 /MPa	内聚力 /MPa	内摩擦角 /(°)
1	块石胶结充填	3①	6①	3:1	2.2	280	0.5	35
2	粗尾砂胶结充填	3.5	7	—	0.85	150	0.21	35～40

① 指粗尾砂浆料中之用量。

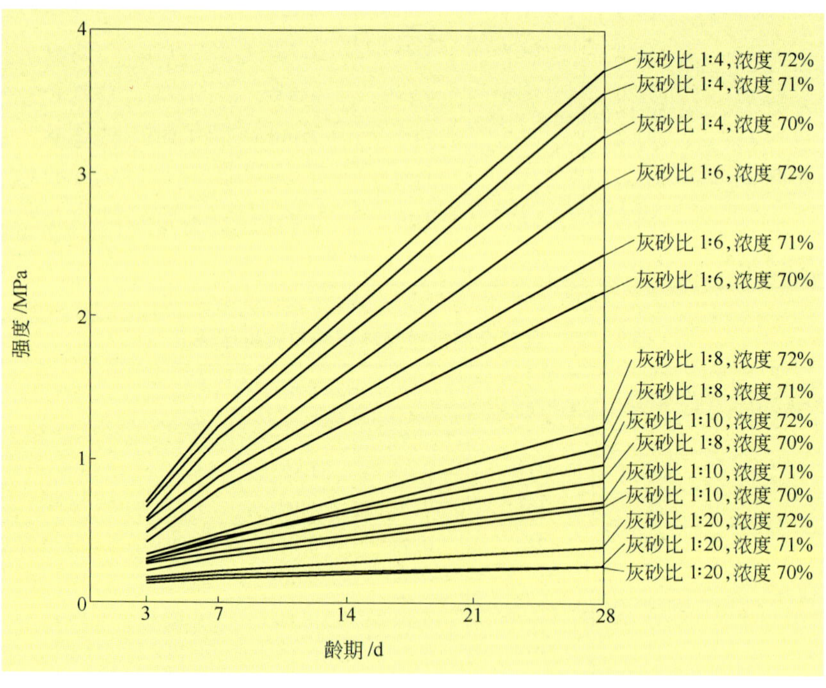

图 9－46　充填体强度随龄期的变化关系图

9.9.4　充填料浆流体力学特性

9.9.4.1　充填料浆的黏性

充填料浆的黏性是流体抵抗变形的性质，流体运动时都具有黏性。化学成分和物理性质对砂浆的黏性产生影响，成分不同、浓度不同，其黏性也不相同。充填砂浆分成两大类：似均质砂浆和非均质砂浆，前者属于黏性高的流体。输送中似均质砂浆可按层流或紊流状态看待，是一种稳定而不产生沉淀的砂浆，似均质砂浆流动，必须克服屈服应力；非均质砂浆流动只能是紊流状态，是不稳定的，颗粒愈大愈易产生沉淀，欲使这种砂浆的流动保持未定状态，其流速必须大于该种料浆的临界流速。

9.9.4.2 固体颗粒的运动阻力

流体黏性的大小是产生固体颗粒运动阻力的根本原因，固体颗粒运动一般受到两种阻力，即由液体黏性产生的摩擦阻力（F_f）和由黏性引起的固粒表面上的压力阻力（F_y），两项组成总阻力（F_z），表达式为：

$$F_z = F_f + F_y \tag{9-24}$$

总阻力是雷诺数 Re 和固粒形状的函数。Re 小时，F_f 是主要的，F_y 是次要的；Re 大时，则相反；Re 中等大时，F_f 与 F_y 同时起作用。也就是说，Re 很小时，表示黏性力大大超过惯性力；Re 很大时，表示惯性力远远超过黏性力。

9.9.4.3 静水中颗粒的自由沉降

颗粒在静水中由于重力作用产生自由沉降，当处于均匀下沉速度时定义为颗粒的沉降速度，它表示固体在液体中相互作用时的综合特性，表示固体颗粒被水力输送的难易程度。沉速越大，颗粒就越难悬浮，也就越难于被水力输送，反之亦然。颗粒的密度、粒径、形状以及雷诺数等对沉降速度有均较大的影响。

9.9.4.4 非球形固体颗粒的干涉沉降

干涉沉降是充填料浆输送中一个很重要的特性，在实际的水力输送中，固体颗粒不是单个的在无限的流体中的运动，而是成群的、大小不一的颗粒混合流动。因此，固体颗粒流动过程中不是自由沉降，而是一种复杂的干涉沉降。固体颗粒的干涉沉降，除受到流体的阻力外，还要受到固体颗粒之间的碰撞和摩擦。颗粒的粒度越细，颗粒的数目越多，固体颗粒之间的产生碰撞的几率越多，固体颗粒下沉的阻力也越大，亦即干涉沉速越小；料浆浓度越大，固体颗粒沉降所受到的阻力越大，干涉沉降速度越小；固体颗粒形状越不规则，表面越粗糙，所受到的阻力越大，干涉沉速越小。可见干涉沉降是十分复杂的，综合这些因素不难理解，干涉沉降速度要比自由沉降速度小得多。

9.9.4.5 固体颗粒在流体中的运动形式

固体颗粒在两相流体中的运动状态，特别是料浆中固体颗粒的运动状态对管道摩擦阻力有直接的影响。水的紊流特性决定了水与固体颗粒之间的相互作用，水的紊流特性表现为脉动现象并在垂直方向上产生脉动速度，使固体颗粒受到向上的冲击力，当冲击力克服了固粒在水中的重力时，颗粒就向上运动或呈悬浮状态。同时又由于水流速度的作用，使固体颗粒沿水流动方向运动。因而固体颗粒的运动状态大致有三种情况：(1)不连续跳跃：当水流速度很小时，固体颗粒不动，当流速增大到某一数值时，固体颗粒就开始沿管底滑动和作不连续跳跃运动，如图9－47*a* 所示；(2)间歇性悬浮：当流速进一步增大时，固体颗粒开始处于间歇性悬浮状态，即一会儿跳入水流中，随后又从水流中掉落管底，接着又跳入水流中，如图9－47*b* 所示；(3)完全悬浮：当流速再进一步增大时，固体颗粒

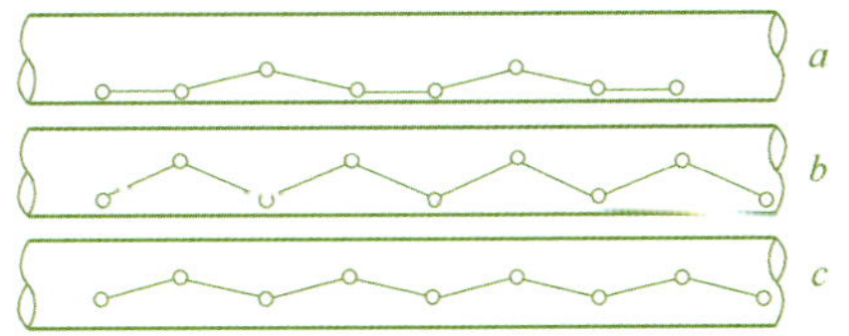

图 9－47　固体颗粒的运动状态

就一直处于悬浮状态，并沿水流方向运动，如图9－47c所示。

固体颗粒在流体中的运动按颗粒分布状态分为均质流和非均质流。均质流是指固体颗粒均匀分布在整个流体介质中，固体含量高且粒径细小的浆体基本上属于均质流或似均质流。含有大量固体微粒的均质流体在输送时，常常使黏度迅速增大，呈现非牛顿流体的特性。高浓度尾砂浆、高浓度水泥浆都可呈现似均质流。非均质流是指流体系统中，固体颗粒不是均匀分布的，沿管道流动方向的垂直轴线有明显的浓度梯度，甚至在高流速时，在流体断面也有浓度梯度。非均质流浆体与均质流浆体相比，一般固体颗粒含量较少而颗粒较大，如普通的水砂充填料浆、低浓度分级尾砂充填料浆等。

9.9.4.6 临界流速

临界流速是指输送非均质充填料浆时，使固体颗粒不发生沉积的最小流速，此时流体中的所有固体颗粒处于悬浮状态，是相应压头损失最小的速度，也是充填料浆输送正常运行的下限，比临界流速更低的流速将导致管底形成固体颗粒的沉淀床。临界流速随着颗粒粒度、颗粒密度的增大而增加。临界流速初始阶段是随浓度增加而增大的，但当浓度继续增加到一个限值时，临界流速反而随着浓度的继续增加而减小，这是由于浓度高时细颗粒始终在水中悬浮，也使得较大的颗粒在流体中更易于悬浮。

临界流速除通过试验确定外，也可用下列经验公式近似计算。应当指出的是，计算临界流速的经验公式很多，都有其局限性，因而计算结果出入很大。尾矿粒级较细，可采用B.C.克诺罗兹公式：

$$v_k = 0.20(1 + 3.43\sqrt[4]{C'_w D_k^{0.75}})\beta \qquad (9-25)$$

式中，v_k 为临界流速，m/s；C'_w 为质量稠度，即单位时间流过的固体质量与水的质量之比，与100相乘后代入公式；D_k 为输送管道临界流时的管径；β 为混合液流速校正系数，按下式计算：

$$\beta = \frac{\gamma_s/\gamma - 1}{1.7} \qquad (9-26)$$

式中，γ、γ_s 相应为清水和固体的密度，当 $\gamma_s/\gamma \leqslant 2.7$ 时，不乘此系数。

在实际生产中，自流输送速度一般为临界流速的1.2～2倍。通过试验实测的金川尾砂加水泥充填料浆的临界流速见表9－33，可供参照。

表9－33 临界流速实测值

物料名称	物料特性	管径/m	料浆质量浓度/%	28.77	34.00	38.65	43.61	48.86	58.00	62.46	70.54
			料浆重率/$t \cdot m^{-3}$	1.224	1.276	1.326	1.384	1.451	1.585	1.660	1.814
水泥尾砂	$\gamma_t = 2.75$ $d_{av} = 0.1433$ mm	0.1	临界流速/$m \cdot s^{-1}$	1.98	1.95	1.91	1.84	1.70	1.57	1.49	0.71

9.9.4.7 水力坡度

浆体在管道中流动必须克服与管壁产生的阻力和产生湍流时的层间阻力，综合起来称为摩擦阻力损失即水力坡度，所以，水力坡度是表示单位长度所产生的阻力损失。影响水力坡度的因素很多，主要有固体颗粒的粒径、粒级不均匀系数、物料密度、浆体流速、浆体浓度、黏度、温度、管道直径、管壁粗糙度以及管路的敷设情况等。输送固体粒状物料的水力坡度计算公式很多，因为都是在各种具体条件下获得的经验公式，计算值往往有很大差别，这里推荐计算误差相对较小的非均质料浆和似均质高浓度料浆水力坡度计算的金川公式，并附金川公式与其他水力坡度计算公式计算结果的比较，见表9－34。

表 9-34 金川经验公式与其他水力坡度计算公式计算结果的比较

公式来源	公式形式	计算与实测相对误差值/%														平均误差/%
		3 mm 棒磨砂	-1.2 mm 棒磨砂	风沙	-8 mm 棒磨砂	磁铁矿	铜精矿	铁磁石	石膏	石灰石	硼尾砂	磷精矿	赤泥	石灰岩+页岩	废页岩	
金川	$i_m = i_0\left\{1+108C_V^{3.95}\left[\frac{gD(\gamma_t-1)}{v^2\sqrt{C_x}}\right]^{1.12}\right\}$	8.0	16.8	8.5	14.4	11.8	20.5	12.5	13.5	13.7	12.0	17.7	18.7	82.8	7.9	16.2
抚顺	$i_m = \sqrt{\gamma_m i_0} + \frac{0.7\sqrt{gD}(\gamma_m-\gamma_0)}{\varphi\gamma_m v\gamma_0}$	338.4	186.3	134.8	72.7	332.3	129.8	243.8	145.6	358.8	139.2	916.1	363.4	153.4	28.9	100.7
新汶	$i_m = i_0 + \frac{1}{X}\left(\frac{0.72\sqrt{gD}}{v} - 0.06\right)$	127.0	178.4	90.3	32.9	956.6	311.9	119.8	936.4	306.4	82.9	518.0	173.4	108.2	12.0	548.9
陕西水科所	$i_m = 0.076\frac{V^2}{2gD}(\gamma_m-1)^{\frac{1}{6}}\gamma_m$	40.8	35.9	13.9	25.0	30.3	42.5	35.1	11.5	32.9	13.0	18.5	17.4	27.2	10.8	26.6
北京有色冶金设计研究总院	$i_m = i_0\left(1+\frac{p}{v^2}\right)\gamma_m$	28.9	19.8	54.6	56.3	58.5	86.0	57.8	44.6	154.8	82.8	40.6	31.0	19.4	26.9	51.1
杜兰德	$i_m = i_0\left\{1+85C_V\left[\frac{gD(\gamma_t-1)}{v^2}\frac{vp}{\sqrt{gD}}\right]^{1.5}\right\}$	278	256.7	68.0	139.6	189.9	60.7	264.4	122.2	393.4	174.0	277.2	152.3	156.7	38.5	184
苏联煤科院	$i_m = \gamma_m i_0 + \frac{\sqrt{gD}(\gamma_m-\gamma_0)}{K\varphi v\gamma_0}$	87.8	75.7	35.9	115.5	37.8	59.4	131.6	27.2	89.2	137.9	79.9	66.7	27.8	56.9	75.5
纽伟特	$i_m = i_0\left(1+66C_V\frac{30gD(\gamma_t-\gamma_0)}{v^2}\right)$	41.8	550.7	440.4	278.6	399.2	182.4	539.9	539.9	132.6	278.5	104.2	519.6	130.2	85.9	103.1

金川非均质料浆的水力坡度计算公式：

$$i_c = i_0\left\{1 + 108C_V^{3.95}\left[\frac{gD(\gamma_s - 1)}{v^2\sqrt{C_x}}\right]^{1.12}\right\} \tag{9-27}$$

金川似均质高浓度料浆的水力坡度计算公式：

$$i_c = i_0\left\{1 + 106.9C_V^{4.42}\left[\frac{gD(\gamma_s - 1)}{v^2\sqrt{C_x}}\right]^{1.78}\right\} \tag{9-28}$$

式中 i_c——水平直管单位长度料浆水力坡度，kPa/m；

i_0——水平直管单位长度清水水力坡度，kPa/m；

C_V——料浆体积浓度，%；

g——重力加速度，m/s^2；

D——管径，m；

v——流速，m/s；

C_x——颗粒沉降阻力系数；

γ_s——固体物料密度，t/m^3。

9.9.4.8 充填倍线

充填倍线是表示重力自流输送时，自然压头产生的压力所能克服管道阻力损失的能力，是管道线路总长度与管道入口和出口间垂直高差的比值。用公式表示为：

$$B = L/H \tag{9-29}$$

式中 B——充填倍线；

L——充填管道线路总长度，m；

H——充填管道入口与出口垂直高差，m。

充填倍线反映了充填系统所能达到的自流输送距离，是受很多经常变化的因素影响，如满管点的位置、料浆浓度、料浆密度、阻力损失等，并受开拓系统、作业方式、充填站位置、充填地点的变动及输送能力大小的影响。实际生产中，充填倍线是个经常变化的值，但最大的充填倍线要满足充填输送要求。

充填倍线过小，管路系统必然存在大的剩余压头，使管道在充填时发生剧烈震动，垂直管道磨损也很严重；充填倍线过大，压力损失增大，自流输送无法正常运行。因此在进行充填管路系统设计时，应采取措施尽可能做到满管输送。

9.9.5 高浓度和膏体充填料浆的流变特性

高浓度和膏体充填料浆属于高黏性的非牛顿流体，研究其流变特性对于深入了解料浆在管道中的运动状态，确定管输参数，调整充填料配比，指导充填系统设计和充填过程管理都具有重要意义。

9.9.5.1 流变模型

流变学是研究物质流动与变形规律的科学，是研究切应力和剪切速率及其流动量之间的关系，从而建立本构方程或流变状态方程。浆体流变学的主要目的是研究流体的黏度特性以及获得浆体管输中的摩擦阻力损失。

全尾砂高浓度充填料浆是一种十分复杂的多相复合体，包含不同粒级、不同化学成分的尾砂、硅酸盐或矿渣水泥、工业用水，有时还包含大颗粒的无机集料、粉煤灰和其他化学添加剂等，形成复杂多变的多相流体。

典型的与时间无关的非牛顿流体的流变模型为：

$$\tau - \tau_0 = K \cdot \gamma^n \tag{9-30}$$

式中 τ——切应力；

τ_0——屈服应力；

γ——剪切速率；

K——常数；

n——流变特性指数。

其切应力和剪切速率的曲线如图 9－48 所示，它可用于描述以下流变模型。

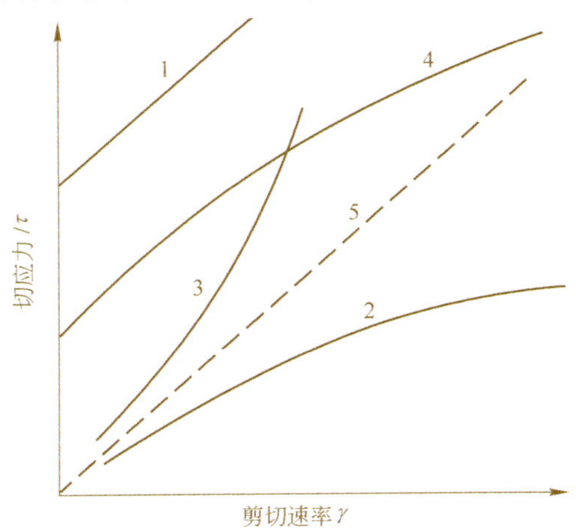

图 9－48 全尾砂切应力和剪切速率曲线

1—宾汉塑性体（$\tau_0=0, n=1$）；2—伪塑性体（$\tau_0=0, n<1$）；3—膨胀体（$\tau_0=0, n>1$）；4—屈服伪塑性体（$\tau_0>0, n<1$）；5—宾汉塑性体（$\tau_0=0, n=1$）

全尾砂高浓度胶结充填料浆属于似宾汉体，可用下式表示：

$$\tau = \tau_0 + \mu_B \cdot \gamma \tag{9-31}$$

式中 μ_B——塑性黏度；

τ_0——屈服应力。

中国科学院成都分院非牛顿体实验室采用 NXS－11 型旋转黏度计测试金川全尾砂膏体和加水泥的全尾砂膏体的流变特性，发现流动曲线的形状与料浆浓度有密切关系，不论含不含水泥，当浓度达到 77% 左右时，切应力与剪切速率的关系基本呈直线，表现出宾汉体的特征。但当浓度降低，便发生剪切稀化，剪切速率的增长比切应力快，如图 9－49、图 9－50 所示。在这种情

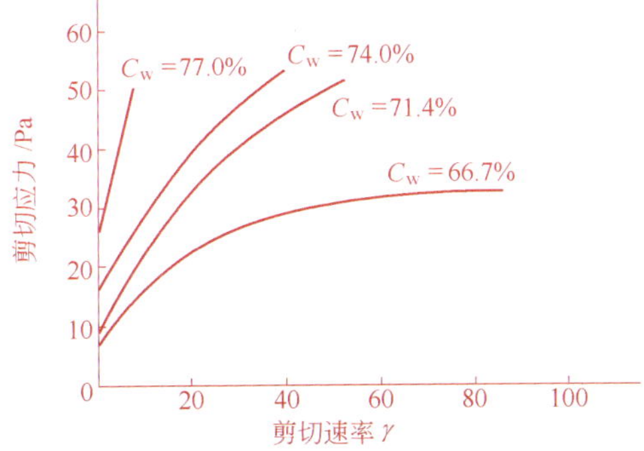

图 9－49 未加水泥的不同浓度全尾砂膏体的切应力和剪切速率

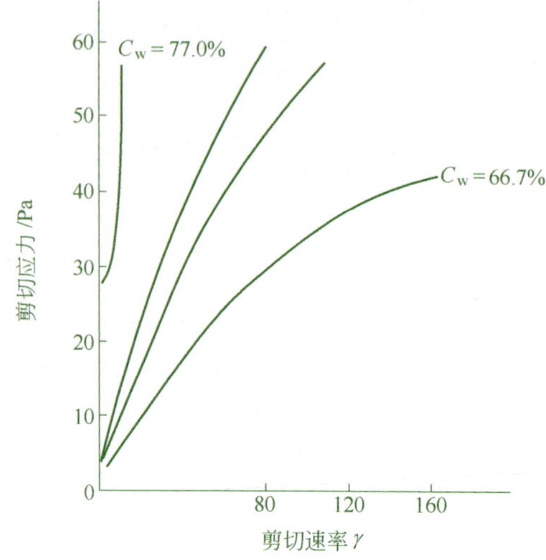

图 9－50 灰砂比为 1∶4 的不同浓度下全尾砂膏体的切应力和剪切速率的关系曲线

况下，呈现赫谢尔－布尔克莱（Hershel-Bulkley）体的特征，即

$$\tau=\tau_0+\mu_{HB}\cdot\gamma^n \tag{9-32}$$

式中 μ_{HB}——HB 黏度，$n<1$。

9.9.5.2 屈服应力

全尾砂膏体充填料浆和常规的分级尾砂水力输送两相流体的显著区别是具有较高的屈服应力，也是这种浆体有别于过去分级尾砂水力输送时的两相流体的一个质变。

中国科学院化学研究所采用德国 RV－2 型黏度计、十字形桨叶式测量头测定了不同浓度、不同灰砂比的金川镍矿全尾砂膏状充填料浆的静态屈服应力，测量结果如表 9－35 所示。

表 9－35 金川镍矿全尾砂浆静态屈服应力值 （Pa）

灰砂比	浓度/%				
	71	73	75	76.5	78
0∶1	428	863	1421	2209	4512
1∶4	545	1010	2431	4084	7353
1∶8	594	1088	2234	4215	6784
1∶10	666	1170	2612	4479	7431
1∶15	576	1070	2264	4281	7267
1∶20	766	1227	2453	4545	7546

中国科学院成都分院非牛顿体实验室为金川镍矿全尾砂浆和水泥尾砂浆进行试验分析，得出的屈服应力值如表 9－36 所示。

表 9－36 金川公司全尾砂浆屈服应力值

质量浓度 C_w/%	屈服应力 τ_0/Pa	
	不 加 水 泥	加水泥（水泥∶砂＝1∶4）
77.0	232	200
74.0	151	70

续表 9－36

质量浓度 C_w/%	屈服应力 τ_0/Pa	
	不加水泥	加水泥(水泥:砂=1:4)
71.4	62	50
66.7	32	30
50.0	20	

清华大学水利系利用管式黏度计对招远金矿全尾砂充填料浆屈服应力测定结果如表 9－37 所示。

表 9－37 招远金矿全尾砂充填料浆屈服应力

质量浓度 C_w/%	全尾砂				全尾砂加 5% 水泥	
	75.1	76.0	77.3	78.0	76.0	77.2
τ_0/Pa	53.9	69.6	109.8	168.6	74.5	79.4

长沙矿山研究院利用水平环管测算所得凡口铅锌矿全尾砂充填料浆屈服应力如表 9－38 所示。

表 9－38 凡口铅锌矿全尾砂充填料浆屈服应力

质量浓度 C_w/%	全尾砂浆		灰砂比 1:8		灰砂比 1:4	
	67.17	72.57	70.01	71.97	70.31	72.47
τ_0/Pa	43.60	170.00	102.23	187.78	95.52	175.59

从以上索引资料可以看出，采用不同方法测得的值相差甚为悬殊，这既有被测物料不同的影响，更值得注意的是不同测量方法和缺乏统一的标准的影响。因此在引用这些数据时必须格外小心。

全尾砂膏状充填料浆的屈服应力与质量浓度呈现比较典型的指数关系，如图 9－51 所示。

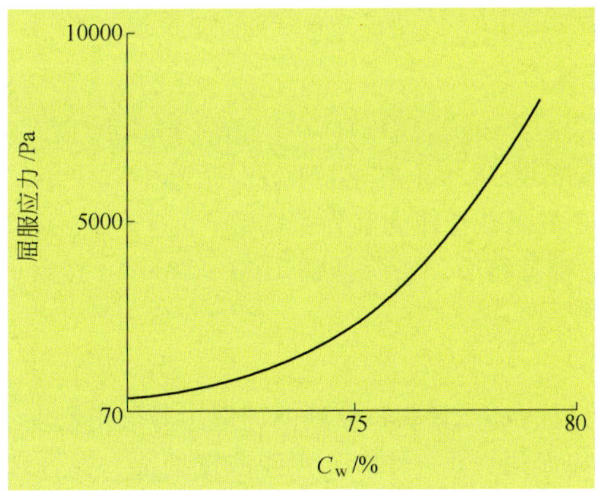

图 9－51 全尾砂充填料浆静态屈服应力与质量浓度的关系

9.9.5.3 触变性

触变性是凝胶材料的一种性质，即搅拌时液化，放置后又重新凝固。试验研究证明，全尾砂充填料浆，不论是否添加水泥，在低剪切速率、短时间的条件下，都具有一定的触变性，但不明显。产生触变性的主要原因是全尾砂中细粒级和超细粒级固体物料含量较大，虽然外加剪切力可以破坏其颗粒间由于表面电场作用形成的絮团状或网状结构，但还没有内聚力作用明显。金川全尾砂充填料浆测量得出的触变环如图 9－52 和图 9－53 所示。

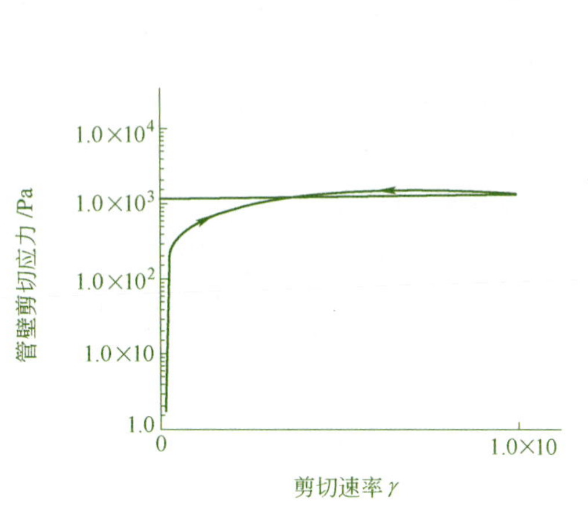

图 9－52 未加水泥浓度为 73% 全尾砂膏体的触变环

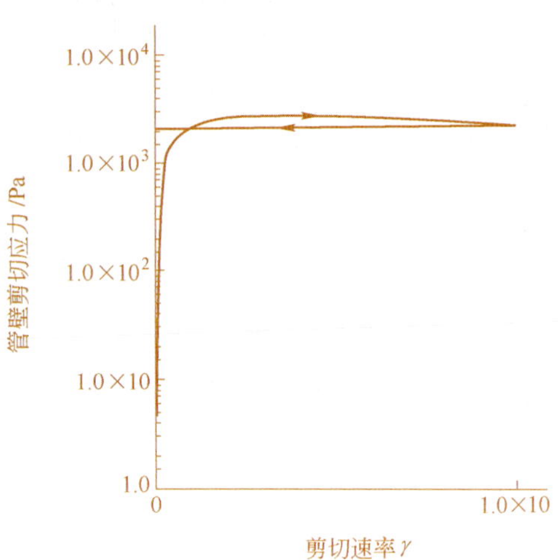

图 9－53 灰砂比 1:10 浓度为 75% 的全尾砂膏体的触变环

9.9.5.4 临界雷诺数

通过临界雷诺数可以判别流动状态是层流还是紊流，从而确定管道中压力损失的计算方法。

全尾砂高浓度充填料浆在管路输送时的雷诺数远低于从层流过渡到紊流的临界雷诺数，当已经测得全尾砂浆体的流变参数后，可利用下式计算不同输送条件下的雷诺数。

$$N_{Re} = \rho VD/\mu_e \tag{9-33}$$

式中 ρ——浆体的密度；

V——平均流速；

D——管径。

有效黏度 μ_e 按下式计算：

$$\mu_e = \mu_{HB}(8V/D)^{n-1}[(3n+1)/4n]^n \tag{9-34}$$

金川镍矿全尾砂膏体浓度 78.9% 在 ϕ124 mm 管道中以 1 m/s 流速输送时的雷诺数为 18.24，输送处于层流状态。全尾砂膏体的临界雷诺数 N_{Rec} = 2300～2350，加水泥（灰砂比 1:4）后增大到 2540，增加 －25 mm 粗骨料后，N_{Rec} 降低到 2100～2200。（按 R. W. Hanks 等确定临界雷诺数的公式）。

9.9.5.5 滑移现象

膏体充填料在管道中呈柱塞流，紧靠管壁处的环形边界层由程度不同的低黏度物质构成，导致在管道中流动的膏体在边界层产生“滑移”，并使流量增加。在合理配比和正常条件下，膏体充填料在管内流动时略有滑移。从另一角度看滑移现象的存在说明了膏体充填料在管内呈“柱塞”流运动的特征。利用滑移的存在对降低管道阻力损失、节约能耗是有益的。

9.9.5.6 浓度、粒度、添加剂对流变特性的影响

膏体充填料浆的流变参数塑性黏度 η 和屈服应力 τ_0 受水泥添加量、粉煤灰添加量、集料的

颗粒形状及粒径分布、孔隙率及表面结构、拌和物的浓度和配比、外加剂的性质和添加量、制备工艺条件以及加工时间等诸多因素的影响。其中浓度、粒径分布和添加剂是最重要的影响因素。

(1) 浓度的影响:浓度对 τ_0 和 η 最为敏感,τ_0 和 η 随浓度提高按幂律规律增大,浓度越大增加的速率越快。并且当浓度超过某一界限时,τ_0 和 η 急剧增大。导致 τ_0 和 η 增大的浓度界限,随其配比不同有所差异。流变特性指数 n 随浓度提高从 1 向下减小。

(2) 粒径分布的影响:在浓度相同的条件下,在全尾砂膏体充填料中加入粗骨料,将导致 τ_0 和 η 下降。从反映流动性和可塑性的坍落度值的悬殊差别便不难理解,在这种情况下,应当用更高的浓度输送,才能保证输送的稳定,坍落度最好控制在 10 ~ 20 cm 范围内。

(3) 添加剂的影响:某些添加剂具有降低管道阻力,减小屈服应力 τ_0 的作用,如赫斯赖(1982)采用三聚磷酸钠(优良的洗涤剂助剂)按添加 2 kg/t 可使屈服应力从 65 Pa 减小到可忽略不计程度。

9.9.6 充填系统

9.9.6.1 概述

矿山充填系统包括充填料制备、充填料输送、充填参数自动检测与控制系统和通信系统四个部分。一般分系列建设,每一个系列可负担 2000 ~ 2500 t/d 矿石生产规模的充填。每一个系列的充填能力与料浆浓度有直接关系,对于高浓度充填,系列的充填能力约为 60 ~ 80 m^3/h。充填料制备的工艺和设备取决于所选用的充填材料与充填工艺的要求,而充填料的输送又必须与之相适应,充填参数自动检测与控制系统和通信系统是保证充填质量和充填系统正常顺利运转的技术保障。

目前应用最广泛的是尾砂充填系统,包括分级尾砂(胶结)水力充填系统,以自流输送为主;全尾砂高浓度胶结充填系统,亦以自流输送为主;全尾砂膏体(含添加 -25 mm 碎石、炉渣)泵送充填系统。我国西北地区依靠当地丰富的戈壁资源发展了利用戈壁集料的充填系统,块石胶结充填系统在国内外仍有一定的应用范围。此外还有处于试用阶段的高水速凝胶结充填系统以及用不同材料作胶凝固化剂的尾砂充填系统。

对各类充填系统在下面分别叙述,这里概略说明带有共性的充填参数自动检测与控制系统和通信系统。

充填参数自动检测与控制是保证充填质量的重要环节,在充填站应选择新型的 DCS 控制系统,支持现场总线,能与智能仪表相通信,有远方 I/O 柜配置的系统。充填站与矿生产调度网相连,生产调度网又是矿山数字化信息系统的一部分。

充填站的主要检测仪表包括:

(1) 物位仪表　水泥仓、尾砂仓、其他添加料仓均设料位计,进行连续料位指示、高低料位报警;可选物位计有超声波物位计、微波式物位计、重锤式物位计;

(2) 流量仪表　对于水泥采用冲板流量计,对于水、尾砂浆、水泥浆、料浆等采用电磁流量计,对于砂石等物料采用电子皮带秤;

(3) 浓度仪表　尾砂浆、充填料浆浓度检测采用核辐射式浓度计;

(4) 压力仪表　料浆压力测量采用隔膜式压力变送器,充填管路压力检测采用耐磨的环状压力传感器;

(5) 显示仪表　仪表盘、箱上的显示仪表选用智能数字仪表,在必要的部位可设工业摄像监视系统。

为使充填正常运行和偶发事故及时处理,充填系统的通信是非常重要的保证。首先,充填站要与矿调度通信系统相连,与计算机网络及综合布线相通,充填站通过无线漏泄通信系统的井下基站与充填人员保持密切联系，充填站还必须建立小型程控数字交换机的独立通信系统，满足点多面广、具备单工双工及时独立通话的要求。

9.9.6.2 分级尾砂充填系统

A 概述

当尾矿产率高用于充填有富余时，多用分级尾砂充填，这对尾砂脱水，提高充填料浆浓度是有利的，但给尾矿库堆坝增加了难度和成本。已经在国内外不同类型矿山广泛应用半个多世纪的分级尾砂充填系统，根据渗透系数达到 10 cm/h 的要求，一般都是以 37 μm 作为分级界限，采用水力旋流器或高效浓密机分级后，将底流泵入立式砂仓。如果是非胶结充填，从立式砂仓放出的砂浆，通过管道输送方式将其泵送或自流输送至井下充填采空区，在这种情况下，绝大多数矿山都采用自流输送方式；如果是胶结充填，立式砂仓放出的砂浆和按一定灰砂比从水泥仓放出的水泥在搅拌筒中搅拌后再通过管道送往井下。经过长期的理论研究、试验及应用，管道输送充填料浆的技术已逐步发展形成一门独立学科，成为矿山充填技术理论基础的一部分。为了实现高浓度充填，提高立式砂仓放砂浓度便成为关键一环。因此，对立式砂仓结构也进行了大量的研究，并且形成了一些专利技术。

地面充填料制备站位置的选择、充填管路系统的设计，应尽可能做到充填料浆满管输送，这对于减少管道磨损、保证料浆正常输送、防止管道堵塞具有重要意义。

B 地面制备站

地面制备系统的配置分为分散配置和集中配置。集中配置便于集中管理，可以减少岗位操作人员、减少设备或采用小型设备，从而降低费用。所以，在条件允许的情况下，充填系统宜采用集中配置方式。

充填料地面制备站设施主要包括立式尾砂仓、水泥仓、给料机、搅拌设备、浆体输送管路、计量装置以及自动检测和控制仪表。制备站布置占地面积要小，布置要紧凑，充填料流经各工序的时间尽量要短，工艺流程合理，生产效率高，自动控制方便。制备站内设备与装置的布局必须充分考虑检修和操作方便。地面制备站工艺流程如图 9－54 所示。

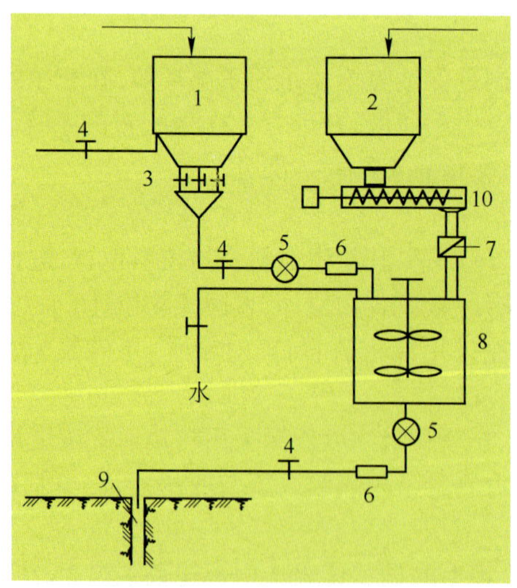

图 9－54 分级尾砂充填系统流程示意图

1—砂仓；2—水泥仓；3—电动夹管阀；4—电动阀；5—γ 射线浓度计；6—电磁流量计；7—冲板流量计；8—搅拌桶；9—充填钻孔；10—螺旋给料机

尾砂仓、水泥仓、搅拌筒是制备站的主要设施,其中一般都设有料位计。需要利用粉煤灰、炉渣、棒磨砂、细砂等其他添加充填材料时,还需要建立相应的储仓和给料、计量装置。水泥仓一般皆为立式仓,尾砂仓有立式砂仓和卧式砂仓两类。卧式砂仓又可分为抓斗出料(图9-55)、电耙出料(图9-56)、水枪出料三种方式。卧式砂仓建设的灵活性较大,但料浆浓度的控制比较困难,除特殊情况,分级尾砂充填中目前一般很少采用。

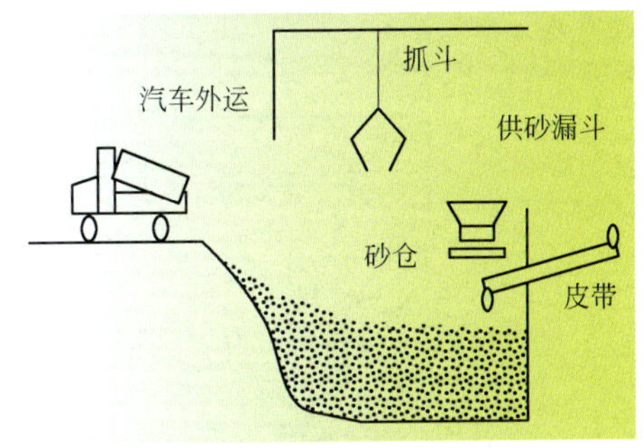

图9-55 抓斗出料的卧式砂仓

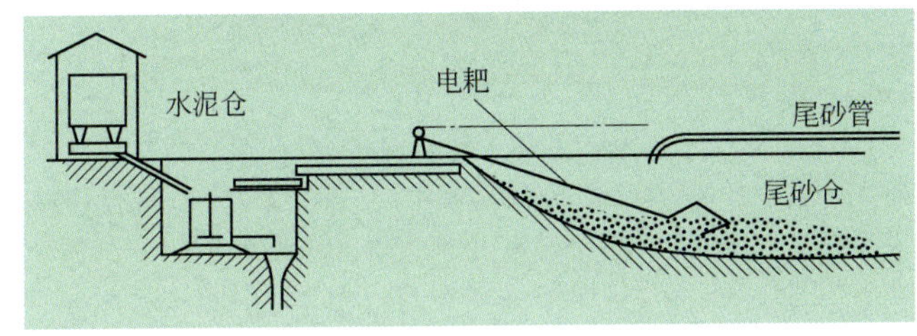

图9-56 电耙出料的卧式砂仓

(1) 立式砂仓 立式砂仓由圆柱形筒体和半球形底或锥形底组成(图9-57、图9-58),圆柱段高度应大于直径的2倍。半球形底有4~5个放砂口,锥形底只有一个放砂口。仓底形式经历了锥形底-半球形底-锥形底的发展过程。采用半球形底的本意是可以多点放砂,易于稳定放砂浓度。但锥形底配合仓内不同的结构(压缩空气和高压水喷嘴、导流锥等),能够提高放砂浓度,满足制备高浓度料浆甚至膏体的要求,可参看相关专利。一般立式砂仓应设置两个,一个工作,一个进砂贮存。砂仓的有效放砂容积应不小于日平均充填量的1.5倍,最好能满足分层充填的一次最大充填量。

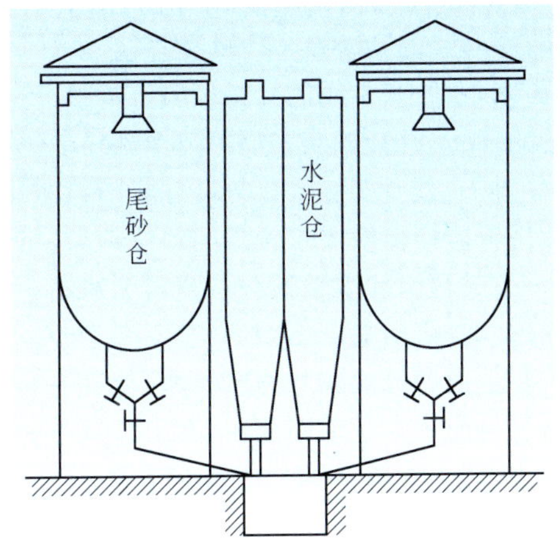

图9-57 地面立式圆筒砂仓

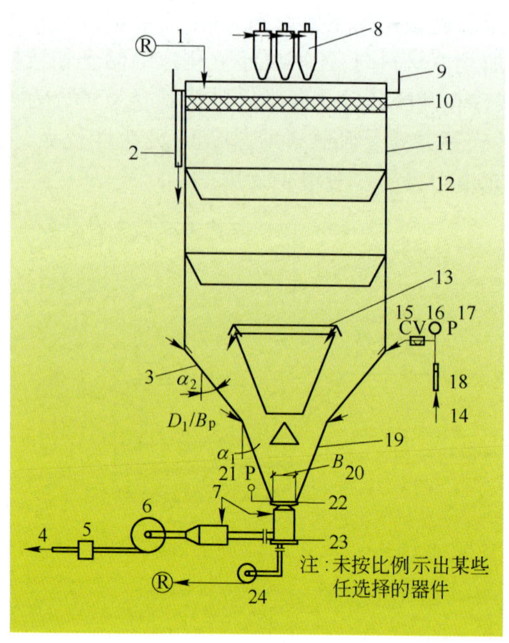

图 9－58　锥形底砂仓

1—再循环；2—意外事故溢流口；3—扩张流活质量流漏斗；4—通往矿井；5—密度计；6—泵；7—稀释水；8—旋流器组；9—溢流堰；10—防离析添料层；11—仓筒；12—固结控制件；13—隙间流加速件；14—注入流态化水；15—逆止阀；16—排出口；17—泵；18—转子流量计；19—质量漏斗；20—助推器；21—泵；22—启动、流动注水用断流阀；23—流体分流和启动件；24—再循环泵

(2) 水泥仓　水泥仓均为圆形筒仓,分混凝土仓和钢仓两种。一般一个充填系列设一个水泥仓,其储量以满足连续一次最大充填量为准,按不同充填要求约 150～500 t,有时在多个系列的情况下,也可设计成每两套充填系统共用一个水泥仓。有时为防止过大的水泥仓出现结拱,影响水泥的正常添加,在大水泥仓下设一小型稳料仓。水泥的给料一般都通过冲板流量计计量后用螺旋给料机送入搅拌筒。当水泥用量很大,供应易受外部影响时,可建一大型中转水泥仓,1000～1500 t。

(3) 搅拌筒　每一充填系列配备一个搅拌筒,搅拌筒应能满足尾砂与胶凝材料以及其他添加材料的充分搅拌,这与搅拌筒的大小、叶片的配置、系列的充填能力、料浆浓度等有直接关系。高浓度充填通常都采用具有双层叶片的 $\phi2000\times2100$ 搅拌筒。

(4) 计量检测装置　地面制备站中,常用的计量仪表有流量计、浓度计、料位计和液位计等。电磁流量计用于水、浆体流量的计量,冲板式流量计用于粉状、小颗粒物料(水泥、粉煤灰)的计量,核子秤用于颗粒较大物料(砂石、湿尾砂、湿粉煤灰)的计量;浓度计用于测量浆体或膏体的质量浓度监测;超声波料位计用于监控精度要求较高的料位计量,重锤式料位计用于浆体储仓料位的计量,如尾砂浆储仓等,音叉式料位计用于颗粒粒度较细的储仓的料位计量,如水泥仓、粉煤灰仓等;液位计多以差压式和超声波式为主。

充填系统的自动控制,主要是通过自动调节物料给量,保证和稳定料浆的浓度和灰砂比,有反馈调节和前馈调节两种方式,目前基本是采用前者,由于时间滞后,效果不够理想。

C　管道输送系统

充填料浆在地面制备站制备好后,通过充填管道输送到井下充填采空区,管道输送是充填料浆输送的主要形式,一般由垂直管路和水平管路或倾斜管路组成,垂直管路应尽量采用充填钻孔形式。

(1) 充填管类型及规格　常用充填管有无缝钢管、低合金钢管、复合钢管和高强度塑料管等。无缝钢管强度较高且坚韧,低合金钢管强度大、耐磨性好、重量轻,这两种钢管在矿山充填中使用较多。复合钢管主要有钢编复合管、钢塑复合管、陶瓷复合管、稀土复合管、马贝复合体钢管等,这些复合钢管均具有更好的耐磨性。塑料管一般用于采场内铺设。

水平充填管路一般采用无缝钢管、钢编复合管、钢塑复合管较多,垂直充填管路和充填钻孔套管则采用耐磨性好的锰钢管、陶瓷复合管、稀土复合管、马贝复合体钢管。

充填管规格应根据所选充填管材质的性质,要满足使料浆流速大于临界流速,保证管道输送通畅和安全。

在确定充填管规格时,要考虑充填料浆对充填管产生的压力,充填材料输送过程中对充填管的磨损,这就涉及尾砂的粒度、充填料浆浓度、配比、流速等多种因素。尾砂充填材料粒度相对来说比较细,也都在一个相对比较固定的范围内,所以,可根据充填能力和输送流速按下式计算充填管内径。

$$D = Q/(3600V) \tag{9-35}$$

式中　D——充填管内径,m;

Q——充填能力,m^3/h;

V——输送流速,m/s。

基于不同强度理论,管壁厚计算公式很多,对于充填料浆输送管道壁厚的计算可用以下公式:

$$t = \frac{k \cdot p \cdot D}{2[\delta] \cdot E \cdot F} + C_1 T + C_2 \tag{9-36}$$

式中　t——管道公称壁厚,mm;

p——管道允许最大工作压力,MPa;

$[\delta]$——管道抗拉许用应力,MPa,通常取最小屈服应力的80%;

E——焊缝系数;

F——地区设计系数;

T——服务年限,a;

C_1——年磨蚀量,mm/a;

C_2——附加厚度,mm;

k——压力系数;

D——管道内径,mm。

或者用下式计算:

$$t = \frac{p \cdot D}{2[\delta]} + C \tag{9-37}$$

式中　$[\delta]$——管道材质的抗拉许用应力,MPa,对于不同管材抗拉许用应力取值范围:焊接钢管60~80 MPa,无缝钢管80~100 MPa,特殊管材依据产品质量检验说明书选取;

C——磨损、腐蚀量,mm,对于钢管C取2~3 mm。

(2) 充填管连接方式　对矿山充填管路来说,不仅要满足输送压力的需要,而且还要便于施工、安装和拆卸。充填管连接件的强度不能低于所连接管材的强度,充填管连接方式主要有法兰连接、快速接头连接和焊接。法兰连接适用于不需经常拆卸的管段连接,法兰盘螺栓的数量一般采用6个,为便于连接,短管、三通管的一端应采用活动法兰。焊接连接适用于充填钻孔的套管连接。快速接头是经常拆卸的水平管段的主要连接件，靠胶圈压紧端管密封，具有重量轻、体积小、密封可靠、安装简单、拆卸方便、耐冲击、抗振动等优点。塑料管的联结可采用玻璃纤维增强的酚醛树脂法兰盘。

（3）充填管磨损与腐蚀　影响充填管道磨蚀的因素很多，如充填材料的种类、流速、水砂比、管道的倾斜度、管路安装敷设质量、充填用水的化学成分以及管材质量等。总的说来，粒度与硬度小的充填料对管子的磨损较小，充填料中含一定细泥，可以减轻管子的磨损，砂浆的流速和浓度愈大，管道的磨损也愈大。

管路敷设状况对管道的磨损影响，在同一条充填管路上，水平主干管较支线管磨损严重，倾斜段较水平段磨损严重，弯管段较直管段磨损严重，以垂直管底部第一个弯管磨损最为严重，水平管底部磨损最大，两侧次之，顶部最小。为了降低充填管的磨损，一般可采取以下措施：每隔一段时间将水平充填管、倾斜充填管翻转使用；采用高浓度料浆，降低料浆输送的流速；选用适合管径，实现满管输送；在保证充填强度条件下，尽可能降低骨料粒径，多加细粒级物料；适当加入减阻剂，以减少料浆对管道的磨损；采用耐磨抗腐性能更好的管材，如钢编复合管、钢塑复合管、锰钢管、陶瓷复合管、稀土复合管、马贝复合体钢管等耐磨管。有的矿山在垂直管下部第一个弯管处包一木箱内充混凝土，用以克服弯管的磨损破坏。

充填钢管的腐蚀主要取决于料浆的 pH 值与溶解氧含量的大小。在 pH 值小于 4 时，腐蚀急剧增加，充填料浆一般显碱性，基本无酸性腐蚀。浆料中溶解氧增大，腐蚀也增加，但是溶解氧过剩，反而会使钢的表面钝化，抑制腐蚀反应。

部分金属矿山充填管材及几种主要管件的磨损统计见表 9－39、表 9－40。

表 9－39　部分金属矿山充填管材磨损统计表

矿山名称	充填材料			充填管			充填管磨损情况			
							换管时通过的总充填量/万 m^3			
	名称	密度 /$t \cdot m^{-3}$	最大粒径 /mm	材质	管径 /mm	壁厚 /mm	水平管	倾斜管	垂直管	弯管
锡铁山南矿	尾砂	2.54	<0.3	无缝钢管	108	6～7	15～20	10	—	—
				铸铁管	124，151	12	—	45	—	—
	干碎石	2.65	<60	无缝钢管	219	8～10	—	—	3	1.15～0.2
	碎石胶结	—	<60	无缝钢管	159～180	5～12	1～2	—	—	<0.1
红透山铜矿	尾砂胶结料		<0.4	焊接钢管	3 英寸	4	5～7	—	1～1.5	0.5～0.7
				橡胶管	76	10	—	—	>5～7	—
				岩石钻孔	100	—	>10	—	—	—
凤凰山铜矿	尾砂	3.1～3.3	<0.3	无缝钢管	114	7	9～18	—	—	—
				焊接钢管	108	4	3～4	—	—	—
				塑料管	110	10	>25	—	—	—
铜绿山铜铁矿	水淬铜炉渣	3.3	<40	无缝钢管	6 英寸	5	—	—	1.5	—
				无缝钢管	4 英寸	4	<1	—	—	0.02
				铸铁管	4 英寸	10～15	>2	—	—	0.15
Homestake 金矿	尾砂	3.04	<0.3	衬胶钢管	6 英寸		160			
				Victaulic 衬胶管	5 英寸		230		100	
				碳素钢管	4 英寸		37.3			

表 9-40　主要管件磨损统计表

安装位置	通过单位充填料的磨损/mm·万 m^{-3}				
	三　通	短　管	30°弯头	15°弯头	平　口
倾斜管	1.125	0.693	11.250	3.600	18.00
水平干管	—	0.562	3.000	1.785	8.20
水平支管	0.450	0.450	1.125	0.600	1.80

(4) 充填钻孔　充填管路垂直主管的敷设一般有钻孔、竖井或斜井敷设三种方式。实际生产中,采用钻孔方式较多,因为充填管路磨损容易产生破裂跑浆,影响生产井筒的正常使用。

充填钻孔尽量采用垂直钻孔,并安装套管。对于岩层坚硬稳固、孔壁成形条件良好,且使用时间短,深度不大的局部充填,可不设套管。垂直钻孔的垂直度好坏,直接关系到钻孔的使用年限,所以在钻孔施工中要求钻孔偏斜度应控制在1%以内。套管采用高强度耐磨抗腐蚀管材,管壁适当加厚,目前耐磨性较好的管材主要有16Mn锰钢管、陶瓷复合管、稀土管以及马贝复合体钢管。

充填钻孔孔径的确定应根据充填料浆输送能力、尽可能做到满管输送等因素综合考虑,钻孔与套管的间隙应在50 mm左右,并灌入水泥浆密实填充。充填套管采用焊接或螺纹管连接,螺纹管长度一般为150～300 mm。

(5) 充填管检查与清洗　充填前,先用高压风和引流水对充填管路进行检查和清洗,在确保管路畅通后,即可开始充填。充满采空区或充到预定的充填量后,停止充填,然后对管路进行冲洗,冲洗水应通过三通管引入巷道排水沟,而不能送入充填区,以免稀释充填料浆,影响充填体的强度。

9.9.6.3　膏体充填工艺及充填系统

A　膏体充填工艺

a　膏体充填的特点

膏体充填技术是20世纪80年代发展起来的新型矿山充填技术,已日益得到广泛的应用。膏体充填工艺的主要特点是输送的料浆浓度高,呈膏体状态,浓度可达到85%～88%,即含水量只有12%～15%。膏体料浆的塑性黏度与屈服应力较大,膏体料浆有良好的稳定性和可塑性,不沉淀、不离析、不脱水;并要求有一定比例的细粒物料,为全尾砂的应用创造了条件,使得有些矿山可以做到废石不出坑,无需建尾矿库,为实现无废开采奠定了基础。由于膏体充填料浆不脱水,故沉缩率非常小,有利于采场充填接顶,并可避免水泥流失,使充填体强度更能得到保障。膏体在管路中的流动呈柱塞状,属于非牛顿流体,其核心呈恒速流动,在沿管道横断面的垂直轴线上没有明显的浓度梯度,料浆输送可靠,对管道的磨损很小。由于膏体充填料浆浓度高,管道阻力大,通常需要采用加压泵进行输送。

b　膏体充填料的可泵性

膏体充填料的可泵性,就是膏体充填料在管道内泵送过程中的流动性、可塑性、稳定性的综合工作性,可以以坍落度来表征。生产中实际应用的坍落度为15～20 cm,对于长距离输送和刚开始输送管道湿润程度还不够,都会因阻力加大而使坍落度有所降低,在此种情况下,应适当加大坍落度,最大可达25 cm。为保证膏体充填料浆具有良好的工作性,对充填料及其配比要合理选择,膏体中必须有一定量的细粒级含量,即-20 μm的粒级不少于15%,这一点非常重要。但细粒级含量过高,会使管输阻力加大,过滤脱水也很困难,最好不超过30%～35%,与尾矿的成分有很大关系。与高浓度料浆相比，膏体具有更大的摩擦阻力，生产中输送管一般都用 150 mm 的管径，每百米的摩擦阻力约为 0.5 ~ 1.0 MPa。

膏体充填料浆是否可自流输送？到目前为止，国内外尚未提出区分高浓度充填料浆和膏体充填料浆可量化的界限，也许能自流输送的属于高浓度料浆或似膏体，但只要做到在采场不离析、不脱水，满足对充填体强度要求的条件下能减少胶凝材料用量，就符合充填技术的发展趋势，就是值得推广的技术。P. Williams 曾提出一个浆体、膏体和滤饼可泵与离析特性分区图表（表 9 - 41）可供参考。

表 9 - 41 浆体、膏体和滤饼可泵与离析特性

<table>
<tr><td colspan="4">浆体和膏体（可泵）</td><td rowspan="4">滤饼（不可泵）</td></tr>
<tr><td>低浓度料浆</td><td>中浓度料浆</td><td>高及极高浓度料浆</td><td>膏体</td></tr>
<tr><td colspan="3">通常离心泵能满足要求</td><td>需要柱塞泵</td></tr>
<tr><td>离 析</td><td colspan="3">不离析</td></tr>
</table>

c 膏体充填材料及配比

膏体充填材料多以经综合利用回收后的全尾砂为主，而全尾砂中细粒级比例较高，矿山可根据实际条件，选择添加适量的 -25 mm 的其他骨料，如炉渣、棒磨砂、细石等。金川镍矿膏体充填料除全尾砂外添加了棒磨砂、粉煤灰，铜绿山铜矿和会泽铅锌矿添加了炉渣。

金川镍矿几种膏体料的配比如表 9 - 42 ~ 表 9 - 44 所示。

表 9 - 42 全尾砂 + 粉煤灰 + 水泥膏体料配比参数

质量浓度/%	水泥耗量/kg·m^{-3}	水泥: 粉煤灰	各龄期强度/MPa		
			R_3	R_7	R_{28}
73	172	1:1	0.483	0.954	2.884
74	176	1:1	0.498	1.123	2.947
73	231	1:0.5	0.501	1.192	3.313
74	237	1:0.5	0.635	1.462	3.798
73	267	1:0.3	0.648	1.499	4.29
74	274	1:0.3	0.783	1.674	4.521

表 9 - 43 全尾砂 + 棒磨砂 + 水泥膏体料配比参数

质量浓度/%	水泥耗量/kg·m^{-3}	全尾砂: 棒磨砂	各龄期强度/MPa		
			R_3	R_7	R_{28}
76	214	1:0.5	0.362	0.612	2.284
77	219		0.536	0.959	3.066
78	236		0.857	1.561	4.406
76	213	1:0.75	0.301	0.562	2.171
77	219		0.5	0.918	2.745
78	236		0.757	1.397	4.382

续表 9－43

质量浓度/%	水泥耗量/kg·m^{-3}	全尾砂: 棒磨砂	各龄期强度/MPa		
			R_3	R_7	R_{28}
76	213	1:1	0.335	0.582	2.201
77	218		0.454	0.884	2.538
78	236		0.953	1.616	4.504

表 9－44 全尾砂＋棒磨砂＋粉煤灰＋水泥膏体料配比参数

质量浓度/%	水泥耗量/kg·m^{-3}	水泥: 粉煤灰	全尾砂: 棒磨砂	各龄期强度/MPa		
				R_3	R_7	R_{28}
75	241	1:0.5	1:0.5	0.599	1.562	4.585
	239		1:1	0.51	1.404	4.226
	179	1:1	1:0.5	0.531	1.049	3.503
	178		1:1	0.355	0.981	3.087
76	247	1:0.5	1:0.5	0.765	1.817	5.018
	246		1:1	0.747	1.655	4.874
	183	1:1	1:0.5	0.383	0.912	3.405
	183		1:1	0.384	0.961	3.472

d 影响膏体强度的主要因素

（1）浓度对膏体强度的影响 在水泥用量相同的条件下，浓度越大，膏体强度越高。提高料浆浓度，是相应降低了水灰比。所以，在可泵性允许的条件下，提高膏体料浆的浓度，可增加膏体强度。金川全尾砂膏体浓度与强度的关系如图 9－59 所示。

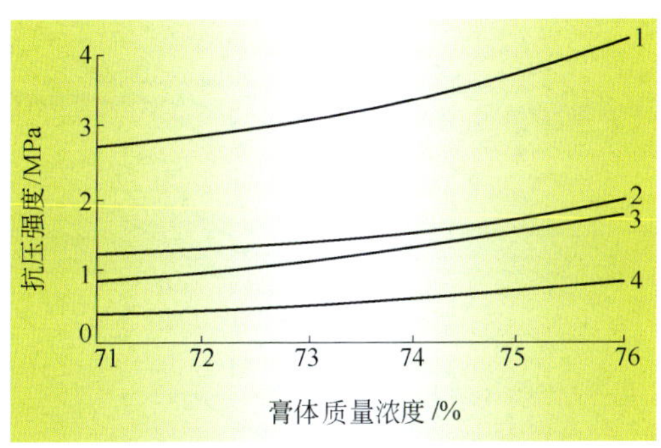

图 9－59 全尾砂膏体浓度与强度关系曲线

1—灰砂比为 1:4；2—灰砂比为 1:8；3—灰砂比为 1:10；4—灰砂比为 1:15

（2）灰砂比对膏体强度的影响 膏体料浆的强度主要取决于灰砂比的大小，也就是水泥用量的多少。灰砂比越大，水泥用量越多，料浆强度就越高。金川全尾砂膏体料浆水泥用量与强度的关系见图 9－60。从图中可以看出，浓度相同时，灰砂比越大，强度越大。而水泥用量是构成充填成本的主要因素，水泥用量大，充填成本增高。所以，需要确定合理的水泥用量，在达到强度要求的前提下，使水泥用量最少，充填成本最低。

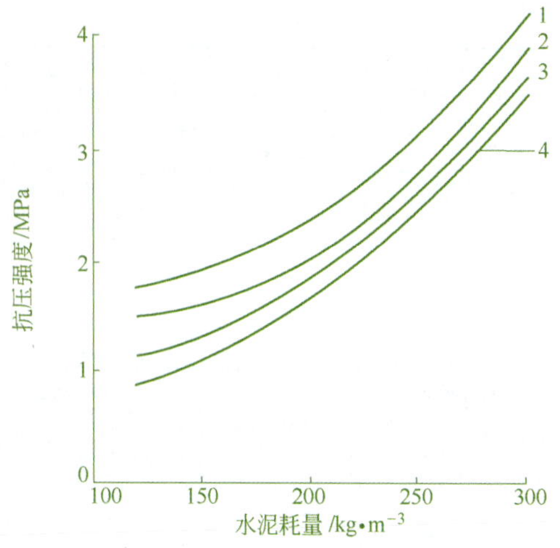

图 9-60 全尾砂膏体水泥用量与强度关系曲线

1—浓度为 76%；2—浓度为 75%；3—浓度为 73%；4—浓度为 71%

（3）粒度对膏体强度的影响 全尾砂作充填骨料与分级尾砂相比，在同样浓度条件下，达到同一强度所需的水泥量大约多 30% ~40%。如金川公司尾矿库的自然分级粗尾砂胶结膏体，当质量浓度为 70%、28d 抗压强度为 2.3 MPa 时的水泥耗量为 180 kg/m^3，而全尾砂胶结料浆在同浓度下达到同一强度的水泥耗量为 250 kg/m^3。要使全尾胶结膏体 28d 强度达到 2.3 MPa 的水泥耗量降低到 180 kg/m^3，全尾砂胶结膏体的浓度必须达到 75% ~76%，要使全尾砂胶结膏体的抗压强度达到 4.0 MPa 以上，水泥耗量不得低于 300 kg/m^3。在全尾砂中加入 50% 的细石（-25 mm）后，达到 4 MPa 强度的水泥耗量可以降低到 150 ~ 180 kg/m^3，加入 50% 的棒磨砂（-3 mm），达到 4 MPa 强度的水泥耗量可以降低到 180 ~ 200 kg/m^3。这是因为粗细颗粒搭配，细粒料填充粗粒料的空隙，提高了料浆的密度，从而使强度明显提高，相对降低了水泥耗量。图 9-61 为添加细石后的全尾砂膏体浓度与强度的关系。

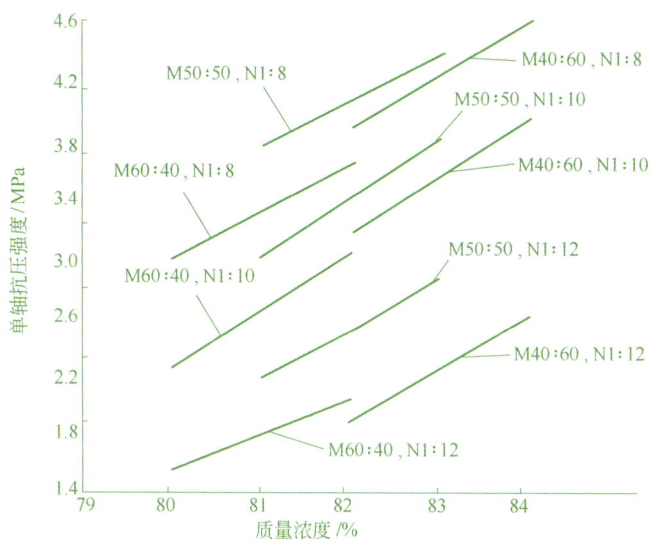

图 9-61 全尾砂膏体中添加细石后抗压强度与浓度的关系

M—全尾砂：细石；N—灰砂比

（4）添加粉煤灰对膏体强度的影响　在膏体料浆中加入一定量的粉煤灰，可以提高充填体的强度，特别是后期强度，但会增大膏体料浆的黏度，从而增大膏体料浆的屈服应力和管道摩擦阻力损失。因此，在满足膏体料浆对细粒级含量要求的条件下，粉煤灰代替水泥的量不宜超过水泥用量的30%～50%。添加超量的粉煤灰，多余的粉煤灰在膏体料浆中会起到改变其流变性能的作用。

B　膏体料浆制备

全尾砂膏体的制备，由于物料组成不同，全尾砂脱水方式和设备、料浆搅拌方式和设备各异以及水泥添加方法的区别等因素，使得目前各生产矿山的制备方法无统一模式，需要根据矿山具体条件和技术经济分析后选取。在制备中的关键技术则是全尾砂的脱水和料浆的搅拌。

a　全尾砂脱水

全尾砂连续脱水工艺及设备是膏体充填系统的关键技术之一，目前有多种全尾砂脱水工艺。

（1）高效浓密机＋过滤机脱水　这是目前国外普遍采用的全尾砂脱水方式，过滤后的滤饼完全能满足膏体充填的要求。

高效浓密机是借助高分子聚合物——絮凝剂的作用，使矿浆浓缩过程中的小颗粒矿物形成大的絮团，加快其沉降速度，提高浓密机效率，排砂浓度一般在50%～55%，絮凝剂用量为10～15 g/t。

过滤设备有多种，使用最多的是水平带式过滤机。对于充填量不大的矿山，采用陶瓷过滤机不失为一种良好的选择，它过滤效率高，占地面积小。

1）盘式过滤机。盘式过滤机是利用在浆槽内缓慢旋转的圆盘，借助真空泵形成的压力差，使固体颗粒吸附在圆盘上的滤布表面形成滤饼，滤液通过滤饼由中心轴排出。滤饼在鼓风机产生的压力和刮刀的作用下从滤布卸下掉入卸饼槽。对于某些物料有时卸料率较低，且滤布因受刮刀的摩擦寿命比鼓式过滤机短。这种过滤机有效使用面积大，而单位面积占地少。

2）圆筒过滤机。外滤式圆筒过滤机包括普通圆筒真空过滤机和圆筒带式真空过滤机。圆筒真空过滤机比盘式过滤机占地面积大，但操作方便，卸料率高。

3）水平真空带式过滤机分为移动室水平真空带式过滤机和水平带式真空过滤机。移动室水平真空带式过滤机是一种连续自动操作的过滤机，其喂料、过滤洗涤、卸饼、滤布清洗，纠偏等均自动进行。移动室式过滤机往复动作的托盘完成吸滤，每一个过程中，托盘将滤布送往卸滤端，同时过滤，然后停止过滤，托盘快速返回，再开始下一动作。所以该机实际是连续排料、间断过滤，其单位面积过滤效率低于胶带式水平带式过滤机。水平真空带式过滤机是以循环移动环形滤带作为过滤介质，利用真空设备提供的负压和重力作用，使固液快速分离的一种连续式过滤机，适合处理含粗颗粒的料浆。水平带式过滤机过滤效率高、洗涤效果好、滤饼厚度可调节、含水量小、卸料方便、滤布可正反两面同时清洗、操作灵活、维护费用低。固定室水平带式真空过滤机结构示意图如图9－62所示。

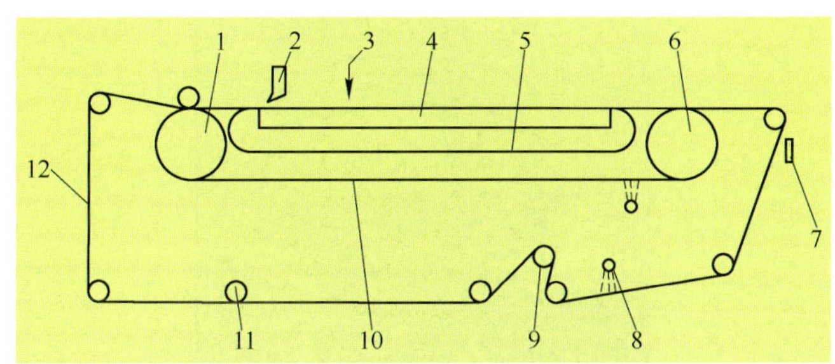

图9－62　固定室水平带式真空过滤机

1—从动辊；2—进料；3—洗水；4—真空箱；5—摩擦带；6—驱动辊；7—滤饼；8—洗涤装置；9—滤布张紧；10—橡胶带；11—滤布调偏；12—滤布

4）陶瓷过滤机　陶瓷过滤机是目前国际上公认的细粒级精矿过滤（固液分离）设备，是集机电、微孔滤板、自动化控制、超声波清洗等高新技术为一体的新型产品。主要由转子、分配头、搅拌器、刮刀、陶瓷板、料浆槽及反冲洗系统组成（图9－63）。其工作原理是利用陶瓷板上的微孔产生毛细作用，液体在无外力条件下自动进入陶瓷板的孔道中，在真空泵产生的负压作用下，液体被连续排出成为滤液，而固体颗粒被阻挡在陶瓷板表面成为滤饼，从而实现了固体和液体的分离。

图9－63　陶瓷过滤机的应用

与传统过滤设备相比，陶瓷过滤机配套设备少、占地面积小、规格多，具有节能、高效、生产成本低、自动化水平高、运行平稳等特点，滤液悬浮物低，符合排放标准，无须再处理。

陶瓷过滤机已可用于过滤尾矿，但磨矿细度过细的尾矿效果较差，此外生产能力不高，约为400～500kg/(m^2·h)。

（2）深锥浓缩机　美国Eimco公司研制了一种新型深锥膏体浓缩机，其制浆浓度可达到71%～75%。这种浓缩机适用于制备膏体充填料和尾矿干堆，而不需要对尾砂再进行其他方式的脱水处理，深锥膏体浓缩机的外形和结构原理见图9－64、图9－65。深锥的规格依据要求的生产能力来确定，深锥的关键部分是全尾砂和絮凝剂的混合器。从选矿厂送来的全尾砂经外部加水将其质量浓度稀释到15%，在加入絮凝剂的混合器中再将料浆的质量浓度降低到5%，达到絮凝剂浓缩的最佳状态，此时不仅下部的料浆浓度很高，而且排出的溢流水是基本不含泥沙的清水。深锥顶部的驱动头以长轴连接下部的松耙机构（图9－66），每旋转一圈松动两次，松耙机构的作用是推动浓缩的尾矿流向排料口，同时使沉淀床处于活动和均值状态，焊接在松耙机构长臂上的钢管实际上是排水机构，将沉淀尾矿床中的水析出。会泽铅锌矿的膏体充填系统已经采用了此种深锥浓缩机。

图9－64　深锥膏体浓缩机的外形

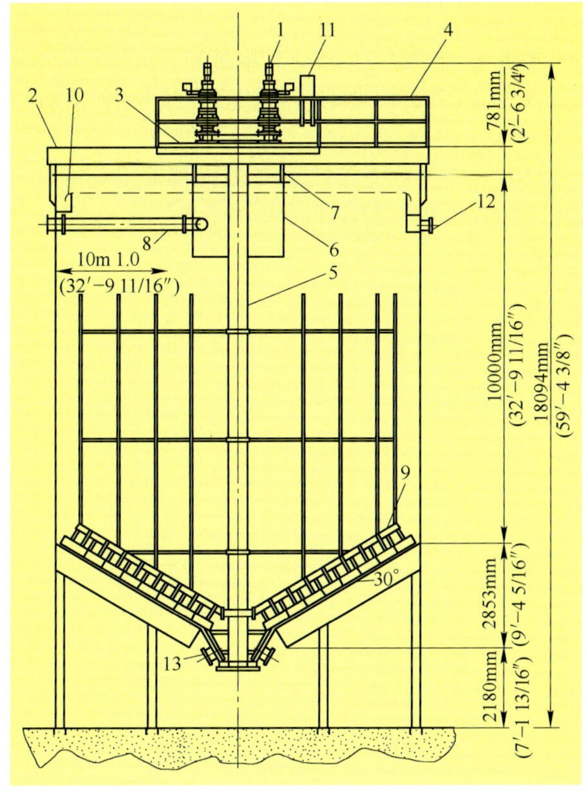

图 9-65 深锥膏体浓缩机结构原理

1—驱动头；2—1 m 宽的通道；3—平台驱动；4—栏杆；5—长传动轴；6—混合器（给料桶）ϕ2.5×2 m；7—混合器支架；8—给料管 ϕ300 mm；9—提耙机构，由两个长臂、叶片、钢管立柱组成，每转一圈松耙两次；10—溢流堰；11—絮凝剂给料与调节的控制盘；12—溢流水口；13—底流

图 9-66 深锥浓缩机的松耙机构

（3）用立式砂仓制备高浓度全尾砂浆 加拿大矿物能源工艺中心（CANMET）研究成功利用立式砂仓，通过全尾砂浓缩和流态化过程制成适合膏体用的高浓度尾砂浆，加拿大专利号 2278097。

中国恩菲工程技术有限公司也开发出内部具有特殊结构的新型立式砂仓，砂仓底流的全尾砂浓度可稳定达到 73%～75%，完全满足膏体充填的要求。

这种方式不需要专门的全尾矿脱水设备，对于膏体充填的推广应用将大有裨益。

b 膏体料浆搅拌

全尾砂膏体充填料浆浓度高，一般含有2～3种添加料，为了输送顺畅并能达到预期的强度，要求各种充填物料通过搅拌混合均匀，因此通常采用连续搅拌和两段搅拌，特别是加入粗骨料时，必须采用两段搅拌。

第一段搅拌多采用双轴叶片式连续搅拌机，第二段搅拌采用双轴双螺旋搅拌输送机，具有搅拌、贮存及输送功能，故第二段搅拌机一般容积较大，两段搅拌作业流程示意图如图9－67所示。

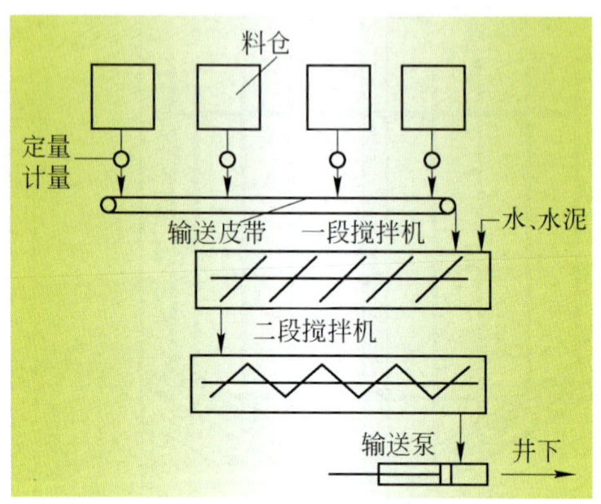

图9－67 两段搅拌作业流程图

c 膏体料浆计量及检测

膏体泵送充填工艺与传统的水砂充填相比，无论在充填料制备或在生产操作等方面均有更加严格的要求，主要有以下几个方面：

(1) 浓度的变化对充填料浆特征的影响极为敏感，因此，控制膏体料浆浓度是充填平稳运行的重要条件；

(2) 膏体料浆具有良好性能的浓度范围很小，要求集料的筛分特性和浓度的波动误差较小，这给充填料制备的计量与控制带来一些难度大的技术问题；

(3) 在全尾砂中需要添加粗粒级集料时（如棒磨砂或细石），为保证充填料浆不产生离析与堵管，粗、细充填骨料的比例必须严格计量；

(4) 有剩余压头垂直管路中的充填料输送与启动操作是高浓度充填的技术难题之一，为防止管内料流中断、分层，保证最小的空气吸入量及减少真空的出现，对充填作业应进行连续监视与自动调节。

膏体泵压充填工艺的技术要求较高，流量监测、浓度控制、物料给料、物料配比、泵压调节等都需要通过计算机进行监测和控制。流量计、浓度计、黏度计、密度计、压力传感器的数据参数均需计算机分析处理，并进行实时调控。所以，建立和完善微机的监测与控制是膏体泵送充填不可缺少的重要部分。

C 膏体料浆输送系统

a 膏体泵送设备

膏体充填泵是在建筑工程混凝土泵的基础上发展起来的，膏体充填泵的结构与混凝泵基本相同。目前用于矿山充填的膏体泵，主要有德国的普茨迈斯特（Putzmeister）公司（简称PM公司）和施维茵（Schwing）公司的双缸柱塞泵和维尔特（Wirth）、奇好（Geho）的双缸隔膜泵，近年南非还研究了用离心泵输送膏体的系统。国外膏体充填多选用前两种类型的泵，我国金川和铜绿山膏体充填选用的是Schwing泵，会泽选用Geho泵，而金川初期试验选用的是PM泵。

在选择泵的扬量时，应将其理论扬量乘以0.85～0.90的系数，同时还应注意，是要求工作压力下的扬量，而不是最低压力下的扬量。

选择泵的压力时应留有一定余地。各种类型的膏体充填料浆，由于其流变特性的不同，泵送时管道阻力损失相差较大，在选择泵前应根据试验确定每百米管道的压力损失值。

配套部件主要有：

(1) 分配阀——具有二位(吸料和排料)四通(通料斗、两个工作缸、输送管)的机能，泵送膏体充填料宜选用S阀(摇阀)或裙阀(摆阀)，向上排泥宜选用盘阀(蝶阀)；

(2) 截止阀(门阀)——有液压的和手动的，一般安装在钻孔或垂直管下部弯管处，根据需要选1～2个；

(3) 料浆贮槽及附属搅拌装置——选好容积大小及高度，以便与给料设备配合安装；

(4) 清洗装置——根据需要选择液压加(清洗)球装置或高压水泵；

(5) 专用两通或三通接头管——便于井下分配膏体充填料浆。

金川购买的KOS－2170型泵的出厂性能试验数据：

主油泵高压	28.9～35.0 MPa
全速最大低压	2.5 MPa
安全阀给进压力	3.4 MPa
开泵全速给进压力	2.6 MPa
油流量	45 L/min
旋转控制压力	
开始	0.4 MPa
终了	2.2 MPa
S管剪切最大压力	12.0 MPa
蓄压器压力	9.0 MPa
全速时料斗内搅拌器压力	19.0 MPa
空负荷时输送缸行程时间	3.6 s
空负荷时油泵最大转速	1500 r/min
空负荷时电机最大转速	1500 r/min
泵的最大理论输送压力	8.5 MPa

b 水泥浆添加方式

水泥添加的方式较多，从添加的地点来看，有地面添加和坑内添加之分；从添加水泥的特点来看，有添加干水泥和添加水泥浆的，如图9－68所示。

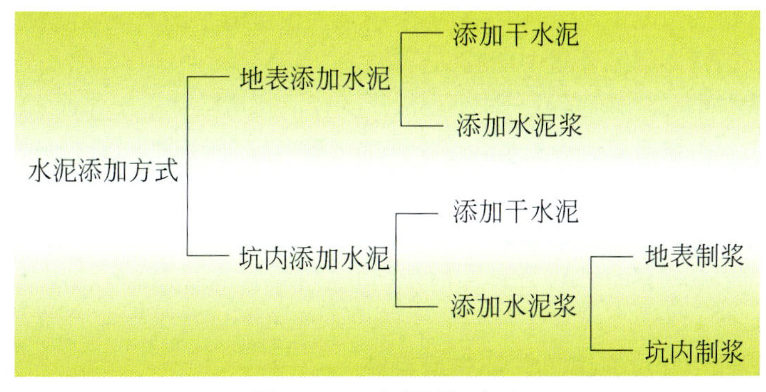

图9－68 水泥添加方式

这些添加方式各有优缺点。在地表添加水泥可以省去水泥输送系统及添加装置,并增加充填料中细粒级含量,改善充填料的可泵性,但充填结束之后需认真清洗充填管道,当充填管路很长时,一旦发生堵管,处理起来比较复杂。坑内添加水泥浆要增加一套与膏体输送管并行的管路系统,并且需要频繁清洗水泥浆管,而且不易清理干净,随着充填系统使用时间的增长,水泥挂壁会使管道内径变小,影响水泥的给料量。坑内添加干水泥,一般采用气力输送,除对环境造成一定的污染外,也很难和充填料浆充分混合。

对于分级尾砂充填,地表添加水泥基本是添加干水泥,即采用螺旋输送机等设施将水泥仓中的水泥以一定的输送量直接送入搅拌槽,与充填料一起进行搅拌。但对于全尾砂膏体胶结充填,需视全尾砂浆的浓度和是否还有其他添加剂来确定采用那种添加方式,以保证膏体具有适合的可泵性为准。如添加水泥浆,则水泥经活化搅拌后,将水泥浆直接加入制备膏体的第一段搅拌机。

在德国格隆德(Grund)铅锌矿的全尾砂膏体充填既采用了坑内添加干水泥,也采用了坑内添加水泥浆的方式。坑内添加干水泥是将水泥用气力输送方式输送到坑内的水泥仓,然后再用气力输送方式输送到距充填管出口约 30 m 处,通过一个水泥喷射装置,将干水泥喷入充填管,与充填料进行混合后进入充填采场。这样可使充填料的浓度有所提高,亦即提高了其强度。由于长距离的充填管中的充填料未加水泥,充填过程结束之后可以不冲洗这段充填管路,将充填料保留在充填管中,下次充填作业时可以继续泵送而不至于“凝固”。该矿为每周五天工作制,周末充填之后到下周一开始充填作业间隙两天而不受影响。在金川的全尾砂膏体泵送充填地表半工业试验中,也曾有意停机达 19 小时而不受影响。据有关资料介绍,最长时间可达 5 天。坑内添加水泥浆(坑内制浆)的工艺,是利用由气力输送方式送到坑内水泥仓的干水泥,再转送至坑内中间泵站内的一台 CMK-139 型的水泥制浆设备,连续制出的水泥浆由一台泵扬送至泵站的螺旋搅拌输送机中搅拌,其缺点是降低了泵送浓度,但保证了水泥混合质量。

奥地利布莱堡(Bleiberg)铅锌矿的全尾砂膏体泵送充填,采用了水泥在地表制成浆后送到坑内充填管的出口附近,通过喷射装置喷入充填管内,与充填料进行混合后一起进入充填采场。

c　膏体充填管路清洗

膏体充填料浆黏度大、透水性差,在管壁特别是在管接头和弯管处易产生粘结。所以,正确的清洗方法是膏体管路维护的重要工作。常用的清洗方法有:

(1) 在泵出口的管道中放入(人工塞入或机械压入)海绵橡胶球,也可用专门设计的锥形橡胶柱,将后加的清水和管道中的膏体隔开,以免在泵送高压下使膏体产生离析并因此而堵管,排料口设清洗球回收装置;

(2) 空气加少量清水清洗,由于上述清洗方法在没有安装加球机时手工操作复杂,费工费时,所以,在无粗骨料的情况下,生产中一般可采用泵入少量清水,加气压分段助吹的清洗方法;

(3) 利用非胶结膏体清除管道中的胶结膏体;

(4) 德国埃森 DMT 公司研究了一种小型液压变径活塞清除井下工作面短管膏体的机械,存有膏体的短管好比一个输送缸,变径活塞由均等的三瓣组成,可按不同管径调节大小,液压活塞从短管一端推向另一端即可将管中膏体全部清除。

清洗工作必须注意的一个问题是,不仅要认真清洗管道,还要及时清洗泵缸和搅拌槽、贮料斗,其目的是一方面为了避免粘结,另一方面是防止已粘结成块的物料混在膏体中进入输送管道,造成管道堵塞。

9.9.6.4　碎石(块石)充填工艺及充填系统

碎石(块石)充填是矿山充填中使用的较早的一种充填工艺技术,主要是指掘进废石、筛分后的天然戈壁作充填材料以及澳大利亚芒特艾萨式块石胶结充填，而不包括目前金属矿山已很少应用的水砂充填。碎石(块石)充填工艺一般用于空场法嗣后充填。

A 掘进废石作充填料

很多矿山都将掘进废石回填采空区，掘进废石作充填料是实现无废(少废)开采必然会采用的手段，而且总要和其他充填方式混合使用。掘进废石块度不大，无须再进行加工。采用无轨设备的矿山，可用铲运机或自卸汽车将其运至充填采空区，如回采结束的空场法采场上部充填井处以及进路充填法的进路内，作为辅助充填料。采用有轨运输的矿山则需要用矿车经竖井或斜井倒运到上水平需要充填的采场。

B 戈壁集料胶结充填

戈壁集料具有良好的天然级配，经筛分或简单破碎后，便成为很好的充填材料。但由于单独使用这种充填料不适于管道输送，对当地有丰富的资源，生产规模不很大开采深度也不很深的矿山比较适合。其系统一般是戈壁集料经充填井放到坑内料仓，再用胶带机或电耙将其转运至充填道，与地表水泥浆制备站通过管道下放到充填道的水泥浆经电耙耙运混合，充填到采空区。如果按质量比添加50%全尾砂，即可改为管道输送。

用露天开采剥离废石破碎成级配合适的充填料，其充填工艺及系统大致相同。

C 芒特艾萨式块石胶结充填

采用块石作为充填材料，其原料一般来源于露天剥离的岩石或专门的采石场，因块度较大，需要经过破碎筛分。芒特艾萨矿是一个生产规模很大的矿山，从20世纪60年代就开始采用块石胶结充填，经过多年的研究改进，形成了完善的规范。

(1) 采用分级块石是为了弥补分级尾砂胶结料的不足，同时也为了增加充填体的强度，大体是按照分级块石0.67 m^3 和分级尾砂胶结料0.33 m^3 的配比。

(2) 对石料的强度有一定的要求，下放到采空区碎裂后 -25 mm 的粒级应不大于25%。

(3) 为了降低充填成本，胶凝材料采用3%硅酸盐水泥加6%研磨至水泥细度的铜反射炉渣。

(4) 分级块石胶结料在120天后回采矿柱时具有1 MPa的三轴抗压强度和0.3 MPa的抗剪强度。

(5) 分级块石的充填流程：采石场 - 破碎 - 筛分 - 胶带机 - 地表贮仓 - ϕ2.4 m溜井 - 井下胶带机 - 充填采场。分级尾砂胶结料流程：两段旋流的分级尾砂 + 分级尾砂胶结料 + 研磨铜反射炉渣 - 搅拌 - 管道 - 钻孔 - 管道 - 分级块石进采场的胶带机 - 采场。

1992~1997年又对充填料放入空区的质量控制进行了深入的研究，以减少充填料引起的贫化。之后又开展了利用掘进废石、重介质尾矿、粒状炉渣取代分级块石的研究，以及分级块石膏体充填的研究。从这个典型实例不难看出块石充填的发展轨迹。

9.9.6.5 高水速凝充填工艺技术

20世纪90年代初，高水速凝充填工艺在我国一些有色金属、黄金矿山中开始试验应用。

高水速凝充填材料分为两类，一种是双浆料，一种是单浆料。双浆料由甲料和乙料两种组分构成，甲料以铝酸钙、硫铝酸钙或铁铝酸钙为主要成分的水泥熟料，加入适量外加剂共同磨细制成的粉状物料；乙料以石膏、石灰、与若干种外加剂(速凝剂、解凝剂、平衡剂、悬浮剂等)共同磨细制成粉状物料。使用时，甲、乙两种固体粉料的比例为1:1，在水灰比不小于2.0的条件下，能快速凝结硬化。在外加剂的作用下，含有大量Ca的矿物与含有大量Al_2O_3的矿物化合，形成含有大量结晶水和自由水的钙矾石和C - S - H凝胶状物质，其分子式为$Ca_6Al_2(SO_4)(OH)$·

$26H_2O$，可使水或尾砂浆在采空区形成具有一定强度的固化体。

单浆料是由磨细（细度大于400 m^2/kg）的硫铝酸盐特种水泥熟料、硬石膏、生石灰及各类添加剂按一定比例混合拌匀制成。

高水速凝材料与普通水泥相比，这种新型胶凝材料具有极高的吸水性，水灰比一般2.5:1；速凝，初凝时间大多小于30 min；早强，$R_{28}=1.0\sim2.5$ MPa的特点，且采场无须脱水。亦为采用全尾砂胶结充填创造了应用条件。

双浆料是首先研究开发和应用于矿山充填之中，甲、乙两种固体粉料需要两套充填系统，分别在地面搅拌站制成两种料浆，用两条充填管路分别输送到井下，在进入充填采空区前混合后充入采空区。单浆料是在双浆料的基础上研究开发的新一代高水胶凝材料，这种高水胶凝材料除了具有双浆料的特点外，对于充填工艺及设备与自流充填系统基本相同，只需一套充填系统。

高水速凝充填虽然在不少矿山进行了试验或使用，但在生产中稳定坚持使用的无几。从1998年在澳大利亚举行的第六届国际充填采矿大会上交流的资料分析，对高水速凝充填总的评价是，高水速凝充填的优点是可以使用全尾矿；充填体固结时间快；在采场无须脱水，因而简化了隔墙，避免了井下环境污染，节约了排水费用；充填料可以低浓度远距离输送，充填效率高。但其缺点也十分明显：充填体后其强度不高，容易风化散落，材料价格高，大量增加充填成本。因此，还需要继续研究改进，在提高后其强度，解决风化问题，大幅度降低原料价格之后，还是有可能在一些矿山获得应用。

9.9.7 国内矿山充填系统实例

9.9.7.1 吉林富家矿碎石胶结充填系统

吉林镍业集团有限公司位于磐石市红旗岭镇，富家矿为公司下属的一座露天转地下矿山，露天开采结束后转为地下开采，矿石生产能力600 t/d。由于矿体稳固性差，采用下向高进路胶结充填采矿法，用原露天矿废石经破碎后作充填骨料，机械运输碎石胶结充填。采场沿矿体走向布置，回采进路断面宽×高=4 m×5 m，气腿式凿岩机凿岩，曾采用电耙出矿，现为铲运机出矿。进路回采结束后，清理扒平进路底板，敷设钢筋，吊挂竖筋，架设充填管和木挡墙，然后进行充填。矿石贫化率为5%，损失率1%，充填能力300 m^3/d，年充填量5.5万 m^3/a。

充填材料是以破碎碎石（粒度-400～+5 mm）为粗骨料，以中细砂（粒度-5～+0.08 mm）为细骨料，以水泥为胶凝剂。破碎站二级破碎后，骨料的粒级组成如表9-45所示。

表9-45 碎石粒级组成

粒级/mm	+40	-40～+30	-30～+25	-25～+20	-20～+10	-10
含量/%	6.7	13.1	4.8	4.7	47	23.7
累计/%	6.7	19.8	24.6	29.3	76.3	100

充填材料配比一般为碎石:中砂:水:水泥=9:5:2:1，水泥用量底部充填为260～280 kg/m^3，上部充填为120～140 kg/m^3。由于采用了电耙机械输送，充填浓度可以达到85%以上，充填体强度较高。浓度对充填体强度的影响较大，充填料浆浓度与充填体单轴抗压强度的关系如表9-46所示。

表9-46 不同浓度的单轴抗压强度

浓度/%	80	81	82	83	84	85
7 d强度/MPa	0.40	0.45	0.52	0.61	0.72	0.90

富家矿碎石充填工艺系统流程为:剥离岩石经过颚式破碎机粗碎,圆锥破碎机中碎,破碎成40 mm 以下骨料,经皮带运输进入砂石井,下放到坑内。水泥浆在地表制备,经管路输送到井下搅拌站,与碎石混合制成充填料浆,然后采用电耙耙运至采场充填井进入充填采场。该系统具有充填设备简单、充填浓度高、充填料混拌均匀、充填强度高等特点。充填系统如图 9-69 所示。

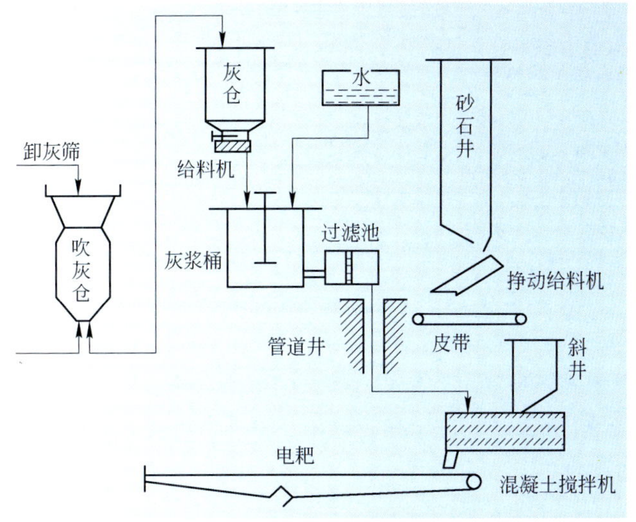

图 9-69　富家矿充填系统示意图

9.9.7.2　湖北大冶丰山铜矿碎石胶结充填系统

丰山铜矿属大型中偏高温的矽卡岩型矿床,分为南缘和北缘两个矿带,南缘矿带北西向延伸,倾向南西,倾角 50°~70°,上下盘围岩盘稳固性差,采用分段碎石胶结充填采矿法。采场沿矿体走向布置,中段高 50 m,分段高 10 m,采场宽 6.67 m,采用下盘脉外斜坡道采准,在各分段水平的下盘脉外布置分段沿脉平巷、溜矿井、充填井及通风泄水井等,各分段道与分斜坡道连接。沿矿体走向不留间柱连续回采,采用自然级配的碎石胶结充填技术,充填碎石经水泥浆自淋混合,在采场不需脱水。台车凿岩,铲运机出矿和充填,实现采、出矿和充填全无轨机械化作业。

丰山铜矿南缘采用碎石水泥浆胶结充填法进行充填,碎石为经破碎至 -40 mm 的自然级配的石子,通过 ϕ3 m 主充填井下放到中段水平,经皮带运输到各分充填井,再到各分段水平。在井下充填水平将水泥浆直接淋在碎石上进行喷淋混合,用铲运机运送充填料至待充采场进行充填。充填中碎石集料来源于露天排土场,体重约 2.6~2.8 t/m^3,自然安息角 39°。用 3 m^3 装载机将废石从露天排石场运至块石料仓,块石要求不大于 500 mm,仓内块石由 YGC-4.5/1.15-7.5 型的振动给料机和钢板溜槽进入 PE600×900 型破碎机粗碎,该破碎机排料口为 125 mm,最大排料块度 200 mm,粗碎石用 TK75-650 型胶带运输机送到 PE250×110 颚式破碎机中碎,该机排料口为 50 mm,最大排料块度 80 mm,中碎后碎石经 TD75-500 型胶带输送至 PCHZ-0808 型环锤式破碎机细碎,该碎石机排料粒度小于 40 mm,主碎石溜井中的碎石通过安装在其底部的两台型号为 GZC-2.3/0.7-0.3 的振动给料机和安装在 -50 m 水平的 4 台型号为 TD75-500 型的胶带输送机送至直径为 ϕ2.5 m 的分充填井。水泥浆制备及输送中,用散装水泥罐车将散装 324 号普通硅酸盐水泥运至水泥制浆站并压至水泥仓中,仓中水泥通过安装在其下部惯性振动给料机和 ϕ220 mm 螺旋输送机将其输送至 ϕ1.5 m 的高效搅拌筒中,与此同时加入水,将其搅拌成浓度为 40%~55% 的水泥浆,制备好的水泥浆经水泥浆输送管自流至各充填水平。水泥浆直接喷淋在碎石集料上,经水泥喷淋的碎石集料由铲运机直接铲运取至采场采空区卸料充填。充填系统见图 9-70。

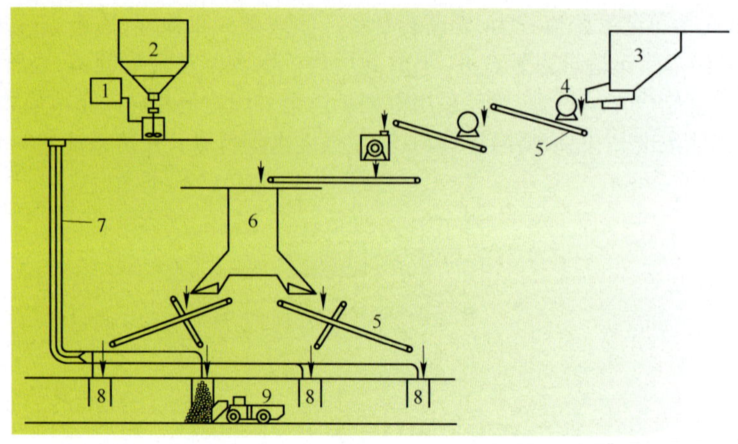

图 9-70 丰山铜矿南缘充填系统流程图

1—水池；2—$V_{有效}$ = 200 m^3 水泥仓；3—$V_{有效}$ = 200 m^3 碎石仓；4—破碎机；5—皮带机；6—主溜井 680 m^3；7—水泥浆输送管；8—1 号分溜井；9—铲运机运输

充填工艺简单，仪表少，主要靠人工经验操作。人工手动调节滑差电机控制螺旋输送机的转速以达到控制灰量的目的。

9.9.7.3 广西大厂铜坑锡矿块石胶结充填法

铜坑锡矿位于广西南丹县，北距黔桂线南丹站 84 km，该矿是我国第二大锡业基地。矿山采用分段空场嗣后充填采矿法对缓倾斜 91 号富矿体进行开采，沿走向 120 m 划分为一个盘区，宽度为矿体的水平厚度，平均为 33 m。盘区内沿走向布置两组矿房和矿柱，矿房长 55 m，宽 16 m；矿柱长 55 m，宽 12 m。两组矿房和矿柱之间留 6～10 m 的区间矿柱，盘区与盘区之间留 20 m 的盘区矿柱。

矿山采用块石胶结充填，块石主要来自露天采石场，部分来自井下的废石，块度 -300 mm，由汽车从采石场拉运到从地表贯通至井下 505 水平的 6 号溜井（贮料能力 1500 m^3），从 505 水平将块石用矿车转运到三个块石分配井中，转运能力 950 t/台班，三个块石分配井贮料能力各为 460 m^3。块石经三个分配井供给三条通往采空区充填井的悬吊式皮带，将块石输送到充填采场顶部的充填井，在此处块石砂浆混合在一起，放入采场充填井，在下放过程中块石和砂浆充分混合后充入采空区。砂浆制备中，采用长坡选厂的 -20 mm 重介质尾砂经棒磨而成的 -3 mm 人工砂，采用 425 号普通硅酸盐水泥或 425 号矿渣硅酸盐水泥，在地表搅拌成砂浆后利用 ϕ133 mm 主管经斜井和充填天井送至井下。块石胶结充填的三点同时下料数据如表 9-47 所示。

表 9-47 块石胶结充填的三点同时下料数据

下料点编号	浆料流量 /m^3·h^{-1}	浆料浓度 C_w/%	浆料密度 /t·m^{-3}	浆料所形成的固体重/t·h^{-1}	块石浆料配比	理论匹配块石量 /t·h^{-1}	送入块石量 /t·h^{-1}	充填干料量/t·h^{-1}	备 注
1	56.7	65.93	1.74	65	3:1	195	194	259	充填体密度 2.47 t/m^3，平均水泥耗量 100 kg/m^3
2	48	60.66	1.66	47	3:1	142.8	145.4	192.4	
3	44.5	61.95	1.66	45.8	3:1	137.4	128.9	174.7	
合计	149.15	63.06	1.68	158.4	3:1	475.2	468.3	626.7	

充填料浆及块石进入采场采空区时，属多点同时下料，这样使充填料均匀上升，形成良好的充填体。水泥砂浆质量浓度68%，矿房下部10 m用灰砂比1:8的充填料充填，待固结后用灰砂比1:(10~15)的充填料充填其余部分。块石砂浆配比为3:1，使采场内无多余积水和充填泄水，脱水量少。

该矿的块石胶结充填技术成功地用在了高大长条形采场，将砂浆三支管分流，解决了块石胶结充填难以在长条采场应用的困难，三点同时下料的充填新工艺简单、可靠、易行。充填系统如图9-71所示。

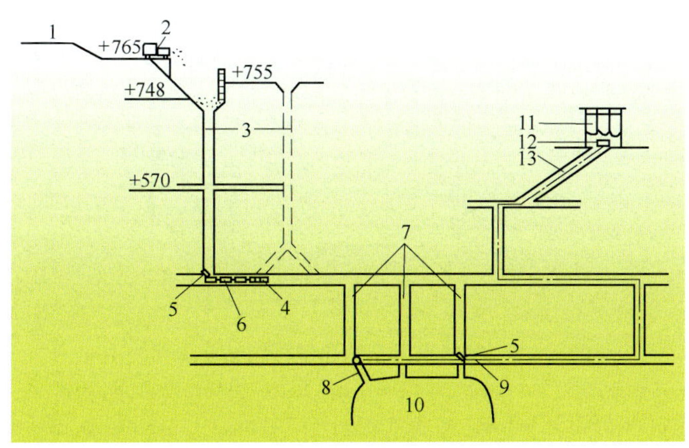

图9-71 块石输送系统示意图

1—采石场；2—汽车；3—溜井；4—10 t电机车；5—振动放矿机；6—2 m^3 矿车；7—块石分配井；8—充填天井；9—800宽皮带运输机；10—采空区；11—水泥仓；12—制砂浆桶；13—砂浆输送管

9.9.7.4 山东三山岛金矿尾砂胶结充填系统

三山岛金矿位于山东省莱州市三山岛镇，矿体平均厚度16 m，最大厚度40 m，矿体节理裂隙发育，为中等稳固，顶、底盘为黄铁绢英岩花岗岩，底盘岩石稳固，顶盘岩石不稳固。

矿山生产能力为1500~1700 t/d，一期工程设计回采-240 m水平以上矿体；二期工程回采-240~-420 m水平矿体。一期工程主运输水平设在-250 m水平，采用10 t电机车4 m^3 底侧卸式矿车进行有轨运输，二期工程使用35 t电动卡车斜坡道运输。

矿山采用机械化上向水平分层(点柱)充填采矿法，分段高15 m，分层高3 m，采场空顶高4.5 m，每分段回采4~6个分层，每150~160 m间距有一条溜井至中段主运输水平。中段高45~55 m。采场采用水星-17、水星-14双(单)臂凿岩台车打眼，钎杆长4.3m，孔径ϕ45 mm，孔深3 m，进尺2.7~2.8 m。ST-3.5铲运机出矿，矿石由铲运机铲运装入MT-413型13 t卡车，卡车将矿石装运主溜井。矿山机械化程度高。

该矿尾砂水力充填和尾砂胶结充填系统包括地面充填料制备站系统和井下充填系统。地面充填料制备站系统集中在地表，进行充填料的制备和输送，主要由尾砂的贮存、放出，水泥的输送和给定，灰砂浆的制备、输送及供风系统四个部分组成。

采场充填工序主要包括废石的充填、采场安全检查、泄水笼(ϕ1 m)的安装、充填管路的铺设、尾砂充填或胶结充填及污水处理等工序。回采结束后，可用废石充填1.5 m高，在采场的两翼通风泄水小巷上，一般采用方木支撑，并在迎砂面敷设金属网和尼龙纺织布，便于泄水及防止充填料流失。为加强采场泄水，在面积较大的区域安装泄水筒(用废旧锚杆焊接，外裹编织袋而成)，泄水筒直径ϕ1 m，高2.4 m，采场充填溢流水通过泄水筒泄至采场两翼的通风泄水小巷。充填前先在采场联络道内用木材封闭板墙，而后用灰砂比 1∶8 或 1∶10(0.7 MPa)的全尾砂浆进行充填，高 1.5 m，上部用灰砂比 1∶4 的胶结料充填 400 mm 厚，浓度大于 70%，强度 1.5 MPa，以便于无轨设备运行。矿山年充填能力 20 万 m^3/a，充填流量 60 m^3/h，浓度 60% ~80%，正常控制在 65%。充填系统图如图 9-72 所示。

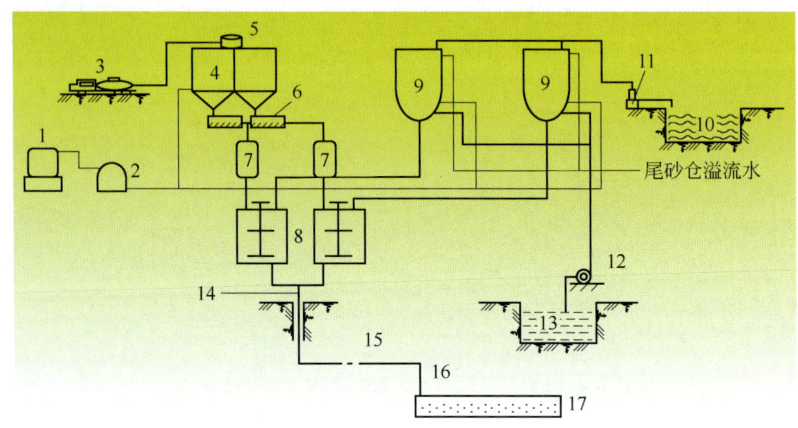

图 9-72 尾砂水力充填和尾砂胶结充填系统图

1—空压机；2—汽水分离器；3—散装水泥车；4—水泥仓；5—脉冲喷嘴袖袋除尘器；6—螺旋输送机；7—1.5 t 稳料仓；8—高浓度搅拌桶；9—立式砂仓；10—砂池；11—4PNT 砂泵；12—离心式水泵；13—清水池；14—钻孔；15—70 m 中段平巷；16—服务井；17—充填进路

9.9.7.5 安徽铜陵安庆铜矿胶结充填系统

安庆铜矿位于安庆市，是一个大型采选联合矿山，设计采选矿石生产能力 3500 t/d。矿体平均厚 28 m，矿岩均属稳定性岩层。采用大直径深孔空场嗣后充填采矿法，采场垂直矿体走向布置，矿房、矿柱宽度均为 15 m，长度为矿体厚度。回采阶段高 128 m，分矿房、矿柱两步骤回采，一步骤回采矿房，二步骤回采矿柱，回采时实行分段凿岩，集中出矿，分段高 60 m，钻机为 Simba 261 型潜孔钻机，孔径 ϕ165 mm，出矿用 ST-5C 柴油铲运机。

矿山采用管道自流输送工艺，充填制备自动化程度较高，其工艺流程示意图如图 9-73 所示。分级尾砂从立式砂仓(黄砂由皮带)放入搅拌桶，与水泥仓放下的水泥混合搅拌，添加的黄砂用于提高充填浓度和弥补尾砂量的不足，搅拌后的充填料浆经充填钻孔和充填输送管道输送到充填采场。

胶结材料水泥标号为 325 号，充填能力 120 ~ 130 m^3/h，料浆浓度 71% ~72%，灰砂比有 1∶4、1∶8、1∶10、1∶12，根据生产的需要按规定的配比进行采场充填。

9.9.7.6 广东凡口铅锌矿充填系统

凡口铅锌矿位于广东省韶关市北东 48 km，仁化县城西北 16 km。矿区位于南岭诸广山山脉南麓。矿体平均品位为：Pb 4.7%；Zn 9.1%。曾采用过的采矿方法有 VCR 法、阶段大孔崩矿采矿法等，后采用盘区机械化上向分层充填采矿法，垂直矿体走向布置采场，不留顶柱，底柱高8 m，矿房宽 8 ~ 10 m，矿柱宽 6 ~ 8 m，长度为矿体水平厚度，一般约为 30 ~ 50 m，中段高 40 m，分段高 8 m，每一分段划分为两个分层进行回采，每一分层采用分层联络道与分段道相通。为便于无轨设备进出，分段道距矿体约为 16 ~ 20 m，采场中布置有 1 ~ 2 个天井，作为采场回风充填井，同时也起爆破自由面的作用。泄水井顺路架设，规格 1 m × 1.2 m，矿石溜井一般布置在分段平巷中，根据无轨出矿设备最佳运距，通常 3 ~ 4 个采场共用一个矿石溜井。采场凿岩采用 HS150X 型上

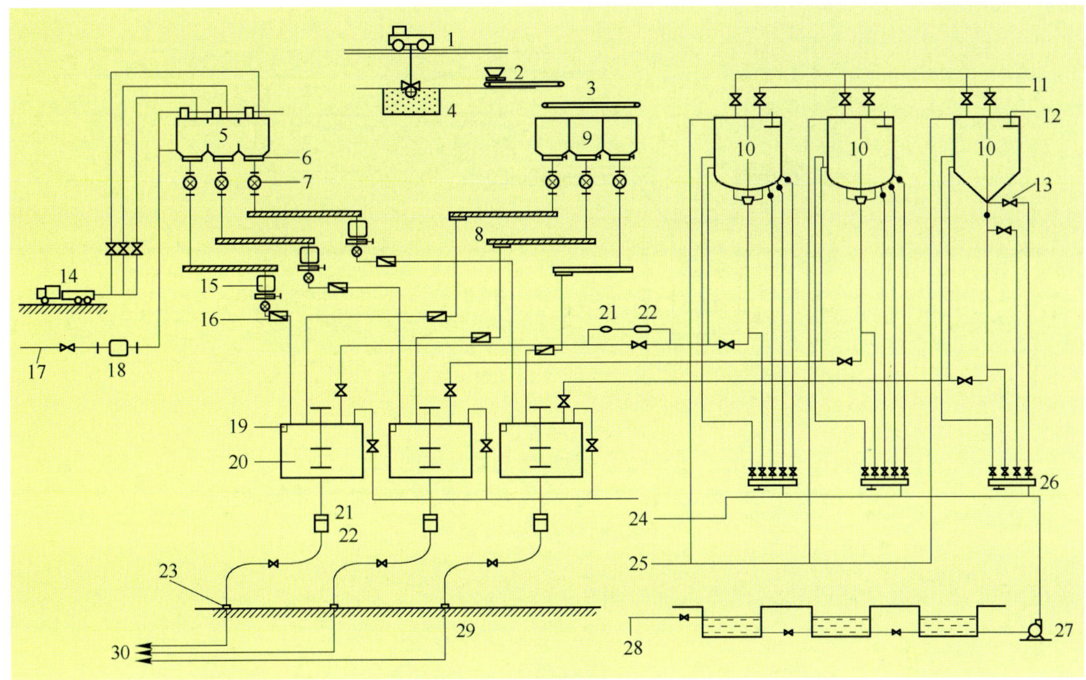

图 9-73 安庆铜矿充填工艺流程图

1—抓斗式起重机；2—圆盘给料机；3—1 号、2 号皮带；4—干砂池；5—水泥仓；6—单向螺旋阀门；7—弹性叶轮给料机；8—螺旋给料机；9—干砂仓；10—尾砂仓；11—尾砂管；12—砂面显示器；13—阀门；14—水泥车；15—料位显示；16—冲板流量计；17—高压风管；18—气水分离器；19—料位显示；20—搞浓度搅拌桶；21—流量计；22—浓度计；23—充填管排器装置；24—接充填管；25—将溢流水排至污水沟；26—分水器；27—水泵；28—来自厂区坑给水管道；29—充填钻孔；30—至充填采场

向接杆台车，孔深 4.0 m，孔径 51 mm，爆破采用粒状铵油炸药，NT30/NBB150 型井下装药车装药，ST-3.5 型 3 m^3 铲运机出矿。1999 年采矿贫化率 7.82%，损失率 0.89%，年出矿量 98 万 t。

采场充填分为底部充填及浇面层充填，底部结构充填高度 3~3.5 m，主要采用全尾砂胶结充填，灰砂比 1∶(8~10)。浇面层厚 0.5~1.0 m，主要用 -3 mm 棒磨砂胶结充填，灰砂比 1∶4，矿房充填灰砂比 1∶(6~8)，矿柱充填灰砂比 1∶15。矿房充填体强度 1.5~2.0 MPa，水泥耗量 210~250 kg/m^3，充填量 25~26 万 m^3/a。

该矿充填系统主要有三个充填站：狮岭南充填站、搅拌楼充填制备站、立式砂仓充填站。

狮岭南充填站建有一个 100 t 水泥仓、一个 320 m^3 卧式砂仓及 ϕ1.2 m 搅拌筒一个、有两个钻孔通往井下。水泥流量由变频器控制 2 台 U 型螺旋电机转速，从而达到调节下灰量大小，水泥流量≤25 t/h。棒磨砂由电耙耙至一台 U 型螺旋输送机中均匀供砂于搅拌筒中，给砂量控制在 40~45 m^3/h。搅拌筒中的水泥及棒磨砂加水制成 78% 的砂浆，砂浆经钻孔及充填管道送至井下采场。狮岭南充填系统如图 9-74 所示。

搅拌楼充填制备站建有 750 t 磨砂仓 2 个、250 t 水泥仓 2 个、卧式砂仓 1 个、浓密机 2 套及压滤机 4 台。充填骨料为磨砂、分级尾砂或全尾砂。磨砂由仓底振动给料机放至皮带运输机上运至搅拌楼卧式搅拌机中。尾砂由卧式尾砂仓中电耙拉至料斗底部经振动给料机放出，由皮带输送机送至搅拌楼的卧式搅拌机中。尾砂、磨砂在卧式搅拌机中搅拌后放入搅拌筒中，加入水泥、水后，搅拌成 70%~80% 的浆体由管道送至井下充填采场。水泥流量采用变频器来控制螺旋输

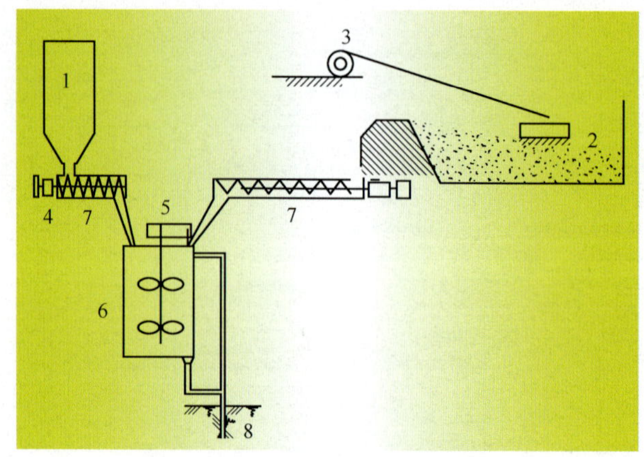

图 9－74 狮岭南充填系统图

1—水泥仓；2—卧式砂仓；3—电耙；4—变频器；5—电机；6—搅拌桶；7—螺旋给料机；8—充填钻孔

送机电机，高浓度全尾砂胶结充填系统如图 9－75 所示。

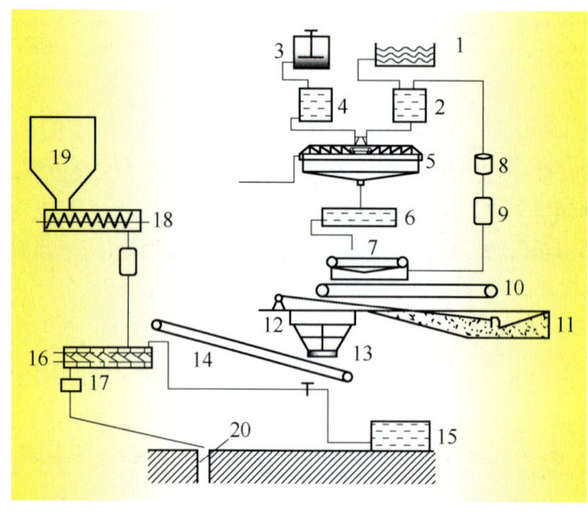

图 9－75 高浓度全尾砂胶结充填系统流程图

1—储浆池；2—缓冲槽；3—絮凝剂搅拌槽；4—絮凝剂缓冲槽；5—高效浓密机；6—沉砂池；7—真空过滤机；8—真空泵；9—气水分离器；10—皮带运输机；11—卧式砂仓；12—分配漏斗；13—振动放矿机；14—计量皮带输送机；15—清水池；16—双轴搅拌机；17—高速搅拌机；18—双管螺旋给料机；19—水泥仓；20—充填钻孔

狮岭南与搅拌楼充填站均未使用过多种仪表，仅用变频器调速控制水泥量，其余为手工控制操作。立式砂仓胶结充填站有二套搅拌系统，见图 9－76，有 1000 m^3 尾砂仓 2 个，450 t 水泥仓 1 个，搅拌筒 2 个。该站充填检测仪表、执行机械基本完善，调节器基本未用，各项控制均为手动调节。

9.9.7.7 甘肃金川龙首矿充填系统

金川集团有限公司龙首矿采用下向分层六角形进路胶结充填采矿法，分为普通电耙六角形进路与机械化盘区六角形进路两种形式。机械化盘区六角形进路采用脉内外联合采准系统，斜坡道布置在盘区上盘围岩中，断面为 4 m×3.5 m（宽×高）。阶段高度 60 m，分段高 15 m，每层由分段道掘分层联络道进入矿体，每一分段道可服务回采 6 层。垂直矿体走向布置采场，长 50～75 m，

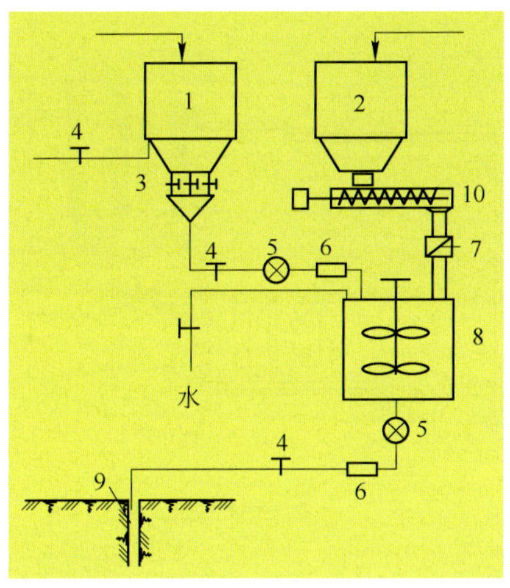

图 9-76 凡口铅锌矿立式砂仓系统流程示意图

1—砂仓；2—水泥仓；3—电动夹管阀；4—电动阀；5—γ射线浓度计；6—电磁流量计；7—冲板流量计；8—搅拌桶；9—充填钻孔；10—螺旋给料机

宽度为矿体的水平厚度。在采场中垂直走向布置分层道，断面为 4 m×2.8 m（宽×高）。在分层道位置布置两条脉内出矿溜井（当矿体水平厚度小于 40 m 时只布置一条），回采水平以上充填时应预留通风井，作为采场顺路回风井。脉外布置一条废石井，通过分层联络道与分段道相通。采场两端布置穿脉充填道，采场进路端部掘充填小井与之相通，每 10 m 下降一次。穿脉充填道与中段沿脉充填道相通。采场进路为垂直分层道双翼布置，长 25～35 m。断面尺寸为六角形，顶底宽 3 m，腰宽 6 m，高为 5 m。进路布置特点为相邻进路在垂直高度上交错半层，即 2.5 m，进路隔一采一，每回采一层下降 2.5 m。

龙首矿共有东、中、西三个采区，东、中采区的充填主要采用粗骨料充填，西采区采用细砂管道自流输送充填。

A 龙首矿粗骨料充填系统

粗骨料搅拌站主要由搅拌楼、供料系统和地面料仓等组成。粗骨料充填物料为 -25 mm 戈壁集料、闪速熔炼炉渣、干粉煤灰、破碎块石和少量废石等，胶结料使用 425 号普通硅酸盐水泥。破碎的戈壁集料由准轨火车牵引 50 t 自翻车卸入中部搅拌站砂石井或地表砂石仓中储存。砂石井直径 3.5 m，井深 78 m，可存 860 m^3 充填料，西部地表砂石仓容约 1300 m^3。

碎石厂破碎的块石料其来源为戈壁集料和露天开采排出的废石，要求含砂度不低于 35%。水泥是用 8 t 散装汽车罐拉运到搅拌站，压风吹入水泥圆筒仓中储存。水泥仓直径 5.0 m，高 15.4 m，可容纳 900 t 左右水泥。粉煤灰用 60 t 火车罐拉运，压风吹入直径 4 m，高 12 m 的圆筒仓中储存，该仓可存储 300 t 左右粉煤灰。

水泥由灰仓底部漏斗经双管螺旋给料机均匀给料，制备灰浆的物料均由微机自动调控。水、水泥、粉煤灰均由专门的计量仪表进行计量。通过微机设定的给料量在设定范围内自动调节。水灰比 1.5，水泥单耗 180 kg/m^3，质量浓度 87%～89%，充填能力 130m^3/h。充填混凝土的灰砂配比一般在 1∶8～1∶10 之间，具体配比为水∶水泥∶砂（+渣）=234∶180∶1530（+400）。粗骨料充填工艺流程如图 9-77 所示。

B 龙首矿细砂充填系统

龙首矿细砂管道自流充填系统采用浙江大学SUPCON计算机DCS控制系统对充填配料进

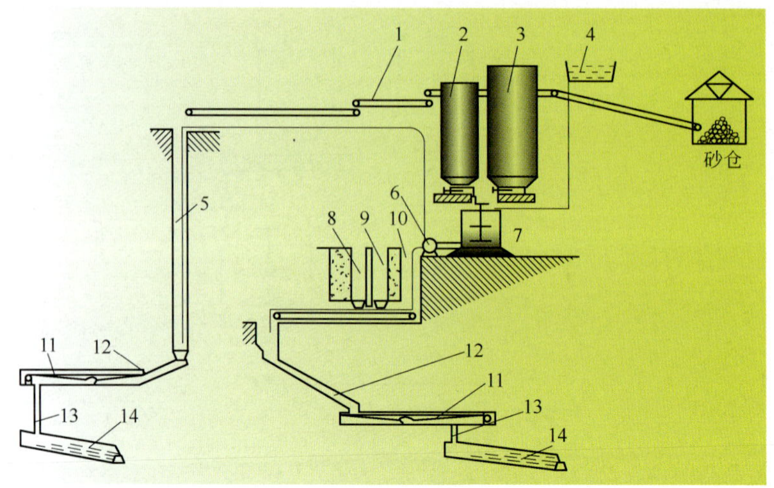

图 9-77 龙首矿粗骨料充填系统图

1—皮带；2—粉煤灰仓；3—水泥仓；4—水池；5—老1号砂石井；6—泵；7—搅拌槽；8—水淬渣井；9—砂石井；10—管道井；11—充填电耙道；12—斜溜井；13—充填小井；14—采场进路

行控制，实现手动、自动切换控制，有效提高了物料配比精度，该系统由原设计充填能力 60 m^3/h 提高至 100 m^3/h。使用的充填材料主要是 -3 mm 棒磨砂、水淬渣及粉煤灰，胶结材料为 425 号普通硅酸盐水泥。

西部充填搅拌站由地表细砂仓、搅拌楼、仪表控制室、水泥仓、粉煤灰仓、钻孔房等设施构成，搅拌楼内有灰浆砂浆搅拌桶、螺旋给料机、皮带运输机、圆盘给料机、天车和仪表盘等，如图 9-78 所示。

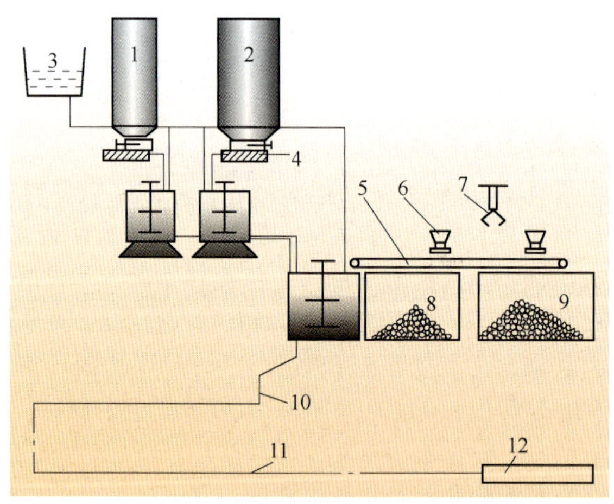

图 9-78 龙首矿细砂充填工艺系统图

1—300 t 粉煤灰仓；2—600 t 水泥仓；3—水池；4—螺旋给料机；5—皮带；6—圆盘给料机；7—抓斗吊车；8—水淬渣仓；9—细砂仓；10—充填钻孔；11—充填管；12—采场

细砂充填主要是对所制备灰浆、砂浆浓度及各物料配用比例进行严格控制，确保充填混凝土质量满足井下生产需要。各种物料配比是按照制定的配比标准进行，配比为：水灰比 1.41，灰砂比 =1∶4，砂浆浓度 76% ~78%。细砂中掺有部分水碎渣及河沙，是为降低细砂充填成本而配用的，其使用分别占到 7% 和 23% 左右。由于使用了水淬渣，增加了砂石料的密度（水淬渣密度

3.68 t/m³、堆密度 2.37 t/m³、含铁量 35% ~40%),浆体在管道内流动中有轻微离析现象,不宜过多使用水淬渣。正常配用量为 70 ~100 kg/m³,砂浆质量浓度已达到 80% ~83%,粉煤灰的使用对使用水淬渣有一定的好处,它可以改善浆体的流动性。

细砂充填中使用的棒磨砂产自金川公司砂石厂,细砂及水淬渣用火车接运至西部搅拌站砂仓中,砂仓容积约 1300 m³。细砂充填中使用的河沙,含土量要求小于 7%。灰浆制备按照 1.4 的水灰比制备,配用的水泥量为 310 kg/m³。水泥经由仓底螺旋给料机均匀给料,冲板流量计计量后进入 ϕ1.3 m、高 1.5 m 的灰浆搅拌桶中与水合制成灰浆。制浆用的水通过电磁流量计计量,按给定的水泥量由微机自动调控给水量,确保灰浆浓度。制备好的灰浆借助自流沿 ϕ100 mm 管道流入砂浆搅拌桶中供搅拌砂浆用。储存于砂仓中的棒磨砂、河沙、水淬渣分别用抓斗抓进漏斗中,经圆盘给料机和漏斗按配比用量放于振动筛上筛除杂物后落到皮带机上,通过皮带机上安装的两台电子皮带秤分别计量后(水淬渣与河沙同时由一台秤计量,水淬渣的下料量暂靠漏斗插板控制)卸入砂浆搅拌筒中,搅拌好的灰浆在砂浆搅拌筒(ϕ2 m、高 2.1 m,功率 40 kW)进行搅拌成灰砂比 1:4、质量浓度 76% ~78% 的砂浆,配比为水:水泥:砂(+水淬渣)=436:310:1240(+100),沿 ϕ100 mm 钢管和 ϕ150 mm 钻孔相配合的管道自流输送系统自然压差输送到井下采空区进行充填。

9.9.7.8 甘肃金川二矿区充填系统

二矿区是金川集团有限公司的主力矿山,采用机械化盘区下向分层水平进路胶结充填法,先后从瑞典、德国、法国、澳大利亚、美国引进了先进的设备、技术和管理方法,结合金川镍矿的生产实践、设备配套、回采工艺完善和生产系统改造,实现了机械化开采、无轨化作业。

二矿区分两个中段开采,设计生产能力 8000 t/d(264 万 t/a),1 号矿体为本区最大矿体,占全区总储量的 76.45%,全长 1600 m,平均厚度 98 m,其中富矿长 1300 m,厚 69 m。矿体呈似层状产生,走向 N50°W,倾向 SW,倾角 65° ~75°。盘区垂直矿体走向布置,设计在盘区间留矿柱,采用间隔回采。但实际中未留间柱,连续回采。在距离矿体上盘 100 m 左右处布置分段道,分段高度 20 m,服务 5 个分层,分层高 4 m。盘区上下分层进路垂直交错布置,分层断面 4 m×4 m(宽×高),回采进路断面 5 m×4 m。采用 H128 双臂液压凿岩台车凿岩。爆破采用 ϕ32 mm 卷状 2 号岩石乳化炸药,半秒差非电塑料导爆雷管起爆。出矿采用 EIMCO 928 铲运机,斗容 6 m³,额定载重量 13.6 t,盘区平均运距 200 m,出矿能力 60 ~120 t/h,台效 250 ~300 t/(台·班)。进路回采结束后,立即准备充填,用 ϕ6.5 mm 的钢筋网敷设底筋,网度 400 mm×400 mm,顶底板间吊挂 ϕ6.5 mm 竖筋,网度 1200 mm×1200 mm,顶板打锚杆固定充填管路(每节 ϕ100 mm 塑料管长 4 m),之后在进路口用粉煤灰空心砖封口,并喷射 30 ~50 mm 厚的混凝土。上述工作完成后,便可下充填浆料进行充填。

二矿区充填采用高浓度料浆管道自流输送充填工艺,利用水平耐磨钢管和垂直钻孔经过倒段下至充填回风水平,再经过穿脉充填回风道及预留的充填回风井下至采场。主系统及盘区内的分层道安装永久或半永久的耐磨钢管,采场进路内为增强塑料管。

二矿区充填系统包括东部充填系统和西部充填系统。

A 二矿区东部充填系统

东部充填系统有两套,一套生产,另一套备用,实际充填能力为 100 ~120 m³/h。主要由容积为 800 m³、500 m³ 卧式砂仓各一个、500 t 水泥仓 2 个、仪表控制室、ϕ200 ~300 mm 充填钻孔和 ϕ100 mm 输浆管线组成。主要设备有:砂仓厂房内两台 5 t 吊车、供砂用的 ϕ2m 圆盘给料机(交流电动调速)、净化振动筛及皮带运输机。充填楼房内设有中央控制室、两台高浓度搅拌机、两台 FB－2500 型工业密度计、两台 LD－100 型电磁流量计、两台 LFD－125 型冲击式流量计。充填料制备工艺如图 9－79 所示。

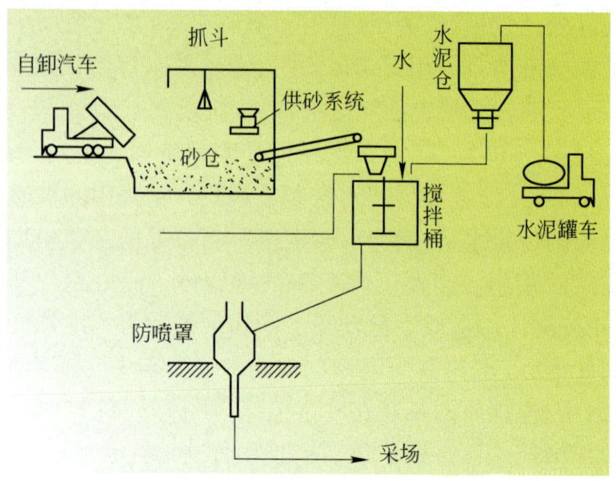

图 9－79　金川二矿区东部充填系统图

B　二矿区西部充填系统

西部充填站有 5 套系统，其中 3 套生产，2 套备用。每套系统充填能力达到 100～120 m^3/h，实际只能 1～2 套系统同时生产。灰料给灰量采用单管螺旋喂料机，用 VVVF 变频调速器控制转速调节，采用全智能化的 DME170＋DE10 冲板式流量计检测和数字化显示；砂量控制采用核子秤，检测准确，调节方便；料浆流量调节采用金属锥形阀配以Ⅲ型电动执行器和 KMM 调节器，延长了使用寿命和实现自动控制。计算机集散控制系统分为以计算机为主体的集中监视系统和以可编程序调节器为主体的工艺参数自动控制系统。西部搅拌充填料浆制备及输送如图 9－80 所示。

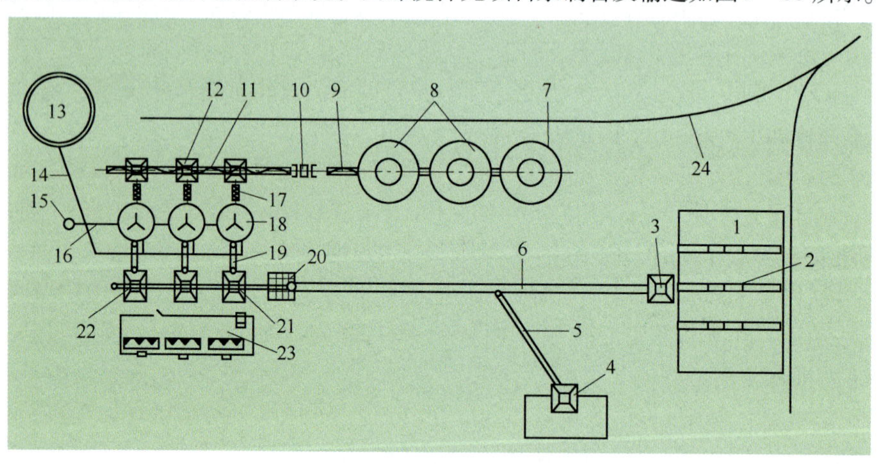

图 9－80　西部充填系统料浆制备工艺流程平面示意图

1—棒磨砂仓；2—抓斗；3—供砂漏斗；4—供湿粉煤灰漏斗；5—粉煤灰输送皮带；6—棒磨砂输送皮带；7—干粉煤灰仓；8—水泥仓；9—1 号螺旋输送机；10—立式斗式提升机；11—2 号螺旋输送机；12—供灰仓；13—高位水池；14—供水管道；15—充填小井；16—输浆管；17—双管喂料机；18—搅拌桶；19—3 号皮带；20—振动筛；21—供料漏斗；22—行走式皮带输送机；23—控制室；24—火车轨道

C　二矿区西部第二充填系统

西部第二充填站有两套尾砂高浓度料浆胶结充填系统，见图 9－81，其主要工艺指标为：

(1) 惰性充填材料:分级粗尾砂和 -3 mm 棒磨砂,3:7 ~ 1:1 混合使用;

(2) 胶凝材料:425 号散装水泥和干粉煤灰,每立方料浆加水泥 220 ~ 300 kg/m^3,干粉煤灰 110 ~ 160 kg/m^3;

(3) 料浆质量浓度:73% ~77%;

(4) 流速范围:2.5 ~ 3.5 m/s;

(5) 料浆流量:80 ~ 100 m^3/h;

(6) 充填管直径(内径):ϕ100 ~ 120 mm;

(7) 充填体强度:R_{28} > 5 MPa。

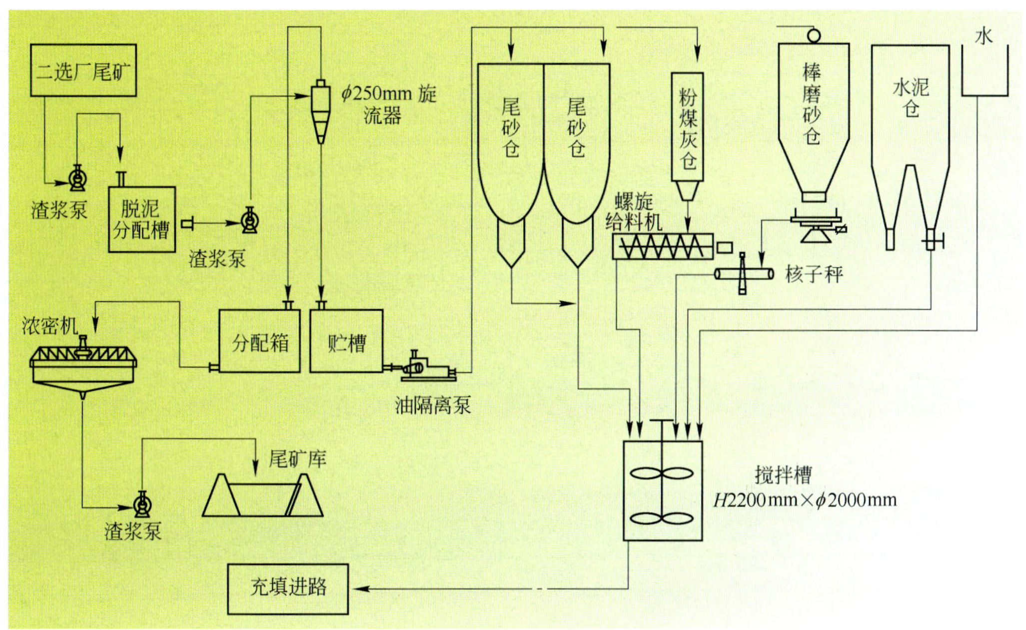

图 9-81 高浓度尾砂浆充填系统图

D 二矿区西部膏体泵压输送充填系统

二矿区膏体泵送充填系统可划分为三大部分,即地面搅拌站、管路输送系统和坑内搅拌站。

(1) 地面搅拌站:其泵送系统主要设施有立式砂仓、粉煤灰仓、水泥仓、细石仓、过滤机、双轴叶片搅拌机、双轴螺旋搅拌输送机、液压双缸活塞泵以及仪器仪表调节阀等,还建有一个微机控制室。粉煤灰仓直径 ϕ10 m,有效储量 930 t,细石仓直径 ϕ5 m,有效储量 240 t,水泥仓有效储量 1450 t。过滤机为真空水平带式过滤机,安装有两台。物料搅拌分两段进行,一段搅拌为双轴叶片搅拌机,二段搅拌为双轴螺旋搅拌输送机。输送泵为德国施维茵(Schwing)公司生产的 KSP-140HDR 液压双缸活塞泵。

(2) 坑内搅拌站:由于二矿区充填输送距离较长,到深部输送距离将达到 2000 m 以上,故二矿区膏体充填系统采用两段接力加压泵送方式,除地面的第一段加压泵站外,在坑内还建有第二段加压泵站,坑内泵站布置在 1250 m 中段,其设备类型、安装以及搅拌形式和泵送方式均与地面泵站相同。

(3) 管路输送系统:管路输送分两段,第一段从地面搅拌站到坑内搅拌站,输送长度 1130 m;第二段从坑内搅拌站到充填采场。第一段敷设安装了三条充填管线,其中 1 条为水泥浆管,2 条为膏体充填管(1 条使用,1 条备用);第二段泵送只敷设一条充填管。膏体充填管采用外径

ϕ168 mm、壁厚 9 mm 的无缝钢管，水泥浆管采用外径 ϕ114 mm、壁厚 6 mm 的无缝钢管。膏体料浆和水泥浆分别输送至坑内搅拌站进行混合，通过两段搅拌后泵送至充填采场。

充填尾砂通过油隔离泵输送到第二搅拌站并储存于立式砂仓中，以 60% ~65% 的质量浓度由砂仓底部放出，经两台真空水平带式过滤机脱水，尾砂含水量减少到 15% ~25%，通过皮带与细石和粉煤灰同时进入第一段双轴叶片搅拌机中进行初步混合，制成质量浓度 80% ~82% 的膏状非胶结充填料，再经双轴螺旋搅拌机均匀搅拌，然后由液压双缸活塞泵通过充填管泵压输送到坑内搅拌站，并与水泥浆（浓度 68% ~70%）混合，再经两段搅拌制成膏体胶结充填料，最后由坑内泵站的液压双缸活塞泵经管道泵送到充填采场，膏体料浆坍落度为 15 ~20 cm。二矿区膏体泵送充填系统如图 9 -82 所示。

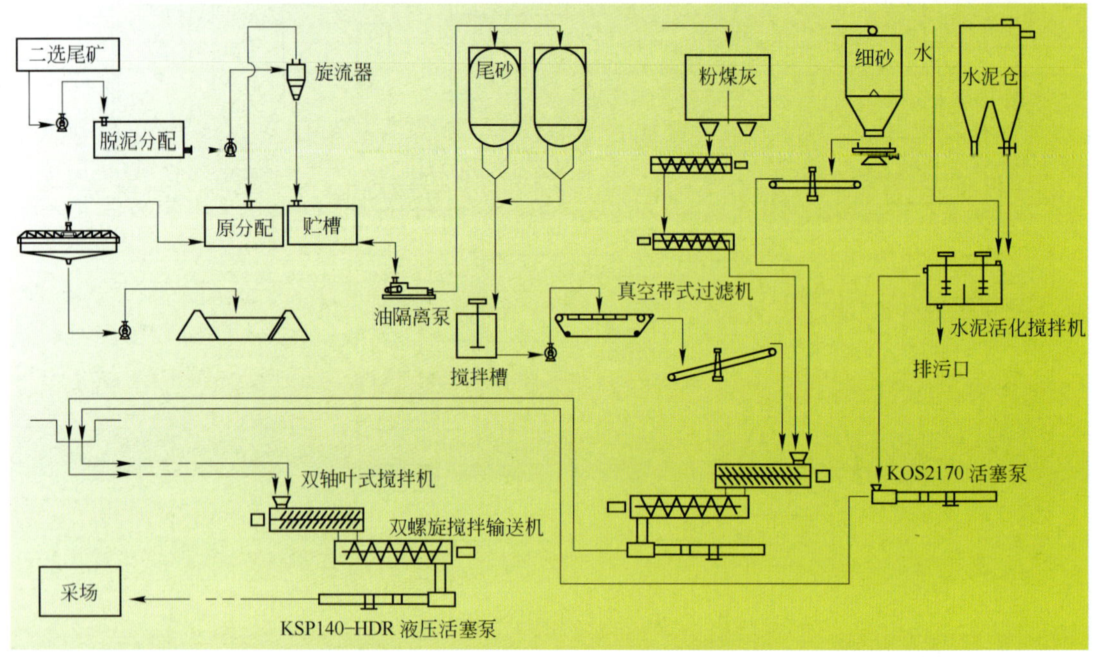

图 9 -82　金川镍矿二矿区膏体泵送充填系统

经过实践，该系统也存在较多的问题，如真空水平带式过滤机的效率较低，水泥浆管内径越来越小等问题。矿山对系统进行了一系列的改造，将全尾砂全部由真空水平带式过滤机过滤改为部分过滤、部分从砂仓直接放砂，在搅拌机中混合；将坑内加水泥浆改为地表加干水泥；两级充填泵站改为地表一级泵站，改造后的系统已经成功运行。

9.9.7.9　湖北大冶铜绿山铜矿充填系统

大冶有色金属有限公司铜绿山铜铁矿位于湖北省大冶市城西南 3 km，矿床属中温热液矽卡岩型矿床，矿体走向长约 2000 m，倾斜深 780 m，矿体稳定性较好，下盘围岩稳定性较差。采矿方法主要有上向水平分层胶结充填法、机械化盘区上向分层进路胶结充填法、VCR 法。上向水平分层胶结充填法采用尾砂胶结充填，采场垂直矿体走向布置，宽 25 m，矿房、矿柱各 12.5 m，长度与水平厚度一致，中段高 60 m，分段高 12 m，分层高 3 m。

该矿充填系统有分级尾砂自流胶结充填系统与膏体泵送充填系统。

A　*分级尾砂胶结自流输送充填系统*

充填料为分级尾砂和 325 号水泥。灰砂比为 1:(6 ~8)，料浆浓度 70%。在矿柱充填中，利用分级尾砂胶结充填,灰砂比为1∶10。

分级尾砂胶结充填建有800 m^3 尾砂仓2个,200 t水泥仓2个,尾砂输送采用高架管道由选厂泵送至尾砂仓。充填料浆制备、控制操作盘均集中于厂房之内。工艺流程中主要有水泥流量控制、尾砂制浆浓度控制、浆体流量控制和搅拌筒液位控制四个单回路调节,属半自动充填控制系统,充填系统如图9-83所示。

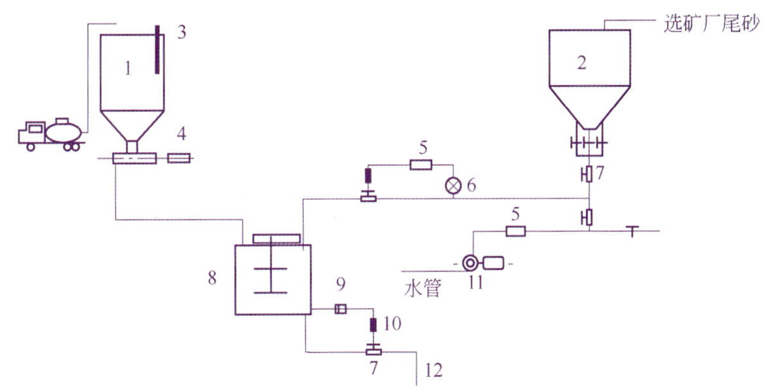

图9-83 铜绿山铜铁矿胶结充填工艺图

1—水泥仓;2—尾砂仓;3—料位计;4—滑差电机;5—流量计;6—浓度计;7—电动阀;8—搅拌桶;9—压差液位;10—调节器;11—水泵;12—井下充填管

B 膏体泵送充填系统

膏体充填制备站是按满足矿山1500 t/d矿石生产能力建设的,膏体充填能力为40 m^3/h,日平均充填量为455 m^3,年充填量为15万 m^3。充填材料为全尾砂、水碎炉渣(或碎石)加水泥。全尾砂与炉渣比为60∶40,灰砂比约为1∶10,膏体料浆浓度为:全尾砂+水泥为78%~80%;全尾砂+碎石+水泥为83%左右;全尾砂+炉渣+水泥为84%左右。对VCR采矿法采空区充填主要以全尾砂加水泥或尾矿库干尾砂加水泥为主,灰砂比一般在1∶6~1∶7,质量浓度在78%~80%。采场无溢流水,也不需设泄水管,充填泵出口压力为3~3.5 MPa。在搅拌机后取样,当采用尾矿库干尾砂,灰砂比为1∶6时,28 d强度为2.47 MPa,当采用碎石和尾矿库干尾砂(碎石∶干尾砂=2∶8),灰砂比为1∶7时,28 d强度为5.67 MPa。

膏体充填工艺流程如下:

(1)全尾砂浓密:选厂的全尾砂曾采用高效浓密池,添加絮凝剂,因高效浓密机设备损坏,絮凝剂成本太高,便改用矿山原有的普通浓密池(ϕ30 m),将尾砂输送到尾砂仓。

(2)全尾砂脱水:原先采用2台32 m^2 的压滤机和1台25 m^2 的压滤机,由于压滤机故障频繁,受尾砂粒级组成影响很大,当尾砂较粗时,压滤效果较好,当含泥较多时,效果很差,达不到脱水要求。由此改用沉淀池进行全尾砂自然脱水,在尾砂仓旁建有2座沉淀池,每个容积为400 m^3。尾砂仓的尾砂通过管道放到沉淀池,经过24 h自然脱水,尾砂含水率为17%。通过前装机铲装全尾砂,全尾砂经中型铁板给料机给料,由皮带送至搅拌机。

(3)膏体料浆制备:通过两段搅拌,将全尾砂、炉渣和水泥浆混合制成膏体料浆。炉渣由斗式提升机送至炉渣仓,经圆盘给料机由皮带送进搅拌机。水泥通过螺旋输送机从水泥仓送至制备筒,制备好的水泥浆自流至搅拌机内,后改成直接往搅拌机中添加干水泥。

(4)膏体料浆泵送:膏体料浆通过KSP80HD双缸柱塞泵泵送至井下。坑内充填管线总长约930 m,其中钻孔深度220 m,充填管为ϕ168 mm×10 mm和ϕ168 mm×9 mm的锰钢管。

膏体充填系统还配备有检测和控制仪表，主要仪表有流量计、浓度计、料位计、调节阀、压力表。控制室采用计算机控制，可以对系统全自动控制，并配有模拟屏，带有信号灯和显示表，显示工作状态。膏体泵送充填系统如图 9-84 所示。

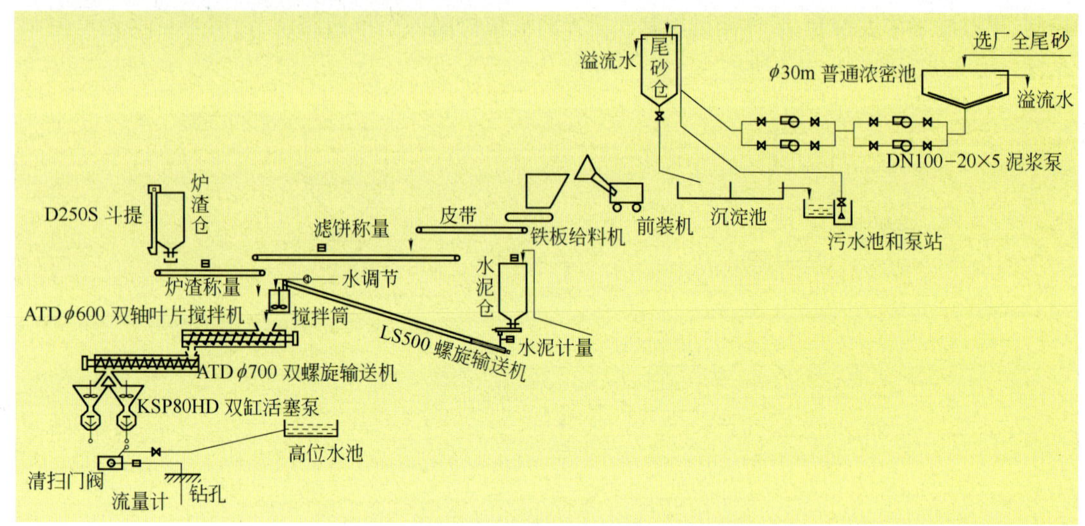

图 9-84 铜绿山铜铁矿膏体充填系统图

9.9.7.10 云南会泽铅锌矿膏体泵送充填系统

会泽铅锌矿隶属云南驰宏锌锗股份有限公司，位于云南省曲靖市会泽县。矿山生产规模为 2000 t/d，日平均充填量为 550 m^3，年充填量为 18 万 m^3。围岩稳定性差，采用下向进路胶结充填法和上向进路胶结充填法。上向进路充填法一步回采（两侧为矿体）的进路底部充填高度为 3.5 m，灰砂比为 1∶10，上部充填高度为 0.5 m，灰砂比为 1∶4～1∶6，强度为 3～4 MPa；在一步回采充填后的相邻进路进行二步回采，其进路底部充填高度为 3.5 m，灰砂比为 1∶16（以保证充填料浆固化），上部充填则与一步回采相同，充填高度也为 0.5 m，灰砂比也为 1∶4～1∶6。对于下向进路充填法，一步回采进路的底部充填体高度为 1.5 m，灰砂比为 1∶4～1∶6，其强度为 3～4 MPa，上部充填体高度为 2.5 m，灰砂比为 1∶10，其强度为 1 MPa；二步回采进路，底部充填与一步回采充填相同，充填高度也为 1.5 m，灰砂比也为 1∶4～1∶6，其强度为 3～4 MPa，上部充填体高度为 2.5 m，灰砂比为 1∶16。

设计采用膏体泵送充填系统。充填材料为全尾砂、水淬渣和水泥。全尾砂与水淬渣比为 75∶25，灰砂比（水泥∶全尾砂 + 水淬渣）为 1∶（4～16），以 1∶8 为主，膏体料浆浓度为 78%～80%，膏体料浆坍落度 20～26 cm，充填能力为 50 m^3/h。

会泽铅锌矿膏体泵送充填系统是继金川镍矿、铜绿山铜铁矿后新建的第三座膏体泵送系统，其工艺流程基本相同，均采用两段搅拌制浆和膏体泵送系统。不同之处在于脱水方式和泵送设备不一样，脱水是采用深锥高效浓密机和 DHC21180-8E 型泵送设备。深锥浓密机为美国 EIMCO 公司技术，其给料浓度为 71%～75%，脱水效果较好。泵送设备由荷兰 GEHO 公司制造，最大泵送能力为 60 m^3/h，最大工作压力为 12 MPa。由于输送距离较远、较深，采用两段泵送，分别在坑内 2053 m 中段和 1751 m 中段建了 1 号、2 号两个接力泵站。1 号泵站担负 1 号矿体的充填任务，2 号泵站担负 8 号和 10 号矿体的充填任务。从地面泵站到 1 号矿体充填管路总长3088 m，垂高 694 m，其中 1 号泵站到地表泵站管线长度 1728 m（包括垂直钻孔 485 m），到采场管线长度为 1360 m（包括斜井斜长 418 m，其垂高 209 m）。从地面泵站到 8 号、10 号矿体充填管路总长

4003 m，垂高 967 m，其中 2 号泵站到地表泵站管线的长度为 2406 m（包括垂直钻孔 485 m 和 302 m 两段共 787 m），到采场管线长度为 1597 m（包括斜井管线斜长 360 m，其垂高 180 m）。地表制备站的输送泵和坑内 1 号、2 号泵站接力输送泵完全相同，水泥添加采用地面干加方式。膏体泵送充填系统如图 9－85 所示。

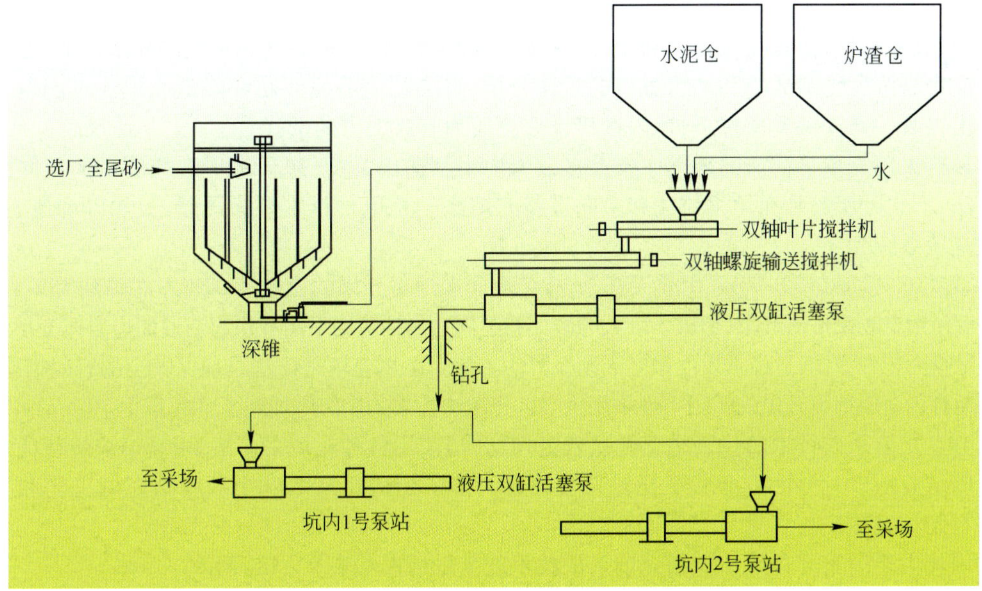

图 9－85　云南会泽铅锌矿膏体泵送充填系统

9.9.8　国外矿山充填系统实例

9.9.8.1　国外矿山充填系统综述

国外矿山根据矿岩开采技术条件、矿体赋存状况、采矿技术水平、设备装备程度以及充填技术研究等方面的不同，发展应用了多种充填系统。在充填技术方面居于较高水平的国家有加拿大、澳大利亚、德国、俄罗斯、美国、南非、瑞典、芬兰等。

德国开采金属矿山主要采用的充填工艺有下向分层胶结充填采矿法结合风力充填、带式抛掷充填、碎石尾砂胶结充填和膏体泵送充填，基本上都采用胶结充填法进行开采。

加拿大采用充填采矿技术已有近 100 年的历史，经过逐步发展，到现在为止，加拿大地下矿山以充填采矿工艺为主，主要采用块石胶结充填技术、尾砂胶结充填技术、膏体充填技术。目前，已有十几个矿山采用膏体充填工艺。

美国的一些矿山从方框支架采矿法中使用废石充填开始，后来大规模采用水力充填取代了废石充填，水力充填的充填料主要是选厂的尾砂。采矿方法也改为上向分层充填、下向分层充填、大直径深孔嗣后充填等高效率的采矿方法。高浓度充填和膏体充填得到了发展和应用，幸运星期五矿在 20 世纪 80 年代早期就建成了膏体充填系统。

澳大利亚是充填技术发展较快的国家，在 20 世纪末用充填法采出的矿石量已达 3400 万 t/a，每年需充填的空区约 1000 万 m^3。在块石胶结充填、梯段高 12～20 m 废石充填采矿、尾砂水力充填、膏体充填等方面都有许多科研成果和创新。奥林匹克坝铀铜矿是目前世界上生产规模最大的充填法矿山，年产矿石 900 万 t。

南非许多金矿山从 20 世纪 80 年代初期开始应用分级尾砂为基础的胶结充填工艺。目前，有些矿山开采深度已超过3000 m,在这一深度的情况下,约有20%的矿脉被留下来作支撑矿柱,以解决岩爆问题。当充填体积达到采空区的80%,充填滞后工作面不超过几米时,区域内的事故数量显著减少。而且对于深井矿山,充填可以降低热流进入工作面,并能更有效地控制风流。对于氰化法尾矿的利用,必须考虑充填料中氰化物的清除,南非曾采用的方法是使用硫酸铁来处理充填料,这种方法只能清除部分氰化物。采用离子交换树脂回收无论是游离氰化物还是复合氰化物,效果很好,氰化物可再生利用,回收费用也得到补偿。为了适应更大的开采深度,开始研究和应用高浓度管道充填和加粗骨料的膏体充填,解决管道磨损问题和降低充填成本问题。进而提出在某一开采深度条件下,坑内选矿也许会成为有吸引力的选择。

瑞典采用充填采矿法的地下矿山大多数为中小型矿山,主要包括水平炮孔崩矿的上向分层充填法、下向分层胶结充填采矿法和上向进路充填法。充填材料主要为尾砂、天然砂和废石,以水力充填系统为主。

俄罗斯一直比较倾向于采用露天开采,有色金属矿地下开采的比重从60%左右降到45%左右。并长期使用空场采矿法开采,形成了巨大的破坏巷道周边岩体应力平衡和引起巷道周边岩体变形和位移的暴露面积和空洞,且经常发生采空区顶板冒落。扩大采用充填采矿法是确保安全的有效措施,在俄罗斯有色金属地下开采的矿山中现采用采空区充填法开采的矿山增加到了30%以上。

芬兰充填采矿技术的代表是奥托昆普公司,公司采用各种充填采矿法,用高炉炉渣替代水泥进行胶结充填,20世纪80年代奥托昆普公司在许多矿山应用高浓度尾砂胶结充填工艺和多孔隙块石胶结充填工艺。

国外主要国家部分矿山应用充填采矿技术的基本情况如表9-48所示。

表9-48 部分国外矿山应用充填采矿技术情况

矿山名称	采矿方法	充填材料	充填工艺
德国			
斯贝格铅锌矿	下向分层胶结充填法	碎石、高炉炉渣	风力管道运送充填
梅根铅锌矿	分层充填法 进路充填法	块石、粉煤灰	抛掷充填
格隆德铅锌矿	分段充填采矿法、下向进路充填法	地表风化页岩、尾砂	坑内矿车、卡车运送充填
		全尾砂	膏体泵压输送充填
加拿大			
莱瓦克镍矿	上向水平分层充填	分级尾砂胶结	水泥用量65 kg/m^3
汤普森镍矿	上向水平分层充填	分级尾砂胶结	灰砂比1:30
洛克比矿	阶段深孔嗣后充填	分级尾砂胶结	灰砂比1:12
莱瓦克镍矿	VCR嗣后充填	分级尾砂胶结	灰砂比1:30
斯特拉思康纳镍矿	点柱上向分层充填	尾砂胶结	灰砂比1:(30~32)
纳缪湖矿	深孔空场采矿法	碎石胶结充填	3%水泥+2%飞灰
多姆金矿	深孔空场采矿法	全尾砂膏体充填	2%~2.5%水泥
克莱顿矿	深孔空场采矿法	分级尾砂、研磨炉渣、生石灰	尾砂:胶凝材料 拉底层10:1,其余(20~30):1
基德克里克矿	深孔空场采矿法	碎石、粉煤灰、炉渣、水泥	水泥用量100 kg/m^3

续表 9-48

矿山名称	采矿方法	充填材料	充填工艺
美国			
霍姆斯特克金矿	VCR 嗣后充填	废石、尾砂胶结	灰砂比 1:20
幸运星期五矿	下向分层充填	全尾砂膏体	6% ~10% 水泥
格彻尔矿	进路充填采矿法	块石胶结充填	6% ~10% 水泥，每千克水泥 3.3 mL 减水剂
澳大利亚			
芒特艾萨矿	分段空场嗣后充填	块石、尾砂、炉渣胶结	水泥: 磨细炉渣: 分级尾砂: 块石 =0.9:1.8:29.3:68
恩特普赖斯矿	分段空场嗣后充填	尾砂、炉渣膏状充填料	水泥: 磨细炉渣: 脱泥尾砂 =3:6:91
坎宁顿矿	分段空场嗣后充填	全尾砂膏体充填	质量浓度 79%、坍落度 203 ~229 mm
奥林匹克坝铀铜矿（年产 980 万 ~1150 万 t）	深孔空场嗣后充填	胶结集料充填	破碎灰岩 63%、砂 22%、水泥和粉煤灰 1% ~4%、水 11%
瑞典			
乌登铅锌矿	上向水平分层充填	分级尾砂	灰砂比 1:8
加彭贝格铅锌矿	下向分层充填	脱泥尾砂	灰砂比 1:4 和 1:10
克里斯汀贝格铜锌矿	上向进路充填	水泥尾砂	灰砂比 1:10 ~1:12
俄罗斯			
滨海锡矿	分段充填采矿法	废石	非胶结充填
兹梅诺戈尔铅锌矿	下向分层充填法	砾石尾砂胶结	砾石: 尾砂 =75:25，水泥 200，水 380 ~400
奥尔洛夫铜锌矿	下向分层充填法	砂石尾砂胶结	砂石: 尾砂 =4:6，水泥 200
捷格佳尔斯克铜矿	阶段矿房嗣后充填	碎石胶结	先回填碎石，后压入配比为：水泥: 炉渣: 水 =1:1.6:2.6 ~1:3:3.5 水泥浆
芬兰			
塔拉铅锌矿	分段充填法	尾砂	水泥 5%
皮哈萨米铜锌矿	分段空场法	废石、尾砂、炉渣	矿房胶结、矿柱废石非胶结充填
沃诺斯铜矿	倾斜分条充填	尾砂	胶结充填
凯雷蒂铜矿	倾斜分条充填	砾石分级尾砂胶结	水泥用量 110 kg/m^3
南非			
东德里方丹	长壁法	分级尾砂	
法尔里弗斯	锯齿上向梯段法	分级尾砂	
弗雷迪斯	锯齿上向梯段法	尾砂胶结	
兰德方丹集团	房柱法	尾砂胶结	
库克 -3 号矿	房柱法	尾砂膏体	

9.9.8.2 德国格隆德铅锌矿膏体泵压输送充填系统

德国格隆德铅锌矿属于普鲁萨格五金股份公司，位于哈茨山脉德西南边缘，矿脉长约 6000 m，倾斜延深数百米。平均品位铅 2.6%，锌 7.0%，银 1 g/t。矿体厚度从几厘米至 30 m 不等，开采深度达 650 m，中段高度为 60 ~90 m。采用下向分层进路胶结充填采矿法，年生产规模 42.5 万 t，日生产能力 1300 ~1500 t。高浓度浮选全尾砂和重介质分选尾矿作为骨料，在地表制备成膏体混合物，用泵直接输送到井下采场进行充填。

膏体充填料由40%（按重量计）全尾砂（粒径小于0.5 mm）、40%重介质分选尾砂（粒径0～30 mm）、6%水泥和14%的水组成。全尾砂用35 m^2、能力约为150 m^3/h的真空带式过滤机脱水，重介质浮选尾砂用筛子脱水。

在正常生产中实际采用的充填材料各项参数如下：

全尾砂粒级组成：大于0.063 mm占60%，小于0.025 mm占25%，$d_{50}=80$ μm；

重介质尾矿粒级组成：筛分后为0～30 mm，$d_{50}=15$ mm；

细粒级与粗粒级比例：50∶50；

混合料中粒径-25 μm细泥含量要求大于10%～15%；

重介质尾矿脱水后含水量：2%～3%；

全尾砂脱水后含水量：18%～20%；

全尾砂过滤滤饼厚度：5～10 mm；

可泵性较好的膏体塌落扩展度：4～5.2 cm；

混合料搅拌后含水量：12%～15%；

膏体充填料的密度：2.1～2.3 t/m^3；

膏体充填料的平均泵送速度：0.7 m/s。

浮选尾砂和重介质浮选尾矿先在地表连续混合，保持恒定的含水率，然后将该混合尾砂通过安装在竖井内的长510 m、内径152 mm和长1100 m的水平管路泵送到地下增压泵站，然后直接输送到采场。地表泵站安装两台经改装的功率为160 kW的双活塞液压混凝土泵输送充填料，可形成连续料流输送，泵的最高压力为6 MPa，充填料输送速度为0.7 m/s，充填能力为30 m^3/h。向充填料中添加水泥是通过风力输送系统将地表筒仓中的水泥输送到井下水泥筒仓内，用风力给料装置将水泥注入充填管道内，充填时向管道内注入压缩空气以加速充填料的输送。在水泥添加量为60～100 kg/m^3和含水量为12%～25%的情况下，充填体的单轴抗压强度R_{28}可达到2～5 MPa，密度为2100～2350 kg/m^3。充填料的制备和充填系统如图9-86所示。

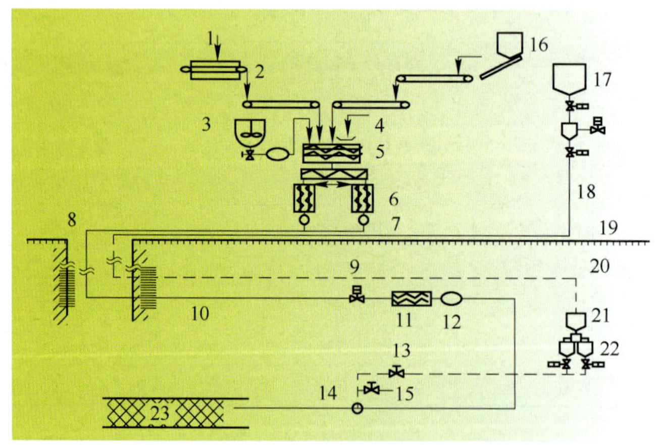

图9-86　格隆德铅锌矿充填料制备和充填系统

1—浮选尾矿；2—带式过滤机；3—搅拌桶；4—水（任选）；5—混合器；6—螺旋给料机；7—混凝土泵；8—竖井；9—水泥输送管道；10—充填料输送管道；11—混合器；12—混凝土泵；13—水泥输送管道；14—水泥浆注入；15—压缩空气；16—重介质分选尾矿筒；17—水泥筒仓；18—水泥输送管道；19—地表；20—地下；21—水泥筒仓；22—水泥供给装置；23—正在充填的进路

9.9.8.3 加拿大克赖顿矿充填工艺技术

克赖顿矿位于加拿大安大略省萨德伯里西部，距离萨德伯里约17 km，是加拿大国际金属公司经营的一座大型地下铜镍矿。矿体倾角50°，厚度45～120 m，其中9号矿体为主矿体，矿石品位为镍2%，铜1.7%，矿体和围岩中等稳固。克赖顿矿是西半球地下开采最深的矿山，开采深度已达2200 m，采用大直径深孔采矿法开采，竖井斜坡道联合开拓。采场垂直矿体走向布置，底部结构为平底结构，拉底层高度为4.5 m，全面拉开。凿岩采用CD－90潜孔钻机，爆破采用浆状炸药，高精度延时电雷管起爆。出矿主要采用斗容为6.1 m^3 的ST－8A型柴油铲运机，铲运机出矿运距150～200 m，出矿能力150 t/h，残矿采用遥控铲运机回收。

采场充填分为三个步骤：

（1）采场底部充填、在装矿进路距离装矿眉线约6 m处堆积碎矿石或岩渣（高度1 m以上），在矿渣堆靠装矿眉线一侧铺设塑料纤维编制成的滤布，然后开始充填，充填高度约1 m；

（2）架设充填隔墙、待底部充填体初凝（5～7 d）后，首先在每个采场悬吊2～3根充填脱水管，脱水管由直径100 mm的塑料波纹管制成，四周钻有脱水孔，脱水管外套双层尼龙滤布，以防砂浆流水，在装矿眉线4.5 m处用木板和方木架设充填隔墙，隔墙内侧为塑料纤维编制的滤布，并用水泥固定，脱水管尾端穿过充填挡墙，从采场引出；

（3）大量充填、待充填面高出装矿进路眉线约0.6～0.9 m并初凝后，再开始采场大量充填，每次充填约4.5 m高，待其初凝后继续充填。

1988年以后，矿山成功地应用了高炉炉渣和生石灰作为胶凝材料，全部取代了水泥，降低了充填成本。克赖顿矿将炉渣和生石灰磨细成＋32 μm的细粒，与分级尾砂在地表搅拌后，以70%～72%的浓度通过管道输送到井下。

地表充填制备站有一个计算机控制监测中心，作业人员根据各采场的充填强度要求，将尾砂、炉渣、石灰配合比输入计算机进行制浆。制浆浓度、计量均由计算机控制。井下充填管道易堵管处安装了遥控装置，工作人员可在地表控制室检测充填系统的渗漏情况，如果发生渗漏和堵管，可自动停止充填直至检修完毕。

9.9.8.4 南非库克－3号矿膏体充填采矿技术

库克－3号矿井是南非兰德方丹集团采金公司所属的库克矿区的主要矿山，矿脉呈缓倾斜，宽矿脉的回采厚度约为9 m，开采的深度800 m。采矿方法采用让压矿柱或立柱采矿方法，厚矿脉的开采采用房柱法。现在正在研究一种新的采矿方法，这种方法是由一系列与走向斜交向下掘进的巷道组成。先掘进两条长约200 m的巷道，然后分一、二期进路进行回采，回采完一条进路后立即进行充填。

库克－3号矿的最初的充填材料组成为：95%的尾矿，4.5%的磨细的粒化炉渣，0.5%的活化剂。地表取样的立方体试件的抗压强度为：7 d为0.49 MPa，14 d为0.81 MPa，28 d为0.93 MPa，56 d为1.26 MPa。井下钻孔取样的试件强度比地表高约一倍。胶结材料的添加量根据充填体的强度要求而定，一般情况下，水泥的添加量仅为30～40 kg/m^3。

全尾砂从选矿厂经直径200 mm的衬胶管泵送到6500 m外的脱水车间，直接送入一台直径18.3 m的高效浓密机中，泵送能力为4600 m^3/h，高效浓密机中添加絮凝剂，其最大添加量为30 g/t，使其底流相对密度提高到1.6 t/m^3左右，泵送到两个600 m^3带有空气搅拌的储仓内，再给入两台63 m^2水平真空带式过滤机进行二段脱水。滤饼的密度达到1.98 t/m^3，直接给入螺旋搅拌机中进行搅拌形成全尾砂膏体，用PM公司生产的KOS－2170型双活塞泵通过直径165 mm的钻孔送到井下第二泵站。井下设有两个泵站，每套系统包括一台9 m^3粉煤灰、水泥储仓和空气干燥设备，一台螺旋搅拌输送机，一台膏体充填泵。泵的输送能力与地表的泵相同。胶结材料分别储存于竖井附近的储仓中，从储仓下来的材料经过倾斜螺旋输送机按照比例送入 2 m^3 双仓式泵，风压为 4bar，将胶结材料送至井下 30 m^3 的中央储仓，再用螺旋给料机将胶结材料送入井下第二泵站的螺旋搅拌机中与尾砂膏体浆进行混合，并泵送到采场中进行充填。充填系统如图 9－87 所示。

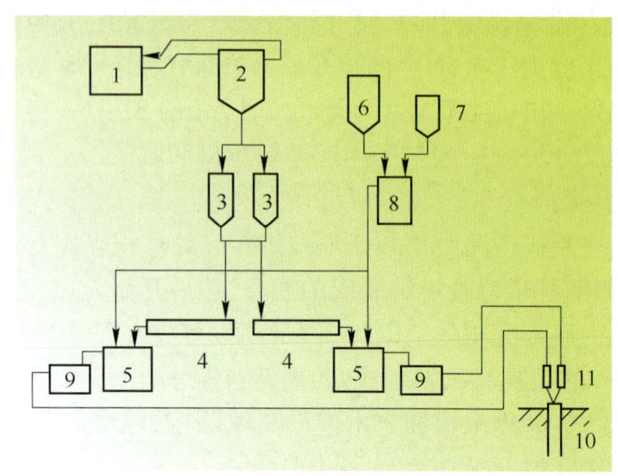

图 9－87　库克－3 号矿的膏体制备站示意图

1—铀选冶厂全尾砂；2—高效浓密机；3—中间料仓；4—水平带式过滤机；5—搅拌桶；6—矿渣仓；7—活化剂仓；8—搅拌桶；9—往复泵；10—充填钻孔；11—受料斗

9.9.8.5　美国幸运星期五银铅矿膏体充填技术

幸运星期五银铅矿在 20 世纪 80 年代早期建成了膏体充填系统，全尾砂作充填料，尾砂用旋流器、浓密机和过滤机联合脱水，滤饼含水 12% 左右。膏体充填料制备是将滤饼送到一台 Niko5.5 t 的间断式搅拌机中，在此加入 6% ~10% 的普通硅酸盐水泥，并加水搅拌 30 s，使坍落度保持在 20 ~25 cm，质量浓度控制在 82% 左右。搅拌好的充填料卸入一个料斗中，然后送入 Putzmeister 双活塞强制排量泵，通过 92 m 长、ϕ4 英寸的管道输送到井口输料管接料口，通过输料管输送到井下的充填地点，输送能力约为 125 t/h。

9.9.8.6　澳大利亚坎宁顿矿膏体充填技术

坎宁顿铅锌矿位于澳大利亚昆士兰西北，矿山选厂生产能力为 4200 t/d。采用膏体充填技术，膏体充填站于 1997 年建成，是澳大利亚的第一个膏体充填矿山，充填能力为 158 t/h。

坎宁顿矿的膏体充填站主要有以下几个部分组成：4 个水泥筒仓、2 个圆盘过滤机、1 个缓冲仓、膏体计重仓、水泥计重仓、螺旋流量搅拌机以及安装在井下两个钻孔前端的配料储仓。4 个水泥筒仓总容量为 1050 t，在圆盘式过滤机给料槽中添加絮凝剂，有助于尾砂的脱水和充填。固体浓度 85% 的滤饼送到一双向输送带上，给容量为 10 m^3 的缓冲仓供料，配料系统的计重元器件安装在螺旋流量搅拌机前端的水泥及尾砂配料计重料仓中。配料计重料仓直接将物料输送至搅拌机中，然后按照要求的坍落度、稠度（浓度），将计量好的水添加到料仓中，螺旋流量搅拌机及排料的整个循环时间大约需要 2 ~3 min，每次膏体配料约 3 m^3。利用搅拌电机的功率曲线来标定膏体充填所需的坍落度，其变化范围为 152 ~254 mm。膏体充填料的坍落度控制是利用螺旋流量搅拌机转矩来调节，固体物料浓度 85% 的膏体中加入水泥和水，调至充填料的质量浓度为 79%、重度为 2.3 t/m^3、坍落度为 203 ~229 mm。每次的胶结膏体先倒入排料仓中，然后再送往钻孔。

坎宁顿矿的膏体充填料不用泵送，而是利用膏体的重力作用在钻孔中形成负压，借此将充填料输送到井下采场。充填开始时，先向钻孔中输送空气和水，以湿润光滑的充填管道壁，一旦管道壁充分湿润,非胶结膏体送经搅拌机和钻孔,用人工配料方式进行控制选择。只要充填料一送到采场,膏体充填站就进入自动配料状态,然后开始在采场以质量比5%的水泥进行胶结充填。每间隔4 h要对螺旋搅拌机进行冲洗,保证搅拌机和搅拌机下面的料仓都不发生堵塞现象。

膏体充填料是通过靠近卸料仓的两个地表钻孔将膏体输送到井下325 m水平,两个钻孔分别向南北倾斜,倾角分别为70°和80°,钻孔的半径为500 mm,距离150 m,以便增大膏体充填整个矿体的有效范围。地表的主要充填管线由长度为609 m的160号管道以楔形焊接而成。目前,充填管线布置系统从325 m水平分别延伸至375 m水平和400 m水平。

每个水平都安装管径为200 mm的80号管道,采用Victualic型快速接头耐压管以及HP70ES卡箍,其耐压能力为10 MPa,所有管道卡箍以及管道托架都经过电镀处理。每段6 m长的80号管沿着巷道顶板中心线用三个托架悬挂起来。每个托架由两根直径为25 mm的树脂锚杆和两个"C"型槽钢及锚杆组成。每当充填管经过水平拐角处时,还得对管线进行侧向加固。在325 m水平,由地表延伸至此的钻孔出口处,安装了流动/停止的多普勒开关以及应变仪。无论南、北两侧的钻孔,一旦发生堵塞,信号就会反馈到搅拌站,于是采用6.9 MPa的高压清洗机来疏通堵塞的管线。沿着各个水平每隔50 m,就安装一些"Y"型的侧向构件,并摆放一段空管子以备用高压清理机时使用。所有安装在井下的管线都要求采用标准长度的管道和标准的弯管接头。井下管道标准化,保证了各个水平的任何管线无须做任何调整便能完成井下管道的更换工作,采用标准管道也简化了管道库存管理。管道长度均为6 m,弯头有111/4°、221/2°及45°三种规格。

按照先一步采场后二步采场的顺序将膏体充填到采场空区中。采场一般25~50 m高,其底面积为20~25 m^2。水泥添加量随着充填体的暴露面积(高度及宽度)及其自由暴露时间而变化,通过降低充填高度和最大限度地延长养护时间,可以将水泥用量减小到最小程度。一个高度25 m,宽度40 m的采场,要求胶结膏体充填体的强度为0.4 MPa。该膏体充填强度虽然可以通过两种方案达到,即3%水泥量及28 d养护期或者是4%~4.5%的水泥量及7 d养护期。但是由于两种方案的水泥量不同,充填费用也就明显不同。同样,对于同样40 m跨度的采场,当采场高度由25 m变为50 m时,要求胶结膏体充填体的强度为0.6 MPa,则要求相应的膏体充填体中必须加入4%的水泥,其充填体养护28 d。所以,只要开采顺序允许,通常较小的暴露面积和较长的养护期不失为一种最廉价的选择。未暴露的二步骤采场则采用2%水泥的膏体充填即可。坎宁顿的膏体充填在28 d养护期后,其无侧限抗压强度可达到0.7~0.8 MPa。

9.9.8.7 瑞典加彭贝里铅锌矿充填技术

加彭贝里铅锌矿位于瑞典中部赫德摩拉东北约12 km,为多金属硫化矿床,有含铜矿的石英岩铜矿体和含铜、铅、锌的多金属矿体。矿石品位:金1.2 g/t,银135 g/t,铜0.46%,铅3.6%,锌5.1%。矿体倾角75°,厚度为3~25 m,矿岩不稳固。年产矿石量约20万t。采矿方法主要为下向分层胶结充填法(占80%)、上向分层充填法(占15%)、密集支护上向进路充填法(占5%)。分层高度为4.2 m,当矿体厚度大于8 m时,回采进路的宽度为4~5 m,上下进路相互垂直布置。进路的回采采用H131三机和Kockvm双机钻车凿岩,铲运机出矿。

充填料的制备混合是在地表的选厂进行。在充填期间,充填料混合系统持续进行,并实现了充填料混合的自动控制和自动调整。该系统的生产能力为113 t/h,充填料含水量控制在(30±1)%。选厂设有一个过滤尾砂贮仓(滤砂含水率约为15%)、一个水泥仓及供水装置。分级尾砂从贮仓用胶带给料机、水泥用螺旋给料机输送到桨叶式搅拌机中,胶带上的自动称控制砂与水泥量,供应的水用水表计量,电磁流量计控制混合料,分级尾砂、水泥和水在桨叶式搅拌机中搅拌,通过两条直径为127 mm的充填料输送管线,其中一条为备用管线,在各采矿阶段设有出口,用泵或自流的方式输送到采矿点。

为了生产一种始终高质量的充填料,加彭贝里铅锌矿建立了新的充填站。新充填站包括尾砂和水连续混合到一种控制的浓度,水泥的添加按尾砂干重计算比例,浓度的测量考虑到尾砂水分含量的变化。尾砂仓的尾砂通过皮带输送机送入立式桨叶搅拌筒,同时加入水搅拌制成尾砂浆,靠重力自流到混凝土搅拌机中。水泥仓的水泥通过螺旋输送器送入混凝土搅拌机中与尾砂浆混合后通过管道自流到采场进行充填。料浆质量浓度为72% ~74%,水泥含量占固体质量比为0~20%,生产能力为40 ~ 120 m^3。充填料含水量控制在26% ~30%之间,若含水量大于30%,采场中的充填料将出现离析和分层。新充填站所产出的充填料的质量检测表明,偏离计划的水-水泥-尾砂比例很小。由于控制了充填料的水含量和改进了充填料的投放方法,采场内充填料的离析也降低了。充填料制备流程图如图9-88所示。

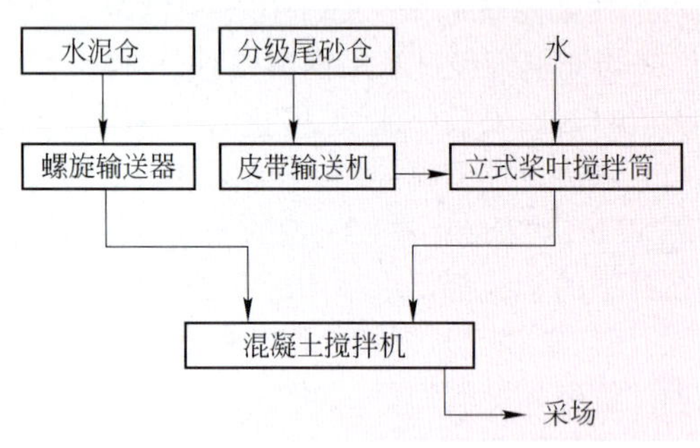

图9-88 充填料制备系统示意图

采场充填进路用+44 μm分级尾砂胶结充填分两次进行,第一层充填高度1.8 m后,至少停止充填一个班的时间,一部分充填料泌水从挡墙的通道中排出,灰砂比为1:4(17%水泥含量),单轴抗压强度达到3 MPa;上部其余空间充填的灰砂比为1:10(9%水泥含量),强度为1.5 ~2.0 MPa。

9.9.8.8 俄罗斯阿奇塞铅锌矿高浓度全尾砂胶结充填

阿奇塞铅锌矿采用的高浓度全尾砂胶结充填,充填材料为全尾砂,全尾砂中-0.074 mm粒级含量为70% ~100%,固液质量比为80:20 ~83:17。充填料用量为水泥100 ~140 kg/m^3、全尾砂1550 ~1600 kg/m^3、水400 ~420 kg/m^3。搅拌后充填料的坍落度为10 ~20 cm,具有良好的输送性能。充填倍线5 ~7,用直径140 mm的管路输送到井下,输送能力120 m^3/h。采场充填料无须脱水,在充填体强度不变的条件下水泥耗量由原来非均质流输送的200 kg/m^3下降到120 kg/m^3。

9.9.8.9 芬兰维汉蒂粒状炉渣研磨及混拌充填站

芬兰奥托昆普公司从20世纪50年代就开始在其矿山采用胶结充填技术,80年代初在维汉蒂(Vihanti)铜锌矿采用水力输送的胶结充填。该矿有4条竖井及一条主斜坡道,Ristonaho竖井为提升矿石和人员的混合井。采用沿走向或垂直走向布置的分段采矿法。垂直走向布置的第一步采场采用胶结充填,采场宽30 m,第二步采场采用分级尾砂充填。由于充填料浓度低,需消耗大量水泥来保证充填体的强度,增加了采矿成本,因此改用研磨炉渣代替水泥(研磨炉渣及分级尾砂粒度分析见表9-49),并辅以$Ca(OH)_2$活化剂,其添加量为1.5 %,灰砂比1:11,料浆密度在搅拌机中控制,料浆质量浓度60%,系统生产能力22.8 m^3/h胶结料浆,粒状炉渣研磨及混拌系统见图9-89。料浆用ϕ90 mm塑料管通过125 mm钻孔下放到采场。按回采顺序允许凝结时间3 ~5年,一年后的充填体强度为1.05 MPa,采场最终暴露面积高100 m,宽60 m。1 m料浆组分用量为:研磨炉渣140 kg、活化剂1.8 kg、分级尾砂1540 kg、水1120 kg。

表 9-49 研磨炉渣及分级尾砂粒度分析

筛孔/mm	100%炉渣通过率/%	100%分级尾砂通过率/%
0.210		93.0
0.149		82.0
0.105		52.0
0.074	88.7	32.0
0.040	58.0	
0.020	33.0	
0.010	23.0	

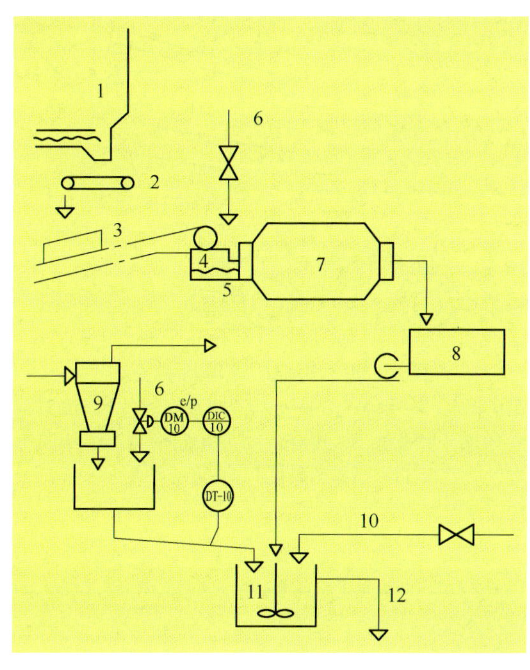

图 9-89 维汉蒂矿充填系统

1—炉渣贮仓；2—给料胶带；3—输送胶带机；4—料箱；5—螺旋给料机；6—水；7—ϕ1800×3000 球磨机(100 kW,27 r/min)；8—泵的喂料仓；9—旋流器；10—活化剂；11—搅拌槽；12—胶结充填料

9.9.8.10 德国梅根矿带式抛砂机胶结充填系统

梅根(Meggen)铅锌矿上盘为灰岩，下盘为砂页岩，矿体长约 3 km，厚 1~6 m，平均 3.5 m，倾角变化大，从直立到水平。19 世纪末就开始开采，1972 年开始使用 LHD 等无轨设备，20 世纪 80 年代初产量为 100 万 t/a，掘进废石约 8 万 t/a。因矿体倾角变化大，采用多种采矿方法，包括分段留矿法、房柱法(皆为嗣后充填)，以及横向短壁充填法、分层充填法。采场分布广，且为多段回采，在这种情况下，水力充填在经济上和技术上都难以完全满足要求，因此采用了新开发的碎石胶带抛射胶结充填技术，尤其是在缓倾斜矿体。充填质量取决于充填料的特性以及充填的操作。掘进废石为灰岩和砂质页岩，无粒度要求，增加的重介质废石添加水泥，构成胶结料。重介质废石中不少于 50% 为灰岩，强度为 100 MPa，其余强度为 50 MPa。用胶带抛射机时，力度不超过 50 mm，水泥添加量为 50 kg/m^3。充填料的制备见图 9-90。

带式抛射机(图 9－91)的组成:给料斗将重介质废料通过斗轮按比例送到快速运转的抛射带上(15 kW,速度 20 m/s),充填料可抛出 8 m 高,14 m 远。带式抛射机可由 2 m 的 LHD 改装而成。

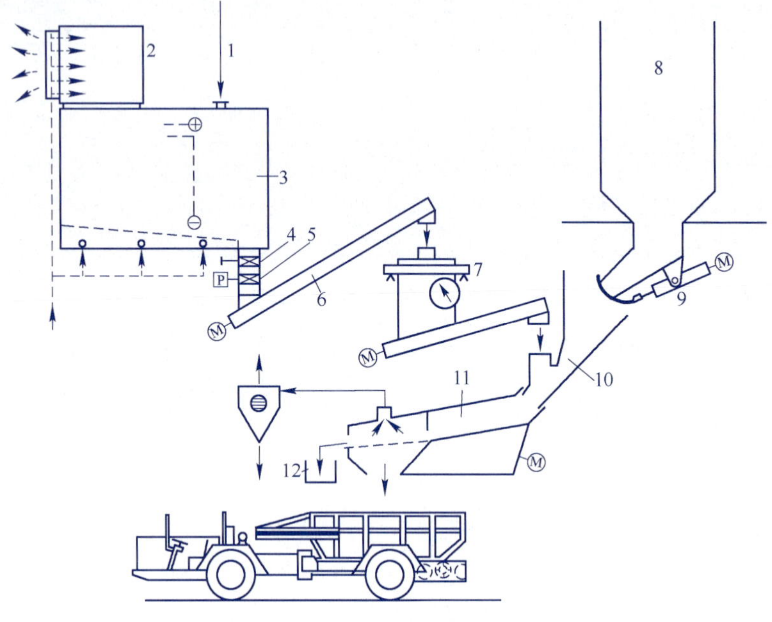

图 9－90　梅根矿充填料制备站

1—水泥给料；2—水泥仓收尘；3—水泥仓；4—水泥仓事故阀；5—风动旋转阀门；6—螺旋给料机；7—水泥计量螺旋；8—废石仓；9—电液闸门；10—中间仓；11—电振给料机；12—大块料仓

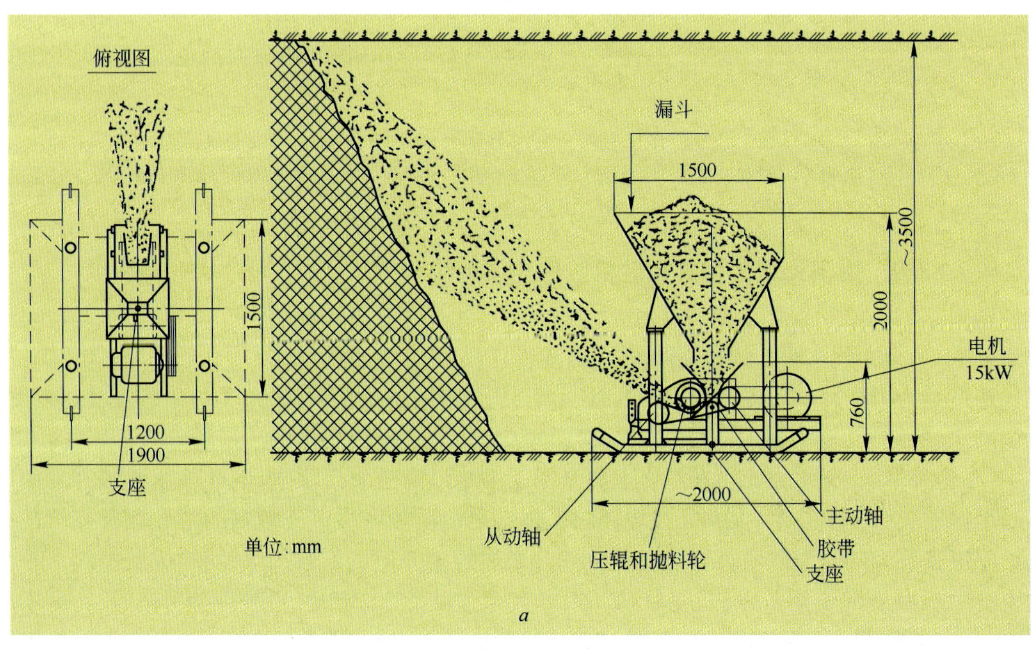

a

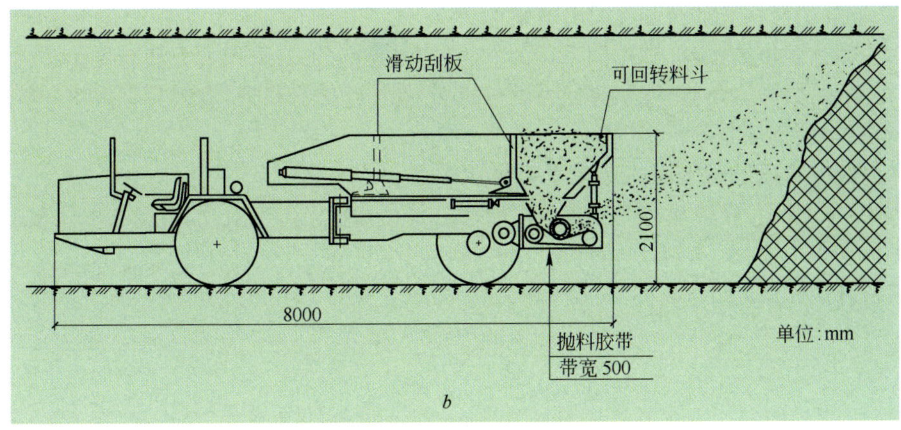

图 9－91 带式抛射机

9.9.9 充填体强度设计

无论是水力充填还是膏体充填，都必须对尾砂的矿物特性进行分析，不同的矿物特性可能影响胶结剂的性能。某些矿物会引起强度延迟、降低甚至远期崩解；当选择含有这样矿物的尾砂作为井下充填材料时，应该进行短期和长期胶结强度的实验室测试；另一方面，设计充填系统的时候，井下工人的安全和健康也是必须要考虑的因素；选厂尾矿有时含有损害健康的有害物质。当含有黄铁矿的尾矿用作充填材料时，必须对其发热特性做调查；某些形式的磁黄铁矿和黄铁矿在一定水分和氧气条件下能发生化学反应；这种反应会放热，一方面容易引起充填料中的硫化物自然释放出有毒气体，另一方面由于热量和产生的气体导致充填体崩解。

充填体强度的要求依不同采矿方法的结构和工程地质条件而不同。

对于大量充填的采矿方法，如分段空场法、大直径深孔采矿法、留矿法和 VCR 法等的嗣后充填，主要是作为地压支护手段，以降低上下盘的闭合，保持岩体的区域稳定性。

充填体同时还作为一种结构材料起着以下三种作用。

(1) 首先胶结充填体要作为下向充填采矿法和下一中段的人工假顶，在这种情况下，为了保证作业的安全，要求足够的强度，通常是在一定的厚度内增加水泥用量，达到灰砂比 1∶4。如果采用膏体充填和块石胶结充填，则出矿水平出矿点的充填挡墙可以简化，因为它无须承受新充入的充填料潜在的水头压力。

(2) 充填体在大型采场中的第二个作用是作为自立墙，当相邻采场回采时能够自立。一步采场采用胶结充填，至少 28 天之后，二步采场才可以回采。为了减少贫化和支撑采矿之后形成的区域地压，充填体必须能够在暴露时保持自立。不论采用哪种类型的充填，充填体的设计强度要求主要根据后续采矿时所暴露的充填体的尺寸。

(3) 第三种作用是在二步或三步采场中作为具有黏性的回填料。这些采场的充填体不会暴露，但是充填体必须有足够的黏结力以防止液化的发生。全尾砂是唯一一种不可以不加水泥而充填在二步或三步采场中的充填类型，细粒级物料的高含水性使得它很容易在动荷载作用下液化。作为废石处理的一种方式，坑内废石常常会回填采场。应当注意不允许在以后可能暴露的采场帮壁形成废石堆，因为膏体或砂浆无法渗入其中。

充填的另一个重要作用是对围岩提供支撑。充填体可以限制矿柱和采场帮壁的进一步破坏，但是对于采场诱导应力的直接作用很有限。充填体的这种限制作用在点柱式分层充填中很明显。含水泥 10% 的充填体可能通过限制作用使矿柱的残余强度达到峰值的 70%。采用非胶结充填时，同样的矿柱其残余强度只有峰值的25%，而无限制的矿柱几乎没有残余强度。

胶结充填体强度的设计，在中国采用的方法较多，观点各异，常用的方法有类比法、经验公式法、物理模拟法、数学力学模型法、弹性力学分析法、楔体稳定分析法、有限元等数值分析法、概率统计分析法、实验室试验分析法等。

这里介绍一种国外所采用的计算方法供参考。

如图9-92所示，充填块体由于自重可能会沿一个基准面产生滑动，假设充填体和围岩接触面之间的剪切阻力支撑一定的块体自重。如果需要，可以在充填块体的上表面加一个额外的荷载。假设破坏面的倾角 $\alpha = 45° + \phi'/2$，块体 W_N 的净重为

$$W_N = wH_f(\gamma L - 2c') \tag{9-38}$$

式中，$H_f = H - 1/2w\tan\alpha$。

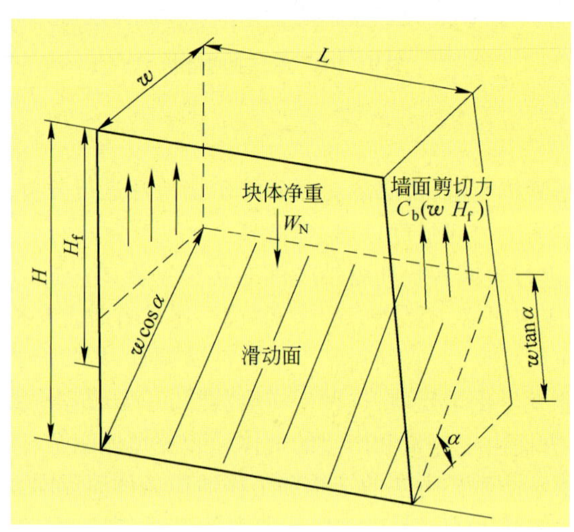

图9-92 充填体稳定性静态分析的侧限块模型(Mitchell,1983)

破坏面安全系数为

$$F = \tan\phi'/\tan\alpha + 2c'L/[H_f(\gamma L - 2c')\sin2\alpha] \tag{9-39}$$

取河沙充填 ϕ'最小值为30°，那么 $\tan\phi'/\tan\alpha = 0.33$。

这样，如果 $F = 1.33$，那么要求的表观内聚力为

$$c' = \gamma L\ H_f \sin2\alpha/2(L + H_f \sin2\alpha) \tag{9-40}$$

可以由 c'来确定充填体的强度要求。

大多数情况下，不同矿山条件的充填设计都可以采用类似的分析方法。过去20年，该方法成功地应用在北美100多个矿山。

葡萄牙 Neves Corvo 矿采矿方法为分段空场嗣后充填采矿法，采用膏体充填。采场垂直走向布置，由矿体下盘向上盘回采。典型的一二步采场尺寸均为宽10 m，高40 m，采场长可以达100 m。这个矿山的特点是在二步回采时充填体暴露面较大，充填设计必须满足充填体在一二步采场回采中的稳定性。但是，一二步采场充填设计的概念是不一样的。一步采场充填设计必须要保证当作为二步采场的矿柱回采时充填体的稳定性。实践证明以上介绍的充填设计和稳定性分析方法可以满足这一目的。二步采场回采之后，充填主要关注的是防止膏体充填的液化。因此一步采场设计采用添加5%水泥的膏体充填，可以允许40 m高，100 m长的充填体暴露面；而二步采场设计添加不小于1%的水泥以降低采场液化的可能性。

9.9.10 充填采矿工艺技术发展趋势

由于日益严格的环境要求和使用土地的限制，必将导致充填技术在国内越来越广泛地应用。按目前有色地下矿山的产量估算，每年平均产出的尾矿量约6000多万t，掘进废石在700万t以上，除综合利用消耗一部分外，最少要占地200万～300万m^2。考虑露天矿和其他金属、非金属矿山，占地面积最低限度要翻两番。对金属矿山而言，充填对空场法、充填法、崩落法这三大类采矿方法都有用武之地。充填法、空场法均可进行嗣后充填，至于崩落法，经过一定时期的开采，必然造成地表的塌陷，全尾矿膏体往塌陷区干排是近年发展起来的新技术，它不但可以减少尾矿库、废石场占地和维护费用，而且有利于塌陷区的复垦。这一发展趋势对创建无废矿山提供了非常有益的技术基础。

20世纪国内铁矿基本上没有使用过充填法，但近几年随着金属价格的走高，一些地质条件复杂（如大水矿床）难以开采的矿床，也依靠充填法得以开发利用。

传统的风动凿岩、电耙出矿的充填采矿法已逐步被液压凿岩设备和铲运机出矿所取代。充填采矿法向无轨机械化、回采连续化、设备大型化发展的趋势，使充填采矿法成为高效率的采矿方法。对于小型矿山，也应当尽可能采用小型无轨设备。

胶结充填采矿法在控制地压、提高矿石回收率和出矿品位以及环境保护方面具有极大的优势，但采矿成本高是其突出的弱点，充填费用一般占矿山总成本的20%～40%，水泥又占充填材料费的40%～50%，因此降低充填成本便成为永恒的主题。在这方面有两个明显的趋势：其一是利用廉价的胶凝材料代替水泥，已有不少科研成果和生产实践；其二是改变采矿方法结构，以尾砂充填取代胶结充填，如倾斜进路连续回采的充填法等。

膏体充填仍将是充填工艺追求的目标，全尾砂脱水工艺、输送设备国产化和充填制备站及输送管网的检测、自动控制计算机网络将是工艺发展的要点。

膏体充填具有充填到采场不脱水的特点，可以提高充填体强度，降低水泥消耗。而实现膏体充填的主要问题是全尾砂的脱水，国内先期进行的两家膏体充填矿山即金川二矿区和铜绿山铜铁矿分别采用水平真空带式过滤机和压滤机，由于各种原因，其效果均不理想。但中国恩菲工程技术有限公司近来自主开发的专利技术——新型高浓度全尾砂制备装置较好地解决了这个问题，其全尾砂放砂浓度达到75%以上，完全取消了全尾砂专门过滤脱水的环节，对于矿山充填具有重要的意义。云南会泽铅锌矿采用引进的深锥浓缩机也取得了较好的效果。

输送泵的国产化也非常重要，以往采用德国Schwing公司和Putsmeister公司生产的柱塞泵，设备投资大，采用国产泵将大大减少投资。

参考文献

1 Howard L Hartman. SME Mining Engineering Handbook, 2nd Edition, Society for Mining, Metallurgy, and Exploration, Inc. ,1992

2 William A Hustrulid and Richard L Bullock. Underground Mining Methods: Engineering Fundamentals and International Case Studies, Society for Mining, Metallurgy, and Exploration, 2001

3 Brady B H G and Brown E T. Rock Mechanics For Underground Mining, 3rd Edition, Kluwer Academic Publishers, 2004

4 Jewell R J and Fourie A B. Paste and Thickened Tailings-A Guide, 2nd Edition, 2006

5 Yves Potvin, Ed Thomas and Andy Fourie. Handbook on Mine Fill, Australian Centre for Geomechanics, 2005

6 彭怀生，于润沧. 中国有色金属采矿工业的过去、现状和未来

7 周爱民. 中国充填技术概述. 第八届国际充填会议论文集. 北京：2004

8 韦华南等. 新城金矿盘区上向高分层连续回采充填采矿法实验研究. 第八届国际充填会议论文集. 北京：2004

9 MineFill 2007 Symposium Technical Papers, 9th International Symposium on Mining with Backfill-Innovations and Experience in Minefill Design, Montreal, QC, Canada, 2007

10 采矿设计手册编写委员会. 采矿设计手册 第 2 卷：矿床开采卷（下）. 北京：中国建筑工业出版社，1988

11 采矿手册编辑委员会. 采矿手册：第 4 卷. 北京：冶金工业出版社，1990

12 刘可任. 充填理论基础. 北京：冶金工业出版社，1982

13 金属矿山充填采矿法设计参考材料编写组. 金属矿山充填采矿法设计参考材料. 北京：冶金工业出版社，1978

14 于润沧. 料浆浓度对细砂胶结的影响. 有色金属，1984（2）

15 于润沧 刘大荣. 全尾砂高浓度（膏体）料浆充填新技术. 北京：中国有色金属工业总公司，北京有色冶金设计研究总院. 1992

16 刘同有. 充填采矿技术与应用. 北京：冶金工业出版社，2001

17 刘同有 金铭良. 中国镍钴矿山现代化开采技术. 北京：冶金工业出版社，1995

18 R. Kepper. 制备膏体的深浓密机系统. 刘同有 黄业英编. 第六届国际充填采矿会议论文选集，甘肃金川. 金川公司、长沙矿山研究院、中国有色金属学会编译. 1999：94 ~ 97

19 R. Currie. 膏体充填料的制备及其在加拿大一些矿山的应用. 刘同有 黄业英编. 第六届国际充填采矿会议论文选集，甘肃金川. 金川公司、长沙矿山研究院、中国有色金属学会编译. 1999：232 ~ 240

20 刘大荣 魏孔章. 全尾砂膏体泵送充填新工艺及装备研究（内部资料）. 北京有色冶金设计研究总院金川有色金属公司. 1991

21 周成浦. 浆体充填与膏体充填技术对比与分析. 金川科技，1998（8）

22 刘大荣. 全尾砂膏体泵送充填及其在格隆德矿的应用与发展. 有色矿山，1990（2）

23 孙恒虎. 当代胶结充填技术. 北京：冶金工业出版社，2002

24 刘育明. 膏体泵送充填在铜绿山矿的成功经验和今后在国内应用的前景. 中国有色工程设计研究总院. 恩菲科技论坛——2002 年学术论文集. 北京：冶金工业出版社，2002：21 ~ 26

25 周成浦. 矿山充填体在采矿中的作用和充填体的设计. 镍钴矿冶，1980（4）

26 李云武. 全尾砂单浆料充填试验研究. 中国有色工程设计研究总院. 恩菲科技论坛——2002 年学术论文集. 北京：冶金工业出版社，2002：21 ~ 26

27 王玉文 瞿德林. 富家矿充填工艺的选择与碎石胶结充填德实践. 中国有色金属学会编. 第八届国际充填采矿会议论文集，湖南长沙.《矿业研究与开发》编辑部. 2004：87 ~ 88

28 李政. 坑下矿山高阶段强化开采充填技术研究. 中国有色金属学会编. 第八届国际充填采矿会议论文集，湖南长沙.《矿业研究与开发》编辑部. 2004：119 ~ 121

29 金川有色金属公司 北京有色冶金设计研究总院. 膏体充填新技术的研究与工业化（内部资料）. 金川有色金属公司 北京有色冶金设计研究总院，1999

30 泵送膏体充填专集，北京有色冶金设计研究总院，1989. 12.

31 樊明玉. 大尹格庄金矿盘区机械化采矿技术. 中国矿山工程，2006（5）

32 Atlas Copco. Underground Mining Methods, first edition

33 Cooke R. Thickened and Paste Tailings Pipeline System-Design Procedure, Part 2, Paste 2007, Proceedings of the 10th International Seminar on Paste and thickened Tailinjgs. Perth: ACG, 2007

34 Grice A G. Recent Minefill Development in Australia, Minefill 2001, Proceedings of the 7th International Symposium on Mining with Backfill. USA: SME, 2001

10 崩落采矿法

10.1 概述

崩落采矿法的特点是连续回采，在覆盖岩下放矿，以崩落覆岩充填采空区管理地压。按照目前应用情况，这种采矿方法包括三大类，即壁式崩落法、分段崩落法和自然崩落法。总体讲，崩落采矿法属于低成本、高效率的大规模采矿方法，在我国金属矿山广为应用。这种方法对矿体赋存条件、矿岩稳固程度具有广泛的适用范围，如上盘围岩、覆盖岩层能成大块自然冒落最为理想。

采用这种方法要求地表允许崩落,在矿体上部无有用矿物,无较大的含水层和流沙,矿石不会结块、自燃,品位不高,允许相对较高的贫化和损失。

崩落法技术发展很快,主要在以下几个方面:

(1) 采矿设备趋于无轨化、液压化、大型化;

(2) 厚大矿体的分段崩落法扩大优化结构参数,分段高度×进路间距从过去通常采用的12 m×15 m发展到(15~18) m×(20~22.5) m,进路间距大于分段高度,与自然崩落法结合以降低贫损和掘进、爆破工作量;

(3) 随着岩石力学研究的进展、大型铲运机和计算机的应用,扩大了自然崩落法的应用范围,20世纪60年代以前,自然崩落法只能用于松软破碎的矿岩,现在采用自然崩落法的矿山的矿体,多属于较坚硬稳固的特大型矿床。

本章将介绍最常用的无底柱分段崩落法、有底柱分段崩落法和自然崩落法三种采矿方法。

10.2 无底柱分段崩落法

10.2.1 适用条件及优缺点

无底柱分段崩落法除崩落法一般适用条件外,还应考虑以下条件:急倾斜厚矿体或缓倾斜极厚矿体;矿石稳固或中等稳固,以掘进井巷不需要支护、炮孔不变形为好;上盘岩石不稳固或中等稳固,最好能自然崩落形成大块;如果矿体上部已用露天开采或其他采矿方法开采后形成了覆盖层,则围岩稳固性不限;下盘岩石稳固。

10.2.1.1 无底柱分段崩落法的优点

A 安全程度高

无底柱分段崩落法是最安全的采矿方法之一,因为该法的所有采矿活动均在较小的空间里完成。平巷是它的主要工作空间,均匀布置在各水平上,最大尺寸一般宽5~6 m、高3.7~4.5 m。有时与运输平巷断面相同,但用汽车运输时,运输平巷的高度可能要增加到5 m。布置在坚硬岩石中的平巷,其稳定性和安全性容易控制,只需通过光面爆破或者将光面爆破和喷射混凝土支护结合起来就可实现;布置在稳定性较差的岩石中的平巷,则要综合采用光面爆破、喷射混凝土和锚杆支护等支护措施才能达到稳定。

B 机械化及自动化程度高

如图10-1所示,采用无底柱分段崩落法时,主要的采矿环节可分为四部分:(1)掘进并加固平巷;(2)打扇形炮孔;(3)爆破;(4)放矿、装矿和运输。由于这种采矿方法回采工序重复进行,因而几乎全部采矿作业均能实现标准化,这就意味着能实现高度机械化,容易实现遥控自动化作业。现在的无底柱分段崩落法中,分段平巷和脉外平巷的断面较大,以便采用大型无轨采矿设备。无轨系统和设备不仅用于直接回采作业,而且还可用于所有的辅助作业。

C 灵活

标准化、专门化的采矿作业和设备,在各独立的水平上(下部水平或掘进中的各水平,上部水平或采矿生产水平)与无轨运输系统配用,产生了高度的灵活性。可在生产条件发生变化时,能很快开始采矿。

D 组织方便

这种方法有助于集中作业,改进管理和生产条件。通常,在下部各水平进行开拓准备的同时，可在上部水平进行回采的各个作业，故容易实现把各种作业编排在一个统一的系统中，且彼此不发生干扰。

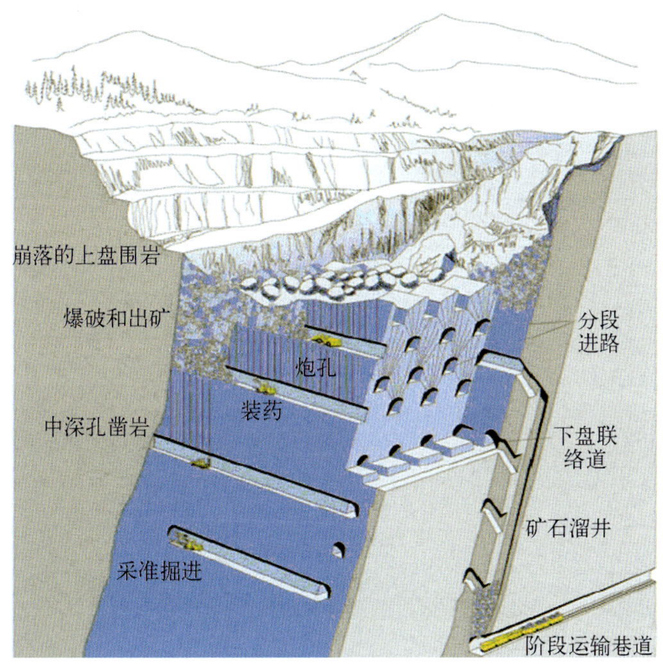

图 10－1　典型的无底柱分段崩落法简图

总之，无底柱分段崩落法采矿安全性好（因作业空间小）、灵活性大、作业好组织、机械化程度高，可采用大型现代化采矿设备，生产能力大，劳动效率高，开采成本低。

10.2.1.2　无底柱分段崩落法的缺点

无底柱分段崩落法除上述优点外，也存在下述缺点：

（1）在覆盖岩下放矿，矿石的损失率和贫化率较高，要求放矿管理严格。

（2）在独头巷道内作业，通风条件较差，需设计专门管道通风。

（3）掘进工作量较大。掘进项目包括运输平巷（通常布置在每个分段的下盘岩石中）和分段平巷，这些分段平巷连接采区和溜井。出矿平巷一部分在矿石中，一部分在岩石中。在岩石中的部分，其长度随矿体与下盘的倾角减小而增加。这种方法需要用矿石溜井，把矿石和废石从各分段下放至运输水平。

（4）矿体开采会逐渐使覆盖岩石崩落，导致地面塌陷和破坏。

（5）为了使矿石回收率最大、贫化率最小和用无底柱分段崩落法达到高效采矿，有关爆破矿石和围岩自流参数的资料起着极重要的作用。所需资料的准确程度和数量取决于矿山设计的目的和要求。进行初步可行性研究可参考条件和环境类似的其他矿山的无底柱分段崩落法资料，但对于高阶段（可行性研究或初步设计）的矿山设计和规划，显然需要更准确的资料，其中包括分析和实验数据，直到工业规模的现场试验资料。

10.2.1.3　国内外部分无底柱分段崩落法矿山基本情况

表 10－1 列出了目前国内外部分采用无底柱分段崩落法矿山的基本情况。

表 10-1 国内外部分采用无底柱分段崩落法矿山基本情况

矿山名称	生产规模/万 t·a^{-1}	凿岩设备	出矿设备	掘进设备	矿块结构尺寸 分段高度×进路间距×溜井间距/m×m×m
梅山铁矿	400	Simba H1354	TORO 007	Boomer 281	18×20 ×50
镜铁山矿	500	STMBA-11R	ZYQ-14	芬兰产 H2071	15×15×90
程潮铁矿	340	Simba H252	TORO 400E(电动)	Boomer 281	17.5×15×90
通钢板石沟铁矿	150	YGZ-90	WJD-2(电动)	YT-27	12×10×60
漓渚铁矿	100	YGZ-90	ZYQ-14	YT-28	
北铭河铁矿	180	Simba H1354	EST-6C(电动)	Boomer 281	15×15×50
大庙铁矿	45	CZZ-700	ZYQ-14	YT-27	
云台山硫铁矿	30	YGZ-90	华-I型		
金山店铁矿	300	Simba H252	EST-3.5(电动)	Boomer 281	14×16 ×80
大冶铁矿	105	YGZ-90	WJD-2(电动)	7655	12×10×60
大红山铁矿	400	Simba H1354	TORO 1400E(电动)	Boomer 281	20×20×90
马钢和睦山铁矿	70	YGZ-90	WJD-1.5 (电动)		上部 10×10;下部 12.5×12.5
瑞典基律纳铁矿	2300	Simba W469	TORO 2500	Rocket Boomer L2C	28.5×25×150
澳大利亚瑞奇伟矿	560	Simba L6 C			分段高度 25

10.2.2 无底柱分段崩落法的特点

在无底柱分段崩落法中,全部待采矿体均需凿岩和爆破,以使破碎后的碎块矿石利用自重流动,和爆破后的矿石形成所谓“粗粒原矿”。无底柱分段崩落法的目标,是使凿岩和爆破工作量最小,且不干扰放矿,获得的夹有碎块的粗粒原矿可借助重力自流放出。

粗粒原矿的特征是粒度的分布和形状各异。爆破矿石的粒度分布和形状取决于炮孔密度和矿石的“爆破与结构”情况,粗粒原矿可能差异极大,通过一定简化,可把粗粒原矿就特点而言分为四种基本类型,见图 10-2。Ⅰ类表示粗粒原矿中含有大的球状碎块,且块度和形状或多或少相似;Ⅱ类表示物料尺寸几乎相同,但形状有别;Ⅲ类表明粗粒原矿由大碎块、小碎片和沙子组成;Ⅳ类说明粗粒原矿是大块、中块、小块、沙子和(或)岩粉、泥土和黏土的等混合物。Ⅲ类和Ⅳ类特别是Ⅳ类的粗粒原矿的力学性质和运动状态有很大的变化,这取决于细料(沙子、黏土等)占的百分数以及是否有水。如果有水,特别是Ⅳ类粗粒原矿中有水,则细粒物料可能产生塑性和黏性组分,使其力学性质和运动状态发生极为不利的变化。

当然,粗粒原矿的特征可能有非常大的差异,最简单的特性示于图 10-2,表示了粗粒原矿的重力自流运输角度。其角度约在 40°以下时,粗粒原矿需要机械运输;角度大时,可利用溜槽或矿石溜井进行重力自流运输。在图 10-2 中,GF 表示适于重力自流放矿的范围;范围 A 适于Ⅰ类和Ⅱ类的溜槽运输;范围 B 适于Ⅲ类和Ⅳ类的陡溜井放矿,Ⅲ类需要的倾角为 BⅠ范围,而Ⅳ类特别是在潮湿情况下,需要很陡的溜井,其倾角在 BⅡ范围。几乎所有的爆破矿石(和废石)均类似于Ⅲ类和Ⅳ类。这些物料的组分、特性、运动状态等都有很大的差别,因为它们可由巨砾到微粒组成。

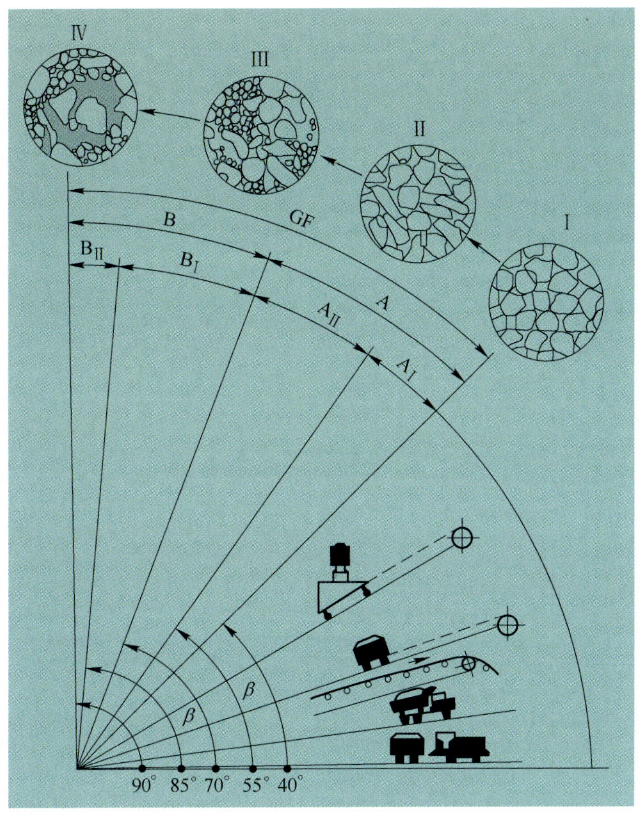

图 10－2 Ⅰ～Ⅳ类粗粒原矿及其流动性
（以溜槽或矿石溜井倾角的函数表示）

随着漏口不断地放出矿石，上面的矿石依次递补，形成一个类似于旋转的加长椭球体，称为放矿椭球体。随着放出量的增大，周围松散矿岩移动递补，形成松散椭球体，简称松散体。一般来说，松散体高度大约等于放出体高度 2.5 倍。

对于相同放出高度，不同物料的放矿椭球体可有不同的体积，因为放矿椭球体和松散椭球体的偏心率同物料有关。一般来说，偏心率越大，放矿椭球体（或松散椭球体）就越小，体积也越小。

众所周知，粉料（如水泥、细砂等）的活动区窄小，粒料的活动区宽大。粉料可参见图 10－3a；粒料可参见图 10－3b；块料可参见图 10－3c。放矿椭球体和松散椭球体的偏心率随椭球体高度的增加而增加，这种影响在无底柱分段崩落法中较小，在自然崩落法中却非常大，因为自然崩落法放矿高度很高。

偏心率不仅取决于粒度的大小（和重力自流高度），而且还取决于其他因素，如颗粒的形状或类型（圆的、不规则的等）、颗粒表面粗糙度（光滑的、粗糙的）、摩擦角（大、小）、密度（高、低）、放矿或卸矿的速度（快、慢）和粒料的特性（强度、湿度）等。

所有这些因素产生一定的影响，可用粒料或块料的流动性表示。较大物料的流动性，引起较平稳的重力自流和较高的椭球体偏心率。这意味着在流动性高的物料中，椭球体较窄小，在流动性较低的物料中，椭球体宽大，且体积也大。

虽然至今尚不能精确的量度，但是将物料的流动性划分成高（很好）到低（差）范围可用作流动特性的定性比较。根据流动特性的这种表示法，可推断出椭球体的大致几何形状。图 10－4 示出了放矿椭球体和松散椭球体的形状和偏心率，以物料流动性函数表示。

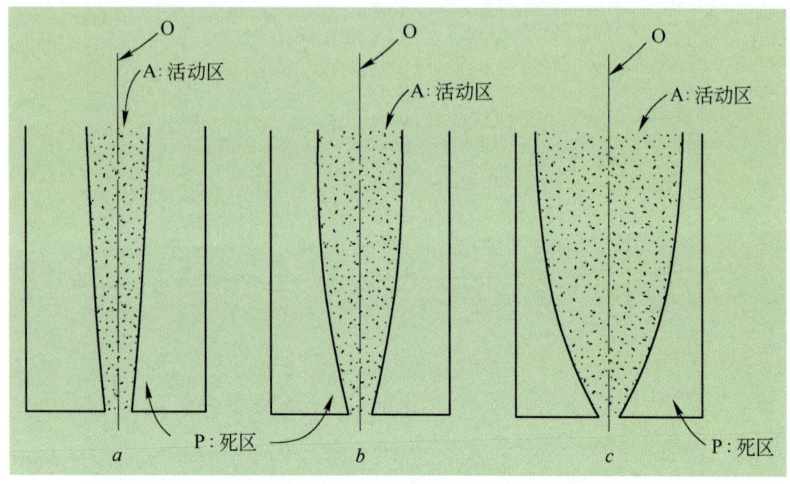

图 10－3　粒度或碎度的尺寸对活动（重力自流）区形状的影响原理

a—粉料；*b*—粒料；*c*—块料

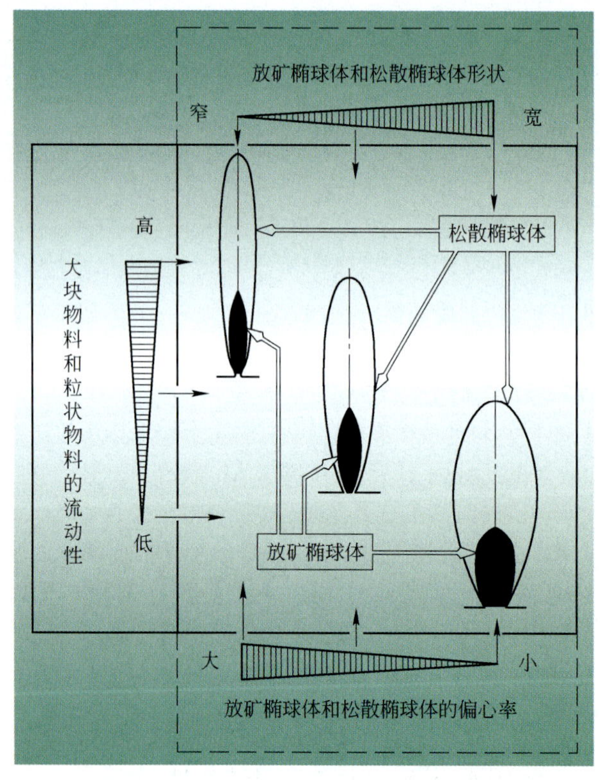

图 10－4　以物料流动性的函数关系表示的放矿椭球体和松散椭球体的形状（与偏心率）

10.2.3　无底柱分段崩落法的具体应用

对垂直的分段端面，分段平巷在分段端面平面构成一垂直空间。重力自流区被垂直矿壁切断，但别的均不改变，这意味着垂壁切断了放矿椭球体和松散椭球体，如图 10－5 所示。

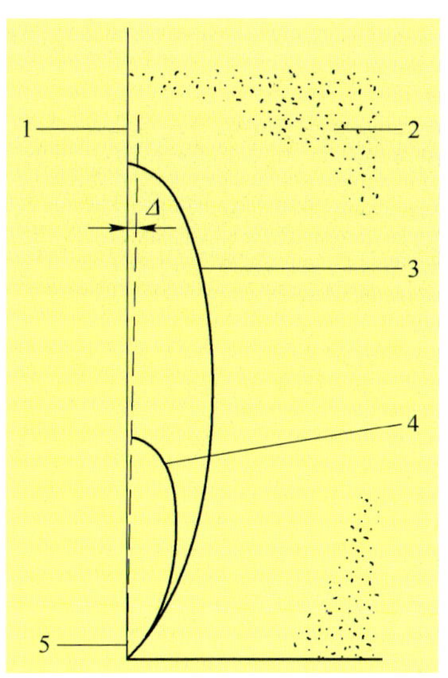

图 10－5　物料通过垂壁底部垂直出口(分段平巷)放出时的放矿椭球体和松散椭球体示意图

1—垂直壁;2—粒状物料;3—松散椭球体;4—放矿椭球体;5—垂直出口

该截面上的重力自流轴线偏离垂直面一定角度 Δ,此角度随沿垂壁摩擦力的增加而增加。忽略这个偏离不计,就可以认为有垂直卸料口的垂壁把放矿椭球体和松散椭球体切开一半。当一半椭球体内切于三棱柱时,其体积自然就是三棱体的 50%。因此在无底柱分段崩落法中,若放矿椭球体的一半内切于爆破矿石体,那么在没有贫化的条件下,最多能放出爆破矿石体积的 50%。

按上述典型的重力自流,物料排放口的尺寸最小,但又足以通过大量粒料。在无底柱分段崩落法中,垂直放矿宽度取决于分段平巷的宽度,但又大于最小放矿口的宽度。较大的放矿口使重力自流发生一定变化,有利于放矿。图 10－6*a* 表示最小尺寸放矿口情况,图 10－6*b* 表示宽大放矿口情况。

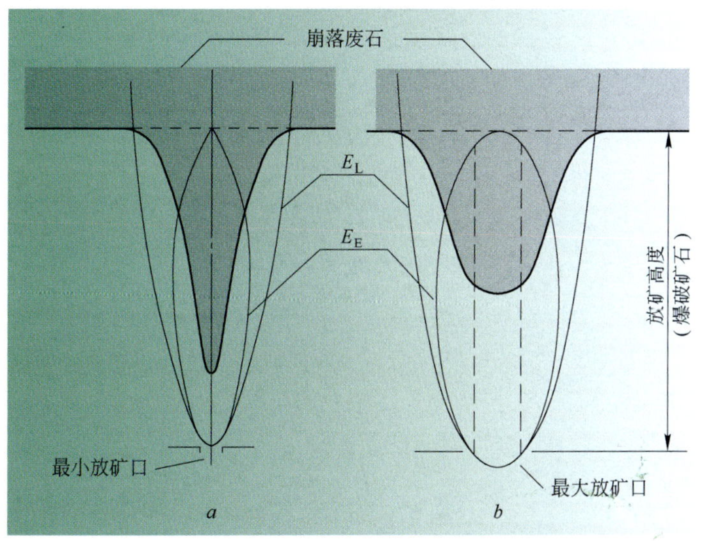

图 10－6　放矿口宽度对重力自流形式的影响

a—宽度小的放矿口;*b*—宽度大的放矿口

必须指出,放矿口的有效宽度不仅取决于分段平巷的宽度,而且还取决于分段平巷顶板的形状。当顶板为圆拱时(见图 10－7*a*),不利于放矿,因为放矿口的有效宽度较小。

如果顶板水平(或稍起拱形,见图 10－7b),放矿口的有效宽度大、矿石(和废石)的自流形式又类似图 10－7b 时,显然有利于放矿。

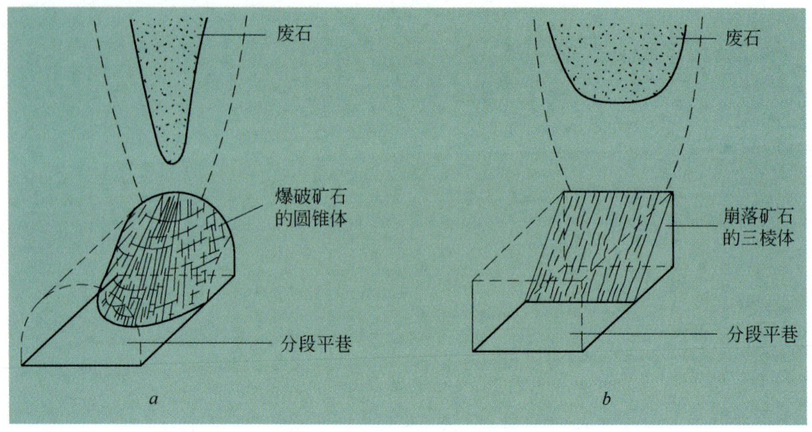

图 10－7 不同分段平巷顶板形状的重力自流形式

a—拱形顶板;b—平顶

合理放矿不仅要求放矿宽度大,而且也要求放出区的厚度和深度合适。该深度取决于装载机能插入工作面的深度。插入深度小,放出区域的深度也小,只能利用分段平巷高度的一小部分来放矿。

装载机的插入深度一般为 1～1.3 m,比理论深度 x 小得多,这意味着仅利用了分段平巷高度的上面部分 e 来放矿(见图 10－8)。余下的部分虽然未利用来放矿,但也有它的用途,即能放出尺寸超过分段平巷平顶区放出深度的大块矿石。

甚至在一般放矿中,分段平巷里松散矿石的斜度也无恒定的角度,该斜坡角的变化范围是图 10－9 中的点 a 和点 b 示出的范围,这就是说坡底(点 a)可能靠近点 b,在这种情况下,点 a 和点 b 重叠,斜坡变得非常陡。斜坡越靠近图 10－9 中的 b—c 平面,突然塌落(或破坏)的危险越大。出于安全原因,最好规定 b—c 平面的极限角度,并在极限状况出现之前,就诱发斜面塌落。此图中的 ϕ 表示自然安息角,h_D 是分段平巷的高度。

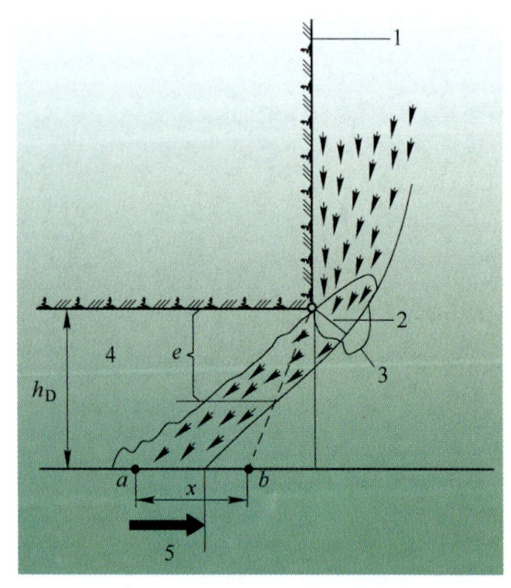

图 10－8 插入矿堆的大致放出深度,以插入深度的函数表示

1—垂直端面;2—放出的宽度;3—大块;4—分段平巷;5—插入的深度

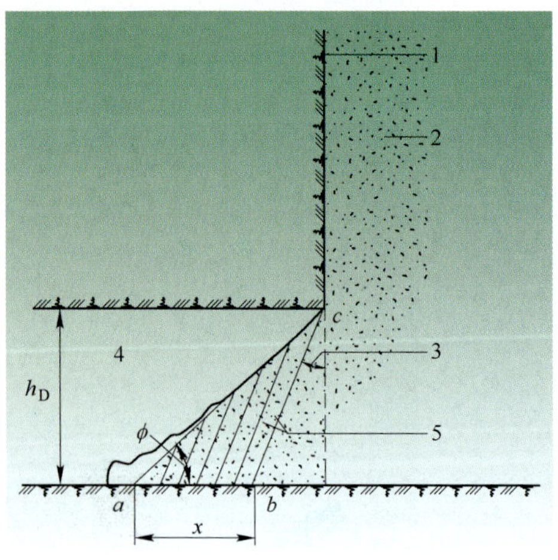

图 10－9 分段平巷中块料的斜坡力学原理

1—垂直面;2—崩落的矿石;3—$\beta=(90°-\phi)/2$;4—分层平巷;5—应力的轨迹

放矿区上方的物料形成拱,可使放矿停止。多数情况下,出矿口上方出现拱堆,是由于放矿口尺寸太小(见图10－8)。虽然拱堆变化多端,但可归纳为以下三种基本类型:(1)一些块料结拱形成的拱堆;(2)密实物料包括有明显黏性和(或)塑性的物料构成的拱;(3)以上两种物料结合构成的拱堆。

停止放矿后,爆破矿石(和崩落废石)开始沉陷,使物料密实。这种现象主要发生在有塑性成分和(或)有细粒以及有水的条件下(见图10－2中的块料类Ⅳ)。在放矿流动中断较长时间后,起拱(主要是第2种)比较频繁。沉缩率和压缩率较高的物料,最好避免放矿中断,实际上这就是说,在长时间中断放矿之前,要把分段内已爆破的矿石放完。

避免或最大限度地减少大块物料起拱的最好方法就是有控制地凿岩和爆破,即控制碎块的尺寸。

另一问题是最大限度安全有效地消除不同类型的拱,消除拱之前,弄清拱的类型、结构、可能的状态,并且确定任何位移引起拱破坏的危险域或场所,这一点很重要,否则消除拱就不会成功,甚至非常危险。

如前所述,放矿口最小的放矿椭球体,并不是一个上下两部分相同的细长旋转椭球体。相反,它的真实形状是上半部分比下半部分宽。对于粉料来说,真实形状和简化形状之间的差别非常小,可忽略不计。对粒状物料来说,如果放矿口宽度超过最小值,则差别更加明显,粒料流动性小、大碎块彼此镶嵌、中心区域有部分整体流动,这些都会引起下半部变陡。放矿口的物料松散和自流移动较畅,上面部分的物料距放矿口远,松散性和流动性较低,需有较宽的自流区。在无底柱分段崩落中,椭球体的形状变化更加明显,因为除粒料和块料以及放矿口宽度较大之外,还有爆破引起的其他一些因素,无底柱分段崩落中的矿石垂直分条,是朝着已崩落废石爆破的。崩落矿石的膨胀沿分条整个高度是不同的,因为一些爆破矿石落入分段平巷中,膨胀和松散以下部最大,由于扇形炮孔间距较近,分条下部也有较细的碎块。炮孔平行布置,小碎块和颗粒能向下进入大块间的空隙中,所以爆破分条下部的小块和粒料的百分数比上部大。

10.2.4 无底柱分段崩落采矿法的设计准则

无底柱分段崩落采矿方法设计的主要问题,是确定开采的几何要素,尽可能满足重力自流的诸参数。这就是说需要首先为一定放矿高度确定放矿椭球体的宽度和厚度,这些参数需要由现场试验确定,然而试验数据通常不能及时用于矿山设计。

目前,没有明确的方法可用于工程上计算这些参数。由于粗粒原矿性质各异,重力自流包含各种复杂因素,所以采用了一些经验公式来近似确定重力自流参数和几何形状。

10.2.4.1 放矿椭球体的尺寸

粗粒原矿实际上是不同粒度的混合料,少量细料和碎块通常能显著降低大块的活性,因此,粗粒原矿的重力自流区域有时是非常的窄。

椭球体的偏心率随椭球体高度的增加而增加,高度越大,流动就越细长(这种情况在矿块崩落中常见,由于矿块高度大,在单个放矿点上方的重力自流可形成垂直壁直筒)。爆破方式相同时,高密度矿石(爆破的铁矿石)的重力自流比低密度矿石(爆破的铜矿石)的细长。重力自流宽度也取决于放矿口的尺寸。

为了排除不同放矿口尺寸的可变因素,在假设矿石通过最小放矿口的条件下,可利用分析和模型研究数据、现场试验以及无底柱分段崩落作业中观测资料来确定放矿椭球体的理论宽度 W'

(如图 10－10 所示)系放矿高度 h_T 的函数。传统的无底柱分段崩落法,放矿总高度 h_T 一般在 20～30 m 之间。图 10－11 示出了低密度和高密度矿石的放矿椭球体理论宽度 W',同该范围内不同放矿总高度 h_T 相应。有效放矿宽度 a 一般超过最小(1.8 m)放矿口宽度,因此,无底柱分段崩落的椭球体总宽度 W_T 比图 10－11 所示出的要大。

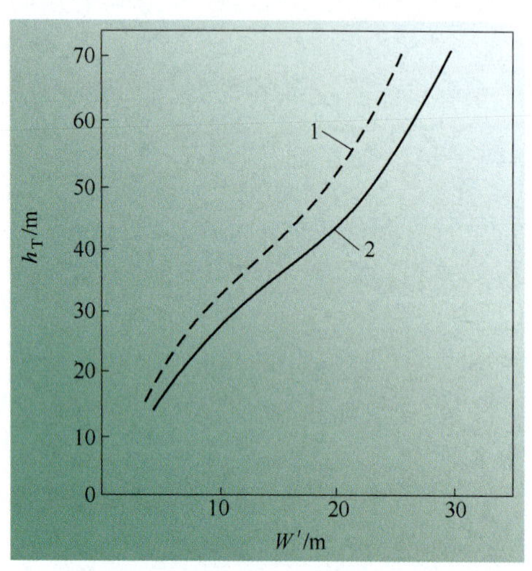

图 10－10　高密度矿石极大放矿椭球体的理论近似宽度与其高度的函数关系

1—崩落的小块矿石;2—崩落的大块矿石

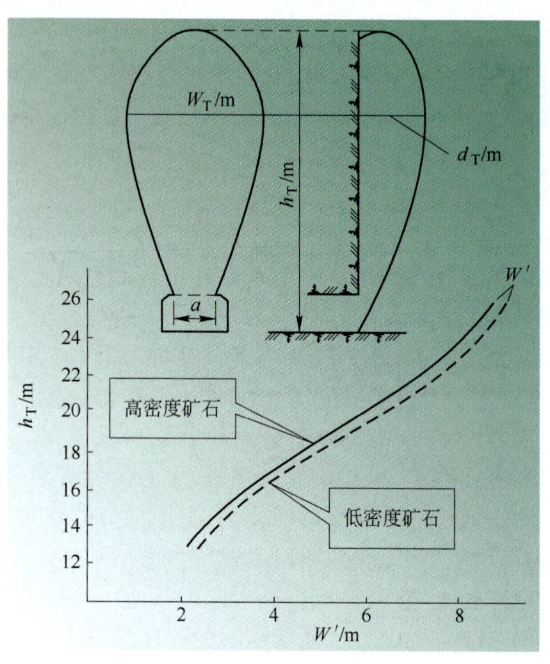

图 10－11　使用传统的无底柱分段崩落法时高密度和低密度矿石的放矿椭球体近似宽度

高度 h_T 给定时,可用下列经验公式计算放矿椭球体的总宽度 W_T 和厚度 d_T 的近似值(单位为 m):

$$W_T \approx W' + a - 1.8 \tag{10-1}$$

$$d_T \leqslant W_T/2 \tag{10-2}$$

式中　W'——放矿椭球体近似宽度(见图 10－11);

d_T——放矿椭球体厚度;

a——放矿口有效宽度,同分段平巷顶板的形状有关,用 W_D 的百分数表示。

为了适应重力自流特性,无底柱分段崩落放矿平巷按方格状交错布置。采用传统的无底柱分段崩落法(垂直剖面见图 10－12)时,分段平巷应布置在放矿椭球体最大宽度 W_T 的区域内,即大约在 2/3 h_T 处,原则上这个位置大致在分段高度 h_s 处。为了增大放矿椭球体的结构参数,矿山实际生产中有些用双巷道同时凿岩、出矿,双巷道布置如图 10－13 所示。

矿石放出后,留在上水平分段平巷之间的扇形倾斜炮孔构成了三角形无损伤(未爆破)矿柱,且往往被放矿后留在矿柱上方死区的爆破矿石覆盖。死区的爆破矿石厚度可大可小,这取决于扇形炮孔倾角、分段平巷宽度 W_D、分段平巷间的间距 S_D(见图 10－12)以及控制死区形状的大块矿石重力自流参数。

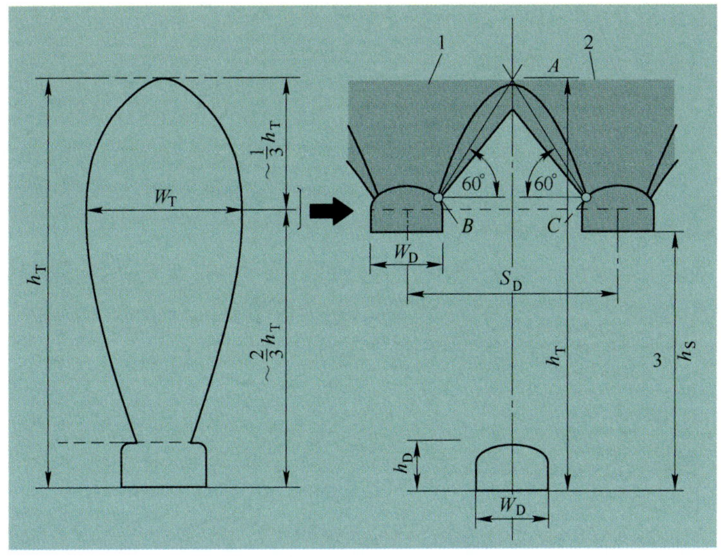

图 10－12　分段平巷垂直剖面

1—崩落废石；2—死区的爆破矿石；3—分段高度

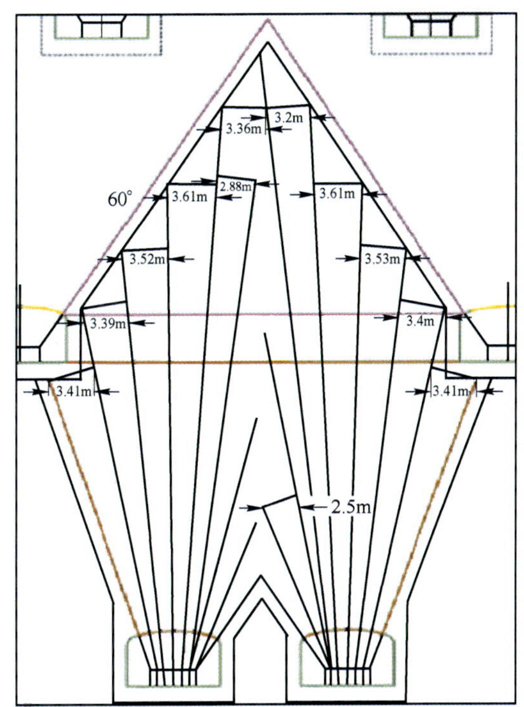

图 10－13　双巷道布置

死区的爆破矿石，可在下一分段放矿时部分回收。因此，总的放矿高度 h_T 是下一分段平巷底板到最高点 A 的距离（见图 10－12），最高点 A 是由死区中留下的爆破矿石构成的。由于难以确定死区的形状和大小，因此通常必须利用条件类似的无底柱分段崩落经验来估算总的放矿高度 h_T。根据经验可粗略地确定最高点 A 的最低位置，即点 B 和点 C 所在斜面（1.05 弧度，也就是 60°）的交点。这些斜面的最小倾斜度是 60°，最高点的最高位置由上一分段平巷的底板限定，且在很大程度上取决于炮孔的设计。

10.2.4.2 分段平巷的水平间距

求出 h_T 和 W_T 之后，根据放矿椭球体和松散椭球体间的理想关系，就可以确定分段平巷轴线间的大致水平距离 S_D。假设放矿椭球体和松散椭球体的偏心率近似，而且松散椭球体比放矿椭球体大 2.5 倍，那么放矿椭球体的宽度为相应松散椭球体宽度的 40%。在这些理想条件下，就能计算出放矿椭球体在任一水平截面上的松散椭球体宽度。

无底柱分段崩落需要确定在放矿椭球体有最大宽度 W_T 的水平上，松散椭球体具有的宽度 W_L（见图 10－14）。该水平上的松散椭球体宽度，是分段平巷的近似水平间距 S_D。

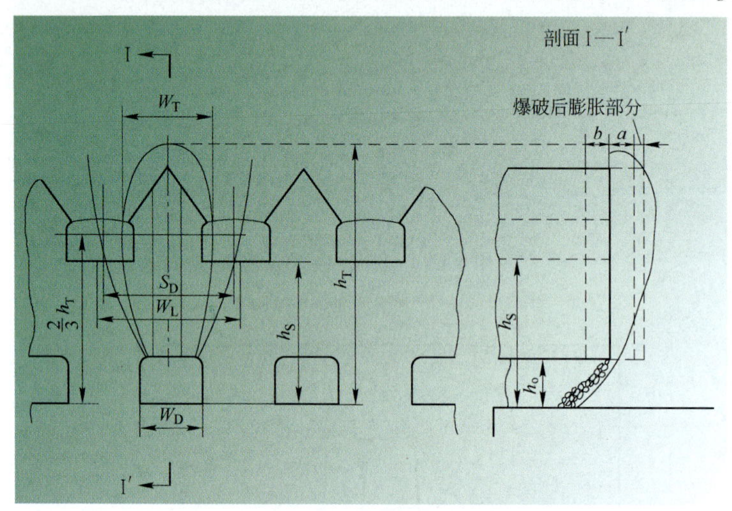

图 10－14 简化的无底柱分段崩落几何形状

假设理想化的重力自流关系和原理可用于无底柱分段崩落，那么无底柱分段崩落的放矿椭球体总宽度 W_T，大约是放矿椭球体最大宽度所在水平的松散椭球体宽度的 60%～65%，大致高度 $h_T = 18$ m 时，宽度 W_T 大约为其 60%；h_T 大于 18 m 时，则为其 65%。因此，分段平巷的近似水平间距 S_D 为：

（1）放矿高度 $h_T \leqslant 18$ m 时：

$$S_D < \frac{W_T}{0.6} \tag{10-3}$$

（2）放矿高度 $h_T > 18$ m 时：

$$S_D < \frac{W_T}{0.65} \tag{10-4}$$

无底柱分段崩落的基本几何形状单元，主要由分段平巷的水平间距 S_D 和分段高度 h_S 之间的关系来确定。在传统的崩落法中，这种关系为：

$$S_D < h_S \tag{10-5}$$

这就是说基本几何形状单元具有方形或稍有别于方形。近年来，钻凿深孔的精确度提高了，因而趋向于增加分段高度，以达到减少掘进量的目的。放矿作业可在超过矿石放出高度 h_T 的一切高度上连续进行，不过贫化率也会急剧上升。

10.2.4.3 爆破步距

在分段端面上，爆破步距 b（崩矿间距）的近似值为：

$$b \leqslant \frac{d_T}{2} \tag{10-6}$$

式中，d_T 可由公式 $d_T \leqslant W_T/2$ 求得，该关系式可用于评估传统的无底柱分段崩落，要采用能打 40～60 m 深孔的、精确满足要求的新型凿岩设备。各种不同关系式均有效，因为流动椭球体的偏心率会随其高度的增加而加快增加。

10.2.4.4 端面的倾斜度

分段端面通常是垂直的或呈倾斜，其倾角为 80°，此倾斜度不仅有利于凿岩和炮孔装药，而且也有利于使贫化率最小。分段端面倾斜的作用如图 10－15 所示，是很明显的。图 10－15*a* 为垂直分段端面，图 10－15*b* 为倾斜分段端面，两种情况的放矿高度 h_T 相等。

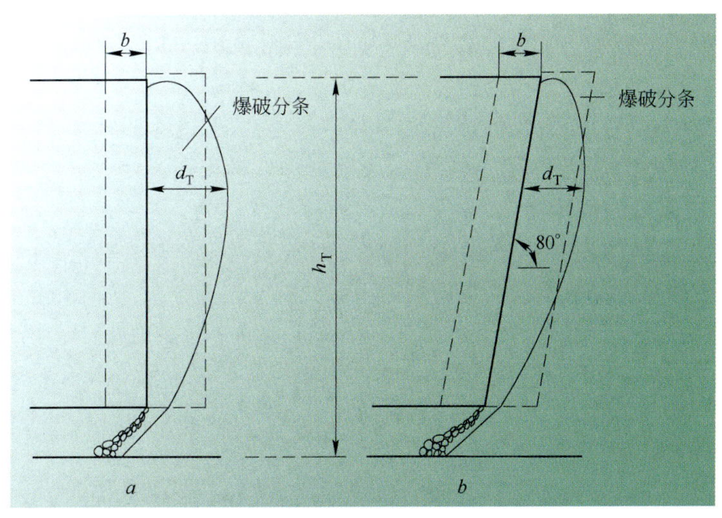

图 10－15 无底柱分段崩落的端面

a—垂直端面；*b*—倾斜端面

在垂直端面时（图 10－15*a*），放矿椭球体进入崩落废石中的深度较大，如分段高度大，则尤其如此。

倾角为 80°的倾斜端面（见图 10－15*b*），能引起重力自流形状发生变化，而且它的放矿椭球体也比垂直端面的放矿椭球体小得多。放矿椭球体进入崩落废石的深度较浅，因此，在相同放矿高度 h_T 放矿时，贫化率比垂直端面的小。

10.2.4.5 放矿和贫化

无底柱分段崩落的贫化过程可能产生许多异常和意外的情况，例如，几乎在一开始放矿就有一定数量的崩落废石流出，然后才是正常矿石流动；或在不同的放矿阶段不规则地出现废石囊等。这类现象出现的原因一直没得到满意的解释，不过大块的确是很重要的原因。可能因放矿口上方起拱的矿石，使其异常贫化率的出现概率增大。

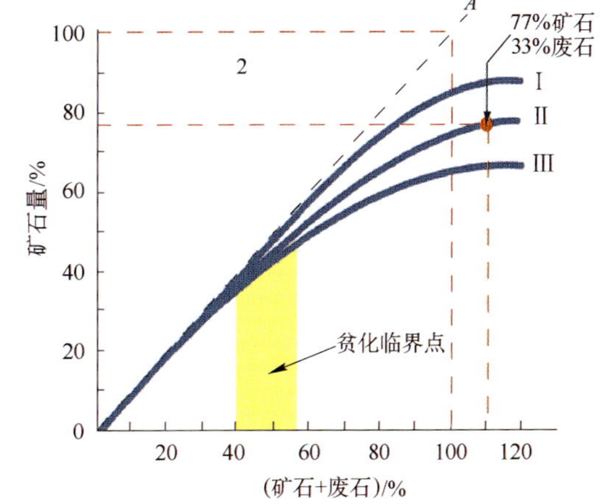

图 10－16 无底柱分段崩落贫化发展的简化过程

Ⅰ—良好放矿；Ⅱ—不良放矿，贫化率高；Ⅲ—较差放矿

无底柱分段崩落正常贫化发展的理想过程如图 10－16 所示，矿石量和放出的矿石与崩落废石总量呈函数关系，可用分条矿量的百分数表示，即分条矿石总量为100%，从理论上讲，最

佳放矿用 OA 线段表示(见图 10 - 16),这意味着 100% 地放出矿石而不带废石。然而这种情况实际上是不可能的。

图 10 - 16 示出三种不同的放矿情况,它们的贫化率不同,即与矿石一起放出的废石量不同,最优总放矿量(矿石和废石)的值,取决于矿石价值和综合经济条件。在图 10 - 16 中,假设 110% 地放出分条矿量后停止放矿,那么,图中的曲线Ⅰ表示放矿状况良好,矿石回收率为 88%,废石仅占 22%;曲线Ⅱ表示矿石回收率约 77%,废石约 33%,当然这种情况不如曲线Ⅰ,但当可以采用简便、廉价方法选别废石时,这种方式是受欢迎的;曲线Ⅲ表示放矿状况较差,在此情况下,矿石仅占 65%,废石高达 45%。

假设放出的矿石 + 废石为 110%,作为放矿评估原则,可用以下分类法:

(1) Ⅰ类,放矿良好,矿石至少占 85%,废石小于 25%;

(2) Ⅱ类,在某些条件下,放出的矿石至少为 77%,废石不超过 33%;

(3) Ⅲ类,放矿较差,放出矿石约占 65%,废石占 45% 或更多。

10.2.4.6 放矿口的稳定性

无底柱分段崩落放矿口的稳定性一般都很好,所以,此法甚至用在较松软的矿岩中也是安全的。不过要了解分段平巷的棋盘式交错布置所引起的特殊应力分布,从而决定结构的稳定极限。分段平巷的这种棋盘式交错布置,可导致上部和下部水平的平巷拐角处岩石中产生剪应力集中。在相同荷载条件下,应力集中随分段高度 h_S 和平巷间距 S_D 的减少以及分段平巷宽度 W_D 和高度 h_D(见图 10 - 9)的增大而增加。在极限荷载条件下,分段结构破坏的特点是上部和下部水平分段平巷拐角间的剪切破坏。

就分段平巷的棋盘式交错布置和其间的较短距离而言,不良掘进作业(平巷几何形状和位置的凿岩爆破精确度)所引起的岩体破坏,对稳定性非常不利。因此,特别要求分段平巷的几何形状与相对位置准确以及光面爆破良好,在松软矿体及岩体中以及深部矿体尤其如此。当采用大尺寸的无底柱分段崩落时,合适几何形状的精度、平巷的光滑外形和准确位置至关重要。

10.2.4.7 大尺寸的无底柱分段崩落

由于研制出了更先进的大功率有效采矿设备,特别是开发出了钻凿深孔的高精度凿岩机,从而导致了采用新的无底柱分段崩落凿岩设计。

在世界不同的地方,大体上同时开始趋向于用平行炮孔代替扇形炮孔。为了使昂贵的掘进量(分段平巷和运输平巷)最小,LKAB 公司的玛尔贝格特(LKAB-Malmberget)矿采用了大尺寸的无底柱分段崩落,其几何形状如图 10 - 17 所示。分段高度为 20 m,分段平巷的水平间距为 22.5 m,分段平巷宽 6.0 m,扇形边缘炮孔与水平面夹角均为 70°,炮孔直径 100 mm。

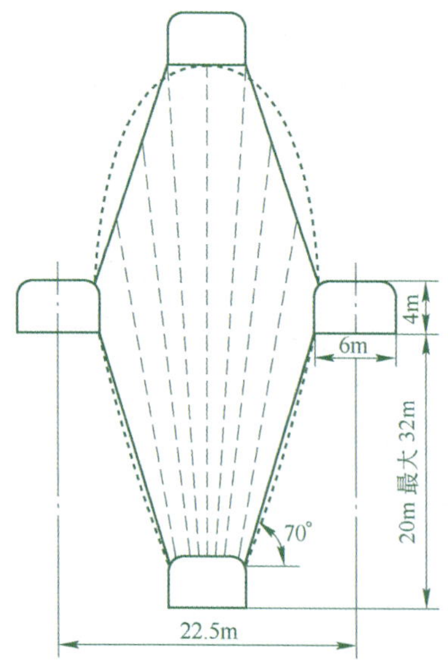

图 10 - 17 LKAB 公司的玛尔贝格特矿采矿结构图

该矿的生产实践证明,进路间距大于分段高度的矿块结构能明显降低掘进成本。但是,不是所有矿石都适用此类结构,对于不同类型矿石需要通过现场放矿试验,确定矿石流动参数,再确定合理结构参数。

上海梅山铁矿成功试验并全面应用的大结构参数无底柱分段崩落采矿法,分段高度 15 m,进路间距 20 m。采准比由原来 3.18 m/kt 下降到 2.8 m/kt,降低了采矿成本。

10.2.4.8 纵向布置的无底柱分段崩落

无底柱分段崩落同样可成功地用于回采窄矿体。在此情况下，分段平巷垂直矿体走向布置时采掘工程量大，因此应沿走向布置。

当矿体近似垂直，而且比分段平巷宽时，应将分段平巷布置在矿体中，见图 10－18。这种布置可使损失和贫化最小，垂直或急倾斜矿体，最适合用纵向布置的无底柱分段崩落法。

当矿体为倾斜时，必须考虑到重力自流主要受矿体（上盘和下盘）倾角的影响，而且也受矿体宽度的影响。矿体倾角和宽度对重力自流影响，可用图 10－19 中的模型 *a* 和 *b* 简单清楚地说明。纵向布置的无底柱分段崩落重力自流特性（系矿体倾角和宽度的函数），受图中黑色死区尺寸和形状的限制。图 10－19*a* 表示矿体在倾角小时的三种不同厚度矿体的死区（黑色）；图 10－19*b* 表示倾角稍大时，上述三种厚度矿体的死区（黑色）。用相同和不同倾角直接比较三种厚度的矿体，可以弄清楚死区附近的重力自流特征。

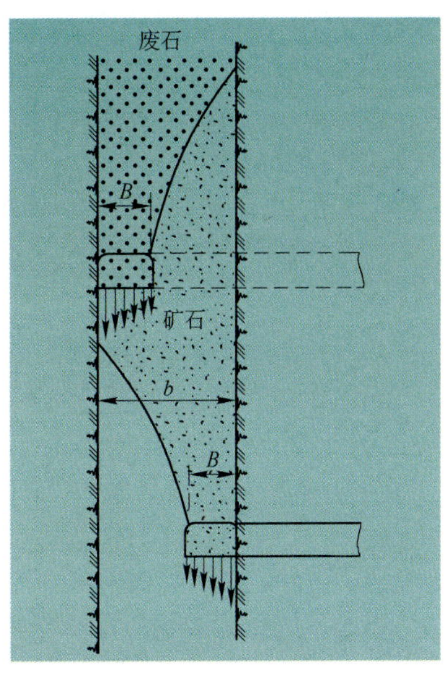

图 10－18 用纵向布置无底柱分段崩落法回采较窄并接近垂直矿体时的最合理分段平巷位置

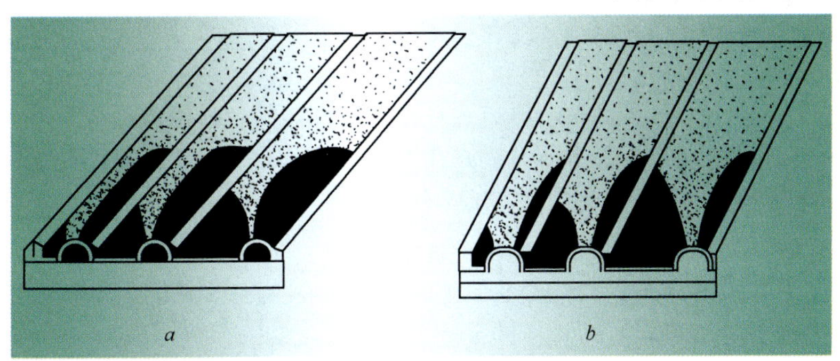

图 10－19 纵向布置的无底柱分段崩落模型

这个问题在图 10－20 中可进一步补充说明。这四种情况也表明了，死区 P 的出现与矿体倾角和平巷位置有关。

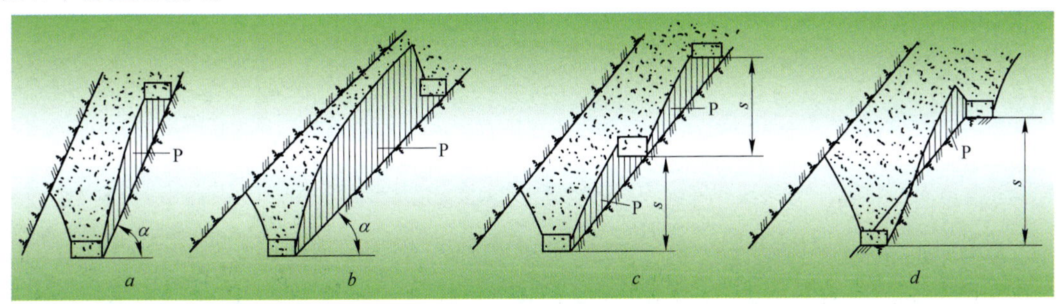

图 10－20 死区 P 与矿体倾角、矿体厚度和分段平巷位置的关系

纵向布置的无底柱分段崩落法，主要适用于倾斜的和较窄的矿体，矿体最大宽度约 20 m。对这种厚度的矿体，每一水平上宜布置两条分段平巷以提高回收率。矿体倾角、厚度以及分段平

巷布置(纵向或横向无底柱分段崩落)之间的粗略关系示于图 10－21。

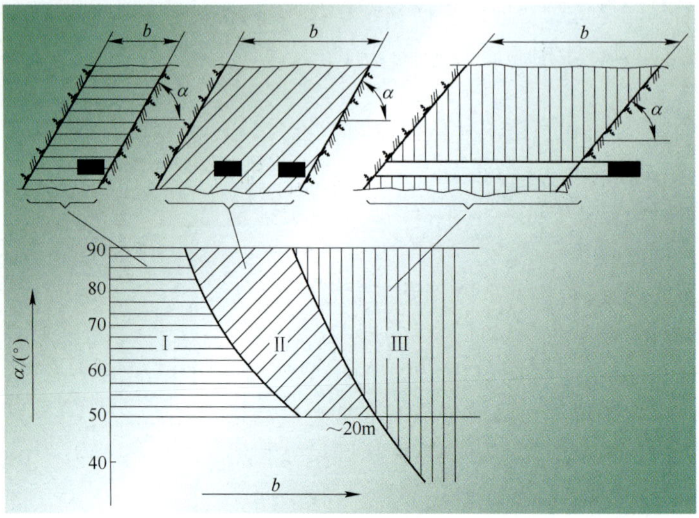

图 10－21　纵向或传统布置的无底柱分段崩落同矿体倾角和宽度的关系

10.2.5　与其他采矿方法联合的无底柱分段崩落法

在许多情况下,可用无底柱分段崩落作为第二步开采方法,特别在矿石价值很高时。无底柱分段崩落也可用于回采经济上合理的缓倾斜矿体的所有矿房和矿柱。其必备条件是矿房已充填,且有房间矿柱,当分段平巷穿过房间矿柱时,房间矿柱应有足够的稳定性。分段平巷布置在矿柱的纵轴线上,并与相邻矿房的底部结构相通。

这种方法可用于回收已充填矿房的余下矿柱和底柱。在这种情况下,对倾斜的或急倾斜的矿体大有好处,在首先回采主要采场后回采矿柱。

其中的一个实例是辽宁省花园沟硼矿采用两步法开采,第一步采用空场法开采矿房,第二步采用无底柱分段崩落法开采矿柱。见标准采矿方法图 10－22。

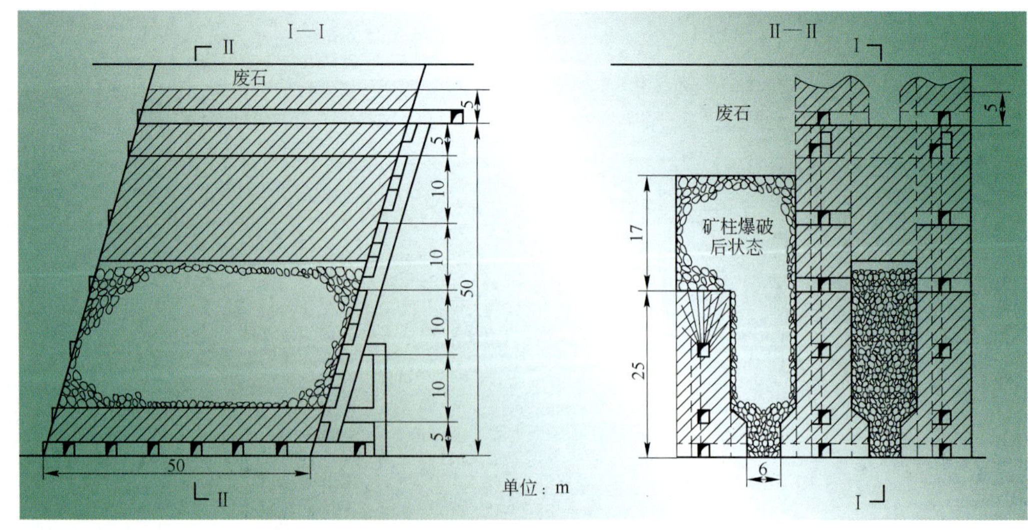

图 10－22　空场采矿法与无底柱分段采矿法联合应用图

无底柱分段崩落也成功地用在刚果的卡莫托(Kamoto)铜矿回收已充填采场之间的矿柱(约 10~11 m 厚)。该矿属扎伊尔的杰卡米/开发(Gecamines/Exploitation)公司,有两条平行矿脉,厚度为 15 m,倾角仅 30°~35°,且 15 m 厚的矿层被 15 m 厚的岩石分隔。用充填采矿法(上向回采)和无底柱分段崩落采矿法(下向回采)的联合采矿法,在没有贫化的条件下能回采大约 72% 的矿石,总的回收率达到 82%~85%。

无底柱分段崩落能非常成功地与自然崩落采矿法相结合,回收自然崩落采矿法的残留矿柱和底柱上方死区中的碎裂矿石。该底柱位于连续崩落区运输平巷之上,自然崩落采矿法连续崩落的矿石放完后,废石就留在放矿巷道中。采用无底柱分段崩落采矿工艺回采残留底柱,能够非常容易和廉价地回收大部分余留矿石,因为花钱最多的部分(大尺寸平巷)已在崩落法采准时做好了。

东北大学在一些矿山试验将自然崩落法和无底柱分段崩落法相结合的采矿方法,在减少掘采比、降低采矿成本和降低矿石的损失和贫化率方面也取得了较好的效果。在北铭河铁矿,对 -100 m中段和 -50 m 辅助中段进行的采准工程布置方式是:考虑到矿体顶板围岩比较破碎可随着回采自然冒落,因此不再布置专用的放顶工程,首采分段的大部分工程布置到矿体内,兼作放顶巷;首采分层以将矿石崩落为主,仅出松散量,随着顶板围岩冒落,逐渐增加出矿量。工程布置方式如图 10-23 所示。此外东北大学还在马钢集团姑山矿业公司的和睦山矿进行了类似的生产实践,取得了较好的效果。

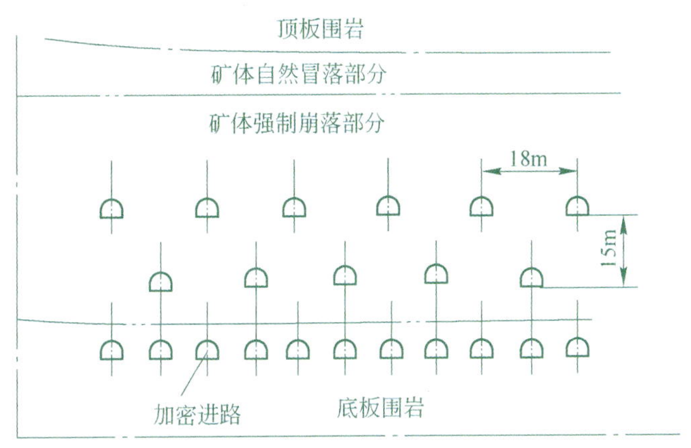

图 10-23 北铭河铁矿 15 m×18 m 采准工程布置示意图

10.2.6 无底柱分段崩落对地表的影响

使用无底柱分段崩落的基本条件是地表允许塌陷。地表逐渐破裂与崩落的形状和尺寸同多种因素有关,最重要的因素是矿体倾角 β、矿体厚度 W、开采深度 H_1、岩石物理力学性质(如 C、ϕ、γ)和地质构造,而崩落岩石可能产生成拱力阻止岩体破裂,形成一定的崩落高度 H_2,会减缓崩落速度。

当矿体倾角构成稳定的下盘坡度时,逐渐破裂和崩落就仅出现在上盘,见图 10-24。垂直的或急倾斜的矿体将在上盘和下盘引起逐渐破裂,见图 10-25。逐渐破裂的简略机理可用角度 α_B 的破裂面 B 和角度 α_S 的移动面 S 来表示,这些角度与 H_1、W、H_2、C、ϕ、γ 和 α 等因素有关。

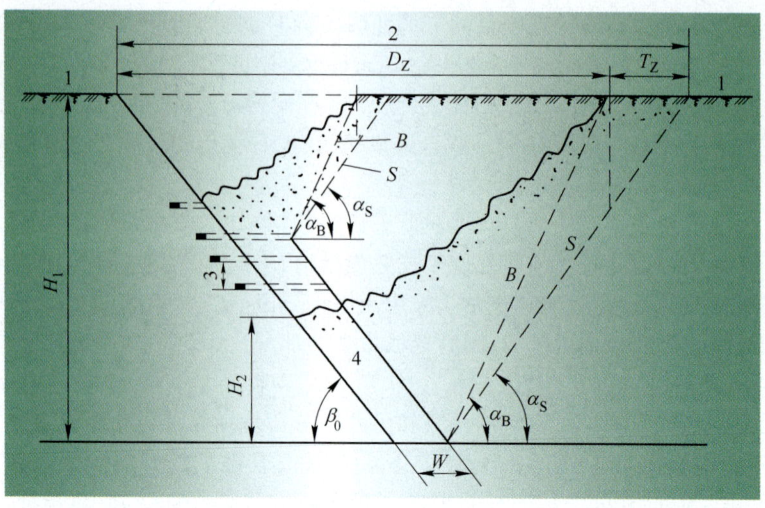

图 10-24　由无底柱分段崩落引起的上盘覆盖岩层的逐渐崩落和塌陷

1—稳定区;2—塌陷区;3—分段;4—矿石

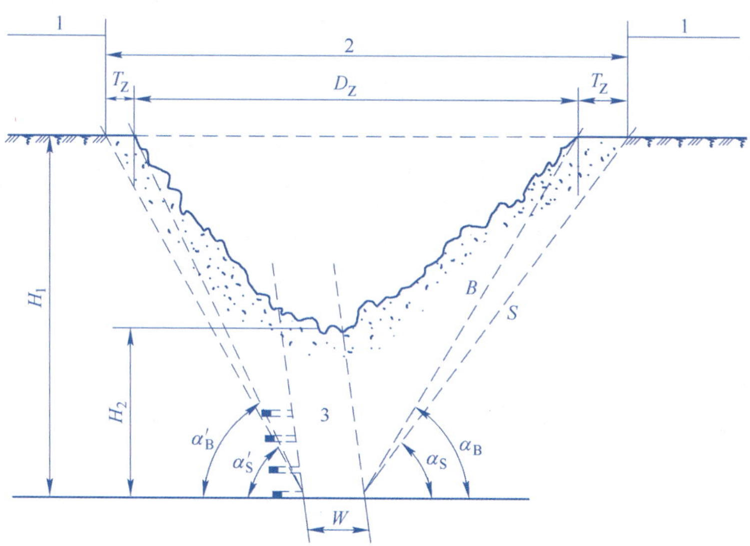

图 10-25　由无底柱分段崩落引起的上盘和下盘逐渐崩落和塌陷

1—稳定区;2—塌陷区;3—矿石

10.2.7　无底柱分段崩落法发展方向

10.2.7.1　结构参数增大

随着凿岩、出矿设备的不断改进,无底柱分段崩落采矿法也随之不断发展。具体表现在分段高度、进路间距、巷道宽度等尺寸增大。增大矿块结构参数降低了掘采比,减少了掘进工程量。某矿山早期生产时的矿块结构参数为分段高度 12 m、进路间距 10 m、巷道宽度 3.5 m,千吨采准比为 8.6 m/kt。现在发展到分段高度 15 m,进路间距 20 m、巷道宽度 4.5 m,千吨采准比为 2.2 m/kt,大大降低了采矿成本。

但是,矿块结构增大是受矿体赋存条件限制的,薄矿体或缓倾斜矿体的分段高度、进路间距等参数增加有限,不能照搬其他矿山的矿块结构,有时为了提高回收率和降低贫化,需要减小矿块结构参数。所以,大结构是有条件的大结构。

10.2.7.2 高效率大型设备

新型水力潜孔凿岩机的成功应用,实现了安全、高效、经济合理的生产效果。大型设备的应用具体表现在出矿设备铲运能力不断增大,现阶段出矿铲运机最大载重达25 t。增大设备能力的目的是提高出矿强度,增加生产规模,降低综合成本。大设备必须和每班出矿量相匹配,即同时与合理运输距离、合理分担进路条数、合理一次爆破量相匹配。澳大利亚的瑞奇伟(Ridgeway)矿是2002年开始生产的,采用无底柱分段崩落法,该矿有两台Simba L6 C深孔台车,为了进一步提高台车的生产能力,2006年将其中的一台装配了先进臂控自动化技术(ABC),臂和钻机按照预先给定的凿岩形式和顺序自动定位,随后自动换套、换杆和钻凿,生产效率提高10%以上。

10.2.7.3 增大一次爆破量

增大一次爆破量的好处是减少凿岩、装药、爆破、出矿的循环次数,从而减少不同生产环节之间的衔接对生产的影响。

10.2.7.4 低贫损少采掘的变形方案

为了降低无底柱分段崩落法的矿石损失和贫化指标,以及减少采掘工程量和回采凿岩爆破工作量,出现了多种变形的布置方式和放矿形式,如分段留矿法和自然崩落法结合的方法等。分段高度和进路间距也不是保持不变,而是根据各分段的作用不同采用不同的参数。

10.2.7.5 远程遥控生产

无底柱分段崩落采矿法是较容易实现自动化采矿的采矿法,部分生产环节已经实现自动化作业,如阶段运输、凿岩、出矿等。瑞典基律纳铁矿已经实现地面遥控采矿,真正做到工作面无人采矿。

10.2.8 如何提高无底柱分段崩落法生产能力

由于无底柱分段崩落法无法实现多中段同时生产,只能自上而下逐层开采,所以如何提高无底柱分段崩落法采矿能力一直是个难题。解决这一问题主要应从以下几个方面出发。

10.2.8.1 选择合理的矿块结构

根据所采用的爆破方式及矿石流动参数确定适合具体矿石特点的矿块结构参数。在一定矿体倾角、厚度及对矿石开采所要求的贫化损失指标等条件下,矿块结构参数的各项数值应不超过一个极限。充分考虑所选择的合适采矿设备的同时,应尽可能选择较大的矿块结构参数,同时又不能脱离矿体赋存条件。如缓倾斜、厚度小于30 m的薄矿体就不宜选择15 m以上的分段高度,否则难以控制采矿贫化损失指标。选择大结构参数才有条件选择较大的出矿设备,选择了大型出矿设备才能在有限的空间内实现生产规模最大化。

国内一些矿山正在试验大进路结构(进路间距大于分段高度),目的是通过增大进路间距降低千吨掘采比。实际上,西方矿业发达国家早在20世纪70年代就应用过大进路结构,如瑞典LKAB公司的玛尔贝格特(LKAB - Malmberget)矿曾采用大尺寸为:分段高度×进路间距=20 m×22.5 m,并收到较好效果。2000年梅山铁矿在分段高度(15 m)不变的情况下,将进路间距由原来的15 m增大到20 m,经过几年试生产后,还是发现很多问题,现在调整为:分段高度18 m,进路间距20 m。武钢集团所属的余华寺铁矿采用无底柱分段崩落法,原来矿块结构为分段高度×进路间距×放矿步距=10 m×10 m×2.0 m,分段高度由原来10 m增大到12.5 m,进路间距(10 m)不变,即结构参数为分段高度×进路间距×放矿步距=12.5 m×10 m×2.4 m,3年的放矿实践表明,通过采场结构参数优化取得了很好的经济效益。所以,不是所有矿山都适合大进路结构(进路间距大于分段高度),不同矿石性质需要不同的矿块结构。

10.2.8.2 选择合理配套的采矿设备

首先应当选择性能优良、先进的设备。凿岩选择效率高的凿岩台车,装药选择适合自身炸药特点的装药台车,出矿选择大型号并与矿块结构和一次爆破矿量配套的铲运机。辅助设备,如撬毛机、喷浆机、砂浆运输车等的选择也直接影响生产环节的衔接,所以这些设备的选择也要重点考虑。

采矿主要设备包括掘进、中深孔凿岩、出矿等设备。

对掘进凿岩设备,小型矿山可选择手持式凿岩机,大型矿山则宜选择掘进凿岩台车。进口掘进凿岩台车有 Atlas Copco、Sandvik 等公司生产的掘进台车,如 Atlas Copco 公司的 Boomer 281 和 282,Sandvik 公司的 Axera D05、D06、D07 等。

中深孔凿岩设备包括气动凿岩机、液压凿岩台车、水力潜孔凿岩台车等。我国现阶段中小矿山还普遍使用气动凿岩机,如 YGZ－90 凿岩机。气动凿岩机特点是使用灵活,应用方便。西方矿业发达国家早在 20 世纪 80 年代初就很少使用气动凿岩机,因为气动凿岩机的效率低、能量利用率极低。液压凿岩台车的效率高、能量利用率高,现在被普遍应用在大型矿山。在实际生产中应尽可能多采用先进高效、节能凿岩设备。水力潜孔凿岩台车是目前世界上最先进的凿岩台车之一,如 Simba W469 水力潜孔凿岩台车,它以高压水为传动介质,高压水将能量传给钻头破碎岩石后,再将破碎岩粉排除炮孔。而气动潜孔凿岩机是以高压空气为动力源。

出矿设备包括气动装岩机、柴油铲运机、电动铲运机、遥控电动铲运机等。出矿设备的选择主要应考虑以下几方面:一是与生产规模相适应;二是外形尺寸与所选择的掘进、凿岩设备外形尺寸大致一致;三是与所选择的矿块结构尺寸相适应。气动装岩机已经很少被使用,柴油铲运机和电动铲运机现在被普遍应用,如国产电动铲运机有 WJD－2 型、CYE－1.5 型等,进口电动铲运机有 EST－6C 型、TORO 400E 型等。西方大型矿山已经普遍采用遥控电动铲运机,如 TORO 2500 遥控电动铲运机。

10.2.8.3 采用合理的开拓运输系统

由于矿山生产是一个复杂整体,采矿作业只是其中一个环节,矿石从采场出来还需要经过很多环节,如中段运输、破碎、计量、装矿、提升等。任何环节不配套都影响矿山生产。所以,生产环节少、自动化程度高、基建周期短的建设方案应是矿山发展方向。每个生产环节必须合理配合才能最大限度地提高无底柱分段崩落法生产能力。

10.2.8.4 提高管理水平

生产管理对生产规模的影响是无形的,相同条件下,管理得好将大大提高生产能力。注重先进技术的开发和利用,先进技术和设备的利用将提高生产率,降低成本,降低工人体力消耗,最大程度发挥采矿设备的效率。提高设备使用率,意味着增加单位空间的开采强度,也就提高了无底柱分段崩落法采矿能力。

10.2.9 矿山实例

10.2.9.1 瑞典基律纳(Kiruna)铁矿

瑞典基律纳铁矿是采用无底柱分段崩落法最早的矿山。矿体呈板状,平均矿体厚度 90 m,倾角 50°～60°。2006 年已经开采到地表以下 1045 m,其无底柱分段崩落法系统如图 10－26 所示。

矿石主要为含磷铁矿,含铁品位为 60%～65%,深部铁品位高达 75% 以上。按矿石含磷高低,分四种品级进行开采。上盘为石英角斑岩,下盘为正长斑岩,矿石和围岩都很稳固。靠近地表矿体上部采用露天开采,露天转地下后,已经形成覆盖层。

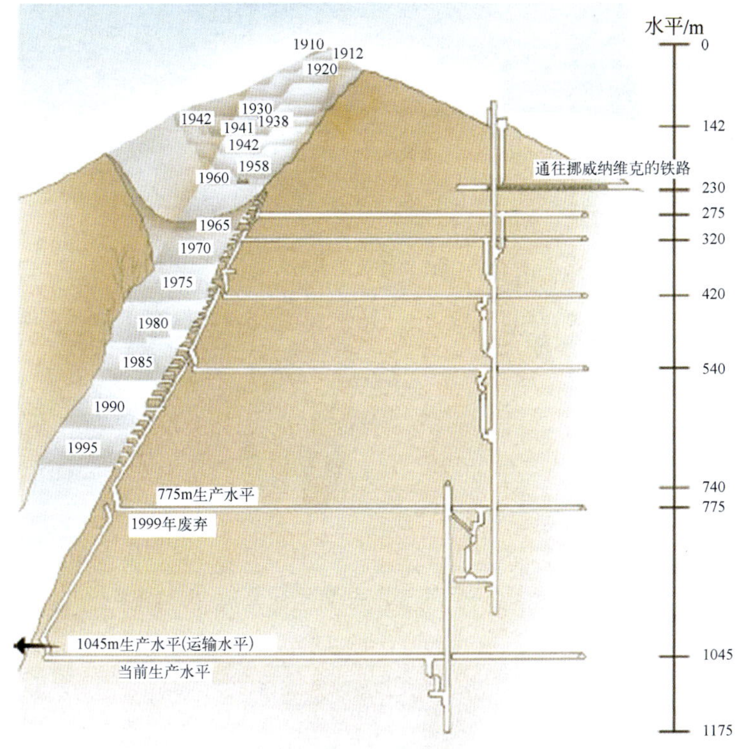

图 10－26 基律纳铁矿无底柱分段崩落法系统图

早期阶段高度为 45 m,分段高度 10 m,进路间距 8 m。现在发展到阶段高度 270 m,分段高度 28.5 m,进路间距 25 m。

该矿原设计规模为 3000 万 t/a,实际达到的最高产量为 2450 万 t/a(1974 年),由于产品销售原因,1985 年产量为 1600 万 t/a。市场销售较好时,产量也稳步回升,2004 年产量为 2100 万 t/a。

基律纳铁矿一直是大型采矿设备试验并应用最早的矿山。早期采矿采用 Simba 323 型凿岩台车,台班效率为 300 m,台年崩矿量 100 万 t。2005 年主要采用 Simba W469 远程遥控水力潜孔凿岩台车,钻孔直径为 115 mm,钻孔速度为 0.6 ~ 0.8 m/min,平均钻孔深度 55 m,台年崩矿量 300 万 t。远程遥控凿岩作业见图 10－27。出矿早期采用 ST－8 型、TORO 500 型柴油铲运机,台班效率 1200 ~ 1500 t,台年 50 万 ~ 60 万 t。2005 年出矿主要采用 TORO 2500 型电动铲运机,全部采用地面遥控出矿,真正做到采场无人作业,平均台班效率 2800 ~ 3000 t,台年 120 万 ~ 150 万 t,井下工人劳动生产率提高到 15 万 t/(人·年)。地面远程遥控采矿工作室见图 10－28。

矿石回收率为 85% ~ 90%,废石混入率为 20% ~ 25%。采矿年下降速度:20 世纪 60 年代为 5 ~ 8 m,70 年代为 12 ~ 16 m;2005 年达到 20 m。

矿体的水平面积为 34 万 m^2 左右。当年产量为 2100 万 t 时,开采强度为 62t/(m^2·a)。当年产量为 3000 万 t 时,开采强度为 90 t/(m^2·a)。

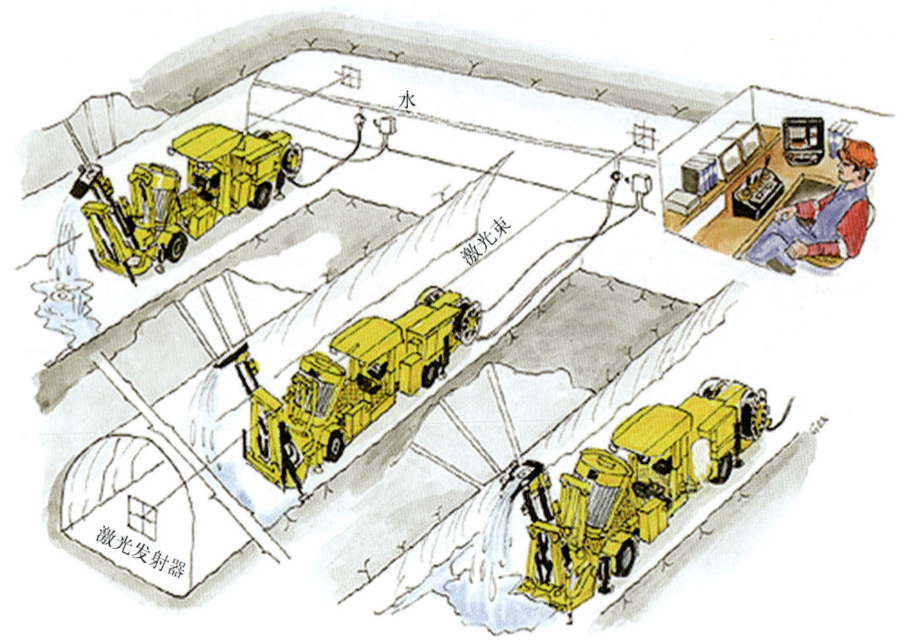

图 10－27 基律纳铁矿远程遥控凿岩

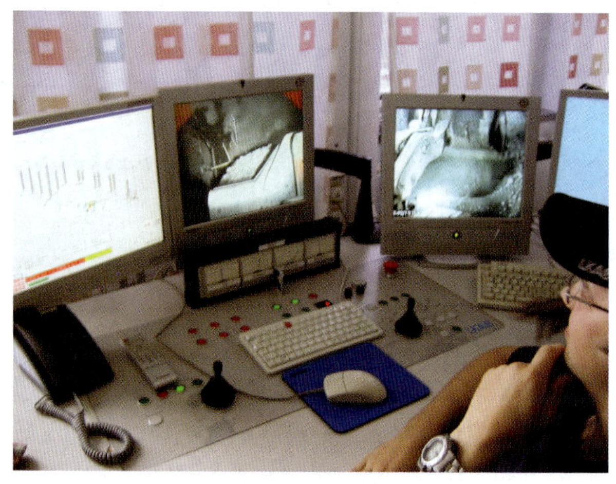

图 10－28 基律纳铁矿地面采矿操作室

10.2.9.2 梅山铁矿

A 矿床开采技术条件

梅山铁矿位于江苏省南京市市郊，有铁路、公路、水运和各地相通。矿床规模为大型，成矿方式以充填为主，交代为辅，属于浅成－超浅成侵入体与火山岩正接触带中的铁矿床。

主矿体长轴方向为 NE20°，平面上呈椭圆形，在立面呈中间厚向四周变薄分枝的透镜体。矿体长约 1200 m，厚度一般 120～200 m。在主矿体之下还有 20 余个平行的小矿体，单个矿体长度一般在 100～150 m，厚度一般小于 10 m，最厚可达 27 m。埋藏深度自 －36 m 至 －486 m。矿床条件参数如表 10－2 所示。

表 10－2 矿床地质条件表

矿岩名称	平均倾角/(°)	厚度/m			体重/t·m^{-3}	硬度系数f	松散系数	稳固程度
		最大	最小	平均				
磁铁矿、假象赤铁矿(矿层)	20	292.5	120	147	4.2	9～14	1.7	稳　固
高岭土化安山岩、矽化安山岩、次生石英岩(顶盘)						3～5 5～7 7～8	1.5	不稳固
辉长闪长玢岩(底盘)						4～6	1.6	中等稳固

主要矿石类型有赤铁矿、磁铁矿、假象赤铁矿等。矿石构造以块状为主，其次为角砾状、浸染状等。块状含铁量较高，主要分布于矿体上部，质量比较稳定。其他为贫矿，分布于矿体下部和边部，质量变化大。富矿品位 TFe:50.48%；贫矿 TFe:33.47%；S:1.79%～2.49%；P_2O_5:0.39%～0.49%；V_2O_5:0.103%。

B　采矿方法

a　矿块构成要素

矿块构成要素如表 10－3 所示。

表 10－3　矿块结构参数表

阶段高度/m	矿块规格(长×宽×高)/m×m×m	布置方式	分段高度×进路间距/m×m	一个矿溜井担负进路数/条
120	60×50×120	垂直走向	10×10、(12～13)×10、15×15、15×20、18×20	4～6

b　采准切割工作

(1) 采准工作，在分段水平，沿走向每隔 60 m 布置一条穿脉巷道(联络道)，垂直走向每隔 50 m 布置联络道，与穿脉巷道(联络道)连通，平面上形成棋盘形布置形式，每个 60 m×50 m 的单元即为一个矿块。与每个分段连接的是：东西冀各有两个电梯井和一个设备井；顶底盘均有专用进风井巷，两翼均设专用回风井巷；每个矿块设一个矿石溜井，布置在矿体中，不设废石溜井，一个溜矿井担负 6 条进路。回采进路沿走向布置，进路水平间距 10 m，垂直距离为 12 m、13 m、14 m、15 m 不等，上下分段进路错开布置，如图 10－29 所示。

(2) 切割工作，每个分段，一般从矿体中间部位开始，在联络道中以切割井为自由面进行切割拉槽，也可利用矿体中的裂隙或软弱部位作为切割槽。

C　回采工艺

因矿体是极厚大矿体，为增加回采工作面和回采强度，进行分区开采。从矿体中部分为东西两个采区，由分界处向东西两翼退采。三个分段同时回采，每分段有两个工作面(包括采准切割与中深孔凿岩)，上下分段回采的超前距离为 25～50 m。

顶板管理。随回采工作的进行，顶板岩石应随之冒落，以形成足够的岩石垫层。若顶板不冒落时需强制放顶，放顶方法有两种：其一为超前回采一定距离，随采随放；其二为在专用天井内用水平深孔集中放顶。

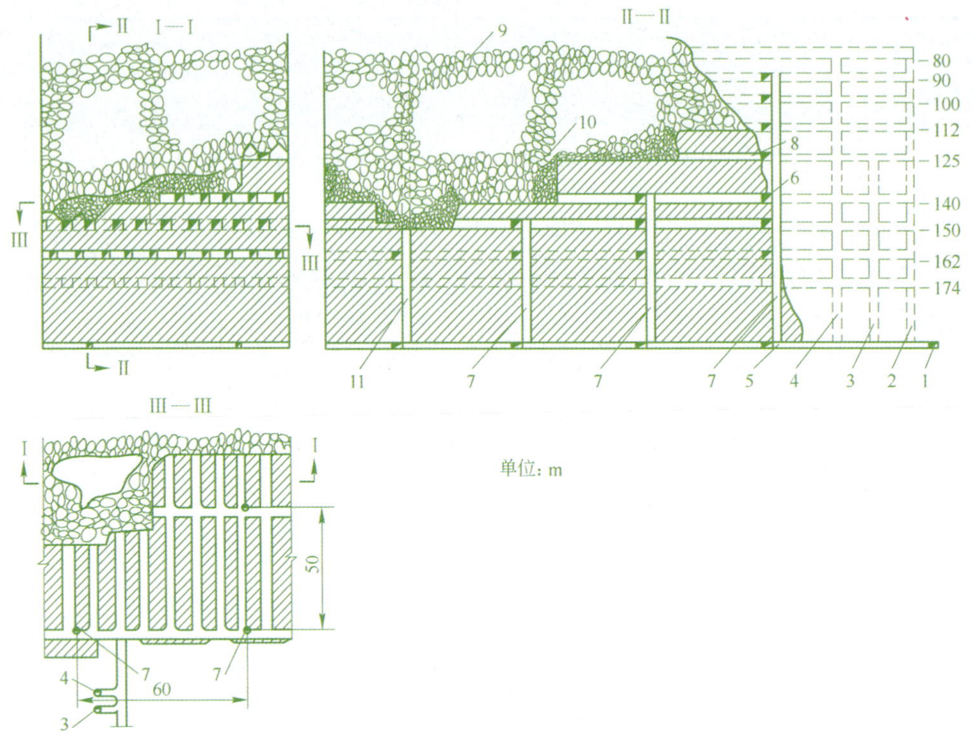

图 10－29 梅山铁矿无底柱分段崩落采矿方法图

1—下盘运输平巷；2—1 号电梯井；3—2 号电梯井；4—设备井；5—穿脉；6—联络道；7—矿石溜井；8—回采进路；9—废石；10—崩落矿石；11—切割井

a 凿岩爆破出矿

凿岩爆破参数如表 10－4 所示。

表 10－4 凿岩爆破参数

炮孔布置形式	钎头直径/mm	炮孔直径 d/mm	最小抵抗线 W/m	W/d	孔底距/m	崩矿步距/m	炸药类型	装药方法	装药系数	起爆材料
垂直扇形中深孔	52～58	54～60	1.6～1.8	29.63～30	1.2～1.4	1.6～1.8	铵松蜡 2 号岩石炸药	装药器装药	0.86	非电雷管

凿岩和出矿设备效率如表 10－5 所示。

表 10－5 凿岩和出矿设备效率

设备名称	设备型号	指标单位	1999 年	2003 年
中深孔凿岩台车	Simba H252	万 m/a	5.81	6.2
中深孔凿岩台车	Simba H254	万 m/a		6.2
中深孔凿岩台车	Simba H1354	万 m/a		6.38
柴油铲运机（出矿）	TORO 301D	万 t/a	31.69	33.54
电动铲运机（出矿）	TORO 400E	万 t/a	43.38	48.74
柴油铲运机（出矿）	TORO 007	万 t/a		48.24

巷道掘进采用掘进凿岩台车，阿特拉斯柯普柯公司生产的 Boomer 281 和 ROCKET 281 台车，出碴一般用 TORO 301D 柴油铲运机。采矿中深孔凿岩采用阿特拉斯柯普柯公司生产的 Simba H252、Simba H254 和 Simba H1354 台车，Simba H1354 台车效率约为 106 m/台班，Simba H252 为 103 m/台班。出矿采用山达维克公司生产的 TORO 301D、TORO 400E、TORO 007 等型号铲运机，其中 TORO 400E 和 TORO 007 效率约为 650 t/台班。装药采用装药车，效率为 2000 kg/台班。

b 采场通风

采场采用多级机站贯穿风流通风。新鲜风流经过顶、底盘专用进风井巷分送到各水平联络道，进入回采进路冲洗工作面，污风经各分段的总回风道、回风井排出地表。

c 劳动组织及工作制度

采矿场下设采准、凿岩、回采、支护、运输及辅助六个工区。采准工区担负开拓巷道施工及新水平的准备；凿岩工区担负扇形中深孔的凿岩工作；回采工区担负爆破落矿和出矿；运输工区担负坑内矿石和辅助材料的运输；支护工区担负井巷喷锚、局部砌碹；辅助工区担负坑内各种设备、管线维修工作。

矿山年工作日 330 d，每天 3 班，每班 8 h。

d 主要技术经济指标

主要技术经济指标如表 10－6 所示。

表 10－6 主要技术经济指标

矿块生产能力 /t·d^{-1}	工作面工人工效 /t·(工班)$^{-1}$	损失率 /%	贫化率 /%	每米炮孔崩矿量 /t·m^{-1}	采切比 /m·(kt)$^{-1}$
485～860	18	21	15～17	10～12	1.8～3

10.2.9.3 程潮铁矿

A 开采技术条件

矿山位于湖北省鄂州市，距市区 13 km，距武钢 65 km，距大冶铁矿 28 km。有准轨专线通矿山车站，公路通鄂州、黄石、武汉等地，交通方便。本矿为大冶式热液交代矽卡岩型矿床，矿体呈北厚南薄不规则透镜状；赋存于 +25～－350 m 标高，长 1080 m，宽 195 m。矿体上盘为闪长岩、下盘为花岗岩；矿岩接触带一般为矽卡岩，节理裂隙发育，疏松易碎，稳定性很差。

矿体位于当地侵蚀基准面以下，主要含水层为大理岩，为溶洞裂隙水。大理岩分布不广，是一水文地质条件中等的矿床。地表允许陷落。矿床主要参数如表 10－7 所示。

表 10－7 矿床开采条件参数

矿岩名称	倾角/(°)			厚度/m			体重 /t·m^{-3}	硬度系数 f	松散系数	稳固程度
	最大	最小	平均	最大	最小	平均				
矿 层	90	10	46	140	30	40	3.74	2～6	1.6	不稳固
闪长岩(顶盘)								9～13	1.55	稳固
花岗岩(底盘)								13～15	1.7	不稳固

B 采矿方法

采矿方法为无底柱分段崩落法，如图 10－30 所示。

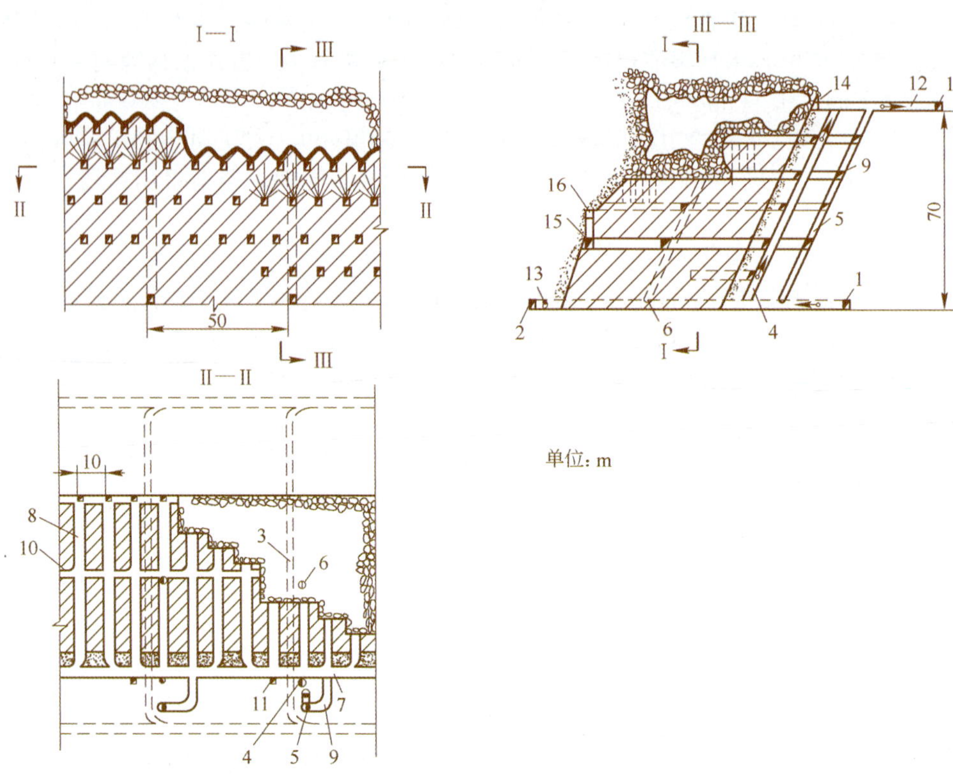

图 10－30　武钢程潮铁矿无底柱分段崩落采矿方法

1—下盘沿脉运输平巷；2—上盘沿脉运输平巷；3—穿脉运输平巷；4—脉外矿石溜井；5—废石溜井；6—脉内矿石溜井；7—脉外运输联络道；8—分段回采进路；9—废石溜井联络道；10—脉内运输联络道；11—人行通风井；12—下盘回风平巷；13—调节风门；14—风墙；15—切割平巷；16—切割天井

a　矿块构成要素

矿块构成要素如表 10－8 所示。

表 10－8　矿块构成要素

阶段高度/m	矿块规格(长×宽×高)/m×m×m	布置方式	分段高或分层高/m	进路间距/m
70	90×厚度×70	垂直走向	12,14,17.5	10,15

b　采准切割

矿体厚度大于 40 m，矿块长度沿走向 50～80 m。每个矿块在下盘围岩内布置溜矿井、废石井及通风井各一个，在矿体内布置一条矿石溜井，沿走向 500 m 左右布置一条设备井。矿体及下盘围岩中各布置一个运输联络道，上下分段回采进路呈菱形交错布置。切割巷道布置在靠近上盘矿体内，切割井布置在上盘围岩中。

c　回采工作

采用凿岩台车打前倾 80°～85°扇形炮孔，用 ANOL－150 型装药器装药，采用导爆索和非电导爆雷管起爆；爆破步距 1.8 m，采用 T_4G 装岩机和 TORO 400E 铲运机出矿。

d　凿岩爆破出矿

凿岩爆破参数见表 10－9，采、装、运设备及其效率见表 10－10。

表 10－9 凿岩爆破参数

炮孔布置形式	钎头直径/mm	炮孔直径 d/mm	最小抵抗线 W/m	W/d	孔底距或孔间距/m	孔深/m	崩矿步距/m	炸药类型	装药方法	装药系数	起爆材料
前倾 80°～85° 扇形	80	82～84	1.8	21.4～21.9	1.2～1.5	6～13	1.8	2 号岩石铵油炸药	装药器	0.75～0.80	导爆索，导爆管

表 10－10 采、装、运设备及其效率

工 序	凿岩设备			搬运设备			装药设备		
	型号规格	效率/m·(台班)$^{-1}$		型号规格	效率/t·(台班)$^{-1}$		型号规格	效率/kg·(台班)$^{-1}$	
		一般	平均		一般	平均		一般	平均
采 准	Boomer 281			T_4G			人工		
切 割	YSP－45			T_4G			人工		
回 采	CYQ－80		30.04	TORO 400E		480	ANOL－150		400～500

e 采场通风

回采工作面的新鲜风流由采区通风天井进入，污风经风筒由装在通风天井上口的两台并联的 JBT-62 型局扇抽出。通风天井中安装直径 600 mm 的风筒，在下盘脉外运输联络道用直径 400 mm 的风筒一直伸入回采巷道。有时在回采巷道内串联 JBT-52 型局扇加强通风。

f 劳动组织及工作制度

掘进工作由掘进队完成，队内凿岩工、爆破工为专业工种，其余为混合工种。回采分为凿岩、爆破、出矿三个专业队。采用连续工作制，年工作日 330 d，每天 3 班，每班 8 h。

g 主要技术经济指标

主要技术经济指标如表 10－11 所示，主要材料消耗如表 10－12 所示。

表 10－11 主要技术经济指标

矿块生产能力/t·d^{-1}	工作面工人工效/t·(工班)$^{-1}$	损失率/%	贫化率/%	每米炮孔崩矿量/t·m^{-1}	采切比/m·(kt)$^{-1}$
300～400	19.4	5.5	30.9	10～12	5～6

表 10－12 主要材料消耗

爆破工作	炸药/kg·t^{-1}	雷管/发·t^{-1}		导火索/m·t^{-1}	导爆管/m·t^{-1}	合金片/g·t^{-1}	钎钢/kg·t^{-1}	坑木/m^3·t^{-1}
		火	非电					
一次	0.34				0.04	0.0246	7.33	0.000242
二次	0.02	0.02		0.1				

10.3 有底柱分段崩落法

10.3.1 概述

有底柱分段崩落法是在每个分段形成底部结构，在其上崩落矿石，随着矿石放出矿石顶板围

岩崩落的一种采矿方法。有底柱分段崩落法经多年生产实践,已经积累了许多经验,有色矿山应用广泛。按爆破方向分为垂直落矿方案、水平分层落矿方案、联合落矿方案。按爆破补偿空间分为挤压爆破方案和自由空间爆破方案。传统的有底柱分段崩落法多以电耙出矿为主。

10.3.1.1 适用条件

除崩落法一般适用的条件外,还包括下述条件:

(1) 厚度大于 5 m 的急倾斜矿体或任何倾角的厚和极厚矿体;

(2) 矿体形态不太复杂,含夹石量不多,不需分采;

(3) 矿石在出矿过程中不结块、不自燃。

10.3.1.2 优点

采用有底柱分段崩落法的优点包括:

(1) 采用不同的回采方案能够适应多种地质条件变化,具有一定的灵活性;

(2) 开采强度大,生产安全可靠;

(3) 若采用电耙出矿,设备简单、易于操作和维修;

(4) 矿块存窿矿石多,有利于矿山均衡生产;

(5) 设有专用进、回风道,通风效果好。

10.3.1.3 缺点

采用有底柱分段崩落法的缺点如下:

(1) 矿块底部结构复杂,采准比大,采用电耙出矿时上水平掘进效率低,管理跟不上易造成采掘失调;

(2) 底柱巷道多,对底柱稳固性有影响,电耙道等维护工作量大;

(3) 放矿管理比较复杂,若采用电耙出矿,难以实现控制放矿。

10.3.2 矿块布置和构成要素

10.3.2.1 矿块布置

急倾斜和倾斜矿体,厚度小于 15 ~ 20 m,矿块沿走向布置;厚度大于 15 ~ 20 m 时,矿块垂直走向布置。

缓倾斜矿体,一般是布置垂直走向的脉外电耙道;若矿体倾角大于 25°时,考虑耙矿安全,也可布置沿走向的电耙道。

10.3.2.2 构成要素

矿块的构成要素包括:

(1) 阶段高度:当急倾斜和倾斜矿体时为 40 ~ 60 m;缓倾斜矿体下盘脉外布置电耙道时一般为 10 ~ 20 m;

(2) 分段高度:当急倾斜和倾斜厚矿体时为 20 ~ 30 m;倾斜中厚矿体,脉外布置沿走向电耙道时为 10 m 左右;

(3) 凿岩分层高度:采用深孔钻机时不大于 15 ~ 25 m,采用中深孔凿岩机时不大于 8 ~ 15 m;

(4) 矿块宽度:一般为 10 ~ 15 m;

(5) 矿块长度:当水平耙矿时,一般为 20 ~ 40 m;下盘脉外倾斜耙矿时,可达 50 m;

(6) 底柱高度(不包括出矿小井),采用漏斗式为 5 ~ 8 m;采用堑沟式为 10 ~ 13 m。

有底柱分段崩落法底部结构应用最广的是普通漏斗放矿电耙出矿形式、堑沟漏斗放矿电耙出矿形式、普通漏斗振动放矿机放矿形式,如图 10 - 31 所示。

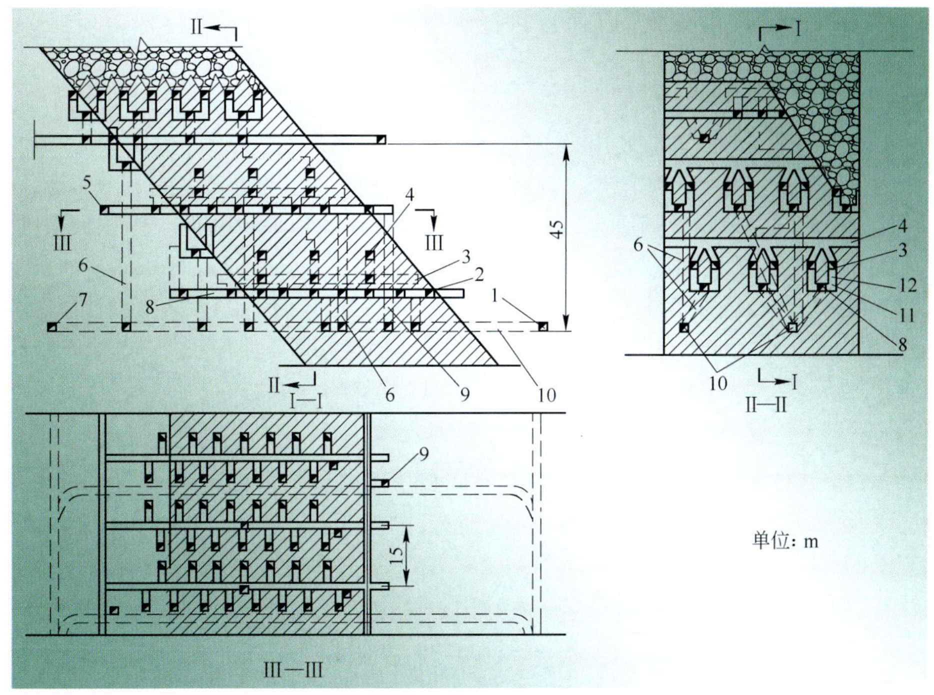

图 10－31　有底柱分段崩落法

1—上盘阶段运输平巷；2—上盘电耙联络道；3—堑沟巷道；4—凿岩巷道；5—下盘电耙联络道；
6—矿块出矿小井；7—下盘阶段运输平巷；8—电耙道；9—人行材料井；
10—阶段穿脉运输平巷；11—漏斗穿；12—漏斗颈

10.3.3　采准切割

为了提高矿块出矿和运输能力，阶段运输平巷可采用环形运输系统，布置双巷，一般采用穿脉装车，穿脉间距 30～60 m。当开采急倾斜中厚矿体，矿块产量不大时，一般在下盘脉外布置双轨巷道。

矿块的出矿溜井布置一般应与阶段的运输平巷相适应，多数矿山将溜井布置在矿体下盘或阶段穿脉中，特殊情况也可布置在矿体上盘。矿块出矿溜井布置有电耙道独立溜井、矿块分支溜井和有聚矿巷道的盘区集中溜井三种形式。目前应用最多的是电耙道独立溜井。

采准天井及联络巷道主要为矿块提供人行、通风和运送材料设备的通道。目前主要有矿块式、采区式和阶段式三种布置方式。应用较多的是第二种。第三种一般在矿体走向不太长、赋存比较稳定、缓倾斜矿体矿块垂直走向布置时采用。后两种一般在电耙层设有联络道并铺设轨道，以利于材料设备运搬机械化和减轻工人的体力劳动。

矿块采用垂直层小补偿空间落矿时，其切割槽是竖向的，要求切割空间分布比较均匀，一般沿矿块的长轴方向 10～12 m 左右布置一个垂直立槽。水平层落矿时，其主要切割空间的位置在拉底层。缓倾斜矿体采用竖分条崩落法时，矿块中矿体最凸起部位应设有切割槽。急倾斜、倾斜中厚矿体，矿块沿走向布置时，矿块中矿体最厚部位应设有切割槽。

10.3.4　回采

10.3.4.1　回采顺序及其选择原则

矿体沿倾向总的回采顺序是自上而下进行；沿走向在阶段内有单翼后退式回采、双翼后退式回采、前进式回采和阶段内分成若干采区进行回采；对相邻的平行矿体一般由顶到底地进行回采。

其选择原则为：

(1) 有利于回采工作线充分利用，使其达到较高的开采强度；

(2) 尽量减少或避免压力集中带，以确保安全和防止回采过程复杂，充分回收资源；

(3) 回采顺序与通风系统相适应，确定通风系统也要考虑回采顺序的合理性，回采顺序一般应与主风流方向相反，以获较好的通风效果。

我国使用有底柱分段崩落法的矿山大多数采用单翼后退式回采，少数矿山采用双翼后退式回采，个别矿山采用沿走向划分成若干采区进行回采。前进式回采使用较少。

10.3.4.2 回采

A 落矿形式

落矿方案形式较多，具体有垂直层小补偿空间挤压爆破落矿、水平层挤压爆破落矿、垂直层与水平层联合落矿、垂直层侧向挤压爆破落矿，还有自由空间爆破落矿和药室爆破落矿。爆破落矿设计应根据具体条件选用。

设计一般采用挤压爆破中的垂直层落矿、水平层落矿和联合落矿。自由空间爆破落矿和药室爆破落矿很少采用。

B 回采凿岩

回采凿岩一般都采用中深孔或深孔钻机。中深孔的孔径为55～75 mm，孔深不大于15 m，排距一般为1.2～2 m，孔底距一般为排距的1～1.15倍。深孔的孔径一般为95～110 mm，孔深不大于25 m，排距一般为2.5～3.5 m，孔底距为排距的1～1.15倍。拉槽孔由于爆破夹持力比较大，其排距应比正常落矿孔小些，一般为正常落矿孔排距的0.7～0.8倍。

C 爆破

设计一般均采用挤压爆破。挤压爆破补偿空间系数一般为12%～20%。

D 放矿

根据各矿块的出矿条件确定合理的放矿顺序（从上到下、从底盘到顶盘），按照所选取的放矿顺序和覆岩下放矿时矿石的移动规律，确定合理的放矿制度（等量均匀顺序放矿，一次全量依次放矿）。当崩落矿石层高度较大时，宜采用等量均匀顺序放矿，反之宜采用一次全量依次放矿制度。

放矿应按照所确定的放矿顺序、放矿制度及适应覆盖岩下放矿的矿石移动规律，编制各矿块（电耙道）的放矿图表。为使在放矿过程中沿矿体走向矿石和废石接触面保持一定状态（水平，倾斜）下出矿，在安排各矿块出矿时要考虑相邻矿块的出矿情况。上下分段同时出矿时，上分段超前的水平距离应不小于分段高度的1.5倍。

10.3.5 覆盖层形成及地压管理

10.3.5.1 覆盖层形成

覆盖层形成是有底柱分段崩落法采矿的必要条件。覆盖层的形成主要是根据矿体赋存条件、距地表深浅、地面和井下现状、废石来源等情况确定。选择形成方式时，首先是自然冒落，其次再考虑强制崩落。设计要列出形成覆盖层的基建工程量和投资。矿山生产后，倾斜、缓倾斜矿体的覆盖层不能随着开采分段下降而下移时，还要进行补充放顶。

A 自然冒落法

顶盘围岩不稳固时,采用自然冒落形成覆盖层。有自然冒落条件的矿山应尽量采用这种方法,并辅之以少量爆破处理。

B 人工回填废石

露天转入井下开采,上部矿体面积大,且废石来源充足、运距短,可以采用废石做覆盖层。同时也可缓和排石场占地问题。

C 强制崩落法

顶板围岩不能自然冒落的矿山,应采用强制崩落形成覆盖层,使回采工作及早正常化。露天转入井下开采,又无废石回填时,采用大爆破崩落上下盘边坡围岩形成覆盖层。这种方法费时少,投资省,安全可靠。矿体上部先采用其他方法开采,下部采用崩落法,可崩落上部矿柱及围岩形成覆盖层。盲矿体直接采用有底柱分段崩落法,围岩又较稳固时,一般均采用深孔中深孔强制崩落形成覆盖层;回采后集中落顶。

D 暂留矿石为覆盖层

采用强制崩落法形成覆盖层,有时工程量很大,时间长,投资多,矿石贫化大。因此,对于急倾斜矿体可以预留崩落的矿石作为覆盖层的过渡手段。待顶板围岩崩落后或开采结束时,再放出覆盖的矿石层。

10.3.5.2 地压管理

地压管理要注意在回采过程中形成了较大范围的空区,必须及时采取措施处理,以免顶板突然大面积垮塌形成空气冲击波,伤及人员和损害设备及设施,给生产造成危害;注意合理的开采顺序,避免压力过分集中;实行强化开采缩短开采周期;采用监测手段掌握陷落区的岩石移动情况,根据预报采取必要措施,防止造成危害。

10.3.6 矿块通风

要求电耙道有新鲜的贯穿风流通过,其风速应达到0.5 m/s以上,且风向与耙矿方向相反。为此许多矿山都在电耙层设有专用进、回风道与总进、回风系统相接。有些矿山还采用了抽压结合的通风方式也取得了良好的效果。

10.3.7 分段底柱回采

用有底柱分段崩落法开采急倾斜或倾斜厚大矿体时都有分段底柱回采的问题。在分段底柱中坑道密集,并经过落矿、出矿、二次破碎等过程使其受到了强烈的震动与破坏,其稳固程度大大降低,回采条件一般比较差。

(1) 当分段中的某矿块出矿结束后,有条件在电耙道中打眼落矿时,可在电耙道中向桃形矿柱和漏斗间柱打垂直扇形孔,并在电耙道之间的三角矿柱两端开凿岩硐室,在硐室中打水平深孔与桃形柱、漏斗间柱一起崩矿。

(2) 利用下一分段与其相对应矿块的凿岩巷道,隔一定距离向上开凿天井和凿岩硐室,在硐室中向上分段底柱打束状孔与下分段同时崩矿。

(3) 利用下分段的凿岩巷道向上开凿天井后再掘进水平凿岩巷道,并在其中打垂直扇形孔,下分段落矿的同时崩落上分段底柱。

(4) 对倾斜厚大矿体,矿块垂直走向布置,其底盘三角矿柱的回采,可在脉外底盘布设沿走向的水平底部结构和凿岩巷道回采。

10.3.8 有底柱分段崩落法应用实例

10.3.8.1 易门铜矿狮山区

矿区位于云南易门县，矿部若经易门到昆明为146 km，经杨家庄到昆明为147 km，经比柏县到楚雄为152 km。

A 开采技术条件

矿体属沉积变质型层控铜矿床，主要沿层展布，呈似层状、透镜状产出，形态比较规整。矿体赋存于杂色泥质白云岩与厚层状白云岩中。矿体埋藏于858～1395 m标高，走向长900 m，延深450 m。内部断层交错、节理发育，矿石破碎，与围岩界线不明显。1号矿体铜平均品位1.09%，其他矿体品位0.6%～1.22%。矿体赋存参数见表10－13。现开采9～12中段，地表已局部陷落。

表10－13 易门铜矿狮山矿体赋存要素

矿岩名称	倾角/(°)			厚度/m			体重/$t \cdot m^{-3}$	硬度系数f	松散系数	稳固程度
	最大	最小	平均	最大	最小	平均				
矿层	80	40	75	50	2	30	2.78	4～6	1.6	不稳固
青灰白云岩(顶盘)							2.69	6～8	1.6	稳固
紫色泥质白云岩与板岩互层(底盘)							2.69	4～6	1.6	不稳固

B 采矿方法

a 矿块构成要素

矿块构成要素如表10－14所示。

表10－14 矿块构成要素

阶段高度/m	矿块规格(长×宽×高)/m×m×m	布置方式	底柱高/m	分段高或分层高/m	漏斗间距/m	电耙道间距/m
50	30×25×50	垂直走向	7	25	6	12

b 采准切割

在下盘脉外运输平巷内每隔80～100 m掘一回风井，在上盘脉外运输平巷内每隔200～300 m掘一人行材料井，当回风井掘到上分段耙矿水平时，垂直走向掘耙道。从上盘运输平巷掘溜井和耙道贯通，然后掘进上下盘分段联络道，并按顺序掘进斗穿、斗颈。在拉底水平掘巷道将斗颈顺耙道连通，在垂直耙道的方向上，也用1～2条巷道(2 m×2 m)将斗颈顶部连通，并将巷道断面扩至2 m×3 m或2 m×3.6 m作为拉底凿岩巷道。

凿岩天井布置在采场中，每隔6～7 m错开布置凿岩硐室。从拉底凿岩巷道打1～2排拉底孔(孔深≤8 m，以减少对底部结构的破坏)，与回采炮孔同时爆破。用浅孔扩斗如图10－32所示。

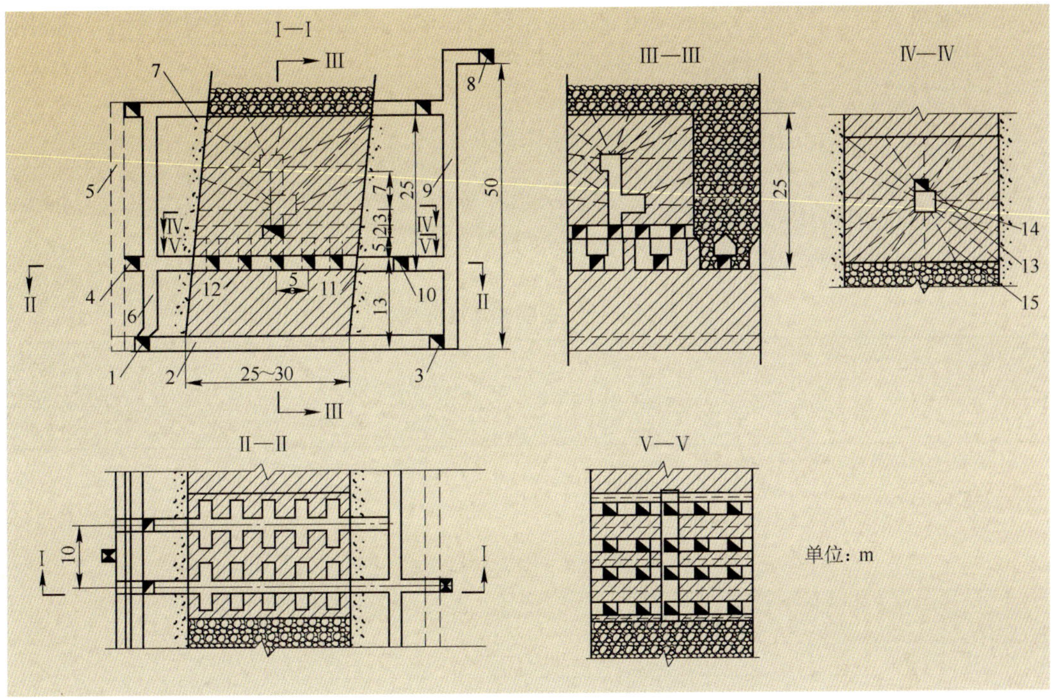

图 10－32 易门铜矿狮山有底柱分段崩落采矿法

1—上盘沿脉运输道；2—穿脉运输道；3—下盘沿脉运输道；4—上盘联络道；5—人行材料天井；6—出矿溜井；7—硐室通风孔；8—下盘沿脉平巷；9—耙巷回风天井；10—下盘联络道；11—电耙道；12—漏斗穿；13—凿岩天井；14—凿岩硐室；15—炮孔

c 回采工艺

用 YQ-100 钻机凿岩，炮孔多为水平扇形。孔深小于 15 m，分段起爆。两条电耙道为一落矿单元，一次落矿面积 200 ~ 600 m^2，落矿量 1 万 ~ 3 万 t，上下分段对应电耙道用同一溜井出矿。

凿岩爆破参数如表 10－15 所示。

表 10－15 凿岩爆破参数

炮孔布置形式	钎头直径/mm	炮孔直径 d/mm	最小抵抗线 W/m	W/d	孔底距或孔间距/m	孔深/m	崩矿步距/m	炸药类型	装药方法	装药系数	起爆材料
水平扇形	105	105 ~ 110	3.5	33	3.5 ~ 4.2	15	25	硝铵	人工	0.65	秒差电雷管

采、装、运设备及其效率如表 10－16 所示。

表 10－16 采、装、运设备及其效率

工序	凿岩设备			搬运设备			装药设备		
	型号规格	效率/m·(台班)$^{-1}$ 一般	效率/m·(台班)$^{-1}$ 平均	型号规格	效率/m·(台班)$^{-1}$ 一般	效率/m·(台班)$^{-1}$ 平均	型号规格	效率/m·(台班)$^{-1}$ 一般	效率/m·(台班)$^{-1}$ 平均
采准	YT-24	1.2 ~ 1.39	1.3	ZC2-26 装岩机		18.46			
切割	YT-24	2 ~ 2.7	2.3	2DPJ28,30 电耙		32.66			
回采	YQ-100	10 ~ 20	15	2DPJ28,30 电耙			人工		96

注：采切设备效率指巷道自然米。

采场通风方式为新风由上盘联络道进入电耙道,污风由下盘联络道至上回风平巷。溜井口装喷雾器降尘。

d 劳动组织及工作制度

采准切割采用综合工作队,每队7~12人,定额0.4~0.5 m/工班。深孔凿岩每班开钻1~3台,每台配2人。

e 主要技术经济指标及材料消耗

主要技术经济指标如表10-17所示。

表10-17 主要技术经济指标

矿块生产能力/$t·d^{-1}$	工作面工人工效/t·(工班)$^{-1}$	损失率/%	贫化率/%	每米炮孔崩矿量/$t·m^{-1}$	大块率/%	采切比/m·(kt)$^{-1}$	矿石直接成本/元·t^{-1}
216~250	44	10~13	30~35	12~18	20	25~30	1.74~3.08

注:合格矿石块度尺寸为600 mm。

主要材料消耗如表10-18所示。

表10-18 主要材料消耗

爆破工作	炸药/$kg·t^{-1}$	雷管/发·t^{-1}			导火索/$m·t^{-1}$	导爆索/$m·t^{-1}$	合金片/$g·t^{-1}$	钎钢/$kg·t^{-1}$	坑木/$m^3·t^{-1}$
		火	电	非电					
一次	0.3492			0.1994	0.3951		0.128	0.0003	0.00439
二次	0.06~0.2								

注:导火索和导爆索未分开统计。

10.3.8.2 胡家峪铜矿

胡家峪铜矿位于山西省垣曲县毛家湾,西距同蒲线的闻喜车站45 km,北距垣曲县30 km,距垣曲火车站27 km,矿区与垣曲县有公路相通。

A 开采技术条件

(1) 含矿岩性为矽化大理岩,中等硬度,$f=8\sim12$,较稳固。如果没有断层和其他构造影响,巷道一般不需支护,矿体与围岩接触不明显。

(2) 矿体顶盘围岩为黑色片岩和钙质云母片岩,$f=4\sim6$,稳固性差,巷道掘进时常需临时支护。

(3) 矿体底盘围岩为矽化大理岩和厚层大理岩,$f=8\sim10$,坚固性与稳固性较好。

(4) 矿体倾角为30°~60°,厚度为6~70 m,沿走向、倾向变化不大,区段不同略有差别。

(5) 矿石属硫化矿,以黄铜矿为主,含硫较低,属沉积变质型层控铜矿床,主要沿层展布,呈似层状、透镜状产出,形态比较规整,矿有自燃性。

(6) 矿区内地质构造复杂,断层、节理发育,断层多数与矿体走向斜交,对矿床开采有一定的影响。

(7) 矿区地形属丘陵山区,地表允许崩落。

B 采矿方法

a 矿块构成要素

阶段高50 m,分段高12~20 m,分段底柱高8~10 m,根据耙矿区段划分采场,采区宽等于矿体的厚度,一般为10~15 m,采区长根据耙运的最佳距离确定为25~30 m,每个耙矿段布设一个溜井。

b 采准

阶段运输巷道沿矿体走向布置，每隔25～30 m布置一条穿脉运输巷道，与上下盘沿脉运输巷道连通，构成穿脉装车的运输系统，在中段以上进行分段采准。在矿体厚大部分布置电耙道，每个中段划分两个分段回采，穿脉电耙道与上下盘联络道贯通，构成分段电耙层，顶盘联络道为进风道，底盘联络道为回风道，上下分段的电耙道呈交错布置；在矿体较薄的地段采用沿脉布置电耙道，每隔90～120 m施工一个进风井，每个阶段一般分为3～4个分段回采，段高为13～15 m，电耙道布置在底盘脉外。采用单堑沟布置时，斗间距5 m，双堑沟布置时，漏斗呈交错布置，斗间距6 m，坡面角为60°，斗穿长2.2 m，断面2.5 m×2.5 m，放矿口有效高度1.4 m。每个中段的底盘运输道与总回风井贯通，并作为下一个中段的回风巷道。每个分段电耙层均有独立的进回风系统，从阶段至各分段电耙层都设有专用的人行、运输井相通。

c 切割

用堑沟切割，从各漏斗颈以贯通的形式掘成堑沟巷道，根据深孔凿岩机的有效进尺，堑沟巷道与凿岩坑道垂距一般为8～12 m，切割槽根据矿体形态及电耙道布置形式的不同，一般采用"井"字形和"丁"字形拉槽，特殊情况下也采用"八"字形拉槽，上下槽尽量拉齐，防止留"隔层"，槽布置在矿体厚大的部位及拐弯处，两槽水平相距12～15 m。

d 回采

回采采用扇形中深孔落矿，使用YGZ-90型外回转式凿岩机在堑沟巷道及凿岩坑道中钻凿扇形中深孔。凿岩爆破炮孔直径65～72 mm；每米崩矿量4.5～5.0 t；炮孔深度12～15 m；切割槽：最小抵抗线1.4～1.6 m，孔底距0.6～1.2 m；落矿孔：最小抵抗线1.6～1.8 m，孔底距1.8～2.2 m；凿岩台效为35～45 m/台班；一次炸药单耗为0.63 kg/t，补偿系数为12%～18%，出矿炸药单耗为0.28 kg/t，爆破方式为毫秒微差。

起爆方式：采用导爆管雷管起爆为主、导爆索起爆为辅的复式网路起爆，起爆药包设在孔口。

e 主要技术经济指标

2001年胡家峪矿的采矿主要技术经济指标如下：采矿生产能力2400 t/d；电耙出矿台效116.6 t/台班；中深孔台效21.9 m/台班；采掘比21 m/kt；崩矿量5.33 t/m；一次炸药单耗0.707 kg/t；二次炸药单耗0.127 kg/t；矿石贫化率13.7%；矿石损失率14.3%。

中条山有色金属集团有限公司的两个矿山有底柱分段崩落法的矿石回采率和贫化率如表10－19所示。

表10－19 中条山有色公司的矿山有底柱分段崩落法指标

年份	指标名称	单位	胡家峪矿	篦子沟矿
2005	采区(矿块)回采率	%	87.4	84.1
	矿井(井田)回采率	%	87.4	84.1
	矿石贫化率	%	9.2	18.3
2006	采区(矿块)回采率	%	91.3	87.4
	矿井(井田)回采率	%	91.3	87.4
	矿石贫化率	%	12.7	20.6

10.4 阶段强制崩落法

阶段强制崩落法的实质是在阶段全高上划分成一个或数个凿岩分段，按阶段或分段进行强制崩落矿石，以阶段全高在崩落的覆盖岩下进行大量放矿。按爆破方向分为垂直层落矿方案、水平层落矿方案和联合落矿方案；补偿空间形成分为连续回采方案和补偿矿房方案；按落矿方式分为深（中）孔落矿方案、浅孔落矿方案、药室落矿方案和联合落矿方案，如图10－33所示。

10.4.1 适用条件及优缺点

10.4.1.1 适用条件

除崩落法一般适用条件外，还包括下述条件：

（1）矿体厚度大于10～15 m的急倾斜矿体或任何倾角的极厚矿体；

（2）对矿岩稳固性要求不严格，岩石以中等以上稳固为好，围岩以保证在开凿补偿空间时不会提前崩落而增加贫化为好；

（3）矿体形态最好比较规整，否则贫化和损失大，若围岩有矿化现象时，是比较理想的条件。

10.4.1.2 阶段强制崩落法的优点

阶段强制崩落法的优点包括：

（1）开采强度大、劳动生产率高；

（2）采准工作量小，采矿成本低；

（3）适合大型出矿设备。

10.4.1.3 阶段强制崩落法的缺点

阶段强制崩落法的缺点主要有：

（1）放矿要求严格，如果管理不善，损失贫化大；

（2）大块矿石多，二次破碎工作量大；

（3）若采用强制崩落形成覆盖层时，工程量大，投资多。

10.4.2 矿块布置和构成要素

10.4.2.1 矿块布置

矿块厚度小于20～40 m时，矿块沿走向布置，其长度为20～60 m，宽度等于矿体厚度。矿体厚度大于20～40 m时，矿块垂直走向布置，其长度为25～50 m，宽度为20～40 m。

10.4.2.2 构成要素

（1）本法阶段高度受到一定条件的限制，阶段高度过大，上盘不稳固的岩石会引起超前贫化，尤其对沿走向布置矿块时更为严重，同时，会延长矿块的回采时间，对底部结构维护不利。

阶段高度一般为50 m，矿体形态变化大、倾角缓时取40～50 m，矿体规整倾角陡时取50～60 m。

（2）增大矿块水平尺寸能增大一次崩矿量，从而减少由于分次爆破所需的辅助作业时间和工作量，但这对分次爆破的挤压崩矿无关紧要，相反会延长矿块的准备时间。

（3）底部结构形式较多，设计根据出矿设备、矿岩稳固性和回采方式等确定。目前，一般选用电耙放矿结构、振动放矿机放矿结构和平底结构如图10－33所示。

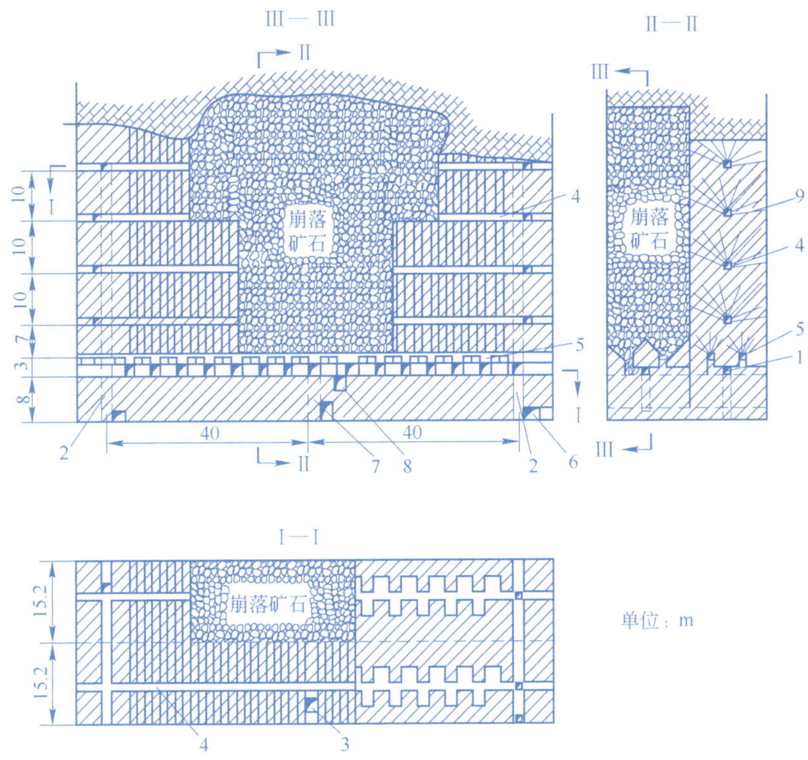

图 10－33 垂直层侧向挤压落矿方案阶段强制崩落法

1—电耙道；2—溜井；3—人行井；4—凿岩巷道；5—堑沟巷道；6—运输平巷；7—提升井；8—回风巷道；9—炮孔

10.4.3 采准切割

10.4.3.1 阶段平巷

一般采用环形运输系统。底盘脉外阶段运输平巷兼作下一阶段的回风平巷，其位置在下阶段开采错动范围 8～10 m 之外。同时，其位置还要结合底盘电耙道溜井位置确定，使溜井口位于穿脉平巷直线段部分上，尽量避免在阶段运输平巷及弯道上掘溜井，以减少列车在运输平巷停留占道时间。常采用穿脉装矿方式，其优点是对阶段运输影响小，开采易燃矿石或有局部泥水下灌的矿块时，对穿脉封闭较容易。上下阶段的穿脉对应，穿脉平巷间距一般为 30～50 m。

10.4.3.2 溜井

一般采用垂直溜井，溜井放矿口间距为矿车长度的整数倍，以便同时装车。多数采用独立溜井，仅在倾斜以下矿体有时采用分支溜井。

极厚矿体，2～3 个阶段可以设置一个主运输阶段，此时，采用有聚矿巷道的盘区集中溜井。

10.4.3.3 天井

人行井、通风井、材料井等采准天井，一般采用矿块式布置，较少采用盘区式布置。

10.4.3.4 电耙道

厚矿体采用电耙底部结构形式时，电耙道一般采用垂直走向布置。其优点是：

(1) 有利于探采结合，当矿体边界变化较大时，可以采用不同的漏斗布置形式，比较机动灵

活,对降低矿石损失贫化有利;

(2) 电耙道服务时间短,若地压大时容易维护;

(3) 消除了由于保护通风联络道而造成的矿石损失,有利于资源回收;

(4) 矿块通风易于管理,避免污风串联;

(5) 相邻矿块作业互相干扰较小。

其缺点是:

(1) 在放矿管理上,不如沿走向布置电耙道易于控制放矿顺序;

(2) 倾斜和缓倾斜矿体为了回收底部三角矿柱,有时需增加脉外采切工程;

(3) 不设聚矿巷道时,若采用沿脉平巷装车,影响阶段运输能力。

中厚急倾斜矿体采用电耙底部结构形式时,电耙道一般采用沿走向布置。当矿体底板变化大时,不宜采用沿走向布置电耙道。设计应根据矿体赋存条件、运输系统和放矿装矿方式综合确定电耙道布置形式。

10.4.3.5 补偿空间和松散系数

(1) 设计一般采用挤压爆破:崩落矿石的补偿空间系数一般为15%~20%。补偿系数过小,易造成过挤压而不能顺利放矿。在进行补偿系数计算时,凡在矿体崩落范围内的天井、巷道、硐室、切割空间等体积均应计算在补偿空间内。采用挤压爆破时,在下列条件下补偿系数适当选取偏大数值:矿石比较坚硬、底柱矿岩稳固性较差、在挤压方向上井巷空间分布较小、井巷空间分布不均匀。

(2) 小补偿空间爆破:崩落矿石的松散系数在1.3左右,补偿空间系数一般为20%~30%。

(3) 自由空间爆破:崩落矿石充分松散,要求有足够的补偿空间,补偿空间系数大于30%。

10.4.4 回采

10.4.4.1 回采顺序

矿体沿倾向一般是自上而下进行回采,在走向上采用双翼或单翼的后退式回采,以保证足够的生产矿块数。较少采用前进式回采。

10.4.4.2 落矿与出矿

设计一般选用深孔或中深孔凿岩设备。设计中,一般采用逐排分段微差爆破,补偿系数为1.15~1.25,如果一次必须爆破的炮孔数超过雷管的段数,可以采用多排同段爆破技术。首采矿块或水平层落矿方式,有时采用自由空间爆破。设计采用装药器装药,非电导爆系统起爆。最大合格矿石块度尺寸取500~650 mm,大块率控制在5%~20%以下。

大中型矿山一般选用铲运机出矿或振动放矿机放矿,中小地方矿山一般采用电耙出矿。

10.4.4.3 放顶

覆盖层形成方法与分段崩落法相同。为了保证安全,必须做到以下几点:

(1) 矿石覆盖层上部空间应开天窗与地表相通,一般通道断面应大于10 m^2;

(2) 矿石覆盖层厚度大于20 m;

(3) 封闭作业区与上部空间的通道;

(4) 做好监测,掌握覆盖层厚度,观测压力变化及岩移情况等,及时提出预报;有条件的矿山应当安装微震监测系统;

(5) 条件允许时,留(矿)岩柱,缩小单个空间的暴露面积,在一定条件下,采用小爆破强制放顶。

10.4.4.4 工作面通风

设计一般是利用总负压进行通风,矿块或采区构成独立的进风、回风系统,并配备一定台数的局扇。这种方法的回采作业线，在走向上呈阶梯状下降，要求主风流方向与回采工作推进方向相反，即新鲜风流方向由采准区到回采区，以防炮烟和粉尘等污风污染工作面。

A 出矿水平通风

一般采用双巷道式通风系统，新风由阶段运输平巷或斜坡道进入，污风通过顶盘回风道、天井至上水平平巷进入总回风道，其特点是每个出矿阶段开掘双巷，一条为本阶段的总进风道，另一条为回风道。这种通风方式网络简单，污风不串联，广泛用于矿体较厚、出矿水平二次爆破量大、柴油铲运机出矿的矿块。缺点是工程量较大，要求通风管理严格。

B 耙矿水平通风

由于电耙道布置形式较多，耙道群多呈角联网络结构，因此，设计应根据电耙道具体布置形式和矿块采用的采准系统来确定耙矿水平的通风。

C 凿岩水平通风

凿岩水平通风主要靠进风天井进入凿岩工作面，污风经采区天井回到上水平回风平巷，再进入到主回风系统中。

10.4.4.5 劳动组织

回采主要包括凿岩、爆破、通风、出矿、空区处理等工序，一般情况下，凿岩和出矿平行作业。

采用深孔钻机或中深孔凿岩机时，每台设备配凿岩工2人。中型矿山爆破组(队)一般为10~13人。

采用电耙出矿时，每条电耙道配耙矿工2~3人，兼负责工作面二次破碎工作。采用铲运机(或装岩机)出矿时，每台设备配2人，一个矿块1~2台，共配3~5人。

10.4.5 阶段强制崩落法应用实例

10.4.5.1 小寺沟铜钼矿

小寺沟铜钼矿位于锦承铁路小寺沟车站西北16 km处，东北距平泉县城25 km，西距承德市90 km，矿区有公路通外部。

A 开采技术条件

小寺沟铜矿为细脉浸染型矿床，产于燕山期石英二长斑岩和震旦纪灰岩接触带中。铜矿分布在外接触带下盘灰岩一侧；钼矿分布在内接触带石英二长斑岩一侧。矿体中有与矿体近于平行或斜交的花岗斑岩岩脉穿插，如表10-20所示。

表10-20 小寺沟铜矿矿体赋存参数

矿岩名称		倾角/(°)			厚度/m			体重/t·m^{-3}	硬度系数f	松散系数	稳固程度
		最大	最小	平均	最大	最小	平均				
矿层	钼	80	45	70	230	20	130	2.6	8~12	1.5	中稳
	铜						2.7	8~12	1.66~1.95		
青灰白云岩(顶盘)								2.7	8~12	1.6	中稳
紫色泥质白云岩与板岩互层(底盘)								2.6			

B 采矿方法

a 矿块构成要素

采矿方法为阶段强制崩落法。矿块构成要素如表10-21所示。

表 10－21　矿块构成要素

阶段高度/m	矿块规格(长×宽×高)/m×m×m	布置方式	底柱高/m	凿岩分段高/m	出矿联巷间距/m	出矿斜巷间距/m
39	(25～30)×10×39	垂直走向	12	10～15	25	斜距:11.5 垂距:9.96

b　采准切割

该矿现用阶段强制崩落法，实质上是分段凿岩，无轨设备出矿，在覆盖岩石下放矿。695 与 724 水平和斜坡道相通，掘进出碴利用铲运机，710 水平用电耙出碴。

矿块垂直走向布置，采用堑沟出矿结构。在出矿水平，出矿联络巷布置在矿块两侧；堑沟集矿巷道在矿块当中，由出矿联巷每隔 11.5 m 掘凿出矿斜巷和集矿巷连通。人行井沿走向间隔 50 m 于上下盘各掘一条。

切割巷道的布置：通常一个矿块布置两条切割天井（一条布置在品位较高的下盘，另一条根据岩脉状况及矿石品位变化具体选定）。

分段凿岩巷道有穿脉、沿脉之分。穿脉布置在矿块当中，贯穿矿块并与顶、底盘联络巷相通。沿脉布置在切井两侧，710 m 水平沿脉长一般小于 15 m；724 m 水平沿脉横穿矿块，如图 10－34 所示。

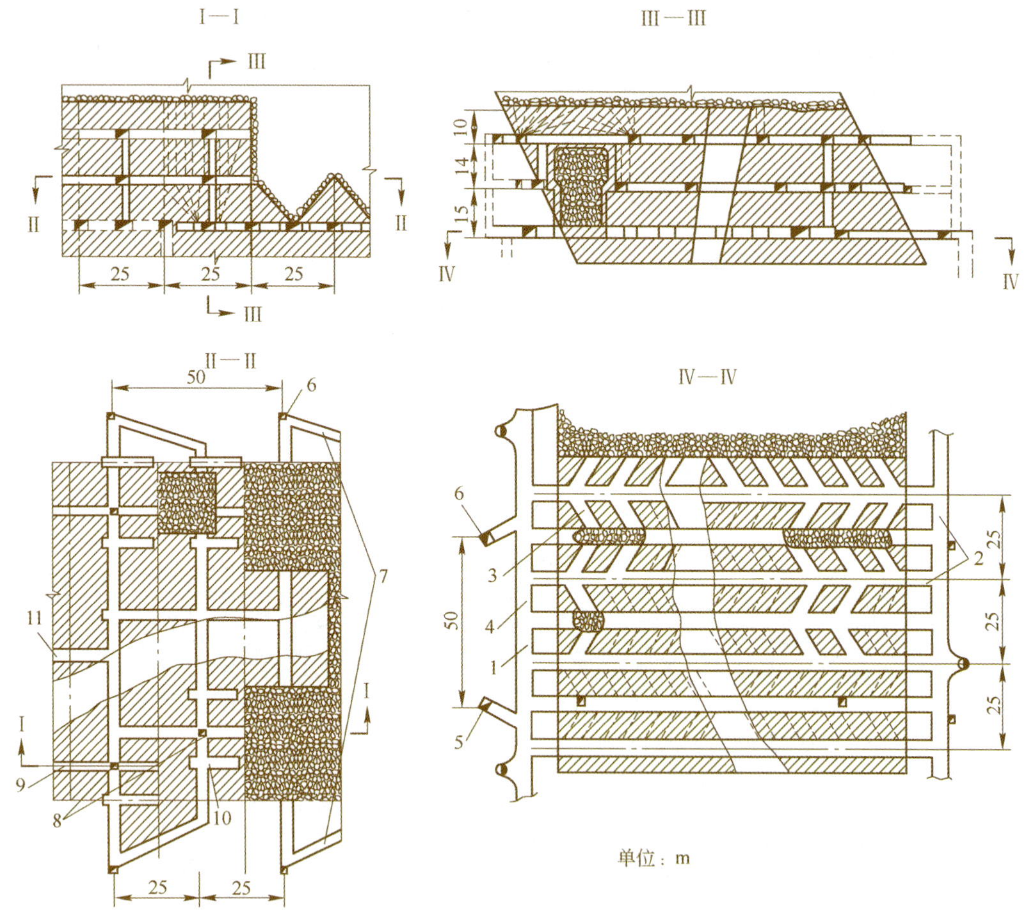

图 10－34　小寺沟铜钼矿阶段强制崩落法

1—出矿水平顶底盘联络巷；2—出矿联巷；3—出矿斜巷；4—堑沟集矿巷道；5—溜矿井；6—人行井；7—凿岩水平顶底盘联巷；8—切割天井；9—切割平巷；10—分段凿岩巷道；11—分段联巷

c 回采工艺

首先用切割天井作自由面，从切割天井、穿脉和沿脉巷打垂直平行及垂直扇形孔拉槽，拉槽(包括拉底)范围高29 m(695~724 m)，沿走向宽17 m左右。在和已崩落区接触的一侧，保留8 m左右厚的临时柱，垂直走向长约15 m，爆破后在空场条件下出矿；然后利用已形成的空间作自由面，从切割天井两侧的710及724 m水平沿脉打束状孔和垂直扇形孔扩槽、压顶，爆破后和已崩落区连通。

回采在穿脉中打垂直扇形孔，以切割槽为自由面进行回采，爆破步距10 m，上下分段同时爆破，上分段超前一排孔。

采用双切割槽，以提高纯矿石回收，改善爆破条件，减少岩石混入，如岩脉形态复杂则收效不大。由于采用平底结构，阶段集中出矿改善了通风条件，但爆破前分段巷道清理工作量大，孔底角度小则容易埋孔，爆破步距不宜过小。

新风经进风井、下盘运输平巷进入工作面，然后经上盘运输平巷及通风巷进入回风井排出。

d 凿岩爆破参数

凿岩爆破参数如表10-22所示。

表10-22 凿岩爆破参数

炮孔布置形式	钎头直径/mm	炮孔直径 d/mm	最小抵抗线 W/m	W/d	孔底距或孔间距/m	孔深/m	崩矿步距/m	炸药类型	装药方法	装药系数	起爆材料	底孔角度/(°)
垂直扇形	100	110	2.2~2.6	20~23.6	3.5~4.5	8~10	10	铵油炸药	人工	0.75	导爆索导爆管	55

e 采、装、运设备及其效率

采、装、运设备及其效率(1980~1984年资料)如表10-23所示。

表10-23 采、装、运设备及其效率

工序	凿岩设备			搬运设备	
	型号规格	效率/m·(台班)$^{-1}$		型号规格	效率/t·(台班)$^{-1}$
		一般	平均		
采准掘进	7655，YT-25 01-43手持式	0.63~1.1	0.77	LK-1铲运机 2DPJ-13，30电耙	
采矿	YQ-100A型潜孔钻	6.73~14.06	10.59	LK-1铲运机	178.5~197.4

注：表内掘进凿岩设备效率为台班巷道进尺，折为6.9~11.5 m^3/台班，平均为8.4 m^3/台班。

f 劳动组织及工作制度

采用专业工作组，实行连续工作制，年工作日330 d，每天3班，每班8 h。

g 主要技术经济指标

主要技术经济指标(1980~1984年资料)如表10-24所示，成本构成及各项费用比例如表10-25所示，主要材料消耗如表10-26所示。

表10-24 主要技术经济指标

工作面工人工效/t·(工班)$^{-1}$	损失率/%	贫化率/%	每米炮孔崩矿量/t·m^{-1}	采切比/m·(kt)$^{-1}$
26.4~46.3	5.9~33.9	22.9~31	11~13	12.7~22.7

注：矿石允许最大块度≤550 mm。

表 10－25 成本构成及各项费用比例

序 号	1	2	3	4	5	6	7	8	9	10
项目构成	采矿成本	副产矿石成本	运输成本	采准成本	生产成本	二次破碎成本	通风成本	放矿成本	车间经费	合计
费用比例/%	19～24	3～5	16～21	9～10	5～13	1～2	3～4	1	30～33	100

表 10－26 主要材料消耗表

深孔凿岩					爆 破					
钎头 /个·m^{-1}	钎钢 /kg·m^{-1}	冲击器外壳 /台·m^{-1}	电费 /元·m^{-1}	深孔凿岩成本 /元·m^{-1}	爆破成本	炸药 /kg·t^{-1}	雷管 /发·t^{-1}	导火线 /m·t^{-1}	导爆索 /m·t^{-1}	导爆索 /m·t^{-1}
0.0706	0.0145	0.0019	0.0105	21.96	一次	0.4001	0.0118	0.0068	0.1507	0.0042
					二次	0.0509	0.0415	0.0819	0.0126	

10.4.5.2 新华钼矿

新华钼矿位于辽宁喀左县北部山区，距离 101 国道 23 km，交通方便。矿区面积 60 km^2，属矽卡岩型矿床。矽卡岩钼矿集中分布在肖家营子东山－康杖子 2.4 km^2 范围内，矿床以钼为主，伴生铁、铜、铅、锌等。5 号矿体为新华钼矿的主矿体，矿体东西长约 200 m，南北宽 10～60 m，倾向南，倾角 80°，上下盘围岩稳固，矿体也较稳固。矿体上下盘与围岩接触带均有一条宽度不等的透辉石破碎带。

采矿方法为阶段强制崩落法。矿块结构要素如表 10－27 所示。采矿用 YGZ－90 型凿岩机凿岩，采用 30 kW 的电耙出矿。主要材料消耗如表 10－28 所示。

表 10－27 矿块结构要素

阶段高度	矿块规格（长×宽×高）/m×m×m	布置方式	底柱高 /m	凿岩分段高 /m	出矿联巷间距 /m	电耙斗穿间距 /m	一次崩矿步距 /m
40	（20～30）×20×40	垂直走向	12	5～15	10	4	15～20

表 10－28 主要经济技术指标（吨矿消耗）

序 号	1	2	3	4	5	6	7	8	9
项目构成	炸药消耗	雷管消耗	导火线	非电雷管	钎子钢	合 金	导爆管	木 材	钢 轨
指标	0.5 kg	3 个	6.5 m	160 个	8.5 kg	0.66 个	5.1 m	0.122 m^3	4.8 kg

10.5 自然崩落法

10.5.1 概述

自然崩落法，国外称为矿块崩落法（Block caving），它是一种大规模的采矿方法。其实质是用凿岩爆破方法在矿体内某个水平采出一层矿石，形成拉底空间，使其上部的矿体失去支撑，发生初始崩落，并将崩落的矿石从阶段水平放出，随着拉底空间的扩大和崩落矿石不断放出，上部矿体在诱导应力和重力作用下持续崩落并不断向上扩展，直至覆盖岩层崩落，并产生地表塌陷。以前的做法是把拟采区域划分成矩形矿块，按方格顺序进行开采，先放出矿块中的所有矿石，然后再采相邻矿块，这种开采顺序已不再广泛使用了。当今大多数矿山使用盘区系统，顺序开采；或确定一个大的开采区域，逐渐向前推进。崩落的矿石通过聚矿槽或漏斗在位于拉底水平之下的生产水平（或叫出矿水平）放出。

根据使用的出矿设备，自然崩落法可分为三大类：

（1）格筛放矿的自然崩落法。崩落的矿石完全依靠重力经格筛筛分后，从放矿点直接流入转运溜井，再装入矿车；

（2）电耙出矿的自然崩落法。以电耙为主要出矿设备，用电耙将矿石直接装入矿车，如图 10－35 所示。

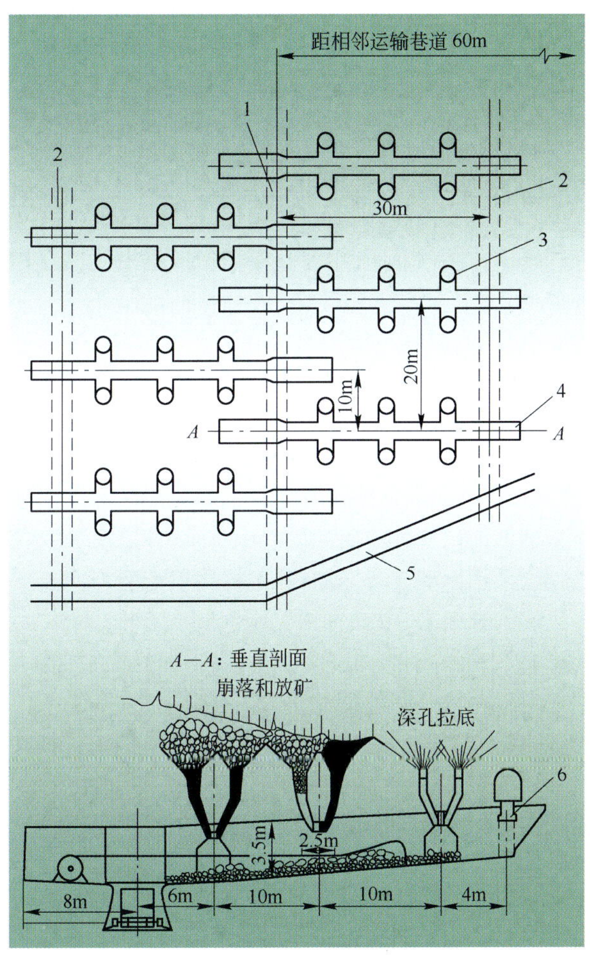

图 10－35　电耙出矿系统示意图

1—运输巷道；2—回风巷道；3—指状天井；4—电耙道；5—开采边界；6—回风天井

（3）以铲运机出矿为主的自然崩落法。如图 10－36 所示。

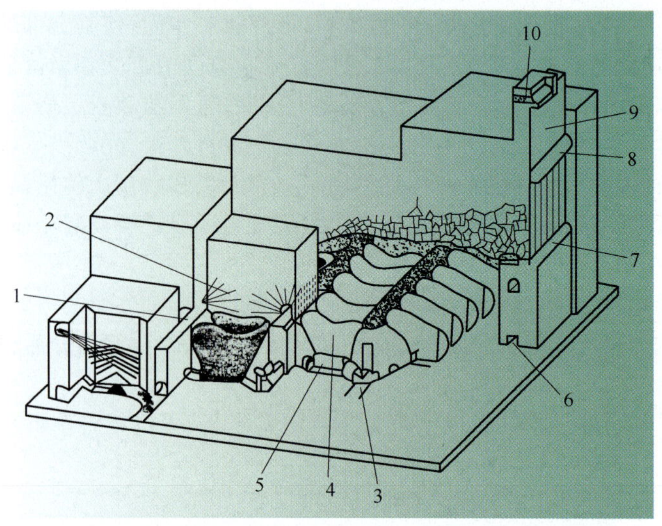

图 10－36 美国科罗拉多州亨德森矿机械化自然崩落法

1—8155 拉底巷道;2—拉底炮孔;3—8100 生产巷道;4—聚矿槽;5—联络道;6—8100 边界;7—8185 开采边界;8—8245 开采边界;9—预裂;10—8305 观察巷

20 世纪 60 年代以前,自然崩落法主要用于开采松软破碎不稳固的矿体,采用格筛重力放矿,随着岩石力学的发展和无轨自行设备的普遍使用,现这种方法已广泛用于开采坚硬稳固的厚大矿体。在当前大多数自然崩落法作业中,主要是采用铲运机出矿,采用重力出矿的格筛系统或电耙出矿系统已经越来越少。

自然崩落法是一种成本最低、最容易实现自动化采矿的方法,被誉为“地下岩石工厂”。根据国外的资料,如果自然崩落法的成本为 1.00,则分段崩落法的成本为 2.66。然而在生产开始前,其基础设施和开拓工程需要较大的投资。历史上,它适用于矿石强度低、崩落后矿石块度小、矿石价值相对较低的厚大矿体。不过岩体强度低反而限制了机械化设备的使用,由于细块矿石在放矿过程中容易形成“烟囱”,因此放矿口间距要小,以免形成放不出的碎岩矿柱,这就限制了设备尺寸。现在的趋势是更多地用于较稳固的矿岩中,在这种情况下,尽管崩落后产生的块度较大,但可将放矿点间距加宽,采用大型设备,还有利于提高生产能力。

目前使用自然崩落法的国家很多,主要包括美国、智利、南非、菲律宾、印度尼西亚、加拿大、津巴布韦、澳大利亚、赞比亚、中国等。表 10－29 中列出了部分使用自然崩落法矿山的情况。

表 10－29 国内外一些自然崩落法矿山的情况

国 别	矿 山 名 称	出矿方式	矿石类型	年矿石产量 /万 $t \cdot a^{-1}$	段高/m	备 注
澳大利亚	Northparks E26 Lift 1	铲运机	Cu, Au	400	>400	第一中段
	Northparks E26 Lift 2	铲运机	Cu, Au	500	350	第二中段
印度尼西亚	Freeport IOZ	铲运机	Cu, Au	700		
南 非	Palabora	铲运机	Cu	1000	450	
	Premier Mines	铲运机	金刚石	300	BA5 为 80 ~ 140, BBIE 为 148 ~ 163	
	Finsch	铲运机	金刚石	约为 17000t/d	80 ~ 110	

续表 10－29

国 别	矿山名称	出矿方式	矿石类型	年矿石产量/万 t·a^{-1}	段高/m	备 注
智 利	CODELCO 公司的 El Teniente	铲运机	Cu	3500	120～180	
	CODELCO 公司的 Andina	铲运机	Cu	1600		
	CODELCO 公司的 Salvador	铲运机	Cu	250		
美 国	Henderson	铲运机	Cu	600	122～145	
	San Manual	格 筛	Cu	55000 t/d		
	Climax	电 耙	Mo	48000 t/d		以前的资料矿石产量为 46000 t/d，已闭坑
加拿大	Bell	铲运机				
菲律宾	Philex	电耙，铲运机	Cu，Au			
津巴布韦	Shabanie	铲运机				
中 国	铜矿峪矿	电耙，铲运机	Cu	400	120	二期工程为 600 万 t/a，全部为铲运机出矿

自然崩落法的初期投资较高，但它的作业成本比其他采矿方法低，因此对开采厚大、低品位矿体具有较大的优势。表 10－30 是 1999～2000 年一些矿山的采矿成本。

表 10－30　部分矿山的采矿成本

矿山名称	Philex	Salvador	Northparks，1999～2000 年	Northparks，1998～1999 年	El Teniente	Andina	San Manual	Freeport	铜矿峪矿
1 t 矿石的采矿成本/美元	2.35	2.55	2.70	2.95	3.25	4.10	5.20	5.55	29 元/t（含 12 元/t 的维简费）

注：表中数据是根据一些资料的图表估算的。

国内外使用自然崩落法的矿山越来越多，其发展趋势是：

（1）矿石生产规模大，单个矿井的年产量动辄就是上千万吨。如正在设计和实施的智利丘基卡马塔矿，其设计的自然崩落法产量达到 120000 t/d。

（2）开采段高越来越大，从以前的 100～150 m 发展到 300～400 m，甚至更大。通过加大段高，可以减少由上向下转段的环节，减少开拓工程量，从而进一步降低开采成本。当然，开采段高加大，底部结构的服务时间也延长，其稳固性应能适应。

（3）越来越多的硬岩矿山采用自然崩落法。自然崩落法最早是从软岩矿山发展起来的，但现在用得更多的是在硬岩矿山，如 Palabora 矿平均 RMR_L 值为 70 多，单轴抗压强度为140 MPa；Premier 矿 BA5 的 RMR 值为 45～65，水力半径为 30，BB1 的 RMR_L 值为 45～55，水力半径为 25；Northparks Lift 2 的岩体都是由硬岩组成，平均抗压强度为 80～91 MPa，在黑云母二长岩中最高达到 136 MPa，在火山岩中最高达到 227 MPa，Lift 2 的 RMR_L 值在黑云母二长岩中为 57，在火山岩中为 50。

（4）传统的格筛放矿和电耙出矿工艺已越来越少，取而代之的是铲运机出矿工艺。

(5) 普遍采用前进式拉底战略和预拉底战略。拉底顺序从以往的后拉底战略转变为前进式拉底战略和预拉底战略，是自然崩落法的一个重要变革。

(6) 新的诱导崩落手段的应用。如水压致裂辅助崩落也已成为研究方向之一，这种方法是通过从矿体外的巷道打钻孔，穿过矿岩接触带，进入矿体中，将导管插入钻孔，在靠近矿岩接触带处将钻孔堵住，然后注入高压水，高压水沿矿体中的裂隙渗开，促使裂隙扩张，提高矿体的可崩性。

(7) 矿石运输方式的变化。国外不少矿山采用 LHD 将矿石直接卸到破碎机里，如 Northparks、Palabora 等矿山均采用这种方式，破碎后的矿石通过胶带机运输到地表或转到竖井提升到地表。美国 Bingham 矿的设计也选用了这种方式。南非 Finsch 矿则采用载重 50 t 的柴油自卸卡车运输，采用地表监控、无人驾驶。我国通常在运输中段采用电机车矿车运输。

(8) 自动化作业是重要的发展方向。智利特尼恩特矿已在两个采区实现了生产水平和有轨运输水平的生产自动化，操作人员在地表进行远程遥控操作。

(9) 国际上加强了自然崩落法的联合研究。由国际上几个主要采矿公司资助、于 1997 年成立的国际崩落法研究协会(ICS)，对自然崩落法做了大量的研究工作和技术转化工作。1997 ~ 2000 年是 ICS 的第一个阶段，2001 ~ 2004 年是第二阶段。ICS 取得了许多研究成果，其中包括开发了一些计算机软件如自然崩落法块度预测、模拟放矿及生产管理等程序。第三阶段(ICS 改称为 Mass Mining Technology)的工作正在进行之中。

10.5.2 自然崩落法的应用条件

10.5.2.1 矿体特征

适于自然崩落的典型矿体不适合露天开采的斑岩型矿床，如斑岩铜矿床、斑岩钼矿床，这类矿床浸染矿化良好，水平和垂直方向的矿化范围都很大。自然崩落法也用于沉积型铁矿床、石棉矿和金刚石矿床等。具体要求：

(1) 有足够厚度的急倾斜矿体和缓倾斜矿体，特别对开采厚大、低品位矿体具有较大的优势；

(2) 矿体节理较发育，最好有一组水平节理，这样便具有良好的可崩性，节省诱导工程；

(3) 希望岩体崩落的块度比矿体的大，这样有利于控制贫化和损失。

自然崩落法的一个重要特点是灵活性差，一旦选择自然崩落法后，假如由于某些原因希望改变采矿方法，矿山已形成的开拓和采准系统不容易或不经济来适应其他采矿方法。因此在考虑采用这种采矿方法时，必须充分了解采矿环境，特别是工程地质环境，以便在预可研或可研阶段做出正确决策，否则会带来难以挽回的不良后果。

按照劳布斯彻(Laubscher,1993)建议，在下列情况下考虑选用自然崩落法，必须充分研究采矿环境：

(1) 在环境要求严格的地区进行新的采矿工程；

(2) 在已生产的矿山设计新的采矿矿块或进行新的矿体开采；

(3) 露天转地下的矿山；

(4) 作业中遇到困难要求评价当前的采矿方法、设计参数、布置和详细的采矿设计。

研究这些资料数据都是为了如下目的：

(1) 采矿方法选择包括可崩性研究；

(2) 巷道掘进的详细设计，包括它们的大小、形状和对支护及加固的要求；

(3) 影响放矿点间距和设计及设备选择(包括破碎机)等方面的块度研究；

(4) 出矿水平布置和详细设计,包括支护和加固要求;

(5) 矿山基础设施布置和设计;

(6) 采矿对地表的影响,包括崩落区的性质和范围,水的流动和水力联系,对地表设施的影响,对当地社会的影响;

(7) 风险评价,特别是主要危害,例如泥石流、岩爆,主要不稳定性及与之相关的空气冲击波。

10.5.2.2 基础数据要求

总的基础数据要求包括:

(1) 地质条件。

(2) 地表和地下水文情况。

(3) 地形和环境约束。

(4) 工程地质研究,内容包括:

1) 不连续面的测量,通过岩芯记录、钻孔记录或暴露面的测线素描获得,这些数据包括:不连续面的位置、方位、倾角,所有遇到的不连续面的性质和条件,终止的位置(假如暴露时)。这些数据对可崩性、块度和掘进巷道稳定性研究都是至关重要的;

2) 矿体和围岩的物理力学性能的测定,包括:密度、单轴抗压强度和抗拉强度、不连续面的剪切强度、完整岩石的剪切强度参数、不连续面和完整试样的刚性和变形模量、硬度、粗糙度、摩擦系数和可钻性指数;

3) 岩体分类;

4) 区域和矿山现场原岩应力测量。在采矿巷道周围诱导的应力对巷道的稳定性,特别对崩落发展有着重要的影响。

10.5.3 岩体分类系统

在崩落法矿山的工程设计中采用一些广泛应用的岩体分类系统。这些系统主要有 RMR 法(Bieniawski 1974,1976),Q 值(Barton 等 1974)和 MRMR 法(Laubscher 1990)等岩体分类法。

10.5.3.1 RMR 系统(Bieniawski 1974,1976)

由宾尼奥斯基(Bieniawski)(1973,1974)提出的地质力学分类称之为岩体分级参数(RMR),该系统部分基于主观判断,提供了岩体质量的测量方法,用于巷道初步支护设计。此后 Bieniawski 对其作过多次修正,许多作者也对之进行了扩展,使它更适合于具体应用。

采用 RMR 系统对岩体进行分类,是将岩体分成具有类似岩石材料和不连续性能的许多工程地质带或构造单元。这些地质带的边界通常是地质接触带、主要的断层和风化轮廓。每个单元按照原岩材料强度(单轴抗压强度或点荷载强度)、RQD 值、不连续面间隔和条件、地下水情况独立分级,赋予每个参数一定的分值,总分值就是岩体的基本 RMR 值。然后这个值按照不同断面方向和开挖巷道的关系修正。1976 年版的 RMR 系统如表 10-31 所示。

表 10-31 1976 年版的 RMR 系统(Bieniawski 1976)

参　数	分　值
单轴抗压强度(UCS)	0~15
岩石质量系数(RQD)	3~20
不连续面间隔	5~30

续表 10 - 31

参　数	分　值
不连续面条件	0 ~ 25
地下水	0 ~ 10
基本的 RMR_{76}	8 ~ 100
方向调节值(对巷道)	0 ~ 12

对岩体计算 RMR 的过程是分别对每一组确定的不连续面评价其间距和条件。例如,假如岩体中有三组不连续面,就要进行三个独立的间距和不连续面条件评价,然后决定哪一组对岩体的不稳定性影响最大(即最低值的一组)。只用有控制性的不连续面组的间距和条件确定 RMR 值,而其他组则可忽略(除非结合测定 RQD 值)。

10.5.3.2　MRMR 系统(Laubscher 1990)

采矿岩体分级参数(MRMR)于 1974 年首先由劳布斯彻(Laubscher)提出,是宾尼奥斯基 RMR 系统的发展,用来满足不同的开采条件。它与 RMR 的基本区别是认为原岩岩体参数(RMR)必须按照开采条件调整,以便最后的分级参数(MRMR)可以用于矿山设计。主要从风化、开采诱导应力、节理方位和爆破作用方面进行调整。近几年来,MRMR 系统已经成为崩落法矿山设计中广泛应用的分类系统。劳布斯彻和捷库比克(Jakubec,2001)最近发表了对 MRMR 系统的某些修正。

为了导出基本的"Laubscher"岩体参数(RMR_{L90}),要对完整岩体强度、不连续面频率和不连续面条件进行评价。

完整岩体强度(IRS):分值定为 1 ~ 20 之间,适应试样强度 0 ~ 185 MPa,甚至更高。

不连续面频率参数:在 1990 劳布斯彻的 MRMR 版本中,提出了两种方法来评价不连续面频率:(1) RQD 和节理间距(JS),最大分值分别是 15 和 25;(2)每米裂隙频率(FF/m),最大分值是 40,即加上第一种中的 15 和 25。

不连续面条件参数:(1)大规模节理表述;(2)小规模节理表述;(3)节理面蚀变;(4)节理充填物;(5)地下水情况。

开采调整:这些分值的总和得出了 Laubscher RMR_{L90},按表 10 - 32 总结的调整方法可以导出 MRMR。

表 10 - 32　MRMR 开采调整(Laubscher 1990)

参　数	可能的调节值/%
风　化	30 ~ 100
方　位	63 ~ 100
应　力	60 ~ 120
爆　破	80 ~ 100

然而指导手册对某些环境并没有很好的定义,使得调节非常主观并依赖于操作者的经验。特别对应力的调节,它可能是正,也可能是负,在这方面给予的指导较少。表 10 - 33 是 MRMR 与岩体条件的基本关系。

表 10 - 33　MRMR 与岩体条件的关系

MRMR	100 ~ 81	80 ~ 61	60 ~ 41	40 ~ 21	< 20
岩体描述	非常好	好	中等	差	非常差

10.5.3.3 修订的 MRMR 系统(Laubscher 和 Jakubec 2001)

由劳布斯彻和捷库比克提出的为建立已知岩体的原岩岩体参数(IRMR)并对具体开采应用导出 MRMR,归纳为图 10-37 流程图。

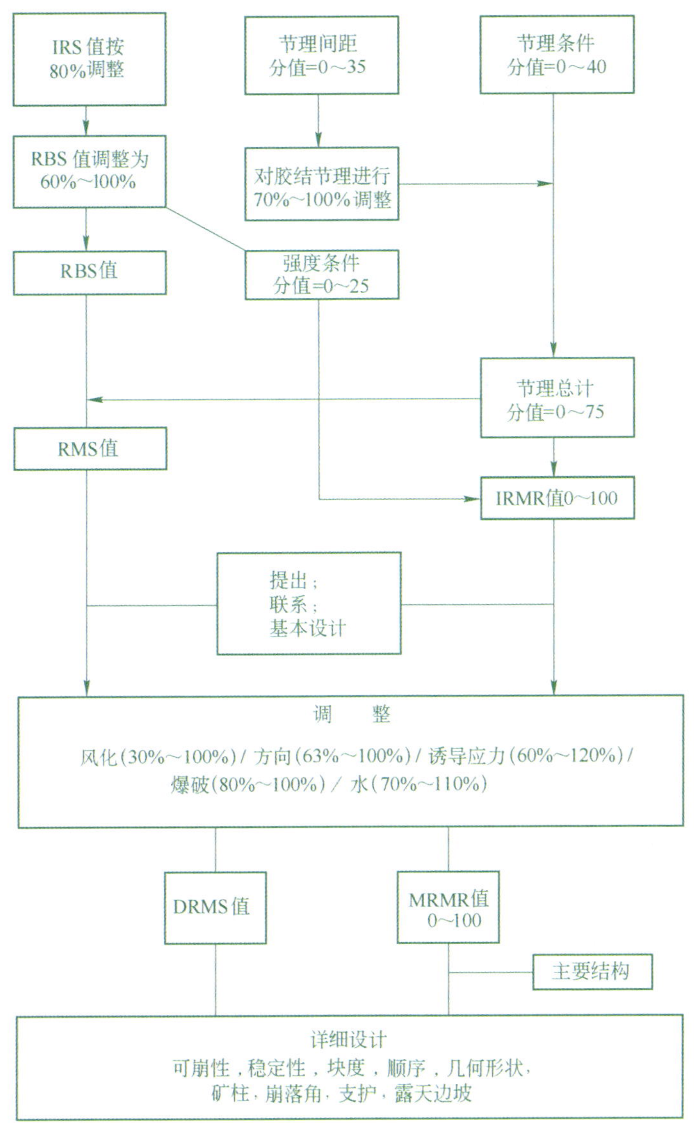

图 10-37 计算 IRMR、MRMR 和 DRMS 的流程图(Laubscher 和 Jakubec 2001)

IRS—完整岩石强度,MPa;RBS—岩块强度,MPa;RMS—岩体强度,MPa;
IRMR—完整岩体分级;DRMS—设计岩体强度,MPa;MRMR—采矿岩体分级

(1) 完整岩体强度(IRS)是从岩芯试样获得的无约束抗压强度。流程图中给出了一个计算图,用以决定在岩石含有弱物质情况下 IRS 的"修正值"。

(2) 为了从"修正的"IRS 中得到岩块强度(RBS),需要进行两个调整:第一个是乘以 0.8,当把小规模试验室试验结果应用到区域规模时要考虑尺寸影响;第二个调节是裂隙和细脉的存在将降低岩块强度,调整程序是按裂隙和细脉的 Moh's 硬度倒数和每米裂隙与细脉的频率进行调整，这样 RBS = IRS × 0.8 × 裂隙/细脉调整。从图中可得出岩块强度 0 ~ 25 的分值。

(3) 在修订系统中，张开节理的节理间距分值减少到最大值为 35，按 1 ~ 3 组(不必更多)节理的节理间距确定，分值不同于前面所用的。假如在岩体中存在一组胶结节理，其中胶结强度小于岩体材料的强度，要进一步将节理间距分值向下调整到 70% ~ 100%，调整幅度视胶结节理组的数目(一组或两组)和胶结节理间距而定。

(4) 单个节理最大的节理条件(JC)分值仍为 40，但对节理条件调整作了修改，给出了流程图来决定对具有不同节理条件的多个节理组的 JC 分值。

(5) 0 ~ 75 的总节理分值是节理间距(0 ~ 35)和节理条件(0 ~ 40)分值的总和。

(6) IRMR 为岩块强度分值和总节理分值之和。

(7) IRMR 可乘以调节系数得出采矿岩体参数值即 MRMR，其中风化(30% ~ 100%)，方位(63% ~ 100%)，诱导应力(60% ~ 120%)、爆破(80% ~ 100%)和水(70% ~ 100%)。

(8) 设计岩体强度(DRMS)可以计算为：DRMS = RMS × MRMR/IRMR。

10.5.4 可崩性评价

10.5.4.1 影响可崩性的因素

与其他采矿方法相比，自然崩落法的基建工程量较大，基建投资大，灵活性较差。在合理的精确度内预测初始拉底面积和连续崩落拉底面积是这种采矿方法成功的基础，这一点对硬岩岩体尤为重要。假如矿体的可崩性评价的精确度不够合理，那么可能随之需要增加投资和花费更长的时间采取措施来进行初始崩落和维持崩落。

影响可崩性的主要因素是不连续面的几何尺寸、强度、岩体强度、矿体的几何尺寸、拉底尺寸、在拉底或崩落顶板上的诱导应力及任何边界削弱的存在。

劳布斯彻的崩落图是评价可崩性的通用标准方法，另一种经验方法是 Mathrws 稳定图法。这里主要介绍劳布斯彻的崩落图法。

10.5.4.2 劳布斯彻的崩落曲线图

用经验法预测可崩性就是要找到把岩体质量测定、拉底几何尺寸和诱导应力结合成一个简单而强有力的工具。劳布斯彻通过把采矿岩体参数，即 MRMR，对拉底范围的水力半径，即 HR(面积/周长)形成图形解决了这个问题。水力半径是测定拉底尺寸和形状的方法。根据研究数据，劳布斯彻的崩落曲线图对长宽比小于 3 的情况，水力半径(或形状因素)是一种满意的稳定性或可崩性预测值。

劳布斯彻收集了一系列崩落法矿山的数据，在图上绘制了代表具体矿山、矿块或盘区的点。这些点代表矿块或盘区稳定(不崩落)、过渡(主要崩落或部分崩落)和崩落的不同条件。基于这些资料，劳布斯彻画出了稳定、过渡和崩落区之间的边界线。当研究一个可能采用崩落法作业的矿山时，需要估算 MRMR 值，之后从图中可以查出进行初始崩落所需要的水力半径值，如图 10 - 38 所示。

劳布斯彻崩落曲线图已经广泛在国际上应用于崩落法作业中，对软弱矿体，该方法尤其成功。然而，在 MRMR 大于 50 的岩体中，例如 Northparks E26 的 Lift 1 矿块崩落预测在水力半径为 25(即大约 10000 m^2 的面积)不能自行崩落，这一事实表明，该方法还不能对稳固性好、较小的和孤立的或受约束的矿块或矿体提供满意的结果，这可能是由于对稳定性三个带的描述还不够精确所致。

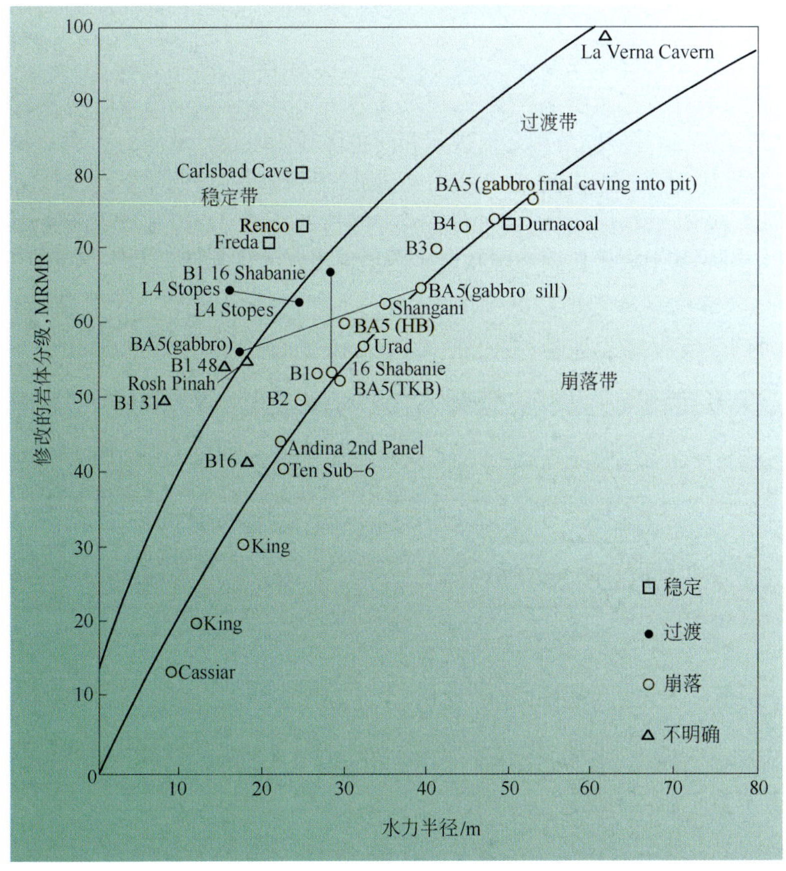

图 10－38　劳布斯彻的崩落曲线图
（过渡带是劳布斯彻 1994 年定义的）

10.5.5　崩落块度预测

10.5.5.1　概述

自然崩落法作业的成功和取得盈利,在很大程度上取决于在崩落过程中矿石所产生的块度。与块度有关的参数包括:放矿点尺寸和间距、设备选择、放矿控制过程、生产能力、矿石的损失和贫化、卡斗大块二次破碎量以及爆破引起的巷道破坏和相应的成本、劳动力水平、矿石的粉碎过程和成本。

预测自然崩落法中的矿石块度需要理解岩体的自然块度和发生在放矿过程中的块度变化过程。通常有三个层次的块度,首先是原岩块度,然后是发展到初始崩落的块度,再之后是放矿块度。原岩块度是指采矿活动发生之前由固有不连续面包围的岩块的块度;当进行拉底和开始崩落时,矿石上部顶板崩落的块度,即初始崩落块度;岩块在放矿柱中运动,下落到放矿口,此时的块度称之为放矿块度。

10.5.5.2　BCF 自然崩落法块度预测程序

A　BCF 程序的主要模块

BCF 是一个预测自然崩落法块度的程序,它是由 GS Esterhuizen 开发的。在模型中考虑的许多因素是基于劳布斯彻博士以及国际崩落法协会的合作者的经验。程序提供了一个评价矿块崩落不同阶段出现的岩石块度的工具。

这个程序由三个主要模块组成：

(1) 第一个模块计算初始崩落块度，它被定义为从周围岩体分离出来时的岩石块度，初始崩落块度的计算是基于岩石强度、节理几何形状和间距统计值以及区域应力；

(2) 第二个模块计算放矿块度，它是矿石经过放矿过程破碎后的结果，放矿块度的计算考虑了岩块的纵横比、岩块强度、崩落压力、由在放矿柱体结拱引起的应力和放矿高度；

(3) 第三个模块基于放矿块度考虑在聚矿槽出现堵塞的可能性。

B 为初始崩落块度运行设定输入参数

主要输入的工程地质数据包括(参见图 10-39)以下几项：

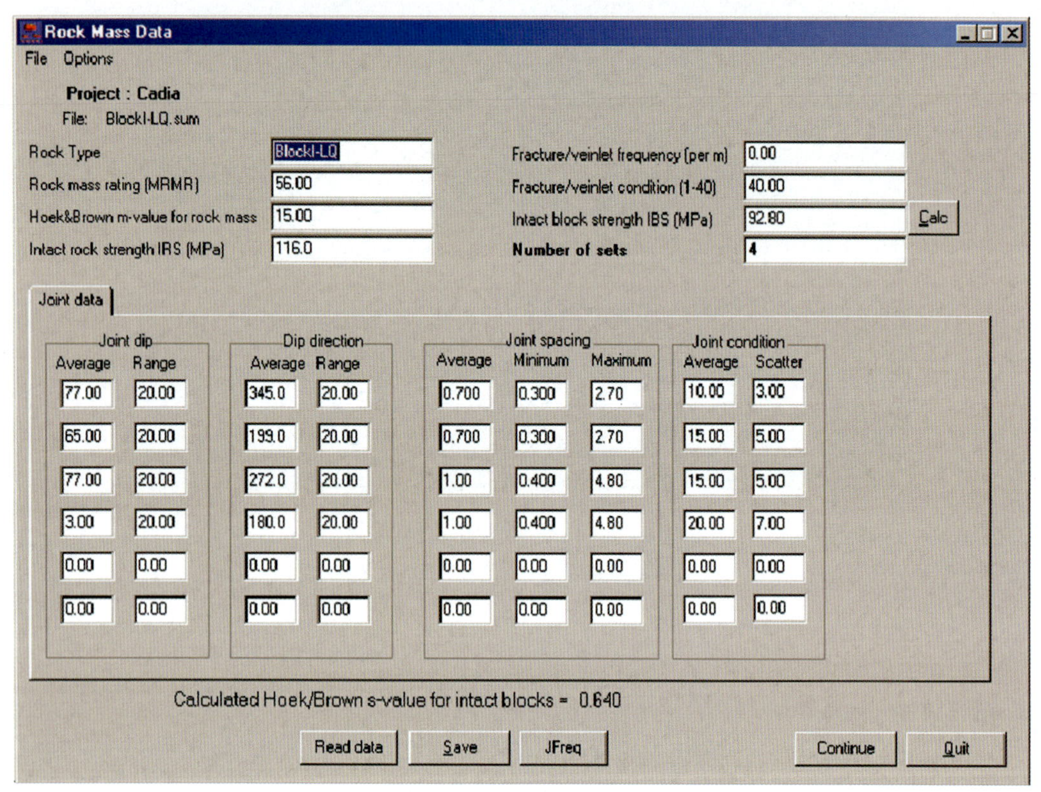

图 10-39 BCF 参数输入界面

Rock type(岩石类型)：岩石类型的简单描述——用于打印输出；

Mining Rock mass rating (MRMR)：采矿岩体参数；

Hoek and Brown m-value for rock mass(霍克和布朗岩体 m 值)：此值可以估算或由试验室试验。采用霍克和布朗标准来决定岩石的三轴抗压强度；

Intact rock strength IRS(完整岩石强度)：允许弱带存在的试验室试样强度，按 Laubscher (1990)；

Fracture/veinlet frequency(per m)裂隙/细脉频率(每米)：岩石中裂隙和细脉的频率，用来计算大岩块的强度；

Intact block strength IBS(完整岩块强度)：大约 1 m^3 的岩块强度，它包括构造和细脉的影响。可以输入一个已知值，或点击这个窗口右边的 Calc 钮，程序将使用给定的数据计算一个 IBS 值；

Number of sets(节理组数):说明在分析中将使用多少组节理。假如是三组,程序将使用表中的前三组。至少需要三组来完成这个分析;

Joint dip(节理倾角):需要输入每一组的平均值和范围。平均值为节理组的平均极向值。意思是极向和水平面之间的夹角,也就是节理面的倾角。范围是该组最陡和最缓的节理倾角的差;

Dip direction(倾向):倾向作为定位值,从北顺时针方向的角度。范围也是在组中极端方位之差;

Joint spacing(节理间距):以 m 为单位输入。给出平均的、最小的、最大的间距;

Trace length(轨迹长度):假如选择输入轨迹长度数据(在 option 菜单中),出现一个 Tab,要求输入平均、最小和最大节理轨迹长度。轨迹长度被假定遵循截短(断)的负幂指数分布。

C 定义崩落参数

输入描述崩落面的参数包括:

Dip of caving face(崩落面倾角):假如传统的垂直向上的矿块崩落,输入参数为 0,假如是一个盘区崩落(a panel cave),则可能是 60°;

Dip direction of caving face(崩落面的倾向):假如崩落面向南推进,倾向就是 180°;

Stressess(应力):输入崩落面的应力;

% spalling(分解百分比):用户可迫使发生一定百分比的应力分解。这一量被归类为粉矿,并将影响放矿块度。

D 放矿块度运行的输入数据

放矿块度运行的输入数据包括:

放矿高度、最大崩落高度、岩石的松散系数、放矿宽度、附加粉矿%(贫化)、岩石密度、放矿速度以及聚矿槽尺寸等。

计算的结果是分别显示初始崩落块度和放矿块度的区线图,并列出小于 2 m^3 的块度百分比、平均块度体积和最大块度体积等,如图10-40 所示。

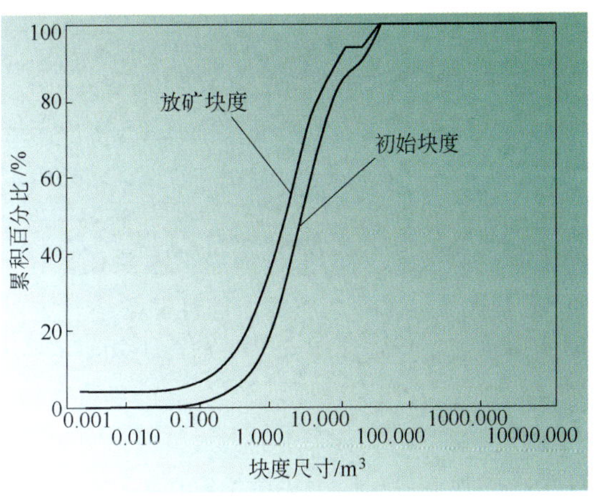

图 10-40 BCF 块度结果示意图

除了 BCF 程序外,Eadie(2002)开发了一种自然崩落法分辨原岩岩块和预测初始崩落块度的新方法,它是作为 ICS 第一阶段的一部分,这种方法被称之为 JKFrag。

10.5.5.3 数字图像处理方法

当前唯一可能的大规模块度测定的实际方法是数字图像处理方法(Dip),即采用基于计算机图像处理技术来分析照片或录像。图像分析方法与其他方法相比有许多优点:(1)取样的速度快;(2)是一种对试样的非破坏性方法;(3)具有以较小的费用分析许多试样的能力;(4)实际应用方便。

10.5.6 拉底和初始崩落

10.5.6.1 自然崩落法拉底的作用和影响因素

自然崩落法是通过在放矿点上部进行拉底,直至拉开的面积达到足够大,矿石才能形成初始崩落和保持正常的持续崩落。

拉底的作用主要是:(1)为矿石的崩落形成足够的空间尺寸,以使矿石能在自身重力下崩落;(2)在形成初始崩落时对周围岩体的破坏最小;(3)在时间上尽可能快地推进到崩落水力半径,开始崩落,以减少拉底的集中应力。

影响拉底的因素很多,主要有:(1)拉底道和出矿水平的掘进顺序;(2)拉底推进线、出矿巷道掘进推进线和出矿推进线等的相对位置;(3)拉底推进的起始点和推进方向;(4)拉底的推进速度;(5)拉底的高度;(6)拉底在平面上和在垂直面上的形状。

为了获得较好的拉底效果,特别是在岩体强度较高的岩体中,可以采取一些诱导崩落措施来促进开始和维持崩落。目前50%以上采用自然崩落法的矿山中,是采用凿岩和爆破形成的天井作为自由面,帮助崩落的开始和发展。采用爆破和水压制裂来预先改变岩体条件以改善可崩性也是一种研究方向。

衡量拉底面积的临界值是水力半径。所谓水力半径(HR)是一个拉底区域的面积(S)除以该区域的周长(P),即 $HR = S/P$。而临界的水力半径是由多种因素决定的,且拉底区域的最小边的长度不应小于长边长度的1/3。假如 HR = 30 m,则初始拉底面积需要 120 m × 120 m。劳布斯彻博士在岩石 RMR 值分类的基础上提出了 MRMR 值分类,并总结出 MRMR 值和水力半径的曲线,通过这个曲线可以查出不同的 MRMR 值所对应的水力半径值,从而可以求出所需要的初始拉底面积。

拉底的好坏是自然崩落法成功与否的关键,同时也与底部结构直接相关。不同的拉底方法对底部结构产生不同的应力,对底部结构造成的破坏就不同。

10.5.6.2 拉底战略

拉底战略是近些年来国际上自然崩落法研究的重点之一,共有4种拉底战略,但主要使用的为前三种:

A 后拉底战略(Post Undercutting)

该战略被称之为传统的拉底战略,它是先进行出矿水平的掘进,即在出矿巷道、出矿点、聚矿槽(道)形成以后,再进行上面的拉底。这种战略在早期的自然崩落法矿山大量使用。这种战略的优点是矿块可以比用其他方法更快地投入生产,在拉底水平不需要安排专门为拉底用的溜井等矿石倒运设施,只需进行凿岩爆破并保持拉底推进线和生产面推进线之间有30 m的距离即可,矿石在拉底水平压实的可能性非常小。主要的缺点是,除了矿山处于低应力环境外,拉底水平和出矿水平之间的岩体处于高应力和多变化的应力状态;支护和加固必须在拉底集中应力带形成前完成。这种战略限制了拉底的推进速度。

我国铜矿峪矿所采用的方式就是该方式,目前690中段的底部结构破坏严重,实际上反映了这种拉底战略由于应力集中给底部结构带来的问题。

B 预拉底战略(Pre-Undercutting)

拉底工作在出矿水平掘进开始之前完成,或出矿水平掘进工作面滞后拉底工作面一段距离进行。出矿水平掘进工作面滞后拉底推进线的最小水平距离可以按两水平间距45°角原则来确定,但在高应力环境下,滞后的距离应该大于这个值。当出矿水平和拉底水平之间的高度是12～15 m时,须保持有22.5 m的水平距离才能达到最满意的效果,而生产区(出矿区)的边线离拉底推进线则需要滞后45～60 m。

这种战略的优点是:出矿水平开拓在应力释放环境中进行,拉底是独立于出矿水平进行的,出矿水平的支护要求通常可低于后拉底战略的支护要求,在某种程度上,拉底水平上破碎的矿石作为岩石充填减少了对拉底推进面的集中荷载。

这种战略的缺点是：由于下部的聚矿槽等没有形成，因此拉底需要有单独的矿石外运工程，如增加溜井等；需要从出矿水平来掘进聚矿槽到上部的破碎岩石中；可能出现高应力残余；矿石压实使放矿点堵塞。上述这些因素往往使生产初期进展缓慢。

C　前进式拉底(Advance Undercutting)

拉底的凿岩爆破工作在部分开拓好的出矿水平之上进行。出矿水平部分开拓好的工程可以仅仅是出矿巷道（通常是出矿穿脉），也可以是出矿巷道加出矿点。聚矿槽则始终是在拉底以后的应力释放区进行，通常是按照45°角的原则。这种战略实质上是后拉底战略和预拉底战略之间的折中方案。图10－41所示为智利特尼恩特矿前进式拉底战略。

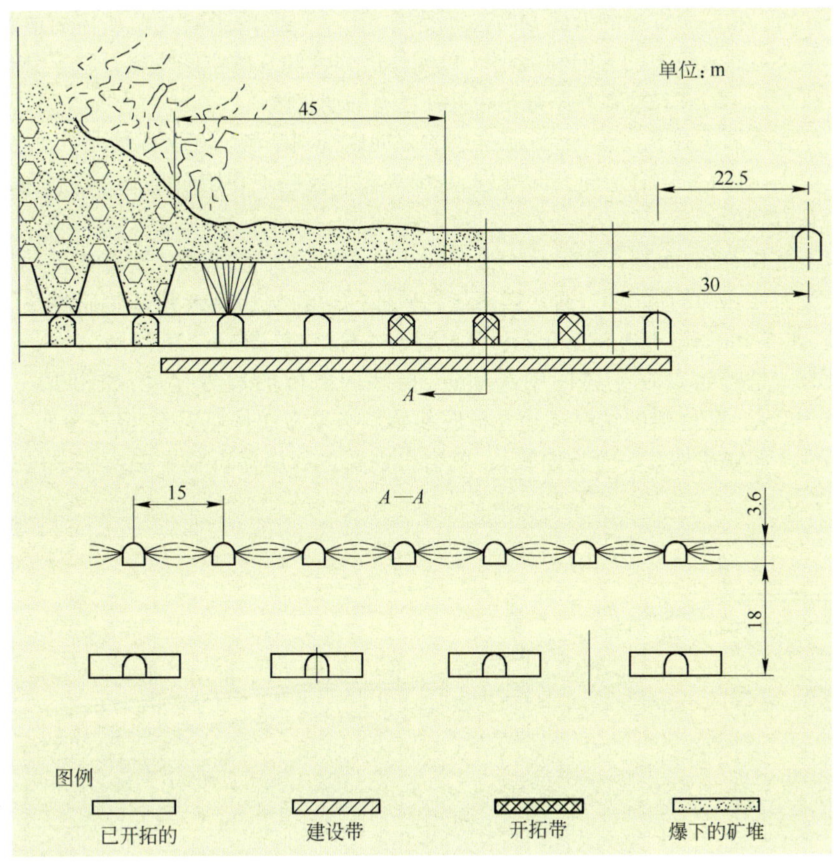

图10－41　智利特尼恩特矿前进式拉底战略

它的特点是：

(1) 和后拉底战略比较，由于出矿水平采出矿石比例减少，出矿水平破坏也减少，；

(2) 和预拉底战略比较，能更快地投入生产，减少了因开拓滞后带来的问题；

(3) 由于矿堆压实而形成诱导应力残余的可能性减少；

(4) 虽然仍需要为拉底增加矿石转运的工程，但比后拉底战略需要的工程增加不了多少。

与后拉底相比，前进式战略由于在拉底推进后出矿水平还存在需要开拓的工程，因而进展较慢，主要是聚矿槽需要从出矿水平向拉底水平的碎石里掘进。另一方面这种方法减少了应力对出矿巷道的破坏及由此带来的巷道修复工作。

由于前进式拉底优点较多,因此当前许多自然崩落法矿山采用的是前进式拉底战略,如南非的 Palabora 矿和 Finsch 矿。通过精心的工程布置、支护和加固设计以及设备选择可使它的缺点降低到允许的程度。

D 亨德森战略(The Henderson Strategy)

亨德森战略是聚矿槽采用从拉底水平打的中深孔进行爆破,而且恰好在拉底爆破前进行,这减少了岩柱和出矿水平高应力状态的时间,从而减少了破坏。但这种方法在挤压的地层条件不适合采用,因为炮孔易出现塌孔而堵塞。

10.5.6.3 拉底设计和管理

A 拉底顺序

拉底的起始点和拉底推进的最优方向选择受以下几个因素的影响:(1)矿体的形状;(2)矿体内品位的分布;(3)原岩应力的方向和大小;(4)矿体的强度和它的空间变化;(5)矿体内主要构造特征的存在和方向;(6)在拉底矿块附近是否存在已有的崩落区。

假如矿体在平面上是长窄形的,拉底推进的方向则受到限制。在这种情况下,通常必须在矿体的整个宽度上拉底,并且沿走向方向推进,从中央天井或起点开始向两个方向后退式崩落对达到生产能力是有利的。

如矿体不是长条形,而是长宽尺寸大致相同或长宽都较大时,则要充分考虑上面所列的各个因素。在长宽大致相同的情况下,通常崩落是在矿体的边界从切割天井开始崩落并沿矿体对角线方向推进,如 Northparks E26 的 Lift 2 和亨德森矿一样,参见图 10-36 所示。

另一种方式是起始点在矿体的中央附近,拉底向矿体的边界发展,如图 10-42 所示的 Palabora 矿的情况。在这样的情况下建立拉底起始点必须考虑作业因素、品位分布、矿体的岩石强度和可崩性。假如矿体在一个方向较长,就会出现要进行崩落自我发展所要求的最小尺寸的问题。

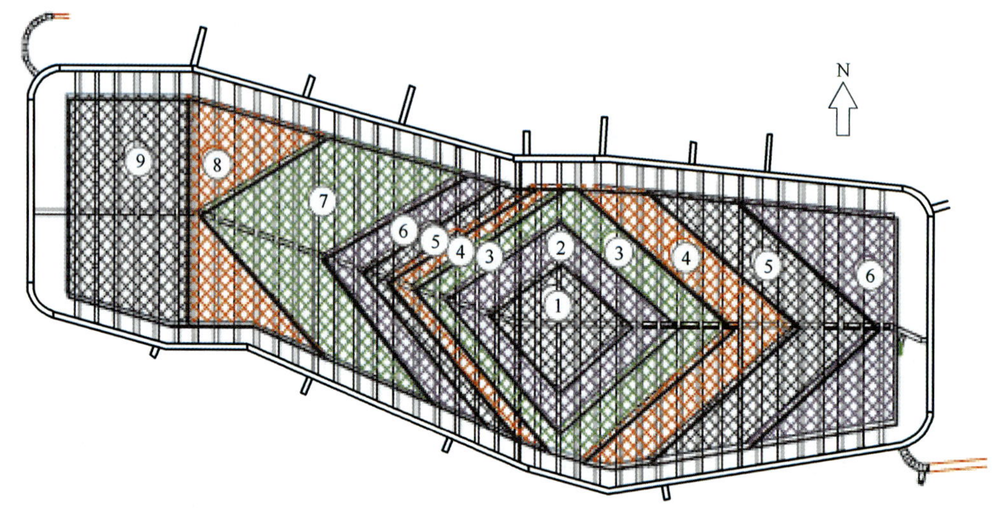

图 10-42 南非 Palabora 矿设计的拉底顺序

①~⑨—拉底顺序

原岩应力及其在拉底范围周围的重新分布和崩落的发展对初始崩落具有重要的影响。假如推进方向与主水平应力的方向垂直,则拉底前方支撑带的应力集中程度较高,并将随拉底推进而增加,这会增加拉底巷道和出矿水平巷道破坏的可能性。然而,这种影响对较硬岩体如特尼恩特矿克服岩石强度和实施诱导崩落是有利的。

矿体强度的任何空间的变化，都可能对诱导应力的影响起作用，影响崩落的开始和发展。因为崩落更容易从弱的地方开始，并因为在拉底前方的诱导应力随拉底推进而增加，因此应该从矿体弱的地方向硬的地方推进。此外，从品位高的地段开始崩落有利于尽早回收投资。

许多构造特征，例如断层和剪切带对初始崩落和崩落发展以及拉底巷道和出矿水平开挖的稳定性有影响。需要避免形成大的孤立的岩楔，因为在重力的作用下它可能落下，阻碍崩落的发展，并且对拉底巷道和出矿水平巷道形成附加的荷载。作为一个总的原则，最好是使拉底推进面尽可能与任何不间断的构造特征或特征组的走向成正交。

在许多崩落法矿山，矿体是以一系列矿块开采，在这种情况下，新的矿块应该从已采矿块后退开采，而不是迎着已采矿块。如图 10－43 所说明的，这可以防止在两个崩落块之间产生高应力矿柱，导致周围的巷道由于诱导应力破坏。

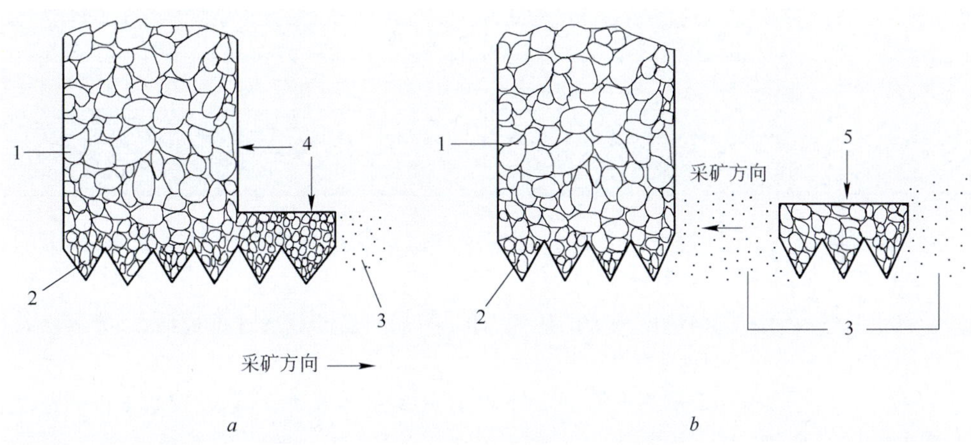

图 10－43　临近已有崩落矿块的矿块崩落起始点

a—较优的采矿方向；*b*—不利的采矿方向

1—已采采场；2—放矿点；3—高应力带；4—在水平和垂直方向可以自由位移的岩体；

5—仅可在垂直方向自由位移的岩体

铜矿峪矿的拉底顺序，无论是 810、690 中段，还是下一步 570 中段，4 号、5 号矿体都是从矿体的一端即东北端的下盘开始，向另一端和上盘推进，基本上是按矿体的对角线方向推进。

根据采矿经验和对诱导应力的考虑，应避免拉底推进面形状的突然改变或形成大的不规则形状，相邻推进面之间应减少超前或滞后量，水平拉底滞后通常应小于 8 m，以免引起拉底巷道大的破坏。

B　拉底推进速度

对任何一个矿山要确定最优的拉底速度并不容易，实际上通常是在许多对立的因素之间形成一种折中。

（1）为了尽快获得经济效益达到设计初期的生产能力，要求加大拉底速度。

（2）在前进式和后拉底方法中，拉底速度不能超过聚矿槽和放矿点形成的速度。

（3）在高应力环境下，高的拉底推进速度可能加大对拉底巷道、矿柱和出矿水平巷道的破坏程度，并且在某些情况下会导致岩爆的发生。

（4）拉底推进速度应与矿体崩落速度相适应。当前崩落速度仅仅只能由经验决定，这仍然是一个有待从理论上和实践中进一步研究的课题。然而崩落速度是崩落顶板诱导应力及其与岩体强度关系的函数。总的原则是,要确保崩落区维持充满崩落下来的矿石,放矿速度不应超过通过“自然”崩落过程产生散体(崩落体积减去原岩体积的余量)的速度。假如放矿速度太快,在崩落顶板和崩落矿堆之间会产生一个空间,崩落顶板突然的或大量的冒落会导致灾难性的空气冲击波。表10-34列出了几个矿山估计的崩落速度。

表10-34 几个矿山估计的崩落速度

矿山和作业区	估计的崩落速度/$m \cdot d^{-1}$
CODELCO El Teniente Sub 6 盘区崩落	0.2~0.3
CODELCO Esmeralda 盘区崩落	0.17~0.2
De Beers 的 Koffiefontein 矿(TKB 金伯利岩)	0.2~0.4
De Beers 的 Premier 矿(TKB 金伯利岩)	0.1~1.2
De Beers 的 Premier 矿(HYB 金伯利岩)	0.06~0.25
De Beers 的 Finsch 矿(金伯利岩)	0.2
Palabora 矿	0.12
亨德森矿	0.27
Northparks E26 的 Lift 1 矿块崩落	0.11~0.38

(5)在崩落形成后,拉底速度将受矿石柱高度和出矿水平布置的影响,反过来又影响生产能力。

(6)对于某些弱岩和崩落块度很细的矿体,如果拉底速度和放矿速度过低,会导致矿石压实以及很难使破碎的矿石形成均匀的流动和出矿。

(7)除了上述各种各样的因素的影响之外,为了达到最好效果,应该使拉底推进的速度在时间和空间上保持匀速。

国际上的经验数据表明,在当前的矿块和盘区崩落法矿山中,拉底速度变化在每月500~5000 m^2,平均值是2000~2500 m^2/月。表10-35列出一些矿山成功使用的拉底速度的实例。

表10-35 拉底速度实例

矿　山	拉底速度/$m^2 \cdot 月^{-1}$
Kimberley 矿①	2700
De Beers Premier 矿 BA5,盘区崩落	900
De Beers Premier 矿 BB1E,矿块崩落	1100
特尼恩特矿的 Esmeralda,盘区崩落②	3000
Northparks E 26,矿块崩落	1600

① Kimberley 速度受需要减少对出矿水平岩柱的破坏的影响。

② Esmeralda 速度受需要控制地震的影响。

C 拉底高度

在过去,一直认为较大的拉底高度可以限制出矿水平巷道的诱导应力,或保证崩落发展和矿石流动按预想的进行。Northparks E26 的 Lift 1 便是采用了两个拉底分段,总高度达40 m。

从凿岩和爆破的观点来看,较高的拉底可使上部矿体易于破裂,因为增加了自由面区域。但对窄的拉底由于较大的夹制作用,增加了不能获得充分破裂的风险。此外,任何少量的钻孔偏斜都会加剧夹制问题。

采用高拉底的经验,特别是在强度高的矿体中,表明窄拉底的缺点并不突出,然而高拉底的如下缺点促使近年来一些矿山逐步不再采用高拉底:

(1) 必须采用深孔进行拉底,容易形成不规则的顶板,导致崩落效果不好;

(2) 增加初期和总的成本;

(3) 推进速度慢;

(4) 高拉底的松散物料的出矿存在作业问题,特别是采用前进式拉底时。

不过实际经验仍促使对各种具体条件确定最小拉底高度,因为初始崩落块度是一个最重要的因素。假如拉底高度相对于崩落块度较大的矿块尺寸不够大的话,则会增加拉底崩落的矿石形成岩柱的可能性。

表 10-36 给出一些矿山矿块和盘区崩落作业中应用的拉底高度。

表 10-36 拉底高度实例

矿山和部门	拉底高度/m
Teniente (Ten 4 sur B)	16.6
Teniente (Ten 4 sur C)	13.6
Teniente (Ten 4 sur D)	13.6
(Ten 4 sur D)	10.6
Teniente (Ten 4 sur FWD)	3.6
Teniente (Esmeralda)	3.6
(Sub 6 Experiement)	16.6
Teniente (Tte. 5 Pilares)	7.0
Teniente (1-13 Tte 3)	8.6
(1-14 Tte 3)	8.6
(HP Tte 3)	4.0
澳大利亚 Northparks E26 Lift 1	42
加拿大 Bell 矿	6
南非 Palabora (倾斜)	4

10.5.6.4 拉底形状

垂直断面的拉底形状对拉底的难易程度和效果及初始崩落的效果有较大的影响。拉底的设计形状和凿岩爆破之间有着特别重要的关系。

考虑拉底效果、矿岩的稳固程度和所采用的凿岩设备,拉底主要有两种形式。

A 环形扇形孔爆破

这种方式是目前国外用得较多的,最典型的是特尼恩特矿采用的形式(见图 10-44),拉底巷道位于出矿巷道的正上方,相距一般 12~18 m,拉底巷道的间距等于出矿巷道的间距。这种方式拉底巷道少,工程量省,但凿岩时需要打下向倾斜孔,一般用中深孔凿岩台车凿岩。这种方式原则上对破碎矿岩不适用,因为在破碎岩石中打下向孔容易出现塌孔,掏孔困难。另外两条拉底巷道之间的中间部位爆破不好,易形成岩柱。这种方式拉底的空间较大,拉底后的顶板相对较平整。

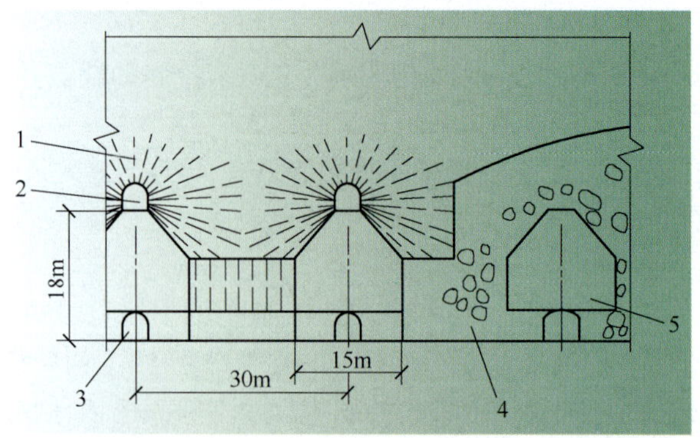

图 10－44 特尼恩特矿采用的环形扇形孔爆破拉底形式

1—拉底炮孔；2—拉底巷道；3—出矿穿脉；4—聚矿槽；5—桃形矿柱

B 倾斜窄断面拉底

这种拉底方式是采用小空间拉底，拉底后的顶板呈锯齿状（见图 10－45）。为保证破碎矿石具有较好的流动性以利清理拉底底板，拉底倾角应该大于破碎矿石和原岩之间所产生的摩擦角。这种方式的拉底巷道比上一个方式要多，但不需打下向倾斜孔，对破碎矿岩更适用。

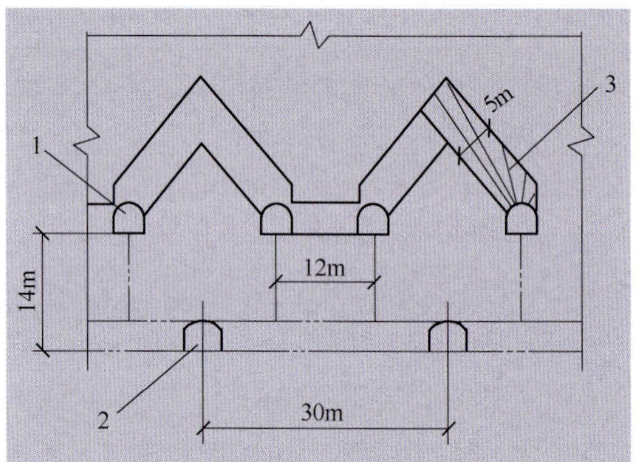

图 10－45 窄倾斜形断面拉底形式

（Northparks Lift 2 的拉底形式）

1—拉底巷道；2—出矿穿脉；3—拉底炮孔

锯齿状的顶板有利于矿岩崩落，但初始崩落时的块度较大。采用这种方式形成的桃形体较规则，但其顶部易残留矿柱，对巷道产生诱导应力。

采用这种拉底方式的矿山越来越多，特别是在矿体埋藏深、高应力环境下，如南非的 Palabora 和 Northparks E26 的第二区段（Lift 2）。铜矿峪矿 690 m 中段铲运机盘区的拉底方式和此方法有类似之处，也是两条出矿穿脉之间有两条平行的拉底巷道，所不同的是采用大面积拉底。

除上述两种形式外，还有相类似的几种布置形式，如堑沟拉底形式等。

10.5.6.5 拉底和出矿水平的诱导应力

出矿水平巷道的稳定性和在较小范围内拉底巷道的稳定性对崩落法矿山矿石的有效开采是至关重要的。观察和测量表明，拉底的形式和时间对出矿水平巷道的稳定性有着重要的影响，主要是因为在拉底推进前方附近诱导应力高度集中。

前面叙述过的许多因素对拉底水平巷道诱导应力的大小有着实质性影响，包括拉底与出矿水平开拓的时间关系、拉底面形状、拉底和出矿水平之间隔开的距离、崩落水力半径、拉底方向和原岩应力。对诱导应力水平的了解和对矿岩强度的估算，有助于预测拉底水平的破坏，从而优化拉底战略、生产水平和支护的设计。

南非 Premier 矿的 BA5 盘区，从采用后拉底改为前进式拉底，使支护要求大为降低，巷道返修量明显减少。该矿同时发现随着拉底面积的增加，拉底和出矿水平的应力同样增加；然而，当持续崩落开始后，应力水平则下降。此外，相邻巷道之间超前或滞后的距离小于 8 m，可以减少巷道的破坏。

根据从加拿大 Bell 矿所做的观察，拉底后退的速度是一个重要的因素，要是可能的话，软弱带应该作为拉底的起点。

表 10－37 列出由 Batcher(1999) 总结提出的五条拉底经验,其目的是降低拉底前方附近的高应力水平,从而减少对出矿水平的破坏。

表 10－37 减少对出矿水平破坏的经验

序　号	经　验	理　由
1	采用前进式拉底。假如不能采用前进式拉底,就应减少出矿水平的巷道和出矿点开拓的百分比	(1) 在拉底前方存在高应力,它会使出矿水平已有的巷道产生破坏 (2) 出矿水平开挖的巷道越多,那里的应力水平越高
2	减少拉底前方水平面的不规则形状	这些不规则形状将产生应力集中并加大出矿水平的破坏程度
3	在持续崩落形成之前,使拉底速度大于出矿水平的破坏速度	巷道承受拉底前方高应力的时间越长,破坏就越大
4	有可能的话,将拉底水平安排在出矿水平之上尽可能高的位置	距拉底前方的距离越远,应力越小
5	尽可能早地从最弱的地方向最强的地方推进来获得持续崩落	(1) 拉底前方的应力随形成持续崩落所需的水力半径而增加 (2) 一旦持续崩落形成后,拉底前方的应力就减小

Trueman 等人(2002)按照表 10－37 完成的参数研究结果可使部分经验指导量化,即对出矿水平巷道而言:

(1) 在巷道中的诱导边界应力的大小对原岩应力和方向很敏感;

(2) 假如为形成持续崩落,水力半径加倍,在大多数原岩应力环境下,出矿水平的最大诱导应力增加大约 20%;

(3) 当拉底和出矿水平之间的垂直间隔在 10～20 m 的范围内时,垂直间隔增加或减少 5 m 会导致在巷道边界的诱导应力有 10% 的差别,即间隔增加 5 m,边界应力将减少 10%;反之间隔减少 5 m,边界应力将增加 10%;

(4) 在静水原岩应力场的情况下,当水力半径为 25 m 形成连续崩落时,拉底水平的最大诱导应力减少 15%,垂直诱导应力减少 30%。在出矿水平巷道,最大诱导应力减少 2%,垂直诱导应力减少 14%;

(5) 在多种原岩应力状态下诱导应力会出现重大变化,即应力随着巷道靠近崩落推进面而增加,并在崩落通过后减小。对最大原岩主应力大致水平并垂直于崩落推进方向的巷道顶板则是一个例外;

(6) 对前进式拉底,超过崩落推进面 15 m 处的巷道,诱导应力水平要低得多,这也进一步说明了"45°法则"。对最大原岩主应力大致水平并垂直于崩落推进方向的巷道顶板则也是一个例外。超过崩落推进面 15 m 更远处的巷道,诱导应力水平通常连续下降,尽管递减速度很慢;

(7) 对前进式拉底,在崩落推进面前方的任何巷道都要承受类似于后拉底方式的诱导应力。仅仅在崩落前锋后面形成的巷道,才从前进式拉底方式中受益。

对拉底水平巷道而言:

(1) 总的说来,诱导应力的大小随形成持续崩落的水力半径的大小而变化;

(2) 巷道段越靠近崩落前锋,诱导应力越高,从前锋第一个 15 m 以外迅速下降。最大原岩主应力大致水平并垂直于巷道推进方向的巷道顶板中则是一个例外;

(3) 拉底水平比出矿水平的最大诱导应力大。

10.5.6.6 拉底巷道支护和加固

虽然拉底巷道不是永久巷道,但它是全部矿块或盘区崩落作业至关重要的部分,在其设计寿命内必须保证安全和畅通。以下是几个矿山拉底巷道所采用的支护和加固方式。

A Andina 矿的Ⅱ和Ⅲ盘区

智利 CODELCO 公司 Andina 矿的Ⅱ和Ⅲ盘区都是采用后拉底或传统拉底战略开采的。Ⅱ盘区完全处于当地称之为次生岩的较弱岩体中。拉底和出矿水平之间的垂直间距为 15 m。原岩应力为 $\sigma_v:\sigma_{h1}:\sigma_{h2}=9:18:13$ MPa，岩体的平均 Q 值为 0.4，相当于平均的 RMR_L 为 35。在水力半径为 26 m 时出现持续崩落。完整母岩的平均单轴抗压强度估计为 108 MPa。

Ⅲ盘区是次生岩（弱）和原生岩（中等强到强）的混合矿岩。在弱岩体中（平均 Q' 值为 0.4）达到初始连续崩落时水力半径为 11.7 m。原岩应力为 $\sigma_v:\sigma_{h1}:\sigma_{h2}=17:22:13$ MPa。完整母岩的平均单轴抗压强度估计为 108 MPa。

两个盘区中巷道的支护和加固方法相同。在拉底水平，巷道通常仅用点锚杆支护，但在崩落前锋附近经常采用木支架支护。总的来说拉底水平和出矿水平的巷道条件是好的。在与崩落前锋相关的所有巷道实施支护和加固。

B El Teniente 的 Esmeralda 采区

智利 El Teniente 矿的 Esmeralda 采区采用预拉底战略开采。岩体的 Q' 值为 5.3，达到持续崩落时的水力半径为 27 m。原岩应力为 $\sigma_v:\sigma_{h1}:\sigma_{h2}=26:34:34$ MPa。拉底巷道和出矿水平之间的垂直间距为 18 m。完整母岩的平均单轴抗压强度估计为 100 MPa。

拉底水平巷道宽 4 m、高 3.6 m。巷道采用长 2.3 m 的树脂锚杆加固，锚杆间距为 1 m，并加钢筋网。总的来说，加固是足够的。破坏只出现在岩体非常破碎的局部区域。

C 澳大利亚 Northparks E26 的 Lift 1

Northparks E26 的 Lift 1 矿块崩落采用前进式拉底，出矿水平巷道和放矿点巷道仅在前进拉底之前开拓。原岩应力是 $\sigma_v:\sigma_{h1}:\sigma_{h2}=12:23:15$ MPa。在巷道附近岩体的平均 Q' 值为 8.7（或平均 $RMR_L=53$）。拉底扩大到水力半径 44 m 时持续崩落尚未形成，一直崩落到上覆较软弱岩体才产生诱导持续崩落。如图 10－46 所示，Lift 1 采用双层拉底方式，下层拉底是在完全开拓好的上层拉底和出矿水平之间进行的。完整母岩平均的单轴抗压强度估计为 110 MPa。

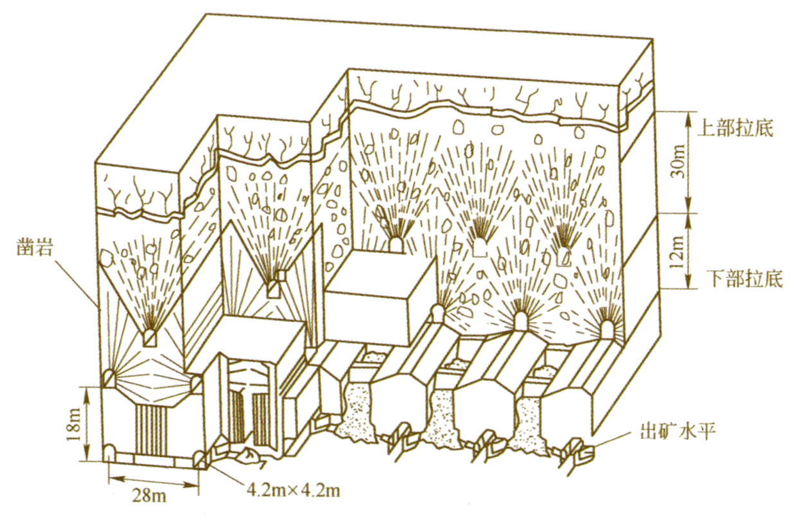

图 10－46 Northparks E26 Lift 1 高拉底的几何形状

在上层拉底中，巷道宽4.2 m、高4.5 m。安设2.1 m长的管缝式锚杆加固，排距为1.25 m，每排为8根锚杆。总的说来，经验证明支护是足够的。

D 南非Palabora矿

Palabora矿块崩落法采用前进式拉底开采。母岩的平均Q'值为23，平均的RMR_L为70多。原岩应力测定表明静水状态应力为38 MPa。完整母岩的平均单轴抗压强度估计为140 MPa。

拉底水平巷道宽4 m、高4 m。支护采用长2.4 m的树脂注浆锚杆，间距为1.25 m。此外，采用长1.0 m的管缝式锚杆安装焊接钢筋网。在岩石条件好的地方通常采用50 mm厚的钢纤维喷射混凝土。

离崩落前锋较远的巷道，刚安装锚杆或尚未铺设钢筋网或喷射混凝土时，两帮就出现明显鼓胀现象。喷射混凝土和钢筋网能防止产生进一步的问题，在水力半径为16 m时靠近崩落前锋，全支护系统效果较好。

10.5.7 出矿水平设计

10.5.7.1 影响出矿水平设计和工作状态的因素

出矿水平设计和工作状态主要受放矿块度和所采用的拉底战略影响。出矿和拉底水平之间，巷道的三维几何形状是比较复杂的，设计必须确保它们的稳定和在其设计寿命期间能进行有效的生产作业。

A 块度

放矿柱中的矿石块度影响放矿系统的选择。重力放矿系统要求较细的块度，而LHD系统则适合于目前崩落法矿山遇到的更粗的块度。放矿块度的大小决定放矿带的尺寸和放矿点间距，它同样影响放矿点的高度，是否需要二次破碎、桃形矿柱的形状、LHD尺寸和对破碎站的要求。

B 拉底战略和设计

所采用的拉底战略（后拉底、预拉底、前进式拉底）影响出矿水平巷道的诱导应力、支护和加固的需要、放矿点投入生产的速度和它们的长期工作状态。出矿水平巷道的设计和工作状态同样受拉底详细设计的制约，例如，拉底形状可能影响矿石堆积趋势并在两个放矿点之间的桃形矿柱上诱发过大荷载。

C 工程地质条件

由于巷道主要集中在出矿水平和出矿水平之上，其工作状态对生产的连续性和效率是至关重要的，因此工程地质条件是决定出矿水平的设计和工作状态的重要因素。巷道中的诱导应力依据所采用的拉底战略和设计预计可能很高，而且在开拓、拉底和生产的整个过程中会发生变化。因此岩体工程地质特征（例如主要的和次要的不连续面、完整岩块强度和岩体强度）和它们与原岩应力、诱导应力的关系应是设计中要考虑的主要因素，它们影响巷道的尺寸、形状、支护加固和修复。

D 作业因素

出矿水平布置必须有利于崩落矿石的有效放出，同时还必须考虑开拓的难易和速度，一个复杂布置所需的开拓时间可能是简单布置的两倍。出矿水平巷道的尺寸、形状和几何关系必须保证LHD能方便地进入装矿点，进行装载、后退、转弯并运到卸载点卸载。同时也要考虑人员和设备能方便处理聚矿槽的结拱或桃形柱上的积矿。

E 主要的作业危害

岩石大量冒落、岩爆、泥石流、空气冲击波和突水等主要作业危害，对出矿水平有着极其重要的影响。防止这些事件的发生，是减轻灾害作用最好的方法。在某些情况下，提供合适的支护和加固设计可以减轻岩石冒落、岩爆和空气冲击波对出矿水平巷道的危害。

F 放矿点眉线

放矿点眉线的稳定性、磨损、加固和修复对崩落法矿山的生产作业效率有着重要的影响。对眉线稳定性和工作状态的主要影响因素是眉线的方向、存在的不连续面及其方位、拉底中应力集中的程度、所采用的加固形式和实施时间以及生产期间眉线的磨损和变坏。

10.5.7.2 出矿水平布置

自然崩落法矿山所采用的 LHD 出矿的巷道布置形式很多，但大同小异，主要的有 5 种：连续堑沟型、鲱鱼骨式(Herringbone)或人字形、分支鲱鱼骨式(Offset herringbone)或分支人字形、亨德森式或 Z 型设计，平行四边形或特尼恩特型布置。

A 连续堑沟或堑沟布置

奥地利奥美磁铁矿公司(Austro - American Magnetite Company)的矿山在高应力条件下采用连续堑沟或堑沟布置，这种布置也同样用在津巴布韦的 Shabanie 矿、美国的 San Manuel 矿，智利的特尼恩特矿也考虑应用。图 10 - 47 为奥美磁铁矿公司矿山的布置图，纵向拉底堑沟巷道的开拓和爆破，在同一个水平相关的生产(出矿)巷道和放矿点开拓之前进行。这个系统的桃形柱是连续的。

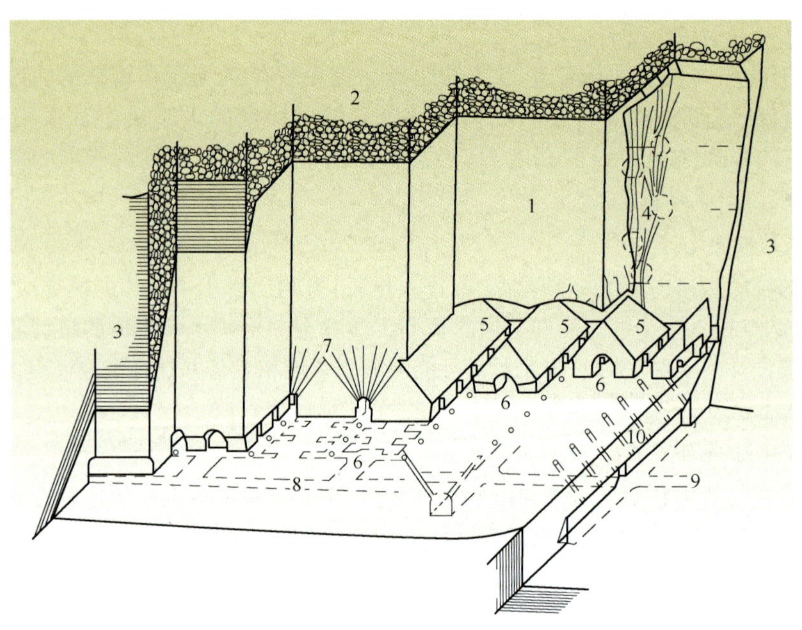

图 10 - 47 用于奥美磁铁矿的连续纵向堑沟布置

1—矿体；2—上部已崩落的区域；3—围岩；4—端部拉槽；5—槽；6—出矿巷道；7—扇形炮孔；8—沿走向巷道；9—主运输巷道；10—泄水钻孔

B 鲱骨式布置(人字形布置)

图 10 - 48 是津巴布韦的 King 矿和 Shabanie 矿应用的放矿点直接相对应的鲱骨式布置形式。与其他类似尺寸的布置相比，这种形式对巷道的稳定性不利，因为两个锐角(实际上将削

圆)相对的进路使巷道交叉点跨度加大,在作业中,这种布置使铲运机无法退到相对的进路中去,也不便转弯,在泥石流易发矿山还牵连安全问题。由于这些原因,原来的鲱骨式布置已作了修改以改善其工作状况。

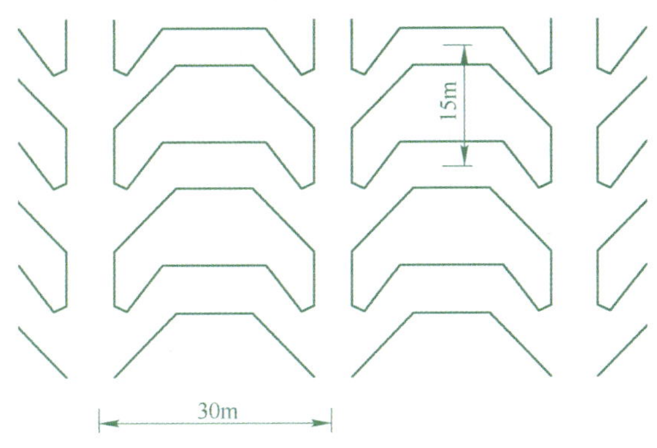

图 10－48 典型的鲱骨式布置

C 分支鲱骨式布置(分支人字形布置)

在图 10－49 所示的分支鲱骨式布置中,出矿巷道两侧的放矿点呈分支或错开式布置。和鲱骨式布置相比,这种形式改善了巷道交叉点的稳定性和 LHD 作业效率。这种系统最初在美国亨德森矿和加拿大的 Bell 矿使用,后来成为矿块和盘区崩落法作业中最常用的布置形式,如澳大利亚的 Northparks 矿,南非的 Palabora 矿、Premier 矿的 BB1E 和 C－Cut 以及印尼自由港矿的深部矿带等都采用这种布置。

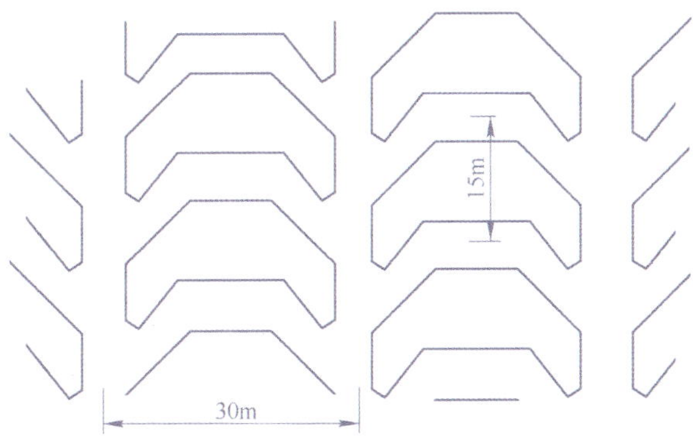

图 10－49 典型的分支鲱骨式布置

图 10－50 为 Palabora 矿出矿水平平面布置图。这种布置主要是基于 LHD 的机动性并为尾部带有电缆的电动铲运机提供了应用的可能性。破碎机位于生产区的一侧,所有放矿点都朝着 LHD 驶来的方向,回风是在生产区的另一侧即破碎站的对面。铲运机司机处于铲运机铲斗粉尘的上风向。

D 亨德森式或 Z 型布置

图 10－51 所示的设计,相对的放矿点进路在一条直线上但与生产巷道斜交,并且放矿点和聚矿槽与生产巷道成直角。两个锐角进路成对角线布置。这种布置首先用于美国的亨德森矿,因此有时称之为亨德森式布置。目前已无其他矿山采用这种布置。

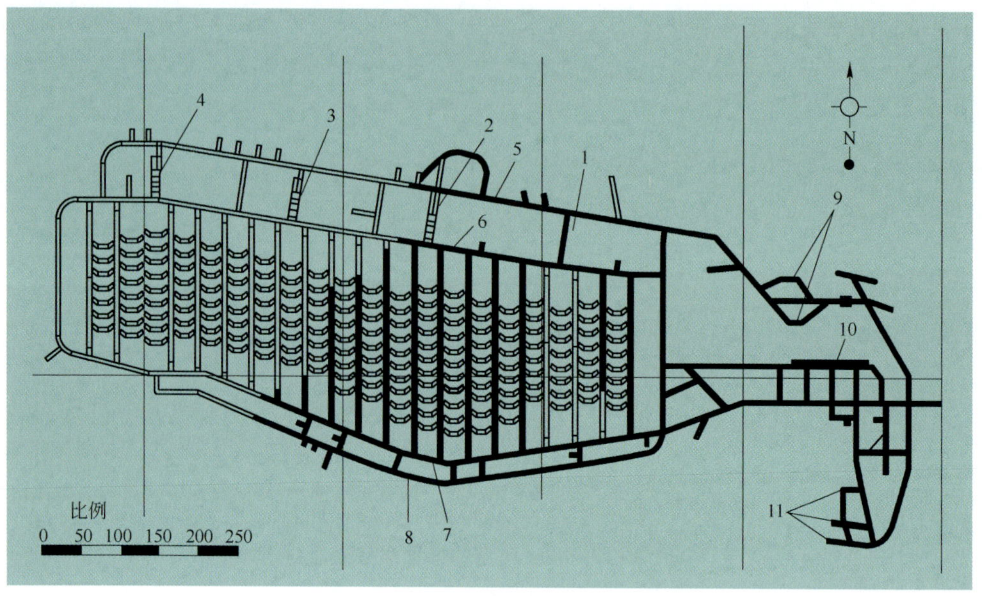

图 10－50 南非 Palabora 矿出矿水平布置

1—1 号破碎站；2—2 号破碎站；3—3 号破碎站；4—4 号破碎站；5—北部主通道；6—北沿运输道；7—南部内服务道；8—南部外服务道；9—进风风机；10—主维修车间；11—主回风道连接点

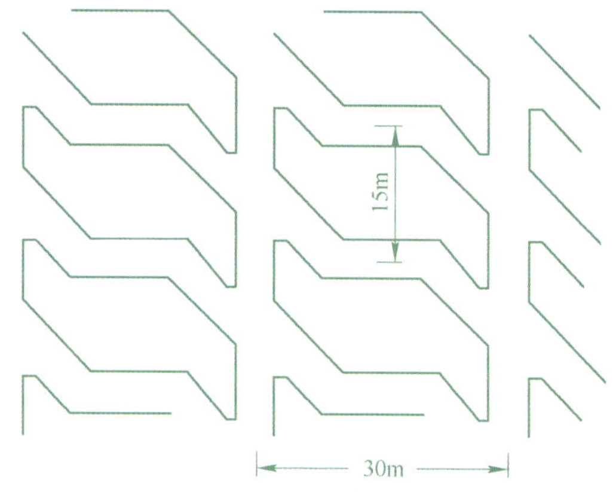

图 10－51 亨德森式布置

E 特尼恩特布置

图 10－52 为智利特尼恩特矿开发出的布置形式，出矿进路与生产巷道成 60°夹角直线布置。图 10－52*a* 为采用方形聚矿槽的原始布置，与出矿进路成正交。图 10－53 表示的是一个类似的正用于亨德森矿的布置，生产巷道和出矿进路成 56°角，放矿点被一个小的岩柱分为两部分。图 10－52*b* 表示的是特尼恩特矿为不同开采条件开发的许多改进布置方案之一，聚矿槽形状增强了放矿点之间的相互影响并改善了潜孔爆破设计。

特尼恩特和新亨德森布置形式的一个优点是铲运机可以退到相对的出矿进路中进行转弯或当眉线磨损时进行直线装矿。这种布置唯一的缺点是它不适于采用尾部带电缆的电动铲运机。

F 路面

随着铲运机的尺寸和行驶速度的增大，以及远程遥控和全自动设备的采用，出矿水平的路面质量在崩落法矿山中变得越来越重要。好的路面不仅可帮助改善生产能力和减少铲运机的维修费用,同时可有助于涌水的排出,也可在高应力条件下帮助形成密闭的支护圈。

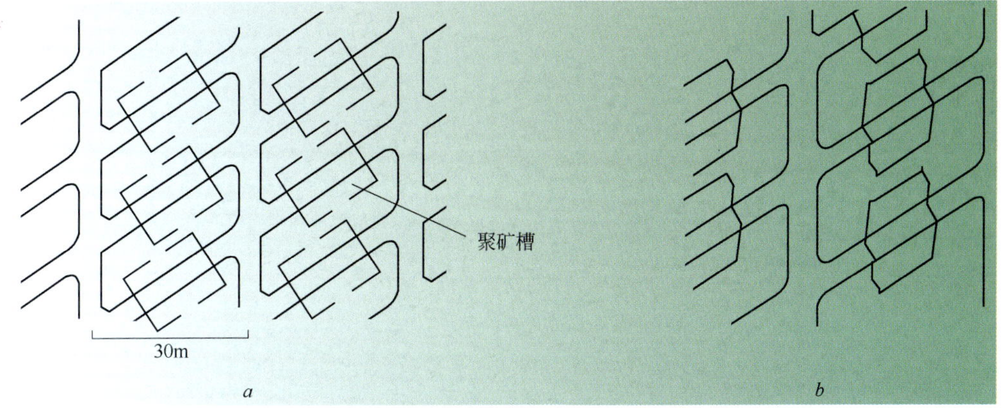

图 10-52 特尼恩特矿的布置

a—典型的特尼恩特布置;*b*—改进后具有十边形聚矿槽的特尼恩特布置

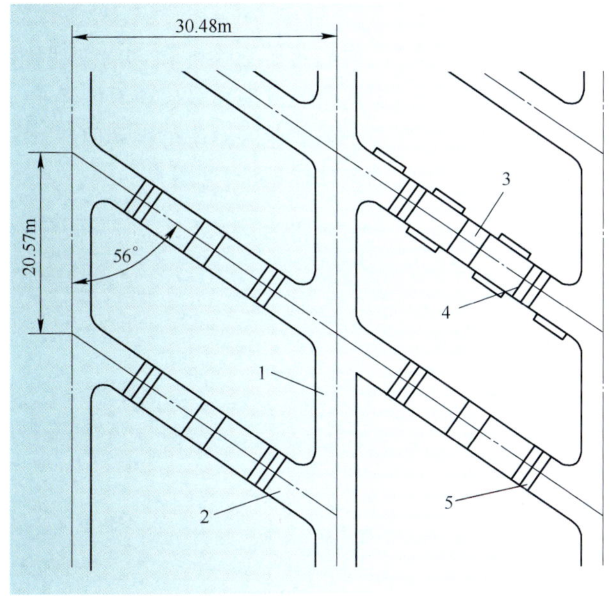

图 10-53 亨德森矿新的出矿水平布置

1—生产巷道;2—放矿点;3—矿柱;4—混凝土底板延伸;5—眉线钢架

表 10-38 中列出了路面形式的优缺点。

表 10-38 出矿水平路面形式的优缺点

路面形式	优　点	缺　点
普通混凝土路面	(1) 路面平整,强度高,与下面的硬岩接触较好; (2) 可以加钢筋网进行加固和安设钢轨防止铲运机的插入	(1) 要求至少7天的养护期不能通行; (2) 在浇混凝土之前,底板应挖到硬岩或底板上的物料应压实; (3) 路面破坏后维修非常困难,修补时又需7天的养护期

续表 10－38

路面形式	优　点	缺　点
连锁路面砖	(1) 容易铺放在压实的底板上，不需挖到硬岩上； (2) 不耽误通行； (3) 在破坏后，如凸起，容易修复； (4) 必须保证混凝土强度以承受铲运机运行的磨损和撕裂	(1)需人工铺设； (2)由于没有混凝土或钢板，因而不能用于放矿点装载区域； (3) 成本较高
用钢轨加固的混凝土	(1) 就混凝土底板来说，钢轨必须预先安装好，这增加了成本，但减少了磨损和维护费用； (2) 特别推荐在装矿点使用，以防铲斗磨损和撕坏底板	假如发生底鼓，整个底板就会抬起，阻碍进入通道或加大轮胎磨损
在装矿点加铺钢板	已在开拓中成功应用，King 矿下一步的放矿点也将做试验，看这种想法是否有效	
矿山砾石	容易铺设	(1) 对设备的滚动摩擦大； (2) 维护成本增加并较大； (3) 材料必须是合适的

10.5.7.3　放矿点和聚矿槽设计

A　崩落矿石的重力流动

放矿点和聚矿槽设计除了其他因素外，与崩落矿石块度和它的流动特征有关。目前对崩落矿石的重力流动特征仍没有确切的解释，根据研究成果和采矿积累的经验，已经可以对放矿点间距和设计提供一些指导原则，尽管还没有一个公式化的方法可供利用。

描述矿石的重力流动，仍主要采用流动椭球体理论，见图 10－54。

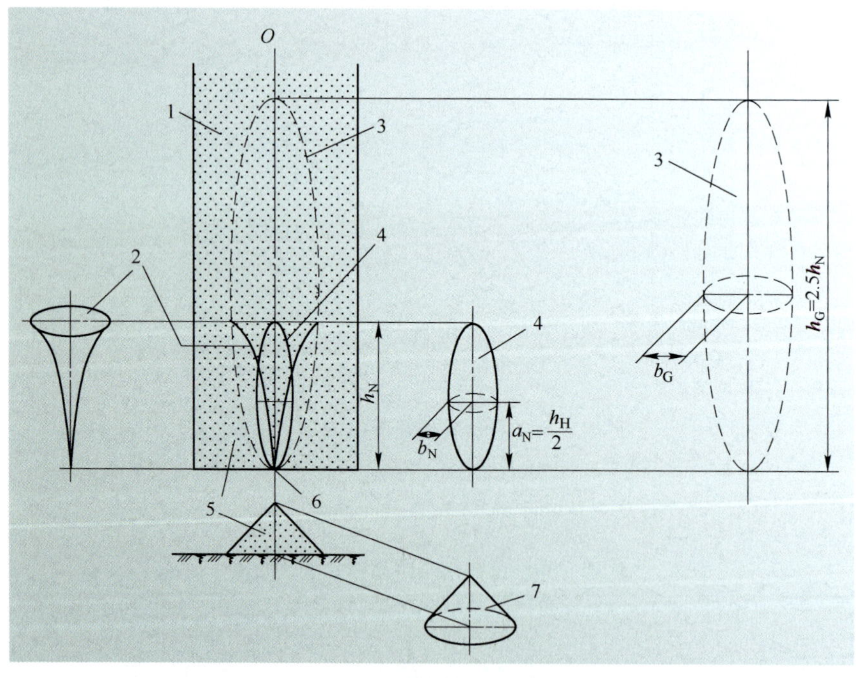

图 10－54　矿石重力流动的椭球体概念（Kapil 1992）

1—材料(W)；2—体积为 V_F 的漏斗 F；3—E_G 是体积为 V_{EL} 的松散椭球体；4—E_N 是体积为 V_{EE} 的放出椭球体；5—材料(R)；6—放矿口；7—体积为 V_C 的放出材料圆锥

许多新的实验室和现场研究表明,“椭球体”并非始终是一个真正的椭球体,它的形状是流动物料中粒径尺寸分布和放矿口宽度的函数。对于相同放矿口宽度,粒径越小,运动椭球体就越长。运动椭球体的上部比真实椭球体趋向于变平或扩大,形状更像一个倒挂的泪珠,特别是当放矿高度大和粒径尺寸不规则时尤其如此。对于更粗的、带棱角的和级配差别更大的物料,可能会产生更不规则的形状流动方式。然而为了简化计算和解释,这里仍研究原始的流动椭球体理论。

一个给定的运动椭球体形状可以用它的偏心率描述:

$$\varepsilon = (a_N^2 - b_N^2)^{1/2}/a_N \tag{10-7}$$

式中,a_N 和 b_N 是运动椭球体的长半轴和短半轴,如图 10-54 所示。矿石的组成、它的粒径级配、力学特性和湿度都将影响椭球体的形状和偏心率,较小块度的偏心率比较大块度的大。偏心率同样受放矿速度的影响,较高的放矿速度使椭球体宽度变小,偏心率变大。

假定椭球体的所有水平横断面是圆的(虽然现在对此有质疑,认为是一个椭圆形断面),Janelid 和 Kvapil(1966)建议,ε 实际变化在 0.90 和 0.98 之间,大多数值在 0.92 ~ 0.96 之间。假设 E_N 是从一个已知高度 h_N 的运动椭球体放出的物料体积,那么椭球体的短半轴相应值可以按下式计算:

$$b_N = \left(\frac{E_N}{2.094h_N}\right)^{1/2} \tag{10-8}$$

或

$$b_N = h_N(1 - \varepsilon^2)^{1/2}/2 \tag{10-9}$$

对这个椭球体,有一个对应的体积为 E_G 的有限椭球体,在它之外的物料是保持固定的。在两个椭球体边界之间的物料将松散和发生位移,但不会到达放矿点。Janelid 和 Kvapil 把这个松散系数表示为:

$$\beta = E_G/(E_G - E_N) \tag{10-10}$$

他们发现 β 变化在 1.066 ~ 1.100 之间,但对大多数崩落的矿石来说,β 趋向于范围的较小值,因此

$$E_G \approx 15E_N \tag{10-11}$$

假定这个有限椭球体有和运动椭球体相同的偏心率,式(10-8)、式(10-9)和式(10-11)可以用来计算它的高度

$$h_G \approx 2.5h_N \tag{10-12}$$

随着物料逐步放出,运动椭球体和相应的有限椭球体的尺寸继续扩大。在崩落法布置设计中一个有用的尺寸是在高度 h_N 时有限椭球体的半径(图 10-54):

$$r = (h_N(h_G - h_N)(1 - \varepsilon^2))^{1/2} \tag{10-13}$$

实际上对于假设条件的范围和 Janelid 与 Kvapil(1966)给出的式(10-7)~式(10-12),$r \approx b_G$,如图 10-54 所示,Otuonye(2000)进一步给出了一个方程,可以用来按在任何高度 h 情况下测定的椭球体宽度 u,计算有限椭球体的体积 E_G:

$$E_G = \pi b_G^2 h[1 - (2 - (u^2 + w^2)/(4b_G^2))/3 - (1 - u^2/(4b_G^2))^{1/2}.(1 - w^2/(4b_G^2))^{1/2}] \tag{10-14}$$

式中,w 为底部放矿口的宽度,有限椭球体的短半轴值 b_G 是已知的或估算的。

必须指出,在这个方法中涉及的大致关系和参数是为分段崩落法建立的,对于自然崩落法放出更粗块度的矿石,则需得到验证。某些作者(例如 McCormick 1968)假定放矿带是圆柱形而不是椭球体,但设计原则对上述两种情况差别不大,例如对于现在一些放矿柱非常高的矿山,圆柱形和椭球体放矿带之间的区别是很小的。

B 放矿点间距

确定正确的放矿点间距必须认真分析以下诸因素间的相互关系，包括矿石崩落块度和流动特征（随着连续放矿发生的变化）、放矿方法和设计的放矿速度、影响岩柱强度的工程地质和设计因素、产量和成本组成以及达到生产能力所需要的放矿点数量。很显然，随着放矿点间距的增加，必须开拓的放矿点数量和开拓费用将减少，同样也增加了放矿点之间岩柱的尺寸，可以允许加宽巷道和采用更大的设备来提高生产效率。

放矿点间距同样是崩落块度的函数。放矿概念的椭球体可以提供选择初步间距的基础。应用这种方法应掌握放矿椭球体或有限椭球体的形状和尺寸的知识，这种知识可以从模型试验中获得也可通过大规模试验或生产中测定获得。

图 10－55 和图 10－56 说明了圆形横断面矿带的放矿原则。假如放矿带的横断面是另一种形状，比如类似椭圆形的，会更复杂一些。在图 10－55*a* 中，相邻放矿点的放矿带没有重叠，放矿带孤立地发展，在放矿点之间留下未放出的矿石柱，这就可能造成矿石损失和增加脊柱的负荷，导致出矿水平巷道可能的破坏。另一方面，在图 10－55*b* 中，两个放矿带之间有一个明显的重叠，没有矿石损失或施加附加荷载，但当放矿带接触覆盖层的废石时，废石就有可能从两个放矿点之间混入而产生贫化。假如废石易成粉末状并比矿石易于流动，就会加重这种影响。

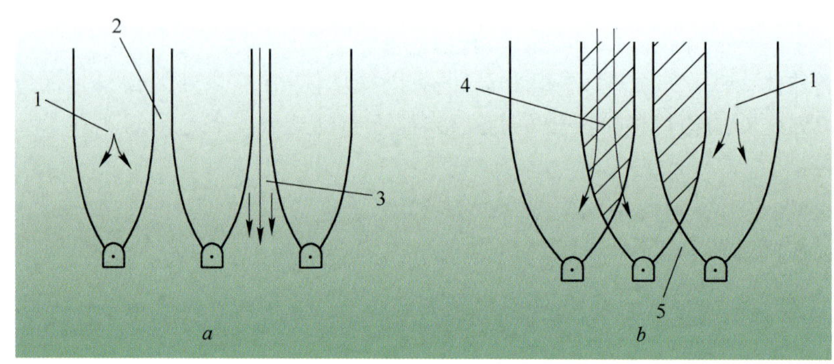

图 10－55 放矿点间距和放矿带关系垂直剖面

a—过大的放矿点间距，没有重叠的放矿带；*b*—过密的放矿点间距，重叠的放矿带

1—放矿带；2—矿石损失区；3—由于形成未拉动的矿石柱而重量集中；4—过分放矿而贫化；5—矿柱减小引起支护问题

从这些简单的分析中可以得出如下结论，放矿点间距应该是使放矿带刚好重叠。这样作为第一个近似值，放矿点间距应该是略小于有限椭球体的短半轴 b_G 值的两倍，如图 10－56 所示。然而在自然崩落法中，应该考虑放矿点宽度 w，或更精确地说，有效放矿点宽度 w_a 的一个有限值，则刚好为相邻放矿带重叠的放矿点间距为：

$$S = w_a + 2b_G \tag{10-15}$$

图 10－56 作了进一步考虑，即平面上放矿点的布置。假如放矿带的横断面是圆形的，最理想的布置是按图 10－56*a* 中所示的六角形布置，这可以减少放矿带之间不能放出的矿石量。图 10－56*b* 表示的是方形布置，和同样间距的六角形布置相比，不能放出的矿石带要大。减小放矿点间距可以减少这些“死”矿带，但有其他不理想的结果，如增加开拓成本，减小矿柱尺寸和作业效率等。

图 10－57 表示把这种简单的方法应用到前面讨论的四种主要出矿水平布置的平面。为了进行比较，假定整个放矿带直径恒定约为 16 m，以便相邻放矿带在次级峰上刚好重叠，很清

楚，由相同聚矿槽服务的两个放矿点放矿所产生的一对放矿带在很大程度上是重叠的。除了在前面讨论的优缺点之外，图 10－57 表示 El Teniente 型和分支人字形布置比其他布置形式有优势，因为在跨过主峰的放矿带之间留下的“死”矿带较小。然而，实际上情况并不像图 10－56 所显示的那么简单。图 10－58 是分支人字形布置中放矿带的渐进发展情况，即随着放矿从一个孤立的放矿点到一个聚矿槽服务的两个放矿点，再到相邻聚矿槽，然后到另一线聚矿槽的相互影响。

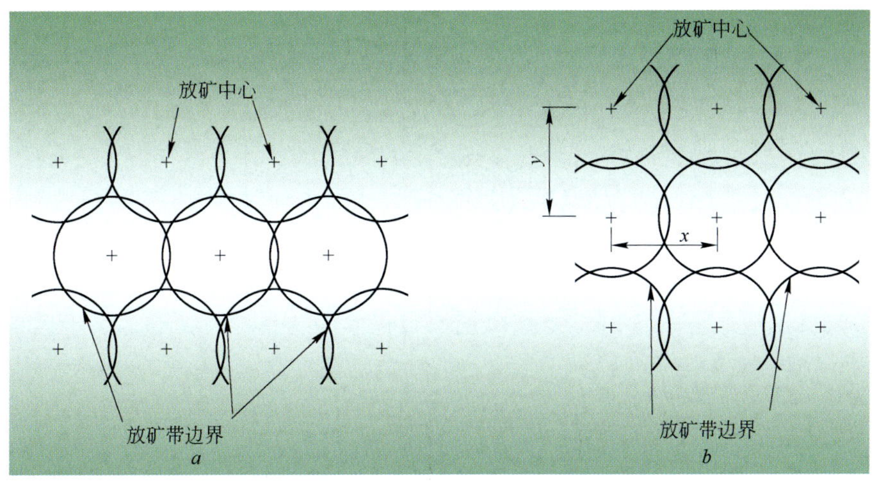

图 10－56　理想化的横断面放矿点间距离

a—六角形；*b*—方形

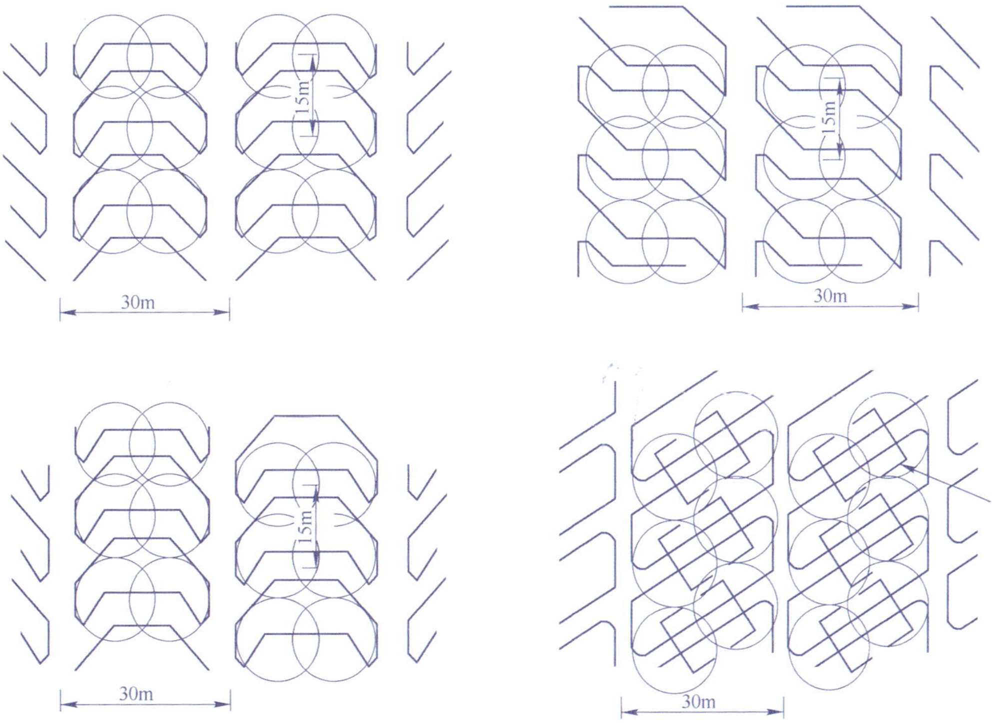

图 10－57　四种主要出矿水平布置类型的理想化横断面

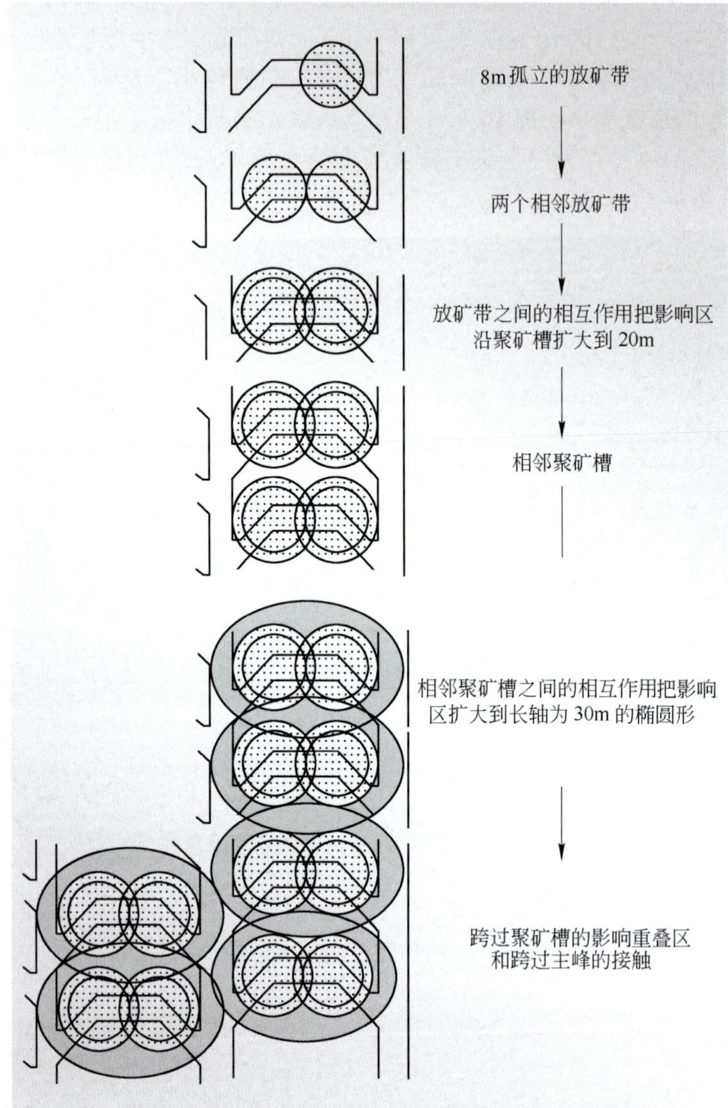

图 10－58　相邻聚矿槽放矿带相互影响的渐进发展(Laubscher 2000)

特尼恩特矿南4机械化盘区崩落法采用了按这种步骤修改的布置,根据已有的生产经验Flores(1993)估算放矿椭球体和有限椭球体的偏心率值为0.96,因为盘区的高度是260 m,放矿椭球体的高度或长轴 h_N 可以从早期的测定中估算为盘区高度的1/4,即65 m,这样长半轴 a_N 则为32.5 m。根据式(10－12),有限椭球体的高度或松散椭球体的高度 h_G 为 $2.5h_N$,即163 m,它的长半轴 a_G 为81.5 m。根据 $\varepsilon = 0.96$ 和 $a_N = 32.5$ m,b_N 值可按式(10－7)计算,为9.25 m,这样,放矿带直径 d_E 或放矿带接触时的放矿点间距通过式(10－15)给出为21.5 m,放矿点的有效宽度 w_a 取为3 m。

图10－59表示修改前的放矿椭球体和极限椭球体,放矿椭球体没有叠加,这意味着在拉底巷道之间留下了被动的矿柱,对位于下面的出矿水平巷道形成较高的压力。在Flores提出的设计中,把几何形状修改成图10－60的布置。

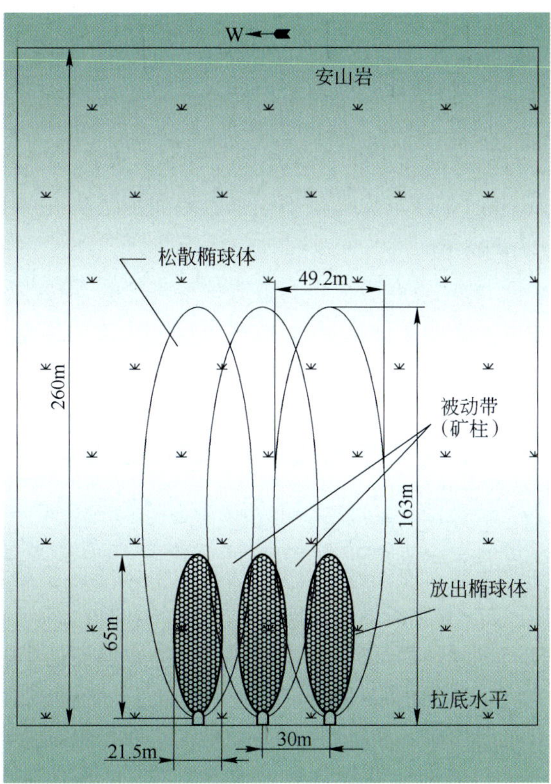

图 10－59　El Teniente 矿南 4 采区重力流动参数和原来的拉底几何形状(Flores 1993)

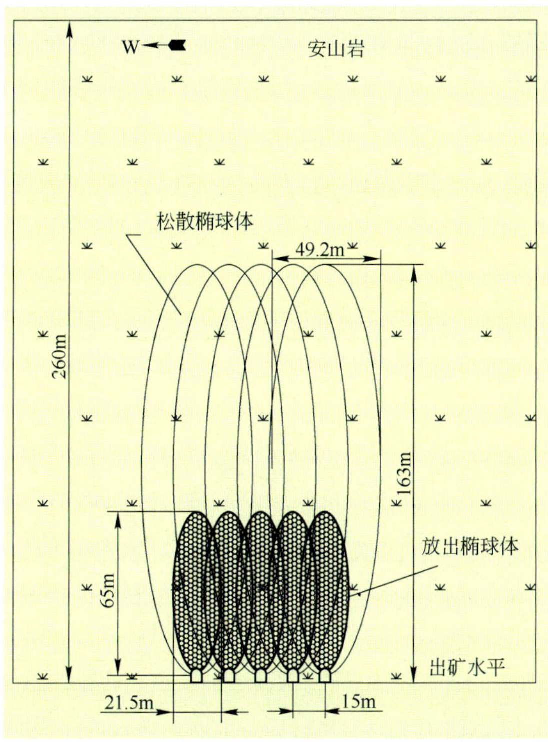

图 10－60　El Teniente 矿南 4 采区重力流动参数和修改后的拉底几何形状(Flores 1993)

在图 10－48、图 10－49、图 10－51 和图 10－52 所示的例子中，放矿点间距均为 15 m，是自然崩落法矿山常用的参数。然而，随着一些新矿山或已有矿山新开拓水平出现更粗的崩落矿石块度，放矿点间距有加大的趋势，例如，Northparks 矿 E26 Lift 2 的间距是 18 m，Palabora 矿为 17 m。实际上放矿点中心与中心的间距并不始终形成一个正方形，通常跨过主峰的放矿点间距要大于跨过次峰的放矿点间距，如特尼恩特矿不同采区的间距是从 14 m×15 m 到 15 m×20 m。

C　放矿点尺寸、形状和方向

从巷道稳定的观点来说，放矿点和放矿点巷道应该尽可能小，但实际上放矿点尺寸是由矿石的块度和装载设备的尺寸以及作业条件决定的，放矿点尺寸应该为尽量避免放矿点被大块堵塞创造条件。国际上通常采用体积大于 2 m^3 的大块所占的百分比作为矿体产生大块的衡量标准，这个尺寸相当于一个边长为 1.26 m 的立方块。基于模型试验和现场试验，建议放矿点尺寸应该为最大块的 3～6 倍。实际上在硬岩矿体中，典型的铲运机作业的放矿点巷道宽和高是 4 m 或更大，而放矿点的有效尺寸则小于此尺寸。

D　聚矿槽几何尺寸

聚矿槽形状可以起到改善矿石流动性的作用，然而在聚矿槽形状和主次峰的强度之间必须有一个折中，主次峰必须在聚矿槽和放矿点的寿命期间保持稳定。除了矿石流动和岩柱强度这两个主要的因素之外，聚矿槽形状同样受拉底设计和实际凿岩爆破的影响。

图 10－61 为横跨主峰和聚矿槽的三种可能的设计断面。三种情况表明聚矿槽上部倾斜度对崩落矿石流动特性具有重要影响。在图 10－61*a* 中，放矿带间相互影响较差，产量可能受到损失，同时会出现矿石积存。图 10－61*b* 为第二种情况，聚矿槽上部倾斜，但其他设计参数保持不变，放矿带之间的相互影响改善，出矿更加有效，然而矿柱的尺寸减小了。如图 10－61*c* 所示，采用倾斜拉底，增加坡度和聚矿槽的整体高度，进一步改善矿石流动特征，但矿柱的强度显著降低，设计之前必须对其进行评估。

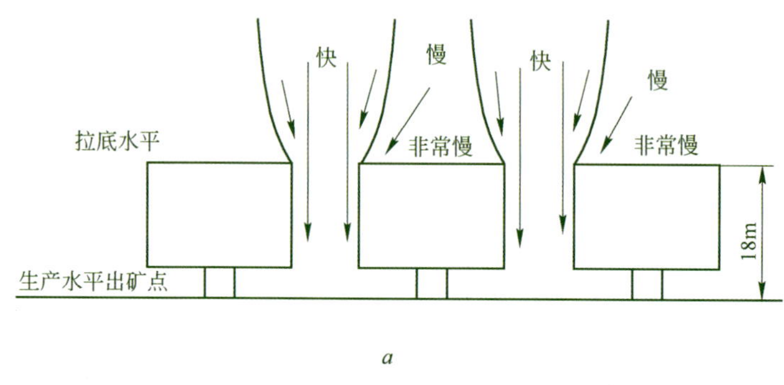

a

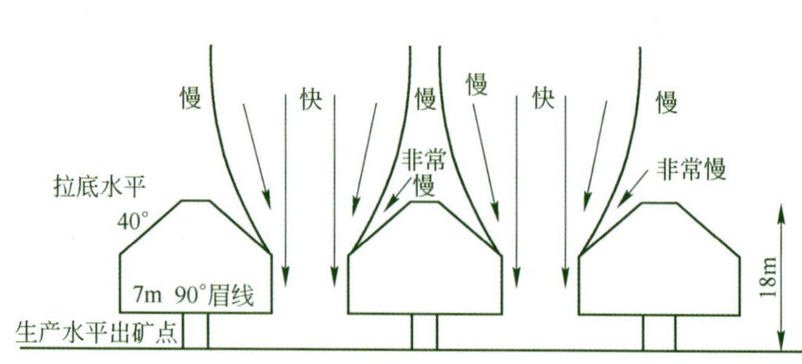

b

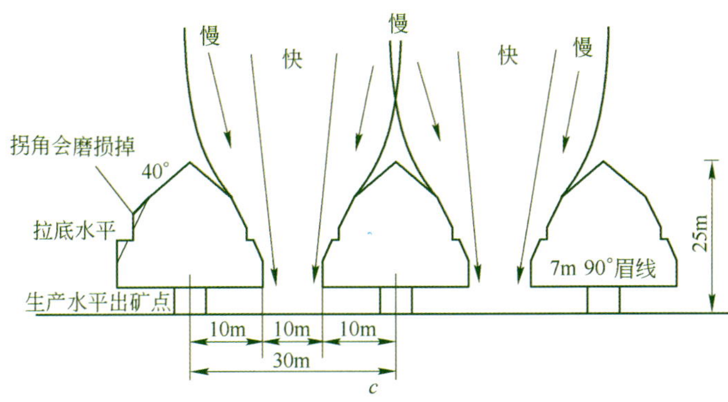

图 10-61 聚矿槽形状对矿石流动性和矿柱形状的影响

聚矿槽平面或水平横断面的形状在现代设计中是相当复杂的。图 10-62 为特尼恩特矿在具体条件下应用的多种设计方案,主要用在 Teniente 南 4 采区。

聚 矿 槽	时 间	规 则
长方形——没有平行于运输巷道的边。传统的盘区崩落 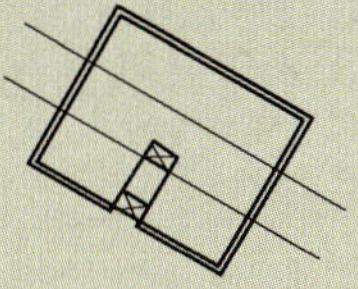	1982~1993 年	重要的变化: 开挖形状:倾斜天井、中央天井和楔形; 高度:10 m、12 m、15 m~17 m; 布置:Teniente 型; 出矿模数: 15 m×15 m(Sector B T-4 Sur, Fortuna); 15 m×17.32 m(Sector CDB T-4 Sur, Regimiento, Sub 6); 15 m×20 m(Sector D-F_W Ten-4 Sur); 14 m×15 m(Ten-3 Isla Brechas)
瓶子型 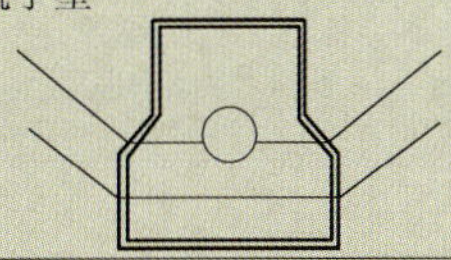	1984~1999 年	开挖形状:倾斜天井; 高度:12 m~16.6 m; 布置:亨德森型
十面体 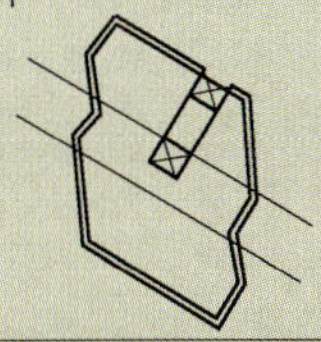	1991~1999 年	目的:两个放矿点之间较高的交叉,改善潜孔爆破设计; 开挖形状:倾斜天井,中央天井和楔形; 布置:Teniente 型; 出矿模数: 15 m×17.32 m(Sector D Ten-4 Sur, Regimiento, Sub 6); 15 m×20 m(Sector D-F_W Ten-4 Sur)
十面体 聚矿槽拉底 盘区 1 和 2 SNV (XC-32 到北部)	1992~1999 年	开挖形状:楔形; 高度: 12 m; 布置:Teniente 型; 出矿模数: 15 m×17.32 m(在 Sector Ten-4 Sur 的塌落区使用,采用传统的盘区崩落开采); 几何形状:十面体
预拉底聚矿槽 Ten 3 Isla 和 Esmeralda 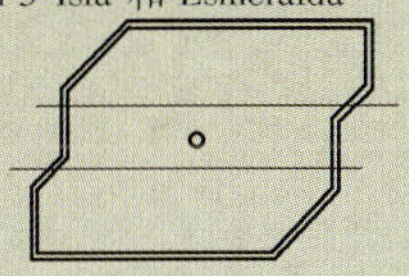	1994~1999 年	重要的变化: 采矿方法:预拉底盘区崩落; 开挖形状: Sector Esmeralda 深孔凿岩和爆破; Sector Isla 5 个间距为 200mm 的孔形成自由面,ϕ57 mm 辅助孔; 高度:18 m; 布置:Teniente 型; 出矿模数:15m×17.32 m(Sector Esmeralda); 几何形状:十面体

图 10-62 特尼恩特矿使用的一些聚矿槽形状

10.5.7.4 支护和加固

A 概述

由于出矿水平巷道在生产中的重要性,以及其要承受较高的而且不断变化的应力作用,因此出矿水平巷道的支护和加固是非常关键的。

支护和加固是两个不同的概念,支护是采用木支架、充填、钢支架、混凝土支架或衬砌和喷射混凝土等技术与装置在巷道面上施加一个反作用力。加固是通过采用例如锚杆、锚索和地拱等技术从岩体内部来改善整个岩体性能的手段,加固元件在安装中可以是拉紧的或非拉紧的。国内对支护和加固的概念一般没有严格的区分。

支护加固同样可分为主动的和被动的两种。主动的支护和加固是安装时预先对岩石表面施加一定的荷载,采取的形式是拉紧锚杆或锚索,或以其他方式如液压支柱、有动力装置的支护或分级的混凝土衬砌。被动支护或加固安装时不预先施加荷载,但随着岩体的变形承受荷载,被动支护或加固可采用钢拱架、混凝土浇注或非拉紧的锚杆或锚索。

进行支护和加固的时间对其效果有着重要的影响。预加固是在巷道开挖之前进行加固,这通常对巷道开挖时出现松散变形施加了一些约束,增加了岩体强度。后加固是在开挖之后适当的时间进行加固。出矿水平巷道后加固或后支护在许多情况下是太晚了。

B 支护原则

出矿水平巷道处于高诱导应力之下并易受岩体破坏的影响,为保持出矿水平作业的连续性,通常采用保守方法进行支护和加固。

采用的支护方法必须保证巷道长期稳定,主要原则有:

(1) 开挖后应紧随工作面进行支护。在某些情况下,最好在开挖前进行预加固。在高“挤”压力的情况下,建议支护前可允许发生一定的位移。

(2) 在岩体和支护之间应有很好的接触,否则就会降低支护的刚性效果,这样会产生岩体的过度位移和岩体强度的损失。

(3) 支护的变形能力应该符合岩体的位移量。这意味着在高应力和动荷载环境下,支护应该能够屈服并保持承受荷载的能力。

(4) 支护系统应该有助于防止由于长期风化、重复的荷载或磨损使岩体力学性能变差。

(5) 应该避免支护的重复返修。

(6) 支护和加固系统应该适应岩体条件和开挖断面的变化。

(7) 支护和加固系统不应成为巷道和工作面的障碍。

(8) 在凿岩爆破开挖过程中,巷道周围的岩体应该尽可能少扰动,以便保存它内在的强度。

(9) 在高应力条件下,出矿水平保持完好的混凝土路面,可与支护形成完整的封闭圈。

C 放矿点的支护和加固

以加拿大 Bell 矿作为一个例子,以前基本上是采用由素混凝土或钢筋混凝土和钢支架这样的被动支护系统来支护放矿点和眉线,同时也倾向于采用平的顶板和眉线。后来根据新的支护和加固理念,采用了弯曲轮廓的顶板和眉线来改善诱导应力分布,采用主动加固,包括可能的预加固,效果更好。不过,对于节理密集和软弱的岩体,不可能对岩体充分加固,因此必须采用被动的抑制支护。

图 10-63 是成功加固放矿点的例子,在开凿时采用了非预应力水泥注浆锚杆,在眉线区域爆破前,从放矿点和堑沟将 3 m 长的钢筋注浆锚固在眉线上的岩石中,使岩体预先得到加固。

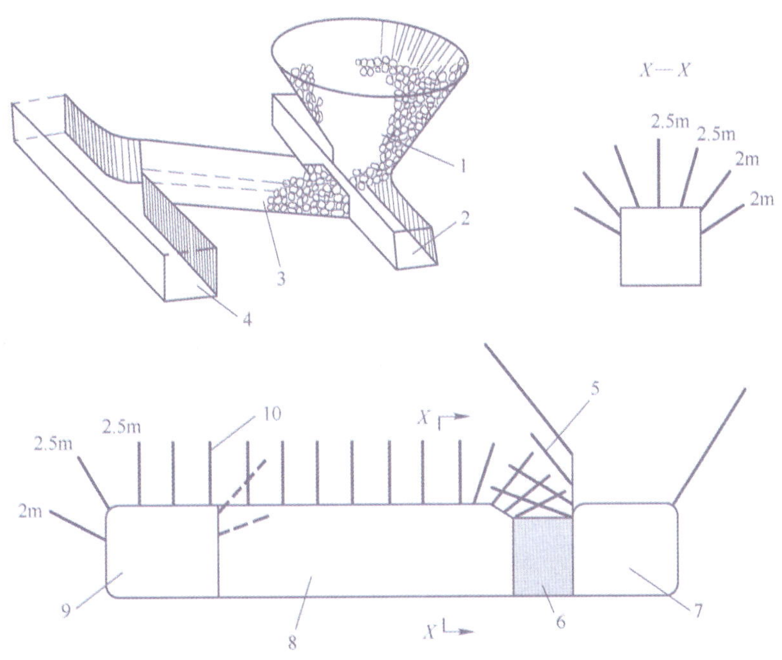

图 10-63 放矿点加固图

1—碎矿;2—堑沟巷道;3—放矿点;4—出矿巷道;5—注浆锚杆;6—3 m×3 m 眉线区;7—4 m×4 m 堑沟巷道;8—4 m×4 m 放矿点,理想的放矿点长度为 15 m;9—5 m×4 m 出矿巷道;10—锚杆

眉线区域的锚杆托板、钢筋条、钢筋网等加固附件不应外露,以免在生产中可能刮带,使加固件脱落。当岩石坚固时,放矿点加固采用注浆锚杆较好;当岩体节理密集并可能发生块体移动时,应采用注浆锚索。

放矿点和眉线在生产过程中要承受冲击和磨损,卡斗时同样要经受二次破碎的影响,可以安装焊接的钢板梁来减少放矿点的磨损,如图 10-64 所示。

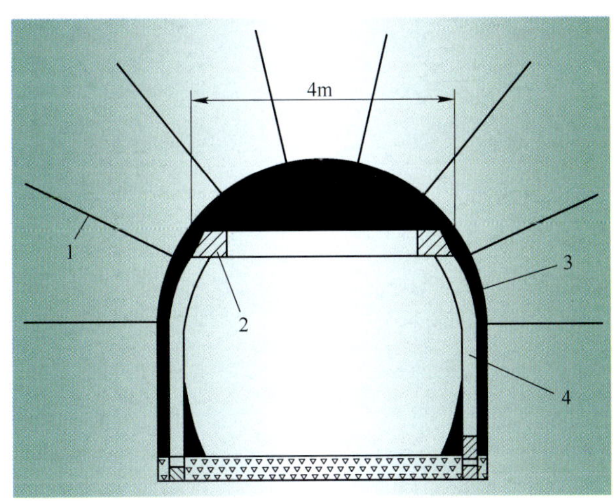

图 10-64 平顶混凝土衬砌的放矿点

1—2.1 m 长树脂锚杆;2—箱式梁端;3—混凝土衬砌;4—镶嵌在混凝土衬砌中的拱架

D 实例

a 加拿大 Bell 矿

图 10－66 是加拿大 Bell 矿 1980 年采用铲运机出矿(图 10－65)时出矿水平的支护系统。表 10－39 提供了早期格筛放矿和后来铲运机出矿设计参数的对比。在 LHD 出矿时,按照工程地质评价,优先采用主动支护(注浆锚杆、锚索、钢筋网和喷射混凝土)而不是以前的被动支护系统(钢支架和素混凝土)。

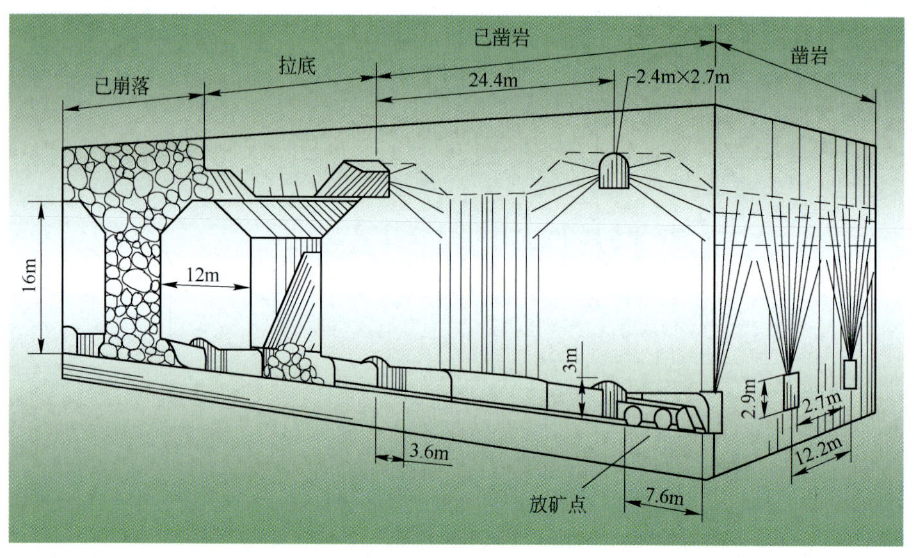

图 10－65 加拿大 Bell 矿 LHD 方法的崩落步骤和设计尺寸

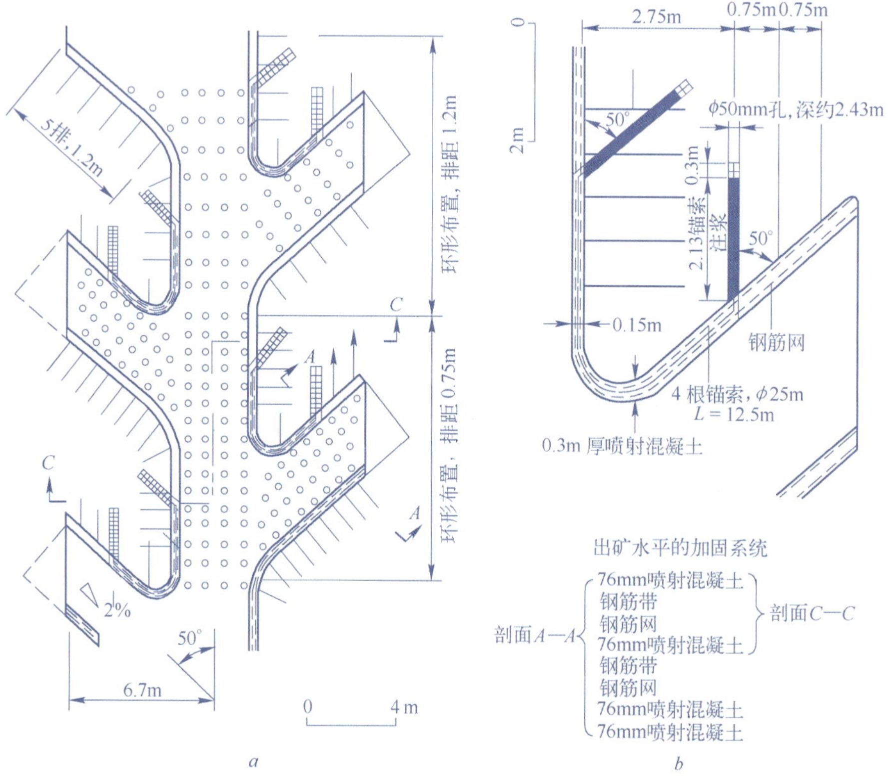

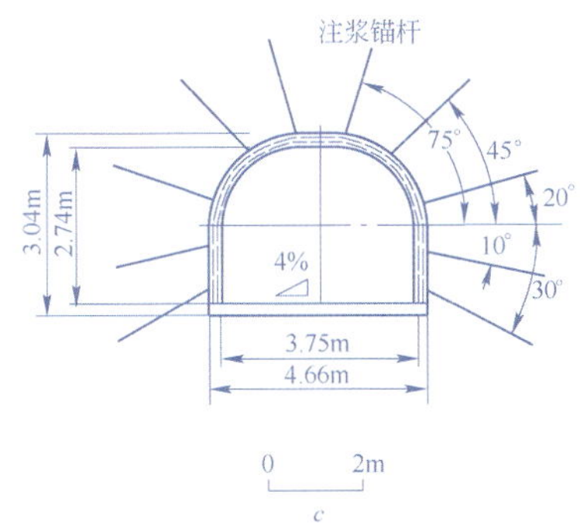

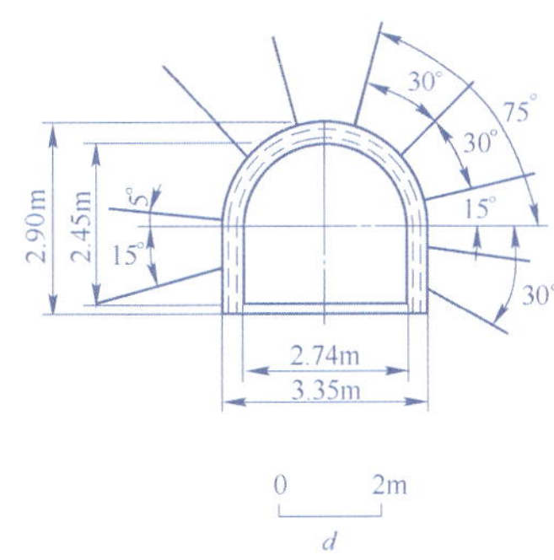

图 10－66　加拿大 Bell 矿 LHD 方法出矿水平支护和加固

a—平面图；*b*—放矿点拐角；*c*—*C*-*C* 断面；*d*—*A*-*A* 断面

表 10－39　加拿大 Bell 矿格筛和铲运机出矿巷道对比

项　目	格筛方法	LHD 方法
构造地质	未考虑	构造绘图和节理测量
岩体能力	艺术评价状态	地质力学分类
矿柱的几何形状	不交叉，拉底堑沟	交叉的岩柱（主/次峰）
矿柱方向	平行于边界线	与最弱节理系统形成最大角度
主峰尺寸	6 m×6 m	12 m×13 m
放矿点间距	7.6 m	12.2 m
巷道支护	被动的、正方形的、素混凝土	积极的、拱形的、注浆锚杆、钢筋网和喷射混凝土
放矿点支护	被动的、H 形梁、钢筋混凝土	积极的，巷道支护加钢筋喷射混凝土
矿柱支护	没有	注浆锚索
拉底后退方向	与出矿巷道通道正交	从弱到好
拉底速度	适应于生产需要	适应于岩体能力
拉底位置	在岩柱之间	在岩柱之上（主峰）
拉底爆破	环形爆破——没有振动控制	振动控制，每次延迟最大 32 kg 装药量

b　智利特尼恩特南 4 采区

智利 Codelco 公司的特尼恩特矿经历过多次严重的岩爆事件，在这一历史悠久的大型矿山曾采用过各种出矿水平巷道支护和加固方式。这里介绍 Flore 提供的特尼恩特南 4 采区的设计。

图 10－67 是一个标准的 4 m×4 m 巷道设计，采用水泥注浆锚杆，链式连接的钢筋网和喷射

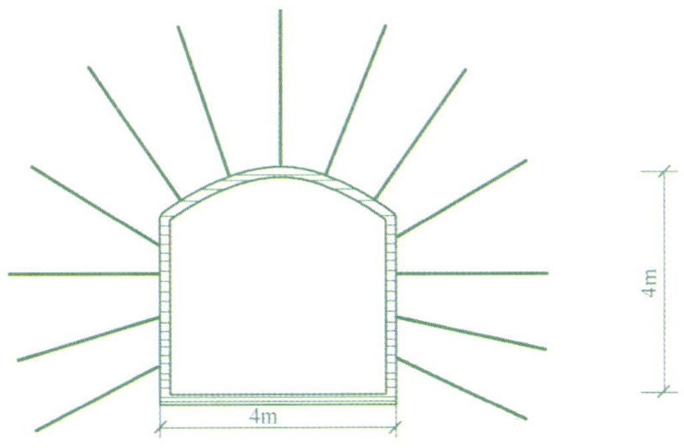

图 10－67　智利特尼恩特南 4 采区标准的巷道支护和加固系统

（水泥注浆锚杆，2.4 m 长，直径 22 mm，间距 0.75 m；100 mm 厚喷射混凝土，链式连接的钢筋网，网度为 100 mm×100 mm）

混凝土。图 10－68 是用于生产巷道中三个不同断面的锚索加固设计。图 10－69 是用于生产巷道和放矿点巷道交岔点岩柱拐角外的支护系统，综合采用了钢拱架、锚索、焊接钢筋网和喷射混凝土支护加固方式。

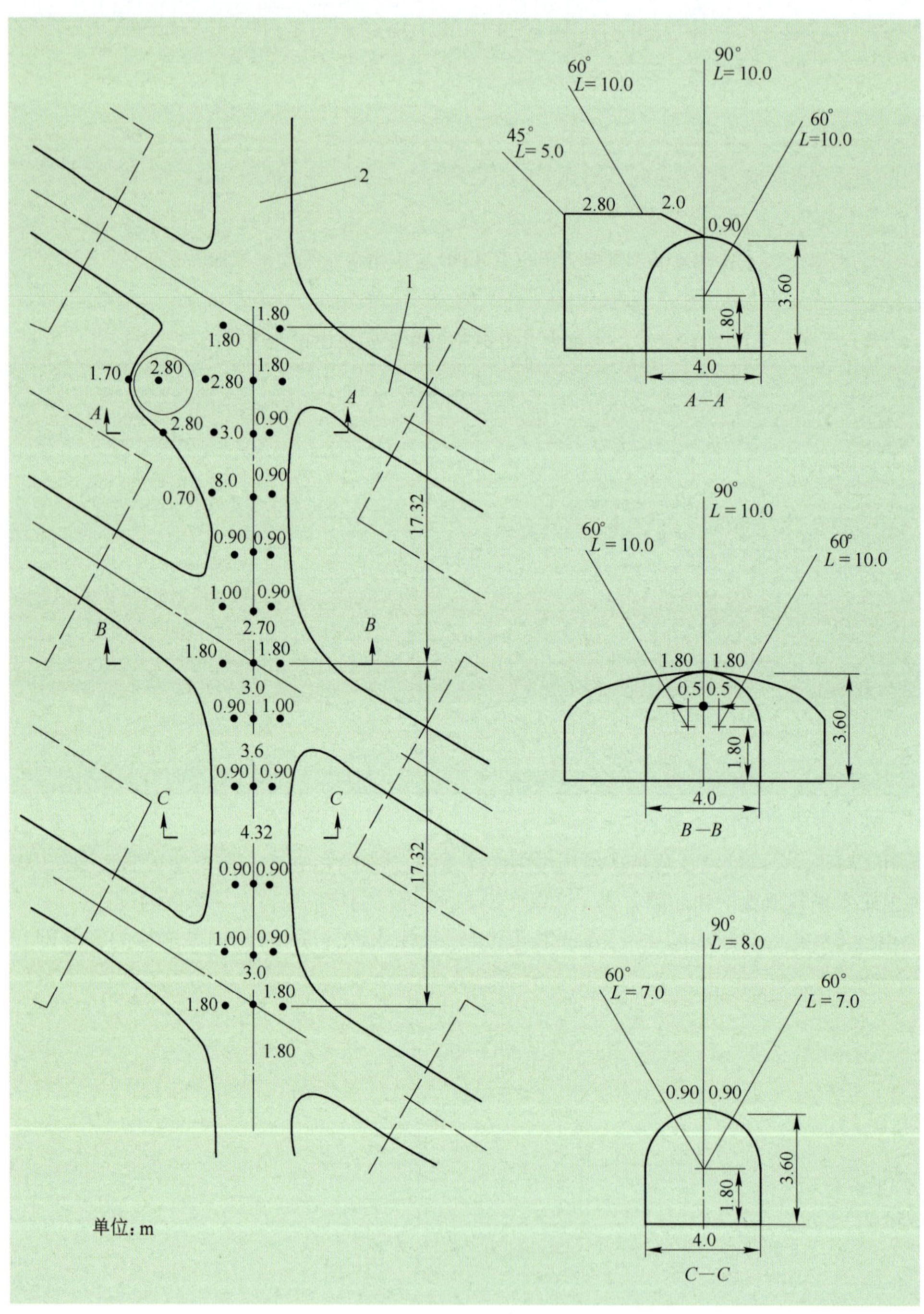

图 10－68 智利特尼恩特南 4 采区生产巷道锚索加固

1—放矿点；2—运输巷道

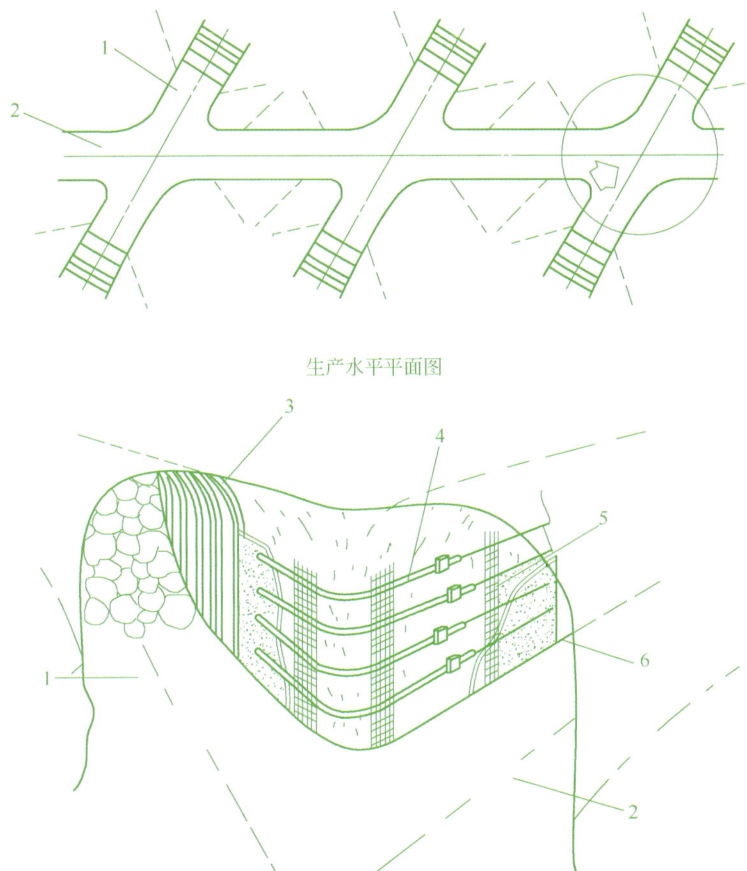

图 10－69 智利特尼恩特南 4 采区岩柱和放矿点支护

1—放矿点;2—生产巷道;3—钢拱架;4—拉力 10 t 的锚索;5—焊接的钢筋网;6—喷射混凝土

10.5.8 放矿控制

10.5.8.1 放矿控制的目的和要求

劳布斯彻把放矿控制定义为控制单个放矿点放出的矿量。放矿控制的目的是:

(1) 减少矿石贫化,保持入选品位;

(2) 确保最大的矿石回收率;

(3) 避免破坏荷载在出矿水平集中;

(4) 避免形成冲击波、泥石流等的条件。

放矿控制战略可以在矿块或盘区的生产期间进行调整。在拉底和初始崩落阶段,必须控制放矿以保持崩落顶板形状,避免崩落顶板和崩落矿堆之间的距离过大,造成顶板冒落产生空气冲击波。

劳布斯彻建议在形成连续崩落和达产后,必须做到:

(1) 调查影响崩落和放出过程的具体因素;

(2) 计算每一个放矿点能够放出的矿量和品位;

(3) 制定全面放矿控制战略和生产计划,包括单个放矿点放矿的起始时间和未来的放矿速度；

(4) 制定放矿作业的管理方法，包括记录和数据分析；

(5) 为了制定未来生产计划，确定可在任何阶段评估剩余矿量和品位的方法。

10.5.8.2 拉底和初始崩落期间的放矿控制

影响拉底后的初始崩落和随后持续崩落的重要因素是：

(1) 拉底的起始点和拉底推进的方向；

(2) 拉底在平面和垂直断面上的形状；

(3) 矿体的地质力学性质、诱导应力和相关的崩落力学，这些因素将影响崩落矿岩的块度和流动性能；

(4) 初始崩落的拉底面积和必要时在最小跨度方向上扩展的可能性；

(5) 满足生产计划所需要的有效放矿点数；

(6) 放矿控制战略和生产计划；

(7) 初始崩落区域的进一步扩展。

在崩落速度和允许的放矿速度之间存在一定的关系。如图 10-70*a* 所示，崩落放矿区宽度为 w。假如放出垂直层高度为 d，如图 10-70*b* 所示，那么崩落就会产生直至这个空间又被填充，如图 10-70*c* 所示。在崩落过程中，矿石松散体积增加了。原岩体积为 V，崩落后的体积为 $V(1+B)$，式中 B 为松散系数，有时就将 $(1+B)$ 视为松散系数。Laubscher 建议对细块度，松散系数取 1.16，中等块度为 1.12，较粗的块度为 1.08。在某些情况下，松散系数事实上是大于这些值。假如岩石的原岩密度为 γ，则崩落矿石的总密度为 $\gamma/(1+B)$。

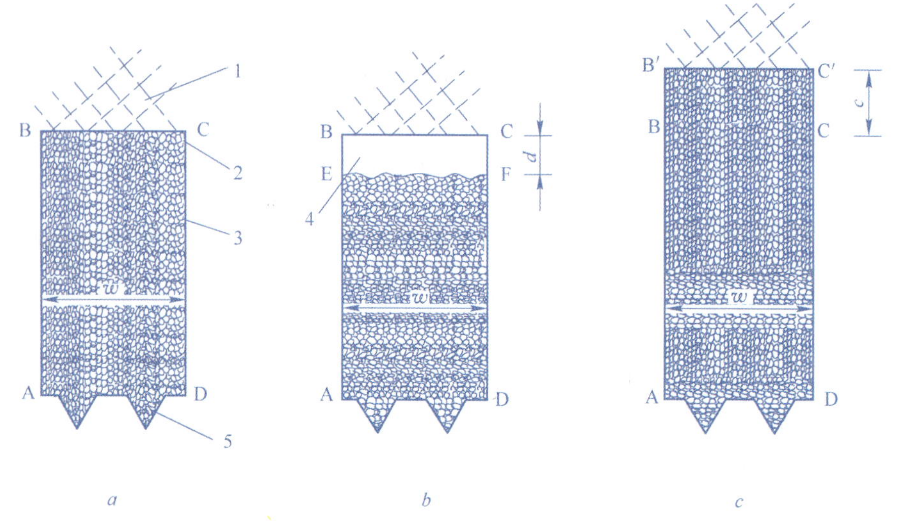

图 10-70 崩落的发展过程

a—崩落矿石接触到顶板；*b*—随着放矿形成的空间；*c*—崩落矿石填充形成的空间

1—未崩落的矿石；2—崩落顶板；3—崩下的矿石；4—空间；5—放矿点

为了使崩落继续，必须放出一定量的崩落矿石，在矿堆之上产生一个空间。为了避免空间过大，崩落矿石应及时充填此空间，因此，放矿速度必须与崩落速度和松散系数 B 相关联。图 10-70*b* 中空间 BCEF 的体积和图 10-70*c* 中原岩矿石 BCC′B′的体积必须等于新的崩落矿石 EFC′B′的松散体积，这样

$$(c+d)w = c(1+B)w \tag{10-16}$$

或

$$d = c \cdot B \tag{10-17}$$

这种关系制约着放矿速度，如果违背这种原则，可能会产生三种不理想的结果：

(1) 由于崩落顶板上诱导应力的不均匀分布，可能导致崩落顶板轮廓不平整并可能阻碍崩落。

(2) 在软弱矿岩中，假如连续放矿形成了细料的重力通道，则会产生穿过矿体的“烟囱”从而发生早期贫化。

(3) 假如相对于崩落速度过量放矿，或者崩落发展遇到阻碍而放矿仍在继续，就会产生过大空间，可能造成顶板崩塌，产生破坏性的空气冲击波。

如果矿体和围岩的界限不明显，就要特别注意避免从边部放矿点过量放矿，因为这会导致过早开始贫化。

如图 10-71 所示，在崩落的矿石和废石间存在着倾斜的矿废接触面，在崩落矿石和未崩落矿体间也存在着倾斜的接触面。放矿控制的目的就是使矿废接触面尽可能保持平滑和均匀以避免贫化，特别是接近放矿终了时。亨德森矿管理方法是分配到每一排放矿点最大允许的放矿量，按放矿柱中可能的矿量的百分比表示。这些百分比以 10% 或 15% 递增，从崩落线开始随着崩落前锋推进，对一个给定线的放矿点的矿量逐步递增。然而，在实际操作中，从每一个放矿点实际放出的矿量是保持在最大允许量 50% 左右，以便当崩落受阻时，仍可以有合适的矿量维持几个月的生产。

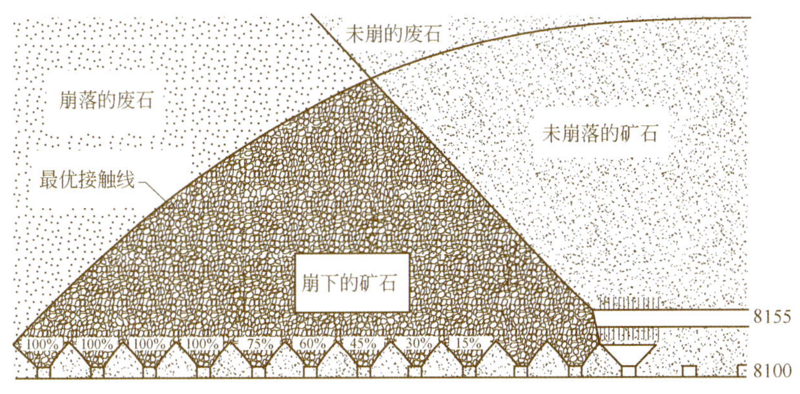

图 10-71 美国亨德森矿盘区崩落的理想放矿控制

作业放矿点的平均放矿速度是 0.3 m/d，放矿分配范围是：进度落后的放矿点 0.6 m/d，进度超前的放矿点或临近终了的放矿点最小到 0.15 m/d。在大多数情况下，约三分之一的有效放矿点由于维修或卡斗不能工作，另外的三分之二作业来满足日常的生产要求。平均放矿速度 0.3 m/d 是基于崩落速度而定的，并在放矿控制过程中严格执行。合适的放矿速度应该允许在崩落矿石和未崩顶板之间有一个小的空间以便继续靠重力崩落，但该空间不可过大，以免大量冒落产生空气冲击波。沿着崩落斜面形成大的空间，同样会使废石混入。图 10-72 说明了这种可能性，在矿块崩落作业中必须加以避免。

10.5.8.3 PC-BC 软件和 CMS 系统

目前国际上已开发出的先进的自然崩落法设计和放矿控制软件是 PC-BC 软件和 CMS 系统。

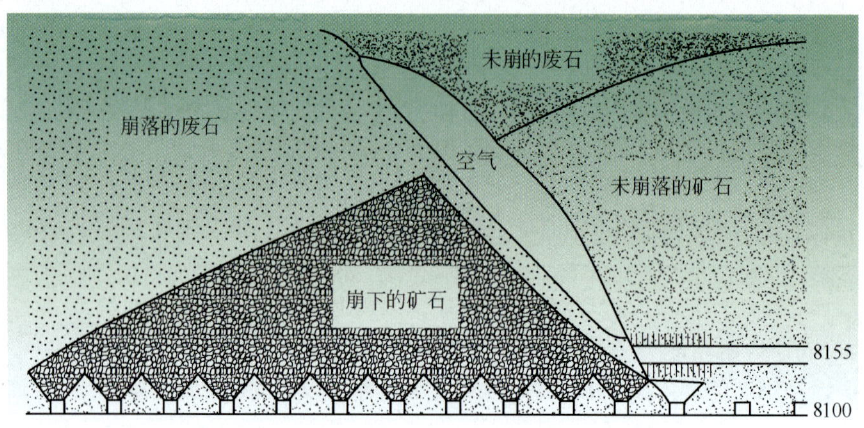

图 10－72 在盘区崩落中当放矿速度超过崩落速度时废石混入

A PC-BC 软件介绍

PC-BC 软件是基于丹尼尔·劳布斯彻博士的放矿理论于 1988 年开发的，1999 年由 Gemcom 公司商品化并推向市场。目前已经广泛用于铜、金、金刚石等自然崩落法矿山，世界上多个自然崩落法矿山和咨询公司都是 PC-BC 的用户，尤其在澳大利亚 Northparks 矿的 Lift 1 的应用使该软件得到了很大的发展。

PC-BC 是一款用于可行性研究和日常生产中进行放矿模拟和管理的软件，它利用其他软件所做的地质矿床模型（如 DATAMINE、Surpac 等），计算不同阶段的可采矿量以及根据给定出矿量、出矿品位等参数编制生产计划。PC-BC 主要功能有：

（1）确定可采矿量。通过确定最佳放矿高度计算可采矿量，并可根据价格和采矿成本的变化进行敏感性分析；

（2）编制生产计划。根据计划采出矿量、拉底顺序、新增放矿点速度、放矿速度等参数编制生产计划，并可分析各参数之间的相互影响；

（3）确定出矿水平和出矿范围。对不同出矿水平和出矿范围进行分析比较并确定出矿水平；

（4）优化放矿点布置。根据不同放矿点的经济价值进行优化放矿点布置并分析各放矿点之间的互相影响；

（5）日常放矿控制。通过监控每个放矿点的实际出矿量和每个放矿点状态进行放矿控制，并与铲运机调度系统有相应接口；

（6）贫化预测与控制。

PC-BC 的计算流程见图 10－73 和图 10－74，图 10－73 中形成的 Slice 文件为中间文件。

B CMS 系统

崩落管理系统（Cave Management System—CMS）是 PC-BC 崩落设计软件的一个子系统，最初是针对印尼 Freeport DOZ 自然崩落法开发应用的。目前它已在 Freeport DOZ、De Beers 公司的 Finsch 矿和 Palabora 矿（南非）等矿山成功应用。

CMS 根据日放矿实际动态调整待发的日命令与长期计划拟合，从 CMS 产生的每日放矿指令，可直接输出到铲运机调度系统（Dispatch System），铲运机可从中读取当前放矿点的放矿指令，实现两者间的无缝连接。

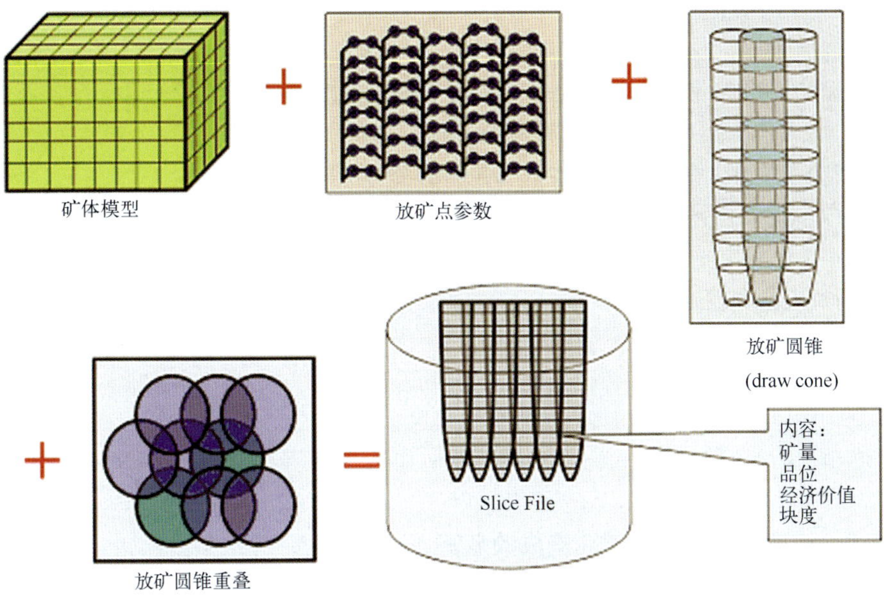

图 10－73　生成 Slice File 的流程图

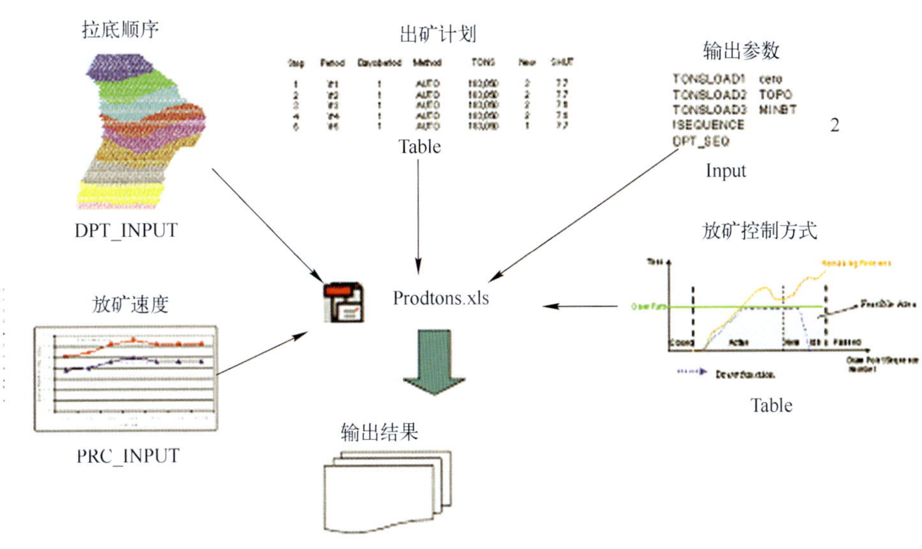

图 10－74　生产计划流程图

10.5.9　自然崩落法的主要安全问题

自然崩落法应注意的主要安全问题如下：

10.5.9.1　空气冲击波危害

如果放矿控制不好，矿石顶板和崩落矿岩之间空间过大，容易产生大面积矿体突然冒落，形成空气冲击波，危害人员和设施。

主要防范措施有：

(1) 做好放矿控制，使放矿速度略小于或等于崩落速度，保持矿石顶板和崩落矿石面之间的距离为5~7 m，并使放矿点之上有足够厚的覆盖矿石层。

(2) 做好监测工作，准确测定崩落状况和确定空间距离。

10.5.9.2 泥石流危害

在矿岩中含泥较多或粉矿较多时，在水的作用下产生饱和状态，形成泥石流从放矿口或其他通道涌出，危及人员和设施。

主要防范措施有：

(1) 在地表应有截水工程，将地表迳流水引到采矿范围以外，避免直接涌入采矿塌陷区；

(2) 禁止将尾矿等细粒级物料充填采矿塌陷区；

(3) 应制定防范泥石流的规章制度，在雨季应加强观察，及时让人员和设备撤出可能的影响范围。

10.5.9.3 底部结构巷道破坏造成的危害

底部结构巷道在拉底和生产过程中所受的应力变化很大，最大的应力值也很大，另外大块的二次破碎也常常破坏底部结构，因此底部结构巷道必须采取强有力的支护和加固，并且应尽量减少二次破碎，特别是裸露药包的使用。

10.5.9.4 处理卡斗、悬顶不当造成的危害

在自然崩落法生产中处理卡斗、悬顶是非常频繁的，也特别易发生安全事故。主要重点是：

(1) 制定处理卡斗、悬顶的规章制度，严格按规章制度进行作业；

(2) 尽量采用遥控机械设备进行处理，减少裸露药包的使用。

10.5.10 自然崩落法矿山实例

10.5.10.1 南非 Palabora 矿

Palabora矿位于南非北部省，约翰内斯堡东北560 km，地面标高为400 m，亚热带气候，平均年降雨量480 mm。

该矿为一大型斑岩型铜矿，矿石类型主要为黄铜矿和黄铁矿。矿体为火山岩，呈直立椭圆柱体，其长轴和短轴分别为1400 m和800 m，矿体在距地表1800 m以下还未封闭，矿体中心铜品位约为1%，矿体与围岩接触不明显。

矿体上部采用露天开采。露天矿1966年投产，生产规模为矿石30000 t/d，铜产量为62000 t/a。之后逐步发展到矿石82000 t/d，铜产量为135000 t/a。露天开采台阶高14 m，露天坑采深820 m，露天坑上部720 m边坡角为47°，下部100 m边坡角为57°。露天矿于2003年4月闭坑。

从20世纪80年代中期开始研究深部地下开采，为了深部探矿，从露天坑第30台阶下掘ϕ4.8 m探矿井，到地表以下889 m，然后拉开水平探矿巷道，并进行了24000 m的坑内钻孔探矿。该矿可采储量为24500万t，品位为Cu 0.68%，开采面积为700 m×200 m。另外在附近和深部还有附加的资源量46700万t，品位为Cu 0.57%。

从20世纪80年代至1996年进行了地下开采的预可研、可研工作。根据研究结果，1996年3月决定采用自然崩落法按30000 t/d规模进行开采，延长矿山寿命20年。

矿化主要由三种主要岩石类型组成：浸染条纹状的碳酸盐岩（Carbonatite）形成了矿体的核心；由富磁铁矿的Sovite组成，带有少量的磷灰石、白云石、橄榄岩等；不含矿物的粗玄岩（Dolerite)脉,急倾斜,倾向北东,大约占24500万t储量中的8%。

矿区主要矿岩为碳酸盐岩和粗玄岩。碳酸盐岩平均单轴抗压强度约120 MPa,变化在90～160 MPa之间;粗玄岩是强的脆性岩石,平均单轴抗压强度320 MPa,靠近主断层的粗玄岩局部风化,单轴抗压强度大约为80 MPa。

碳酸盐岩的结构主要是亚垂直节理,这些节理是张开的或由弱材料充填的、平面的和穿透的。有三组急倾斜节理:走向010(倾向290)、310(倾向040)、050(倾向140);水平节理有一个不同于垂直组的形态,是波状的、粗糙的和有限连续的;有两组方向大约为20/160和45/350,为分析块度,把岩石构造理想化为三个主要节理组。

设计把矿体分为节理不发育带和节理发育带,按照2 m^3的初始块度,从岩心试样估算RMR值:节理不发育带平均RMR =70;节理发育带+粗玄岩的平均RMR =57;矿体平均RMR = 61。

由于岩石质量高于任何其他矿块崩落矿山,因此进行了广泛的研究以便确认拉底区域能够正常崩落。工业上广泛接受的预测可崩性方法是劳布斯彻的稳定图法,即MRMR和水力半径。该矿开采面积12.6公顷(126000 m^2),设计时估算水力半径为35 m,生产时初始崩落水力半径实际达到45 m。

使用BCF软件估算出在第一年生产中有70%的岩块大于2 m^3,因此需要在装载前进行二次破碎。当崩落开始时块度问题是最严重的,随着崩落高度的增加,大块进一步减少,堵塞也逐渐减少。

设计开采段高约为460 m,因与露天边坡相交而有变化,和大多数崩落矿山相比是较高的。该矿岩石质量高,按块度来说是一个不利条件,而对放矿点磨损来说是有利的。

工程从1996年7月开始,1999年完成了主、副井,到达地表以下1280 m,两井之间相距72 m。

副井ϕ10 m,井深1280 m,井架高86 m,装备有单层罐笼,固定罐道,20人的辅助罐笼是钢绳罐道,主罐笼载重为35 t,一次可装155人,额定速度为12 m/s,辅助罐笼的提升机速度为8 m/s。

主井ϕ7.4 m,井深1280 m,井架高106 m,装备4个32 t的箕斗,钢绳罐道,最大提升能力42000 t/d。采用塔式摩擦轮提升机,两个提升机功率为5500 kW,为全自动的。

通风井ϕ5.76 m,深924 m,由天井钻机钻凿。

拉底水平在地表以下1200 m,距最终露天坑底部460 m。拉底采用前进式拉底战略,4 m高窄拉底。拉底巷道采用树脂注浆锚杆、钢筋网和喷射混凝土联合支护。初始拉底为菱形拉底,形成锯齿形、波浪形,最小拉底范围为140 m×140 m,5条穿脉即达到了最小的水力半径。

生产水平位于拉底水平以下18 m。生产水平的出矿进路采用分支人字形布置,放矿点间距17 m,聚矿槽为长方形的倾斜帮,生产巷道(穿脉)间距34 m。生产巷道为4.5 m×4.2 m,和装矿进路一起可以允许6.5 m^3 LHD装矿。生产巷道采用树脂注浆锚杆、长锚索和钢纤维喷射混凝土联合支护,在岩性较弱的放矿点眉线处安装钢构件。

生产水平与拉底水平之间用斜坡道连通,生产水平布置如图10－50所示。

1999～2003年底完成了拉底和聚矿槽的开拓工作。采用微震监测和钻孔测量的方法对崩落及放矿速度进行控制和监测。

在崩落发展的早期预计大块很多,采用凿岩破碎大块,使用炸药或非炸药技术。一种是处理放矿点悬顶,先用高压水冲洗,再用一种专门的高举伸臂的台车打眼,装普通炸药爆破,这种台车能将臂伸到21 m高的位置,装备有三维可视系统,人员不进入放矿点,如图10－75所示。另一种是处理放矿点一般大块矿石,用Monomatic台车打眼,装专利管状炸药,用高压水引爆。

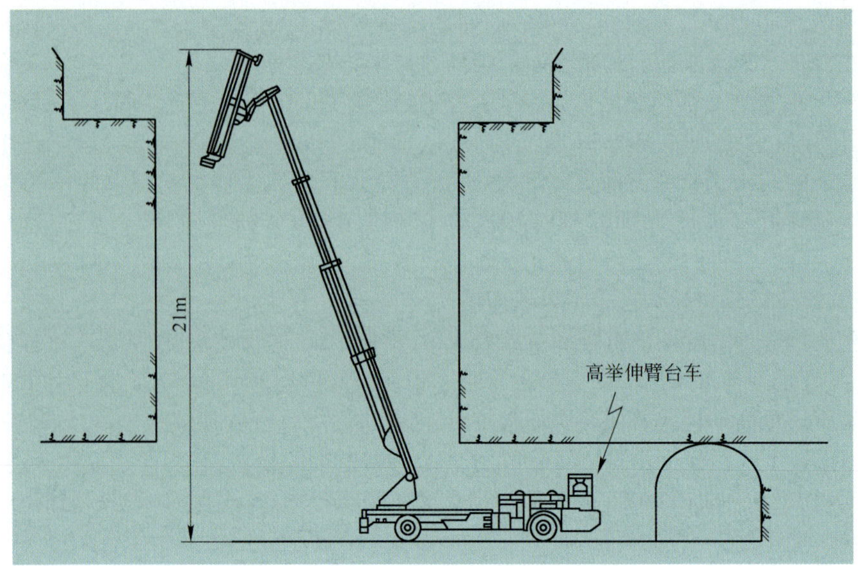

图 10－75 南非 Palabora 矿高举伸臂凿岩台车

目前出矿设备共有 19 台铲运机，其中 TORO 1400 柴油铲运机 9 台，德国 ELEPHOSTONE 1700 柴油铲运机 10 台。铲运机将矿石运到沿北部边界的 4 个破碎机，平均单程运距 175 m。

地下运输设备的活动受设在地表中央控制室的监控和指示，井下铲运机和台车均配备车载接收装置，通过自动调度系统，把 LHD 分配到指定的放矿点和破碎站卸矿点，根据崩落管理数据库的信息安排生产。设备周围 10 m 内有人及设备时将自动报警。

4 台破碎机安装在生产区的北面，每一个破碎站都有两个卸矿点，可使 2 台 LHD 同时卸矿，卸矿点装有格筛，网格 1.4 m，大块用液压破碎锤破碎，由地表控制室远程遥控。Krupp 1700 mm ×2300 mm 颚式破碎机，排矿块度为 －200 mm，破碎机能力为 750 t/h，每台破碎机之下的矿仓有效容积为 750 t。矿石通过输送机送至主胶带机上，主胶带机宽 1.6 m，长 1360 m，倾角为 9°（节省竖井深度 117 m），能力为 2400 t/h。然后运至 2 个能力为 6000 t 的主井矿仓中，最后通过主井的 4 个 32 t 箕斗提升。

地表的控制室通过远程控制系统对所有地下固定设备提升机进行监控。

2004 年 6 月地下崩落法生产的崩落移动范围扩展到地表，原露天坑一侧边坡开始滑动，2005 年 10 月该处边坡全部滑下。在露天坑的另一侧边坡有一软弱带，但对生产没有影响。

通风是通过主、副井进风，通风井出风。2 台主要抽风机功率为 1250 kW，安装在露天坑第 28 台阶。每台的额定风量为 340 m^3/s，两台排出总风量为 500 m^3/s。井下安装 2 台 850 kW 压入式风机，总风量 600 m^3/s。主井旁设有 18MW 制冷厂，供给冷水使井下高达 50℃ 的空气降温。

矿山采用 PC-BC 软件制定放矿计划，采用崩落管理系统 CMS 安排日常的放矿工作。

10.5.10.2 南非 Finsch 矿

Finsch 金刚石矿位于南非的 Kimberley——钻石城西北 165 km 处。Finsch 矿于 1964 年开始露天开采，1990 年露天坑底到达 430 m 深以后转入地下开采。地下开采设计采用空场采矿法变形方案，从金伯利岩管中采出矿石。

围岩的不稳固对矿块 2 和 3（注：也可称为中段，下同）所用的空场采矿方法带来了很大的挑战，因此在矿块 4 改用了自然崩落法，如图 10－76 和图 10－77 所示。

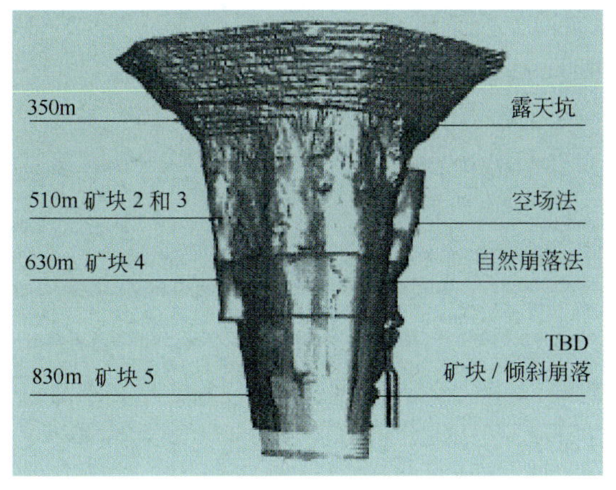

图 10－76　南非 Finsch 矿床开采示意图

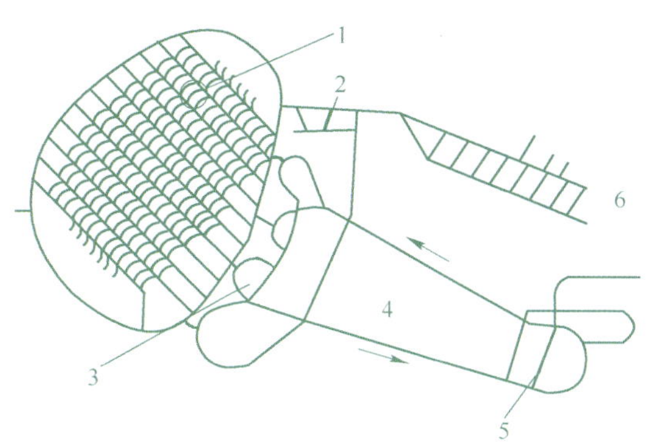

图 10－77　Finsch 矿出矿水平布置图

1—放矿点；2—加油站；3—矿石转载点；4—运输环道；5—旋回破碎机；6—维修车间

出矿水平位于 630 m 水平，拉底水平位于其上 20 m 即 610 m 水平，拉底水平之上的开采段高为 80～110 m。矿体面积约为 900 m×350 m，共布置了 320 个出矿点，出矿点间距为 15 m×15 m。出矿巷道尺寸为 4 m×4 m。

初始拉底面积为 100 m×100 m，即 HR＝25 m。拉底从一端按矿体对角线方向推进。出矿在一个方向，主要是从通风的角度考虑。拉底采用前进式战略，超前于堑沟（聚矿槽）之前10 m 以上形成。拉底采用水星 LC22 型台车凿岩，为低矮型凿岩台车，上面有一个集尘器，采用干式凿岩，因为岩石的性质不允许用水。

金伯利岩岩石稳定性差，MRMR 值为 19～25，要求有较强的支护。巷道采用密集支护，支护工作紧随掘进工作面进行，先喷 50 mm 的混凝土，挂钢筋网，打锚杆，锚杆网度为 0.5 m×0.5 m，锚杆长 2.5 m，也采用 6 m 和 12 m 长的锚索，之后再喷一层 50 mm 厚的混凝土。巷道掘进采用 Axera LP 126 低矮型台车。

矿山设计生产能力为 17000 t/d。现在年产量 380 万 t。

出矿采用 TORO 007 柴油铲运机。铲运机将矿石装到 TORO 50D（载重 50 t）型卡车，由卡车运到破碎站。

卡车为无人驾驶，由地表控制室操作。卡车运行速度从原来手动操作时的 16 km/h 提高到 30 km/h。今后将实现铲运机的自动化作业。主要设备有 6 台 TORO 50D 卡车，8 台 TORO 007 柴油铲运机。设备的维修工作均由 Sandvik 公司承担。

整个矿块 4 工程投资为 20 亿兰特（1 美元≈5.8 兰特）。

10.5.10.3　智利特尼恩特矿（El Teniente）

A　概述

智利国家铜公司（CODELCO—Chile）目前有五个矿山生产部门，分别为 Codelco Norte（北部）、Salvador、Andina、El Teniente 和 El Abra。2005 年铜金属产量 183.1 万 t，2006 年 178.2 万 t。

Codelco 公司共有三个地下矿山，即特尼恩特（El Teniente）、El Salvador 和 Andina 矿，其中特尼恩特是目前世界上最大的地下矿山，目前矿石产量为 13.5 万 t/d，也是世界上最大的自然崩落法矿山，2006 年铜金属产量为 41.8 万 t。

特尼恩特分部包括一个矿山、两个选厂（其中的 Sewell 选厂只有碎磨工艺，矿石碎磨之后再送到 Colon 选厂）和一个火法冶炼厂。特尼恩特矿现有 7 个采区在生产。分别为 Quebrada Teniente、Reservas Norte, Teniente 4 Sur, Esmeralda, Regimiento, Diablo Regimiento, Pipa Norte。

特尼恩特矿虽然还在地平面以上采矿，但由于构造应力的作用，多次发生岩爆。该矿采用了 ISS 微震监测系统，井下共设了 55 个站，分布在各个采区和不同的水平，这对于岩爆预警有着重要作用。

以下主要介绍 Esmeralda 采区和 Pipa Nort 采区。

B　Esmeralda 采区

Esmeralda 采区位于特尼恩特矿床的中部，平均海拔标高 2192 m，是特尼恩特矿井下最大的生产采区，见图 10－78。通过机会成本选择标准估算，这个区的开采储量约 3.48 亿万 t，铜品位为 1.014%。设计生产能力安排从 1998 年平均 4000 t/d 增加到 2005 年 45000 t/d。2007 年 Esmeralda 的实际产量为 40000 t/d。采用盘区连续崩落，预拉底的拉底方式。

项目总投资为 2.13 亿美元，批准从 1995 年至 1999 年的投资为 1.5 亿美元。在可行性研究中，按 10% 的贴现率和铜价 100 美分/磅，净现值为 3.42 亿美元，内部收益率为 37%，IVAN 指数为 2.3。

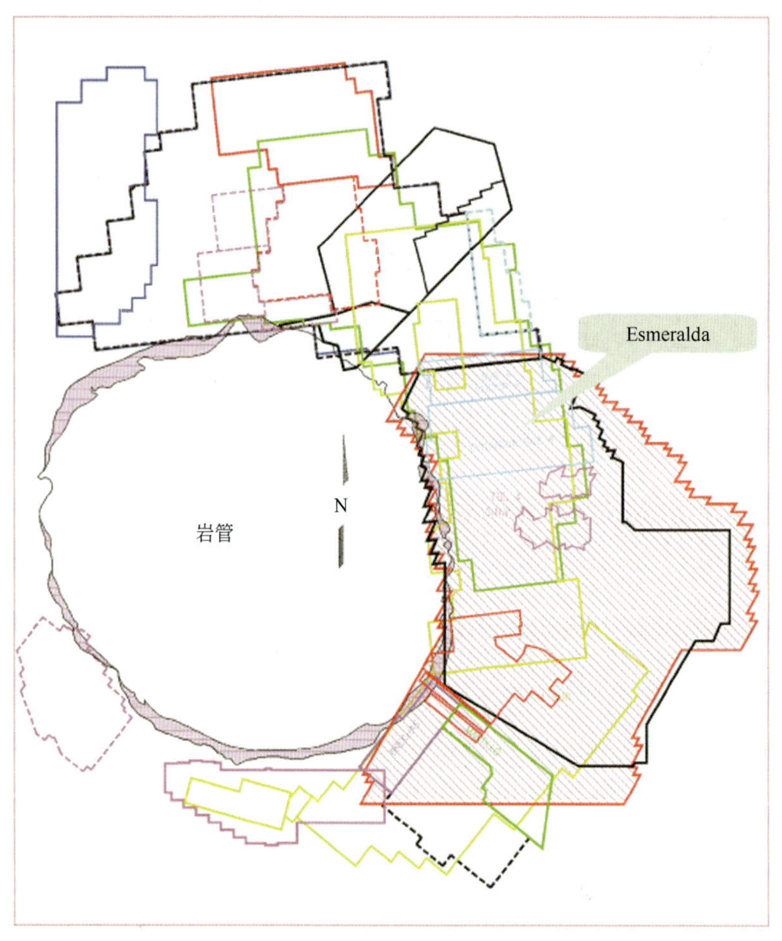

图 10－78　特尼恩特矿的生产采区

a　地质和工程地质

Esmeralda 采区基本处于原生岩中，主要由安山岩组成。采区不同岩石类型的特性参数见表

10－40 和表 10－41。

表 10－40 岩石性能表

岩石类型	性能指数	
安山岩	RQD	75%～100%
	FF	0～4 条/m
	RMR_L	53～68
角砾岩	RQD	75%～100%
	FF	1～3 条/m
	RMR_L	58～68
闪长岩	RQD	90%～100%
	FF	0～2 条/m
	RMR_L	65～75

表 10－41 岩石参数表

参数	单位	安山岩	角砾岩	闪长岩
密度 ρ	t/m^3	2.70	2.70	2.70
弹性模量 E	GPa	36～38	55	40～49
泊松比 ν		0.18	0.15	0.15～0.18
霍克布朗准则 σ_{ci}		87～104	130	100～120
霍克布朗准则 M_b		8.7	14.3	8.5～13.2
霍克布朗准则 s		0.4	0.4	0.4

开采的岩柱高 140 m，上部为已开采的区域，地应力情况见表 10－42。

表 10－42 地应力条件

地应力	应力/MPa	方位角/(°)	倾角/(°)
最大主应力(Major)	46	312	－34
中间主应力(Intermediate)	35	50	－11
最小主应力(Minor)	16	156	－53

注：倾角为负数是指在水平之下。

b 块度预测

块度预测如图 10－79 所示。

c 开采设计和作业顺序

特尼恩特矿已积累了采用传统的盘区连续崩落法开采原生矿的经验，在 Esmeralda 工程的开采设计中作了如下的重要修改，以改善生产水平工作巷道的稳定性。

(1) 要开采的原生矿矿柱高度不超过 150 m；

(2) 拉底水平的拉底高度为 4 m；

(3) 拉底水平巷道之间距离为 15 m；

(4) 采用切割天井辅助初始崩落；

(5) 生产水平(即出矿水平)是在应力释放后进行掘进；

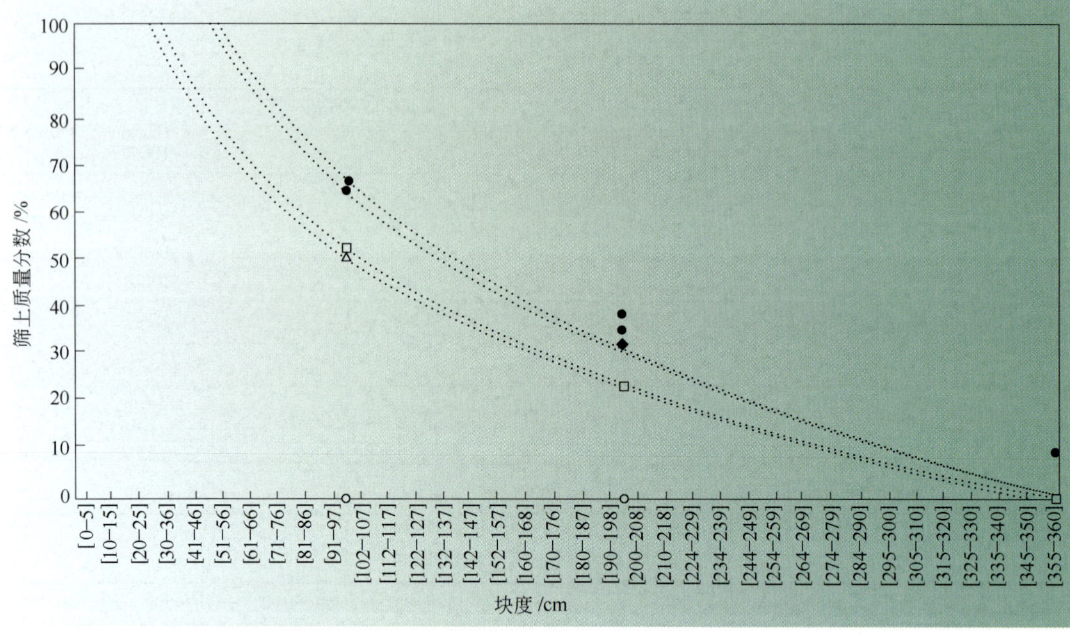

图 10－79　块度曲线表

（6）对崩落发展进行监测；

（7）在采区采用微震监测。

采用前进式和预崩落（pre-caving）参数开采，和传统的方法相比，生产水平的应力分布得到改善，巷道的稳定性得到提高。（见图 10－80）。

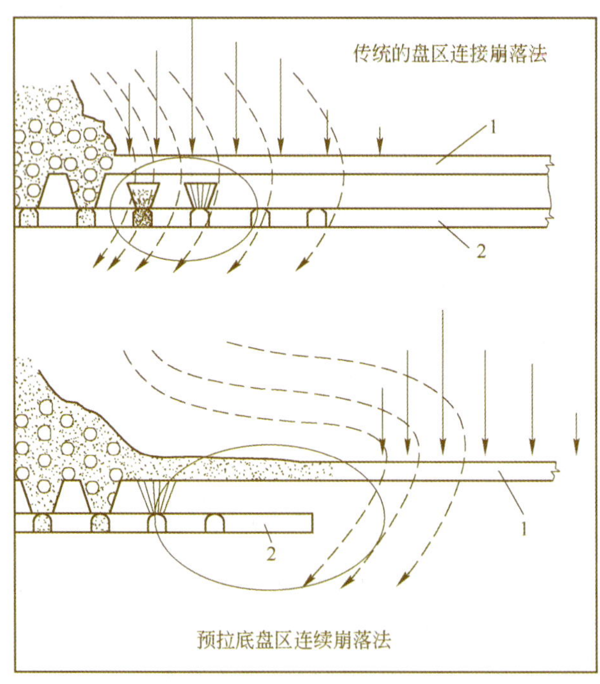

图 10－80　传统的盘区连续崩落法和预拉底盘区连续崩落法的应力分布图
1—拉底水平；2—生产水平

一些主要技术参数是：

（1）该采区所采用的预拉底方式，拉底水平位于生产水平之上 18 m，拉底巷道间距 15 m，平行于生产巷道，规格为 3.6 m×3.6 m，平顶拉底，高度 3.6 m，炮孔直径 63.5 mm（2.5 英寸），与巷道成 60°夹角，这样最大的钻孔长度为 8 m（见图 10－81 和图 10－82）。

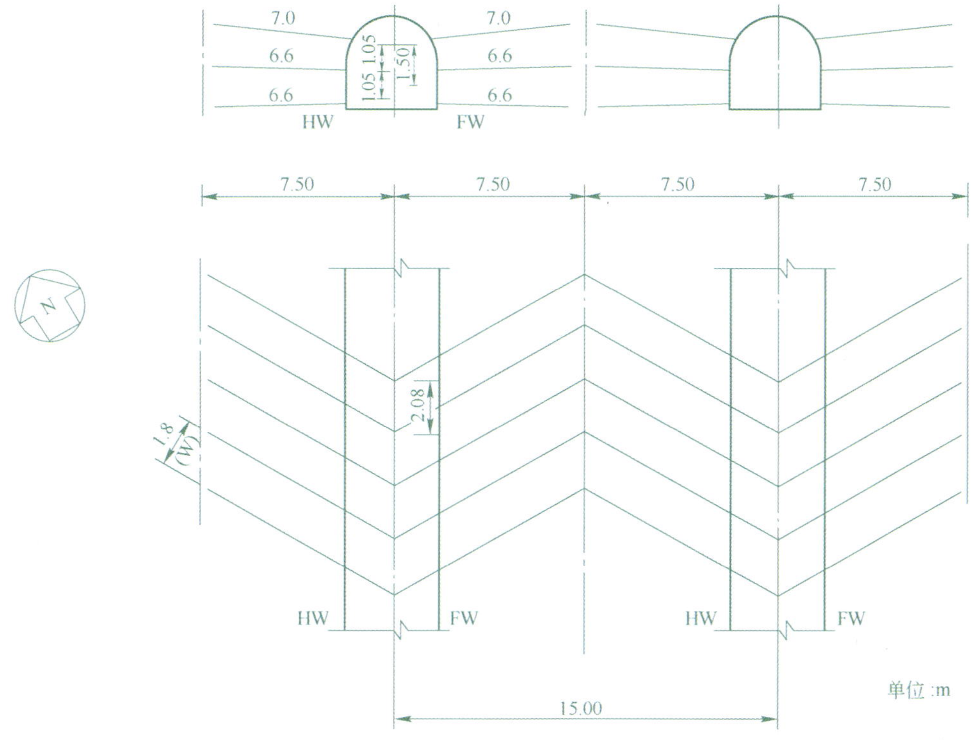

图 10－81 拉底炮孔布置图

（2）采用 3.5 立方码遥控铲运机出渣，将松散的岩石铲出，以允许进行下一次放炮和监测岩柱的形成。

（3）在生产水平出矿采用 6 立方码柴油铲运机，大块在出矿口进行二次破碎。铲运机将矿石卸到长 30 m 的溜井中，溜井口装有网度为 1 m 左右的格筛，采用半固定式破碎锤破碎，从控制室远程遥控操作。目前共有 22 台破碎锤。

（4）矿石在特尼恩特 6 水平转运，该有轨运输水平在生产水平以下 30 m。每列车配 8 辆载重能力为 50 t 的矿车。将矿石从各穿脉中的装载溜槽运送到位于 Braden 岩管中的 3 个转运卸矿站，矿仓储存能力为 7500 t。目前共有 5 条穿脉，正常只需 3 条工作。主溜井有 3 个（ϕ5 m）。每列车配一名司机，仅负责安全方面照看。列车采用自动控制，在控制室操纵，大屏幕上显示列车所处的位置。

（5）经过这 3 个主溜井将矿石下放到特尼恩特 8 水平，该水平采用 80 t 矿车。

（6）初始崩落区 MRMR 为 50，水力半径 25 m。由于在首先开采的区域存在天井，因而可将水力半径减少到 20 m，初始开采区域为 10400 m^2。

为了在 2005 年达到 45000 t/d 的生产能力，要求平均出矿速度为 0.44 t/(m^2·d)，估计的面积为 102151 m^2。生产水平布置如图 10－83 所示。

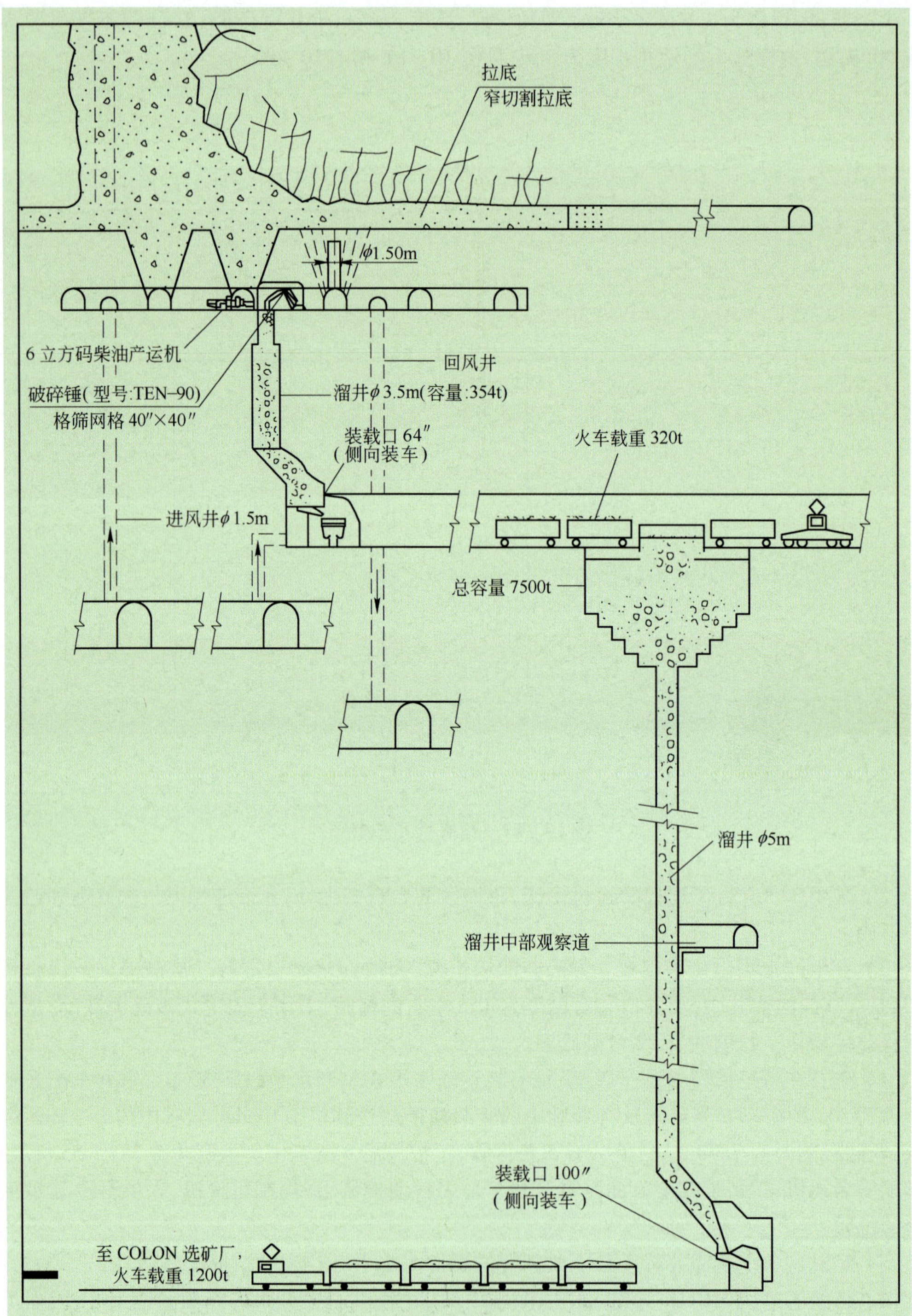

图 10 - 82 凿岩爆破及矿石转运示意图

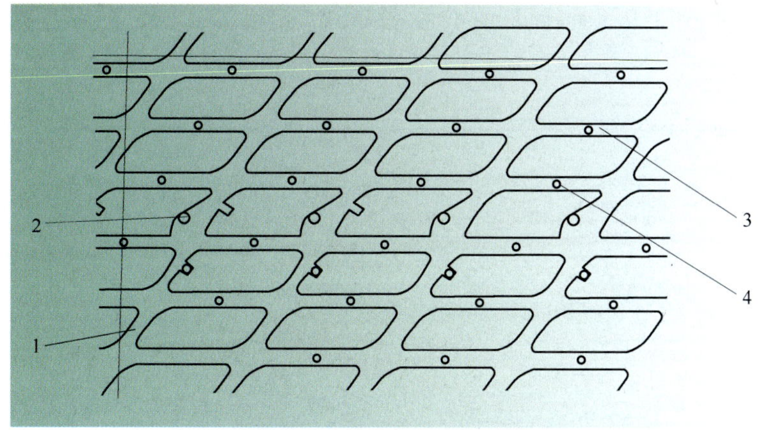

图 10－83　生产水平布置图

1—生产巷道(即出矿巷道);2—溜井;3—聚矿槽巷道;4—切割天井

d　生产计划

采用下列方法、参数和准则来估算可采储量(Extractable reserves):

(1) 确定出矿方法。基于预先建立的矿块模型进行概念设计,最方便的估计方法是把精铜的边际成本定为 0.64 美元/磅。根据 Esmeralda 工程的特征和作业条件,确定区域面积为 640070 m^2。

(2) 原始储量的贫化。贫化估算是按照部门内部开发的算法,应用 Laubschur 体积模型。由于 N200 坐标以北区域放矿柱高度较低,确定放出高度达到 43% 时为开始贫化的位置。对其余区域,则为 47%。原岩矿柱高度范围为 113～224 m,在 T-4 South 开采区以下一般是 164 m。贫化的矿石铜品位为 0.6%,密度 2.0 t/ m^3。

(3) 经济模型。评价每个模块的技术和经济指标见表 10－43。

表 10－43　技术和经济指标

选矿回收率	86.4%
精矿品位	28.58%
准备工作成本	528.0 美元/m^2
矿山作业成本	2.58 美元/m^2
选矿成本	2.80 美元/m^2
干燥/过滤成本	3.71 美元/t 精矿

储量估算是按照精矿含水率 8%、销售价格(FOB－港口)70.35 美分/磅,等于在国际加工费折扣完之后每磅商品铜 1 美元来进行的。

(4) 确定回采顺序。按照优先开采高品位区域和相关的技术限制之间的平衡来确定。

1) 前进式崩落方法;

2) 地质力学风险;

3) 崩落面对应构造的方向;

4) 考虑与其他生产区域相互影响的作业因素。

根据以上原则，开采从 Esmeralda 的东北区域开始，然后向西发展，随后连续向 N-S 和 E-W 发展(图 10－84)。

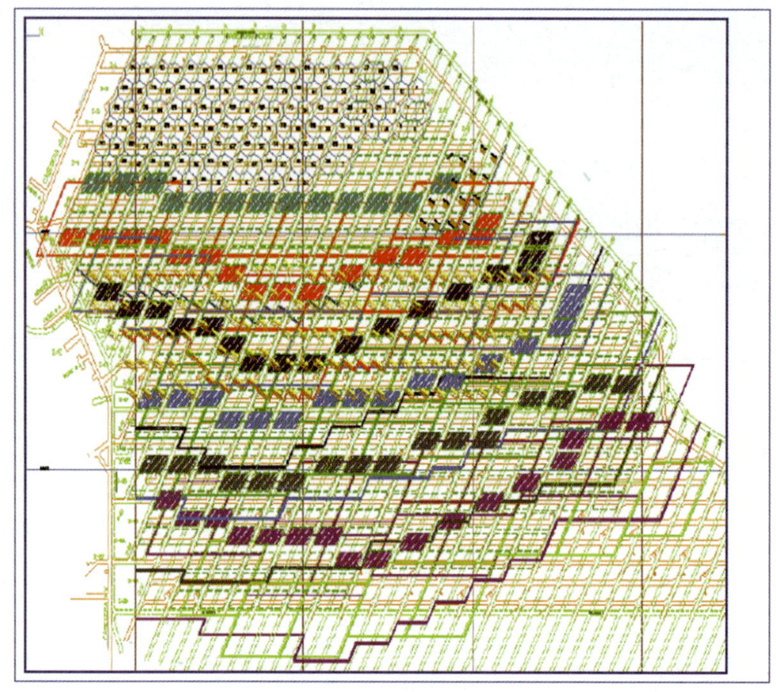

图 10－84　Esmeralda 回采顺序图

(5) 储量选择准则。为了使工程经济效益最大化，采用了机会成本准则来选择区域的可采储量。这指的是通过开采更好的高品位矿石来推迟当前开采效益的代价，通过部门设计的计算方法按 10% 的贴现率来估算。结果是，对矿块模型的每一个矿柱都确定了其柱高和使工程净现值最大的边界品位。

(6) 均衡。在储量选择阶段的开采高度结合机会成本可以从数学答案中导出。它们再按与开采工艺相关的作业限制进行调节。公司尝试模拟工程开采的作业可行性，必要时按下列准则修改开采高度：

1) 最小的开采高度为 0.5 倍原矿(岩)高度；

2) 最大的开采高度为 1.5 倍原矿(岩)高度；

3) 相邻的柱高为 20 m。

其获得的可采储量包括在生产计划中，即 3.485 亿 t，品位 Cu 1.014%。

e　生产程序

按给定的顺序对可采储量进行的开采模拟，作出了如下限制：

(1) 考虑出矿百分比，出矿速度在 0.1～0.5 t/(m^2·d)之间。

(2) 年最大新增面积为 36000 m^2。

(3) 产量变化是：1997 年 250 t/d，1998 年 4000 t/d，之后以年增 6000 t/d 的速度，到 2005 年达到 45000 t/d。

各年的生产计划见表 10－44。

表 10-44 生产计划

年　份	产量/t·d^{-1}	CuT 平均品位/%
1997	250	1.277
1998	4000	1.403
1999	10000	1.335
2000	16000	1.378
2001	22000	1.466
2002	28000	1.473
2003	34000	1.413
2004	40000	1.319
2005	45000	1.279

f 经济指标和生产率

估计在达到生产能力 45000 t/d 时需要 690 人，包括管理、维护和生产准备。劳动生产率是 65.2 t/(人·d)，矿山作业成本为 2.85 美元/t。

g 设备

为了维持 45000 t/d 产量，安排了下列数量和型号的设备(表 10-45 和表 10-46)。另一方面，支持生产和服务而安装的设备见表 10-47。

表 10-45 掘进设备表

序　号	设备名称	数量/台
1	3.5 立方码铲运机，遥控	3
2	掘进台车	4
3	锚杆台车	2
4	盲天井钻机，ϕ1.5 m	2

表 10-46 生产设备表

序　号	生产设备	数量/台
1	SW 扇形孔凿岩台车	4
2	炸药装药车	2
3	6 立方码柴油铲运机	27
4	半移动式破碎锤(Semi-mobile breakers)	34
5	短剪式升降车	8
6	二次破碎台车(Secondary reduction jumbos)	9
7	高举升臂凿岩台车(High reach drill rig)	3
8	50 t 生产电机车	7
9	50 t 生产矿车	44
10	服务机车	1
11	清扫机车	1
12	轨道清洁机	1
13	有轨矿车清洁设备	3
14	多用途支护矿车	3
15	有轨清沟设备	1

表 10-47 设备

序　号	主要设备	数量/台
1	Main SSZEE 2×7.5	1
2	OMVA 33 0113 8kV	1
3	Secondary SSIEE 3×1500 kVA 13 810 6kV	1
4	风机 1400 IAP ea(V:54,55,63,64)	1
5	生产控制系统	1
6	破碎锤和喷浆机遥控系统	1
7	自动信号命令 FFCC TEN-6	1
8	自动信号命令 FFCC TEN-6	1
9	轨道 FFCC 80ib TEN-6 和架线 650 VCC	4000 m
10	轨道 FFCC 132ib TEN-6 和架线 650 VCC	2000 m
11	空压机 960 cfm FAD 3×110 kW	3
12	空压机 300 cfm FAD 2×30 kW	2
13	空压机 100 cfm FAD 1×22 kW	1
14	整流器 750 kW ea CC FFCC 系统	5
15	整流器 1000 kW ea CC FFCC 系统	2
16	铲运机、凿岩台车、天井钻机维修车间($4500\ m^2$)	1
17	电机车和矿车车库($1000\ m^2$,11 m 高)	1
18	油站,满足 64000 t/d 生产能力的设备	1

C　Pipa Norte 采区

特尼恩特矿有两个自动化(AutoMine™)采区,一个为 Pipa Norte,另一个为 Diabo Regimiento,均采用预拉底的盘区连续崩落(Panel caving),产量分别为 10000 t/d 和 28000 t/d。Pipa 采区有 3 台 TORO 0010C (载重量 17.5 t)的柴油铲运机,而 Diabo Regimiento 将有 10 台。

Pipa Norte AutoMine™系统是铲运机将矿石直接运到一个破碎机中,矿石破碎后经胶带运输机送到溜井,然后由机车运输送到地表的 Colon 选厂。

Pipa Norte 采区共有 188 个放矿点,15 条生产巷道。生产区域是从北向南发展,组成生产区域的 15 条生产巷道和主要运输巷道在 10 年的作业时间内将严格保持不变。铲运机不离开生产区域,除非进行计划维修或遇到主要故障,才将它们转移到约 500 m 外的 Diablo Regimiento 维修站。加油、润滑等工作是在生产区的东南端进行,并通过 AutoMine™系统的 Mission Control 安排,铲运机司机被远程遥控所替代,中央控制室设在采区外约 10 km 处(地表),铲运机装载和溜井口破碎为远程遥控,铲运机运行和卸矿则为自动化作业。

一个司机在控制室控制 3 台铲运机和 1 台固定式破碎锤。整个采区共有 6 名司机。

Pipe Norte 采区位于矿床的西北部,该采区建设总投资为 5020 万美元,储量 2710 万 t,品位 1% Cu,总面积 $57600\ m^2$,生产开始时间为 2003 年 7 月,矿石产量为 10000 t/d,生产水平标高海拔

2191 m,总服务年限9年(至2011年)。

矿石由13立方码TORO 0010C型铲运机卸到溜井中,溜井口格筛上的大块经破碎锤破碎后落入溜井。溜井下部由铁板给矿机给矿,颚式破碎机(84英寸×66英寸)破碎,然后经20 m长胶带机(有除铁装置),335 m长的1号胶带机,50 m长的2号胶带机,进入两条主溜井中(高200 m),再通过机车运到Colon选矿厂。

生产水平布置:放矿口间隔为15 m×20 m,生产巷道的间距为30 m,巷道尺寸为4.5 m×4 m。设一个卸矿点,运距长,2006年平均运距为179 m。生产水平布置见图10-85。

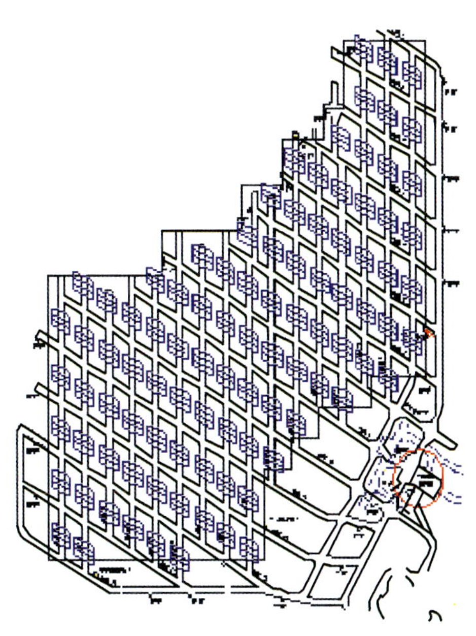

图10-85 生产水平布置图

这是特尼恩特第一次采用13立方码铲运机,第一次采用地下破碎机—胶带运输方式,第一次采用AutoMine™系统。2006年实际指标是:平均生产能力8492 t/d;月平均最高产量9552 t/d;运距179 m;13立方码铲运机的平均完好率69%,Rammer破碎锤的平均完好率为90%。采区目前只有3台铲运机,最终将增加到4台。

10.5.10.4 澳大利亚Northparkes E26矿第二中段

A 概述

澳大利亚诺斯帕克斯(Northparkes)矿共有3个斑岩型铜金矿床,位于新南威尔士中部,分别是E22、E27和E26。E22和E27是露天开采,E26是地下开采。

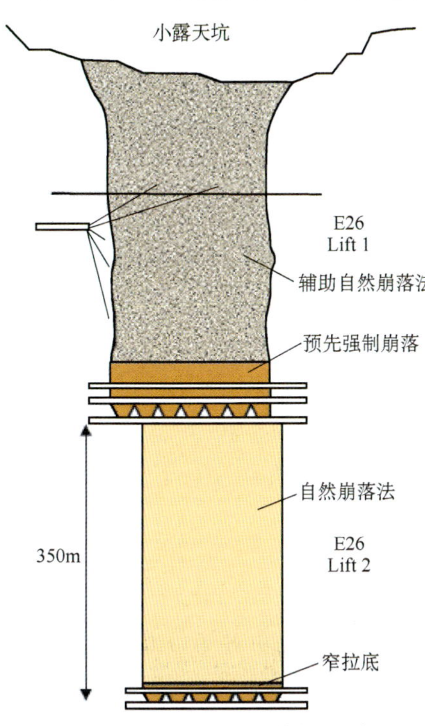

图10-86 E26矿纵剖面示意图

E26是澳大利亚第一个采用自然崩落法采矿的矿山。矿山建设是从第一中段(Lift 1)开始,1993年10月开始建设,经过3年9个月,于1997年7月达到设计产量。

第二个中段(Lift 2)的建设是安排在2003年~2004年完成,以接替第一中段。第二中段的设计产量为500万t/a,保持约6年。

为了维持低的开采成本,Lift 2的段高为350 m,如图10-86所示。

B 地质

E26矿床是与侵入火山岩中的石英二长斑岩共生的,原生硫化铜矿化带赋存在侵入岩和周围的火山岩中。矿化带主要位于石英脉和构造带中,这样矿床具有高品位的中心,与密集的网状石英脉共生,石英脉的品位和密度向外面的火山岩呈放射状降低,E26矿床潜在的经济矿化带是以不规则的亚垂直柱出现,其直径为200~300 m,已探明的部分延深800 m。中心由斑铜矿和辉铜矿主导，被黄铜矿为主导的带包裹，之后又被磁黄铁矿带包裹。

Lift 2 的估计储量是2450 万 t，Cu 品位 1.21%，Au 品位 0.47g/t。

C 工程地质

E26 Lift 2 的岩体通常由硬岩组成，岩石性能测定表明所有岩石都具有 80 ~ 91 MPa 的平均完整岩块强度，然而最大的岩石强度是从黑云母二长岩的 136 MPa 到火山岩的 227 MPa。岩体通常节理发育，具有一些窄的 NW 向断层和剪切带。对 E26 区域独特的是石膏后矿化事件，它在局部构造系统较普遍，对矿床的工程地质条件产生很大的影响。

Lift 1 的岩体强度为 50 ~ 60 MPa。在 Lift 2，由于缺少石膏脉，其岩石比 Lift 1 通常稳固性要好。

Lift 2 岩石分级（RMR）的变化是：在黑云母二长岩中为 57，火山岩中为 50。

RL9450 出矿水平预测的原岩应力为：最大主应力 $\sigma_1 = 36.0$ MPa，方位角 150°，倾角 17°。水平应力对垂直应力的比值，平均为 1.8。

在设计 E26 lift 2 时，对 Lift 1 的生产经验进行了回顾和总结，有如下几点：

（1）可研的每个阶段应有足够的时间；

（2）项目的全过程都应有生产人员参加；

（3）最终的可研必须由独立的技术和财务专家进行批判性的评审和风险评价；

（4）放矿点眉线是建设中最重要的部分，第一次安装好衬砌系统可以减少维护量；

（5）把放矿点间距放大到可接受的程度；

（6）TORO 450E 铲运机超过了设计生产能力，部分原因是由于出矿水平的习惯设计。

设计经过了三个阶段：预可行性研究、专门调查（预可研的延伸）、开拓研究。

在预可研阶段由于经济和风险因素，将分段崩落法、空场法排除在外，对自然崩落法的两个方案作了评估，即单一段高 350 m；2 个 200 m 段高方案。

可崩性的评价：Lift 2 的可崩性是采用经验方法和数值应力模型来确定的，其结果显示 Lift 2 比 Lift 1 更易崩落。主要是因为：有较高的原岩应力；合适的节理方位；修改的设计特别是拉底形状和倾斜拉底的使用，改善了崩落效果。

D 拉底

a 拉底方法

拉底是初始崩落的关键因素，因此设计主要由技术可靠和风险评价来决定，而不是成本。按照拉底顺序、爆破设计和临时支护要求，必须全力保证第一次尝试的成功，因为初始崩落和生产安全的失败其后果是很严重的。

在 Lift 1 使用的拉底高度是 42 m，在 Lift 2 则使用先进的窄斜拉底（图 10 – 87），它的优点是：

（1）拉底巷道高宽比的减小使应力集中在内侧更不稳定的顶板上；

（2）减少了对出矿水平的应力集中荷载；

（3）锯齿状增加了矿体的不稳定性；

（4）减少了岩柱承载的机会；

（5）窄斜拉底的矿量少，接近顶板更快，能更早地从初始生产活动对崩落发展前锋进行控制。

缺点是很快就产生原生矿大块。

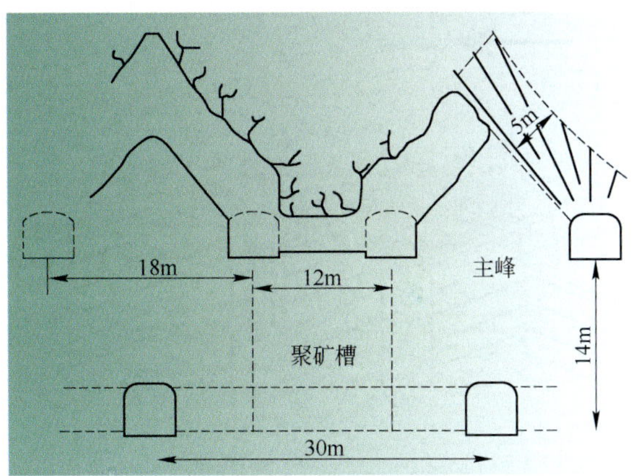

图 10－87 窄拉底形式的前进式拉底纵剖面图

b 拉底面积

规则的长方形其内在就是不稳定的，拉底平面的整个长度应维持一个最小的跨度（图 10－88）。设计对 Lift 2 给予了延伸拉底的灵活性，以允许假如需要时向西进一步扩大。

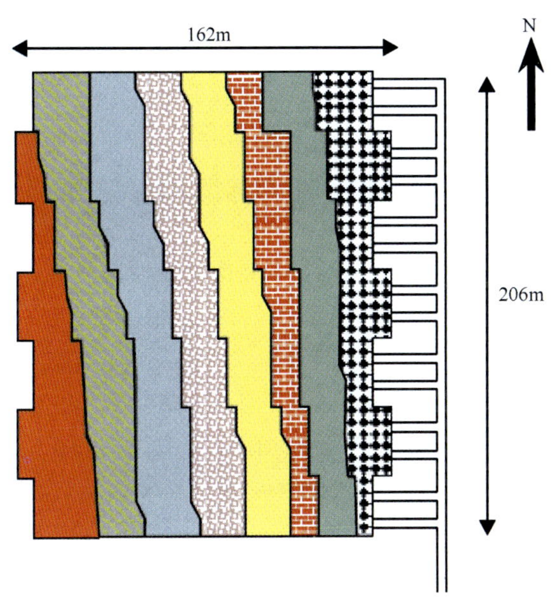

图 10－88 逐月拉底顺序平面图

c 拉底顺序

采用窄拉底和 Lift 1 相比，产量上升较慢，因为在拉底过程中产生的碎矿非常有限，采用前进式拉底限制了应力集中但加剧了这种现象。

和 Lift 1 相比，由于拉底时出矿量较少，因此窄拉底可以迅速后退，可以使聚矿槽迅速形成。在留下残留岩柱时，两条道的方案可以确定岩柱是否完全破裂且容易回收。拉底扇形面的倾斜断面是可以半自动清理的，因为爆破的物料向凿岩巷道中直线爆出，如图 10－89 所示。

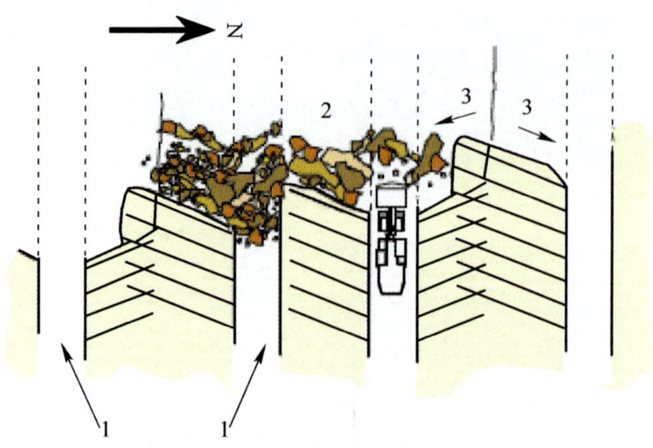

图 10－89 拉底凿岩出矿平面布置图

1—拉底巷道；2—平底；3—倒锯齿形工作面

d 拉底设计参数

拉底巷道是由两条平行的巷道组成，尺寸为 4.2 m×4.5 m，中心距 12 m，位于将要形成的聚矿槽的拐角，距出矿水平底板 14 m。拉底是由水平侧帮孔和位于主峰上的倾斜扇形孔组成。在主峰上角度为 50°，以便崩落的物料能进入聚矿槽。

炮孔直径为 89 mm，水平侧帮炮孔长为 8.5 m，主峰上炮孔长达 18 m。扇形孔孔底距为 2 m，排距也为 2 m。上向孔是向前倾 10°，以使上向孔装药容易和水平面出渣方便。目前每排扇形孔为 71 m 钻孔，扇形孔装填相对 ANFO 密度为 1.0 的乳化炸药，每排装填约 56 m。起始每次爆一排孔，爆下的矿石将在拉底水平铲出 70%。

初始拉底是在采区的西部边界开始，面对一个斜槽放炮。

E 生产水平

a 概述

Lift 1 的 RL9800 出矿水平的设计证明，该设计对获得高生产率和低作业成本是灵活有效的，但周边的开拓工程较多，可用两台电动铲运机向同一台破碎机卸矿。为了减少基建投资，在 RL9450 出矿水平的设计中，尽量减少了开拓工程量。

和 Lift 1 不一样，原来准备安排两台破碎机放在出矿水平的一侧，后来简化到只设一台破碎机。主要区别是：

(1) 减少了周边的巷道；

(2) 减少了转向站(即交岔点)；

(3) 在出矿巷道之间不设联络道；

(4) 放矿点间距从 14 m×14 m 增大到 18 m×15 m；

(5) 6 条出矿道代替了原来的 14 个出矿区；

(6) 单台铲运机卸矿点；

(7) 增加了 6 个大块破碎点；

(8) 减少了维修设施和作业支持设施。

Lift 1 出矿水平布置如图 10－90 所示，Lift 2 出矿水平布置如图 10－91 所示。

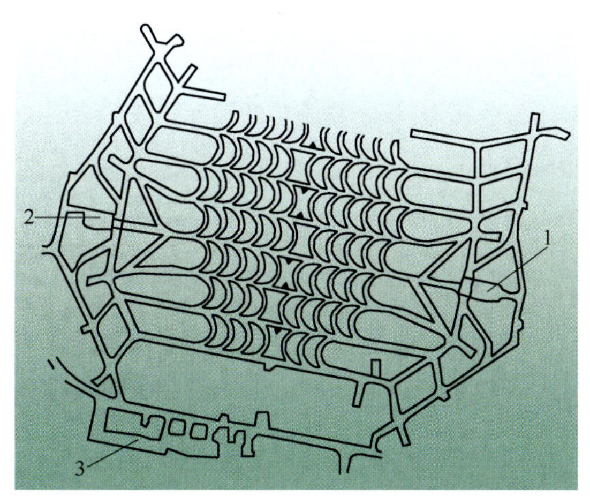

图 10－90 Lift 1 出矿水平布置图

1—1 号破碎站；2—2 号破碎站；3—控制室和维修间

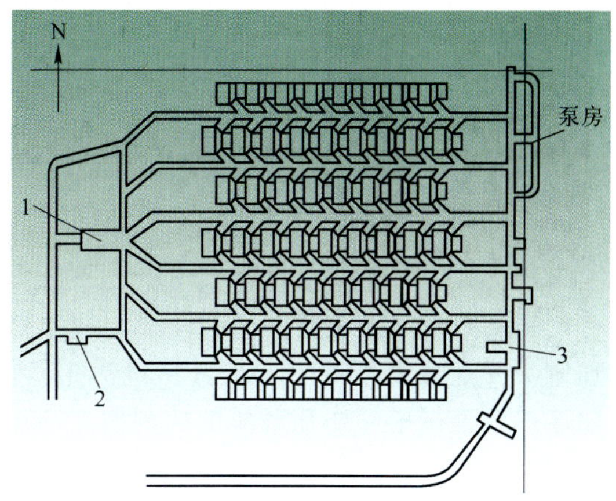

图 10－91 Lift 2 出矿水平布置图

1—破碎站；2—监控室；3—维修间

Lift 2 出矿水平布置的优点是：

（1）铲运机仅仅在破碎站原矿仓卸矿点交会，不需要周边巷道；

（2）电动铲运机的牵引电缆主要在直线上延伸，电缆磨损小；

（3）风流从穿脉通过，减少了通风量，并易于调节；

（4）平均运距减小；

（5）由于直线段长，因而铲运机运速快，易于应用自动化设备。

b 出矿水平设计参数

根据 Lift 2 的块度预测，聚矿槽之间的间距是 18 m，两条出矿巷道中心线的间距为 30 m。这一间距符合劳布斯彻（1995）的块度指南，体现了具有坚固主峰的设计原则。在 Lift 1 出矿水平尺寸主要是围绕 Toro 450E 铲运机的运行参数设计的，包括转弯半径、车体长度和速度。在 Lift 2 很容易把自动化应用在出矿水平设计中，以降低作业成本。出矿穿脉平均长度为 266 m，平均运距 150 m。沿出矿穿脉，放矿点间距为 18 m，以分支人字型布置（offset herringbone）。出矿进路（即装矿道）与穿脉的夹角为 45°，并有 22°的倒角以方便铲运机转弯。由于在水平布置中铲运机在同一条线上装载，这样就不会因为在装载过程中岩石滚到前轮胎后造成损坏而要求放矿点比铲运机宽很多。放矿点之间的矿柱有 14.2 m 宽，放矿点长度从巷道中心线到眉线保持有 10 m 长，聚矿槽长度是 12.5 m 长。

人们担心一侧布置溜井，矿石只能从 6 个有效区运出，生产率因此会受到限制。假如一条穿脉由于任何原因不能工作，则生产区的 17% 将受到损失。因此设计中采用了模拟模型来减轻这种顾虑。

咨询师输入铲运机和二次破碎车的工作参数，以及预测的大块和高卡斗值（从块度预测得出的）进行模拟，结果表明出矿水平的布置不会限制设计的 Lift 2 的生产率。

c 出矿水平顺序

按设定的建设顺序，6 条出矿穿脉全部在拉底完成之前掘完，但在这个时期不掘放矿点。拉底的前锋跟在穿脉巷道掘进之后，再之后是放矿点、聚矿槽掘进和加固，相隔不小于 14 m（按 45° 阴影线）。这种方法的优点是：

(1) 集中应力是由穿脉间 25 m 宽的矿柱支撑;

(2) 贯通了的穿脉巷道可以进行贯穿风流通风,两侧都可以进入生产水平进行加固等作业;

(3) 当一侧在进行初始生产时,可以从另一侧进行放矿点、聚矿槽施工和加固作业;

(4) 已完成的聚矿槽可以较早投入生产,以利崩落发展,防止窄拉底压实,同时建立起对崩落前锋的控制;

(5) 与完全的预拉底战略相比,前进式战略可以使产量上升较快。

d 聚矿槽的掘进

聚矿槽的掘进是在上部的拉底完成以后进行的。聚矿槽的设计形式与 Lift 1 的类似,切割天井是采用 ϕ660 mm 天井钻机钻孔,然后刷大到 1.5 ~ 2.0 m。切割天井完成后,再按顺序爆破聚矿槽环形孔形成的切割槽,一直后退至放矿点眉线。放矿点眉线之上的岩柱厚为 10 m。

e 路面

为了保持铲运机有较高的运行速度和生产率,要求巷道要有良好的路面。像 Lift 1 一样,采用混凝土路面,保持坡度使涌水流到东面的巷道,再流到出矿水平的水仓。

f 铲运设备

在 Lift 1 作业的电动铲运机车队有 6 台 6 m^3(载重约 10t) Toro 450E,铲运机是由 1000 V 卷筒电缆供电,在车后带有自动卷绳系统。卷筒电缆长度可达 260 m。

Lift 2 出矿水平设计考虑继续使用这种设备,然而外层的出矿穿脉(穿脉 1 和 6)对现有电缆来讲距离太长,因此需要采用长电缆的或柴油铲运机。

模拟表明 3 台铲运机给破碎机给矿,可以达到设计生产能力。

g 岩石支护

对 Lift 2,Northparkes 矿仍将采用在 Lift 1 所确定的掘进和支护加固的高标准,以确保开挖的巷道在 Lift 2 的服务年限内不需要返修。

h 矿石破碎和运输系统

Lift 2 的破碎系统是由一台 Krupp BK 颚式 – 旋回型破碎机(图 10 – 92)及给矿、排矿设施组成,通过该系统将小于 3 m^3 的矿石破碎至 –150 mm。

破碎后的矿石经一台振动放矿机送至长 1840 m 的斜井(坡度为 1∶6.4)胶带上,运至转运点,通过长 26 mm 的转运胶带将矿石转向 90°,送至第二条长 1140 m 的斜井(坡度为 1∶5.4)主胶带上,再将矿石送至竖井装载站之上的已有矿仓中。矿石最后经计量漏斗进入 18 t 箕斗,由落地式摩擦轮提升机提升 505 m 至地表。胶带斜井断面如图 10 – 93 所示。

Lift 2 的建设工程量包括:

(1) 斜坡道(斜井)和水平巷道 14000 m;

(2) 垂直开拓为 450 m;

(3) 上向天井 900 m;

(4) 锚杆 125000 根;

(5) 钻凿深孔 140000 m;

(6) 铲运(废石)770000 t;

(7) 铲运(矿石)780000 t。

从开始开拓到 59 个聚矿槽投产,设计建设周期为 35 个月。

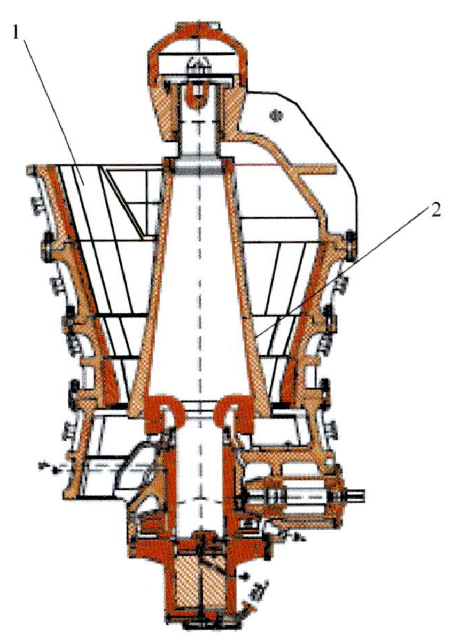

图 10 - 92 Krupp BK 160 - 210 颚式—旋回破碎机
1—初级破碎（类似于颚式破碎机）；
2—次级破碎（典型的旋回破碎机）

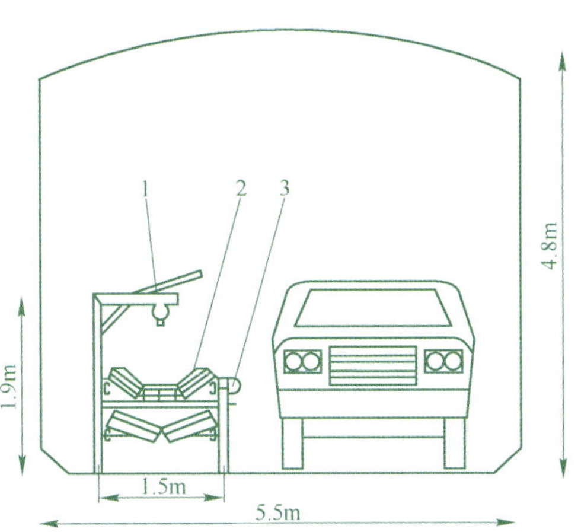

图 10 - 93 胶带斜井断面图
1—洒水系统；2—支架（每 4 m 一个）；3—管子（安全隔挡）

10.5.10.5 美国亨德森（Henderson）钼矿

A 基本情况

亨德森钼矿位于美国科罗拉多州丹佛市以西 80.5 km 处，海拔 3170 m，在北美洲大陆分界线东部。矿体的埋深超过了 1000 m，目前最低的出矿水平在地面以下 1600 m，成为世界上最深的自然崩落法采矿的矿山之一。

该矿经过十年的开拓和投资 5 亿美元，于 1976 年开始生产，从 1976 年到 1991 年期间，在 8100 水平共采出矿石约 9000 万 t。1992 年 7700 水平开始投入生产，到 2000 年生产出的矿石已经超过了 4500 多万 t。1999 年之前，该矿的矿石是在 7500 水平装车，采用 50 t 机车牵引 18 t 矿车，通过 24 km（16 km 坡度 3% 的上坡隧道，7.2 km 坡度 1% 的地面）双轨轨道运输运往选矿厂。由于机车运输系统维修费用的增加以及常常因事故影响生产，1996 年决定新建破碎系统和胶带斜井系统取代轨道运输系统。新系统于 1999 年完工，采用 4 台 72 t 侧卸式卡车，辅以 2 台 36 t 后卸式卡车（原服务于深部掘进），从 7065 主运输水平将矿石运往破碎站，碎后矿石由胶带运输机运往大陆分界线以西的选矿厂。从此亨德森成为全无轨矿山。在 7065 主运输水平设有 PLC 运输控制系统。破碎机处理能力为 2300 t/h。胶带运输由 4 段胶带机组成，第一段带宽 1.5 m，长 25 m，装有除铁装置；第二段长 1200 m；第三段长 16.8 km，穿越隧道；第四段在地面，长 6.7 km。第三、四段胶带机宽度均为 1.2 m。

1998 年在新系统施工过程中，在两段胶带机转载站和破碎站顶部巷道中发生过岩爆，使长 30 m 的斜巷破坏高达 5 m。此后，该矿安装了微震监测系统。

亨德森钼矿的新水平——7210 自然崩落法生产水平于 2004 年 10 月开始拉底，这个水平将为亨德森矿服务 20 年。7210 水平的设计类似于 7700 水平，但做了如下改进：高崩落段高；更宽的出矿点间距；加强的钢筋网喷射混凝土支护；重新设计的放矿点眉线；可选择的路面建设方法；增加了排水巷道。和以往相比，这些改变将减少开拓费用 50% 以上。初始拉底区域将采用 TDR（Time Domain Reflectometry）监测，以确保不会形成产生空气冲击波的空洞。采用斗容 7.4 m^3 的铲运机出矿，将矿石卸入溜井矿仓转到7065卡车运输水平。

7210水平位于山峰以下1550 m，破碎回收系统位于山峰以下1643 m。

B 地质和工程地质情况

亨德森钼矿由上下两个部分重叠的矿体组成，这两个矿体位于红山山峰以下1080 m到1600 m之间。整个矿体处在距今2400~3000万年之间的第三系流纹岩、斑岩侵入复合体中，该复合体侵入到前寒武纪花岗岩中。矿体的水平剖面是一个椭圆，它的两轴分别为670 m和910 m，在竖直剖面上是一个高度为550 m的弓形结构。矿体中矿化是比较连续的，由辉钼矿和零散密集的石英脉穿插组成。

矿石表现出了花岗岩和流纹岩非常坚硬的特性，它的单轴抗压强度在100 MPa到275 MPa之间。根据以往8100和7700水平生产的经验看，矿石的崩落情况相当不错，甚至超过了对这么高抗压强度岩石的预测。这被认为是辉钼矿外表和地质结构中的充填物具有润滑效果的影响，辉钼矿很小的摩擦角导致矿石在沿着矿化结构方向上很容易被剪切。在历史上，品位是亨德森矿体现岩石稳固性和可崩性的一个好的指标，亨德森矿石的RQD值在0到100之间，平均值为49，RMR值在27到60之间。

7210生产水平崩落的有序发展对于保证安全生产和完成生产目标是至关重要的。计划采用TDR电缆监测崩落发展。在较安全的地方，同样可采用在上部水平巷道中进行崩落观测的方法。

C 采矿工艺情况

a 采矿布置

（1）采矿巷道的布置 8100和7700生产水平的生产巷道方向为正北，7210水平生产巷道的方位角则为60°，这样更符合矿体的边界，减少了边缘巷道的数量和7065出矿水平的巷道数量。7210水平的布置如图10－94所示。生产水平在拉底水平以下18.3 m，生产巷道之间的间距为30.5 m，沿生产巷道的放矿点的间距为17.1 m，生产巷道和放矿点之间的夹角为56°，放矿点布置如图10－95所示。

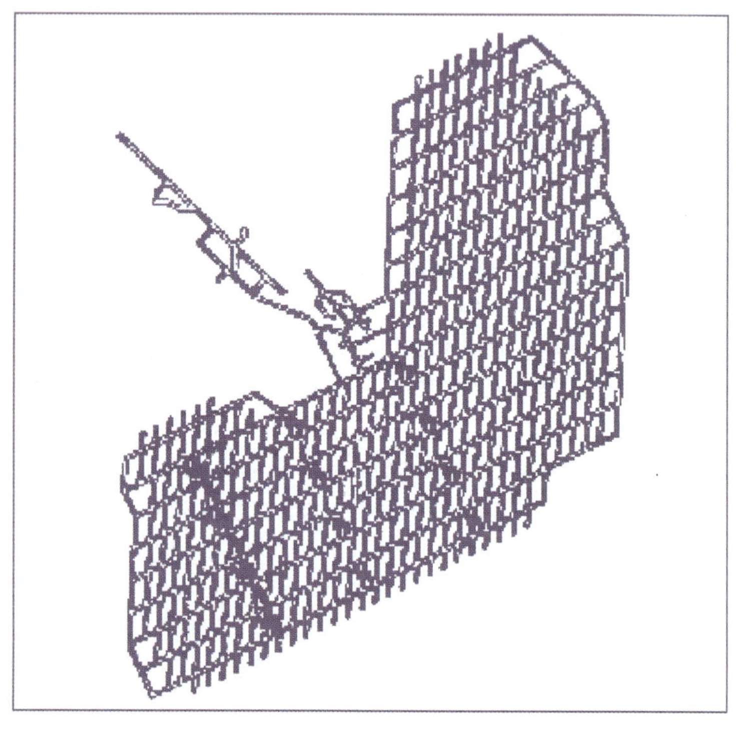

图10－94 7210生产水平布置图

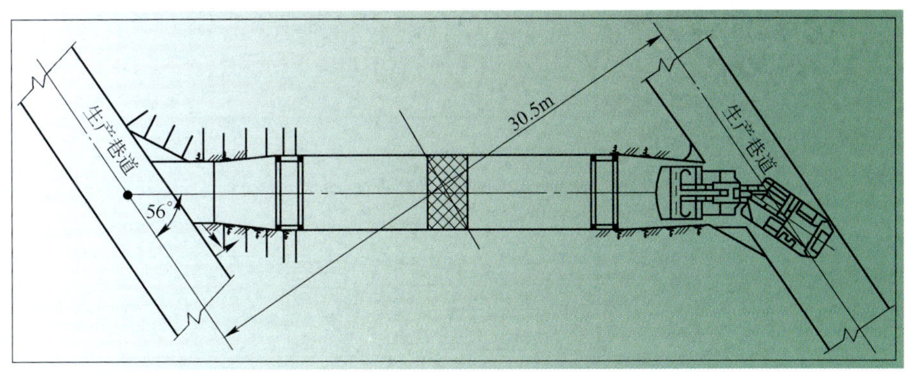

图 10－95　7210 放矿点布置图

（2）聚矿槽的开拓。在 7210 水平，生产巷道之间的间距由以前的 24.4 m 增加至 30.5 m，这就需要重新设计 V 形切割槽和聚矿槽。眉线相对于生产巷道的位置没有改变，这样 V 形切割槽的长度就由原来的 7.4 m 增加至 14.8 m。V 形切割槽是从每个放矿点横巷末端的三个钻机位置分别打三组钻孔爆破形成的（如图 10－96 中所示），而不是像过去那样，在放矿点横巷末端的一个钻机位置打一组钻孔来形成 V 形切槽。这种新的放矿点间距和眉线位置与以前相比，使放矿点具有更加稳定的影响区域。

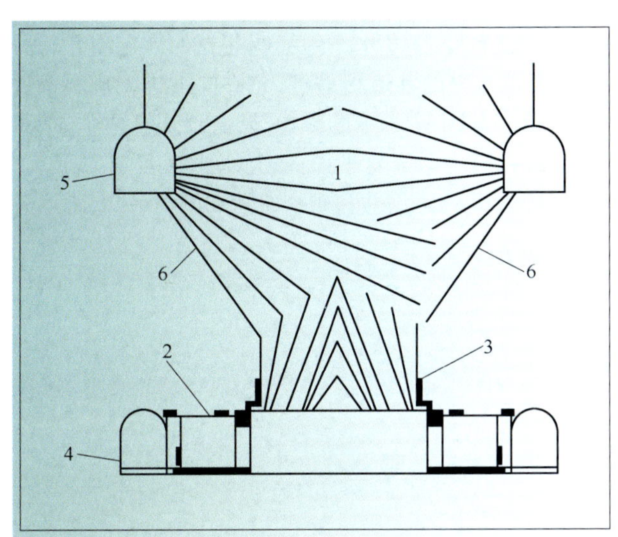

图 10－96　7210 水平扇形孔和 V 形切槽布置图

1—聚矿槽；2—放矿点；3—V 形切槽；4—生产水平；5—拉底水平；6—扇形炮孔

随着生产巷道间距的增加，形成聚矿槽的钻孔也需要重新设计。以前的方法需要来自两个相邻拉底巷道的钻孔相互穿插，这两组扇形孔之间要有偏移，虽然偏移在理论上可以避免钻孔的相互交叉，但是在实际生产中这种情况时常发生，另外这个可选择性的偏移也导致了聚矿槽的形状不一致。

每个新的聚矿槽是由 8 组间距为 2.13 m 的拉底扇形孔形成的。这种新的聚矿槽扇形钻孔的设计解决了钻孔相互交叉的问题，同时也保持了聚矿槽形状的一致性。另外，聚矿槽从顶点到眉线之间的斜面是由邻近拉底巷道的钻孔形成的，因此可以形成连续完好的表面。而以前的斜坡是由来自相反方向的钻孔底部形成的，特别是在孔底塌陷不能装药时，就会形成台阶状的坡面。

（3）支护。生产巷道和放矿点的支护采用 100 mm × 100 mm 的钢筋（规格为 12）网和 1.5 m

长的缝管式锚杆,外加 100 mm 厚的喷射混凝土。在支撑载荷的作用下这种柔性支护比浇注混凝土具有更好的效果,眉线部分采用钢筋混凝土浇注,如图 10－97 所示。

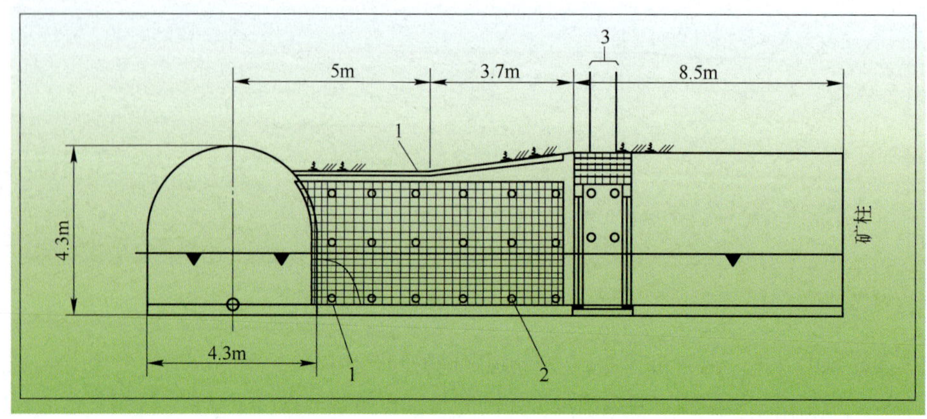

图 10－97　7210 水平放矿点支护图

1—喷射混凝土;2—金属网加缝管式锚杆;3—2 m 长的树脂锚杆,每排 7 套,共两排

(4) 溜井和矿仓。根据生产巷道的长度、矿柱的高度和放矿量的不同,矿仓之间的间距在 102 m 到 137 m 之间。矿仓长轴向沿 7210 水平的生产巷道的方向布置,每两条生产巷道之间布置一个矿仓。矿仓与 7150 通风水平的巷道相垂直,允许向下进入矿石溜井的污风通过矿仓,这样可以减少活塞效应和减少粉尘对生产水平的影响,矿仓顶部有两个 ϕ2. 1 m 倾角 60°的矿石溜井与它相连,这两个溜井布置在同一个竖直平面内,与水平夹角均为 60°,分别从相反的方向过来给矿仓供矿,矿仓的储存量为 675 t。溜井和矿仓布置如图 10－98 所示。

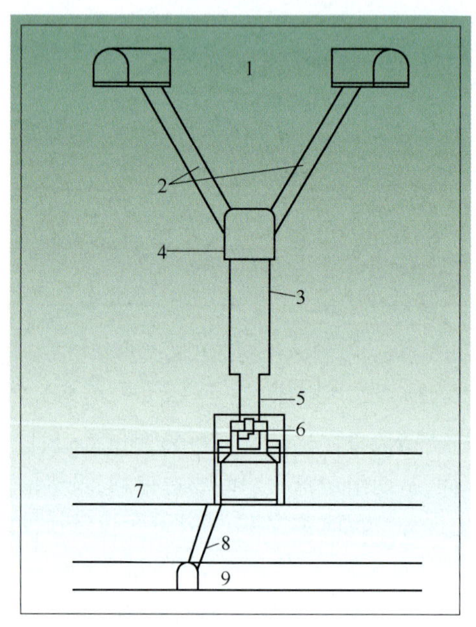

图 10－98　7210 水平矿仓布置图

1—7210 生产水平;2—矿石溜井和回风天井;3—675 t 矿仓;4—7150 通风水平;5—矿石溜井;6—矿石溜槽;7—7065 卡车运输水平;8—回风天井;9—7025 排水水平

b 矿井通风

在地表 $\phi 7.0$ m 的1号回风井井口安装有一台930 kW的风机，地下有6台225 kW的风机向 $\phi 9.8$ m 的5号回风井送风。新鲜风流从 $\phi 8.5$ m 的2号井、$\phi 7.0$ m 的3号井和16 km长的胶带运输巷道进入。新的生产水平不需要再延伸或设计新的竖井，而是从上面的回风水平向下打天井，利用天井通风，另外通向新水平的斜坡道最初也供给一部分新鲜风流。

c 矿山通讯

7210水平的通讯主要有三种类型，分别是语音通信、商用局域网（LAN）和工艺控制网络。语音通信包括电话和漏泄电缆通信。

D 高阶段崩落放矿

亨德森矿原设计的中段高度为122 m，在7700水平的生产过程中，技术人员认为将下一个最合适的生产水平应该定在7210水平，这样7700水平以下西部的中段高度为150 m，因在7700水平东部的矿体没有被开采，所以东部中段高度将在240～340 m之间，经过技术人员的参照分析最终决定在东部实形成高阶段崩落放矿。该矿根据智利特尼恩特矿、安迪纳矿、印尼自由港DOZ矿、菲律宾菲列克斯矿高阶段崩落放矿的经验，以及亨德森矿自身矿体近于垂直崩落至地表的特点，认为高阶段崩落放矿是可行的，并依此进行了7210水平的设计。高阶段落矿的优点是：减少了开拓成本，降低了贫化率和二次爆破。其缺点是：增加了粉尘问题；由于切割过程变缓，致使崩落前沿的支撑载荷作用时间延长，增加了矿柱破坏的潜在危险，因此需要对底部结构进行更强的加固；同时也延长了放矿点的服务期限。

E 主要采矿设备

7210生产水平决定选用铲斗为7.4 m^3 的铲运机取代6.7 m^3 的铲运机，平均运距为60 m，铲运机的设计效率为300 t/(台·h)。

在7065出矿水平，目前（2004年）使用2～3台72 t卡车完成生产任务。卡车采用5轴系统，第3、4轴为传动轴。平均循环时间为7 min，平均效率为560 t/(台·h)。虽然这种卡车设计载重为72 t，但由于车厢衬板使它的实际载重为68 t。选用刚性结构侧卸式卡车是因为它比井下常用的铰接式卡车寿命长，而且维修工作量少，但须将较重的衬板换成轻型，以增加运力。

7065运输水平共有7个中心放矿溜槽给这些卡车装载，首先卡车倒退到溜槽下面，装载完毕后卡车前行离开溜槽。这些溜槽是由硐室内一个红外线监视器控制，溜槽和监视器可以在中央控制室控制。每个溜槽的设计能力为200万t到600万t矿石。

卡车是利用两条道路进行运输，平均运距1000 m。7065无轨运输水平布置如图10－99所示。运输巷道的规格为6.1 m×5.5 m，足够单台卡车通行，卡车转弯是受一个类似城市交通系统控制。7065运输水平的设计生产能力为20000 t/d。

F 经济技术指标

2000年资料显示的矿石回收情况如表10－48所示，运输设备的运营统计数据见表10－49。

表10－48 矿石回收情况表

崩落区域	贫化后矿石储量估算		实际回收量		回收百分比	
	矿石/万t	钼金属量/万t	矿石量/万t	钼金属量/万t	矿石/%	钼金属/%
8100水平	9000	21.782	8700	21.319	97	98
7700水平（至今）	4500	9.666	4800	9.938	106	103

表 10－49　铲运机和运输卡车的运营统计数据表

类　型	载重/t	台数/台	生产能力/$t\cdot h^{-1}$	利用率/%	成本/美元·t^{-1}
铲运机	9.5	7	318	80	0.32
运输卡车	72	4	708	90	0.16

注：卡车的平均运距为 300 m。

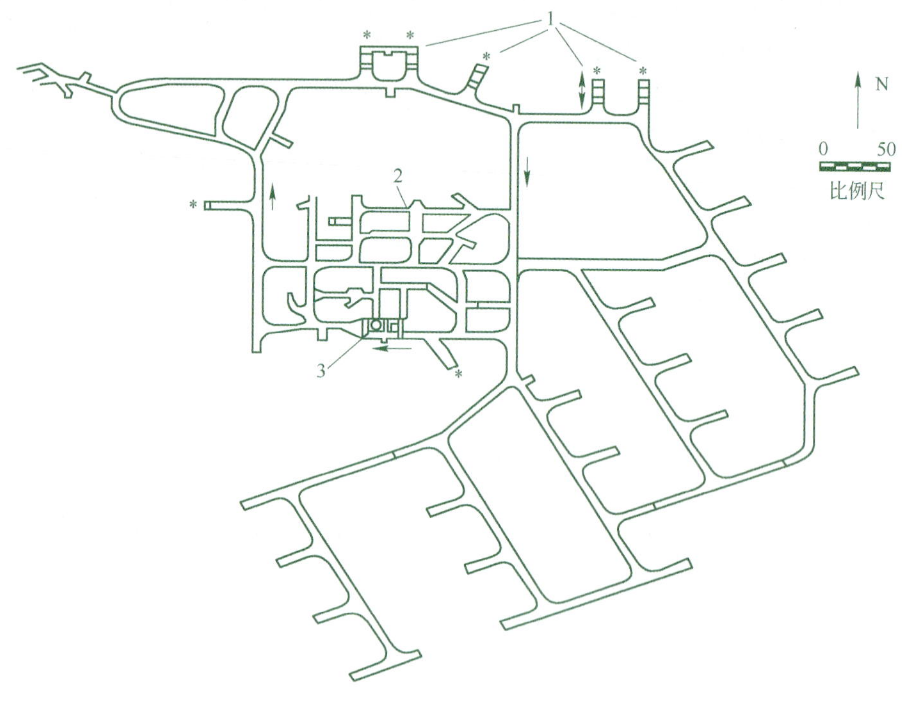

图 10－99　7065 无轨运输水平布置图

1—倒退式放矿溜槽（其中 * 为积极的放矿溜槽）；2—卡车维修硐室；3—破碎站

亨德森矿历史上采矿成本组成如图 10－100 和图 10－101 所示，图中的采矿成本不包括选矿、破碎、运输以及管理成本，这是在一年内有大量开拓情况的采矿成本组成（历史上因为金属价格的原因，矿山曾经减产，甚至一度停产）。这些生产成本随着每年的生产情况变化也会有所改变，图中只是大概的情况。

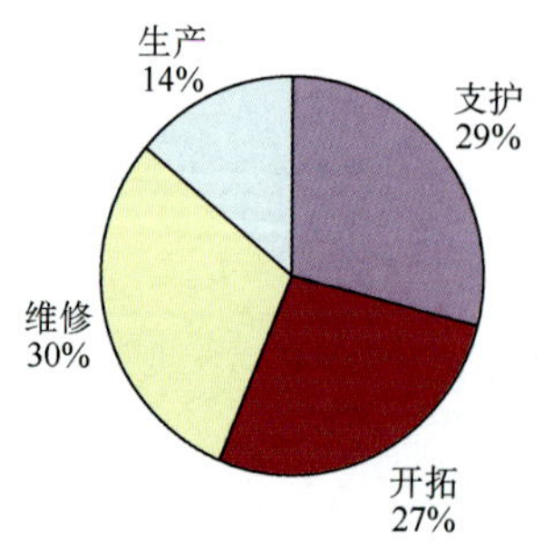

图 10－100　按功能划分的采矿成本分解图

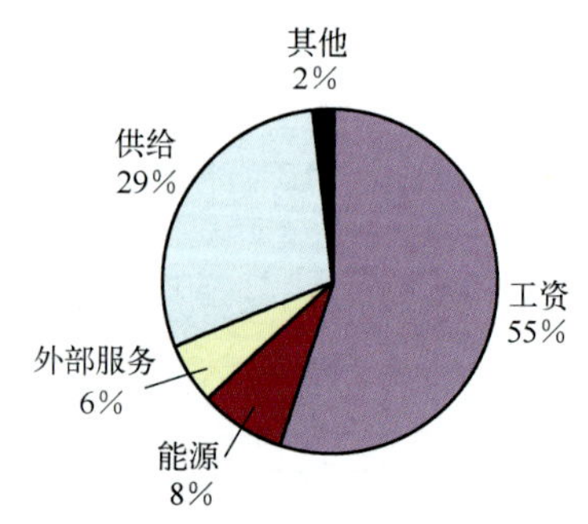

图 10－101　按类别划分的采矿成本分解图

参考文献

1 采矿设计手册编委会. 采矿设计手册 矿床开采卷:下. 北京:中国建筑工业出版社,1988

2 《采矿手册》编辑委员会. 采矿手册:第4卷. 北京:冶金工业出版社,1990

3 E. T. Brown. Block Caving Geomechanics. Queensland, Australia: Julius Kruttschnitt Mineral Research Center, 2003

4 S. Duffield. Design of the Second Block cave at Northparkes E26 Mine. In: Massmin 2000. Brisbane, 2000: 335 ~ 346

5 K. Calder, P Townsend and F Russell. The Palabora Underground Mine Project. In: Massmin 2000. Brisbane, 2000: 219 ~ 225

6 A. Van As and R. G. Jeffery. Hydraulic Fracturing as a Cave Inducement Technique at Northparks Mines. In: Massmin 2000. Brisbane, 2000: 165 ~ 172

7 Eddy Samosir, Charles Brannon and Tony Diering. Implementation of cave management system(CMS) tools at the Freeport DOZ Mine. In: Massmin 2004. Santiago, 2004: 513 ~ 518

8 金川有色金属公司,北京有色冶金设计研究总院编. 地下采矿方法. 中国矿业,1995

9 Henri-John Kock. Innovation and courage reinvents Finsch Mine. In: Mining Mirror, 2006(2):18 ~ 33

10 Ridgeway Seek Productivity Boost with Automated Drill Systems. In: E&MJ,2006(4): 42 ~ 44

11 王裴,胡杏保. 梅山铁矿集中化开采技术应用研究. 金属矿山,2004(6)

12 范庆霞. 梅山铁矿采用超级采场结构参数降低采矿成本的探讨. 金属矿山, 2005(9)

13 陈晓光. 中深孔阶段崩落法在新华钼矿的应用. 中国矿山工程, 2007(1)

14 连民杰,李占科. 北洺河铁矿无底柱分段崩落法大结构参数确定. 金属矿山, 2004(2):332

15 刘育明. 铜矿峪矿自然崩落法开采工艺的改进研究. 见: 北京金属学会编. 第二届北京冶金年会论文集. 北京: 2000:234 ~ 238

16 《有色金属工程设计项目经理手册》编委会. 有色金属工程设计项目经理手册. 北京:化学工业出版社工业装备与信息出版中心,2003

17 中国有色金属建设协会设计分会矿山工程研究会. 地下采矿方法(实例)图册:下册 崩落采矿法. 1995

11 深井开采的特殊技术

11.1 概 述

随着采矿工业的不断发展,全世界范围内的深井矿山数量逐渐增多。地下矿床开采深度的增加,向采矿工作者提出了新的技术挑战。深井采矿面临的主要技术难题是岩爆的预防和控制以及深井矿山井下环境的控制。

11.1.1 岩爆的预防和控制

随着矿床埋藏深度的增大,采矿巷道、各种硐室和回采工作面岩体内的原岩应力逐步升高,岩体失稳和破坏现象增多,特别是以岩体突然猛烈破坏为特征的岩爆日趋严重,这极大地威胁着矿山井下工作人员的生命和设备的安全。到目前为止,除了少数矿山例外,矿山岩爆的及时和准确预报还没有成为现实。原因主要有:(1)矿山岩爆的震源机理往往比较复杂,理论分析震源机理的模型不能精确地反映震源实际;(2)用于监测岩体应力应变时空变化的仪器只能拾取岩体破裂发出的部分信息(弹性波),而且地震波在含有各种地质结构的非均质岩体中的传播模式也是复杂多变的;(3)采矿和掘进工作面的分布、推进方向和推进速度是经常变化的,导致矿床应力场的变化不可能始终遵循同一变化规律,因此根据矿山地震活动参数分析结果和矿山微震事件的统计学研究结果进行岩爆预报都具有一定误差;(4)破坏性很大的断层滑移型岩爆往往是由于作用在断层面上的法向正应力的降低引起的,而当监测到岩体构造上应力有降低趋势时,并不知道有岩体构造存在,所以没有引起足够的重视。尽管如此,随着矿山地震学在深井采矿实践中应用的逐渐深入和推广,人们对矿山岩爆的认识在逐步加深,据此总结出来的规律对岩爆的预防和控制起到了很大的推动作用。

11.1.2 深井矿山井下环境控制

由于地热增温率的存在,深井矿山采矿工作面的原岩温度一般较高。一方面,原岩放热导致工作面空气温度升高;另一方面,进入矿井的新鲜空气,由于自然压缩使空气热焓增加,导致井下空气温度上升。井下空气温度的升高,大大降低了工人劳动生产率。温度升高到超过人类的生理极限时,不采取井下通风和降温措施,井下工作人员的安全将会受到极大威胁。解决深井采矿工作面高温问题的主要方法:一是加大井下工作面的通风量;二是降低井下工作面空气的温度;

三是对井下工人采取个体防护和降温措施。降低井下工作面空气温度有两个途径：一是用大型风机将冷却后温度较低的空气送到井下工作面；二是在制冷站制备冷水（或冰水混合液），用隔热管将其输送到采矿工作面附近，通过热交换器进行局部空气和冷水的热交换，降低采矿工作面局部空气温度。采用的辅助降温措施还包括井下凿岩和喷雾降尘均采用冷水等。

11.2 岩爆的监测、预防和控制

11.2.1 矿山岩爆简介

11.2.1.1 岩爆的定义

采矿会导致岩体的应力升高，应力超过岩体强度时岩体就将发生破坏。岩体破坏的形式有两种：一种是突然猛烈的破坏；另一种是逐渐缓慢的破坏。岩体的破坏形式取决于岩体的物理力学性质和载荷的施加方式。对于矿柱而言，如果矿柱破裂后的刚度大于加载系统的刚度（矿山的刚度），矿柱将发生突然猛烈破坏，这与在柔性试验机上岩样抗压强度试验的破坏原理一致。矿柱和岩体构造加载系统的刚度受矿柱尺寸、矿柱的位置、矿柱间距、采场顶板岩石的变形模量等参数控制。矿柱之间的跨度越大，加载系统的刚度就越低。岩爆是岩体突然猛烈的破坏。

到目前为止，岩爆的震源机理还不是完全清楚。岩爆的定义大多侧重于对岩爆现象的描述。美国矿山局（USBM）1968 年的定义：岩爆是岩体应变超过其弹性极限时发生的现象，岩体破坏的特点是内部储存的应变能瞬间释放。加拿大安大略省劳工部 1983 年的定义：岩爆就是岩体的瞬间破坏，这种破坏可能会导致采矿开挖工程表面的岩石脱离原位，也可能使露天或地下矿山受到地震扰动。美国矿山安全与卫生管理局 1984 年的定义：在高应力作用下，岩体内大量积聚的能量瞬间释放，突然发生猛烈破坏。

综合岩爆发生的原因、条件和现象，可以这样理解岩爆：岩爆是岩体或地质构造的突然猛烈破坏。它是处于高应力或极限平衡状态的岩体或地质构造，在开挖活动的扰动下，其内部储存的应变能瞬间释放，造成开挖空间岩壁部分岩石从母岩体中急剧猛烈地突出或弹射出来。岩爆可能是矿山地震本身，也可能是矿山地震诱发的岩体破坏。

从矿山地震学的角度讲，岩爆其实就是造成岩体或地质构造较大规模破坏的地震事件，而地震事件就是岩体内发生的非弹性变形。地震事件的震源和破坏点有时分离，有时重合。

11.2.1.2 岩爆的分类

根据岩爆的震源发生机理，可以将岩爆分为：应变型岩爆、矿柱型岩爆和断层滑动型岩爆三大类。

A　应变型岩爆（Strain burst）

应变型岩爆是开挖空间岩壁或边缘局部高应力集中造成的。应变型岩爆通常发生在竖井掘进、开拓巷道迎头和采场工作面，这类岩爆的震级一般小于 2.0M_L，岩体破坏的体积小于 100 t，有岩爆倾向的矿山都会发生这种岩爆。应变型岩爆通常发生在采掘作业的凿岩或支护期间。采掘爆破后，工作面迎头前方岩体不能及时调整达到新的平衡状态时，可能发生小规模破坏。岩体的破坏通常明显地受地质构造（如节理）控制。

应变型岩爆又有局部岩石弹射和岩体突然弯曲折断两种。局部岩石弹射一般发生在井筒或巷道周边的特定位置，而不会沿井巷周边都发生破坏。在高原岩应力场内掘进水平巷道或竖井，井巷开挖造成在垂直于原岩最大主应力方向上巷道壁的最大切向应力超过岩体强度,岩体发生猛烈破坏并释放出储存的应变能。岩体弯曲折断破坏一般发生于层状岩体中,由于平行于岩层层理方向的原岩应力很高,当采矿或掘进巷道造成平行层理方向的岩层暴露面积过大时,岩层会发生突然弯曲折断。岩体弯曲破坏可以是采场顶板岩体呈薄板断裂,也可能表现为巷道两侧边墙或巷道迎头岩石呈薄板突出。这种破坏比岩石弹射应变型岩爆要大。

B *矿柱型岩爆*(Pillar burst)

施加在矿柱上的应力超过矿柱强度时,矿柱就将发生破坏,如果破坏是突然猛烈发生的,就形成矿柱型岩爆。矿柱破坏时,贮存在矿柱内的应变能被释放出来。矿柱破坏往往伴随着采场顶底板岩石的瞬间闭合,而采场的闭合又将释放出更多的应变能。矿柱破坏可能会发生在矿柱表面、矿柱内的地质构造或者高应力区的最薄弱的连接处。采矿生产中会留下各种矿柱,如:间柱、顶底柱、采场内的点柱、井筒保安矿柱和采区之间的隔离矿柱等。有岩爆倾向的矿山用浅孔留矿法和分层充填法采矿时,顶底柱常发生矿柱岩爆;采用房柱法的矿山,某一个矿柱发生岩爆通常会导致矿柱破坏的连锁反应。矿柱岩爆的震级可达 $M_L3.5$,破坏的岩石量可达几百吨。有岩爆危险矿山一般是在回采率超过70% ~80%时发生矿柱岩爆。

C *断层滑动岩爆*(Fault slip)

沿地质构造方向的剪切应力超过构造面的剪切强度时,本来地震活动性较差的断层(或其他构造弱面)会重新活跃起来并发生滑动。这种断层滑动岩爆一般发生在采场或整个矿山的采空区面积很大以后。北美岩爆矿山断层滑动岩爆大多发生在采空区面积大于1 km^2 后。断层滑动岩爆的震级可高达 $M_L4.5$,岩爆破坏岩石量可达几千吨,有的矿山发生这种岩爆时,在多个中段水平都可见到大范围岩体破坏。断层滑动型岩爆的发生与矿山总体的采矿尺寸、区域应力转移和采空区闭合相关,而与每天的采矿循环无关。因此,这种强度很大的岩爆一般不是采矿爆破触发的。自1996年以来发生在加拿大马卡萨(Macassa)金矿矿柱基础的剪切破坏也是断层滑动破坏,但是它不是发生在原有地质构造或弱面上,而是发生在完整岩体内。南非将这种剪切破坏称为采矿断层,它们是由于采矿活动在原来完整的岩体内形成的新断层。这种在完整岩体内的剪切破裂(Shear rupture)发生概率很低,除了加拿大马卡萨金矿外,在南非的ERPM金矿也发生过这种岩爆,而且还专门掘进井巷工程揭露了这种岩爆的震源。

11.2.1.3 影响岩爆发生的主要因素

岩爆的发生主要受四个方面因素控制:岩体的特征、原岩应力、回采率和采掘强度。

A *岩体特征*

发生岩爆的岩石一般具有强度高、岩性脆(破坏前变形小)和弹性模量大的特点。发生岩爆的岩石有前寒武纪岩石、火成岩和变质岩类岩石、含硅质(特别是石英)或其他坚硬矿物的岩石。到目前为止,硬岩矿山发生岩爆矿床的形态大多为板状矿床,矿体厚度大都小于5 m。在高原岩应力条件下,如果矿床内褶皱、断层和变质等地质构造发育,那么薄矿脉、坚硬脆性岩石在回采率很高时肯定会发生岩爆。

B *原岩应力*

矿床埋藏深度、大地构造应力或者两者的叠加控制着原岩应力的大小。岩爆发生大都具有高原岩应力背景,因此岩爆大多发生在埋藏深度较大的矿床或水平。许多发生岩爆的急倾斜薄矿体,其原岩应力的最大主应力和次主应力方向均为水平或接近水平,而最大主应力方向通常垂直矿体走向,最大主应力值最高可达到最小主应力的2倍。

C 矿山回采率

一个矿山或采区的回采率控制着矿山岩体应力的转移和集中程度。由于矿柱、矿柱基础和采矿区域应力的集中受回采率的控制,因此矿柱岩爆和断层滑动岩爆均受回采率的控制。许多硬岩矿山都是在回采率超过70% ~80%后发生岩爆的。

D 采掘强度

矿山的生产能力和采掘工作面推进速度,控制着岩体构造上的应力变化率。在许多岩爆矿山,岩爆发生的频率与累积采出矿量成正比。采矿方法由分层充填法(浅孔采矿)改为深孔采矿法时,由于单位时间采出矿量变大,所以发生岩爆的强度也就变得更大;岩爆矿山的工作面进尺由小变大时,因为应力转移的范围变大,原来多发生在工作面迎头的小规模岩爆就变成了工作面前方岩体深处更大规模的岩爆;在高应力条件下掘进巷道,巷道前方将形成一个破裂区,这个破裂区大多是在爆破后几小时内开始形成,一般要经过大约24小时结束。工作面前的破裂区没有完全形成,局部应力没有达到新的平衡状态时进行新一轮爆破,两次爆破效果的叠加,很容易导致工作面的岩爆。

11.2.1.4 控制岩爆的基本原则

控制岩爆主要是降低岩体的岩爆倾向性、避免诱发岩爆的因素出现以及减少井下人员在有岩爆危险环境的暴露时间。有岩爆倾向硬岩矿山采矿,一般要遵循以下原则:

(1) 开拓竖井设在矿体下盘,不要穿过矿体;

(2) 合理确定整个矿山的采矿顺序,并且尽可能贯彻始终;

(3) 采矿作业线的推进应尽可能规整一致,减少巷道、硐室和采矿工作面的锐角相交;

(4) 平行矿脉采矿时要一个一个地单独回采,采用由下向上推进的上向回采顺序时要先采上盘矿脉;采用由上向下推进的下向回采顺序时要先采下盘矿脉;

(5) 在回采有分支的矿脉时,首先在矿脉交会处开始采矿,然后朝着远离交会点推进,而且每次只开采一个分支矿脉;

(6) 矿区内有较大断层或其他地质构造面时,采矿工作面要背离这些构造方向推进,避免采用逐步接近构造或沿着平行构造走向推进的采矿顺序;

(7) 在深井采矿中要尽可能避免大型硐室的合并;

(8) 尽量减少或避免留下矿柱,必须留下矿柱时,则矿柱尺寸要足够大,要能起到稳定矿柱的作用;

(9) 采场的长轴方向要尽可能与原岩最大主应力方向一致;

(10) 尽量采用人员不需进入采场的采矿工艺;

(11) 降低开采强度通常会减少破坏性岩爆的发生,在岩爆倾向性很强的岩体内掘进巷道时,每天完成一个循环进尺有助于提高人员的安全性;

(12) 采空区要尽可能及时充填,而且充填跟随回采工作面越紧越好;

(13) 尽可能在交接班时集中爆破,避开岩爆高发时间段;

(14) 有岩爆危险矿山的支护,不仅要考虑静态载荷的支护,而且必须考虑动态载荷,采用具有屈服特性的支护可大大降低岩爆可能造成的破坏程度。

11.2.2 矿山地震(微震)监测

11.2.2.1 矿山微震监测的目的

早期建立矿山地震监测系统(现在一般指矿山微震监测系统)有两个目的:

(1) 快速确定较大地震事件(或岩爆)发生的位置,指导抢险和救援工作;

(2) 预报岩爆(或潜在的岩体大规模失稳)发生的时间和地点,利用微震监测快速确定岩爆和岩体失稳位置较容易,但是成功进行岩爆预报很难。

岩爆成功预报的实例比较少的主要原因是:

(1) 矿山微震监测是以模拟技术为基础的,由于受到噪声和动态响应范围的影响,监测数据的误差较大;

(2) 定量地震学出现之前,无法对地震事件(或岩爆)进行定量描述,最多只是用理氏震级(相对强度指标)描述岩爆强度;

(3) 利用震级和发生频率的统计分布规律,而不是用具有严格物理意义的参数变化规律研究矿山地震活动性。

现代数字化微震监测系统在矿山的推广应用,伴随着定量地震学理论和方法的进步,定量描述岩体对采矿的响应已经成为现实。现在,人们用地震震源的地震矩和地震释放出的能量描述地震事件,并利用这些参数估计地震(或岩爆)震源的尺寸和释放的应力;借鉴岩石力学和流变学有关概念,用定量地震学参数描述矿山的地震活动;利用岩体内应力、应变率、地震活动流动黏度和扩散性的变化规律研究岩体变形结构的稳定性。

微震监测系统拾取的信号并非矿山岩体破坏发射出地震波的全部,由于受监测系统响应频率范围和振幅范围的影响,只是拾取了矿山微震的部分信号(大部分是弹性波)。另外,由于现代矿山通信技术的发展,用微震监测技术确定岩爆地点并指导救援工作的战略意义在迅速消失。现在,人们把建立现代矿山微震监测系统的目的确定为:

(1) 在采矿生产过程中检验初始矿山设计参数和假设条件的合理性;

(2) 圈定矿山地质构造位置,预报可能发生较大规模失稳破坏的地点和时间,指导可能需要的抢救工作;

(3) 研究地震学参数在矿岩失稳前时空变化趋势,及时调整生产战略(如:临时降低采矿速度、暂时停止某一采区采矿活动、采取预处理和触发爆破等措施),恢复矿区地震学参数的正常稳定变化模式;

(4) 探测到地震学参数有强烈时空变化的情况时,及时发出警告并控制工作人员在岩爆危险条件下的暴露;

(5) 利用微震监测数据和矿山实际发生的重大失稳事件的有关资料进行反分析,总结岩爆(或大规模失稳)前兆和各种参数变化规律之间的关系。

11.2.2.2 岩爆监测系统组成

矿山的岩爆监测主要是指矿山的微震监测。矿山的微震监测是矿山常规地压监测的拓展,利用设在研究对象岩体周围的传感器,拾取岩体由于破裂或沿地质构造面滑动发射出的地震波,可以研究岩体应力和应变随采矿生产活动的时空变化,掌握矿区岩爆活动规律和评估矿区潜在岩爆的危险性。

矿山微震监测系统由地表监测控制中心、井下通信控制中心、地震仪、地震传感器和信号传输线路等硬件系统和微震监测系统监控软件(如 RTS)、地震波分析软件(如 JMTS)和地震学参数可视化解释软件(如 Jdi)等组成。各传感器拾取的地震信号通过地震仪(如 QS)采集和数模转换后,经铜芯电缆传输到井下通信控制中心,然后由井下控制中心通过光缆经竖井传输到地表控制中心,在地表监测控制中心进行地震波信号的分析和处理。地表监测控制中心发出控制指令控制和管理微震监测系统的运行。某矿山微震监测系统组成和结构如图 11－1 所示,矿山井下微震监测系统如图 11－2 所示。

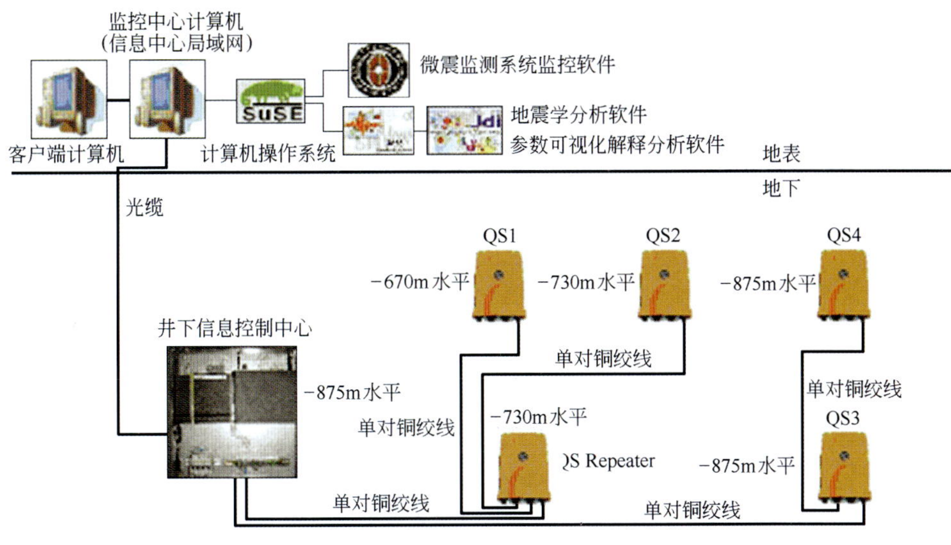

图 11－1　某矿微震监测系统组成和结构

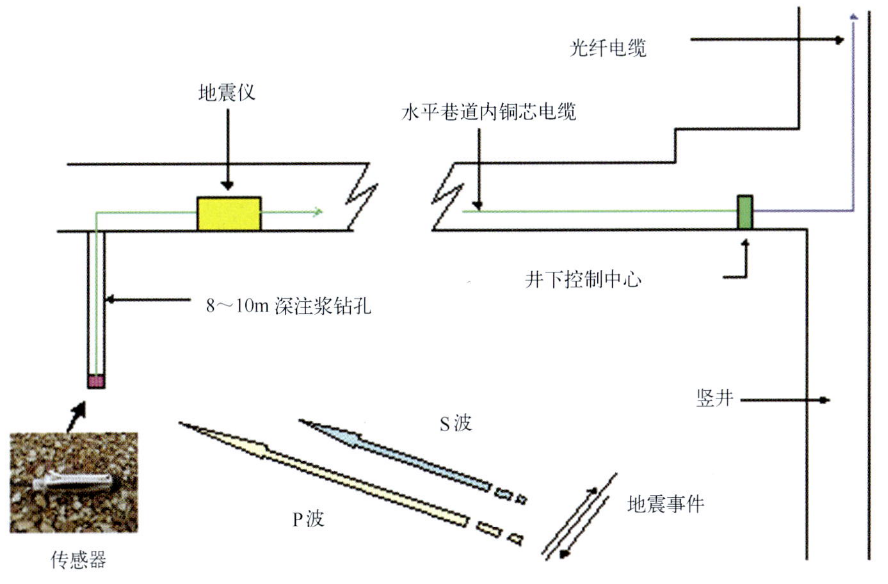

图 11－2　矿山井下微震监测系统示意图

目前，矿山微震监测系统使用的传感器主要有两种：微型地震检波器（地音仪）和压电加速度计。这两种传感器能够接受地震波信号的最大距离范围见图 11－3。传感器能够检测到地动速度的振幅范围见图 11－4。为了满足不同监测目的需要，典型矿山微震监测系统配置（传感器类型选择和监测网络的逻辑和物理参数）要求如表 11－1 所示。

传感器一般安装在钻孔内。为了消除开挖巷道周边破裂松动圈的影响，传感器在钻孔内的安装深度一般要达到 8～10 m 以上；传感器放置完毕，一般还要将钻孔封堵结实，封堵材料的波阻抗要尽可能与岩体材料的波阻抗相近，矿山实际一般采用水泥浆封堵。传感器的安装角度要精确，偏斜角度（偏离水平或垂直基准线）一般要控制在 5°以内；如果传感器安装在表土而不是基岩上时，就必须安装在基座上，基座半径小于将要记录最高频率波长的 1/9。

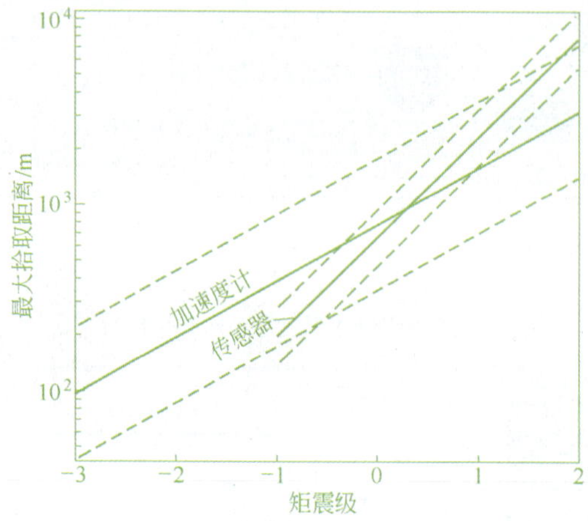

图 11－3　地音仪和压电加速度计拾取地震波信号的最大距离与地震矩震级关系

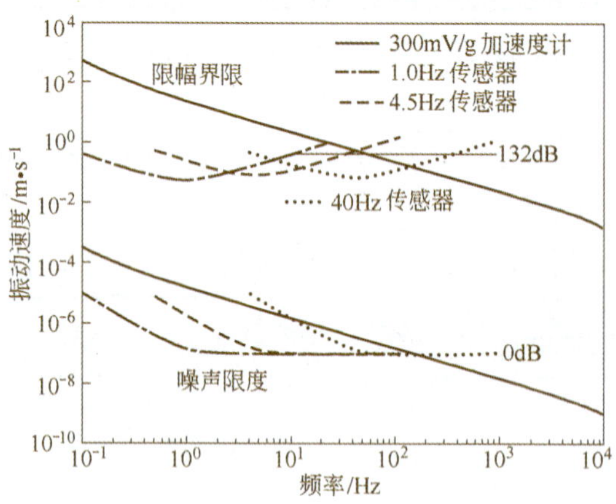

图 11－4　矿山微震监测系统常用传感器灵敏度和动态响应范围与检测信号频率的关系

表 11－1　典型矿山微震监测系统配置参数

监 测 范 围	建议系统配置的最低要求
大区域范围内有多个矿山生产，系统灵敏度 $m_{min} \geq 0$，监测范围 1～30 km	低频率：1～500 Hz； 传感器密度：震源 5 km 范围内安装 5 个测点； 传感器：地音仪/力平衡加速度计； 动态响应范围：120 dB； 分辨率：12 比特； 事件发生频率：1～100 个/d； 持续发生事件频率：25 个/h； 通讯速率：1.2 kb/s； 通讯方法：单根双绞线/无线电
一个矿山或一个井田范围，系统灵敏度 $m_{min} \geq -1.0$，监测范围 300 m～5 km	中等频率：1 Hz～2 kHz； 传感器密度：震源 1 km 范围内安装 5 个测点； 传感器：地音仪/压电加速度计； 动态响应范围：120 dB； 分辨率：10 比特； 事件发生频率：100～1000 个/d； 持续发生事件频率：250 个/h； 通讯速率：9.6 kb/s； 通讯方法：两根双绞线/光纤电缆

续表 11－1

监 测 范 围	建议系统配置的最低要求
局部微震监测，系统灵敏度 $m_{min} \geqslant -3.0$，监测范围 100 m ~ 1 km	宽频率范围：1 Hz ~ 2 kHz； 传感器密度：震源 300 m 范围内安装 5 个测点； 传感器：压电加速度计； 动态响应范围：110 dB； 分辨率：10 比特； 事件发生频率：1000 ~ 10000 个/d； 持续发生事件频率：2500 个/h； 通讯速率：115 kb/s； 通讯方法：铜芯电缆/光纤电缆

11.2.3 定量地震学基础

11.2.3.1 地震事件的定量描述

矿山岩体开挖会在岩体中引起弹性变形（可恢复变形）和非弹性变形（不可恢复变形）。一个地震事件就是在一定体积岩体内发生的突然非弹性变形，同时释放出可检测的地震波。对于一个地震事件，监测系统记录足够多的高质量地震波形后，就可以进行该事件震源的地震参数计算。描述地震事件的基本参数有：(1) 事件发生的时间 t；(2) 事件发生的位置 $X = (x, y, z)$；(3) 震源的地震矩 M 及其张量；(4) 震源释放出的能量 E 和地震应力降 $\Delta\sigma$；(5) 地震事件震源的特征尺寸 l（布龙震源模型的震源半径 r）。

A 地震事件发生的时间和地点

准确确定地震事件位置和地震开始时间是地震波形处理、震源参数分析和计算的基础，事件的位置（x_0, y_0, z_0,）和震源时间（t_0）共有 4 个未知数。在矿山微震监测网中，各监测点的坐标已知，P 波和 S 波的波速通过定点爆破进行标定，各测点的时钟经过对时。地震事件发出的地震波到达传感器，信噪比超过设定值时将触发传感器记录地震波信号。确定事件的位置就是求解由位置的三维坐标和震源发生时刻这 4 个未知数组成的方程组。利用系统软件求解方程组时一般假设：监测系统范围内的地震波传播速度场为一均匀速度场，即，速度为一个定值且传播的方向为直线。当有主震事件作参考时，可以调整局部速度场，但仍然按均匀速度场计算；当已知速度场是由多个均匀速度场组合而成时，则利用专门速度场模型进行计算。为了消除各种原因可能造成的过大误差，一般情况需要至少 5 个传感器拾取到有效波形。事实上，地震波传播的模式是很复杂的，波的传播不总是满足上述计算的假设条件，所以事件的定位总是有误差的。目前，矿山微震监测系统能够达到的定位精度是误差不大于震源到测点平均距离的 3% ~5%。

B 地震矩、地震能量、震源尺寸和应力降

地震矩、拐角频率和地震能量通常是从传感器记录的地震波形、震源到传感器距离和 Q 值校正波谱推导并取平均值后获得。经过快速傅里叶变换的典型远场位移波谱如图11－5 所示。

布龙（1970 年）建议的典型波谱形状满足下式：

$$\Omega(f) = \frac{\Omega_0}{1 + (f/f_0)^2} \tag{11-1}$$

式中 $\Omega(f)$——不同频率位移波谱的振幅，m·s；

Ω_0——低频波位移振幅，m·s；

f_0——拐角频率(低频和高频振幅渐进线交点对应的频率),1/s;

f——快速傅里叶变换后的波谱频率,1/s。

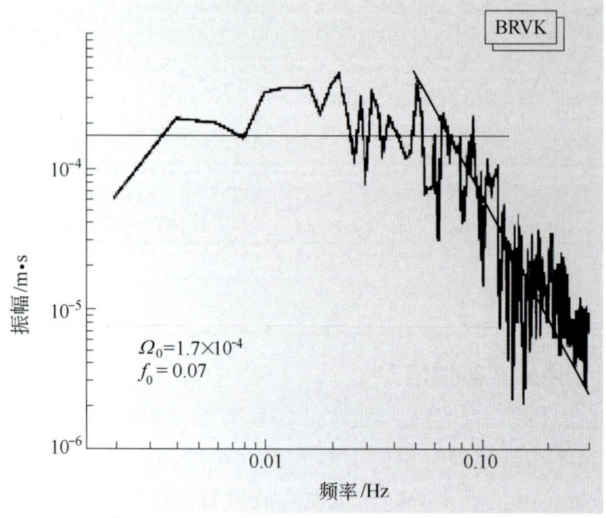

图 11－5　典型远场位移波谱图

图 11－6 是一个矩震级为 $m_M = 0.5$ 地震事件的布龙模型远场 S 波加速度波谱、速度波谱和位移波谱。

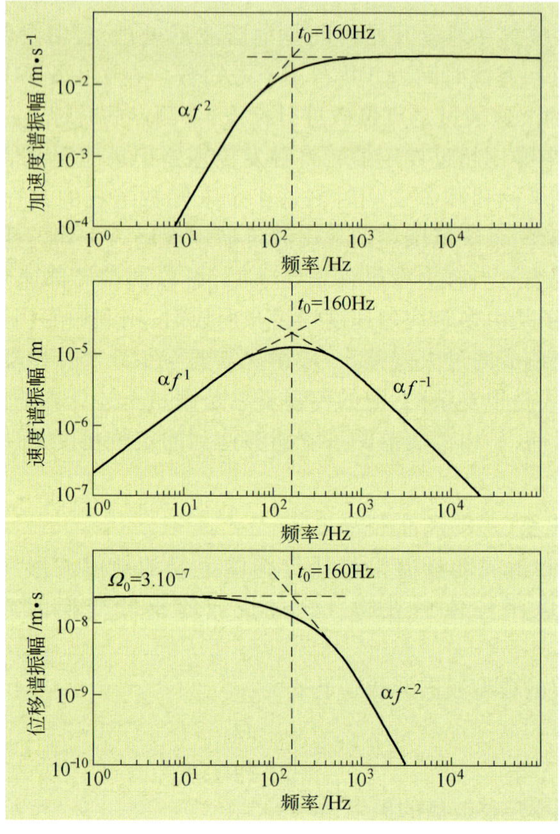

图 11－6　一个震级 $m_M = 0.5$ 地震事件的加速度、速度和位移波谱

利用速度波谱 S_{V2} 和位移波谱 S_{D2} 可以分别计算下列积分：

$$S_{V2} = 2\int_0^{\infty} V^2(f)\,\mathrm{d}f \qquad S_{D2} = 2\int_0^{\infty} D^2(f)\,\mathrm{d}f \tag{11-2}$$

式中 $V(f)$——速度谱振幅，m；

$D(f)$——位移谱振幅，m·s；

f——频率，1/s。

公式(11-2)的两个积分在有限区间内进行，积分下限 f_1 取地震波形有信号记录时间长度的倒数 $1/\Delta T$，积分上限 f_2 取尼奎斯特(Nyquist)频率 $1/(2\Delta t)$（Δt 是信号记录数据取样时间间隔）。

利用上面两积分就可以计算得出地震事件震源的标量地震矩 M、地震释放能量 E、拐角频率 f_0 和低频位移振幅 Ω_0。

$$M = 4\pi\rho \cdot V_c^3 \cdot \Omega_0 \cdot R_p \tag{11-3}$$

$$E = 4\pi\rho \cdot V_c \cdot S_{V2} \tag{11-4}$$

$$f_0 = \frac{1}{2\pi}\sqrt{S_{V2}/S_{D2}} \tag{11-5}$$

$$\Omega_0 = 2 \cdot S_{V2}^{-1/4} \cdot S_{D2}^{3/4} \tag{11-6}$$

式中 ρ——岩体密度，kg/m^3；

V_c——地震波体波传播速度，m/s；

R_p——对于 P 波，$R_p = 0.55$；对于 S 波，$R_p = 0.63$。

监测系统检测的地震波由 P 波和 S 波组成，而 S 波又分为水平分量 SH 和垂直分量 SV。S 波的标量地震矩可以用水平分量 SH 和垂直分量 SV 的地震矩的几何平均值计算（参见式(11-7)），而整个地震波的标量地震矩可以用 P 波和 S 波的地震矩的算术平均值计算（参见式(11-8)）。

$$M_S = \sqrt{M_{SH}^2 + M_{SV}^2} \tag{11-7}$$

$$M = (M_P + M_S)/2 \tag{11-8}$$

地震事件释放的总能量 E 采用式(11-9)计算：

$$E = E_P + E_{SH} + E_{SV} \tag{11-9}$$

地震波谱的平均拐角频率 f_0 可以用式(11-10)计算：

$$f_0 = (f_{0P} + f_{0SH} + f_{0SV})/3 \tag{11-10}$$

用布龙模型（震源为圆形平面位错模型，其尺寸大小用圆的半径表示）估计地震事件震源大小，其半径 r 可用式(11-11)计算：

$$r = \frac{kV_c}{2\pi f_0} \tag{11-11}$$

如果式(11-11)中 V_c 取 S 波传播速度，则常数 $k = 2.34$。虽然地震事件震源并非理想的圆形平面，但是我们可以用布龙模型分析一个矿山（或采区）的地震事件震源相对大小和应力降。地震震源的平均应力降 $\Delta\sigma$ 可以用下式计算：

$$\Delta\sigma = \frac{7M}{16r^3} \tag{11-12}$$

如果把震源体积 V 解释为产生了最大非弹性剪应变降（$\Delta\varepsilon = \Delta\sigma/\mu$，其中 μ 为剪切刚度）的区域，则用标量地震矩 M 和平均应力降估算震源体积：

$$V = \frac{M}{\Delta\sigma} \tag{11-13}$$

理想平面位错震源的地震矩通常为：

$$M = \mu \bar{u} A \tag{11-14}$$

式中 $\bar{u}$——震源面积 A 上的平均位错，m；

A——震源面积，m^2。

用剪切刚度 μ 除地震矩 M 可以定义一个新的震源强度参数，即地震势 P：

$$P = \frac{M}{\mu} = \Delta\varepsilon \cdot V \quad 或 \quad P = \bar{u}A \tag{11-15}$$

式(11－15)分别表示震源为体积源或平面源时的地震势。

C 视应力、能量指数和视体积

(1) 视应力 σ_A 是剪切刚度 μ 与地震能 E 和地震矩 M 比值的乘积，即

$$\sigma_A = \mu\frac{E}{M} = \frac{E}{\Delta\varepsilon V} = \frac{E}{P} \tag{11-16}$$

视应力是度量震源内动态应力释放的参数，它的量值与震源模型无关，用它描述震源应力降比用式(11－12)计算的静态应力降更可靠。地震震源是一个软弱的地质构造（或者是岩体内一个软弱块）时，这种震源将在较低应力作用下缓慢屈服，虽然产生的地震矩较大，但释放能量却较少，这时的视应力较低；反之，坚硬岩体作为震源时将产生较高的视应力。在同一矿山或采区，地震矩相同的地震事件释放的能量可能有较大差别，表明应力水平的差异。图 11－7 是南非 Welkom 地区 1993 年 1 月 1 日～1993 年 10 月 31 日期间发生的震级为 0.8～1.0 的地震事件视应力分布水平投影图。图中的 A 区表示 1850 m 水平（地表以下 1850 m），B 区表示的是 1550 m 水平（地表以下 1550 m）。从图中可以明显看出（沙漏大小表示视应力的高低），A 区的视应力高，而 B 区的视应力低。最大视应力与最小视应力的比值超过了 100 倍。图 11－8 表示该地区在 1993 年 1 月 1 日～1993 年 10 月 31 日期间发生的全部地震事件（2146 次地震事件）能量对数与地震矩对数的关系。

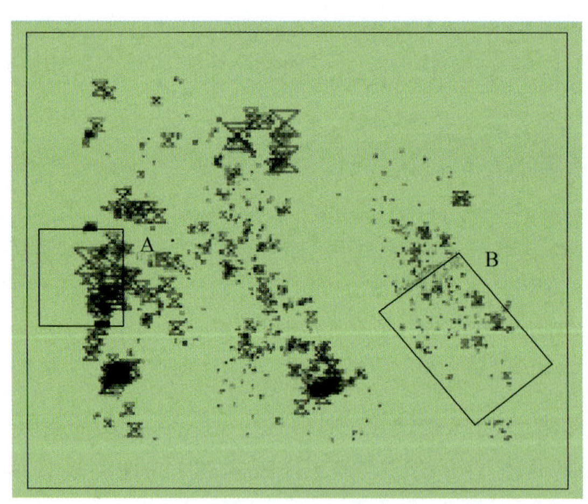

图 11－7 南非 Welkom 地区矿山地震视应力水平投影（沙漏大小表示视应力值的大小）

从图 11－7 中可以看到，相同地震矩事件在 A 区的能量比 B 区的能量大，说明 A 区的应力水平比 B 区高；B 区的 $\lg E \sim \lg M$ 关系直线斜率比 A 区大，说明 B 区地震事件震源的刚度比 A 区大；在 A 区，相同地震矩的地震能量最大值可达到平均值的 3.5 倍。

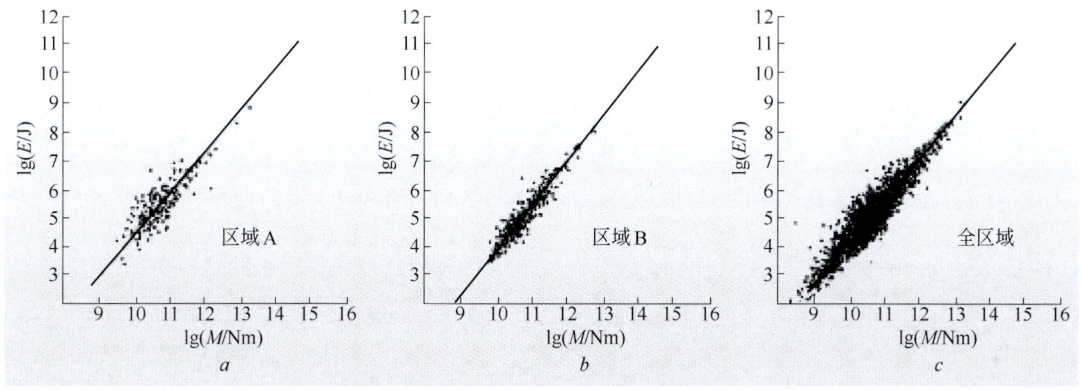

图 11－8　地震矩与地震能量关系

a—发生在 A 区的地震矩与地震能量关系；*b*—发生在 B 区的地震矩与地震能量关系；
c—发生在 Welkom 地区 2146 个地震事件地震矩对数与能量对数的关系

（2）能量指数 EI 是某一地震事件释放的能量 E 与该地区具有相同地震矩地震事件平均释放能量 $\overline{E}(M)$ 的比值。地震矩为定值的地震事件平均释放能量 $\overline{E}(M)$ 根据该地区的 $\lg E$ 和 $\lg M$ 的关系求得。能量平均值和能量指数的定义和计算参见图 11－9。

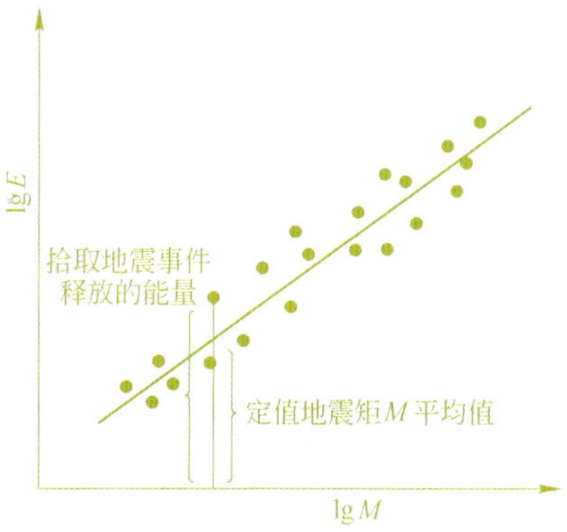

地震事件的能量指数和平均释放能量的计算：

$$EI = \frac{E}{\overline{E}(M)}, \qquad \lg \overline{E}(M) = d\lg M + c \tag{11-17}$$

图 11－9　能量指数概念和平均能量的计算

对于某一地区而言，式中的 c 和 d 是常数，其中 d 表示系统的刚度（直线的斜率），c 是应力水平（回归直线的截距）。在地震活动性分析中，能量指数常被用来代表岩体内应力大小。

（3）视体积 V_A　震源体积可以用地震矩和静态应力降计算参见式（11－13）。鉴于静态应力降 $\Delta\sigma$ 是一个与震源模型有关的参数，为了寻找与震源模型相关性更小的描述震源体积参数，矿山地震学专家引进了视体积 V_A 概念。

$$V_A = \frac{M}{2\sigma_A} = \frac{M^2}{2\mu E} \tag{11-18}$$

视体积 V_A 是测量震源体积（岩体内发生同震非弹性变形的体积）的参数，它具有标量的性质。地震活动性分析时，累计视体积 ΣV_A 随时间变化曲线的斜率常被认为是表示岩体应变速率的重要指标。

图 11－10*a*、*b* 和 *c* 分别表示南非某矿一次较大地震（释放能量 $E = 2 \times 10^{10}$ J）的震源周围的累积能量、累积地震矩和累积视体积随时间的变化。从图中看出，累积能量和累积地震矩随时间变化曲线在地震事件前没有任何前兆，但是累积视体积随时间的增长率在事件发生前三个月明显加大（图 *c* 曲线急剧变陡）。

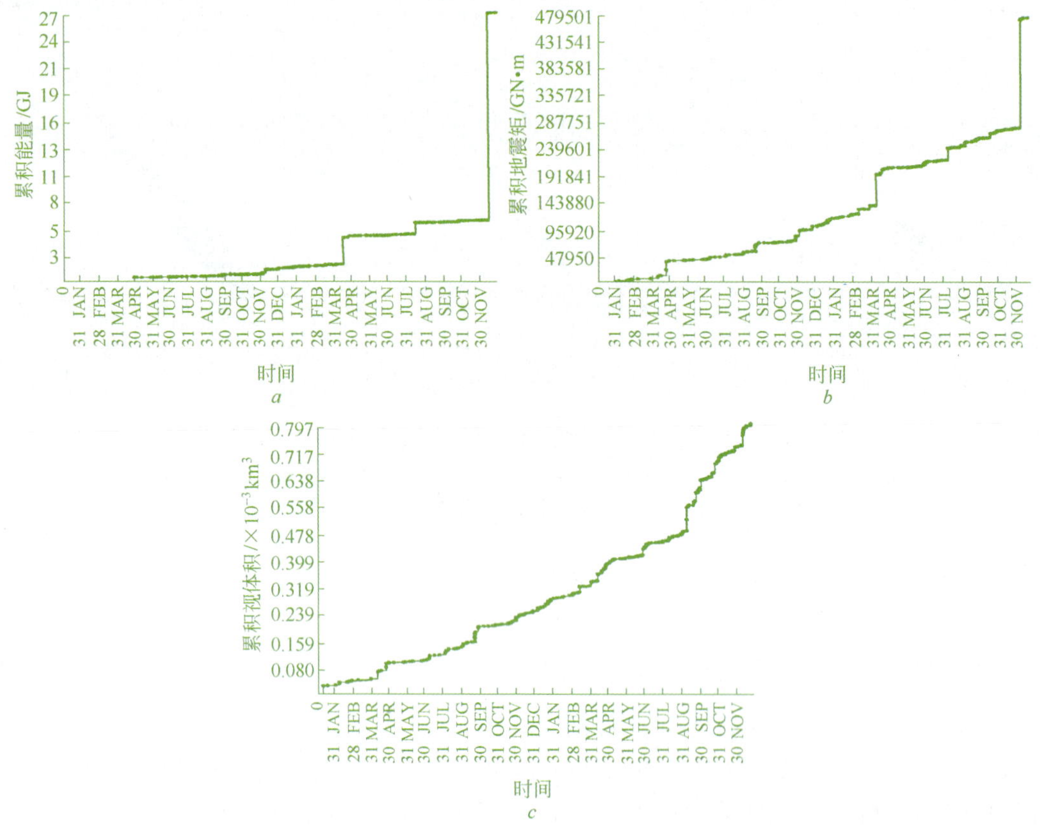

图 11－10　一次释放能量 $E=2\times10^{10}$ J 地震事件发生前，震源周围岩体内

a—累积释放能量；*b*—累积地震矩；*c*—累积视在体积随时间变化曲线

（4）矿山地震（岩爆）震级　地震震级是地震强度的相对测量。表示自然地震强度大小的震级有理氏震级、地震面波震级、地震体波震级和地震持续时间震级。无论采用何种震级，目的都是想通过震级的比较表示地震释放能量的多少。

理氏震级是查尔斯·理查德（Charles Richter）在研究美国加利福尼亚地区地震（震源深度为 60～300 km）时采用的相对地震强度指标。地震产生的地动位移振幅的对数随着离开震中距离的加大而衰减。理查德给出的 M_L0 级地震的定义是：用伍德－安德森标准地震仪（静态放大倍数为 2800，周期 0.8 s，阻尼系数 0.8）在距震中 100 km 处检测地震波，测得地动位移两个水平分量的最大振幅平均值 A_0 为 1 mm。当测得的地动位移振幅为 A 时，该地震的震级则由 $\lg A-\lg A_0$ 确定。震级每增加 1 级对应的地动位移的振幅就增加 10 倍。加利福尼亚以外地区发生的地震震级还要进行适当修正。地震台距震中距离不是 100 km 时，还要根据距离和地震波衰减效应进行校正。

除理氏震级外，还有面波震级、体波震级和持续时间震级。面波震级计算式为：

$$m_s = \lg A + 1.656\lg\Delta + 1.818$$

式中，A 表示面波最大水平位移分量，m，波的周期约为 20 s；Δ 是测点到震中的距离 km。

体波震级计算式：

$$m_B = \lg(A/T) + q(\Delta,h)$$

式中，T 是最大振幅体波的周期；$q(\Delta,h)$ 是震源深度和地震波传播的场地效应校准函数。

地震持续时间震级为

$$m_t = 2.8\lg t_{F-O} + 常数$$

式中，t_{F-O}表示从地震开始到结束延续的时间。

世界各地建立的地震台站构成了全球地震监测网，采用低频地震仪直接测量地震并估计震级的相对大小已是寻常之事。但是，世界上大多数矿山并没有被全球地震监测网所覆盖，因此很难用全球地震网数据校核矿山微震监测网测量的结果，所以很难得出矿山地震事件（岩爆）的理氏震级。

矿山微震监测系统可以用检测到的地震波计算地震事件的震源参数，因此，直接用震源参数比较矿山地震之间的相对大小更客观。

地震事件震源除了发生时间和地点外，还有地震矩 M 和释放能量 E 两个独立参数。标量地震矩是表示震源同震非弹性变形大小的量，其大小与远场位移脉冲的积分成正比；地震释放能量表示震源以地震波形式释放出来的能量或所做的功，其大小与远场速度平方的积分成正比。根据地震波谱可以直接计算出地震矩 M 和地震能量 E。古登堡（Gutenberg）和理查德（Richarter）于1956 年推导出的大地震震级（表面波）与地震释放能量之间的经验公式是：

$$m = \frac{2}{3}\lg E - 3.2 \tag{11-19}$$

根据上式，震级每增加 1 级，地震能量就增加 30 倍。研究发现：当假定震源为简单的平面位错模型而且应力降为常数时，震级从中等到大的自然地震基本遵循 $m \propto \frac{2}{3}\lg E$ 比例关系；而震级较小的地震则更接近于遵循 $m \propto \lg E$ 比例关系。由于计算释放能量的大小与监测系统的频带宽度和灵敏度有关，而且震级不同的地震发射出的地震波频率也是变化的，因此，以检测到的波形计算得到地震释放能量 E 为基础，用式（11－19）计算震级并不可靠。

翰克斯（Hanks）和卡纳莫里（Kanamori）给出的用标量地震矩 M 计算震级的公式：

$$m_M = \frac{2}{3}\lg M - 6.06 \tag{11-20}$$

矿山微震监测系统一般采用矩震级 m_M 表示地震事件的大小。

由公式（11－15）可知，地震矩 M 是震源岩体的剪切刚度 μ 与地震势 P 的乘积。当震源处在刚度不同岩体交界带、断层或其他软弱夹层位置时，用地震矩表示震源发生的非弹性变形就会得到不确定的结果。另外，由于震源应力状态的差异，地震势 P 或地震矩 M 相近的地震释放的能量相差可达两个数量级以上。

地震势 P 是一个与震源材料物理性质无关，与震源模型也无关而且能够客观反映震源特征的物理量。直接用地震势 P 取对数，即用 $\lg P$ 代表地震强度更加客观。地震势对数 $\lg P$ 与近 30 年来不同学者研究的地震震级之间的关系如表 11－2 所示。

表 11－2　各种震级之间的关系

$\lg P$	H-K	S-McG	M-vA-B	BZ-Z
-2	-0.4	-1.8	-1.7	-1.3
-1	0.3	-1.0	-0.7	-0.3
0	0.9	0.2	0.3	0.7
1	1.6	0.6	1.3	1.7
2	2.3	1.5	2.3	2.7

续表 11－2

lg$P$	H-K	S-McG	M-vA-B	BZ-Z
3	2.9	2.3	3.3	3.7
4	3.6	3.1	4.3	4.7

注：H-K 表示矩震级，Hanks 和 Kanamori 推导的矩震级与地震势的关系为 $m=\frac{2}{3}\lg P+0.92$；S-McG 表示理氏震级，Spottiswoode 和 McGarr 以在南非深井矿山发生的 24 个地震数据与地表监测数据校准，得出的理氏震级与地震势关系为 $m=0.833\lg P-0.186$；M-vA-B 表示矩震级，Mendecki 和 van Aswegwen 根据成千上万地震事件（$-0.5<m<3.5$）高质量地震波计算推导的矩震级与地震势关系 $m=\lg P+0.28$；BZ-Z 表示理氏震级，Ben-Zion 和 Zhu 根据加利福尼亚小地震（$m<3.5$）推导的理氏震级与地震势关系 $m=\lg P+0.72$。上述所有计算中均假设岩体剪切刚度 $\mu=30$ GPa。

11.2.3.2 矿山地震活动的定量描述

矿山的地震活动是指体积为 ΔV 的岩体在一段时间 Δt 内发生的所有地震事件。矿山的地震活动通常用四个独立变量描述：(1) 事件间的平均间隔时间 $\bar{t}$；(2) 相邻事件之间的平均距离（包括震源大小）$\bar{X}$；(3) 地震矩的累积值 ΣM；(4) 地震释放能量的累积值 ΣE。

由上述四个基本变量推导的地震活动性参数有：(1) 地震应变 ε_s；(2) 地震应变速率 $\dot{\varepsilon}_s$；(3) 地震应力 σ_s；(4) 相对应力 σ_r；(5) 地震刚度 K_s；(6) 地震黏度 η_s；(7) 地震松弛时间 τ_s；(8) 地震德伯拉（Deborah）数 De_s；(9) 地震扩散率 D_s 或 d_s；(10) 地震施密特（Schmidt）数 Sc_s。

A 地震应变 ε_s 和地震应变速率 $\dot{\varepsilon}_s$

平均地震应变张量 ε_{sij} 与在时间段 $\Delta t=t_2-t_1$ 内发生在体积为 ΔV 岩体内的所有事件的地震矩累积值成正比：

$$\varepsilon_{sij}(\Delta V,\Delta t)=\frac{\sum_{t_1}^{t_2}M_{ij}}{2\mu\cdot\Delta V} \tag{11-21}$$

平均地震应变率 $\dot{\varepsilon}_s$ 为：

$$\dot{\varepsilon}_{sij}(\Delta V,\Delta t)=\frac{\sum_{t_1}^{t_2}M_{ij}}{2\mu\cdot\Delta V\cdot\Delta t} \tag{11-22}$$

B 地震应力 σ_s

平均地震应力张量 σ_{sij} 被定义为：

$$\sigma_{sij}(\Delta V,\Delta t)=\frac{\sum_{t_1}^{t_2}M_{ij}}{\dot{\varepsilon}_s\cdot\Delta V\cdot\Delta t}=\frac{2\mu\sum_{t_1}^{t_2}E}{\sum_{t_1}^{t_2}M_{ij}} \tag{11-23}$$

式（11－23）中的 $\sum E$ 是 Δt 时间段内在 ΔV 内发生的所有地震事件释放的能量和。地震应变、地震应变率和地震应力都是张量，且具有相同的主轴。

C 地震黏度 η_s

地震应力与地震应变速率之比可以表示岩体在时间段 Δt 和体积 ΔV 内抵抗同震非弹性变形流的能力，这个比值被称为地震黏度：

$$\eta_s(\Delta V,\Delta t)=\frac{\sigma_s}{\dot{\varepsilon}_s}=\frac{4\mu^2\Delta V\Delta t\sum_{t_1}^{t_2}E}{\left(\sum_{t_1}^{t_2}M_{ij}\right)^2} \tag{11-24}$$

把地震活动看作是岩体向平衡状态流动的湍流，地震黏度与流体力学里涡流的黏度概念相似。与分子的黏度概念不同，地震黏度不描述岩体介质的物理特性，它刻画的是流体的统计特性，是一个随着时间和空间变化的物理量。在地震活动平静期（没有或很少有新的地震事件发生），式（11－24）中除 Δt 外的其他参数都保持不变，随着时间 Δt 的增长，地震黏度 η_s 也变大。到目前为止，在矿山实测得到的岩体地震黏度值为 10^{-14} 到 10^{-19} Pa·s。黏度的倒数称为流度。

较低的地震黏度（较高的流度）意味着地震非弹性变形速率大，或者是因地震活动产生的应力转移较大。

D　地震松弛时间 τ_s

地震黏度与岩体刚度的比值叫地震松弛时间。它决定了以前数据在岩体地震流预测中的有效时间的长短，控制着岩体地震流动期间应力的变化率：

$$\tau_s(\Delta V,\Delta t) = \frac{\eta_s}{\mu} \tag{11-25}$$

松弛时间越短，地震数据有效的时间越短，岩体地震流的可预测性就越低。动力学黏度 η 与岩石密度 ρ 之比称为运动黏度。

$$v_s(\Delta V,\Delta t) = \frac{\eta_s}{\rho} \tag{11-26}$$

当时间量程 Δt 接近或大于松弛时间 τ_s 时，一个给定岩体可以在该时间量程 Δt 间出现地震流动；而当时间量程较短时，岩体将表现出刚性或弹性。

E　地震德伯拉数 De_s

地震松弛时间 τ_s 与观测时间（或流动时间）Δt 之比称为地震德伯拉（Deborah）数 De_s：

$$De_s(\Delta V,\Delta t) = \frac{\tau_s}{\Delta t} = \frac{4\mu\Delta V\sum_{t_1}^{t_2} E}{\left(\sum_{t_1}^{t_2} M_{ij}\right)^2} \tag{11-27}$$

像地震松弛时间一样，德伯拉数也表示弹性力与黏性力之比。$De_s<1$ 意味着黏性力起主要作用，而较大的 De_s 则表明弹性力起主要作用，把岩体看成是完全弹性介质时，De_s 趋于无穷大。地震德伯拉（Deborah）数是研究地震活动成核作用的一个准则。德伯拉（Deborah）数对较低视应力地震事件的成核作用很敏感，因此通常用它把低于某一门槛值（比如 $De<10$）的岩体体积 ΔV 圈定出来。在矿山岩体中，可能导致非稳定破坏的岩体成核区域大都表现为较低的 De_s 值和形状的不规整。

在进行采矿矿柱设计时，将期望矿柱的服务时间 Δt 代入式（11－27）中，通过数字模拟或反分析得到的给定的松弛时间，这样就可以估算在时间 Δt 内该矿柱的稳定性。De_s 数值越高矿柱越稳定。而如果希望某个矿柱在服务一定的时间 Δt 后发生破坏，就要使用较低松弛时间来设计，以便矿柱在设计时间 Δt 内逐步软化和卸载。

F　地震耗散率 $e_s(\Delta V,\Delta t)$ 和地震扩散率 D_s

根据能量平衡的观点，黏性力产生的能量可被分成耗散和扩散两部分。给定体积 ΔV 内，单位质量岩体的地震能耗散率 $e_s(\Delta V,\Delta t)$ 可以用下式估算：

$$e_s(\Delta V,\Delta t) = \frac{\sum E}{\rho\cdot\Delta V\cdot\Delta t} \tag{11-28}$$

地震扩散率 D_s 用岩体地震流过程的特征距离表示，特征距离只随时间的平方根变化。地震

扩散率的量纲是 m^2/s。在时间间隔 $\Delta t=t_2-t_1$ 内，体积 $\Delta V=L\times L\times L$ 的岩体内，地震流的平均地震扩散率 D_s 定义为：

$$D_s(\Delta V,\Delta)=\frac{L^2}{\tau_s}=\frac{L^2\mu}{\eta_s}=\frac{L^2(\sum_{t_1}^{t_2}M_{ij})^2}{4\mu\Delta V\Delta t\sum_{t_1}^{t_2}E}=\frac{(\sum_{t_1}^{t_2}M_{ij})^2}{4\mu L\Delta t\sum_{t_1}^{t_2}E} \tag{11-29}$$

式中的 τ_s 和 η_s 分别是地震松弛时间和地震黏度。由上式可知，扩散率与地震矩平方成正比，而与地震能量成反比；与地震黏度一样，地震扩散率也是时间和空间的函数。

对于一个地震事件成核区而言，地震扩散率的统计学定义为：

$$d_s=\frac{\bar{X}^2}{\bar{t}} \tag{11-30}$$

式中，$\bar{X}$是成核区内连续发生的地震事件震源之间的平均距离；$\bar{t}$是相继发生的事件之间的平均时间间隔。

地震扩散率的平均速度和平均加速度可以分别用以下两式计算：

$$V_{ds}=\frac{\bar{X}}{\bar{t}} \tag{11-31}$$

$$a_{ds}=\frac{\bar{X}}{\bar{t}^2} \tag{11-32}$$

绘制上述参数的等值线图，可以研究开采区微震活动转移大小和方向以及转移的速度和加速度。

G　地震施密特数

运动学黏度与扩散率之比称为施密特数。地震施密特数定义为：

$$Sc_{sd}(\Delta V,\Delta t)=\frac{v_s}{d_s}=\frac{4\mu^2\Delta V\Delta t(\bar{t})\sum_{t_1}^{t_2}E}{\rho(\bar{X})^2(\sum_{t_1}^{t_2}M_{ij})^2} \tag{11-33}$$

施密特数测量的是岩体地震流的湍流程度，施密特数越低，湍流程度越高。地震施密特数描述了岩体地震流变化的时空复杂性，它包含全部四个描述地震活动的独立参数：$\bar{t}$, $\bar{X}$, $\sum E$ 和 $\sum M_{ij}$。

11.2.3.3　地震参数变化与岩体稳定性

矿山岩体的微观破坏和地壳的大规模宏观破坏具有相似性。由岩石三轴抗压强度实验知，岩石破坏一般经历如下过程：(1)岩石内原有微观缺陷闭合，在较低应力的作用下发生较大变形；(2)岩石发生线弹性变形，这阶段岩石的刚度较大；(3)快要达到峰值强度（峰值强度的 70% ~ 80%）前，岩石虽然保持着弹性变形特性，但是刚度有所降低；(4)过了峰值强度后，岩石发生软化，刚度降低，岩石逐步发生从微观到宏观的破坏。

较大规模地震（岩爆）前，岩体非弹性变形速率增大（矿山地震学中用累积视体积随时间变化曲线的斜率表示）、地震活动性增强（单位时间内地震事件发生频率增加）、岩体刚度 k_s 变小（矿山地震学中用 $\lg M\sim\lg E$ 关系回归直线斜率表示），岩体发生应变软化；地震活动强度增大后又出现明显而短暂的降低（短暂地震活动平静期），一般预示着岩体失稳破坏（岩爆）即将发生；在地震发生前一般还会出现地震黏度 η_s 降低、扩散率 d_s 增大和地震施密特数 Sc 显著下降。

图 11－11 是南非某金矿一个矿柱回采过程中，能量指数和累积视体积随时间发展的过程曲线。随着矿柱的逐步回采，矿柱内的能量指数逐渐升高，达到峰值后迅速降低；伴随着矿柱刚度的降低(应变软化)和累积视体积曲线斜率的加大；随后发生了多次能量 lg$E$ > 7.5 的较大地震事件(岩爆)。

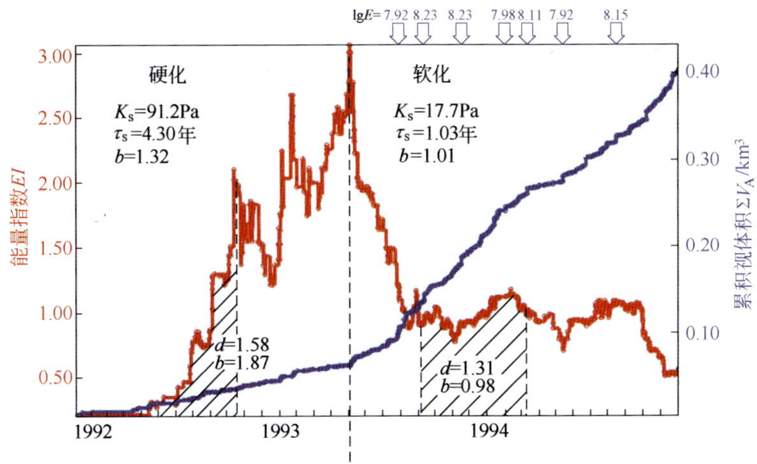

图 11－11 矿柱回采过程中能量指数和累积视体积随时间的变化

K_s—岩体刚度；τ_s—地震松弛时间

图 11－12 所示是南非某金矿区一岩墙周围，一段时期内地震事件的累积视体积 $\sum V_A$(带点的实线，其中点代表发生的地震事件)和能量指数 EI 的移动平均值随时间的变化曲线。震级不小于 M_L 1.7 的地震事件在图中用顶部带有正方形的垂直线标出。1992 年 8 月，$\sum V_A$ 曲线斜率急剧增大(表明同震非弹性变形加速)，移动平均能量指数 EI 突然下降(表明应力明显降低)，发生了多个较大的地震事件，导致岩体严重失稳。在 8 月底岩体表现出不稳定特征期间，能量指数

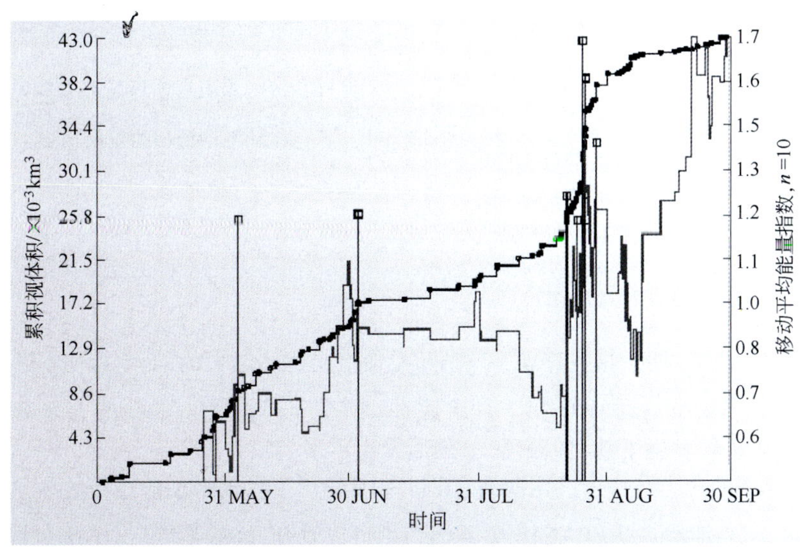

图 11－12 累积视体积 $\sum V_A$(带点的实线，点代表发生的事件)和移动平均能量指数 EI(细实线)随时间的变化曲线

出现增大和振荡现象。在9月份，能量指数恢复到先前的水平，ΣV_A保持相对平缓，表明该区域的岩体又重新达到了稳定状态。观察可以发现：每次规模较大地震发生前几乎都有移动平均能量指数突然升高，而当能量指数出现下降趋势时就很快发生地震；累积视体积曲线斜率在地震前都突然增大。

11.2.4 定量地震学在矿山的应用

11.2.4.1 某公司6号竖井保安矿柱的回采

某公司6号竖井保安矿柱的开采与实验室岩石破坏试验惊人地相似。1992～1994年间矿柱回采的总体布局和地震事件的分布状况如图11－13所示。

从地震学角度讲，竖井矿柱的表现与三轴强度试验中岩石试块的表现非常相似：最开始矿柱发生硬化，随后发生软化和加速变形。图11－14是某公司6号竖井保安矿柱回采期间（1992年6月～1994年12月）累计视体积ΣV_A和能量指数移动平均值$\overline{EI}$随时间变化的趋势。由于受到监测系统灵敏度的限制，EI的时间移动窗口取得较大（50天）。

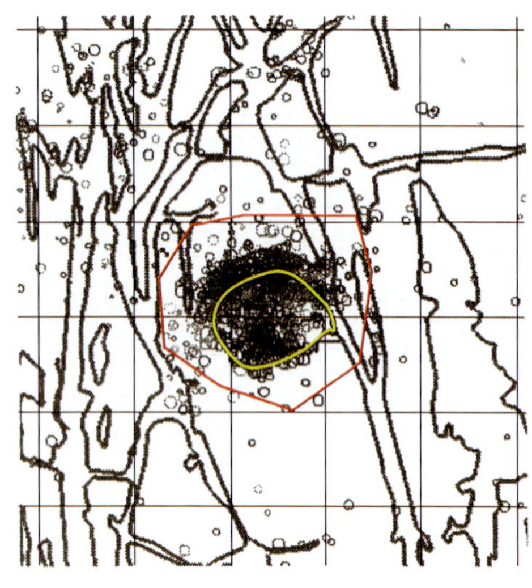

图11－13　某公司6号竖井矿柱周围地震事件分布情况

图中灰色轮廓线表示早期采矿工作面，中间两条黑线表示矿柱分两个阶段回采的采矿工作面，中心的圆形表示矿柱，竖井矿柱周边的多边形表示分析用地震事件的空间范围。灰色线的深浅度表示时间的远近（浅色表示时间距现在较远，深色表示最近）

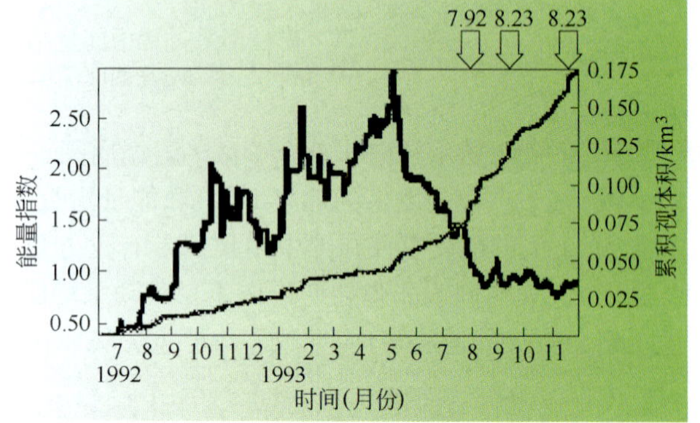

图11－14　累积视体积ΣV_A和能量指数移动平均值$\overline{EI}$的发展历史

矿柱回采初始阶段，能量指数移动平均值$\overline{EI}$总体上是逐步增大的，而地震变形速率则相对较低（ΣV_A曲线的斜率较小）；到1993年5月出现了$\overline{EI}$突然下降而ΣV_A曲线的斜率突然增大的现象，表明剩下未采矿柱发生了软化（破碎）。随后发生了多起较大地震事件（$\lg E > 7.5$）。

为了模拟传统的应力与应变关系曲线，图11－15绘出了移动平均能量指数与累积视体积关系曲线，即$\overline{EI}$-V_A关系曲线。从$\overline{EI}-\Sigma V_A$关系曲线中可以看到：峰值强度后，矿柱变弱并表现出不稳定特征。

图11－16是发生在1993年5～6月期间地震事件的$\overline{EI}$三维立体透视图。从图中看到：表示

高能量指数的小球散布在目标区域内，表明整个区域的应力都升高了。

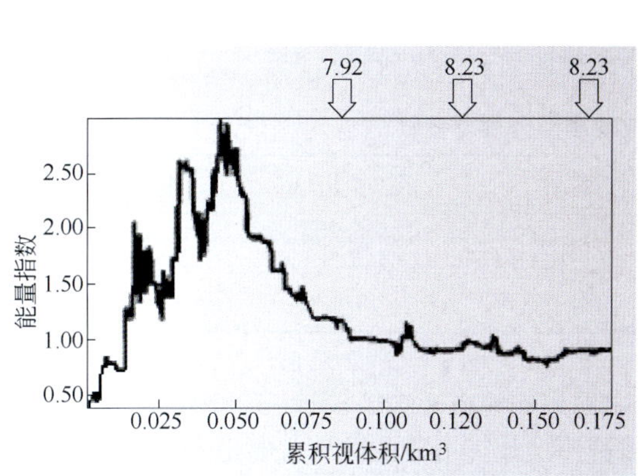

图 11－15　能量指数移动平均值$\overline{EI}$与累积视体积$\sum V_A$关系曲线（类似传统的应力－应变曲线）

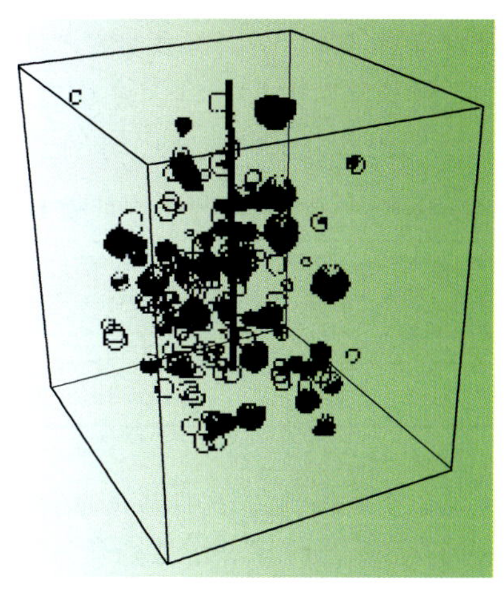

图 11－16　发生在 1993 年 5～6 月期间地震事件（能量指数）分布的三维透视图

1993 年 6 月 1 日～1993 年 10 月 1 日期间发生的两次强烈地震前都发布了准确预报。发出预报的根据是地震变形加速（$\sum V_A$曲线急剧变陡）、应力突然下降（用能量指数移动平均值$\overline{EI}$表示）（图 11－17）、地震扩散率增大、地震黏度下降（图 11－18）和地震施密特数减小（图 11－19）。

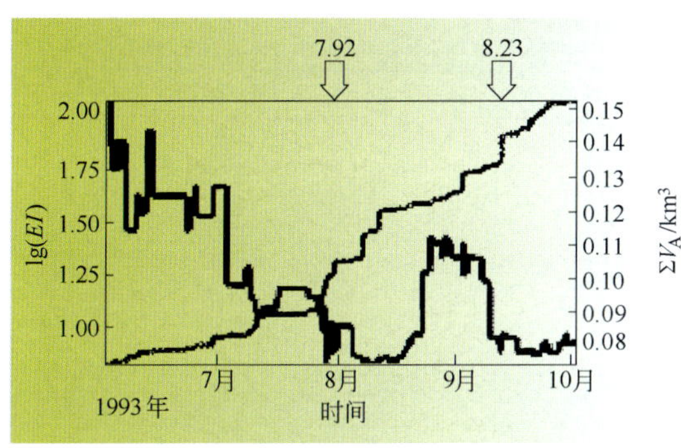

图 11－17　矿柱内 EI 和$\sum V_A$随时间变化曲线

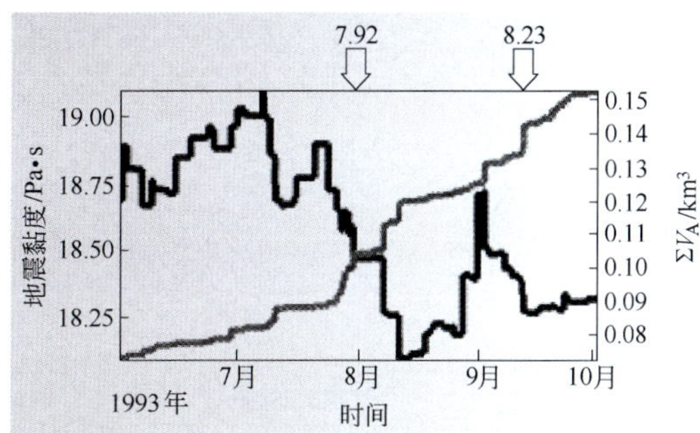

图 11－18　矿柱内地震黏度随时间变化曲线

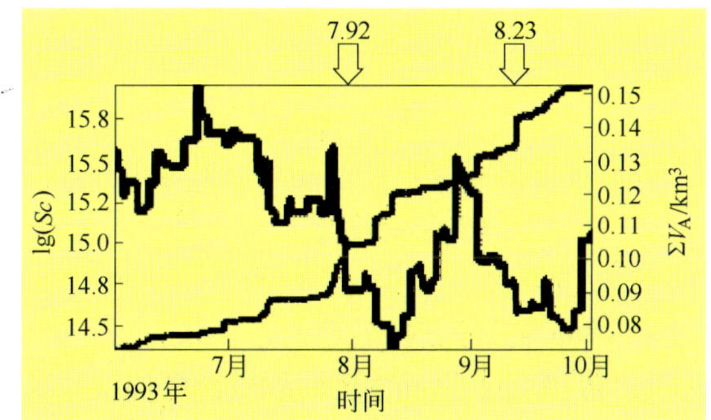

图 11－19　矿柱内地震施密特（Sc）数随时间变化曲线

根据地震事件震源参数，可以解释地震造成的破坏程度。不同性质的地震，震源的成核过程发展特征也不同。分析竖井保安矿柱内发生的两次特殊地震，可以进一步了解这两次破坏性地震的特性与其发生前18个月矿柱表现出的前兆之间的相互关系。这两次地震发生的时间相差54 h，空间距离为200 m。两个事件震源的部分参数如表11－3所示。

表11－3　两次地震部分震源参数

震　级	地震矩 lg/N·m	释放能量 lg/J	视在应力/MPa	视在体积半径/m
2.5	12.6	7.8	0.490	95
2.0	11.8	7.1	0.607	50

从表中看出，第一次地震的地震矩比第二次地震的地震矩大了接近一个数量级，但是第二次地震的视在应力比第一次地震高。震级较大的第一次地震造成的破坏主要是巷道顶板和两侧墙壁的垮塌；第二次地震造成的破坏地点集中而且破坏程度更猛烈。破坏岩石的块度和脆性剪切破裂面的新鲜程度证明了上述结论。

图11－20上标出了这两次地震发生的地点、地震应变率等值线和地震黏度等值线。绘等值线图依据的数据是截止到地震发生一个月以前18月内的地震事件。

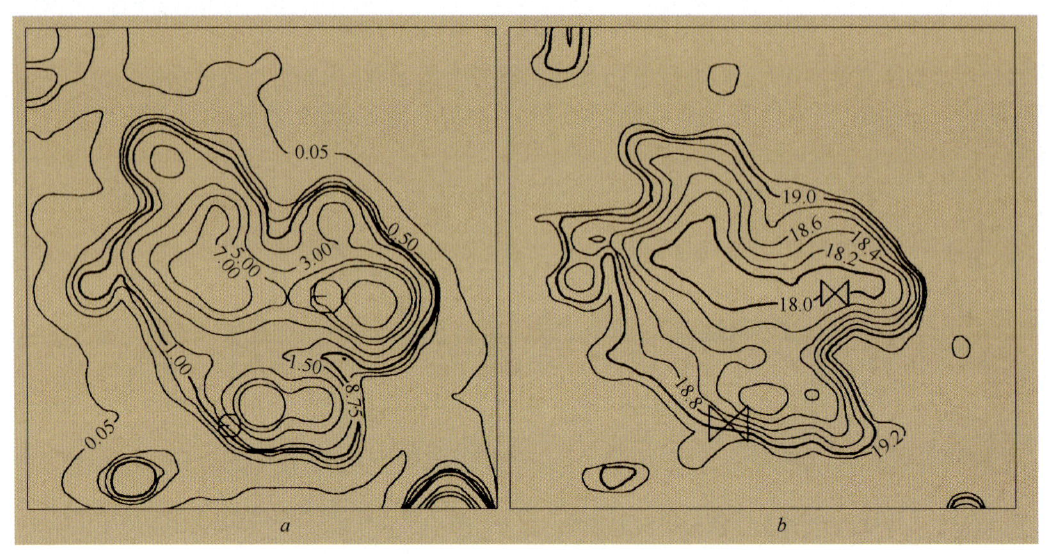

图11－20　两次地震发生的地点、地震应变率等值线和地震黏度等值线

a—地震应变率等值线（应变率 $\times 10^{13}$），圆形符号表示震级大小；

b—地震黏度取对数的等值线，水平砂漏表示视在应力的大小

从两个等值线图可以看到：两次地震发生地点都靠近地震应变率最大（等值线密集）处；震级较大但视在应力较低的地震发生在地震黏度较低区域；震级较小但破坏较猛烈的地震发生在地震黏度梯度较大（等值线密集）区域。

11.2.4.2　南非某矿 Postma 岩墙地震（岩爆）

研究目标范围内的地震活动、矿山布局和主要的地质构造都已显示在图11－21上。Postma岩墙（辉绿岩）宽约10 m，走向260°、倾向北、倾角80°。Basal 矿脉倾向东、平均倾角30°。矿脉与岩墙在距地表1500 m深处相交。采区东西两侧的 Arrarat 断层和 Bosson 断层都向西倾斜，倾角

65°,断层构成了采区的东西边界。南北方向的大部分矿脉已经采完,利用 Minsim－D 软件进行的数字模拟结果是:包含 Postma 岩墙的矿柱上的应力约 60 MPa,岩墙和 10 m 矿柱形成的残余矿柱上的应力达到 120 MPa。1993 年下半年到 1995 年底,该地区微震监测网的灵敏度是 $\lg E_{min} \geqslant 2.4$。

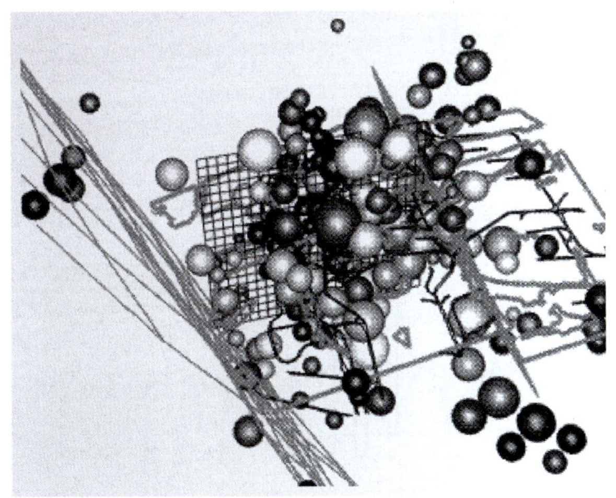

图 11－21 Postma 岩墙位置三维透视图(向下看朝南)

(图中垂直网格表示岩墙,Arrarat 断层在东边,即图中的左边,Bosson 断层在西边,即图中的右边,水平巷道和穿脉巷道用黑线表示,地震事件用圆球表示)

A WSN-9404241126 地震(岩爆)

1994 年 4 月 24 日在 Postma 岩墙上发生了一次震级为理氏 2.7 级的地震。1994 年 4 月 22 日矿山地震专家观察发现,累积视体积 V_A 随时间变化的曲线突然变陡,并伴随着能量指数移动平均值 $\overline{EI}$ 的突然下降,据此发出了即将发生地震的预报。为了全面了解地震活动参数变化过程,下面给出了 1994 年 2 月 14 日～1994 年 4 月 30 日期间相关地震学参数随时间变化曲线,分别如图 11－22～图 11－26 所示。矿山对 3 月 11 日和 4 月 24 日发生的两次地震都进行了成功预报。

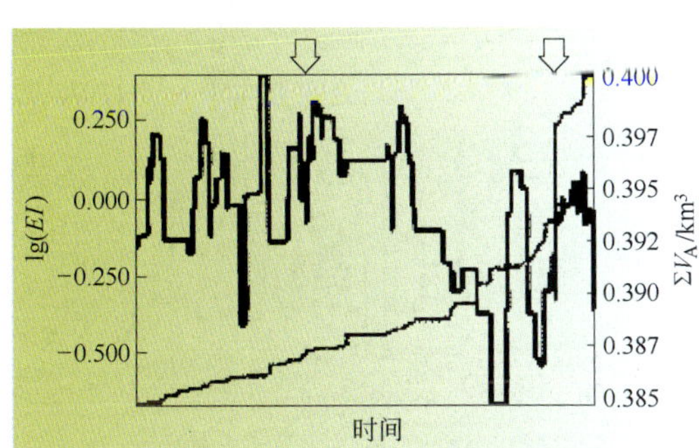

图 11－22 Postma 岩墙上 $\sum V_A$ 和 EI 随时间变化曲线

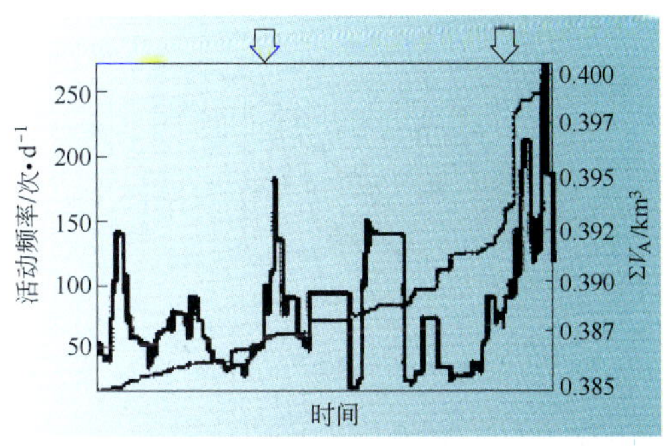

图 11－23 Postma 岩墙上地震活动频率随时间变化曲线

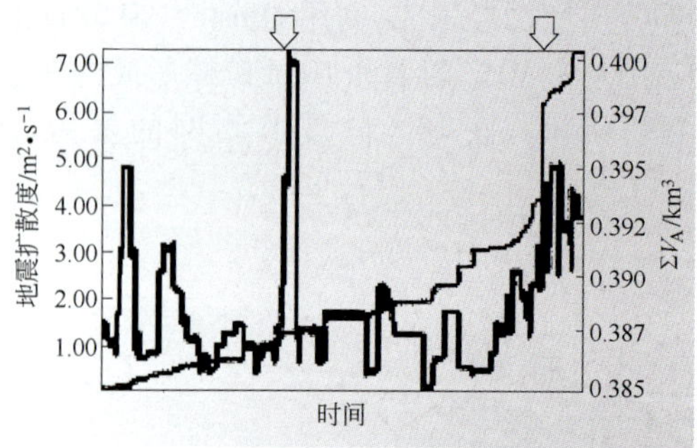

图 11－24　Postma 岩墙上地震扩散度随时间变化曲线

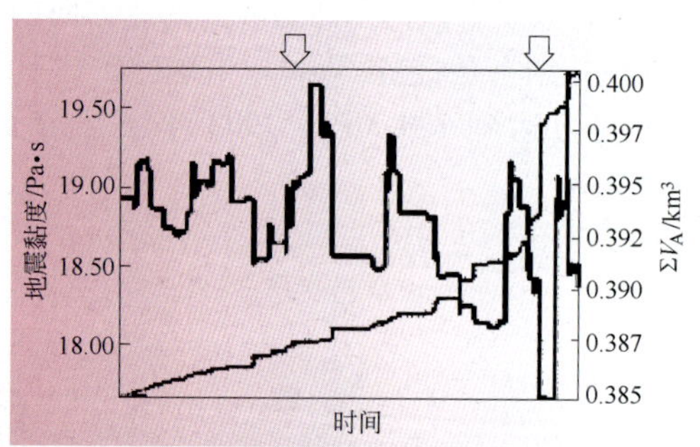

图 11－25　Postma 岩墙上地震黏度随时间变化曲线

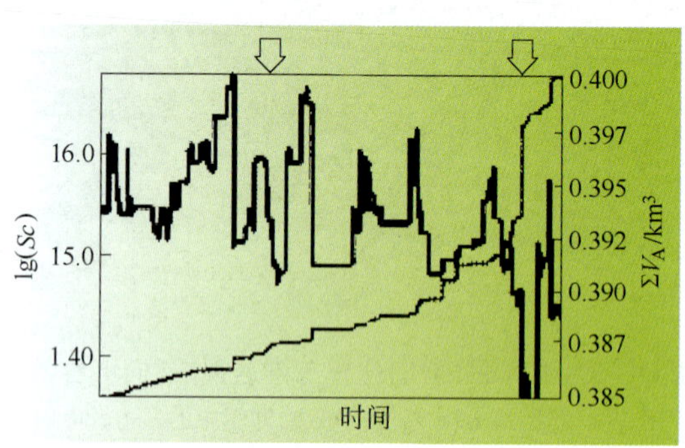

图 11－26　Postma 岩墙上地震施密特（*Sc*）数随时间变化曲线

B　WSN－9406270610 地震（岩爆）

WSN－9404241126 地震发生两个月后，6 月 27 日在 Postma 岩墙附近又发生了一次理氏 3.7 级地震。这次地震的前几个星期，通信电缆遭到破坏而且没有能够及时修复，有两个地震仪无法正常工作，大大降低了监测系统的灵敏度。这些人为因素导致无法正常计算地震活动速率和地震扩散率，因此限制了地震施密特（Schmidt）数的灵敏度。尽管如此，根据传统的地震活动参数 $\sum V_A$、EI 和地震黏度 η_s 的变化，还是对这次岩爆成功地进行了预报。预报依据是 1994 年 5 月 9 日～1994 年 6 月 27 日期间发生在 Postma 岩墙上的所有地震事件。地震学参数随时间变化曲线参见图 11－27～图 11－29。

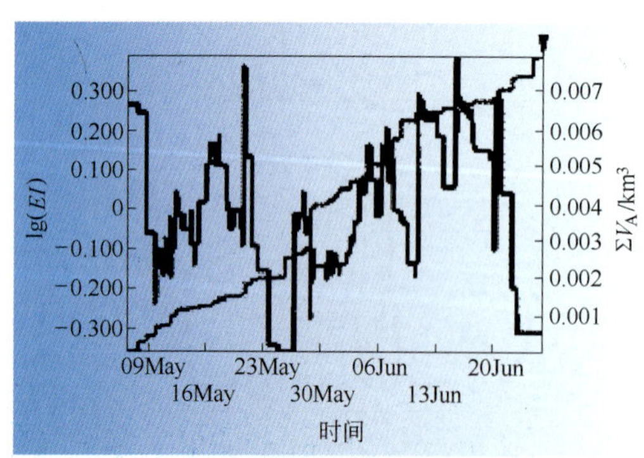

图 11－27　lg（*EI*）和 $\sum V_A$ 随时间变化曲线

（图中的箭头表示 WSN－9406270610 地震发生的时间）

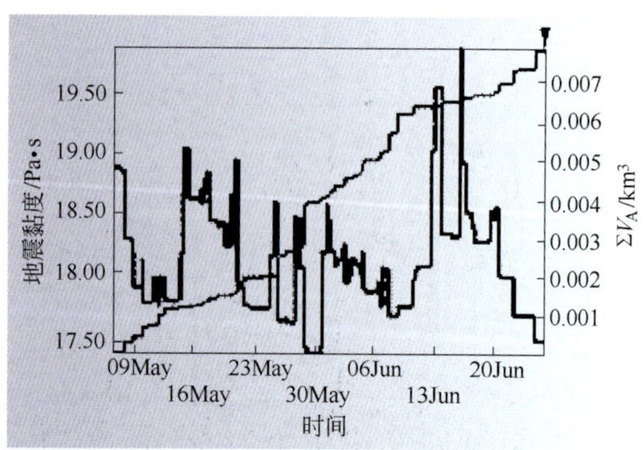

图 11－28　地震黏度 η_s 随时间变化曲线

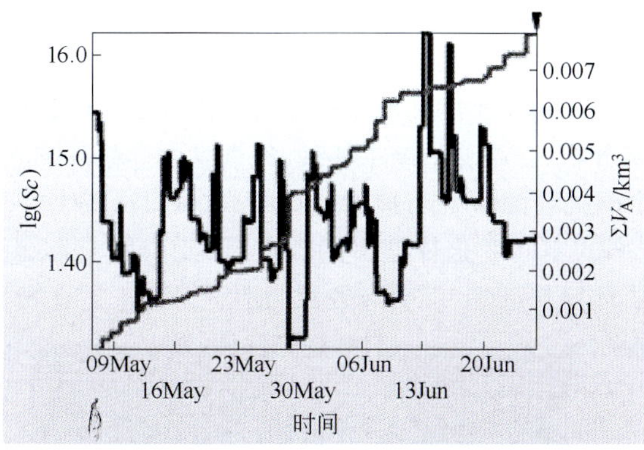

图 11－29　地震施密特（Sc）数随时间变化曲线

基于前述关于岩体稳定性的理论分析，1993 年 10 月至 1994 年 12 月间发生岩墙上的 12 次 $\lg(EI)>6.8$ 的地震中，有 11 次地震的发生都有明显的前兆，只有 1 次由于缺少数据没法做出任何结论。这些结果汇总于表 11－4。

表 11－4　Postma 岩墙地区地震前兆汇总

区域面积 = 1.7×10^5，事件总数 $N=1923$，最小矩震级 $m_M=-0.6$								
$\lg E$	$\lg(EI)$		$\lg(Sc_s)$		ΣV_A	备注	预报分值
8.11	↓↓	↑	—	↓↓	↑		3.5
7.26	↓↓	↑	—	↓↓	↑		3.5
7.82	—	—	↑↑	↓	↑		2
7.34	—	↑	—	↑↑	—	数据不足	-3
6.99	—	↓	—	↓↓	↑		3.5
6.85	↓	↓	↓↓↓	↑	↑		3
7.38	↓↑	—	↓↑	↓	—		0
8.20	↓↓	↑	↑	↓↓	↑		3.5
7.15	↓	↑	↑↑	↓↓	↑		2.5
9.90	—	↓↓	↑	↓	↑		3.5
6.96	↑	↓	↑	↓↓	↑		3.5
7.26	↑	↓	—	↓↓	↑		3.5

表中的箭头表示该参数与其平均值相比在岩爆发生前有明显变化趋势；2 个以上（含 2 个）箭头表示趋势非常强烈；$\lg(EI)$ 和 $\lg Sc_s$ 两个参数分成两列，第一列表示岩爆前 5 天的变化趋势，第二列表示岩爆前几小时的变化趋势；在这种环境下，地震发生前几小时 EI 值的增加表示岩爆震源软化区周围岩体发生了相对应变硬化。

根据前兆表现确定的成功预测分值标准为：ΣV_A 曲线斜率明显变陡分值为 +1；ΣV_A 曲线变化平缓分值为 －1；EI 明显下降分值为 +1；EI 明显上升分值为 －1；EI 值猛烈下降，但在最后阶段又有所回升时分值为 +1；地震施密特数明显下降分值为 +1；地震施密特数明显上升分值为 －1；如果趋势非常明显分值增加 +0.5。分值越大，预报的可靠度越高。

11.2.4.3　南非西部深水平南矿地槽地震

1994 年 5 月 3 日早晨，西部深水平南矿的地震专家在观察日常加权能量指数（4 天平均值）时发现，地槽附近的一个框架矿柱上的应力出现了非同寻常的集中现象（应力升高）。地震专家在中午时分做出了最新能量指数等值线图，发现应力还在继续升高。他们据此做出了撤出该地区工作人员的决定。下午 18 时 53 分,在地槽构造上就发生了理氏 M_L4 级的地震,随后还在周围发生了多次余震。

地槽构造由一个向西倾斜的铁镁质岩墙组成，岩墙厚度 5 ~ 15 m,岩墙被一断距小于 15 m 的断层错开。矿山地震专家用地震黏度和能量指数的等面三维立体透视图对地槽构造和周围岩体的前兆表现进行了时空分析,三维分析结果发现:地震黏度等面三维立体图在地槽两侧出现两个耳状区域，耳状区域中间的缝隙恰好与地槽构造吻合(图 11 - 30)。地震间隙具有地震黏度高、地震应力和地震应变率的空间变化梯度大的特点,因此岩体变形缓慢,弹性应变逐步积聚。如果这种地震间隙内的岩体突然破坏,就会导致大的地震。这正是现场实际发生的情况。

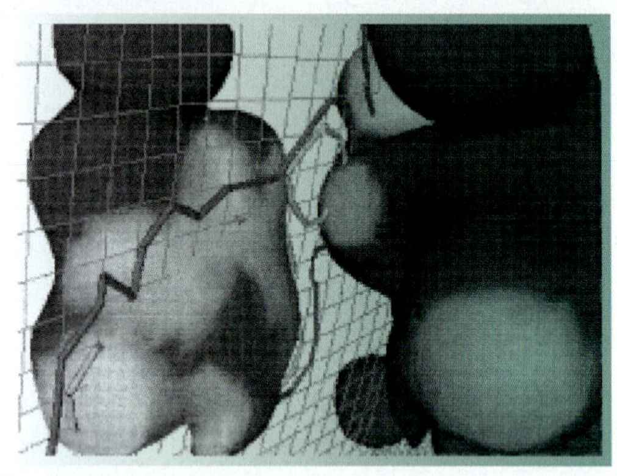

图 11 - 30　地震黏度(岩体加速地震流动体积)等面三维立体图

(该等面三维立体图是根据 1994 年 1 月 1 日 ~ 1994 年 5 月 3 日期间地槽地震发生前的地震事件数据绘制的,灰色阴影和断层面上的等值线表示 *EI* 的变化,浅色阴影表示高值)。

地震黏度和地震扩散率发展历史表明(参见图 11 - 31):震源岩体在地槽地震发生前几个小时发生了软化,地震黏度突然下降,地震扩散率迅速增加,这些恰好是强震的前兆。

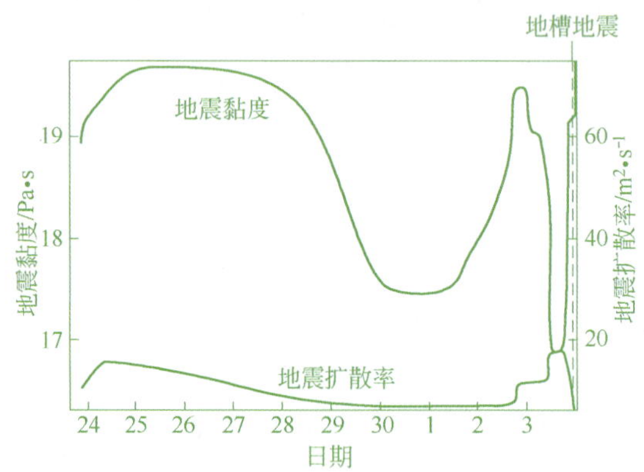

图 11 - 31　地槽地震发生前 10 天地震活动参数随时间的变化曲线

11.3　深井开采降温技术

11.3.1　矿井热环境的形成

形成矿山井下热环境的因素主要包括:地表大气状态、空气的自压缩、围岩导热、机电设备放热、氧化热、内燃机废气排热、爆破热和人体散热等。

11.3.1.1 地表大气状态的变化

井下的风流是自地表流入矿井的，因而地表大气温度与湿度的日变化与季节变化必然要影响到井下。

地表大气温度在一昼夜内的波动称之为气温的日变化，它是由地球每天接收太阳辐射热和散发的热量变化造成的。白天，地球吸收太阳的辐射热，使靠近地表大气的温度升高，下午2~3点钟气温达到全天的最高值；到夜晚，地面将吸收的太阳辐射热向大气散发，黎明前是地表散热的最后阶段，故一般凌晨4 ~5点钟气温最低。地表气温的日变化是以24小时为周期的。各地的气温虽然都是以24小时为周期的周期性波动，但不全是谐波，因为全日最低温度与最高温度间的间隔小时数，不一定等于下一个最高温度与最低温度间的间隔小时数。

气温的季节性变化也是周期性的，我国最热的时间一般在7~8月，最冷的时间一般在元月，所以也不是谐波，但在实际计算中，将它们的周期性变化近似地看作是正弦曲线或是余弦曲线都是可以的。图11-32描绘了气温的日变化与年变化之间的关系。

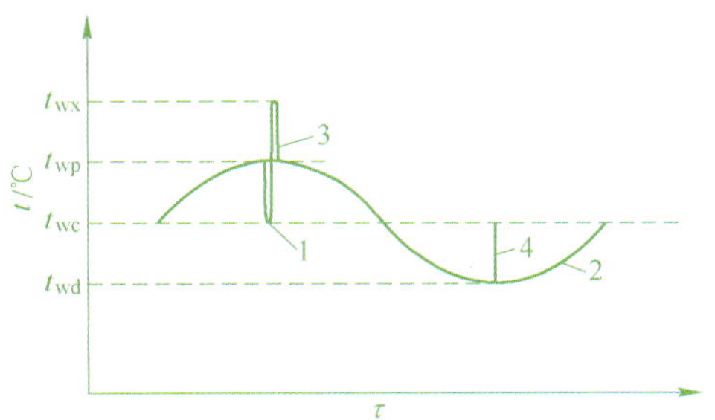

图11-32 气温的周期变化曲线

1—温度日波动曲线；2—温度年波动曲线；3—温度日波幅 θ_2，$\theta_2 = t_{wx} - t_{wp}$；4—温度年波幅 θ_1，$\theta_1 = (t_{wp} - t_{wd})/2$

空气的相对湿度取决于空气的干球温度和含湿量，如果空气的含湿量保持不变，则空气的相对湿度就和它的干球温度成反比，干球温度高时相对湿度低，干球温度低时相对湿度高。就地表大气而言，其含湿量一昼夜内的变化基本不大，而其干球温度却是正午高、夜晚低，因而大气的相对湿度是中午低，夜晚高。

虽然地表大气温度的日变化幅度很大，但当它流入井下时，井巷围岩将产生吸热或散热作用，使风温和巷壁温度达到平衡，井下空气温度变化的幅度就逐渐地衰减。因此，在采掘工作面上，基本上觉察不到风温的日变化情况。据测定，有一进风井，进风量为87 m³/s，早晨7时许，地表进风温度为最低，为-3.1℃，17时左右为最高，达12.0℃，而在距地面1000 m的井底车场里，其风温仅从11.9℃升到13.4℃。当风量降为30 m³/s并流经一条长度为1200 m的运输平巷后，日风温波动的幅度衰减到了0.2℃以下。

当地表大气温度突然发生了持续多天甚至数星期的变化时，这种变化还是能在采掘工作面上觉察到的。例如有一矿井，地表大气平均温度在一星期内自-6℃升到了+8℃，在井底车场的风温也自8℃升到16℃，距井底车场1200 m处测到的风温自22℃升到23℃，即上升1℃。图11-33描绘的是某矿井在12天内地表和井下风温变化的情况。

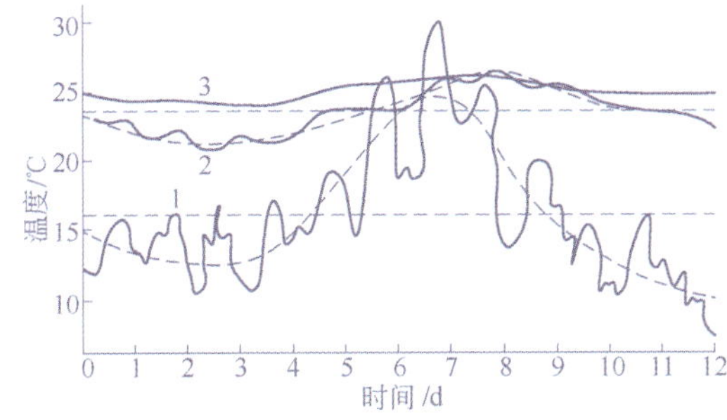

图11-33 在12天内地表风温的变化曲线及在井下衰减情况

1—地表风温变化曲线；2—井底车场风温变化曲线；3—采区进口处的风温变化曲线

地表大气的温度与湿度的季节性变化对井下气候的影响要比日变化深远得多，甚至在回采工作面的出口处也能测量到这种变化。

对于矿井的气候条件来说，风流含湿量的年变化要比温度的年变化重要得多，这是由于水的汽化潜热远比空气的比热大得多。研究表明，风流沿井巷流动时，其温度波动幅度的衰减量约与两点间的距离 L 成正比，与巷道的等值半径 r 成反比，与风温的波动周期成反比，波动的周期越短，其衰减量越大。令风温的季节衰减率为 ψ_1，日衰减率为 ψ_2，则它们和 L/r 的关系如图 11－34 所示。

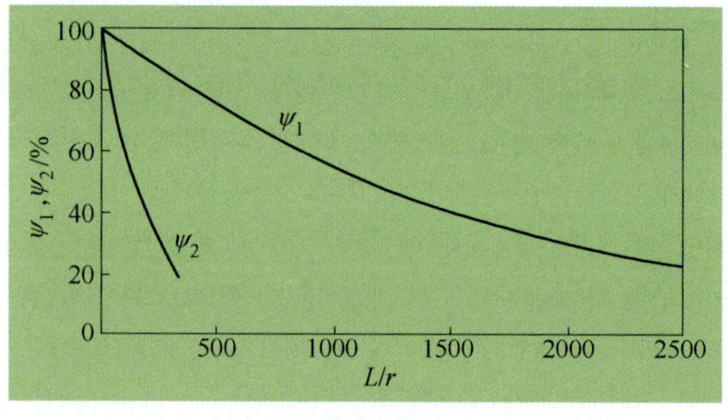

图 11－34 ψ_1 及 ψ_2 与 L/r 的关系

11.3.1.2 空气的自压缩温升

空气自压缩并不是热源，在重力场作用下，空气绝热地沿井巷向下流动，其温度升高是由于位能转换为焓的结果，而不是由外部热源输入热流造成的。对深矿井来说，自压缩引起风流的温升在矿井的通风与空调中所占的比重很大，所以一般将它放在热源中一起讨论。

当可压缩的气体（空气）沿着井巷向下流动时，其压力与温度都要有所上升，这样的过程称之为“自压缩”过程，在自压缩过程中，如果气体同外界不发生换热、换湿，而且气体流速也没有发生变化，此过程称之为“纯自压缩”或“绝热自压缩”过程。根据能量守恒定律，风流在纯自压缩过程中的焓增与风流前后状态的高差成正比，即：

$$i_2 - i_1 = g(z_2 - z_1) \tag{11-34}$$

式中 i_1, i_2——分别为风流在始点与终点时的焓值，J/kg；

z_1, z_2——分别为风流在始点与终点状态下的标高，m；

g——重力加速度，m/s^2。

对于理想气体来说，在任意压力下：

$$di = c_p dt \tag{11-35}$$

即

$$i_2 - i_1 = c_p(t_2 - t_1) \tag{11-36}$$

式中 c_p——空气的定压比热容，J/(kg·K)；

t_1, t_2——分别表示风流在始点及终点时的干球温度，℃。

从而

$$t_2 - t_1 = g(z_2 - z_1)/c_p \tag{11-37}$$

因为 $g = 9.81$ m/s^2，$c_p = 1005$ J/(kg·K)，则当 $z_2 - z_1 = 1000$ m 时，$t_2 - t_1 = 9.81 \times 1000/1005 = 9.76$ K。也就是说，风流在纯自压缩状态下，当高差为 1000 m 时，其温升可达 9.76℃，这是一个相当大的数值。好在实际上并不存在绝热压缩过程，井巷里总是存在着一些水分，因而风流自压缩的部分焓增要消耗在蒸发水分上，用以增大风流的含湿量，所以风流实际的年平均温升没有理论计算值那么大。此外，由于井巷的吸热和散热作用也抵消了部分风流自压缩温升。例如在夏天，由于围岩吸热，风流的温升要比平均值低，而在冬天，由于围岩放热，风流的温升要比平均值高。一般说来，如果年平均的温升为 10℃的话，则冬天可能是 13℃，夏天可能是 7℃。

对采深已超过 3800 m 的南非部分金矿来说，如果井巷围岩干燥，且不与风流换热、换湿。则风流流入井下后，因自压缩引起的温升可达 38℃，即可从 12℃增到 50℃。风流温升 38℃约相当于焓增 38 kJ/ kg，如果进风量为 200 m^3/s，则意味着风流的热量增量可达 9 MW，这是一个相当可观的热负荷。

同其他的热源相比，在进风井筒里，自压缩是个最主要的热源，由于它所引起的焓增同风量无关，所以往往成为唯一有意义的热源。在其余的倾斜巷道里，特别是在回采工作面上，自压缩只是诸热源之一，而且一般是个不重要的热源。

同理，风流沿井筒或倾斜巷道向上流动时，风流因减压而膨胀，焓值要减少，风温要下降，其数值同自压缩增温一样，不过符号相反而已。

实际上，风流沿井筒向下流动时，其湿球温度要比干球温度重要得多，因为湿球温升和井巷的潮湿程度没有多大关系，但它和入风井大气的湿球温度关系却非常密切。

实测表明，在 1000 m 深的井筒里，绝热、无摩擦的风流自压缩引起的湿球温升和地表大气的湿球温度间的关系如图 11－35 所示。

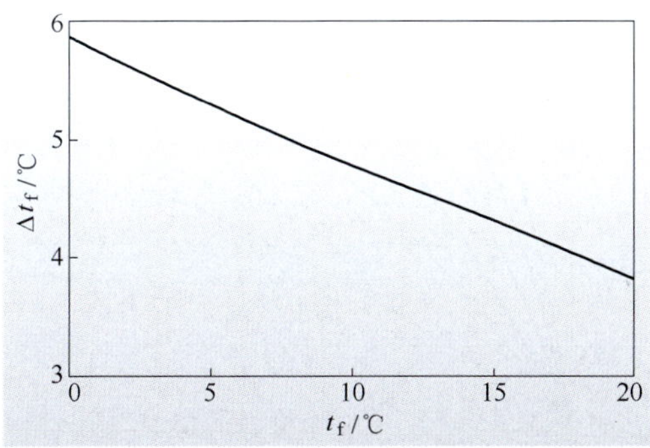

图 11－35　1000 m 井筒中湿球温升 Δt_f 与大气湿球温度 t_f 间的关系

自压缩这个热源是无法消除的，而且随着采深的增加还相应地增大。虽然风流在回风巷里向上流动时，可因膨胀而得到相应的降温效果，但由于受到自然负压的干扰和巷道里水汽的冷凝作用，实际冷却效果甚微。

水在管道中沿井筒向下流动时，其焓增也是每千米 9.81 kJ/kg。若水一直处在水管中，水压将随着井深的增加而增大。如果摩擦阻力不大且可略而不计的话，则水压的增值是 9.81 MPa/km，这时水温的增值取决于进水的温度。如进水温度为 3℃ 以下时，其温升可略而不计，当进水温度为 30℃ 时，其温升约为 0.22℃/km。

水要是不能持续地维持在高压下，其情况将会有所不同。如果让水自由地从管端外流或经减压阀外泄，其温升计算为 $\Delta t = 9.81/4.187 = 2.34$℃/km。

如果让水做些有用功，则这个温升是可以减少的。目前美国、南非以及德国等一些矿内空调量较大、技术较发达的国家，已采用水轮机使输往井下的冷水去扬水或发电，以减少自压缩温升。

11.3.1.3　围岩传热

围岩向井巷传热的途径有二，一是借热传导自岩体深处向井巷传热；二是经裂隙水借对流将热传给井巷。

井下未被扰动岩石的温度（原始岩温）是随着与地表的距离加大而上升的，其温度的变化是由自地心径向向外的热流造成的。在一个不大的地区内，大地的热流是相当稳定的，一般为 60～70 mW/m^2，但在某些热流异常地区，其值可能变动很大。原始岩温随着深度而上升的速度（地温梯度）主要取决于岩石的热导率与大地热流值，原始岩温的具体数值决定于温度梯度与埋藏深度。地表大气的日变化与季节性变化的幅度是相当大的，但其影响深度并不大，一般距地表 20～40 m 处，岩石温度相当稳定，它反映了地表长时期的平均温度。不同深度的原始岩温主要是借地表钻孔或井下钻孔来测量的。

当围岩的原始岩温与在井巷中流动的空气的温度存在温差时，就要产生换热。根据温差的正负，热流自风流传向岩体或自围岩传给风流。即使是在不太深的矿井里，原始岩温一般也要超过该处的风温，因而热流一般来自围岩。在深矿井里，热流值将会相当大，甚至会超过其他热源热流量的总和。

在大多数情况下，围岩主要以传导方式将热传给巷壁，当岩体向外渗流、喷水时，则存在着对流传热。如果水量很大且温度很高，其传热量可能相当大，甚至会超过传导传递的热量。

在井下，井巷围岩里的传导传热是个不稳定传热过程，即使是在井巷壁面温度保持不变的情况下，由于岩体本身就是热源，所以自围岩深处向外传导的热量值也随时间而变化。随着时间的推移，被冷却的岩体逐渐扩大，因而需要从围岩的更深处将热量传递出来。图 11－36 描绘的是岩温随时间及与巷壁距离而变化的情况。图 11－37 是巷道通风时间与围岩温度变化情况的示意图。

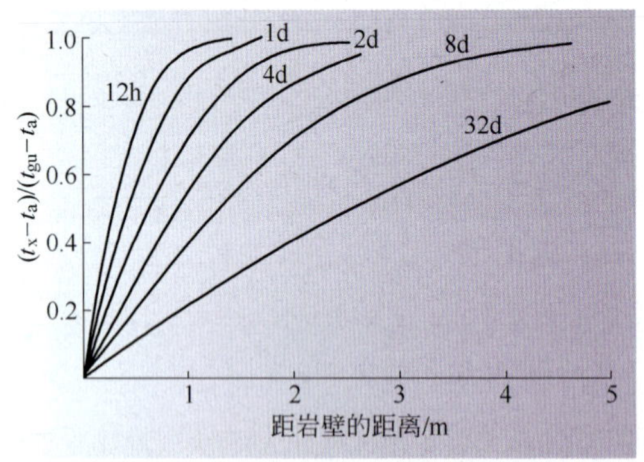

图 11－36　石英岩顶板温度随时间及距岩壁距离的变化

（t_{gu}—原始岩温；t_x—距岩壁 x 处的岩温；t_a—风温；岩石的导温系数 $=2.5\times10^{-6}$ m/s；对于高度粉碎的岩石来说，时间的标值应加倍，对于其他岩种，其时间标值的校正系数为 $2.5\times10^{-6}\lambda/\rho\cdot c$）

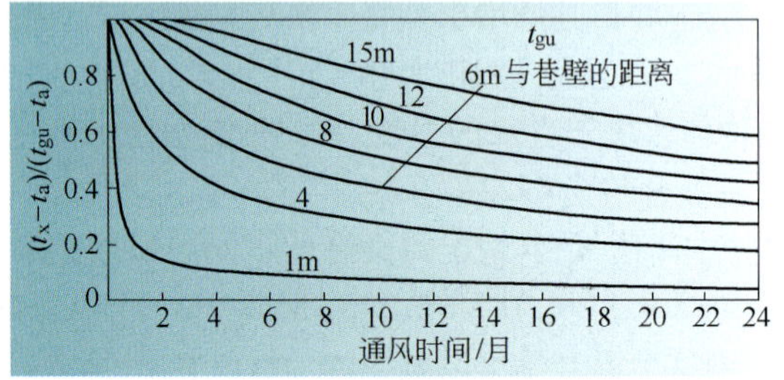

图 11－37　石英岩采场通风时间与顶板温度的变化

11.3.1.4　机电设备放热

随着机械化程度的提高，采掘工作面机械的装机容量急剧增大，有些大型机械化回采工作面的装机容量已达 2000 kW，掘进工作面也达 1200 kW。一般说来，机电设备从馈电线路上接受的电能不是做有用功就是转换为热能。就矿井而言，由于动能甚小可以略而不计，所以机电设备所做的有用功是将物料或液体提升到较高的水平，即增大物料或液体的位能。而转换为热能的那部分电能，几乎全部散发到流经设备的风流中。

A　采掘机械的放热

采掘机械从馈电线路上接受的电能几乎全部转换为热能并传给风流。为了简化计算，我们先假设采掘机械的放热量全部传给风流，从而可以得到下列计算式：

$$Q_W = m_W \cdot \Delta i \tag{11-38}$$

式中 Q_W——风流所获得的热量,W;

m_W——风流的质量流量,kg/s;

Δi——风流的焓增,J/kg。

当全部热量用以使风流温升时:

$$\Delta i = c_p \cdot \Delta t \qquad \Delta t = \Delta i / c_p \tag{11-39}$$

式中 Δt——风流的温升,℃;

c_p——空气的定压比热容,J/(kg·K)。

设采矿工作面上机械设备的装机容量为1500 kW,日平均出力为700 kW,如果它们全转换为热能,则可使平均供风量为20 m^3/s的回采工作面的风温约上升28℃。这是很高的温升,但矿井里总是潮湿的,存在着水分蒸发的耗热。据测定,用以使风流干球温升的热耗约占总转换量的30%。所以风流的干球温升约为8℃。回采机械的放热仍是使作业面气候条件恶化的主要原因之一,能使风温上升6~60℃。

在采用悬臂式掘进机或回转式钻进机的掘进工作面上,其装机容量可达1200 kW,而且都设置在掘进工作面迎头这个比较狭小的空间里,掘进工作面的供风量还要比回采工作面少得多,因而掘进工作面的风流温升要比回采工作面的大。

设一个掘进工作面的掘进机容量为1000 kW,其平均出力为42%,则放热量为420 kW,若供风量为8 m^3/s,则风流的干球温升可达40℃。但实际上不会达到这么大,因为有一部分热量要被采下的矿物(或岩石)吸收带走,机电设备放热引起的风流温升也部分抑制了围岩的放热,水分的蒸发也要消耗一部分热量。所以对它的计算分析是很复杂、很繁琐的,但在一般估算时可以这样认为:在掘进机械周围,传给风流的热量约占总发热量的80%,其中水分蒸发耗热约占75%~90%,因而风流的温升约为2~3℃。应该指出,风流中水汽量的增大同样也会恶化气候条件的。

B 提升运输设备的放热

提升设备主要是运送人员、材料及提升矿物、岩石。在运送人员中,提升设备的净做功为零;与提升的矿物、岩石量相比,下送材料的数量一般可以略而不计,所以它的放热量也可以略而不计。

在提升机械消耗的电能中有一部分用以对矿物、岩石做有用功(增大它们的位能),余下的则以热的形式散失。在这些热量里,有些是由电动机散发掉的,余下的则由绳索、罐道等以摩擦热形式散失掉。

提升设备的功率同它所释放的热量间的关系取决于提升机械的工作方式。

在有轨运输里,轨道坡度一般都很小,所以运输所做的有用功也很小,因而实际上电机车所消耗的电能都是以热能的形式散发的。电机车的功率与它所散发的热量间的关系,在很大程度上取决于电机车的工作时间、物料装载特征及轨道的布置方式。

胶带输送机和刮板输送机的散热问题比较复杂。这是由于:

(1) 热量比较均匀地散发到周围的大气中去;

(2) 在启动初期,虽然其所接受的电能几乎全部转换为热能,但此时输送机框架的温度比较低,所以首先被加热,当输送机停转时,输送机框架所蓄积的热量又逐渐地散发到大气中去;

(3) 由于风流的温升,缩小了风流同巷壁间的温差,从而围岩的散热量会有所减少;

(4) 输送中的矿物、岩石以及巷道里的水分的蒸发要消耗很大一部分热量;

(5) 实测表明,用以提高风流干球温升所需的热量约占总热量的10%~20%。

基于上述原因及人们对于胶带输送机的放热还不太重视,所以对它的研究尚未获得令人满意的结果。

C 扇风机的放热

从热力学的概念来说，扇风机并不做有用功，所以其电动机所消耗的电能全部转换为热能并传给风流，因而流经扇风机风流的焓增应等于扇风机输入的功率除以风流的质量流量，并直接表现为风流的温升。根据空气的特性，风流流经扇风机后，其湿球温度的增量要比干球温度的增量大。

由于井下扇风机基本上是连续运转的，所以用不着计算它的停止运转的时间。

D 灯具的放热

输入灯具的电能也是全部转换为热能并传给风流，井下的灯具一般是连续工作的，即使有个别间断，其计算也比较容易。

下井人员所佩戴的矿灯也是一个热源，因为头灯的容量一般仅为 4 W，所以可略而不计。

E 水泵的放热

在输给水泵的电能中，只有一小部分是消耗在电动机及水泵的轴承等摩擦损失上，并以热的形式传给风流，余下的绝大部分是用以提高水的位能。当水向下流动时，一小部分电能用以提高水温，这个温升取决于进水的温度。当进水温度为 30℃ 时，水压每增 1MPa，水温约上升 0.022℃，水温低于 3℃时，温升可略而不计。

11.3.1.5 其他热源

A 氧化放热

矿石的氧化放热是一个相当复杂的问题，很难将它与其他的热源分离开来进行单独计算。当矿石含硫较高时，其氧化放热可能达到相当可观的程度；当井下发生火灾时，根据火势的强弱及范围的大小，可形成大小不等的热源，但这一般是属于短时的现象；在隐蔽的火区附近，则有可能使局部岩温上升。

B 热水放热

井下热水的放热量主要由水量和水温来决定。当热水大量涌出时，可对附近的气候条件造成很大的影响，所以应尽可能地予以集中，并用管路(或隔热管路)将它排走，最低限度也要用加盖板的水沟排走，切不可让热水在巷道里漫流。

C 人员放热

在井下工作人员的放热量主要取决于他们所从事工作的繁重程度和持续时间，一般人员的能量代谢产热量如表 11 -5 所示。

表 11 -5 人员劳动代谢产热量 (W)

休　息	90 ~ 115
轻度体力劳动	200
中等体力劳动	275
繁重体力劳动	470(短时间内)

虽然可以根据在一个工作地点里人员的总数来计算其放热量，但是其量甚少，一般不会对气候条件造成显著的影响，故可以略而不计。

D 风动工具

压缩空气在膨胀时，除了做有用功外还有些冷却作用，加上压缩空气的含湿量比较低，所以也能对工作地点补充一些较新鲜的空气，但是压缩空气入井时的温度普遍较高，所以也可以略而不计。

此外如炸药的爆炸，岩层的移动等都有可能散发出一定数量的热量，但由于它们的作用时间一般甚短，也不会对矿井下的气候造成多大的影响，所以也可略而不计。

11.3.2 矿井非空调降温

井下或其他地下工程的隧道中高温高湿的气候条件,不仅会损害矿工的身体健康,而且也将降低劳动生产率,甚至使采掘工作无法进行。根据苏联学者 B. H. 安德留申科等人的研究资料,当矿内风温超过标准温度(26℃)1℃时,矿工的劳动生产率降低6% ~8%。

改善矿内气候条件的措施很多,但归纳起来有两个方面:(1)采用非人工制冷降温措施;(2)采 取人工制冷冷却风流措施(即矿井空气调节)。对于开采深度大,或氧化强烈及地处炎热地区的浅矿井(或隧道),只有采取人工冷却风流的措施才是有效的。

11.3.2.1 通风降温

A 加大风量通风

风量是影响矿内气候条件的一个重要因素。通过加大风量就能起到降温作用,有时也是费用最低的降温措施。

理论研究和生产实践都充分地表明,加大采掘工作面风量对于降低风温、改善气候条件效果是明显的。当风量加大到一定限度后,降温效果就不再明显。即使空气温度不再降低,但由于风速的增加,人体的散热条件仍可得到改善。

风量的增加,虽然会使围岩的放热量加大,致使风流总的加热量增大,但在其他条件相同的情况下,风流的温升却有所降低,同时,围岩的冷却速度也加快。因此,增加风量除了能降低风流温度外,还能为进一步降低围岩的放热强度创造条件。但是,增加风量受许多条件的制约:(1)受矿内最高允许风速(巷道横截面积)的限制;(2)风机的功率与风量成三次方关系,风量增加到一定程度时,在经济上不合理;(3)当风量增加到一定程度时,对风温的影响不大。

B 改革通风方式

将上行风改为下行风,对降低风温是有益的。这是因为风流是从岩温较低的、已被冷却的较高水平流进工作面去的。在一般情况下,采用下行通风可使工作面的风温降低1 ~2℃。

C 选择合理的通风系统

从改善气候条件的观点来选择合理的通风系统,要考虑以下几项原则。

(1) 缩短进风线路长度,在巷道环境条件和风量不变的情况下,风路越短风流温升越小。在井巷走向长度一定时,因采用的通风系统不同,导致进风线路的长度也不相同。

在一个井巷走向长度为6000 m,风速为2 ~5 m/s 的矿井中,通过计算可知:对于采用不同通风系统的运输大巷终端风温而言,与中央式通风系统比较,在风速相同时,侧翼式风温低2. 2 ~6. 3℃,混合式低2. 4 ~9. 3℃。

(2) 以低岩温巷道为进风道,在高温矿井的通风系统设计时,尽量使新鲜风流由上水平流入回采工作面,而由下水平回风。这是因为上水平的岩温要低于下水平的岩温,而巷道围岩温度越低,则风流通过巷道的温升亦越小。

(3) 尽量使新鲜风流避开局部热源的影响,矿内的各种局部热源,如机电设备、运输中的矿石和废石、氧化以及采空区的漏风等都会对风流加热,如果能使新鲜风流避开这些局部热源,可以使风流的温升降低。

(4) 减少采空区漏风,由于从采空区漏入回采工作面和回风道中的风流要带进大量的热量,所以它也是一个较大的热源。

11.3.2.2 控制热源降温

A 岩壁隔热

采用某些隔热材料喷涂岩壁,以减少围岩放热。前苏联曾采用锅炉渣,有些国家采用聚乙烯泡沫、硬质氨基甲酸泡沫、膨胀珍珠岩以及其他防水性能较好的隔热材料喷涂岩壁。

一层10 mm厚的聚氨酯泡沫塑料，就能产生较好的隔热效果。岩壁隔热仅用在热害严重的局部地段，它作为一种辅助手段与其他降温措施配合使用，用时还必须注意安全（如防火）问题。岩壁隔热的费用较高，因此限制了这种方法在较大范围内的应用。而且，在散热最为强烈的回采工作面中，实行岩壁隔热是根本做不到的。

B 热水及管道热的控制

超前疏放热水，并用隔热管道排到地表，或经有隔热盖板的水沟导入水仓；将高温排水管设于回风道；热压风管设于回风道，或将压缩空气冷却后送入井下。

C 机械热的控制

机电硐室独立通风，注意辅扇安装位置，避免使用低效率机械。

D 爆破热的控制

井下爆破所产生的热量，一般在爆破后不久即被气流排走。为避免其影响，可将爆破时间与采矿时间分开。

11.3.2.3 特殊方法降温

A 采用压气动力

采掘机械用压气来代替电力。由于压缩空气排出的膨胀冷却效应，对降低风温无疑是有利的。但是，由于这种方法效率低，费用高，只有在个别情况下才有意义。

B 减少巷道中的湿源

研究资料表明，在高温矿井中，空气相对湿度降低1.7%，等于风温降低0.7℃。因此，在巷道和采掘工作面中，由于各种原因出现的水都不要让它漫流，而要把水集中起来，用管道（或加盖水沟）排走。

C 预冷岩层

利用回采工作面附近的平巷或斜巷布置钻孔，将低温水通过钻孔注入岩体中，使回采工作面周围的岩体受到冷却。预冷岩层，在一定的条件下，要比采用制冷设备更为经济有效，并可兼收降尘之利。

11.3.2.4 个体防护

所谓矿工个体防护就是在矿内某些气候条件恶劣的地点，由于技术和经济上的原因，不宜采取风流冷却措施时，可让矿工穿上冷却服，以实行个体保护。研究表明，穿着冷却服是保护个体免受恶劣气候环境危害的有效措施。它的作用是，当环境的温度较高时，可以防止其对身体的对流和辐射传热，使人体在体力劳动中所产生的新陈代谢热能，较容易地传给冷却服中的冷媒。

供矿工穿着的冷却服，必须满足降温及便于劳动等方面的要求。这主要涉及能源供应、工作方式、冷却能力、持续时间及穿着舒适等方面的问题。由于井下的空间有限，矿工要进行频繁的生产活动，带着“尾巴”（压气管或冷水管）的冷却服很不方便。也就是说，冷却服要自带能源或冷源，而无须外界供给。此外，冷却服工作时，不应产生有毒、有害以及易燃易爆物质。由于冷却服需贴身穿着，要防止皮肤受冻或局部过冷。因而，在冷却服的内层和皮肤之间应设置一个隔层。

冷却服的重量同其制冷能力和有效工作时间是相互制约的。要设计一套制冷能力为200～250 W，持续时间为5～6 h，有自动制冷系统的冷却服，其重量与尺寸都比较大，将影响活动的自由，因此，必须减少冷却服工作的持续时间。当一套冷却服用完时，可更换一套新的，从而保证工作所需的时间。

美国宇航局研制的阿波罗冷却背心是自动冷却服的一种。这种背心的冷却能力小，冷却效果差，而且比较重（6.5 kg）；另一主要缺点是，它的冷水循环泵容易出毛病。此外，由于冰块的逐渐融化，冷却效果经 1 ~ 1.5 h 后，就急剧下降，其电源（干电池）也不是安全火花型的，因而在瓦斯煤矿中不便使用。

南非和前西德德来格尔公司生产的冰水冷却背心，安全性能和冷却效果都较好，并很少妨碍运动。它利用 5 kg 冰的冷却能力，没有冷媒循环系统和易发生故障的运动部件（如水泵），也不需要动力。因此，可以节省几公斤的重量，相应地可加大冰水的量。在 220 W 冷却功率的条件下，其持续时间最少可达 2.5 h。

干冰冷却服具有很大的优点，由于干冰的自升华作用，在使用过程中冷却服重量逐渐减轻。现将南非的加尔德－莱特公司所生产的充以干冰的冷却夹克的资料摘录如下：干冰装在 4 个袋子里，其升华的温度很低，干燥的气态二氧化碳直接流向身体表面来冷却身体，冷却时间可达 6 ~ 8 h，干冰的质量为 4 kg。因为二氧化碳干冰的升华热为 537 kJ/kg，则其冷却功率为 106 ~ 80 W。

1979 年 10 月，西德埃森矿山研究院对上述 4 种冷却服进行了试验。试验在人工气候室里进行，对 3 名受试者穿着的冷却服进行考查。考查的条件是：受试者在速度为 4 km/h，坡度为 3° 的“滚梯”上进行约 300 W 劳动强度的工作。气候室的气候条件是：干球温度 40℃，相对湿度 20%。3 位受试者均未受过热适应训练。由于受到冷却能力的限制，冰水背心和阿波罗背心每小时更换一次，其试验结果如图 11－38 所示。

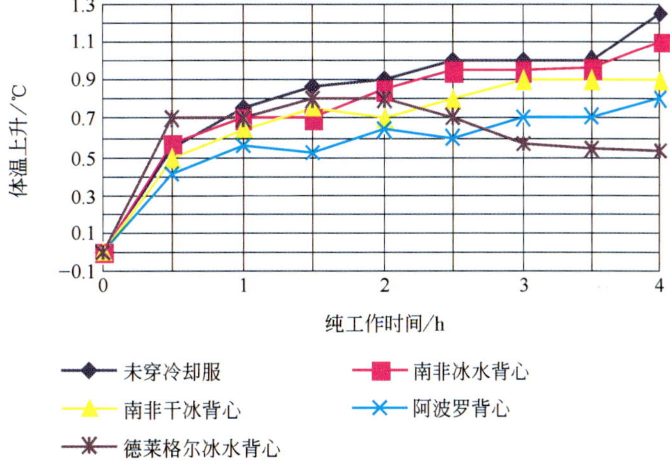

图 11－38　四种冷却服的冷却作用

由图可以看出，与未穿冷却服相比，穿着这 4 种冷却服的受试者体温有所下降。在试验开始的前两个小时里，体温变化不大，这是由于冷却服的重量所形成的附加机械负荷抵消了部分冷却效果所致。从图中还可以看到，除了南非的冰水背心之外，其他 3 种冷却服随着时间的推移更进一步地降低了体温。如与未穿冷却服者相比，穿德莱格尔的干冰背心者的体温降低了 0.3℃，穿阿波罗冷却服的体温降低 0.4℃，穿德来格尔冰水背心的体温降低 0.7℃。此外，穿着冰水背心的受试者，要比未穿冷却服时，每分钟脉搏减少 40 次，出汗量减少 160 g/h。

11.3.3　矿井制冷空调降温

11.3.3.1　矿井空调系统

空调设计可分为空调设备的技术设计、空调系统的工艺设计和经济设计。这些专门的设计，需要空调、制冷及采矿等有关专业的密切配合。一个大型矿井空调系统的设计，内容是非常复杂的。当前，在我国这样的设计，需要生产矿井、生产厂家以及科研设计部门联合完成。设计中既要应用新技术又不能忽视实际经验和我国目前的技术经济条件。

矿井空调系统是由制冷站、空冷器、载冷剂管道、冷却水的冷却装置、冷却水管道以及高低压换热器等构成。这些部分的不同组合，便形成了不同的空调系统。因为空冷器一般都设在采掘工作面附近，所以制冷站的位置是决定矿井空调系统的基本因素。按制冷站的位置，矿井集中式空调系统主要分为以下三种基本类型。

A 制冷站设在地面的矿井空调系统

图 11 - 39 所示为制冷站设在地面,冷却矿井总进风并在地面排放冷凝热系统。图 11 - 40 所示为制冷站设在地面,在井下采用高压空冷器系统。图 11 - 41 所示为制冷站设在地面,在井下采用高低压换热器系统。图 11 - 42 所示为制冷站设在地面且在地面冷却部分进风流系统。

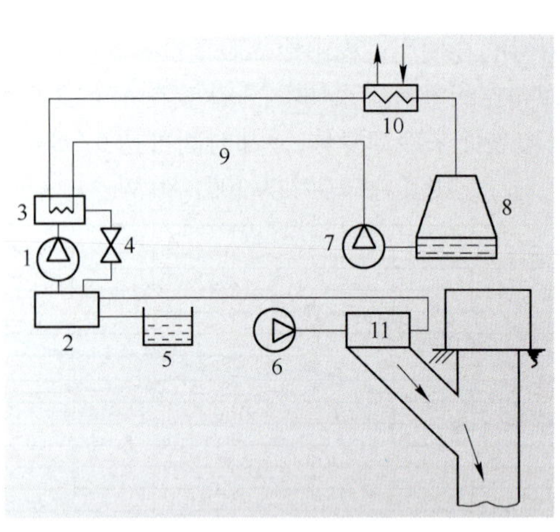

图 11 - 39 制冷站设在地面且在地面冷却总进风

1—压缩机;2—蒸发器;3—冷凝器;4—节流阀;5—水箱;6,7—水泵;8—冷却塔;9—冷却水管;10—热交换器;11—空冷器

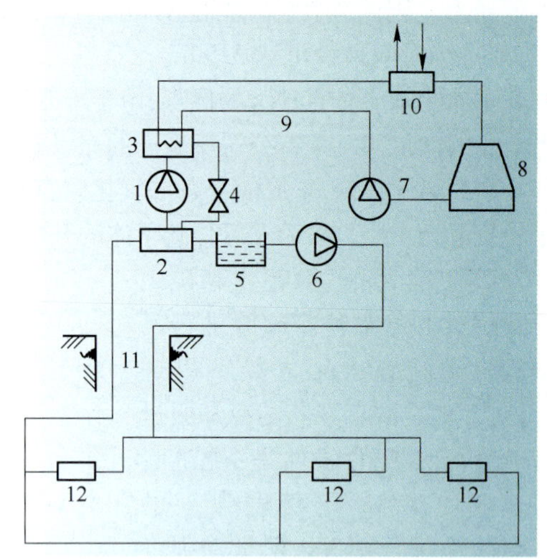

图 11 - 40 制冷站设在地面且在井下设高压空冷器

1—压缩机;2—蒸发器;3—冷凝器;4—节流阀;5—水池;6,7—水泵;8—冷却塔;9—冷却水管;10—热交换器;11—冷水管;12—空冷器

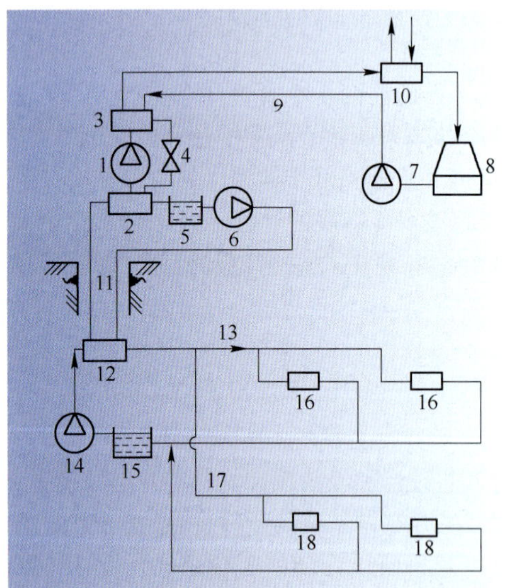

图 11 - 41 制冷站设在地面且井下设高低压换热器

1—压缩机;2—蒸发器;3—冷凝器;4—节流阀;5,15—水池;6,7,14—水泵;8—冷却塔;9—冷却水管;10—热交换器;11,13,17—冷水管;12—高低压换热器;16,18—空冷器

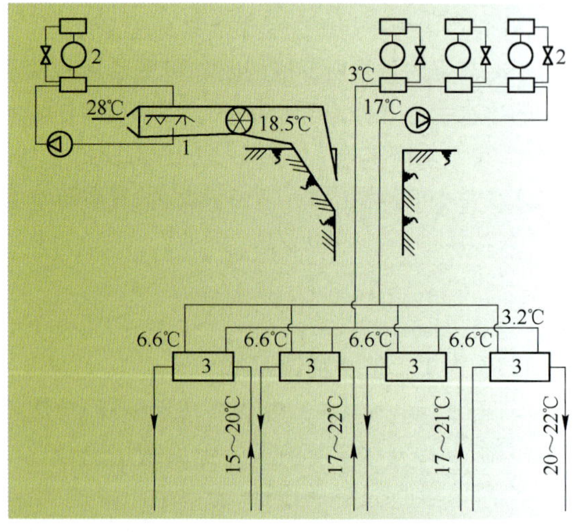

图 11 - 42 制冷站设在地面且在地面冷却部分进风流

1—喷雾式空冷器;2—制冷机;3—高低压换热器

B 制冷站设在井下的矿井空调系统

图 11－43 所示为制冷站设在井下，在井下排除冷凝热的系统。

C 井上下同时设制冷站的联合空调系统

图 11－44 所示为地面、井下同时设制冷站的联合空调系统。图 11－45 所示为制冷站在井下冷凝热排到地面系统。图 11－46 所示为制冷站设在井下利用回风流排热系统。

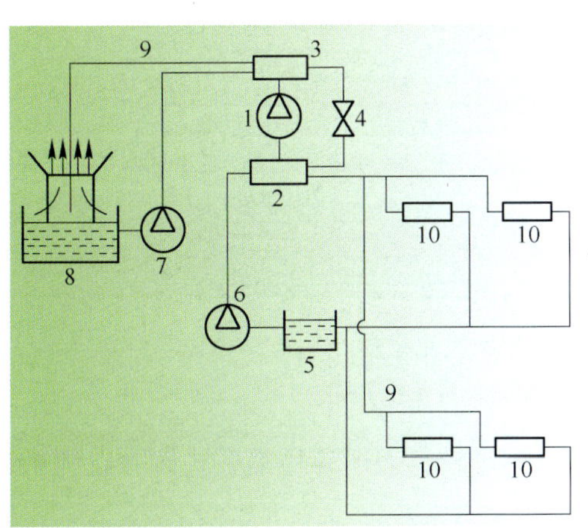

图 11－43 制冷站设在井下，在井下排除冷凝热

1—压缩机；2—蒸发器；3—冷凝器；4—节流阀；5—水池；6—冷水泵；7—冷却水泵；8—水冷器；9—冷水管；10—空冷器

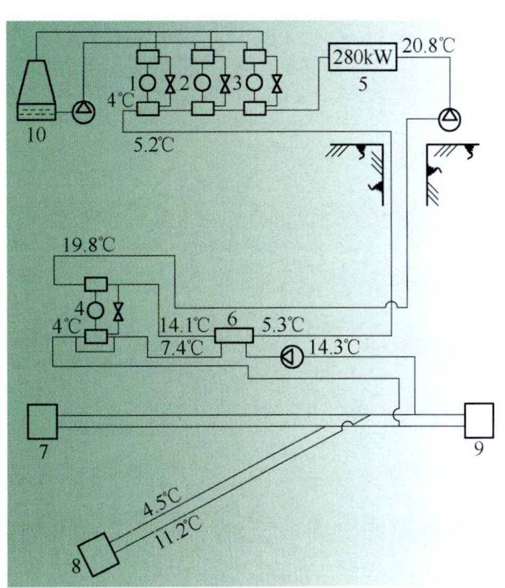

图 11－44 地面井下同时设制冷站的联合空调系统

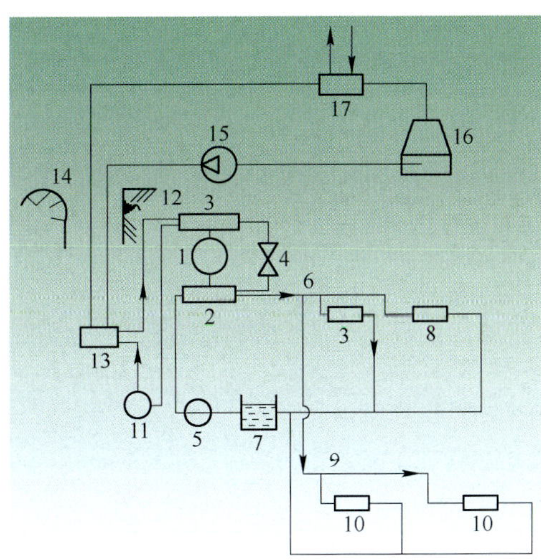

图 11－45 制冷站设在井下冷凝热排到地面

1—压缩机；2—蒸发器；3—冷凝器；4—节流阀；5，11—冷水泵；6—主水平冷水管；7—冷水池；8—主水平空冷器；9—下水平冷水管；10—下水平空冷器；12—冷水管；13—高低压换热器；14—冷却水管；15—冷却水泵；16—冷却塔；17—换热器

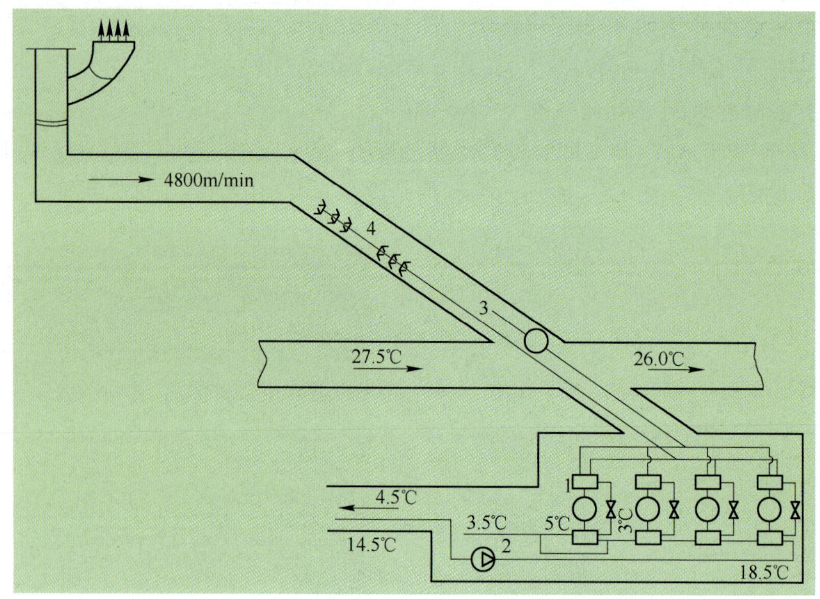

图 11－46 制冷站设在井下利用回风流排热

1—制冷站;2—冷水泵;3—冷却水泵;4—喷雾硐室

选择矿井空调系统,要根据矿井的具体条件进行分析比较。上述三种集中式矿井空调系统在技术上的优缺点如表 11－6 所示。

表 11－6 三种空调系统的技术比较

制冷站位置	优　点	缺　点
地　面	1. 厂房施工,设备安装、维护,管理和操作方便	1. 高压冷水处理困难
	2. 可采用一般型制冷设备,安全可靠	2. 供冷管道长,冷损大
	3. 排热方便	3. 需在井筒中安设大直径管道
	4. 冷量便于调节	4. 一次载冷剂需用盐水,对管道有腐蚀作用
	5. 无须在井下开凿大断面机电硐室	5. 空调系统复杂
	6. 冬季可利用地面天然冷源	
井　下	1. 供冷管道短,冷损小	1. 井下要开凿大断面机电硐室
	2. 无高压冷水系统	2. 对制冷设备有特殊要求
	3. 可利用矿井水或回风流排热	3. 基建、安装、维护、管理和操作不方便
	4. 供冷系统简单,冷量调节方便	4. 安全性差
联　合	1. 可提高一次载冷剂的回水温度,减少冷损	1. 系统复杂
	2. 可利用一次载冷剂排除井下制冷机的冷凝热	2. 制冷设备分散,不易管理
	3. 可减少一次载冷剂的循环量	

11.3.3.2 矿用换热器

在矿井降温工程中,对风流进行热和湿处理使采掘工作面达到规定的气候条件,是通过各种换热器来实现的。对空气进行热和湿处理的换热器称为空气冷却器,根据其工作特点的不同,可以分为两大类,直接接触式和表面式。所谓直接接触式空气冷却器;是指与空气进行热、湿交换时，其冷却介质直接与被冷却的空气接触，即用冷水喷淋降温，冷却水直接和空气接触，这种冷却方式的空气冷却器通常又称喷雾式空气冷却器；所谓表面式空气冷却器，是指与空气进行热湿交换时，其冷却介质不和被冷却的空气接触而是通过冷却器的金属表面来进行交换的，它具有使用方便、不妨碍井下作业和不污染井下作业环境等优点而被广泛使用。但在设计与选用时，必须考虑到矿井内空气含有粉尘量大、巷道空间狭窄的特点，空气冷却器的结构表面应不易积垢而易于清洗；其外形尺寸要小，特别是要求其横断面积要尽量地小，而且要便于拆卸和搬运；此外还要拥有足够大的换热面积和良好的换热性能，并配有必要的计量指示仪表。

由于经济上的原因，有时要将制冷站设于地面，此时必须向矿井深部输送载冷剂。为克服深部载冷剂回路中的高压，通常采用高低压换热装置，使从地面来的高压回路载冷剂通过它来冷却从工作面空气冷却器来的低压回路中的载冷剂，这样可以有效地避免矿井深部管道存在的高压危险。另外有时即使制冷站设于井下，既需要利用地面供水排热，也需要高低压换热装置来对冷凝器的回水排热，所以高低压换热装置也是矿井降温中的重要设备。此外，对管道进行隔热以减少沿途冷损也是不容忽视的。

A　表面式空气冷却器

在矿用空气冷却器中有光管和肋管之分。光管表面式空气冷却器构造简单、粉尘不易沉积，但传热性能不好，金属消耗量较多，应用较少。肋片管表面式空气冷却器又有横向肋管和纵向肋管之分，在横向肋管中因制造方法不同，又分有皱绕片、无皱绕片和套片，如图 11－47 所示。在纵向肋管中，也因制造方法不同而有板管式和带管式。

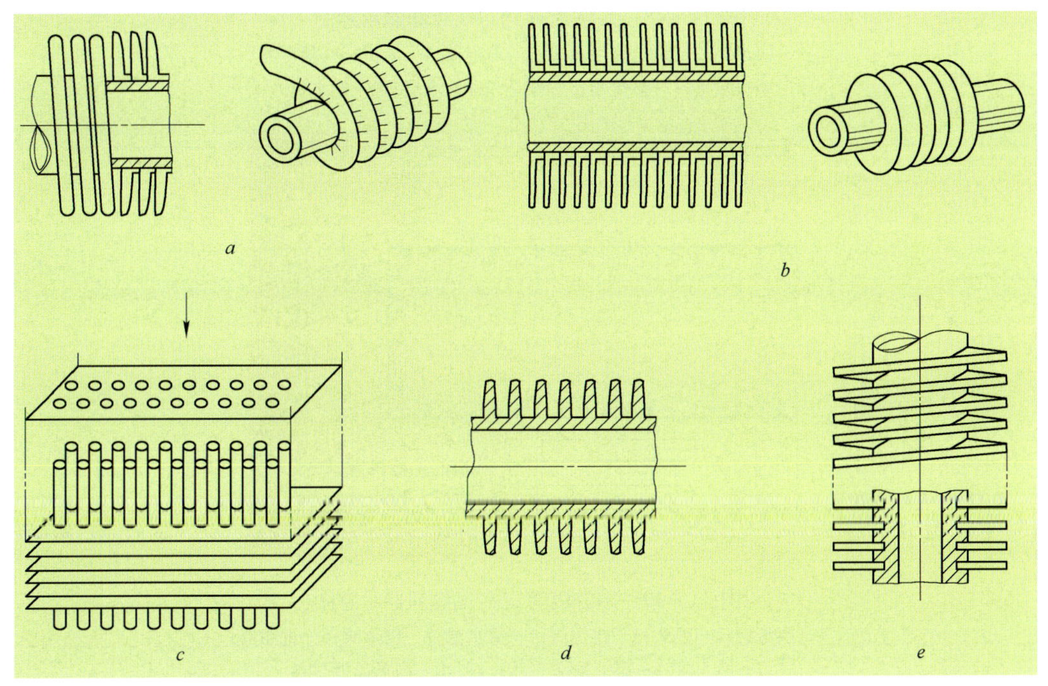

图 11－47　各种肋片管构造图

a—皱褶绕片；*b*—光滑绕片；*c*—套片；*d*—轧片；*e*—镶片

由传热学理论得知，空气侧的换热系数较水侧的换热系数低得多。因此，采用在空气侧加肋的方法增加换热面积以增强其传热性能，既可以节约金属消耗量，又可以使空气冷却器的整体尺寸减小。但矿尘容易沉积，造成传热性能不稳定。

B 喷雾式空气冷却器

喷雾式空气冷却器又称直接接触式空气冷却器。因为它结构简单，制造非常容易，没有表面式空气冷却器那种因粉尘沉积而使热效率不稳定的缺点，阻力很小，有的甚至不需要附加风机就可以工作，所以在矿井降温中应用广泛。如果要对需冷量很大的区域降温，喷雾式空气冷却器是一种较好的措施。当然它也有缺点，如水回路为开式，容易使水污染，甚至使管道、喷嘴堵塞和泄漏，影响劳动环境，回水的回收也较困难等。不过有时采用它，却正是由于不需回收水的缘故。

近几年国外采用喷雾式空气冷却器的渐多，其中有大型并固定安装的平巷喷雾式空气冷却器，如图11－48所示，它的技术数据：换热量800 kW，风量2000 m^3/min，进风温度29℃/24℃（干球/湿球），出风温度19.5℃/18.4℃，水量69 m^3/h，进水温度8.9℃，出水温度18.9℃。此外，还有暗井喷雾式空气冷却器，如图11－49所示，以及小型可移动的移动式喷雾空气冷却器（图11－50）等。

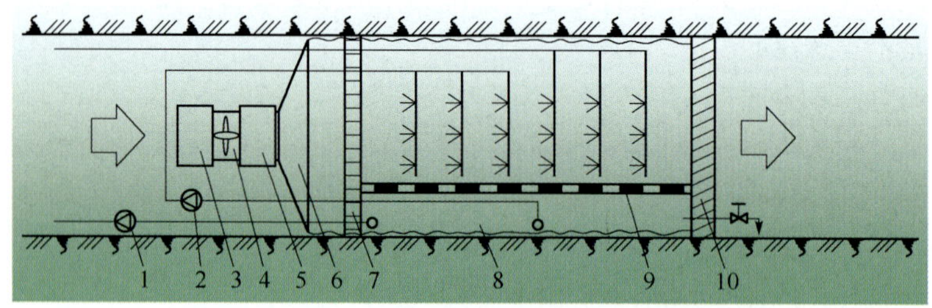

图11－48 平巷喷雾式空气冷却器示意图

1—回水泵；2—第二级喷水泵；3—消声器；4—风机；5—消声器；6—接头；7—整流器；8—外壳；9—滤水层；10—挡水板

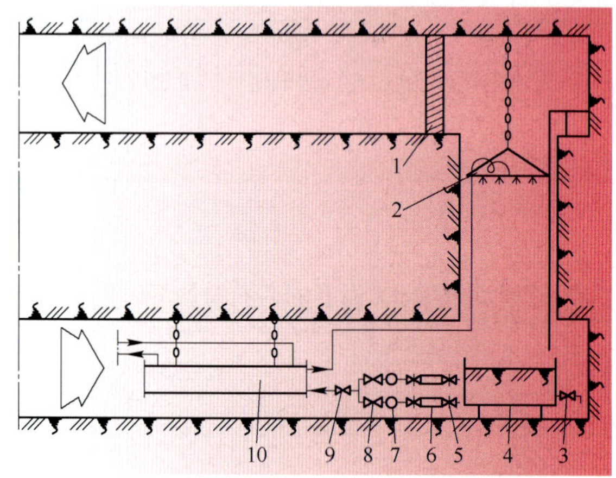

图11－49 暗井喷雾式空气冷却器示意图

1—挡水板；2—喷头；3—排污阀；4—集水池；5—楔形阀；6—过滤器；7—冷水泵；8—逆止阀；9—截止阀；10—高低压换热器

图11－48是一台二级喷雾冷却的喷雾式空气冷却器的示意图。喷雾室为圆筒形，直径4 m，有效工作段长10 m，集水池在圆筒内的下部，高为0.4 m，它只能安装在辅助巷道中，因喷雾断面将占用整个巷道断面。配用风机功率为40 kW，风量为2000 m^3/min，每一级的冷水喷水量为70 m^3/h，每一级为三排，每一排10个喷嘴。第一级冷水进水温度为8.9℃时，冷却能力可达800 kW，第二级喷水配15 kW水泵，回水泵根据回水的距离，高差配泵，喷水压力为380 kPa。

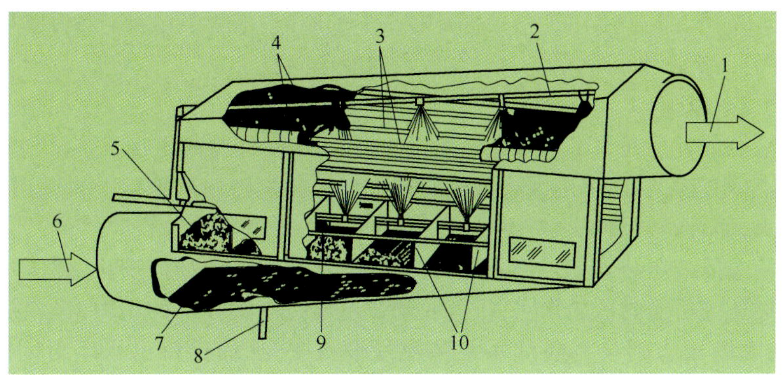

图 11 - 50 移动式喷雾空气冷却器

1—冷风出口；2—除尘管；3—水滴肋条；4—水滴分离器（层）；5—塑料网垫；
6—热风进口；7—栅格板；8—排水管（热水）；9—冷水管；10—风导流板

当使用的条件为第一级喷水量 76 m^3/h，第二级喷水量 82 m^3/h，主巷道进风干球温度为 25℃，湿球温度为 22℃，第一级进水温度为 11.4℃，第二级进水温度为 15.2℃，主巷道进风量为 1630 m^3/min 时，这台空气冷却器的实际效果是：主巷道出风干球温度为 17.5℃，湿球温度为 17.0℃。

图 11 - 49 是一台暗井喷雾式空气冷却器的示意图。井筒为水泥构筑，直径 4.5 m，高 20 m。风流从下部向上流动，冷水以逆流方式自上向下喷淋，整个断面布置一排喷嘴，共 76 个，喷水量为 84 m^3/h；进水温度为 7℃时，最大冷却效果可达 1300 kW，最大风阻为 100 Pa，因此不需要附加风机。

图 11 - 50 是移动式喷雾空气冷却器的示意图，外形尺寸较小，长度为 3050 mm，高度为 1680 mm，宽度为 406 mm。当风量为 141.6 m^3/min，风温为 29.44℃/26.67℃（干球/湿球），水量 45.6 L/min，水温为 10℃时，冷却能力可达 46 kW。

实践表明，喷雾式空气冷却器虽为开式回水，易受污染，但维护工作量很少，所以受矿山现场的欢迎。此种冷却器结构简单，材料消耗极少，尤其是可以不用贵重的钢材，再加上维护简单，因此很适合我国国情。

C 高压水的减压装置

随着井下空调需冷量的日益增大，井下制冷机的排热也日趋困难。近年来，国外一些大型的空调矿井将制冷机安设在井上，用管道将其制出的冷水送到井下的需冷地点。这种空调方式有可能成为今后热害严重矿井的主要空调方式。

在无摩擦或静止的状态下，水压的上升是由供水地点和用水地点间的高差所决定的，即：

$$\Delta p = \rho \cdot \Delta H \cdot g/1000 \tag{11-40}$$

式中 Δp——水压的增量，kPa；

ρ——水的密度，即 $\rho = 1000\ kg/m^3$；

ΔH——两点间的高差，m；

g——重力加速度，$g = 9.81\ m/s^2$。

所以高差每改变 10 m，水压便变化 9.81 kPa（约等于 1 个大气压）。

但在水流动的情况下，即存在摩擦压头损失量为 h_f（m）时，其水压的改变量为：

$$\Delta p = \rho \cdot (\Delta H - h_f) \cdot g/1000 \tag{11-41}$$

同高差 ΔH 对比而言，摩擦压头的损失量 h_f 一般是不大的，所以在上述两种状态下，水压的改变量都是很可观的。由于高压管路昂贵及安全上的原因，不希望在井下布设高压管路、使用高压水。因此，在井下空调中就存在着一个高压水的减压问题。

a 贮水池或减压阀

最简单的减压装置是在井下用水地点附近建造贮水池，即将高压水直接排到贮水池卸压，然后根据用水地点的具体条件，采用泵或自流的方式将水输送到用水地点上去。用贮水池的主要缺点是开凿量大，而且经常清洗很费工。

另一个较简单的减压装置是采用减压阀，不管进水量与水压如何变化，减压阀可自动、可靠地将高压进水减压为所需的低压出水，压力的调节可借控制膜片上的压力来实现。当进水压力上升时，其所增大的压力则会将膜片压入到膜片槽里去，从而保持出水压力固定在预定的数值上。

当水向下流动时，要损失位能，如这部分能量不对外做功，就要全部转换为热能，水温就要上升。温升的幅度可用下式来进行计算：

$$g \cdot \Delta H = C_p \cdot \Delta t \tag{11-42}$$

式中 C_p——水的比热容，$C_p = 4.19\ \mathrm{kJ/(kg \cdot K)}$；

Δt——水的温升，℃。

水位每下降 1000 m 时，水的温升为：$\Delta t = 9.81/4.19 = 2.34$℃。这是一个相当大的数字，采用贮水池或减压阀减压都存在着这个温升问题。

b 高低压换热器

当水在水管里处于有压状态流动时，其温升只和进水温度有关。当进水的温度为 30℃，水位下降 1000 m 时，温升仅约 0.2℃；如进水温度约在 3℃以下，则其温升可忽略不计。高低压换热器将高压水和低压水进行热交换，可以消除冷水显著的温升。常用的高低压换热器多为圆筒管束型，低压水在管束内流动，高压水在圆筒内，管束外流动。这样的布置使薄管外壁可承受较大的压力，且便于对管内进行清扫。常用的高低压换热器如图 11-51 所示。

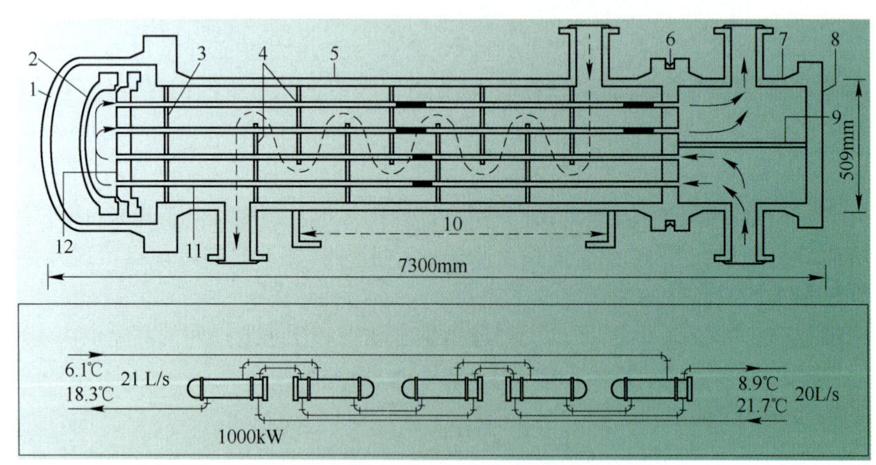

图 11-51 高低压换热器示意图

1—筒体顶盖；2—管头板盖；3—支撑板；4—转向隔板；5—筒体；6—固定的管头板；7—集水箱；8—集水箱盖；9—流程隔板；10—支座；11—换热管束；12—浮动管头板

图 11-51 所示高低压换热器的技术特征是：(1)壳体为单流程，管内为双流程；(2)最大的工作压力为 8600 kPa；(3)浮动管头板可抵偿换热管束冷缩热胀的压力，并便于对管束进行清洗；(4)集水箱便于观察及清洗管束内侧；(5)管束的管子数为 201 根。

图的下半部是由五台高低压换热器组成的换热器组,高压的冷水从图的左侧进出换热器,进水量为21L/s。其流程如图所示,进水温度为6.1℃,出水温度为18.3℃。被冷却的冷水从图的右侧进出换热器组,其流程也如图所示,进水量为20L/s,进水温度为21.7℃,回水温度为8.9℃,总换热量可达1000 kW。

这种高低压换热器的优点包括:

(1) 高压水是有压循环,所以温升很小;

(2) 由于低压水一般易受污染,而在管子内流动,便于清洗;

(3) 高压水为闭路循环,所以将它泵回地面所需的动力最小,费用也最低;

(4) 二次低压水的水压可根据需要,借泵输送出去;

(5) 蒸发器系统得以保持清洁。

其缺点是:

(1) 在高压进出水和低压进出水间存在着温度跃迁,在图11-51上为2.8℃及3.4℃,所以未能充分利用制冷站输送出来的冷量,为了缩小温度跃迁,换热器就需要做得很大;

(2) 整套装置非常昂贵,一般可达同容量制冷机组费用的60%~70%;

(3) 需要开凿相当大的硐室;

(4) 管理与维护的工作量很大;

(5) 整套装置很难移动。

在进行设计与建造高低压换热器前,需依据具体条件对其优缺点进行详细的分析,以免造成浪费。

为了能及时有效地清洗低压水管内壁上的积垢,目前采用了一种特制的毛刷。利用水流将毛刷从管子的一端带到另一端,在管子的端部设一栅套,使毛刷不会完全脱离管端。隔一定时间(如2小时)后改变水流的流向,毛刷便从另一端冲回到原来的一端,这样来回地冲刷,污垢便很难淤积在管子内壁上,管刷的安装如图11-52所示。

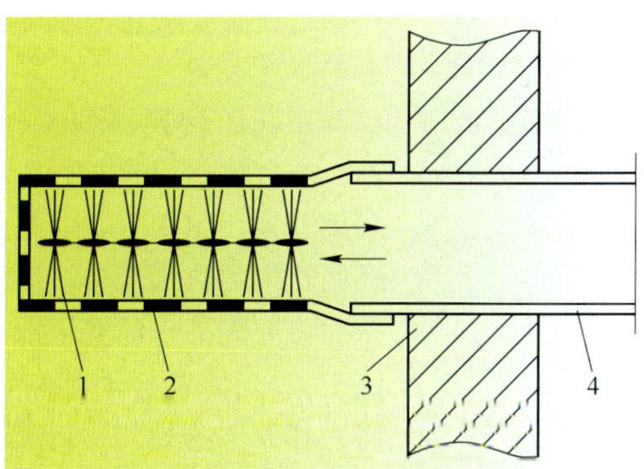

图11-52 管刷安装示意图

1—尼龙毛刷;2—尼龙栅套;3—管头板;4—换热管子

c 水能回收装置

为了充分利用水的位能,减少水流向下流动时的温升及消除在高低压换热器中的温度跃迁,20世纪80年代以来,一些矿井热害严重的国家,先后采用了数量众多的水能回收装置,如果不用这种回收水能装置来缩减将水排回到地面上去的水泵功率及降低温升,则将制冷站建在井上的经济合理性就不存在。由于井下排热困难,这些国家的深井井下气候条件将要比现在困难得多。

水能回收装置一般被用来协助水泵将水排回到地面上去，所采用的机械多为斗轮式水轮机，水轮机可直接与水泵联结，用它带动水泵排水，也可将它和发电机连接，其所发出来的电能则输送到馈电电网上。发电的效率要比水轮机低15%左右，但其管理与监控要比前者简易得多，所以采用得较多。它们所能回收的能量可按下式进行计算：

$$W = (\Delta H - h_f)g \cdot Q \cdot \eta_t/1000 \tag{11-43}$$

式中 W——回收的能量值，kW；

Q——水量，L/s；

h_f——管路的摩擦水头缺失，m；

η_t——水轮机的效率，%。

例如，当流量为 $Q=100$ L/s 的水，经 $\phi250$ mm 的管道沿1500 m井筒垂直向下流动时，如其摩擦水力损失 $h_f=25.5$ m，水轮机的效率 $\eta_t=0.75$，则其回收的能量为：

$$W = (1500 + 22.5) \times 9.81 \times 100 \times 0.75/1000 = 1087(\text{kW})$$

设水泵的效率 $\eta_p=0.75$，电机效率 $\eta_m=0.95$，则将水排回到地面上时水泵所需的功率 N 为：

$$N = (1500 + 22.5) \times 9.81 \times 100/(1000 \times 0.75) = 1991(\text{kW})$$

由于采用了水能回收装置——水轮机，其回收的功率为1087 kW，则水泵实际上所需的功率为 $(1991-1087)/0.95=952$ kW，则水能回收的效率 η 为：

$$\eta = [(1991 - 952)/1991] \times 100\% = 52.2\%$$

如不采用水能回收装置，水温要上升 $1.5\times2.34=3.51$℃，如不计水管同外界的换热，则水在井底车场里的总能量增量为 $1500\times9.81\times100/1000=1471.5$ kW。现回收能量为1087 kW，则实际用于温升的能量为 $1471.5-1087=385$ kW，则其温升为 $385/(4.19\times100)=0.92$℃，所以可减少水温上升的幅度为：$3.51-0.92=2.59$(℃)。

d 高低压转换器

最近国外研制出一种新型的水能回收装置——高低压转换器，它长2.6 m，宽1.6 m，高4.4 m，其温度跃迁一般可降到0.2℃，是一种很有前途的降压装置。

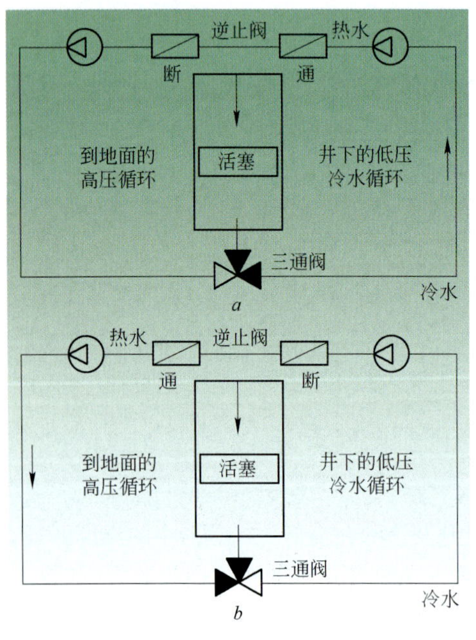

图11－53 高低压转换器结构示意图

a—低压转换行程；*b*—高压转换行程

高低压转换器的工作原理如图11－53所示。在一个缸体里，可以自由移动的活塞将冷水和热水隔离开来。图11－53*a*描述的是从井下低压冷却循环回路中的热水流进缸体的上部，使活塞向下移动，从而将原先处于活塞下部的冷水排到井下的冷水回路中去，当活塞移动到缸体的下端时，转动三通阀，将它和井下的低压冷却循环回路断开，同时将缸体和井上的高压循环回路连通，如图11－53*b*所示。这时，处于缸体中的水便处于高压状态。当通向井上高压循环回路的单向阀打开时，自井上来的冷水便进入缸体，推动活塞向上移动，从而将位于缸体上部的热水排到通往井上的高压循环回路中去，即将热水排到井上去。当活塞移动到缸体的上端时，三通阀再一次发生转动，重新进行上述的低压水转换行程。这样便依次地交换着高压水与低压水的转换行程。为了能使水流连续地流动，需要有三套这种按预定行程交替工作的转换器。这种高低压转换器结构简单，主要是由一个缸体，一只三通阀和两只单向阀组成。在其低压行程中，高压水被暂时地储存起来，而在高压行程中，低压水被暂时地储存起来。

另一种带有储水室的同步行程高低压转换器的工作原理如图 11－54 所示。图 11－54a 描述的是低压水转换行程，这时高压逆止阀和流向转换器的控制器处于断开位置，高压循环回路和低压循环回路形成附加的贮水室。在低压转换行程里，高压水流向高压储水室，使活塞和活塞连杆向上移动，低压贮水室里的活塞也向上移动。这样，原来位于高压贮水室上部的热水便被排送到地面上，而从地面来的冷水便被吸入到高压贮水室的下部，而井下低压回路的热水便被吸入到低压转换器的上部，原来位于低压转换器下部的冷水便部分地被输送到井下低压回路中去，另一部分则被吸进低压贮水室的下部，原来位于低压贮水室上部的热水便被排到低压转换器的上部。当活塞移动到其终点时，控制器便转换了位置，低压水转换行程便告结束，高压水转换行程宣告开始，如图11－54b 所示。这时高压贮水室和低压储水室里的活塞便向下移动，将冷水输送到井下低压回路并将热水排送到地面上去，在这种高低压转换器里，转换时间约为 3 s。

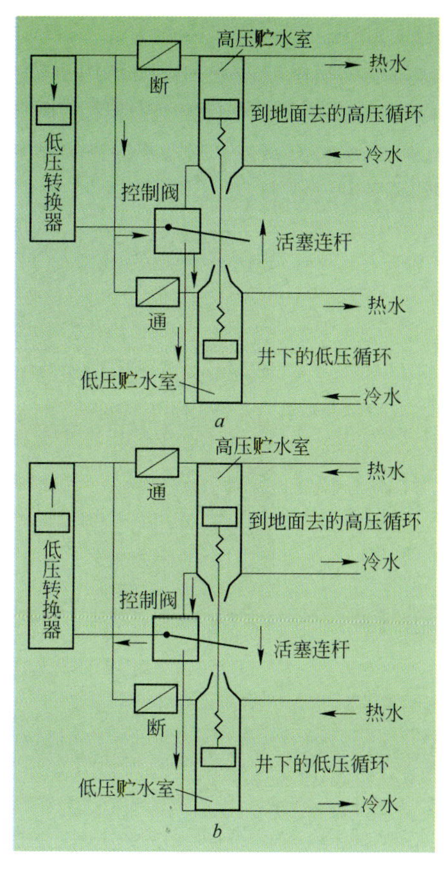

图 11－54　同步行程高低压转换器结构示意图

a—低压转换行程；b—高压转换行程

11.3.3.3　矿山实例

Xstrata 公司所属的 Kidd 铜锌矿位于加拿大安大略省 Timmins，1966 年露天矿投产。现通过 3 座竖井开采深部，目前 3 号区 Ⅱ 期正在进行开拓，D 区则将延深到 3 号区以下，深度为 2100 ~ 3000 m。

柴油设备、电动设备在狭小巷道中运搬矿岩，采后充填以及硫化矿石氧化都增加了井下热负荷，但 Kidd 矿主要的热负荷是压缩空气的影响。

Kidd 矿压缩空气是每 1000 m 温度升高约 6℃（干球温度），湿球温度约 4℃，因此进入矿井的地表空气温度对井下温度有极大影响。此外，作业区岩温对井下气温亦有影响。Kidd 矿地热梯度为每 1000 m 增温 11.2℃。地表岩温仅 1.5℃，68 水平岩温 24.7℃，而 D 区底部 90 水平岩温则上升到 31.9℃。

D 区可行性研究中采用了 2000 年英国一家咨询公司的研究结果，3 号区 Ⅱ 期的热负荷为 4.7 MW，D 区 1 段为 8.4 MW，D 区 2 段为 11 MW，其中压缩空气占热负荷的 75% ~ 100%，D 区 2 段岩温仅占总热负荷的 8%。

20 世纪 90 年代初，3 号区利用供给新风进行矿井自然冷却。转入地下开采，冬季地表冷风经露天坑底进入地下，1 月份气温降到零下 25.4℃，据统计，由此每年可在井下结冰约 12 万 t，通过井下结冰冷却采场进行夏季的矿井降温。2800 水平安装 2 台 1.37 m（54 英寸）184 kW（250 马力）的轴流扇风机，将冷风经过 3 号井送至 3 号区 Ⅰ 期各水平，制冷量约为 8.5 MW（R），占矿山送风量的 1/4。

Kidd 矿 D 区扩建项目前已交工投产，项目决定增加机械制冷系统用于深部降温。2004 年 7 月安装一台压缩机为 D 区 1 段和 3 号区 Ⅱ 期区段制冷降温。

全部制冷设备和空气冷却器(BAC)均设在地表，在改做通风井的 1 号井塔起重机硐室内安装了 BAC。制冷机制冷能力为 75 MW(R)，氨作为制冷剂，压缩机功率为 1.3 MW(1750 马力)，螺旋压缩机配冷凝器和蒸发器用于热交换。冷却水流过空气冷却器然后返回制冷机，通过 2 个高密度聚乙烯管(HDPE)形成闭路循环，HDPE 管径 400 mm，壁厚 38 mm，设施见图 11－55。仅需要少量水补充蒸发。1 号井的进风量约占全矿新风量的 35%，这些冷风作为新风由井巷再经 4 号提升井送往 D 区。

图 11－55　室内外制冷设施

a—室内；*b*—室外(两根高密度聚乙烯水管、交互冷凝器、冷却塔)

BAC 为两段交互流动。约 6℃ 的冷却水泵满顶槽，顺槽垂面而下，汇集到底池以备再次泵吸。进入制冷机时水温约 13.4℃，冷却后的风温干球为 10.1℃，湿球温度 9.4℃。

冬季地表气温低至零度以下，设备停机，BAC、管路，冷凝器和其他设施均排空用水，以备翌年使用。已进行了扩大冷采场制冷的试验，该自然制冷的方式较机械制冷更经济。

参考文献

1　郭然，潘长良，于润沧. 有岩爆倾向硬岩矿床采矿理论与技术. 北京：冶金工业出版社，2003

2　Mendecki A J. Seismic Monitoring in Mines, London: Chapman and Hall, 1997

3　Wilson Blake and David G F Hedley. Rockbursts Case Studies from North American Hard-Rock Mines, Published by the Society for Mining, Metallurgy and Exploration, inc. 2003

4　Jack de la Vergne. Hard Rock Miner's Handbook, Edition3, Ontario: McIntosh Engineering, 2003

5　岑衍强，侯祺棕. 矿内热环境工程. 武汉：武汉工业大学出版社，1989

6　余恒昌，邓孝，陈碧婉. 矿山地热与热害治理. 北京：煤炭工业出版社，1991

7 范天吉. 煤矿通风综合技术手册. 吉林:吉林电子出版社,2003

8 张国枢. 通风安全学. 北京:中国矿业大学出版社,2001

9 赵以蕙. 矿井通风与空调. 北京:中国矿业大学出版社,2001

10 Hartman H L, Mutmansky J M, Ramani R V, et al. Mine Ventilation and Air Conditioning, Third Edition. John Wiley and Sons, 1997

11 Hartman H L. Environmental Health and Safety// Hartman H L, SME Mining Engineering Handbook, 2nd Edition, Society for Mining, Metallurgy and Exploration, 1992

12 Kingery D S. Introduction to Mine Ventilating Principles and Practices, U. S. Bureau of Mines Bulletin #589, U. S. Govt. Printing Office, 1960

13 Bandopadhyay S. Computer Applications in Mine Ventilation and the Environment// Hartman H L,SME Mining Engineering Handbook, 2nd Edition, Volume 1 :1139 ~ 1153, Society for Mining, Metallurgy and Exploration, 1992

14 Bandopadhyay S, Wu Hanguang, Nelson M G, et al. Ventilation Design Alternatives for Underground Placer Mines in the Arctic// Ramani R V, Proceedings of the 6th International Mine Ventilation Congress : 57 ~ 61, SME/AIME, 1997

15 Bandopadhyay S, ZHANG Yuwu. Parametric Analysis of Heat and Mass Transfer Process in Arctic Mine Ventilation// Singhal L, Proceedings of the Seventh International Symposium on Mine Planning and Equipment Selection : 803 ~ 810, A. A. Balkema Publishers, 1998

16 Kingsley Hortin . How Kidd keep its cool . Mining Magazine . 2007,197 (2) 40 ~ 42

12 溶浸采矿

12.1 概　述

溶浸采矿是一项具有悠久历史的采矿技术，最早用于回收铜，20 世纪 50 年代发展到回收铀、金、银，现在认为镍、铝、锰等属于潜在的有可能利用溶浸法回收的矿种。溶浸采矿有四种类型：原矿堆浸（Heap leaching）、废石堆浸（Dump leaching）、搅拌浸出（Agitated leaching）和原地浸出（In-situ leaching）。废石堆浸用于处理含矿废石、低品位矿石或尾矿。原矿堆浸用于处理新开采的中等品位的氧化矿、次生硫化矿，往往需要将矿石先行破碎，然后筑堆浸出，原生硫化矿，如黄铜矿的堆浸还处于试验阶段。搅拌浸出主要用于中等到高品位的原生硫化矿精矿的槽浸。原地浸出又有原地爆破浸出、崩落区浸出、地表钻孔原地浸出（当矿体渗透率不能满足要求时辅以水压致裂）等不同方式。

12.1.1 历史

在我国，公元前 177 ~ 公元前 122 年西汉时期，已有“蓝矿石能将铁转化为铜”的记载；唐代（907 ~ 960 年）形成胆铜（即将含硫酸铜溶液用铁置换生成铜粉，再经熔炼得到的粗铜，当时称为胆铜）工艺流程；北宋年间（1101 ~ 1104），德兴的兴利场和铅山的铅山场的胆铜的年产量已初具规模，分别达到 25.5t 和 190t。在国外，16 世纪匈牙利在矿坑酸性水中回收铜；17 世纪秘鲁的阿朗佐·巴尔布拉(Alonzo Barbra)记述了从矿坑水回收铜的过程;1752 年西班牙的里奥廷托首次大规模采用铜浸出置换技术;美国 1880 年实现从矿坑水中提取海绵铜,1930 年在宾汉(Bingham)铜矿建成大型露天废石堆浸场和浸出液循环系统,1968 年又在迈阿密建成第一个大型铜矿石堆浸和萃取设施。从 20 世纪 80 年代初开始,受铜价周期性低迷、开采品位日益降低、环保要求愈来愈严格的影响,美国的铜工业处于十分尴尬的境地。随着溶浸采矿的发展,90 年代初美国的铜工业便开始复苏。1992 年电积铜产量已占到 30%,其中仅亚利桑那州就有 12 处溶浸场地,并建立了相应的萃取和电积工厂。智利紧随其后,大力发展浸出法回收铜,到 1996 年,其阴极铜产量已超过美国,目前已占世界总产量的一半以上(52%)。1990 年以来 SX-EW 阴极铜产量占矿产铜的比重如表 12-1 所示。

表 12-1　世界 SX-EW 阴极铜占矿产铜比重

年　代	精铜产量/万 t	矿铜产量/万 t	阴极铜产量/万 t	阴极铜占矿产铜比重/%	美国阴极铜产量/万 t	智利阴极铜产量/万 t
1990	1080.94	895.68	69.62	7.8	39.34	10.99
1991	1068.80	909.94	77.17	8.5	44.12	12.25
1992	1116.98	941.58	82.62	8.8	51.03	12.50
1993	1230.63	947.44	78.29	8.3	49.05	15.51
1994	1116.62	954.49	84.36	8.8	48.48	20.10
1995	1182.94	1014.14	106.85	10.5	52.80	37.52
1996	1275.64	1111.06	142.32	12.8	52.88	63.57
1997	1359.95	1147.96	177.36	15.5	58.70	88.10
1998	1411.99	1227.27	202.69	16.5	60.87	110.81
1999	1446.52	1274.93	231.27	18.1	58.60	136.21
2000	1480.45	1323.30	230.97	17.5	55.60	137.23
2001	1568.32	1373.84	255.55	18.6	62.80	153.82
2002	1536.52	1356.12	260.66	19.2	60.10	160.20
2003	1524.49	1368.65	265.75	19.4	59.10	165.31
2004	1574.35	1448.79	262.60	18.1	58.42	163.64
2005	1656.79	1498.62	252.28	16.8	55.11	157.37
2006	1698.80	1511.65	271.92	17.9	53.02	169.18
2007	1796.36	1556.95	282.07	18.1	52.50	183.21

从表 12-1 不难看出,SX-EW 阴极铜的产量在过去的十多年中发展十分迅速,特别是智利,这与资源特点有关,溶侵技术的发展也起到了重要的促进作用。不过溶浸采矿有一定的适用范围,也有一定的局限性,主要受矿石中矿物成分、矿物学特性和浸出剂的限制。

12.1.2　铜矿石浸出

对于铜矿石而言,氧化矿石包括氧化物、硅酸盐、碳酸盐、氢氧化物和亚氯酸盐均可采用酸浸或铵浸,形成可溶性铜的混合物。硫酸通常是氧化矿石浸出的首选浸出剂,其代表性化学反应为

$$CuCO_3Cu(OH)_2 + 2H_2SO_4 \longrightarrow 2CuSO_4 + 3H_2O + CO_2$$

硫酸浓度至关重要，对于浸出周期短的槽浸和搅拌浸出，浓度高有利于促进铜的快速和完全溶解，但对于浸出周期长的堆浸，浓度高会造成脉石中的硅、钙析出而带来严重问题，同时也增加酸耗。

硫化矿石或混合矿石的浸出因需要在氧化过程中完成，比较复杂，三价铁是铜的有效氧化剂。但黄铜矿较之次生矿物如辉铜矿、铜蓝更为难浸，反应也比较复杂，其典型的化学反应为：

$$4Fe^{3+} + CuFeS^{2} \longrightarrow Cu^{2+} + 5Fe^{2+} + 2S^{0}$$

$$S^{0} + H_2O + \frac{3}{2}O_2 \longrightarrow H_2SO_4$$

12.1.3 铀矿石浸出

在国外，铀矿石多采用原地浸出，商业化的堆浸并不多见，但也有如阿根廷 Los Gigantes 矿硫酸堆浸、美国宾汉(Bingham Canyon)在铜矿废石堆浸中附产回收铀等一些实例。我国铀矿堆浸应用已非常普遍，原地浸出也已在工业生产中得到应用。通常处理沥青铀矿和水硅铀矿可选用酸法浸出或碱法浸出，如用硫酸－硫酸铁作浸出剂处理砂岩型矿石，用碳酸氢钠或碳酸氨浸出含钙砂岩中的沥青铀矿。在后者的浸出系中，氧化剂多采用双氧水。上述两种情况都需将四价的铀氧化成六价的铀而溶解在浸出液中。在稀硫酸(pH = 1.6 ~ 2.0)中铀被三价铁氧化至溶液中形成稳定的硫酸铀酰混合物，与此类似，碳酸氢钠或硫酸氢钠则使之形成硫酸铀酰。

在酸性回路中的反应：

$$UO_2 + Fe_2(SO_4)_3 \longrightarrow UO_2SO_4 + 2FeSO_4$$

$$UO_2SO_4 + 2H_2SO_4 \longrightarrow [UO_2(SO_4)_3]^{4-} + 4H^{+}$$

在碱性回路中的反应：

$$2UO_2 + 2H_2O \longrightarrow 2UO_3 + 2H_2O$$

$$UO_3 + Na_2CO_3 + 2NaHCO_3 \longrightarrow Na_4UO_2(CO_3)_3 + H_2O$$

12.1.4 金矿石浸出

碱性氰化钠溶液几乎是商业化金、银浸出作业唯一的浸出剂，有两种形式的反应：

$$2Au + 4CN + O_2 + 2H_2O \longrightarrow 2Au(CN)_2 + H_2O_2 + 2OH^{-}$$

$$4Au + 8CN + O_2 + H_2O \longrightarrow 4Au(CN)_2 + 4OH^{-}$$

金的溶解率取决于氰化物的浓度和氧的含量以及溶液的碱度，最优的 pH 值为 10.3，但很多生产者通过添加石灰乳等采用更高的碱度。理论上金可以完全溶解，而实际生产中，浸出率很少超过 85%，实际回收率低到 40% ~50% 的并非不常见。

银虽然通常可与金同时浸出，但并不很有效。

为了克服氰化物浸出时固有的缺陷，也研究出一些其他的贵金属的浸出剂，但基本上只适用于高品位矿石和精矿的浸出，由于费用关系，还不能用于低品位矿石浸出。

12.1.5 生物浸出

天然细菌对铜矿石的氧化作用以及其浸出铜的功能早已为人们所熟知。生物浸出就是利用微生物对硫化矿物进行氧化，被氧化的元素溶解以离子状态进入溶液中，然后对浸出溶液作进一步处理。生物浸出在工业上用以处理铜、镍、钴、锌、铀矿石，而生物氧化则用于难处理的金矿石和煤的脱硫，几乎所有分子结构中有硫存在的矿物都能进入生物氧化技术应用的研究范围。对于硫化铜矿石，生物浸出是用细菌催化硫化铁的氧化，形成三价铁和硫酸，三价铁作为强氧化剂使铜的硫化矿物氧化，随之所含的铜被硫酸浸出。对于铀，硫酸铁将四价的氧化铀（不溶于酸）氧化成六价的氧化铀，然后被硫酸浸出。在难处理金矿石生物氧化过程中，细菌的作用是使包裹金粒的黄铁矿基岩氧化，从而使金可由氰化浸出。

国内外工业化生物浸出实例包括：

废石堆浸包括：Bagdad 铜矿，美国；Morenci 铜矿，美国；Pinto Valley 铜矿，美国；Siarrita 铜矿，美国；德兴铜矿，中国。

矿石堆浸包括：Cerro Colorado 铜矿，智利；Cananea 铜矿，墨西哥；Chuqicamata 铜矿 SBL，智利；Collhuasi 铜矿，智利；Girilambone，阿根廷；Ivan Zar 铜矿，智利；Morenci 铜矿，美国；Punta del Cobre 铜矿，智利；Quebrada Blanca 铜矿，智利；Salvador 铜矿 QM，智利；Sociedad Minera Pudahual，智利；Zardivar 铜矿，智利；Spence 铜矿，智利；Cerro Verde，秘鲁；紫金山铜矿，中国；官房铜矿，中国。

金精矿生物氧化预处理提金包括：Ashanti，加纳；Fairview，赞比亚；Harbour Lights，澳大利亚；Mount Leyshon，澳大利亚；Sao Bento，巴西；Wiluna，澳大利亚；Youanmi，澳大利亚；Tamboraque，秘鲁；烟台黄金冶炼厂，中国；天承公司生物氧化提金厂，中国；天利公司生物氧化提金厂，中国；阿西金矿生物氧化提金厂，中国。

1959 年出现 SX-EW 工艺之前，从酸性溶液中回收铜只能先采用铁屑置换，然后再将沉淀铜加以熔炼、精炼，得到精铜。采用 SX-EW 工艺后，铜的浸出富液处理完全进入湿法冶金流程。随着生物氧化技术的发展应用，许多含铜硫化矿物均可浸出，然而原生黄铜矿仍处于难用嗜温细菌浸出的状态。生物浸出最初是从废石堆浸发展起来的，随着该项技术的逐渐进步，形成了工艺过程可控性方法，即在可控浸池（矿石堆浸）或搅拌槽中浸出金属。在这种情况下，矿石品位和被浸矿石块度就成为选择浸出工艺的控制因素，参见图 12－1。

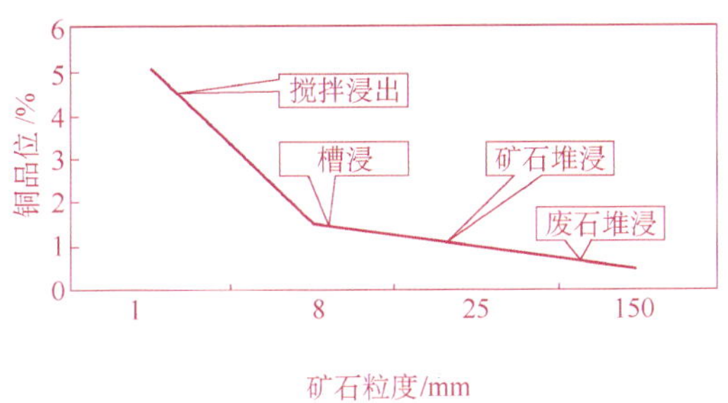

图 12－1　矿石品位、粒度与浸出过程的关系

12.1.6　目前可用于处理黄铜矿的几种工艺

以黄铜矿为主的原生矿约占世界尚保有铜储量的 70%，进入 21 世纪，若干企业在原生矿浸出方面已经取得了重要的突破。虽然都是用浮选精矿浸出，但总体上对节约建设投资、降低生产成本和改善环境状况效益显著。下面介绍几种处理黄铜矿的工艺。

（1）加压浸出工艺（Phelps Dodge 公司与 Placer Dome 公司合作）　Phelps Dodge 公司的 Bagdad 选矿厂有 95% 的精矿为黄铜矿，通过试验，投资 4000 万美元建立了年处理精矿 56700t 的示范工厂，于 2003 年 3 月投入生产。加压浸出工艺包括：精矿二次浆化系统、压力溶浸釜（PLV）、闪蒸槽和气体洗涤、四段逆流沉淀（CCD）、四段浸渣中和系统及含铜溶液储池。工厂的中心部分为直径 3.83 m、长 17.67 m 的压力溶浸釜，其运行额定压力为 3.26 MPa，温度 225℃，内分为 5 个隔间，用蒸汽加热的矿浆在每一隔间都进行搅拌，氧气和水可相应地喷入有关各隔间，以促进氧化和浆体的冷却。PLV 的矿浆最终排入闪速釜，使其压力降至 0.02 MPa，然后再送往 CCD 浓缩机。此逆流沉淀系统由 4 台浓缩机组成，在每一台浓缩机中均加入絮凝剂，以促进固体沉降，实现固液分离。第一段浓缩机的溢流泵入富液池，第四段浓缩机的底流排往浮选厂的尾矿库。铜的回收率可达 98%。在此示范厂经验的基础上，2005 年投资 2.1 亿美元在莫仑西（Morenci）铜矿建设了生产厂。

（2）Albion 工艺（澳大利亚 MIM 公司） 1993 年开始研发 Albion 工艺并用于处理巴布亚新几内亚的高砷铜金矿，其工艺实质是低成本超细磨机（IsaMill）磨矿（该工艺的关键部分）、加氧自热常压搅拌浸出。之后的两三年，为 Highlands Pacific 处理同类矿石建了不同的小规模连续试验厂。1997 年，为多米尼加 Pueblo Viejo 锌/金资源的可行性研究建了 120 kg/d 锌阴极试验厂。1998 年为 Cyprus Amax，2000 年为 Mount Isa 矿开展了低品位黄铜矿浸出扩大小型试验。2001 ~ 2005 年期间，又为处理 McArthur River 和 Mt Isa 铅锌混合精矿进行了预可研和可研的小型试验。Xstrata Technology 兼并 MIM 后，为了其铜和锌项目仍积极发展此项技术。

（3）GEOCOAT™ 工艺（GeoBiotics 公司）（US 专利 6107065，August 22，2000 和 US 专利 6110253，August 29，2000）处理黄铜矿精矿的堆浸工艺，其实质是在“承托岩石”（通常是低品位矿石）或基质物料上覆盖精矿浆，然后将这些被覆盖的物料布料筑成生物氧化堆。“承托岩石”和精矿的重量比为 5:1 ~ 10:1，采用嗜热细菌，包含硫酸、三价铁和营养基的浸出液喷淋于浸堆，同时通过敷设在浸堆底部的多孔管用低压送入空气。氧化反应散发的热能使浸堆温度升至 50℃以上，一般经过 210 d 氧化过程完成，铜被浸出。

（4）BioCop™工艺（BHP Billiton 公司）（US 专利 6245125，June 12，2001）。浸出作业在装有稀硫酸、鼓入空气的搅拌反应器中进行，采用耐 60 ~ 90℃的嗜高温微生物，同时加入营养基以及石灰，以保持溶液的 pH 值并为细菌的繁殖提供 CO_2。铜精矿的加入量以每升富液含 30 ~ 40 g 为准，黄铜矿精矿的浸出周期约为 10 天左右。该公司的 BioNIC 工艺用于在搅拌槽中氧化和浸出硫化镍矿石，BioZINC 工艺用于在搅拌槽中氧化和浸出硫化锌矿石。Codelco、BHP Billiton 和 Nippon Mining and Metals 合作在智利 Chquicamata 铜矿以 6000 万美元建设了采用此项工艺年产 20000 t 阴极铜的中试厂。

（5）BacTech/Mintek 工艺（Bactech 环境公司与 Mintek 公司）（US 专利 5429659，July 4，1995 和 US 专利 4729788，March 8，1988）。浸出在一系列逆流反应器中进行。两项有专利权的生物反应器在墨西哥进行试验，其一为 Circox™生物反应器，原本用于市政排水和工业废水生物处理，该反应器采用空气升液器形成固体在反应器内的循环；其二是 BAR（Bactec Areated 反应器）嗜热微生物德文杜环境为 25 ~ 55℃，反应器内 pH 值保持在 0.5 ~ 2.5，从周围空气获取 CO_2 用以气提固体物料，同时在浸出液中加入营养基，浸出周期约为 30 天。Bactec-Mintek 在纳米比亚 Haib 铜矿试验了其工艺技术，该矿有铜品位为 0.41% 的资源量 3 亿 t，按此工艺技术可年产阴极铜 10 万 t。

（6）Hydro Copper™工艺（Outokumpu Technology 公司），这是用氯化盐浸出黄铜矿精矿的新工艺。铜精矿的浸出在搅拌反应槽中进行，温度为 85 ~ 90℃，以 Cu^{2+} 作氧化剂，得到含 CuCl 的浓氯化钠溶液（250 ~ 300 g/L）。浸出在三段逆流系统中完成，将空气或氧吹入各反应槽中，在 pH = 1.5 ~ 2.5 的条件下将 Fe^{2+} 离子氧化成 Fe^{3+} 并以氢氧化物或氧化物形式沉淀。随着硫化矿物的溶解，金、银等元素均进入浸出液。浸出渣的主要成分是氧化铁和元素硫以及一些原来精矿中的脉石矿物。浸出过程中，很少量的硫被氧化成硫酸盐，可用加石灰以形成石膏的方法除去。Cu_2O 沉淀过程中形成的纯氯化钠溶液进入氯 - 碱电解槽电解，生成氢氧化钠、氯气和氢气。氢氧化钠溶液返回氧化亚铜沉淀工序，氯气用于精矿浸出阶段氧化 Cu^+ 溶液以得到 Cu^{2+} 溶液，氢气用以还原氧化亚铜制取金属铜。这一工艺的优点在于：

1）可从铜精矿直接生产铜粉，铜粉熔化后便能浇铸成铜材，如铜线、铜棒等，相当于从铜精矿直接生产高质量的 LME A^+ 铜；

2）可同时回收金、银；

3）可处理较低品位的黄铜矿精矿，有利于扩大低品位资源的利用；

4）采用高强度的氯－碱电解槽，工艺过程完全在严密封闭状态下进行，将生产铜的电解过程转化为复杂先进的化学过程，不产出硫酸，安全、环保条件好；

5）生产能力可达 20000～150000 t/a，且不需要很大的储仓。

奥托昆普公司的 Hydro Copper™工艺流程如图 12－2 所示。

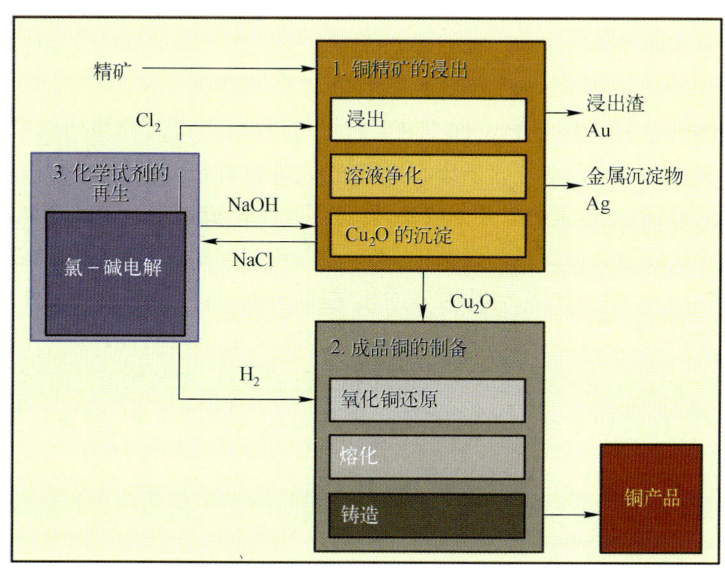

图 12－2 奥托昆普公司 Hydro Copper™工艺流程图

奥托昆普公司在芬兰 Pori 应用此项工艺技术建设了日产 1t 铜棒的示范工厂（如图 12－3 所示），并与蒙古的额尔登特（Erdenet）矿业公司签订协议，将在额尔登特矿建设年产 50000 t 铜线的工厂。

图 12－3 奥托昆普公司 Hydro Copper™工艺示范工厂

12.2 溶浸采矿的地面堆浸技术及矿山实例

12.2.1 概述

地面堆浸分为矿石堆浸(Heap leaching)和废料(也称含矿废石)堆浸(Dump leaching)。地面堆浸和原地浸出不同,它必须与露天开采或地下开采相结合,地面堆浸的原料来源于采矿,或者以原矿块度(一般为含矿废石、低品位矿石),或者矿石经破碎后进行浸出,也包括尾矿的浸出,浸出富液经湿法冶金处理回收金属。堆浸只适用于硬岩矿石。通常浸出周期较长,需数十天至数百天。

地面堆浸可以作为主要生产方式,即全部矿石进行堆浸;也可以作为辅助生产方式,即高品位矿石进行选矿,低品位矿石,甚至含矿废石进行堆浸,在这种情况下,往往可以通过调整矿床边界品位增加矿产储量,提高金属的综合回收率,降低平均生产成本。

堆浸技术的成功应用必须满足两组条件,其一是与被浸物料性质有关的条件,包括必要的勘探与勘察,被浸物料的矿物学性质、含矿母岩的化学和物理特性以及适合溶浸并具有回收价值的足够数量的被浸物料;其二是必须开展必要的试验工作,确定正确的设计参数,通过合理的外推放大建立有效的堆浸设施,包括合理的矿石处理和完善的筑堆、布料系统、正确的衬垫设计,适合的浸出液(包括微生物菌种选择)及喷淋系统,富液收集及水的平衡,符合环保要求的废堆复垦等。

含矿母岩的变化,如斑岩变为二长岩,即使对于相同的铜矿化作用也将影响酸耗,甚至引起浸出率的变化。

多数氧化矿物在硫酸中反应很快,次生矿物加上自然铜和赤铜矿也很容易浸出,但需添加氧化剂,最常用的是三价铁。以黄铜矿为主的原生铜矿石则非常难溶,因此多选用浮选流程,特别是有副产品时。

对矿物异常,包括脉石和含铜矿物,也应给予足够的重视,否则有可能影响浸出作业或电积作业,甚至达到对细菌有毒的水平。

本节内容以铜矿石原矿堆浸为主兼及其他矿种和废料堆浸。

12.2.2 矿石堆浸

12.2.2.1 矿样试验及设计参数

任何一项新的浸出项目都必须进行适当的矿样浸出试验,以确定设计浸出和回收设施的有关参数,提出预期达到的生产指标。矿样试验最重要的一点就是矿样的代表性,如果矿床含有多种不同类型的矿石,应对每一种矿石和含矿母岩的矿物学特性通过全分析和原子吸附光谱测定做出评价。以铜为例,不同的硫化铜矿物在不同溶液中的溶解特性具有显著的差异,从表12-2和表12-3可以看出这种差异。如果浸出的是混合物料,则必须对混合矿样进行试验,因为混合矿样试验的结果,往往与各种矿样单独试验的加权平均结果不一致。此外,对前几年开采地段的矿样应单独进行试验,因为近地表部分风化较强,会影响生产指标和达产的时间。

表 12－2 在 10％氰化钠溶液中硫化铜矿物的溶解度（30 min）

矿物名称	分子式	铜的溶解度(23℃)/%	铜的溶解度(45℃)/%
蓝铜矿（Azurite）	$2CuCO_3 \cdot Cu(OH)_2$	94.5	100.0
孔雀石（Malachite）	$CuCO_3 \cdot Cu(OH)_2$	90.2	100.0
赤铜矿（Cuprite）	Cu_2O	85.5	100.0
硅孔雀石（Chrysocolla）	$CuSiO_3$	11.8	15.7
辉铜矿（Chalcocite）	Cu_2S	90.2	100.0
黄铜矿（Chalcopyrite）	$CuFeS_2$	5.6	8.2
斑铜矿（Bornite）	$FeS \cdot 2Cu_2S \cdot CuS$	70.0	100.0
硫砷铜矿（Enargite）	$3CuS \cdot As_2S_5$	65.8	75.1
黝铜矿（Detrahedrite）	$4Cu_2S \cdot Sb_2S_3$	21.9	43.7
自然铜（Metallic Copper）	Cu	90.0	100.0

注：固液比为 1∶10。

资料来源：American Cyanamid Mineral Dressing Notes No. 17-AIME New York，1950。

表 12－3 不同铜矿物在硫酸溶液和氰化钠溶液中的溶解度 （％）

矿物名称	分子式	硫酸溶液	氰化钠溶液
氧化物			
氯铜矿（Atacamite）	$Cu_2Cl(OH)_3$	100	100
蓝铜矿（Azurite）	$2CuCO_3Cu(OH)_2$	100	100
赤铜矿（Cuprite）	Cu_2O	70	100
硅孔雀石（Chrysocolla）	CuSiO	100	45
孔雀石（Malachite）	$CuCO_3 \cdot Cu(OH)_2$	100	100
自然铜（Native Copper）	Cu	5	100
黑铜矿（Tenorite）	CuO	100	100
次生硫化物			
辉铜矿（Chalcocite）	Cu_2S	3	100
铜蓝（Covellite）	CuS	5	100
原生硫化物			
斑铜矿（Bornite）	$FeS \cdot 2Cu_2S \cdot CuS$	2	100
黄铜矿（Chalcopyrite）	$CuFeS_2$	2	7

注：试样粒度－150 目，反应时间 1 h。

12.2.2.2 摇瓶试验和小型柱浸

摇瓶试验是柱浸前的矿石性质试验，每次约需 0.5 kg 试样。将矿样破碎到其最大尺寸在 4～100 目之间（一般破碎到－10 目或磨碎到－150 目），浸出 24 小时以上。摇瓶试验更易于洞察被浸样品的可控制性，从而有利于选择最佳的浸出剂、获得最大浸出率、试剂消耗等化学参数并判断细粒级含量的影响，是否需要团矿。如果不是考虑采用搅拌浸出，摇瓶试验的价值不大。这种试验虽然快速、省钱，但它只能提供有关参数的定性指导。浸出率和酸耗与实际堆浸生产均有较大出入，特别是黄铜矿的影响很大。因而可通过小型柱浸对矿石特性作进一步研究。此小型浸柱的直径一般为75 mm，高1.6 m，每一浸柱均装入精心准备的 -12.7 mm 被浸物料约20 kg。浸出作业14～21 d，在不同的浸出制度下直观地研究其物理状态。所得数据用于确定柱浸参数，优化柱浸数量。

A 柱浸

柱浸的作用在于研究不同粒度组成的矿样浸滤的特性曲线。通过柱浸试验确定被浸物料的合理块度，是按原矿块度进行浸出，还是需要将其破碎到某种粒度，或者既要破碎还需团矿，然后进行浸出。此时浸出率曲线和试剂消耗指标便成为被浸物料粒度和团矿程度的函数。通常可按不同粒度进行柱浸试验，得出浸出时间、浸出率和试剂消耗指标，然后比较预期的金属回收、总收入和破碎或加团矿成本，便可选择最经济的生产模式。但是由于浸出周期的影响比较复杂，对于不同粒径组成的柱浸试验，通常选2、3组粒度组成并列进行试验。如有足够的试样，谨慎起见，最好按一式两份开展试验，同时为每一组粒度组成配备一份给料粒度组成分析样品。浸柱内试样的状态相当于浸堆中假想一圆柱体的状态是最理想的。为了尽可能接近这种设想，在装填浸柱时应避免试样产生离析。

(1) 试样准备　为了获得准确的柱浸数据，试样准备非常关键。柱浸试样一般取自岩芯，其程序大致如下：基于所确定的浸柱直径、高度（通常采用 ϕ200 mm×2000 mm）以及试样最大粒度，按具体浸柱数量计算所需矿石量和粒度组成，再加富余量的全部试样通过排口等于最大粒度的破碎设备进行破碎。破碎后的矿石用筛网间隔5目的筛子进行筛分，各级样品分别储存。假定按25 mm、19 mm、13 mm三种不同最大给料粒度进行一式两份的柱浸试验，那就要准备分别装填9个浸柱的矿样。表12－4为每一浸柱需要矿样重量参考值。根据经验法则，浸柱直径最少应比最大粒径大3～4倍。最好浸柱直径：最大粒径（即 $D:d$）≥8。在试样粒度组成相同但装填高度不同时，随着时间的推移浸出率会有差别。如果有足够的矿样，通常每一浸柱需要90～300 kg试样，在150～300 mm浸柱直径、装填高度1500～3000 mm的条件下进行试验，例如对于 ϕ200 mm、h=2000 mm 的浸柱，每一浸柱需矿样120 kg。然而欲想获得有代表性的试样，如矿石为低品位，按上述120 kg、最大粒径为25 mm，根据取样理论，就应当从450 kg样品中分出；如品位增高，最大粒径减小，所需矿石量也缩小。

表12－4　每一浸柱所需矿样重量参考值（矿石松散密度按1.6 t/m^3）　（kg）

浸柱直径/mm	浸柱高度/mm			
	1200	1800	3000	6000
50	4	6	10	—
75	10	15	25	—
100	20	25	40	—
150	35	55	90	180
200	65	95	160	320
300	100	215	360	720
600	570	855	1425	2820
900	1285	1925	3210	6420

经验法则：准备矿样为计算量乘以2，多预备一些矿样总比必须重新补钻取样省钱。

(2) 酸处理技术　对于某些类型矿石，正确运用酸处理技术将降低酸耗，有利于改善企业经济效益。浸出所需要的硫酸应在预处理阶段加入，加入方法、剂量和处理周期要依靠经验确定，最佳酸处理酸耗及其浓度对同一种矿石随粒度组成不同而异，对相同粒度组成的矿样随矿物成分的变化而异。摇瓶或小型柱浸试验的酸耗指标可用以确定酸处理参数。酸处理周期与试样的矿物学特性有直接关系，研究酸处理的另一个方面是其对铜浸出和酸耗时效的影响，而这只能在柱浸中研究。对于某些矿石，采用酸处理后的柱浸，在5~15天周期内，可以发现在渗透性能没有明显降低的情况下铜的分解率显著提高。图12-4显示一种氧化铜矿是否采用酸处理铜浸出率的差别。

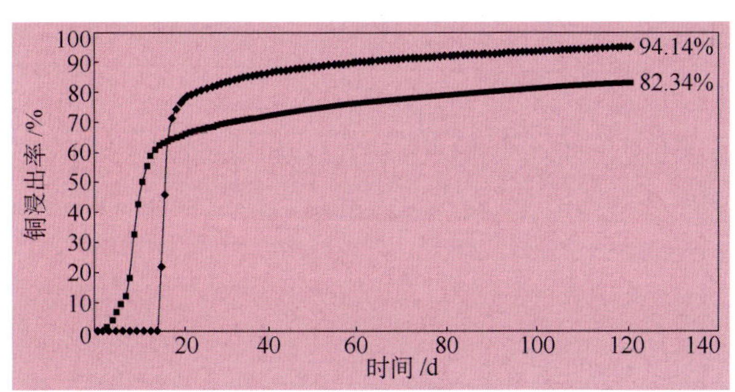

图12-4 酸处理与铜浸出率的关系

■ 未经酸处理；◆ 经过30磅 H_2SO_4/t(矿石)处理

(3) 开路与闭路试验　开路试验(用 ϕ200 mm×2000 mm浸柱)可重点研究酸处理剂量(方法)、破碎粒度、喷灌率和试剂的酸浓度。闭路试验重点研究生产浸堆层高、是否采用酸预处理和温度的影响。闭路试验能较好地复制实际生产条件，特别是采用现场的水进行试验时；闭路试验的另一个要点是，锰、铝、钙、铁等成分的积累将缓和溶浸，不管是真正的缓和还是通常有的离子效应，总之闭路试验的酸耗指标比较准确。

(4) 溶液管理　在浸柱高度低于预期生产浸堆高度的情况下，如何管理溶液也是一个值得注意的问题。一种做法是采用相同的喷灌率，这样会缩短溶液在浸柱内的停留时间，从而可能会减少铜的捕收率；另一种做法是按比例减少喷灌率，这样可解决溶液停留问题，保证单位面积有同样的试剂浓度，然而低流量会减缓岩石的爆裂，伴生渗透性问题。大流量时，大量液体通过易渗透带流下，而低流量时，低渗透带毛细管现象将控制流型，所以堆浸和柱浸的流型是完全不同的。为控制试验质量，主要依靠重复化验和重复柱浸，高品位时重复性较好，易溶物料的重复性较好，酸耗指标比回收率指标重复性强。此外季节变化(温度)对一年以上的长期试验也有着微妙的影响。

B　大型柱浸试验或现场小型堆浸试验

由于时间和费用的关系，并非每一个项目都要进行大型柱浸试验和现场小型堆浸试验。这样的中试固然可以降低生产期间的风险，但完善的柱浸试验已能提供所需数据，而且对于尚未建设的矿山，柱浸是唯一可行的选择。

大型柱浸试验对于金银矿石需矿样18~36 t，对于铜矿石需矿样180 t。在大多数情况下，大型柱浸试验可以避免大量物料堆在浸堆边坡面上，因此试验更有意义，然而另一方面，由于柱浸试验物料置放与堆浸不同，渗透特性难以复制堆浸状态。

只有当浸出矿石块度很大，浸出周期很长时，利用第一层浸堆进行试验以获取所需的完善、调整数据时，才需要进行大规模现场试验。

12.2.3 溶浸场地布置和场地选择

12.2.3.1 影响溶浸场地布置的因素

溶浸场地或称浸池,包括浸堆基础和相应的基础设施。影响溶浸场地布置的主要因素有地形、气候、距矿山的远近、浸出周期、基建投资等。从地形方面看,溶浸场地布置有三种选择。

(1) 复用浸池(图 12-5) 要求浸出周期短,矿石具有一致的可浸性 s;当地只有有限的平坦地带;需要适合的废料堆场;应采用耐用的衬垫;能适应气候的变化;矿石不具备持续浸出的条件,而且必须二次倒运。

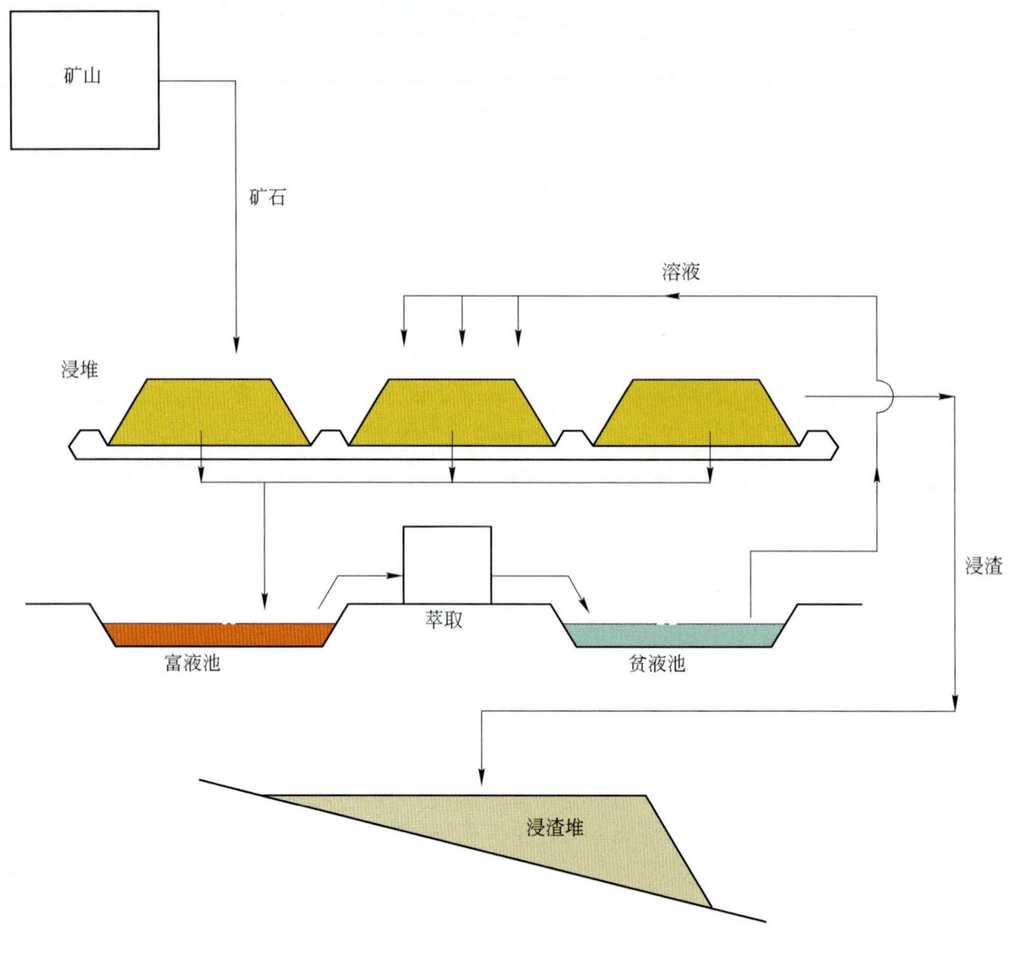

图 12-5 复用浸池

(2) 扩建浸池(图 12-6) 需要较大的、较平坦的土地;由于浸堆面积大,需要较大的防洪能力;能适应矿石和浸出周期的变化;只需相对较简单的衬垫系统,基建投资低,但要考虑增加衬垫的费用。

(3) 谷地浸池(图 12-7) 能用于较陡的地带;要求集液池的容量不能太大;由于较高的水头和矿石荷载,衬垫必须是高强度的;需要在下部建筑挡土坝;能适应气候的变化;能保持持续的浸出;设计中必须考虑复垦问题。

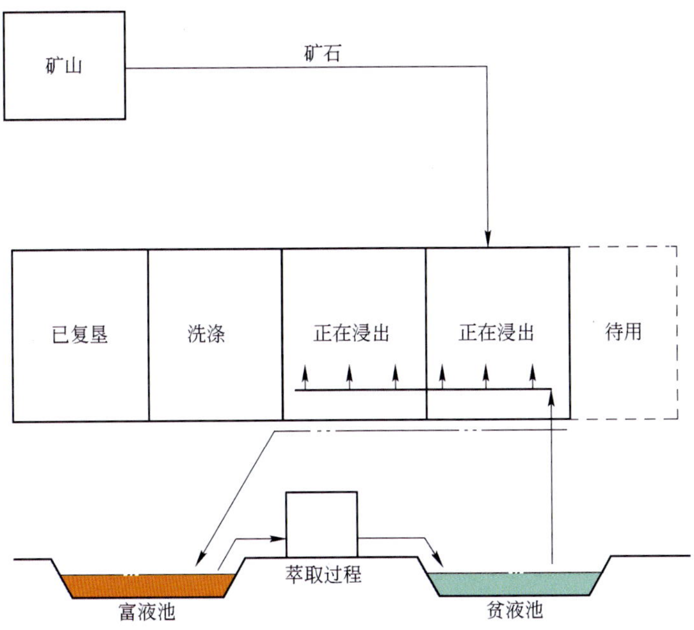

图 12－6　扩建浸池

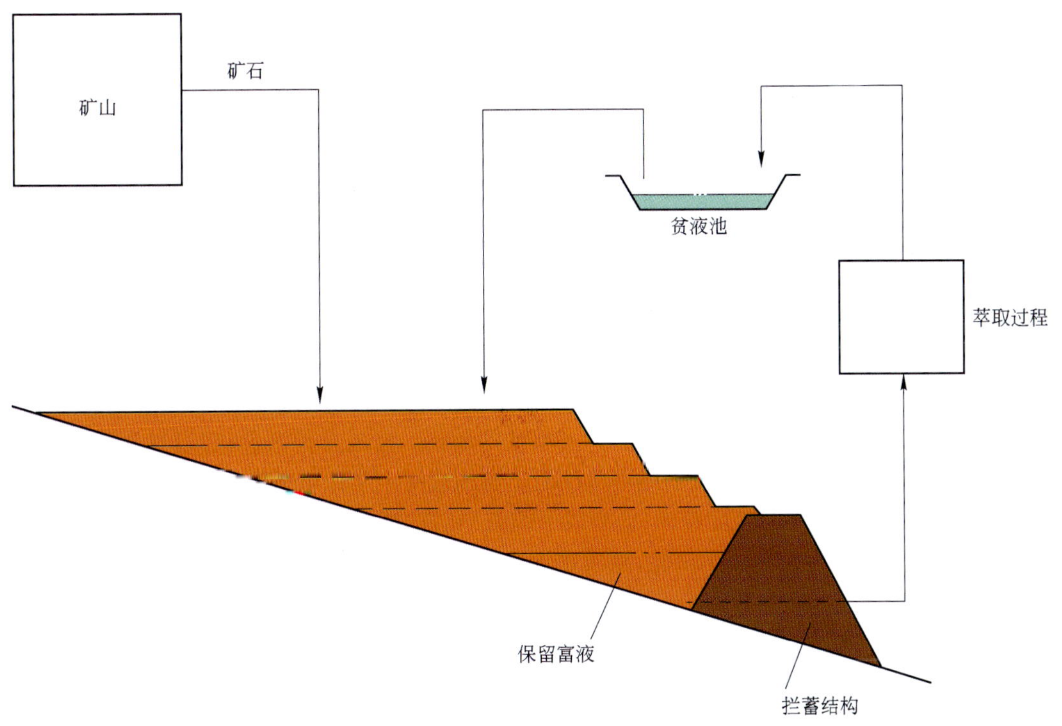

图 12－7　谷地浸池

12.2.3.2 集液池选址

富液池的深度应使衬垫费用最低,若遇地形较陡,尽可能做到挖填方基本平衡。蒸发损失和直接渗漏影响浸堆水的平衡,而这往往制约富液池的深度和形状。如遇富液池的位置接近岩体,由于开挖费用增加,则需通过经济比较来选择,如图 12-8c 所示。

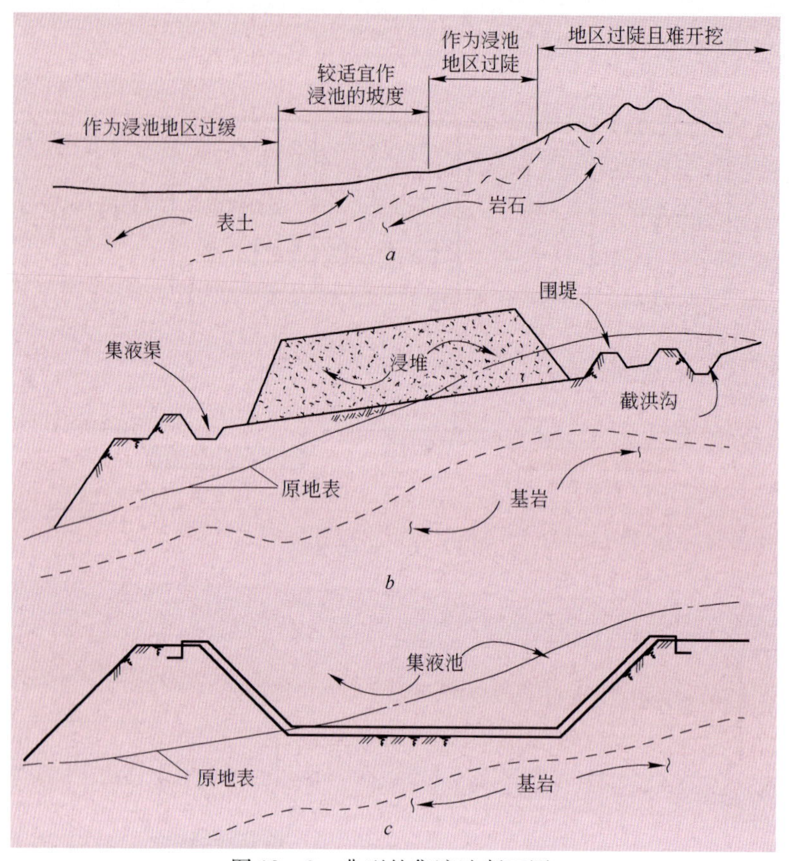

图 12-8 典型的集液池断面图

a—典型场地断面图;*b*—浸堆断面图;*c*—集液池断面图

12.2.3.3 场地勘察

在场地选择、初步评价并在可行性研究报告中描述后,就要进行场地勘察。简单的场地通过简单的勘察计划完成,复杂的场地则要进行分阶段勘察。

(1) 场地勘察的内容:浸堆、集液池、挡土坝基础勘察。浸池开挖条件;建设材料调查;场地存在的风险,如滑坡、活动断层、软弱或可垮塌的土壤场地的水文地质条件

(2) 场地勘查的技术:地面踏勘、地表以下调查(钻探、槽探等),包括样品采集和样品实验室试验(土力学实验、水文地质学试验、地质化学试验)。

12.2.4 水的平衡与集液池容积

12.2.4.1 水的平衡

水的平衡包括地面水力学、工艺流程水的循环和集液池设计(图 12-8),其目的在于尽可能减少浸堆和积液池液体的流失以及暴雨期、长期干旱期造成的损失。图 12-9 为堆浸作业水的回路示意图。

在设计堆浸设施时对短时间强降雨或雪融事件以及长时间(一般数月)持续干旱或潮湿气候应给予极大关注。

短时间强降雨或雪融事件可能造成的危害有:道路被冲毁;挡土坝破坏,蓄水池损坏,造成生产过程循环液体流失;洪水污染循环水;浸堆被冲刷,造成生产过程的液体被污染。长期干旱,如新水补充不易,由于过度蒸发会使补充水短缺。表 12-5 列出堆浸作业设计中有关上述事件的频率参数。

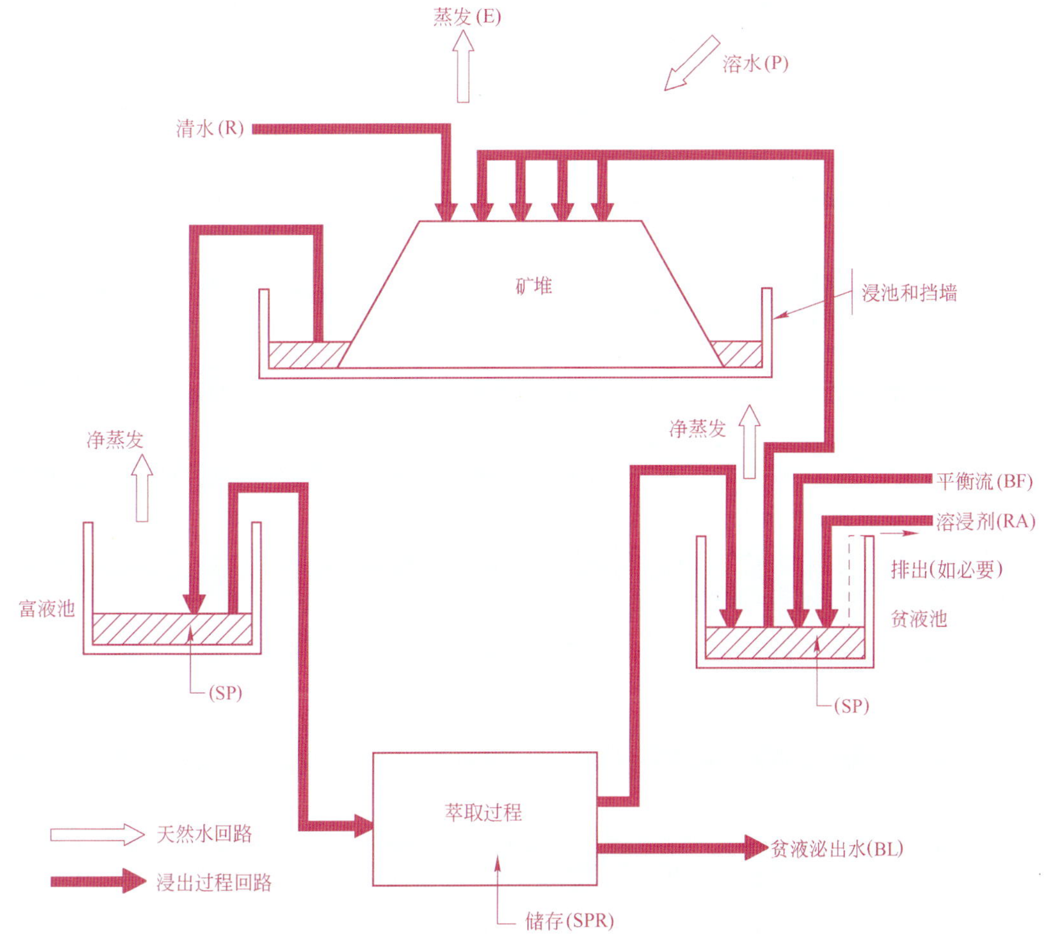

图 12-9 堆浸作业水的回路

表 12-5 堆浸作业设计与强降雨的关系

设施项目	频率参数	备注
道路涵洞和排水渠道	10~50 年一遇的洪峰	减少基建投资,接受偶然因洪水破坏而进行的维修
浸堆边界外的排水通道和富液池、贫液池	100 年一遇的洪峰	降低挡土坝破坏并带来生产过程液体流失和影响环境的风险
富液池、贫液池液面上部超高(最大值)	1. 平均水力条件加短期 100 年一遇洪峰①; 2. 100 年一遇数月或数年长期潮湿	降低液位上部超高值将带来生产过程液体流失和造成环境污染

① 按 1、7、15、30、60 天选择最坏的情况。

在天然土壤汇水面积区，为更准确地确定过量降水，要考虑其渗透损失。

堆浸作业水的平衡包括两个部分：流程回路和天然水回路。流程回路水含补充水、浸出剂、浸堆洗涤水和所需启动水，相对比较稳定，是通过试验可以预见的。天然回路水叠加在流程回路水中，包括降水、融雪和蒸发损失。当设计堆浸设施时，关键问题之一是确定总的水量平衡，例如，遇到较潮湿的气候和需要浸后彻底洗涤时，则应设某种蓄水系统，这一系统要包括蒸发池、氰化物解毒处理和地面排水系统；对于持续失水的堆浸系统，则需不断补充新水以达到水的平衡。总体水的平衡系统可表述如下：

$$B_F = P - E + R - E_P - B_L + R_A - S \tag{12-1}$$

式中 B_F——平衡流；

P——水平衡周期内浸池范围的降水；

E——水平衡周期内浸池范围的蒸发水；

R——洗涤用水；

S——土壤含水；

E_P——集液池蒸发量；

R_A——生产周期内浸出剂中的水；

B_L——贫液泌出水。

如 B_F 为负值，则表明系统需补充水；如为正值，则需要为贫液池建水处理和排泄系统。

上述水的平衡确定后，便可计算启动用水量

$$S_{WR} = S_P + S_{PR} \tag{12-2}$$

式中 S_P——存储在集液池中的正常生产回水；

S_{PR}——生产过程容器中含水，一般很少，只是为了反映全面。

12.2.4.2 集液池容积设计

集液池容积设计要考虑下列原则：满足泵正常运行的最低液位，满足正常季节性水力条件变化和浸堆排液；考虑洪水起伏的液位，必要时允许富液池的液体流入贫液池，以及必要时建紧急事故储池。如图 12-10 所示。

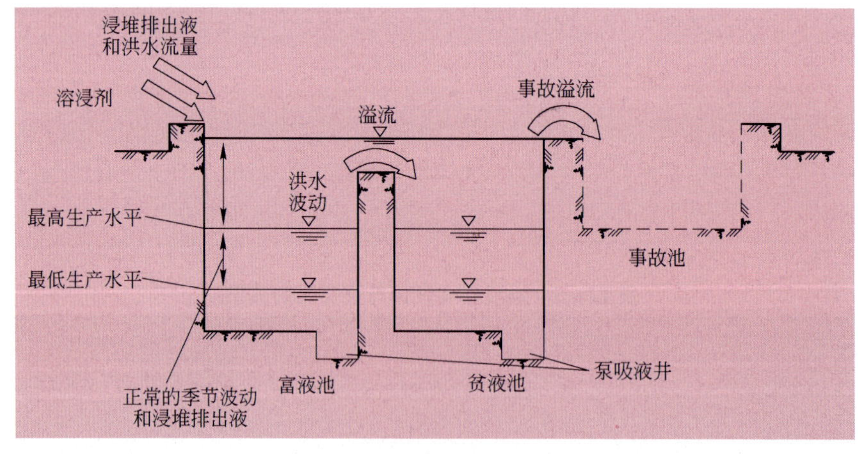

图 12-10 集液池设计原则

集液池的形状取决于其容量、可利用场地以及开挖条件。集液池的边帮坡度，不论对于夯实土壤还是合成衬垫一般都不超过 2.5∶1～3∶1，以适应设备在上边的运行和衬垫的铺设。集液池的衬垫应能经受阳光照射、温度变化、风压和富液从明渠或管道注入时的冲刷。由于富液的价值很高，要求衬垫的渗透率尽可能低，因此一般都采用合成材料作衬垫，有时还需敷设双层衬垫，在两层衬垫之间为集液系统，用以防止上层衬垫的渗漏。

12.2.4.3　浸出液收集系统

浸出液收集系统是将富液集中起来送入富液池的设施，在矿石布料前建在衬垫之上。可用矿石（如渗透性适合）或过滤材料（如砾石）做成的集液渠、多孔集液管或二者兼用构成。农用排泄管比较经济适用，可承担浸堆高度达 22～23 m。矿石或砾石层也成为衬垫的保护层，同时还要起到降低上部饱和层水头的作用。

集液系统也要考虑能容纳浸出液和通过浸堆渗下的暴雨时的径流。设计集液系统的依据是堆浸场的坡度、矿石的渗透性和浸出液的产率。对应于浸出液产率如果矿石的渗透率很强，矿石本身就能满足排泄的要求，相反，如果矿石的渗透率很低，衬垫上的饱和带必然降低，那就需要完整的集液系统（如图 12－11 所示）。集液排泄管的间距与矿石渗透率和饱和带高度有直接关系，根据预期浸出液产率和矿石的渗透性，可以对间距和饱和带高度进行调节，以使饱和带尽可能低，并保持适度稳定，使渗滤坡度达到最小，但不能使微细颗粒堵塞排泄通道。

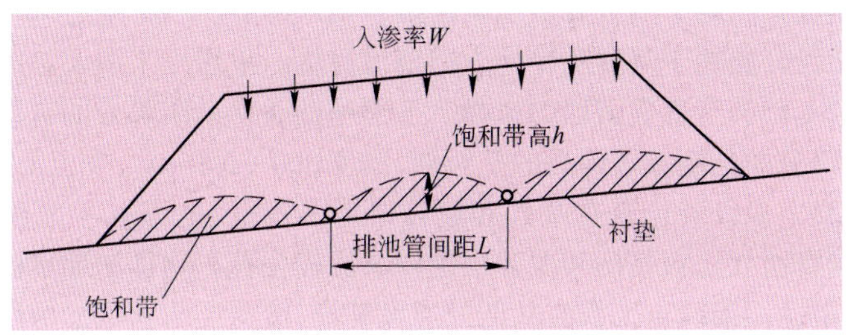

图 12－11　集液系统

浸堆外部的集液系统必须能容纳生产的浸出液和暴雨时的径流，明渠的设计应保证在输送过程中合成衬垫不会被腐蚀，不产生破裂，而且浸出液也不致溢出。

12.2.5　衬垫设计

浸池系统包括经过处理的堆浸场基础、垫层（如果需要的话）、衬垫、集渗层或检测层（如果采用的话）和覆盖层。为保证基底的坚实，基础处理是必要的。垫层是用以防止基础中有棱角的大块物料刺穿衬垫。集渗层或检测层用于双衬垫的情况，由易泄水的材料如砂或砾石组成，有时以管道排水至集液池。覆盖层的作用在于防止紫外线对敏感的土工膜的照射，防止大风对衬垫的损坏，限制密实的黏土衬垫的蒸发从而防止其开裂，强化滤液的收集，以及防止布料筑堆时损伤衬垫。堆浸场的衬垫对最大限度地回收浸出液中的金属和最大限度地降低对环境的影响，具有非常重要的意义。对一个项目的衬垫进行经济评价时，必须兼顾整个系统，例如土工膜衬垫要求不同于黏土衬垫的基础处理、覆盖层物料选择和布料方法。

12.2.5.1　衬垫类型

衬垫可由原地夯实黏土、改良土壤或土工膜构成。土工膜是一通用词，它包括合成膜、聚合膜、塑料模、柔性膜、不透水膜和抗渗板材；还有一种橡胶沥青衬垫，只用于复用浸池，由于其随时间延长和浸堆荷载增加其表现出的脆性，要求具有相对较厚的密实粒状土壤和岩石基础。

衬垫又分为单层衬垫、双层衬垫和双层组合衬垫。单层衬垫是在粉质砂土上铺一层低透水的土工膜；双层衬垫由两层低透水性衬垫组成，或者是黏土衬垫上铺一层土工衬垫，或者是两层土工衬垫中央夹一层集渗系统；双层组合衬垫即在黏土衬垫之上再铺双层夹集渗系统的土工衬垫。

12.2.5.2 衬垫选择和铺设

矿石堆浸场衬垫费用在堆浸设施总投资中占比重很大,因此衬垫类型和厚度的选择在大多数情况下还是取决于经济因素。在经济运距范围内如有可利用的黏土或粉质土,通常作为首选。对土壤衬垫的要求是:渗透性低、与溶液的兼容性、基底具有低的可压缩性、场地的坡度能防止浸出过程中对衬垫的腐蚀。具有较高的塑性和较多的细粒级含量的黏土,渗透率低,特别是夯实后,然而塑性高的黏土易结块,很难夯实成为均匀的衬垫。粉质黏土易于夯实,通常能形成较好的衬垫。土壤衬垫不能在冻结下和雨天建造,另一方面还要防止脱水、干裂。对新筑成的黏土衬垫建议预浸湿,这不仅是为了防止脱水干裂,也是为了保证其在浸出剂到达前处于饱和状态。

如天然土壤不能满足低渗透性的要求,可用膨润土和聚合物与当地的土壤混合,形成改良土壤衬垫。在这种情况下,实验室及现场试验非常重要。

土工膜衬垫从20世纪70年代开始广泛用于金银的堆浸,现在已广泛用于铜的堆浸。在恰当的铺设和保护下,土工膜大体相当于30 m低渗透率的黏土质土壤。土工膜衬垫选择范围很广,最常用的是高密度聚乙烯。一种较新的聚丙烯(PPE)衬垫,于20世纪90年代投放市场作为集液池的衬垫,目前已开始用于气候寒冷地方的浸池衬垫。采用土工膜要考虑其保护问题,包括膜的厚度选择,下部基础和上部覆盖层的选择。下部基础通常采用筛分的自然土壤或土工膜,上部覆盖层一般采用筛分的土壤或破碎后的矿石层,厚度300~600 mm,视土工膜厚度和布料所用设备而定。在土工膜上多投资还是在基础和覆盖层上多投资,也可有所选择,如果是一次性浸池,在土工膜上多投资而放松对基础和覆盖层的要求比较合算。这样初期单位投资稍高,但具有增加浸堆高度的灵活性。铺设土工膜应从低处逆坡铺设,覆盖层应紧跟已铺好的土工膜推进,以避免刮风损坏土工膜。

根据矿石浸堆的渗透性、滤液渗透率、基底坡度(2°~6°)、排水通道等参数计算水力坡度。欲使富液穿过衬垫的渗出量最少,必须使衬垫上的水力坡度保持最小。这对于黏土衬垫(通常厚度为300~600 mm)和合成膜衬垫(通常厚度为0.8~2.0 mm)是非常重要的。由于水力坡度与衬垫上的水头成正比,而水头是上述参数的函数。为缩短排水通道长度,可在浸堆底部铺设多孔波纹排水管。在整个浸出周期进入和穿过衬垫的流量,是衬垫渗透性、衬垫上的水力坡度与集底总面积的函数。黏土衬垫的渗透性一般为10^{-8}~10^{-10} cm/s,合成衬垫的渗透性通常为10^{-11}~10^{-12} cm/s。试验室和现场都证明,酸液渗入黏土可降低其渗水率。

集液池的衬垫除满足抗紫外线、气温变化、风的压力外,还必须适应明渠或管道排入滤液时可能产生的冲刷而不致破坏。考虑到所存虑液的经济价值,集液池衬垫要求尽可能低的渗透率,有时采用双层衬垫,两层中间为排液材料和集液系统,预防上层衬垫的渗漏。

12.2.6 布料筑堆

浸出前的布料是地面堆浸作业成功的重要因素。原矿堆浸与废石堆浸的筑堆截然不同,后者的主要特点是受地形的制约和要求最低的矿石运输、布料费用。由于废石堆的高度可达90~200多米,废石堆放时的离析和废石堆表面缺乏处理,使浸出率受到限制,由于离析以及堆放过程卡车的碾压,废石堆顶部易形成压实和低渗透带,浸出液也易穿过此带短路下流,致使相当部分物料未能充分溶浸;另一方面,也是由于离析粗颗粒和细颗粒自然按安息角平行堆放,粗颗粒层类似管道,获取了大量的浸出液,得到了较充分的溶浸,而细颗粒层由于低渗透率溶解较差,因此废石堆浸的回收率虽经多年浸出很难超过50%,而第一二年的回收率只有10%~15%者并不少见。

相反，原矿堆浸为了获取最大的回收率，须进行认真的布料，每层堆高仅 3～10m，这样便可减少离析，同时采用破碎后的或制粒的矿石，浸出剂和矿石的接触面得到改善，溶浸渗流比较均匀，因而提高了浸出率。

几种筑堆的方式：

（1）自卸卡车卸料与推土机平整　这种方式与废石堆浸相仿，然而布料十分认真，一般是首先修建一条废石斜坡道，其高度达到浸堆第一层顶部，然后从斜坡道的端部开始卸料，下放到堆浸场或浸堆基础。随着筑堆的进展，浸堆从斜坡道向外延展。为了减少对斜坡道的压实，随着浸堆的延展，要平整一条道路供卡车行驶。当布料完成后，将道路进行疏松以保证渗透率。

这种方法通常严格用于不致压实或产生粉料的矿石，制粒矿强度低，不宜用卡车布料。

（2）填塞式布料（Plug Dumping）　这种方法也是用自卸卡车布料。采用此种方法首先铺设 0.5 m 厚的破碎岩石基础，作为衬垫保护层，然后每卸一车物料都要紧挨前一车料堆，直至整个堆浸厂全部被覆盖（见图 12－12），浸堆最大厚度可达 2 m，如果采用推土机平整，厚度稍嫌不足。

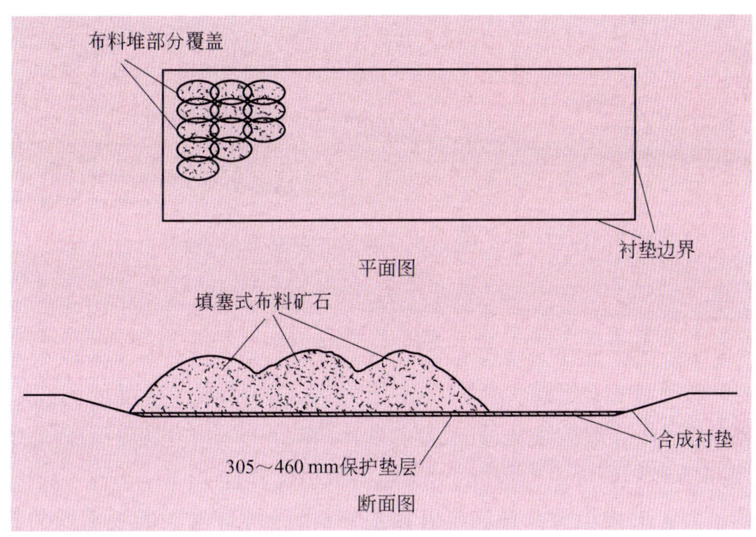

图 12－12　填塞式布料

另一种选择是以大型轮式前装机取代自卸卡车，不但效率较高，而且一次筑堆高度可达 5 m，也无须先铺基础层。熟练操作上能堆放得相当平整，不必用推土机整平就可在上部敷设浸出液的管网。因此这种方法可用于较软的和制粒的矿石。

（3）胶带运输及系统　目前采用运输机输送破碎后的矿石以及制粒的矿石或尾矿，并在堆浸场布料，已经发展成为一种十分灵活的作业。在运输系统的尾部通常是一段短的固定式胶带运输机，用以承接破碎机排料，然后再通过胶带运输机将破碎后的矿石运往堆浸场，在系统端部是一台移动式布料机。胶带机通常安装在履带上。这种布料方式非常灵活，不会压实物料，可堆放任意高度，可处理从破碎矿石到制粒尾矿的任何物料。

莱科国际（Rahco International）公司为美国莫仑西（Morenci）铜矿供应的两套相同的移动式布料系统，每套额定生产能力为干料 2480 万 t/a（1995 t/h）。该系统包括 641m 移动式布料运输机（MSC）和可变卸料高度（从 1.5 m 到 5.2 m）的自动卸料车。MSC 的栈桥断面为 24 m×24 m×

41.5 m,重 29545 kg。此外还提供两台 57.8 m 的径向布料机,具有伸缩臂和可变卸料高度的胶带机,胶带宽度为 1067 mm,带速 3.8 m/s。2002 年又为世界上最大的堆浸铜矿山—智利国家铜公司的拉多米若·托米克(Radomiro Tomic)矿两个宽 410 m 浸堆高近 10 m 的堆浸场供应了处理能力为 10500 t/h 的布料系统(见图 12 - 13)。

图 12 - 13 胶带机 - 轮式挖掘机布料系统

12.2.7 喷灌系统

工业标准的旋转喷灌头,控制距离为 16 m,压力 75 ~ 200 kPa。标准的(流轨为 24°)的和低角度(流轨为 12°)型号能有效抗蒸发,其流量为 0.8 ~ 46.8 L/min。采用摇摆器的正确的系统设计,在喷灌率低到 4.5 L/(h·m^2)的情况下,均匀系数仍能超过 90%。另有一种与低压聚乙烯管配合使用的、流轨为 10°的微型喷头在国外开始应用,由于所有喷头的喷灌压力都是恒定的,所以这种微型喷头很受欢迎,特别是对于从浸堆顶部到底部全部面积的喷灌。考虑到浸堆顶层的以 330 流径为特征的辐射器 OreMax-Emitter,99% 的面积均为流径,具有巨大的紊流通道和抗阻塞的功能,而且压力波动很小,流量曲线稳定,这就意味着浸堆上具有比较稳定的输出。国外在浸出技术服务方面比较著名的公司如 Vector Engineering(活跃于智利的堆浸设计)、Lakefield Research and Mountain States R & D International。国外使用的喷灌器包括巴格达摇摆器(Bagdad Wiggler)、脉冲式喷洒器(Impulse Sprinkler)、摇动器(Wobbler)以及 Bowsmith、Ram、OreMax 等辐射器。

12.2.8 极端环境条件下的堆浸

与设计、建造、运行堆浸设施有关的极端环境条件包括:严寒的气候、净降水、净蒸发、陡峭的地形和强地震区。

12.2.8.1 严寒的气候

南美安第斯山脉海拔达 5000 m,不停的劲风、尘埃以及严寒,很少有土工膜能适应这种条件。在此种严寒地区,溶液管理无论是喷灌、渗流和储存由于有可能冻结都面临严酷的考验。根据严寒地区的经验,低密度聚丙烯膜在这种条件下仍能保持其良好的物理性能。敷设喷灌管网必须覆盖一层矿石,覆盖的厚度取决于环境温度和矿石及循环溶液的热力学特性。在溶液循环过程中将其加热有助于热力平衡,如阿拉斯加的一个堆浸项目,冬季作业时,便利用余热在贫液循环过程中通过被覆盖的辐射器提高其温度。富液池也可利用类似的方法,即将其设在浸堆中。这就要求设计时对水的平衡和矿石持水特性做周密的考虑。此外,在溶液积存区(洼地)布料,必须与采矿计划和可利用的适合矿石物料密切协调。如果采用了过细的物料,不仅会造成循环渗流的减少,而且也可能影响储液池能力,从而产生复杂的问题。如遇暴雨暴雪,储液池能力的降低又会增加排泄的风险。

12.2.8.2 强降水区(净降水)

在极端净降水环境下,溶液管理有时包括要求及时排除系统中超量积水,防止储液池被破坏的溶液处理与排放的预防措施。最有效的减少过剩溶液的方法是在布料前矿石预湿润阶段将其吸除。因为这时堆浸现场消耗水量最多,对于大型堆浸作业可能需要消耗 1.14 m^3/min 甚至更多。当矿山产量减少准备对浸堆进行封闭之前,还必须建立另一种溶液的平衡方式,避免产生过剩和不得不进行的排放。

在净降水的环境下,储液池的尺寸及其使用顺序也很重要,具有足够大的储池以应对特定的事件,就可避免大量的排放。这就要求做好区域性水的平衡,准确估算全部径流和消耗,并估算季节储存需求。排放计划必须安排必要的处理设施,以防处理失控造成对环境的影响。采用明渠泄洪道建立储池间的水力联系和储池排序,当超过累积容积时,仍能保证在开始排放之前最大限度地利用有效容积。

在巴拿马的一堆浸场,年降雨量达 2000 mm,为防止过量的径流进入工艺储池,浸堆外部坡面用薄的土工布覆盖,将降水径流经双渠道导入工艺储池旁的溢流池,同时在覆盖物下安装滴流器以溶浸浸堆边坡。全部滤液包括覆盖下的边坡滤液都送入富液池供回收金属。

12.2.8.3 干旱区(净蒸发区)

在净蒸发条件下,特别是水资源匮乏的地区,必须采用低蒸发应用系统保护水资源,覆盖储液池以减少蒸发,避开强蒸发时段进行浸出或其他用水的作业。当水资源供应充足时,这些措施意义可能不大,而且实际上还会增加作业成本;不过另一方面,在这种条件下储液池和水处理设施规模一般都比较小,而且预防排放失控和潜在的水处理需求通常都不需要,因此可以节省投资,有可能补偿供水消耗的费用。

12.2.8.4 高海拔和陡地形

高海拔地区的堆浸项目在北美洛矶山和南美安第斯山脉矿区日益增多。与高海拔地区作业直接有关的因素是设备和人员性能的降低,从而影响项目的效益。间接因素包括寒冷的气候和不利的地形,前者的影响已如前所述,后者影响土石方工程量、建设进度以及稳定性问题,而且也影响衬垫材质选择,这些都会导致投资的增加。有纹理的衬垫能提高摩擦角,自然也需要优质价格。优化土石方工程设计和衬垫选择,可以使项目费用降低并获得满意的稳定性。

12.2.8.5 强地震区

地震活跃地区具有潜在的频繁地震和强震的威胁,强烈的地动可能导致浸堆破坏和浸出液的流失。其后果不但影响正常生产,造成重大经济损失,而且引发严重的环境问题。遇到此种情况，必须按照在一定震级条件下堆浸设施不会被破坏的原则进行设计。但是使浸堆和溶液管理设施不致遭受破坏所能承受的震动是有限的。

12.2.9 美国中型铜堆浸项目综合实例

美国《采矿工程手册》(第2版)提供了美国西南部氧化铜矿堆浸项目的综合实例。

该地区不甚平坦，海拔在1900～2065 m之间，气候干燥，温和，年降雨量250 mm左右，主要集中在夏季短时强降雨和冬季风雪，一般只冬季夜晚结冰。

矿床适于露天开采，可采储量1100万t左右，平均品位约0.6%，剥采比2，包括可酸浸的低品位矿石640多万t，平均品位0.25%。

冶金试验表明，粉碎至-50 mm的高品位矿石在45 d浸出周期中浸出率为60%，剩余矿石则在长期的浸出周期中回收，总浸出率可达80%。低品位矿石按原矿块度浸出，浸出率只有60%。1 kg Cu的酸耗为7.65 kg。

从回收投资和设备折旧角度考虑，确定矿山服务年限为10年，这样可年产阴极铜6600 t。

矿石准备采用承包采矿。高低品位矿石和废石的产量分别为120万t/a、60万t/a和70万t/a。工作制度为每日两班，每班10 h，每周4 d，全年不休息。

破碎和布料工作制度与采矿相同。高品位矿石运往760 mm×1000 mm颚式破碎机破碎，其生产能力为345 t/h，按200 mm闭路作业，每小时可生产80%通过190 mm的矿石284 t。破碎后的矿石由550胶带机运往永久堆场附近，在那里经1800 mm×3000 mm双层振动筛筛分，筛上物(大于38 mm)约225 t/h，用ϕ1700标准圆锥碎矿机破碎，按32 mm闭路作业，排料与筛下物混合用胶带机运往堆浸场，由臂长3 m的移动式布料机布料。

永久堆浸场的面积为110 m×255 m，在整治好的基础上，铺设沥青和土工布结合的衬垫，后者包含渗漏测定系统的多孔管网。在沥青上覆盖600 mm的碎石(50×200 mm)，用以保护衬垫，同时保证浸出液良好的排泄。

采用单层浸出，浸堆高6.1 m，这样浸出更为有效，浸出周期为45天。但浸堆为连续作业，即部分矿石在浸出的过程中，另外区域在进行新矿石布料或将残矿石运走。浸出过的矿石用胶带机运往废石堆浸场，掺入低品位矿石。

废石堆浸区设在一隔绝的谷地，面积约46450 m^2，经过清理和夯实。如果必要的话，采用化学改良土壤或喷沥青覆盖层以防渗漏。防止浸出液流失的另一个补充措施，是在谷口帷幕注浆。从地表至基岩在谷的两侧设浸出液回收井，回收地表下渗流。从帷幕注浆处下坡设置监测井，如帷幕发生渗漏，这些井可用泵将其泵回富液池。

高低品位的矿石浸出均采用滴灌喷嘴网，喷嘴距离760 mm，压力维持在140 kPa。浸堆的顶部和侧部的滴灌流速为17 mm/h。浸出剂为萃取厂的残液到10 g/L的硫酸。

贫富矿浸出区各有一1250 m^{2}的富液池，衬垫为1 mm厚的高密度聚乙烯(HDPE)，每一富液池有一安装在浮船上的泵，功率75 kW，流量70 L/s，扬程60 m。富矿浸堆产富液量为53 L/s，含铜2.36 g/L。废石浸堆产富液量为60 L/s，含铜1.68 g/L。上述富液在萃取厂的给料池混合，该给料池容积2460 m^3，可保证4 h的生产能力，给料池的富液按110 L/s平均含铜2 g/L自流供给萃取装置。

萃取和电积厂的能力按1.1的不均衡系数设计。

该手册还提供了1990年的项目投资和生产成本，资料较陈旧，但分项很细，其比例关系尚具有参考价值(见表12-6、表12-7、表12-8)。

表 12－6　1990 年铜堆浸项目基建投资

项 目 名 称	千美元	项 目 名 称	千美元
场地平整	357	建设费小计	9486
场地改良	692	涨价预备金	488
地表下电力	23	直接费用	9974
地表下管网	92	基建设备	502
混凝土和开挖工程	622	现场间接费	1235
特殊项目	3	现场费用小计	11711
钢结构	204	设计费	800
建筑物	256	毛收入税	600
地表管网	930	供水井	675
地表电力	1429	启动药剂装填	630
仪表	94	预备金	85
保温和涂漆	15	流动资金(3 个月经营费)	1740
主要设备	4649	专利费	1220
不可预见费用	120	项目总投资	16361

表 12－7　1990 铜堆浸项目作业成本

项 目 名 称	年经营费/千美元	1 lb 铜的单位成本③/美分
采矿①	3691	25.3
破碎和布料	353	2.4
溶浸②	1793	12.3
萃取－电积	2796	19.1
维修	780	5.0
管理费	454	3.1
直接作业成本总计	9867	67.2

① 包括废渣倒运；

② 包括购买硫酸 50700 t/a，单价 28 美元/t；

③ 1 lb＝0.4536 kg。

表 12－8　项目所需职工

厂 区	人 数	
	职 员	工 人
行政管理	3	1①
采矿和地质	2	3
溶浸	1	4
萃取－电积	5	11
维修	1	5
合 计	12	24

① 未包括承包商人员。

12.2.10　福建紫金山铜矿生物堆浸

12.2.10.1　试验研究阶段

A　地形及气象概况

本区地势从东北向西南倾斜，由中低山构造侵蚀山地、山间盆地及丘陵盆地组成。矿区位于武夷山脉南段的东列山地南段。主峰麒麟顶位于矿区中部，海拔 1138.13 m，主峰向北呈 S 形蜿蜒。矿区地形切割强烈，最低侵蚀基准面 200 m 左右，最大相对高差 940 m。

本区属亚热带季风气候，温湿多雨。年最高气温 39.3℃，最低 －4.8℃，平均 19.9℃。年最大降水量 2502 mm，平均 1604 mm，日最大降水量 242 mm，年平均蒸发量 1400 mm。区内水系发育，主要干流为汀江，自北西流向东南，至广东梅州市注入韩江。旧县河、黄谭溪为境内汀江主要支流。汀江年平均流量 1863 m^3/s。

B　地质及采矿

紫金山铜矿是一座含砷高的特大型次生硫化铜矿床，已探明金属工业储量 146.5 万 t，平均品位 Cu 0.63%，S 2.58%，As 0.037%。矿石中金属矿物主要为黄铁矿、蓝辉铜矿、铜蓝、辉铜矿、块硫砷铜矿，其次为硫砷铜矿、黄铜矿、斑铜矿等，非金属矿物主要为石英、碎屑石英、地开石、明矾石，伴有少量绢云母、长石等。金属矿物多呈脉状、细脉状、细脉浸染状、条带状、斑杂状产出，大部分铜矿物嵌布粒度粗大。在原矿铜化学物相分析中，次生硫化铜占96.62%。

露天采矿采用外包方式。

C 试验研究

1998年开始紫金矿业股份有限公司与北京有色金属研究总院合作，开展了摇瓶、柱浸试验，浸柱尺寸为ϕ200 mm×500 mm，每柱装矿62 kg，主要试验条件及结果见表12－9。

表12－9 柱浸试验条件及结果

浸柱编号	菌种类型	矿石粒度/mm	浸出周期/d	原矿品位/%	浸渣铜品位/%	铜浸出率/%
1	驯化菌	≤12	167	0.65	0.15	76.27
2	驯化菌	≤12	200	0.65	0.15	80.75
3	驯化菌	≤20	257	0.68	0.13	70.70
4	驯化菌	≤30	258	0.68	0.20	64.60
5	驯化菌	≤15	121	0.65	0.24	70.71
6	诱变菌	≤15	114	0.65	0.19	76.50

注：驯化菌为T. f菌，诱变菌为酸性诱变菌。

2000年该公司与中国有色工程设计研究总院合作，建成300 t/a电铜规模的铜矿石细菌堆浸－萃取－电积工业试验厂，其流程见图12－14。2002年扩建到1000 t/a。300 t/a的试验条件及结果见表12－10，浸出液主要成分见表12－11。

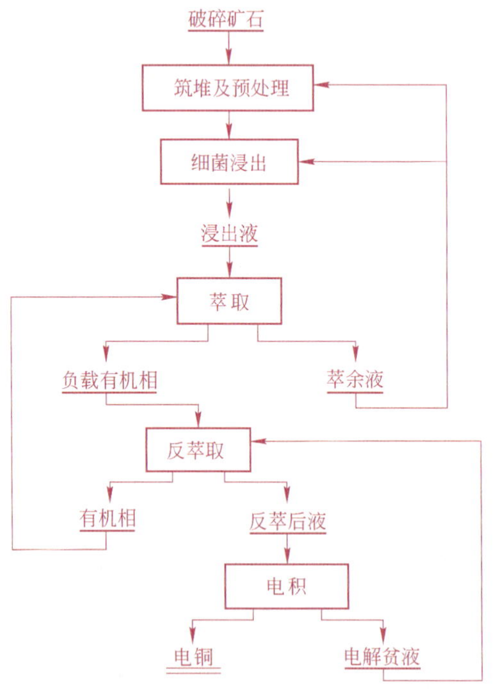

图12－14 细菌浸出堆浸－萃取－电积工艺流程

表 12-10 300 t/a 电铜堆浸-萃取-电积工业试验条件及结果

矿堆编号	矿石量/t	矿石粒度/mm	原矿品位/%	硫品位/%	浸出周期/d	浸出率/%	萃取-电积回收率/%
1	18724.56	-50	0.58	4.45	210	72.56	92.60
2	23893.23	-50	0.56	4.45	210	76.77	92.60

表 12-11 浸出主要成分 (%)

时　期	Cu	Fe	As	pH
300 t/a 电铜试验期	1.5~3.5	6↗15	0.85	2.5↘1.8
1000 t/a 电铜生产期	1.5~3.5	15↗28	0.85	1.8↘1.0

12.2.10.2 10000 t/a 堆浸-萃取-电积厂

紫金山铜矿已建成的10000 t/a 电铜堆浸-萃取-电积厂是目前国内最大的铜矿石堆浸项目。其设计指标如下：

原矿粒度：-1000 mm；

最终破碎粒度：-12 mm；

矿石堆高:6.0 m；

堆场面积:22 万 m^2；

堆浸周期:240 d；

浸出回收率:80%；

萃取回收率:95%；

电积回收率:99.5%；

总回收率:75.62%；

1 t 铜酸耗:90~100 kg。

(1) 矿石破碎及运输:破碎采用三段一闭路(粗、中碎前设预先筛分)流程。采矿采出的块度为-1000 mm 的矿石由原矿仓经过棒条筛,筛上+180 mm 的矿石进入1.5 m×2.1 m 颚式破碎机,其产品与筛下-180 mm 的矿石合并落入1号胶带输送机,再给入2YH2460 双层重型振动筛后,下层筛筛下的合格产品-12 mm 运入粉矿仓;下层筛筛上(上层筛筛下)的+12 mm~+50 mm 矿石与上层筛筛上的+50 mm 矿石给入中碎圆锥破碎机,中、细后的矿石一并由2号胶带输送机转运到4号胶带机输送机,返回 YH2460 单层重型振动筛进行筛分,筛下的合格产品-12 mm 运入粉矿仓,筛上的进入细碎圆锥破碎机,碎后矿石返回筛分,闭路破碎。最终破碎产品粒度为-12 mm。破碎后的矿石用胶带输送机运至粉矿仓,再经自卸汽车运至堆浸场。

(2) 布料筑堆:采用汽车配推土机布料筑堆,筑堆过程中均匀引入一定量的含菌液,同时采用挖掘机进行松堆。满足10000 t/a 矿石处理规模,最少需5个堆场;同时使用3个浸堆。浸堆每层平均高8 m,筑三层,总计约25 m;每25 m 铺一层衬垫,衬垫采用1 mm 厚的高密度聚乙烯(HDPE)。废堆场上可加4层,即225 m 至325 m。

(3) 浸出流程:布液采用喷淋法,喷淋管网的具体布置见图12-15。筑堆完成后,用喷淋泵将浸出液扬至堆场喷淋。浸出前期的矿堆和浸出后期的矿堆当浸出液铜品位低时直接进中间池,中间池溶液返回堆场喷淋。其他矿堆浸出液(Cu^{2+}>1.5 g/L)合并经集液沟进富液池。贫液返回堆场循环喷淋。如遇大暴雨,堆场雨水自流进调节库。喷淋结束后不卸堆,在废堆场上面重新铺设衬垫,开始下一轮堆浸作业。

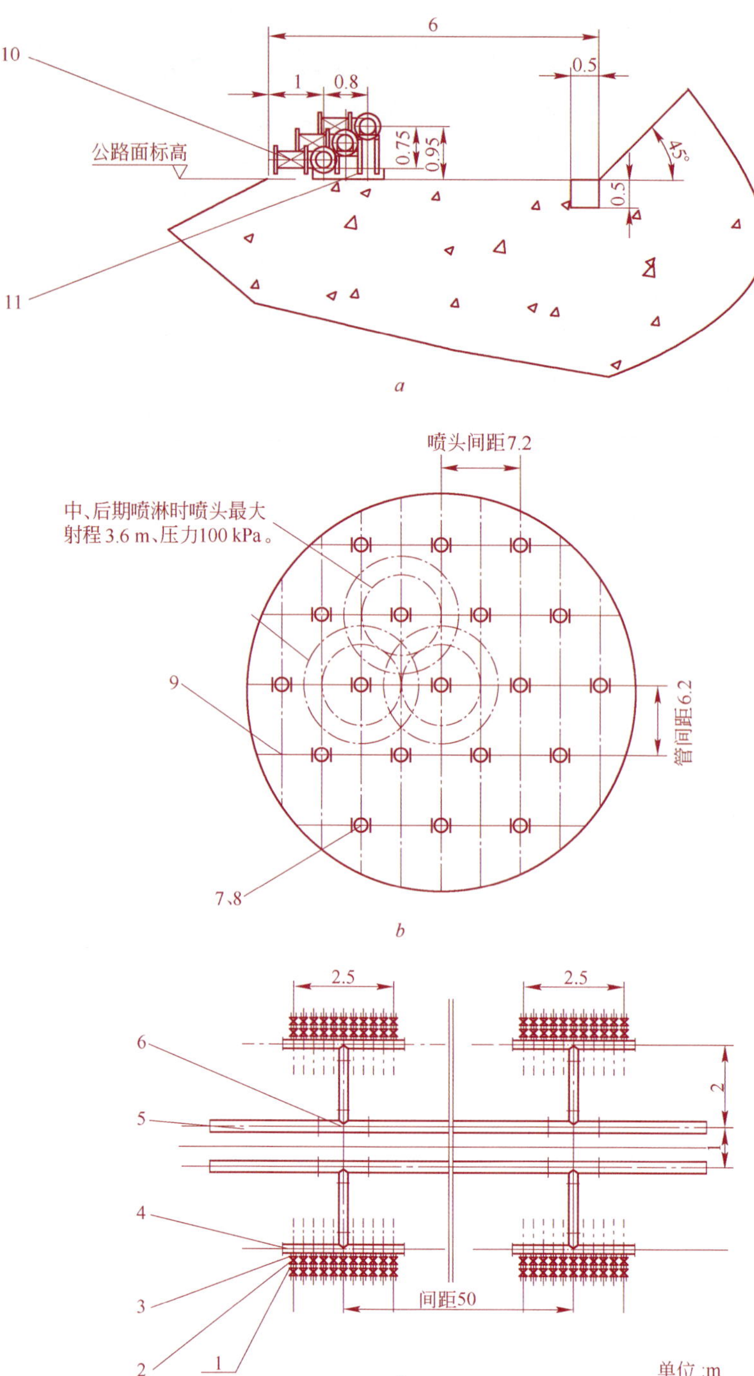

图 12－15　喷淋管网布置

a—堆场纵断面图；*b*—喷淋系统平面图；*c*—喷淋系统旋转 90°放大图

1—管接头；2—阀门 JN25；3—带法兰直管 JN25（TKD4－1－0）；4—分液管 CN150－25（JKD4－2－0）；5—直管 DN300；6—异径三通 CN300－150（JKD4－3－0）；7—三通 DN25；8—1044275 水鸟/喷头；9—直管 DN25；10—阀门 DN300；11—管支架（JKD4－3－0）

(4) 集液系统:根据铜矿总体规划布置要求,在堆浸场下游,萃取－电积工业场地附近建经防渗、防腐处理的一个富液池、一个贫液池及一个循环池以满足浸出与萃取工艺要求,富液池挖土石方形成,另两个池利用天然山谷通过建坝分别构筑而成。工艺要求贫液池的有效库容为6.2万m^3,循环池的有效库容为6.7万m^3。贫液池汇水面积为0.024 km^2,循环池汇水面积为0.093 km^2。富液池、贫液池、污水池容积见表12－12。富液集液沟的布置随堆场高度增高而变动,225 m至250 m时富液集液沟布置在堆场南侧,形式为沟与管并用,即管用于正常排富液,规格为ϕ560 mm PE管;沟为非常时用(雨季),规格为3 m×2 m×10 m(下底×高×上宽)。富液沟内溶液去向为先至富液池、喷淋池、萃余液池,后至污水池。

表12－12 富液池、贫液池、污水池容积 (m^3)

库	污水池1	污水池2	贫液池	富液池1	富液池2	合 计
222 m以下	87000	59000	39000	17000	18000	220000
225 m以下	140000	100000	67000	30000	32000	369000

(5) 萃取－反萃流程:富液用泵扬送至料液储槽后再泵入一级萃取槽,一级萃取保持水相连续,一级萃取得负载有机相和水相,负载有机相定期排放絮凝物,絮凝物经三相澄清槽、离心机分离后回收的有机相返回有机循环槽,三相渣用活性黏土搅拌后堆存。负载有机相用泵扬至反萃槽,反萃作业保持有机相连续,为了维持反萃比1:1,部分水相返回混合室,反萃得电积前液和再生有机相。再生有机相返回二级萃取;电积前液经超声波除油装置滤除有机相(使其中有机相含量小于5×10^{-6})后进电积车间。一级萃取后水相自流进二级萃取,二级萃取保持有机相连续,二级萃取后有机相返回一级萃取,萃余液经澄清后进浓密机,采用石灰乳中和澄清,浓密机溢流自流进贫液池,浓密机底流用泵扬送至堆场,作为筑新堆的底部充填料。电积后液返回萃取作业。

(6) 电积流程:由上个工序萃取工段来的反萃液送到电积工段的电积前液贮槽,由电积前液贮槽泵至板式换热器加热至45℃左右,再到高位槽,分液槽,最终自流至电积槽,电积槽内供液采用下进上出的循环方式。种板系统阴极为钛种板,阳极为Pb-Ca-Sn不溶阳极板。钛种板经打磨、包边、泡洗吊入种板槽。种板槽阴极周期1 d。同极距100 mm。生产出的始极片经压纹、钉耳等工序制成阴极片。合格的阴极片和不溶阳极板按同极距100 mm排列,分别吊至电积槽进行电积作业。电积时生产槽阴极周期7 d,经过一个生产阴极周期,产品阴极铜由吊车送去洗涤,合格的阴极铜经称量打包送成品库。电积后液返回萃取工段。

(7) 用水量:全矿总用水量为11304 m^3/d。其中:生产使用新水2400 m^3/d;生活用水100 m^3/d;循环水2280 m^3/d;回水6524 m^3/d。

12.2.11 南美的铜矿堆浸

南美是铜矿堆浸发展最快的地方,智利尤其突出,1996年产量超过美国跃居世界第一,近15年增加了近11倍。南美及智利SX/EW铜产量的增长情况见表12－13。

表12－13 南美及智利SX/EW铜产量增长情况

年 份	南美SX/EW铜产量/万t	占世界份额/%	其中智利产量/万t	占世界份额/%
1991	18.35	23.77	12.25	15.87
1992	17.87	23.34	12.50	16.33
1993	21.06	26.90	15.51	19.81

续表 12－13

年 份	南美 SX/EW 铜产量/万 t	占世界份额/%	其中智利产量/万 t	占世界份额/%
1994	24.48	29.02	20.10	23.83
1995	44.01	41.19	37.52	35.11
1996	76.78	53.95	63.57	44.67
1997	102.89	58.01	88.10	49.67
1998	125.87	62.10	110.81	54.67
1999	152.80	66.07	136.21	58.90
2000	155.52	67.33	137.23	59.41
2001	172.99	67.69	153.82	60.19
2002	182.78	69.89	160.20	61.46
2003	189.53	71.32	165.31	62.21
2004	187.53	71.39	163.63	62.29
2005	182.11	71.81	158.46	62.49
2006	192.95	70.95	169.18	62.22
2007	206.80	73.32	183.21	64.95

12.2.11.1 拉多米洛·托米克(Radomiro Tomic)铜矿

RT 位于智利北部荒无人烟的阿塔卡玛沙漠地带，地区海拔 3000 m。

RT 矿床发现于 1952 年，具有氧化矿 8 亿 t，铜品位 0.59%，另有难溶矿 16 亿 t。矿床赋存于冲积层下，呈 5 km×1.5 km×200 m 展布，覆盖层平均厚度 100 m。

1995 年由柏克特(Bechtel)公司完成基本设计，生产工艺为露天开采－破碎－堆浸－萃取－电积。1996 年露天矿开始剥离，剥采比 1.5∶1，基建剥离量 6000 万 t。开采氧化矿，初期设计规模为年产阴极铜 15 万 t，其中 95% 达到 A 级标准。在建设过程中进行优化，将规模提高到 18 万 t/a，以不超过 6.41 亿美元完成了该项目的建设。1999 年，智利国家铜公司(Codelco)又投资 2.2 亿美元将阴极铜的规模扩大到 25 万 t/a，扩建工作于 2001 年完工，成为世界上最大的 SX/EW 矿山。RT 的产量：1998 年 16.2 万 t，1999 年 19.01 万 t，作业成本 0.44 美元/lb，2001 年 25.6 万 t，2002 年 29.7 万 t，成本 0.33 美元/lb，Codelco 希望产量能稳定在 30 万 t 左右，2006 年的实际产量为 30.16 万 t，是目前世界上最大的采用堆浸－萃取－电积工艺的矿山之一。

粗碎能力为 7000 t/h，碎后块度约 180 mm，用 890 m 长的胶带机(参见图 12－16)运往 6 万 t 的粗矿堆。第二段破碎能力为 5500 t/h，碎后块度约 50 mm，然后通过两条胶带机完成酸预处理阶段。

堆浸场为复用型。共设两个宽 1300 m 长 300 m 的堆浸场，每个堆浸场又分为 13 个浸堆，浸堆高 10 m。采用布料机和履带式移动胶带机布料，经过 75 天的滴灌酸浸，富液浓度达到 6～7 g/L，通过集液沟和管路用泵送往萃取工序，而废堆则用轮式挖掘机(参见图 12－13)和胶带机运往永久堆场继续浸出。在原堆浸场重新布料筑堆。清理废堆时下部要留一层矿石以保护衬垫。

萃取车间由 3 个系列组成，每个系列包括两段萃取(奥托昆普 VSF-Vertical Smooth Flow 技术)、一段洗涤和一段反萃以及集液池区(包括负载有机相储池、过滤给料池、电解液过滤池、泵站等)。

图 12－16 运矿胶带机

电积车间直流电的控制、阴极吊车、洗涤、取样、阴极剥离等程序的管理都是高度自动化的。电解槽为背靠背型，并采用格状双接触触点，这在建厂当年都是世界上铜工业中唯一的。车间面积 305 m×39 m。

1 kg 铜的总酸耗量为 1.5 kg。

RT 地区的年降雨量仅 10 mm，日气温变化从 －5℃到 ＋30℃，年均相对湿度 29%，针对这种条件，在环保方面采取了如下措施：

（1）投产前空气质量的监测；

（2）控制和降低悬浮颗粒物对空气质量的污染；

（3）对生产过程的水进行处理，浸堆下铺设衬垫防止浸出液流失污染地下水；

（4）实施采矿废料环境管理计划；

（5）在电解车间采用电解槽内加直径为 19 mm 聚丙烯球和通风系统设过滤网等两套系统降低酸雾危害。

该项目（按年产阴极铜 18 万 t）当时的基建投资（百万美元）：

地址和采矿	137（占总投资 21.4%）
矿石破碎和筑堆	144（占总投资 22.5%）
溶浸液循环系统和萃取－电积车间	131（占总投资 20.4%）
基础设施和间接费	55（占总投资 8.5%）
支付给总承包商的费用和业主费用	123（占总投资 19.2%）
不可预见费	51（占总投资 8.0%）
合计	641（100.0%）

该项目的成本（美分/t 阴极铜）：

作业成本	37.36
其中地质和采矿	14.73
矿石破碎和筑堆	4.44
溶浸液循环和萃取－电积	15.87
公共服务和行政管理	2.32

直接成本	39.49
销售和海运费	2.13
折旧费	10.87
总成本	50.30

12.2.11.2 埃尔·阿布拉(El Abra)铜矿

EA位于智利Ⅱ区El Loa省Calama北45 km处,矿区海拔3900~4100 m,地表被4条深沟切割,属典型高寒沙漠地带的气候,温差大,日平均气温10℃,最高可达30℃,最低-16℃,年降雨量仅30 mm。

该地在1900~1926年便有开采作业,安纳康达(Anaconda)公司于1945~1967年获得开采权,在矿体中施工了7个探矿钻孔。智利国家铜公司于1972~1976年又施工了10个探矿钻孔继续进行评价,1983年伯克特(Bechtel)公司为其完成了预可研,目标集中在开采硫化矿。80年代,随着SX/EW技术的发展,为开采氧化矿提供了一个低成本的方法。1991~1992年,伯克特通过其在智利的合资公司Bechtel-ARA等公司完成了年产8000 t或10000 t阴极铜的可研,表明该项目的经济效益具有很强的吸引力。1993年智利国家铜公司进行招标时,经过塞普鲁斯(Cyprus)等公司研究,认为阴极铜的年产量可以达到22.5万t。1994年Cyprus投资现金3.3亿美元(占51%权益)并提供2.29亿美元从属债务和安排项目融资的平衡,使该项目于1995年开始建设。

开发计划包括建设露天矿、三段破碎系统、胶带运输、堆浸、SX/EW工厂,项目所在地有公路、铁路和适合布置堆浸场和废渣堆场的有利地形,无需大量资金进行基础设施建设。

A 项目施工建设特点

除外部电力、酸、燃油、炸药供应及外部运输采取外部独立承包外,其他工程由伯克特公司按EPC总承包,Bechtel-ARA负责设计和采购,BSK(Bechtel-Sidgo Koppers)按固定费用负责施工建设。德国MAN-Takraf承担地表胶带运输机、浸池布料、浸渣回收、浸渣处理系统的设计和设备供货。道路工程、供水管网、民用和服务性建筑、HDOPE衬垫敷设、聚合混凝土槽、通信、220 kV变电所及消防设施都通过招标实行交钥匙分包。总工时的30%,总费用的20%都采用这种方式完成。为保证这一耗资巨大的工程进度,建筑构件尽可能采用在Calama预制的方式,约有400人从事这项工作。关键建设人员参与基本设计和施工图设计的全过程,负责提供施工指导并确保将设计意图纳入施工组织设计,BSK每个月作一次项目风险评估,并与业主协商拟定每一项风险的应对措施计划。这样一来,使36个月总工期提前了11%。

B 地质资源

EA铜矿系斑岩铜矿床,地表出露范围超过4 km^2。

矿产资源量:确定的(Measured)和推定的(Indicated)氧化矿资源量9.58亿t,铜品位0.52%,铜金属量490万t。确定的和推定的硫化矿资源量5.86亿t,铜品位0.61%,铜金属量350万t。其中约有29%为次生硫化矿,具有可浸出的潜在经济价值。外围仍有氧化矿存在的可能。

矿产储量:探明的(Proven)和控制的(Probable)氧化矿储量7.98亿t,铜品位0.54%,铜金属量430万t。硅孔雀石是氧化矿的主要矿物,但也常见假孔雀石,二者合计占95%。

C 露天矿

按年产阴极铜22.5万t,粗碎处理量为141600 t/d。露天坑直径大于2000 m,深度仅170 m,台阶高度 18 m，平均出矿品位 1% ~0.4%，露天矿矿石产量从第一年的 2920 万 t/a 到第 7 年至第 16 年的 5110 万 t/a。由于矿体出露地表，无需基建剥离，平均剥采比为 0.22:1。采用的主要设备包括 P&H 4100A 41.3 m^3 电铲、Cat 793B 245 t 机械传动卡车、ϕ311 mm 和 ϕ175 mm 两种钻机。

D　*矿石破碎*

采用单台 18 m×33 m 旋回式破碎机将矿石破碎到 -200 mm，然后经带宽 1600 mm 的高速(6 m/s)胶带机(可水平转弯)将其运往中细碎。中细碎采用诺德伯格 MP1000 圆锥破碎机，共 12 台，布置为 4 个系列，将矿石进一步破碎 -18 mm 达到 100%。破碎后的矿石经酸预处理，随之便运往复用式堆浸场进行布料。EA 的氧化矿非常适于酸浸，特别采用酸预处理效果更好。

E　*堆浸*

浸池沿地形有利于排泄的方向布置，同时长轴方向与主导风向一致，以减少风吹对摇动器的影响。堆浸场由两个浸池构成，各 400 m×1600 m，浸池容量 1300 万 t，浸堆底部铺设约 1.5 mm 厚的 HDPE 衬垫，浸堆用目前世界上最大的可移动布料机按单层布料，高 8 m，面积 1.3 km^2。采用辐射式滴流器喷淋，可使蒸发损失小于 2%，从萃取厂返回的萃余液用于矿石浸出喷淋，喷淋量15 L/(h·m^2)。浸出周期 90 d，最少 45 d，浸出液经集液管网送入富液池。回收率 84% ~70%，矿山服务期预期平均为 78%。总酸耗 19 kg/t，新酸主要在酸预处理阶段加入。每天用酸 1700 ~3000 t，从外地运入，在现场建有 10 d 用量的储仓。为了运进硫酸运出阴极铜，修建了 12 km 的铁路支线。浸渣回收采用履带式斗轮运输机系统。布料机和浸渣回收设备均由 GPS 定位系统控制。

F　*萃取*

含铜富液自流入萃取厂。萃取厂包括 4 个(以后发展成 7 个)混合澄清萃取箱系列，每个系列由两段萃取、一段洗涤和两段反萃组成，其额定能力为 1200 m^3/h 液流。在萃取段含金属的低品位不纯浸出液与萃取剂接触，有选择地将铜离子萃入有机相，这是一种含有 15% ~18%(体积百分数)萃取剂的冶金级煤油。有机相与水性浸出液是不相容的，因此在搅拌澄清槽中进行简单分相，贫铜强酸水溶液循环至堆浸场，用新酸反萃富有机相产出干净的铜溶液进行电积。在反萃段通过与电解液的接触，将铜负载有机相中的铜反萃出来，不含金属的有机物循环至萃取段。

$$[2R-4]_{\text{有机相}}+[Cu^{2+}+SO_4^{2-}]_{\text{水相}}\underset{\text{反萃}}{\overset{\text{萃取}}{\rightleftharpoons}}[R_2Cu]_{\text{有机相}}+[2H^{+}+SO_4^{2-}]_{\text{水相}}$$

G　*电积*

冷的富铜电解液通过热交换器加热(热交换器的热源为电积槽的贫铜热电解液和补充热水加热器)，然后送入自动化电积车间。电积车间有 680 个电积槽，每槽有 66 个不锈钢阴极，每年可生产 22.5 万 t 高品质铜。

12.2.12　废石堆浸

12.2.12.1　概述

所谓废石实际是指含铜(低于边界品位)废石，根据实际运作情况，废石堆浸(Dump Leaching)有两种类型：未经破碎的废石堆浸和复用型堆浸场浸渣的易地继续堆浸(如前述 RT 永久堆场的浸出)。废石堆浸的试验工作与矿石堆浸基本相同。废石堆浸一般不经破碎、不用衬垫。如果硫化矿物经水作用氧化生成的硫酸足够溶解铜矿物并能维持细菌的繁殖，则不需要增加酸性溶液，否则就要在浸堆上喷淋细菌-硫酸铁酸性溶液。富液在浸堆下部的天然地面汇集排至富液池，再泵送到萃取厂。为了获得较好的经济效果和对环境污染的控制，在废石堆场选址和含铜废石分堆方面都应考虑浸出的要求，如浸堆基底应为不容渗透的地面等。废石堆浸的浸堆高度从 20 m 到 100 m 以上，循环溶浸液的 pH 值约为 2.0 ~ 3.5，其铁的浓度可达 35 ~ 60 mmol/L。堆浸浸出过程很慢，每年的浸出率约 3% ~ 10%，因此浸出周期很长，有时需要数年，但堆浸的投入和经营费用都很低，非常适合含铜、铀等低品位废石资源的利用。

浸渣易地继续堆浸（也称永久堆场）的场地一般都尽可能靠近复用型堆浸场，便于转运，通常也铺设衬垫但浸堆高度增高，如智利 Radomiro Tomic 铜矿的永久堆场分为两个台阶，上部台阶高 30 m，下部台阶高 60 m。在上部台阶上敷设喷淋系统。

12.2.12.2 江西德兴铜矿废石堆浸

A 资源

德兴铜矿由铜厂和富家坞两个特大型斑岩铜矿床组成，共有矿石储量 14.86 亿 t，铜金属量 642 万 t。先建设铜厂矿区，富家坞为接替矿山。其中铜厂矿区矿石 10.21 亿 t，铜金属量 440.71 万 t，露天境界内矿石 8.09 亿 t，金属量 358.38 万 t。铜厂区的废石量 11.78 亿 t，其中有含铜 0.3% ~0.1% 的含铜废石 5.27 亿 t。20 世纪 90 年代中期，经充分论证后，将边界品位从 0.3% 调整到 0.25%，含铜废石量减至 3.26 亿 t。

B 试验研究

德兴铜矿的含铜废石堆浸试验开始于 1979 年。直接用矿山酸性水浸出，由于细菌浓度一般小于 10^4 个/mL，活性很低，铜浸出率低于 5%。经细菌培养后，对含铜 0.117%、粒度 -200 目占 90% 以上的矿石进行摇瓶浸出，2 月后的铜浸出率达到 55%。在 ϕ200 mm × 2000 mm 圆形塑料柱中装入 -25 mm 矿石 100 kg，用细菌－硫酸铁酸性溶液循环喷淋，铜浸出率为 23% ~29%。

该矿于 1986 年和 1991 年分别进行了两次 1000 t 级的堆浸试验，所用矿样的粒度、多元素分析和物相分析如表 12－14、表 12－15 和表 12－16 所示。

表 12－14 矿石样粒度分析

粒度/mm	>500	500 ~ 400	400 ~ 300	300 ~ 200	200 ~ 100	100 ~ 50	<50	合计
比例/%	4.76	2.31	3.6	5.96	8.18	19.69	55.5	100

表 12－15 矿样多元素分析 (%)

试验时间	Cu	Fe	S	CaO	MgO	Al_2O_3	酸不溶物
1986 年	0.121	4.48	3.77	0.75	0.756	9.66	66.25
1991 年	0.279	4.47	3.04	0.273	0.72	11.56	65.97

表 12－16 矿样物相分析 (%)

试验时间	硫化矿						氧化矿		总铜
	原生		次生		合计				
	质量分数	比例	质量分数	比例	质量分数	比例	质量分数	比例	
1986 年	0.083	68.5	0.026	21.5	0.109	90	0.012	10	0.121
1991 年	0.172	66.15	0.075	28.85	0.247	95	0.013	5	0.26

低品位矿石均取自排土场，矿石粒度为采矿爆破自然粒度，试验场地为一簸箕形半地坑，坑边用毛石砌筑，表面抹水泥砂浆，坑底为混凝土。矿石倒入地坑后，将表面耙平，用矿山含菌酸性水 1.5～2.0 m^3 喷于矿堆内。1986 年试验的浸出初期，移接了适量人工培养的氧化亚铁硫杆菌富集菌种，使每毫升浸出剂中有 10^4～10^6 个活性细菌，并添加了 N、P 细菌营养物。喷淋强度为 8 L/(h·m^2)，前 4 个月因浸出较快，采用浸 2 周休 1 周的制度，以后改为浸 1 周休 2 周制度。每批浸出液循环量约 21 m^3。当浸出液中铜质量浓度达 1 g/L 以上时，作为合格液送萃取，留下 3～4 m^3 再补充自来水或雨水作为新的浸出剂继续浸出。

1986 年的试验从 1985 年 9 月 23 日开始至 1986 年 9 月 28 日结束；1991 年的试验从 1991 年 1 月 1 日开始至 12 月 27 日结束。1986 年的试验中，低品位矿石经细菌硫酸铁酸性溶液循环淋滤，铜浸出率为 16.59%，铁浸出率为 8.47%；1991 年的试验虽未用专门培养的细菌，但在喷淋前引入了含菌酸性水，全年铜的浸出率为 29%，铁浸出率为 5.63%。

试验结果表明：

(1) 细菌的数量、氧化活性及生长、繁殖速度极大地影响浸铜效果。动态浸矿（摇瓶及搅拌槽浸）时，只有细菌浓度达到 108 个/mL，铜溶解速度才明显增大；静态浸矿（渗滤浸出及柱浸）时，细菌浓度 > 106 个/mL，才有较好的浸铜效果。中南大学曾进行过相关的试验，结果见图 12－17（铜业工程 2002No. 1）。

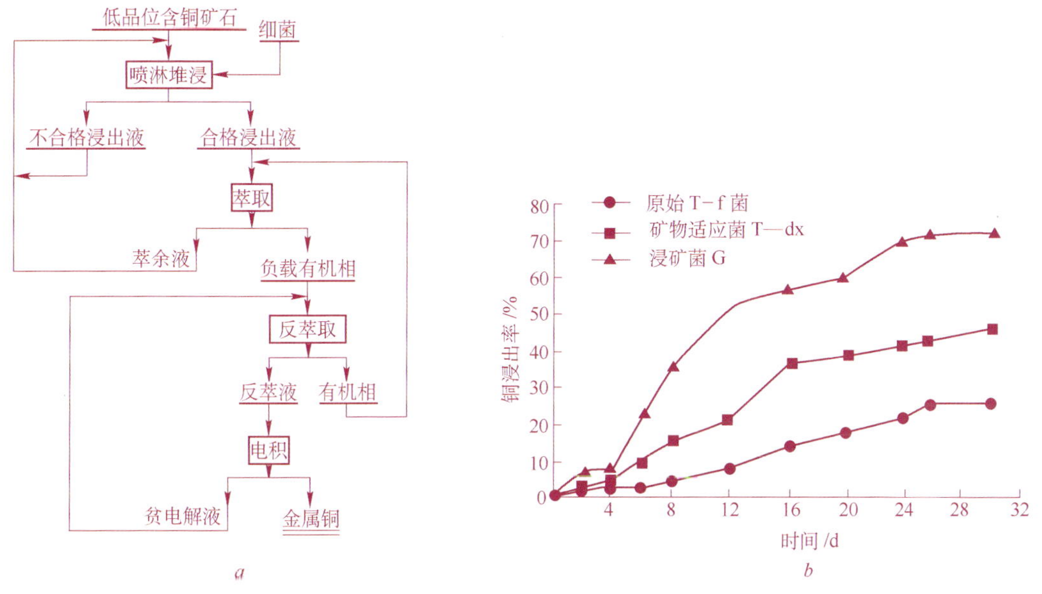

图 12－17 试验流程与结果

a—试验工厂工艺流程；*b*—不同细菌浸矿效果对比

(2) 野生细菌活性较低，诱变可显著提高其氧化活性，因此，菌种选育工作非常重要。驯化与诱变方法结合使用，增强浸矿菌的吸附性能、对有害成分的耐受能力，有助于解决细菌再生问题。

(3) 黄铜矿呈致密块状，为较难浸的铜矿物。添加少量银离子，可明显提高细菌浸铜速度及铜浸出率。试验证明，细菌与银对于加速铜的浸出都是必不可少的，虽然，银的价格较贵，实现工业应用还有一段距离，但作为一种提高浸铜速度的方法对其进行理论研究是非常必要的，据此可预测可替代的催化离子。通过对银催化机理的探讨，确定了一种效果好、用量较少、价格适中的

CA-I离子，它可提高铜浸出率10%，缩短“滞后期”5天。

(4) 表面沉淀物致使最终铜浸出率不高。试验结果表明，矿物表面沉淀物主要是黄钾铁矾、硫酸钙等。银催化细菌浸铜试验表明，络合剂A可抑制表面沉淀物的形成，提高铜浸出率10%左右。

C 2000 t/a 堆浸厂的堆浸场地、布料与喷淋

在上述试验的基础上，德兴铜矿于1997年建成了年产阴极铜2000 t的含铜废石堆浸－萃取－电积厂。

德兴铜矿设有三个废石场，按设计，西源废石场和杨桃坞废石场为初期堆积的表土和废石，祝家废石场为设计的堆浸场，占地面积约6.3 km^2，属山谷形废石场，地形标高在130～390 m之间，堆置标高为210～390 m。厂区有河山、石坞两条主沟和一条支沟，天然将场地分为三个堆场，有利于将含铜废石和不含铜废石分区堆积。1、2号堆场轮流排放含铜废石进行堆浸，3号堆场集中排废。

祝家废石场的基本路堤修建在沟口，标高为210 m，直达各个堆场，用汽车运送废石由外向沟内排放。第一层堆置标高为210 m，每30 m为一个台阶，逐步向上堆放。为满足堆浸要求，每一台阶又分三层堆放，分层厚10 m。每层堆放前，须将原废石层表面犁松，保证废石的透水、透气性。每层排完废石后，再用松土犁纵横各犁松一遍，犁沟深1.2～1.4 m，然后铺设喷淋管网，使用旋摇式喷头精心喷淋。每个喷头喷淋面积35 m^2，喷淋密度为(6～8) $L/(m^2 \cdot h)$。

对应两个堆浸场地在其下游建有两个富液池，浸出液沿着浸堆底部自然坡度流入富液池。1号富液池总容量67万m^3，有效容积30万m^3；2号富液池总容量为32万m^3，有效容积24万m^3。两富液池之间由165 m长的隧洞连接，以利相互调节并减少一个泵房。此外还建有酸性水库，一方面利用酸性泵将酸性水扬至喷淋高位水池(容积200 m^3)，作为喷淋用水的补给，另一方面可将多余的酸性水输往废水处理厂。

但在实际生产中，由于分层高度、喷淋面积、含铜品位等的变化，使实际浸出率和铜产量度受到一定影响。2004年浸出率为21.99%，产铜1002 t。2005年浸出率为36.43%，产铜1500 t。

D 堆浸场地表径流控制

矿区属亚热带气候，平均温度17.1℃，最高41℃，年平均降雨量1882 mm，24小时最大降雨量331 mm，四至六月是雨量最多的季节。控制地表径流是多雨地区堆浸作业最关键的问题。

祝家废石场汇水面积4.6 km^2，枯水年径流量356万m^3，丰水年648万m^3。废石堆位于山沟的下游，为防止径流进入浸堆，在各沟的上游设置拦水堤，并用排水隧洞系统和明沟将水排至场外。拦水堤4座，计23860 m^3，排水隧洞总长1860 m，排水明沟总长1990 m。

12.3 硬岩矿床的原地浸出

12.3.1 概述

原地浸出采矿是针对渗透性适合的矿床，利用水或溶浸剂将有用成分在原位溶解，然后将浸液提升到地表加工设施进行处理、回收，而脉石矿物则留在原地的工艺技术。水溶矿床形成的空区还可作为原油、天然气等的天然储存库。

原地浸出采矿有三种类型:钻孔水溶法、钻孔热溶法和硬岩矿物原地浸出。由于篇幅限制,本书对前两种类型不做详细介绍,如有需要,读者可参阅冶金工业出版社出版的《采矿手册》第三卷。钻孔水溶法适用于各种厚度、品位高、裂隙发育的岩盐、钾盐、天然碱、硼酸盐、菱镁土等矿床。世界上90%以上的岩盐矿床采用钻孔水溶法开采。对于此类矿床选择性溶解、回收有关的主要问题包括:盐井钻进与固井技术和溶浸采矿系统(单井对流法、油(气)垫对流法、水压致裂法)。钻孔热溶法亦称弗拉斯(Hennan Frasch)自然硫开采法,是通过钻孔内一套管径不同的同心管串,将加压热水注入地下硫矿层,经过热交换使硫熔融,然后通过钻井提升到地面以获取硫磺。早在1896年,就利用此法以三口井生产了2134 t硫磺,但由于固井困难和生产成本高并未得到推广。直到20世纪70年代,在上述技术难题获得突破的条件下,首先在美国盐丘型硫矿床开采中广泛使用,而且用这种方法生产的硫一度控制了市场。此种工艺技术在墨西哥、波兰、伊拉克和前苏联已得到了应用。用这种方法生产的硫每年超过1300万t。采用这种方法需要三个条件:规模大的矿床,品位在5%以上;供水充足(1 t硫供水19.2 m^3);具有低价燃油。其他如市场价格、税收、运输费用等都对其产生影响。

目前硬岩矿床原地浸处主要用于铀矿开采和小规模氧化铜矿开采。原地浸出采矿可以从地表进行,也可从地下坑道中进行。前者属于井群开采,后者属于将矿石破碎后原地浸出。到目前为止,利用井群开采未经破碎的铜矿床尚无正式生产实例,而后者并不罕见。硬岩矿床原地浸出法的优点在于:

(1) 不存在露天坑、废石场和尾矿库等影响地面环境的设施,也无需重型采矿设备和选矿厂、火法冶炼厂;

(2) 在大多数情况下不会产生地面的沉陷;

(3) 使用劳动力少,而且大大减轻了对劳动者健康和安全的威胁;

(4) 能耗低;

(5) 基建投资低

但这种方法并非能适用于任何矿床,而且存在下述问题:

(1) 由于地质构造(如断层)、矿体上下盘缺少可控性岩层以及存在未封堵的地质钻孔,对溶浸液的控制难度很大;

(2) 较少适合所含有价金属的浸出剂;

(3) 对多金属共生矿床不可能回收所有有价金属;

(4) 金属回收率一般低于堆浸作业和地表选矿作业。

12.3.2 铀矿原地浸出技术

12.3.2.1 铀矿原地浸出技术发展概况

A 国外铀矿原地浸出技术研究与发展概况

铀矿是目前唯一大规模、商业化的原地浸出(通常又简称地浸)开采矿种,20世纪60年代初开始正式用于生产。美国和前苏联是最早开展原地浸出采铀技术研究的国家,1959年,在乌克兰境内发现了一个矿体长度为28 km的疏松砂岩型铀矿床,含矿层充水。1961年进行了一组井的现场试验,一个抽液井,一个注液井,钻孔间距6 m,采用硫酸浸出,试验获得了较好的结果;在此基础上进行了半工业性试验,进而进行了工业性开发,该矿床至1978年采完,回收率达77%。与此同时1961年,美国犹他州建筑和采矿公司(Utah Construction and Mining Co.)首先在怀俄明州Shirly Basin的一个铀矿床采用酸法进行了半工业试验,并于1963年至

1968年间组织了小规模的生产，最高 U_3O_8 月产量为3.63 t，1963年至1970年采用原地浸出法共回收了675 t U_3O_8。1975年4月 Dalco. Atlantic Richfield 和 U. S. Steel 公司联合经营的 Clay West 原地浸出铀矿山投产，标志着地浸采铀在世界已进入工业性生产阶段。70年代后期，地浸采铀在美国的得克萨斯州、怀俄明州、科罗拉多州、新墨西哥州、内布拉斯加州等地迅速发展，1978年美国有12个利用原地浸出工艺的铀矿山。进入90年代后，由于常规采铀矿山的不断关停，地浸法已成为铀生产的重要方法，1987年美国生产5900 t U_3O_8，其中约1/3来自原地浸出。至1992年，美国已关闭所有的常规采铀矿山，地浸法生产的铀占总产量的比例继续增加。目前地浸采铀正以其低成本的经济优势在美国采铀工业中居支配地位，地浸法生产的铀产量将会占据更大的比例。

60年代中后期，继美国、苏联原地浸出采铀获得成功以后，保加利亚、捷克斯洛伐克等也开展了地浸采铀试验，并于70年代相继进行了工业规模的生产。苏联的一些加盟共和国，特别是哈萨克斯坦、乌兹别克斯坦，由于其具有极为丰富的适于地浸的疏松砂岩型铀矿资源，且具备良好的地质、水文地质条件，地浸采铀规模和技术得到了迅速发展，已成为全球主要地浸采铀国。

哈萨克斯坦1993年地浸法产铀1500 t，占总产量的54%，乌兹别克斯坦1993年用地浸法生产铀1950 t，占总产量的75%。

地浸产铀量近些年已占世界铀总产量13%～15%，表12－17给出了当今世界主要应用地浸开采铀国家的生产现状。从表中看出，前苏联是地浸采铀大国，其次为美国。

表12－17 世界主要地浸采铀国生产状况

国家	矿山	公司	产铀量/$t \cdot a^{-1}$
美国	Christensen/Irigaray Irigaray EL	Malapai Rescourse	295
	Mequite/Holiday	Malapai Rescourse	477
	Highland	Power Resources, Inc.	450
	Crow Butte	Ferret Exploration of Nebraska	385
	Smith Ranch	Rio Algom Mining Corp	45
	Kingsville/Rosita	Uranium Resources, Inc.	524
			计:2176
中国	新疆731矿	新疆天山铀业公司	200
捷克	Straz	DIAMO	300
巴基斯坦	Qubul Khel	PAEC	50
苏联	Смиза	哈萨克斯坦	400
	Чиль	哈萨克斯坦	400
	Таукт	哈萨克斯坦	500
	Сатпунаы	哈萨克斯坦	800
	Учкдук	乌兹别克斯坦	380
	Нарабад	乌兹别克斯坦	760
	Эафарбад	乌兹别克斯坦	830
			计:4070
保加利亚	17个矿山		终止
澳大利亚	Beverley	Heathgate	试采
	Honeymoon	Southern Cross Resource Pty Ltd	试采
	Manyingee	Cogema	条件试验

地浸采铀技术发展至今，虽然只有三十多年的历史，但在上述国家已经成为一种成熟的新型采铀工艺。国外大规模工业生产也促进了地浸专用设备、仪表、材料的研制开发和井场技术的完善与提高。前苏联研制开发了地浸铀矿山快速高效的专用钻探设备及钻进技术，综合物探测井设备与技术。美国在多年地浸采铀试验和矿山生产的基础上已形成了一整套完善的地浸采铀钻孔施工安装工程技术。专用钻探设备、综合物探测井设备的应用及相关钻进技术的研究提高了地浸钻孔施工效率，保证了钻孔工程质量。美国地浸铀矿山井场设计已实现了计算机化和最优化，可以根据矿体形态、埋深、矿体品位及厚度、矿石渗透性等因素合理选择井型和布置抽注液钻孔，保证了溶浸液的有效循环，提高浸出率和降低原材料消耗。自动化仪器仪表的研究和应用大大地提高了地浸作业自动控制水平和劳动生产率，降低了工人的劳动强度和产品成本。据报道，美国 Smith Ranch 地浸矿山，生产 U_3O_8 规模约为 900 t/年，生产和管理人员 65 ~ 75 人，人均劳动生产 U_3O_8 达到 12 ~ 13.8 t/(人·年)。针对地浸采铀的特点，美国在多年从事地浸采铀研究和生产的基础上研制了适合地浸铀矿山的浸出液处理工艺和设备。美国地浸铀矿山浸出液处理采用卫星厂吸附，中心厂淋洗、沉淀的模式。

苏联、保加利亚、捷克等主要使用酸法地浸工艺，从提高铀金属的回收率，充分利用已探明铀矿资源角度，酸法有其积极的意义，但酸法地浸对地下水造成的污染较碱法地浸更为严重，且治理难度大、时间长，因此，美国虽然在早期的地浸采铀试验研究中曾作过酸法地浸的半工业性试验，但工业规模地浸生产矿山都采用碱法浸出工艺。近年来，由于考虑地下水治理和环境保护方面的原因，美国已禁止使用铵盐作地浸溶浸剂，并逐渐采用 CO_2 作溶浸剂的弱碱性浸出工艺以代替以往的碱浸工艺。

随着地浸采铀技术的不断成熟，其应用条件不断拓宽，初始认为不适宜地浸开采的矿床，今天也成功地进行了尝试。在开采深度上，哈萨克斯坦第六采矿公司在平均埋深 550 m 的铀矿床使用地浸法开采，目前生产能力为 300 t/a，矿石平均品位为 0.06%，平均铀量为 5 kg/m^2，矿层平均厚度 6 m，采用空气提升；在人工建造隔水带上，捷克 Straz 矿床开辟了成功的先河；在地下水含盐量上，澳大利亚 Beverly 和 Honeymoon 矿山成功地在地下水矿化度高达 12 g/L 和 20 g/L 的条件下开采；在增大矿层渗透系数和堵塞过渗透的非矿层上，使用的水力压裂和裂隙充填方法也有大的突破；在溶浸剂使用上，提出了中性浸出，并积累了生产经验；在成井工艺上，逆向注浆、套管切割、过滤器更换等新技术的应用保证了井的质量与寿命；在氧化剂使用上，展开了微生物氧化剂的研究与试验。这些无疑为地浸采铀注入了活力。

碱法地浸采铀技术的研究始于 20 世纪 60 年代，美国是最早开展碱法地浸研究的国家，其研究和开发应用走在世界最前列，代表着当今世界碱法地浸采铀的最高水平。经过三十多年的研究和多个碱法地浸铀矿山的成功开采，已形成了一套以溶浸剂的选择与使用、钻孔结构与施工工艺、溶浸范围的监测与控制、地下水污染治理、地浸矿山最优化设计等为主体的完整的碱法地浸采铀技术体系。美国最早的碱法地浸采铀是使用碳酸铵和碳酸氢铵作为溶浸剂、过氧化氢作为氧化剂的浸出工艺，由于铵盐对地下水造成的污染难以治理，在地浸采铀实践中禁止使用铵盐作为溶浸剂，取而代之是碳酸钠和碳酸氢钠，同时为了降低生产成本，采用廉价易得的氧气代替 H_2O_2 作为氧化剂。

进入 90 年代后针对酸法和以往碱法浸出存在的不足，在溶浸剂的使用方面开展了中性（或弱碱性）浸出的研究，浸出条件为 pH = 6.5 ~ 8.0 范围，实际上是使用碳酸氢盐浸出。在这方面美国走在前列，目前所有的地浸矿山均使用 $CO_2 + O_2$ 配制溶浸液（同时适当加入一定量的碳酸钠）。这种浸出环境下的地浸开采除了具有正常碱浸的优点外，最显著的优越性就是减少了堵塞以及地下水治理比较简单。进入 90 年代后这一工艺被广泛推广使用，目前美国正在运行的 6

座碱法地浸铀矿山均采用 $CO_2 + O_2$ 的浸除工艺。

苏联针对碳酸盐含量较高的(以 CO_2 计大于 2%)铀矿床开展了低酸浸出工艺研究,即利用低浓度的硫酸溶液(同时采用空气作为氧化剂)与矿石中的碳酸盐反应,生成 HCO_3^-,HCO_3^- 再与矿石中的铀矿物反应,生成碳酸铀酰。该工艺已在乌兹别克乌奇乌库杜克地浸铀矿床应用,矿山生产规模达 1000 t/a。

B 我国铀矿原地浸出技术研究与发展概况

我国地浸采铀技术的研究始于 20 世纪 70 年代初,三十年来,地浸采铀技术获得了飞速发展,其发展历程可划分为三个阶段:

第一个阶段为探索研究阶段(1969 ~ 1981):核工业部六所于 1970 ~ 1973 年首先在广东河源砂岩铀矿床进行了地浸采铀探索性试验;1978 ~ 1981 年在黑龙江 501 矿床开展了地浸采铀试验;这两次试验虽然均因某些原因没能取得较为理想的结果,但却积累了许多有益的经验,为下一步地浸采铀试验的开展打下了坚实的基础。

第二阶段为地浸采铀试验阶段(1982 ~ 1995):核工业部六所在总结以往试验的基础上,于 1982 年至 1984 年在云南 381 矿床开展了地浸采铀条件试验,获得了满意的结果。1986 ~ 1990 年进行了 381 矿床地浸采铀扩大试验,1991 年建成了我国第一座小规模地浸采铀试验矿山。在云南地浸采铀试验成功的基础上,1985 年开展了新疆 512 矿床地浸采铀室内试验研究以及云南 382 矿床的地浸采铀试验。

第三阶段为工业试验和工业生产阶段(1995 ~ 2001):新疆 512 铀矿床地浸工作从 1990 年开始由室内试验转为现场试验及半工业化试验,并于 1995 年新疆 512 矿床地浸采铀国家重点工业性试验工程开始建设,1996 年建成并投入运行,1998 年工程顺利通过国家验收,主要工艺技术指标接近国际先进水平;2000 年新疆 737 地浸工程建成并投产;2002 年 511 矿床地浸试验成功。2000 年以来先后还开展了吐哈、松辽和鄂尔多斯等盆地的地浸采铀试验。地浸工程的建设和正常运行,表明我国地浸采铀已实现了从试验研究向工业规模生产的飞跃。经过多年的试验和探索,地浸采铀已成为我国铀矿采冶的重要方法。形成了一套以地浸铀资源评价、溶浸液配方和使用方法、地浸钻孔结构与施工工艺、钻孔排列方式和钻孔间距的确定、溶浸范围控制、浸出液处理工艺技术、地浸矿山环境保护等为主体的地浸采铀技术体系。但是,无论从地浸技术本身研究的深度和广度,还是从现有矿山生产规模,劳动生产率、自动化程度,与国外先进国家相比,都存在一定的差距。总体看来,我国酸法地浸采铀技术尚处于国际上同类矿山 90 年代的水平,中性地浸刚由试验阶段转入工业化生产阶段,碱法地浸采铀技术研究还处于起步阶段。由于我国核电工业迅猛发展对铀金属需求量猛增,将有力地促进我国地浸采铀的发展。

12.3.2.2 原地浸出采铀工艺适用条件

从国内外目前地浸工艺发展水平来看,适用于地浸采铀的矿床均为砂岩型铀矿床。这类砂岩型铀矿床根据成因与矿石构造又分为两类,一类为层间氧化带砂岩型铀矿床或称卷状砂岩铀矿床;另一类为潜水氧化带砂岩型铀矿床或称板状砂岩铀矿床。上述两类砂岩型铀矿床的矿石与围岩成分基本相同。然而在矿体形态、大小、渗透率和水文地质主要特征方面却存在着明显差异。对于地浸采铀工艺来说,它仅是两种独立的矿床类型。从地浸采铀工艺发展来看,层间氧化带砂岩型铀矿床是当前用于地浸采铀的主要铀矿床。由此可知,地浸铀资源评价,核定是不是层间氧化带砂岩铀矿床是第一位的要素。适于地浸开采的砂岩型铀矿床分类见表 12-18。

表 12-18 适于地浸开采的砂岩型铀矿床分类

矿床类型	矿体形态、岩性和矿层主岩的渗透率									
	矿床形态和大小				岩性和渗透率特征					
	平面上	宽度/m	剖面上	$T_{矿}/T_{总}$ ①	平面上	渗透系数 /$m \cdot d^{-1}$	变异系数	剖面上	砂体厚度/总厚度	渗透率对比系数
层间氧化带砂岩铀矿床	形态简单、线形边界的、卷状延伸的矿床	>150	发育上、下翼且厚度均一的伸展透镜体	0.9~0.7	具均一特征的粗粒到中粒砂	20~12	20~40	颗粒大小均一和分选好的少量砾石层	1~0.95	1~0.9
	相对简单的形态、均一边界的新月形矿石矿床	从100到300~500	相对简单形态的矿卷、单个的大透镜体	0.7~0.9	不同粒质砂过渡到泥岩	15~7	40~70	颗粒大小相对均一的砂,分选好,含泥岩和砂岩层	0.95~0.80	0.9~0.7
	复杂形态的单个透镜状矿床	从25~50到15~200	不同厚度、均匀分布的透镜体	0.2~0.05	单个透镜状砂体分布在泥岩、砂岩、砾岩沉积物中	20~0.1	150~200	黏土质砂岩、泥岩,含颗粒大小不同的砂质小透镜体	0.40~0.20	0.40~0.20
潜水氧化带砂岩型铀矿床	形状复杂,单个透镜状矿体有时为新月形	从25~50到15~300	不规则分布在整个剖面的薄透镜体	0.2~0.1	炭质砂和褐煤的单个透镜体分布在炭质砂和泥岩中	19~0.1	150~300	炭质砂、褐煤、黏土质和泥岩砂、砂岩、粉砂岩和黏土	0.40~0.20	0.50~0.20

① 矿石与总厚度之比。

矿床的水文地质环境是评价地浸铀资源第二个重要要素。影响地浸过程的水文地质因素是:水文地质构造、含水层的数目与特性、水的补给情况、从地表到地下静水位深度、地下水运动的方向与速度、围岩与矿体的透水特性及其层厚。此外,含水层之间水力联系、风化承压水地层的存在,地下水的化学成分及温度也很重要。

处于水饱和状态的层间氧化带砂岩型铀矿床是最利于地浸开采的,一般70%~90%或者更多的铀储量能顺利地采用地浸法采出。

渗透系数是决定地浸采铀工艺效率的主要水文地质因素,是评价地浸铀资源第三个重要要素。根据渗透系数 C 的大小可将岩石分成四类,即:

(1) 不透水型,$C \approx 0 \sim 0.1$ m/d,如砂质土,黏土质不少,黏土质页岩等;

(2) 半透水型,$C \approx 0.1 \sim 1$ m/d,如砂质土,黏土质不少,某些泥岩等;

(3) 透水型,$C \approx 1 \sim 10$ m/d,如砂等;

(4) 强渗透型,$C > 10$ m/d,如砂砾沉积。

地浸采铀最有利的是(2)与(3),即 $C > 1$ m/d,但是也允许 $C = 0.1 \sim 0.5$ m/d。强渗透型易产生沟流,也不宜地浸开采。整个矿床的渗透率的差异性可由渗透性的均一系数来表示。

均一矿床是渗透系数均一的矿体占整个矿床体积的75%以上。

非均一矿床是渗透系数均一的矿体占整个矿体体积小于50%。

特别非均一矿床是渗透系数均一的矿体只占整个矿床体积小于25%。

此外,矿体与围岩之间的相对渗透率也是评价地浸铀资源重要指标。最不利的情况是低渗透矿石被渗透较好的无矿砂体包围,最好情况是矿石的渗透系数大于围岩的渗透系数。

含矿含水层的厚度与矿体厚度之比也很重要，含矿含水层最佳厚度为10 m左右，并且含矿含水层厚度与矿体厚度之比应小于10。当含矿含水层厚度大于30 m时，浸出液将受较大稀释。

地下水静水位高度，砂体宽度以及地下水温度都是地浸铀资源评价的主要指标。地下水温度小于10℃是不利的地浸浸出温度。

综上所述，具备下列水文地质条件的矿床是适合采用地浸采铀的铀矿床。

(1) 含矿岩层与其他地下含水层或地表水源之间没有水力联系。

(2) 含矿含水层顶底板是较好的隔水层。

(3) 矿石的渗透率比围岩渗透率高。

(4) 矿石的渗透系数至少保持在0.5~1.0 m/d。

(5) 含矿含水层中矿石厚度与围岩厚度之比应大于1/10。

(6) 地下水温大于20℃，地下水总矿化度小于5~10 g/dm^3。

12.3.2.3 试验工作

实验室试验需要回答两个问题：第一，在经济合理的时间框架内，矿化带是否适合进行选择性溶解；第二，浸出剂能否充分接触矿化带以确保作业的经济合理性。采取实验室试样要除去钻探泥水，但要保持岩芯原有水分，同时避免过早氧化，因此应在现场密封。试验要用地下水，而不能用纯净水。为了获得可靠的岩层地球化学条件，测定钻孔内所取岩芯部位的E_h、pH、传导率、溶解氧和温度是必要的。在试验过程中，要注意岩芯中黏土、钙质对小透镜体的显著影响。

现场试验要回答的问题包括：第一，按最大经济井距确定的井群布置是否有足够的浸出剂流；第二，在矿体中液流的主导方向及其对扩散效率的影响；第三，浸出剂能否滞留和回收。现场试验是商业化生产前的半工业试验，用以评估浸出液的特性、钻井施工和生产程序。

试验井的布置有两种方式：注液和抽液井分开布置；只用一个井，先期为注液井，然后做抽液井。后者虽然比较经济，但两种试验结果可能有很大差别。所以通常采用五点型井群进行试验，然后可在此基础上扩大成为多组五点型或多组七点型生产井群。在试验过程中，每日最少要取样4次，并分析铀、钒、钼、硒、砷、钙和CO_2。在品位峰值时要进行富液的光谱分析。E_h、pH值、传导率、溶解氧和温度等浸出状态的测定，可以靠现场自动检测定期取值。

为了确定铀的回收率，需要在试验前和试验后在井群范围内钻孔取样，取样钻孔越多结果越准确。还应当在试验井群范围外布置一些试验后取样钻孔，以查明溶液往井群范围外的迁移状态。

12.3.2.4 井场设计

A 井场生产能力的确定

影响井场生产能力的因素有如下四个方面：

首先，矿床铀资源储量大小，以储采比与矿山合理服务年限作为确定井场生产能力的重要指标。地浸铀矿山的储采比一般为20~25，个别情况可按15考虑。

第二，矿床的铀品位与每平方米铀含量大小，品位高的矿床，每平方米铀含量大，有利于井场扩大产量与降低成本。

第三，井场各大系统工艺技术先进性，自动化机械化程度高低。

第四，市场对天然铀产品需求的迫切程度。

根据上述因素将井场天然铀金属的年生产能力确定之后，再根据有关公式计算出矿床平均浸出液浓度，根据天然铀金属年需求量与浸出液浓度计算出年浸出液生产能力。井场生产能力主要是指井场通过抽注工艺每年可生产浸出液总量。根据抽液钻孔的年抽注能力计算出井场所需抽注钻孔数量，根据注入钻孔年注入溶液能力，确定注液钻孔数量，从而进一步确定井场的抽注单元数，根据井场抽注单元的能力与占地面积，又可推算矿井生产能力与井场占地面积。

浸出液铀浓度的确定，采用苏联地浸矿山全开采期浸出液浓度（平均，mg/L）计算公式，即：

$$C_{平均} = 10^6 \cdot EPd/\ FMfg$$

式中 E——浸出率（按0.75）；

P——采区铀金属储量，t；

d——浸出液比重（酸液取1.18 g/ cm^3）；

f——溶浸液总量/溶浸范围内矿石量（即液固比）；

M——含矿含水层平均厚度，m；

F——开采范围内的面积，m^2；

g——矿石比重，t/m^3。

B 井型与井距确定的原则

井型与井距的确定，决定着溶浸液的有效循环，地浸生产的铀产品成本高低，铀资源回收率的大小。下面讨论影响井型与井距的因素。

a 矿体埋藏深度

矿体埋藏深度对开采钻孔结构和它的费用有影响，在单位面积钻孔数固定的情况下，其深度直接影响矿床开采费用。一般而言，矿体埋深大，常采用较大的井距；矿体埋藏浅，常采用较小的井距。

当井型呈网格式（五点型或七点型）排列时，如矿体埋深为50 m，井距常为8～10 m；如矿体埋深为100～200 m，井距为20～30 m。

当井型呈行列式排列时，前苏联曾对中亚地区的地浸矿床，通过技术经济对比计算，得到了不同矿体埋深条件下的行列式排列的最佳钻孔行距和间距，见表12－19。

表12－19 矿体埋深与行列式排列最佳行距和间距的关系

矿体埋深 /m	最佳行距 /m	最佳间距 /m
<100	30	15
100～200	40	20
200～300	44	22
300～400	48	24

b 矿石渗透性

矿石渗透性对单孔抽注液能力、溶液的运移、矿石浸出时间等参数有影响，而这些参数直接影响地浸采铀井型与井距。

通常情况下，当矿石渗透系数为0.1～1.0 m/d时，常采用的井距为8～30 m，井型为网格式（五点型、七点型等）井型。当矿石渗透系数为1.0～10.0 m/d时，常采用行式井型，钻孔行距和间距分别50 m和25m左右。

c 每平方米铀量

在地浸开采的铀矿床中，每平方米铀量是由矿体的品位与厚度组成的一个衡量地浸开采经济效益的综合性指标，矿体每平方米铀量越大，浸出液铀浓度越高。因此，当矿体每平方米铀量高时，即使钻孔间距较小，钻孔数目较多，吨金属成本也可能较低。

d 单孔抽注液量的比值

单孔抽注液量比值是选取井型的重要参数。当钻孔抽注液量的比例为 1:1 时，常选择五点型或行列式Ⅰ井型；当钻孔抽注液量的比例为 2:1 时，常选择七点型或行列式Ⅱ井型。

矿体宽度较大，形态较规则，各部位矿石的渗透性较均匀，常采用网格式井型；矿体宽度较小，形态不规则，各部位矿石渗透性差异较大，常采用行列式井型。

e 矿石的矿物成分与化学成分

如果矿石难浸、矿石酸耗低，溶浸液在含矿含水层中不流失、溶浸液不与矿石大量反应，从提高浸出液铀浓度和减少钻孔投资费用等角度考虑，适当加大钻孔间距有好处，如捷克地浸矿山采用了 50 ~ 100 m 的井距，浸出时间长达 20 年，也取得了较好的经济效益。

C 井型的确定方法

a 地浸采铀主要井型及其抽、注液钻孔布置

目前，国内外地浸铀矿山所采用的井型主要有网格式和行列式两类。网格式井型中，抽液孔位于抽注单元（由一个抽液孔与周围若干个注液孔组成的地浸采铀基本单位）的中心，注液孔按一定间距围绕抽液孔布置。行列式井型中的抽注液孔各自成行排列，沿矿体走向或彼此平行分布。行列式井型也可分成两种，即行列式Ⅰ型和行列式Ⅱ型。行列式Ⅰ型中抽、注液孔间距相等，行列式Ⅱ型中抽液孔间距是注液孔间距的两倍，如图 12 – 18 所示。

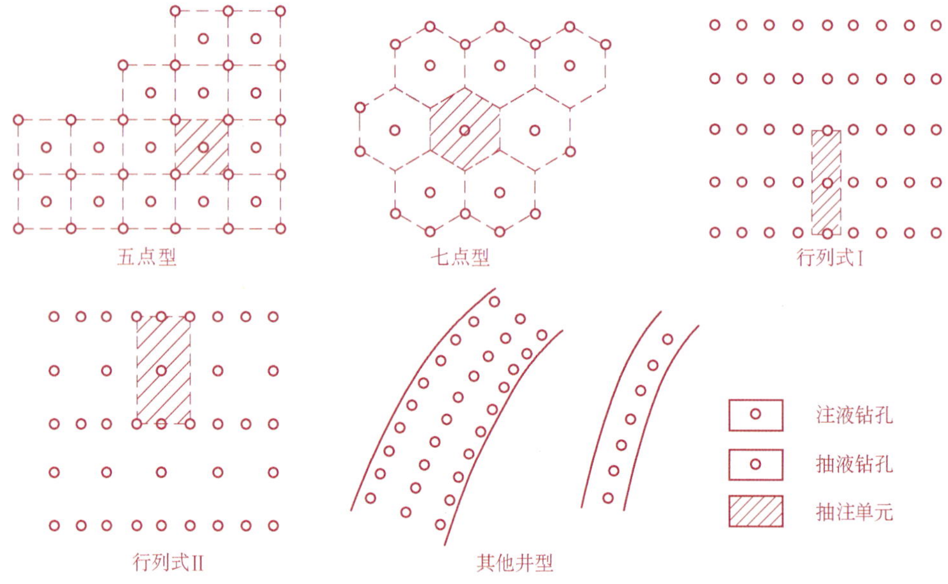

图 12 – 18 原地浸出采铀井型

由于井场边缘的钻孔不具有上述对应关系，而且为了不稀释浸出液，井场周边通常都是被注液孔包围着。

b 不同井型的流量分配特性

如何使矿体部位的矿石能均匀地浸出，提高溶浸液的覆盖率和金属回收率，减少溶浸"死角"，是地浸采铀技术研究的重要内容。

从地下水动力学观点讲，溶浸液是在水力梯度作用下，从注液钻孔沿矿层向抽液孔方向渗流的，见图 12 – 19。

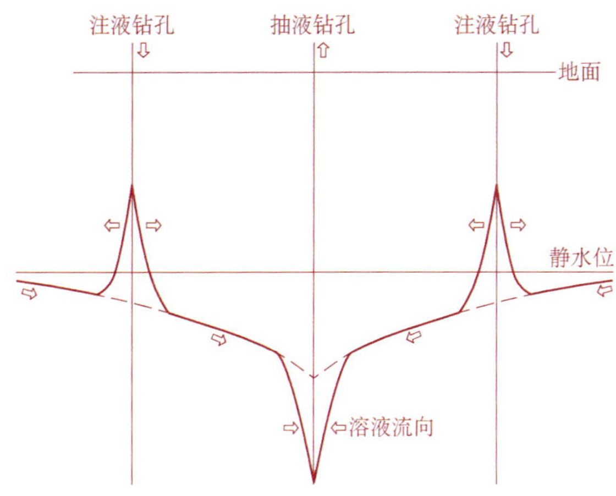

图 12 - 19　剖面上抽注液孔间水力梯度分布图

不同井型，抽注液孔在平面上的相对位置不同，溶浸液在平面上的分配和矿体浸出的均匀性也存在差异。采用网格式井型时溶浸液从周边注液孔沿多个（四个或六个）方向向中心抽液孔渗流，如图 12 - 20、图 12 - 21 所示，这种井型浸出的均匀性较好；而行列式井型的注液孔行对称分布于抽液孔行的两侧，溶浸液是从两侧向中心抽液孔渗流的，因而这种井型对矿体浸出的均匀性相对地要差一些。特别是行列式Ⅱ，它的抽液孔间距是注液孔间距的两倍，会影响铀的浸出率。因此，与行列式井型相比，网格式井型具有溶液流动比较均匀的优点。

图 12 - 20　五点型溶液流线图

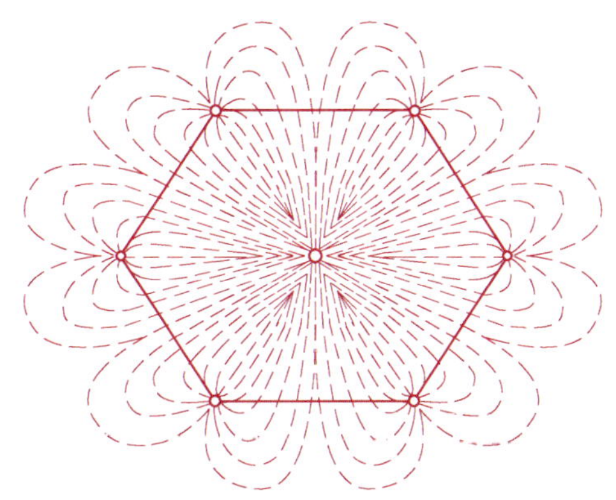

图 12 - 21　七点型溶液流线图

前苏联地浸专家曾使用染色体对不同井型溶浸液的覆盖率进行过室内研究。在相同的操作条件下，得到了被染色溶液浸润到的矿石量与总矿石量的比如下：

五点型：75%；

七点型：80%；

行列式：<60%。

c　井型的确定方法

地浸采铀生产应遵循的一个基本原则是保持井场抽注液量基本平衡。

设抽液孔数为 $N_{抽}$，单孔平均抽液量为 $Q_{抽}$；注液孔数为 $N_{注}$，单孔平均注液量为 $Q_{注}$，为了保证井场抽注平衡则有 $N_{抽} \cdot Q_{抽} = N_{注} \cdot Q_{注}$。

从理论上讲,某种井型所对应的抽液孔数与注液孔数的比值应等于单孔抽注液量之比。但在实际生产中,选择井型时,只能选择抽液孔数与注液孔数之比接近于单孔抽注液量之比的井型来布置抽注液孔,适当地调整钻孔的抽注液量大小,就可以保持井场的抽注平衡。

综合考虑影响井场的因素,可以得出不同条件下选择井型的主要依据。

五点型:适用于钻孔抽、注液量基本相等,含矿岩层渗透性相对较弱(渗透系数0.1~1.0 m/d),矿体宽度较大(>100 m)的矿床条件;

七点型:适用于钻孔抽液量是注液量2倍,含矿岩层渗透性比较均匀,矿体厚度较大(>100 m)的矿床条件;

行列式Ⅰ型:适用于钻孔抽、注液量相等,含矿岩层渗透不均一,且矿体宽度较小(<100 m)的矿床条件;

行列式Ⅱ型:适用于钻孔抽液量是注液量两倍,含矿岩层渗透性较大(渗透系数大于1.0 m/d)但不均一,且矿体宽度较小(<100 m)的矿体条件。

D　井距确定方法

a　井距确定的一般原则

(1) 正常抽注条件下,溶浸液对矿体的覆盖率大于90%;

(2) 矿体浸出均匀,且贫富不同的部位能基本同步浸完;

(3) 井场服务年限合理,一般为3~5年;

(4) 在其他条件相同的情况下,应选取吨金属成本较低时井距。

通常注液孔与抽液孔的间距在10~50 m间波动。

b　井距的确定方法

在某一指定面积和已知地质条件的块段上,井距与井场投资、生产能力、服务年限及产品成本间存在一个函数关系。井距的确定就是利用技术经济评价的方法,寻找出井距与上述因素的函数关系,从而提出优化分析结果。主要步骤如下:

(1) 研究基础资料,选择可能合理的井距。

(2) 确定抽液孔和注液孔的数目。

(3) 绘制流网或流线图,判断溶浸液覆盖率是否大于90%。

(4) 按式12-3计算浸出块段所需的溶浸液量

$$W = \rho FMf \qquad (12-3)$$

式中　ρ——矿石密度,kg/cm^3;

F——浸出块段面积,m^2;

M——矿层厚度或含矿含水层有效厚度,m;

f——液固比。

(5) 计算浸出块段日抽液量。

(6) 计算块段浸出时间　已知浸出块段所需的总溶液量和不同井距条件下的块段日抽液量,可计算出不同井距条件下的块段浸出时间(d)。

(7) 计算块段日浸出金属量　已知浸出液的平均铀浓度和不同井距条件下的块段日抽液量,可计算出不同井距条件下的块段日浸出金属量。

(8) 投资估算与产品成本分析。

(9) 做出井距与投资、生产能力、服务年限(浸出时间)和产品成本关系曲线图,选出合理的井距。

12.3.2.5 钻孔设计与施工

钻孔在地浸采铀中是唯一揭露矿体的工程,溶浸液的注入与浸出液的抽出都是通过钻孔来实现的。地浸钻孔的结构通常分填砾式与裸眼式两种。填砾式是在过滤器部位充填砾石过滤层,裸眼式是在过滤器周围靠矿层的细砂自然分选作成过滤层。钻孔结构包括:开口直径、终孔直径、孔深、套管、过滤器直径、连接方式、隔塞等7个部分。地浸钻孔结构设计与施工的好坏直接关系地浸采铀工艺成功与否,直接关系到地浸采铀企业的生产能力、生产成本与建设投资,因此地浸钻孔是地浸采铀工艺中关键环节与关键技术之一。过滤器一般分为五种形式:圆孔式、缝式、外骨架式、射孔式、天然式(无过滤器)。

护壁封堵用的水泥必须与当地的地下水及浸出液成分相匹配。水泥的配制在实际料浆密度最低的条件下,应能达到所要求的强度(对应时间特性),并且渗滤流失最少。为了保持水泥浆封堵的质量,除在套管下部加木隔塞外,可通过套管底部的泄水孔将水泥浆注入套管和井壁的空隙内,进行护壁封堵。在套管隔塞上部设有"水泥垫",防止水泥浆流入下部过滤装置。木隔塞在护壁完成后用钻头扫通。正式注浆前,用密度比钻探泥浆稍高的水泥浆冲洗套管,并使其流速在套管和井壁间形成紊流达5~10 min。注浆量必须满足其返回地表时符合设定的特性要求。一旦开始注浆,应保持其平稳、连续和孔底压力适当低于岩层压力。对浸出液提升一般可选择两种方式,即空气提升与潜水泵提升,提升方式对地浸生产能力、生产成本影响较大。

12.3.2.6 浸出液提升方式

A 空气提升

空气提升是将压缩空气压入抽液管中,气与水在管内混合成比重比水轻的混合液,在一定的水柱压力之下上升至地表,从而实现浸出液提升。注入抽液管内空气与地下水水位深度是影响空气提升两个重要因素。这种方式具有设备构件简单,工作安全可靠的显著优点,同时也存在提升成本高,工作效率低的缺点。此外,空气提升中抽液量不稳定,压缩管网庞大,需进行气液分离,增加抽液孔孔口的设备,当群孔抽液时,生产管理和控制比较复杂。实践证明:空气提升只能在提升高度小于30 m的情况下比较合适,若大于30 m则应改为潜水泵提升。

B 潜水泵提升

潜水泵工作效率是空气提升工作效率的4~6倍,溶液稳定,便于计量与自动控制,提升高度大大高于空气提升;提升高度相同时,提升量为空气提升的2倍以上,在相同的提升高度为40 m时,提升1 m^3 的浸出液空气提升比潜水泵多1.49元/m^3。潜水泵提升浸出液是地浸采铀采用较多的提升方式。潜水泵提升的问题是安装和维修比较复杂,浸出液含砂量要小于0.1%,要求钻孔质量较高等。两种提升方式主要指标比较见表12–20。

表12–20 两种浸出液提升方式比较

项 目	单 位	空气提升	潜水泵提升
提升效率	%	5~8	45~57
单孔平均抽液量	m^3/h	2.89	6.4
电 耗	度/m^3	1.70	1.34
油 耗	元/m^3	2.85	0.67
维修费	元/m^3	1.50	1.70
折旧费	元/m^3	2.12	2.73
人员工资	元/m^3	0.86	0.82
成 本	元/m^3	23.05	21.56

12.3.2.7 溶浸液配方与使用

地浸采铀是通过钻孔将按一定比例配制好的溶浸液注入至矿层，以实现对铀的有效浸出。溶浸液是由溶浸剂、氧化剂和抽出的地下水溶液（或地浸吸附尾液）按比例配制而成的，溶浸液配方和使用方法是地浸采铀四大关键技术之一，它包括溶浸剂的选择及浓度的确定，氧化剂选择及浓度的确定，以及不同浸出阶段溶浸液的不同使用方法等。

A 溶浸剂的选择

溶浸剂不仅影响铀的浸出回收、生产成本，而且还会影响浸出结束后地浸矿山地下水污染的治理等，溶浸剂的消耗量和价格在很大程度上决定着最终产品的成本，因此溶浸剂的选择对原地浸出采铀作业的成败具有十分重要的意义。一般溶浸剂的选择应遵循如下原则：

（1）既要考虑矿石的类型和对铀的选择性溶解，又要保证溶浸剂不致大量消耗于无矿围岩；

（2）要考虑试剂的价格、来源和试剂对设备的腐蚀等；

（3）应考虑试剂对地下水的污染及其治理；

（4）便于下一步浸出液处理回收；

（5）不致产生堵塞矿石孔隙的沉淀物，而降低矿层渗透性能。

B 溶浸剂的类型

溶浸剂分为酸性溶浸剂与碱性溶浸剂，原地浸出采铀按所选择的溶浸剂的不同分为酸法浸出和碱法浸出。

a 酸性溶浸剂

酸性溶浸剂有：硫酸、硝酸、盐酸等。硫酸具有较强的浸出能力，且价格低廉，因此目前酸法浸出广泛使用的溶浸剂是硫酸。硝酸具有较强的氧化性，是浸出铀的可选溶浸剂，但价格昂贵、选择性差，硝酸根离子迁移率高会对环境造成污染，另外铀在硝酸溶液中以硝酸铀酰形式存在，硝酸铀酰不适合于下一工序采用的阴离子交换树脂纯化铀的过程，因此很少用硝酸作为溶浸剂。至于盐酸，除了价格比硫酸贵外，它的腐蚀性也很强，设备材料的耐腐蚀问题很难解决，因而也很少使用。

硫酸浸出时，在没有氧化剂存在的条件下，硫酸主要浸出矿石中的六价铀，其化学反应如下：

$$UO_3 + 2H^+ = UO_2^{2+} + H_2O$$

$$UO_2^{2+} + SO_4^{2-} = UO_2SO_4$$

$$UO_2SO_4 + SO_4^{2-} = UO_2(SO_4)_2^{4-}$$

$$UO_2(SO_4)_2^{4-} + SO_4^{2-} = UO_2(SO_4)_3^{4-}$$

用稀硫酸溶液作为地浸采铀溶浸剂时，硫酸除了与铀矿物反应外，还会与其他矿物反应，因此会有一系列的杂质离子进入溶液中。主要化学反应如下：

$$Fe_2O_3 + 3H_2SO_4 = Fe_2(SO_4)_3 + 3H_2O$$

$$FeO + H_2SO_4 = FeSO_4 + H_2O$$

$$Al_2O_3 + 3H_2SO_4 = Al_2(SO_4)_3 + 3H_2O$$

$$CaCO_3 + H_2SO_4 = CaSO_4 + CO_2\uparrow + H_2O$$

$$MgCO_3 + H_2SO_4 = MgSO_4 + CO_2\uparrow + H_2O$$

$$Ca_3(PO_4)_2 + 3H_2SO_4 = 3CaSO_4 + 2H_3PO_4$$

由于碳酸盐（方解石和白云石）可与溶液中的硫酸反应，如果矿石中富含钙时，浸出过程中生成的硫酸钙（石膏）有可能超过其溶解度，从而产生硫酸钙沉淀，造成矿层的堵塞，影响矿层的渗透性，妨碍浸出过程的进行。因此，一般来说，当矿石碳酸盐含量（以 CO_2 计）大于2%时，不宜采用酸法浸出。

b 碱性溶浸剂

碱性溶浸剂有碳酸钠、碳酸铵、碳酸氢铵等。

碱法浸出时溶浸剂选择性地溶解铀，而对 Ca、Mg、Fe、Al 等元素很难溶解，溶解铀的主要化学反应如下：

$$UO_3 + 3Na_2CO_3 + H_2O = Na_4[UO_2(CO_3)_3] + 2NaOH$$

正常的浸出过程在 $pH = 9 \sim 10.5$ 范围内进行，当 $pH > 10.5$ 时，已溶解的铀将会产生再沉淀，沉淀的化学反应如下：

$$2\ Na_4[UO_2(CO_3)_3] + 6NaOH = Na_2U_2O_2 \downarrow + 6Na_2CO_3 + 3H_2O$$

因此为了防止铀的再沉淀，采用碳酸钠（或碳酸铵）浸出时，常常加入 $NaHCO_3$（或 NH_4HCO_3）以中和反应产生的 OH^-，因此碱法浸出一般是碳酸盐和碳酸氢盐配合使用。

酸法浸出的优点是浸出速度快、浸出率高，其缺点是选择性差、设备需耐腐蚀、地下水治理费用高等，且不适合于开发碳酸盐含量较高的矿床。碱法浸出的优点是选择性好、设备不需防腐蚀，对碳酸盐含量高的矿床也适合，其缺点是浸出率低（一般碱法浸出率较酸法低 5% ~ 10%），浸出时间长等。另外，碱浸时仍然存在地下水治理问题，特别是选用碳酸铵和碳酸氢铵时，由于 NH_4^+ 很容易被黏土吸附，给地下水治理带来了一定的难度，在美国由于环保问题已停止使用铵盐作为溶浸剂。

针对酸法和碱法浸出存在的不足，在溶浸剂的使用方面开展了中性（或弱碱性）浸出的研究，浸出条件为 $pH = 6.5 \sim 8.0$ 范围，实际上是使用碳酸氢盐浸出。这种浸出环境下的地浸开采除了具有正常碱浸的优点外。最显著的优越性就是地下水治理比较简单，费用低以及大大降低对矿层堵塞。

12.3.2.8 溶浸范围控制

溶浸范围是指地浸采铀过程中溶浸液对含矿含水层的覆盖范围。在地浸工艺生产中必须做到注入矿层的溶浸液控制在一定范围内，做到溶浸液在含矿含水层中正确运移，做到拟开采的块段的矿石能与溶浸液充分接触，而且既不漏失，又不被大量稀释，同时尽量减少死角，取得较好的浸出效果。将注入井下的全部溶浸液通过有效措施严格控制在一定范围内，既能提高浸出率，有效利用铀资源，又能减少对矿区周围地下水的污染。这些工作总称为溶浸范围控制。溶浸范围控制是十分重要的地浸采铀关键技术之一。

A 实现溶浸范围控制的条件和方法

a 矿床应具有的地质、水文地质条件与钻孔条件

（1）矿床属沉积疏松砂岩型铀矿床，矿石胶结程度差，具有较大的孔隙度，较好的渗透性能；

（2）矿床赋存在地下水位以下的承压含水层中，矿层上下都有较稳定的顶、底板隔水层；

（3）地浸钻孔排列形式合理，钻孔间距恰当，抽注系统完善。

b 实现溶浸范围控制的基本方法

通过注液钻孔注入井下的溶浸液在含矿含水层中可将受到的压强从高压区向低压区渗透，要使溶浸液在渗透中不流失，在抽注时必须保持总抽液量略大于总注液量，在地浸采场内部形成一个低压区，即地浸采场内部的液面低于地浸采场外部的液面，而抽液孔位于低压区，注液孔位于高压区，溶浸液自然由注液钻孔向抽液钻孔流动，而不会向地浸采场外部渗透。若将采区内地下水面相同的高程点，从低点到高点，从里向外连接成若干个圈，其圈定区域就是溶浸范围。也就是地浸采铀中在井下应该控制的范围。抽注降水漏斗及相互关系见图 12 - 22。

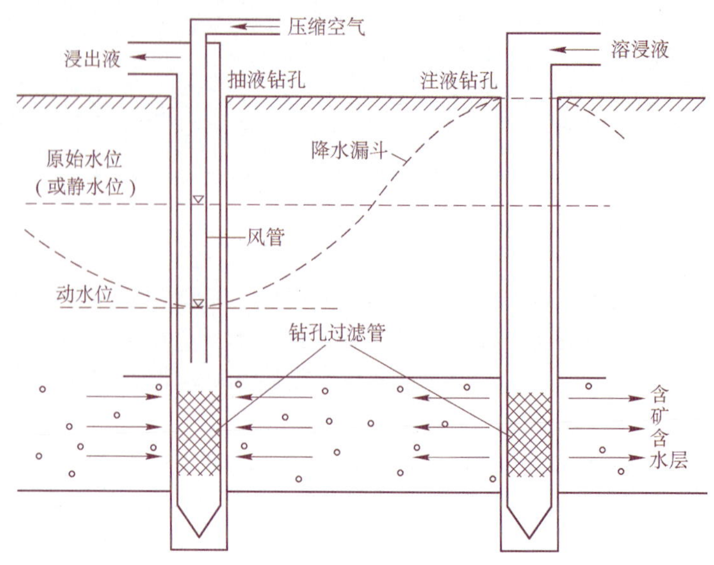

图 12-22　抽注降水漏斗示意图

实现对溶浸范围控制的具体方法是:

(1) 将注入到含矿含水层中溶液限定在一个区域,将形成的浸出液通过抽液钻孔提升至地表回收;

(2) 使溶浸液能按预定方向流动;

(3) 使溶浸液和矿石尽可能多接触,避免浸出死角;

(4) 抽注液钻孔交换,周期性改变溶浸液的流动方向,确保溶浸液将整个采区覆盖;

(5) 适时调节钻孔的总抽液量与总注液量。保持总抽液量略大于总注液量,基本保持抽注平衡。

以上控制方法是实际生产中行之有效的,但是最关键的是调节总抽液量与总注液量,保持抽注基本平衡。

抽注平衡包括量的平衡与质的平衡,量的平衡是指注液总量与抽液总量基本相当,或者抽液总量略大于注液总量。质的平衡是井场内每个抽注单元的注入量与抽出量基本保持平衡,使之对井场溶液范围控制达到最佳状况,由于受较多因素影响,质的平衡较难实现。

图 12-23　溶浸液在矿层的流动方向示意图

溶浸液在矿层流动形状如图 12-23 所示。

B　实现抽注平衡的条件和方法

a　实现抽注平衡的条件

(1) 确保抽注钻孔保持良好状况,包括成孔质量好,孔壁完整,洗孔效果好,矿层抽注能力与渗透性能基本相符;

(2) 确保抽注保持在一个封闭系统内,没有外来溶液渗入,尤其是注液系统内;

(3) 具有完整的计量器具与相应手段。

b　实现抽注平衡的方法

(1) 确保抽液钻孔的提升能力,力争抽液能力达到最佳状态;

(2) 严格控制注液总量。在保持一定的抽注钻孔数量的情况下,不随意增加注液量;

(3) 定期进行洗孔,及时解决钻孔的机械堵塞,确保每个钻孔都处于良好的工作状况;

(4) 对从抽注系统内所获取的多种数据,及时进行分析,及时处理所发现的问题;

(5) 保持井场内工艺流程稳定与生产连续性。

12.3.2.9 地浸采铀与环境保护

地浸采铀与常规开采铀矿相比,环境保护条件要好许多,一方面没有大量放射性固体废物留在地表,同时工人也不必在井下有氡气的环境中工作,但是原地浸出仍然存在着通过天然地质不连续面、未封堵的废钻孔、或护壁质量不高的注液抽液孔污染含水层的可能性。此外,溶浸液除了与铀反应之外,还与其他造岩矿物作用,导致含矿层的水质变化,如果出现注大于抽,这些注入地下的溶浸液,与所产生浸出液还有可能向开采区以外地段流失与弥散,也会造成对地下水的污染。一旦发生污染,恢复含水层质量是一个费时的、费用很高的过程。一般是用水循环反向渗透冲洗,达到开采前水质分析标准。是否治理完毕,还可在设置的观察孔进行监测。地面环境的恢复主要包括拆除所有管线,封堵钻井,充填挖坑并进行复垦植被。废渣、废水、废气也是环境保护必须关注的问题。废渣主要来自蒸发池经过石灰乳中和后的废水所产生的沉淀,和少量的锅炉废渣。废水主要来自多余的吸附尾液,部分沉淀母液,及水冶车间清洗地面的污水。废气主要来自集液池、井场气液分离器及水冶车间所排出的氡气。三废处理方面:废渣可采取全部集中在蒸发池中就地掩埋或运往特许的堆场。废气在井口设气液分离器,将氡气排向高处。对于废水首先将99%的吸附尾液重新配制溶浸液返回井下;少部分尾液与沉淀母液用于配制淋洗剂返回车间使用;地表其余废水全部集中排入蒸发池用石灰中和,当铀浓度小于1 mg/L时,直接在池中蒸发。环境治理费用应列入项目总费用中。

12.3.3 新疆某铀矿原地浸出采铀实例

12.3.3.1 地形、地质条件

矿区地势较为平坦,海拔1130~1180 m,大陆性气候,年降雨量300 mm,年蒸发量2500~3500 mm,年平均气温8.4℃。矿床1959年发现。

矿床所在盆地是一个中新生代大型山间坳陷盆地。矿床产于早中侏罗纪水西沟群。矿区地层共8个沉积旋回,第Ⅴ旋回是矿区铀矿主要赋存部位,其次Ⅰ、Ⅱ旋回底部砂体也含铀。第Ⅴ旋回厚为44~81 m,第Ⅴ旋回中含矿体厚13.4~27.0 m,平均19.5 m。层间氧化带发育于含矿砂体中下部,矿带沿走向约5000 m,沿倾向50~587 m,平均320 m,而卷头厚平均5.0 m,矿体埋深140~240 m之间。矿体平均品位0.088%,矿石中不溶或难溶矿物占95.3%,沥青铀矿占铀矿物总量98%。含矿含水层胶结疏松、易渗透,渗透系数平均0.861 m/h,单孔抽水量5.43 m^3/h,承压水埋深57.5 m,pH=7.31~8.20,矿化度0.23~0.69 g/L,顶底板为泥岩,其稳定性与完整性好。该铀矿床是一个非常适合采用地浸工艺开采的铀矿床。

12.3.3.2 井型与井距的确定

工业性试验井型与井距是在条件试验与半工业试验的基础上,通过计算机模拟,并结合多方案技术经济比较确定的。

A 条件试验与半工业试验

1987年在地浸采铀条件试验时,选择了等腰三角形井型和两组井距,如图12-24*a*、*b*所示。

1991年半工业性试验中,通过条件试验对井型与井距的探索,同时根据矿体埋深为100~200 m,渗透系数为1.0 m/d左右,每平方米铀量4.6 kg/m^2,卷状矿体,原始水位40~70 m等地质

与水文地质条件,更主要的是考虑到地质勘探网度为200 m×200 m和200 m×50(25)m,为了充分利用地质勘探孔,减少勘探孔填埋费用,选取了五点形井型,井距调整为25 m×25 m,如图12-24c所示。经过近4年试验,效果良好,矿层酸化时间为30天左右,单孔抽液量4.5 m^3/h,最高铀含量达150 mg/L,平均60 mg/L,剩余酸度2~2.5 g/L,最终浸出率达75%以上,这些数据均表明半工业试验采用的井型与井距是适宜的。

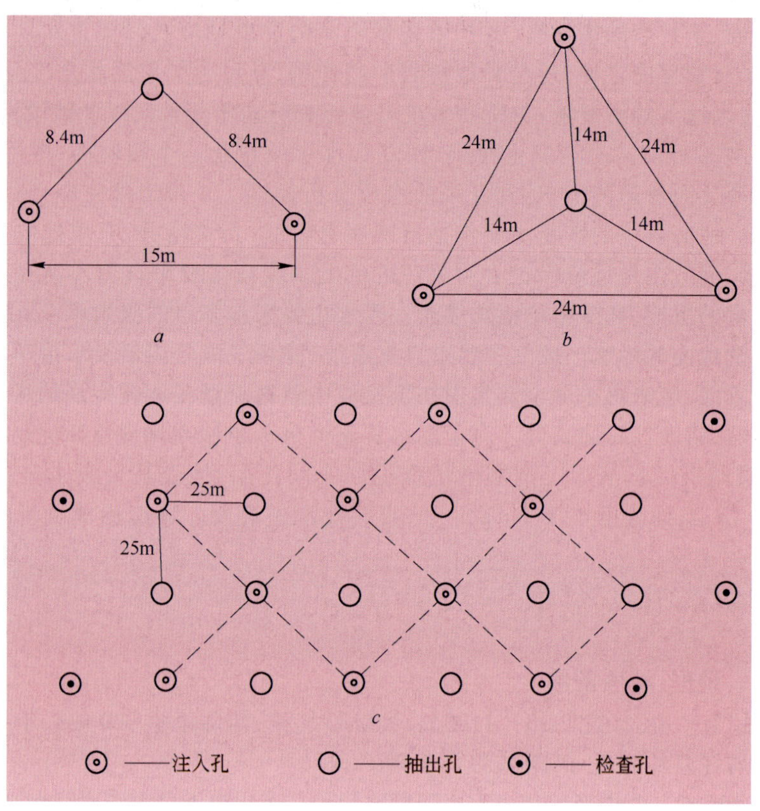

图12-24 地浸采铀试验钻孔布置图

a—等腰三角形井型布置;*b*—等腰三角形井型布置(24 m井距);*c*—五点形井型布置

B 工业性试验的井距确定

(1) 以下为工业性试验块段的数据:

试验块段面积	75625 m^2
矿石每平方米铀含量	9.96 kg/m^2
矿层厚度	3.79 m
金属浸出率	75%
含矿含水层有效厚度	9.75 m
含矿含水层渗透系数	0.73 m/d
矿石体重	1.73 t/m^3
单孔平均抽液量	2.89 m^3/d
单孔平均注液量	2.2 m^3/d
矿体埋深	210 m
液固比	3.5

(2) 选择几种可能的合理井距。半工业试验结果表明,该矿床采用五点型与 25 m×25 m 的井距在技术上可行,但经济上是否为最佳方案,应通过选取不同的井距,进行多方案的技术经济比较确定。

根据工业试验块段条件,选择 10 m、20 m、25 m、30 m、40 m 和 50 m 作为可能合理的井距。

(3) 确定抽液孔和注液孔的数目。根据试验块段的面积,可计算不同井距时抽注液孔数目,见表 12-21。

表 12-21　不同井距时抽、注液孔数目

井距/m	抽液孔数 / 个	注液孔数 / 个	钻孔总数 / 个
10	366	366	732
20	92	92	184
25	59	59	118
30	41	41	82
40	23	23	46
50	15	15	30

(4) 绘制流网图。根据溶浸范围利用计算机软件对上述六种井距绘制流网图。结果表明采用五点井型,井距 10~40 m 时,溶浸液对矿石的覆盖率,均可达 90% 以上。

(5) 计算浸出块段所需溶浸液量 W:

$$W=\rho FMf=1.73\times75625\times3.79\times3.5=1735476.5\ \mathrm{m}^3$$

(6) 计算块段日抽液量

不同井距日抽液量列于表 12-22 中。

表 12-22　块段日抽液量

井距 / m	抽液钻孔数 / m	块段日抽液量 / m^3
10	366	24595.2
20	92	6148.8
25	59	3964.8
30	41	2755.2
40	23	1537.2

(7) 作出井距与井场投资、生产能力、服务年限的关系曲线。据上述结果计算出不同井距的生产能力、服务年限(浸出时间),同时根据半工业试验结果及矿床条件,对试验块段不同井距的井场投资进行估算,作出图 12-25。

(8) 作出井距与产品成本曲线图。利用地浸技术经济评价模型,计算出不同井距时产品成本值,如图 12-26 所示。

(9) 井距的确定。由图 12-25、图 12-26 可知,当井距小于 20 m 时,井距的变化会引起井场投资、产品成本显著变化;当井距大于 30 m 时,井距的变化对井场服务年限生产能力、井场投资与产品成本等的影响逐渐减弱,而井场服务年限近于直线延长,因此,从节省投资、降低产品成本、保证井场有一个合理的服务年限等考虑,井距在 20~30 m 时,可保证工业性试验在较佳的状态下进行。同时,由于该块段地浸采铀试验前勘探网度为 200 m×50(25) m,为了充分利用地质勘探孔,减少勘探孔的填埋费用,故选择 25 m×25 m 的井距为工业性试验的井距。

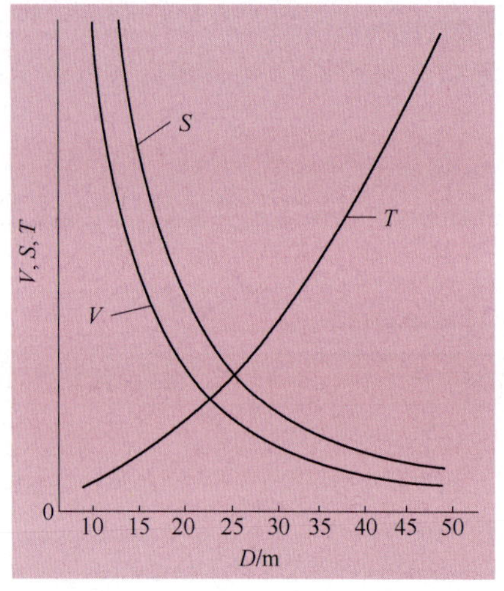

图 12-25 井距 D 与井场投资 V、生产能力 S、服务年限 T 关系曲线

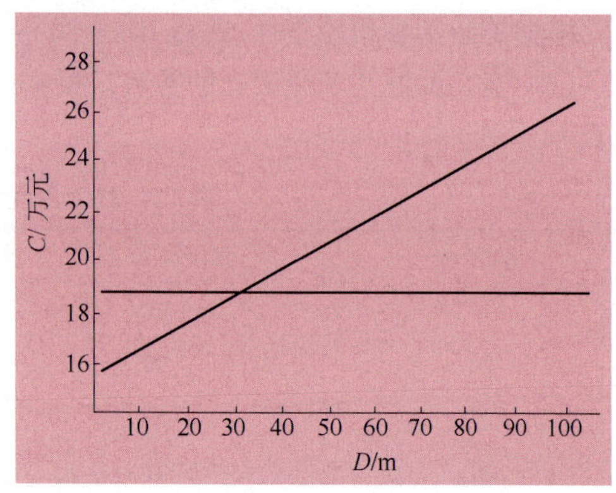

图 12-26 井距与产品成本关系曲线

经过近 2 年工业性试验,得出下列有关参数:

(1) 浸出液平均铀浓度为 220.63 mg/L;

(2) 经计算机模拟,溶浸液覆盖率达 95%;

(3) 浸出液剩余酸度为 2~3 g/L,利于铀的处理;

(4) 总抽液量大于注液量 0.57%,表明试验过程中抽、注液量基本平衡;

(5) 井场服务年限约 5 年,比较合理;

(6) 产品成本与成本构成基本合理。

上述结果表明所采用的井型与井距是合理的。

12.3.3.3 工业试验钻孔设计与施工

A 试验矿床岩层情况

含矿主岩为相当于第七煤层与第六煤层层位的粉砂岩和泥岩之间的砂岩体,厚 10~35 m;上下均为厚度 4~12 m 的不透水层;砂岩铀矿主要赋存于含矿层的中下部。

组成矿石的岩石有各种粒级砂岩,含砾砂岩、泥质粉砂岩、砂质泥岩,以中粗粒砂岩,含砾砂岩为主。

钻孔工程揭露的有 8 个含水层,含矿含水层为第五含水层,沟底矿段厚度为 10~16 m 为承压水,水头高度约 105 m。含矿含水层岩性为泥质胶结的中粗砂岩,含砾砂岩等,胶结性差、透水性能良好,渗透系数为 0.31~1.58 m/d。

顶底板连续、稳定、隔水性能良好,是含矿含水层的天然封闭层,岩石刻划硬度为 4 级,可黏性在 3~4 级之间。

B 钻孔结构设计

决定采用托盘式裸眼孔结构。用 ϕ200 mm 钻头开孔后,下管护孔,以 ϕ110 mm 钻头钻至含矿层底板,再用 ϕ150 mm 钻头扩孔至矿层顶板,留出托盘位置。然后 下 ϕ75 mm × 8 mm 的 PVC 套管。在托盘中增加一橡胶软盘,并使软盘的直径大于钻孔直径,下入托盘时,橡胶向上凹,灌注水泥前,在托盘上部投入少量粒径为 ϕ0.1~0.25 mm 的粒砂,从而形成可靠的人工隔塞,防止水泥浆渗入含水层。过滤器是在同直径塑料管上钻有直径 10~20 mm 的小孔,孔距

60 mm,间距25 mm,孔隙率为 20% 左右,在过滤网上增 4 条纵向焊筋,过滤纱网包裹在焊筋上,增大过滤管的过水面积。沉砂管长度增至 5 ~ 6 m,坐入底板基岩 5 m 左右,给沉砂一个更大的沉入空间。

C 钻孔施工工艺

a 钻孔施工方法

扩孔采用泥浆循环,上部岩层钻进采用优质泥浆,黏土含量 8%,钻进至矿层顶板以后,改用清水或黏土含量 4% 的稀泥浆钻进,卸钻时注意减少对地层的扰动。

b 钻孔施工工艺的改进

(1) 终孔后,送清水冲洗含矿含水层部位 1 ~ 2 h,将孔内部分泥皮冲刷掉,提高矿层的渗透性能。

(2) 下入 PVC 生产管之前,根据井深测量和物探测井结果,精确计算出托盘位置,在套管上焊接托盘,使过滤器正对矿层部分。

(3) 从孔口投入粒径为 0.1 ~ 0.25 mm 的粉砂约 0.5 m,然后在孔壁与管壁之间下镀锌管至托盘位置 6 ~ 8 m,注水泥浆。

(4) 均匀搅拌好水泥浆,用泥浆泵通过注浆管下注水泥,水泥浆性能见表 12 - 23。

表 12 - 23 水泥浆性能

水泥标号	水灰比	氯化钠含量	流动度	初凝时间	终凝时间
425 号	1:1	1%	50 cm	6:20	10:30

(5) 待水泥浆凝固 12 小时后,用高压水冲洗过滤器部位。

地表水泵压力控制在 0.8 MPa 左右,各孔射流速度为 3.18 m/d(泵量 0.001 m^3/s,即 60 L/min)。

用高压水洗孔的同时,在生产管中插入塑料管,用气升泵抽水,使抽水量大于泵量,迫使地层部分承压水带动黏土颗粒返上地表。

这种洗孔方式一般进行 3 ~ 5 h,直至孔内的完全变清为止。

c 抽水试验

第一阶段:将供风管插进钻孔到静水位以下 60 m,冲洗 4 h,在此过程要周期性地突然停止供气压缩机或堵塞出水管,这样在孔内造成气压忽高忽低现象,增大气体滚动程度,给含矿含水层造成一种抽吸作用,增强洗孔效果。

第二阶段:空压机连续不断洗孔至完全成清水为止。

第三阶段:风管深度下至最佳深度,在这种临界能力下开始潜蚀地带出沙子,连续 16 h 后测定钻孔出水量。

d 效果评价

采用托盘裸眼式结构,单孔抽液能力达到了 4 ~ 5 m^3/h;抽液量大于注液量 0.65%,基本实现抽、注平衡;溶浸液全部控制在采区范围内,没有出现溶浸液泄漏,该采区资源回收率达到了 90% 以上,取得良好的浸出效果。

12.3.3.4 浸出液处理工艺与设备

地浸铀矿山的浸出液处理与常规开采铀矿山浸出液处理原则流程是完全一致的,即通过清液吸附流程进行处理。但是由于地浸铀矿山的浸出液浓度较低、流量较大,吸附尾液全部返回地下重新利用,因此给浸出液处理带来了一些特殊要求。通过地浸采铀试验与生产过程总结,这些特殊要求主要在如下四个方面,即:采用密实移动床,采用大孔树脂,进行饱和树脂再吸附和最大限度提高水冶回收率。

A 采用密实移动床

采用密实移动床不但具有与固定床的传质过程也基本相同的优点,而且结构更简单、紧凑,操作更加方便,吸附效率高,生产能力大,易于自动化。当塔的直径为1.8 m时,塔内线速度达到47 m/h,处理量达到112 m^3/h,最高可达到120 m^3/h。

影响离子交换速度主要因素是内阻与膜阻,当离子浓度高时,内阻起主要作用,内阻的大小又与吸附剂的结构有关,吸附剂为交联度高的树脂内阻就大,而大孔树脂内阻就小;当离子浓度低时,膜阻起主要作用,铀浓度小于50 mg/L时,内阻对离子交换几乎没有影响,主要受膜阻控制。此外,膜阻与溶液流速有关系,溶液流速越大,膜阻越小。由于地浸溶液浓度低,而密实移动床的流速很大,密实移动床的结构对地浸采铀浸出液处理是非常适合的。密实移动床是从下而上进液,从上而下进贫树脂,饱和树脂从塔底排出,浸出尾液从上口排出,两者进行全逆流运动。空塔线速度可达30~75 m/h,由此进塔的浸出液必须保持较高压力,此时塔内树脂要保持不冒槽,密实移动床必须具备相应的结构。

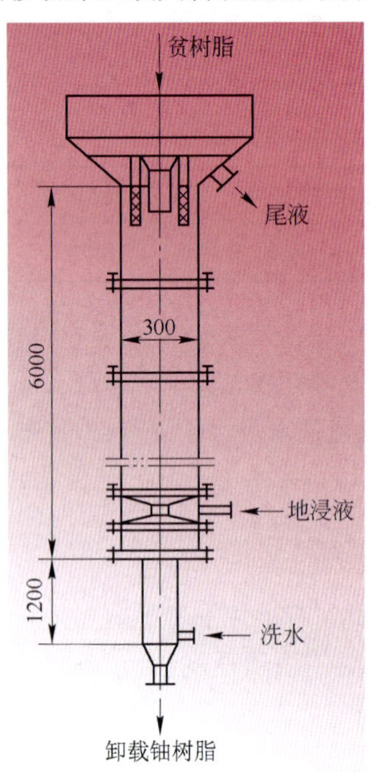

图12-27 密实移动床结构图

密实移动床分为两个部分:进料口以上为传质段,进料口以下为洗涤段,洗涤段高1.2 m,传质段高6 m。下部进液口与布液器相连,布液器中心是下料管。进液是通过一个环形花管,其下与滤水管相连。塔的上部是贫树脂漏斗、滤液管与尾液出口。贫树脂漏斗体积是根据饱和树脂一次排量而定。经过长期试验与生产考验,在717地浸工程中采用了塔径为ϕ3 m的密实移动床,经过两年左右的运行证明技术经济指标更加优越。密实移动床结构见图12-27。

B 采用大孔树脂

在研制出适应浸出液浓度低、流量大的密实移动床之后,还必须具有相应的交换容量高、交换速度快和耐渗透压性能好、膜阻小的树脂,才能充分发挥密实移动床的作用。在新疆地浸试验中提出了D263型树脂,此种树脂属大孔树脂合成工艺,其物理性能、化学性能与均孔树脂很相似,尤其是它的外观与交联度。但是它又具有交换容量高,交换速度快,耐渗透压性能好的特点。此外,D263型树脂合成工艺新颖,氯甲基化工艺采用闭路循环,回收后的氯甲醚返回使用,减少了氯甲醚的用量,且胺化也有新的改进,胺化母液返回使用,省去了母液回收工序,减少了三甲胺的用量。据统计,D263树脂在原液浓度为303 mg/L情况下,吸附效率93.67%,淋洗效率99.53%,沉淀效率93.67%,水冶回收率93.43%。曾将D263树脂与(201×7)型树脂同塔使用,其结果1 mL $R_{湿}$的饱和树脂容量:D263树脂为24.37 mg,(201×7)型树脂为19.37 mg。贫树脂残留铀量:D263树脂为1.18 mg,(201×7)型树脂为3.83 mg。可见其传质速度与工作容量均优于(201×7)型树脂,实践证明,该树脂完全适应地浸水冶工艺的要求,是与密实移动床比较匹配的树脂。

C 饱和再吸附

将经过第一次吸附之后的饱和树脂,打入另一个塔内,用具有一定浓度的合格液进行第二次吸附,称之饱和再吸附。在工业试验以前尚未采用这种工艺,717地浸工程建设时才采用饱和树脂再吸附。采用之后可将淋洗后的合格液铀浓度提高2~3倍,从而使沉淀工艺简化,减少能耗与试剂用量,达到降低成本的目的。

此外在饱和再吸附过程,使尾液中部分硝酸根被带走,降低了尾液中硝酸根的积累,从而使硝酸根可作淋洗剂、氧化剂使用,又不影响树脂中铀的吸附。

D 提高水冶回收率

由于地浸采铀工艺中,浸出液铀浓度很低,一定要尽可能提高水冶回收率,达到较好的技术经济效果。主要措施是从吸附、淋洗、沉淀、压滤四大工序入手,针对不同工序特点采取不同的措施:

(1) 根据吸附平衡线,改变饱和树脂排入周期,控制浸出液处理量等。当浸出液铀浓度为设计铀浓度4倍情况下,吸附效率仍达到91.54%。

(2) 将1.0N的 $NaCl+0.1N\ H_2SO_4$ 淋洗改为1.0 N的 $NH_4NO_3+0.5N\ H_2SO_4$ 淋洗,使合格液的铀浓度由7 g/L提高到9.1 g/L,将线淋洗速度由2 m/h提高到3 m/h时,合格液铀浓度由9.1 g/L提高到12 g/L,同时合格液体积由 $2.2V_R$ 下降到 $1.7V_R$,淋洗峰值提高到34 g/L,淋洗塔的生产能力增加一倍,淋洗效果从96.12%提高98.52%。

(3) 沉淀中心筒pH值由5.5改为7.0~7.5,使沉淀母液铀含量不大于5 mg/L,沉淀效率由86.19%提高到99.85%。

(4) 沉淀母液返回利用,大大节约 NH_4NO_3,同时回收了母液中的铀。

(5) 通过改进,不仅使水冶回收率从试运行时80%提高到90.05%,运转正常后,吸附、淋洗、沉淀各项指标均大有好转,水冶回收率继而达到94%~96%,而且工艺参数更加合理,操作更为方便。

12.3.3.5 地浸作业中的环保状况

对地下污水防治是地浸矿山环境保护的核心,也是比常规开采环境保护上较为不同之点。该矿的治理方案选用了清除方案:即将结束开采待治理的井场,在不注酸之后继续留少数孔抽液,使采场周边地下水不断涌入采场内,对存在开采后岩层中的污水进行清除,久而久之可逐渐地将采场污染物清除掉,使之达到国家有关标准。是否治理完毕,还可在设置的观察孔进行监测。而抽出来含有低浓度酸或低浓度铀的浸出液作为溶浸液送到将要开采的采区,进行超前酸化。抽注是否保持平衡是本方案的前提,该矿地浸抽大于注0.57%,不仅使地表废水处理工作量小和方便,而且使地下水污染基本得到了控制。随着研究的深入及不断总结经验,地浸铀矿地下污水防治的水平将很快达到新的高度。

对地面三废的治理,废渣采取全部集中在蒸发池中就地掩埋;废气在井口设气液分离器,将氡气排向高处;废水首先将99%的吸附尾液重新配制溶浸液返回井下,少部分尾液与沉淀母液用于配制淋洗剂返回车间使用;地表其余废水全部集中排入蒸发池用石灰中和,当铀浓度小于1 mg/L时,直接在池中蒸发。

对矿区222Rn、γ外照射剂量率、α表面污染等项目监测结果表明,工业性地表污染均未超过国家标准。

12.3.4 铜矿峪铜矿原地爆破溶浸采矿实例

中条山有色金属集团公司铜矿峪铜矿5号矿体东部930 m标高以上的氧化矿体溶浸采矿属于原地爆破浸出,其工艺特点是将密实矿体原地进行爆破,形成松散矿堆,经过布液、溶浸使矿石中的有价金属进入浸出液,并扬送至地表进行萃取、电积,从而提铜。由于该矿床中还有部分硫化矿,为了充分回收资源,采用了细菌浸出工艺。

12.3.4.1 矿床地质概况

铜矿峪5号矿体东部保有探明地质储量1700多万t,分布在930 m标高以上的1200多万t,铜品位0.65%，铜金属量7.8万t，氧化率大于50%，结合率为10%～40%。矿体的主要含矿岩石为变石英晶屑凝灰岩，其次为变石英斑岩和变石英二长斑岩，顶盘围岩为绢云母石英岩，底盘围岩为绢云母石英岩和绿泥石英片岩。矿体形态为似层状，矿化类型以细脉浸染型为主，有部分脉型矿化。铜矿物主要为孔雀石，其次为蓝铜矿、赤铜矿、黑铜矿，少量为绿帘石、方解石、黏土等。孔雀石主要呈薄膜状分布在岩石片理、裂隙中，其次是浸染构造和绿泥石、黑云母节理呈细微的裂隙充填或呈微细粒裂隙充填在长石、高岭土和石英中，铜大部分呈离子状态存在，少量氧化矿与褐铁矿呈化学结合的难浸结合铜。矿石化学多元素分析见表12－24，铜物相分析见表12－25。

表12－24 矿石多元素化学分析

元　素	含量/%	元　素	含量/%
Cu	0.995	CaO	0.19
Fe	3.21	MgO	1.72
Pb	0.005	Al_2O_3	14.42
Zn	0.03	SiO_2	68.44
Co	0.006	P_2O_5	0.122
Ni	0.038	MnO	0.03
K_2O	3.3	C	0.09
Na_2O	0.13	S	0.01

表12－25 矿石铜物相分析

物　相	含量/%	占有率/%
自由氧化铜	0.52	52.26
结合氧化铜	0.44	44.22
次生硫化铜	0.014	1.41
原生硫化铜	0.021	2.11
水溶铜	0.00038	0.04
总　铜	0.995	100

矿体节理裂隙比较发育，且以张裂隙为主，有利于矿石浸出，岩层渗透系数为0.07～0.38 m/d。矿体中不存在大的断裂构造，对防止溶液渗漏有利。此外，矿床水文地质条件比较简单，围岩中的地下水以构造裂隙水为主，大部分矿体位于侵蚀基准面以下，大部分浸出液将沿浸堆下渗，侧向扩散率小于8%，也有利于集液。

12.3.4.2 浸出试验

（1）矿体中脉石矿物以石英为主，钙镁含量很低，氧化铜占50%以上，矿石浸出性能较好。通过对－0.074 mm矿样的搅拌试验表明：1）单纯采用硫酸浸出只能浸出一半左右的铜，再提高硫酸的浓度，对提高铜的浸出率没有明显的效果，反而提高了铁的浸出率；2）铜的浸出率随浸出液中Fe^{3+}浓度的增加而提高，当Fe^{3+}大于3 g/L，铜的浸出率能提高20%，然而浸出液中铁离子浓度过高对后续溶剂萃取分离铜铁不利，所以浸出液中Fe^{3+}浓度以2～3 g/L为宜；3）采用硫酸和硫酸铁做浸出剂能较快地浸出矿样中的铜。

由于铜矿峪地下溶浸过程中温度和通风条件均不能满足细菌大量繁殖的要求，因而采用了在地表以氧化亚铁硫杆菌为主的细菌将Fe^{2+}氧化成Fe^{3+}加入硫酸溶液作为浸出剂。

（2）为了比较粒级与铜浸出率的关系，确定浸出剂组成及浸出方式对铜浸出率的影响，进行了柱浸试验，试验结果表明，1）铜的浸出率与矿样的粒度成反比；2）浸出开始时，可采用硫酸浓度较高的浸出液，如20 g/L，当浸出率达到40%～50%以后，适当调低浸出液中硫酸浓度，也能获得良好的浸出效果；3）在矿样粒度、浸出喷淋速度、浸出液酸度、铁离子浓度等因素中，矿样粒度是决定铜浸出速度的主要因素。

（3）为了确定最佳的补液系统和集液方式，还进行了液流系统地表模拟试验。根据矿石性质、矿体赋存条件，按1∶40的比例建立试验采场模型。试验模拟变量为矿石块度、布液方式、布液强度、喷淋制度。按正交设计通过对2种块度组成、2种布液方式、6种布液强度的模拟试验，结果表明：布液孔以下向扇形孔为宜。布液强度应控制在10～12 L/(m^2·h)，喷淋方式以每天喷淋16 h、休闲8 h为宜，布液孔采用排距4 m、孔底距3 m为佳。

12.3.4.3 生产采场矿石爆破

铜矿峪共建有两个溶浸采场，位于5号矿体东部5192～5194穿脉。该处矿体平均厚度14 m，倾角30°～45°，矿石强度系数$f=8\sim12$，地质储量3322 t，铜金属量330.56 t。矿体产状与围岩基本一致，在平面和剖面上均有分支。

由于矿石粒度对铜浸出率和浸出周期的影响极为重要，而且原地爆破后又不能进行二次破碎，因此爆破方案的优化和保证一次爆破成功具有决定性意义。通过单元爆破试验和参数优化，确定采用自拉槽、小补偿空间、分段和两段微差一次挤压爆破方案，扇形深孔按前后排交错布置，炮孔直径60 mm。孔底距2.6～3.0 m，排距1.0～1.2 m，补偿系数为15.08%，炸药单耗为0.441 kg/t，起爆间隔50 ms，每米崩矿量5.54 t/m，起爆采用毫秒微差非电导爆管与导爆索复式网络。爆破后的矿石块度－196.3 mm的占80.7%，自然构筑成矿堆，堆积密度适宜，粒级分布较合理，满足了浸出工艺的要求。

12.3.4.4 地下溶液防渗处理

根据采场工程布置特点，采用注浆防渗和导流孔导流相结合的技术。注浆防渗是在采场下部集液巷道内钻凿上向倾斜注浆孔，孔排间距2 m，注浆压力15～20 MPa，浆/灰比为(1～2):1。注浆后岩层吸水率为0.0211 L/(min·m)，浆料为水泥＋水玻璃，水玻璃用量为30～40 L/m孔，集液率92.18%。浆液注入岩层后，一方面堵塞岩层中的裂隙和断裂构造，同时在采场底部形成锅底状防渗层，增强隔水性能。

为防止浸出液外泄，在采场边界设置集液导流孔，使浸出液沿导流孔进入集液巷道。溶浸采场经防渗处理后，采场底部的渗透系数由0.156～0.358 m/d降低到0.026 m/d，溶液渗透率仅为7.82%，集液率达到92.18%，防渗成本为142元/t矿，防渗效果非常理想。

12.3.4.5 布液与集液系统

（1）布液　利用溶浸采场上部已开拓的958 m及968 m原有巷道作为布液巷道，在巷道内向下钻凿垂直扇形中深孔为布液孔，将930 m平硐口配液池内配制的溶浸液，用耐酸泵经UPVC管再通过布液孔压入采场。布液孔排距4 m，孔距3 m，溶液扩散范围2～2.5 m。溶浸液硫酸浓度10～20 g/L，布液强度10～12 L/(m^2·h)，布液制度是每天喷淋16 h，休息8 h，布液量160～200 m^3/d，铜的浸出率达到71.06%，浸出液含铜大于1 g/L。

（2）集液　利用溶浸采场下部930 m水平原有巷道作为集液巷道，从巷道顶板钻凿上向扇形孔作为集液导流孔，将采场的浸出液导入集液巷道并汇集至集液井。当浸出液含铜浓度大于0.8 g/L时，即可泵至地面500 t中转池，准备进入萃取电积车间，如果浓度达不到要求，则送至配液池重新配酸后返回采场继续布液。

12.3.4.6 萃取电积提铜工艺简述

萃取为两级逆流串联萃取，一级反萃。采用汉高公司生产的Lix984N萃取剂。进入萃取电积的合格溶液含铜浓度控制在0.8～1.5 g/L。萃取后的萃余液含铜浓度为0.02～0.08 g/L，对其适当补充硫酸和水后返回溶浸采场。萃取率＞95%，pH＝2左右，反萃硫酸浓度160～180 g/L。电积富液铜浓度40～45 g/L，电流密度130～150 A/m^2，槽电压18～22 V，电流效率大于95%，电铜生产周期7～8 d。电铜质量达到了GB/T466—1997一级电铜标准。

12.3.5 美国塞浦路斯矿物公园矿原地浸出工业试验

12.3.5.1 概况

美国塞浦路斯矿物公园(Cyprus Mineral Park)矿于1964年开始采用传统的露天开采，开辟了3个露天坑,1964~1979年之间共采出铜27万多吨、钼2万吨,形成了两个废石堆场和堆存6000万t尾矿的尾矿库,1981年停产。生产期间开采利用的只是高品位的硫化矿,低品位矿石和废石混堆在废石场。该矿矿石含硫2%,主要硫化矿物为黄铁矿,在未复垦的废石堆、露天矿、尾矿库,硫化矿岩生成的硫酸扩展的范围达5.7 km^2。1986年塞浦路斯矿物公司购买了该矿,在进行复垦的同时,通过对露天坑周边的低品位硫化矿爆破－喷淋－浸出恢复生产,富液汇集到露天坑底的富液池后,用泵送往萃取厂,如图12－28所示。

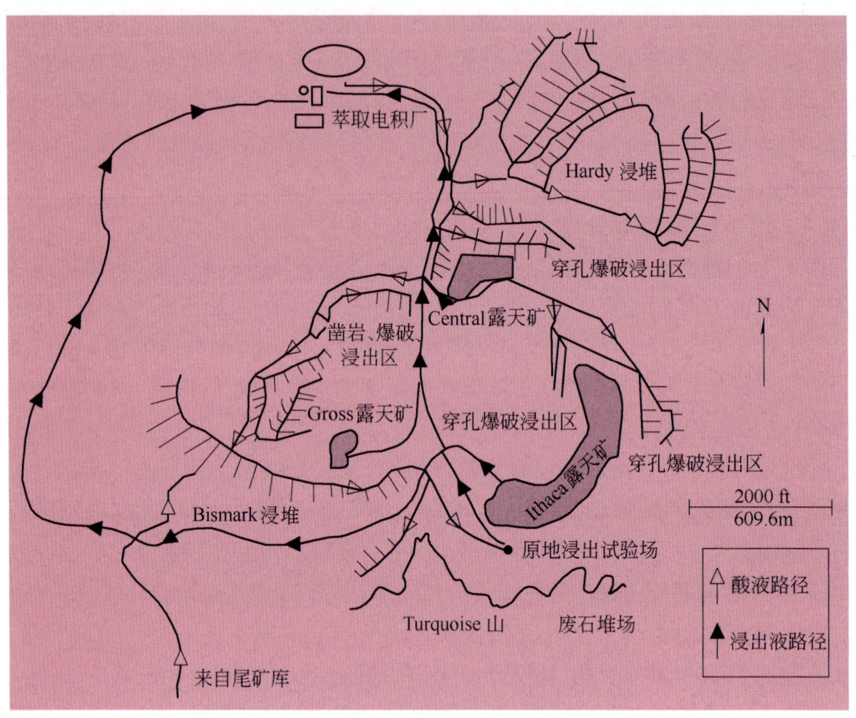

图12－28　酸液排泄和浸出液路径

1993年,原美国矿业局根据其防止污染研究规划,与该矿和哥伦比亚大学签订合作协议,开展次生硫化矿床原地浸出试验。1944和1945年矿业局对试验场地的地球化学和水文地质特征完成了广泛的研究,到1996年夏末进行了3个月的小规模实验。

12.3.5.2　地球化学和水文地质特征

原地浸出试验区面积约91 m×183 m,距Ithaca露天坑南缘90 m(图12－29),浸出对象为辉铜矿富集带,赋存于地面下21~58 m处,铜平均品位0.33%。约3/4辉铜矿富集带位于地下水位以下,地下水质虽然优于露天坑水,但也不适于生活或工业应用,Ca、Mg含量使水的硬度很高(>2000 eq.),溶解性总固体(2900~3330) g/t,Fe、Mn、F、SO_4也均超标。利用1993年布置在试验场地西南托克瓦兹山(Turquoise Mountain)边的钻井对地下水的坡度进行了监测,地下水位较陡的坡度与托克瓦兹山东北坡较陡的地形是吻合的。托克瓦兹山北边地下水流总体方向为北东15°~30°,而试验场地恰好位于此坡度较陡的地下水中部,因此试验场地的所有地下水和浸出液自然都汇集于Ithaca露天坑的水文封闭洼地。以多井泵试验和导出型曲线分析,按照裂隙流形成的二元孔隙率模型,推导出裂隙和非裂隙水力传导性与储水性的估算式。裂隙的透水性对于三种不同的水文地质带是不一样的,风化的、高透水的非矿化带通常都在周围水位之上;低透水性的浅部的辉铜矿富集带正好在地下水位之下,溶解的矿物从上部渗透下来,会反复沉淀堵塞该处许多裂隙；在次生带下部延伸很深的原生硫化矿具有极复杂的裂隙。裂隙的主导方位是 NE 向，向 NW 倾斜约 50°。

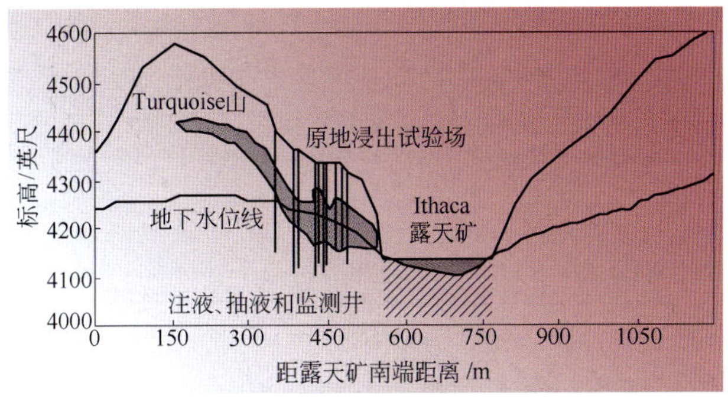

图 12－29 试验场和 Ithaca 露天矿断面图

辉铜矿带天然裂隙的高度方向性和透水性的分布对于原地浸出项目的水文地质设计成为一个特殊的问题。裂隙方位和铁帽带、富集带的层理形成的特殊的有向性与复杂性，有利于采用浅注液井和深抽液井方案，这样可以诱导浸出液穿过富集带垂直运动（图 12－30）。

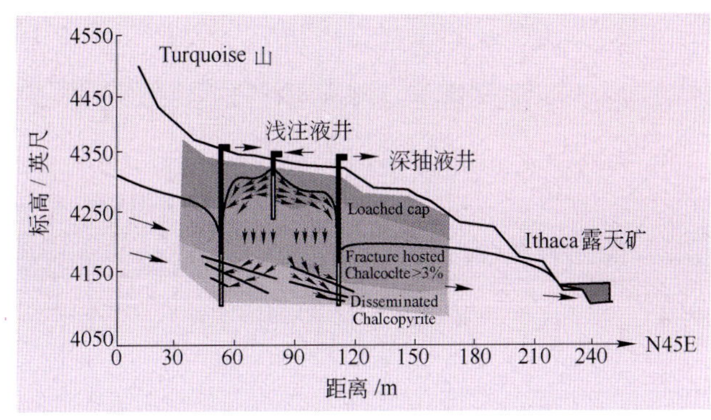

图 12－30 浇注液井和深抽液井方案图

12.3.5.3 浸出井布置和浸出效果

图 12－31 中的 A-2、B-1、B-3、E-1 为较浅的注液井，E-2、E-3、A-4、W-2 为较深的抽液井，所有井的直径均为 15 cm。其他布置在 Ithaca 露天坑周边的设施包括：比注液井群高出 32 m 的 13 m^3 储酸罐，比注液井群高出 10 m 的搅拌槽，以及管路和控制、检测系统。硫酸通过自动设置的定时电磁阀从储酸罐流入搅拌槽，电磁阀的开闭根据酸的需求，浸余液从萃取厂通过管路泵入有液位控制的搅拌槽。从搅拌槽将溶浸液泵入注液总管，然后再分配到 4 个注液井，均传送到 30 m 深处。注液井在地表不密封。在 4 个抽液井内 44 ~ 70 m 之间预先各安装一台不锈钢潜水泵，泵的最大额定能力为流量 75 L/min，扬程 60 m。A3 和 B2 井间歇性地也参与抽液。利用传感器、变送器检测注液井和回收井的流量与压力。pH 值、氧化还原电势和传导率则在搅拌槽和富液池检测。

原地钻孔浸出的化学反应与堆浸和原地爆破浸出基本相同，最主要的区别在于饱和条件，对于堆浸和原地爆破浸出，矿石仅局部饱和，在细菌催化作用下，二价铁氧化为三价铁，而原地钻孔浸出时，由于不存在细菌，所以采用浓度较高的酸去溶解铁的氧化物（Fe_2O_3）和铁帽层的针铁矿

(FeO(OH))以形成溶液中的三价铁。在较浅的注液井的条件下,铁帽层的高渗透性是溶浸液横向扩展,在富集层上形成浅的地幔(卷流),在抽液井中泵的作用下,浸出液沿陡节理组穿过富集带垂直下渗,即使当注液井停止注液时仍可继续。

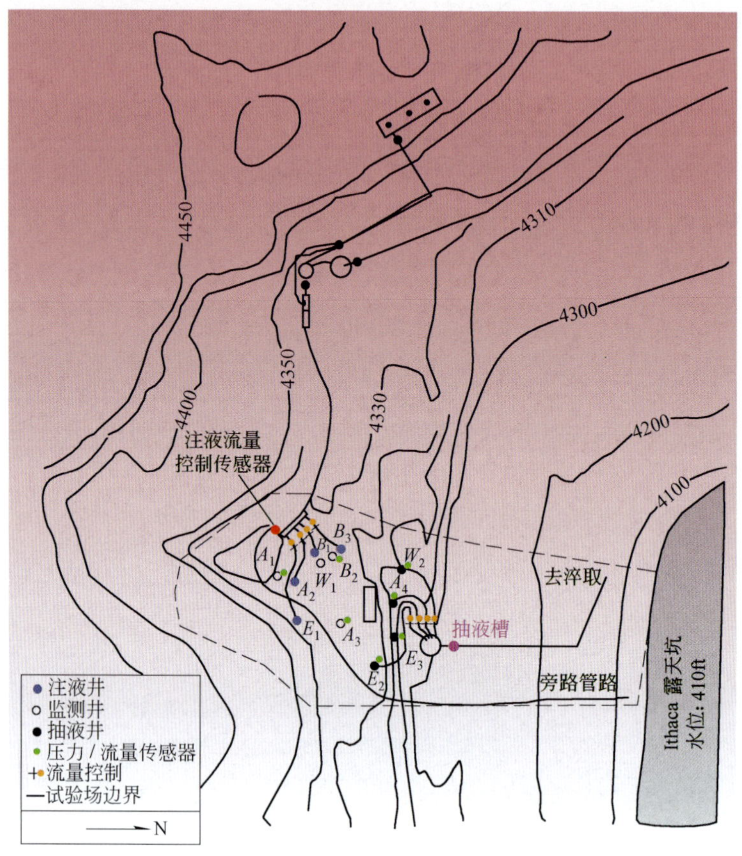

图 12-31　原地浸出试验浅注液井与深抽液井布置图

在90天试验过程中,平均注液率为61 L/min,平均回收率为42 L/min。然而试验结束后,抽液井仍间断工作180多天。

抽液泵由独立的工业计时器控制,与时间相关的抽液泵在无约束设置时能极大地强化溶浸液和矿物在节理岩体中的接触,诱导液流的进入和流出直至终了,而不会发生稳定的对流。

每一个抽液井每天回收铜11.34 kg,平均每天泵出的浸出液为95 m^3,73天总共生产了1452 kg阴极铜。地下水质一直监测,预计试验结束后一年左右pH值可恢复原状。酸液在地下水中的滞留是多种因素综合作用的结果,包括试验结束后的继续间断抽液,地下水朝露天坑方向的自然对流和酸与硅酸盐作用的自然地球化学稀释。

总之,该项试验表明,对于次生辉铜矿硫化矿床,无需采用爆破增加其渗透性就可获得经济浸出要求的流量和浸出液含铜量。试验还表明,原地钻孔浸出作业在经济上比传统方法开矿和复垦更有竞争力。当浸出作业结束后,自然地下水位会自动恢复,自然对流和地球化学稀释过程有助于减缓酸的残留。因此原地钻孔浸出工艺有利于环境控制和可持续发展。

参考文献

1 Hiskey J Brent. Overiew of Copper Heap Leaching. In:Copper Heap Leaching(Short Course). Orlando,Florida: SME USA,1998

2 童光煦. 高等硬岩采矿学. 北京:冶金工业出版社,1995

3 邴文政等. 溶浸-萃取-电积技术资料汇编. 南昌:江西铜业公司,1991

4 World Metal Statistics Yearbook 1996、2002、2005、2007. England: World Bureau of Metal Statistics

5 Dresher William H. Copper Application in Mining & Extraction. http://www. copper. org/innovations/Producing copper natures,2006-8-21

6 Virginia Heffernan. Smelting Still Dominates the Copper Industry. E&MJ,2003;(9):22~24

7 Carter Russell A. Pressure Leach Plant Shows Potential. E&MJ,2003;(9):26~28

8 兰兴华 编译. 用 Hydro Copper 法从铜精矿中回收铜和金. 有色金属,2005(5):52~54

9 朱祖泽等. 现代铜冶金学:湿法冶金新技术. 北京:科学出版社,2003:667~671

10 Kari Hietala,Olli Hyvarinen. 奥托昆普湿法炼铜法——新的炼铜技术. 宋金译. 交流资料

11 Richard Frechette. Design Strategies for Heap Leach in Extrema Environments. In: Copper Leaching,Solvent,Extraction and Electrowinning Technology. USA:SME,1999

12 Allan J Breitenbach. The Good,the Bad and the Ugly Lessons Learned in the Design and Construction of Heap Leach Pads. In: Copper Leaching,Solvent,Extraction and Electrowinning Technology. USA:SME,1999

13 John Dreier. Geochemical Aspects of Copper Heap Leaching. In: Copper Heap Leaching(Short Course). Orlando,Florida: SME USA,1998

14 Corale L Breirley,Albert J Liguori. Bio-leaching Technology. In: Copper Heap Leaching(Short Course). Orlando,Florida: SME USA,1998

15 Joseph M Keane. Commercial Ore Testing. In: Copper Heap Leaching(Short Course). Orlando,Florida: SME USA,1998

16 Dirk van Zyl. Geotechnical Aspect of Heap Leach Design. Colorado:SME,1987

17 Dirk van Zyl. Pad and Pind Lay-out and site Investigation. In: Copper Heap Leaching(Short Course). Orlando,Florida: SME USA,1998

18 Dirk van Zyl. Water Balance. In: Copper Heap Leaching(Short Course). Orlando,Florida: SME USA,1998

19 Dirk van Zyl. Liner Design. In: Copper Heap Leaching(Short Course). Orlando,Florida: SME USA,1998

20 Omar Muhtadi. Heap Construction & Solution Application. In: Copper Heap Leaching(Short Course). Orlando,Florida: SME USA,1998

21 Alan Taylor. Plenty of Hydromet Action in 2004. ALTA Metallurgical Services. http://www. altamet. com. au

22 Schlitt W J. Solution Mining: Surface Techniques. In:SME Mining Engineering Handbook 2nd Edition. Colorado: SME,1992:1474~1492

23 李宏煦等. 福建紫金矿业股份有限公司硫化铜矿生物堆浸过程. 有色金属,2004;(11):66~69

24 巫銮东. 细菌浸出技术在紫金山铜矿的应用研究. 有色冶炼,2003(3):4~6

25 王观石等. 紫金山铜矿原地破碎细菌浸出工艺的可行性分析. 江苏地质,2004;28(4):228~233

26 福建省上杭县紫金山铜矿生物提铜工业试验厂可行性研究(内部资料). 中国有色工程设计研究总院,2000

27 CODELCO Radomiro Tomic Copper Mine,Chile. http://www. mining-technology. com

28 Richard W Phelps. Radomiro Tomic-A New Plant grows in the Adacama Desert. E&MJ,1998;(3),28~31

29 Robin J Hickson. El Abra: World's Largest SX/EW Mine on Track to Join Copper Mining Elite. Mining Engineering,1996;(2)34~40 and 1996;(3)43~54

30 王瑞梅. 江西铜业公司所属矿山铜堆浸规模化探讨. 铜业工程,2000;(2):5~6
31 李样人. 采用堆浸法回收废矿石中的铜. 有色矿山增刊,1998
32 万长峰. 德兴铜矿废石排放与堆浸筑堆相结合的探讨. 有色矿山,2000;29(2):15~17
33 彭琴秀. 德兴铜矿含铜废石细菌浸出试验研究. 湿法冶金. 2002;21(2)
34 尹启华. 提高德兴铜矿堆浸厂铜产量的途径. 铜业工程,2002;(1): 31~33
35 李壮阔等. 德兴铜矿堆浸厂的生产实践及技术研究. 矿冶工程,2002;22(2) :46~48
36 Ahlness Jon K. etc. Solution Mining:In Situ Mining of Hard-rock Ores. In: SME Mining Engineering Handbook 2nd Edition. Colorado: SME,1992:1515~1527
37 王开华. 铀矿开采的技术特点. 北京:原子能出版社 2003:91~131
38 李开文. 论我国地浸采铀技术的重大突破——新疆地浸采铀矿床的成功应用. 中国矿业,2005;(3)
39 刘坚. 铜矿峪矿低品位铜矿石地下溶浸工业试验. 采矿技术,2003;(1)20~22
40 刘媛媛. 铜矿峪低品位矿石地下浸出可行性研究. 矿冶,2004;13(1):26~29
41 余斌等. 铜矿峪铜矿地下溶浸采矿水环境监测试验研究. 世界有色金属,2002;(8)51~54
42 Allen Perry. In Situ Leaching of Copper Sulfide Ore Deposits As a Mechanology for Sustainable Development and Enviromental Controls. 1997;第 17 届世界采矿大会交流资料
43 王海峰,杜运斌等. 原地浸出采铀井场工艺. 北京:冶金工业出版社,2002
44 国际原子能机构(IAEA) 酸法地浸采铀工艺手册. 2001

13 矿山清洁生产及生态与环境保护

13.1 矿山清洁生产

传统的工业生产是最大限度地以谋求经济效益为唯一目标的，因此不可避免地带来严重的环境污染问题。如何在生产过程中最大限度地利用资源和能源，在追求经济效益的同时又将对环境的污染降到最低，这就是目前在工业界正在大力推进的清洁生产技术所要解决的问题。

清洁生产又称清洁技术、废物最小化、源控制、污染预防等，目前国际上尚未对清洁生产做出统一定义。

联合国在 1989 年提出“清洁生产”这一术语时指出，清洁生产是对生产过程与产品采取整体预防性的环境策略,以减小对人类及环境可能的危害。清洁生产包括清洁的生产过程和清洁的产品两方面内容,对生产过程而言,清洁生产包括节约原材料,并在全部排放物离开生产过程以前就减少它们的数量,实现生产过程的无污染或少污染;对产品而言,清洁生产则是采用生命周期分析,使得在从原料获得至产品最终处置的一系列过程中,都尽可能对环境影响最小。

《中国21世纪议程》对清洁生产做出的定义是:清洁生产是指既可满足人们的需要,又可合理使用自然资源和能源,并保护环境的生产方法和措施,其实质是一种物料和能源消费最小的人类活动的规划和管理,将废物减量化、资源化、无害化或消灭于生产过程之中。

清洁生产要求不断采取改进设计、使用清洁的能源和原料、采用先进的工艺技术与设备、改善管理、综合利用等从源头消减的措施,提高资源利用效率,减少或者避免生产、服务和产品使用过程中污染物的产生和排放,以减轻或者消除对人类健康和环境的危害。

清洁生产是一种新的创造性的思想,它将整体预防的环境战略持续应用于生产的全过程,在做到提高企业效益的同时,尽可能地减少人类对环境产生不利影响的风险,以期达到节能、降耗、减污、增效的目的。

环境保护是指人类为解决现实的或潜在的环境问题,协调人类与环境的关系,保障经济、社会的持续发展而采取的各种行动的总称,其方法和手段有工程技术的、行政管理的,也有法律的、经济的、宣传教育的等。

13.1.1 国际清洁生产推行状况

面对环境污染日趋严重、资源日趋短缺的局面,工业发达国家在对其经济发展过程进行反思的基础上,认识到不改变长期沿用的大量消耗资源和能源来推动经济增长的传统模式,单靠一些补救的环境保护措施,是不能从根本上解决环境问题的。美国国会1990年10月通过了“污染预防法”,把污染预防作为美国的国家政策,取代了长期采用的末端处理的污染控制政策,要求工业企业通过源削减,包括:设备与技术改造、工艺流程改进、产品重新设计、原材料替代以及促进生产各环节的内部管理等来减少污染物的排放,并在组织、技术、宏观政策和资金等方面做了具体的安排。

欧洲许多国家把清洁生产作为一项基本国策。例如欧共体委员会1977年4月就制订了关于“清洁工艺”的政策。1984年、1987年又制订了欧共体促进开发“清洁生产”的两个法规,明确对清洁工艺生产工业示范工程提供财政支持。1984年有12项、1987年有24项已得到财政资助。欧共体还建立了信息情报交流网络,其成员国可由该网络得到有关环保技术及市场信息情报。

法国政府为防治或减少废物的产生制订了采用“清洁工艺”生产生态产品及回收利用、综合利用废物等一系列政策。法国环境部还设立了专门机构从事这一工作,每年给清洁生产示范工程补贴10%的投资,相关科研资助高达50%。法国从1980年起还设立了无污染工厂的奥斯卡奖金,奖励在采用无废工艺方面做出成绩的企业。法国环境部还对100多项无废工艺的技术经济情况进行了调查研究,其中无废工艺设备运行费低于原工艺设备运行费的占68%,政府还对超过原工艺设备运行费的给予财政补贴和资助,以鼓励和支持无废工艺的发展和推行。

荷兰在其经济部和环境部的大力支持下,实行了“污染预防项目”(PRISMA),取得了令人瞩目的成果。1988年秋,荷兰技术评价组织对该国境内的公司进行了防止废物产生和排放的大规模清查研究,制订了防止废物产生和排放的政策及所采用的技术和方法(其关键内容是源削减、内部循环利用和行政管理等）。并在十个公司中进行了预防污染的实践，其实施结果编制成《防止废物产生和排放手册》并于1990年4月出版。十个公司预防污染的实践结果证明：

（1）预防污染项目（PRISMA）使荷兰工业中防止大量废物产生和排放是可能的；

（2）防止公司中产生大量废物和排放物可以在1~3年内实现；

（3）通过采用各种预防技术，把生产过程中的不同废物削减30%是可能的，在特殊情况下，还可削减80%；

（4）在多数情况下，公司中预防措施不存在财政问题，常常无需任何费用调整就能得到实施，同时还能取得可观的效益。

近年来，荷兰在防止污染和回收废物方面取得了明显的进展，例如：95%的煤灰料已被利用作为原料，85%的废油回收作为燃料，65%的污泥用作肥料，家庭的废纸和废玻璃已有一半以上被收集分类和再生利用。荷兰政府为促进少废无废（清洁生产）技术的开展和利用，为工厂提供占新设备费用15% ~40%的补贴。荷兰政府在"2000年防治和回收废物的环境战略目标"中，明确规定了到2000年，对特别需要引起重视的29种废液要达到治理的要求。即：

（1）废物回收和利用率从1986年的35%提高到60%；

（2）废物总量减少5%；

（3）废物最终处理率（焚烧或填埋）从65%降低到35%；

（4）废物填埋率从55%降低到10%。

丹麦于1991年6月颁布了新的《丹麦环境保护法》（污染预防法），于1992年1月1日起正式执行。这一法案的目标就是努力预防和治理对大气、水、土壤和亚壤土的污染以及振动和噪声带来的危害；减少对原材料和其他资源的消耗和浪费；促进清洁生产的推行和物料循环利用，减少废物处理中出现的问题。在清洁工艺和回收一节中，规定了：

（1）对通过采用清洁工艺和回收利用而大幅度减少对环境影响的研究和开发项目提供资助，并对清洁工艺和回收利用方面的信息活动给予资助。

（2）对某些会对公共行业或社会整体带来效益的项目可提供高达100%的资助。

（3）对其结果属于应用性的项目和研究提供不超过75%的资助。

（4）对工厂中回收研究项目提供25%的资助。

（5）对用于收集所有类型废物设备进行的研究可提供高达75%的资助。

加拿大政府为废物管理确定了新的方向，他们制订了资源和能源保护技术的开发和示范规则，其目的是促进开展减少废物和循环利用及回收利用废物的工作，以促进清洁生产工作的开展。

近年来，加拿大开展了"3R"（"3R"为Reduce、Reuse、Recycle三字的字头）运动，即减少、再生、循环利用的意思。加拿大不列颠哥伦比亚省在全省动员开展"3R"运动，这个运动的范围相当广泛，从省制订大的计划到民间组织自发的活动，形式多种多样。

联合国环境规划署极为重视发达国家这一工业污染防治战略的推广，决定在世界范围内推行清洁生产。1992年10月召开了巴黎清洁生产部长级会议和高级研讨会议，指出目前工业不但面临着环境的挑战，同时也正获得新的市场机遇。清洁生产是实现持续发展的关键因素，它既能避免排放废物带来的风险和处理、处置费用的增长，还会因提高资源利用率、降低产品成本而获得巨大的经济效益。会议还制订了推行清洁生产的计划与行动措施。

联合国工业发展组织在20世纪80年代初就提出了将环境保护纳入该组织工作内容的口

号,而后成立了国际清洁工艺协会,鼓励采用清洁工艺,提高资源、能源的转化率,减少使用有毒、有害原材料,少排或不排废物。在90年代,逐渐形成了在工业发展中实施综合环境预防战略,推行清洁生产的政策。

联合国环境规划署和工业发展组织的一系列活动,有力地在全世界范围内推行了清洁生产,对我国推行清洁生产也是极大的促进。

13.1.2 国际清洁生产宣言

1998年,由联合国环境规划署主持,在韩国汉城召开了第5届国际清洁生产高级会议,并通过了国际清洁生产宣言,国家环境保护总局代表我国政府在宣言上签字。

《国际清洁生产宣言》提出,实现可持续发展是共同的责任,保护地球环境必须实施并不断改进可持续生产和消费的实践;清洁生产以及其他诸如“生态效率”“绿色生产力”及“污染预防”等预防性战略是比末端治理为主的环境战略更佳的选择。

其中译本全文如下:

我们认识到实现可持续发展是共同的责任。保护地球环境必须实施并不断改进可持续生产和消费的实践。

我们相信清洁生产及诸如“生态效益”、“绿色生产力”及“污染预防”等预防性战略是更佳的选择。这些战略需要开发、支持并通过相应的措施来实施。

我们认识到清洁生产意味着将一个综合的预防战略持续地应用于生产过程、产品及服务中,最终实现经济、社会、健康、安全及环境的效益。

为此,我们承诺:

导　向	利用我们的影响力: 通过我们与利益相关方的关系,鼓励采纳可持续生产和消费的实践。
意识、教育和培训	能力建设: 1. 在组织机构内部开发和实施提高意识及教育和培训项目; 2. 鼓励在各级教材中纳入清洁生产的概念和原理
结合性	鼓励将预防性战略贯穿到: 1. 各级组织; 2. 环境管理体系; 3. 各种环境管理工具的使用。如:环境绩效评估、环境核算、环境影响评价、生命周期评价和清洁生产审计
研究与开发	创造全新的解决方式: 1. 在研究与开发的政策和实践中促进由末端处理向预防战略的转变; 2. 支持既满足客户需要、又具有环境有效性的产品和服务的开发
交　流	共享我们的经验: 促进在实施预防战略方面的交流,并向外部利益相关方通报实施预防战略带来的效益。
实　施	采取行动以采用清洁生产: 1. 设定具有挑战性的目标并定期通过已有的管理体系通报进展情况; 2. 鼓励向预防性技术方案提供新的和额外的资金及投资,促进国家之间有益于环境的技术合作和转让; 3. 与联合国环境署、其他合作伙伴和利益相关方的合作支持此宣言并评审其实施成功

国际清洁生产宣言的想法是在1996年美国污染预防圆桌会议上产生的，1996年在牛津大学第四次清洁生产高级研讨会上按照"国际化"的路线开始启动。

清洁生产宣言的目的是为了扩大全世界商业、政治和公众活动领导人对清洁生产这一战略概念的理解和支持。尽管进行了广泛的国际努力并取得了显著的成效，但是清洁生产还没有成为环境战略、商业战略和政府战略的必要组成部分。作为一种概念，清洁生产还没有产生基于客户自发的吸引力，还只能依靠清洁生产服务方、资助方和一些国际组织来进行。这些活动者的重要性就在于他们清楚地处于支持的角色。因此，需要将清洁生产从一种基本的、简单的概念上升到责任承诺的新水平。其他一些开创性活动都得益于国际上签署的文件，例如：淘汰臭氧层消耗物质和蒙特利尔协议或环境管理体系和ISO14001。

这份国际宣言的目的是通过向全世界的领导人征集公开的承诺，通过广泛的参与，制定一份全面的参考文件。另外，要使众多的利益相关方达成共识，将注意力集中在上述几项清晰、重要的原则上，以指导清洁生产运动。

最终目标是鼓励和推动公共和私有部门的环境政策和行为由末端的、治理的、控制的战略向积极的、预防的战略转变。

为了使宣言拟订过程的投入较为平衡和广泛，联合国环境规划署工业与环境中心将努力确保有来自较多国家的公共和私有部门的代表参与到这个过程中来。在地区性会议上将明确国家的"倡议人"或"背书人"，由其负责在本国激发对宣言的关注，并负责最后实施。

13.1.3 矿山清洁生产与环境保护的主要内容与基本要求

13.1.3.1 清洁生产的主要内容

A 清洁的能源

(1) 常规能源的清洁利用；

(2) 可再生能源的利用；

(3) 新能源的利用；

(4) 节能技术。

B 清洁的生产过程

(1) 尽量少用、不用有毒有害的原料；

(2) 无毒、无害的中间产品；

(3) 减少生产过程中的各种危险因素；

(4) 少废、无废的工艺和高效的设备；

(5) 物料的再循环（厂内，厂外）；

(6) 简便、可靠的操作和控制；

(7) 完善的管理。

C 清洁的产品

(1) 节约原料和能源，少用昂贵和稀缺的原料；

(2) 利用二次资源作原料；

(3) 产品在使用过程中以及使用后不会危害人体健康和生态环境；

(4) 易于回收、复用和再生；

(5) 合理包装；

(6) 合理的使用功能和使用寿命;

(7) 易处置、易降解。

13.1.3.2 环境保护的主要内容

(1) 防治由生产和生活活动引起的环境污染,包括防治工业生产排放的“三废”(废水、废气、废渣)、粉尘、放射性物质以及产生的噪声、振动、恶臭和电磁微波辐射,交通运输活动产生的有害气体、废液、噪声,海上船舶运输排出的污染物,工农业生产和人民生活使用的有毒有害化学品,城镇生活排放的烟尘、污水和垃圾等造成的污染。

(2) 防止由建设和开发活动引起的环境破坏,包括防止由大型水利工程、铁路、公路干线、大型港口码头、机场和大型工业项目等工程建设对环境造成的污染和破坏,农垦和围湖造田活动、海上油田、海岸带和沼泽地的开发、森林和矿产资源的开发对环境的破坏和影响,新工业区、新城镇的设置和建设等对环境的破坏、污染和影响。

(3) 保护有特殊价值的自然环境,包括对珍稀物种及其生活环境、特殊的自然发展史遗迹、地质现象、地貌景观等提供有效的保护。另外,城乡规划,控制水土流失和沙漠化、植树造林、控制人口的增长和分布、合理配置生产力等,也都属于环境保护的内容。

环境保护已成为当今世界各国政府和人民的共同行动和主要任务之一。我国则把环境保护宣布为我国的一项基本国策,并制定和颁布了一系列环境保护的法律、法规,以保证这一基本国策的贯彻执行。

13.1.3.3 清洁生产与环境保护的基本目标

(1) 通过资源的综合利用,短缺资源的代用,二次资源的利用及节能、降耗、节水,合理利用自然资源,减缓资源的耗竭。

(2) 减少废物和污染物的生成和排放,促进工业产品的生产、消费过程与环境兼容,降低整个工业活动对人类和环境风险。清洁生产目标的实现将体现工业生产的经济效益、社会效益和环境效益的统一,保证国民经济的持续发展。

矿山开采会对环境产生负效应,主要表现在:占用土地及粉尘污染,水资源受到破坏污染,破坏植被,造成土壤沙化及水土流失,地面沉降、塌陷,废气污染环境及恶化生产环境。

中国的矿产资源有其特殊的条件,突出表现在丰而不富、杂质元素含量高、建设条件一般较差。

在各个方面的共同努力下,我国的矿山清洁生产与环境保护取得了长足的进步,但是,对照清洁生产的定义,与世界先进国家相比,我国矿山开采存在的主要问题更加突出表现为:

(1) 矿产资源综合利用程度低。具体表现在,伴生元素的综合回收以及回收率均较低,尤其是废石与尾矿的综合利用程度更低。

(2) 开采难度逐渐加大。露天开采深度不断增加,许多露天开采的矿山已面临或正在转入坑内开采;坑内开采矿山开采深度已逐渐步入深井开采的范围,正面临着许多深井开采的课题与挑战;大部分新发现的可开发矿区,或者面临建设条件较差,或者面临环境保护方面较为苛刻等问题。

(3) 整体设备装备水平较低,自动化程度不高。除少数矿山外,大部分矿山的装备水平与自动化水平只相当于矿业发达国家20世纪80年代的水平,因而矿山生产效率低、能耗高、矿山工人劳动强度大。

(4) 矿山环境污染严重,尤其是小型矿山。矿山开采中产生的大量固体废物未得到有效利用,大量废弃物的排放,占用了大量的土地,对矿区环境造成较大的破坏,导致生态环境恶化。大量废水的排放污染了周边的农田、河流，严重的矿区甚至造成地下水系的污染。另外，矿山开采引发的泥石流、山体滑坡以及地表沉陷也时有发生。

(5) 清洁生产与环保意识有待加强。矿山开采分散度较大，许多矿山未达到应有的规模。从业人员对矿山及矿区可持续发展重视不够、观念落后，仍延续先污染后治理的理念。

13.1.3.4 矿山清洁生产与环境保护的基本要求

污染预防是在可能的最大限度内减少生产场地产生的全部废弃物量。它包括通过源削减，提高能源效率，在生产中重复使用投入的原料以及降低水消耗量来合理利用资源。

两种常用的源削减方式是改变产品和改进工艺。污染预防不包括废弃物的厂外再生利用、废弃物处理、废弃物的浓缩或稀释以减少其体积或有害性、毒性；将有害或有毒成分从一种环境介质中转移到另一种环境介质中。

矿山的清洁生产与生态环境保护有其特殊性，为了实现上述基本目标，针对我国矿山现状及经济技术水准，在矿山的规划、建设、生产以及关闭等各个阶段，最大可能地贯彻无害化、资源化以及减量化的原则，具体为以下的几项基本要求。

(1) 矿产资源的开发必须注重综合效益。矿业开发过程中，必须注重可持续发展的共同性。即：既要强调矿业经济本身的发展又必须综合评价其社会效益以及良好的生态效益，注重所有自然资源的合理配置与利用。只有建立在良性的生态平衡基础上，矿业的发展才能实现健康、可持续的发展。

(2) 重视资源的综合利用。矿业是资源型产业，资源是矿业的核心，只有做好资源综合利用、不断提高资源的利用率，才能维持矿业的持续发展，尤其在我国目前新资源储量补偿速度低于消耗速度、人均资源占有量太低的情况下，做到资源开发既满足社会、经济发展的需要，又尽量延缓资源耗竭的速度，显得更为重要。

另外，我们也必须十分注重替代资源的开发利用及废旧材料的回收再生工作。

(3) 要求废料产出最小化。无废开采所追求的最高境界是废料的零排放。但是，实际生产中，任何矿山都很难达到。那么，就必须采用一切可能的先进技术、工艺、设备，使废料的排放量达到最低程度。这一方面要加强资源的综合回收；另一方面则要求尽量采用少废或无废的工艺技术。只有废料排出量减少到最低程度，矿山开采对环境的负效应才能极大地降低，从而对矿区其他资源环境及社会的可持续利用与发展创造条件，奠定基础。

(4) 推动废料的资源化。废料资源化是可持续发展的重要手段之一。通常，矿山排泄的两大废料——废石、尾矿会带来很多问题，而这两大废料实现资源化不仅能改善矿山的经济效益，而且会对矿山开采带来的负效应起到极大的抑制作用。如用作充填材料，不仅会减少尾矿、废石自身带来的负面影响，而且对于提高矿山开采的回收率、防止地表塌陷、保证矿山安全生产等起到很好的作用。

(5) 采取尽可能的措施改善与提高矿山生产环境。矿山生产环境与其他工业相比更为艰苦、恶劣，从设计开始到矿山建设以及矿山生产的全过程都应该贯彻持续改进生产环境与条件的原则，始终围绕加快科技进步、提高装备水平、提高自动化水平、减轻劳动强度、提高劳动安全标准等方面开展工作。

矿山的清洁生产与生态环境保护必须坚持统筹规划、总体调控、注重内涵、节约资源、适度开发、保护环境、建设生态矿山的总体方针，走集约型的可持续发展模式。

清洁生产与末端治理有着本质的区别，二者的比较见表 13 - 1。

表 13-1 清洁生产与末端治理的比较

比较项目	清洁生产系统	末端治理(不含综合利用)
思考方法	污染物消除在生产过程中	污染物产生后再处理
产生时代	20 世纪 80 年代末期	20 世纪 70~80 年代
控制过程	生产全程控,产品生命周期全程控	污染物达标排放控制
控制效果	比较稳定	产污量影响处理效果
产污量	明显减少	间接可推动减少
排污量	减少	减少
资源利用率	增加	无显著变化
资源耗用	减少	增加(治理污染消耗)
产品产量	增加	无显著变化
产品成本	降低	增加(治理污染费用)
经济效益	增加	减少(用于治理污染)
治理污染费	减少	随排放标准严格,费用增加
污染转移	无	有可能
目标对象	全社会	企业及周围环境

13.1.4 有关法律和标准

在矿山清洁生产与生态环境保护方面,国家及行业出台了许多法律、法规与标准,主要如下:

(1)《中华人民共和国清洁生产促进法》;

(2)《中华人民共和国矿山安全法》;

(3)《中华人民共和国环境保护法》;

(4)《中华人民共和国大气污染防治法》;

(5)《中华人民共和国固体废物污染环境防治法》;

(6)《中华人民共和国水污染防治法》;

(7)《中华人民共和国水土保持法》;

(8)《中华人民共和国土地管理法》;

(9)《中华人民共和国野生动物保护法》;

(10)国务院《建设项目环境保护条例》(1998);

(11)《中华人民共和国节约能源法》;

(12)《清洁生产技术要求 铁矿采选行业》;

(13)《资源综合利用目录》(2003);

(14)《国务院关于落实科学发展观加强环境保护的决定》(2005);

(15)国家环保总局《固体废物鉴别导则》(2005);

(16)《矿山安全规程》;

(17)《GB/T 24001—1996 环境管理体系规范及使用指南》/《ISO 14001:1996 环境管理体系规范及使用指南》;

(18)《GB/T 28001—2001 职业健康安全管理体系 规范》/《OHSAS18001:1999 职业健康安全管理体系 规范》。

13.1.5 清洁生产的考核指标

衡量一个企业的清洁生产工作开展得如何,可以通过以下几个方面的指标进行考虑:

(1) 有毒有害产品淘汰率;

(2) 有毒有害原料淘汰率;

(3) 落后工艺、技术、设备的淘汰率;

(4) 更新改造的工艺设备占应更新的工艺设备的百分比;

(5) 原材料、能耗单位产品消耗比上年的减少率;

(6) 物料回收利用率、损失量比上年的减少率;

(7) 产品物料流失、损失量比上年的减少率;

(8) 产品回收率比上年的增加程度;

(9) 热效率比上年的提高率;

(10) 经济效益提高程度;

(11) 污染物减少程度。

13.1.6 有关清洁生产与环境保护的一些名词解释

(1) 清洁生产审计(Cleaner Production Audit)。企业清洁生产审计是对企业现在和计划进行的工业生产预防污染的分析和评估,是企业实行清洁生产的重要前提,也是企业实施清洁生产的关键和核心。在实行预防污染分析和评估的过程中,制定并实施减少能源、水和原材料使用,消除或减少产品和生产过程中有毒物质的使用,减少各种废弃物排放及其毒性的方案。

通过清洁生产审计,达到:

1) 核对有关单元操作、原材料、产品、用水、能源和废物的资料;

2) 确定废物的来源、数量以及类型,确定废物削减的目标,制定经济有效的削减废物产生的对策;

3) 提高企业对由削减废物获得效益的认知;

4) 判定企业效率低的瓶颈部位和管理不善的地方;

5) 提高企业经济效益和产品质量。

(2) 审计小组(Audit Team)。审计小组指由企业内部或(和)外部人员组成的,在企业内承担清洁生产审计工作的组织。

(3) 审计重点(Audit Focus)。即每轮清洁生产审计所针对的特定对象,它可以是某一个车间、某一条生产线、某个单元操作、某台设备,甚至可以是某种物质(污染物)。

(4) 生命周期分析(Life Cycle Analysis)。生命周期分析主要是针对产品进行的,是对某种产品从原料采掘到生产、到产品直至其最终处置的过程,考察其对环境的影响。

(5) 末端治理(End—of—Pipe Control)。末端治理也叫管末处理或末端处理,是指污染物产生以后,在其直接或间接排到环境之前进行处理以减轻环境危害的治理方式。

(6) 环境管理体系(Environmental Management System)。是全面管理体系的组成部分,包括一个组织(企业或其他单位)为制定、实施、实现、评审和维护其环境方针所需的组织结构、策划活动、职责、操作惯例、程序、过程和资源。

目前比较典型环境管理体系标准有英国的 BS7750,欧盟的 E—MAS 以及国际标准化组织的 ISO14000。

(7) 无/低费清洁生产方案(Non/Low Cost Cleaner Production Option)。可迅速采取措施进行

解决、无须投资或投资很少、容易在短期(如审计期间)内见效的清洁生产措施和方案。

(8) 废物减量化(Waste Minimization)。废物减量化也称为废物最少化，指将产生的或随后处理、贮存或处置的有害废物量减少到可行的最小程度。它包括废物产生者进行的任何源削减或再生利用活动，其结果可能导致：1)减少了有害废物的总体积或数量；2)减少了有害废物的毒性；3)以上两种情况兼有之，只要这种减少与将有害废物对人体健康和环境目前及将来的威胁减少到最低限度的目标相一致。

废物减量化包括源削减和有效益的利用/重复利用以及再生回收。废物减量化不包括用来回收能源的废物处置和焚烧处理。

(9) 权重总和计分排序法(Weighted Ranking Method)。是一种将定量数据与定性判断相结合的加权评分方法。通过改变权重因素，该法既可用来排序以选择审计重点，又可用于中/高费用清洁生产方案的筛选。

(10) 单元操作(Unit Operation)。生产过程中具有物料的输入、加工和输出功能完成某一特定工艺过程的一个或多个工序或设备。

(11) 主要消耗(Main Consumption)。原材料消耗、水耗和能耗等。

(12) 环保费用(Environment—related Cost)。现场、厂内及厂外处理处置废弃物的费用、排污费、罚款以及监测、许可、登记等费用。中/高费用清洁生产方案(Medium/high Cost Cleaner Production Option)：

需要较大投资、技术性较强的清洁生产措施和方案。

(13) 环境评估(Environmental Evaluation)。是评估方案实施后对资源的利用和对环境的影响是否符合可持续发展需要。

(14) 持续清洁生产(Sustain Cleaner Production)。指在企业已开展清洁生产活动的基础上，通过完善组织机构和规章制度等措施，促使企业自我、连续、长久地推行清洁生产。

13.1.7 国内矿山清洁生产实例——南京铅锌银矿

位于南京城东北的栖霞山山势雄伟、层峦叠嶂、山深林茂、泉清石峻、景色宜人，被誉为“金陵第一明秀山”，是南京著名的旅游胜地，也是佛教文化活动的中心。

南京铅锌银矿就坐落在风景秀丽的栖霞山中。该矿是华东地区最大的铅锌矿床，已探明和经批准开采的铅锌矿地质储量近1600万t，并伴生金银硫锰等有用元素。众所周知，矿山的开采，如不加以治理，会留下采空区隐患。而矿山尾矿及污水的处理不当更会影响到自然风景区的土壤、水资源。这样一个矿山如何能与自然风景区并存呢?

南京铅锌银矿业有限责任公司走了一条清洁生产之路。为了实现铅锌硫化矿清洁生产，公司在生产技术、生产过程方面围绕关键问题开展多方面的系统技术攻关和技术创新工作，先后研究并应用了多项新技术。

为了提高铅、锌等矿石的回收率，公司与有关科研设计单位共同研究应用了硫化矿电位调控浮选新工艺，使铅、锌、硫、银的回收率分别提高了4.1%、4.9%、9.1%和6.6%，总的回收率提高了24.7个百分点，处理每吨矿石耗电量减少了8 kW·h，浮选过程生产操作更加稳定，大大提高了选矿经济技术指标。

为了解决废水处理问题，研究并应用了废水净化处理技术，对废水通过优先直接回用，其余的适度净化处理再回用，实现了废水100%回用于选矿生产。这一技术的采用，不仅解决了污水污染环境的问题，同时也节约了生产成本。这项技术没有应用前，如果直接将废水处理到达标排放，企业每年要多支出562万元。原先公司自己开了一个自来水厂，人工工资、电费、取水费、选矿药剂费用等,每年至少需要一百多万元。这一项技术的使用,关闭了原自来水厂,从工艺上解决了选矿药剂制度与回水净化回用工艺的相互匹配,减少了选矿药剂成本,每年可节约新鲜取水162万m^3,同时减少了排放量。这样,不仅减少了成本,为企业带来了好处,也避免了环境污染,为社会带来了好处。

尾矿的处理问题对于矿山来说也一直是个难题,公司与有关单位合作进行了风景区地下矿产资源开采"零排放"综合技术研究、高浓度全尾砂膏体胶结充填综合技术研究、采空区综合治理技术研究等,并将科研成果应用于生产实际,找到了处理选矿尾砂的最佳方案,即最大限度地提高选矿回收率以降低尾矿产率,采用尾砂充填治理空区,将多余的尾砂经浓缩脱水后外销,用作水泥辅料,从而实现了矿山尾矿固体废物的零排放。这不但使矿产资源得到了有效合理利用,从根本上消除了采空区对地表的影响,同时还彻底消除了尾矿废渣对环境的污染,实现了矿山开采和保护环境的有机结合,达到了"既采矿又保护风景区"的目的。这些项目实施后,将南京铅锌银矿地下矿石回采率从80%提高到90%以上,即可多采出矿石100万t,价值达3亿元,可延长矿山服务年限3年,由于充填料浆浓度从66%~68%提高至76%,在充填体达到同等强度的前提下每年可节约水泥5000~6000t,节省充填成本120万~150万元。矿山达到35万t/a生产规模,年新增销售收入4029.63万元,税金877.48万元,利润977.32万元。还可使该矿在更高的技术水准上实现尾废的"零排放",使地下资源开发与矿区生态环境保护达到和谐的统一。

13.2 矿井通风

13.2.1 矿井通风系统

根据风机类别、数量及分布形式,矿井通风系统可归为主扇通风系统和多级机站通风系统两种。

13.2.1.1 主扇通风系统

主扇通风系统是在地表或井下设立单一扇风机站,将地表新鲜风流经由进风井巷送到井下作业地点,污风经由回风井巷排出地表。

主扇的安装位置可分为地面和井下两种,在一般情况下(不包括多级机站压抽式通风方法),主扇都安装在地面,但有些矿井受条件限制,而将主扇安装于井下。例如:

(1) 地形陡峭,无适当位置可供安装主扇或地面有山崩、滚石、雪崩和滑坡等威胁;

(2) 矿井通风巷的运输、人行频繁,风流难以控制,而回风井巷又与采空区及地表沟通,密闭困难,或回风道受地压破坏漏风严重;

(3) 主扇距工作面太远,矿井风压高,沿途漏风大;

(4) 采用小主扇通风的矿井,机体小、结构简单、拆装容易,无需建立大型主扇硐室;

(5) 压入式通风利用提升井进风,而井口密闭难以解决的。

安装于井下的优点为:主扇装置和进回风段的漏风较少;主扇靠近工作面,矿井有效风量率较高;可以同时利用多井巷进风和回风,降低矿井通风阻力和节省大量密闭工程;矿井通风压差相对比较小(部分为正压,部分为负压),分风、控风较容易。其缺点是:主扇的安装、供电和检修维护不方便;易受井下大爆破或其他灾害的影响;井下发生火灾时,可能因烟火侵入主扇风机房而不能实现反风。

主扇安装在井下时的注意事项：

(1) 主扇安装位置应选择在爆破冲击波和地震波影响范围以外的安全地带；

(2) 对于抽出式通风的主扇机房和安全通道，要有可靠的供给新鲜风流的措施；

(3) 应使主扇的进风和回风风路严密隔绝，防止风流循环；

(4) 要考虑井下主扇反风的措施。

13.2.1.2 多级机站通风系统

多级机站压抽式通风系统是在井下设立数级扇风机站，接力地将地表新鲜风流经由进风井巷压送到井下作业地点，而污风同样由数级风机经回风井巷抽送出地表。通风系统中每级机站由一台或多台相同的扇风机串并联组成，各级机站之间为串联工作，在通风网络中，各级机站的工作方式既是压入又是抽出，井下由多个类似的独立的通风子系统组成全矿的通风系统。

多级机站风机全部安装在井下风机硐室内，由于单机功率不大，所以机站硐室较小。随着风机性能的改进，有效通风功率明显提高。自动化远程控制的应用使机站控制更容易和方便。20世纪90年代新建矿山及很多老矿山都改造为多级站通风方式，一是节能需要，二是随着开采深度的增加，原有主扇通风系统很难满足通风要求。多级机站通风系统能够将一定风量送到深井工作面，满足井下生产需要。

13.2.2 通风系统选择

13.2.2.1 通风系统选择主要考虑因素

(1) 矿山所处位置及矿山生产能力；

(2) 开拓运输系统与通风系统的关系；

(3) 矿井主要需风工作面；

(4) 采掘设备类型；

(5) 矿石性质(有无自燃倾向或放射性污染等)和采矿方法；

(6) 冬季通风预热；

(7) 高温矿床降温；

(8) 通风专用井巷同时兼做矿区第二安全出口；

(9)《金属非金属地下矿山安全规程》。

13.2.2.2 拟定矿井通风系统的原则要求

在拟定矿井通风系统时，应严格遵循安全可靠、节能、通风基建费和经营费最低以及便于管理的原则，即：

(1) 矿井通风网络结构合理，集中进、回风线路要短，通风总阻力小，多阶段同时作业时，相邻各分支风路的压差要小，主要人行运输坑道和工作点上的污风不串联；

(2) 风量分配调节应易于满足生产需要，内外部漏风少；

(3) 通风构筑物和风流调节设施、辅扇、局扇要少，并便于维护管理；

(4) 充分利用一切可用以通风的井巷，使专用通风井巷工程量最小；

(5) 通风动力消耗少、通风费用低。

为使拟定的矿井通风系统安全可靠和经济合理，必须认真研究和分析下列条件：

(1) 矿体在平面上分布范围的大小，在垂直方向的延伸深度以及在空间上的集中与分散程度等；

(2) 矿岩中含游离二氧化硅的高低、含硫量、自燃发火性、放射性元素的含量高低和分布情况以及热水和地温异常等等；

(3) 矿区海拔高度、总图布置、地形地物条件、工业场地位置等;
(4) 开拓方案、开拓井巷布置、地下炸药库、溜井位置、采准布置形式等;
(5) 矿井设计规模、同时回采区段或阶段的多少,阶段回采高峰期的生产能力等;
(6) 矿井自然通风量的大小和有无利用的可能。

矿井通风方案与矿井开拓提升运输、采矿方法、开采顺序、采准布置方案关系密切,故方案比较时,一并进行考虑。亦可单独列出不同的通风方案进行比较。

技术比较的主要内容:
(1) 通风系统的安全可靠性;
(2) 通风网络的复杂程度,串联的可能性,风质的好坏,风流控制的难易;
(3) 矿井风压大小及风压分布、高风压区通风构筑物的数量及其对矿井漏风量大小的影响;
(4) 矿井主要风流控制设施的位置、对生产运输的影响和管理的难易程度;
(5) 主通风机的位置,安装、供电、检修维护的方便程度;
(6) 通风管理人员的数量。

上述各点可用各方案技术对比表形式进行分析对比。

经济比较的主要内容:
(1) 通风井巷工程量、坑内主要通风构筑物的工程量、地面构筑物的工程量;
(2) 矿井通风设备数量、装机容量;
(3) 通风基建投资(井巷、设备、构筑物、建筑物,平基土石方等);
(4) 电力消耗;
(5) 年经营费(电力、工资、材料、大修、折旧等)。

13.2.3 主扇通风与多级机站通风

13.2.3.1 主扇通风优缺点及适应条件

主扇通风的优点包括:
(1) 通风网络简单;
(2) 风机维修及管理方便;
(3) 适应范围大。

主扇通风的缺点包括:
(1) 内部外部漏风量大;
(2) 有效通风风量小;
(3) 井下很难实现按需供风;
(4) 通风功耗大;
(5) 单机功率大,增加配套设施工程量;
(6) 一旦投入运行,移动调整困难。

主扇通风适应条件:
(1) 矿体开采范围小,作业面相对集中的矿山;
(2) 矿山规模相对较小的矿山;
(3) 总通风阻力小的矿井;
(4) 通风系统简单、井下辅助井巷少、生产环节少的矿山;
(5) 不适合采用多级机站的矿山。

13.2.3.2 多级机站通风优缺点及适应条件

多级机站通风的优点包括：

(1) 多级机站为多个并联或串联的小风机站组成，因而可以根据作业区需风量的变化而开闭风机调节风量及风压，可以按需分配风量，同时也降低了能耗；

(2) 多级机站间为压抽相结合的通风方式，可降低全矿通风网络压差，工作面近似零压区，可使漏风减少；

(3) 供风排风一般都设专用井巷使新鲜风流不经过漫长的运输大巷而径直送到需风作业面，从而保证了进风量，减少内部漏风；

(4) 可以实现计算机自动化管理；

(5) 适用于生产作业分布广的矿井；对无法使用贯穿式风流通风的进路式采矿法的矿山尤为适用，对某些有分区通风条件的矿山亦可适用；

(6) 对大型地下矿山，可以有效降低通风成本，提高井下通风质量。

多级机站通风的缺点包括：

(1) 机站和风机数量多，且遍布全矿井，要随时结合作业需风量的变化而调节，以保证各风机协调稳定地工作，要求有高效率高质量的维护和管理水平，管理水平低的矿山采用多级机站通风系统，很难发挥多级机站通风优势，相反给生产管理带来困难；

(2) 通风网络相对复杂。

多级机站通风的适应条件：

(1) 围岩稳固，地压小，容易开挖井下通风机站；

(2) 中型以上地下矿山。

13.2.4 通风系统的建立

13.2.4.1 集中通风与分区通风

集中通风系统即全矿一个通风系统，其主要适用条件为：矿体埋藏较深，走向长度不太长，分布较集中，且连通地面的老硐、采空区、崩落区等漏风通道较少的矿山；或矿体走向较长，分布较为分散，但矿体各采区或矿段便于分别开掘回风井，安装扇风机，构成全矿并联回风系统的矿山，均可采用全矿集中通风系统。

分区通风系统即将全矿划分成几个独立的通风系统，其主要适用条件为：矿体走向很长或矿脉群用平硐溜井开拓的；矿床地质条件复杂，矿体分散或矿体被构造破坏，天然划分为几个区段并和采空区、崩落区与地表连通处较多，漏风较严重，且各采区之间连接的主要运输井巷很少，易于严密隔离的；或矿井各采区、矿段有贯通地表的现成井巷可利用作为各分区通风系统的主进、回风井巷，且各分区之间易于严密隔离的矿山，以及矿石或围岩具有自燃危险需分区反风或需采取分区隔离救灾措施的矿山；通风线路长或网络复杂的含铀金属矿井，一般应采用分区通风系统。

某些矿井可根据其特定的条件，将矿井生产初期或上部阶段划为分区通风，生产后期或下部中段划分为集中通风两种不同的通风系统。

13.2.4.2 开拓运输系统与通风系统的结合

副井、设备井、电梯井可以兼做进风天井，上中段运输平巷作下中段开采的回风平巷等。辅助斜坡道可以辅助进风或回风，溜井上段做回风天井。总之，通风系统应尽可能利用已经有的开拓工程，在不违反有关安全规程的情况下，把开拓运输系统有机地结合到通风系统中。

13.2.4.3 进、回风井的布置形式

按照全矿统一通风与分区通风系统的进风井和回风井相对位置的不同布置形式,可分为对角式(对角单翼式与对角双翼式)、中央式(中央并列式、端部并列式和中央分列式)、混合式三种布置形式。

三种不同风井布置形式的优点是:对角式一般具有风路短,风压小且比较稳定,各分支风量自然分配较均匀,进风井、回风井相距较远,井底车场漏风小,污风和噪声污染工业场地较小等,其主要缺点是:基建井巷工程量大,投资多,基建时间长,通风网络中易产生角联,影响风流的稳定性,主扇的供电检修和管理不方便,当采用多台风机并联运转时不易实现反风。中央式的优缺点与对角式相反。混合式的优点是:当矿床走向特别长,矿床范围较大时,有利于分期建设,分期投资。其缺点是风量控制调节较复杂,投资大,管理不便。

进风井应符合以下规定:进入矿井的空气不得受有害物质的污染。放射性矿山出风井与入风井的间距应大于300 m。从矿井排出的污风不得对矿区环境造成危害。箕斗井不得兼作进风井。混合井作进风井时,必须采取有效的净化措施,保证风源质量。主要回风井巷禁止用作人行道。

表13-2列出了典型的风井布置实例。

表13-2　风井布置形式实例

通风系统和风井布置形式分析			进回风井布置形式及实例	示意图	适用条件
全矿集中通风系统	对角式	对角单翼式	进回风井分别位于矿体走向两端。如会理镍矿	1—主井(罐笼井);2—回风井;3—副井;4—主扇;5—风门	适用于矿体走向不长,埋藏较浅,用端部开拓回采的阶段不多的中小型矿井
		对角双翼式	例1:进风井位于矿床走向中央矿体两端各设一回风井。如铜绿山矿	1—主井;2—副井;3—南风井;4—北风井;5—主扇	矿体走向不太长,或矿体较为分散,采用中央式开拓,回采阶段多,而需风量不太大的大、中型矿井
			例2:中央进风,两端在垂直方向各设一个或几个回风井,如凡口,河北铜矿	1—老副井;2—新副井;3—主井;4—主斜坡道;5—措施井;6—东风井;7—老南风井;8—新南风井;9—主扇	矿体埋藏较深走向较长,或矿体分散,但集中分布在两翼,采用中央开拓,同时回采的阶段多,需风量较大的大、中型矿山

续表 13-2

通风系统和风井布置形式分析			进回风井布置形式及实例	示意图	适用条件
全矿集中通风系统	中央式	中央并列式	进回风井并列布置，在矿体走向的中央，如王村铝土矿	1—提升斜井；2—通风斜井；3—主扇；4—120 m 水平	矿体走向不长，埋藏较深，矿床两端未探清或地形不便于设置风井和主扇的中央式开拓的中小型矿井
		端部并列式	进回风井并列布置，在矿体走向一翼的端部，如云锡松树脚矿	1—进风斜井；2—盲竖井；3—主扇；4—东回风斜井；5—南回风斜井；6—风门；7—进风平硐；8—回风平硐；9—溜井	矿体走向较短，埋藏较深，采用端部开拓，在矿体另一端不便开掘回风井巷和安装主扇矿床另一端未探清又急于投产的中小型矿井
		中央分列式	进回风井巷布置在中央，但两者有相当距离。如招远金矿玲珑坑	1—进风平硐；2—回风平硐；3—盲竖井；4—溜矿井；5—主扇	矿床走向较短，矿床两翼未探清又急于投产或两翼不便设置风井及主扇和用平硐开拓的山区中小型矿井
分区通风系统	混合式	中央分列对角混合式	进风井位于矿床中央的顶盘，1 号回风井位于中央底盘，2 号、3 号回风井位于矿床东西两翼。如锡矿山南矿	1—进风平硐；2—回风平硐；3—盲竖井；4—溜矿井；5—主扇	矿床走向较短，矿床两翼未探清又急于投产或两翼不便设置风井及主扇和用平硐开拓的山区中小型矿井
	对角式	对角单翼式	进风井与回风井分别位于每一分区的两端，如庞家堡铁矿的第三、四、五分区通风系统	1—1 号竖井；2—2 号竖井；3—1 号风井；4—2 号风井；5—3 号风井；6—中央通道；7—放水巷；8—主扇；9—坑风扇；10—拟搬入井下的主扇	矿床走向较长，分布范围较广，矿床勘探程度不够又需加快矿山建设的大中型规模矿井

续表 13-2

通风系统和风井布置形式分析			进回风井布置形式及实例	示意图	适用条件
分区通风系统	对角式	对角双翼式	进风井布置在分区的中部，回风井布置在分区的两端如龙烟矿白庙坑的西区和东区分区通风系统	1—进风井；2—回风井；3—三区盲井；4—四区盲井；5—五区盲井；6—1080 平硐；7—850 平硐；8—主扇	走向长或矿体分散埋藏较浅，处于侵蚀基准面以上，贯通地表的出口较多，但分区之间易隔离的矿井

13.2.4.4 进、回风平巷的布置形式

通风系统进风平巷、回风平巷的布置，对通风系统的建立至关重要。如果采用电机车运输，可以利用主运输平巷做进风平巷。上中段运输平巷可以作为下中段的回风平巷，在布置运输平巷时应考虑布置在下中段开采移动界线之外。大型矿山需要增加独立进风平巷和独立的回风平巷。进风井与进风平巷连接，回风平巷与回风井相连。

进风平巷应符合以下规定：风流不能通过采空区和塌陷区，需要通过时应砌筑严密的通风假巷引流。主要进风巷和回风巷要经常维护，保持清洁和风流畅通，禁止堆放材料和设备。

13.2.4.5 采场通风天井的布置形式

采场通风天井包括进风天井和回风天井，天井布置形式因采矿方法的不同而不同。进风天井一般布置在矿体的下盘，回风天井布置在矿体下盘、端部或上盘（充填采矿法），不管采用哪种布置形式，必须保证矿体开采不影响天井的安全稳定。天井可以是竖井也可以是斜井，有时可也利用管缆井、设备井、斜坡道、充填井等兼作进风天井。也可以利用溜井上段、采区斜坡道等兼作回风天井。

13.2.4.6 通风系统构筑物

为了使矿井中的风流按照规定的网络和风量流动，必须在矿井通风网络中设置各种控制风流的通风构筑物。

矿井通风构筑物见表 13-3。

表 13-3 矿井通风构筑物一览表

构筑物名称	示意图	构造、用途及设置地点	一般要求与注意事项
普通风门	I—I　85°	用于手推车，人行巷道中遮断风流。用木制或钢木混合材料制	在主要风流巷道中，应设置两道风门，风门之间的间距为：不通车辆的人行巷道不小于 5 m，手推车时不小于 10 m

续表 13 – 3

构筑物名称	示 意 图	构造、用途及设置地点	一般要求与注意事项
自动风门	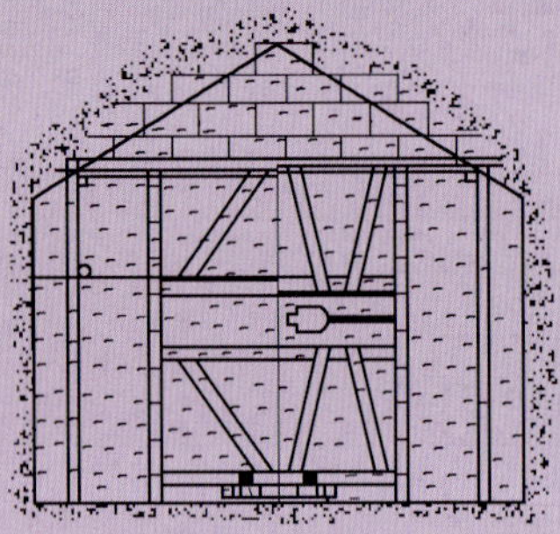	用于电机车或手推车，人行频繁的运输巷道，按风门的启闭动力不同可分为电动、气动、水动和碰撞式四种，一般采用金属结构	1. 电机车运行巷道的两风门间距应大于一列车长度加风门启闭时间内列车运行距离的总长度； 2. 风门结构要坚固、封严不漏风； 3. 风门逆风开启顺风关闭，并向关门方向倾斜 80°~85°； 4. 风门应设置在直线巷道中； 5. 列车通过时，应有声光信号
密闭墙	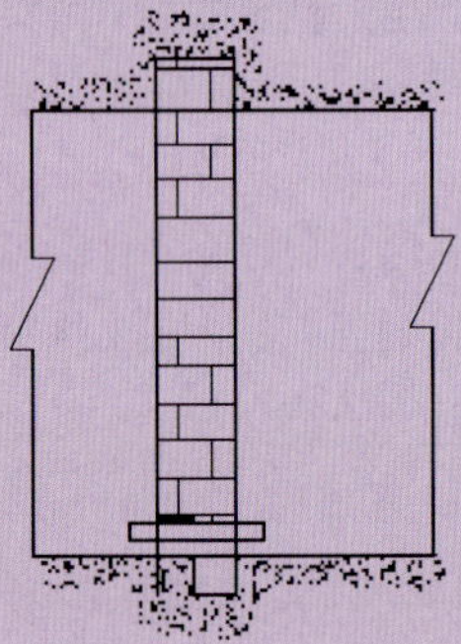	用于隔绝风流或临时遮断风流。按使用年限可分永久性、半永久性和临时性三种，前两种构筑材料有块石、砖、钢筋混凝土、木材等，后一种可用尼龙橡胶布、气囊或草帘等	1. 永久性密闭墙墙垛应嵌入巷道壁内 0.3~0.5 m，墙体应密不透风； 2. 木板密闭墙应由上向下，后一木板搭接在前一木板上，形成倒鱼鳞形，再用灰浆抹缝
井口密闭装置	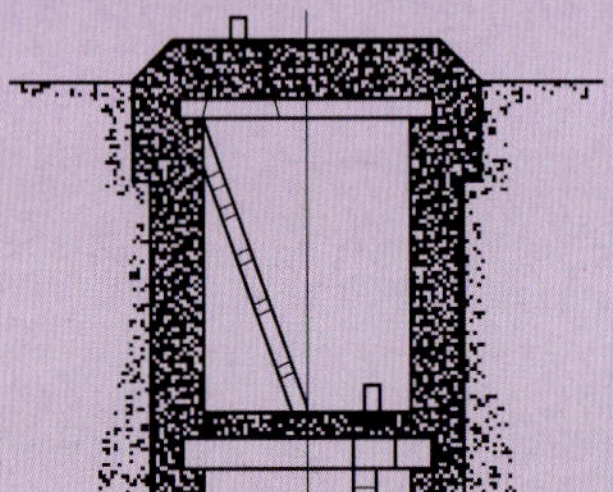 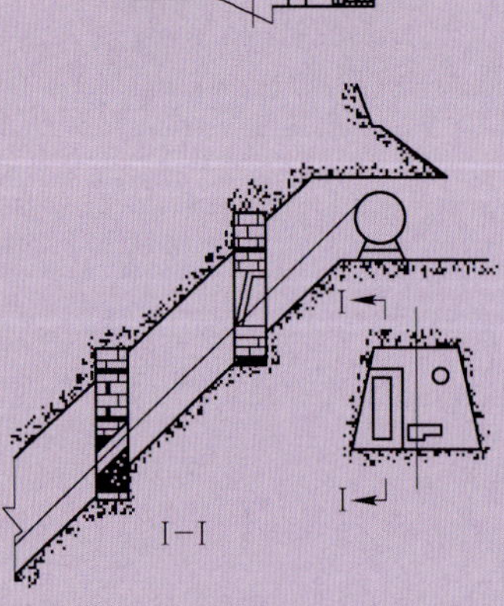 I　I　I–I	用于压入式通风的平硐口、斜井和竖井口遮断风流。可分运输容器不出地表（但有安全出口）和运输容器出地表的两种密闭装置	1. 运输容器不出地表的井口密闭装置，应在井口内设置两道带风门和绳道、电缆孔的永久性密闭墙或两道带井盖（或门）和绳道、电缆孔的永久性密闭装置，两道门的间距应大于 5 m； 2. 运输容器出井口密闭装置： 平硐口密闭装置，在硐口内设置两道自动风门，在自动风门旁侧设人行的密封便门 竖井、斜井井口房密闭装置，在井口房应设置行车道密闭、人行道密闭和绳道密闭，行车道应各设两道自动风门，进人行道应设三道，出人行道应设两道密闭门，井架顶部留两个绳道孔。 风门之间的间距和其他要求同前 3. 井口密闭装置应采用不燃材料建筑

续表 13－3

构筑物名称	示 意 图	构造、用途及设置地点	一般要求与注意事项
风桥	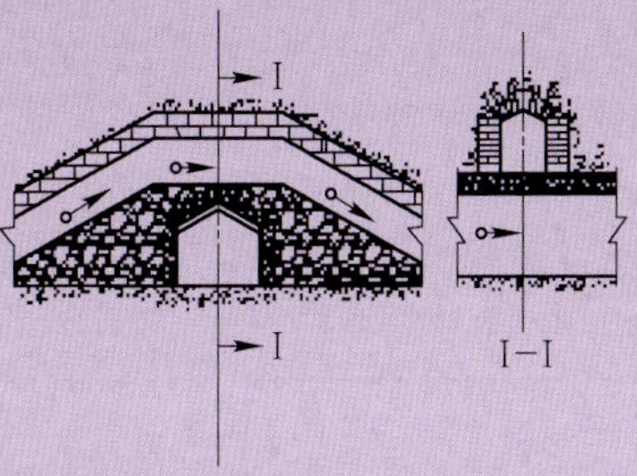	将新鲜风流与污浊风流在平面交叉时，改成立体交叉相互隔开。 可分为绕道式风桥（用于通过风量大于 20 m^3/s），混凝土（或砖、块石砌筑的）风桥（用于通过风量为 10～20 m^3/s），铁皮筒风桥（用于通过风量小于 10 m^3/s）等	1. 结构坚固严密，漏风少； 2. 风阻小，风桥与污风坑道在连接处的夹角应不大于 30°，风桥断面在主要风路中应不小于原巷道断面的 80%，次要风路中应不小于 70%，风速不超过 10 m/s，铁皮风筒直径不小于 0.5 m，厚度应不小于 5 mm； 3. 风桥用不燃性材料建筑，四周应用水泥砂浆抹面
风幛	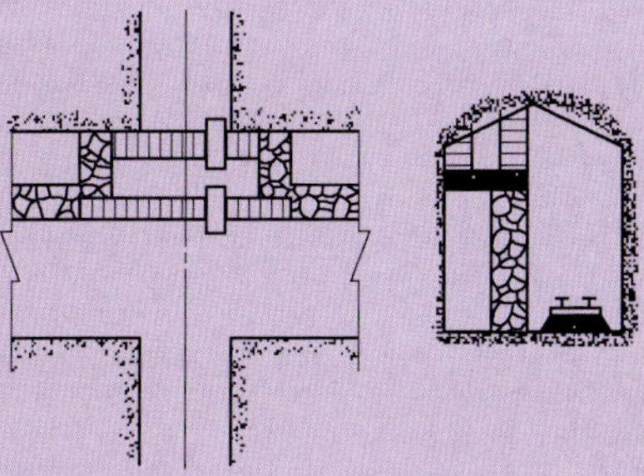	用于在同一巷道中顺巷隔开新鲜风流与污浊风流。 有隔墙式和假顶式两种，采用砖、块石、混凝土、木材等材料构筑	1. 风幛的污风侧应用水泥砂浆抹面，减小风阻与漏风； 2. 结构坚固严密，漏风要小
调节风门	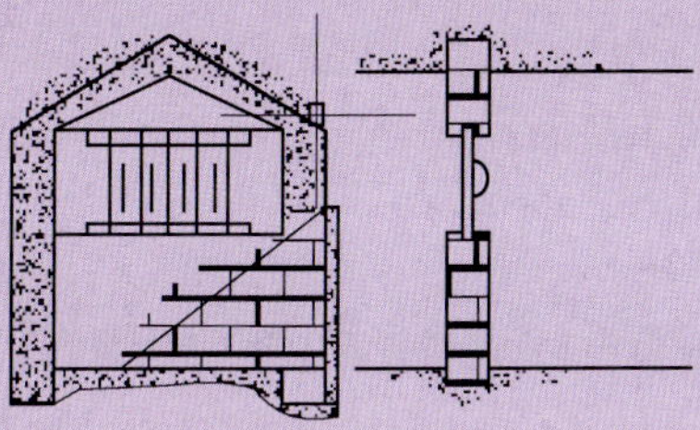	用于调节风量。风窗安在密闭墙或风门门扇上，永久性调节风窗的外框可采用砖、块石、混凝土砖等材料砌筑，临时性的调节风窗的外框可用单层砖或木材制作	一般应安设在非运输巷道中若安设在运输巷道中时，应装在风门门扇上
导风板	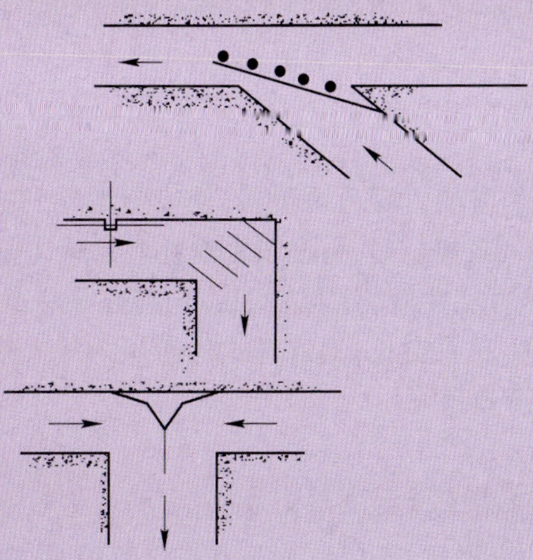	导风板按用途不同分为三种： 1. 降阻导风板。用于主要通风井巷直角转弯处，降低局部阻力； 2. 引风导风板。用于压入式通风矿井，为防止井底车场漏风，在入风石门与阶段沿脉巷道交叉处引导风流方向； 3. 汇流导风板。用于三岔口巷道中，将两股迎头风流分别引导汇合于一条巷道中	导风板应严格按最佳弧度制作，且表面光滑平整

续表 13－3

构筑物名称	示意图	构造、用途及设置地点	一般要求与注意事项
测风站		用以测量矿井总风量和各主要分支风路的风量	1. 应设在巷道的直线段，前后应有 10～15 m 长度的巷道断面没有变化； 2. 测风站长度应不小于 4 m，断面不小于 4 m^2，站内不得有任何障碍物； 3. 测风站的周壁应平整光滑

13.2.4.7 局部通风

A 通风方式的选择

局部通风的通风方式有压入式、抽出式和混合式三种。

a 压入式通风

（1）优点：

1）风流有效射程远，工作面完全被新鲜风流所冲刷，爆破后易排出工作面的炮烟，便于及早进入工作面作业；

2）工作面风速较大，有利于排出和稀释粉尘；

3）作业人员处于风流有效射程中，风速大，气象条件较好；

4）风筒口距工作面远，不易被爆破损坏。

（2）缺点：

1）污风沿巷道全长排出，进入工作面时要经过污风段；

2）巷道长度愈大，排出炮烟时间愈长（或所需风量愈大）。

b 抽出式通风

（1）优点：

1）当有条件使风筒距工作面很近时炮烟极易被吸出，所需风量小，通风时间短；

2）巷道处于新鲜风流中，不影响其他作业点。

（2）缺点：

1）风流有效吸程短，一般情况下风筒工作面远，常有“停滞区”出现，所需风量大，通风时间长；

2）作业人员周围的风速小，工作面气象条件差。

c 混合式通风

混合式通风综合了上述两种的优点，其缺点是增加一套通风设备，使投资增大，安装复杂。但用移动式喷射风管（内装引射器的风管）代替压入式风机时，可在很大程度上克服这一缺点。

选择通风方式时一般认为：混合式通风的技术可靠性最优，压入式次之；若独头巷道不长，压入式的经济合理性优于混合性；若巷道长 150～200 m 或更长，则混合式优于压入式。抽出式通风在保证风筒口距工作面很近时，所需风量小，经济效果好。

B 通风方式的布置原则

（1）局部引入独头巷道的风量一般不得超过巷道主风流风量的 70%。

（2）压入式通风时，局扇应设在主风流巷道的上风侧，局扇离独头巷道口不得小于 10 m，风筒末端距工作面小于 10～15 m。

(3) 抽出式通风时，局扇(用铁皮风筒)或风筒出口(用柔性风筒)应设在主风流巷道的下风侧，局扇或风筒出口离独头巷道口距离不得小于10 m，风筒末端距工作面距离应小于5 m。

(4) 混合式通风时，抽出风筒的入风量至少应比压风机的风量大10% ~20%；压风机的风筒末端到工作面和距离应小于10 ~15 m。抽风风机的风筒末端到工作面的距离应小于20 ~25 m。抽风风机(用铁皮风筒)或风筒出口(用柔性风筒)应设在主风流巷道的下风侧，距独头巷道口10 m以上。压风风机距抽风风机的风筒末端应大于10 m。

(5) 安装在平硐口外的局扇，压入式通风应安装在当地常年主导风向的上风侧；抽出式通风应安装在下风侧，风机距硐口的距离不得小于20 m。

(6) 安装在竖井口外的局扇，压入式通风的入风口离地面高度不得小于1.5 m，距井口的距离不得小于20 m，并布置在当地常年主导风向的上风侧；抽出式通风的出风口离地面高度不得小于0.5 m，距井口距离不得小于20 m，并布置在当地常年主导风向的下风侧。

C 风量计算

a 按排尘风速计算工作面所需风量

$$q = s \times v \tag{13-1}$$

式中 q——工作面所需风量，m^3/s；

s——巷道掘进断面，m^2；

v——排尘风速，平巷、天井掘进：$v \geqslant 0.25$ m/s；竖井掘进：$v \geqslant 0.15$ m/s。

b 按排出炮烟计算工作面所需风量

(1) 压入式通风。

$$q = \frac{18}{t}\sqrt{A \times L \times S} \tag{13-2}$$

式中 q——压入式通风需风量，m^3/s；

t——通风时间，s；

A——爆破炸药量，kg；

L——巷道长度，m；

其他符号同前。

式(13-2)中L适用范围：$L \leqslant 150 \sim 200$ m。

(2) 抽出式通风。

当风筒吸入口到工作面的距离在有效吸程L_c内时，抽出式通风可按式(13-3)计算：

$$q = \frac{18}{t}\sqrt{A \times L_o \times S} \tag{13-3}$$

式中 q——抽出式通风需风量，m^3/s；

L_o——炮烟抛掷长度，m。

电雷管起爆时：$L_o = 15 + \dfrac{A}{5}$；

火雷管起爆时：$L_o = 15 + A$。

风筒吸口的有效吸程按式(13-4)计算：

$$L_c \leqslant 1.5\sqrt{S} \tag{13-4}$$

式中 L_c——抽出式吸入口到工作面距离，m；

其他符号同前。

(3) 混合式通风。

$$q_s = \frac{18}{t}\sqrt{A \times L_c \times S} \tag{13-5}$$

式中 q_s——压入式风机应送入工作面的风量，m^3/s；

其他符号同前。

$$q_c = 1.1 \sim 1.2 q_{yj} \tag{13-6}$$

式中 q_c——抽出式风机风口所吸入的风量，m^3/s；

q_{yj}——压入式风机所吸入的风量，m^3/s。

13.2.4.8 通风井巷经济断面的确定

《金属非金属矿山安全规程》规定，井巷最高风速不得超过表13－4规定。

表13－4 井巷允许最高风速

井巷名称	允许最高风速/$m \cdot s^{-1}$
专用风井，专用总进、回风道	15
专用物料提升井	12
风桥	10
提升人员和物料的井筒、中段的主要进、回风道，修理中的井筒，主要斜坡道	8
运输巷道，采区进风道	6
采场	4

主要通风井巷净断面的确定，应在于上小表风速前提下，进一步求出其基建投资和经营费两项总费用最低的井巷断面，作为通风井巷的经济断面。

13.2.4.9 通风系统实例

通风系统实例参见图13－1、图13－2。

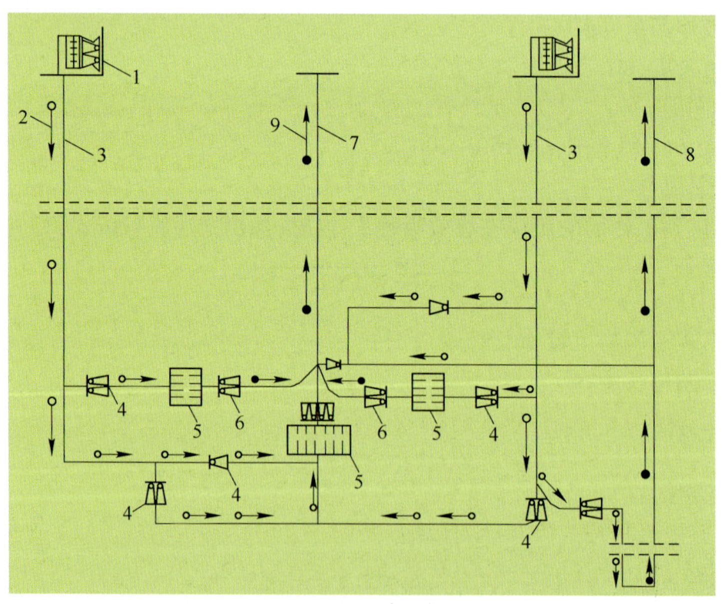

图13－1 金川二矿区1号矿体多级机站通风系统图

1—空气预热器；2—新鲜风；3—进风井；4—供风机站；5—回采盘区；6—排风机站；7—排风井；8，9—通地表斜坡道及污风排出

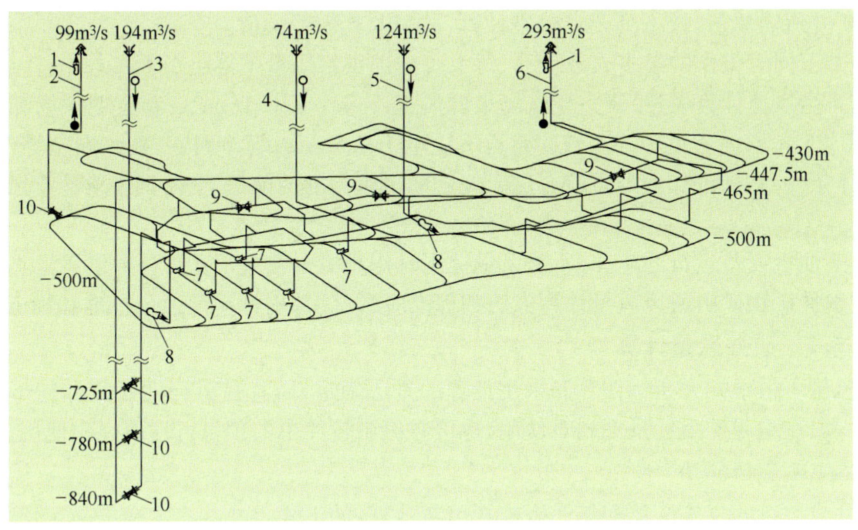

图 13-2　程潮铁矿多级机站通风系统图

1—三级机站；2—西区回风井；3—进风井；4—新副井；5—措施井；6—东主井；
7—二级机站；8——级机站；9—风门；10—调节风门

13.2.5　矿井风量计算与分配

13.2.5.1　有关规定

《金属非金属矿山安全规程》的规定：

（1）井下采掘工作面进风流中的空气成分（按体积计算），氧气应不低于20%，二氧化碳应不高于0.5%。

（2）入风井巷和采掘工作面的风源含尘量，应不超过0.5 mg/m³。

（3）井下作业地点的空气中，有害物质的接触限值应不超过表13-5规定的标准。

表 13-5　有害气体最大允许浓度

有害气体名称		最大允许浓度			
		体积浓度		重量浓度	
		%	$\times 10^{-4}$%	mg/L	mg/m³
一氧化碳	CO	0.0024	24	0.03	30
氮氧化物（折算为二氧化氮）	NO_x	0.00025	2.5	0.005	5
二氧化硫	SO_2	0.0005	5	0.015	15
硫化氢	H_2S	0.00066	6.6	0.01	10

（4）含铀、钍等放射性元素的矿山，井下空气中氡及其子体的浓度应符合GB4792的规定。

（5）井下破碎硐室、主溜井等处的污风要引入回风道，否则必须经过净化达到第（2）条的要求时，方准进入其他作业地点。

井下炸药库和充电硐室空气中氢的含量不得超过0.5%，并且必须有独立的回风道。

井下所有机电硐室，都必须供给新鲜风流。

（6）采场、二次破碎巷道和出矿巷道，应有贯穿风流通风。

(7) 矿井所需风量,按下列要求分别计算,并采取其中最大值。

1) 按井下同时工作的最多人数计算,每人每分钟供给风量不得小于 4 m^3。

2) 按排尘风速计算风量,硐室型采场最低风速不应小于 0.15 m/s;巷道型采场和掘进巷道不应小于 0.25 m/s;电耙道和二次破碎巷道不应小于 0.5 m/s;箕斗硐室、破碎硐室等作业地点,可根据具体条件,在保证作业地点符合国家规定的卫生标准的前提下,分别采取计算风量的排尘风速值。

3) 有柴油机设备运行的矿井,所需风量按同时作业机台数每千瓦每分钟供风量 4 m^3 计算。

4) 放射性矿物矿山通风风量计算方法和标准应参见《放射性矿山通风标准和规范》。

13.2.5.2 矿井风量计算

矿井风量可根根扩大指标估算和采用计算的方法确定,后者在可行性研究和初步设计中应用。前者一般在编制矿山远景规划时使用,也可在编制较简单的预可行性研究中使用。

A 矿井风量估算法

按矿井或坑口的年生产量和年产万吨耗风量计算,如下式:

$$Q = Aq \tag{13-7}$$

式中 Q——矿井或坑口所需总风量,m^3/s;

A——矿井或坑口年产量,万 t/a;

q——年产万吨耗风量,$m^3 \cdot a/$万 $t \cdot s$;参照表 13-6 选取。

表 13-6 年产万吨耗风量

矿井类型	$q/m^3 \cdot s^{-1}$	矿井类型	$q/m^3 \cdot s^{-1}$
小型矿井	2.0~4.5	大型矿井	1.2~3.5
中型矿井	1.5~4.0	特大型矿井(规模 250 万 t/a 以上)	0.6~2.0

年产万吨耗风量受多种因素综合影响,故在选取时应综合考虑各种因素并应注意以下各点:

(1) 当矿井采掘设备效率低时取大值,反之取小值。

(2) 矿井机械化程度高,回采强度大时取大值,反之取小值。

(3) 矿体形态复杂,采掘比大时取大值,反之取小值。

(4) 矿岩中含游离二氧化硅高时取大值,反之取小值。

(5) 矿井漏风大时取大值,反之取小值。

(6) 矿井中硐室型采场较多,在其中作业的设备需风量大时,取大值,反之取小值。

(7) 高硫、高温矿井一般取大值。

B 矿井风量计算法

矿井的总风量为各采掘工作面、需独立通风的硐室与其他需风量以及矿井漏风量之总和。可按下式计算。

$$Q = K_1 K_2 (\Sigma Q_H + \Sigma Q_J + \Sigma Q_D + \Sigma Q_t) \tag{13-8}$$

式中 Q——矿井总风量,m^3/s;

Q_H——回采工作面(包括备用采场)所需风量,m^3/s;

Q_J——掘进工作面所需风量,m^3/s;

Q_D——独立通风的硐室所需风量,m^3/s;

Q_t——其他工作面所需风量,如装卸矿点,喷锚支护工作面需风量,按排氡要求的巷道所需风量等,m^3/s;

K_1——外部漏风系数；

K_2——内部漏风系数。

漏风系数的选取参见表13－7与表13－8。

表13－7　外部漏风系数表

级　别	控制漏风点与地面大气间漏风难易程度	外部漏风系数 K_1
Ⅰ	比较容易控制漏风的矿井	1.10～1.20
Ⅱ	一般矿井	1.15～1.25
Ⅲ	比较难以控制漏风的矿井	1.20～1.30

注：1. Ⅰ级包括不用崩落法采矿，且采空区及时充填井；用混合式通风能将零压区布置在主要漏风地点的矿井；压入式通风采用专用入风巷的矿井；压入式通风进风网，抽出式通风回风网压力梯度较小的矿井；主扇设在地下的矿井；多级机站通风的矿井。

2. Ⅲ级包括采空区或崩落带通地表，透气性强且靠近高风压区的矿井；采用压入式通风在高风压区设自动风门，自动井盖，风流短路直接入大气的矿井。

3. Ⅰ级和Ⅲ级之间为Ⅱ级。

表13－8　内部漏风系数表

级　别	控制进风段与回风段间漏风难易程度	外部漏风系数 K_2
甲	比较容易控制漏风的矿井	1.10～1.20
乙	一般矿井	1.15～1.25
丙	比较难以控制漏风的矿井	1.20～1.30

注：1. 甲级包括采用充填法采矿后退式回采的矿井；同时生产阶段数少且各分支间风压小的矿井；通风系统密闭、调控好，进回风段间短路漏风量小的矿井；多级机站通风的矿井。

2. 丙级包括采用压入式通风，在高风压区设自动风门，风流短路入回风段的矿井；同时生产阶段数多，且各分支间风压差较大的矿井；通风系统较难管理，进回风段短路漏风量大的矿井。

对于下列矿井计算矿井总风量外，应作如下校验：

对于以柴油设备为采装运、掘进和辅助作业设备的矿井风量确定，按单位功率风量指标计算需风量。

《金属非金属矿山安全规程》规定为4 $m^3/(kW \cdot min)$，按此风量指标计算。

$$Q_s = \frac{q_s N}{60} \tag{13-9}$$

$$N = N_1F_1 + N_2F_2 + N_3F_3$$

式中　Q_s——矿井排除柴油设备废气需风量，m^3/s；

q_s——柴油设备单位功率风量指标，4.08 $m^3/(kW \cdot min)$；

N——矿井内各种柴油设备按作业时间比例计算的功率总数，kW；

N_1, N_2, N_3——各种柴油设备额定功率，kW；

F_1, F_2, F_3——工作时间系数，即设备在井下每小时作业的时间百分比，%。

表13－9　国外使用柴油设备的矿山单位供风量表

国　别	公　司	单位风量/$m \cdot (hp \cdot min)^{-1}$	国　别	公　司	单位风量/$m \cdot (hp \cdot min)^{-1}$
瑞　典		2.5～3.0	前苏联		2.1～2.5
加拿大	INCO	2.1	日　本		3.0
	安大略省	2.83	美　国	前矿业局	3.1～6.2
德　国		2.1	法　国		2.1～4.0

C 回采工作面需风量计算

回采工作面按通风风流结构特性划分，可分为巷道型采场和硐室型采场两类。

典型的巷道型采场是指采场回采工作面横断面与采场进风巷道断面相差不大，即采场宽度和高度等于或小于6 m，长度等于或大于宽度和高度的6～8倍，并利用贯穿风流通风的狭长型采场。属于这类采场有薄矿脉充填法、留矿法、长壁法，有贯穿风流的进路充填法等采场和电耙道等。

典型的硐室型采场是指采场回采工作面断面与进风巷道断面相差较大，即采场宽度等于或大于8 m，采场长度不小于宽度的两倍，并利用贯穿风流通风的采场。其中采场空间高度基本等于进风巷道高度的称扁平型硐室；采场空间高度和宽度比进风巷道大得多的称非扁平型硐室。中厚以上矿体的房柱法，全面法，分段空场法和分层充填法等采场属此类。

回采工作面可按排尘风量、排尘风速、排除炮烟，以及排除柴油设备废气，分别计算所需风量，并取大值为回采工作面需风量。

a 按排尘风量确定回采工作面需风量

可按表13－10确定。

表13－10 排尘风量表

工作面通风类型	作业性质	设备数量	风流特征	排尘风量/$m^3 \cdot s^{-1}$
巷道型作业面	轻型凿岩机凿岩	1台	贯穿风流	0.66～2.64(断面4.4～2.2 m^2)
		2台	贯穿风流	1.1～1.31(断面4.4～2.2 m^2)
		3台	贯穿风流	1.6～3.5(断面4.4～10 m^2)
硐室型作业面	轻型凿岩机凿岩	1台	贯穿风流	3.0
		2台	贯穿风流	4.0
		3台	贯穿风流	5.0
巷道型作业面	重型凿岩机中深孔凿岩	1台	贯穿风流	2.5～3.5
		2台	贯穿风流	3.0～4.0
		1台	独头通风	3.0～4.0
		2台	独头通风	4.0～5.0
	中型凿岩机凿岩	1台	贯穿风流	1.5
		2台	贯穿风流	2.0
巷道型作业面	铲运机出矿	1台	贯穿风流	2.5～3.5
		1台	独头通风	3.5～4.0
硐室型作业面	铲运机出矿	1台	贯穿风流	4.0～5.0
巷道型作业面	大型电耙出矿	1台	贯穿风流	2.5
	中型电耙出矿	1台	贯穿风流	2.0
硐室型作业面	大型电耙出矿	1台	贯穿风流	4.0
	中型电耙出矿	1台	贯穿风流	3.0
巷道型作业面	二次破碎		贯穿风流	1.5～2.0

注：1. 本表用于高硅尘矿井，对于矿岩中二氧化硅低于或稍大于10%的矿井，可适当降低表中数值。

2. 采场横断面小于12 m^2 时按巷道型作业面，大于20 m^2 按硐室型作业面，介于两者之间者按两种类型作业面风量的平均值。

3. 按采场不同工序分别选取，取其大值为采场排尘风量，当同时进行两种以上作业时，应将各作业的排尘风量相加作为采场排尘风量。

4. 选取表列数值不得小于最低排尘风速所需风量，而硐室型作业面则不需用最低排尘风速校验。

5. 采场横断面大于40 m^2 时宜增设辅扇，对工作点加强通风。

6. 表中各项数值因实测工作不足，仅供参考。

b　按排尘风速计算回采工作面需风量

按产尘设备在作业面的过风断面和排尘风速计算,如下式:

$$Q_{HS}=Sv \tag{13-10}$$

式中　Q_{HS}——作业面排尘需风量,m^3/s;

S——工人和产尘设备所在位置的过风断面,m^2;

v——作业面排尘风速,m^3/s,即作业面产尘设备所在位置的平均风速,建议值如下:巷道型($<12\ m^2$)作业面 $v=0.25\sim0.5$ m/s(S 较小者和凿岩机台数多、作业面产尘大者以及电耙道取大值,反之取小值);硐室型($>20\ m^2$)作业面,当 $S\leqslant30\sim40\ m^2$ 时,$v\geqslant0.06$ m/s,同时两辅扇加强作业面通风;介于 $12\sim20\ m^2$ 之间的按两种类型作业面排尘风量之平均值。

计算作业面排尘风速需风量须按采场不同作业的过风断面分别计算,并取大值为采场排尘需风量。当同时进行两种以上作业时,应将各作业面的排尘需风量相加作为采场排尘需风量。

c　按排除炮烟计算回采工作面需风量

(1) 巷道型作业面。

中南大学公式:

$$q_{hy}=\frac{N}{t}LS \tag{13-11}$$

式中　q_{hy}——采场排烟需风量,m^3/s;

L——采场长度,m;

S——采场过风断面积,m^2;

t——爆破后排烟通风时间,s;对采场一般取 1200 ~ 2400 s,对电耙道一般取 300 s;

N——采场中炮烟达到允许浓度时,风流交换倍数,试验得 $N=10\sim12$,建议取大值。

(2) 硐室型作业面。

前苏联沃罗宁公式:

$$q_{hy}=2.3\frac{V}{K_W t}\lg\frac{500A}{V} \tag{13-12}$$

式中　V——采场硐室体积,m^3;

K_W——紊流扩散系数。

公式的适用条件为:

$$V=184A$$

$$L\leqslant0.65l\left(1+\frac{1}{2\alpha}\right)$$

式中　L——采场长度,m;

l——进风巷道壁到采场侧壁的距离,m;当两侧之 L 不等时取大值;

α——风流结构系数,扁平型硐室取 0.1 ~ 0.15,非扁平型硐室取 0.06 ~ 0.10。

紊流扩散系数 K_W 值的选取:

先按下列二式计算 D_T 值,再从表 13-11 选取 K_W 值。

非扁平型硐室:

$$D_T=\frac{\alpha L}{\sqrt{S_0}} \tag{13-13}$$

扁平型硐室:

$$D_T=\frac{\alpha L}{b_0} \tag{13-14}$$

式中 S_0——非扁平型硐室进风巷道断面面积,m^2;

b_0——扁平型硐室进风巷道的宽度,m;

L——采场长度,m;

α——风流结构系数,扁平型硐室取0.1~0.15,非扁平型硐室取0.06~0.10。

当采场有多个进风巷和回风巷时,可取:

K_W=0.8~1.0(进风,回风巷道只有2~3个时取小值,反之取大值)。

表13-11 紊流扩散系数表

非扁平型硐室		扁平型硐室	
$\alpha L/\sqrt{S_0}$	K_W	$\alpha L/\sqrt{b_0}$	K_W
0.280	0.262	0.100	0.032
0.308	0.276	0.200	0.064
0.336	0.278	0.300	0.094
0.376	0.300	0.350	0.112
0.420	0.335	0.400	0.128
0.554	0.395	0.500	0.160
0.605	0.460	0.600	0.192
0.750	0.529	0.700	0.224
0.945	0.600	0.760	0.250
1.240	0.672	1.040	0.318
1.680	0.744	1.480	0.400
2.420	0.810	2.280	0.496
3.750	0.873	4.000	0.604
6.600	0.925	8.900	0.726

注:1. 表中虚线以上为自由风流开始段的K_W,虚线以下为自由风流基本段K_W;

2. 表中的风流结构系数,非扁平型硐室α=0.07,扁平型硐室α=0.1。

D 掘进工作面风量

矿井总体设计对掘进工作面的数量和分布,一般根据采掘比大致确定,掘进工作面需风量可按表13-12选取,该表数值已考虑了巷道断面大使用设备多等因素和局部通风的必备风量。

表13-12 掘进工作面风量表

序号	掘进断面/m^2	掘进工作面需风量/$m^3 \cdot s^{-1}$	备注
1	<5.0	1.0~1.5	选用时,应使巷道平均风速>0.25 m/s;使用柴油设备时不小于0.5 m/s
2	5.0~9.0	1.5~2.5	
3	>9.0	2.5~3.5	

注:表中所列之值,对高海拔矿井可取表中的大值。

E 硐室风量

井下炸药库、大型变电硐室、充电硐室、破碎硐室、柴油设备维修硐室、盲井卷扬机硐室和主溜井卸矿硐室等需单独供风,计入矿井总风量中。其他硐室虽分风,但回风可重新使用不计入矿井总风量。

（1）大型变电硐室风量：

$$q_1 = \frac{\Sigma N_b \eta_S}{C_P \gamma \Delta t} \tag{13-15}$$

$$N_b = N' \cos\varphi$$

式中 q_1——大型变电硐室需风量，m^3/s；

ΣN_b——同时工作的变压器有功功率之和，kW；

N'——变压器的额定容量，kW；

$\cos\varphi$——功率因子，一般 $\cos\varphi = 0.8$；

η_S——变压器的损失，矿用变压器一般 $\eta_S = 0.05$；

C_P——空气定压比热容，1.005 kJ/(kg · K)；

γ——空气密度，1.2 kg/m^3；

Δt——硐室进风和回风的温差，一般取 $\Delta t = 5$℃。

（2）井下水泵硐室风量：

$$q_2 = \phi \frac{\Sigma N(1-\eta)}{C_P \gamma \Delta t} \tag{13-16}$$

式中 q_2——井下水泵硐室需风量，m^3/s；

ΣN——同时工作的水泵电机额定功率之和，kW；

η——电机效率，$\eta = 0.96 \sim 0.98$；

ϕ——修正系数：

同时工作水泵小于 3 台，$\phi = 1.0$；

同时工作水泵大于 3 台时：

$\phi = 0.44$（硐室比较干燥时）；

$\phi = 0.34$（硐室比较潮湿时）；

$\phi = 0.4$（一般情况可取此值）。

（3）空气压缩机硐室风量：

$$q_3 = \frac{\Sigma N_K \xi}{C_P \gamma \Delta t} \tag{13-17}$$

式中 q_3——空压机硐室需风量，m^3/s；

ΣN_K——同时工作的空气压缩机额定功率之和，kW；

ξ——空压机总的发热系数，水冷式为 0.2，风冷式为 0.3。

（4）卷扬机硐室风量：

$$q_4 = 0.0075 \Sigma N_J \tag{13-18}$$

式中 q_4——卷扬机硐室需风量，m^3/s；

ΣN_J——卷扬机电动机额定功率之和，kW。

（5）坑内破碎硐室风量按每小时硐室换气次数 4 ~ 6 次计算，硐室内气候条件较好，除尘设施完善，则可按每小时换气次数 2 ~ 3 次计算。国外资料按 20 m^3/s。

（6）柴油设备维修硐室风量可按 60 m^3/s 计算。

（7）其他各种硐室需风量见表 13 - 13。

表 13-13 其他各种硐室需风量

硐室名称	需风量/$m^3 \cdot s^{-1}$	备　注
充电及变电硐室	2~2.5	充电组在4组以下
充电及变电硐室	3.0~5.0	充电组在4组以上
电机车库	1.0~1.5	
炸药库	1.0~2.0	
机电硐室	1.5~2.0	
装卸矿硐室	1.5~2.0	
喷锚支护工作面	3.0~4.0	贯穿风流
喷锚支护工作面	4.0~5.0	独头工作面

F　*矿井总风量分配的基本原则*

(1) 按照所计算的回采、备用、掘进工作面、各种硐室和其他工作面需风量分配。

(2) 井下炸药库、充电硐室、破碎硐室、柴油设备维修硐室和主溜井的回风流应直接引入总回风道中,其他硐室的回风可重新使用。采掘工作面和其他工作面一般均不应串联通风。

(3) 各用风点、井巷的风速必须符合《金属非金属矿山安全规程》关于最大和最小风速的规定。

(4) 风量分配应符合通风网的风阻条件,除风网各用风点按需分风外,进风网和回风网应通过解算风网来分配风量。

13.2.6　深矿井通风特点

我国一些金属矿山已开始进入深水平开采,由于岩温和进入进风井空气自然压缩的散热,深水平矿山的通风具有很大的特殊性,对通风、降温、制冷提出了一系列的要求,以便在较经济的条件下保证工作面具有符合安全规程要求的适宜于工作的环境。南非的许多金矿开采深度已达到3500 m以下,那里的科研成果和实际经验为深水平矿山通风提供了很有价值的启迪。

13.2.6.1　关于节能

据南非矿山的数据,深水平矿山通风、制冷、降温的投资约占矿山建设总投资的15%,占总能源费的25%,对于采用柴油设备的矿山,每1 kW功率(开动机台)要求3 kW供电功率与之配套。因此控制系统的应用对节能和满足通风要求具有重要的意义。

假设某一矿山出矿采场使用200 kW的LHD和295 kW的卡车,每个作业工作面需供新风45 m^3/s,未作业采场20 m^3/s,供有可能临时进入该区的其他设备用风。实际上作业采场和非作业采场往往是轮换的,如无控制系统,为保证足够的风量,则每一对采场需风量为90 m^3/s,该矿山需要18个(9对)采场实现其采矿工序的循环,因此LHD和卡车必须自由在这些采场运行、工作,照计算需风量就达到810 m^3/s,然而实际上在同一时间只需要5对采场工作,450 m/s,风量便能满足要求,剩余8个采场供风160 m^3/s即可。掘进工作面情况相似。如果采场之间的风量分配可以按45:20控制,保证出矿采场的需风量,则总风量包括掘进、硐室通风和漏风可节约15%左右,这对于风井断面、风机功率都是显著的节约。

控制方式有两种:设备司机手动控制和控制室自动控制,相比之下,手动控制更为有利,即非作业采场的20 m/s靠主风流通风,设备进入采场时,由司机开动辅扇,使供风量达到45 m^3/s,离开时再关掉辅扇。这种控制方式对普通矿山也是有效的。

13.2.6.2 关于通风参数

南非使用柴油无轨设备的矿山通常采用的单位风量指标为0.12 m/(s·kW),包括漏风和增压在内,各项通风指标见表13－14。

表13－14 通风指标表

序号	参数	单位	数量
1	矿山产量	Mt	3～6
2	通风系统	压入－抽出	
3	进风风速(运送人员、材料的竖井)	m/s	10～12
4	进风风速(专用进风井)	m/s	12～18
5	进风风速(运输平巷)	m/s	4～6
6	进风风速(专用进风平巷)	m/s	10～15
7	进风风速(运矿胶带运输机道)	m/s	1～3
8	回风风速(上行、下行通风天井)	m/s	13～22
9	回风风速(回风平巷)	m/s	10～15
10	竖井阻力(*K*值,人员、材料系统,砌碹)	Nm^2/m^4	0.02
11	竖井阻力(*K*值,砌碹,天井钻机钻凿)	Nm^2/m^4	0.007～0.01
12	进风巷阻力(*K*值,爆破成巷)	Nm^2/m^4	0.0158
13	柴油设备(平均)	$m^3/(s \cdot kW)$	0.06
14	柴油LHD规格(生产水平)	kW	186
15	柴油LHD规格(切割水平)	kW	186
16	柴油设备通行巷道最低风速	m/s	1.0
17	其他工作巷道最低风速	m/s	0.5
18	竖井、开拓独头巷道掘进避炮时间	min	≥30
19	二次爆破避炮时间	min	≤10
20	卸矿/破碎/给矿作业	空气/粉尘过滤并复用	
21	柴油设备维修硐室(60 m^3/s)	排风进入回风道或复用	
22	破碎硐室(20 m^3/s)	排风进入回风道	

13.2.7 高海拔矿井通风特点

空气的含氧量、气压、温度、湿度、重率、密度等基本参数是随海拔高度(绝对高程)而变化的,因此高海拔矿井的通风与一般矿井比较有一些特殊要求。

(1) 主要进风井的地面海拔高度在1500 m以上的矿井,在通风计算中应考虑海拔高度的影响。通常风量、通风摩擦阻力系数及风阻的计算都是按标准条件进行的,对高海拔矿井,应用海拔高度系数予以校正。高海拔系数可按式(13－19)计算。

$$K = \frac{\gamma_H}{\gamma_0} = \frac{\frac{0.462B_H}{T_H}}{1.2} = \frac{0.385B_H}{T_H} \tag{13-19}$$

式中 K——海拔高度系数,$K<1$,无因次;

γ_H——海拔高度为H处的空气重率,kg/m^3;

γ_0——标准条件下的空气重率,1.2 kg/m^3;

B_H——海拔高度为 H 处的气压,mm 汞柱;

T_H——海拔高度为 H 处的气温,K。

(2)高海拔矿床的地质构造一般比较复杂,矿区地势陡峻,比高较大,构成了通风进出口较多的特定条件,在选择通风系统时,可充分利用这些条件,有可能时优先选择分区通风,获得更有效的通风效果。

(3)高海拔地区地表气温较低,地形高差大,自然风压一般较大,要注意自然风压对通风的影响。

(4)高海拔地区要根据具体条件重新编制的通风机特性曲线进行风机和电机的选择。

13.2.8 自然崩落法矿山通风特点

自然崩落法开采是将几个采矿程序相连接的开采活动,需要较高的装备水平和训练有素的操作人员。这既可实现大规模开采,亦有负面的影响和挑战,如过量的粉尘、烟尘和废热,使井下作业环境恶化,故自然崩落法开采矿山的通风系统设计显得尤其重要。

通风设施设置取决于两个因素:矿山通风道的规格和数量,主扇的能力。

自然崩落法每吨回采矿石的需风量为 1.7 ~ 5.0 t,平均为 2.9 t,生产能力大时,风量取高限值。

13.2.8.1 自然崩落法开采矿山通风量计算

自然崩落法开采矿山通风量遵循以下原则:

(1)临界风速

$$v = 0.76\ \mathrm{m/s}$$

该风速为维持地下巷道车辆运行和作业的最小风速。包括大多数开拓、运输巷道和维修硐室,以断面为 4 m × 4 m 的巷道计,需风流量为 12.2 m^3/s。

设计取值 0.7 ~ 1 m/s。

(2)排出柴油烟尘的最小风流量

$$q = 7.9\ \mathrm{m^3/s/100\ kW}$$

这是稀释柴油烟尘达到限值所需的新风量。对 213 kW 的 LHD,最小风流量为 16.8 m^3/s,如果同一巷道中使用两台 LHD 则该值乘 2 为 33.6 m^3/s。

(3)对深井矿山最低湿球温度

$$t_w = 29.4℃\quad(短时可大于等于 32℃)$$

实际中应根据当地条件调节风量,计算调节后的风量均较上述有所增加。自然崩落法开采矿山通风系统的主要性能见表 13-15。

表 13-15 自然崩落法开采矿山通风系统性能

矿山	采矿设备分类	产能/$t \cdot d^{-1}$	通风系统	总风流量/$m^3 \cdot s^{-1}$
印度尼西亚 DOZ,2002	柴油	30000	抽出式	1130
美国 Henderson,1981	柴油	30000	压/抽式	1038
美国 Henderson,2000	柴油	36000	压/抽式	1750
美国 San Manuel,1998	格筛	50000	增压扇风机	800
智利 El Teniente,1992	格筛和电耙	99000	压/抽式	1162
南非 Palabora,2000	柴油和电动	30000	压/抽式	600

13.2.8.2 自然崩落法开采矿山通风系统分类

自然崩落法矿山通风基本分为：

（1）中央抽入式；

（2）侧翼抽入式；

（3）单通道抽出式；

（4）传统的压入/抽出式。

13.2.8.3 通风系统的选择标准

（1）矿山规模。矿山生产能力以及矿岩特性取决于所用采矿设备的类型和规格，大多数矿山还使用柴油设备。因此需要较大通风量。平均约为 2.9 t/t 回采矿石（约 0.29 m^3/万 t）。

（2）通风设施。依靠格筛、电耙巷道等重力出矿，通风设施需要量大为减少，有的约为 1/4。为了输送大风量，自然崩落法需设专用进风和出风巷道以及地表主扇。通常以大于 6 m 的最大经济井筒直径开凿竖井以及通风巷道，此外开拓巷道还安装主扇，压入风机或抽风机。如果主运输巷道用卡车、矿车或胶带运输机时，倾向于采用地表排风机。

（3）通风效率。根据整个系统的体积效率计量，即主扇送出总风量与工作面风量之比，设计宜采用该值不低于 75%。

（4）限制条件。抽出式系统，计算矿山风量由主扇的工作点确定。该值可通过改变条件减少，也可能增加。即降低扇速和改变叶片位置来减小风速，而只能通过减少矿山阻力（掘进新风道）或提高扇速（更换电机）来增加系统能力。

压入/抽出式系统，风量随增压扇数量和规格变化。例如关停某局扇，不影响其他区段的通风质量，但这要求精心设计，超大增压风扇会诱发风流再循环。

表 13－16 归纳了 4 座自然崩落法矿山通风的特点。

表 13－16 自然崩落法开采矿山的通风系统比较分析

通风系统	矿山规模	需要的设施	空气质量	缺点
中央抽入式	高生产能力的机械化矿山	专用风道，主扇和增压扇，大量风门	高风速，工作面空气质量良好	缺乏灵活性，取决于增压扇，维修频繁
侧翼抽入式	中等生产能力的机械化矿山	专用风道，主扇和增压扇，风门和调节器	高风速，风量随装载机数量上升而下降	需大量盘区巷道，维修频繁
单通道抽出式	高生产能力的机械化矿山	专用进风和出风风道，矿石通道与通风共用	高风速，可能出现反向风流	从通风巷道清理粉尘，风流可能再循环
传统压/抽式	使用格筛，低到中等生产能力	预生产工程增多，大量风门的小扇	中风速，不用 LHD 矿山通风中可能有尘	机械化程度低，风流可能再循环

（5）不同岗位受柴油颗粒物的影响。

目前自然崩落法开采矿山采用柴油设备的比例较大，根据印度尼西亚 Grasberg 铜矿 DOZ 矿区的调查，按岗位分类受柴油颗粒物影响由高至低排位见表 13－17。

（6）通风系统实测参数。

DOZ 实际生产时通风系统参数见表 13－18。

表 13－17 受柴油颗粒物影响的岗位分类排序

作 业 点	排序
装载点操作者	1
出矿铲运机司机	2
建筑工	3
开拓巷道铲运机司机	4
运矿卡车司机	5
混凝土喷射操作者	6
台车和深孔钻机操作者	7
机修人员	8

表 13－18 DOZ 自然崩落法矿山通风系统参数实测值

参 数	测定时间		
	2002 年 8 月	2003 年 4 月	2003 年 8 月
风流量/$m^3 \cdot s^{-1}$			
各盘区总计	269	349	500
汽车水平	371	385	333
其他区段(维修硐室,胶带运输机)	446	399	347
矿山总计	1086	1133	1180
作业盘区数量	14	17	20
日均产量/kt	28500	40400	41600
1 t 矿石量的风量/t	3.1	2.3	2～3
每 1 盘区的风流量/$m^3 \cdot s^{-1}$	19.2	20.5	25.0

13.2.8.4 自然崩落法开采矿山通风设计实例——印度尼西亚 Grasberg 自然崩落法(GRS BC)矿山

Grasberg 露天矿计划 2014 年停产关闭，深部矿体采用自然崩落法开采。经 Ali Budiardjo (AB)隧道进入深部,2008 年开始开拓，矿山设计采用机械化自然崩落开采，正常日生产能力 11.5 万 t,规划考虑了 16 万 t 的方案。这可能是当今世界自然崩落法生产能力最大的矿山之一。在回采和主运输水平使用电动设备，崩落、开拓、预生产和支护服务采用柴油驱动设备。人员和材料进入通过 AB 和服务井。

GRS BC 的生产系统由下列主要部分构成：

(1) 轻轨客运系统连接邻近工人住处的地表车站和地下终点，隧道长约 8 km;

(2) 有轨货物运输系统将物品从地表仓库运至地下作业区；

(3) 坑内破碎系统用两条输送机巷道(胶带宽 2.1 m)将矿仓/给矿机与地表选厂设施相连；

(4) 整体混凝土浇筑的服务井安装人员罐笼，连接有轨终点和自然崩落法采区，垂直深度约 300 m。

自然崩落法采区分为:2840 m—切割拉底,2820 m—回采出矿水平,2790 m—服务水平(均为海拔高度)。

GRS BC 采用主进风井进风和排风巷道出风，根据供风需求量设计建立主进风和出风巷道各 4 个(如图 13－3 所示)。

A 通风设计

矿山设计根据印度尼西亚采矿规章(1995 年)和美国矿山安全和健康管理局和实际工程经验建立的通风设计规范(表 13－19 和表 13－20)。

表 13－19 风速设计规范

风 流	风速/$m \cdot s^{-1}$		
	最小	可选	最大
输送机巷道			
顺胶带运输方向	0.8	2.0	4.0
逆胶带运输方向	0.8	1.0	2.0
卡车运输巷道	0.8	4.1	6.1
主通风巷道	0.8	8.1	10.2
粗糙井壁大直径天井(＞4 m)	0.8	14.2	19.8
典型的 ALIMAK 通风天井	0.8	12.7	19.8
下向通风天井	0.8	6.6	19.8

注：一般设计中选用优化值，速度规范基于动力和开拓成本代理经营的经济评价。

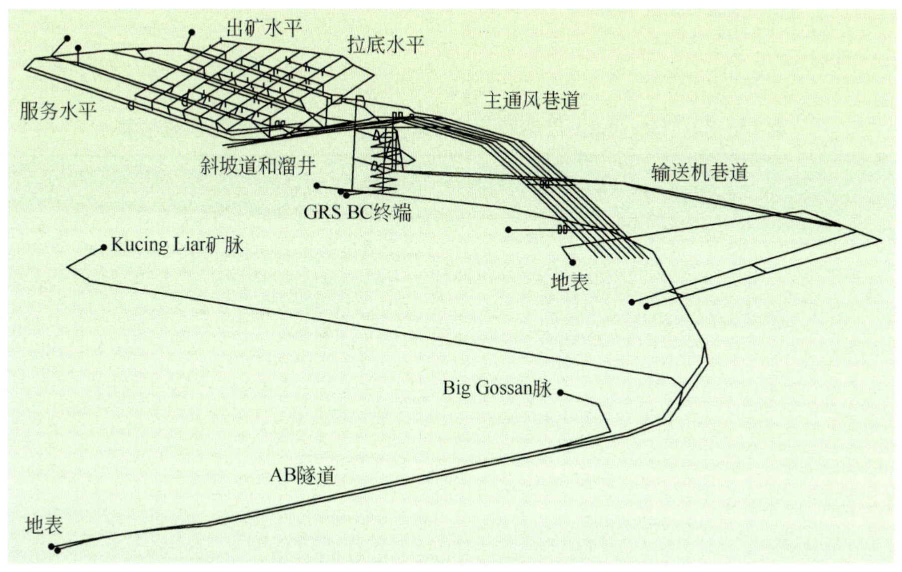

图 13-3 GRS BC 开采通风系统

表 13-20 其他通风设计规范

规范	数值	规范	数值
每百人最小风流量	7.1 m^3/s	普通气体低限值	
每百千瓦柴油设备设计风流量	7.9 m^3/s	氧	>19.5%
维修硐室和固定设施—排出		二氧化碳	TWA[①] $=5000\times10^{-6}$
柴油设备维修硐室	40.1 m^3/s	一氧化碳	TWA $=50\times10^{-6}$
润滑/油料硐室	28.3 m^3/s		STEL[②] $=400\times10^{-6}$
有发热装置的硐室或破碎锤硐室	23.6 m^3/s	硫化氢	TWA $=10\times10^{-6}$
炸药库	9.4 m^3/s	二氧化氮	STEL $=5\times10^{-6}$

① 每班8小时的均值;
② 15分钟短期暴露极限。

表 13-21 为通风设计中采用的 Atkinson 摩擦系数。

表 13-21 Atkinson 摩擦系数

说明	摩擦系数/$kg\cdot m^{-3}$	
	实际	标准
9~15 m^2 巷道掘进	0.0102	0.0132
15~20 m^2 巷道掘进	0.0093	0.0120
20~30 m^2 巷道掘进	0.0083	0.0107
30 m^2 以上巷道掘进	0.0074	0.0095
胶带输送机巷道(2.1 m 胶带)	0.0093	0.0120
主井(±6 m)	0.0074	0.0095
典型的 ALIMAK 天井(±3 m)	0.0111	0.0143
下向通风天井	0.0148	0.0191

B 风量需求估算

需风量估算见表 13－22。

表 13－22 Grasberg 自然崩落法 11.5 万 t/d 矿山通风需求量估算

项　目	数量	作业率/%	单位功率/kW	单位风流量/$m^3 \cdot s^{-1}$	总风流量/$m^3 \cdot s^{-1}$
移动设备					
LHD6.0 m^3(掘进)—柴油	8	70	186	14.7	82.6
卡车 40 t(掘进)—柴油	3	80	354	28.0	67.3
凿岩台车(掘进)	5	30	58	4.6	6.9
回采钻机	6	30	113	9.0	16.1
破碎锤	13	30	123	9.7	38.0
LHD6.0 m^3—电动	45	80			
卡车 30 t(掘进)—柴油	8	70	224	17.7	99.1
凿岩台车(二次破碎)	16	60	43	3.4	32.3
机动台车(二次破碎)	26	60	36	2.8	44.2
凿岩台车(锚杆锚固)	2	30	42	3.3	2.0
LHD2.7 m^3(清理)—柴油	2	50	138	10.9	10.9
剪式升降车	12	30	61	4.8	17.4
装药车	4	70	123	9.7	27.3
地下平路机	3	30	112	8.8	8.0
混凝土喷射台车	5	30	58	4.6	6.9
混凝土喷射卡车	10	30	57	4.5	13.6
地下润滑剂车	6	30	115	9.1	16.4
地下悬臂卡车	4	75	115	9.1	27.3
地下平板卡车	7	75	115	9.1	47.7
地下服务卡车	4	30	115	9.1	10.9
地下电工卡车	6	30	115	9.1	16.4
地下叉式升降车	4	15	32	2.5	1.5
地下人车	10	30	115	9.1	27.3
地下拖拉机(通用)	10	30	24	1.9	5.7
地下拖拉机(工程)	2	30	24	1.9	1.1
有轨运输机车	8	80			
移动设备小计					626.7
固定预留量					
开拓的盘区部分	45	100		14.2	637.2
有轨运输驱动	3	100		33.0	99.1
人员	600	100		0.1	42.5
维修硐室	4	100		40.1	160.5
破碎矿仓和输送机巷道	2	100		94.4	188.8
固定预留小计					1128.1
总风流需求量					1755

根据风量估算11.5万t/d的扇风机需求量见表13－23。

表13－23　11.5万t/d生产能力预计的扇风机需求量

场所/位置	总压力①/Pa	风量/$m^3 \cdot s^{-1}$	输入功率②/kW	作业成本③/美元·a^{-1}
早期矿山				
主排风	2989	1623.7	6471	2551000
增压器安装	2865	188.8	721	284000
矿山总计		1812.5	7192	2835000
达产后矿山				
主排风	3487	1699.2	7901	3114000
增压器安装	2989	188.8	752	297000
矿山总计		1888.0	8653	3411000

① 系统压力由扇风机满足，不包括扇风机损失；

② 扇和电机效率按75%计；

③ 按0.045美元/(kW·h)计。

巷道与竖井的功率损失比较见表13－24。

表13－24　11.5万t/d生产能力预计的扇风机需求量

场所/位置	总压力/Pa	风量/$m^3 \cdot s^{-1}$	输入功率/kW	作业成本/美元·a^{-1}
竖　井				
主排风①	4110	1699.2	9312	3671000
增压器安装	3238	188.8	815	321000
矿山总计		1812.5	7192	3992000
巷道和入口				
主排风	3487	1699.2	7901	3114000
增压器安装	2989	188.8	752	297000
矿山总计		1888.0	8653	3411000

① Atk. 竖井摩擦系数＝0.0037 kg/m^3（标准为0.0048 kg/m^3）。

13.2.9　矿井通风系统的计算机仿真及网络计算

13.2.9.1　计算机仿真系统建立方法

（1）根据不同通风软件要求，需要建立矿井通风系统计算机仿真系统。把通风系统的每条通风井及通风巷道送入计算机，形成立体可视通风网络。

（2）将每条巷道与通风有关的参数送入计算机，如巷道断面、周长、支护形式、摩擦阻力系数等参数。

（3）计算机将仿真系统的每条巷道编辑整理，并赋予相应参数。

（4）编辑出数据文件及对应网络图。

13.2.9.2　网络计算

利用通风软件计算整个网络通风阻力，根据选择的通风方式，如主扇通风方式把主扇风机放入仿真系统中，计算机可以算出理想状态下的整个通风系统阻力，同时给出通风机的负压值。可以得到每条巷道的通风风量、负压、风流方向、风速等，根据计算结果，与实际通风系统比较，调整个别巷道断面或增加通风构筑物来优化整个通风系统。如果是多级机站通风系统，就把每个机站风机都放入系统中运算，将输出每个机站的通风参数。

根据理想通风计算结果，进行相应的调整，如结合内外漏风系数调整机站通风风量和负压，同时考虑海拔高度对通风的影响。计算出每个机站实际的负压、风量参数。

13.2.9.3 风机选择

根据网络计算所得到的机站实际负压、风量参数，在风机参数中选择适合的风机。

13.2.10 矿井防冻

《金属非金属矿山安全规程》规定的采掘作业地点气象条件见表 13－25。

表 13－25 采掘作业地点的气象条件规定

干球温度/℃	相对湿度/%	风速/m·s^{-1}	备 注
不高于 28	不规定	0.5～1.0	上限
不高于 26	不规定	0.3～0.5	至适
不低于 18	不规定	不大于 0.3	增加工作服保暖量

冬季进风井巷的空气温度应保持在 2℃以上，不应采用明火直接加热进入矿井的空气。符合有关风源质量和井下作业地点有害气体浓度的规定时，允许利用采空区预热空气。

在矿山建设前期（地质勘探、可行性研究和初步设计阶段），对高硫金属矿、埋藏较深、矿区附近有温泉山露或有异常地热因素等的矿床，都应判断其是否为潜在的热害矿井。按国务院《矿山安全条例》[国发（1982）30 号]规定："为了保证矿山安全，地质勘探报告书必须为矿山设计提供以下技术数据：地温异常和热水矿区的岩石热导率、地温梯度、热水来源、水温、水压和水量，并圈定热害范围。"设计部门据此计算矿井热害散热量和井下大气气象条件，选定相应防治措施。

高温矿井可分为四种基本类型，即岩热型、热水型、氧化型和混合型。热害的防治措施也可分为四类，即隔离热源、加强通风、冷水喷雾和制冷降温。关于高温矿井的降温、制冷详见本书第 11 章。

在我国东北、西北、华北等地区的矿井，由于冬季寒冷、气温很低，兼作通风用的提升井筒时常会有冻冰现象，严重时造成卡罐、跑车、水管冻裂等。为此，须对冬季井口入风进行预热。

13.2.10.1 井巷防冻常用空气预热方法

（1）热风炉预热。这种方法多在远离工业场地的小型风井、无集中热源时采用，热风炉的位置应使进入井筒的空气不被污染且符合防火要求，多用于小型矿井，本书不作介绍。

（2）空气加热器预热。这是我国使用得比较广泛的一种方法，通常是燃烧煤，使用饱和蒸汽或高压热水使空气的一部分预热。在国外（如瑞典的矿山）则有用燃油加热器预热空气的。

（3）空气地温预热。是利用矿山已有废旧坑道或采空区的岩温，将送入井下的冷空气进行预热。这是一种经济可靠的空气预热方法，但不能用于有放射性的矿井，必须注意环境对进风风源的污染。

（4）其他空气预热方法，例如利用空压机等设备产出的热量预热。

13.2.10.2 设计基本参数

（1）当室外温度达到下列情况时，应对入井空气进行预热。

1）当地室外采暖计算温度不高于 -4℃时的竖井，不高于 -5℃的斜井和不高于 -6℃的平硐；

2）当地或类似气温地区的生产实践证明不采取井巷防冻措施会影响生产时。

（2）室外空气温度计算参数，根据进风井巷生产运行条件和维护条件不同，不同井巷的室外空气计算温度按以下方法选取。

1）竖井：取当地最近 20 年内的极端最低温度；

2）平硐：取当地最近 20 年内极端最低温度和采暖室外计算温度的平均值；

3）斜井：取竖井和平硐计算温度的平均值。

（3）加热空气所用热媒一般采用 $(2\sim3)\times10^5$ Pa 的饱和蒸汽或采用 90～130℃（高压条件下的饱和水）的热水。

（4）加热后的空气温度，根据热风送往地点的不同，一般按下列范围选取：

1）送往竖井井筒时：50～70℃；

2）送往斜井、平硐时：40～60℃；

3）送往井口房：30～50℃（无风机时为 20～30℃）。

（5）加热后的热空气与冷空气混合后的温度按 2℃计算。

13.2.10.3 空气加热器预热

（1）当矿井为抽出式通风时，加热装置一般设在进风井的井口房内。

这种布置方式多用在竖井能基本满足井口采暖要求，但需将井口房四周和井口房以上的井架进行密闭。井口房大门需设自动风门，矿井总入风量的大部由主扇负压经加热器吸入井口房，并与加热器上部的冷风调节窗及其他门缝孔隙渗入的冷风进行混合吸入井筒。

（2）当矿井为压入式通风时，加热装置一般与矿井主扇在一起，不必另设加热风机。

（3）井口房冷热空气混合方式，加热器的热媒（蒸汽）与冷空气强烈的冷交换，产生大量的凝结水，需及时排除，才能使加热器连续工作。为了满足这一要求，除了加强管理和设备维修外，还应设计安装温度自动控制系统，使加热器不因锅炉供汽不足或室外温度过低，或因回水装置，回水管路发生故障而冻坏。

13.2.10.4 空气地温预热

（1）地温预热有如下特点：

1）利用废旧巷道和采空区预热，不需要设置采暖加热设施；

2）施工简便，基建投资少，经营费低；

3）安全可靠，温度稳定，易于管理。

（2）地温预热适用条件：

1）具有大量可利用的废旧巷道或采空区的矿山；

2）投产初期可暂用临时措施防冻，待上部阶段形成部分废旧坑道和采空区后，可改用地温预热的矿井；

3）夏季正常通风，冬季能由天井进风，用下部开拓水平或采准巷道、备用矿块等预热风流的小型矿井；

4）保证预热后的空气能符合《金属非金属矿山安全规程》及《放射防护规定》中关于风源和工作面风质的规定的矿山。

（3）地温预热设计的注意事项：

1）预热总风量应比正常风量大 15%～20%，以便使多余的风量能由提升井反向送至井口，但提升井口应密闭保温；

2）应尽量增大预热巷道或采空区对风流的热交换面积，以提高预热效果，减小矿井风阻；

3）多利用垂直井巷、干燥的井巷进行预热；

4）预热井巷使用前应对其稳固性以及有无有害气体等进行调查，并应彻底洗刷，防止粉尘飞扬。

13.3 废气、粉尘、噪声控制

如果把健康和安全区分开来认识，那么采矿作业环境中影响矿山作业人员健康的因素有：有毒的气体和粉尘；过高的温度和湿度；噪声和振动；照明不足以及空气中氧气不足等。长期暴露于高浓度的游离二氧化硅粉尘和石棉粉尘中容易引起硅肺病和石棉沉着病；柴油发动机排放的尾气含有多种有毒气体和有害微粒；长期暴露于高噪声的环境中容易导致作业人员听力障碍。因此，在各国的采矿法规中对采矿作业环境的要求都有明确的规定。我国对地下矿山井下的空气质量和作业环境的要求按照国标《金属非金属矿山安全规程》规定执行。

矿山设计、建设、生产过程中，必须控制有毒气体、粉尘、热度与湿度以及辐射等对矿山作业环境的污染，注意声音控制的原理与方法，尽可能达到完全消除矿山环境中危害健康和安全的因素。

地下矿山最普遍的空气污染物就是废气和粉尘，这两类污染物是矿山空气质量控制要解决的主要问题。

13.3.1 废气排放与控制

地下矿山是禁止使用汽油发动机的，因为其排放的一氧化碳是不可控制的、不安全的，而且其燃料也是极其危险的。但是，柴油发动机是允许的。现代采矿业中无轨设备的使用越来越广泛，其中以柴油为动力的内燃无轨设备由于其操作的简便、灵活性和对开拓系统与采掘系统的较强适应性被广泛应用于非煤矿山。

柴油发动机运转时，不仅向空气中释放气态污染物而且释放微粒污染物，为了确保有一个健康的工作环境，必须对这些排放物进行控制。其中的气态排放物，有几种成分在低浓度时就有毒，容易使人产生窒息或者对人有强烈的刺激。排放物中的微粒污染物全部是可吸入性的颗粒，并含有吸附物质，其中有些是致癌物。柴油发动机排出物中污染物的浓度和组分取决于许多因素，包括燃料成分、发动机类型、维护情况、工作循环和运转环境等。

世界各矿业发达国家对柴油动力设备的使用、管理、通风要求、尾气排放标准等都有相应的法规或规范规定。我国目前尚没有专门的井下柴油动力设备尾气排放标准，主要是在国标《金属非金属矿山安全规程》中通过规定“井下作业地点的空气中，有害物质的最高容许浓度”（见表13－20）来对柴油设备尾气中污染物的排放加以限制。一般柴油设备尾气中限制排放的污染物有CO_2、CO、NO_x、SO_2、H_2SO_4和醛类。2002年起美国还对柴油设备排放的柴油粒状物质（Diesel Particulate Matter—DPM）作了规定，DPM在空气中的含量以总碳计不得超过400 $\mu g/m^3$。如果采取各种技术和管理措施后，DPM仍然超标的，作业人员必须佩戴呼吸器。

实践证明，通过合理地选择燃料和发动机、良好的维护和操作方法以及尾气的净化处理是可以控制柴油发动机排放物对井下环境的污染的。

本节主要讨论在坑内环境下柴油动力设备所产生废气中污染物的控制问题。

13.3.1.1 废气产生及其组成

A 发动机的工作过程

在柴油发动机中，燃料在高压下喷向通过压缩加热的空气，典型的压缩比范围为16:1 和22:1。燃料自动点火，进一步加热压缩空气，强迫活塞向下运动而做功。燃料注入过程决定点火、效率和排放物特性。燃料和空气必须充分混合，而且必须发生在几毫秒时间内。因此，空气导入系统和燃料注入系统必须设计和维护得使空气和燃料达到最佳的相互作用状态。喷油时间、压力、喷嘴几何形状和给油速率是发动机良好运转的关键。发动机的转速和功率可以通过改变注入燃烧室的燃料量控制。进气流不限制，允许发动机在较宽的燃料与空气比范围内运转。

B 废气污染物的形成及其组分（排放物）

废气污染物的排放是由于燃料的不完全燃烧造成的。废气中污染物的浓度主要与燃料组分、燃烧效率和燃料—空气比有关。

柴油燃料，按重量比例，由约85%～86%的碳、13%～14%的氢、0.00%～0.9%的硫和微量其他元素组成。空气主要由氧和氮组成。假如完全燃烧，燃料中的所有碳燃烧后变成CO_2，所有氢变成水蒸气（H_2O），所有硫变成SO_2。可是由于燃烧不可能彻底，所以柴油发动机排放废气中也包括CO、烃类和粒状物质。因为燃烧时温度很高，一小部分的多余氧和空气中的氮相互作用产生NO和NO_2。燃料中的所有硫基本上都是以氧化物（SO_x）的形式出现在排放物中。如果发动机机械调节适当，在正常运转范围内，这些污染物仅以低浓度出现在柴油机排放物中。燃烧室内的反应量可能很大，因此，排放物中包含几千种化合物。但是，实际上，在排放物研究中仅测量有限的几种。

燃烧室内燃料量与空气量的比值，叫做空燃比，表示为F:A（Fuel:Air）。这个比值控制燃烧和排放物的特性。按照化学计算空燃比，混合物中含有正好能将燃料燃烧成CO_2和H_2O所需的空气量，氧既不多也不少。

从工程角度，典型柴油的化学计算空燃比（F:A）为0.067（在图13－4中用箭头指出）。当空燃比低于0.067，表明混合物较稀薄，其中所含的空气多于燃料完全燃烧的需要量；当空燃比高于0.067说明燃料充足，而空气比需要量少。在正常运转范围内，燃烧所需的空气都有富裕，有用功输出与空燃比成正比增加。在接近化学计算空燃比时，这种关系结束。在富油的空燃比范围内，尽管大大地增加燃料消耗量，功率几乎不变。因此总的来说，对于柴油发动机，空燃比应偏小。这可以有效地节约燃料，且运转良好，特别是在低负荷运转时。

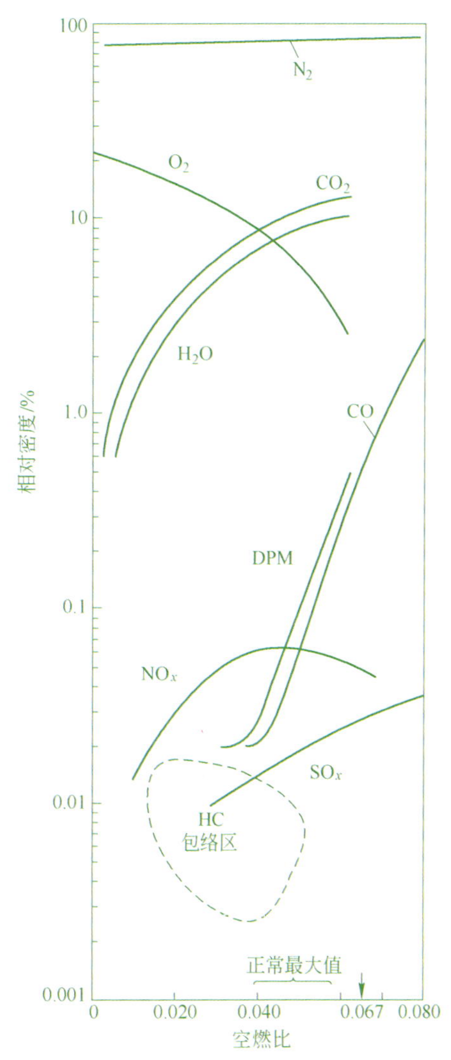

图13－4 空燃比值和柴油排放物组分之间变化关系

空燃比值和柴油排放物组分变化之间的典型关系如图 13 - 4 所示。(应注意,垂直刻度是对数)这个图说明柴油机在不正常的富油范围内运转时,其产生的某些废气污染物的浓度高得令人不能接受。空燃比高于 0.058,表明柴油运转不正常。柴油机在不正常的富油范围内运转,仅仅是为了获得实验资料。在矿山使用柴油发动机时必须注意设备不至于在接近化学计算空燃比的情况下运转,这一点尤其重要。

图 13 - 4 中的 H_2O 曲线是通过计算燃烧时的氢平衡得出。氮(N_2)曲线不仅表示进气中含有 N_2,也包含氩和其他惰性组分。N_2 无毒,常以高浓度出现在排出气体中。虽然废气温度在图中没有显示,在空燃比值低时为 127℃(260℉),在化学计算空燃比时为 627℃(1160℉)。

CO_2:是一种无毒、窒息性的气体,因为它常常大量的产生并趋向于分布在底板水平,所以认为它是有害的。CO_2 排放量直接和燃烧的燃料量有关。它的浓度几乎与空燃比成正比增加,在空燃比达到化学计算值时,CO_2 的浓度最大。

CO:由于燃料中的碳不完全燃烧而产生 CO。若氧足够用,CO 将氧化成 CO_2,但由于驻留时间短或气体温度低,反应也可能不彻底(Watson 和 Janota,1982)。

氮氧化物(NO_x):氮氧化物(NO 和 NO_2)经常出现在柴油机排出废气中,直接喷射式发动机的氮氧化物浓度一般大于同功率间接喷射式或分割燃烧室式发动机的氮氧化物浓度(Holtz,1960)。燃烧过程中产生的氮氧化物大多数是 NO。NO_2 主要是燃烧后的产物,它是废气排出后 NO 氧化产生的(Marshall,1975)。随着发动机负荷和排气温度的提高,间接喷射式发动机一般将排放出最高达 700×10^{-6} 的 NO_x。在未净化的空气中,NO_2 的浓度一般小于 NO_x 总浓度的 10%。

硫氧化物(SO_x):在柴油机排出的废气中有含硫的物质,因为硫是燃料中的杂质。有 SO_2 和 SO_3 两种硫的氧化物,后者常以硫酸的形成收集,因为它和废气中的水蒸气很快发生反应。SO_2 和 SO_3 气体在非毒性浓度时有强烈的刺激性,从而提醒人们有 SO_2 和 SO_3 存在。大多数燃料中的硫以 SO_2 的形式释放,不到 5% 的硫以硫酸盐的形式释放。图中硫的曲线是针对燃料中 0.5% 的硫含量(重量比)计算得出的。它表示废气中硫的总相对浓度而不管它的存在形式和构成,如 SO_2、硫酸盐或其他气态、液态或固态的物质。

烃类(HC):一些未燃烧和部分燃烧的烃类常以气态以及吸附在柴油机粒状物上的形式出现在柴油机排放物中。它们的量通常很小,但由于某些烃类有臭气,而且具有潜在的毒性影响或致癌作用,它们的存在常常是有害的。它们由部分分解的燃料分子、一些重新组合的中间化合物和一些来自润滑油的烃类组成。图中,烃类表示成碳的当量,通过火焰离子检测器测得。由于变化大,且没有任何趋向,实际的烃类值只能用包络线表示。

在维护得好的发动机中,烃类排放物主要来源于燃料膨胀和喷油器关闭后(针座和喷油孔之间的)喷油器束状体的油滴。在维护不良的发动机中,过量烃类的排放原因是点火不良、喷油差,或原燃料沉积在燃烧室壁上。

醛类:醛类是一大族,部分氧化的烃类的组成部分,它们在废气中的浓度与未燃烧的烃类部分直接相关。

臭味:在柴油燃烧过程中产生臭味物质是固有现象。臭味源有两个:(1)未燃烧的燃料及其热裂变产物;(2)氮的化合物以及其他未完全燃烧的产物。

醛类是产生臭味的原因之一,但是看来没有单组化合物是产生臭味的原因。因为臭味的定义不清楚,所以减少臭味的方法也不清楚。可是,对于一台具体的发动机,减少烃类排放物的措施也能减少臭味。

柴油粒状排放物(Diesel Particulate Matter,DPM):已对柴油粒状排放物做了大量的详细研究。对柴油粒状排放物对健康的影响的认识也越来越深。为此,对柴油粒状排放物将比其他柴油机废气污染物做更详细的讨论。目前,在美国,已经对柴油机粒状排放物的暴露提出了职业限制。因为柴油机粒状排放物的粒度大部分小于 1 μm,所以它是呼吸性粉尘的组成部分。对柴油粒状排放物的限制是以尾气中碳的总含量限制来给出的。因为尾气中 80% ~85% 的碳是在柴油粒状排放物中。

大部分颗粒是由于燃料和润滑油的烃类不完全燃烧产生的,机油产生的粒状排放物是等量燃料的 50 ~280 倍。因此,即使机油耗量和燃料相比相当小,它仍能对粒状排放物产生很大的影响。燃料、液压油等泄漏到热表面上,也能使大气中柴油机粒状排放物大大增加。现已发现,约 3.9 mg/s 的机油泄漏速度,能使烃类在空气中的浓度达到 0.5 ~2.5 mg/m^3。发动机泄漏(蒸汽从燃烧室漏到曲轴箱中),能产生少量的粒状物质,因为流速大约是发动机空气消耗量速度的 1%。可是,曲轴箱蒸汽中烃类的浓度可能是发动机废气中的好几倍。控制系统能将这些气体送到发动机的进气系统,进气系统又将这些气体吸入燃烧室,在有代表性的矿用发动机中,这些气体未经处理就释放到大气中去。

柴油粒状排放物是这样一种物质:它不含水,是柴油机废气经周围空气稀释后能收集在滤纸上的物质。其他有关柴油粒状排放物的术语包括烟气、微粒和烟灰。可以将烟气看做悬浮物在废气中的固体颗粒或液体颗粒(气溶胶),它对光能起干扰、反射或散射作用。微粒是指可通过过滤收集的颗粒。烟灰则是沉淀后的柴油机粒状排放物。单体颗粒是含碳的固体链聚集体,它具有吸附的或凝聚力的有机化合物。这些化合物包括高分子量有机化合物,如 SO_2、NO_2 以及硫酸盐。

柴油粒状排放物分为:1) 非气态氧化物;2) 固态不能提取的含碳物质;3) 可溶性有机部分(SOF)(含碳的、溶剂可提取的物质)。

(1) 非气态氧化物。柴油粒状排放物的氧化物部分,包括 SO_4 和微量金属氧化物(由润滑油和发动机部件磨损的金属产生)。在潮湿的大气中,硫酸盐水合形成硫酸和酸雾,它们能危害健康和环境。硫酸盐以酸滴或更复杂的形式出现在柴油机排放的微粒中。

(2) 含碳物质。柴油粒状排放物中的含碳部分是由于燃料和润滑油不完全燃烧产生的,通常把它叫做烟气。柴油机在任何运转条件下其排出废气中总有一些碳颗粒存在,无烟排放是不可能的。能看见烟,表明柴油机粒状排放物浓度高。柴油机在高负荷和冷起动时产生最高浓度的粒状排放物和看得见的烟。通常不透明度高于 4% 的烟都是人眼可见的。

可以根据能观察到的颜色来研究烟。通常根据外观将烟分为蓝/白或灰/黑两类。蓝烟是由燃烧室中润滑油过多而引起的,其原因在于活塞环密封损坏或阀导磨损,而这表明需要进行大修了。然而,油滴大小约 1.3 μm 的油滴构成,是由喷油时燃烧室中温度过低造成的。在冷启动、空转或低负荷的情况下,就能出现白烟。环境温度越低,工作位置的海拔越高,这些现象越明显。延迟喷油或压力不足也能产生白烟。

灰/黑烟是未完全燃烧的碳粒构成的。如果喷油过量或者吸入空气受阻,在达到或接近满负荷时就产生这些碳粒,主要原因是空气过滤器和燃料喷射器保养不好,或者燃料喷射泵调节不当。

(3) 可溶性有机部分(SOF)。这是柴油机粒状排放物的组成部分,可用二氯甲烷溶液提取。可溶性有机部分来源于燃料和润滑油。这种可溶物质是粗燃料、裂化和部分氧化的燃料以及多芳烃的复杂混合物。由于它们的复杂性,在分析之前,需要对这些混合物组分进行分馏。

可溶性有机部分可占柴油机粒状排放物总重量的 2% ~70%。润滑油是可溶性有机部分的主要来源,余下的可溶性有机部分由燃料产生,而且对于当今的发动机,这部分占可溶性有机部分总量的10% ~30%。柴油机粒状排放物的可溶性有机部分含有致变物质和致癌物质,而在考虑中的任何一项柴油机排放物控制技术,都必须对这项技术对可溶性有机部分的性质所起的作用作出评价。多芳烃测定资料可指示致癌物质的浓度水平。Ames沙门氏菌属/微粒体试验是测定可溶性有机部分及其子馏分的活性最常用的快速生物鉴定法。

通风是控制废气排放物的主要手段。矿山安全规程规定了有柴油机设备运行的矿井,按同时作业机台数每千瓦每分钟供风量4 m^3。

13.3.1.2 控制废气的排放

A 燃料选择

美国检验与材料协会关于柴油机燃料的具体规定,即ASTM-975,被广泛接受,主要用1号燃料,2号燃料不能用在严寒的天气条件下,因为2号燃料会引起柴油机发动与运行问题。还有一些符合ASTMD-396规定的燃烧材料也被用于柴油机运行中。

燃料的成分影响柴油机排出的废气成分,而且不同性质的燃料在不同的燃烧系统中所发生的反应也不相同。通过使用不同成分的燃料来控制柴油机废气的排出技术,并不能显著改善柴油机的排气。合理控制柴油机燃料的性质,将会减少柴油机操作冷启动带来的一些废气排出问题(主要为SO_x,HC及DPM)。柴油机燃料的特殊性质主要是它的十六烷值、挥发性、硫化物含量及碳氢化合物类型。

十六烷值代表燃料的易燃性。十六烷值高的燃料,具有较低的自燃温度。十六烷值低的燃料容易引起柴油机的粗糙化。但对于某一特定的柴油机而言,高于最低要求的十六烷值的燃料并不明显的改善柴油机的性能。十六烷值的范围是0~100,美国一般的柴油机燃料的十六烷值约为40~57。

提高燃料的十六烷值及挥发性,可减少产生白烟的倾向,使用十六烷值大于48并具有季节性浊点的燃料,可减少柴油机冷起动时碳氢化合物的排出、噪声、气体、刺激物及燃料系统的蜡封问题。

挥发性是在以规定的速度对燃料蒸馏的情况下,通过观察温度和蒸馏物与剩余物的体积关系而得出的,经常采用10%和90%的蒸馏温度来对燃料的互访性进行准确的描述。

对控制DPM而言,最重要的与废气排出相关的燃料性质是硫化物及芳香烃族化合物的含量,按照ASTM的标准,2号燃料的硫化物含量应小于0.5%,许多国家还有更为严格的标准。降低硫化物含量可降低废气中SO_2的成分及降低DPM的硫化率,降低柴油机燃料中硫化物的含量,还附带有降低腐蚀性磨损、减少油路堵塞、增加引擎寿命的好处。

柴油机燃料中的HC为数众多,但多属于下列三种类型:链烷烃、环烷烃、芳香烃,每种类型具有各自的分子结构特征,并且对燃料的质量具有重要的影响,一个重要的、但常不说明的燃料性质是芳香烃HC的含量,典型的商用2号燃料中,其含量约为20% ~40%,降低燃料中芳香烃的含量可降低DPM中HC和碳化物的含量。

增加芳香烃的含量及90%蒸馏温度将增加DPM及刺激性废气的排出量,然而,一些研究数据显示,蒸馏温度的变化并不具有降低DPM排出量的能力。这些互相矛盾的研究结果充分说明了,当许多燃料特性交互作用时,分别说明某一燃料特性对排出废气的影响是多么困难。

硫化物及芳香烃含量较低,挥发性较高,十六烷值高于48的高质量燃料,其废气中悬浮粒子标准一般较低。适宜的柴油机燃料性质见表13-26。

B 燃料添加剂

表 13-26 柴油机燃料性质的最佳极限

性 质	极 限
十六烷值	>48
芳香烃	<20%
90% 的蒸馏温度	<600 ℉(316℃)
硫化物质量分数	<0.10%

控制烟雾的燃料添加剂可调节点火延迟时间，加速碳的燃烧或通过提高燃料的雾化来加速燃料与空气的混合过程，少量的添加剂（主要为碱土、钡、钙的混合物），可降低烟的浓度。这些添加剂不仅能够催化碳的完全氧化，而且能够在燃烧的初级阶段抑制游离碳的生成，使排出废气中的碳粒子被钡、钙的氧化物和硫化物所代替。不过，这样虽然使烟的浓度得以降低，排出物中的总粒子数反而升高。

添加剂的效果是可变的，根据载荷的不同而发生变化，在稳定的操作条件下，由于使用添加剂而产生的 DPM 质量的变化范围是从减少 25% 到增加 48%。在生产厂家推荐的浓度及机器轻载荷的测试条件下，一种钡添加剂使 DPM 的排出量增加了 30%。添加剂同时还使废气的致变性和 PAH 浓度稳定性明显的增加。相反，则测试条件为推荐标准的 1/4 时，同样的添加剂则使 DPM 的排出量在满载荷情况下降低到 74%，这些结果表明，在轻载荷工作环境中，钡添加剂不应用来抑制烟雾的生成。

总的来说，使用添加剂来调节燃烧和控制排出废气的经验是有限的。同时还应考虑到添加剂的费用及其产生的废气的毒性和处理方法。

十六烷增加剂主要是戊基硝酸盐或己基硝酸盐的混合物。它在燃料中的浓度达到 1000×10^{-6} 时，能增加 4 个十六烷值。有机过氧化物也可用作十六烷增加剂。但是，十六烷增加剂的敏感性依赖于燃料本身，而且常常引起废气颗粒的增加。

有时用煤油或汽油作为柴油机燃料，使发动机在寒冷条件下易于启动。这项改良可能降低燃料的燃点。燃点是评价燃料是否容易引起火灾的一个重要参数。1 号和 2 号燃料最小可允许的燃点值分别为 100 ℉(37.8℃)和 125 ℉(51.7℃)。为改善发动性能而使用的添加剂可能会使燃料的闪点降低到 100 ℉(37.8℃)以下。例如，仅需较低百分比的汽油含量就可使闪点降至室温，从而使油箱中油的表面可能形成一层爆炸性混合物。

C 发动机选择

有两种柴油机燃烧系统，即 DI 和 IDI。在 DI 系统中，燃料直接进入燃烧室，与 IDI 系统相比，DI 型发动机较便宜，燃料消耗率低 10% 左右，且有较好的功率与重量之比。在 IDI 系统中，附有一个额外的燃烧室，以使活塞上升时吸入空气发生旋转。这种空气运动比 DI 机型中的空气运动更为激烈，从而加速燃料与空气的混合，使燃烧更为完全。

把 DI 和 IDI 两种机型的废气进行比较，发现 IDI 机型的 CO、NO、HC 和乙醛最低，但二者的气味没有太多不同。IDI 型柴油机是现有的排废最低的内部燃烧机，这一点在地下采矿工业中早就被公认。

近年来，坑内柴油发动机普遍采用电子点火装置以提高燃烧效率，有效控制了废气的排放。

D 发动机额定值降低

通过控制调节最大燃料率，来限制发动机的能量输出，可降低污染物排出。减少燃料的最大容积可使氧气量之间呈敏感的函数关系。降低额定值并非一种通过使引擎保持低效率工作而降低污染废气的方法，它要求正确调节和密封最大燃料注入率。因此，燃料调节须正确进行。

E 吸入空气的作用

在使用柴油机的矿山，空气中常存在废气。爆炸气体的组成大致相近，而且在某些地点可能达到较高的浓度，有时还伴有沼气，这些污染物的存在，加上特定的天气条件，将会改变废气的性质。

F 气体环境下的操作

空气中的甲烷为柴油机提供了额外的燃料，因此，即使燃料泵在正常的空燃比下工作，天然气也会使空燃比增加，从而产生更多的污染物。例如，吸入空气中0.5%体积(0.28%的重量)的甲烷将使空燃比由0.048增加到0.051。

G 不通风条件下的运转

柴油机不能在很少通风或没有通风的情况下使用。例如，在不通风条件下，满负荷运行一个37.3 MW(50马力)，进口为3.048 m×3.048 m×15.24 m(10 ft×10 ft×50 ft)的柴油机时，在几分钟内氧气将使用完，并造成CO_2达到危险标准，如果继续运转下去，CO将发生聚积并达到危险标准。所有柴油机在通风中断时应立即关闭。

当柴油机重新吸入自己的废气时，空燃比将上升，从而使CO和DPM废气增加。在现场通风不足时将可能出现这种情况。这种情况下持续运转柴油机，将导致迅速恶化濒危，尤其是当柴油机高负荷运转时，柴油机重新吸收废气进行工作的影响，与正常空气条件下高空燃比带来的影响相同。这种现象可通过确保现场空气清洁的通风来抵消。

H 高海拔下的操作

柴油机在山区工作时，海拔高度对废气的影响很重要。随着空气密度的降低，燃料率也必须降低，以维持最大可允许的空燃比。对自然吸气的发动机来说，如想避免产生过多的CO和DPM，固定的最大燃料调节量仅仅在合适的纬度范围内有效。

较高海拔高度下的最大安全燃料率可通过任何其他气压条件计算出来。例如，在气压为101.6 kPa时，当柴油机以最大转速1000 r/min全速运行时，其正常的燃烧率为5.4 kg/h。在这种情况下，空燃比约为0.054，废气中CO的浓度约为0.09%。当气压为84.7 kPa时，最大燃料率应降低至4.5 kg/h，以使最大空燃比保持在0.054，废气中CO浓度保持在0.09%。然而，由于最大燃料注入率的降低，柴油机的最大输出功率将由20.9 kW降至16.4 kW。当通过这种方法调节柴油机时，同体积的稀释空气将足以在任何纬度下提供安全的通风。

图13-4表示当柴油机额定值不变时，空燃比对不同纬度产生的变化。例如，海平面上以空燃比为0.05运行的柴油机，在海拔2473 m时，其空燃比应为0.07，在图13-4所示的未补充燃料的典型废气排出标准下，CO和DPM的量显著增加。

增压(提高进气压力)可以补偿高海拔下功率的损失，因而可增加燃料泵的最大调节量，这种调节量的增加，使能量输出在燃烧条件保持正常时仍然增大，增加进气压力可使可供燃烧的氧气量增加，在低海拔下可通过提高最大能量输出来增加最大燃料率。在高纬度下则可通过对柴油机额定值降低而引起的能量损失进行补偿而达此目的。

I 柴油机维修保养

进行柴油机维修的目的是使柴油机能在适宜的条件下运行并延长其使用寿命。预防性检修、定期维修和调节都是基本的维修手段，疏于维修保养将使废气中的污染物增加。

表13-27用百分数形式表示了IDI型柴油机在错误使用时HC、CO、NO_x和DPM排出量的增加。为方便起见，增加的百分率在一定范围内表示，例如小于50、50~200和不小于200。这些错误操作将使柴油机的空燃比发生变化，并且可能使废气中的污染物增加，同样，当数种错误同时出现时，所引起的后果比某一错误单独出现时更为严重。

表 13－27 柴油机在出现故障时 HC、CO、NO_x 和 DPM 排出量的增加百分比

故障描述		HC	CO	NO_x	DPM①
进气限制	25in. H_2O	<50	<50	<50	<50
	50in. H_2O	<50	<50	<50	50～200
排气限制	3in. Hg	<50	<50	<50	<50
	6in. Hg	<50	<50	<50	<50
同步变化②	滞后 4°	>200	50～200	<50	>200
	超前 4°	50～200	<50	<50	<50
	超前 8°	50～200	<50	50～200	<50
过度给油	10%	<50	50～200	<50	50～200
	20%	<50	>200	<50	50～200
综合故障	25in. H_2O 进气限制、同步滞后 4°	50～200	<50	<50	50～200
	50in. H_2O 进气限制、同步滞后 4°	>200	50～200	<50	>200
	3 in. Hg 排气限制、同步超前 4°	50～200	<50	<50	<50
	6 in. Hg 排气限制、同步超前 8°	<50	<50	50～200	50～200
	25in. H_2O 进气限制、10% 过度给油	<50	50～200	<50	50～200
	50in. H_2O 进气限制、20% 过度给油	<50	>200	<50	>200
	10% 过度给油、同步超前 4°	<50	50～200	<50	50～200
	20% 过度给油、同步超前 8°	<50	50～200	<50	>200
	25in. H_2O 进气限制、3 in. Hg 排气限制	<50	<50	<50	<50
	50in. H_2O 进气限制、6 in. Hg 排气限制	<50	50～200	<50	50～200
	3in. Hg 排气限制、10% 过度给油	<50	50～200	<50	>200
	6in. Hg 排气限制、20% 过度给油	<50	>200	<50	>200
	25in. H_2O 进气限制、10% 过度给油及同步超前 4°	<50	50～200	<50	>200
	50in. H_2O 进气限制、20% 过度给油及同步超前 8°	<50	>200	<50	>200

① 在发动机工况最恶劣的情况下 DPM 的产生；

② 与厂家描述的偏差。

在众多导致排出污染物增加的因素当中，燃料过多是最关键的一种因素。不适当的燃料油泵注入或不适当的纬度调节，燃料注入系统组件的损坏或使用错误的注入器等，都可能导致燃料过多。例如，在海平面工作的柴油机在海拔 1219 m 高度运行时，将产生 10% 的燃料过剩，当在 2134 m 时则产生 20% 的燃料过剩。前者可使 CO 增加 50% ～200%，后者可使 CO 增加 200% 以上。当正确地调节好燃料注入量后，就不必频繁地重新调节。

由插入进气过滤器引起的进气节流将使 CO 和 DPM 大量增加。例如，20% 的燃料过剩和空气清洁器上 12.4 kPa 的降低，将使 CO 和 DPM 的量增加 200% 以上。对空气清洁器进行正确、及时的维修可避免此类情况的发生。

错误的燃料注入调时（不管是超前或延迟），均会增加 CO 的量，并且对 HC 和 DPM 也都有影响。调时超前是引起 NO_x 增加的主要的发动机故障，而滞后调时则使 NO_x 降低，注入调时一经正确的调好，就不必频繁地重调。

早期的柴油机故障多是由灰尘、燃料污染和冷却系统的不规则性而引起的。对有着高精度

公差要求的柴油机内部组件,必须防止灰尘侵蚀,以免产生积累磨损,双层纸质空气过滤器可产生良好的保护效果。内部过滤组件可在外部滤筒失效时保护柴油机,空气过滤器的工作间隔要预设定是比较困难的,但使用真空计常常可有效地发现额外的限制条件,滤筒最好不要重复使用,也不能用高压气流回洗。

使用清洁的燃料有助于延长引擎的寿命,燃料中的灰尘和水分都将引起柴油机磨损,从而间接引起污染物的增加。贮水箱中的水如果进入发动机,将会损坏燃料注入器和燃料泵,水和悬浮物质可用过滤法使它们从油中分离。尽量减少燃料的转移并保持贮水箱装满,有助于减少污染。

过热是发动机故障的一个常见原因,柴油机几种故障的共同作用将使冷却系统超负荷工作,从而导致柴油机永久损坏。比较典型的是,燃料过剩和滞后调时使废气温度升高,从而使冷却系统中的热量增加。矿山水中的矿物质在冷却器表面发生沉积并形成一层热绝缘体。损坏的叶风扇和屏板使通过散热器和发动机的气流减少,皮带打滑则使叶片和冷却泵处于不良工作状态,正确和及时的预防维修可使此类问题减少。

13.3.1.3 废气处理

密闭空间内必须加以控制的污染物主要为 CO、NO_2 和 DPM。如果 CO 和 NO_2 的浓度很高,那将是十分危险的。DPM 也很重要,因为众所周知,它是一种致癌物质,废气处理主要就是讨论这些污染物的处理方法。

A 喷淋洗涤器

亦称水洗塔,用于冷却废气并抑制废气中火焰和火花的产生。在特定地区的矿山中,这些安全设施是柴油机所必备的,一个合理设计和维修的喷淋洗涤器能确保废气的温度不超过 77℃,喷淋洗涤器应用了高温废气水分蒸发时的绝热饱和原理,蒸发 0.45 kg 的水分所需热量约 116 kJ 以加速水的蒸发和废气的冷却,把高温排气通入水中,在一些特殊情况下,喷淋洗涤器可能产生雾气,使可见度降低,燃烧 0.45 kg 的燃料所放出的水分约为 1.36 kg。

喷淋洗涤器分为间隙式和稳定式两种。间隙式水浴器中的水一次存入并根据不同水面运行,稳定式水浴器则通过活动阀或其他装置来保持一个固定的水面高度,水由外部的贮水箱补充。

喷淋洗涤器也能像水洗塔一样,去除一些废气污染物。CO_2、SO_2、SO_3 和 NO_2 都溶于水并被部分清除,同时一些 DPM 也能除去。如果不是采用不锈钢制作并经常用清水冲洗,调节器将很容易被酸性气体所腐蚀。但是,由于 CO 和 NO 不溶于水,因而不能被吸收。同时,由于调节器使废气发生冷却,将有一些 HC 发生稠聚并且气味减轻。

由于较大比例的废气没有和水接触,废气中绝大多数的固体颗粒仍能通过喷淋洗涤器,使用内部障板使废气气泡破裂,有助于 DPM 和 SO_2 的去除,DPM 总共减少了 20% ~30%,由于设计的多样性,喷淋洗涤器的去污效果也有较大差别。

B 氧化催化转化器

它有时称为清洁器,多年来一直用于地下柴油机的废气控制上。在早期地下矿山柴油机设备的时代,催化转换器的作用与今天相比更显重要,早期的工作记录表明,IDI 型地下柴油机的 CO 标准为 $800 \times 10^{-6} \sim 2600 \times 10^{-6}$,醛的含量则为 100×10^{-6},现代通过额定值降低的 IDI 型柴油机在良好的机械条件下工作时,其典型的 CO 排出量低于 600×10^{-6},HC 总排出量低于 200×10^{-6},因而减少了催化转换器的潜在优势。在大多数情况下,维修良好的现代柴油机在通风条件较好的地点工作时,无须氧化催化器控制废气。

催化剂是一种能加快化学反应而自身却不被消耗的物质。柴油废气中,气体化学反应一般以很低速度进行。然而在使用催化剂时，这些反应速度大大提高，从而成为一种具有实际效益的废气控制手段。贵金属（铂和钯）常被用作催化剂的主要成分。催化剂存于一种载体或基质上，这种载体则被置入废气系统中的不锈钢容器内。有两种基本形状，即丸状（氧化铝球）和片状（用氧化铝包裹的瓷或金属蜂窝状结构）。一些设计把催化剂放在降噪设备中。在设计应用中，片状催化剂应用较多，因为其功能和稳定性较丸状催化剂好，而且体积普遍较小。

催化剂的作用是氧化废气中的污染物，以降低其毒性。当高温废气通过催化剂时，CO 和 HC 被氧化成 CO_2 和水蒸气，以降低 CO 和 HC 的含量并减少刺激性气味。催化剂的组成和反应温度是影响催化转化器的关键因素。催化转化器应安装在离排气歧管最近的地方，以保证反应温度最大，使 50% 的 CO 和 HC 发生转化的典型温度为 188℃ 和 260℃。随着废气温度的升高，转化效率相应增加。

由于催化剂的具体组成具有各自的特殊性，要对它们的去污效果进行系统的研究比较困难。然而，现有商用催化器的工作记录都较好的保存着，除了可降低污染物毒性的优点之外，催化剂也同时具有一些不利之处，如把 SO_2 和 SO_3 转变成 H_2SO_4，把 NO 变成 NO_2，同时提高了 DPM 的致变性等。

催化物能有效地降低 DPM 中 SOF 的含量，但同时也增加了固态氧化物（如硫化物）的含量。在燃烧废气中，燃料中的硫几乎全部以 SO_2 的形式出现。根据柴油机荷载和转速的不同，当燃料经过催化物时，约有 5% ~90% 的硫被氧化成硫化物。然而，在实际工作中，可通过覆盖和用 DPM 部分堵塞的办法，使每个载荷循环中硫的转化率控制在 10% ~40% 的范围。

废气中的硫化物与水蒸气进一步反应后可形成酸雾。矿山环境中酸雾的生存时间还是未知数。对矿山空气的测量没有发现 SO_3 和 H_2SO_4 的存在。对运行中的车辆的尾气进行研究后表明，酸雾很快变成了与矿体相关的硫化物。同时，在废气温度较高时，催化转化器可能将 NO 变成更具毒性的 NO。

催化转化器在不同程度上使各种粒子聚积，这样便能允许 DPM 暴露在未冲淡的废气和有机氮化物中。这种氮化物可导致具有生物活性的 SOF 的浓度增加。片状催化剂对 PAH 标准几乎没有影响，而丸状催化剂则会引起较大的 PAH 增加。还不知道这种生物活性的增加究竟是由于催化剂形状或催化剂成分，或二者兼有，或其他因素所引起的。这些结果表明，任何可能使烟灰较长时间地暴露在未冲淡废气中的地下废气中控制设备，在使用前都应根据实际工作条件进行仔细的计算和检测。

在一些特殊的环境下，催化转化器的使用可带来益处。例如当机械性能良好的柴油机使用含硫量低于 0.1% 的燃料，并在中等到重载循环下运行时，同时，在使用 CO 感应器作火警警报器时，转化器可降低错报的可能性。对在不良通风环境下工作，或可能吸进废气，或没有进行定期维修保养的柴油机来说，使用催化剂可能会带来一些好处。然而，这些工作条件违反了柴油机设备的基本安全操作规程，应予以制止。

必须注意，采矿业中催化工具在使用过程中会受到损坏。废气的后压应受到控制。转化器要定期更换、清洗，以保持有效性，在发动机得到适当的维修时，催化转化器的使用寿命约为 1000 h。总的来说，现在的商用氧化催化转化器是低生产率的，但在特殊的环境条件下可以应用，生产厂家正在做出改进，以扩大其应用范围并使其利大于弊。

C　柴油机过滤器

由于废气中的 DPM 粒径较小，并有阻塞过滤器的倾向，有效的追踪它是比较困难的。许多过滤材料，包括陶瓷单片、金属网、瓷性泡沫、瓷性席状纤维以及编织的石英纤维网等，都用来做过试验，纸浆及其他纤维材料研究较少，但在地下矿山应用中，瓷片过滤器具有更光明的前途，使用可处理的过滤器从理论上是可行的,但还没有在重型的矿山装备中使用。

该瓷片结构由一个多孔的基片构成。基片上沿过滤器的长度方向布满方形小室。就像大多数催化转化器中的片状催化剂那样,在入口末端,每隔一个小室都插瓷性材料填充,相邻的小室则在出口末端填充,这样使废气从一个小室流入后通过瓷性过滤,再从另一相邻小室排出,如图13－5所示。这种结构能达到80%～95%质量吸收效率,然而它对SOF的效率却较低,这是因为SOF在完全吸附或凝聚在固态颗粒表面上以前,必定有部分SOF以气体形式排出,而DPM的吸收过程是在这之后进行的。催化器中的SOF回流比顺流更具明显的可变性,虽然这种可变性在很大程度上被SOF的质量减少所抵消。由于在重新发动后大量的SO_4被放出来,因此SO_4的减少只是暂时的。

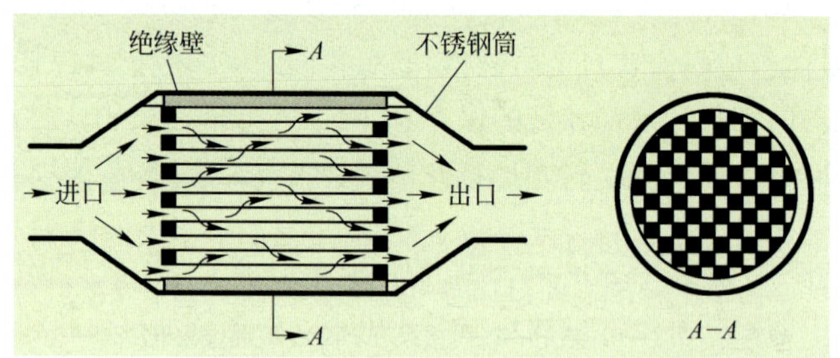

图13－5　瓷片过滤器原理图

最好的方法是使收集到的煤烟燃烧或氧化从而使过滤器还原。还原的程度依赖于沉积的粒子与氧气反应的程度,并且根据废气温度的不同而发生变化。大约5%的海平面处的氧浓度和高于500℃的废气温度才能产生过滤器还原。在基片表面包裹一层贵金属催化剂可使煤烟的还原(燃烧)温度降低到399℃,或改用低质金属催化剂,还原温度则降低到443℃。这些催化体同时也氧化一些废气成分,因而也被称作氧化器。

由于各种原因,颗粒器的还原在柴油机中很难控制,一个主要的因素是柴油机的工作循环包括由于废气温度过低而不能启动的时间,当过量的煤烟在过滤器中积聚时,还原过程就不能控制,随后煤烟会与足够的氧气接触并发生剧烈的燃烧反应,结果可能损害瓷性组件并降低其效率。这是一个潜在的危及安全的因素,不能控制的还原反应将导致瓷性组件的熔化,CO含量在数分钟内超过5000×10^{-6},表面温度超过316℃。

过滤器必须具有在一定工作期间内保存DPM的能力并能顺利的恢复,才能安全的应用。工程师们正在寻找不危及安全的还原方法。粒子过滤器首次用在易产生高温废气的矿山机械中,其海拔一般低于610 m,良好的装备系统已经成功的应用于非气体性矿山服务当中。

安全操作的关键是控制过滤器中的煤尘量。在过滤器顺流顶端安装一个压力感应器,可以显示煤尘的含量,并提醒操作者注意废气的压力,以采取补救措施。过滤器在气体性矿山中的应用受到设备表面和废气温度的限制。这些问题正在逐步解决之中。

13.3.1.4　废气稀释和装置

柴油机废气排出尾管后,被环境空气稀释并输入矿井通风系统。CO和CO_2气体相对稳定,但是一些污染物可能受到一些改变其化学成分或毒效的变化。尤其是水蒸气和碳素物同气相NO_2进行反应(如,NO被氧化成NO_2,把碳氢化合物吸附于环境颗粒)。在大采场风速较慢的矿山,NO向NO_2的转化特别容易发生,并且对此还没有实施可呼吸性粉尘标准。立即稀释尾管的NO是减少其向NO_2转化的有效手段。

A 尾管位置

要减少在原生废气中的暴露,应该立即驱散排出尾管的废气。将废气从散热器风扇排入流动空气是一个有效的方法。这就减少了局部面积污染及柴油机二次吸入废气的危险。对于带有推压扇的液冷式发动机,如果操作人员的位置合适的话,可以将废气直接排入散热器前的风流。

在顶板得到充分清理的掘进工作面,另一个有效的驱散技术是利用热废气浓度较低的特点,这一技术的应用处于上升趋势。顶板附近废气的浓度通常较高,而较冷的新鲜空气往往沿着巷道下部进入巷道终端。通过上向排气并且对水平方向的后仰角大约在20°~30°时,可以提高原有的浮力效果。在46 m的航道中,通过这种方法使柴油机操作人员处于废气的暴露程度减少达30%~40%。

B 烟雾稀释器

喷射式废气驱散设备输送周围空气,稀释并排走柴油机废气。废气由管道输入雾化稀释器气管并通过给定的环状缝隙释放,然后通过一个翼型表面。射流的高速形成了一个低压区并使周围空气进入雾化稀释器的喉道。二次流(大约为一次流体积的10~12倍)与引起迅速冷却和稀释的废气混合。图13-6为柴油机废气雾化稀释器原理图。

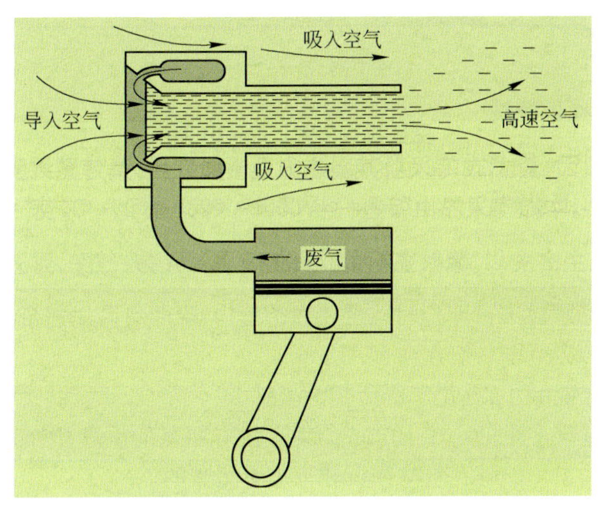

图13-6 柴油机废气雾化稀释器原理图

与热对流相比,雾化稀释器不依赖废气温度,除低速或停机外,在大多数柴油机条件下都将起稀释和冷却作用。烟雾的混浊度减小,并且迅速的稀释减少了NO转化成NO_2的危险。雾化稀释器没有活动部件。对翼面的定期清理和检查缝隙间隙对预防堵塞是重要的。雾化稀释器的不利之处是没有排除废气污染物,而废气污染物增加了柴油机的后压。柴油机特别适用于隧道掘进或独头巷道掘进。

13.3.1.5 未来废气控制技术

日益低劣的燃油质量和更加严格的大气质量标准迫使废气控制技术得到更有效的发展。传统的柴油机燃料在燃烧过程中主要生成粒状物质。分析表明,如果没有规章制度干预,燃料排放物的重要性将被忽视。因此,有必要制定控制燃料标准的相关条例。

目前,主要利用吸收氧化剂和流通催化转化器来对DPM进行后处理。吸收氧化剂可以很有效地吸收DPM中的炭成分和氧化SOF。吸收材料的改善可能大大有利于颗粒吸收系统的改进。如果有一种安全可靠的再生技术可供利用,颗粒吸收器的应用将会更广。随着低含硫量柴油的应用，颗粒吸收器和催化转化器的性能将会改善。就减少 SOF 来说不管用颗粒吸收器还是用于转化器，催化剂都是有效的，制造商正致力于改进催化剂配方以减少它们的负面作用。

A 干式废气调节系统

可以代替喷淋洗涤器的是正在开发中的干式废气调节系统。它不要求废气和水直接接触。来自柴油机的废气通过一个热交换器。废气中的废热被柴油机散热器或一个独立的冷却回路消散。这一热负荷需要补充大约 70% 的冷却能量。在热交换器的下方使用一个化学灭火器和一个火花附集器。干式系统比湿式调节器维护起来更省事。虽然这个系统不改变污染物的浓度，但可以同 DPF 一起使用。

B DPF 及干式集成调节系统

这是将 DPF 和干式废气调节器组成的一个一体的应用集成控制系统，设备的安全可靠性受法律的约束。集尘系统在控制火花的同时也减少了 DPM。随着柴油机废气更有效的控制技术越来越重要，多种设备组合于一个系统也将日益普遍。

其他控制废气排放的方法，如使用有机的生物柴油燃料等。

13.3.2 粉尘控制

13.3.2.1 粉尘及其特性

矿山生产过程中，由于凿岩、爆破、装卸矿等作业，会产生大量的粉尘。

矿山粉尘具有以下的特性：

（1）矿山大气中要控制的粉尘是指粒径在 10 μm 以下的固体颗粒，其中 5 μm 以下的叫作可吸入性粉尘。

（2）大于 10 μm 的颗粒不可能长时间悬浮在空气中，除非有高风速带动。

（3）矿山粉尘的粒径范围一般在 0.5 ~ 3 μm。

（4）随着粉尘粒径的减小，其化学特性变得活跃。

（5）对空气质量危害严重的小于 10 μm 的粉尘没有明显的重量，因此在空气中处于绝对的悬浮状态。期望这样的粉尘能够在空气中沉淀下来是很难的。

要控制空气中的细粒粉尘（小于 10 μm）就要控制风流，因为这些粉尘是悬浮在其中的。这是粉尘控制的基本概念。

按照对人体生理的危害作用，粉尘可以分为以下几类（每一类中物质按照粉尘有害性递减顺序列出）。

致纤维化的粉尘（对呼吸系统有害）包括：

1）硅石（石英、燧石）；

2）硅酸盐（石棉、滑石、云母、硅线石）；

3）金属颗粒（几乎所有的）；

4）铍矿石；

5）锡矿石；

6）铁矿石（某些）；

7）金刚砂；

8）煤（无烟煤、含沥青的煤）。

致癌粉尘包括：

1）氡子体物质；

2）石棉；

3）砷。

有毒粉尘（对人体器官和组织有害）包括：

1）铍、砷、铅、铀、镭、钍、铬、钒、汞、镉、锑、硒、锰、钨、镍和银等金属非金属矿石（主要是其氧化物和碳酸盐）；

2）放射性粉尘（由于α、β射线造成伤害）；

3）铀、镭、钍矿石。

可爆粉尘（在空气中易燃的）包括：

1）金属粉尘（锰、铝、锌、锡、铁）；

2）煤（含沥青的和褐煤）；

3）硫化矿石；

4）有机粉尘。

一般粉尘（对人几乎没有不利作用）包括：

石膏、高岭土、石灰石。

所谓的惰性粉尘，即无有害作用或者肺细胞无反应的粉尘是不存在的。

总之，对以上粉尘都需要警惕。任何粉尘只要过量并且足够长时间的接触就会对人体产生致病危害。

不同组分的粉尘对人体的危害是不同的。这种危害有时很多年后才显现出来，因此很难确定是哪种粉尘产生的作用。在矿山，应该采取严格的措施控制所有的粉尘，即使粉尘的含量不会对人员和财产造成损害。这些粉尘，即使不会有更坏的作用，至少是令人讨厌的，会造成作业环境不舒服，降低能见度，增加了设备维护成本，使工人效率降低等。如果粉尘浓度很高，那就不仅是令人讨厌，而是灾难了。

决定粉尘对人体有害性的主要因素有：(1) 粉尘的组分；(2) 粉尘浓度；(3) 粉尘的粒度，平均粒径和粒径范围；(4) 在粉尘中的暴露时间；(5) 个体的敏感性。

《金属非金属矿山安全规程》规定"入风井巷和采掘工作面的风源含尘量应不超过 0.5 mg/m^3"。井下作业地点的空气中，有害物质的最高容许浓度不得超过表13－28的规定。

表 13－28　井下作业地点有害物质的最高容许浓度

物质名称	最高允许浓度
1. 有毒物质	
一氧化碳 CO	30 mg/m^3
氮氧化物（换算为二氧化氮）NO_x	5 mg/m^3
二氧化硫 SO_2	15 mg/m^3
硫化氢 H_2S	10 mg/m^3
2. 放射性物质	
氡 $^{222}_{86}Rn$	3.7 kBq/m^3
氡子体 α 潜能	6.4 μJ/m^3
3. 生产性粉尘	
含游离二氧化硅 10% 以上的粉尘（石英、石英石等）	2 mg/m^3
石棉粉尘及含石棉 10% 的粉尘	2 mg/m^3
含游离二氧化硅 10% 以下的滑石粉尘	4 mg/m^3

根据矿山测定，在湿式凿岩时，井下粉尘产生的比例是凿岩占41.3%，爆破占45.6%，装运矿（岩）石占13.1%。在湿式凿岩条件下，一般5 μm以下的粉尘占80%～90%。石英普遍存在于各种矿石和岩石中，其主要成分是二氧化硅。各种矿岩中的二氧化硅，有结合状态和游离状态，对人体危害严重的是游离二氧化硅。金属矿山井下粉尘中的游离二氧化硅含量一般为39%～70%，少数可高达90%以上。

防止粉尘危害的措施主要是采取综合防尘，系统地加以解决。主要从以下方面加以控制：阻止粉尘的产生、阻止粉尘的扩散、利用通风降低粉尘浓度、避免粉尘接触。

13.3.2.2 保护矿井入风品质

井下矿山开采中，用通风方法稀释和排出坑内产生的粉尘是矿井防尘的基本措施，也是最有效的方法。通过从地下通风主干道将风流引入采场、采切工作面和掘进工作面等，达到除尘的效果。

根据作业点类型和其他局部条件，最低排尘风速硐室型采场为0.15 m/s，巷道型采场和掘进巷道为0.25 m/s。某些情况下，如电耙道、二次破碎巷道或快速掘进巷道，这些产生严重粉尘问题的地方风量需要增加。我国规程规定电耙道和二次破碎巷道排尘风速不小于0.5 m/s，《美国采矿工程手册》建议0.75 m/s。

矿井入风流质量能否达到《金属非金属矿山安全规程》的要求（风源含尘量不得超过0.5 mg/m^3），是井下作业地点空气的含尘量能否达标的基础，设计必须考虑以下问题：

（1）选择入风井地点时，应使入风口距地面产尘点有一定的防护地带，避免排弃场、尾矿场、破碎厂、充填料（干）堆放和运输作业对风源污染。入风口不要靠近主要公路等。

（2）罐笼井作进风时应对下放水泥、砂石等材料采取防尘埃飞扬的措施。

（3）主要入风风路中应避免设立主溜井，以免装卸粉尘和冲击风流污染。

（4）坑内溜破系统应设立单独的通风除尘系统。

（5）对入风流含尘量超标的矿井应采取入风流净化措施。

13.3.2.3 阻止粉尘的产生

实践证明湿式作业仍然是控制粉尘产生的最有效措施。

（1）与干的岩石相比，1%湿度岩体的粉尘产生率会极大地降低。

（2）矿岩最优的湿度应当保持在含水量5%左右。

（3）降尘用水尽可能采用干净水。污水的蒸发会释放相当量的粉尘，因此，规定除尘用水中固体悬浮物不应大于150 mg/L。

A 湿式凿岩

充足的水可以控制钻孔粉尘。提供足够的用水保持钻孔内岩面所有时间都是湿的，以使岩石实际处在一层水膜下被破碎。露天矿采用湿式凿岩时，在北方冬季要有供水防冻措施。

露天矿干式凿岩采用捕尘系统由孔口捕尘罩、吸尘管道、除尘器和风机组成。所有设备都安装在钻机上。孔口捕尘罩有大小两种形式。大捕尘罩的容积一般在2 m^{3}以上，固定在凿岩平台下，同时起沉降室的作用。为防止沉降的岩屑、粉尘落回到钻孔中，在孔口上加一段挡碴筒。小捕尘罩主要是防止粉尘外逸，使产生的粉尘经过管道吸到除尘器。小捕尘罩的直径最好不大于钻孔直径的一倍。由于钻机的产尘量大且粒度分布广，大捕尘罩采用一级或两级除尘器，小捕尘罩需采用两级或三级除尘器。多级除尘器的前级多用惯性或旋风除尘器，后级多用袋式除尘器。根据除尘系统的处理风量及阻力选取风机，一般多选用离心式风机。

B 爆破作业

爆破的基本防尘措施是湿式作业。井下矿山，爆破产生的粉尘控制首先是爆破作业前，对爆破区段岩壁加湿,这不仅可以阻止以前作业期间沉落的粉尘再混入风流,而且由爆破产生的粉尘也会粘到湿的岩壁上,从而降低了风流中的粉尘浓度。其次是爆破后的喷雾洒水,利用水和压缩空气的两相雾喷嘴,在降低粉尘和氮化物烟雾方面很有效。采用水封爆破(水炮泥),对爆破时产生的粉尘和有毒气体也有很好的抑制作用。露天矿,爆破防尘主要是爆破前后的洒水和水封爆破作业。

(1) 爆破前后一般应对距掘进工作面 20 m 范围内的岩壁进行清洗。

(2) 较好的喷雾装置可以减少可吸入性粉尘约 30%。

矿石在溜放、破碎、铲装和运输等作业过程中容易使其中的粉尘发生扩散或者产生新的粉尘。对有些产尘点或产尘设备,如溜井口、卸矿站、破碎站和胶带运输机等,采取密闭抽尘和净化措施,将产生粉尘的作业限制在封闭环境内进行,控制粉尘和风流的混合,往往是最经济有效的办法。含尘风流可以直接送到回风井,也可采用除尘设备加以净化处理。

C 装岩防尘

向矿岩堆喷雾洒水是防止粉尘飞扬的有效措施。喷雾洒水需要多次反复喷洒,才能取得好的防尘效果。在卸载点进行喷雾作业在实际生产中往往可操作性较差,因此在铲装前保持矿岩潮湿是主要的防尘措施,但需用根据矿岩性质控制水量,以防止有些矿石在溜井中发生黏结。目前矿山普遍使用的铲运机应设置密封净化驾驶室。

露天矿铲装作业,电铲装载和卸装过程中的基本防尘措施是湿式作业。对司机室要密闭净化,布置设备时要考虑风流方向及邻近尘源位置,以减少其危害及影响。增加矿岩湿度,防止粉尘飞扬,一是湿润爆堆,二是装载时喷雾洒水。

预先湿润爆堆在电铲装矿前 30 min 进行,可取得良好的除尘效果,又不影响作业。

13.3.2.4 阻止粉尘的扩散

矿石、废石在卸载时产生大量的粉尘。矿岩中含有大量的由于爆破和铲装作业产生的粉尘,而且在矿岩卸入溜井时相互碰撞和研磨又产生更多的粉尘。因此,控制粉尘可采取以下措施。

A 溜井尘源防护

应将溜井布置在回风侧,如因条件限制必须设在进风巷道附近,也应将溜井布置在主要进风巷道的绕道中,溜井口距绕道口的距离应大于冲击风流最大冲击距离,一般应为 60 ~ 100 m。并应建立溜井专用回风风路或净化污风设施等。

B 喷雾洒水除尘

在卸载站安装喷头,对卸载的矿岩进行喷雾洒水是常用的防尘措施。但是,应当注意在矿废石溜井卸载站加湿矿石时,避免使用过量的水,否则会产生以下后果:(1) 会对某些矿石的破碎和磨矿产生不利影响;(2) 溜井内矿岩之上滞留的水,对余下水平作业构成威胁;(3) 会造成黏结性的矿石在溜井内堵塞。

C 封闭除尘

在矿废石溜井卸载点控制粉尘的第二步措施是将粉尘限制在溜井内,以阻止粉尘逃逸和扩散。对于卸矿量不大,卸矿次数不频繁的溜井,可采用密闭门配合喷雾洒水;对于卸矿量大而频繁的溜井,一般采用设专用排尘巷道与溜井相连通,采用扇风机抽风,使溜井口或卸载站始终处于负压状态,当矿岩卸入溜井时,捕获被置换的风流。抽出的含尘风流可以通过风筒或无人行走的巷道送到回风天井,如不能直接排到回风道时,则需设除尘器,风流净化达标后排到巷道中。溜井抽尘必须保证使抽出的风量大于冲击风量,方能取得良好效果。密闭门有多种形式,图 13-7 为一种密闭门形式,图 13-8 为典型的溜井抽风净化系统示意图。

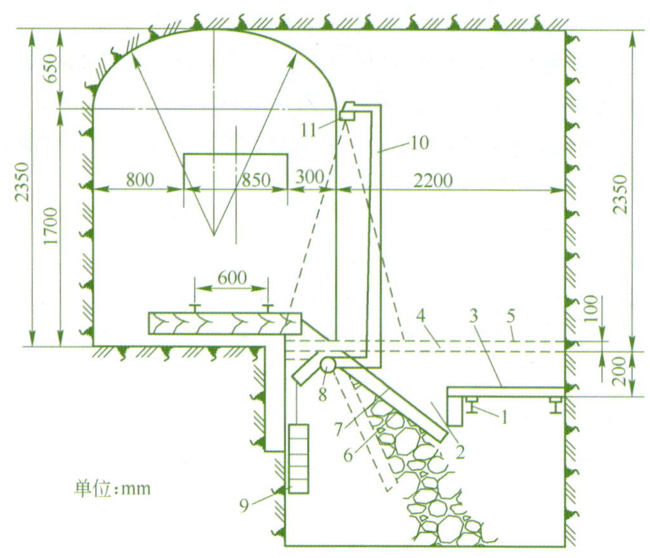

图 13-7 井盖密闭板

1,4—钢梁;2—侧面密闭板;3,5—木板;6—钢轨;7—钢板;8—轴(与水门联动);9—配重;10—水管;11—喷雾器

图 13-8 典型的溜井抽风净化系统示意图

1—溜井口格筛;2—溜井;3—抽风排尘巷道;4—除尘器及风机;5—排风巷道

溜井放矿管理一般不允许溜井放空,因此溜井下口放矿的粉尘主要是振动放矿机或放矿闸门开启时产生的粉尘,一般通过喷雾洒水降尘。

13.3.2.5 破碎硐室防尘

井下破碎硐室必须建立良好的通风换气系统,对破碎机系统要采取有效的密闭防尘措施。破碎硐室的通风除尘包括两方面的设施,即破碎硐室通风和破碎装置除尘。

A 破碎硐室通风

井下破碎硐室具备采用自然通风条件的极少,一般均需采用机械通风方法。

按照破碎硐室在井下位置的不同,其通风方案有:利用矿井主扇风压通风,主扇、辅扇联合通风和独立通风三种。

(1) 利用主扇风压通风。从矿井主进风流分风给破碎硐室,污风直接或经专用回风井巷排入矿井回风道,使破碎硐室形成贯穿风流。它适用于破碎硐室位于矿井主进风流和总回风道附近,分风容易,硐室进、回风网络简单的矿井。

(2) 主扇和辅扇联合通风。利用矿井通风系统主进风流分风给破碎硐室,污染用辅扇抽出经专用回风井巷或管道排入矿井回风道,形成主扇和辅扇联合通风。它的适用条件除与前一种通风方案基本相同外,还可适用于破碎硐室离矿井主风流较远的情况。

(3) 独立通风。破碎硐室单独建立专用的进、回风井巷或管道,形成独立的通风系统。它适用于破碎硐室位于矿井主进风流很弱或矿井通风系统之外,无法利用矿井主风流通风的地方。

B 破碎装置除尘

破碎机主要从两个地方扬尘:给料口和排料口。破碎机本身一般不考虑粉尘控制措施,但在破碎机可安装防尘罩或密封箱收集粉尘,从而使除尘系统能更有效地工作。一般采取的措施:(1) 安装一个开口尺寸最小的破碎机给料箱,使用橡胶屏,使粉尘溢出和气流降到最小;(2) 采用堆积给料来减少破碎机的空气卷吸和粉尘的飞扬。

13.3.2.6 锚喷支护防尘

锚喷支护防尘的基本措施有:

(1) 改干料为湿料,采用湿式喷浆。要求含水率为5%~7%,可使备料、运料、卸料和上料各工序的粉尘浓度明显降低,喷射时的粉尘浓度和回弹率也降低。

(2) 改进喷嘴结构。采用双水环或三水环供水方式,使喷射物料充分湿润,能收到良好的防尘效果。

(3) 低风压近距离喷射。试验表明,产尘量及回弹率都随喷射气压和喷射距离的增加而增加,应采用低气压(118~147 kPa)和近距离(0.4~0.8 m)喷射。

(4) 局部除尘净化。对作业中的上料、拌料和喷射机的上料口与排气口都应采取局部密闭抽尘净化系统,控制粉尘飞扬扩散。

(5) 加强通风。对锚喷作业巷道或硐室,要加强通风,稀释和排出粉尘。

13.3.2.7 带式输送机防尘

带式输送机装矿、卸矿和转载处散发出大量粉尘,是主要产尘点;同时黏附在胶带上的粉尘,在回程中受震动下落并飞散到空气中。

在装卸或转载处设置倾斜导向板或溜槽,减少矿石下落高度和降落速度,是减少产尘量的有效方法。

喷雾洒水是防止矿尘飞扬的有效措施,产尘量小的场所,可单独使用。但喷水量过多容易导致皮带打滑。自动喷雾装置可在胶带空载或停转时自动停止喷雾。

密闭抽尘净化是带式输送机普遍采用的防尘措施。在许多情况下密闭全部胶带是不切实际的,一般只对机头与机尾进行密闭。密闭罩应结合实际设计,既要坚固、严密,又要便于拆卸、安装,不妨碍生产。密闭罩体积应尽量大些,抽风口要避开冲击气流,使粗尘粒能在罩内沉降,不致被抽走。为保证所有孔隙形成向内气流,要从罩内抽走一定量的风量。

为防止黏附在胶带上的矿尘被带走并沿途飞扬,可在尾轮下部设刮片或刷子,将矿尘刷落于集尘箱中。

13.3.2.8 道路防尘

井下斜坡道和无轨车辆运行巷道以及露天矿道路产生的粉尘是矿山的一个重要污染源。

露天矿主干道路或井下主斜坡道粉尘治理应根据具体条件而定。有条件时,可提高路面等级,采用高级路面或次高级路面代替中、低级路面。其他采用中、低级路面的道路,可采用洒水降尘,也可以采用喷洒废油、乳化沥青、氯化钙溶液及制碱工业氯化钙残渣和亚硫酸盐废液等抑制粉尘。

盐类:吸湿性化合物,比如氯化钙、氯化镁、熟石膏和水玻璃等。

表面活化剂:能减小运输液体的表面张力的物质,如肥皂、去垢剂和粉尘沉降药等。

掺土水泥:能与土壤混合形成一个新的表面化合物,比如木素黄酸钙、木素黄酸钠、木素黄酸氨和波特兰水泥等。

沥青:从煤或石油中提取的化合物,如柏油等。

胶片:形成疏松组织、疏松层的集合物,如乳胶、丙烯和乙烯织物等。

盐类吸湿性物质能从空气中吸收水分,增加道路表面适度。表面活化剂减料水的表面张力,从而使可用水分在单位体积能润湿更多的颗粒。掺土水泥、沥青、胶片等能形成黏附性表面层,起到封闭路面的作用,从而减少粉尘的产生。

目前,见诸报道的化学粉尘抑制剂测得的最高抑尘效率是82%,是使用熟石膏两周后测得的数据。一般来说,其两周内的抑尘率是40%~60%,以后随时间效率降低。第五周之后,效率会降到20%以下。对于洒水的抑尘效果,所有数据都比较一致,每小时洒水一次抑尘率在40%,洒水频率提高一倍,可使抑尘效率提高大约15%~55%。在某些情况下,使用化学抑尘剂比用水成本要低。

使用粉尘抑制剂的成本随不同的现场不一样。至矿山运输费用往往占粉尘抑制剂成本的大部分,有时甚至超过了产品本身的成本。尽管还没有足够的检测数据证明,但是很显然,正确选择抑尘剂对一定的路面具有较好的抑尘效果:(1)砾石含量高的路面,只有水能够有效地抑尘。由于级配较差,化学抑尘剂既不能使路面更致密,也不能形成新的表面,而且水溶性的抑制剂会被析出。(2)在致密的砂质土壤中,沥青由于不溶于水而效果更好。水溶性抑制剂,如盐、丙烯木素物等将会从路面析出,而在疏松的、中细粒砂土中使用木素物则不能获得足够的承载力以维持一个新表面。(3)在路面等级良好时,所有的化学抑制剂都可能达到同样的抑尘效率。(4)在有大量淤泥的路面上,任何降尘措施都无法发挥作用。这时应当重新修筑路面。在淤泥路段,化学抑制剂会使路面变得更滑,不能形成新的表面或者无法为新表面提供足够的承载力。而且在水多的情况下行车的话,要求必须重新铺垫,这也完全破坏了化学抑尘剂的作用。这种情况下如果不重新修路,就只能靠洒水来降尘。

对于经常有物料撒落的道路,洒水是最好的抑尘办法。在冬季,道路喷洒盐水,既防尘又防冻,是比较好的选择,也有利于道路的养护。

总之,无论使用何种抑尘剂,都需要加强路面的维护工作,使路面平整,避免凹凸不平。

13.3.2.9 除尘净化设备及集尘系统

在井下破碎硐室除尘装置宜采用集中式除尘系统。考虑到井下的环境,一般宜采用湿式除尘设备。

近年来,井下矿山应用较多的湿式除尘设备有旋风水膜除尘器、CCJ自激式除尘器、低压文丘里除尘器和湿式三效除尘机组等。几种湿式除尘器性能比较,见表13-29。

表 13－29　几种湿式除尘器性能比较表

项目＼类型	旋风水膜除尘器	CCJ 自激式除尘器	低压文丘里除尘器	湿式三效除尘机组
风量范围/$m^3 \cdot h^{-1}$	1500～13200	5000～50000	5000～50000	5000～75000
1000 立方米耗水量指标/t	0.33	1.2	4.5	1.34
除尘效率 $\mu>99\%$ 的粉尘粒级/μm	$d\geqslant20$	$d\geqslant10$	$d\geqslant5$	$d\geqslant1$
装机容量	小	中	中	大
维修量	大	大	大	小
含尘空气初始浓度(标态)/$g \cdot m^{-3}$	3	10	20	20

其中湿式三效除尘机组，由于其除尘效率高，水质要求低，适应性强，水压适应范围大和维修工作量小而得到了广泛的应用。湿式三效除尘机组设备规格、型号和耗水量等指标见表 13－30。

表 13－30　三效除尘机组性能表

序　号	设备型号	处理风量/$m^3 \cdot h^{-1}$	机外余压/Pa	用水量/$t \cdot h^{-1}$	电机功率/kW
1	SX07	2000～3000	1500～950	0.33	7.5
2	SX09	4000～6000	1500～950	0.65	15
3	SX12	8000～12000	1350～800	1.3	22
4	SX16	15000～20000	1430～1180	2.34	37
5	SX18	22000～27000	1400～1100	3.25	55
6	SX22	30000～37000	1470～1300	4.42	75
7	SX24	40000～45000	1200～1000	5.59	90
8	SX27	50000～65000	1250～950	6.89	110
9	SX32	70000～75000	1370～1180	9.49	160
10	SX28×2T	100000～130000	1200～1000	15.6	200
11	SX32×2T	140000～150000	1370～1180	18.85	315

集尘系统，也就是局部吸尘通风系统，是减少粉尘泄出的最有效的办法之一。集尘系统有两个主要组成部分，即吸尘罩和通风管道。

吸尘罩：通过吸尘罩的气流速率，是各种吸尘罩的最重要的参数。吸尘罩的设置位置也很重要，因为气流的速率是由吸尘罩和尘源之间的距离决定的。另外，吸尘罩的形状也是需要考虑的，如果形状选择不合理，将会导致大量静压损失。

通风管道：通风管道设计应当根据能把粉尘送入集尘器而不在管道中沉积所需要的最小风速来决定管道的尺寸。为了防止粉尘沉积堵塞管道，大多数工业粉尘的输送速度应当保持 17.5～20 m/s。对于比较重的或湿的粉尘颗粒应当保持输送速度在 20～25 m/s。对各种性质的粉尘推荐使用的最小运输速度，见表 13－31。

表 13－31　各种性质的粉尘推荐使用的最小运输速度

物　　料	最小设计速度/$m \cdot s^{-1}$
很轻、很小的粉尘	10
细小、干燥的粉尘、粉末	15
一般工业粉尘	17.5
粗粒粉尘	20～22.5
重、湿粉尘	22.5 以上

13.3.2.10 除尘用水

井下矿山除尘用水主要包括:湿式凿岩用水、爆破前后的洒水、冲洗巷道岩壁、各产尘点的喷雾洒水和除尘净化设备用水等。露天矿除尘用水主要包括:凿岩用水、爆破前后洒水、铲装作业时喷雾洒水和道路降尘洒水以及其他用水等。

防尘用水应采用集中供水方式,储水池不小于每班的耗水量,水质应符合卫生标准要求,水中固体悬浮物应不小于150 mg/L,pH值应为6.5~8.5。防尘用水一般在地表经过处理后,通过管道送至坑内作业面。当具备条件时,也可利用坑内涌水,经过沉淀和净化处理后,直接供给坑内用水。当供水水压超过工作面水压要求时,应采取减压措施,设减压阀、减压水箱或减压水池。

防尘供水量应按日耗水量和小时最大耗水量计算。日耗水量根据井下各用水设备台数,耗水量和同时工作系数,加上工作面及其他产尘点的喷雾洒水,以及刻槽取样洗壁和其他用水等计算,并考虑10%~15%管道漏损系数。小时最大耗水量用以计算供水管道,一般用每班爆破前后喷雾洒水和洗壁用水量作为小时最大耗水量。一般矿山供水管道设计需要和消防水管系统结合进行,并以二者中水量较大者设计供水管道和储水池。计算贮水池容积时还应考虑坑内充填、喷射混凝土及混凝土支护的用水量。

日耗水量还可以按每吨矿石的耗水量指标来选取,地下矿山耗水量可按1 t矿石0.25~0.6 t,露天矿山耗水量可按1 t矿石0.04~0.1 t选取。

13.3.2.11 避免粉尘接触

防止矿山作业人员暴露于可呼吸性粉尘中,应当加强现场管理和注重个人防护。

必须坚持爆破作业后有一个最短的重回工作面时间;为每一个工作面安排固定的爆破时间,使其他作业人员不暴露于爆破粉尘和炮烟之中;确保爆破只在工作班的最后进行,这时绝大多数无关人员已经撤离工作面。

其他避免触尘的方法还有,将人员安排在下行风井中行走以及使地下所有的等候点处于新鲜风流中,这样安排工作以尽量避免在指定的地点进行含尘作业。

坑内无轨设备和露天矿钻机、铲车及卡车等主要设备都可以根据用户的需要装备密闭的带空调的司机操作室。

个人防护是使用一定的屏蔽体等,采取隔离、封闭、吸收、分散、悬浮等手段,保护机体或全身免受外界危害因素的侵害。对个人防护用品的基本要求是:(1)具备相应的生产许可证(编号),产品合格证和安全鉴定证;(2)符合国家标准、行业标准或地方标准。目前最主要的个人防护措施是佩戴防尘口罩。

13.3.3 噪声控制

现代采矿业正向越来越高度的机械化方向发展,大量的机械设备在井下作业大大提高了劳动生产率,但是同时也带来了不利的因素就是产生了大量的噪声。不同的采矿设备产生不同时间长短的噪声,导致工人长期在噪声下作业。多数情况下这种噪声超过了国家的有关规定。过度暴露于这种高噪声的环境中能使人耳聋,诱发各种疾病,降低劳动生产率,影响人们的正常工作和生活。

关于噪声和减少噪声方面涉及的一些关键术语及其定义如下:

噪声——对人体有害的,人们不需要的一切声音;

dB(A)——A声级,用分贝测量;

频率分布——组成噪声频谱的频率范围,典型情况为20~16000 Hz的可听范围;

隔声材料——任何特殊设计用于减少噪声程度的材料;

噪声量——在一定时间内人员处于噪声下的音量。

13.3.3.1 噪声的标准

1979 年我国卫生部和国家劳动总局颁发了《工业企业噪声卫生标准》(试行草案),从 1980 年 1 月 1 日起试行。该标准是听力保护标准,他所规定的噪声标准是指人耳位置的稳态 A 声级或非稳态噪声的等效声级。该标准适用于工业生产车间或作业场所,见表 13－32。

1971 年,国际标准化组织公布了《作业性噪声暴露和听力保护标准》(ISOR1999),其内容见表 13－33。

表 13－32 新建改建企业的噪声标准

每个工作日接触噪声时间/h	改建企业允许噪声 A 声级/dB	新建企业允许噪声 A 声级/dB
8	90	85
4	93	88
2	96	91
1	99	94
1/2	102	97
1/4	105	100
最高限	115	

表 13－33 作业性噪声暴露和听力保护标准

连续噪声暴露时间/h	允许噪声 A 声级/dB
8	85～90
4	88～93
2	91～96
1	94～99
1/2	97～102
1/4	100～105
1/8	103～108
最高限	115

根据 ISOR1999,一些国家制定了自己的工业噪声允许标准,见表 13－34。

表 13－34 各国噪声允许表

国别	连续噪声级/dB	暴露时间/h	时间减半允许提高量/dB	最高限度/dB	脉冲噪声级/dB
美国	85	8	3	115	
英国	90	8	5		
法国	90	40	3		15
日本	90		3		
意大利	90	8	5	115	
加拿大	90	8	3		140
比利时	90	40	5	110	140
瑞典	85	40	3	115	

美国矿山安全和健康管理局(MSHA)规定的噪声标准,见表 13－35。

根据该标准规定的特定时间间隔内的特定噪声级别,每增加 5 dB 噪声程度,允许的最长停留时间减半。

美国职业安全和健康管理局(OSHA)的标准不同于 MSHA 的限度,它规定保护听觉为目的,只能在 85 dB 下停留 8 h,并且时间减半允许噪声提高量为 3 dB。

表 13－35 美国矿山安全和健康管理局(MSHA)规定的噪声标准

最长连续噪声暴露时间/h	允许噪声 A 声级/dB
8	90
4	95
2	100
1	105
1/2	110
1/4	115

13.3.3.2 噪声测量

噪声测量是噪声控制中不可缺少的重要组成部分。噪声测量应当依照国家有关标准和规范执行。

噪声测量主要是为了确定声源的性质和确定声场的特性。噪声测量系统主要由传声器、声级计和噪声信号的记录装置三部分组成。一种使用较为方便的个人噪声度量器可以代替声级计,佩戴在被测人员的身上,测量其所接受的噪声并累积至 8 h。对获得的噪声信号还需要利用噪声分析仪进行处理。

噪声测量从侧重点不同可分为健康测量和工程测量。健康测量是确定一个劳动者是否接受了过量的噪声,测量使用声级计或个人噪声度量器,这种测量要求测量人员整个班日跟随作业人员,使用秒分表记录,包括位置和职责。这样可以在一个完整的基础上确定劳动者其岗位上接受的噪声。工程测量是用于确定在喧闹的矿山机械设备中哪部分机械造成了噪声问题。测量人员可以使用显微磁带录音系统或便携式噪声分析仪来获得数据。针对机械设备的不同部分或不同操作方式进行诊断测验。确定了噪声的来源就可以制定控制噪声的办法。

13.3.3.3 降低噪声的基本方法

矿山噪声主要来自设备或者作业过程。主要的设备噪声源有:凿岩机,尤其是风动凿岩机;扇风机;以内燃机或电力为动力的坑内移动设备;空气压缩机等;主要产生噪声的生产过程有矿石爆破和装卸等环节。

传统的减少噪声的方法,包括处理噪声源,中断噪声途径或者中断噪声的传播或者隔离作业人员与噪声的接触等。

控制矿山作业环境中噪声的最基本要求是矿山在购买新设备时应当强调制造商必须提供符合国家有关噪声规范的设备。设备降噪的主要措施是采用安装消声器或者对固定设备设置隔声屏,或者操作者在用隔声材料做成的工作室里操作。

隔声材料的选择要适应不同的噪声特点。从隔音材料的频率特征,可以分为高频、中频和低频;从隔声材料的组成,可以分为吸收型材料、传音损失材料和兼具二者特征的复合材料。选择了合适的隔音材料还要保证安装质量。

13.3.3.4 噪声的个人防护

当工程上的噪声控制和管理控制不能使劳动者受到的噪声达到规定的程度时,可以使用个人听觉保护装置。常用的个人防护用具有耳塞、防声棉、耳罩和头盔等。利用个人防护用具能阻止或减缓噪声对人体的侵害,保护人耳使其避免过度刺激,并防止诱发各种疾病的发生。但是使用者个人不要把听觉保护用具当作对噪声完全起作用的东西,由于保护装置实际使用环境的差异,或者所遇到的设备噪声频率不同,其有效性远远低于实验室中的测量结果。因此,对于长期连续在高噪声环境中作业,必须佩戴个人防护用具的人,应当事先得到适当的培训,并了解这些防护用具的局限性。

13.4 矿山排水和水的再利用

13.4.1 概述

矿山废水处理是矿山清洁生产的重要任务之一,水处理对象主要为矿山排水。加强矿山水的治理和利用,不仅可以保证矿山的正常生产,而且能提高经济和环境、社会效益,促进循环经济发展,但是,如果处理不当,还会危害到矿山的安全生产。本章重点讨论与清洁生产相关的矿山排水和水的循环利用。矿山涌水量计算及水的防治见第2章。

一般来说,矿山水对清洁生产及环境可能产生的影响主要表现为以下几个方面:

(1) 经常性地大量排水,增加矿山的成本,降低矿山经济效益。为了维护矿山安全和正常生产,必须建立各种地下构筑物(放水门、水沟、排水泵站、贮水仓等),利用各种手段进行持续不断的排水工作,不管矿山是否正常生产、产量高低、计划完成与否。有些由于各种原因停产的矿山,为了将来恢复生产,需要多年持续不断地维护矿山的排水设施,比如赞比亚铜带省的谦比西铜矿,1986年停产后一直维护矿山的基本设施,日排水量达到22000~24000 m^3/d,直到1999年才开始恢复建设生产。同样位于赞比亚铜带省的孔科拉铜矿是世界上排水量最大的矿山之一,日排水量超过400000 m^3/d,每提升1 t矿要排水55 m^3,其排水费用占到生产成本的30%。

(2) 恶化矿山环境,形成公害。由于矿区的长期排水,破坏了地层内原有的力学平衡,导致地表塌陷,地表水、雨水又通过塌洞灌入矿井导致矿井淹没。矿山排水引起的地面塌陷,不仅破坏大量农田、公路、房屋,使水井、水池和鱼塘变干,对当地居民的生产和生活造成了严重影响,而且企业为此付出赔偿,造成重大的经济损失,恶化了企业和社区的关系,影响了企业的社会形象。

此外,从矿山排出的废水中往往溶解有一定数量的有害矿物质和化学元素,这样的污水如果不经处理即排放,就会污染周围环境、农田、菜地及饮用水等。

(3) 软化围岩,降低矿山巷道、采场顶板及露天矿边坡的稳定性。地下水对围岩稳固性的影响主要有两个方面,一是孔隙水压力对岩层稳固性的影响;二是孔隙水对结构面充填物的影响。岩体中的孔隙水会对周围的岩石产生静水压力,这会减弱岩体结构面的抗剪摩擦阻力,容易导致结构面失稳。

在有些岩石结构面内,其岩石亲水性很强,或含有易溶于水的矿物,如黏土质页岩、钙质页岩、泥灰岩等浸水后,其结构受到破坏,发生崩解和泥化,降低结构面的抗剪强度,导致岩体滑动、塌方、增加巷道和边坡的维护难度。研究表明,地下水可使边坡岩体的抗剪度降低20%~25%。根据法国地质矿业研究所资料,在裂隙发育的石英岩体中,一个深200 m的边坡,在干燥状态下,边坡角可达50°;而在浸水情况下,30°边坡角才是稳定的。

岩石稳固性变差,不仅增加支护工作量,增加临时排水设施和排水费用,增加掘进成本,而且还会严重影响人员和设备的安全作业。

(4) 采空区导通第四系,大量涌水导致矿山泥石流。在采用崩落法开采的矿山,由于采空区崩透至地表导致第四系大量泥沙涌入坑内和崩落围岩混合在一起,当遇一定量的地下水或地表水导入时,在放矿扰动下极易形成泥石流,破坏坑内生产设施,危害人员安全。

在矿山生产建设实践中,人们对地下水的研究和防治已经取得了很大进步。在查明矿区地下水水源、水量及来水通道方面,除利用传统的水文地质试验手段外,水文地球物理探测、环境同位素技术、环境化学技术、雷达探测、卫星遥感技术等得到了进一步的应用。采用排、截、堵相结合的综合治水方法,使用更先进、更大型化的排水设备以及各种防水、滞水材料,达到了很好的效果。

在现代采矿生产实践中,正在把地下水的探测和预防放在越来越重要的位置。美国在探测地下水方面研制了一种红外线温度探测仪,用来在井下探测工作面前方空洞或充水情况。此外,他们还用遥感技术探测大型构造充水带、地下水排泄区、地表水与地下水之间的关系等方面,已取得较大进展。在前苏联曾用电测探测出深达90 m的岩溶。前联邦德国一些煤矿通过染色试验,用稀释到六百万分之一的浓度但尚且能辨认的荧光素钠颜料或氯化锂,能测出地表河流的水是否渗入坑道。

20世纪80年代,我国大厂铜坑锡矿用荧光素钠(用氨水作溶剂)稀释到百万分之一探测灭火时注入水的流向和流速,也达到了很好的效果。

矿山防排水工作的趋势是:研究和采用更先进的设备、仪器仪表和手段方法,结合有关理论,加强矿山水文地质研究工作,提前对各类水文地质条件下地下水的运动规律、涌水量进行预测和计算;采取超前探水,预防在先;完善排水设施、加大排水能力;同时研制高效注浆机具、滞水材料及工艺方法,进一步完善现有排水方法,采用疏、截、堵相结合的综合治水方法,提高治水效果。

矿山水,一方面是开采过程中的防水、治水和排水工作,另一方面矿山大量的排水,对于我国淡水资源缺乏的状况,又造成了极大的浪费。据有关资料,山西省每年矿井总排水量近3亿m^3,其利用率仅15%;河南焦作地区每年采煤排水量达3.6亿~5.4亿m^3;河北、山东等地煤矿开采也时有突水产生。华北煤炭开采每年都在递增,最保守的估计每年至少有10亿m^3的矿井水被排除。因此,矿山水的综合利用方面具有很大潜力。

13.4.2 矿山排水

为保证矿山清洁生产,防止矿山酸性水污染,提高矿山水的循环利用率,矿山排水和日常生产过程中,应对水量和水质进行定期监测。监测范围、内容和要求等详见第2章。此外应在露天矿排土场周围设置截、排洪设施,对废水进行收集,提取有价物或加以净化后循环使用。

13.4.2.1 露天矿采场排水

A 露天矿排水系统

露天矿排水主要指排除进入凹陷露天矿采场的地下水和大气降水,它分为露天排水(明排)和地下排水(暗排)两大类四种方式(如表13-36所示)。

表13-36 露天矿排水方式

排水方式	优点	缺点	使用条件
自流排水方式	安全可靠;基建投资少;排水经营费用低;管理简单	受地形条件限制	山坡型露天矿有自流排水条件,部分可利用排水平硐导通
露天采矿场底部集中排水方式: 半固定式泵站 移动式泵站	基建工程量小投资少;移动式泵站不受淹没高度限制;施工较简单	泵站移动频繁露天矿底部作业条件差,开拓延深工程受影响;排水经营费高;半固定式泵站受淹没高度限制	汇水面积小,水量小的中、小型露天矿;开采深度浅、下降速度慢或干旱地区的大型露天矿亦可应用
露天采矿场分段截流永久泵站排水方式	露天矿底部水平积水较少,开采作业条件和开拓延深工程条件较好;排水经营费低	泵站多、分散;最低工作水平仍需有临时泵站配合;开挖大容积贮水池、水沟等工程,基建工程量较大	汇水面积大,水量大的露天矿;开采深度大,下降速度快的露天矿
井巷排水方式 共有两种	采场经常处于无水状态;开采作业条件好;对穿爆采装运等工艺作业高效率创造良好条件,不受淹没高度限制;泵站固定	井巷工程量多;基建投资多;基建时间长;前期排水经营费高	地下水量大的露天矿;深部有坑道可以利用;需预先疏干的露天矿;深部用坑内开采、排水巷道后期可供开采利用

B 露天矿排水方案选择原则

(1)有条件的露天矿都应当尽量采用自流排水方案,必要时可以专门开凿部分疏干平硐以形成自流排水系统。

(2)露天和井下排水方式的确定。对水文地质条件复杂和水量大的露天矿,首要问题是确定用露天排水方式(明排),还是井巷排水方式。生产实践证明,采用露天排水方式对矿山生产和各工艺过程设备效率的影响都很大。当不采用矿床预先疏干措施时，应考虑井下排水方式为宜。

一般水文地质条件简单和涌水量小的矿山，以采用露天排水方式为宜，但对雨多含泥多的矿山，也可采用井下排水方式，以减少对采、装、运、排(土)的影响。

(3) 露天采矿场是采用坑底集中排水还是分段截流永久泵站方式，应经综合的技术经济比较后确定。

C 露天采场允许淹没程度的规定

露天采场在暴雨时的允许淹没程度，是设计地表排水的一条重要原则，其主要依据是它对露天矿延深工程、矿山出矿和淹没后可能造成的影响。

允许淹没程度系指允许淹没时间。一般情况下，暴雨出现时，应允许最低工作水平贮水，其允许淹没时间应根据采矿工程延深要求、同时开采的阶段数(考虑受淹时影响出矿的程度)、贮矿仓能力以及淹没后造成的损失等具体情况经研究确定。一般最长不超过一周时间。若采用固定泵站排水时，暴雨淹没高度不得超过水泵吸程。对于移动式水泵、潜水泵、水泵船和地下固定式水泵，则不受淹没高度条件的限制。

当迳流量超过排水量的最大水量时，就应由贮水池和露天坑底允许受淹的贮水容积共同承担贮调作用。故允许淹没高度为：

$$H = (Q/F) \leqslant H_x \tag{13-20}$$

式中 H——允许淹没高度，m；

Q——贮排不能平衡的多余水量，m^3/d；

F——排水工程和设备所能控制到的坑底汇水面积，m^2；

H_x——水泵吸水高度，m。

D 露天采场正常排水量计算

正常排水量是指采场非暴雨时段的降雨迳流及地下水涌水量，它是经常性的排水量。通常以下式表示：

$$Q = HCF/(30 \times 20) + q \tag{13-21}$$

式中 Q——正常排水量，m^3/h；

H——多年雨季月平均降雨量，m；

C——迳流系数(参见 2.5.2 小节)；

F——汇水面积，m^2；

q——地下水涌水量，m^3/h。

露天采矿场地下涌水量计算方法参见 2.5.2 小节水文地质。

E 露天矿排水设备选用要点

露天矿选用排水泵时主要根据露天采场的正常排水量和暴雨排水量以及水泵站标高总扬程及排水管路直径等因素进行计算。

泵的数量应包括备用泵及检修泵，正常工作水泵的能力应能在 20 h 内排除露天采矿场内 24 h 的正常降雨迳流量与地下涌水量之和。备用和检修水泵的能力应不小于正常工作水泵能力的 50%。所有水泵全部开动应能在 24 h 内排除露天采场内“设计频率”下连续 24 h 最大暴雨迳流量和地下涌水量之和。暴雨时不设备用和检修水泵。

一般在暴雨量较小的地区，设在同一水平上的水泵应选择同一型号规格的水泵。当“设计频率”下的暴雨涌水量较正常涌水量大很多时，可以选择两种不同型号规格的水泵。

随开采水平不断下降的移动泵站，选泵时应考虑排水高度不断增加的要求，预留适当的富裕扬程，以延长水泵的“扬程服务年限”，避免频繁换泵。为此，深露天矿的排水设备宜分段选择，接力排水，以增加同一水泵的重复使用次数。每一分段的合理高度，应通过技术经济比较确定，一般不大于100 m。

随开采水平不断下降的移动泵站，在降“设计频率”的暴雨时，应保证排水设备不受淹没，排水工作能正常进行。

露天排水泵站的阶段贮水池（水仓）或采矿场底部的贮水池容积至少应能容纳半小时的水泵排水量。

采用井巷排水时的泵房布置及其附属设施应执行地下矿排水的有关规定。

排水管路垂直铺设时选用钢管，沿斜井（坡）时，若工作压力小于1 MPa，可用铸铁管，大于1 MPa时用钢管。水量较大、服务年限较长时，主要排水管道至少设两条，其中每条管道都能排出正常水量。正常排水管径应按经济的原则选择。排除暴雨涌水量的管内流速不宜大于3 m/s。

13.4.2.2 地下矿排水

地下矿山排水方式有自流式和扬升式两种。在地形条件许可的情况下利用平硐自流排水最经济、最可靠，但它受地形限制，而多数矿山需要借助排水泵将水扬升至地面。

A 地下矿排水系统

地下矿排水系统，按水平方向可分为分区排水和集中排水系统；按垂直方向可分为直接排水和接力排水系统。

若矿区范围不大，则通常采用集中排水系统；若矿区范围较大，井筒很多，则可考虑分区排水系统。有时则因为矿山基建开拓顺序等原因，自然形成了分区排水系统。

若矿井开采水平不多，且下水平涌水量大于上水平涌水量时，通常采用一段直接排水。即将水泵房建在最下水平，一次将水排至地表。采用一段直接排水，系统简单，开拓工程量小，基建投资和管理费用低。但上水平的水要流到下水平再排出，则增加了电耗。当矿井生产中段较多时，或者矿井较深，采用一段排水超过水泵的合理扬程时，或者上部中段涌水量很大，下部水平涌水量很小时，则采用分段接力排水系统，在垂直方向上设两个或两个以上的排水泵站。采用一段直接排水或分段接力排水，往往需要经过技术经济比较后确定。

B 排水设备数量的确定原则

矿井排水设备主要是水泵。

《金属非金属矿山安全规程》规定：

“井下主要排水设备，至少应由同类型的三台泵组成，工作水泵应能在20 h内排出一昼夜的正常涌水量；除检修泵外，其他水泵应能在20 h内排出一昼夜的最大涌水量。井筒内应装设两条相同的排水管，其中一条工作，一条备用。”

C 矿井排水设备的计算要点

a 计算矿井排水设备必须的主要数据

（1）矿井深度（m）；（2）阶段数；（3）阶段高（m）；（4）阶段开采年限（a）；（5）每阶段的正常涌水量和最大涌水量（m^3/d）；（6）整个矿井的正常涌水量和最大涌水量（m^3/d）；（7）水的性质；（8）包括水泵房和水仓在内的井底车场图；（9）矿山用电的电压；（10）每度电（kW·h）的价格；（11）水泵设备样本。

b 计算内容及顺序

（1）根据上面数据首先确定排水方案和系统、日正常涌水量和泵站位置及标高。

（2）按一台泵在 20 h 内排出矿井日正常涌水量的原则，求出泵的最小流量，并估算其扬程后，初选一台水泵，并获得其特性曲线。

（3）根据初选水泵工作轮数求泵的最大和最小扬程，之后，对水泵工作稳定性进行校核。

（4）管道计算。其中包括对吸水管、排水管的直径，流速，扬程损失（阻力）的计算及管道特性曲线的绘制。

（5）水泵总扬程的计算。确定水泵的工况点。把水泵的特性曲线和管道特性曲线用同一比例绘于 $H\text{-}Q$ 坐标图上，其交点即为水泵在该管道上工作的工况点，该点的流量、扬程和效率分别为 Q_1、H_1 和 η_1。

（6）根据工况点参数求出水泵电机功率，由功率及矿用电压选电机型号及启动设备。

（7）确定水泵机组的套数，要满足正常涌水量排水和最大涌水量排水的需要。

D　水泵房、水仓及辅助设备

a　水泵房

水泵房分一般水泵房、潜没式水泵房两种，在大水矿山还须设计密封式水泵房。对水泵房的规定和一般要求有：

（1）《金属非金属矿山安全规程》规定“井底主要泵房的出口应不少于两个，其中一个通往井底车场，其出口应装密闭防水门；另一个用斜巷与井筒连通，斜巷上口应高出泵房地面标高 7 m 以上。泵房地面标高，应高出其入口处巷道底板标高 0.5 m（潜没式泵房除外）。”

（2）位于井筒附近，尽可能建在岩石坚固性好，无大的构造地段。

（3）对于潜没式水泵房：泵房与变电所的标高比井底车场标高低 4 m；泵房变电所至井底车场的通道内应设置密闭门。水仓底标高低于井底车场底板 2.5 m，比泵房标高高出 1.5 m；水由水仓经水闸阀进入汇水巷，再经汇水巷的配水阀门进入吸水井。每两台泵配一个吸水井。

（4）对密封式泵房还要求：运输大巷两翼设水闸门；泵房与大巷用密闭门隔开，水仓与配水井用高压引水闸门控制；设法消除滴漏水点，泵房与排水井（盲副井）、风井及主井沟通处应设密闭门。

b　水仓

《金属非金属矿山安全规程》规定“水仓应由两个独立的巷道系统组成。涌水量较大的矿井，每个水仓的容积，应能容纳 2 ~ 4 h 的井下正常涌水量。一般矿井主要水仓总容积，应能容纳 6 ~ 8 h 的正常涌水量。”

为便于杂质的澄清，水仓向吸水方向应有不小于 3‰的上坡。

水仓的型式和断面以清仓机械设备的外形尺寸来考虑。

c　防水门

防水门是大水矿山的防淹没设施，可在巷道的适当位置设置，并使之能关闭自如。一般除规程规定在水泵房和井底车场的联络道中设置防水门外，大水矿山应在来水方向的主石门上设置防水门。

E　水仓和沉淀池的清理

根据矿山规模大小，所采用的采矿方法和淤泥量的大小，可以采用人工清理排泥，铲运机清理排泥，泥浆泵排泥，压气罐清理水仓高压水排泥以及板框式压滤机排泥等方法清理水仓。

前两种方法比较简单，但是人工清理时，劳动强度较大，效率较低，越来越少用。铲运机清泥则在全无轨机械化开采矿山或当铲运机可以到达水仓的情况下使用。板框式压滤机排泥在国内很少应用，其比较适合于泥浆中含有益组分品位较高的情况，泥浆压成滤饼后提至地表，进入选厂。下面主要介绍常用的机械化排泥方法。

a 泥浆泵排泥

泥浆泵排泥系统中,可以利用不同的造浆方式来配合泥浆泵的使用。

(1) 射流泵和泥浆泵联合清洗排泥。利用高压水(工作压力在3 MPa以上)喷射流在管壁四周形成负压将泥浆引入泥浆管输送至泥浆池,再由泥浆泵转排至地表。它适用于吸泥距离在60 m以内,排泥高度在30 m左右。其优点为结构简单,能耗小,但泥浆管和泵的磨损较大。

(2) 潜水排污泵和泥浆泵联合排泥。先在水仓中用潜水排污泵将污水排入搅拌槽。搅拌槽将泥浆搅拌均匀以防止其沉淀。油隔离泥浆泵从搅拌槽中吸入泥浆通过管路排到接力排泥设施或者地表。排泥泵房设油隔离泥浆泵、高浓度搅拌槽、潜水排污泵等。

b 压气罐清理水仓,高压水排泥

将压气排泥罐埋设于水仓底板上,排泥时将压气罐的钟形阀打开,泥浆靠自重流入罐内。当罐充满泥浆后,关闭钟形阀,引入压气将泥浆排至呈45°斜坡的密闭泥仓,然后利用水泵的高压水将密闭泥仓的泥浆排至地表。

实例:赞比亚MUFULIRA铜矿的排泥系统采用板框式压滤机将泥浆中的水脱掉,再用胶带输送机将滤饼卸到矿石溜井。沉淀池中的泥经高压水和压缩空气造浆后,将泥浆放到搅拌池中,再由泥浆泵($Q=108\ m^3/h$)向1200 mm×1200 mm板框式压滤机喂泥,经板框式压滤机压滤后,含水20%~25%的滤饼卸到胶带输送机上,由胶带输送机将滤饼卸到矿石溜井。该系统比较复杂,若板框式压滤机工作正常,该系统使用效果较好。

赞比亚LUANSHYA铜矿采用压缩空气造浆,泥浆泵排泥。井下每个排水、排泥系统内有两套沉淀、清水池,便于轮换清理。每套沉淀、清水池由两个沉淀池和一个清水池组成,一级沉淀池深3 m,二级沉淀池深7 m,清水池深9 m。在二级沉淀池下面设有造浆、自流管路,经压缩空气造浆后的稀泥流入喂泥池,喂泥池内也设有压缩空气管,以免稀泥沉淀,喂泥池直接与泥浆泵的入口相连,距离约15 m。所用泥浆泵为WARMAN泵,型号为B2250 FLY PUMP,流量2000 gal/min。电机功率220 kW。泥浆泵吸泥管直径32英寸,排泥管直径6英寸。经泥浆泵将泥排到15m以上的泥坝内,经脱水沉淀后的细泥用装岩机装矿车,将细泥运到矿石溜井,细泥内Cu品位为1.1%。通常三周打满一坝泥,沉淀一周,清理泥坝2天,一个月一个循环。一级沉淀池在清泥时,用压缩空气和水造浆、稀释,再用潜污泵将稀泥打到二级沉淀池。时间久了,清水池内也会有细泥沉淀,清理办法与清理一级沉淀池相同。

13.4.3 矿山水的利用

加大和发展对矿山水的综合利用是我国社会经济可持续发展的需要。自然条件下,可利用的水资源有地下含水层的水、泉水和地表水。由于矿坑大量疏干排水,地下水均衡系统发生了改变,加之采矿引起地层裂隙发育,岩层松动,采矿活动造成许多地下水和地表水明显减少,地表水的可利用量明显减少。因此,采矿活动一方面是对水资源的破坏,另一方面矿山排出的矿坑水又对环境造成了污染。水环境污染和水资源短缺已成为我国社会经济可持续发展的主要障碍之一。

近年来,随着采矿业的发展,矿坑水的利用已经有了很大进展。目前我国已经有愈来愈多的矿山企业都在不同程度地利用矿坑水作为矿山各种供水的水源,给矿山企业带来了一定的经济效益,同时也获得了一定的社会效益。

矿坑污水的排放关系到矿山环境保护问题。从国内外矿床开发实践来看,伴随着某些矿床开采所产生的酸性水、高悬浮物水、高矿化水以及含超量放射性元素的矿坑水,不仅给采矿作业带来严重危害,同时,矿坑污水的排放又污染了周围环境和水源,给矿山附近的工农业生产带来严重影响,并造成一定的经济损失。受矿坑污水危害严重的矿山,由于逐年的经济赔偿损失,已经影响到矿山企业的经济效益。

矿坑污水的形成是受多种因素制约的,如矿床类型、矿体和围岩的化学成分、矿床地下水的化学成分、水文地球化学分带以及采矿方法和开采工艺等。因此,在矿山设计和矿床开发过程中,根据矿坑污水形成的主导因素,采取积极的预防性措施,可以消除或减轻矿坑水的危害程度。必要时应建立矿坑污水的净化设施,变害为利。经处理过的矿坑水,可以作为矿山的供水水源而加以利用,或者在达到国家规定的排放标准后再排放。

13.4.3.1 矿山各种用水对水质的要求

矿山用水主要包括生活用水、工业用水。矿山各种用水的水质应当以国家已颁发的各种用水标准为根本依据。

矿山生活饮用水水质标准,应遵照国标《生活饮用水卫生标准》(GB5479)。

矿山工业用水:

(1) 采矿用水

对采矿作业用水的水质应遵照《金属非金属矿山安全规程》的要求。一般要求水中固体悬浮物应不大于150 mg/L,pH值应为6.5~8.5。

(2) 选矿用水

选矿用水的水质要求,随采用不同选矿工艺来确定。一般井下排水经过沉淀之后,可以供选矿用水。

(3) 其他用水

矿山压缩空气站冷却用水、锅炉用水和蒸汽机车锅炉用水的水质要求应遵照或满足相关行业标准。

13.4.3.2 矿坑水的利用

A 矿坑水利用的特点

a 缺水地区矿坑水利用的特点

干旱少雨和高山等缺水地区的矿床开采,由于水源贫乏,矿区及其附近村镇的生活用水及工农业用水困难,因此矿坑水的利用就显得更为重要,这类矿山企业矿坑水利用的特点是:

(1) 由于水资源贫乏,要保证企业生产的正常运转,必须要考虑利用矿坑水;

(2) 矿坑水一般需经水质处理后才能加以利用,特别是作为生活饮用供水时;

(3) 由于矿坑涌水量一般都不大,故可供利用的量亦不大,很难作为主要水源。

b 大水矿床矿坑水利用的特点

采用疏干方法开采的大水矿床,由于开采过程中地下水的深降强排,引起矿区和区域大范围内的地下水位下降,使矿区及矿区附近村镇井泉干涸,因此,在排水的同时必须考虑给周围居民的生产生活供水问题。这类矿山企业的矿坑水利用特点是:

(1) 应妥善解决矿山开采后如何保持矿区附近各用水部门原有的供水量与水质问题;

(2) 由于可供利用的水量大,一旦利用矿坑水,往往就可以获取明显的企业经济效益和社会效益;

(3) 选择合适的疏干方法和合理的工程布置,往往即可获得很少受采矿作业污染的优质地下水作为生活饮用水的供水水源。

c 矿山生产时期矿坑水利用的特点

从国内矿山利用矿坑水的实践来看,绝大部分矿山是在矿山生产时期开展矿坑水利用工作的,这个时期矿坑水利用的特点是:

(1) 多数矿山把矿坑水作为辅助水源和调节水量而加以利用;

(2) 对矿坑水可供利用的水量及水质容易作出可靠的评价和预测,能够保证矿山持续均衡的供水;

(3) 利用矿坑水均可收到一定的经济效益。

矿坑水的利用就其研究和利用领域来说,主要的问题是把矿坑水作为矿山企业的各种供水水源,解决供水问题。此外,对某些热水矿床热能的利用、与矿泉水成分相似的矿坑水的利用,以及矿坑水中有益组分的回收和利用等,也都是矿坑水综合利用的组成部分,具备条件时,应予以充分考虑。

B 矿坑水利用的一般原则

在矿山设计或矿山生产过程中,开展矿坑水利用的一般原则如下:

(1) 对开展矿坑水利用的矿山,必须按照国家颁发的各种用水的水质标准,详细研究矿坑水的水质和水量是否具备可供利用的条件,并确定可供利用的程度。

(2) 在保证可供利用质和量的条件下,本着优质优用的原则,首先满足生活饮用水的供水要求,水质不宜饮用者,应最大限度地满足采、选等工业用水要求。

(3) 大水矿床的排供结合,必须从矿山安全生产和企业经济效益、社会效益等方面进行全面评价和论证,以做出合理决策;大水矿床除本矿区利用地下水外,还必须对矿山附近地区各用水部门进行调查,协调供排关系,必要时开展排供结合的可行性研究,以期最大限度地利用矿床地下水;大水矿床疏干方法的选择应尽可能地和供水方案相结合,把获取优质地下水作为疏干方法选择的因素之一加以考虑。

(4) 利用矿坑水作为各种供水水源时,必须从供水角度预测矿坑长期排水过程中,矿坑水水质及水量的变化,以保证满足供水的要求。

(5) 当矿区有几个可供利用的供水水源时,如何合理利用,应通过详细的技术经济比较确定。

(6) 对可供利用的矿坑水,必须采取保护性措施,防止水源的进一步污染。

C 可供利用矿坑水量的预测和评价

a 设计阶段对可供利用矿坑水量的预测和评价

(1) 可供利用矿坑水量预测中应注意的几个主要问题。

1) 可供利用矿坑水量预测基础资料是矿床地质或水文地质勘探报告,而勘探报告是专门为了研究矿床开采的水文地质条件、预测矿坑涌水量以及为给矿山防排水设计提供依据,因此,基础资料不一定能完全满足供水评价要求。

2) 在一般矿山排水及矿床疏干设计中确定的矿坑涌水量,在计算参数选择上,都是从偏安全的角度出发,而计算出的水量是在矿山开采期间内可能出现的最大水量。在供水水文地质计算中,则要求确定地下水可开采量要有较高的保证率,即在矿山开采期间内可能出现的最小水量,因此要以多年一遇的枯水年补给量作为评价的依据。

3) 矿床疏干排水是保证矿山安全和正常生产的一种防治地下水的技术措施,其目的是要在长时期深降强排地下水的条件下,保证矿床开采工作安全、顺利地进行。这从供水角度来看,是破坏性的开采地下水资源。因此,在条件合适的情况下,应首先考虑堵水。在评价矿坑水可利用量时,必须考虑这个问题。

4) 设计中一般只考虑矿坑水中多年最小稳定流量的利用,对于降雨或通过采矿崩落区渗入矿坑的雨水以及疏干排水降落漏斗范围内的静贮量设计不考虑综合利用问题。对于矿坑边界条件已查明、矿坑水补给来源清楚、以静贮量为主的矿山,是否考虑矿坑水的利用,应慎重研究。

鉴于以上复杂情况，为了在矿山设计阶段能对矿坑水的利用作出比较可靠的预测和评价，要求在矿区水文地质勘探过程中，不仅要研究和评价矿床开采的水文地质条件，而且也应把地下水视为一种资源，对其作出初步评价。

(2) 可供利用的矿坑水量预测方法。

在矿床疏干排水设计中，一般只计算矿坑的正常涌水量和最大涌水量，不计算矿坑最小涌水量。而考虑把矿坑水作为供水水源加以利用时，为了保证矿山持续均衡的供水，则必须计算出矿坑最小涌水量。矿坑最小涌水量一般出现在旱季，是矿床开采地下水最小稳定动流量。

当进行可供利用矿坑水量预测时，一般要求选用两种以上计算方法或计算公式同时计算，以便相互比较，相互补充。

计算矿坑最小涌水量，应选择旱季枯水期有代表性的水文地质参数或选用矿区历年最小实测矿坑涌水量资料。水量计算方法参见水文地质部分。

折减系数法是根据我国部分矿山预测涌水量和实际涌水量统计的误差，确定折减系数，对计算的矿坑正常涌水量进行折减，即为可供利用的水量。从供水的角度来看，大部分矿山可供利用的矿坑水量可以按预计水量30% ~50%的区间值考虑。

b 矿山生产时期可供利用水量评价

在矿山生产时期进行可供利用矿坑水量的评价时：

(1) 建立矿坑涌水量观测系统；

(2) 分析研究矿坑涌水量与降雨、开采面积和开采深度变化的关系，为确定可供利用的矿坑水量提供依据。

在矿山生产期间利用矿坑水作为各种供水水源时，其可供利用量，主要依据矿山历年的动态观测资料确定，特别要分析涌水量在雨季和旱季的变化幅度，必要时可以确定不同时期的可供利用量。随着开采深度的增加，根据矿山取得的实际资料确定深部矿坑水的可供利用量，但要随时注意深部水质可能发生变化的情况。

D 可供利用的矿坑水的水质预测和评价

a 预测和评价要求

从矿业的开发实践来看，大部分矿床在开采后，矿坑水的水质和开采前的地下水水质没有明显改变，矿坑水可以直接被利用或者稍加处理后即可利用。但是也有一部分矿床，在开采后水质明显恶化，不经处理是不能作为各种供水水源而加以利用的，甚至排放后对周围环境造成严重污染。水质明显恶化与天然地下水的化学成分、水化学分带、矿床类型、矿体和围岩化学成分以及矿体和围岩的硬度等因素有关。因此，在进行水质变化趋势预测和评价时，应注意研究这些因素的共同作用。

为利用矿坑水而进行的矿坑水预测和评价要求如下：

(1) 在矿区水文地质勘探阶段，研究矿区地下水的水化学成分，确定水化学类型；

(2) 研究矿区水化学分带的特点；

(3) 详细调查和掌握矿区内地表水和地下水化学成分的背景值；

(4) 研究矿体和围岩的矿物和化学成分及其可溶性等，为矿床开采后水质的变化趋势作出可靠的预测；

(5) 在矿体埋藏深度大的情况下，特别注意研究地下水化学成分随深度变化的规律，为深部开采时水质的变化趋势，提供预测的依据；

(6) 研究炸药、机械设备油污等人工污染的程度；

(7) 在矿床开采时期利用矿坑水，应建立水质监测站，对矿坑水水质不断进行监测，一旦发现水质有恶化趋势,可采取相应技术措施,以改善供水的水质。

b 水质变化趋势的预测和评价

按照矿坑污水形成的规律,矿坑水质变化趋势预测和评价的主要内容如下:

(1) 在研究矿体或围岩含硫较高的铁矿床、硫铁矿床、多金属硫化矿床、煤矿床、浅海沉积锰矿床以及某些铀矿床的开采时,必须注意预测产生酸性矿坑水的可能性;

(2) 对于矿层顶、底板属软质岩石的矿床以及采用水砂充填法开采的矿床,应注意预测产生高悬浮物矿坑水的可能性;

(3) 开采干旱地区矿床和开采埋藏很深的处于封闭水文地质循环区的矿床时,应注意产生高矿化矿坑水的情况;

(4) 在开采铀矿床时,应防止研究矿床开采后,产生含超量放射性元素矿坑水的可能性;

(5) 研究地表水渗入的影响,研究地表水体的水化学成分,并预测其水化学成分对矿坑水质的影响;

(6) 开采滨海地区的矿床,应特别注意研究开采过程中,随着开采深度的增加,海水混入的可能性。海水混入,往往使矿坑水质变坏;

(7) 开采以充填溶洞为主的岩溶充水矿床时,通过对岩溶含水层充填溶洞的分布规律、充填率的研究,预测矿坑水中的泥砂含量。

c 矿坑水质预测方法

矿坑水质的预测,一般采用类比法、统计法和模拟法。

(1) 类比法。当设计矿山与已开采矿山的矿床类型、埋藏条件、矿体和围岩的化学成分、矿床水文地质条件和化学成分以及采矿方法相似时,可以进行类比,以确定设计矿山矿坑水的水质类型和水质变化趋势。特别是当设计矿山附近有类似开采技术条件的生产矿山时,就更有利于类比。

(2) 统计法。统计法主要是通道研究矿区或区域地下水化学成分和上部开采阶段的矿坑水化学成分,用统计的方法,将这些资料进行分析对比,以确定矿坑水水质随着开采深度加大的变化规律。应用统计法不仅能够确定矿坑水中各组分和开采深度之间的关系,同时也能查明同一深度的地下水和矿坑水中主要成分含量之间的规律性和相互关系,并以这一相关关系来预测矿坑水的水质。

(3) 模拟法。模拟法是在采区的物理模型上,通过实验来研究矿体和围岩与地下水的相互作用,并确定岩石成分对矿坑水水质形成的影响,以便使用物理化学模拟的方法获得矿坑水主要成分含量的预测值。

在实际工作中,主要是采用类比法进行矿坑水质的预测,因此,必须不断总结生产矿山矿坑水的水质形成规律,为矿坑水水质预测提供类比资料。

d 矿坑水的水质保护措施

利用矿床地下水作为矿山的各种供水水源,特别是作为生活饮用水时,必须注意水源的卫生防护要求。这些要求应在矿山设计中提出并在矿山基建时,就应采取如下的保护措施。

(1) 防止井下采矿作业污染。

矿坑水作为矿山各种供水水源,特别是用于矿山生活饮用水时,应尽量避免或减少井下采矿作业的污染。实施这一要求的主要技术措施是:

1) 矿区采用放水孔疏干时,应尽量采用在矿带外围布置放水孔的方案;

2) 采用巷道疏干时,应尽量采用在矿带外围布置专用截水巷道;

3) 疏、供结合的疏干井及降压孔,应布置在专用的疏干巷道里;

4）为疏干露天矿边坡使用降水孔、水平孔或疏干巷道；

5）在具备条件时，采用带压开采，保护上部供水水源并使原有供水系统正常工作。

（2）清污分流、分贮、分排。

为了防止井下清水的污染，必须在井下采用清水和污水的分流、分贮和分排措施。实施该措施，不仅可以提供直接被利用的清水，同时也可以减少污水的处理量，以节省处理费用。

在开采滨海型矿床时，海水常常是从靠近海岸一侧沿岩溶、裂隙或构造断裂带侵入开采区，使矿坑水受污染，而且随着开采深度的增加，海水侵入量逐渐增加。在这种条件下，为了利用淡水，在井下应设置两套排水系统，使咸、淡水分流、分贮和分排。

当存在不受污缺的地下水和在开采过程中形成的酸性水时，也应采取酸、淡水分流、分贮和分排措施，以求最大限度地利用净水或减少处理酸性矿坑水的水量。

（3）建立卫生防护带。

当矿床地下水被利用作为生活饮用水的供水水源时，应在含水层补给区建立卫生防护带，避免将尾矿、废渣、污物排放至含水层的补给区，注意防止工业场地各种污水管路、矿浆输送管路和贮水设施的漏失，以保护水源不受污染。

E　矿坑水利用的经济评价

矿坑水利用的经济评价，应从以下两个方面进行：

（1）矿坑水达到工业或生活用水水质要求，可以直接予以利用的矿山，根据其可供利用的矿坑水量，计算年经济效益。采取疏干措施开采的大水矿床，由于可供利用的水量大，每年可以节省大量的供水费用，经济效果显著。

（2）经过净化处理后才可供利用的矿坑水，一般也可以取得一定的经济效益，因为矿坑污水不经净化处理，达不到排放标准不能排放，而净化处理后，却提供了可供利用的水资源。对于需要净化处理后才能利用的矿坑水，应通过经济论证予以评价。

在进行矿坑水利用的经济评价时，应注意研究以下三个问题：

（1）利用矿坑水的矿山企业的经济效益与社会效益；

（2）当矿山存在几个可供利用的水源时，利用矿坑水，特别是矿坑水需经净化处理后才能利用时，应对不同的供水方案，作出技术经济比较和论证；

（3）大水矿床的排供结合，必须详细论证排供结合的经济合理性。

13.5　矿山土地复垦

13.5.1　矿山土地复垦的基本要求

（1）首先应根据采矿地质条件、发展远景及当地具体情况，制定出矿山土地复垦规划。土地复垦规划要纳入设计中开采、排弃计划，其内容包括利用土地方式、采矿复垦方法、回填岩石顺序等内容。

（2）复土与修坡工作要保持与开采、排弃顺序相协调，且尽可能利用矿山的采、装、运设备。

（3）保持良好的土壤质量，必要时原有的表土层须预先剥离、储存（包括采矿场或剥离物排弃场）。对有毒物料必须埋掉，其埋深不小于1.0 m，保证植物生长的土壤酸碱度，农作物的pH值一般以4～8为宜。

（4）铺垫表土要保证植物的种植深度，同时应进行必要的化学分析试验，搞清土壤的物理机械性质和农业化学性质。

(5) 按一般整平原则，高平低填，处理急坡深沟，调整表土层的平均厚度，使地貌规整化，一般要消除强变化，以缓解复垦后景观的急峻感。

(6) 开采过程中应保持(留)8% ~10% 的植被覆盖率或绿地面积，交通要道和注目点、公共视线的视野应进行掩护式采掘、剥离，必要时留下“影壁”。

(7) 有可能及早复垦地段或局部开采与复垦同步时，应使植被覆盖率或绿地面积不小于25% ~30%，以维持土地扰动期的生态环境。

(8) 矿山三场区应及早进行外围和贴边绿化。鸟瞰带应在采区上部外围蔽林，高岗作业时应在中下部蔽林。

(9) 恢复(包括必要的调整)和改造地形、地貌时在服从区域的整治规划原则下，力求减少地势落差，消除光裸孤峰，特别是高排土场的山字形堆顶，斜坡面应拉成层次感强的梯台，主要盘山道应掩映于林荫中。

(10) 露天采场非工作帮(坡面、路边)、尾矿场堤坝的外侧和暂闲内侧均应及时种植灌木、草和地衣植物，并逐步改土造地，加密、加大、加速繁衍植被。

(11) 根据规划要求，大面积和整体性植被地段应适当实行乔灌草结合，林农结合；季节性裸地、半裸地(包括沟边；路边)可以地衣植物或季节花草为主，植被的交替变化应适合三场环境差(四季里温度、湿度、日照、风速)。

13.5.2 矿山土地复垦设计的主要基础数据

土地复垦设计主要基础数据如下：

(1) 本地区或附近地区的地貌、地质、土壤、水文、气象、植被，土地利用、水利、水土保持等文献数据；

(2) 土壤资源数据，包括较肥岩石、肥沃岩石、肥沃土及腐殖土资源情况；

(3) 水源数据，包括地下水、地表水及其他供水数据；

(4) 气象资料，包括气候、降雨量等情况；

(5) 植物资源资料，包括农作物，林树牧草等，有关矿区生态环境状况；

(6) 土地使用数据，包括复垦区的地形、地貌及复垦土地的经济利用价值等；

(7) 区分土壤分布及其厚度等的地形图、断面图资料；有关基础图件，如地形图、行政区划图、航摄照片、现状图与规划图等。企业交通位置图：1/10000 ~ 1/50000；复垦区地形图：1/1000、1/5000；复垦区规划图：1/1000、1/2000 或 1/5000；土壤分布图：1/10000、1/1000 或1/2000；植物分布图：1/10000、1/1000 或 1/2000；复垦区现状平面图：1/1000、1/2000 或 1/5000；

(8) 环境资源数据，确定或验证复垦区水土资源现状。利用已有图件资料，到实地对照确定或验证复垦区水土资源状况；

(9) 农业调查资料及其他有关土地方面问题的上级指示和规定；

(10) 有关的社会经济统计资料；

(11) 有关社会经济、综合农业区划、林业区划及有关方面的规划文件资料；

(12) 有关的矿区生产情况如各年度工作线和采区采剥量等；

(13) 本底调查：

1) 填图。由于图件的时间性，一般来说，一些图件数据上的地形、地物可能会与实地有所出入，在实地勘查中，对原图上的地形地物有差错的要修改，缺漏的要补充；对图件或数据不全或不满足规划设计要求的要进行局部补测。

2）填表。在实地踏勘中，要将调查情况分别填入有关的调查表格中，调查表格应根据调查内容要求事先准备好。

3）拍照片。为了便于下一步的规划设计工作，在现场踏勘中拍摄一些典型地块现状特征数码相片，作为插图数据，以使设计文件更为直观。

4）取样。为获得土壤的营养元素和有害元素等成分的含量及水体的水质状况，在实地踏勘中需采集必要的土样或水样，以供室内分析。取样方法和地点可根据具体情况而定。取样地点可根据复垦地类型决定。如采矿废弃地的取样地点包括：采空区、塌陷区、尾矿库、排土场等。另外，必要时还可取些对比样，如邻近的林地、农作物地土样或邻近水域水样等。

13.5.3 矿山土地复垦技术

矿山土地复垦，一般由工程复垦和初步生态恢复两部分组成，设计主要是工程复垦。矿山土地破坏的主要类型及分类见表 13－37。

表 13－37 矿山土地破坏的主要类型

类 型	最常用的破坏土地分类及其特征	备 注
1	开采 1～10 m，深处泥煤的平坦或畦地露天采场，土地干燥或湿润，宜于生物开发的岩土	复垦容易
2	开采大于 100 m 深的金属矿床和煤矿的台阶式露天采场，其土地为湿润宜于生物开发的岩土	复垦容易
3	开采深度 15～30 m 的非金属矿物、铁矿、煤和化工原料的台阶或基坑型露天采场，土地为宜于和可用于生物开发的岩土	复垦容易
4	开采深度 1～15 m 非金属矿物的基坑型露天采场，其土地为宜于和可用于生物开发的岩土	复垦容易
5	开采位于山头段高达 30 m 的金属矿的陡深台阶或高耸台阶式露天采场，其土地为宜于和可用于生物开发的岩土	复垦容易
6	地下开采形成的 15 m 以内的塌陷区或 1.5 m 以内的下沉池	复垦容易
7	近离自然地表的高地排弃场——内排弃场，为宜于生物开发的岩土	复垦困难
8	地下开采的 15 m 以内的高地排弃场及水力运输的淤堆、炉碴和尾矿（砂），为可用于生物开发的岩土	复垦困难
9	堆高 30 m 以内的高地和台阶高地排弃场，为宜于和可用于生物开发的岩土	复垦困难
10	高达 100 m 的台阶高地排弃场，为可用于生物开发的岩土	复垦困难
11	堆脊高 15 m 以下的脊形排弃场，为宜于和可用于生物开发的岩土	复垦困难
12	地下开采的堆顶＞50 m 的尖堆排弃场，为不宜和可用于生物开发的岩土	复垦困难

13.5.3.1 工程复垦

根据复垦技术条件，工程复垦规划主要包括以下内容。

A 建立采矿—复垦联合工艺系统

联合工艺系统可以把复垦与采矿融为一体，实现边采矿边及时复垦，达到矿山工业用地周期和复垦周期最短，复垦成本最低，复垦效果最好。也只有形成联合工艺系统，才能使采剥作业与复垦覆土作业统筹计划，合理安排，做到在时间和空间上最经济、最优化，做到复垦设备与采剥设备联用，提高设备利用率。

矿山生产计划部门负责该联合工艺系统的计划编制、生产指挥与调度。采矿车间负责计划的实施与执行。

B 复垦地再造耕层材料筛选

一般矿山缺少复垦地新耕层的覆盖材料，如果矿区周围农田耕层土壤厚度也很薄，荒山荒地中更是多为裸岩、裸石和极薄的覆盖土层，根本没有客土来源。因此，寻找可以替代表土的复垦材料重建复垦地耕作层的研究就显得尤为重要。

C 造地工艺

a 建设缓坡地及平台基底层

采矿后所形成的空区、排土场多是沟岗交错、高低不平。采空区底板的坡面角上陡下缓。依其地形地貌，设计确定工程复垦应整治成缓坡地，同时尽量作出平台，建成旱田。

b 铺撒覆盖土形成耕作层

用作耕作层土壤的材料来源有二：一是采用采矿场的剥离土，用自卸卡车直接运送至复垦区，铺撒在复垦地基底层的上面，通过土壤培肥形成熟化的耕作层；二是在已形成复垦地表层的底板土中，进行土质改良并逐渐培肥，形成熟化的耕作层。新构成的耕层厚度按设计要求为0.5 m。施工中仍应保持原留有的反坡和纵坡。耕作层施工一定要避开雨季，尽量使用轻型履带式设备，避免造成对土壤结构的破坏。

c 眉线设土埂，修筑排水系统

沿平台眉线修筑断面为梯形、高度不低于0.5 m的土(石)埂，拦截平台迳流水。

沿平台内缘或缓坡坡底线挖掘纵向排水沟，用以导出坡地和平台的汇水。

d 坡面水平沟整治

在坡面上沿等高线方向，人工修建若干条水平沟，用以改变陡长的坡面，便于施肥与播种，能改善植被的“着床”条件，有利于给植物提供一定的土壤水分和阴郁环境，为植被生长创造良好的立地条件。一组组的水平沟与地表水流方向垂直，它能紊乱和改变坡面迳流方向，缓解迳流强度，并拦截迳流携带的大部分泥沙。

实例：我国某铝土矿成功复垦经验

基本实现采矿、复垦、收益协调发展，取得了较好社会效益。基本流程图见图13－9。

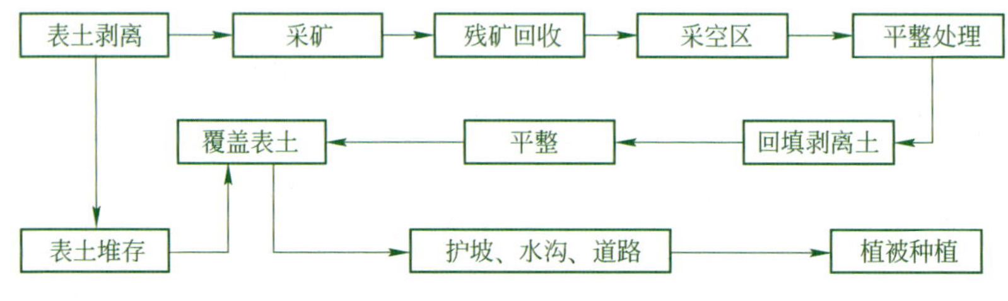

图13－9 某铝土矿复垦流程图

基本技术参数如下：

(1) 复垦厚度为自然沉实土壤0.5 m以上；

(2) 复垦后场地平整，地表坡度一般不超过5°；植树用地，坡度不超过25°；

(3) 覆土土壤pH值范围一般为5.5～8.5，含盐量不大于0.3%；

(4) 排水设施满足区域排水要求，防洪满足当地标准；

(5) 有控制水土流失措施，边坡需要植被保护。

(6) 设计针对采空区特点，对不同底板坡度的采空区进行分类复垦，复垦土地类型如下：

Ⅰ类(平整地)：底板坡度 $i \leqslant 17\%$ 的采空区，复垦坡度 $i \leqslant 5\%$，宽度为25～50 m的平整地；

Ⅱ类(平缓坡地)：底板坡度 $17\% < i \leqslant 22\%$ 的采空区，复垦坡度 $i = 5\% \sim 10\%$，宽度为15～

25 m,平缓坡地;

Ⅲ类(缓坡地):底板坡度 $22\% < i \leq 26\%$ 的采空区,复垦坡度 $i = 10\% \sim 14\%$,宽度为 15 ~ 25 m,缓坡地;

Ⅳ类(陡坡林地):底板坡度 $i > 26\%$ 的采空区,复垦坡度 $i > 14\%$,宽度为 10 ~ 15 m 的陡坡林。

(7) 工程复垦周期一般为 2.5 ~ 3 年。

13.5.3.2 初步生态恢复

A 植被品种筛选

抗逆性强和速生是矿山复垦地植被品种筛选的首要原则,而根系发达、培肥矿土和保持水土效果好也是十分重要的。

可选实验物种:(1) 多年生豆科牧草品种:大翼豆、柱花草、紫花圆叶舞草;(2) 多年生禾本科牧草品种:宽叶雀稗、狗牙根、糖蜜草;(3) 多年生乔灌木品种:银合欢、木豆、金合欢、任豆;(4) 一年生豆科植被品种:田菁、竹豆;(5) 培肥作物品种:田菁、大豆、多花黑麦草。

B 引进新技术,加快土壤培肥速度

新造复垦地经过大型设备的挖掘、搬运和碾压等人为活动的扰动,使得土壤中微生物含量已经很少,几乎失去了繁殖能力。缺少土壤微生物的活动,土壤中仅有的一些营养元素难以被植物直接吸收利用,作物不能正常生长。因此,在矿山复垦地种植时引进现代微生物技术是非常必要的。

菌根技术是现代微生物的高新技术,对于挖掘土壤潜在肥力和迅速培肥土壤,缩短矿山复垦周期具有突出作用。首先应对矿区自然菌株资源状况进行调查,以及实验室筛选实验,筛选出适生优质菌株,并探索了室内繁殖与田间接种技术。

复垦试验种植中还应引进了比较成熟的根瘤菌和生根粉技术,豆科植物种子分别接种了专门的根瘤菌剂,禾本科植物种子用生根粉处理再播种。由于增加了土壤微生物活性和氮素供应,植物生长条件将明显改善。

复垦地土壤培肥必须采取综合技术措施,掌握高新技术的优势,才能确保"生土"短期内快速熟化,达到缩短矿山复垦周期的最终目的。

13.5.4 主要复垦设备

复垦主要设备为推土机、装载机、铲运机、自卸卡车、旱地机引犁、平地机、松土犁、开沟犁、起垄中耕机、铧犁、水泵等。推土机主要用于覆盖层平整和腐殖土推平作业;装载机主要用于从排土场装运表土至采空区,也用于采空区附近取土,或均衡底板覆土而推运作业,个别远距离运土可以临时使用运岩卡车,设计充分考虑运岩卡车的富余能力为复垦利用。

复垦设备的选择需性能稳定,要求爬坡能力强,能耗低。推土机需要功率大、性能好的进口或国内成熟机型。

13.5.5 土地复垦、土地使用方式

影响矿山土地复垦与植物种植方式选择的主要因素有:

(1) 废石材料的结构和含酸程度;

(2) 废石堆的结构及其稳定性;

(3) 废石的岩性;

(4) 废石中的有毒元素;

（5）粉尘对植物的危害；

（6）废石的湿度；

（7）气候条件；

（8）地形条件对植物种植的适应程度。

矿山的土地复垦必须结合当地的具体情况，充分考虑社会经济效益，选择未来土地的复垦使用方式。表 13－38 将不同岩石分类，自适宜到不适宜分类分析，并提出解决方案。复垦过程中可以参考表 13－39 对改良土壤加以利用。

表 13－38　适宜于生物复垦的废石分类

适宜生物复垦的岩土	岩　土	生物复垦的方法	备　注
适宜肥沃岩土	土壤层腐殖质化部分的（腐殖质堆积层）腐殖质含量大于 2%	剥离开始时就储存，并用来建造耕地和其他农业可耕地	
适宜含肥岩土	良好的颗粒组成和矿物成分，并含有 2% 腐殖质的岩土	利用耕地的下部垫层，可直接为林业复垦使用，在经历土壤改良阶段和改善之后，可以作为耕地用	
稍次适宜的物理特性	砂质和黏土层，不含有腐殖土	必须使用黏土或沙作垫层，在建造耕地时铺上一层岩土，在土壤质量改善后采取必要措施可以用作森林公园	适合微生物改良研究
稍次适宜的化学特性	酸性，中等盐渍化和碱化的废石及腐殖质含量在 2% 以下的土壤	为了利用必须施加石灰、石膏和冲洗，改良后还应铺一层腐殖土，在土壤质量改良方面采取必要的措施后可以用作林业用地	适合微生物改良研究
不适宜的物理特性	硬岩和砾石，不含腐殖质	为了利用必须铺有用岩土，其厚度不小于 1～2 m	适合微生物改良研究
不适宜的化学特性	含有硫化物和重盐渍化的废石及碱土，不含腐殖质	在排土作业过程中，排在排土场底部，当建立耕地和林地时，必须有厚度 1～2 m 的有用废石做隔离层，在多数情况下可以采用常规的化学方法改良土壤（冲洗、加入石灰石和石膏等）	

表 13－39　改良土壤中不利因素及可采用物料方法

改良方法	构造		蓄水能力		不利因素							
	太细	太粗	过高	过低	湿度不正常	地表不稳定	板结	酸度	碱度	盐浓度	毒性	养分缺乏
自然风化		（＋）					＋	（＋）	＋	＋	（＋）	（＋）
减少坡度			（＋）	（＋）	＋	＋						
夯实	－	＋	（＋）	－		＋						
开沟、松土				＋		（＋/－）	＋					
石灰处理						（＋）		＋	（－）		（＋）	（＋）
无机化学肥料及散装改良土壤物质										（－）	（＋）	＋
无机物：如土壤、惰性废料	＋	＋	（＋）	＋	＋	（＋/－）	＋	＋	＋	（－）	（＋）	＋
有机物：如泥煤、肥料	＋	＋		＋			＋		＋	＋	＋	－
排水			＋			＋						
灌溉				＋						＋	（＋）	（＋/－）
植被			（＋）	＋	＋				（＋）			＋

注：“－”表示有害，“＋”表示能改进；（）表示根据场地及物料而定。

未来土地使用方式：

(1) 农业复垦。将土地恢复供农业使用；露天采场农业复垦，如孝义铝土矿、平果铝土矿露天采空区复垦，恢复农耕土地，收到很好效果。

(2) 林业复垦。恢复专门用于营造人工林、用材林的土地；如云南昆阳磷矿在露采场用于内部排土场后，为避免水土流失对昆明滇池的影响，于 1984 年着手在内排场地进行植树研究。内排的岩石有：灰白色凝岩质黏土岩(白泥层)、含磷硅质白灰岩、黑色粉砂岩、暗绿色叶岩及第四系土层。由于剥离工艺中没有采用分采分堆，而是岩土混排；因而给种植工作带来一定的困难，所以矿山科研人员结合实际情况，采用坑植法造林。一般在土壤上挖坑，并尽量避开大块岩石堆。种植抗旱易活的树种——桉树和松树、每亩植树苗 500 株。

(3) 牧业复垦。将土地恢复供种植牧草和植被绿化，恢复生态平衡。

(4) 其他用途。例如可将采场改造成水库养鱼池或者尾矿池，以及恢复土地供建筑和其他生产用。

土地复垦植物的种植必须坚持“适地、适苗、适时”的原则。选择植物要适应复垦土地的地质和当地的气候条件。栽培植物要种植适时，灌溉、施肥、灭虫等管理工作也要适时。特别要注意优先选择“先锋植物”，即按贫瘠土壤的现状，选择对各抑制因素有耐力的植物，如鞍钢矿山研究所在东鞍山烧结厂尾矿场复垦试验中证明旱块柳、刺柳、白榆、紫穗、沙棘、沙打旺、草木樨等是碱性尾矿沙地的适宜树种和草种。

13.5.6 土地复垦的基本步骤

13.5.6.1 表土的采集、储存和复用

在被破坏的土地上采集和保存土壤，是矿山土地复垦成功的关键，也是影响其成本的重要因素之一。一般情况下，首先将露天开采范围内的表土剥离，堆放在选定的位置储存起来，供以后复土用；或在其他地区，如剥离物堆排场、工业场地等有土壤资源的地方采集或储存土壤。

在表土的采集、储存中，应注意对肥沃土壤的采集、储存，以核实土地复垦的质量。对储存时间较长的土壤，还应考虑土壤的流失和侵蚀，一般应植被覆盖。

13.5.6.2 按合理的顺序进行排序、回填

根据岩、土的物理机械性质及农业化学特征，按照岩土种类、性能和块度大小顺序排弃。一般为上土下岩；大块岩石在下，小块岩石在上；酸性岩石在下，中性岩石在上；不易风化岩石在下，易风化岩石在上；不肥沃的岩石在下，肥沃的岩石在上，复垦土层剖面见图 13－10。

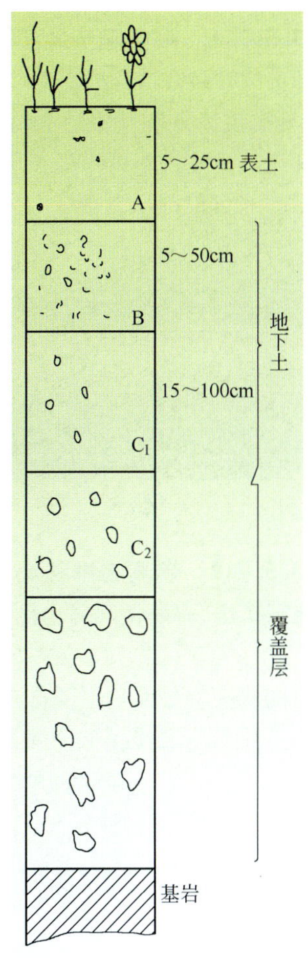

图 13－10　复垦土层剖面示意图

13.5.6.3 场地的整备

场地整备要有良好的稳定性，控制地面水源，搞清土地未来的用途，地表必须修坡。

13.5.6.4 铺垫土层

场地经修坡后，表土应均匀铺垫。原则上应在农业调查的基础上，按照各地区的植物种植和翻土深度确定复土厚度。

复土厚度的一般要求如下：

(1) 当覆盖底层废石为易风化的页岩等岩石时，复垦农业用地的表土铺垫厚度一般为0.5～1.0 m，最小为0.2～0.4 m；种植水稻时，不宜小于0.8 m；当底层压实密度好，不漏水时，可减薄复土厚度；当复垦林业用地时，对风化严重的页岩之类的岩石，堆置后可直接植树，但最好让风化的页岩底层过2～3年后再复垦种植。

(2) 当覆盖底层废石为坚硬的不易风化的岩石复垦为农业用地时，应先在底层废石上铺一层1～2 m厚度的低肥效的岩石垫层，然后再铺垫表土。无垫层时，宜适当加厚复土层厚度，一般为1.0 m。当复垦为林业用地时，应有20%的土质成分，即可按4:1的岩土混排堆置。

作农业用地，有条件时，再在土壤的表土层铺0.05 m的腐殖土。

表土覆盖以后，应设置供排水系统以减少雨水对表土的冲刷，或者天旱时能及时浇水抗旱。

13.5.7　矿山土地复垦类型

13.5.7.1　采空区土地复垦

开采埋藏较浅、呈缓倾斜或水平状赋存的矿体时，其采空区的土地复垦可按排土顺序进行（广西平果采场复垦，如图13－11所示）。开采急倾斜、埋藏较深的矿床，开采后形成的深坑可用来堆存尾矿或作剥离物排弃场，也可用作蓄水库或辟为养鱼池。

图13－11　广西平果采场复垦图

13.5.7.2　剥离物排弃场土地复垦

我国矿山，有的在剥离物排弃场表面覆土后种植水稻（如潘洛铁矿），麦子（如掖县镁矿、筱关铝土矿），大豆（如弓长岭铁矿）；有的剥离物排弃场采用土岩混排，植树造林（如龙山石灰石矿）；有的剥离物排弃场上部排弃页岩、片岩之类风化的岩石后直接栽树造林（如罗茨铁矿）。图13－12为铜陵五公里尾矿库滩面复垦情况。

图13－12　铜陵五公里尾矿库滩面复垦图

13.5.8 土地复垦指标

13.5.8.1 矿山土地复垦率

复垦率的大小反映了被占用和破坏土地的恢复状况，国内实践表明，复垦率大小与矿体的赋存条件有关。一般情况，缓倾斜矿体（如黏土矿、河床砂矿、煤矿）的复垦高于急倾斜矿体（如金属矿）。据资料介绍，1971 年以前，美国部分矿山的土地复垦率分别为：铜矿 2.9%、铁矿 4.3%、黏土矿 35.1%、烟煤矿 68%。矿山土地复垦率可按下式计算：

$$K_f = F_p / F \tag{13-22}$$

式中 K_f——土地复垦率，%；

F——被矿山工程占用和破坏的土地数量，m^2；

F_p——土地复垦后被利用的土地数量，m^2。

13.5.8.2 生态达标的参考指标

只看到农业产值的效益是不够的，构成生态环境有关因素也应有相应的改善和恢复，即：

（1）植被率高于可植被率的 70%；

（2）宜林面积应有 0.4 郁闭度以上；

（3）土地利用率高于总土地面积的 80%；

（4）土地生产率应达到当地水平 70%～80%；

（5）园林化的复垦矿山，水保林占 40%～50%；经济（观赏）林占 40%～50%；其他（环保、景观）10%～20%；

（6）复垦总面积应大于矿区工业总面积 70% 以上；

（7）减灾率、减灾有效程度达到 70% 左右。

13.5.8.3 矿山土地复垦的成本估算及其经济效果

计算复垦经济效益与评估其投入和产出，内容较多，其中不少相关因子稳定性差，往往增加计算难度并导致较大误差。而现有的复垦实验数据和用其建立起的系统资料尚不完善，尤其是复垦总体模式比较粗略，因此在设计规划中需要大量建立某些方法和手续。在实际中应根据具体条件从详或就简，以满足工程需要为准则。

A 矿山土地复垦成本的影响因素

矿山土地复垦的成本主要由下列因素决定：

（1）覆盖层下部岩石的农业化学性质要求采集和铺垫覆盖岩土的厚度；

（2）覆盖岩土的运输距离；

（3）土地复垦的机械化程度；

（4）复垦工程组织。

B 土地复垦成本包括的主要项目

土地复垦成本应包括表 13-40 所列主要内容。

表 13－40 土地复垦成本构成

项目	备注
采集表土层耕植土(表土)	采集属矿山剥离工作的一部分,这里只计算增加部分
采集有种植可能的岩土	采集属矿山剥离工作的一部分,这里只计算增加部分
剥离物排弃场场地整平	应作适当压实,有利于保持水分
整平有种植可能的岩土	应作适当压实,有利于保持水分
覆盖整平耕植土(表土)	
修建供、排土及道路系统	

C 经济效果

我国一些厂矿的复垦经济效果见表 13－41。

由表 13－41 可见,我国矿山土地复垦在农业上有比较明显的经济效果,一般复垦三年以后的土地,其粮食单位面积产量均能达到土地被破坏以前的产量。

表 13－41 复垦效果实例

矿山名称	作物种类	每亩产量/kg	复垦方式
马兰铁矿	花生	75 左右	尾矿池复垦
	小麦	250 左右	尾矿池复垦
掖县镁矿	小麦	200～250	废石场复垦
潘洛铁矿	水稻	500 左右	废石场复垦
坂潭锡矿	水稻	500	采空区复垦
常德金刚石矿	水稻	500	采空区复垦
	棉花	60(皮棉)	尾矿场复垦
筱关铝土矿	小麦	350～400	废石场复垦
	玉米	350～400	废石场复垦
弓长岭铁矿	大豆	150 左右	废石场复垦
南芬选矿厂	高粱、玉米	400 左右	尾矿场复垦
	蔬菜	4000	尾矿场复垦
鞍钢烧结总厂	水稻	250	尾矿场复垦

13.5.9 矿山复垦有关法规、条例、文件

国家及职能部门有关矿山复垦的法规、条例及文件包括:

(1) 国家土地法规、条例(《中华人民共和国土地管理法》);

(2)《中华人民共和国矿产资源法》;

(3)《中华人民共和国环境保护法》;

(4)《中华人民共和国城镇国有土地使用权出让和转让暂行条例》;

(5) 冶金部门土地复垦有关文件、规定;

(6)《化工矿山土地复垦规划设计内容和深度的规定》;

(7)《黄金矿山和砂金生产土地复垦规定》。

13.6 固体废料资源化

防治固体废物污染的一般方法与技术:

(1) 压实技术。压实是一种通过对废物实行减容化,降低运输成本、延长填埋场寿命的预处理技术。如汽车、易拉罐、塑料瓶等通常首先采用压实处理,适于压实减少体积处理的固体废弃物还有垃圾、松散废物、纸带、纸箱及某些纤维制品等。

(2) 破碎技术。为了使进入焚烧炉、填埋场、堆肥系统等废弃物的外形尺寸减小,必须预先对固体废弃物进行破碎处理。经过破碎处理的废物,由于消除了大的空隙,不仅尺寸大小均匀,而且质地均匀,在填埋过程中更易压实。固体废弃物的破碎方法很多,主要有冲击破碎、剪切破碎、挤压破碎、摩擦破碎等,此外还有专用的低温破碎和湿式破碎等。

(3) 分选技术。固体废物分选是实现固体废物资源化、减量化的重要手段,通过分选将有用的充分选出来加以利用,将有害的充分分离出来;另一种是将不同粒度级别的废弃物加以分离。分选的基本原理是利用物料的某些性质方面的差异,将其分选开。例如利用废弃物中的磁性和非磁性差别进行分离;利用粒径尺寸差别进行分离;利用比重差别进行分离等。根据不同性质,可以设计制造各种机械对固体废弃物进行分选。分选包括手工捡选、筛选、重力分选、磁力分选、涡电流分选、光学分选等。

(4) 固化处理技术。固化处理技术是通过向废弃物中添加固化基材,使有害固体废弃物固定或包容在惰性固化基材中的一种无害化处理过程。经过处理的固化产物应具有良好的抗渗透性,良好的机械特性,以及抗浸出性、抗干湿、抗冻融特性。这样的固化产物可直接在安全土地填埋场处置,也可用做建筑的基础材料或道路的路基材料。固化处理根据固化基材的不同可以分为水泥固化、沥青固化、玻璃固化、自胶质固化等。

(5) 焚烧和热解技术。焚烧法是固体废物高温分解和深度氧化的综合处理过程。好处是把大量有害的废料分解而变成无害的物质。由于固体废弃物中可燃物的比例逐渐增加,采用焚烧方法处理固体废弃物,利用其热能已成为必然的发展趋势。以此种方法处理固体废弃物,占地少,处理量大,在保护环境、提供能源等方面可取得良好的效果。焚烧过程获得的热能可以用于发电。利用焚烧炉发生的热量,可以供居民取暖,用于维持温室室温等。目前日本及瑞士每年把超过65%的都市废料进行焚烧而使能源再生。但是焚烧法也有缺点,例如,投资较大,焚烧过程排烟造成二次污染,设备锈蚀现象严重等。

热解是将有机物在无氧或缺氧条件下高温(500~1000℃)加热,使之分解为气、液、固三类产物。与焚烧法相比,热解法则是更有前途的处理方法。它最显著优点是基建投资少。

(6) 生物处理技术。生物处理技术是利用微生物对有机固体废物的分解作用使其无害化。可以使有机固体废物转化为能源、食品、饲料和肥料,还可以用来从废品和废渣中提取金属,是固体废物资源化的有效的技术方法。目前应用比较广泛的有:堆肥法、沼气法、废纤维素糖法、废纤维饲料法、生物浸出等。

矿山生产中产生两种固体废料,即废石和尾砂。我国矿山尾矿数量巨大,与煤矸石、粉煤灰、炉渣、冶炼渣一起占我国工业废弃物总量的88%。目前,全国尾矿库8500多座,较大的有800多座,积存尾矿超过50亿t,并且每年以2亿t递增,利用率只有5%左右。每年处理尾矿的运营费达7.5亿元。矿山尾矿目前基本上只用于回填、烧砖、修路等,技术含量低,用量有限,效益低。这些废料的排放与堆存会占用大量土地,造成生态破坏。同时,由于管理不善而引起的泥石流与尾矿库渗水外流也时有发生,给环境带来更大的破坏,有时还会造成地表与地下水系的污染与破坏。

解决这两大废料的根本途径有两点:其一是现有条件下加强综合管理,包括采取复垦、加强日常管理、减少排放等措施。其二也是非常重要的途径就是利用上述技术方法促进固体废料资源化,依靠科技进步,着力开发废石与尾矿的综合回收工艺技术,拓宽废石与尾矿资源化的领域。

目前,废石与尾矿资源化主要在以下几个方面:

(1) 废石用作建材与筑路石材。许多矿山的掘进或剥离废石除用于充填空区或回填沟坑外,还可用于建筑材料或筑路材料。随着经济与社会的发展,基础设施建设要求愈来愈高,而我国的基础设施欠账太多,这一领域的发展会持续相当长的时间,建筑原材料的需求必将维持较大的市场,而矿山开采产生的废石完全可以作为廉价的建筑材料尤其是筑路材料加以利用,这在另一个意义上讲也是可持续发展所要求的,减少了开山取石带来的负效应。

(2) 尾砂作为建材的原材料。一般来说,尾砂都具有以下特点,这些特点是实现尾砂用作建材资源化基础:

1) 质轻并有比较合理的颗粒级配,是水泥混凝土、沥青混凝土等建筑材料非常好的骨料。

2) 颗粒比较细,具有非常高的比表面能,可用于压制成型制作建筑饰面材料,有非常好的装饰效果。

3) 采用低温煅烧就有可能成为使用价值非常高的建筑材料。

4) 固体废料的建材资源化往往不需进行大的固定资产投资,而经济效益非常显著。

5) 许多尾砂都含有石英,而且其粒度均较细。

因此,尾砂较适宜于作玻璃原料,与某些添加剂一起便可制作瓷砖、微晶玻璃、水泥及建筑用砖等建筑材料,其工艺简单、投资较低,不失为一种极具推广前景的尾砂综合利用途径。

(3) 尾砂用于化工、化肥的添加料。一些矿山尾砂含有化工及化肥所需的有机与无机有效物质,直接提取成本太高,可通过特定技术使其直接成为上述产品的添加剂,当然,这方面需对不同成分的尾砂进行必要的科学研究来探讨其使用途径。

(4) 尾砂废石用于充填材料。尾矿和废石用于回窿充填是最经济与最便捷的充填材料,尾砂充填采矿法在有色矿山及贵金属矿山已应用得十分普遍,近年部分铁矿也开始采用充填采矿法。

尾砂作为矿山的废料被大量用于充填,成为矿山的主要充填原料。传统的充填工艺只有分级粗尾砂才被采用,常常造成充填料不足、细砂筑坝困难、充填料浆浓度低、充填质量受影响、充填体在采场脱水造成坑内污染等,没有从根本上解决环境污染的问题。全尾砂充填新工艺的产生,不仅为解决充填本身存在的一些问题提供了有效的途径,而且为实现无废开采开辟了广阔的前景。以全尾砂或全尾砂为主制成的各类膏体充填料或高浓度充填料用于矿山充填,既可减小或取消建设尾矿库、降低水泥消耗及充填成本,又可大大改善坑内外的环境,彻底解决了尾矿这一废料的处理问题。

(5) 加快科技进步,促进废料资源化。矿山生产产生的废石与尾砂资源化的潜力很大,应该加大技术开发力度,提高利用水平,不能仅仅停留在简单的、一般性的应用程度上,将矿山固体废料资源化的重点放在高附加值产品的研发上,这样既可实现废料资源化,又可明显提高企业的经济效益,从而实现矿山的可持续发展与矿区环境的协调发展。

参考文献

1 《采矿设计手册》编写委员会. 采矿设计手册:矿床开采卷(上、下),矿产地质卷(下). 北京:中国建筑工业出版社,1988

2 采矿手册编委会. 采矿手册. 北京: 冶金工业出版社,1990

3 中国冶金矿山企业协会. 冶金矿山地质技术管理手册. 北京:冶金工业出版社,2003

4 Hartman Senior. SME Mining Engineering Handbook 2nd Edition. Port City Press, Inc. ,1992

5 罗云. 注册安全工程师手册. 北京:化学工业出版社,2004

6 Jack de la Vergne. McINTOSH ENGINEERING Hard Rock Miner's Handbook 3rd Edition. Hamilton Printers,2003

7 朱瑞军. 地下水对谦比西铜矿采矿生产的影响分析. 有色矿山,2005(2)

8 张寿全. 中国的水环境与水资源可持续利用若干问题. 工程地质学报,1999,7(3)

9 陈勤树. 我国采矿科技下世纪前瞻. 矿业研究与开发,1998,18(1)

10 姚春梅. 矿山开采对水资源的影响. 山东冶金,1998,20(4)

11 彭怀生等. 矿床无废开采的规划与评价. 北京:冶金工业出版社,2001

12 GB16423—2006 金属非金属矿山安全规程

13 Karmis M and Haycocks C. SME Mining Engineering Handbook 2nd Edition. SME USA,1992

14 金属矿井通风防尘设计参考资料. 北京:冶金工业出版社,1982

15 采矿手册. 北京:冶金工业出版社,1991

16 Rawlins C A, Phillips H R. Ventilation and refrigeration design strategy for underground mines. Journal of the Mine Ventilation of Society of Sourth Africa . 2005,7/9:86 ~ 93

17 Gundersen R E, Glehn F H von, Wilson R W. Improvin the efficiency of mine ventilation and cooling system through action control. Journal of the Mine Ventilation of Society of South Africa . 2006,10/12:100 ~ 136

18 Calizaya E, Mutarma K R. Comparative evalution of Block cave ventilation systems. Mine Ventilation 2004, London. 3 ~ 13

19 Ian J Duckworth, Karmawan K, Barber J. Testing and reduction strategies for diesel emissions at PT Freeport Indonisia. Mine Ventilation 2004, London. 81 ~ 88

20 Ian J Duckworth, Karmawan K, Casten T. Preliminary ventilation design for the Grasberg block cave mine. Mine Ventilation 2004, London. 493 ~ 502

14 矿山安全

14.1 危害安全生产的因素

14.1.1 危害安全生产的因素

矿山生产环境特殊,与其他行业有较大区别,危害矿山安全生产的主要灾害及其影响因素有以下几个方面。

14.1.1.1 有毒有害气体

矿山开采的有毒有害气体有两个来源,其一是有些岩体或矿物本身含有有毒有害气体或放射性气体,在开采扰动和诱导下释放到开采所形成的空间,从而给矿山生产带来危害;其二是开采活动过程中产生的有毒有害气体,最常见的是爆破产生的炮烟,同时,一些易氧化的矿物会氧化、发热甚至自燃而散发出一些有毒有害气体。有毒有害气体对矿山生产有较大威胁,轻则耽误生产、降低劳动生产率,重则可造成人员伤亡、危及生命财产。

14.1.1.2 火灾

凡是发生在矿山地下或地面而威胁到井下或矿山安全生产,造成损失的非控制燃烧均称为矿山火灾。矿山火灾具有严重的危害性,可以造成人员伤亡、矿山生产停滞以及严重的环境污染等,导致矿山巨大的经济损失。

根据引燃源的不同,矿山火灾可分为外因火灾和内因火灾两大类。外因火灾是指由外来燃源如:明火、机械摩擦、电路故障、电气火花、爆破等原因造成的火灾。外因火灾的特点是突发性强,蔓延快,如不能及时发现,往往可酿成恶性事故。内因火灾是指岩层或含硫矿物在一定的条件和环境下自身发生物理化学变化积聚热量导致发火而形成的火灾。与外因火灾不同,内因火灾的特点是发生过程比较长,而且往往会有预兆,易于早期发现,但是,其火源的中心位置难以准确定位，扑灭起来比较困难。

14.1.1.3 水害

矿山开采过程中，突水水源主要有地表水、溶洞—溶蚀裂隙水、含水层水、断层水、封闭不良的钻孔水、采空区形成的“人工水体”等。水灾对矿山生产的危害非常大，经常表现为突发性，导致严重的生命财产损失。

几种主要充水水源的涌水特征为：

(1) 大气降水为主要充水水源的涌水特征。这里主要指直接受大气降水渗入补给的矿床，破碎带中、埋藏较浅、充水层裸露、位于分水岭地段的矿床或露天矿区，其充(涌)水特征与降水、地形、岩性和构造等条件有关：

1) 矿井涌水动态与当地降水动态相一致，具明显的季节性和多年周期性的变化规律；

2) 多数矿床随采深增加矿井涌水量逐渐减少，其涌水高峰值出现滞后的时间加长；

3) 矿井用水量的大小还与降水性质、强度、连续时间及渗入条件有密切关系。

(2) 以地表水为主要充水水源的涌水特征。

1) 矿井涌水动态随地表水的丰枯作季节性变化，且其涌水强度与地表水的类型、性质与规模有关。受季节流量变化大的河流补给的矿床，其涌水强度亦呈季节性周期变化，有常年性大水补给时，可造成定水头补给稳定的大量涌水，并难以疏干。

2) 矿井涌水强度还与井巷到地表水体间的距离、岩性与构造条件有关。一般情况下，间距愈小，则涌水强度愈大；岩层的渗透性愈强，涌水强度愈大。当其间分布有厚度大而完整的隔水层时，则涌水甚微，甚至无影响；其间地层受构造破坏愈严重，井巷涌水强度愈大。

3) 采矿工艺的影响。依据矿床开采技术条件选择适当的开采工艺，采矿工艺合理，则不会对生产造成大的影响；如采矿工艺不合理，则有可能造成大的岩移，形成涌水通道，发生突水和泥沙冲溃。

(3) 以地下水为主要充水水源的涌水特征。能造成井巷涌水的含水层称为矿床充水层。当地下水成为主要涌水水源时，有如下规律：

1) 矿井涌水强度与充水层的空隙性及其富水程度有关。

2) 矿井涌水强度与充水层厚度和分布面积有关。

3) 矿井涌水强度及其变化与充水层水量组成有关。

(4) 以老窿水为主要充水水源的矿床。我国许多老矿区的浅部，常常有许多老的采空区，且其中充满大量积水，它们大多积水程度与范围不明，连通复杂、水量大、酸性高、水压高，常常会造成突水，而且危害性也较大。

14.1.1.4 粉尘

矿山粉尘是指在矿山建设和生产过程中所产生的各种矿岩微粒的总称。矿山生产的各个主要环节如采矿、掘进、运输、提升的几乎所有环节都不同程度地产生粉尘。矿山生产的机械化程度、采矿工艺、开采强度、作业地点的通风状况、地质构造及矿床赋存条件都对粉尘的产生有影响。

粉尘可分为以下几种类型：

(1) 全尘。是指用一般敞口采样器采集到一定时间内悬浮在空气中的全部固体微粒。

(2) 呼吸性粉尘。是指能被吸入人体肺部并滞留于肺泡区的浮游粉尘。空气动力直径小于7.07 μm的极细微粉尘，是引起尘肺病的主要粉尘。

(3) 浮尘和落尘。悬浮于空气中的粉尘称为浮尘，沉积在巷道、工作面和物体表面上的粉尘称为落尘。

矿山粉尘的危害性主要表现在以下几个方面：

(1) 污染工作场所，危害人体健康，引起职业病；

(2) 某些粉尘(如煤尘、硫化尘)在一定条件下可以爆炸；

(3) 加速机械磨损，缩短精密仪器使用寿命；

(4) 降低工作场所能见度，增加工伤事故的发生。

14.1.1.5 矿岩动力诱导灾害

矿岩动力诱导灾害泛指由于矿岩采掘活动导致原岩失稳而引发的矿岩破坏给生产带来的灾害性影响。矿岩动力诱导灾害可归纳为以下几种：

(1) 地下矿山顶板冒落。采场顶板、巷道顶板冒落是地下开采中最常见的事故。其引发原因主要是：采矿方法不合理和顶板管理不善、支护不当或缺乏有效支护、检查不周和疏忽大意、地质条件不好、地压活动等。

(2) 露天矿滑坡事故。露天矿滑坡是指边坡岩体在较大范围内沿某一特定的剪切面滑动。其主要原因是：边坡角设计偏大或没按设计施工、边坡有大的结构弱面、自然灾害(如：地震、山体滑移、泥石流等)、滥采乱挖等。

(3) 岩爆。是指井巷或工作面周围岩体，由于弹性变形能的瞬时释放而产生的一种以突然、急剧、猛烈的破坏为特征的动力现象。根据原岩应力状态不同，岩爆可分为三类：重力型岩爆、构造应力型岩爆、中间型或重力—构造型岩爆。岩爆的特点：一般没有明显的预兆，难以事先确定发生的时间、地点和冲击强度；发生过程短暂，伴随巨大声响和强烈震动；破坏性很大，有时出现人员伤亡。

14.1.1.6 其他

除上述与矿山自然赋存条件有关的因素外，还有一些对矿山安全生产有影响的人为因素，主要表现为：违反相关规程规范、安全设施不健全、应急预案不健全或不适用、重视程度不够、安全投入欠账、设备保养不够、设备老化等。

14.1.2 安全事故分类

事故的分类在此主要是指伤亡事故，特别是企业职工伤亡事故的分类。伤亡事故分类总的原则是：适合国情，统一口径，提高可比性，有利于科学分析和积累资料，有利于安全生产的科学管理。

伤亡事故的分类，分别从不同方面描述了事故的不同特点。根据我国有关劳动保护法规和标准，目前应用比较广泛的事故分类主要有以下几种。

14.1.2.1 按伤害程度分类

指事故发生后，按事故对受伤害者造成损伤以致劳动能力丧失(简称失能)的程度分类：

(1) 轻伤，指损失工作日为一个工作日以上(含1个工作日)，105个工作日以下的失能伤害；

(2) 重伤，指损失工作日为105个工作日以上(含105个工作日)的失能伤害，重伤的损失工作日最多不超过6000日；

(3) 死亡，其损失工作日定为6000日，这是根据我国职工的平均退休年龄和平均死亡年龄计算出来的。

此种分类是按伤亡事故造成损失工作日的多少来衡量的，而损失工作日是指受伤害者丧失劳动能力的工作日。各种伤害情况的损失工作日数，可按标准(GB5441—86)中的有关规定计算或选取。

14.1.2.2 按事故严重程度分类

指发生事故后，按照职工所受伤害程度和伤亡人数分类：

(1) 轻伤事故，指只有轻伤的事故；

(2) 重伤事故，指有重伤没有死亡的事故；

(3) 死亡事故，指一次死亡1～2人的事故；

(4) 重大伤亡事故，指一次死亡3～9人的事故；

(5) 特大伤亡事故，指一次死亡10人以上(含10人)的事故。

14.1.2.3 按事故类别分类

国标GB6441—86《企业职工伤亡事故分类》中，将事故类别划分为20类。这一分类方法同20世纪50年代制定的分类标准相比有所改进。具体分类如下：

(1) 物体打击，指失控物体的惯性力造成的人身伤害事故。如落物、滚石、锤击、碎裂、崩块、砸伤等造成的伤害，不包括爆炸而引起的物体打击。

(2) 车辆伤害，指本企业机动车辆引起的机械伤害事故。如机动车辆在行驶中的挤、压、撞车或倾覆等事故，在行驶中上下车、搭乘矿车或放飞车所引起的事故，以及车辆运输挂钩、跑车事故。

(3) 机械伤害，指机械设备与工具引起的绞、碾、碰、割、戳、切等伤害。如工件或刀具飞出伤人，切屑伤人，手或身体被卷入，手或其他部位被刀具碰伤，被转动的机构缠压住等，但属于车辆、起重设备的情况除外。

(4) 起重伤害，指从事起重作业时引起的机械伤害事故。包括各种起重作业引起的机械伤害，但不包括：触电，检修时制动失灵引起的伤害，上下驾驶室时引起的坠落或跌倒。

(5) 触电，指电流流经人体，造成生理伤害的事故。适用于触电、雷击伤害。如人体接触带电的设备金属外壳或裸露的临时线，漏电的手持电动手工工具；起重设备误触高压线或感应带电；雷击伤害；触电坠落等事故。

(6) 淹溺，指因大量水经门、鼻进入肺内，造成呼吸道阻塞，发生急性缺氧而窒息死亡的事故。适用于船舶、排筏、设施在航行或停泊以及作业时发生的落水事故。

(7) 灼烫，指强酸、强碱溅到身体引起的灼伤，或因火焰引起的烧伤，高温物体引起的烫伤，放射线引起的皮肤损伤等事故，适用于烧伤、烫伤、化学灼伤、放射性皮肤损伤等伤害，不包括电烧伤以及火灾事故引起的烧伤。

(8) 火灾，指造成人身伤亡的企业火灾事故。不适用于非企业原因造成的火灾，比如，居民火灾蔓延到企业，此类事故居于消防部门统计的事故。

(9) 高处坠落，指出于危险重力势能差引起的伤害事故。适用于脚手架、平台、陡壁施工等高于地面的坠落，也适用于山地踏空失足坠入洞、坑、沟、升降口、漏斗等情况。但排除以其他类别为诱发条件的坠落。如高处作业时，因触电失足坠落应定为触电事故，不能按高处坠落划分。

(10) 坍塌，指建筑物、构筑物、堆置物等倒塌以及土石塌方引起的事故。适用于因设计或施工不合理而造成的倒塌，以及土方、岩石发生的塌陷事故。如建筑物倒塌，脚手架倒塌，挖掘沟、坑、洞时土石的塌方等情况。不适用于矿山冒顶片帮事故，或因爆炸、爆破引起的坍塌事故。

(11) 冒顶片帮，指矿井工作面、巷道侧壁由于支护不当、压力过大造成的坍塌，称为片帮；顶板垮落为冒顶。二者常同时发生，简称为冒顶片帮，适用于矿山、地下开采、掘进及其他坑道作业发生的坍塌事故。

(12) 透水，指矿山、地下开采或其他坑道作业时，意外水源带来的伤亡事故。适用于井巷与含水岩层、地下含水带、溶洞或与被淹巷道、地面水域相通时，涌水成灾的事故。不适用于地面水害事故。

（13）放炮，指施工时，放炮作业造成的伤亡事故。适用于各种爆破作业，如采石、采矿、采煤、开山、修路、拆除建筑物等工程进行的放炮作业引起的伤亡事故。

（14）瓦斯爆炸，是指可燃性气体瓦斯、煤尘与空气混合形成了达到燃烧极限的混合物，接触火源时，引起的化学性爆炸事故，主要适用于煤矿，同时也适用于空气不流通，瓦斯、煤尘积聚的场合。

（15）火药爆炸，指火药与炸药在生产、运输、贮藏的过程中发生的爆炸事故。适用于火药与炸药生产在配料、运输、贮藏、加工过程中，由于振动、明火、摩擦、静电作用，或因炸药的热分解作用，贮藏时间过长或因存药过多发生的化学性爆炸事故，以及熔炼金属时，废料处理不净，残存火药或炸药引起的爆炸事故。

（16）锅炉爆炸，指锅炉发生的物理性爆炸事故。适用于使用工作压力大于0.07 MPa（0.7 atm）、以水为介质的蒸汽锅炉（以下简称锅炉），但不适用于铁路机车、船舶上的锅炉以及列车电站和船舶电站的锅炉。

（17）容器爆炸。容器（压力容器的简称）是指比较容易发生事故，且事故危害性较大的承受压力载荷的密闭装置。容器爆炸是压力容器破裂引起的气体爆炸，即物理性爆炸，包括容器内盛装的可燃性液化气在容器破裂后，立即蒸发，与周围的空气混合形成爆炸性气体混合物，遇到火源时产生的化学爆炸，也称容器的二次爆炸。

（18）其他爆炸。凡不属于上述爆炸的事故均列为其他爆炸事故，如：

1）可燃性气体如煤气、乙炔等与空气混合形成的爆炸；

2）可燃蒸气与空气混合形成的爆炸性气体混合物如汽油挥发气引起的爆炸；

3）可燃性粉尘以及可燃性纤维与空气混合形成的爆炸性气体混合物引起的爆炸；

4）间接形成的可燃气体与空气相混合，或者可燃蒸气与空气相混合（如可燃固体、自燃物品，当其受热、水、氧化剂的作用迅速反应，分解出可燃气体或蒸气与空气混合形成爆炸性气体），遇火源爆炸的事故。

5）炉膛爆炸，钢水包、亚麻粉尘的爆炸，都属于上述爆炸，亦均属于其他爆炸。

（19）中毒和窒息，指人接触有毒物质，如误吃有毒食物或呼吸有毒气体引起的人体急性中毒事故，或在废弃的坑道、暗井、涵洞、地下管道等不通风的地方工作，因为氧气缺乏，有时会发生突然晕倒，甚至死亡的事故称为窒息。两种现象合为一体，称为中毒和窒息事故。不适用于病理变化导致的中毒和窒息的事故，也不适用于慢性中毒的职业病导致的死亡。

（20）其他伤害。凡不属于上述伤害的事故均称为其他伤害，如扭伤，跌伤，冻伤，野兽咬伤，钉子扎伤等。

14.1.2.4 按受伤性质分类

受伤性质是指人体受伤的类型。实质上这是从医学的角度给予创伤的具体名称，常见的有如下一些名称。

（1）电伤，指由于电流流经人体，电能的作用所造成的人体生理伤害。包括引起皮肤组织的烧伤。

（2）挫伤，指由于挤压、摔倒及硬性物体打击，致使皮肤、肌肉肌腱等软组织损伤。常见有颈部挫伤和手指挫伤。严重者可导致休克、昏迷。

（3）割伤，指由于刃具、玻璃片等带刃的物体或器具割破皮肤肌肉引起的创伤。严重时可导致大出血，危及生命。

(4) 擦伤,指由于外力摩擦,使皮肤破损而形成的创伤。

(5) 刺伤,指由尖锐物刺破皮肤肌肉而形成的创伤。其特点是伤口小但深,严重时,可伤及内脏器官,导致生命危险。

(6) 撕脱伤,指因机器的辗轧或纹轧,或炸药的爆炸使人体的部分皮肤肌肉由于外力牵拽造成大片撕脱而形成的创伤。

(7) 扭伤,指关节在外力作用下,超过了正常活动范围,致使关节周围的筋受伤害而形成的创伤。

(8) 倒塌压埋伤,指在冒顶、塌方、倒塌事故中,泥土、沙石将人全部埋住,因缺氧引起窒息而导致的死亡或因局部被挤压时间过长而引起肢体麻木或血管、内脏破裂等一系列症状。

(9) 冲击伤,指在冲击波超压或负压作用下,人体所产生的原发件操作。其特点是多部位、多脏器伤损,体表伤害较轻而内脏损伤较重,死亡迅速,救治较难。

14.2 事故调查分析

14.2.1 事故调查

矿山事故发生后,企业除采取必要的制止事故扩大措施和抢救组织外,必须立即如实将事故概况尽快或用最快速的通讯工具向上级主管部门和国家矿山安全监察部门报告。由他们分别按系统根据不同严重程度所要求的时限向上级逐级转报。

事故发生单位必须做到尽一切可能抢救伤员和国家财产,制止事故进一步发展和防止损失扩大;认真保护事故现场,不得人为破坏或随意清理现场。1989 年 1 月 3 日国务院第三十一次常务会议通过的《特别重大事故调查程序暂行规定》中规定,因抢救人员、防止事故扩大以及疏通交通等原因,需要移动现场对象的,应当做出标志、绘制现场简图并写出书面记录,妥善保存现场重要痕迹、物证。

事故调查的目的是掌握事故情况、查明事故原因、拟定改进措施、分清事故责任,提出对事故责任者的处理意见和填写调查报告。

14.2.1.1 事故调查的组织

按照《中华人民共和国矿山安全法》第 37 条,“发生一般矿山事故,由矿山企业负责调查和处理。发生重大矿山事故,由政府及其有关部门、工会和矿山企业按照行政法规的规定进行调查和处理”。一般矿山事故是指轻伤事故和重伤事故。

轻伤事故由井长或坑长组织生产、技术、安全等有关人员会同工会进行调查,确定事故原因,提出改进意见,并填写事故报告表。由矿长或副矿长组织企业生产、技术、安全技术等有关人员会同工会组成调查组,对发生重伤事故进行调查。

重大伤亡事故由管理矿山企业的主管部门会同当地劳动行政主管部门、公安部门、人民检察院和工会组成事故调查小组进行调查。发生特大伤亡事故,按照发生事故的企业的隶属关系,由省、自治区、直辖市人民政府或者国务院归口管理部门负责组织,成立特大伤亡事故调查组,负责事故的调查处理工作。

《特别重大事故调查程序暂行规定》中规定,国务院认为应当由国务院调查的特大伤亡事故,由国务院或者国务院授权的部门,组织特大伤亡事故调查组,特大伤亡事故调查组根据所发生事故的具体情况,由发生事故的企业的归口管理部门、公安部门、监察部门、劳动行政主管部门等单位派员组成,并邀请人民检察院和工会派员参加。根据调查工作的需要,可以选聘其他部门或者单位的人员参加,也可以聘请有关专家进行技术鉴定。特大伤亡事故调查组成员应当具有事故调查的某一方面专长,同时与所发生的事故没有直接利害关系。

14.2.1.2 事故调查内容

通过事故调查,必须查明下列事项:

(1) 事故发生时间(年、月、日、班次、时、分)和具体地点;

(2) 受伤害的人员数,伤害部位、性质和伤害程度;

(3) 导致事故发生的起因物、致害物及其事故类别;

(4) 事故的后果和经济损失;

(5) 事故发生经过;

(6) 受害人员及有关人员的情况;

(7) 管理情况;

(8) 事故现场实测图和照片。

14.2.1.3 事故调查工作

为了查清事故情况,调查组须进行下列工作:

(1) 勘察事故现场,详细记录并拍照;

(2) 了解生产、工艺、设备和管理情况;

(3) 了解医疗部门对伤亡情况的报告;

(4) 了解经济损失分析报告;

(5) 对事故人员进行详细调查和取证;

(6) 对与事故发生、发展起重要作用的设施、物质及材料进行技术鉴定;

(7) 召开事故原因分析会议;

(8) 必要的试验或模拟试验。

所有的事故现场调查记录、图纸、照片、事故调查证言和会议记录材料以及技术鉴定报告、试验报告等最后均应纳入事故档案。

14.2.1.4 事故经济损失

A 事故经济损失的计算项目

事故可能造成的经济损失包括:

(1) 医疗费用(包括营养费)和护理及陪伴人员的费用;

(2) 因负伤而造成歇工天数的工资;

(3) 伤残补助;

(4) 家属困难补助及抚恤费用;

(5) 事故善后处理(丧葬、交通、住宿、饮食、接待人员出差补助等)费用;

(6) 事故引起成品、半成品、原料、工业建筑物、构筑物、机械、工具和保护设施的损失;

(7) 事故引起的矿产资源损失;

(8) 防患救灾及清理现场所致的措施费用;

(9) 从事援救、调查事故、办理善后等活动的有关人员的工资费用;

(10) 事故负伤者歇工、事故所引起局部停产或全面停产、事故引起工效下降等产量下降的损失;

(11) 事故引起产品质量下降的损失;

(12) 事故引起环境污染所造成的损失;

(13) 顶替伤亡人员上岗操作的人员所需的培训费用;

(14) 其他。

B 计算经济损失的原则

计算经济损失应遵循下列原则:

(1) 凡已支出的费用,不论经费来源,均应按实际统计计算;

(2) 物质损失应以账面值减去残值;

(3) 固定资产损失应以修复该项资产所需费用加以新建所需费用减去残存部分可抵偿的费用计算;

(4) 停产、减产和质量下降损失应以事故前一个月的平均生产水平作为正常水平和事故之日起到恢复正常水平所费时间来计算;

(5) 对整个国民经济(即其他部门或企业)的影响和所造成的损失。

14.2.1.5 事故统计

伤亡事故的统计分析,主要是正确的分析出事故的准确原因,找出发生事故的规律,研究采取相应对策,及时准确的提供给领导决策机关,事故的统计分析结果,就是安全生产状况的晴雨表,指导安全生产工作。

一般矿山企业的伤亡事故的统计指标如下:

(1) 千人死亡率:表示某时期(通常指一年),平均每千名职工中,因伤亡事故造成的死亡人数。

$$千人死亡率=\frac{死亡人数}{平均职工数}\times 10^{3}$$

(2) 千人重伤率:表示某时期内,平均每千名职工中,因伤亡事故造成的重伤人数。

$$千人重伤率=\frac{重伤人数}{平均职工数}\times 10^{3}$$

(3) 伤害频率:表示某时期内,每百万工时,事故造成伤害的人数。伤害人数指轻伤、重伤、死亡人数之和。

$$百万工时伤害率\ A=\frac{伤害人数}{实际总工时}\times 10^{6}$$

(4) 伤害严重率:表示某时期内,每百万工时,事故造成的损失工作日数。

$$伤害严重率\ B=\frac{总损失工作日数}{实际总工时}\times 10^{6}$$

(5) 伤害平均严重率:表示每人次受伤害的平均损失工作日。

$$N=B/A=\frac{总损失工作日}{伤害人数}$$

(6) 按产量、产品计算的死亡率:

$$百万吨死亡率=\frac{死亡人数}{实际产量(t)}\times 10^{6}$$

14.2.2 事故分析

14.2.2.1 事故类别

国家标准局1986年5月31日发布的中华人民共和国国家标准GB6441—86《企业职工伤亡事故分类标准》,将因工伤亡事故根据导致事故发生的物体、物质,即起因物分为20类:

(1) 物体打击(指落物、滚石、碎裂、崩块、砸伤等伤害,不包括爆破而引起的物体打击);

(2) 车辆伤害(包括挤、压、撞、颠覆等);
(3) 机械伤害(包括绞、碾、碰、割、戳、击伤等);
(4) 起重伤害(包括设备本身和操作过程中所引起的伤害);
(5) 触电(包括雷击);
(6) 淹溺;
(7) 灼烫;
(8) 火灾;
(9) 高处坠落(包括从架子上、屋顶上及平地上坠入坑内等);
(10) 坍塌(包括建筑物、堆置物倒塌和土石塌方);
(11) 冒顶片帮;
(12) 透水;
(13) 放炮;
(14) 火药爆炸(包括生产、运输、贮存过程中发生爆炸);
(15) 瓦斯爆炸(包括煤尘爆炸);
(16) 锅炉爆炸;
(17) 容器爆炸;
(18) 其他爆炸(包括化学物爆炸、炉膛爆炸、钢水包爆炸);
(19) 中毒和窒息(包括化学、沥青、煤气、油气、氨气、一氧化碳等中毒);
(20) 其他伤害(包括跌伤、冻伤、野兽咬伤等)。

起因物是指导致事故发生的物体和物质,施害物是指直接引起伤害及中毒的物体或物质,事故类别是根据导致事故发生的起因物来确定的,而不是依据施害物来确定的。

14.2.2.2 事故分析

现代安全管理认为,造成事故的原因不外乎是由于人的不安全行为和物(包括环境)的不安全状态两大类因素作用的结果,是造成事故的直接原因。直接原因是直接导致事故发生的原因。导致人的不安全行为和物的不安全状态的原因很多,在管理上可以查到的原因是事故的间接原因。

国家标准局1986年5月31日发布的中华人民共和国国家标准GB6442—86《企业职工伤亡事故调查分析规则》是对企业职工在生产劳动过程中发生的伤亡事故(含急性中毒事故)进行调查分析的依据。调查分析的目的是:掌握事故情况,查明事故原因,分清事故责任,拟订改进措施,防止事故重复发生。

按照《规则》的要求,事故分析的步骤为:首先,整理和阅读调查材料;然后,根据《企业职工伤亡事故分类标准》附录A分析受伤部位、受伤性质、起因物、致害物、伤害方式、不安全状态、不安全行为七项内容;最后,确定事故的直接原因、间接原因,确定事故的责任者。

A 人的不安全行为

据统计,人的不安全行为在目前的安全生产事故伤亡中占主要地位,达70%以上。人的不安全行为主要可以归结为以下13种:

(1) 操作错误,忽视安全,忽视警告;
(2) 安全装置失效;
(3) 使用不安全设备;
(4) 手代替工具操作;
(5) 物体(指成品、半成品、材料、工具、切屑和生产用品等)存放不当;

(6) 冒险进入危险场所;

(7) 攀、坐不安全位置(如平台护栏、汽车挡板、吊车吊钩);

(8) 在起吊物下作业、停留;

(9) 机器运转时加油、修理、检查、调整、焊接、清扫等工作;

(10) 有分散注意力的行为;

(11) 在必须使用个人防护用品用具的作业或场合中,忽视其使用;

(12) 不安全装束;

(13) 对易燃、易爆等危险物品处理错误。

B 物(包括环境)的不安全状态

物和环境不安全状态包括:

(1) 防护、保险、信号等装置缺乏或有缺陷;

(2) 设备、设施、工具、附件有缺陷;

(3) 个人防护用品用具——防护服、手套、护目镜及面罩、呼吸器官护具、听力护具、安全带、安全帽、安全鞋等缺少或有缺陷;

(4) 生产(施工)场地环境不良。

C 间接原因

间接原因是指直接原因得以产生和存在的原因,它们是:

(1) 技术和设计上有缺陷——工业构件、建筑物、机械设备、仪器仪表、工艺过程、操作方法、维修检验等的设计、施工和材料使用存在问题;

(2) 教育培训不够,未经培训,缺乏或不懂安全操作技术知识;

(3) 劳动组织不合理;

(4) 对现场工作缺乏检查或指导错误;

(5) 没有安全操作规程或不健全;

(6) 没有或不认真实施事故防范措施,对事故隐患整改不力;

(7) 其他。

事故发生的机理一般都很复杂,原因也多种多样。一件事故的发生往往有多种原因,有时各种原因之间又有很复杂的关联。在分析事故中,应从直接原因入手,逐步深入到间接原因,从而掌握事故的全部原因。对众多的事故原因分清主次,找出一条主要原因。除此以外,对事故发生的季节、时间、地点、工种、人员素质等也要进行分析,以便从事故中找出一般规律,从而有针对性地采取预防措施,避免和减少伤亡事故。

14.2.2.3 事故的分析预测技术方法

矿山事故的分析预测是指对矿山生产系统中各生产及辅助生产环节的危险、有害因素及其危险、危害程度的分析和预测。目前,用于不同特点、适用条件和应用范围的事故分析预测方法很多,按其特性可分为定性分析和定量预测。定性分析是在对事件发生的经验、知识、观察的基础上,通过对其发生发展规律的了解,科学地分析判断,找出各环节存在的危险、有害因素,并在技术、管理、教育方面提出相应的防止措施,达到安全生产、避免事故发生的目的。定量分析预测方法是以统计数据、检测数据、同类和类似系统的数据,按有关标准,构建数学模型进行定量化评价的方法。预测分析常用方法有安全检查表、事故树分析、事件树分析、危险度评价法、危险预分析、故障类型和影响分析、模糊数学综合评价法、“火灾、爆炸危险指数评价法”、单元危险指数快速排序法等。此外,还有将经济学边际理论的思想应用于安全评价,将企业在产品生产过程中投入、产出与安全因素的关系建立数学模型，求出安全区间、最佳安全值的边际系数安全评价法；以多媒体计算机系统为基础的虚拟现实技术等。

我国有些单位编制了安全评价与风险分析系统软件。

A　安全检查表

安全检查以相关的标准、规范和规定为基础，将工程、工艺、设备、操作中的不安全因素以提问的方式列表，使用时将实际情况与检查条款对照。该方法直观、现实、及时发现存在的安全隐患；但也存在因安全检查表编制者与检查者对涉及领域的经验和熟悉程度容易出现漏项等问题。当前，我国各地在进行在安全检查和生产安全评估中制定了不同的安全检查表，部分地区也在做将此项定量化的尝试。某省对非煤矿山地下开采的安全检查表见表 14－1～表 14－7。

表 14－1　地下开采非煤矿山安全检查表（机构、制度方面）

检查单位　　　　　　　　　　　　　　　　检查时间

序号	检查项目	检 查 内 容	检查标准	检查方法	检查结果
一	安全机构及人员	1. 设置安全生产管理机构、配备工作人员	有下发的文档	查看有关文件资料	
		2. 各队、班组应设立专（兼）职安全员	有专（兼）职人员	查看有关文件资料	
二	规章制度	1. 安全生产责任制。包括主要负责人、分管负责人、安全生产管理人员、安全管理部门、重要岗位（提升运输、供配电、水泵房、主扇风机房、炸药库）的安全生产责任制	齐全、符合安全生产法律法规的要求	查看有关文件资料	
		2. 安全生产有关制度。包括安全检查制度、职业危害（粉尘、有毒有害气体等）预防制度、职工安全教育培训制度、生产安全事故管理制度、重大危险源（提升运输设备、爆破器材库）监控和重大事故隐患整改制度、设备（指主提升机、绞车、主扇、压风机、电机车等）安全管理制度、安全生产档案管理制度、安全生产奖惩制度	齐全、符合安全生产法律法规的要求	查看有关文件资料	
		3. 作业安全规程。包括掘进迎头和采矿工作面作业规程	每个掘进头和每个采场都有作业规程并有针对性和操作性	查看有关文件资料	
		4. 操作规程。主提升机司机、绞车操作工、爆破工、金属焊接（切割）工、信号工、通风工、电工、矿井泵工、安全检查工、尾矿工、机动车司机必须有操作规程	齐全、有针对性和操作性	查看有关文件资料	

表 14－2　地下开采非煤矿山安全检查表（投入、培训、图纸方面）

检查单位　　　　　　　　　　　　　　　　检查时间

序号	检查项目	检 查 内 容	检查标准	检查方法	检查结果
一	安全投入	提取和使用安全技术措施专项经费	按销售收入 3% 提取和使用	查看有关财务报表、台账	
二	安全培训	1. 矿山企业主要负责人及分管安全、生产、技术的负责人资格证书	有全国统一的安全资格证书，且在有效期内	查看全部证书	
		2. 安全生产管理人员资格证书	有全国统一的安全资格证书，且在有效期内	查看全部证书	

续表 14-2

检查单位　　　　　　　　　　　　　　　　检查时间

序号	检查项目	检查内容	检查标准	检查方法	检查结果
二	安全培训	3. 各种特种作业人员资格证书	有全国统一的安全资格证书，且在有效期内	按一定比例抽查证书	
		4. 职工培训情况	培训时间和内容符合安全生产法律法规要求	查看培训计划、记录及考核结果	
三	图纸资料	地质图（水文地质图和工程地质图）、矿山总平面布置图、采掘工程平面图、井上和井下对照图、通风系统图、提升运输系统图、供配电系统图、防排水系统图、避灾线路图	有具有资质的设计单位设计的图纸，且图纸的设计、审查、校核、批准等手续齐全	抽查图纸资料	

表 14-3　地下开采非煤矿山安全检查表（检测、评价、应急救援方面）

检查单位　　　　　　　　　　　　　　　　检查时间

序号	检查项目	检查内容	检查标准	检查方法	检查结果
一	检测检验	人员提升设备、尾矿库、排土场、爆破器材库等易发生事故的场所、设施、设备，有登记档案和检测检验记录	有登记档案和检测检验记录	查看文件数据及记录	
二	安全评价	依法进行安全评价	具有资质的单位进行安全评价，评价中发现的问题进行整改	查看评价报告及整改记录	
三	应急救援	1. 有透水、冒顶片帮（特别是大面积冒顶）、中毒窒息及坠井等事故的应急救援预案	齐全、并符合有关规定	查看有关文件资料	
		2. 建立专职或兼职应急救援组织，也可与邻近的事故应急救援组织签订救护协议，配备必要的应急救援器材、设备	有文件，器材、设备齐全	查看有关文件数据及器材、设备	

表 14-4　地下开采非煤矿山安全检查表（地面生产系统有关数据）

检查单位　　　　　　　　　　　　　　　　检查时间

序号	检查项目	检查内容	检查标准	检查方法	检查结果
一	供配电	定期对机电设备进行检查、维修，检漏装置必须灵敏可靠	检查维修周期符合要求	查看资料	
二	通风	1. 井下各用风地点风速、风量和风质必须满足安全规程要求	符合规程要求	查看检测记录等数据	
		2. 井下炸药库和充电硐室，要有独立的回风道，井下所有机电硐室必须供给新鲜风流	符合规程要求	查看图纸资料	
		3. 开采与煤伴生、共生的金属与非金属矿床的通风条件，应当符合煤矿开采有关安全规程要求	符合煤矿安全规程要求	查看资料	
三	提升运输	主提升机定期检验	有定期检验报告，且在检验有效期内	查看资料	

续表 14－4

检查单位　　　　　　　　　　　　　　　　　　检查时间

序号	检查项目	检 查 内 容	检查标准	检查方法	检查结果
四	防排水	1. 矿井井口的标高必须高于当地历史最高洪水位一米以上，并有防止地表水进入井口的措施	符合规程要求	查看设计数据	
		2. 对接近水体而又有断层通过或与水体有联系的可疑地段，必须有探放水措施	符合规程要求	查看有无探放水作业规程和探放水记录	
五	爆破作业	爆炸物品的储存、购买、运输、使用和清退登记制度	符合《民用爆炸物品管理条例》规定	查看资料	
六	保安矿柱	按设计规定，保安矿柱、岩柱在规定的期限内不得开采	符合设计要求	查看图纸资料	

表 14－5　地下开采非煤矿山安全检查表（地面生产系统现场）

检查单位　　　　　　　　　　　　　　　　　　检查时间

序号	检查项目	检 查 内 容	检查标准	检查方法	检查结果
一	空气压缩机	安全阀、压力调节器、断水（油）保护装置和信号，空压机和风包的温度保护装置	安全装置齐全、动作可靠，温度符合规定要求	查看现场	
二	通风	必须建立完善的通风系统	有主扇，有相同规格和型号的备用电机，有测量风压、风量、电流、电压和轴承温度的仪表，有每班对扇风机运转情况检查的记录	查看现场及运转记录	
三	提升运输	1. 斜井提升运输有必要的挡车装置	符合规程要求	查看现场	
		2. 竖井提升运输防过卷和防坠等安全保护装置	齐全有效	查看现场	
		3. 提升运输信号齐全、灵敏、可靠，安全标志齐全	齐全有效	查看现场	
		4. 提升设备必须有能独立的工作制动和紧急制动系统，其操作系统必须设在司机操作台	装置齐全、动作可靠	查看现场	
		5. 提升钢丝绳定期检测记录	检测周期符合规程要求，悬挂时安全系数必须符合安全要求	查看现场	
		6. 竖井提升容器之间、提升容器与井壁或罐道梁之间的最小间隙	符合规程要求	查看现场	

表 14－6　地下开采非煤矿山安全检查表（地下生产系统现场一）

检查单位　　　　　　　　　　　　　　　　　　检查时间

序号	检查项目	检 查 内 容	检查标准	检查方法	检查结果
一	安全出口	1. 矿井的每个生产水平（中段）和各个采区（盘区）至少有两个能行人的安全出口并与直达地面的出口相通	符合规程要求	查看现场	
		2. 提升竖井作为安全出口时，必须有保障行人安全的梯子间	符合规程要求	查看现场	

续表 14－6

检查单位　　　　　　　　　　　　　　　　　　　　　　　　检查时间

序号	检查项目	检 查 内 容	检查标准	检查方法	检查结果
一	安全出口	3. 井口及行人巷道要有明显的安全出口标志	符合规程要求	查看现场	
二	空气压缩机	空气压缩机的位置，安全阀、放水阀和释压阀	压缩机和风包分别设在两个空气流通的硐室。安全阀、放水阀和释压阀齐全，动作可靠	查看现场	
三	供配电	1. 井下所有电气设备及其金属外壳、电缆的配件、金属外皮等都应有接地保护，禁止接零或中性点直接接地	符合规程要求	查看现场	
		2. 井下所有作业地点、安全信道和通往作业地点的人行道，都应有照明	符合规程要求	查看现场	
四	通风防尘	1. 掘进工作面和通风不良采场必须安设局部通风设备	局扇位置符合规程要求	查看现场	
		2. 废弃井巷应设栅栏和标志，防止人员进入	符合规程要求	查看现场	
		3. 井下炸药库和充电硐室，要有独立的回风道，井下所有机电硐室必须供给新鲜风流	符合规程要求	查看现场	
		4. 凿岩必须采取湿式作业。湿式作业有困难的地方应采取干式捕尘或有效防尘措施	符合规程要求	查看现场	

表 14－7　地下开采非煤矿山安全检查表（地下生产系统现场二）

检查单位　　　　　　　　　　　　　　　　　　　　　　　　检查时间

序号	检查项目	检 查 内 容	检查标准	检查方法	检查结果
一	提升运输	1. 斜井提升运输必须设常闭式防跑车装置和必要的挡车装置	装置齐全有效	查看现场	
		2. 提升运输信号齐全、灵敏、可靠，安全标志齐全	装置齐全有效	查看现场	
二	防排水	1. 水文地质条件复杂的矿山，必须在井底车场周围设置防水闸门	符合规程要求	查看现场	
		2. 对接近水体而又有断层通过或与水体有联系的可疑地段，必须有探放水措施	符合规程要求	查看现场	
		3. 井下主要排水设备及排水管路的型号和数量符合规程的要求	符合规程要求	查看现场	
三	爆破作业	1. 爆破前必须有明确的警戒信号，与爆破无关的人员必须撤离作业地点	符合规程要求	查看现场	
		2. 爆破后，爆破员必须按规定的等待时间进入爆破地点，检查有无冒顶、危石、支护破坏和盲炮，如有以上现象应及时处理，经当班安全员确认安全后，方可进入作业地点	符合规程要求	查看现场	
四	采掘作业	1. 井巷支护和采场管理能保证作业场所安全	符合规程要求	查看现场	
		2. 井巷断面能满足行人、运输、通风和安全设施、设备的安装、维修及施工的需要	符合规程要求	查看现场	
		3. 竖井与各中段的连接处、天井、溜井和漏斗必须有标志、照明、护栏或格筛、盖板等防坠措施	符合规程要求	查看现场	
五	消防措施	井下中央变电所，爆破器材库等有消防制度，消防器材充足且在有效期内	符合规程要求	查看现场，抽查有关记录情况	

B 危险预分析

危险预分析(Preliminary Hazard Analysis,简称 PHA),又称为初步危险分析、初步危害分析,是指在每一项工程活动之前,包括设计、施工和生产之前,首先对系统存在的危险性类别、出现条件、导致的后果作一概略的分析。

危险预分析的步骤有:

(1) 调查、确定危险源。调查、了解和收集过去的经验和同类生产中发生过的事故情况。确定危险源,并分类制成表格。危险源的确定可通过经验判断、技术判断或安全检查表等方法进行。

(2) 识别危险转化条件。研究危险因素转变为危险状态的触发条件和危险状态转变为事故的必要条件。

(3) 进行危险分级。危险分级的目的是确定危险程度,提出应重点控制的危险源。危险等级分为以下四个级别:Ⅰ级:可忽视的。它不会造成人员伤害和系统损坏。Ⅱ级:临界的。它能降低系统的性能或损坏设备,但不会造成人员伤害,能采取措施消除和控制危险的发生。Ⅲ级:危险的。它能造成人员伤害和主要系统的损坏。Ⅳ级:灾难性的。它能造成人员死亡、重伤以及系统严重损坏。

(4) 制定危险预防措施。从人、物、环境和管理等方面采取措施,防止事故发生。

危险预分析的结果可列成一种表格。通常包括 9 列。第 1 列,被分析的系统设备或性能元素的名称。第 2 列,在危险出现时设备运行形式。第 3 列,设备或系统发生故障的形式。对于同一零件或同一程序可能出现多种故障形式。一种故障形式可由多种原因引起。第 4 列,发生概率的定性估计,例如可以用“发生可能性很大”,“不会发生”等定性的语言描述事件发生的情况。第 5 列,由于发生故障而导致的危害结果。第 6 列,说明潜在危险一旦发生可能造成的影响。第 7 列,危险等级。第 8 列,为了消除和控制所确定的危险状况和潜在危险而被推荐的预防方法。被推荐的方法有:机械设计上的技术条件,安装安全装置,更改机械设备的设计,特殊方法和人员的技术要求等。第 9 列,记录经过确认后的预防方法,明确采取预防措施后的残存状态,探讨所采纳的推荐方法和它的效果。

C 事故树分析法

事故树分析(Accident Tree Analysis,简称 ATA)方法起源于故障树分析(简称 FTA),是安全系统工程的重要分析方法之一,它能对各种系统的危险性进行辨识和评价,不仅能分析出事故的直接原因,而且能深入地揭示出事故的潜在原因。用它描述事故的因果关系直观、明了,思路清晰,逻辑性强,既可定性分析,又可定量分析。

事故树分析虽然根据对象系统的性质、分析目的的不同,分析的程序也不同。但是,一般都有下面的 9 个基本程序。有时,使用者还可根据实际需要和要求,来确定分析程序。

(1) 熟悉系统。要求要确实了解系统情况,包括工作程序、各种重要参数、作业情况。必要时画出工艺流程图和布置图。

(2) 调查事故。要求在过去事故实例、有关事故统计基础上,尽量广泛地调查所能预想到的事故,即包括已发生的事故和可能发生的事故。

(3) 确定顶上事件。所谓顶上事件,就是我们所要分析的对象事件。分析系统发生事故的损失和频率大小,从中找出后果严重,且较容易发生的事故,作为分析的顶上事件。

(4) 确定目标。根据以往的事故记录和同类系统的事故数据,进行统计分析,求出事故发生的概率(或频率),然后根据这一事故的严重程度,确定我们要控制的事故发生概率的目标值。

(5) 调查原因事件。调查与事故有关的所有原因事件和各种因素,包括设备故障、机械故障、操作者的失误、管理和指挥错误、环境因素等,尽量详细查清原因和影响。

(6) 画出事故树。根据上述资料,从顶上事件起进行演绎分析,一级一级地找出所有直接原因事件,直到所要分析的深度,按照其逻辑关系,画出事故树。

(7) 定性分析。根据事故树结构进行化简,求出最小割集和最小径集,确定各基本事件的结构重要度排序。

(8) 计算顶上事件发生概率。根据所调查的情况和资料,确定所有原因事件的发生概率,并标在事故树上。根据这些基本资料,求出顶上事件(事故)发生概率。

(9) 分析比较。根据可维修系统和不可维修系统分别考虑。对可维修系统,把求出的概率与通过统计分析得出的概率进行比较,如果二者不符,则必须重新研究,看原因事件是否齐全,事故树逻辑关系是否清楚,基本原因事件的数值是否设定得过高或过低等。对不可维修系统,求出顶上事件发生概率即可。

在定量分析时又包括下列三个方面的内容:

1) 当事故发生概率超过预定的目标值时,要研究降低事故发生概率的所有可能途径,可从最小割集着手,从中选出最佳方案。

2) 利用最小径集,找出根除事故的可能性,从中选出最佳方案。

3) 求各基本原因事件的临界重要度系数,从而对需要治理的原因事件按临界重要度系数大小进行排队,或编出安全检查表,以求加强人为控制。

事故树分析使用布尔逻辑门产生系统的故障逻辑模型来描述设备故障和人为失误组合导致事故(顶上事件)发生的,其优点是:

1) 能识别导致事故的基本事件与人为失误的组合;

2) 对导致事故的各种因素及逻辑关系能全面、简洁和形象描述;

3) 便于查明系统内固有的或潜在的各种危险因素;

4) 使有关人员全面了解和掌握各项防灾要点;

5) 便于进行逻辑运算,进行定性、定量分析和系统评估。由于事故树分析步骤多,计算复杂,国内积累的数据较少,进行定量分析还需要作大量的工作。

该分析方法应用范围广泛,更适合于高度重复性的系统。

D 事件树分析

事故树分析(Fault Tree Analysis,简称 FTA)又称故障树分析,是安全系统工程最重要的分析方法。事故树是从结果到原因描绘事故发生的有向逻辑树。它形似倒立着的树,树中的节点具有逻辑判别性质。树的"根部"顶点节点表示系统的某一个事故,树的"梢"底部节点表示事故发生的基本原因,树的"树叉"中间节点表示由基本原因促成的事故结果,又是系统事故的中间原因。事故因果关系的不同性质用不同逻辑门表示。这样画成的一个"树"用来描述某种事故发生的因果关系,称之为事故树。

事故树分析逻辑性强,灵活性高,适应范围广,既能找到引起事故的直接原因,又能揭示事故发生的潜在原因,既可定性分析,又可定量分析。事故树分析可用来分析事故,特别是重大恶性事故的因果关系。

事故树分析的步骤包括:

(1) 编制事故树。包括确定所分析的系统,即确定系统所包括的内容及其边界范围;熟悉所分析的系统,是指熟悉系统的整体情况,必要时根据系统的工艺、操作内容画出工艺流程图及布置图;调查系统发生的各类事故,收集、调查所分析系统过去、现在以及将来可能发生的事故,同时还要收集、调查本单位与外单位、国内与国外同类系统曾发生的所有事故;确定事故树的顶上事件,即所要分析的对象事件。调查与顶上事件有关的所有原因事件,从人、机、环境和管理各方面调查与事故树顶上事件有关的所有事故原因。这些原因事件包括:机械设备的组件故障;原材料、能源供应、半成品、工具等的缺陷;生产管理、指挥、操作上的失误与错误;影响顶上事件发生的环境不良等;事故树作图,就是按照演绎分析的原则,从顶上事件起,一级一级往下分析各自的直接原因事件,根据彼此间的逻辑关系,用逻辑门连接上下层事件,直至所要求的分析深度,最后就形成一株倒置的逻辑树形图。

(2) 事故树定性分析。定性分析是事故树分析的核心内容。其目的是分析某类事故的发生规律及特点,找出控制该事故的可行方案,并从事故树结构上分析各基本原因事件的重要程度,以便按轻重缓急分别采取对策。事故树定性分析的主要内容有:利用布尔代数化简事故树;求取事故树的最小割集或最小径集;计算各基本事件的结构重要度;定性分析结论。根据分析结论并结合本企业的实际情况,订出具体、切实可行的预防措施。

(3) 事故树定量分析。事故树定量分析是用数据来表示系统的安全状况。其内容包括:确定引起事故发生的各基本原因事件的发生概率。计算事故树顶上事件发生概率,并将计算结果与通过统计分析得出的事故发生概率进行比较。如果两者不符,则必须重新考虑编制事故树图是否正确以及各基本原因事件的故障率、失误率是否估计得过高或过低等。计算基本原因事件的概率重要度和临界重要度。

事故树分析程序包括了定性和定量分析两大类。从实际应用而言,由于我国目前尚缺乏设备的故障率和人的失误率的实际数据,故给定量分析带来很大困难。所以在事故树分析中,多进行定性分析。但实践证明,定性分析也能取得良好的效果。

14.3 灾变防治措施

矿山直接面对大自然,向地球挑战,索取自然资源,所以,采矿工业和其他工业相比,各种各样的灾害、事故发生有其固有的特殊性。因此,矿山灾变防治任务更加艰巨。矿山灾变防治措施可分为组织管理措施和技术防范措施。

14.3.1 矿山安全特殊性

A 工作空间狭小

井下巷道、硐室、采场等空间有限,在其内要进行凿岩、爆破、支护、运输等项生产活动,还要进行通风、排水等辅助作业,各类为生产服务的设备,如铲运机、矿用卡车、电耙、电机车、矿车、风机等,不但占用一定空间,而且有的高速运行或拖动,各种管线沿巷道布置通向各工作面,使井下有限的空间更显狭小,给生产和安全管理增加了难度。

B 生产环境复杂多变

为了对地下资源的科学开采、有效利用,各种工艺系统和生产工序,组成了一个上下左右、相互交织、复杂的立体生产场所;随着工作面的推进,作业场所在时间和空间上均在不断变化。同时,随着工作面地质条件的变化,生产条件也发生变化。这些复杂多变的生产环境,潜伏着诸多不安全因素,给安全生产带来不利影响。

C 作业环境差

在生产过程中,产生大量的有毒有害气体、粉尘、噪声,难于消除;地下涌水、淋水和淤泥积水时有发生,空气潮湿;大多岩体颜色灰暗,岩面粗糙,吸光率高,照明条件差。长期在这种没有阳光、阴暗潮湿、空气定量供应并且质量较差的环境中作业,极易诱发事故,并导致职业病。

D　矿井火灾和爆炸事故危害严重

矿山除供电极易发生明火事故外，在生产过程中的产生的沼气、氢气等气体和硫化矿尘都具有可燃性和爆炸性；由于采掘作业的需要，矿井中还要贮存、运输和使用大量的炸药和爆破器材；当前采掘工作面大量使用的无轨铲装和运输设备，大部分以燃油为动力源。这些气体、矿尘、爆炸物品和可燃、易燃液体，都能造成矿山火灾和爆炸事故，特别是无轨设备的燃油不慎泄漏，极易造成火灾，发生中毒和窒息事故，导致群死群伤的重特大人身伤亡事故的发生。

E　采场顶板事故频繁

矿山开采过程中，随着岩体开挖，破坏了岩体的原有应力平衡状态，产生岩体压力。如果支护方式与岩体压力特点不适应，或顶板管理稍有失误、支护不当，就会发生冒顶、片帮支护变形破坏，甚至大面积垮塌、地表移动等灾害发生。随着开采深度不断加大，岩体应力也将越来越大，地压显现形式发生变化，出现岩爆、冲击地压等现象，给矿山开采带来更大的威胁。

由于矿山采掘作业的各种自然和人为不安全因素多，加上人类对自己生存的地球岩体尚没有达到充分认识的程度，受科技发展水平和装备条件的制约，还存在着难以预见和控制的环境不安全因素，矿山的伤亡事故发生率远高于其他工业部门，岩体移动、顶板、地下水、火等各类自然灾害，时时威胁着生产安全和矿山作业人员的生命，矿山安全生产工作较其他部门更为艰巨和复杂。

14.3.2　组织管理措施

矿山灾变防治的组织管理措施包括：

(1) 矿山灾变预防和安全技术措施计划的制订及其贯彻实施，其中最重要的是目标的设置、论证和评价；

(2) 矿山法规与制度的制定和修订、监督和检查以及保证贯彻实施的步骤、措施；

(3) 矿山安全组织机构的设置、职责的确立及其成员的培训；

(4) 矿山职工的安全培训；

(5) 矿山重大生产安全事故应急救援预案的编制；

(6) 现场安全技术研究成果的管理、扶植和推广应用；

(7) 现代管理科学技术在安全生产管理领域的应用等。

对新建与改扩建的矿山，必须按照国家有关法律、法规进行安全生产的预评价与安全专篇的编写和审查，只有获得通过才能依法投入生产。

矿山企业可通过以下安全生产管理职责促进安全生产：

A　建立、健全安全管理责任制

明确责任主体，落实安全责任，制定完备的安全生产规章制度和操作规程。如：

(1) 矿长安全生产职责；

(2) 生产副矿长、主管安全副矿长安全生产职责；

(3) 总工程师安全生产职责；

(4) 安全生产管理部门职责；

(5) 车间主任、副主任安全生产职责；

(6) 车间安全员安全生产职责；

(7) 矿山企业及车间生产调度安全生产职责；

(8) 班、组、段、机台长安全生产职责；

(9) 职工岗位安全生产职责。

B　建立、健全管理机构，落实安全生产管理经费

企业应设立安全生产管理机构，并配备与工作需要相适应的专业技术人员或有相应工作能

力的人员。

矿山企业必须落实安全生产的经费投入，必要的经费投入是确保安全生产的基础。

C 推进科学化、规范化管理，加强安全检查

矿山企业应结合本企业具体情况，建立并推进以科学技术为基础的安全生产管理与检查制度，不断改善管理，使其制度化，应建立以下制度：

(1) 安全会议制度；

(2) 安全检查制度；

(3) 安全教育制度；

(4) 安全交接班制度；

(5) 设备安全维修制度；

(6) 特种人员作业管理办法；

(7) 事故应急处理预案；

(8) 安全生产奖惩制度。

矿山企业编制应急预案应抓住以下要点：

(1) 事故受害范围；

(2) 人员抢救与工程抢险；

(3) 灾民撤离与安置；

(4) 医疗救护与防疫；

(5) 交通运输保障；

(6) 通讯保障；

(7) 电力保障；

(8) 粮食食品物资供应；

(9) 基础设施应急抢险与恢复；

(10) 社会治安维护；

(11) 重要目标警卫；

(12) 消防；

(13) 应急资金；

(14) 呼吁与接受外援；

(15) 信息发布。

14.3.3 地质灾变防治措施

矿床开采使得岩体产生应力重新分布，引起岩体移动、地表下沉、露天边坡滑移等地质灾变发生。矿山地质灾变一般均与构造复活、开采顺序不合理有关。

地下矿山的地质灾变主要表现为大面积地压活动，其防治措施主要有：

(1) 全面开展地质构造调查工作，及时了解矿床开采对地质构造稳定性的影响程度，防止构造活动对地面建筑的破坏。

(2) 严格按照回采顺序开采，尽快回收矿房开采期间预留的矿柱，减少采场的空顶时间，避免因个别矿柱破坏造成的连锁效应对矿山安全生产的影响。

(3) 加强地表岩移监测和岩体变形监测，及时掌握采空区的大小，防止采空区突然大面积冒落产生的冲击波对地表工业设施、居民住宅的影响。必要时应采取工程措施将大型采空区与地面大气沟通，并形成塌落。

(4) 及时封闭采空区,防止冒落空气波对井下设施的危害。

露天坑地质灾变首先表现为滑坡,其次是滚石。防治措施有:

(1) 对露天开采范围及其周边地区全面开展地质构造调查工作,了解地质构造对不同开采时期边坡稳定性的影响,防止不利构造及其组合对边坡的破坏。

(2) 确定合理的边坡参数,包括台阶高度、平台宽度、台阶坡面角和最终边坡角。

(3) 选择合理的开采顺序和推进方向,减少爆破震动对边坡的危害。

(4) 严格边坡管理,健全检查制度。对有变形迹象和移动倾向的边坡,必须建立观测网,定期测量边坡位移,记录变化情况,分析移动规律。必要时应采取加固卸荷措施。

(5) 建立边坡排水疏干系统,避免地下水对岩体力学参数的软化。

14.3.4 井下透水预防

井下透水预防的措施包括:

(1) 加强地表水治理。通过整治河道、填堵地表雨水下渗通道和修筑拦(截)水沟,必要时,形成地下防水帷幕,减少地表迳流、雨水涌入井下。选择合理井位,使井口标高高出当地历史最高洪水位2m以上,防止地表水沿井筒灌入井下。

(2) 采用地表、井下和井上下相结合疏干方式,将老窿积水、含水层的裂隙水等疏干排放。

(3) 加强水文地质工作,查明地下水源及其水力联系,坚持“有疑必探,先探后掘”的原则,制定措施放水。

(4) 查明地下水源,在适当位置留设防水矿柱和建设隔水帷幕。按国家标准要求的位置在巷道中设置防水门和防水墙,以预防采掘过程中的突然涌水对全矿的淹井事故。

(5) 按国家标准要求的容积、数量建设排水系统。

14.3.5 火灾的预防

火灾的预防措施包括:

(1) 进风井、井架和井口建筑物、进风巷道采用不燃材料建筑;用木支护的工程要设消防水管,或在已有的生产供水管上每隔50~100m安设支管和供水接头。

(2) 预防明火引起火灾。禁止用明火火炉直接接触的方法加热井内空气,也不准用明火烤热井口冻结的管道,以防在井口发生火灾和污染风流。井下使用过的废油、棉纱、布头等易燃物应放入盖严的铁桶内,及时运往地表集中处理。加强坑内明火管理。

(3) 按照国家标准设置防火门;各类硐室应使用不燃材料砌筑,有醒目的防火标志和防火注意事项,并配置相应的灭火器材。

(4) 坑内焊接或切割作业要严格申报制度,派专人监护防火,严格检查和清理现场。

建立井下救护站,配备与井下作业人数相适应的自救器,并定期检查与更换。

(5) 井下无轨自行设备上要配备灭火装置,严禁出现漏油现象;发现漏油要及时修理。各类油料应分别存放在专用的硐室内,装油的铁桶应有严密的封盖;动力用油的储存硐室应有独立的风流将污风排往回风巷道,储油量一般不超过3昼夜用量。

(6) 严格无轨设备的连续运行时间控制制度,避免内燃设备连续运转,防止车辆和发动机过热,诱发火灾。

14.3.6 矿山顶板管理

矿山顶板的管理包括:

(1) 防治顶板事故的发生,必须严格遵守各项安全技术规程,采取综合预防措施。

(2) 选择合理的采矿方法,制定具体的安全技术操作规程,建立正常的生产和作业制度。

(3) 查清采掘工作面通过区域的地质构造,做好工程地质预报工作,制定可靠的安全防范技术措施。

(4) 严格按照采场设计施工、生产,及时进行顶板加固;采用新工艺、新技术,保持合理的开采强度;采用光面爆破、微差爆破等控制爆破技术,减少采场顶板震动。

(5) 合理选择巷道位置和支护方式及正确掌握二次支护时间。

14.4 矿山安全组织机构及人员配备

2002 年 6 月 29 日通过、2002 年 11 月 1 日起施行的《中华人民共和国安全生产法》(以下简称《安全生产法》)第十九条规定“矿山、建筑施工单位和危险物品的生产、经营、储存单位,应当设置安全生产管理机构或者配备专职安全生产管理人员”。

《安全生产法》同时对该机构及其从业人员的职责和从业人员的资格提出了要求。2006 年 6 月 22 日发布、2006 年 9 月 1 日实施的《金属与非金属矿山安全规程》(GB16423—2006)要求:“矿山企业应建立健全各级安全生产责任制、职能机构安全生产责任制和岗位人员安全生产责任制。”“矿山企业应建立健全安全活动日制度、安全目标管理制度、安全奖惩制度、安全技术审批制度、危险源监控和安全隐患排查制度、安全检查制度、安全教育培训制度、安全办公会议制度等,严格执行值班制和交接班制。”按此规定,矿山企业应配备必要的组织机构和相关人员与岗位。

坑口(车间)均应设置安全机构或专职安全员;采掘队应设专职安全员;班、组应设专职或兼职安全员。专职安全员,应由不低于中等专业学校毕业(或具有同等学历)、具有必要的安全专业知识和安全工作经验、从事矿山专业工作五年以上并能经常下现场的人员担任。

矿山安全组织机构主要根据矿山规模、灾变性质、灾害程度等来确定。一般矿山的安全组织机构见图 14 – 1 。

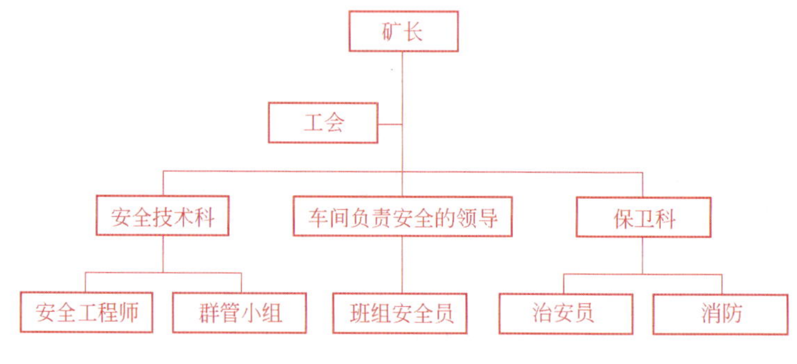

图 14 – 1 矿山安全组织机构图

14.5 国外矿山安全事故人员伤亡情况

收集和分析职业安全统计数据对于监测工人的安全状态和保护工人的权益是非常必要的。矿山安全事故统计分析可以反映一个国家矿山安全工作的表现水平。通过对不同事故伤害类型的统计分析,可以确定各类事故发生的频率,伤害的严重程度以及事故发生的原因,以便制定相应的规章制度和采取有效的预防措施。通过对国外矿山安全事故人员伤亡情况的统计和对比,可以看出我国在矿山安全工作方面存在的差距。

世界矿业发达国家和地区，如美国、加拿大、澳大利亚、南非等，其矿业环境和政策比较完善、整体技术水平比较高，反映在矿山安全方面则呈现安全事故频率越来越低的趋势。

在安全统计方面，常用的两个词，“频率”和“严重度”。频率是指伤害的发生率。除非另有所指，伤害是指那些使员工丧失劳动能力一天或一天以上，以致不能完成规定给他的正常工作的伤害。严重度是指完成一百万工时因安全事故伤害造成丧失劳动能力的总天数。其中“丧失劳动能力天数”中包括从丧失劳动能力之日起至返回工作之日止丧失的天数加上因为永远丧失劳动能力而造成的天数损失。

在这两个衡量安全成绩的指标中，频率是最重要的。这是因为工伤的严重度与频率相比更具有偶然性。控制事故发生的次数比控制事故的严重程度有更大的可能性。（美国采矿工程师手册，1972）

各个国家在安全事故统计方面的标准和计算方法都不尽相同。南非、澳大利亚、比利时等国家以百万工作小时计算各种“率”，美国和加拿大以每十万当量全职工人（20 万工作小时）计算，意大利事故率按照百万（10^6）工作小时计，死亡率按亿工作小时（10^8）计算，而其他一些西方国家则以每十万雇员计算。

14.5.1 美国

美国劳工部矿山安全与健康管理局关于伤害事故有其定义和分类。

伤害分为三类：

（1）致命的伤害（死亡）——在生产矿山由于工作引起的伤害导致员工死亡。

（2）非致命的损失工作日的伤害——职业伤害引起的一天或一天以上不能从事正常工作（丧失劳动能力）。

（3）无工作日损失的伤害——只需要做医疗处理的轻微伤害。

有关定义包括：

事故率：某类事故的数量乘以 200000，除以员工工作小时数；

工作小时数：是指员工实际暴露于工作环境的小时数；

工作环境：是指员工工作的采矿作业场地。

从 1983 年起，从事采矿作业的承包商的数据和矿山分开报道。

以下是美国国家职业安全健康协会关于事故率的计算。

事故率是按照工作时间来计算的。当量全职职工数等于总的工作小时数除以 2000 小时/工人。非死亡事故率按每 100 个当量全职职工计算。死亡事故率按照每 100000 个当量全职职工计算。需要特别注意的是，矿山安全健康管理局（MSHA）计算的死亡事故率和非死亡事故率均是按照 200000 工作小时，即 100 个当量全职职工计算的。

美国采矿工业的安全状况在 20 世纪，特别是过去的 25 年间，取得了巨大的进步。1978 年根据新的矿山安全法成立了矿山安全与健康管理局，那一年有 242 名矿工死于矿山事故。到 2004 年降到了 55 人，而且这是连续第四年保持这一水平。美国矿山安全与健康管理局通过加强和平衡三个方面来贯彻矿山安全法，即强制执行有关规定，加强采矿人员培训和教育以及对采矿企业提供技术支持。2000 ~ 2004 年，美国全国采矿工业死亡事故下降了 35% 。

下面引用的数据是来源于美国劳工部矿山安全与健康管理局公布的矿山安全健康统计结果。

1980 ~ 2004 年美国矿山死亡人数，见图 14 – 2。

近年来美国矿山安全表现基本数据见表 14 – 8，煤矿安全状况基本数据见表 14 – 9，金属非金属矿山安全状况基本数据见表 14 – 10

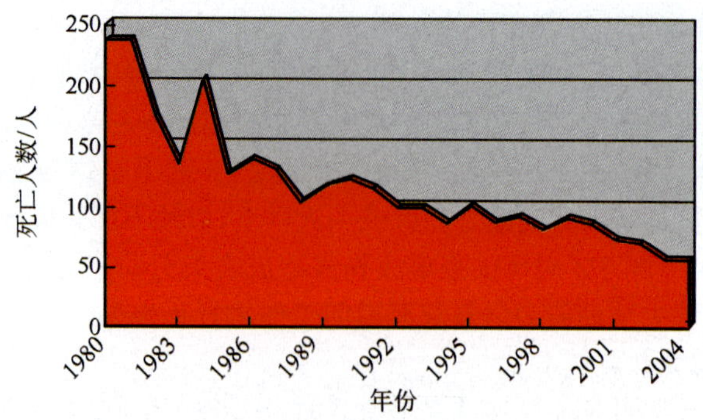

图 14－2 1980～2004 年美国矿山死亡人数

表 14－8 近年来美国矿山安全状况基本数据

项目 \ 数量 \ 年份	1995	2000	2001	2002	2003	2004
矿山数量/座	13859	14413	14623	14520	14391	14455
矿工数量/人	361647	348548	347228	329114	320149	328778
死亡人数/人	100	85	72	69	56	55
死亡事故率	0.0303	0.0272	0.0232	0.0237	0.0197	0.0184
所有伤害事故率	6.30	5.13	4.75	4.60	4.23	4.04
小矿山/座	5923	6592	6783	6881	6941	6918
煤矿产量/Mt	1030	1078	1128	1094	1071	1108

注:1. 小矿山系指只有五个或者五个以下雇员的矿山;2. 事故率指每 200000 工作小时伤害事故数。

表 14－9 近年来美国煤矿安全状况基本数据

项目 \ 数量 \ 年份	1995	2000	2001	2002	2003	2004
矿山数量/座	2946	2124	2144	2065	1972	2008
矿工数量/人	132111	108098	114458	110966	104824	108497
死亡人数/人	47	38	42	27	30	28
死亡事故率	0.0398	0.0393	0.0402	0.0270	0.0312	0.0273
所有伤害事故率	8.22	6.64	6.03	6.03	5.38	5.00
小矿山数量/座	885	571	545	535	571	560
煤矿产量/Mt	1030	1078	1128	1094	1071	1108

注：1. 小矿山系指只有五个或者五个以下雇员的矿山;2. 事故率指每 200000 工作小时伤害事故数。

表 14－10 近年来美国金属、非金属矿山安全状况基本数据

项目 \ 数量 \ 年份	1995	2000	2001	2002	2003	2004
矿山数量/座	10913	12289	12479	12455	12419	12447
矿工数量/人	229536	240450	232770	218148	215325	220281
死亡人数/人	53	47	30	42	26	27
死亡事故率	0.0250	0.0218	0.0146	0.0220	0.0138	0.0137
所有伤害事故率	5.24	4.45	4.10	3.86	3.65	3.54
小矿山数量/座	5038	6021	6238	6346	6370	6358

注：1. 小矿山系指只有五个或者五个以下雇员的矿山;2. 事故率指每 200000 工作小时伤害事故数。

1978～2005 年美国金属非金属矿山死亡人数和死亡事故率见表 14－11。

表 14－11 1978～2005 年美国金属非金属矿山死亡人数和死亡事故率

年份	地下矿山						露天矿山								采矿合计		独立的车间或修理厂		选矿		生产人员合计		其他办公人员		总计	
	井下工作人员		地下矿在地表工作人员		合计		剥离		挖掘		其他		合计													
	死亡人数	死亡事故率	死亡人数	死亡事故率	死亡人数	死亡事故率	死亡人数	死亡事故率	死亡人数	死亡事故率	死亡人数	死亡事故率	死亡人数	死亡事故率	死亡人数	死亡事故率	死亡人数	死亡事故率	死亡人数	死亡事故率	死亡人数	死亡事故率	死亡人数	死亡事故率	死亡人数	死亡事故率
1978	35	0.13	4	0.07	39	0.12	54	0.06	5	0.07	—	—	59	0.06	98	0.07	—	—	38	0.04	136	0.06	—	—	136	0.05
1979	26	0.09	5	0.08	31	0.09	61	0.06	5	0.07	—	—	66	0.06	97	0.07	—	—	25	0.02	122	0.05	1	①	123	0.04
1980	20	0.07	4	0.05	24	0.07	48	0.05	4	0.07	—	—	52	0.05	76	0.06	—	—	29	0.03	103	0.04	—	—	103	0.04
1981	30	0.11	2	0.03	32	0.09	31	0.04	3	0.06	—	—	34	0.04	66	0.05	—	—	25	0.03	84	0.04	—	—	84	0.03
1982	23	0.12	3	0.05	26	0.1	14	0.03	1	0.04	—	—	15	0.03	41	0.06	1	0.12	10	0.02	51	0.04	—	—	51	0.03
1983	12	0.09	2	0.05	14	0.08	27	0.04	7	0.15	—	—	34	0.05	48	0.05	—	—	14	0.02	62	0.04	—	—	62	0.03
1984	14	0.1	5	0.15	19	0.11	38	0.05	1	0.02	—	—	39	0.05	58	0.06	—	—	22	0.03	80	0.05	—	—	80	0.04
1985	16	0.12	3	0.09	19	0.12	22	0.03	3	0.06	—	—	25	0.03	44	0.05	—	—	13	0.02	57	0.03	—	—	57	0.03
1986	7	0.06	3	0.11	10	0.07	30	0.04	2	0.04	—	—	32	0.04	42	0.04	1	0.13	6	0.01	49	0.03	—	—	49	0.03
1987	9	0.08	1	0.03	10	0.07	37	0.05	10	0.18	—	—	47	0.06	57	0.06	—	—	10	0.01	67	0.04	—	—	67	0.03
1988	7	0.05	3	0.09	10	0.06	23	0.03	—	—	—	—	23	0.03	33	0.03	—	—	16	0.02	49	0.03	—	—	49	0.02
1989	11	0.08	—	—	11	0.06	28	0.03	1	0.02	—	—	29	0.03	40	0.04	—	—	8	0.01	48	0.03	—	—	48	0.02
1990	9	0.07	3	0.08	12	0.07	29	0.03	4	0.07	—	—	33	0.04	45	0.04	—	—	11	0.01	56	0.03	—	—	56	0.03
1991	10	0.08	—	—	10	0.06	32	0.04	3	0.06	—	—	35	0.04	45	0.04	—	—	8	0.01	53	0.02	—	—	53	0.03
1992	6	0.05	1	0.03	7	0.05	29	0.04	—	—	—	—	29	0.04	36	0.04	—	—	7	0.01	43	0.02	—	—	43	0.02

续表 14－11

年份	地下矿山						露天矿山								采矿合计		独立的车间或修理厂		选矿		生产人员合计		其他办公人员		总计	
	井下工作人员		地下矿在地表工作人员		合计		剥离		挖掘		其他		合计													
	死亡人数	死亡事故率	死亡人数	死亡事故率	死亡人数	死亡事故率	死亡人数	死亡事故率	死亡人数	死亡事故率	死亡人数	死亡事故率	死亡人数	死亡事故率	死亡人数	死亡事故率	死亡人数	死亡事故率	死亡人数	死亡事故率	死亡人数	死亡事故率	死亡人数	死亡事故率	死亡人数	死亡事故率
1993	17	0.16	1	0.03	18	0.13	20	0.02	2	0.04	—	—	22	0.03	40	0.04	—	—	11	0.01	51	0.03	—	—	51	0.03
1994	8	0.07	1	0.03	9	0.06	21	0.02	1	0.02	—	—	22	0.02	31	0.03	—	—	9	0.01	40	0.02	—	—	40	0.02
1995	6	0.05	1	0.03	7	0.05	34	0.04	2	0.04	—	—	36	0.04	43	0.04	—	—	10	0.01	53	0.03	—	—	53	0.03
1996	6	0.05	1	0.03	7	0.05	26	0.03	4	0.08	—	—	30	0.03	37	0.03	—	—	10	0.01	47	0.02	—	—	47	0.02
1997	8	0.07	2	0.07	10	0.07	38	0.04	4	0.07	1	0.2	43	0.04	53	0.05	—	—	8	0.01	61	0.03	—	—	61	0.03
1998	5	0.04	2	0.08	7	0.05	28	0.03	2	0.04	—	—	30	0.03	37	0.03	—	—	14	0.02	51	0.03	—	—	51	0.02
1999	11	0.1	2	0.09	13	0.1	32	0.03	2	0.04	—	—	34	0.03	47	0.04	—	—	8	0.01	55	0.03	—	—	55	0.03
2000	8	0.08	1	0.04	9	0.07	25	0.03	3	0.06	—	—	28	0.03	37	0.03	—	—	10	0.01	47	0.02	—	—	47	0.02
2001	8	0.08	—	—	8	0.06	18	0.02	2	0.04	—	—	20	0.02	28	0.03	—	—	2	①	30	0.02	—	—	30	0.01
2002	3	0.03	1	0.06	4	0.04	20	0.02	2	0.04	—	—	22	0.02	26	0.03	—	—	16	0.02	42	0.03	—	—	42	0.02
2003	1	0.01	1	0.05	2	0.02	15	0.02	2	0.04	—	—	17	0.02	19	0.02	1	0.2	6	0.01	26	0.02	—	—	26	0.01
2004	2	0.02	1	0.05	3	0.03	13	0.01	2	0.04	—	—	15	0.02	18	0.02	—	—	9	0.01	27	0.02	—	—	27	0.01
2005	6	0.06	1	0.04	7	0.06	15	0.02	2	0.03	—	—	17	0.02	24	0.02	—	—	11	0.02	35	0.02	—	—	35	0.02

注：所有数字包括承包商；包括采石场，砂矿和砾石矿。

死亡事故率指每200000工作小时伤害事故死亡人数。

① 事故率小于0.005。

2001～2005年美国金属、非金属矿山死亡事故按事故原因分类统计结果见表14－12。

表14－12　2001～2005年美国金属、非金属矿山死亡事故按事故原因分类统计

金属非金属矿山死亡事故按事故原因分类	2001		2002		2003		2004		2005	
	地下矿	露天矿	地下矿	露天矿	地下矿	露天矿	地下矿	露天矿	地下矿	露天矿
电　气	0	1	1	1	0	2	0	1	1	1
压力容器爆炸	0	0	0	1	0	0	0	0	0	1
化学药剂泄漏或爆炸	0	0	0	0	0	0	0	0	0	0
材料滑落	0	0	1	1	0	3	0	4	0	3
边坡或工作面垮落	0	0	0	1	0	0	0	1	0	0
顶板冒落	4	0	0	0	0	0	0	0	0	0
火　灾	0	0	0	0	0	0	0	0	0	0
运输材料	0	0	0	0	0	0	0	0	0	0
手动工具	0	0	0	0	0	1	0	0	0	0
无动力运输	0	0	0	0	0	0	0	0	0	0
动力运输	3	13	1	14	0	6	1	6	5	11
提　升	0	0	0	1	0	0	0	0	0	0
粉尘或气体爆炸	0	1	0	0	0	1	0	0	0	0
淹　井	0	0	0	0	0	0	0	0	0	0
机　械	0	2	0	13	1	7	1	5	2	8
人员坠落	0	4	0	2	1	2	0	6	0	3
踩/跪在物体上	0	0	0	0	0	0	0	0	0	0
冲击或撞击	0	0	0	0	0	0	0	0	0	0
其　他	0	2	2	3	0	2	0	2	0	0
合　计	7	23	5	37	2	24	2	25	8	27
总　计	30		42		26		27		35	

14.5.2　南非

在南非由矿山健康与安全委员会根据矿山卫生安全法行使矿山安全监督管理的职权。该委员会由三方，即政府、雇主和雇员，各派五名代表参加共15人组成。矿山安全统计工作由该委员会负责。

南非关于矿山安全统计的几个定义。

死亡频率(Fatality Frequency Rate-FFR)：百万工作小时死亡人数；

永久残疾频率(Total Permanent Disability Frequency Rate-TPDFR)：百万工作小时永久残疾数；

受伤频率(Injury Frequency Rate-IFR)：百万工作小时受伤事故数或者百万工作小时的损失工作日伤害数和限制工作的伤害数之和；

严重度系数(The Severity Ratio-SR)：由于受伤导致的损失工作日平均数除以总的受伤事故数。

南非在矿山工作的人中75%在金属矿山，其中78%工作在地下矿山。这里的金属矿山包括铬、铜、金、铁矿和铂矿。

1995～2005年南非所有矿山死亡频率见图14－3；1985～2005年南非4人和4人以上死亡事故逐年统计见图14－4；1995～2005年南非所有矿山死亡人数见表14－13，1995～2005年南非金属矿山死亡人数见表14－14。

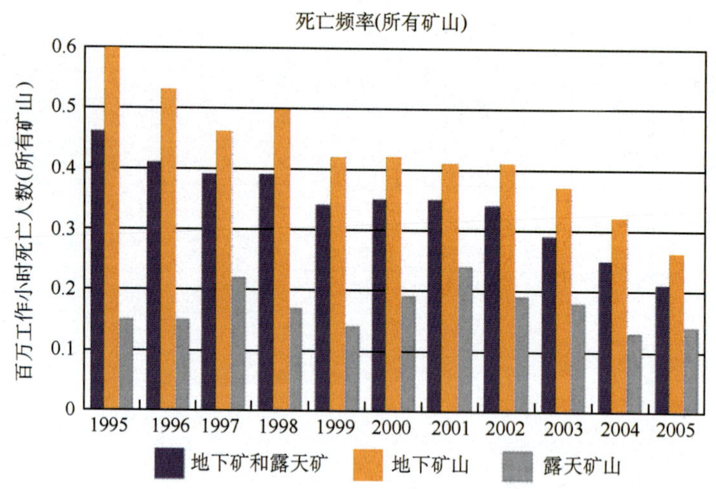

图14－3 1995～2005年南非所有矿山死亡频率

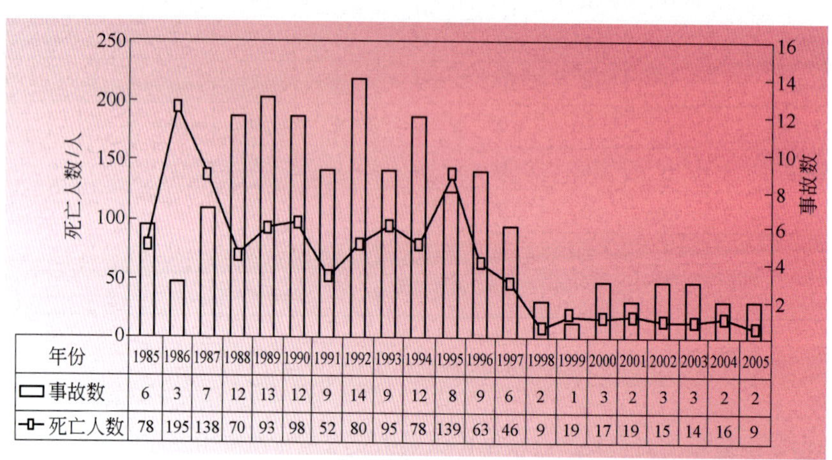

图14－4 1985～2005年南非四人和四人以上死亡事故逐年统计

表14－13 1995～2005年南非所有矿山死亡人数

年份	地下矿山	露天矿山	合计
1995	479	54	533
1996	412	51	463
1997	345	70	415
1998	313	53	366
1999	251	58	309

续表 14-13

年 份	地下矿山	露天矿山	合 计
2000	243	42	285
2001	228	60	288
2002	234	54	288
2003	218	46	264
2004	200	45	245
2005	156	43	199

表 14-14 1995~2005 年南非金属矿山死亡人数(金、铂、铬、铜、铁矿山)

年 份	地下矿山	露天矿山	合 计
1995	447	25	472
1996	347	22	369
1997	315	35	350
1998	286	20	306
1999	232	25	257
2000	218	8	226
2001	212	25	237
2002	211	22	23
2003	190	19	209
2004	186	7	193
2005	145	15	160

14.5.3 澳大利亚

2003~2004 年度澳大利亚矿物工业共有 12 人死亡。十多年来,地下金属矿山首次实现零死亡。整个矿物工业每工作 18.8 百万小时有 1 名矿工死亡,每 9136 个工人中有 1 人死亡。共发生伤害事故 1520 起,每起伤害事故平均持续时间(损失工作日)21.6 天。在这一报告年度里,严重度即每百万工作小时损失时间是 146 天。每百万工作小时,有 7 起伤害事故。

下面给出关于安全统计的几个定义。

(1) 死亡事故(FATAL INJURY-FI):导致人员死亡的伤害事故;

(2) 损失时间事故(LOST TIME INJURY-LTI):指导致至少一个整班缺勤的伤害事故;

(3) 重伤事故(SEVERE INJURY-SI):指至少导致两周不能工作的伤害事故。

为了和不同的行业比较或者不同年份作比较,通常采用事故率、频率和持续时间三个指标来衡量矿业伤害事故的程度,如:

(1) 事故率(INCIDENCE RATE-IR):指每 1000 雇员的伤害事故数;

(2) 频率(FREQUENCY RATE-FR):指百万工作小时职业伤害事故数;

(3) 致命伤害事故频率(死亡率)(FATAL INJURY FREQUENCY RATE-FIFR):指百万工作小时死亡伤害数;

(4) 损失工作时间的伤害事故频率(LOST TIME INJURY FREQUENCY RATE-LTIFR):指每百万工作小时的损失工作时间的伤害数。

(5) 重伤频率(SEVERE INJURY FREQUENCY RATE-SIFR):指每百万工作小时的重伤数量;

(6) 伤害持续时间(DURATION RATE-DR):指所有损失工作时间的伤害的平均损失时间,用以衡量伤害的严重程度。计算公式:损失天数除以损失时间的伤害数量。

(7) 严重度(SEVERITY RATE-SR):每百万工作小时平均损失天数。

(8) 工作小时数(NUMBER OF HOURS WORKED-NHW):指有记录的雇员总的工作小时数。

澳大利亚 1994 ~ 1995 年度至 2003 ~ 2004 年度矿物工业安全统计见图 14 - 5 ~ 图14 - 7及表 14 - 15 ~ 表 14 - 18。

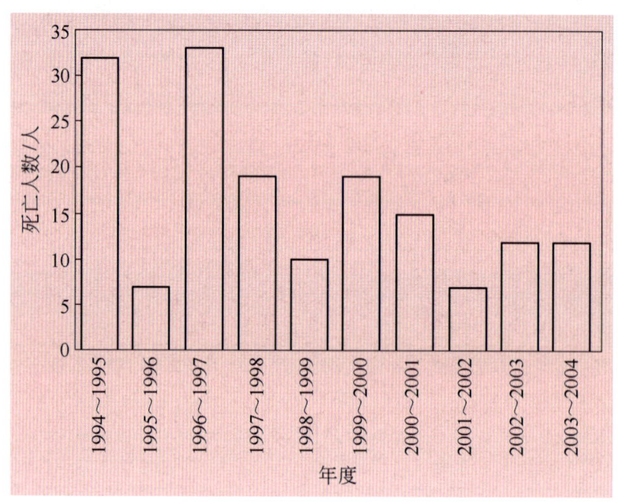

图 14 - 5 澳大利亚 1994 ~ 1995 年度至 2003 ~ 2004 年度矿物工业死亡人数

(注:1994 ~ 1995 年度指 1994 年 7 月 1 日至 1995 年 6 月 30 日)

表 14 - 15 澳大利亚 1994 ~ 1995 年度至 2003 ~ 2004 年度各州矿物工业死亡人数

州 名	1994 ~1995	1995 ~1996	1996 ~1997	1997 ~1998	1998 ~1999	1999 ~2000	2000 ~2001	2001 ~2002	2002 ~2003	2003 ~2004
西澳大利亚	9	4	8	13	3	6	5	3	5	4
昆士兰	17	1	12	13	2	2	2	2	3	1
新南威尔士	4	2	11	1	4	11	4	2	1	4
维多利亚	0	0	0	4	0	0	1	0	1	0
塔斯马尼亚	1	0	1	0	1	0	3	0	2	0
南澳大利亚	0	0	0	1	0	0	0	0	0	3
北部地区	1	0	1	0	0	0	0	0	0	0
合 计	32	7	33	19	10	19	15	7	12	12

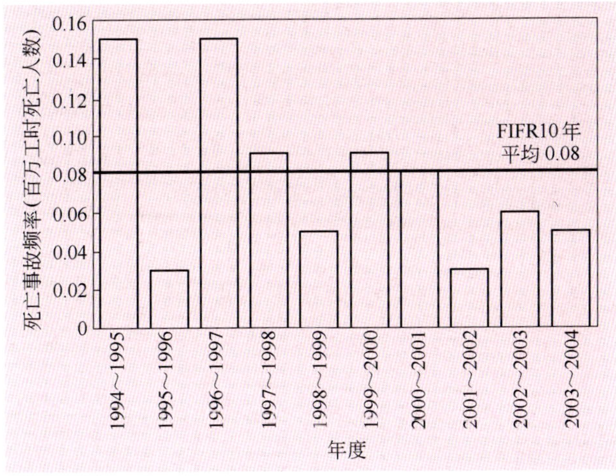

图 14-6 澳大利亚 1994~1995 年度至 2003~2004 年度矿物工业死亡事故频率

表 14-16 澳大利亚 1994~1995 年度至 2003~2004 年度矿物工业不同领域死亡事故频率

领 域	1994~1995	1995~1996	1996~1997	1997~1998	1998~1999	1999~2000	2000~2001	2001~2002	2002~2003	2003~2004	10 年平均数
露天煤矿	0.03	0.06	0.03	0.03	0.04	0.04	0.00	0.03	0.00	0.03	0.03
地下煤矿	0.58	0.05	0.41	0.05	0.11	0.22	0.29	0.06	0.00	0.12	0.19
煤矿总计	0.26	0.06	0.18	0.04	0.07	0.11	0.11	0.04	0.00	0.06	0.09
露天金属矿山	0.12	0.00	0.07	0.02	0.02	0.03	0.04	0.01	0.06	0.05	0.04
地下金属矿山	0.23	0.10	0.46	0.39	0.14	0.37	0.40	0.07	0.22	0.00	0.24
金属矿山总计	0.15	0.03	0.17	0.12	0.05	0.10	0.10	0.03	0.10	0.03	0.09
采掘工业	0.20	0.00	0.00	0.09	0.00	0.13	0.17	0.09	0.10	0.26	0.10
冶炼行业	0.02	0.02	0.05	0.00	0.00	0.00	0.00	0.02	0.00	0.05	0.02
整个矿物行业	0.15	0.03	0.15	0.09	0.05	0.09	0.08	0.03	0.06	0.05	0.08

(原文注:整个矿物行业数字包括勘探行业)。

表 14-17 澳大利亚 1994~1995 年度至 2003~2004 年度各州矿物工业死亡事故频率

州 名	1994~1995	1995~1996	1996~1997	1997~1998	1998~1999	1999~2000	2000~2001	2001~2002	2002~2003	2003~2004	10 年平均数
西澳大利亚	0.12	0.05	0.09	0.14	0.03	0.07	0.06	0.03	0.06	0.04	0.07
昆士兰	0.32	0.02	0.24	0.02	0.04	0.04	0.04	0.04	0.05	0.02	0.08
新南威尔士	0.10	0.05	0.25	0.11	0.11	0.31	0.13	0.06	0.03	0.12	0.13
维多利亚	0.00	0.00	0.00	0.00	0.00	0.00	0.12	0.00	0.10	0.00	0.02
塔斯马尼亚	0.11	0.00	0.12	0.00	0.11	0.00	0.36	0.00	0.33	0.00	0.10
南澳大利亚	0.00	0.00	0.00	0.19	0.00	0.00	0.00	0.00	0.00	0.34	0.05
北部地区	0.12	0.00	0.09	0.00	0.00	0.00	0.00	0.00	0.00	0.00	0.02
合 计	0.15	0.03	0.15	0.09	0.05	0.09	0.08	0.03	0.06	0.05	0.08

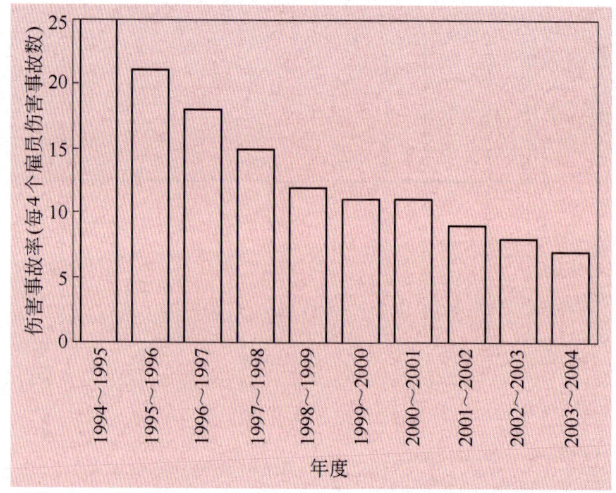

图 14－7 澳大利亚 1994～1995 年度至 2003～2004 年度矿物工业损失工作时间和伤害事故频率

表 14－18 澳大利亚 1999～2000 年度至 2003～2004 年度矿物工业伤害事故持续时间和严重度

领 域	1999～2000		2000～2001		2001～2002		2002～2003		2003～2004	
	伤害持续时间/天	严重度①	伤害持续时间/天	严重度①	伤害持续时间/天	严重度①	伤害持续时间/天	严重度①	伤害持续时间/天	严重度①
露天煤矿	27	314	22	271	37	283	39	259	20	123
地下煤矿	22	816	29	996	32	971	32	875	28	708
露天金属矿	11	92	15	97	17	92	19	86	19	79
地下金属矿	15	189	14	173	16	144	15	132	20	155
采掘行业	15	134	18	176	13	195	15	200	14	161
冶炼行业	15	83	15	86	19	110	28	104	21	72
整个矿物工业	18	200	20	213	24	211	26	184	22	146

① 百万工作小时平均损失天数。

14.5.4 加拿大安大略省

2000～2004 年加拿大安大略省发生的导致严重事故和死亡事故的发生频率最高的 7 种危险因素，见图 14－8。

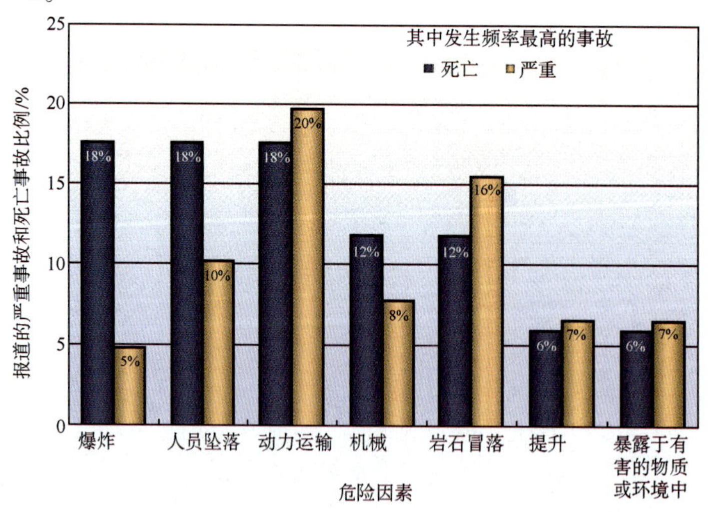

图 14－8 加拿大安大略省导致严重事故和死亡事故的发生频率最高的 7 种危险因素

1995～2004年加拿大安大略省采矿业导致工日损失的伤害事故频率见图14-9。

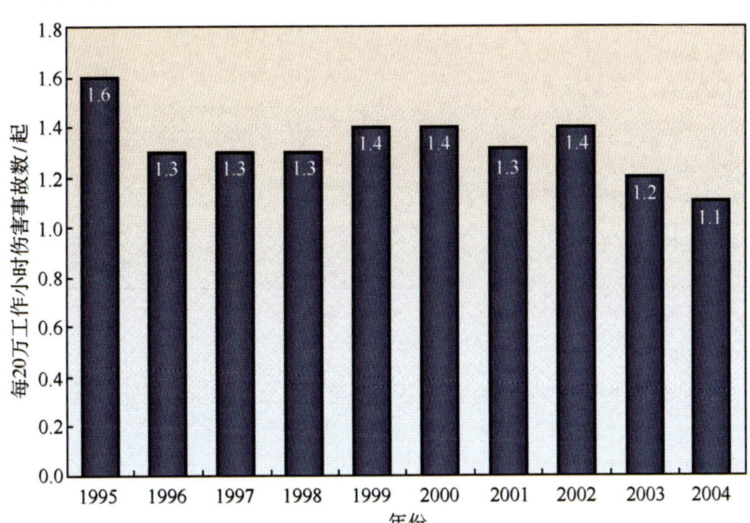

图14-9　1995～2004年加拿大安大略省采矿业导致工日损失的伤害事故频率

1995～2004年加拿大安大略省采矿业和采石场、露天砂矿及砾石坑作业死亡人数，见图14-10。

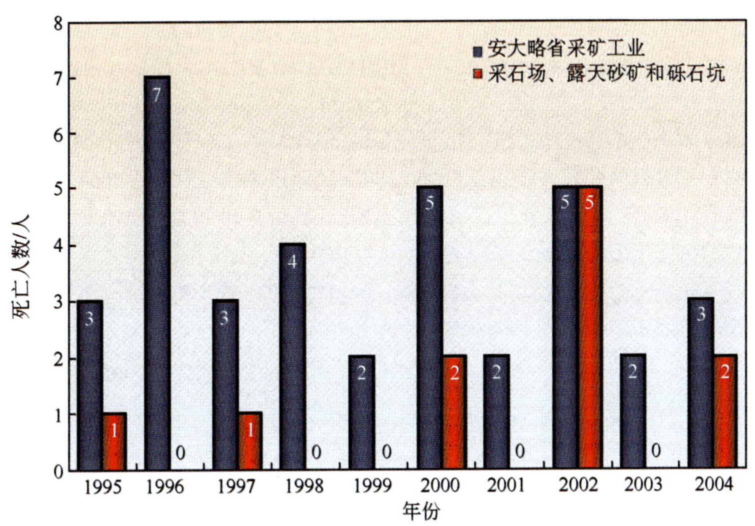

图14-10　1995～2004年加拿大安大略省采矿业和采石场、露天砂矿及砾石坑作业死亡人数

参考文献

1　全国注册安全工程师执业资格考试辅导教材编审委员会．安全生产技术．北京：煤炭工业出版社，2005

2　GB16423—2006．金属非金属矿山安全规程

3　田文旗，薛剑光主编．尾矿库安全技术与管理．北京：煤炭工业出版社，2006

4　美国采矿工程师协会．《采矿工程手册》第一分册：法规、地质及岩体工程，《采矿工程手册》翻译组．冶金工业出版社，1982

5 http://www. msha. gov

6 http://www. nma. org

7 http://www. cdc. gov

8 http://www. osha. gov

9 http://www. minesafe. com

10 http://www. bullion. org. za

11 http://www. saimm. co. za

12 http://www. minerals. org. au

13 http://nosi2. nohsc. gov. au

14 http://www. docep. wa. gov. au

15 http://www. ascc. gov. au

16 http://www. natural-resources. org/minerals

17 http://www. ausimm. com

18 http://www. masha. on. ca

19 http://www. oma. on. ca

20 http://www. ccohs. ca

21 http://www. ilo. org

22 U. S. Department of Health and Human Services, Public Health Service, Centers for Disease Control and Prevention, National Institute for Occupational Safety and Health, Washington, DC, INJURIES, ILLNESSES, AND HAZARDOUS EXPOSURES IN THE MINING INDUSTRY, 1986-1995: A SURVEILLANCE REPORT, MAY 2000

23 M J Gouws, Chamber of Mines of South Africa, MINING AND METALS OHS SUSTAINABILITY REPORTING

24 Australian Safety and Compensation Council of Australian Government, ESTIMATING THE NUMBER OF WORK-RELATED TRAUMATIC INJURY FATALITIES IN AUSTRALIA 2003-2004, AUGUST 2006

25 MINERALS COUNCIL OF AUSTRALIA, SAFETY AND HEALTH PERFORMANCE REPORT OF THE AUSTRALIAN MINERALS INDUSTRY 2003-2004

26 MINERALS COUNCIL OF AUSTRALIA, SAFETY AND HEALTH PERFORMANCE REPORT OF THE AUSTRALIAN MINERALS INDUSTRY 1998-1999

27 National Occupational Health and Safety Commission of Australia Government, Fatal Occupational Injuries-An Overseas Comparison, 2004

15　矿山项目评价

矿山项目评价不是对一个固定对象的评价，而是对影响矿山项目价值的所有因素的量化和优化，是一个如图 15－1 所示的循环过程。矿石储量是确定矿山规模的重要参数，矿山规模又影响到投资和生产成本，生产成本又决定着边界品位和可采的经济储量规模。矿体规模和项目建设规模相互影响，存在互动关系。通过多次循环，使资源达到最佳配置，这就是项目评价的过程。经过这样的评价过程，使公司做出正确的投资决策，最后使项目创造的财富最大化。评价结果将是资源开发、矿权转让等投资行为决策的重要依据。

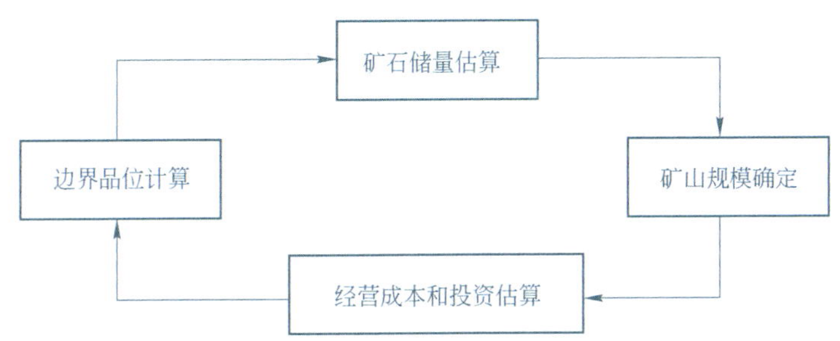

图 15－1　矿山项目评价循环过程

矿山项目可行性研究就是一种使资源达到最佳配置的研究方法，既是矿山项目评价的主要方法，也是矿山项目评价的核心。本章将着重介绍矿山项目可行性研究的不同阶段以及可行性研究中的费用估算和投资分析内容。由于项目经营模式的不同对项目评价也带来相应的影响，所以，本章将用一定篇幅介绍矿山项目的不同经营模式。

15.1　矿山项目可行性研究

15.1.1　研究阶段

可行性研究是矿山项目评价的核心，是从技术和经济两方面对项目可行性和合理性进行评价。从本质上讲,某一项目可行性研究的目标就是阐明如何才能让该项目走向成功。成功项目不是客观存在的,而是优秀的可行性研究和设计孕育产生的。

从最初的勘探到决定资源开发,要进行大量的分析研究工作。每进一步的研究都是依据了更多的基础数据,同时也增加了研究的时间和费用,自然也提高了研究的精度,因此也形成了可行性研究的不同阶段。

15.1.1.1 机会研究

机会研究是对投资机会的选定,是一系列有关投资活动的起点,也就是将一个项目意向变成简要的投资建议。机会研究将提供有关项目的基本信息,达到激发投资者作出响应的目的。因此,机会研究是处于项目建议阶段。

编写项目的机会研究中所用的资料时,不应花费过多的人力财力,因为它主要是用来强调一个可能的投资方向。这样一种研究的目的应该是快速而经济地确定一项投资的可能性。当机会研究的结果引起了企业家的兴趣,并使企业家作出响应时,必须考虑进行初步可行性研究。

15.1.1.2 初步可行性研究

项目初步可行性研究的目的是从总体上、宏观上对项目建设的必要性、建设条件的可行性以及经济效益的合理性进行初步研究和论证,为项目下一步研究提供意见。初步可行性研究对基础资料详细程度和精度的要求仍然比较粗略,通常可依据有关宏观信息和可能条件下所收集到的资料展开工作。对工艺技术和经济的基础资料,应能满足勾画总体设想和初步估算的要求;对地质资料,一般可依据详查地质报告。

初步可行性研究一般包含下列资料和分析:

(1) 项目概况:项目区域位置、交通状况、地形地貌、气候、项目历史、项目开发计划等;

(2) 地质:区域地质、项目区域的详细描述、储量的初步计算、储量目标的评价;

(3) 采矿:矿床规模、开采计划、设备需求及采矿辅助设施;

(4) 选矿:矿石和精矿的技术描述、选矿设施;

(5) 公用设施:动力、水、备品备件和相关设备的供应;

(6) 外部交通:外部交通状况和需要附加设施的描述,如道路、机场、港口、铁路等;

(7) 行政福利设施:工人住房、学校、医院及办公楼等;

(8) 人力资源:项目对合格人员的需求以及当地人力资源的可用性;

(9) 环境保护:使项目环境破坏最小化的措施和相关的环保法规;

(10) 法律事项:矿业法、税法、投资法及政治风险;

(11) 经济分析:项目的费用估算、基础设施、原辅助材料、人工及其他因素;市场分析,包括产品产销和价格的分析;收入预测、现金流量、净现值和敏感性分析。

15.1.1.3 可行性研究

如果初步可行性研究显示出了项目的可行性和合理性,那么就有必要通过一个正式的详细可行性研究来评价项目。这个可行性研究将对项目所涉及的所有参数进行详细研究,也包括政治的、社会的因素对项目的影响。一般情况下,完成一个项目的可行性研究就是指完成这个阶段的可行性研究。一般这个可行性研究包括对下列因素的研究:

(1) 地质和矿床特性;

(2) 矿物学及矿石加工特性;

(3) 采选设备配置和生产计划;

(4) 基建及投资使用计划;
(5) 收入和费用估算;
(6) 市场营销计划;
(7) 现金流量计算;
(8) 资金筹措;
(9) 重要因素的风险分析和敏感性分析。

正如前面所述,可行性研究的目的是评价项目在技术和经济两方面的可行性和合理性,同时也是公司决策是否实施项目的重要依据。

虽然可行性研究报告没有一个严格的统一格式,但最终可行性研究报告必须起到下列的作用:

(1) 提供矿山项目详尽和确定的框架;

(2) 提供一个合适的开采方案,并附有充足的设计图纸和设备清单,使费用估算和经济分析结果达到精度要求;

(3) 根据报告中所说的装备水平和运行方式,阐明项目的盈利性;

(4) 对项目相关的法律、融资渠道、财务制度、环保法规、风险和敏感性分析以及影响项目财务的变量给予评价;

(5) 为业主、潜在合作伙伴和银行提供所有的资料文件,这些文件必须是"银行认可的"。银行认可的可行性研究,就是通常所说的项目融资可行性研究。

表 15-1 是一个典型项目融资可行性研究的定义。

表 15-1 矿山项目融资可行性研究的定义

目 的	(1) 提供项目的深度研究 (2) 证明项目实施的合理性 (3) 为项目融资提供基础 (4) 为项目建设费用控制提供详细框架
目 标	(1) 优化的设计 (2) 明确的范围 (3) 详细的数量 (4) 最小的不确定性
地质/矿石储量	(1) 探明的/控制的资源量(Measured/Indicated) (2) 已证实的/可能的回采储量(Proven/Probable 储量) (3) 依据广泛的勘探计划,运用合适的矿床评价技术
采 矿	(1) 最优的采矿计划 (2) 详细的采矿方法,包括采矿试验 (3) 充分的工程地质和水文地质研究
选 冶	(1) 确定的试验工作,包括大规模的工业实验(如果需要) (2) 详细的流程确定 (3) 详细的设备选型 (4) 完成所有流程的 P&ID 图
场地/基础设施	(1) 详细的场地勘察 (2) 足够的工程地质钻孔 (3) 充分的基础设施研究

续表 15－1

工程设计	(1) 用于招标的设备说明 (2) 详细的总图布置 (3) 初步的结构设计 (4) 初步的电控设备设计 (5) 建筑布置
投资估算	(1) 详细的设备和施工估算 (2) 详细的数量计算 (3) 厂商报价 (4) 民用建筑工程数量计算 (5) 机械、结构、管道、仪表、电气的人工和材料费 (6) 间接费用
作业成本估算	详细估算
费用精度	+10% ~ －5%
不可预见费	(1) 投资:10% (2) 作业成本:5%
市场分析	(1) 详细分析产品供需及价格 (2) 与销售代理进行详细讨论 (3) 销售预测
法律/财务	(1) 股东协议 (2) 经营协议 (3) 将签定的融资和贷款协议 (4) 环保许可证
环境研究	(1) 完成项目环境评价报告 (2) 了解政府对项目的要求和许可
财务评价	项目详细的财务评价,包括融资和风险分析

表 15－2 是矿山项目不同研究阶段对资料及参数的要求。表 15－2 说明,估算结果的精度不是估算本身能决定的,而是由整个研究工作的深度决定的。

表 15－2　不同研究阶段对资料及参数的要求

资料精度	机会研究	初步可行性研究	可行性研究
资料误差	30%	20%	10%
地　质			
资源/储量/规模	推　断	控制的	探明的/控制的
品　位	经验假定	控制的	探明的/控制的
构　造	经验假定	控制的	探明的/控制的
变　异	经验假定	控制的	探明的/控制的
矿物学	经验假定	控制的	探明的/控制的
有害元素	经验假定	控制的	探明的/控制的
采　矿			
采矿方法	经验假定	概念性的	确定的
剥采比	推　断	计算的	证实的

续表 15－2

资料精度	机会研究	初步可行性研究	可行性研究
采　矿			
采矿损失	经验假定	计算的	证实的
生产规模	经验假定	计算的	证实的
生产计划	经验假定	计算的	证实的
投　资	经验假定	计算的	证实的
采矿设备清单	经验假定	概念性的	确定的
采矿辅助设施	经验假定	经验假定	确定的
运输距离	经验假定	经验假定	证实的
选　冶			
回收率	经验假定	计算的	证实的
工艺选择	经验假定	计算的	证实的
试验工作	无	初步的	确定的
效　率	经验假定	计算的	证实的
副产品	经验假定	计算的	证实的
冶炼类型	经验假定	概念性的	确定的
动力来源	经验假定	概念性的	确定的
药剂类型/费用	经验假定	计算的	证实的
生产规模	经验假定	计算的	证实的
产品规格	经验假定	计算的	证实的
产品运输			
到冶炼厂的距离	经验假定	计算的	证实的
到市场的距离	计算的	计算的	证实的
基础设施			
气　候	考　虑	产生影响的	证实的
水	经验假定	概念性的	证实的

15.1.2 基础资料

基础数据对项目可行性研究的结果是至关重要的，但要拥有所有数据又是很困难的。在数据不充分时，评价人员需要谨慎小心，不能忽视对项目有影响的所有变量。

15.1.2.1 考虑因素

表 15－3 所列的因素在矿山项目评价中必须给予考虑和分析，这些变量当然在矿山项目的可行性研究中应得到评价。

表 15－3　矿山项目可行性研究主要的考虑因素

1. 矿床资料
1.1 地质
1.1.1 矿化：类型，品位，均匀性
1.1.2 地质构造
1.1.3 岩石类型：物理特性

续表 15－3

1.1.4 淋漓带和氧化带
1.1.5 可能起源
1.2 规模
1.2.1 尺寸，产状，形态
1.2.2 连续性
1.2.3 埋藏深度
1.3 地理
1.3.1 位置：邻近的人口中心
1.3.2 地形
1.3.3 交通
1.3.4 气候条件
1.3.5 地表条件：植被，河流
1.3.6 行政管理区域划分
1.4 勘探
1.4.1 历史
1.4.2 现状
1.4.3 储量
a. 矿床储量的吨位－品位曲线；储量级别和分布；
b. 采矿贫化与损失
1.4.4 采样：类型、方法、间距
1.4.5 分析：方法、验证分析
1.4.6 计划
2. 项目经济资料
2.1 市场
2.1.1 最终销售产品：精矿、原矿
2.1.2 产品销售方向：主要买主
2.1.3 预计的价格水平：供求情况、有竞争能力的成本 、替代品、关税
2.1.4 销售特点
2.2 运输
2.2.1 交通状况
2.2.2 产品运输：方式、运距、运费
2.3 供电
2.3.1 电力：可利用性、位置、隶属关系、费用
2.3.2 天然气：可利用性、位置、费用
2.3.3 其他方案：现场发电机组
2.4 土地
2.4.1 所属关系
2.4.2 需要土地面积：选厂厂址、废石场、尾矿库、其他建构筑物占地
2.5 供水
2.5.1 生活及生产用水：来源、水质、可用性、费用
2.5.2 坑内水：水量、水质、深度、排水方式、水处理
2.6 劳动力

续表 15 – 3

2.6.1 可利用性和类型:矿山中的技术/非技术工

2.6.2 组织机构

2.6.3 当地劳动力历史记录

2.6.4 雇员住房和交通

2.7 政府事项

2.7.1 税收

2.7.2 复垦要求

2.7.3 采矿法规

2.7.4 其他法规:劳动法、许可证、外汇兑换、合作伙伴协议

2.8 融资

2.8.1 融资渠道

2.8.2 债务:偿还、利息

2.8.3 利润分配:法律规定

3. 采矿方法选择

3.1 物理特性

3.1.1 强度:矿石、废石

3.1.2 均匀性:矿化

3.1.3 连续性:矿化

3.1.4 地质:构造

3.1.5 地表塌陷

3.1.6 几何形状

3.2 选择性

3.2.1 贫化与损失

3.2.2 废石开采及处理

3.3 基建要求

3.3.1 基建开拓:工程量、方法、时间

3.3.2 总体布置及计划:基建计划

3.3.3 投资

3.4 生产要求

3.4.1 生产计划

3.4.2 后续开拓:方法、工程量、时间安排

3.4.3 定员及设备配置

3.4.4 投资

4. 选矿工艺

4.1 矿物学

4.1.1 矿石特性

4.1.2 矿石硬度

4.2 工艺方案

4.2.1 工艺类型

4.2.2 产品质量

4.2.3 确定工艺流程:物料流量、回收率、产品品位

4.2.4 生产计划

续表 15 - 3

4.3 回收率与产品质量
4.3.1 矿石类型和入选品位对回收率的影响
4.4 总体配置
4.4.1 投资
4.4.2 面积要求
4.4.3 与矿床距离:尽量靠近矿体
5. 投资和作业成本估算
5.1 投资费用
5.1.1 勘探
5.1.2 基建工程
a. 场地平整
b. 矿床开拓
5.1.3 流动资金
5.1.4 采矿
a. 场地准备
b. 矿山建构筑物
c. 矿山设备:运费、税金、安装等费用,更新计划
d. 工程设计和不可预见费
5.1.5 选矿
a. 场地准备
b. 选矿建构筑物
c. 选矿设备:运费、税金、安装等费用,更新计划
d. 尾矿库
e. 工程设计和不可预见费
5.2 作业成本
5.2.1 采矿
a. 工资:包括额外补贴
b. 维修和材料费:数量、单价
c. 动力费用
5.2.2 选矿
a. 工资:包括额外补贴
b. 维修和材料费:数量、单价
c. 动力费用
5.2.3 管理费用

矿石储量估算是矿山项目可行性研究首要任务之一。矿床的经济储量是产品价格、生产成本、采矿方法、回收率、贫化率及大量其他变量的函数,由于经济条件的不断变化,经济储量和非经济储量之间存在相互转换,一个矿床到底有多少可采经济储量,可能要等到生产结束时才有最终答案。矿石可采储量的这种不确定性,会给那些不能通过长期合同来保证销售价格的矿山项目的评价带来很大影响。

生产技术是矿山项目可行性研究的另一关键领域。设备、工艺的技术进步对项目的作业成本和投资影响重大。例如,通过比较坑内矿和露天矿的采矿直接单位成本,可以反映出技术变化对采矿成本的影响。近几年,由于缺乏技术进步和仍存在劳动密集,坑内采矿作业成本一直在明显增加。由于露天矿设备的技术进步,生产效率的提高,使得露天矿的单位作业成本变化不大。当然,这种设备技术进步,作业成本相对稳定,是以投资费用明显增加为代价的。

收入估算是矿山项目可行性研究的另一要点。收入的多少和发生时间取决于矿石储量、生产规模、产品市场价格和选矿回收率。这些变量尤其产品价格是难以估算和预测的。

经营整体环境也是一项主要考虑的因素。近几年对环境保护的要求不断提高,这对矿山经营产生了很大的影响,迫使项目的投资和作业成本增加。矿山项目的经营环境还直接受税收政策的影响, 如资源使用税、所得税等。

所有费用因素,不论是直接的还是间接的,都影响到了项目的盈利性,以及项目最后的生存能力。

15.1.2.2 变量取值

正如前面所说,项目可行性研究的目标就是量化和优化变量,使项目走向成功。一旦明确了项目所有的相关因素,下一步就应使这些因素尽可能量化。

收入和成本费用是两类最重要的变量,同时也是量化中问题较多的变量。

A 收入估算

矿山项目年度收入等于年产品产量乘以产品价格,数学计算十分简单,但要获得最合适的产品产量和产品价格就困难多了。

在估算产品产量时,需考虑大量重要因素,如出矿量、出矿品位、选冶回收率,以及最后的销售量和可支付量等。

收入计算中的另一个重要变量就是产品销售价格。估算矿产品价格,尤其未来较长时间的矿产品价格远比估算产品产量困难得多,并且还总是存在很高的误差。虽然矿产品价格最终由供求关系决定,但有许多复杂因素在影响着供求关系,这使得估算矿产品价格难以模型化。

大家公认,分析大多数矿产品的供求关系是很复杂的事,并且认为对矿产品价格进行长期可靠的预测几乎是不可能的。大多数金属价格呈周期性变化,周期的长短和变化幅度都不是预测所能反映的。矿产品价格的预测不是一两种分析方法就能做到的,也不是一个机械的程序,而是对经济理论、行业状况、市场、竞争者的综合分析,再加经验的判断。

B 成本估算

项目可行性研究中的经济评价部分必须基于项目的费用。“项目的成本是多少?”,要回答这样的问题并不简单。

项目费用可分为经营成本和投资两大类。一般情况下,经营成本和投资之间有着明显的区别。

经营成本是项目经济评价中所使用的特定概念,指在生产期内为生产产品所发生现金流出,其主要构成就是产品的原辅材料费、燃料动力费、工资、维修费等费用。资产的折旧和摊销费及生产期的财务费不在其中。经营成本与折旧费、摊销费、财务费用之和形成产品的全部成本。

投资是指为开发或能形成资产而发生的费用支出,这种支出一般能服务项目多年。大笔投资一般发生在项目的初期和达产期,但有的投资则发生在项目寿命期的其他年份。

为了税收的目的,通常把投资形成的资产分为两类:一类是不断折耗磨损的固定资产,另一类是需数年摊销的无形及递延资产。两类资产可以按不同的年限进行折旧和摊销。不同的折旧和摊销年限也是项目评价的重要参数。

矿山项目经营成本和投资的估算是一项难做的工作,必须小心谨慎。对于详细可行性研究中的经营成本和投资估算,必须依据实际的设计和配置图纸、生产计划、设备清单、厂家提供的定额。

15.1.3 利润与现金流量

在讲述投资分析之前,在这里先介绍两个基本概念:利润和现金流量。

15.1.3.1 利润

利润是项目在一定期间内的经营成果,是项目销售收入与消耗支出的差额。收入大于支出为盈利;反之,则为亏损。利润总额是项目所得税纳税依据。利润计算必须符合国家财会及税收制度的有关规定,所以也称之为"会计利润"。根据现行财税制度,在项目评价中,利润总额一般以年为时间单位计算,可简化为如下的表达式:

利润总额=产品销售收入-总成本费用-销售税金及附加-营业外净支出

其中, 总成本费用=经营成本+折旧、摊销+财务费用

销售税金及附加=城市维护建设税+教育费附加+资源税

营业外净支出等于营业外收入和营业外支出的差额。新项目营业外净支出由于发生较少,也难以估计,可不计算。

当产品销售收入和总成本费用都不含增值税时,销售税金及附加也不含增值税。

税后利润=利润总额-所得税

=利润总额-应纳税所得额×所得税税率

当不需对前期亏损弥补时,当期应纳税所得额与当期利润总额相同;当需要对前期的亏损进行弥补时,当期应纳税所得额小于当期利润总额。

表15-4是一个新建矿山项目的利润计算表。

表15-4 项目利润计算实例 金额单位:万元

序号	项 目	第1年	第2年	第3年	第4年	第5年	第6年	第7年	第8年	第9年	第10年
1	销售收入				297999	372499	372499	372499	372499	372499	372499
2	销售税金及附加				1833	2292	2292	2292	2292	2292	2292
3	总成本费用				273676	336216	336216	336216	336216	336216	336216
4	营业外支出										
5	利润总额(1-2-3-4)				22490	33991	33991	33991	33991	33991	33991
6	弥补以前年度亏损										
7	应纳税所得额(5-6)				22490	33991	33991	33991	33991	33991	33991
8	所得税									5099	5099
9	税后利润(5-8)				22490	33991	33991	33991	33991	28893	28893

15.1.3.2 现金流量

现金流量是某一段时期内项目现金流入和现金流出的数量。将现金流入量和现金流出量相抵的差额称为净现金流量,也称净收益。净现金流量已成为测量投资项目真正盈利性最主要的对象。

项目的现金流量一般是一个以年为单位的时间序列。项目的现金流量表逐年记录了项目从开始实施起到项目结束的全部现金流入和现金流出。一个新建的矿山项目,在基建期只有投资支出使得净现金流量为负。随着项目投产而产生现金流入,净现金流量也开始出现正值。表

15－5就是一个实例。

表 15－5 项目现金流量表实例 金额单位：万元

序号	项 目	第1年	第2年	第3年	第4年	第5年	第6年	第7年	第8年	第9年	第10年
1	现金流入				297999	372499	372499	372499	372499	372499	372499
1.1	销售收入				297999	372499	372499	372499	372499	372499	372499
1.2	回收固定资产余值										
1.3	回收流动资金										
2	现金流出	80315	107087	80315	296561	328382	317888	317888	317888	322732	322732
2.1	建设投资	80315	107087	80315							
2.2	更新改造资金										
2.3	流动资金				42246	10494					
2.4	经营成本				251357	313897	313897	313897	313897	313897	313897
2.5	销售税金及附加				1833	2292	2292	2292	2292	2292	2292
2.6	营业外支出										
2.7	所得税									5099	5099
2.8	公益金				1125	1700	1700	1700	1700	1445	1445
3	净现金流量(1－2)	－80315	－107087	－80315	1439	44117	54611	54611	54611	49767	49767

从表15－4和表15－5的对比中可看出，项目净现金流量与会计利润有着较大的区别。从达产正常年份来看，在没有投资支出的年份，项目的税后利润小于净现金流量，作为计算所得税基础的税前利润小于税前净现金流量，其差额就是这些年份的折旧与摊销。所有国家的税法中都允许用投资的折旧和摊销去冲减应纳税额，以减小项目的所得税，也就是应以会计利润为基础计算所得税。所以说，关于资产折旧的政策实质上是关于所得税的政策。

由于项目现金流量能按时和如实反映项目的现金流入和流出，使得后面讲述的资金时间价值理论能得以运用。因此，分析投资项目的现金流量已成为当今世界投资分析的主流。

15.1.4 货币时间价值

货币如果作为储藏手段保存起来，不论经过多长时间，仍为同量货币，其金额不变。但货币如果作为社会生产资金或资本，参与再生产过程，就会带来利润，即得到增值。货币的这种增值现象一般称为货币的时间价值，或称为资金的时间价值。

由于货币有时间价值，这价值是时间的函数。通常说的利息就是货币时间价值的体现。这样就使得一个公司现在得到100万现金与5年后得到100万现金有着明显的不同。

使用借来的钱就需要支付利息，好比使用租来的资产需要支付租金一样。利率就是期末需要支付的利息费与期初借款额的比率。利率受很多因素影响，如风险、通货膨胀、交易费、资金机会成本等。同时，利率也像其他资产价格一样，由资金的供求关系来确定。如果不存在利息，项目投资分析将简单得多。如果没有利息，投资者就不会关心现金流入或流出的发生时间。

资金的时间价值理论具有广泛的实用性。在项目经济评价中，根据这一原理，可以将不同时间的费用或效益折算为同一时间的等值费用或效益，使费用或效益具有可比性，即可以进行比较和选择。

根据货币时间价值理论导出的几个概念和计算公式，在项目经济分析和评价中得到了日益广泛的应用。

这里介绍几个在经济评价中常用的概念和公式。

利率(i):利率,通常以百分率表示,在不作说明时系指年利率;

期数(n):计算利息的次数,在不作说明时,其单位为“年”;

本金(P):表示一笔可供投资的现款,一般情况下,它即为整个系统的“现值”;

本利和(F):按利率 i、本金 P 经过 n 次计算利息后,本金与全部利息之和,又称“终值”;

等额年金(A):在 n 期中,每期期末在 i 利率条件下,对于本金 P 所作每期数字相同的偿还额,通常简称为“年金”。

根据上述符号的含义,对各基本复利公式加以表述。

15.1.4.1 一次性投入的终值

一次性投入的终值,也称一次性支付本利和。即已知期初一次投入的现值为 P,求 n 期末的复利本利和(即终值 F),即已知 P、i、n,求 F。其计算公式为:

$$F=P(1+i)^n \tag{15-1}$$

式中 $(1+i)^n$——一次投入的复利和系数,通常记为$(F/P,i,n)$。

故公式又可写成: $F=P(F/P,i,n)$

一次性投入的现值

已知 n 年后需付款 F,年利率为 i,计息期数 n,求 F 的现值 P。即已知 F、i、n,求 P。其计算公式为:

$$P=F(1+i)^{-n} \tag{15-2}$$

式中 $(1+i)^{-n}$——一次投入的现值系数,通常记为$(P/F,i,n)$。

故公式又可写成: $P=F(P/F,i,n)$

15.1.4.2 等额序列的终值

从第一年到第 n 年,逐年年末以等额资金存入银行或投入某项目或从项目得到收益,都可以理解为等额序列年金。若已知 n 年内每年年末投入 A,年利率为 i,求到 n 年末的本利和(即终值)。其计算公式为:

$$F=A\left(\frac{(1+i)^n-1}{i}\right) \tag{15-3}$$

式中 $\frac{(1+i)^n-1}{i}$——序列终值系数或等额序列复利和系数或年金终值系数,通常记为$(F/A,i,n)$。

故公式又可写成: $F=A(F/A,i,n)$

15.1.4.3 等额序列的现值

已知 n 年内每年年末有等额的费用或效益,求其现值。也就是已知 A、i、n,求 P。其计算公式为:

$$P=A\left(\frac{(1+i)^n-1}{i(1+i)^n}\right) \tag{15-4}$$

式中 $\frac{(1+i)^n-1}{i(1+i)^n}$——等额序列现值系数或年金现值系数,通常记为$(P/A,i,n)$。

故公式又可写成: $P=A(P/A,i,n)$

15.1.4.4 等额存储偿债基金

已知未来 n 期末一笔债款 F,拟于 $1\sim n$ 的每期期末等额存储一笔钱 A,年利率为 i,到 n 期末

偿清 F,求 A 应为多少。也就是已知 F、i、n,求 A。其计算公式为:

$$A=F\left(\frac{i}{(1+i)^{n}-1}\right) \tag{15-5}$$

式中 $\frac{i}{(1+i)^{n}-1}$ ——等额存储偿债基金系数或资金存储系数,通常记为$(A/F,i,n)$。

故公式又可写成: $A=F(A/F,i,n)$

15.1.4.5 等额资金回收

已知第 1 年初投资 P,年利率为 i,如果从第 1 年末至第 n 年末止,每年年末等额还本付息,那么每年年末应偿还多少,也就是已知 P、i、n,求 A。其计算公式为:

$$A=P\left(\frac{i(1+i)^{n}}{(1+i)^{n}-1}\right) \tag{15-6}$$

式中 $\frac{i(1+i)^{n}}{(1+i)^{n}-1}$ ——等额资金回收系数,通常记为$(A/P,i,n)$。

故公式又可写成: $A=P(A/P,i,n)$

15.1.4.6 不等系列终值

从 1 ~ n 期每期期末存储金额不等,分别为 $A_1,A_2,\cdots,A_n$,年利率为 i,到 n 期末的本利和或终值 F,计算公式为:

$$F=\sum_{t=1}^{n}A_t(1+i)^{n-t} \tag{15-7}$$

不等额序列的现值:

从 1 ~ n 期每期期末收入款不等,分别为 $A_1,A_2,\cdots,A_n$,折算为第 1 期期初或零年末的现值 P,年利率为 i,计算公式为:

$$P=\sum_{t=1}^{n}\frac{A_t}{(1+i)^{t}} \tag{15-8}$$

货币时间价值理论在经济分析评价中的应用,主要表现在据其导出了若干可比性转换技术,这在方法上是个飞跃性的发展。众所周知,将一个复杂的庞大的工程建设项目,转化为以货币形式表现的费用和效益,在项目或方案间就可比了。这是第一次可比性转化。但是,一个工业建设项目往往历时很长,其费用和效益不是在同一时点发生的,而是在这很长的时间内渐次发生的,项目建设的方案不同,在对应时点上发生的费用和效益也不同。所以,虽然转化成了货币形式,但还不能直接可比,货币的时间价值理论恰好解决了这个问题。货币的时间价值理论导出了“等值”的概念,由等值概念又可以导出“现值”、“终值”、“年金”等概念,于是可以将不同时点发生的货币转化为同一时点的货币,这样就可以比了。所以,货币时间价值理论发展了技术经济的可比性转化技术,并借助于编制项目现金流量表而扩大了其可操作性和应用价值。在实际工作中,应用较广的有现值法、年金法和投资收益率法。这些评价方法将在后面讲述。

15.2 费用估算

费用估算是建设项目可行性研究的重要内容。估算得准确与否直接影响项目的评价结果和投资决策。由于费用估算与项目采用的技术密切相关,国外甚至把项目的费用估算归入项目技术报告范畴。从事矿山项目费用估算的人员一般是懂得矿山工艺技术的工程师,甚至就是采矿工程师本人。因为不同的工艺技术有着不同的费用,可以说生产能力、设备型号乃至工艺技术都是费用的函数。这也是不少关于矿山项目费用估算的书籍用多半的篇幅在讲述工艺技术的原因。

项目费用的估算包括投资估算和生产成本估算两大类。下面主要讲述一些费用估算的概念和方法,而工艺技术将不在此重复。

15.2.1 投资估算

投资估算是指在项目初步设计之前,在项目建议书和可行性研究等高阶段,对拟建项目所需投资,通过编制估算文件预先测算和确定的过程。估算的投资是投资决策、筹资和控制造价的重要依据。

15.2.1.1 投资构成

根据国家计委、建设部发布的《建设项目经济评价方法与参数》的说明,在项目经济评价中,项目总投资包括建设投资、建设期贷款利息和全部流动资金三部分,其构成如图 15-2 所示。

建设投资由建筑安装工程费用、设备及工器具购置费用、工程建设其他费用、预备费用、建设期贷款利息构成,如图 15-3 所示。

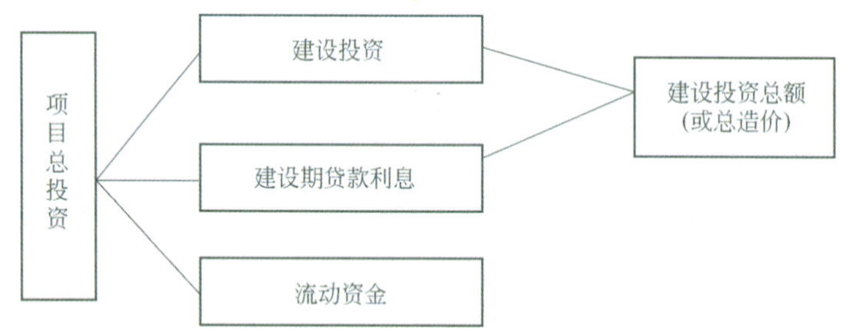

图 15-2　项目总投资构成图

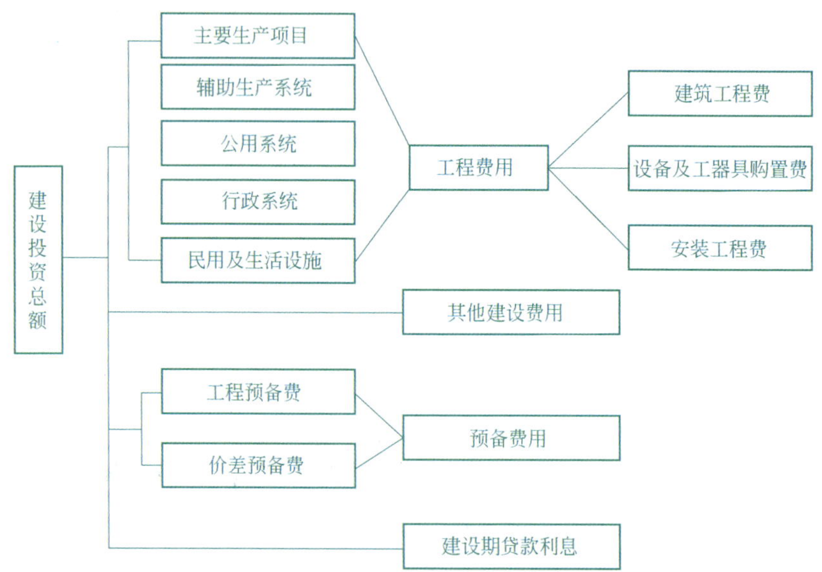

图 15-3　建设投资构成图

在工程项目设计中，由于建设期的贷款利息属于资金筹措费用，受筹措方案影响较大，是为筹措建设投资而发生的次生费用，所以在行业标准《有色金属工业技术经济设计规范》(YS 5018—96)中规定，包括建设期贷款利息时称“建设投资总额”，不包括时称“建设投资”。

表15－6和表15－7给出了常规坑内矿山项目投资中工程费用和其他建设费用的主要内容。

表15－6　常规坑内矿山项目投资的工程费用构成

序　号	工程项目和费用名称	序　号	工程项目和费用名称
Ⅰ－1	主要生产工程	4	精矿脱水
(一)	地　质	5	石灰乳制备
1	坑　探	6	药剂制备
2	钻　探	7	试化验室
3	取样化验	(四)	尾矿设施
4	探测设备	1	尾矿坝
(二)	采矿场	2	尾矿输送
1	坑内工程	3	尾矿砂泵站
1.1	井巷工程	4	尾矿回水泵站及管线
1.2	穿孔设备	Ⅰ－2	公用系统工程
1.3	出矿设备	(一)	动力及通讯工程
1.4	坑内运输设备	1	外部供电线路
1.5	坑内破碎	2	总降压变电所
1.6	坑内提升	3	厂区供电线路
1.7	坑内排水	4	厂区通讯线路
1.8	坑内通风	(二)	给排水工程
1.9	坑内充填	1	外部供水线路
1.10	坑内机电维修	2	加压泵站
1.11	采切工程	3	厂区管网
1.12	坑内供电	4	高位水池
2	采矿工业场地	5	净化站
2.1	地表提升设施	(三)	总图及运输工程
2.2	地表通风机房	1	外部公路
2.3	空压机房	2	采、选工业场地
2.4	充填站	3	对外运输设备
2.5	坑口服务楼	Ⅰ－3	行政福利设施工程
(三)	选矿厂	1	办公楼
1	破碎工段	2	生产调度中心
2	磨浮工段	3	其他民用设施
3	精矿浓密		

表 15－7 矿山项目投资的其他建设费用构成

序 号	其他建设费用项目	序 号	其他建设费用项目
1	建设用地准备费	11	勘察测量费
2	业主管理费	12	设计费
3	工程建设监理费	12.1	工程设计费
4	培训费	12.2	非标设计费
5	联合试运转费	12.3	预算编制费
6	生产工器具及家具购置费	13	施工机构迁移费
7	办公与生活家具购置费	14	环保评价费
8	评估、招标、材料价格、单位估价编制费	15	供电贴费
9	可行性研究费	16	矿山巷道维修费
10	试验研究费	17	引进技术与设备的其他费

15.2.1.2 投资估算阶段与精度

项目处于发展周期的投资前期时，又可分为若干阶段，一般有“机会研究（项目建议书）阶段”、“初步可行性研究阶段”、“可行性研究阶段”，相应的投资估算也分为三个阶段。随着阶段的发展，调查研究不断深入，掌握的资料越来越丰富，投资估算逐步准确，其所起的作用也越来越大。

A 机会研究（项目建议书）阶段的投资估算

机会研究（项目建议书）阶段工作比较粗略，投资额的估计一般是通过与已建类似项目的对比得来的，因而投资估算的误差率可在 ±30% 左右。

这一阶段的投资估算是作为领导部门审批项目建议书、初步选择投资项目的主要依据之一，对初步可行性研究及投资估算起指导作用。

B 初步可行性研究阶段的投资估算

这一阶段主要是在项目通过一定程度的研究，仍不能肯定或否定项目时，为进一步弄清项目的投资规模、原材料来源、工艺技术、厂址、组织机构和建设进度等情况，进行经济评价，判断项目的可行性，作出初步投资评价。该阶段是介于项目机会研究和可行性研究之间的中间阶段，在我国的项目审批程序中仍属于项目建议书阶段。本阶段投资估算的误差率一般要求控制在 ±20% 左右。

这一阶段的投资估算是作为决定是否进行详细可行性研究的依据，同时也是确定哪些关键问题需要进行辅助性专题研究的依据之一。

C 可行性研究阶段的投资估算

详细可行性研究阶段的投资估算阶段也称最终可行性研究阶段，主要是进行全面、详细、深入的技术经济分析论证阶段，要评价选择拟建项目的最佳投资方案，对项目的可行性提出结论性意见。该阶段研究内容详尽，投资估算的误差率一般要求控制在 ±10% 以内。

这一阶段的投资估算是进行详尽经济评价、决定项目可行性、选择最佳投资方案的主要依据，也是编制设计文件，控制初步设计及概算的主要依据。

还可以把估算分为指标性估算、初步估算、控制性估算、确定性估算四类。表 15－8 是不同估算类型下的估算误差。表 15－9 是估算类型、研究阶段和估算误差的对应关系。

表 15－8 不同估算类型下的估算误差

估算类型	描述	估算误差/%
指标性估算	依据其他项目的经验数据	±30
初步估算	依据概念设计、估算价格和费率	±20
控制性估算	依据已知流程、设备选型、总图布置、设备和材料的预算价格	±10
确定性估算	依据设计图纸和投标价格的实际值	±5

表 15－9 估算类型与研究阶段及估算误差的对应关系

研究阶段	估算类型	估算误差/%
机会研究或项目建议书阶段	指标性估算	±30
初步可行性研究阶段	初步估算	±20
可行性研究阶段	控制性估算	±10
初步设计(或施工图)阶段	确定性估算	±5

15.2.1.3 可行性研究的投资估算方法

纵观国内外常见的投资估算方法，其中有的适用于整个项目的投资估算，有的适用于一套装置的投资估算。为了提高投资估算的科学性和精确性，应按项目的性质、技术资料和数据的具体情况，有针对性地选用适宜的方法。下面介绍国内项目可行性研究中投资估算的方法。

A 建筑工程投资估算

(1) 建筑物与构筑物，根据主要设计原则，建筑结构型式，以建筑面积或建筑体积、实物工程量及有关技术参数选用估算指标或类似工程造价资料进行编制。

(2) 工业炉窑砌筑工程，根据技术特征套用有色估算指标、有色工业炉工程综合定额指标炉窑砌筑部分或类似工程造价资料进行编制。

(3) 总平面及运输系统工程一般采用计算主要工程量后分别套用土建、市政、公路、铁路等相应估算指标或定额扩大指标编制。

(4) 各种室外管道、高低压供电线路工程，根据技术条件套用定额扩大指标编制。

(5) 矿山井巷、露天剥离工程，根据实物工程量，套用综合定额扩大指标编制。

B 安装工程投资估算

(1) 设备安装以车间或工段为单元，根据技术特征采用估算指标、定额扩大指标或类似工程造价资料编制。

(2) 工艺金属结构、设备绝热、防腐工程以车间或工段为单元，根据技术特征采用估算指标、定额扩大指标或类似工程造价资料编制。

(3) 工业管道以车间或工段为单元，根据技术特征采用估算指标、定额扩大指标或类似工程造价资料编制。

(4) 变电、配电、动力配线敷设与重母线工程以车间或工段为单元，根据技术特征采用估算指标、定额扩大指标或类似工程造价资料编制。

C 设备及工器具购置费用估算

(1) 设备价格：主要设备按制造厂家现行出厂价格计算；次要设备可按占主要设备价值的比例估算，有条件的项目可用主机台(套)价格指标计算。

(2) 工器具费：按有关规定进行计算。如有色工业项目就采用《工程建设其他费用定额指标》中所列指标计算。

(3) 设备运杂费:是指购置设备所发生的采购(含招标)、运输、保管等,即将设备由制造厂运至安装地点 100 m 以内的指定地点所发生的设备出厂价外的全部运杂费用。

D 工程建设其他费用估算

工程建设其他费用包括建设场地准备费(含征地、拆迁赔偿等)、业主管理费、工程建设监理费、生产职工培训费、联合试运转费、办公及生活家具购置费、试验研究费、勘察费、设计费、环保评价费、供电贴费、矿山巷道维修费、施工机构迁移费、引进技术与进口设备其他费用等。一般按有关部门颁发费用定额指标执行。

E 工程预备费用

工程预备费用指由于设计条件限制,在高阶段设计中难以预料,而在下阶段设计和建设施工中可能发生的工程费用。一般按工程费用及与其他费用之和的一定费率计算。费率可根据项目情况适当取定。根据有关部门规定,在可行性研究估算,费率取值范围为 12% ~20%;初步设计概算费率取值 7% ~12%。

F 建设期贷款利息估算

项目建设资金有贷款时,在建设期会发生资本化利息,它是建设项目总造价的组成部分。根据贷款条件和建设期贷款使用计划计算建设期利息。

15.2.1.4 其他简单投资估算方法

A 单位产品投资指标法

单位产品投资指标法是根据类似企业的投资指标,经分析判断,估算投资。其公式为:

$$估算投资 = 类似企业单位产品投资 \times 建设规模 \tag{15-9}$$

B 生产能力指数法

生产能力指数法是根据已建成的、性质类似的建设项目或生产装置的投资额和生产能力及拟建项目或生产装置的生产能力估算拟建项目的投资额。其公式为:

$$新项目投资 = 已知项目投资 \times \left(\frac{新项目生产能力}{已知项目生产能力}\right)^n \tag{15-10}$$

式中,n 一般小于 1,有色冶金企业为 0.6 ~0.8。

C 系数估算法

系数估算法有设备系数法、设备及厂房系数法、主要车间系数法等。

设备系数法以设备费用为基础,乘以适当系数来推算项目的建设费用。

设备及厂房系数法根据已确定的工艺流程,先分别估算出工艺设备投资和厂房土建投资。项目的其他费用,与设备关系较大的按设备投资系数计算,与厂房土建关系较大的则以厂房土建投资系数计算,两类投资加起来就得出整个项目的投资。

主要车间系数法先采用合适的方法计算出主要车间的投资,然后利用已建类似项目的投资比例计算出辅助设施等占主要生产车间投资系数,估算出总的投资。

15.2.1.5 流动资金

流动资金是企业生产经营活动中处于生产领域和流通领域供周转使用的资金。它是实现社会再生产的一个重要条件,是建设项目总投资的重要组成部分。因此,在设计项目中,除估算建设投资外,还必须估算流动资金。

A 流动资金构成

根据流动资金在生产过程中所起的作用,以及在周转中所处的阶段不同,可以划分为生产领域的流动资金和流通领域的流动资金两大类。

生产领域的流动资金可以根据资金的作用和实物形态细分为企业储备资金和企业生产资金。

流通领域的流动资金按其作用和实物形态细分为产成品资金、企业结算资金和企业货币资金。流动资金的构成如图 15－4 所示。

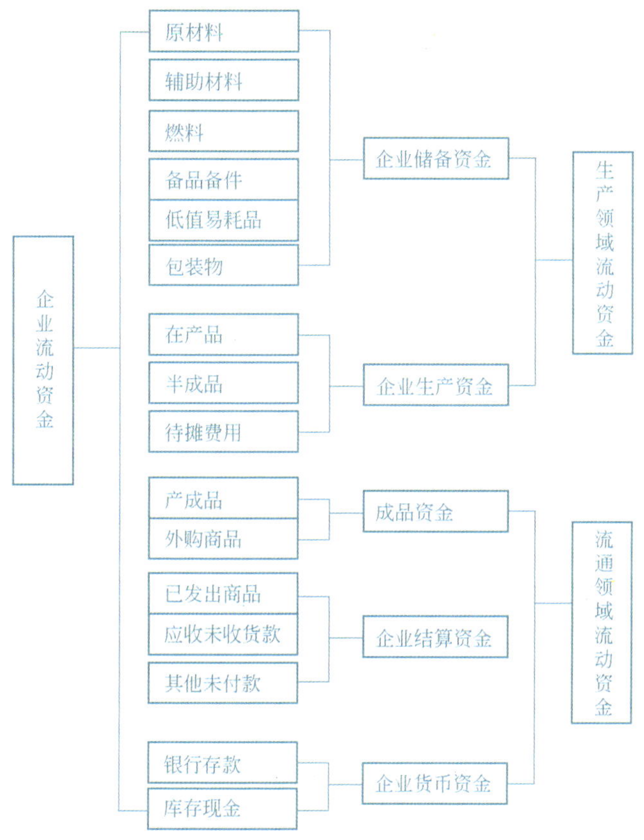

图 15－4　流动资金构成图

B　流动资金的估算

在项目评价中，对流动资金的估算通常有两种方法，即扩大指标估算法和分项估算法。

a　扩大指标估算法

扩大指标估算法是按照流动资金与某种费用或收益的比率来估算流动资金的方法。用扩大指标估算流动资金的计算公式有：

(1) 按流动资金占销售收入的比率——销售收入资金率估算流法：

$$流动资金 = 年销售收入 \times 销售收入资金率 \qquad (15-11)$$

(2) 按流动资金占经营成本的比率——经营成本资金率估算法：

$$流动资金 = 年经营成本 \times 经营成本资金率 \qquad (15-12)$$

(3) 按流动资金占建设投资的比率——建设投资资金率估算法：

$$流动资金 = 建设投资 \times 建设投资资金率 \qquad (15-13)$$

b　分项估算法

流动资金占用额与经营成本直接发生关系，如果有条件分项估算经营成本时，一般用分项法估算。分项估算法是将流动资金分为四项，采用列表方式进行估算。所分四项为：

第一项，应收账款。包括企业在销售过程中应该收取而尚未收取的款项，以及在购买过程中已经预付而尚未到货的预付款项。一般通过项目年经营成本和周转天数来计算。

第二项，存货。是流动资金需用额的主要部分，存货是指企业在生产经营过程中为耗用或者销售的储备物质。原辅材料的存货通过原辅材料年费用和周转天数来计算；在产品和产成品通过年经营成本和周转天数来计算。

第三项，现金。企业在生产经营活动中，所储存的一定量的现金，用来支付日常数额较小的零星开支。可用年经营成本扣除年外购材料费和修理费后的余额来计算。

第四项，应付账款。属流动负债，包括企业在购买材料、物质和接受劳务供应时，应付而未付的款项，是应该占用而未占用的资金；也包括在销售过程中发货前收到的预收款项。可通过年外购材料费和周转天数来计算。

流动资金与表中各项资金的关系为：

流动资产 = 应收账款 + 存货 + 现金

流动负债 = 应付账款

流动资金 = 流动资产 - 流动负债　　(15 - 14)

流动资金估算实例如表 15 - 10 所示。

表 15 - 10　流动资金估算实例　　资金单位：万元

序　号	项　　目	周转天数	周转次数	第 4 年	第 5 年	第 6 年
1	流动资产					
1.1	应收账款	60	6	1741.80	3284.13	3284.13
1.2	存货			910.81	1762.93	1762.93
1.2.1	原材料	45	8	468.94	937.89	937.89
1.2.2	备品备件	180	2	181.71	325.73	325.73
1.2.3	在产品	5	72	122.75	241.11	241.11
1.2.4	产成品	5	72	137.41	258.20	258.20
1.3	现金	15	24	98.74	159.66	159.66
	小计			2751.35	5206.72	5206.72
2	流动负债			1040.28	2080.56	2080.56
2.1	应付账款	60	6	1040.28	2080.56	2080.56
3	流动资金			1711.07	3126.16	3126.16
4	流动资金本年增加额			1711.07	1415.09	

15.2.2　经营成本估算

经营成本是项目经济评价中所使用的特定概念，作为项目运营期的主要现金流出，其构成和估算可采用下式表达：

经营成本 = 外购原材料、燃料和动力费 + 工资及福利费 + 修理费 + 其他费用　　(15 - 15a)

或：　经营成本 = 总成本费用 - 折旧、摊销 - 财务费用　　(15 - 15b)

在矿山项目中，生产是由多个作业环节组成，这些作业可形成相对独立的成本中心或核算单元。每个作业有自己的外购原材料、燃料和动力费、工资及福利费、修理费等费用，因此出现了作业成本概念。矿山项目的作业成本与采矿技术和装备水平密切相关。在可行性研究阶段的成本估算中，一般先通过估算各工序的作业成本来汇总成项目的总经营成本。

15.2.2.1 坑内矿山作业成本

坑内采矿主要作业成本可归纳为：

(1) 生产探矿作业成本。指为采矿提供准确可靠的地质资料而进一步进行勘探所打的巷道或转钻孔的费用。单位作业成本为元/m 或元/m^3；

(2) 掘进作业成本。指在矿块或区段中掘进平巷、天井、人行道、漏斗及使之能进行回采的巷道所发生的费用。单位作业成本为元/m 或元/m^3；

(3) 回采作业成本。是指在准备好的采区内将矿石从矿体中分离开来的回采过程所发生的费用。单位作业成本为元/t；

(4) 坑内碎矿作业成本。是指坑内设置的粗碎作业，单位作业成本为元/t；

(5) 坑内充填作业成本。是指回采中用充填料充填采空区以便继续进行回采的全部作业过程发生的费用。单位作业成本为元/t 或元/m^3。

(6) 坑内运输作业成本。是指将矿石由采场运至井底车场（或卸矿溜井）的作业所发生的费用。单位作业成本为元/t 或元/(t·km)；

(7) 提升作业成本。是指将矿石由井底车场提升至井口（或地表）的作业所发生的费用。单位作业成本为元/t；

(8) 运矿作业成本。是指井口至选厂运输矿石所发生的费用。这种运输有不同方式，如索道、电机车、汽车、胶带运输等。单位作业成本为元/t 或元/(t·km)；

(9) 通风作业成本。是指为使井下空气清新和工作环境良好，保证井下安全生产所进行的一切输送风量、调节风流及其他有关通风防尘工作所发生的费用。单位作业成本为元/t；

(10) 排水作业成本。是指将井下涌水导入井底水仓再排出井外的作业所发生的费用。单位作业成本为元/m^3。

可以根据上述作业的单位成本扩大指标估算整个矿山开采成本。

当然，在条件允许的情况下，也可根据各作业成本的实际消耗来估算每项作业成本。不过，应首先说明估算的费用范围和费用的内容。表 15－11 对坑内各作业成本的费用范围和费用构成进行了详细说明。

表 15－11 坑内矿山主要作业成本项目费用范围和内容表

作业项目	费用范围	费用内容
采场凿岩和爆破作业	指采场内的钻机作业和装药、爆破作业的费用	1. 人工费 (1) 凿岩和爆破操作工人的工资和各种津贴； (2) 维修人员的工资和各种津贴 2. 材料费 (1) 钻头、钻杆及配件消耗； (2) 凿岩设备燃料、润滑油消耗； (3) 炸药、雷管等爆破材料消耗 3. 公用服务费：如电、压风和水（压风、供水可能形成独立的作业项目）
采场出矿（出渣）作业	指主要装载－运输作业以外的矿岩附加运输，如电耙扒矿，这种运输并不是所有采矿方法都有	1. 人工费 (1) 操作工人的工资和各种津贴； (2) 维修人员的工资和各种津贴

续表 15－11

作业项目	费用范围	费用内容
采场出矿（出渣）作业	指主要装载－运输作业以外的矿岩附加运输，如电耙扒矿，这种运输并不是所有采矿方法都有	2. 材料费（电耙作业） （1）斗绳； （2）斗齿； （3）链钩和吊链； （4）滑轮 （5）动力装置 3. 动力费：电费
采场支护作业	1. 指锚杆支护以及空区充填 2. 充填作业环节包括： （1）尾砂或其他充填料的获得； （2）尾砂分级； （3）给充填料添加水泥或其他材料； （4）浆状充填料输送至采场； （5）采场充填料的放置，包括隔离栅栏、排水管等； （6）充填后专用排水设施的运行	1. 锚杆支护 （1）人工费 1）操作工人的工资和各种津贴； 2）维修人员的工资和各种津贴 （2）材料及消耗品 1）锚杆或锚绳； 2）垫片； 3）护顶板； 4）水泥浆及锚栓； 5）支护网 （3）动力费：电费 2. 充填 （1）人工费 1）操作工人的工资和各种津贴； 2）维修人员的工资和各种津贴 （2）材料 1）生产材料； 2）维修材料 （3）动力费：电费 （4）外委承包服务
采场掘进作业	采场掘进亦称生产性掘进工程，是专指在矿块开采期内使用的开拓工程。一般包括： （1）斜坡道或上下盘运输巷道的进出联络道； （2）分段和凿岩巷道； （3）脉内天井； （4）电耙道； （5）回采平巷； （6）充填管井； （7）溜矿天井 （8）机械化分层充填采场中，联络斜坡道的挑顶	掘进步骤有凿岩、爆破、出渣、支护、装载、运输以及可能的提升。费用包括： （1）凿岩费用； （2）爆破费用； （3）出渣费用； （4）支护费用 其中材料费有： 1）锚杆； 2）支架； 3）喷射混凝土； 4）混凝土衬砌； （5）装载费用； （6）运输费用； （7）提升费用
运输作业	指坑内铲运机、坑内卡车和机车的运输费用	1. 无轨设备费用 （1）人工费 1）操作工人的工资和各种津贴； 2）维修人员的工资和各种津贴 （2）材料及消耗品 1）燃料； 2）润滑油（机油、黄油等）； 3）轮胎； 4）备件 2. 有轨运输 （1）人工费 1）操作工人的工资和各种津贴； 2）维修人员的工资和各种津贴； （2）材料费 （3）动力费：电费

续表 15－11

作业项目	费用范围	费用内容
提升作业	1. 提升作业的操作工至少包括三个岗位：提升机司机、井口工和箕斗工 2. 竖井的维修和维护是一项专业工作，需设专业维修和维护人员	(1) 人工费 1) 操作工人的工资和各种津贴； 2) 维修人员的工资和各种津贴 (2) 材料费 1) 润滑油； 2) 钢绳消耗 (3) 动力费：电费
通风作业	指主扇及局扇的通风费用	(1) 人工费 (2) 动力费； (3) 风机维修费； (4) 风袋的安装和移动、风管、风墙等费用； (5) 风管和风袋的损耗
排水作业	指将坑内水排至地表的所有费用	(1) 人工费 (2) 动力费； (3) 维修费； 1) 易损件费用； 2) 管线维修费用 (4) 安装和拆除临时排水设施费用；
供电作业	此成本一般分摊到电力用户的作业成本中	(1) 人工费 (2) 材料费 (3) 自耗电
压气作业	此成本一般分摊到压气用户的作业成本中	(1) 人工费 (2) 材料费(含备件) (3) 动力费
供水作业	一般指新水供应成本，此成本一般分摊到水用户的作业成本中	(1) 人工费 (2) 材料费(含备件) (3) 动力费
监督和控制作业		(1) 专职监督费用 1) 采矿监督、工长和班长的费用； 2) 其他职员的工资； 3) 交通工具和办公材料费用 (2) 采矿计划部门费用 1) 工资； 2) 办公用品； 3) 专用交通工具； 4) 咨询专家费用
外委承包费用		可用类似企业的成本资料或预定费率计费

15.2.2.2 露天开采作业成本

一般露天开采的作业成本包括下面所列项目。

A 生产探矿作业成本

生产探矿作业成本是为了保证矿山的平衡正常生产，提高矿床勘探程度，增加工业储量，提高储量级别和深入研究矿床地质特征所进行的探矿工作而发生的生产费用；

如果生产探矿的任务是在采剥作业的穿孔作业中取样、化验、分析完成的，也可不单独进行生产探矿作业成本计算；

B 穿孔作业成本

(1) 是以穿凿的孔道"米"为计量单位计算;

(2) 在使用不同型号的钻机或穿凿不同孔径的情况下,应分别计算。

C 爆破作业成本

(1) 是以爆破后取得的可采装矿岩总量"t"为计量单位计算的;

(2) "二次爆破"费用计入该项作业成本,但"二次爆破"所取得的矿岩量不能重复计入矿岩总量。

D 铲装作业成本

(1) 是以电铲装车的矿岩量"t"为计量单位计算;

(2) 需要进行"二次倒装"的铲装量,应追加计入铲装作业量。

E 运输作业

(1) 是以不同运输设备的运输矿岩总量"t"或"t · km"为计量单位计算;

(2) 应按不同的运输方式和运输设备分别计算。目前运输方式主要有有轨运输、汽车运输、胶带运输和索道运输。

F 排土作业成本

(1) 是以排土量"t"为计量单位计算的;

(2) 其中包括排土场、排土线路的维护、延伸、平整、电铲倒运等费用

G 破碎作业成本

(1) 是以进入破碎机的矿石量"t"为计量单位计算的;

(2) 如果矿岩都需要破碎,应分别计算矿石、岩石的破碎作业成本。

15.2.2.3 选矿作业成本

A 破碎作业成本

(1) 以处理原矿量"t"为计量单位计算;

(2) 在可能的情况下分别计算粗、中、细碎的作业成本;

(3) 破碎作业的辅助材料主要有:破碎衬板、运输皮带、机油。

B 磨矿作业成本

(1) 以处理原矿量"t"为计量单位计算;

(2) 磨矿工序主要有球磨机与分级机,分为一次磨矿或二次磨矿;

(3) 球磨机的动力消耗和磨矿介质消耗占成本比重较大;

(4) 辅助材料主要有:球磨衬板、钢球。

C 选别作业成本

(1) 设计中仍然按原矿处理量为计量单位计算综合选别作业成本;

(2) 辅助材料主要是各种浮选药剂。

D 脱水作业成本

(1) 是以脱水精矿量"t"为计量单位计算的;

(2) 脱水主要经过浓缩和过滤等工艺;

(3) 辅助材料主要有:运输皮带、过滤布。

E 尾矿处理成本

(1) 以送到尾矿坝的尾矿量"t"为计量单位计算的;

(2) 尾矿处理成本主要指尾矿输送成本。

F　污水处理成本

以污水处理量“t”为计量单位计算。

15.2.2.4　其他经营成本费用

前面介绍了矿山项目在现场发生的各种作业成本，但矿山项目还往往还会发生一些非现场的经营成本，如企业管理费、产品的销售费以及向资源所有者缴纳的资源补偿费等费用。

经营成本中的企业管理费是指企业行政管理部门为管理和组织经营活动的各项费用，其中管理人员的工资将占很大比例。

对于矿山项目的产品销售费用主要指产品在销售过程中由矿山承担的运输费用、港务费用等。这可以根据运输量和有关费率进行估算。

资源补偿费一般根据有关法规规定的费率进行计算，计算基础一般是矿山项目的销售收入。

15.2.2.5　作业成本指标

采矿作业成本与采矿方法密切相关。充填采矿法是比较昂贵的采矿方法，以大量消耗水泥的下向胶结充填法为最贵。空场采矿法和崩落采矿法相对便宜，其中自然崩落法已成为当今最便宜的坑内采矿方法，其成本可以和露天采矿成本相比。矿体的规模和产状也影响着采矿方法的选择和万吨采掘比的大小，自然也影响采矿成本的高低。当坑内涌水量很大时，矿山坑内排水有时会成为成本的主要构成。生产规模也影响着生产成本水平，一般采用高效大型设备实现大规模生产，会得到相对先进的成本指标。

选矿成本受矿石性质和磨矿细度的影响，其中动力费用一般会占到整个选矿成本的三分之一。

表 15－12 和表 15－13 分别是国内矿山行业采矿和选矿作业成本水平。

表 15－12　采矿作业成本合计

序　号	项　目	单　位	指标范围
1	坑内采矿		
1.1	空场法、崩落法	元/t(矿)	35～55
1.2	充填采矿法	元/t(矿)	55～90
2	露天采矿	元/t(矿岩)	8～14

表 15－13　选矿作业成本合计

序　号	项　目	生产条件	指标范围/元·t^{-1}
1	铜矿石	简单、易选	25～40
		难　选	35～55
2	铅锌矿	简单、易选	30～45
		难　选	40～65
3	镍　矿		40～65
4	脉金矿石	浮　选	25～50
		全泥氰化	70～95

15.3 投资分析

15.3.1 目标

前面讲述了如何确定和量化项目财务评价所需的参数。这里就将分析进一步深化,通过对基础数据的分析处理,得出是否投资的结论。分析的主要目标是,在考虑资金成本和风险因素后,分析项目现金流入是否超过现金流出。

虽然项目评价方法对项目决策很重要,但必须记住,准确的基础数据才是最关键的。一些有问题的矿山项目,问题往往出在关键参数的估算不准确,而不是评价方法的不恰当。

15.3.2 评价类型

评价方法的选择取决于评价的目标,并且不同的研究阶段有不同的评价目标。

勘探初期,评价目标就是确定进一步勘探是否值得。由于数据量少,此时的评价有局限性,也比较主观。

当进入大量投入的勘探以及开发阶段,评价就变得详细。当勘探达到相对很高的阶段,评价一般将采用现金流量方法。

在最后的投资决策阶段,就必须完成一个彻底的财务分析,包括敏感性分析和风险分析。

15.3.3 评价阶段及目的

虽然项目的评价过程是连续的,但在采矿业,通常还是把评价分成三个阶段,即项目建议书、初步可行性研究、可行性研究(或融资可行性研究),并且是随着阶段的推进,财务分析的详细程度不断增加。下面重点对比初步可行性研究、可行性研究、融资可行性研究之间的不同。

15.3.3.1 初步可行性研究

正如前面所述,初步可行性研究只是对项目盈利性的初步分析。这种研究一般包括产生基础数据的大致范围,其中包括一些首次产生的输入数据。

初步可行性研究的目的就是确定项目早期阶段的价值,以及确定项目需进一步调查的关键因素。

初步可行性研究一般用时 1 ~6 个月,这与项目规模和复杂性有关,并进行适度的财务分析。

15.3.3.2 可行性研究

在勘探和试验工作达到充分的程度,项目技术风险大大减小的情况下,就可进行最终的可行性研究。最终可行性研究是证明投资是否合理的主要依据,其中包括完整的项目财务分析、关键因素的敏感性分析、以及项目潜力和风险分析。

项目可行性研究一般需要 3 ~9 个月时间完成,这也取决于项目的规模和复杂性。同样也取决于报告编制需要附加资料的数量。

15.3.3.3 融资可行性研究

随着矿山企业外部融资的增加,可行性研究的另一个版本——融资可行性研究应运而生。这是一个详尽的可行性研究版本,通常由贷款银行信得过的公正的咨询机构来完成。

融资可行性研究的目的是让融资人对项目的还贷能力感到满意和放心。这样,那些可能被业主忽视的所有问题都必须进行认真详尽的研究。准确地说,融资可行性研究表明了可行性研究的作用和精度要求，这种要求是全方位的，而那种认为融资可行性研究只是加深了项目财务分析的理解是片面的。融资可行性研究中的财务评价当然也应达到融资机构的要求。

15.3.4 投资评价方法

当一个公司面临多个投资机会时，就需要对每个机会进行评价和比较，评价方法应是用来鉴别项目间差异的一套统一方法。或者说，这个方法应该是有助于回答这样的问题，“是项目 A 还是项目 B 更适合公司投资呢?”。为了向投资决策提供所需资料，所有评价方法必须遵循两个基本原则：

(1) 获利大的优于获利小的；

(2) 获利早的优于获利迟的。

15.3.4.1 简单评价方法

在众多的简单投资评价方法中，现将几种主要的介绍如下。

A 必要性法

当一个盈利的地下矿山提升机坏了，很显然只需要比较买何种提升机更好就足以做出这项投资决策，而没有必要用投资收益率来进行严格的经济分析。

另外，如果问诸如勘探、前期研究应该花多少钱？这样的投资决策一般基于管理者的判断和对公司战略的预测，而不需要用一些经济准则来判断。像这样的投资决策很难用量化方法来分析，而是通过分析其必要性来进行决策。

B 投资回报率法

这里有两种投资回报率的计算方法。他们都用到了会计利润。

一种投资回报率是税后利润平均值与投资账面净值（扣除折旧）平均值的比值。

另一种投资回报率就是税后利润平均值与投资初期值的比值，即投资利润率（是指税后利润）。这个结果比用投资账面净值平均值更接近投资内部收益率（*IRR*）。

两种投资回报率的计算如表 15－14 所示。

表 15－14 会计回报率计算表 金额单位：万元

序号	项　　目	第 1 年	第 2 年	第 3 年	第 4 年	平均值
1	折旧前利润	3000	4000	5000	6000	4500
2	折　旧	2000	2000	2000	2000	2000
3	应纳所得税额	1000	2000	3000	4000	2500
4	所得税(30%)	300	600	900	1200	750
5	税后利润	700	1400	2100	2800	1750
6	投资账面价值					
	年初值	10000	8000	6000	4000	
	年末值	8000	6000	4000	2000	
	平均值	9000	7000	5000	3000	6000
7	平均回报率	1750/6000×100%＝29.17%				
8	按投资初始值计算的回报率	1750/10000×100%＝17.5%				

投资回报率的主要优点：

(1) 计算简单；

(2) 利用容易获得的会计信息；

(3) 符合大多数管理者所说的回报率概念。

可以根据这个回报率来判断项目是接受还是放弃。这种方法的主要缺点是：

(1) 计算基础是会计利润而不是现金流量；

(2) 没考虑这些利润的时间价值。

由于违反一些基本概念和要求,这一方法存在十分严重的缺点。事实上,当评价中引入资金时间价值概念对现金流量进行分析后,这种会计回报率方法也就起很小的作用了。

C　总投资收益率(*ROI*)

总投资收益率(*ROI*)表示总投资的盈利水平,指项目正常年份的年息税前利润(*EBIT*)与项目总投资(*TI*)的比率。

$$ROI = \frac{EBIT}{TI} \times 100\% \qquad (15-16)$$

该种方法的优缺点同前面的投资回报率法。

D　投资回收期法

在矿山行业,另一种最常用的评价方法是投资回收期。用净现金流量来回收项目初期投资所需要的时间就是投资回收期。要注意的是,现代企业都采用净现金流量而不是税后利润来计算投资回收期。表 15－15 是五个具有相同初期投资的项目的投资回收期计算。

表 15－15　投资回收期计算　　金额单位:万元

年份＼方案	A	B	C	D	E
0 年初期投资	10000	10000	10000	10000	10000
第 1 年净现金流	2000	7000	1000	6000	6000
第 2 年净现金流	2000	2000	2000	2000	2000
第 3 年净现金流	2000	1000	7000	2000	2000
第 4 年净现金流	2000	2000	2000		3000
第 5 年净现金流	2000				4000
第 6 年净现金流	2000				1000
第 7 年净现金流	2000				1000
第 8 年净现金流					500
投资回收期/a	5	3	3	3	3

这种方法的评价准则是:当计算的投资回收期低于公司可接受的某一最大值,项目是可接受的;反之,项目则被放弃。如某公司允许的最大投资回收期为 5 年,则投资回收期为 3 年的项目可以接受,并优先于投资回收期为 4 年的项目。

矿山项目往往有几年的基建期,在项目投产前,项目的净现金流量一般为负值。投资回收期一般指包含基建期的回收期。不过,不含基建期的投资回收期也经常使用,只要注明即可。

投资回收期方法也有明显的缺点：

(1) 没有考虑回收期后的现金流量,因此,不能视为表示项目盈利能力的指标。表 15 – 15 中的项目 D 和项目 E 有相同的投资回收期,但在投资回收期后,项目 D 不再有任何盈利,而项目 E 继续盈利,显然,项目 E 优于项目 D。但投资回收期就没反映出这种差异。

(2) 该方法没考虑投资回收期间现金流量的时间价值或数值大小。表 15 – 15 中的项目 B 和项目 C,具有相同的投资回收期,但项目 B 获大额利益早于项目 C,这样项目 B 明显优于项目 C。因为公司可以用早获得的大额资金再投资。即使投资回收期不能反映这种差异,但当考虑资金时间价值时,B 就显然优于 C 了。采用折现后的投资回收期就可以缓和这个弊病,见表15 – 16。

表 15 – 16　考虑折现的投资回收期

年　份	净现金流/万元	折现系数($I = 7\%$)	现值/万元
0 年	– 10000	1.000	– 10000
第 1 年	2000	0.935	1869
第 2 年	2000	0.873	1747
第 3 年	2000	0.816	1633
第 4 年	2000	0.763	1526
第 5 年	2000	0.713	1426
第 6 年	2000	0.666	1333
第 7 年	2000	0.623	1245
投资回收期/a	不考虑折现		考虑折现
	5		6.4

(3) 确定可接受的最大投资回收期是个难题。这样一个允许的最大回收期往往是凭主观确定,有一定的随意性。主观确定往往难以令人满意。另外,风险不同的项目能否使用同一个评判标准? 怎样确定不同风险下允许的最大投资回收期? 这都是难以回答的问题。

投资回收期被广泛使用,其主要原因是:

(1) 投资回收期通俗易懂,易于计算。在一定程度上被理解为项目的一个盈利指标。

(2) 投资回收期法可对管理面临的风险提供保护。由于存在风险,风险投资应有较短的投资回收期。由于没有理论基础,仍需主观确定一个评判标准。

(3) 有人认为投资回收期将"机会损失风险"最小化。由于现金流量能在短时间内回收投资,使得公司有资金去捕捉另外的投资机会。而投资回收期长的项目,可能使公司丧失某些投资机会。

投资回收期可对投资决策提供一些有用的信息,但因有太多的缺陷而不能单独使用。

15.3.4.2　现金流量折现法

这里所说的现金流量法(DCF)都优于前面所说的简单方法。现金流量法要求:确定项目现金流量的期限;按一恰当利率考虑资金的时间价值。

这一方法的实质就是,通过一个利率来调整项目的现金流入和现金流出。具体方法介绍如下。

A　现值(The Present Value)

现值是一种广泛用于计算投资愿望值的方法。"现值"就是代表一定数量资金在现在($t = 0$)的价值,也就是相当于未来的现金流量用一定的折现率折现。换而言之,这种方法承认资金的时间价值,并提供了计算与未来一系列现金流量价值相等的现值的方法。

现值法常用于确定生产性资产的现在价值,如现有矿山的价值。如果能估算出未来的现金流量,选用合适的折现率就可以计算出资产的现在价值。基于这个现值,就可以提出该资产买卖价格的参考值。

在绝大多数投资项目中,大家关心的是项目现金流入与现金流出的差额,而净现值(Net Present Value—*NPV*)就是项目现金流入现值和与现金流出现值和的差。

净现值(*NPV*)计算公式如下:

$$NPV = \sum 现金流入现值 - \sum 现金流出现值$$

或按如下公式计算:

$$NPV = \sum_{t=1}^{n}(CI - CO)_t(1 + i_c)^{-t} \tag{15-17}$$

式中 CI——现金流入量;

CO——现金流出量;

$(CI-CO)_t$——第 t 年净现金流量;

n——计算期。

i_c—— 折现率(也称基准收益率)。

当项目 *NPV* 为正,表明在一个给定的利率下,项目可以在寿命期内回收投资,并且还有盈余。换句话,项目产生了大于给定利率的回报,项目可以接受。反之,如果在给定利率下,*NPV* 为负,项目将被放弃。

表 15-17 是一计算 *NPV* 的示例。

表 15-17 *NPV* 计算示例 金额单位:万元

序号	项目	0	1	2	3	4	5	6	7	8	9	10
1	现金流入											
1.1	收入		40000	40000	40000	40000	40000	40000	40000	40000	40000	40000
1.2	余值回收											20000
	小计		40000	40000	40000	40000	40000	40000	40000	40000	40000	60000
2	现金流出											
2.1	投资	100000										
2.2	经营成本		20000	20000	20000	20000	20000	20000	20000	20000	20000	20000
2.3	其他		2000	2000	2000	2000	2000	2000	2000	2000	2000	2000
	小计	100000	22000	22000	22000	22000	22000	22000	22000	22000	22000	22000
3	净现金流量	-100000	18000	18000	18000	18000	18000	18000	18000	18000	18000	38000
4	每年现值($i=12\%$)	-100000	16071	14349	12812	11439	10214	9119	8142	7270	6491	12235
5	项目净现值 *NPV*($i=12\%$)	8143										

在一定条件下,现值概念也可用于评价项目的成本。如在选择设备时需确定方案的成本现值。从收益角度讲,希望现金流入的现值(*PV*)越大越好;从费用角度讲,希望现金流出的现值越小越好。当然,在依据成本最小化来评价项目时,分析人员应该小心。因为成本最小的方案就是什么事都不做,所以目标应该是使完成某一特殊任务的成本最小化。

可使用不同的利率(折现率)来计算 NPV。项目的 NPV 与折现率的关系见图 15－5。

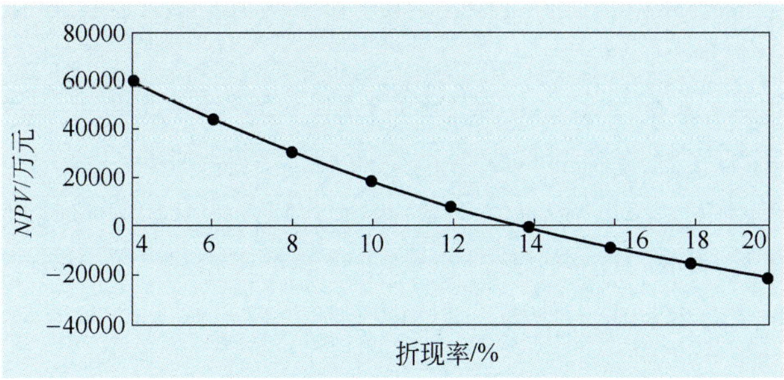

图 15－5 NPV 与折现率

图 15－5 表明,项目的 NPV 是折现率的非线性函数,当折现率增大时,项目的 NPV 就减小。公司要求的投资收益率与计算净现值选用的折现率之间的关系是明确的,也就是只有那些以公司要求的收益率为折现率计算的 $NPV>0$ 时,这些项目才能被接受。反之,项目将被放弃。当公司要求的收益率增加时,项目的价值就在相对减小,项目被放弃的可能也就在增加。

B 终值

也可以通过资金在将来某一时点的累计值来评价投资项目,这一时点通常是项目的寿命期末。

项目在将来某一时点的终值 F 是代表了项目在给定利率下,将来某一时点的价值。很显然,将来值 F 与现值 P 正好相反,F 可以通过已知的 P 求得,计算公式为:

$$F=P(F/P,i,n)=P(1+i)^{n} \tag{15-18}$$

另外,
$$P=F(P/F,i,n)=F(1+i)^{-n}$$

如果一个项目的现值是另一个项目现值的两倍,那么这个项目的终值也将是另一项目终值的两倍。用终值和现值来评价项目,在理论上不存在区别,但多数评价人员还是愿意选择现值来评价项目,是因为他们把投资决策时的货币价值作为基点,使项目的价值与现时的货币价值保持一致。因此,在矿山行业中的绝大多数投资决策都是依据现值而不是终值。

C 年值

与现值或终值这类计算总值的方法相反,有时评价中使用年值或年成本法更为方便。例如,很多评价人员宁愿简单比较运行设备的年成本,因为设备的成本资料容易获得,而设备的效益却难以量化。

年值是在给定周期内均化了的年金序列。求年值时,首先将实际现金流量的现值求出,再将现值乘以等额投资回收系数就可以计算出该现金流在给定周期内的年值。计算公式如下:

$$A=P\left[\frac{i(1+i)^{n}}{(1+i)^{n}-1}\right] \tag{15-19}$$

例如:一项目设备初期投资为 40000 元,每年运行成本是 5000 元,每年产值收益是 10000 元,项目寿命期为 10 年,寿命期末设备残值是 2000 元。如果资金利率为 10%,那么净收益的年值是多少?

(1) 收益的年值 $A_1=10000$ 元;

(2) 设备残值的年值 $A_2=2000(A/F,10\%,10)=125$ 元。在此 2000 元是 10 年后的终值,求的是终值 F 在 10 年内的年值 A;用公式 15－5 求得;

(3) 运行成本的年值 $A_3=5000$ 元；

(4) 投资的年值 $A_4=40000\times(A/P,10\%,10)=6508$ 元；投资是一现值，求的是这一现值在10年内的年值；

那么，净收益年值 $=A_1+A_2-A_3-A_4=10000+125-5000-6508=-1383$ 元

净收益年值 <0，表明项目的预期收益率低于所用的10%利率。

当计算周期 n 和利率 i 一定时，现值、终值、年值三种方法在方案比较中具有相同的作用。

D 收益/费用比率(B/C 比率)

收益/费用比率可视为盈利能力指数，它是项目所有现金流入的现值和与所有现金流出现值和之比。

$$B/C=\frac{\sum 现金流入现值}{\sum 现金流出现值} \tag{15-20}$$

当 B/C 比率 >1，项目可以接受；反之，项目放弃。其实，这等同于在说，当项目 $NPV>0$，项目可以接受。的确，B/C 比率与 NPV 的区别仅在于，NPV 是现金流入现值与现金流出现值的差额，而 B/C 是这两者的比率。如果用同一利率计算，在项目是否被接受上，NPV 和 B/C 比率会得到相同的结论。但在两项目进行比较时，就可能得到不一致的结论。

例如：A、B两个项目，项目A比项目B投资多40000元，两个项目的 NPV 和 B/C 比率见表15-18。

表15-18 项目 *NPV* 和 *B/C* 比率比较

项　目	项目A	项目B	项目C
现金流入现值/元	500000	100000	400000
现金流出现值/元	300000	50000	250000
净现值(NPV)/元	200000	50000	150000
B/C 比率	1.67	2.00	1.60

项目A的 NPV 大于项目B的 NPV，但项目A的 B/C 比率小于项目B的 B/C 比率。既然以现值为基础的两个方法都正确，为何出现两种结论呢？

从绝对值上讲，项目A对公司的贡献大于B，这可以从 NPV 得到证实。但 B/C 比率反映了两个项目的相对盈利能力，从这点讲，项目B每单位资金的回报高于A。

如果项目A、B是两个相互排斥的项目，即两个项目不可能同时接受，如果接受B，那么多余的40000元资金可做什么？如果将这多余的资金投入第三个项目C，这时应将A的 B/C 与B、C的合成项目的 B/C 进行比较。

总之，在分析项目的绝对贡献时，NPV 法是优先选择的方法。但在资金有限的情况下，如 B/C 比率这样的相对指标也是很适用的。

E 投资内部收益率(Internal Rate of Return—IRR)

投资内部收益率或称投资边际效益，作为评价方法，在矿业界应用最广。

投资内部收益率从定义上看，是使项目现金流入的现值和等于现金流出现值和的那个折现率。即在这个折现率下，有如下关系：

$$\sum 现金流入现值=\sum 现金流出现值$$

或

$$NPV=0$$

$$B/C=1$$

即
$$\sum_{t=1}^{n}(CI-CO)_t(1+IRR)^{-t}=0 \qquad (15-21)$$

式中　CI——现金流入量；

CO——现金流出量；

$(CI-CO)_t$——第 t 年净现金流量；

n——计算期；

IRR——投资内部折现率。

如果每年的净现金流量不是一个等额年金，*IRR* 的计算需采用反复试算法。表 15－19 是一示例，将说明计算 *IRR* 的方法。

第一步：按 18% 的折现率计算 $NPV=995$ 元，由于 $NPV>0$，说明 $IRR>18\%$，为了减小 *NPV*，下一步得取一个较大的折现率。

第二步：按 20% 的折现率计算 $NPV=-1665$ 元，由于 $NPV<0$，说明 *IRR* 在 18% ~20% 之间。可通过插值法求得：

$$IRR=18\%+\frac{995}{995+1665}\times 2\%=18.7\%$$

表 15－19　项目 *IRR* 计算示例　　单位：元

年　份	0	1	2	3	4	5	6	7	8	9
净现金流量	－30000	－1000	5000	5500	4000	17000	20000	20000	－2000	10000
$NPV(i=20\%)$	－1665									
$NPV(i=18\%)$	995									
IRR/%	18.7									

现在，在一些计算器和电子表格软件中，已把 *IRR* 的计算程序化和公式化，*IRR* 的计算已变得十分方便。

单纯从数学上讲，*IRR* 是高次方程（式 15－21）的解。但如何理解 *IRR* 的经济含义呢？

前面的式 15－8 是说：当 1 到 n 期每期期末净现金流量分别为 $A_1, A_2, \cdots, A_n$，折算为第 1 期期初或零年末的现值 P，年利率为 i。

$$P=\sum_{t=1}^{n}A_t(1+i)^{-t}$$

如果上式中，已知 P（可视为项目投资）和 $A_1, A_2, \cdots, A_n$（可视为项目每期期末净现金流量），求年利率 i（可视为项目的 *IRR*）。在考虑资金时间价值时，这个年利率是项目净收益现值正好补偿项目投资的利率。换句话说，*IRR* 就是项目净收益在 n 期内正好偿还清项目投资的贷款利率（假定项目投资全为贷款）。所以，可以说 *IRR* 表明了项目在最大贷款额（100% 的贷款）下，可承受的最大贷款利率。

将计算出的 *IRR* 与公司要求的投资收益率相比较，如果 *IRR* 大于公司要求的投资收益率（I_c），则项目可以接受；反之，项目放弃。

15.3.4.3　方法比较

A　投资内部收益率（*IRR*）与投资回收期

在矿山领域，投资内部收益率和投资回收期一直是项目评价最常用的方法。在某些特殊情况下，两者存在着内在联系。如，当项目有很长的寿命期，同时每年有一致的净收益，这样，投资回收期的倒数就可近似表示为项目的 *IRR*。当服务期 $n\to\infty$ 时，投资回收期的倒数正好等于

IRR。这里的投资回收期是不含建设期的回收期。有以下推导：

如果项目初期投资为 P，每年净收益为 A，计算期 n，项目投资内部收益率为 *IRR*，根据公式 15－4，有下列式子：

$$P = A\left[\frac{(1+IRR)^n - 1}{IRR(1+IRR)^n}\right]$$

投资回收期 P/A 的倒数 A/P 为：

$$\frac{A}{P} = \frac{IRR(1+IRR)^n}{(1+IRR)^n - 1}$$

当 $n\to\infty$ 时，A/P 的极限值为：

$$\lim_{n\to\infty}\frac{A}{P} = \lim_{n\to\infty}\frac{IRR(1+IRR)^n}{(1+IRR)^n - 1} = IRR\lim_{n\to\infty}\frac{(1+IRR)^n}{(1+IRR)^n - 1} = IRR$$

所以，当 $n\to\infty$ 时，则 $\frac{A}{P}\approx IRR$，

其实，当 n 达到 25～30 年时，就已有 $\frac{A}{P}\approx IRR$。对于 *IRR* 越高的项目，此关系就更加成立。

B　投资内部收益率（*IRR*）与净现值（*NPV*）

在评价单个项目时，*IRR* 与 *NPV* 两种方法具有相同的结论。但在对两个互斥型方案进行比较时，就可能会出现矛盾。表 15－20 是两个互斥项目的现金流。

表 15－20　两个互斥项目的现金流和 *NPV* 与 *IRR*　　单位：元

年份及效益指标	项目 A	项目 B
0	－10000	－10000
1	1000	7000
2	5000	5000
3	6000	3000
4	7000	1000
净现值 $NPV(i=15\%)$	3213	2685
$IRR/\%$	24.7	30.5

根据净现值评价方法，项目 A 优于项目 B；

根据 *IRR* 评价方法，项目 B 优于项目 A。到底接受项目 A 还是项目 B？由于 *NPV* 反映了项目对公司财富的贡献，即项目 A 的贡献大于 B。因此，一般以净现值的评价结论为准。

另外，*IRR* 是高次方程（式 15－21）的解，但当现金流不是常规的现金流量时（现金流量累计值的正、负号出现一次以上的反转），方程会出现多个解，这会给项目比较带来困难，这也是选择 *NPV* 法作为项目或方案比较准则的原因之一。

15.3.4.4　选择折现率

计算 *NPV* 所用的折现率，或与项目 *IRR* 相对比的基准收益率，有时说成是公司盈利的最低要求，有时又说成是项目资金成本的体现。其实，两种说法的本质是一样的，相当于同一点的两个方向。因为，这个折现率可以理解为项目处于一种“盈亏”临界状态下的折现率，而临界状态下的成本就是某种意义上要求的盈利。不过，人们习惯从资金成本的角度来确定这个折现率，或用资金成本来确定公司最低盈利要求。因此，后面将讲述项目的资金成本。

所有资金都有成本，没有免费使用的资金。向银行借钱要支付利息，发行普通股票需要支付

股息，使用自己已有的钱投入一个项目，因不能投入其他项目而失去其他的盈利机会，这些都体现了使用资金要付出代价，说明使用资金是有成本的。

为了计算项目的 *NPV*，需要用一个折现率来折现项目的现金流量。选定的折现率，应该是代表了项目所有资金（包括债务和资本金）的综合成本。资金的这种综合成本就是债务和资本金的加权平均资金成本（国外称 WACC），也代表了项目现金流量的最小折现率。在此加权平均资金成本基础上，再考虑项目所在地区的国家风险而需提高这个最小折现率。

借款成本就是借款利率容易理解，下面将讲述普通股资金成本和项目加权平均资金成本。

A　普通股资金成本

普通股股东对公司的预期收益要求，可以看作为普通股筹资的资金成本。这种预期收益要求通常可采用资本定价模型来确定。

如采用风险系数 β 的资本定价模型

$$r = r_0 + \beta(r_m - r_0) \tag{15-22}$$

式中　r——普通股资金成本，普通股股东的预期收益要求；

r_o——社会无风险投资收益率，如长期国债利率；

r_m——社会平均投资收益率；

β——行业、公司或项目的资本投资风险系数，由统计机构公布。

设社会无风险投资收益率 3%（长期国债利率），社会平均投资收益率 12%，公司投资风险系数 1.2，采用定价模型估算的资金成本：

$$r = 3\% + 1.2 \times (12\% - 3\%) = 13.8\%$$

B　加权平均资金成本

项目的总体资金成本可以用加权平均资金成本表示，将项目各种融资的资金成本以该融资额占总融资额的比例为权数加权平均，得到项目的加权平均资金成本。表 15－21 是一计算加权平均资金成本的示例。

表 15－21　加权平均资金成本计算示例表

资金来源	金额/元	比例 f_t	资金成本 i_t/%	$i_t \times f_t$/%
长期借款	80000	0.615	6	3.69
普通股	50000	0.385	13.80	5.31
合　计	130000	1.00		9.00
加权平均资金成本			9.00	

计算完项目资金的加权平均资金成本后，如果再考虑项目所在国的国家风险而增加 3 个百分点，则项目的折现率可定为 12%（9% + 3% = 12%）。

15.3.5　矿权价值评估

15.3.5.1　矿权

矿权是指自然人、法人和其他社会组织依法享有的，在一定的区域和时间期限内，进行矿产资源勘探或开采等一系列经济活动的权利。矿权是矿产资源所有权派生出来的一种物权，是矿产资源所有权中的使用权能。也就是说，矿产资源所有者（多指国家）将矿产资源使用权能让与他人，允许他人使用、收益。

矿权包括探矿权和采矿权。探矿权是指探矿权人在依法取得的勘查许可证规定的范围和期限内,勘查矿产资源的权利。采矿权是指采矿权人在依法取得的采矿许可证规定的范围和期限内,开采矿产资源的权利。

15.3.5.2 矿权价值

矿权已演变成了一种资产或特殊的商品,可在矿权一级市场上出让或在二级市场上转让。矿权交易价格的基础是矿权的价值。

矿权价值,即矿权人在一定期限内通过对矿产资源客体的活化劳动和物化劳动的投入而可能产出的投资收益额。

15.3.5.3 矿权价值评估

由于探矿权的评估仍处于探索阶段,能够称其为评估方法的,也均不成熟。下面将重点介绍采矿权的评估。

采矿权的评估国际上已有通行的做法,即折现现金流量法,也就是前面15.3.4.2章节所说的现金流量法。运用该方法估算对矿产资源客体的活化劳动和物化劳动的投入而可能产出的投资收益额。

通过折现现金流量分析计算的净现值(*NPV*)就反映了投资收益。它是在保证了开发投资的合理收益之后的净现值*NPV*,即为矿权的评估价值。

采用折现现金流量法评估矿业权有三个重要步骤和一个关键参数。三个重要步骤是:一是核实储量,计算可采储量;二是合理确定假设条件,拟定开发方案;三是建立财务模型,列出现金流量表。一个关键参数,即折现率。可以看出,采矿权评估的实质就是矿山项目的投资评价。那些已完成可行性研究的矿山项目,实际上也就完成了矿权价值的评价。可行性研究的深度越深,矿权价值的评价就越准确。

由于不同的折现率会得到不同的*NPV*,也就反映了不同的矿权价值,可见折现率在矿权价值评估中是一个多么关键的参数。

表15-22和图15-6是某矿权评估的结果。当折现率为6%时,项目开发后的净现值(*NPV*)为7.66亿美元。当折现率为10%时,*NPV*为1.88亿美元。如果项目不确定因素很多,面临的技术和政治风险较大,折现率取值就会加大,矿权的价值也就随之降低。如果投资者确定的项目折现率为13%,项目此时的$NPV<0$,投资者可以认为,在现有条件下矿权已没有价值。

表15-22 折现率的*NPV*

折　现　率/%	*NPV*/千美元
6	766432
7	581054
8	426325
9	296902
10	188449
11	97430
12	20954
13	-43352
14	-97444
15	-142938

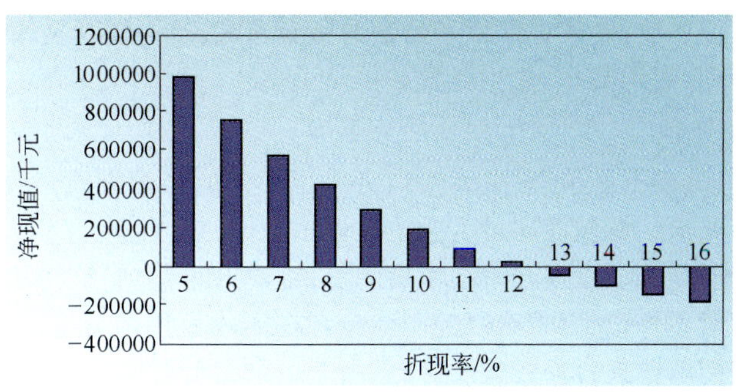

图 15－6 折现率与 *NPV*

15.4 项目经营模式

15.4.1 概述

在矿业发达的国家，矿业领域的市场机制发育已很成熟，包括在矿山项目的经营方面有很多经验值得我们借鉴。因此，本节将主要介绍国外在项目经营战略方面的一般思路，可供国内同行参考。

一般，业主开发矿产资源的方式有五种：

(1) 业主作为唯一的经营者；

(2) 雇佣承包商来经营部分或全部生产活动；

(3) 初期雇佣承包商负责采矿生产活动，正常之后业主成为整个企业的经营者；

(4) 把资源租赁给一个已有的采矿公司进行开采；

(5) 与别的采矿公司形成联合企业。

每种形式有各自的优缺点，应根据环境和经济效果来选择。

下面是对一些术语的解释：

业主：是资源的所有者或控制者。

业主/经营者：由业主负责建设和采选主要生产活动，局部工作可能外委。

合同采矿：将露天矿废石及覆盖层的剥离、矿石开采和运输外包给别的公司完成的经营方式。对于坑内矿，至少开拓工程、采场矿石开采等作业也可以外包别的公司完成。

投产：指项目外部道路已建成，主要运输公路、初期竖井、斜坡道、平巷的施工已完毕，首批采切工程已完成，运输系统已建成，必需的通风排水系统已形成，矿山向满负荷生产过渡，还包括使人员趋于稳定，管理趋于稳定，生产和成本趋于稳定。

租赁：将矿山开发和经营租赁给业主（资源所有者）以外的采矿公司。业主的利益主要来自：一是矿产使用费（缴与资源所有者），二是利润分成。

联合企业：指由两家或两家以上的专业公司联合开发和经营矿山。但不能与联合出资组建合资企业混淆。

15.4.2 项目经营模式选择

15.4.2.1 业主自营

业主自营是最常见的方式。优点是业主对开采有全部控制，而其他方式对一些作业的控制或多或少有所放弃。很自然,业主也保留了开发的所有风险,这可能既是优点也是缺点。如果费用增加,业主就亏;同理,费用减少,业主就盈。

15.4.2.2 作业外包

露天矿的废石剥离、矿石开采、矿石运输均可采用外包的经营方式。坑内矿中的开拓工程、采场出矿等作业也可外包。承包商还可为业主做许多工作,如道路施工以及其他基建工作,甚至矿石破碎、磨矿和选矿等作业,以及开采结束后的复垦。

当然选矿作业一般不外包,因为难以控制承包者在回收有用组分上的效率。也许可以在投产初期或调试阶段使用承包人,但一般在达产后由业主全面负责生产。

部分外包还是全部外包,业主要考虑选择后正负两面的影响,并且得具体问题具体分析,不能一概而论。业主的财务能力、开发计划的深度、公司关于控制和发展的理念、矿山位置等,都将影响方式的选择。

作业外包可能的优点:

(1) 业主在勘探、前期研究和设计阶段已投入大量资金,外包采矿可以大量减少业主建设项目的初期投资。服务期内,项目不断更新设备的投资对公司财力也是一个持续的负担,业主的资金要用于选厂和其他设施,采用外包就可以使业主的财务资源得到保留。

(2) 外包采矿可减少直接人工费、管理费。培训和管理都成为承包人的责任,同时相关的各种保险也由承包人负责。

(3) 有助于控制成本,减少了成本的不确定性。

(4) 降低生产费用的不确定性,有助于项目融资。信誉好的承包商,能使项目在费用和生产水平上更好达到设计水平。

(5) 能给业主带来更大的灵活性。如果业主在初期就购买项目所需的全部设备,当项目的关键因素发生变化造成产量增加或减少,业主购买的设备就可能不适应这种变化,效率降低,需要卖掉已有设备而购买别的设备,因而造成财务损失。但许多采矿承包商都是基建施工队伍,都有调节能力来适应变化,能有效控制费用。

(6) 好的外包采矿协议,可以提高项目效率。通过招标竞争获得的采矿合同,其成本费用具有较强竞争能力,相应也提高了项目的效率。

(7) 外包更能减少服务期短的矿山项目的费用。由于项目很快减产,设备富余,业主如果没有别的矿山使用富余设备,业主将面临重大损失。但承包商可以一个项目接一个项目使用设备。

作业外包的缺点:

(1) 业主失去对项目的某些控制,这要求业主必须与承包者密切配合,以保证承包者能达到预期的生产指标。

(2) 吨矿总成本费用可能高于自营的成本,但不能主观判断,应根据全部成本(作业成本+折旧)、现金流量、资金时间价值来评价。

(3) 存在选中低效率和不适合的承包人的风险。这样可能带来比自营更多的问题。业主必须认真评估承包人的各种能力。

15.4.2.3 投产外包

业主有时希望将项目的投产进行外包,这样可以减少项目投产时的常见问题,也是为了减少这个阶段的投资费用,同时也是利用这方面经验丰富的专业队伍。

员工队伍由承包者组建,并且承包者的员工可转为业主雇员。这样,明显的优点就是业主不一定非得开发一个培训计划。

根据承包协议,业主可得到承包者的有关设备继续生产。一般业主会以较低价格获得这些设备，这样可减少业主的初期投资。

15.4.2.4 租赁承包

当业主没有财务能力和技术能力，或不愿意自己勘探和开发一个矿山项目时，就会使用租赁承包方式。租赁承包是经营权的转让，是由另外一家机构或公司来勘探、开发和经营。

这种经营方式的主要优点是减少风险，减少业主在财力和人力等资源上的投入。矿山行业是一高风险行业，同时矿山项目投资强度大，一般项目都是上千万或数亿元。如果业主财务能力不够或不能通过外部融资解决投资问题，业主就希望通过租赁或建立合资企业。当然，风险往往与利润成正比，这种方式既减少了业主的风险，也减少了业主的盈利。

15.4.2.5 联营企业

这里的联营是利用优势技术进行经营上的联营，不是融资上的联合。为了共享优势资源，联营企业可由两个或两个以上的专业公司参与，业主也是其中的一员。

联营的主要优点：利用专业公司的专长，同时分散风险。当一个项目已表明很好的盈利性，但业主感觉缺乏充分发挥资源潜力的技术专长，组建联营企业就是希望获得技术专长来成功开发矿床。有些项目太大、太复杂，一个公司难以运作，此时也需要组建联合企业来分担风险。

对业主而言联营的缺点就是收益被分享，对经营失去控制（或部分控制）。如果获得技术专长的成本费用不高于收益分享，一般不会采用联合经营方式。

15.4.3 外包采矿的招标程序

本手册的使用人员不仅是矿山项目的设计工程师，还包括业内的矿山项目管理者和经营者，因此，在此介绍一些关于外包采矿的招标知识。

外包采矿的招标程序如下：

（1）准备投标人名单；

（2）准备招标文件；

（3）投标人编制投标文件；

（4）评标；

（5）选择承包人；

（6）签署协议。

招标程序的目标是：

（1）选择合格的投标人；

（2）获得最低的竞争成本；

（3）允许双方得到合理利润。

15.4.3.1 投标人名单

编制投标人名单可以是正式的，也可以是非正式的。一般正式的程序是向潜在的投标人发放标书。投标人按要求返回投标文件。在招标文件中要求的资料一般分为两类：一是公司概况；二是项目专业资质。

一般公司概况包括五个方面：

（1）公司总体信息：公司名称、地址、联系人；

（2）组织形式：组织机构图，主要合伙人的信息；

（3）财务资源：年收入、银行和证券证明、公司近期财务报表；

（4）工作方法：承包人的工作方法、工作程序、安全程序；

（5）人力资源：人数及人员结构

项目专业资质包括三个方面：

（1）承包人对项目的工作方法：运作形式（联合经营、转包、各方在项目中的作用；还包括项目的初步计划、设备状况、协议类型）；

（2）针对项目的人员及组织机构：包括项目组织机构图和项目关键人物的证明；

（3）公司或个人在项目方面的经验：生产经验，尤其在类似项目的经验。

业主收到资质资料后需要通过专业人员进行评估，尤其对类似工作经验的评估，承包项目的财务能力（设备购买和流动资金等）评估、与业主已有关系的评估。

选择最合适的承包人是一项非常重要的决策。

15.4.3.2 招标书准备

尽可能收集相关资料，在准备招标书中非常重要。招标书通常包括：

（1）工作范围及内容。工作范围最为重要，没有完整的工作范围，投标就无法准确进行，同时投标人之间的差异就可能很大，也不清楚这种差异是承包人的优势所致，还是对工作范围的误解所致。

工作范围包括下列内容：

1）希望的矿山寿命。这对承包人非常重要。因为这对承包人经济影响很大，从设备的选择到单位价格，都有影响。

2）开采计划。应对整个寿命期内主要事件和活动给出时间表，包括初期基建时间、达产时间、减产时间。这个时间表可使承包人确定和预测设备和人员的需求。

3）计划的采矿能力。业主工程技术人员编制一个很好的开采计划，使项目现金流量和矿石回采率最大化。同时，矿山寿命和生产能力要平衡，使得作业成本最小化。

4）矿山项目详细计划。计划中包括采矿涉及的所有方面。如场地平整，道路、仓库及办公室位置，废石场、尾矿库等，矿山总体平面布置、台阶高度、斜坡道坡度。

5）其他限制条件。工作范围中必须明确给定的限制条件。

（2）现场调查。对每个潜在的投标人应有一个现场调查的协议。

（3）标书期限。收到所有投标文件的最后期限。

（4）标书格式。可能包括列示单位成本费用、每项成本的估价方法等。

（5）合同条款。业主要求的合同条款。

（6）资质文件。包括过去的业绩。

（7）方案的可接受性。包括投标人提出的新方案。

（8）季节对生产的影响。了解气候条件非常重要。因为这直接影响到设备、人员的使用，最终会影响到费用上。

（9）需要业主提供服务的清单。了解业主在现场能提供什么服务对承包人非常重要。

15.4.3.3 投标人的标书准备

在标书中一定要清楚表明如何满足业主的要求，最好站在业主的角度思考业主想从中标人那里得到什么。

标书应清楚表明提供服务的范围，并提供项目详细计划，其中包括设备清单、维修计划、安全计划和环保措施、现场服务设施等。

标书还应包括组织机构图以及关键人员履历。

标书还包括投标人的背景资料、在类似项目上的经验资料、证明公司财务能力的财务资料。

标书的商务部分应提供符合投标文件格式的单位报价。

15.4.3.4 评标

采矿外包的招标,最重要的是要选择合格的、可信赖的承包人。评标就是给业主提供了选择最好承包人的机会。业主通过技术评估组对投标人进行认真评审。技术评估组应把候选承包人集中在2~3人内。

评审中的主要考虑因素包括:

(1) 项目成本(承包人报价);

(2) 承包人及相关人员资质;

(3) 承包人设备和人员的可用性;

(4) 承包人完成指定任务的能力;

(5) 合同条款;

(6) 业主/承包人的关系。

报价:承包人完成指定任务的投标报价是业主的费用,为了比较各个报价,单位成本应转换为分年度列出的总成本。

评审报价主要有两种方法:

总成本法:单价×工作量

项目费用现值:年度费用按一折现率折现后的合计。

总成本法比较简单,用于短期合同,适合工作量稳定的项目。费用现值法优点在于长期合同,并适合于工作量变化的项目。

资质:承包人及相关人员的资质对项目非常重要。

设备及人员的可用性:人员既可利用现有,也可招募。设备也可以新买。业主核实设备的可利用性。

能力:包括财务能力和执行能力。财务能力可通过了解承包人财务状况评估其财务能力。业主必须评审承包人的执行能力。

合同条款:合同条款必须是业主/承包人双方可接受的。

业主/承包人关系:对双方之间的关系评审也是非常重要的。关系不和会给双方带来更多的麻烦,甚至影响到总成本和项目的盈利性。业主可通过别的业主了解情况。

15.4.3.5 选择中标人

如果招标的前序工作顺利完成,选择中标人就相对简单了。

综合分析所有参数对选择中标人非常重要,不能只局限在报价上。

选择原则:业主应事先根据一些原则,建立一套选择系统。在系统中给不同指标以不同的权重。

当考评指标确定后,应确定每项指标的重要性。通常报价是最重要的指标,完成指定任务的能力是第二重要指标。接下来是承包人的资质。

15.4.3.6 协议

签署协议应做到:

(1) 本着公正、平等双赢的原则;

(2) 好的协议是为项目搭建一个好的舞台。协议中双方的责任应尽可能详细。

参考文献

1 师利熙等. 有色金属工业金属经济评价. 北京:冶金工业出版社,1998
2 美国工程师协会,MINING ENGINEERING HANDBOOK,1994
3 中国有色金属协会,有色金属工业项目可行性研究报告编制原则规定. 北京,2001
4 丁跃进等. 国外矿山项目投资与生产成本估算. 北京:煤炭工业出版社,2002
5 国家发展和改革委员会等. 建设项目经济评价方法与参数. 北京:中国计划出版社,2006

16 数字化矿山

16.1 数字化矿山的概念及其特征

16.1.1 数字化矿山的概念

矿山信息化建设,将成为21世纪矿业发展的重要内容。1999年在首届国际数字地球大会上提出了数字矿山的概念,2001年国际APCOM会议组织了首次国际数字矿山主题讨论,2004年中国科协青年科学家论坛以数字矿山战略与未来发展为主题开展了第86次活动。这些活动标志着数字矿山的概念开始引领矿业发展进入一个崭新的阶段,但是必须看到,在这之前,国内外矿山自动化、信息化方面的种种努力和大量成果,已经为实现数字化矿山进行了有益的铺垫。

所谓数字化矿山是指人类在矿山地表和地表以下开采矿产资源的工程活动中所涉及的各种动、静态信息的全部数字化并由计算机网络管理,同时可运用空间技术与实时自动定位、导航技术对矿山生产工序实行远程遥控操作和自动化采矿的综合体系。

关于数字化矿山目前尚无准确、公认的定义。综合矿业发达国家矿山信息化建设不同的战略设想以及不同学者对数字矿山概念的表达,对数字化矿山的概念可以表述为由初级到高级的三个层次:矿山数字化信息系统、反映真实矿山整体及相关现象的虚拟矿山以及无人矿井的远程遥控操作和自动化采矿(Mine Automation, Telemining, Robotic mining)。对于矿山数字化信息系统以及虚拟矿山这两个层次,尚可称之为"数字矿山",而远程遥控操作和自动化采矿,则称为"数字化矿山"似更为贴切。

(1) 矿山数字化信息系统包括以下子系统:矿区地表及矿床模型三维可视化信息系统,矿山工程地质、水文地质及岩石力学数据采集、处理、传输、存储、显示与探采工程分布集成系统,矿山规划与开采方案决策优化系统,矿山主要设备运转状态信息系统,生产环节监控与调度系统,矿山环境变化及灾害预警信息系统,矿山经营管理及经济活动分析信息系统。

(2) 虚拟矿山:在上述信息系统的基础上,增加实时动态响应和更广泛的集成,运用多媒体、模拟、仿真、虚拟技术使真实矿山整体及其相关现象实现数字化再现。

(3) 远程遥控操作和自动化采矿:在上述数字化的基础上,增加设备自动化、智能化,地下通信及实时自动定位和导航技术，实现矿山生产过程的远程遥控操作和自动化采矿，从单个工序到整体矿山，使矿山生产实现数字化、办公室化。

数字化矿山的建设可以依层次循序渐进，也可以采用选择重点逐步扩大或跨越式发展方式，其终极目标是实现矿山真正安全、高效、经济开采。用信息化改造传统产业，在我国还刚刚起步，矿山则更为落后。分析研究少数先行者的经验，对于我国矿山，从构建安全生产监测系统和开采方案优化决策与生产调度指挥系统着手向数字化矿山方向发展，可能是更为有效的途径。有条件的矿山可着手建设远程遥控和自动化采矿示范采区。

16.1.2 数字化矿山的特征

数字化矿山不同于数字地球、数字城市，它们之间既具有某些共性，又有其显著的特征。

(1) 矿山作为一个劳动对象不断变化的生产企业，仅仅对其真实实体实现数字化再现是不够的，它要求全面采用先进的信息技术，实现矿山规划、设计决策优化数字化，勘测开发过程数字化，技术与经营管理数字化以及生产过程数字化，最终体现为矿山的高度信息化、自动化、智能化。只有这样才能真正做到高效、安全、低成本生产，并且使矿产资源开发与生态和环境保护相协调。

(2) 构建数字化矿山的最大技术难点在于其对象的不确定性，很难进行精确的量测与控制。矿床开采是一个复杂、多变、信息隐蔽、难以预测的巨型系统，因此从信息采集、传输、处理、集成、显示到应用于生产过程自动控制，涉及领域非常广泛，需要多学科交叉、创新，积累。应当认识到，数字化矿山是矿业发展的目标和方向，而不是一项具体的工程。

(3) 构建数字化矿山终将彻底改变现有的矿山生产工艺，也将更有利于深部开采和贫矿开采。

16.2 数字化矿山理论基础和基本框架

16.2.1 数字化矿山理论基础

数字化矿山的复杂性、综合性、多变性、扩展性决定了它拥有一个庞大的、以计算机为基础的动态技术体系，因而所涉及的学科领域非常广泛。其主要理论基础包括：

(1) 系统工程学和信息工程学，涉及各种类型软件和软件包设计，来自不同数据源和网络集成，数据库的构建，系统标准制定等；

(2) 无线电和光纤通信理论、空间信息理论，实现远程遥控和自动化采矿的基础，数字化矿山的最终实现与空间技术有许多共同之处；

(3) 自动定位与导航理论，实现远程遥控和自动化采矿的柱石；

(4) 现代采矿学，适应远程遥控和自动化作业的新的采矿工艺和方法；

(5) 数字地质学及岩石力学理论，建立三维可视化动态地质模型、矿床模型、岩石力学模型，岩体不连续面自动数字化测绘技术的应用，数字摄影测绘理论与遥感数字成像，建立数字高程模型等；

(6) 机械工程学、机器人与自动化理论，开发研制应用先进的自动化采矿设备；

(7) 检测监控理论，建立环境监测系统、安全生产监测系统、固定设备监测系统、移动设备监控系统等；

(8) 工程管理科学、运筹学与控制论，建立高速企业网，人、财、物、产、供、销综合分析决策，中长期生产规划，生产方案优化决策等。

16.2.2 数字化矿山基本框架

数字化矿山作为一个复杂的巨型动态技术体系，可以分解为四个基本层次，即综合管理信息系统（管理层）、数据系统（数据层）、地面控制中心（运营层）和虚拟矿山（显示层）。其框架如图16－1～图16－4所示，上述框架的集成如图16－5所示。

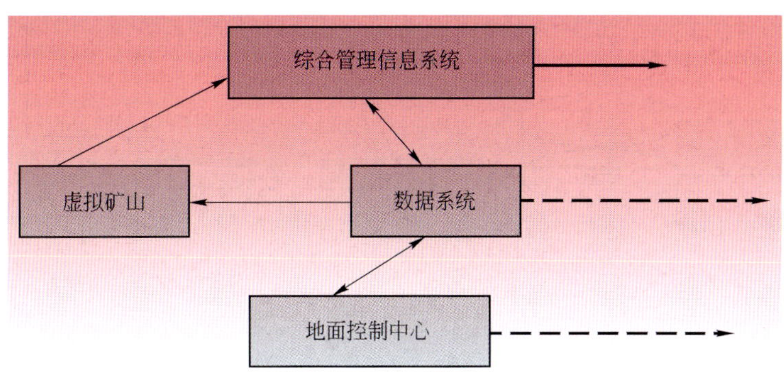

图16－1 数字化矿山基本框架的层次

16.2.2.1 综合管理信息系统

综合管理信息系统包括高速企业网、生产方案优化决策系统以及管理子系统。管理子系统包括矿山生产计划、矿山中长期生产规划、矿山设备管理和维修计划、资源储量管理、人力资源管理、矿山财务管理、生产成本控制、市场营销管理等。数字化矿山基本框架结构如图16－2所示。

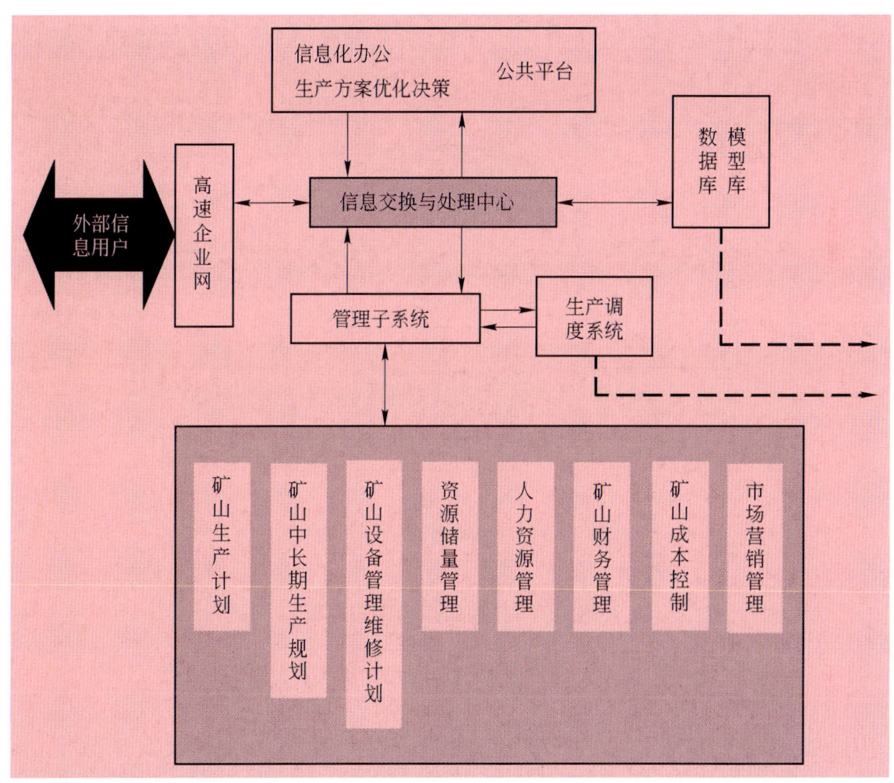

图16－2 综合管理信息系统框架

16.2.2.2 数据系统

数据系统负责勘探、测绘、传感、文档等方面数据的采集、存储、处理、传输、显示、更新,多源信息的过滤与集成,数据库的建立和维护,各类应用模型的构建和实时更新,并对信息交换、数据访问进行控制。其框架结构如图 16-3 所示。

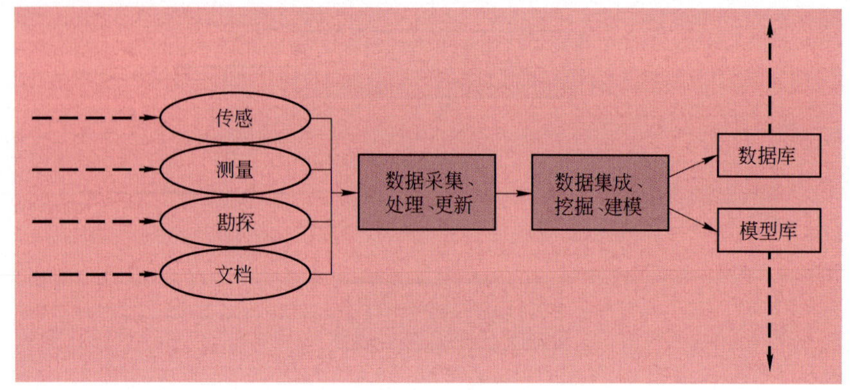

图 16-3 数据系统框架

16.2.2.3 地面控制中心

地面控制中心是远程遥控和自动化采矿的指挥中心,它通过高速通信系统、自动定位和导航系统控制自动化设备的遥控操作和自动运行,对固定设备工况实行实时检测,对移动设备实施实时监控,对作业环境进行系统检测,负责生产计划、职业健康、安全、危机的管理。图 16-4 为其简单的框架结构。

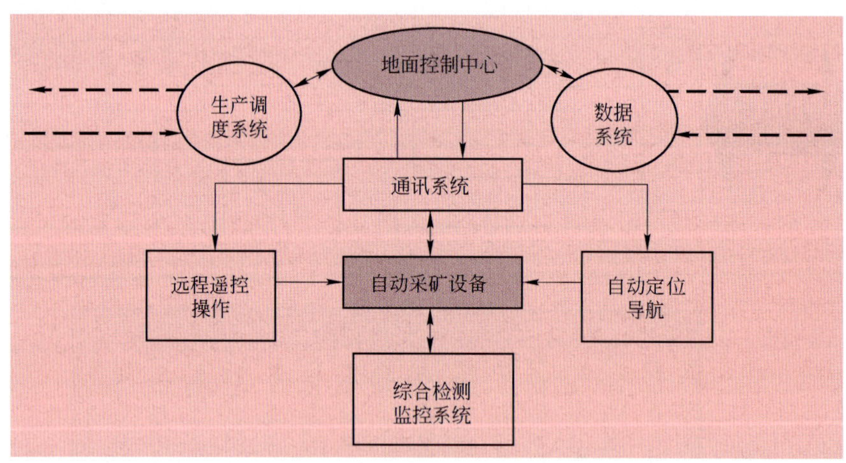

图 16-4 地面控制中心框架

16.2.2.4 虚拟矿山

运用多媒体、模拟、仿真、虚拟技术使真实矿山整体及其相关现象实现数字化再现(图 16-5)。通过它可以直观地了解矿山系统所涉及的动态信息过程,以及多源信息之间的关联,从而为生产经营管理决策、开展科学研究等创造更有利的条件。

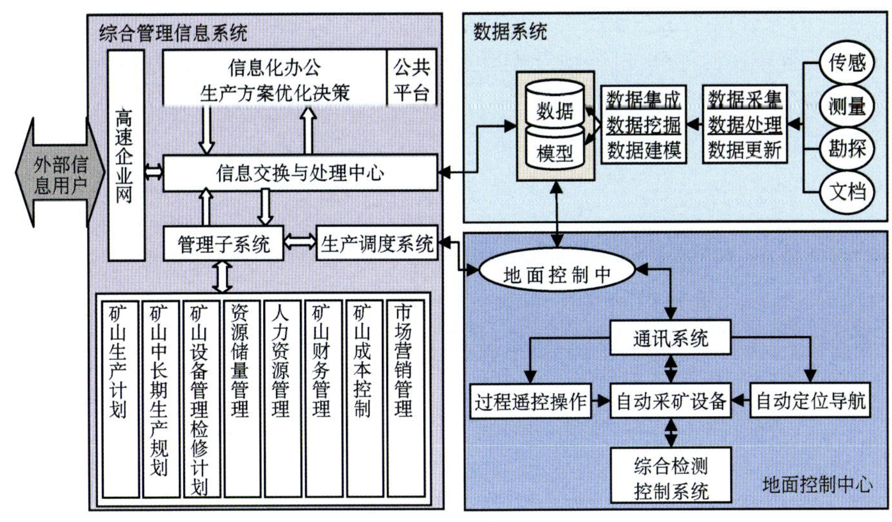

图 16－5　数字化矿山框架

16.3　数字化矿山的关键技术

如果从某些单项作业的遥控操作、某些工序的数字化模拟算起，数字化矿山的构建已经经历了数十年的历程。在此期间，许多矿业发达国家的矿山企业、设备制造厂家、科研机构、高等学府同心协力，奋力探索，确已取得了巨大的成就，为矿业的发展揭示了辉煌的前景。但诚如某些专家所言，要建成真正的数字化矿山，实现矿山系统计算机数控采矿仍然是梦寐以求之事。原因在于一些关键技术还有待攻克，不少关键技术还有待完善和进一步地融合集成，为此也许还需要再花上几十年时间。

下面介绍数字化矿山关键技术包括的内容。

16.3.1　矿山数据库及数据挖掘技术

矿山数据库处于数字化矿山的核心部位，由于矿山数据具有海量、多源、异质、动态、多变、扩展等特点，所以这个数据库是一个巨大而复杂的由多个分库组成的综合数据库。要妥善处理数据分类组织结构、分类编码、元数据标准、数据控制和质量标准、数据集成、高效检索、动态更新、分布式管理等重点问题，避免分库内部和分库之间的信息重复，解决好数据共享的方法。

数据挖掘技术对于数字化矿山具有重要意义，从海量、多源的数据中，以高效、智能的挖掘技术，分析矿山系统内在的、有价值的信息、知识和规律，对矿山安全、高效、低成本生产发挥预测和指导作用。

矿山模型库是数据库的重要组成部分，同样包括众多的子模型库和各种类型的图库。必须解决矿山真 3D 可视化建模、动态维护、实时在线共享等技术问题。

16.3.2　矿山特殊的软件体系

矿山信息化建设要依靠高超的应用软件体系的支持，包括矿山通用软件和针对矿山具体条件（如自然崩落法矿山、高应力区矿山等）的专用软件，大体可分为以下类型：

（1）构建 3D 实体地学模型（如地质模型、矿床模型、岩石力学模型、水文地质模型、数字高

程地理模型等)的软件以及这些模型集成或接口软件;

(2) 矿山工程布置设计软件、与地学模型集成或接口软件、方案优化软件;

(3) 矿山生产过程管理和控制软件;

(4) 矿山生产系统和辅助生产系统设备工况检测、监控软件。

16.3.3 地下通信技术

国外某些试验矿山已经实现由电视网络、无线电传送器和漏泄同轴电缆组合的通信系统或无线地下通信系统,基本能够做到数据、音频、视频信息地面和井下双向快速传输,满足远程遥控作业的需求,但如果全矿都采用这样的系统,其安装和维护还比较复杂。

16.4 国外矿山数字化建设发展概况

16.4.1 概述

在矿业发达国家的矿山,信息技术的应用已相当普及,有不少比较完善的已经商业化的软件的支持,成为最重要的基础。如 3D 可视化矿床建模与工程设计集成系统(Datamine、Gemcom、Surpac 等),基于 GPS 的露天矿生产调度系统(Dispatch 等),矿岩稳定性数值模拟与支护决策系统(Flac3D 等),自然崩落法矿岩可崩性分析、放矿点布置、最佳放矿高度确定、生产进度安排、日常放矿管理和贫化预测以及相关图形显示系统(PC-BC 等),数字化矿岩特性工作面自动测绘技术及在线 3D 数字化数据库(GeoMapper)等。

20 世纪的后 20 年,矿业发达国家矿山信息化的重点已放在地下矿山生产过程自动化,实现远程遥控操作和自动化采矿方面,其原因主要是:

(1)追求提高劳动生产率,降低成本,使自己在金属市场不景气的情况下仍处于竞争优势地位;

(2)为适应日益增多的深井开采的条件,使矿工远离高地温、岩爆威胁等恶劣操作环境;

(3)随着高品位、易采矿床的逐渐枯竭,为满足人类对矿产品的需求,寻求更经济的开采贫矿和深部矿床的有效途径;

(4)彻底改善矿工的安全和健康状况,实现采矿办公室化;

(5)地下矿山信息化难度较大,一旦成功,其成果很容易用于露天矿,而且无线电频率的使用在地下矿不受任何限制。

到 21 世纪初,远程遥控和自动化采矿技术在地下金属矿山的进展和尚须克服的障碍可概括如下。

(1) 从地面遥控的自动化凿岩(包括掘进工作面凿岩和深孔采矿凿岩)已经实现,并且在试验矿山生产中得到应用,可以连续自动完成掘进工作面一个循环的炮孔或深孔采矿工作面一排扇形炮孔的凿岩,凿岩精度得到提高,工时利用显著增加,操作人员大幅减少。但设备移动就位和维修仍需工人下井直接干预,深孔凿岩时大量岩粉如何排到设备后边以便由其他设备运走,也有待进一步研究解决(Beiden. G. ,1999;Mirabelli. L. J. ,2000;Paraszczak. J. , 2004)。

(2) 在自动化装药和爆破方面,加拿大的采矿自动化计划(Mining Automation Program)(MAP)预定研制电子雷管和起爆系统与可重复泵送、可变密度、可变能量的散状乳化炸药系统,根据凿岩时提供的岩石性质数据,能在不同炮孔装填不同密度、不同装药结构的炸药,这一项目遇到不少困难,但研究工作仍在接续进行。芬兰的智能矿山计划(Intelligent Mine Program)也有类似的设想,但尚未见实质性报道(Werniuk. J. ,2000;Sarkka. P. ,et al. ,2000)。

(3)撬毛和支护虽然也是危险性较大的作业,但有关这些作业自动化信息的报道很少。美国俄亥俄州克利夫兰的 Master Buildes Inc. 在研制一种自动化喷射衬砌设备;芬兰智能矿山计划中有喷射混凝土作业自动化的设想,但未见实质性报道(Parsczak . J. ,2004;Werniuk J. ,2000)。

(4)地下矿山无线电通信系统的开发已经完成,它是由电视网络主干、无线电传送器和漏泄同轴电缆组成的先进的移动计算机网络,在一些试验矿山均已安装使用(Beiden. G. ,1999;Mirabelli. L. J. ,2000)。

(5)自动定位和导航系统基本上是移植军事部门的技术,仍处在继续完善之中。已有几种导航系统在试验矿山使用,如加拿大的能遥控超限选择的光缆系统、瑞典的 Q-导航者和 Pronyx 交通控制系统、芬兰 Eiectrobit 的地下无线通信系统、Sadvik Tamrock 的无基础设施导航系统等(Beiden. G. ,1999;Chadwick J. ,2000)。

(6)LHD 出矿自动化是发展较快,应用也较为广泛的项目。视线内的遥控设备从 20 世纪 70 年代开始已用于不少矿山的危险工作面。远程遥控和自动化 LHD 的发展可分为三个阶段:第一阶段,铲斗装卸载须从地面遥控操作,从工作面到矿石溜井的运行则为自动化,如 Inco 的斯托比(Stobie)矿、铜崖北(Copper Cliff North)矿 175 号矿体、克列通(Creighton)矿应用的设备;第二阶段,除铲斗装载为从地面遥控操作外,其他操作为自动化模式,如瑞典的基鲁纳(Kiruna)矿和智利的 EI Teniente 矿应用的设备;第三阶段,全自动化操作,该设备由卡特皮勒(Caterpillar)在澳大利亚的子公司(Caterpillar Elphinstone)研制成功,称为"灵巧的装载机(Smart Loader)",可望于近期商业化(Paraszczak. J. ,2004)。自动化的 LHD 同样也增加了工时利用率,提高了劳动生产率和设备的耐用性。与自动化的 LHD 配套的地下卡车自动化在南非芬斯(Finsch)金刚石矿已经实现(Mining Magazine,March 2007),在加拿大麦克克里迪东矿(McCreedy East mine)即将完成的 50t 无线导向的电动卡车(Kiruna K-1050)项目(MAP 的一部分)也值得提及(Werniuk. J. ,2000)。

(7)如果以整体矿山实现远程遥控和自动化采矿为目标,尽管最近十多年在单项作业方面取得了很大进展,目前所达到的水平仍处在婴幼期。一些单项作业还有需要克服的技术障碍;自动化设备的维修还要依靠工人下井;而且实现自动化采矿需要较大的投资,往往又缺乏准确的证据来说明这项投入的合理性,对于上市公司,股民们是不允许企业投资于 10 年内仍不能回收资金的项目的。不过由于许多矿山面临开采深度增加、开采条件恶化、矿石品位降低、市场价格波动和安全标准提高等困境,远程遥控和自动化采矿技术对摆脱这种困境能发挥重要作用,所以针对这些技术项目的研发工作方兴未艾,在今后 25~30 年,这些技术必将逐步发展成熟,并将矿业带入一个全新的领域。

在 20 世纪 90 年代,加拿大是远程遥控和自动化采矿技术开发和试用的先行者,Xstrata 并购 Falconbridge、CVRD 并购 INCO 后,由于战略的整合及调整,这项技术的发展速度将会受到一定的影响,但设备制造厂家在机载相关装置方面相信会继续推进,此外,在采用自然崩落法的矿山,出矿持续时间很长,实现自动化比较容易,目前在智利 EI Teniente 矿实际已正式用于生产。

16.4.2 国外矿山数字化示范采区实例

16.4.2.1 加拿大国际镍公司

加拿大国际镍公司(Inco)已成为发展远程遥控和自动化采矿技术的先行者。该公司于 1982 年将铜崖北矿确定为试验矿山,自动化技术和计算机、激光技术的应用,在那里获得了较大的进展。在该矿还创立了"连续采矿系统"(Continuous Mining System)(CMS),以创新的采矿设备,提高了国际镍公司的劳动生产率。CMS 后来发展成为一个独立合资企业——自动化采矿系统公司(Automated Mining System Limited)(AMS)。

1994年6月,国际镍公司、山德维克·坦姆洛克公司(Sandvik. tanmrock)和自动化采矿系统公司联合成立一个小组,在斯托比矿分三个阶段实施从地表控制的凿岩自动化试验计划,即单孔自动化凿岩、一个工作面的自动化凿岩和多个工作面的自动化凿岩。

1996年1月,国际镍公司、山德维克·坦姆洛克公司、诺贝尔公司(Dyno Nobel AS)和加拿大矿物与能源技术中心(CANMET)组成开发自动化采矿设备和生产过程集成系统的联合体,实施为期5年的采矿自动化计划(MAP),投资2700万美元,在铜崖北矿175矿体进行试验。其基本思路是:地面工作站的操作人员依靠无线电和遥控技术操纵地下深处的设备,使整个矿山进行生产。其技术组成包括:

(1) 先进的地下移动计算机网络;

(2) 地下定位和导航系统;

(3) 采矿过程监控和控制软件系统;

(4) 适合远程遥控采矿的特殊采矿方法;

(5) 先进的采矿设备。

到2000年11月,除遥控装药技术外,MAP的技术目标均已达到。

A 宽带通信系统

国际镍公司和IBM公司、Ainsworth Electric公司在20世纪90年代初已开发成功先进的移动计算机网络,具有高容量(2400 M bit/s)的CATV网络主干,比标准办公室计算机网络快240倍。在矿山每个中段设置2.4 GHz容量的无线电传送器(Radio Cell)或分布式天线中继器(Distributed Antenna Translator),在工作面以漏泄同轴电缆天线与计算机网络相连,即可在地表和矿井下1200m范围内传输数字、音频和视频信息。通过此宽带通信系统能从地表操纵多台井下采矿设备。

B 定位与导航

由于GPS不适用于井下,Inco移植军事部门的技术,采用环形-激光-陀螺仪和加速仪测量系统,成功开发了地下定位系统,能够在采矿允许误差范围内使移动设备实时定位。陀螺仪和加速仪构成一个复杂的仪器,结合机载计算机可生成准确的设备地理位置图像,激光扫描仪可提供输入计算机系统的用于确定设备在矿图上位置的数据。操作者便可据此使设备准确定位并从地面进行遥控操作。

C 凿岩设备

坦姆洛克公司研制了两种样机:DataMini™和DataSolo™。

DataMini™是1000 V电液驱动的双臂凿岩台车,依靠装在台车上的四个摄像头,操作者可从地面遥控其运行、就位、凿岩、退钎。设在地面的计算机系统,指导台车凿岩的炮孔位置、角度和深度,从台车收集炮孔角度、方向、深度监控、钻进时间、炮孔移位等数据。该台车采用5 m长的钎杆可自动钻凿孔径为48 mm的炮孔,钻进速度2 m/min。研制这一台车时,最大的技术难点是在不更换钎头和不重新加水的条件下,凿完一个掌子面的77个炮孔。

DataSolo™是1000 V电液驱动的深孔凿岩台车,其数据传输和自动操作系统同上。此台车可在360°范围内自动钻凿直径100 mm、下向孔深55 m、上向孔深40 m的深孔。坦姆洛克公司还为MAP研制了一种可机械更换5个钻头的钻头更换器。这台设备的技术难点在于如何将大量岩粉移到台车后部,以便其他设备将其运走。

D 雷管和装药系统

诺贝尔公司为MAP提供了两个爆破系统:电子雷管/起爆系统(DynoRem ED1)和散装、可重复泵送、可变密度、可变能量的乳化炸药系统(Dyno Nobel RUSG)。

Dyno Nobel ED1 电子起爆系统包括电子雷管、遥控爆破器和爆破软件。电子雷管采用微型芯片技术,能保证遥控编程的准确点火时间(1～5000 ms)以 1 ms 为增量。电子雷管的定时可由爆破器选择,精度为 1 ms 遥控计算机从地表通过 MAP 的宽带通信系统可能改制起爆。炸药起爆系统还必须克服的一个主要技术障碍是对手工干预电子雷管相互间和与爆破器直接连接的要求。

Dyno Nobel RUSG 载有能满足一个循环用药的药量,采用特殊的获得专利的炸药敏化和自动装药的技术。根据不同炮孔的要求,可装填不同密度(0.75～1.2 g/mL)、不同装药结构(0%～50%间隔)的可重复泵送的乳化炸药。装药过程中可将炸药机械稠化并装于孔底,以使其在垂直孔中停留。

Dyno Nobel P2G 样机用于掘进时装药,而 Rocmec 1 样机则用于上向孔装药。

遥控装药设备是诺贝尔公司在 MAP 中遇到的最大挑战。通过这次研究,方弄清楚在完善的遥控操作和需要人工干预之间仍存在着以下显著的差距:

(1) 遥控寻找和确定炮孔;

(2) 遥控清理炮孔;

(3) 制作起爆药包并装在炮孔内;

(4) 遥控连接雷管脚线。

E　铲运机(LHD)

坦姆洛克公司的 Toro T450D 型铲运机是铲斗容积为 5.4 m^3 的遥控柴油铲运机,具有采用光缆系统和遥控操作超速选择的自动导向功能。Inco 已在其生产矿山使用此类设备数年,出矿数百万吨。

F　采矿生产系统(MOS)

采矿生产系统是一个遥控采矿过程的监控系统,它负责捕捉、处理遥控采矿过程的信息,使工程设计、管理、遥控操作、维修部门易于接收,并通过内部网为个人提供服务。依据实时过程信息,可对每一生产操作工序做出决策,修订工作计划,安排维修和服务计划,部署设备并检查其状态,对过程的步骤以及连续过程的改进实时监控。

实施 MAP 的效果(Werniuk J,2000):

(1) 在实现远程遥控和自动化操作之前,需要 16 名凿岩工和 10 名维修人员采用 5 台潜孔钻机完成的工作量,现在只需要 6 名操作人员、6 名维修人员采用 3 台 Tamrock Solo 1060 钻机即可完成;

(2) 在装卸载远程遥控运行自动化的情况下,LHD 的利用工时从过去每天的 15 小时增加到现在的 20 小时,已采用三种型号的 LHD:Toro T450D、Elphinstone 1700 和 Wagner ST-8B;

(3) 工作循环从现在的 24 小时一个循环提高到三个循环;

(4) 预计到 2008 年,采矿劳动生产率可从现在的 3350t/(人·年)提高到 6350t/(人·年);

(5) 镍矿体的价值可提高 67%。

16.4.2.2　加拿大诺兰达公司

诺兰达公司(Noranda)的布朗斯威克(Brunswick)铅锌矿从 20 世纪 80 年代开始遭遇岩瀑和产量下降的威胁,多次改变采矿方法,1996 年改用角锥形无矿柱采矿法(Pyramidal mining front),以膏体充填取代原来的废石充填,在限制的采矿作业空间内要求尽可能缩短工序循环时间,遥控操作便具有显著的优越性。诺兰达公司同当地的大学合作开发了 LHD 自动装载(SIAMload)和

LHD 与坑内卡车自动导向系统(SIAM guidance system)。1997 年该矿采用了 6 台从坑内控制室无线电遥控的和 15 台视线内遥控的阿特拉斯 Wagner ST-8B LHD,2001 年 6 月有 2 台 Wagner MT-436Bs 型卡车采用了自动导向系统。由于受巷道规格、路面及运输距离的限制,平均运行速度只达到 7 km/h,最高 10 km/h。

16.4.2.3 瑞典 LKAB

LKAB 所属基鲁纳(Kiruna)铁矿是应用自动化技术最早的矿山,早在 1970 年,其主运输水平的机车运输就实现了从坑内控制室遥控装载和无人驾驶自动运行与卸载。

基鲁纳铁矿是世界上最大的地下开采铁矿山,主运输水平和竖井提升的设计能力为 2600 万 t/a(75000 t/d)。世界上进入贸易市场的铁矿石基本上来自露天开采,而基鲁纳是地下开采,且矿石中含磷高,又分布不均,从 0.1% ~1%,局部达 4%。为了保证矿石质量,能以合理的价格销售,就必须依靠较大的生产规模,采用最新的大型设备和自动化高新技术,以提高劳动生产率,降低生产成本,严格控制矿石质量。为此,分段崩落法的分段高度已从 1985 年的 12 m 提高到目前的 27 m,并正在研究将其适度提高到 28.5 m 以及改变相应参数进行研究。同时 Kiruna 矿与设备制造厂商如 ABB、Atlas Copco、Sadvik Tamrock,与专业数据传输公司如 Q-Navigator、Electrobit 等紧密合作,在特定的生产工序实现了半自动化。

A 深孔凿岩

由于分段高度的增加,最深的炮孔深度达 50 m,现有的凿岩设备已不能胜任。1995 年 3 月,新一代凿岩台车 Simba 469W 投入使用。该台车由 775 m 水平的控制中心遥控,一排扇形孔的 8 ~ 10个炮孔由台车自动凿岩,凿岩完成后由人工移位。目前已在生产中应用了 5 台 Atlas Copco Simba 469W 和 2 台 Tanmrock DataSplo 1069 台车。

根据基鲁纳的经验,有几个影响控制中心屏幕上图像质量的因素值得关注:其一,可能是由于部分巷道存在多路径传播现象和台车不经常移动的缘故,有时控制中心屏幕上图像质量变差;其二,台车照明对图像质量至关重要,但坑内的恶劣环境使普通灯具很难适应;其三,摄像头的动态、网络本身的维护对图像质量都有重要影响。

B LHD 自动化项目(SALT)

同样在 1995 年,LKAB 为整个基鲁纳的生产出矿启动了 LHD 自动化项目,其内容包括:

(1) 交通控制系统,负责交通管理和允许 LHD 进入遥控状态;

(2) 通信系统,负责 LHD 和控制中心之间的信息传送;

(3) LHD 系统,掌握自动化和遥控状态的转换。

从 1999 年 3 月起,出矿自动化已成为现实,LHD 除铲斗装载由 775m 水平控制中心遥控操作外,运行和卸载均进入自动操作状态,其动作由机载计算机和导航系统控制。目前用于生产出矿的设备包括 9 台 Toro2500Es(铲斗容积 25 t)、1 台 Toro 650D(柴油,铲斗容积 16 t)、11 台 Toro 500Es(铲斗容积 14 t)。9 台 Toro2500Es 中有 4 台实现了自动化。

C 运输与提升

1045 m 主运输水平是该矿第三个自动化电机车运输水平,全部产量须同时由 6 列车(每列车由 24 个矿车组成,载重 500 t)运输。在 1045 m 水平,沿约 4 km 长的矿体走向布置着 8 组矿溜井组(每组包括 4 个矿溜井),在中央提升区建有 4 组卸载站及相应的破碎与提升系统。提升分两段,首先由 4 个新建的盲竖井提到 775 m 水平下的原碎矿仓,然后再由原 6 个竖井提升到地表。主运水平如前所述装载由中央控制室遥控操作,运行和卸载自动操作,两段提升均为全自动化。

该矿与瑞典一家小公司 Radio Wave System AB 合作,利用无线电波干涉仪技术监控矿石溜井料位。为控制矿石质量,2001 年底,LKAB 采矿研发部在 Kiruna 矿试用激光诱发荧光(LIF)分析仪样机 LF-1,将其安装在 1045 m 水平卸矿站,自动、在线、实时、非接触测定列车中矿石磷含量,试验证明该设备是适用的。

D 通信系统

LKAB 选择芬兰 Elektrobit 公司研发的地下无线通信系统(WUCS)。该系统包括安装在车辆上的移动终端(MT)、安装在生产区固定地点的基站(BS)和位于 775m 水平控制中心的控制站(CS,目前控制中心已移至地面新建的办公大楼内)。BS 和 CS 之间的通信依靠 ATM 网络(光缆),MT 和 BS 之间的联络则采用 900 MHz 的无线扩展频谱(spread-spectrum)。一个基站可同时与 3 个移动终端通信。无线通信系统以数字格式在控制中心系统和移动设备系统间传输数据(状态监控、生产信息、统计信息、遥控数据)、音频、视频信息。

到目前为止,遥控采矿设备作业采用无线电频谱和数字电视是可行的,尽管还有一些重要的问题有待进一步研究解决,如:

(1) 通信设备界面的标准化;

(2) 采矿自动化和通信技术之间的合作优化;

(3) 引进新技术要求新的技能去操作和维持其技术解决方法;

(4) 利用互联网和自动化网络提供实时维修功能。

16.4.2.4 芬兰奥托昆普公司

芬兰奥托昆普(Otokumpu)公司曾与坦姆洛克、诺麦特(Normet)、诺德伯格(Nordberg)、赫尔辛基大学(Helsinki University of Technology)等单位合作,于 1992 ~ 1996 年完成了智能矿山计划,其主要目的是开发一个实时控制的、自动化的、高技术矿山的概念。该计划由 28 项相互联系的课题组成,包括掘进和生产的凿岩、装载、运输、提升、支护以及破碎、通信、数据传输系统、安全、人员培训等内容。

1997 年初又决定启动智能矿山实施计划(Intelligent Mine Implementation)(IMI),它是智能矿山计划的延续,其目的是对智能矿山计划中完成的设备和系统在试验矿山进一步开发和试验,预算投资 800 万美元,三年完成。该计划包括 10 项开发课题,可分为三个领域:

(1) 先进技术的实施;

(2) 数据应用;

(3) 矿山人员培训,使之适应新的技术、系统和环境。

该计划还包括两项支持项目:计划协调和先进采矿布局设计。此项计划的成果是使智能矿山成为现实,所研制开发的设备和系统商业化,向国际展示了采矿工业先进样板的具体实例。

智能矿山的中枢是分布全矿、快速、高性能、双向通信网络,能实时传输数据、音频、视频信息,矿山所有设备和工作场所均与此网络相连。该网络须将设备、生产场所传来的信息加工成可利用的形式,实时传输给生产管理系统和计算机系统。生产管理系统由下列各部分组成:

(1) 矿山设计系统,包括一些商业化的计算机软件;

(2) 生产管理,包括矿山 3D 设计图和生产计划系统;

(3) 维修管理系统;

(4) 状态实时监控和故障诊断;

(5) 设备远程遥控;

(6) 以全矿各项活动数据库监控全部生产。

实时信息将根本改变矿山管理模式,管理层次会减少,决策和责任将下放到较低层次。

试验矿山选择在芬兰的凯米(Kemi)铬矿,该矿是奥托昆普不锈钢生产链上的重要组成部分。凯米铬矿原系露天开采,1999 年开始转入坑内的建设,2003 年开始坑内正式生产,设计能力为 270 万 t/a,在 2008 年露天闭坑前达到。由于需周密研究转入坑内生产后适合的采矿方法等,上述试验计划已延缓(Paraszczak J. 2004)。

16.4.2.5 澳大利亚奥林匹克坝铜铀矿

奥林匹克坝(Olympic Dam)铜铀矿是世界上最大的充填法矿山,采用空场法嗣后块石胶结充填和废石充填。1988 年投产后,经过几次扩建,年产矿石量已近 1000 万 t。

从 1997 年开始进行自动化 LHD 项目研究,到 1999 年,由 Lateral Dynamics 公司和卡特皮勒公司组成合资企业达斯(DAS)(Dynamics Automation System),按许可证将澳大利亚矿物工业协会的部分研究成果集成在其系统中,在市场上称为 MINEGEM™。DAS 将其系统装在 Elphinstone R2900 型 LHD 上,经过初步试验和改进,于 2001 年正式开始在该矿进行生产试验。控制中心设在地表,通信采用光纤和微波无线电网络。但试验并不顺利,又经过多次失败和改进,直到 2003 年底,才实现了由一名操作者从地表控制中心同时遥控操纵两台 LHD 和一台装在卸矿点的碎石机(本章参考文献对试验过程和所遇到的问题均有详细的介绍,很值得参考和借鉴)。

一套 MINEGEM™系统的价格相当于一台 20t LHD 价格的 40%,使用多台时可降至 25%,而其生产率至少能提高 40%。试验中,12 小时一班在不同运距条件下所完成的运矿往返循环数为:70 m 时 235 循环,220 m 时 155 循环,430 m 时 70 循环。该系统曾用于 8 种不同规格不同厂家的 LHD 和 7 个不同的采区。在试验过程中,也曾试图将卡特皮勒的自动装载装置(Autodig™)与 LHD 的自动运行相结合,但由于矿石块度等问题,只试了三个班便终止了试验。

为了稳定并进一步提高生产率,需研究解决以下重要问题:

(1) 遥控处理放矿点大块的方法;

(2) 道路的建设和维护;

(3) 更大的燃料油和润滑油箱;

(4) “聪明的”自动化装载。

有报道称,Caterpillar Elphinstone 公司根据卡特皮勒露天装载机自动装载装置 Autpdig 的概念,研制的“聪明装载机”即将商业化,但未见详细资料。

奥林匹克坝为了降低充填成本,采用遥控毫米波雷达,在充填料下放入采空区,混浊的空气中能检测两种不同充填料的位置,提供实时数据,控制胶结料的合理用量。据推算每年具有节约 2000 万澳元的潜力。

奥林匹克坝还是世界上第二个具有全自动化机车运输水平和提升系统的矿山。

16.4.2.6 智利特尼恩特铜矿

特尼恩特(El Teniente)铜矿属于智利国家铜公司(Codelco),该公司于 1998 年设立了自己的研究中心,其任务是开发市场上还不能提供答案的新技术。该中心机制灵活,具有很强的与外单位合作的能力。从 1998 年底开始启动包括遥控操作和深井采矿技术在内的地下采矿研究项目,预算资金 1500 万美元,为期 4 年。

特尼恩特铜矿是世界上最大的地下矿山,2006 年日出矿量已达 137000t,全部采用自然崩落法。除拉底切割外,出矿和二次破碎是其最主要的生产工序。该矿利用山德维克·坦姆洛克公司的 AutoMine 系统和 17.5t($13yd^3$)的 Toro 0010C 型 LHD 在 Pipa Norte 采区和 Diablo Regimiento 采区实现半自动化出矿。这两个采区均采用盘区式自然崩落法,前者的设计能力为 10000 t/d,

采用 3 台 LHD,后者 28000 t/d,10 台 LHD。

Pipa Norte 项目是智利国家铜公司特尼恩特分部 3 个采矿项目之一,2002 年底开始建设,2004 年底结束,同时正式投入生产。Pipa Nortec 采区具有矿石储量 2710 万 t,Cu 品位 1%,可稳定生产 10 年,因此 AutoMine 系统有可能支持 LHD 实现高于平均水平的利用率和完好率。这一采区布置有 15 条出矿巷道,188 个装矿点。控制室设在地表 Colon Alto,距生产区约 15 km。LHD 装载为远程遥控操作,运行和卸载由机载计算机控制自动操作。LHD 将矿石直接卸入 400 t 贮仓,贮仓内的矿石经板式给矿机进入颚式破碎机。破碎后的矿石由胶带运输机运往两个主溜井,在特尼恩特 8 水平(平硐)再由机车运往科隆选矿厂。LHD 除维修和出现大的故障需到 500 m 以外的 Diablo Regimiento 维修硐室处理外,一般不离开采区。

AutoMine 系统包括以下子系统。

(1) 任务控制系统(Mission Control System,MCS)负责操作、生产计划和功能性的管理与控制,同时为外部系统如生产控制和管理系统、维修控制和管理系统提供界面,是一个以管理控制和数据采集为目标的系统。

(2) 操作站(Operator Station,OS)为系统操作者提供控制和用户界面。控制室有两人工作,一人负责操纵 3 台 LHD,另一人负责生产计划和协调。控制室的操作人员随时可将 LHD 在线转至遥控等待、自动或遥控操作状态,而无需停车。

(3) 通行控制系统(Access Control System,ACS)管理自行设备和人员进入自动化作业区。必须指出,在该矿目前情况下,一些生产性辅助工作还有赖人员进入自动化作业区完成,如出矿口二次破碎、出矿口取样、生产基础设施维修、材料运送等。一旦 LHD 发生故障,MCS 会及时通知控制室和维修硐室,该 LHD 便停止执行任务,准备转为手动操作,其他 LHD 将不会再进入 LHD 发生故障的通道。ACS 则启动关闭系统同时打开具有红外隔栏的安全通道,以便维修人员进入,而不停止其他出矿巷道 LHD 的作业。ACS 关闭系统包括带电子锁的自动铁门以及灯光、警报声响显示,阻止人员进入隔离区,ACS 关闭系统还包括光学隔栏,一旦发现有人进入隔离区,便停止 LHD 的作业。主运输巷道是自动化 LHD 的主干,不设任何隔离装置。

(4) 地下无线通信系统(Wireless Underground Communication System,WUCS)在控制室和设备之间传输数据、音频、视频信息。

(5) 半自动化 LHD,远程遥控装载,自动运行和卸载,然后根据指令返回原装载点或驶往别的装载点。在 LHD 运行过程中,MCS 控制其路径,并将 LHD 的状态、位置及方向实时传送到系统中。当 LHD 运行至卸矿站时,喷雾装置自动启动。如果格筛处的碎石机正在工作,或碎矿仓料位已很高,则 LHD 不会卸载。LHD 加燃料和润滑油按 MCS 指令在采区东南角由维修人员完成。

16.4.2.7 南非芬斯金刚石矿

南非芬斯(Finsch)金刚石矿属于 De Beers Group,1964 年开始用露天开采,已采出 1.2 亿 t 矿石,1990 年下半年转入坑内开采。矿体按地面以下深度分为 5 个块段,分别为 350 m、430 m、510 m、630 m、830 m。块段 1、2、3 已用空场法开采,块段 4、5、6 用矿块崩落法开采。块段 4 于 2005 年一季度开始生产,预计 2007 年达到年产 380 万 t 的设计能力。

山德维克采矿和建设公司(Sandvik Mining and Construction)是芬斯矿块段 4 项目设计、开发建设、设备制造、试车投产和矿石运输系统(OTS,Ore Transportation System)解决方案的系统集成者和合作伙伴。

该矿在 630 m 生产水平布置有 11 条出矿巷道,302 个放矿点和 4 个切割矿溜井,出矿采用 5.4 m^3 Toro 007 型半自动 LHD 和 50 t Toro 50D 型全自动卡车。

OTS 包括四个子系统和两个外部系统。

(1) 崩落管理系统(CMS)是一个外部系统,根据切割工作面的位置和放矿漏斗开凿计划,向生产控制系统提供包括日出矿量及放矿点放矿优先次序的放矿指令,同时接收上一班生产信息,以便计算每一个放矿点下一班需要放出的数量,从而达到有效控制放矿。

(2) 生产控制系统(PCS)的主要功能是安排每班的生产和管理生产任务的执行。PCS 为每一台有司机操作的 LHD 制定生产指令,为每一台自动化设备制定任务指令。该系统是按客户服务型配置的,使用者可与连接在 De Beers 网络上的客户互动。PCS 通过专用的图形界面管理和控制手动的和自动的设备。

(3) 任务控制系统(MCS)的功能是控制生产执行情况,将 PCS 传来的生产任务指令单分发给每一台设备,并监控车队生产状态。

(4) 操作站(Operator Station)位于地面中央控制室,负责遥控 LHD 的装载。

(5) 通行控制系统(ACS)负责隔离的自动化作业区通行的控制,装备有带锁的安全门、警戒牌、指示灯以及防止设备意外闯入的光电管和安全天线系统。

(6) 监督控制和数据采集系统(SCADA)也是一个外部系统,其主要功能是将切割矿仓料位和其中矿石数量、破碎机开停状态和矿仓可继续容纳矿石量、破碎机累计排出矿石数量等数据提供给 MCS。

16.4.2.8 印尼 Grasberg 深部矿带矿块崩落法矿山(DOZ)

深部矿带是该矿第三生产水平,从 3470 m 到 3120 m 标高,由 P. T. Freeport Indonesia 经营。矿块崩落法区沿矿体走向长 900 m,宽 200 ~ 350 m,放矿柱高度 350 ~ 500 m。生产范围布置有 15 条出矿(盘区)巷道和 240 个放矿点,盘区巷道垂直矿体走向布置。每一条盘区巷道中央设一矿溜井,另在盘区边部设有三个溜井其中两个配有碎石机。LHD 将崩落的矿石从放矿点运至溜井。卡车运输水平设在 3076 m 标高,为单行线环形布置。卡车通过 3 个卸矿点之一将矿石直接卸入 1372 mm × 1956 mm旋回式破碎机。同时工作的还包括 Elphinstone LHD 15 台,Elphinstone 和 Toro 型卡车 6 辆。

该矿采用了 Modular Mining Inc. 的 Intellimine 调度系统。这是一个以计算机为基础的大型矿山管理系统,为该矿监测、控制 LHD、卡车、碎石机的作业。其硬件包括:中央计算机系统、主通信交汇中心、无线电网微型传送器、设备机载计算机系统、无线电频率卡、生产水平网络和运输水平网络。无源无线电频率卡安装在装矿点(用橡胶包裹防二次破碎破坏)、矿溜井口、矿溜井闸门处和每一个卸矿站,机载计算机系统的无线电频率卡解读器通过解读确定其在矿山的具体位置。调度作业由地下中央控制式的调度员监控。

A LHD 的调度

每班开始时,调度员上载崩落管理系统(CMS)生成的详细生产计划,包括每一放矿点安排的铲斗数以及放矿点出矿的顺序。LHD 进入预定盘区巷道后,司机利用机载计算机系统触摸屏请求与调度系统联机,中央计算机则根据生产计划指导 LHD 到规定装矿点装矿。机载计算机系统通过无线电频率卡验证,LHD 进行装矿并将铲斗数通过微型传送器无线电网络反馈给中央计算机。然后系统指导 LHD 前往规定的矿溜井卸载,同样通过验证卸载后,司机在触摸屏上进行登记,系统记录此次卸载并自动指导 LHD 去下一个装矿点。

生产调度信息按日下载到中央生产计划数据库,供崩落管理系统计算每日产量、放矿指令的一致性和放矿点存留矿量,并分析生产区诱发应力的潜在地点。同时也据此制订下一天的生产计划和月度平衡计划。

B　卡车调度

运输水平的卡车通常是按调度员设定的规则自动被分配前往装矿闸门，调度员也可根据生产条件主动调配卡车前往某一特定的装矿点。

每班开始时，卡车司机联机进入调度系统，中央计算机便自动调配卡车前往指定的装载闸门。卡车的装载、运行、卸载、计数均由司机在机载计算机触摸屏幕上操作，无线频率卡认证，信息自动输入调度系统。

Intellimine 软件可定制若干屏幕，如生产数据屏幕、异议屏幕、调度业务屏幕、放矿卡屏幕等，使调度员能够确定极限作业参数，从而制约设备司机的操作。这一调度系统能保证实际生产活动与长期生产计划的高度一致性，使矿山有效地管理崩落和放矿。

参考文献

1 吴立新等．数字矿山与我国矿山未来发展．科技导报，2004；(7)：29～31

2 汪云甲．数字矿山与矿区资源绿色开发．科技导报，2004；(6)：42～44

3 毕思文等．数字矿山的概念、框架、内涵及应用示范．科技导报，2004；(6)：39～41(转63)

4 张锦．数子矿山信息资源规划．科技导报，2004；(7)：35～36(转34)

5 秦德先等．矿山数字化信息系统及其应用研究．中国工程科学，2005；7(4)：47～53

6 Baiden G R. Telemining™ Systems Applied to Hard Rock Metal Mining at Inco Limited. In: Hustrulid W A, Bullock R C. Underground Mining Method: Engineering Fundamentals and International Case Studies. Colorado: SME(USA), 2001: 671～679

7 Ednie H. Automation for the Underground. CIM Bulletin, 2005; (1,2): 12～13

8 Mueller C. The Silent Revolution. CIM Bulletin, 2005; (1,2): 29

9 Waye P M Y, Yewen R. Technological Advances in Telecommunications for mines. CIM Bulletin, 2002; 69～71

10 Dessureault S, Porter J, Woodhall M. Data Integration for Information Technology Infrastructure in mining. CIM Bulletin, 2004; (1)_49～56

11 Sarkka P S, Liimatainen J A, Pukkila J A J. Intelligent Mine Implementation-Realization of a Vision. CIM Bulletin, 2000; (7) 85～88

12 Paraszczak J, Planeta S. Man-less Underground mining. CIM Bulletin, 2004; (5): 64～67

13 Nilsson J O, Wigden L, Tyni H. Mine Automation at LKAB, Kiruna, Sweden. In: Underground Mining Method: Engineering Fundamentals and International Case Studies. Colorado: SME(USA), 2001: 681～689

14 DeGaspari J. Armchair Mining. http://www. memagzine. org/index. html (2003. 5)

15 Pierre D. Automated mining still a dream. http://www. canoe. ca (2005. 4. 15)

16 Vagenas N, Baiden G. Experimentation with a Position Estimating System for Underground Hard Rock Mining Equipment. CIM Bulletin, 2005; (4): 24～27

17 Catalino E, Corpuz L. International Developments and Trends in the Mining Industry. http://www. minesandcommunities. org/index. html (1999. 10. 20)

18 Going Underground at Kemi Mine. http://www. min-con. com

19 Outokumpu. Kemi Chromite and Ferrochrome Mine, Finland. http://www. mining-technology. com

20 Olympic Dam Expansion Project-Locomotive Details. http://www. clayton-equipment. co. uk

21 Olympic Dam Mine & Haulage System. http://www. clayton-equipment. co. uk'

22 Sandvik Tamrock automates LHD fleet at world's largest mine. http://www. ferret. com. au

23 Tollinsky N. Remote Control System Designed for Harsh Underground Environment-03/05. Sudbury Mining Solution Journal, 2005; (3)

24 煤矿企业综合管理信息系统．交大博通网

25 Northwest Mining Association. Mining and Robotics: A Next New Thing Joints the Commodities Bull Market. (p p t) 2004(10)

26 Baiden G R. Future Robotic Mining at Inco Limited-the Next 25 Years . E-mail 交流资料

27 Mirabelli L J. Mining Automation Program. http://www. dynonobl. com,2000

28 Duff E S. Automation of Underground Mining Vehicle Using Reactive Navigation and Opportunistic Localization. http://www. araa. asn. au,(2002)

29 Baiden G R. Telerobotic Experiments for Mining. In: Proceedings:"MassMin 2004":671~674

30 Varas F M. Automation of Mineral Extraction and Handling(El Teniente). In: Proceedings:"MassMin 2004":677~680

31 Barraza M, et al. Mine Technology and its Implementation and Control-Reservas Norte-Sub 6, El Teniente. In: Proceedings:"MassMin 2004":681~685

32 Schweikart V,Soikkeli T. Codelco El Teniente-Loading Automation in Panel Caving Using AutoMineTM. In: Proceedings:"MassMin 2004":686~689

33 Kangas F, et al. PCRB-Surface Control Centre For Mine Automation(LKAB). In: Proceedings:"MassMin 2004":690~691

34 McHugh C. Introduction of Autonomous Loaders to Olympic Dam Operations , Australia. In: Proceedings: "MassMin 2004": 692~695

35 Prasetyo R, et al. Use of the Modular Dispatch System to Control Production Operations at the DOZ Block Cave Mine (P. T. Freeport Indonesia). In: Proceedings:"MassMin 2004":696~701

36 De Beers. Finsch Diamond Mine, South Africa. http://www. mining-technology. com (2007)

37 Panorama: Finsch Fully Automates with Krone. Mining Magazine,2007;196(3)

38 High-tech Spirit in Canada. In: Mining and Construction, 2003;(3):4~8

39 Technically Speaking. In: Mining and Construction, 2003;(3):16~19

40 Lemy F, Hadjigeorgiou J. A Digital Mapping Case Study in an Underground Hard Rock Mine. Can. Geotech. J. ,2004;41:1011~1025

17 深海采矿

17.1 引言

地球表面的71%被海洋所覆盖,其中3/4为深海盆地。浩瀚的海洋蕴藏着极其丰富的资源,主要有油气、矿产、生物、动力、化工原料、医药原料,特别是极端环境生物基因等。海洋是地球上尚未被人类充分认识和利用的潜在战略资源基地。

随着陆地资源的日益枯竭,海洋资源已成为世界各国关注的对象。西方各国从20世纪50年代末开始投资进行海洋资源调查活动,抢先占有具有商业远景的多金属结核富矿区,于70年代进行了采矿系统的海上试验,已形成了开采前的技术储备。80年代以来,在富钴结壳、热液硫化物、天然气水合物和深海生物基因研究开发方面不断加大投资力度,已具备对富钴结壳、热液硫化物等资源的矿区申请条件。韩国、印度等新兴工业国家,在成为多金属结核矿区先驱投资者之后,也加大了对富钴结壳和天然气水合物的调查勘探力度。

这一形势引起了国际法律关系的调整，1967 年联合国开始筹备《联合国海洋法公约》，到 1982 年签字通过，1994 年生效实施。《联合国海洋公约》作出了“专署经济区”和“国际海底区域”划定原则，明确规定“区域”及其资源是人类的共同继承财产。所有国家在“区域”内开展活动，必须遵守《联合国海洋公约》及其第十一部分协定所确定的法律制度和规则：每个想要在“区域”内获得矿区的国家必须向国际海底管理局提出申请；在获得资源占有权的同时，必须履行相应的国际义务；“区域”内勘探活动必须与国际海底管理局签订合同并接受监督；商业开采利润要与国际社会有必要的共享；保护海洋环境是必须遵循的原则。1994 年国际海底管理局成立，代表人类组织和控制“区域”内的活动和对资源进行管理。在其组织下，2000 年通过了“区域内多金属结核探矿和勘探规章”，开展了核准先驱投资者的多金属结核勘探计划，按勘探合同对承包者的勘探活动进行监督，并根据俄罗斯的动议着手制定“区域”其他资源的勘探规章。

我国自 20 世纪 70 年代末开始对大洋多金属结核资源的调查，1983 ~ 1990 年国家海洋局和地质部组织进行了 9 个航次调查，调查面积达 200 多平方公里，在太平洋圈定远景矿区约 30 万 km^2，在此基础上于 1990 年 4 月以中国大洋协会名义向联合国海底筹委会申请矿区，1991 年 3 月获得先驱投资者资格，批准了中国在东北太平洋国际海域 15 万 km^2 的多金属结核资源开辟区。1991 年 4 月成立了中国大洋协会，并制定了《中国大洋多金属结核研究开发第一期(1991 ~ 2005)发展规划》，对外代表中国参与国际海底活动，对内组织协调大洋资源研究开发工作。第一期发展规划目标是：以资源勘探为主，圈定商业性开采矿址，为未来大规模商业开采做好物质准备；同时解决采矿、冶金的主要技术难题。通过 15 年的努力在大洋资源开发方面取得了重大进展。

(1) 通过 17 个航次的调查，于 1999 年完成了开辟区 50% 的放弃工作，最终我国获得 7.5 万 km^2 具有专署勘探权和优先开发权的矿区。区内水深 4900 ~ 5400 m，平均丰度 7.69 kg/m^2，平均品位(Cu + Co + Ni) 2.25%，约有 4.2×10^8 t 干结核，其中锰 11175×10^4 t，铜 406×10^4 t，镍 514×10^4 t，钴 98×10^4 t。在当前预期的回采率条件下，可满足年产干结核 300×10^4 t、开采 20 年的资源要求。

(2) 在中、西太平洋进行了 10 个航次 25 座海山的调查，初步圈定了富钴结壳申请区。2003 年开始了热液硫化物资源的试验性调查，2005 年组织了主要针对热液硫化物资源调查的首次环球考察，取得了代表性的样品，提出了潜在资源靶区。

(3) 深海采矿技术研究方面，确立了多金属结核商业采矿系统 1∶10 的海上中试系统(海底履带自行水力集矿机采集 - 水力管道矿浆泵提升 - 海面采矿船支持)，2001 年在抚仙湖完成了 130 m 水深的综合湖试，验证了系统原理、设备性能，并进行了海试准备。

(4) 突破了氨浸法的技术颈瓶，完成了 100 kg 级的多金属结核冶炼中间试验，开发了一批选冶尾渣的资源化利用技术。

(5) 初步掌握了中国多金属结核开辟区的环境基线。深海生物基因研究取得突破性进展，分离、鉴定出约 1000 株深海极端微生物，包括 10 个新品种。开展了工业酶、工具酶、环境修复和药物先导化合物研究，发现了一批有价值的酶和小分子化合物。

(6) 初步建立了中国深海资源勘查高技术平台，促进和带动了深海相关技术的发展。

17.2 深海矿产资源

大洋矿产资源分为海滨矿产资源、近海矿产资源和深海矿产资源三大类。本手册仅以本章介绍深海矿产的资源、勘查、开采工艺技术与装备。

迄今为止，已发现有经济价值的深海金属矿产资源有：多金属结核、富钴结壳和多金属硫化物。

17.2.1 多金属结核

17.2.1.1 多金属结核资源探查概况

自20世纪60年代起，国外开始对大洋多金属结核进行大规模的调查，到70年代达到高潮。人们认识到，最有商业潜力的多金属结核开采区在太平洋东北部，其他大洋地区的品位和丰度不如太平洋地区。大西洋地区地质因素不利于成矿，品位普遍偏低，不存在符合近期经济条件的矿床。

美国于1957年在中太平洋勘查发现有工业价值的多金属结核，20世纪60年代肯尼柯特财团(KCON)和新港造船公司(1962)开始进行取样航次，研究结核地球化学与冶炼加工技术。从1965年起，以美国为首，法、日、加和欧洲发达国家参加的海洋采矿公司(OMA)、海洋矿物公司(OMCO)和海洋经营有限公司(OMI)等新公司进行了重要的资源调查、开采和冶炼加工研发工作。1972年美国国家科学基金会制订了研究结核成因的15年科学实验计划。1974年OMA向国务院提交了一份“发现已拥有采矿专署权及要求对其投资进行外交保护”的文件，1984年底四大财团获得美国国家海洋和大气局(NOAA)执照的勘探区公布于众。

联邦德国于1973年和1974年在印度洋进行了调查，对5个地区评价认为，只有中印度洋海盆有可能提供第一代采矿的矿区，评价标准为Co + Cu + Ni的平均品位为2.4%，边界品位为1.8%。印度于1981年起进行了调查，于1983年向联合国海底管理局筹委会提出了矿区申请，1987年获准登记，成为第一个先驱投资者。法国在1970年与1981年间对南太平洋波利尼西亚海区进行了调查，未发现有可采矿区。南太平洋近海矿物资源联合探矿委员会(CCOP/SOPAC)自1972年起进行的调查发现，在南太平洋中东部地区有边界丰度5 kg/m^2、边界品位Ni + Cu + Co = 2%的远景矿区。联邦德国矿物原料开发公司(AMR)于1978年、1979年在秘鲁海盆北部进行了普查，结果表明平均丰度为7～14 kg/m^2、平均Ni品位为1.1%～1.2%，但Cu小于1%，值得进一步调查。日本(日本金属矿业会社等)于1974～1978年在北中太平洋进行了调查，表明结核分散多变，不利于开采。

苏联于20世纪40年代末利用“勇士号”科考船开始在太平洋进行大洋结核资源的调查，到70年代末完成了区域性调查，1981年完成了太平洋和印度洋结核区的评估。1982年集中在太平洋克拉里昂－克里帕顿区域(C－C区)的探查，1983年向联合国海底管理局提出矿区申请，1987年取得了“先驱投资者”资格，获得7.5万 km^2 探采区。

我国自20世纪80年代末开始大洋结核资源调查，1990年成立了中国大洋矿产资源研究开发协会，开始实施中国深海矿产资源研究开发工作的国家计划。1991年3月联合国海底管理局通过了我国大洋矿产资源开发“先驱投资者”的申请，成为继印度、日本、前苏联和法国之后的第五个先驱投资者。结核资源调查主要集中在中太平洋海域，经过十几年的调查，于1996年3月完成了国际海底区域7.5万 km^2 中国专署探采区的圈定和向国际海底管理局的申报。保留区总平均丰度7.96 kg/m^2，总平均品位(Cu + Co + Ni)为2.52%，其中Mn 27.24%，Cu 1.03%，Co 0.23%，Ni 1.27%，镍当量丰度226.47 g/m^2，总干结核量42259.79万t。

17.2.1.2 多金属结核的赋存状况和特性

A 多金属结核性状

a 结核赋存状态

结核以散料形式单层分布在水深4000～6000 m深海底沉积物表层，半埋状为主，其次为埋藏状和裸露状，约90%以上分布在10 cm以浅的表层沉积物中或其上。

结核的大小不等，一般直径为0.5～10 cm，其中大多数在3～6 cm之间，95%在10～12 cm以下，最大达到24 cm。

结核形状多变，主要有菜花状、盘状、椭球状、杨梅状、碎屑状、连生体状。北太平洋赤道区以菜花状和盘状占优势，而南太平洋则以球状为主。不同形状反映了不同的形成过程。

结核的内部结构各异。有些显示出同心圆状，有些含有沉积物、岩屑、古结核碎片、有机物碎屑等核心，有些则没有明显的内核，如图17－1所示。

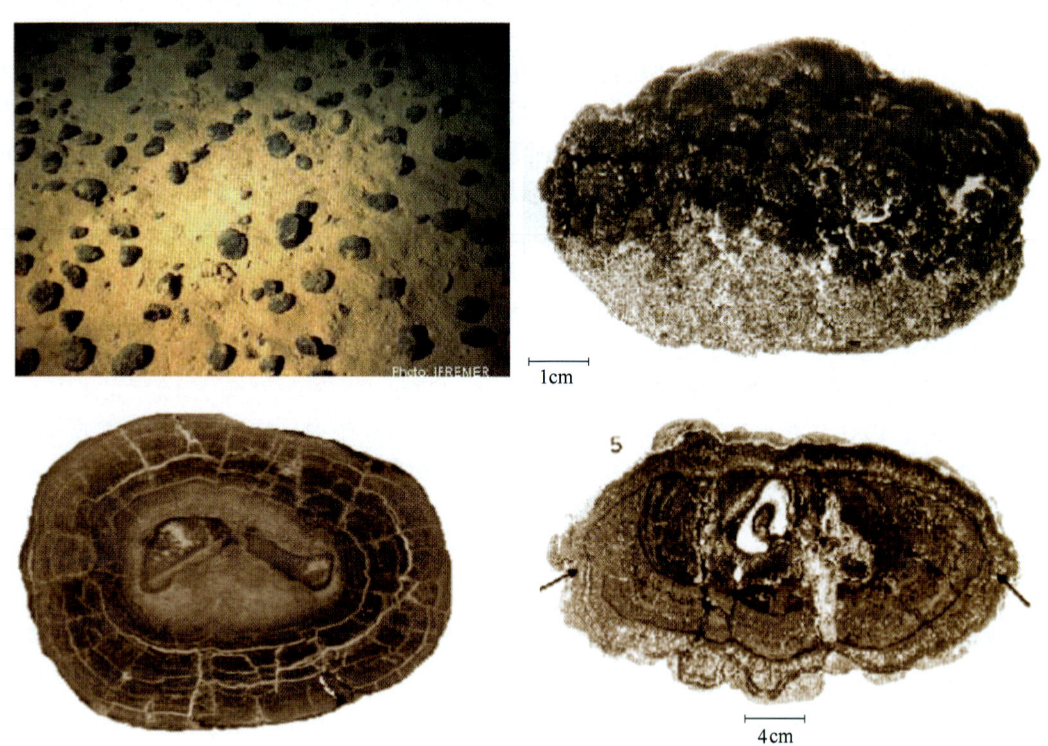

图17－1　大洋多金属结核

b　矿物组成和化学成分

结核是铁锰氧化物，主要矿物组成为水－锰矿，包括钙锰矿、钠水锰矿和针铁矿、纤铁矿。

结核化学成分不均一，视锰矿物的类型、尺寸和核心特性不同而变化。表17－1列举了有经济价值成分的平均概值。

表17－1　结核有经济价值的化学成分

化学元素	锰	铁	硅	铝	镍	铜	钴	氧
含量/%	29	6	5	3	1.4	1.3	0.25	1.5
化学元素	氢	钠	钙	镁	钾	钛	钡	稀土
含量/%	1.5	1.5	1.5	0.5	0.5	0.2	0.2	—

目前被列为有工业价值的金属主要有镍、铜、钴（综合达到3%湿重）和锰，还含有微量钼、铂和其他贱金属。

c　丰度分布特征

根据目前世界各国得到联合国海底管理局批准的太平洋CC区探采权区（每一申请者7.5

万 km²)的资料,平均丰度不小于 5 kg/m²,5 ~ 10 kg/m² 约占 30% ~40%。

d 覆盖率及分布连续性特征

结核在海底呈斑块状分布,块间过渡往往是突变的,没有从低到高的渐变分布规律。中国太平洋结核区东区结核连续分布较差,平均连续分布长度 418 m,覆盖率大于 35% 相平均连续分布最长,为 630 m;覆盖率 0 ~5% 相长度最短,为 322 m,各相覆盖率的连续分布状况基本一致。西区连续分布较好,平均连续分布长度 798 m,覆盖率大于 50% 相平均分布长度最长,为 2315 m;覆盖率为 0 相的平均分布长度最短,为 335 m,覆盖率越高,连续分布越好。

e 金属品位分布特征

结核品位是以 Cu + Ni + Co 的质量分数(*w*,%)来定义的。中国太平洋结核区东西区结核品位分布如表 17 -2 所示。

表 17 -2 结核金属品位分布

品位/%		0 ~ 1.8	1.8 ~ 2.0	2.0 ~ 2.2	2.2 ~ 2.4	2.4 ~ 2.6	2.6 ~ 2.8	2.8 ~ 3.0	3.0 ~ 3.2	>3.2
分布频率/%	东区	1.43	0.48	1.91	3.10	5.49	17.66	39.14	27.21	3.58
	西区	23.15	13.19	13.66	12.73	16.90	13.19	5.33	1.85	

f 结核物理力学性质

结核的物理力学性质平均值如表 17 -3 所示,抗压强度如图 17 -2 所示。由表可以看出,结核强度很低,极易破碎。

表 17 -3 结核矿石的物理理想性质

颜 色	湿密度/g·cm⁻³	孔隙度/%	含水率/%	莫氏硬度	抗压强度/MPa
黑褐色	2	20	30	1 ~4	3 ~5

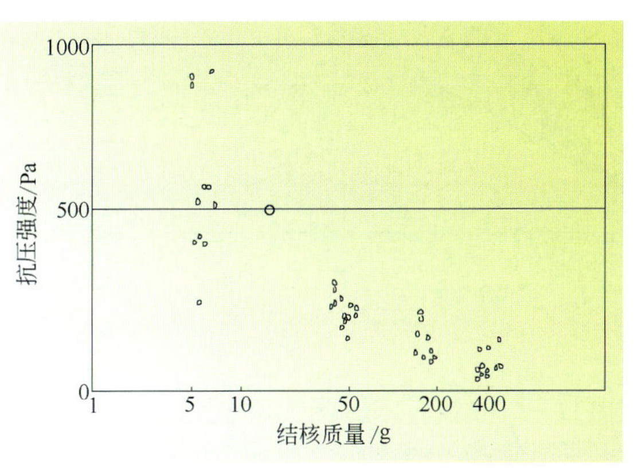

图 17 -2 结核抗压强度分布

B 海底地形

结核赋存的海底地形特征,宏观上为在深海盆地平原、丘陵。区域内分布一些海脊 - 海谷、丘陵 - 丘间盆地,并有断裂带存在。沟槽丘陵宽度可达 5 ~ 10 km,相对高差达 200 ~ 300 m,沟槽丘陵坡度一般大于 5°,低缓丘陵区起伏一般为 100 m,坡度为 1° ~ 3°。

矿区内部不同地段存在断层、悬崖、高达 10 m 的礁石、陷入机器坑穴以及新构造活动形成的断陷沟槽等微地形，采矿机必须避开。

C 海底底质

根据取样分析结果，海底表层主要为硅质黏土（约 70% 黏土矿物，20% 硅质生物壳）、硅质软泥（约 60% 黏土矿物，37% 硅质生物壳）、深海黏土（约 85% 黏土矿物，5% ~10% 硅质生物壳），平均粒度小于 9 μm（0.15 ~87 μm），摩擦角非常小为 5.5°以下，因此采矿机只能利用剪切力产生行驶牵引力。

沉积物剪切强度取样测试统计结果如图 17 –3 所示。由图可以看出，在 15 mm 深处的剪切强度为 3 ~6 kPa，贯入阻力一般大于 10 kPa，在 20 cm 深处的无侧限抗压强度约为 5 kPa。用三角齿履带板做静载承压强度试验表明，承压强度可达 8 kPa。值得注意的是，沉积物具有扰动流体化特性，扰动后强度可能降低 70% 以上。

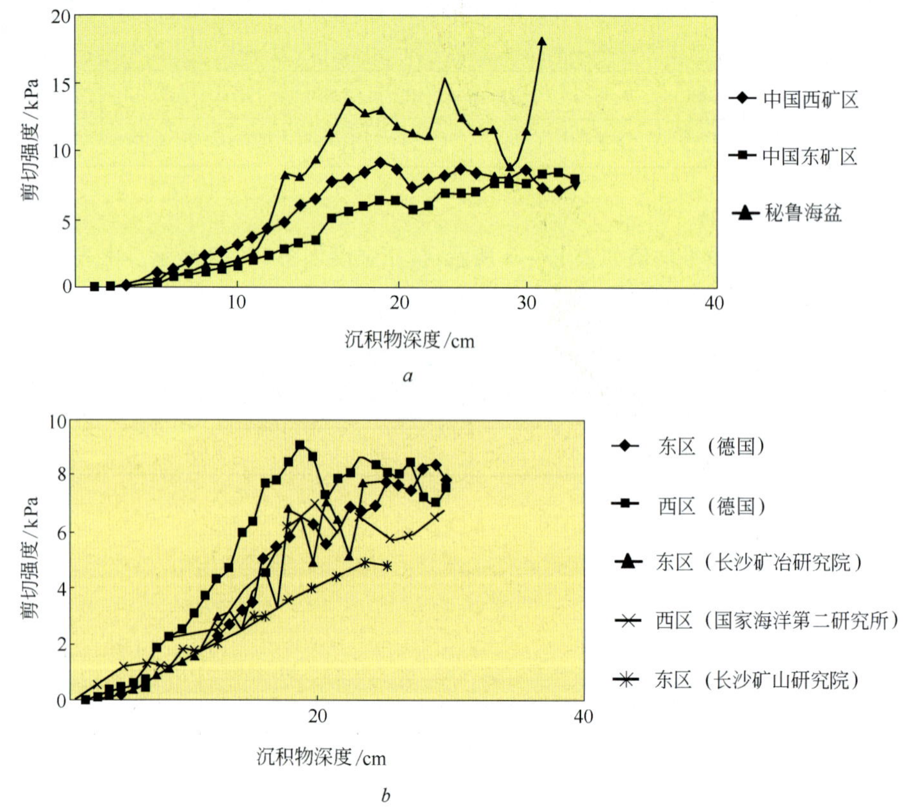

图 17 –3 沉积物剪切强度与深度关系取样测试结果

a—中国东、西矿区海底沉积物剪切强度与秘鲁海盆的比较；

b—不同单位测试的中国矿区沉积物剪切强度

沉积物的物理性质如表 17 –4 所示。

17.2.1.3 多金属结核成矿

大多数结核产地趋向于在中生代或新生代洋底壳上，主要在底质为大洋黏土的沉积速率低、碳酸盐平衡深度以下和上伏水高的远离大陆的深水区域。

表 17-4 中国大平洋结核矿区海底沉积物的物理性质

深度/cm		含水率/%	湿密度 /kN·m^{-2}	干密度 /kN·m^{-2}	孔隙比	液限含水量 /%	塑限含水量 /%
5	东区	81.8	12.0	3.1	7.0		
	西区	73.8	11.9	3.17	7.0		
20	东区	72.1	12.3	3.6	6.5	56.7	46.9
	西区	68.3	12.4	3.7	6.4	55.5	44.4
60	东区	64.9	12.5	3.8	6.1	55.8	46.5
	西区	65.4	12.5	3.8	6.2	56.3	44.8
平均范围		70~82	12.0~12.5	3.1~3.8	6.1~7.9	55.5~57	44~47

A *成矿物质来源和成矿机理*

水沉积成矿，海水中金属的缓慢沉积，贱金属镍、铜、钴高度富集，Mn/Fe 比为 0.5~5；热液成矿，来自火山活动产生的热液流携带的金属、富集铁和其他金属，Mn/Fe 比范围极广；岩化成矿，特点是 Mn/Fe 比高，锰再聚集沉淀在沉积物与海水界面上，贱金属镍、铜、钴含量很低。

结核生长缓慢，生长速率约为 1 百万年几十厘米。然而，在第一次世界大战沉船旁发现快速形成锰结壳，这可能是热液或水解作用形成的。另外，微生物活动也将促进金属氢氧化物的沉淀。

既然沉积物沉降速度比结核生长速度快，为什么结核还保持在海底表面，至今还不能作出满意的解释，可以设想是聚积的深海底有机物清除掉结核顶部的沉积颗粒所致。

B *控矿条件*

从地形地貌方面看，深海丘陵、平原发育混合成因的菜花状结核和成岩型的杨梅状结核；海山及其附近发育水成成因的球状、连体状结核。

由沉积物类型分析，硅质黏土和硅质软泥有利于结核的生成。

区域构造方面，构造稳定区有利于结核的富集。

海域环境的分析，在 CCD 界面和最低含氧层以下，有利于结核的形成。底层流的周期变化及其产生的液流，有利于结核的保存。

17.2.1.4 分布地区

综合可查到的各国和机构对大洋多金属结核调查勘探的结果，按资源最低平均湿丰度 5 kg/m^2、最低平均品位 Cu + Ni = 1.5%，基本可以确定其分布地区（参见图 17-4，表 17-5）：

（1）最具商业前景的结核赋存区域位于中偏东北太平洋 CCZ 区（5°N~25°N，270°E~210°E），其金属品位明显高于其他海域，且丰度相对稳定，一些国家及国际组织已得到国际海底管理局认可的勘探开采权，如图 17-5 所示；

（2）印度洋只有中印度洋海盆有可能提供第一代采矿区域，此外，几乎不可能找到可开采的矿床；

（3）南太平洋海域结核丰度高而品位很低，只有靠近大陆的秘鲁海盆水深较浅，也许高丰度可补偿低品位，需进一步评价；

（4）北中太平洋结核分布具有多变性，也不适于开采；

（5）澳大利亚西南（40°S～80°S 和 70°E～95°E）和西北（10°S～25°S 和 95°E～105°E）的其他区域分散分布丰度为 2 kg/m^2 的结核，然而金属品位一般较低，镍铜综合仅为 2%，也不适于开采；

（6）在 180°E 和 220°E 之间的克拉里昂区域边缘的太平洋赤道南地带发现的结核丰度达到 8 kg/m^2，这在其他地点很少见，在东太平洋海隆和南美之间区域例外，丰度达到 6 kg/m^2。世界大洋多金属结核总量估计约 5000 亿 t。

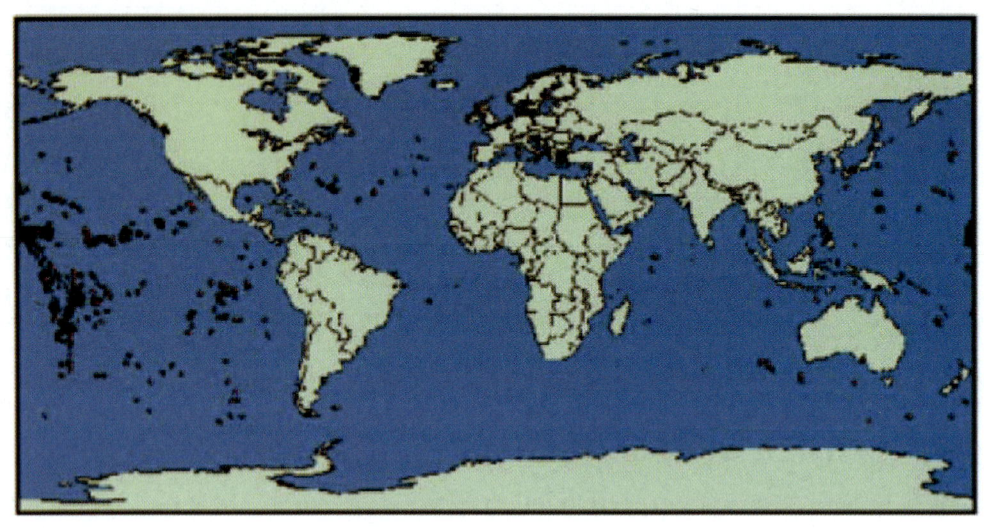

图 17－4　世界大洋多金属结核分布

表 17－5　多金属结核分布区域的资源指标

分布地区		中偏东北太平洋 CCZ 区	中太平洋	夏威夷西南	西太平洋	克拉里昂区边缘的太平洋赤道南地带
地理坐标		5°N～25°N，270°E～210°E	28°E 以北和 180°～200°E 之间	5°N～10°N，180°E～190°E	5°N 和赤道，160°E～200°E 很多孤立矿点	
丰度	平均丰度	10%	10 kg/m^2 大部分	10 kg/m^2 大部分	6 kg/m^2	8 kg/m^2
	局部区域	0～30 kg/m^2				
金属品位	锰	30%	20%	10%		
	铜	1.5%	1.0%	1.0%		
	钴	0.4%	0.4%	0.4%	8%	
	镍	1%	1%	0.5%		
	镍铜综合	3.5%	2.0%	2.0%	2%～3%	2%
金属含量	锰	3 kg/m^2	1.5 kg/m^2	2.0 kg/m^2		
	铜	80 g/m^2	60 g/m^2	10 g/m^2	150 g/m^2	
	钴	25 mg/m^2	40 mg/m^2	10 mg/m^2	2.25 mg/m^2	
	镍	0.2 kg/m^2	0.75 kg/m^2	0.025 kg/m^2	0.05 kg/m^2	
说明		特有经济价值				

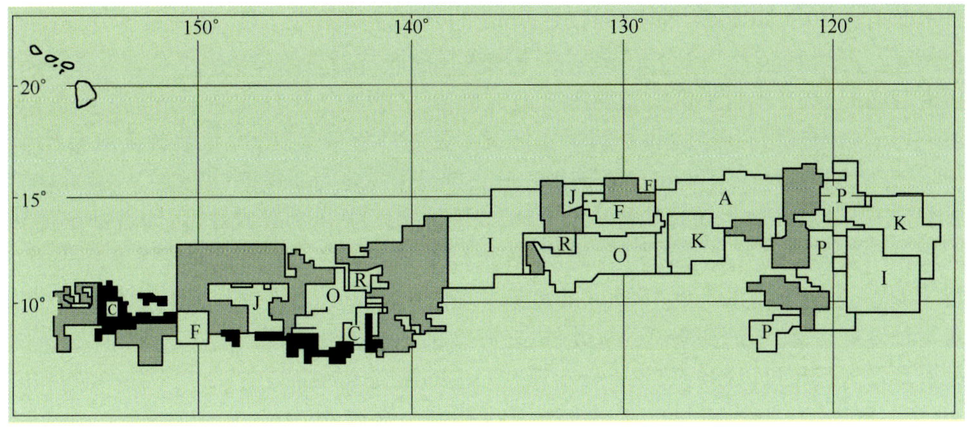

图 17－5　一些国家或国际组织在 CC 区享有结核勘探开采权的分区图

C—中国；J—日本；F—法国；R—俄罗斯；P—海金联；K—肯尼科特公司；

O—海洋矿物公司；I—海洋管理公司；A—海洋采矿公司

17.2.2　深海钴结壳资源

17.2.2.1　钴结壳资源探查概况

1981 年，联邦德国人用声呐在中太平洋莱恩群岛（基里巴斯）完成了第一次有计划的海上调查，发现中太平洋海域较大范围内赋存有巨大经济价值的钴结壳潜在资源。随后相继进行了一系列航次调查，对太平洋海域的钴结壳资源分布、地球物理化学特性及矿床成因作了系统研究。研究表明，在水深小于 2500 m 的海山坡面上存在大量的钴结壳矿床，其所含金属的品位和价值，明显大于深海锰结核，其中钴的品位（超过 0.5%）比结核的高 1.4～2.7 倍，单位面积的赋存丰度高（干钴结壳大于 70 kg/m^2），作为钴，还有钛、铈、镍、铂、锰、铊、碲及其他稀土元素的潜在资源是非常重要的。

这一调查结果，立即引起美国的重视。美国地质调查局于 1983～1984 年对太平洋、大西洋等海域进行了一系列航次的调查研究，发现在太平洋岛国专属经济区（包括马绍尔群岛、密克罗尼西亚和基里巴斯群岛联邦）的赤道太平洋和美国专属经济区（夏威夷，约翰斯顿群岛）以及中太平洋国际海域 800～2400 m 水深的海山处，存在许多有开采价值的富钴结壳矿床，仅夏威夷－约翰斯顿环礁专署经济区内 5 万 km^2 的目标区内钴结壳的资源量就达 3 亿 t，按当时的估计，此资源开采出来可供美国消费数万年。法国则在法属波利尼西亚海域进行了调查。

苏联从 1986 年开始有计划地进行钴结壳的地质勘探工作。1986～1993 年间对西太平洋近赤道北部地带进行了 23 个航次的调查，调查面积达 200 万 km^2，通过区域性调查在麦哲伦海山、南马库斯－威克海山、马绍尔群岛海山、莱恩岛海山区域划出了钴结壳矿带，并对前两个海山区域进行了普查，调查程度为：地震和磁力测量网度 5 km × 10 km；电视观测间隔5 km，详查为 2.5 km × 2.5 km；声学测量网度 2.5 km × 2.5 km；海底取样网度 5 km × 2 km。1994 年提出了“麦哲伦海山带钴结壳普查勘探工作安排的技术经济方案”，计划于 1999～2005 年实施，主要任务是圈定一些矿床的边界，计算详查区段和试验采区结壳的矿石储量以及整个矿床的预测资源量；制定勘探阶段的工作方法及规范；编制钴结壳试验开采设计；查明水文、生态和环境条件等。观测网度为 2.5 km × 2.5 km（±50 m），取样网度为 2.5 km × 2 km，划出几个 20～50 km^2 的代表性区段进行详查，观测和取样网度均为 1.25 km × 1.25 km（±20 m）。并且于 1998 年 9 月率先向国际海底管理局提出“富钴结壳开采先驱投资者”的报告。

日本政府在20世纪80年代初以前对钴结壳的调查还持消极态度，认为日本专属经济区内没有钴结壳。直到1986年"白令丸2号"在米纳米托里西马群岛区域采集了富钴结壳样品，证明开展研究的必要性，日本自然资源和能源方面的机构于1986年3月成立了钴结壳调查委员会，对美国进行了访问，研究其经验和了解工作情况。受通产省的委托，国营金属矿业会社于1987年7~8月在水深为550~3700 m的米钠米-威克群岛海域进行了调查，找到了一些平均厚度为3 cm的钴结壳矿层，其钴含量为陆地矿的10倍以上。由于工作卓有成效，立即着手制定和开始实施大洋钴结壳的调查与开采的10年地质研究计划。1991年对西太平洋的第5号Takuyou海山进行了调查，发现在水深不到1500 m的地势平坦的3000 km^2范围内存在丰度不小于40 kg/m^2的大量富钴结壳，总储量约0.96亿t。此外，在海底沉积物下还发现埋有大量的钴结壳，因而钴结壳的资源量远远超过以前的估计。日本最感兴趣的调查区域也是中、西太平洋海域，即威克-贝克、马绍尔群岛、麦哲伦、基里巴斯、夏威夷和莱恩群岛海域。

自20世纪80年代有计划的勘探以来，中国、韩国也开始在中、西太平洋进行调查。中国自1997年正式开始对中太平洋海山区（位于中太平洋海盆北缘，夏威夷-天皇海山链以西，美国威克专属经济区与夏威夷专署经济区之间的国际海域）进行有计划地前期调查。对五座海山勘查结果分析表明，钴结壳主要分布在水深1700~3500 m之间的平顶海山顶面和山坡上，水深较浅站位结壳Co品位在0.7%~0.9%之间，水深较大站位Co品位在0.5%~0.6%之间，平均厚度3 cm，最厚可达13 cm，而且顶面边缘厚度最大，钴品位也较高。其中三座海山面积为15396.5万km^2，钴金属量241万t，镍等量1413.31万t，接近我国多金属结核7.5万km^2合同区的资源量，经过几个航次的调查，初步掌握了钴结壳矿床的分布、矿物组成、大地构造、海底地形、结壳和基岩物理力学特性，以及水文气象状况，为选定目标区奠定了基础。

17.2.2.2 富钴结壳的赋存状况和特性

A 赋存状况

钴结壳呈黑色块状或薄片状，厚度平均为4 cm，最大24 cm。它在水深400~4000 m之间海底表层形成，最厚的和大多数结壳形成于800~2500 m的各种地貌（海山顶面、边缘、坡面、山脊、海岛岛坡）表面、各种基岩和底层水流速高的区域。

根据表面形态特征，钴结壳可分为板状、砾状和结核状三类。板状结壳个体较大，长径平均大于9 cm，最大接近1 m，主要为黑色、褐黑色，表面光滑，呈瘤状、鲕状，较平坦，底面粗糙，多呈连续分布，厚度变化不大；砾状结壳呈球状、椭球状，可见板砾状、不规则等外形，核心有玄武岩和磷酸盐化灰岩；结核状结壳粒径变化于1~5 cm之间，呈圆球形或近圆球状，表面光滑，致密坚硬，核心为磷块石和老结壳等。

富钴结壳不同表面结构出现率按下列次序递减：粗糙的、粒状花纹的、平滑的、卷羊毛状的、葡萄状的和多孔状的。海底山上富钴结壳形态如图17-6所示。

B 内部结构

主要特点是平行带状结构和分层性，分层数与赋存水深无关，形成年代是决定因素。结壳形成分为三个历史时期（早期、中期和晚期），对应的分层为：最坚固的"似无烟煤"下层（厚度1.5~9.5 cm）、强度最低的"多孔隙"中层（厚度2~10 cm）、上层为"褐煤"层（厚度0.5~5.0 cm）。此外，有时还有较晚的"硬质"层。这些分层按结构构造分开，只有一部分按物质成分分开的。

C 矿物组成和主要有用矿物元素

钴结壳为铁锰氢氧化物（δ-MnO_2和FeOOH）的共生体，碳酸盐氟石磷灰石也很普遍，多数结壳含有少量石英和长石。

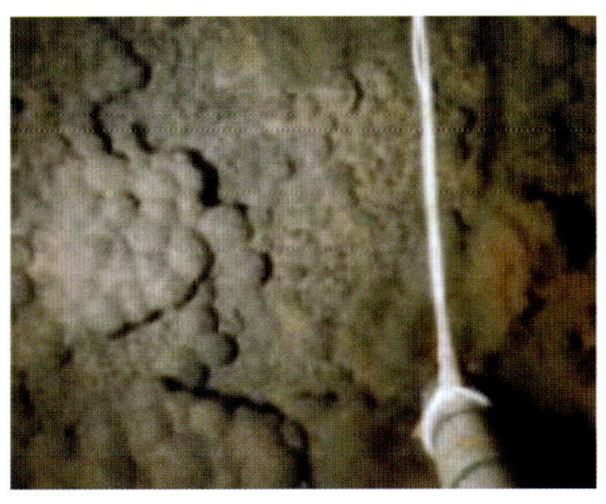

图 17－6 海底山上的富钴结壳及剖面

钴结壳含有多种矿物，其中包括：主要锰矿物——偏锰酸矿、铁偏锰酸矿；主要铁矿物——针铁矿和非晶质氢氧化物；伴生矿物——赤铁矿、磁铁矿、水赤铁矿、白铁矿、钾硬锰矿、软锰矿、(Cu、Zn)12H 化合物；多种多样的非金属矿石部分——石英、方石英、蒙脱石、伊利水云母、方解石、氟磷灰石、长石、尖晶石、紫苏辉石，以及自生成因和沉积与生物成因的其他岩石，包含在锰和铁矿物中的不形成钴、镍、铜、锌、钼及其他固有矿物相的“少量元素”。

钴结壳中的主要有用元素为钴、锰、镍和铁；伴生的有用元素为铜、镍、铬和稀土元素，其特点是钴平均品位超过 0.4%，铜和镍的总品位低于 0.7%，锰的平均品位超过 20%；伴生有用元素的品位：铂平均为 0.38 g/t(0.16～0.64 g/t)，金为不大于 0.07 g/t，银为 3 g/t，钼平均为 0.04%(0.03%～0.05%)，铬为 0.0034%，钡达到 0.22%，锡达到 0.001%，稀土元素高达 1500 g/t，其中主要为铈和镧；而有害物质氟的平均品位为 0.164%，汞的品位为 $4.4 \times 10^{-6}\%$，砷的品位为 0.016%。

目前，可采矿区钴结壳的边界品位可以定为：钴 0.6%，镍 0.45%，锰 22%。

D *矿带金属品位、厚度和分布特征*

钴结壳的化学成分十分稳定，所有平顶海山的钴结壳主要金属品位实际上相同。如约 62% 的取样站位显示钴平均品位为 0.4%～0.6%，30%～35% 的取样站钴平均品位超过 0.6%，最高达到 1.1%；约 85% 取样站显示镍平均品位为 0.3%～0.5%，7%～13% 取样站显示镍平均品位超过 0.5%，最高达到 0.7%；约 83% 取样站显示锰平均品位为 18%～24%。4%～10% 取样站显示锰平均品位超过 24%，最高达到 28%；约 66% 取样站显示当量钴平均品位为 1.4%～1.8%，18%～20% 取样站显示当量钴平均品位为 1.8%，最高达到 2.4%。

钴和锰品位高是火山岩基岩钴结壳的特有现象，基岩为粉砂岩和黏土时品位则最低。在有实际意义的结壳中，厚度为 3～8 cm 结壳金属品位最高。处于 2000～2500 m 甚至 3000 m 水深区间，结壳的钴和锰的平均品位最高。

不同分层品位变化很大，“硬质”层和“孔隙”层的钴、锰和镍品位最高，“似无烟煤”层则最低。伴生有用组分(铜、铂族元素、钼)的平均品位稳定。

钴结壳当量钴的金属含量波动很大。如约 35% 的取样站测定的金属含量为 0.8～1.4 kg/m^2，17～31% 的取样站为 1.4 kg/m^2 以上，最高达到 4.4 kg/m^2。

结壳厚度实际上与基岩类型无关，取决于结壳的年龄和分层数。在整个矿区内，结壳的厚度分布具有明显的斑点特征，只有在平顶海山支脉和卫星平顶海山范围内才形成厚度超过 8 cm 的结壳，这里的近底层水的流速高。结壳厚度变化范围一般为 2～12 cm，4～6 cm 厚矿体最稳定。如MA-15和MЖ-35矿床的平均厚度分别为4.3 cm和5.9 cm，而超过12 cm厚的仅占5%左右。

钴结壳矿床内矿带的分布比较复杂，含矿段和无矿段交替。从表17－6～表17－10所列太平洋麦哲伦海山代表性钴结壳矿床矿带分布可以看出一般概况。

表17－6 麦哲伦海山代表性钴结壳矿床沿水深分布

水深/m	1400～2000	2000～2500	2500～3000
MA-15矿床/%	31.2	17.3	34.8
MЖ-35矿床/%	50.0	23.9	26.1

表17－7 麦哲伦海山代表性钴结壳矿床沿海山坡面分布

海山坡面角/(°)	0～7	7～12	12～20	>20
MA-15矿床/%	20.8	19.4	16.6	43.1
MЖ-35矿床/%	33.2	14.6	13.2	39.1

表17－8 麦哲伦海山代表性钴结壳矿床矿体宽度分布

矿体宽度/km	<2	2～4	4～6	6～8	8～10	10～12	12～14	14～16
分布频率/%	5.6	27.8	24.1	20.4	3.7	11.0	5.6	1.8

表17－9 麦哲伦海山代表性钴结壳矿床沿走向矿段长度分布

指 标	矿段长度分布频率/%					
	<100 m	100～200 m	200～300 m	300～400 m	400～500 m	>500 m
含矿段	36.5	20.8	15.4	7.1	2.7	17.5
无矿段	46.3	24.1	13.3	10.3	2.5	3.3

表17－10 麦哲伦海山代表性钴结壳矿床垂直走向矿段长度分布

指 标	矿段长度分布频率/%					
	<100 m	100～200 m	200～300 m	300～400 m	400～500 m	>500 m
含矿段	49.6	18.1	10.9	6.4	2.2	12.8
无矿段	60.1	22.7	6.6	3.4	2.8	4.4

E 丰度分布特征

常见的结壳丰度为30～90 kg/m²，占总量的58.7%～59.1%，大于50%的占36.7%～53.1%，大于90 kg/m²的占13.5%～29.4%。高丰度区段都出现在近底层水流速高和多层结壳发育场。目前考虑采矿系统方案时，干结壳丰度一般取不低于50 kg/m²，优先开采区丰度取75 kg/m²。

F 结壳和基岩的物理力学特性

钴结壳的物理力学特性变化很大，这是由其构造特性决定的。已经证实富钴结壳的强度性能视分层数量、类型和厚度的不同变动很大。俄罗斯测定的富钴结壳和基岩的物理力学性能见表17－11。美国和日本测定的抗压强度的变化分别为：90%结壳的抗压强度不大于8 MPa，10%

结壳的抗压强度不大于 18 MPa;50% 基岩的抗压强度不大于 8 MPa,15% 基岩的抗压强度不小于 30 MPa,其余在 8 ~ 30 MPa 之间。

表 17 - 11 富钴结壳和基岩的物理力学特性

参 数	单位	结 壳	基 岩			
			玄武岩	火山碎屑	石灰岩	凝灰岩
密度(湿)	g/cm^3	1.5 ~ 2.15	2.75	1.8	2.16	1.76
天然湿度(湿)	%	32.9 ~ 40.5	4	29	13	37
孔隙度(干)	%	38.3 ~ 61.0	1.69 ~ 3.49	0.04 ~ 0.13	—	—
抗拉强度	MPa	0.05 ~ 0.66	42.3 ~ 87.3	0.5 ~ 1.6	—	—
抗压强度	MPa	0.6 ~ 7.9	—/76	—	32.4/33.0	—
内摩擦角(湿/干)	(°)	76/42	8200 ~ 53400	—	52/76.5	—
内聚力(湿/干)	MPa	1.5/2.9	—	—	2.3/7.6	—
永久变形模量	MPa	100 ~ 1410	620 ~ 13330	—	—	—
弹性模量	MPa	2300 ~ 15500	8200 ~ 53400	—	—	—
硬度	MPa	790(430 ~ 1500)	880 ~ 2120	—	930	76 ~ 100
耐磨性		0.30(0.12 ~ 0.48)	0.20 ~ 0.38	—	0.29	0.12 ~
可塑性等级		5	0 ~ 4	—	—	—

可以得出结论,钴结壳类似于煤,且比煤脆性稍大一些。由于多孔性,其强度十分低,很容易破裂与粉碎。

17.2.2.3 海底地形

钴结壳赋存的海底地形特征,不仅是采矿系统设计的最重要参数,而且是选择可采矿区的最重要参数。

结壳矿床分布在水深 800 ~ 3200 m、各种地貌(顶面、边缘、坡面、山脊、卫星山顶部)、各种基岩和不同流体动力学的区域,形成一个连续的矿体,既包括顶面边缘部分,又包括坡面部分。

根据调查测线数据,结壳的地形分布为:坡度在 0° ~ 4°的区域为贫结壳区,4° ~ 7°为结壳与结核共生区,7° ~ 10°的区域为过渡区,当坡度在 15°以上时结壳覆盖率很大。详查进一步证明了浅埋结壳的存在。日本“白令丸 2 号”在马库斯附近 5 座海底山沉积物较少区域的山顶和边缘利用大直径重力管取样,10 个站位中 5 个有浅埋结壳。浅埋结壳区、贫结壳区、结壳结核共生区、过渡区的坡度为 0 ~ 15°,都是潜在的采矿区域。

(1) 顶面结壳集中在平顶海山边缘 2 ~ 3 km 狭窄地带,地形平坦,亚水平。结壳覆盖层是连续的,实际上未发生过结壳破碎过程。

(2) 坡面结壳坡面角介于 30°(顶部附近)到 10° ~ 15°(3000 m 水深等深线)之间。坡面构造复杂,存在着悬崖、峭壁、高达 100 m 的海蚀平台,受熔岩流影响形成的横向皱折地形,小山脊、山谷和台地等。

(3) 坡底结壳通常沿基岩节理分裂成单个结壳块。在缓平区段有分开聚集的结核和结壳富集,在近海底的海流速度最高的支脉脊峰处,矿体厚度最大。

平坦和缓坡(例如小于 5°)并且较少沉积物的区域是有利于采矿机行走的区域,但坡度更大的富结壳区域对采矿机行走机构的设计是一个挑战。目前的技术水平设计采矿机的可行坡度一般定为15°以下较为适宜。

结壳的微地形介于平板状和起伏不平之间,基本上取决于基岩类型,其表面构造取决于赋存深度和厚度。玄武岩上面结壳的特点是多瘤地形;火山碎屑上面的结壳由于熔岩的枕状节理而呈小丘地形,很少有平坦地形;石灰岩和扇砾岩上面结壳的特点是平坦的板状微地形;石化沉积岩上面的结壳为锐角和丘陵起伏微地形。而结壳表面结构则随着赋存深度和厚度的增大,变得较为平坦,但也有例外,结壳表面主要有粗糙的、粒状花纹的、平滑的、卷羊毛状的、葡萄状的、多孔状的。当厚度小于1. 5 ~2 cm时,结壳表面为葡萄状或卷羊毛状,多孔上层表面为波浪状和粗糙葡萄状。

立体摄影技术观测的结果表明,摄影距离在3 ~4 m时,测得的地形波动从几厘米到几米不等。在海山的顶部和边缘,地形波动从几厘米到不足1 m,除一些梯田地形外,这种地形占区域的绝大部分。在海山的斜坡上,总的趋势是阶梯式的,而斜坡上地形波动总是非常大的。

采矿机行走和剥离破碎机构设计必须考虑能适应微地形变化,这是采矿机设计的又一难点。

17. 2. 2. 4 结壳成矿

A 成矿物质来源和成矿机理

结壳成矿物质来源和成矿机理与多金属结核类似。矿物质从冷海水中沉淀进入海底山岩石表面而形成。结壳生长极其缓慢,一般认为以1 ~3 个月一个分子的速率生长,即一百万年生长1 ~6 cm。因此,形成厚结壳可能需要6000 万年。一些结壳显示出过去2000 万年两个发展时期的迹象,具有8 ~9 百万年前晚新中世铁锰生长中断的磷灰石沉积层夹层。

B 控矿条件

地形地貌:海底山侧面和顶部、洋脊和海台易于成矿;

沉积物:沉积物和环礁覆盖表面不形成钴结壳;

区域构造:古老死火山(2 百万年以上),特别是孤立平顶火山边缘有利于结壳生成;

海域环境:富钴结壳出现在含氧量最低的水深处、海底流强烈(冲刷沉积物)而稳定的海山区有利于结壳生成。

17. 2. 2. 5 分布地区

太平洋、印度洋和大西洋都有钴结壳的积聚。最大的钴结壳区域集中在西太平洋近赤道北部地带,特别是约翰斯顿、夏威夷、马绍尔群岛和密克罗里西亚联邦周围专署经济区;其次在中太平洋地带;在赤道以北(皇帝海山、小笠群岛)和以南(菲尼克斯群岛、库克群岛等)分布有一些较小的矿带。

根据目前所掌握的资料,在西太平洋近赤道北部地带各国专属经济区以外的国际海域,富钴结壳的潜在资源量达18 亿t以上;中太平洋国际海域的钴结壳的潜在资源量达5 亿t,包括美国夏威夷专属经济区在内达7. 66 亿t(表17 -12),分布面积达4 万km^2,其中5 个地区发现了储量达100 万t的大矿床。美国专属经济区的钴结壳资源总量达3 亿t。根据目前调查资料,估计太平洋约有50000 座海山,其中15 座已做了不同详细程度的绘图和取样。大西洋和印度洋几乎没有海山,其大多数结壳形成在延伸的海脊。对分布于独立海山和海脊的结壳了解得很少,且矿床的物理化学特性变化很大。因此,目前地质资料尚不足以确切地评价其储量及可采矿量。粗略估计全球海底约1. 7% 被结壳所覆盖(图17 -7),达635 万km^2,折算成钴约10 亿t。按照1999 年世界市场金属价格和回收钴、镍、钛、铈、碲、铂、钼和铜计算,1 t矿石的价值为452. 45 美元,仅中、西太平洋初步探明的结壳资源量潜在价值就达600 亿美元。由此可见,富钴结壳对世界经济的重要性。

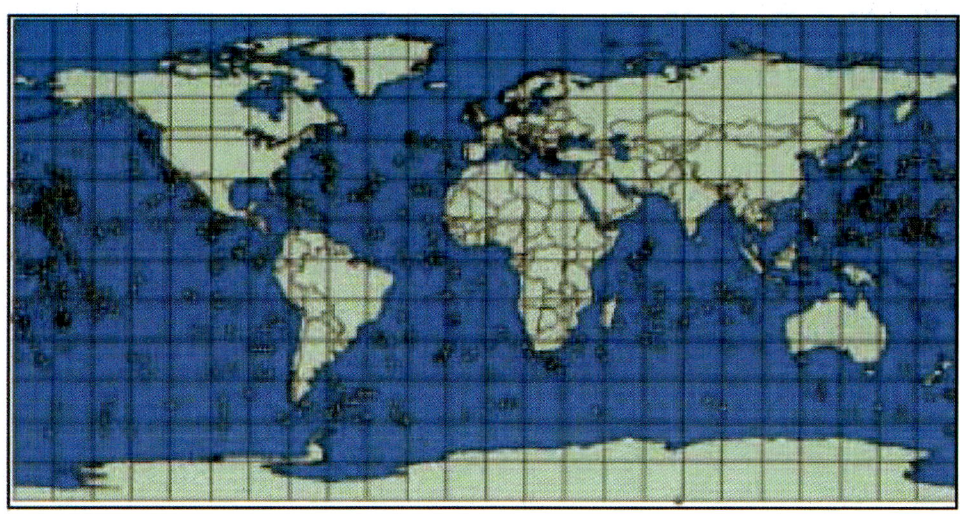

图 17－7 大洋富钴结壳分布

表 17－12 太平洋地区主要成矿地带钴结壳潜在资源量

结壳成矿区域	干结壳潜在资源量/亿 t	平均丰度/kg · m^{-2}
麦哲伦海山	6.656	68.6
马库斯－威尔	3.117	45.1
威克－内克	8.034	47.9
马绍尔群岛	0.503	58.0
夏威夷群岛	7.660	19.0

17.2.3 深海多金属硫化物

17.2.3.1 多金属硫化物资源探查概况

早在 20 世纪 50 年代，科学家们发现了红海中海水的温度和盐度异常，60 年代在红海海底进一步勘探，发现了金属软泥。70 年代联邦德国 Preussag 公司做了仔细评估，在所调查的 17 个海渊中有 10 处软泥富含金属，最有潜在生产能力的阿特兰蒂斯Ⅱ海渊，水深 2000 m，被 60℃的热盐水层覆盖。这种软泥厚 10～20 m、宽 5 km、长 13 km、面积约 5600 万 m^2，估计金属量为 3250 万 t，其中含铁 29%、锌 1.5%、铜 0.8% 和铅 0.1%。此外，软泥中还含有约 $54 \times 10^{-4}\%$ 的银和 $0.5 \times 10^{-4}\%$ 的金。

1978 年 2 月，法国载人潜水器 Cynna 号在一个区域发现了火山渣构成的高大圆锥堆。几个月后取样证明含有大量锌和铜硫化物。一年后美国载人潜水器 Alvin 号于 1979 年在东太平洋北纬 21°加利福尼亚的巴甲附近 3700 m 水深台地活断裂带的上覆岩浆室内首次发现了高温黑烟囱、块状硫化物，它们含有潜在商业价值的金属元素铜、锌、铅、银、金和钡。之后引起许多发达国家的关注，不仅在扩张脊而且在弧后俯冲区和板块内火山发现了许多黑烟囱和块状硫化物堆，迄今已对 100 个以上的强烈热液活动区域进行了调查，包括至少 25 个高温黑烟囱喷发物矿址。其中 11 个区域具有足够的可采品位和储量，8 个位于专属经济区内（沙特阿拉伯和苏丹专属经济区内的大西洋Ⅱ，加拿大专属经济区内的中部海槽，汤加专属经济区内的劳（Lau）盆地，巴布亚新几内亚专属经济区内的北斐济海盆、东中心马努斯海盆和中心海山，日本专属经济区内的冲绳岛和伊豆小笠原群岛，厄瓜多尔专属经济区内的加拉巴哥群岛），只有 3 个区域在国际海底水域（EPR-130，中大西洋 TAG 和罗加切夫）。

苏联于 1985 年开始了大洋多金属硫化物的调查工作。初期在东太平洋海隆开展工作，自 1987 年起，在中大西洋山脉裂谷地带发现了硫化物构造之后，调查工作集中到北纬 24°~26°地区。探明和圈出了 TAG（北纬 26°）、马尔克（北纬 23°）、布罗肯斯布尔（北纬 29°）、拉基斯特拉依克（北纬 37°）和北纬 15°矿田。在普查勘探基础上，俄罗斯拟以北纬 15°和 TAG 两个目标作为优先开发的矿田。TAG 矿田是 1985 年发现的死火山硫化物山丘。远东海洋地质研究所于 1991 年利用载人潜水器确定了 3 个含矿带，在 1992~1993 年间利用电视传真剖面和抓斗取样进一步研究，完成了绘图工作。在山丘南部主要是硅化热液积聚体，在山丘中心部分主要由锌硫化物构成，而在其北部多为铜硫化物。其有用矿物的平均含量分别为：锌 3.3%、铜 7.64%、金 2.47 g/t 和银 129.08 g/t，这是俄罗斯已完成详查矿体中最大的。北纬 15°矿田位于大西洋中部海山裂谷底部隆起带，热液山丘高度达 20 m，最大的山丘尺寸为 200 m×125 m。抓斗取样分析表明，矿物组成的特点是硫化铜含量极大，铜的品位为 5.45%~40%之间（主要为辉铜矿），金的含量很高，最高达 36 g/t，平均也有 5.94 g/t，首次发现钴、镍、钒和铬的品位也很高。最大含矿构造的预测资源量估计有 79.1 万 t。

日本金属矿业会社于 1985 年开始进行海底热液矿床调查。利用自己研制的岩心钻机（钻深 20 m，作业水深 6000 m），于 1999 年 12 月 8~27 日在伊豆－小笠原群岛父岛以西 24 km 的海底火山（140°35′~140°48′E，28°31′~28°38′N，有两个山峰，西峰水深 860 m，东峰水深 1310 m，火山口海盆水深 1380~1390 m）用 20 天的时间钻出 5 个 10 m 深的岩心孔，其中 3 个孔显示出具有黄铁矿、黄铜矿和闪锌矿特征，成为在海岛第一个可回采的现代热液硫化物矿床。矿产资源量估计达 900 万 t，其中金、银、铜、锌和铅分别为 0.01、0.109、49.86、197 和 20.43 万 t。在 139°52′E，32°06′N地区发现块状热液硫化物矿床，水深 1400 m，金属品位为：铜 1.66%，锌 10.5%，铅 2.45%，银 1.4×10^{-4}% 和金 113×10^{-4}%，总矿量达 900 万 t，作为近期开采目标矿区。1999 年日本海洋技术中心（JUMSCTEC）在明神海盆发现大规模的热液矿床，准备进行矿区申请。日本深海资源开发公司（DORD）在冲绳伊是名海盆进行了矿区申请。

初期多数在洋中脊和海山发现块状硫化物，在以美国科学基金会和 22 个国际合作者参加的大洋钻探计划（ODP）过去十多年钻探成果基础上，近来在海岛弧中心和大陆边缘断裂带也发现了达到上亿吨资源量。此外，还发现许多低温热液富金银硫化矿，如 1994 年发现并于 1998 年确认的巴布亚新几内亚 Lihir 岛附近的圆锥山，含金量高达 14.2 g/t。

20 世纪 80 年代中期，联邦德国 Preussag 公司对 86° W 的 Galapagos 扩张中心进行了调查，未发现有可经济开采的足够大和连续硫化物矿床。

大洋硫化物矿已成为世界各国的关注热点。我国于 2005 年“大洋一号”船全球航行考察中开始了海底热液硫化物的调查，并取得了样品。

17.2.3.2 多金属硫化物的形成和地域分布

A 多金属硫化物性状

多金属硫化物以烟囱、小丘、沉积层、块状、球状、角砾岩形态赋存在水深浅的（100~2000 m）海底，多数为块状矿体，露在海底表面并延伸至底面以下 100 多米，个别为深海软泥。块状硫化物矿如图 17－8 所示。

矿床内部结构随深度变化，从表面延续至深部大致为：氧化矿物角砾岩、碎屑状硫化物、块状硫化物、矿脉和接触交代基岩、未变基岩中密集网状小矿脉和基岩内大矿脉。

硫化物的颗粒很细，强度很低。硫化物烟囱微粒为 10 μm ~ 1 cm，黄铁矿、闪锌矿、黄铜矿的晶粒尺寸为 1 ~ 600 μm，抗压强度约为 3.1 ~ 38 MPa。

一般矿床都不大，从 100 万 t 到 1 亿 t。

图 17 - 8 块状多金属硫化物

B 多金属硫化物成矿

a 成矿物质来源和成矿机理

海底多金属硫化物矿床与海底扩张和火山活动形成新洋底壳紧密相关。在洋中脊，海水通过新生洋底壳的对流热液循环是主要的成矿过程。具有低 pH 值、低氧化还原电位的高温（达到 350℃）热液流从火山基质岩石流向海底表面过程中溶解和输送金属和其他元素，以黑烟囱（深度超过 2500 m）形式冒出，热液与周围的冷海水混合时，水中的金属硫化物沉淀到烟囱和附近的海底上逐渐形成块状硫化物矿床（像山丘）或沉积在海底面以下。另外还出现低温热液系统，产生经济潜力相当大的矿化作用，如在劳（Lau）海盆以南首例活动构造中，白烟囱冒出温度为 150 ~ 200℃热液流，形成的海底硫化物中存在明显的原生金。海底热液循环和硫化物成矿示意图如图 17 - 9所示，黑烟囱及其剖面如图 17 - 10 所示。

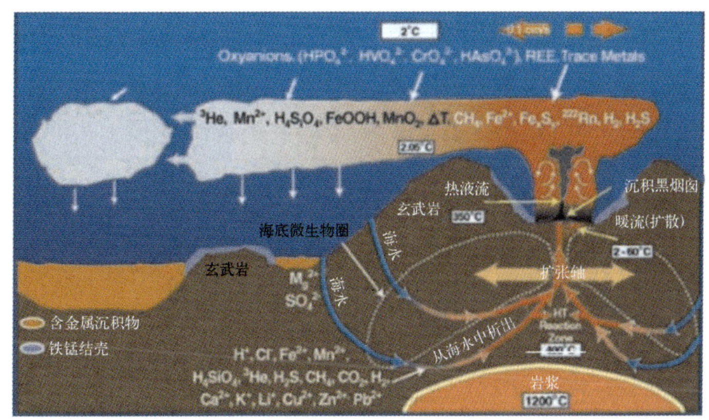

图 17 - 9 海底热液系统和多金属硫化物矿的形成

图 17 - 10 黑烟囱及其剖面

红海多金属软泥形成机理与上述基本相同,但红海的扩张速度很慢,周围又被大陆包围,河流带来大陆的泥沙堆积在海底而形成软泥。但软泥与海底含矿热液发生化学反应时,使卤水中的重金属离子与硫结合,而形成金属硫化物。

b 控矿条件

区域构造:地球主要构造边界、热液流场。

地形地貌:洋中脊、火山和海山断裂带、海岛弧后扩张脊和裂谷。约 65% 的热液硫化物矿床分布于洋中脊,22% 在弧后盆地,12% 位于海底火山弧地区,仅 1% 分布于板内火山。全球洋中脊总长 55000 km,岛弧和邻近的弧后盆地总长 22000 km,热液硫化物紧邻这些弧的两侧分布。

沉积物:没有或少沉积物有利于成矿。

海域环境:低 pH 值、低氧化还原电位的高温(达到 350℃)热液流,大陆边缘低温热液流(150 ~200℃)。

C 矿物组成

硫化物矿为细结晶的复杂共生硫化物和脉石(硅石、重晶石、硬石膏)。多数海底多金属硫化物含有各种特性磁铁矿、黄铁矿/白铁矿、闪锌矿/纤维锌矿、黄铁矿、斑铜矿和方锌矿。一些块状多金属硫化物位于海沟附近的扩张中心,还含有方铅矿(铅硫化物)和原生金。在不同地段海山也发现锡、镉、锑、汞等其他硫化物矿物。参见表 17 - 13。

表 17 - 13 海底热液硫化物矿床的矿物组成

矿 物	海岛弧后矿床	洋中脊矿床
铁硫化物	黄铁矿、白铁矿、磁黄铁矿	黄铁矿、白铁矿、磁黄铁矿
锌硫化物	闪锌矿、纤维锌矿	闪锌矿、纤维锌矿
铜硫化物	黄铜矿、异构方黄铜矿	黄铜矿、异构方黄铜矿
硅酸盐	无定型硅石	无定型硅石
硫酸盐	硬石膏、重晶石	硬石膏、重晶石
铅硫化物	方铅矿、次硫酸盐	
砷硫化物	雌黄、雄黄(二硫化砷)	
铜砷锑硫化物	砷黝铜矿、黝铜矿	
天然金属	金	

a 洋中脊矿物组成

黑烟囱的高温流和硫化物堆积体内部一般由黄铁矿与磁黄铁矿共生的黄铜矿、异构方黄铜矿和局部斑铜矿构成。外部一般由低温沉淀物构成，如闪锌矿/纤维锌矿、白铁矿和黄铁矿，这些也是低温白烟囱的主要硫化物矿物。硬石膏在高温集合物中是主要的，但是被后来的硫化物、无定形硅石或低温重晶石所取代。

b 弧后扩张中心矿物组成

矿物组成与洋中脊的类似。一般黄铁矿和闪锌矿占主导地位，重晶石和无定形硅石是最多的非硫化物。

c 弧后裂谷矿物组成

与前两处的区别在于次要和微量矿物的多样性，如方铅矿、砷黝铜矿、黝铜矿、朱砂、雄黄、雌黄、杂岩、非常规组分 Pb-As-Sb 硫酸盐。第一明显的例子是劳海盆南部低温（<350℃）白烟囱样品证实了存在原生金和贫铁闪锌矿，原生金以粗粒状（18 μm）伴同沉淀物出现在块状硫化物中。

D 多金属硫化物化学成分和有用金属元素

近 1300 个海底硫化物样品化学分析表明，不同火山和地壳结构构造的矿床，含有的金属元素比例是不同的。如表 17 - 14 和表 17 - 15 所示。

有用金属主要有金、银、铜、锌和铅，还有钴、镍、钒和铬等，高品位金和银其含量为陆地经济可采矿床的 10 倍以上，经济价值可观。

表 17 - 14 大多数海底硫化物的化学组分

元素		大洋内弧后洋脊	陆壳内弧后洋脊	洋中脊	
Pb	%	0.4	11.8	0.1	1.1
Fe	%	13.0	6.2	26.4	
Zn	%	16.5	20.2	8.5	4.7
Cu	%	4.0	3.3	4.8	1.3
Ba	%	12.6	7.2	1.8	
As	$\times 10^{-4}\%$	845	17500	235	
Sb	$\times 10^{-4}\%$	106	6710	46	
Ag	$\times 10^{-4}\%$	217	2345	113	
Au	$\times 10^{-4}\%$	4.5	3.1	1.2	
样品数		573	40	1259	57
矿址实例		马里亚纳海槽，马努斯海盆，北斐济海盆，劳海盆	冲绳海槽	Explorer、Endeavour 洋脊，Axial 海山，Cleft，东太平洋海隆，Galapagos 裂谷，TAG，Snakepit	Escanaba 海槽，Guaymas 海盆
特点		沉积物少，在安山岩环境中的玄武岩中生成	流纹岩和安山岩环境。富含铅锌，银、砷和锑品位高	无沉积物，在安山岩环境中的玄武岩上生成，硫化物大量沉淀在烟囱口周围，矿床小，金属含量高	多沉积物，出现品位低和不同特性的金属。方解石、硬石膏、重晶石和硅石是主要成分

表 17 - 15　现代海底块状多金属硫化物中金的品位　（$\times 10^{-4}\%$）

地区		范围	平均	样品数
圆锥海山岩浆浅温热液系统（巴布亚新几内亚）		0.01 ~ 230.0	26.0	40
未成熟弧后洋脊	劳海盆	0.01 ~ 28.7	2.8	103
	冲绳海槽	0.01 ~ 14.4	3.1	40
	中心马纳斯海盆	0.01 ~ 52.5	30.0	10
	东马纳斯海盆	1.30 ~ 54.9	15.0	26
	伍德拉克海盆	3.80 ~ 21.2	13.1	6
成熟弧后洋脊	马里亚纳海槽	0.14 ~ 1.7	0.8	11
	北斐济海盆	0.01 ~ 15.0	2.9	42
洋中脊		0.01 ~ 6.7	1.2	1256

E　分布地区

迄今已对 300 个以上的强烈热液喷口进行了调查，其中至少有 100 多个高温黑烟囱喷发物形成块状多金属硫化物矿址。其中 11 个区域具有足够的可采品位和储量，矿床分布地区如图 17 - 11 所示。矿床大多数分布在东太平洋、东南太平洋和东北太平洋的洋中脊，有开采前景的矿址如表 17 - 16 所示。然而，这仅占 6 万 km 世界海山的 5%。目前，32 个探矿区有 12 个在国际海域。

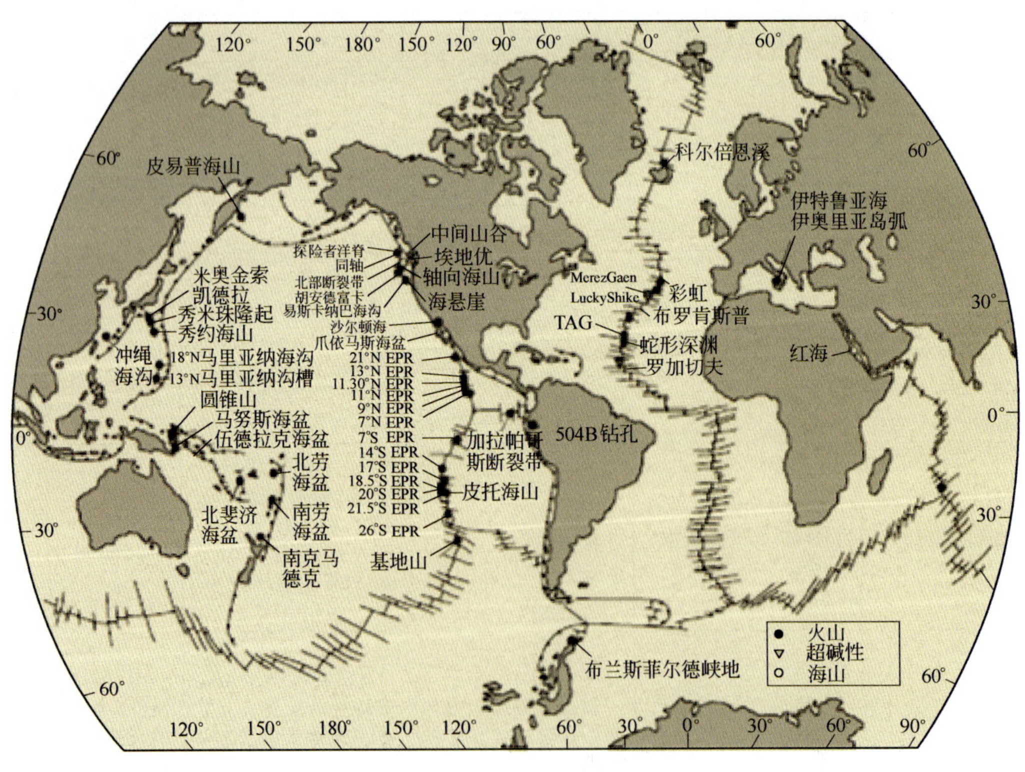

图 17 - 11　近代海底热液系统和多金属块状硫化物矿床的位置

表 17－16 有开采前景的海底硫化物矿床矿址

矿床名称	海域	水深	管辖权	国家
亚特兰蒂斯深渊Ⅱ	红海	2000～2200 m	专署经济区	沙特阿拉伯
中央谷	东北太平洋	2400～2500 m	专署经济区	苏丹
探险者洋脊	东北太平洋	1750～2600 m	专署经济区	加拿大，中部海槽
劳海盆	西南太平洋	1700～2000 m	专署经济区	汤加
北斐济海盆	西南太平洋	1900～2000 m	专署经济区	斐济
东马努斯海盆	西南太平洋	1450～1650 m	专署经济区	巴布亚新几内亚
中央马努斯海盆	西南太平洋	2450～2500 m	专署经济区	巴布亚新几内亚
圆锥海山	西南太平洋	1050～1650 m	专署经济区	巴布亚新几内亚
冲绳海沟	西太平洋	1250～1610 m	专署经济区	日本
加拉帕哥斯裂谷	东太平洋	2600～2850 m	专署经济区	厄瓜多尔，加拉巴哥群岛
EPR13°（东太平洋洋脊）	东太平洋	2500～2600 m	国际海域	
TAG	中心大西洋	3650～3700 m	国际海域	

F 潜在资源

根据20世纪末国外对大洋硫化物矿潜在资源的评估（表17－17），按铜、铅、锌、金和银5种主要金属计算，硫化物矿的潜在资源达14亿t，价值达3853亿美元，如表17－18所示。因此，世界大洋硫化物矿成为世界各国的关注热点。

表 17－17 已知多金属硫化物矿床的金属元素

海区	矿址	Cu /%	Zn /%	Pb /%	Fe /%	SiO_2 /%	Au /$\times10^{-4}$%	Ag /$\times10^{-4}$%	As /$\times10^{-4}$%	Nb /$\times10^{-7}$%	T（估算量）/t
冲绳	Okinawa all	3.10	24.50	12.10	4.80	10.20	3.3	1160	31000	17	
	Minami	3.70	20.10	9.30			4.8	1900		9	
	Izcna	4.20	26.40	15.30			4.9	1645			
日本	Myojin-sho	2.10	36.60	6.08			1.6	260			5.65
	Sulyo	12.60	28.80	0.80			28.9	203			
马里亚纳	Marlana	1.20	10.00	7.40	2.40	1.20	0.8	184	126	11	
巴布亚新几内亚	Pacmanus	10.90	26.90	1.70	14.90	0.80	15.0	230	11000	26	
	Susu	15.00	3.00				21.0	130			
北斐济	N Fuji	7.50	6.60	0.06	30.10	16.20	1.0	151		24	
劳海盆	Valu Pa	4.60	16.10	0.30	17.40	12.50	1.4	256	2213	47	
	White Chch	3.32	11.17	0.23	7.17	22.12	2.0	107		13	
	Vai Lili	7.05	26.27	0.17	10.46	10.48	0.6	143		11	
	Hine Hina	3.32	10.87	0.59	34.57	1.76	1.7	517		5	
北大西洋	TAG Miller	3.10	0.14	0.00	31.00		0.4	3		23	
	TAG Hannington	2.70	0.45	0.01	23.00	55.00	0.5	14	43	66	
	TAG Scott	9.20	7.60	0.05	24.40	6.00	2.1	72		40	14.5
	Snake Pit	2.00	4.80	0.03	34.00	1.80	1.5	50			2.4

续表 17 – 17

海区	矿址	Cu /%	Zn /%	Pb /%	Fe /%	SiO_2 /%	Au $/\times10^{-4}\%$	Ag $/\times10^{-4}\%$	As $/\times10^{-4}\%$	Nb $/\times10^{-7}\%$	T(估算量)/t
东北太平洋	Explorer	3.20	5.30	0.11	25.90	9.10	0.63	97		66	3.0
	Endeavour	3.00	4.30					188		31	
	Juan de Fuca	1.40	34.30				0.1	169		11	8.8
	Juan de Fuca	0.20	36.70	0.26	19.70	5.10	0.1	178			
	Escanaba	1.00	11.90					187		7	
东太平洋洋脊	Rivera	1.30	19.50	0.10			0.1	157			
	EPR 14°N	2.80	4.70				0.5	48			
	EPR 13°N	7.80	8.20	0.05	26.00	9.20	0.4	49			5.8
	EPR 11°N	1.90	28.00	0.07	22.40	1.20	0.2	38			
	EPR 2°N	0.60	19.80	0.21	12.40	19.00	0.2	98			
	EPR 17°S	10.19	8.54		31.28	2.05	0.3	55	141	19	
	EPR 7°S	11.14	2.13		34.63	3.45	0.05	23	122	14	
	EPR 20°S	6.80	11.40				0.5	121			
加利福尼亚	Cuaymas	0.20	0.90	0.40				78			23.0
加拉帕哥斯		4.10	2.10				0.2	35			10.0
	平均	4.71	14.07	2.41	21.40	10.40	3.19	263	6378		
	最小	0.20	0.14	0.00	2.40	0.80	0.05	3	43		
	最大	15.00	36.70	15.30	34.63	55.00	28.90	1900	31000		

表 17 – 18 世界大洋硫化物矿的潜在资源及价值

海域		矿石或金属资源量												矿石价值/美元$\cdot t^{-1}$
		矿石		铜		锌		铅		银		金		
		kt	%	kt	%	kt	%	t	%	t	%	t	%	
太平洋	合计	895540	69.3	1980192	37.6	109143.8	86.4	31840.1	99.9	413429.6	91	1317.414	58	314.76
	断裂山脊	245540	8.0	5371.92	10.2	9173.8	7.3	1420.1	4.5	57379.6	4.2	231.91	10.2	125.62
	岛屿	650000	61.3	14430.0	27.4	99970.0	79.1	30420.0	95.4	388050.0	58.8	231.91	10.2	363.47
大西洋		2194406	15.2	16872.1	32.0	7415.4	5.9	—	—	14919.5	3.3	509.21	22.4	267.12
印度洋		245204	11.7	11821.7	22.4	7892.2	6.2	39.0	0.1	20305.1	4.9	315.06	13.9	228.76
北冰洋		54982	3.8	4228.1	8.0	1858.4	1.5	—	—	3738.8	0.8	127.56	5.7	267.12
世界大洋		1415132	100	52723.02	100	126309.8	100	31879.1	100	452393.0	100	2269.24	100	283.79

17.2.3.3 热液喷口的特殊生物

在热液系统热喷口、变冷喷口和冷喷口附近出现了过去科学上未知的生物群落，与地球上所有其他生命习俗完全不同，在无光、高压、高温和对其他动物致命的氢化硫热水浴环境下生存。栖息有长达 2 m 的巨型管状蠕虫，如图 17 – 12 所示，它们没有消化系统，生活能量来自使甲烷和硫化物氧化的微生物。嗜冷、嗜温、嗜热和超嗜热菌通过完全化能量合成或异养过程利用多种有机和无机化学能量生长繁殖。还有虾、蚌和蟹类动物等。目前在性质不同的喷口区周围发现了 500 多种以前未知的生物群落。这些群落构成了世界上唯一完全化能量合成身体系统，被认为可能是地球生命的发源地。热液口生物富集区如图 17 – 13 所示。

图 17－12　热液硫化物喷口周围的管状蠕虫

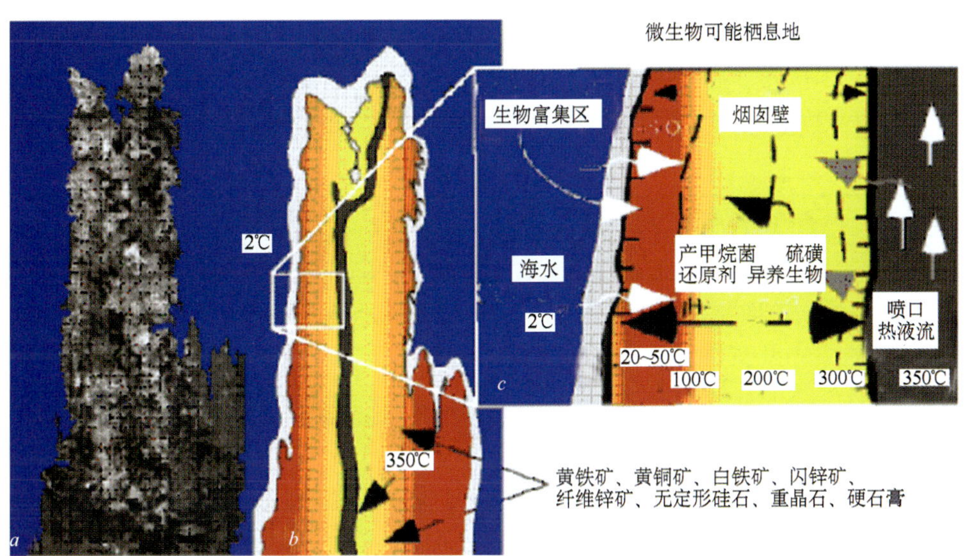

图 17－13　热液口生物富集区

17.3　资源勘查

17.3.1　地质勘查阶段

17.3.1.1　术语

有关深海勘查术语如表 17－19 所示。

17.3.1.2　地质勘探阶段划分

深海地质勘探阶段的划分如表 17－20 所示。

表 17－19 术语

术 语	定 义	特 征
成矿省	最大的分类单位，根据海底的区域性地貌构造即火山构造和拱顶断块隆起划定的	在成矿省范围内，在其他化学特性相对稳定的情况下，矿产资源的丰度可能在很大范围内变化
矿 田	成矿省的一部分，根据明确的地貌构造划定的	地质发展史一致性、丰度及其地质化学特性稳定
矿 结	矿田的一部分(钴结壳在相近的平顶海山群，结核在深海平原或盆地)	地质地貌状况同一性(地质组合、地貌形态和成因、大洋深度)。在矿结范围内，干钴结壳和结核的丰度应不低于 40 kg/m^2 和 5 kg/m^2，钴的品位应大于 0.4%
矿 区	单个平顶海山(钴结壳)，深海底平原或盆地(结核)	钴结壳或结核丰度、当量钴品位及按当量钴计算的金属量是稳定的
矿 床	矿区的一部分，它包含一个或几个矿体。钴结壳深度达 3000 m，结核深度达 5000 m	开采和加工技术可保证企业在最充分地综合回收主要及伴生有用成分基础上获得盈利
矿 体	在矿区范围内钴结壳或结核聚集体，矿体边界根据现行标准的参数要求确定	

表 17－20 地质勘探阶段

阶段划分	调查对象	工作目的	工作主要成果
区域性调查	成矿省一部分，钴结壳矿田	进行地质－地球物理调查，发现和划分矿结	提出所研究海底区域的地质构造总结报告，含有 P2 和 P3 级钴结壳预测资源量的评价
普 查	矿 结	发现矿区和划出一些矿区，为申请国际海底区域矿区准备地质和地球物理资料	1. 提出矿结地质构造报告，含有勘探区级预测资源量的评价； 2. 安排勘探工作合理性的技术经济方案，附评价标准草案
勘 探	矿 区	圈定潜在的矿床，确定矿石的平均质量，综合评价矿物工艺特性和矿山开采地质条件	1. 提出矿区地质构造总结报告，含有详查区 P1 级预测资源量评价，及 C1 和 C2 级储量计算； 2. 安排详查工作合理性技术经济方案，附暂行标准草案
详 查	矿 床	矿床全面地质经济评价及其工业开采准备。计算储量和进行预测资源量评价	1. 常规技术经济总结报告； 2. 矿床地质构造总结报告，含有依据规范性文件进行的 C1 和 C2 级储量计算和 P1 级预测资源量评价

17.3.1.3 各勘探阶段的工作

各勘探阶段的工作任务如表 17－21 所示。

表 17－21 各勘探阶段的工作任务

调查阶段	工作任务
区域性调查	1. 查明调查区域内海底地质构造的一般特征、钴结壳或结核的分布范围和特点； 2. 利用采集的各种样品，研究钴结壳或结核的矿物和化学组成； 3. 利用工艺矿物样品和少量工艺样品，初步研究钴结壳或结核的工艺加工特性； 4. 有选择地研究钴结壳或结核、沉积物和基岩的物理机械性能； 5. P3 级钴结壳或结核的预测资源量评价，圈出进行普查的区域
普查	1. 调查矿结的地质构造，查明主要的地形类型及构造特征、钴结壳或结核的分布范围和分布特征； 2. 概括地研究钴结壳或结核的质量及其矿物和化学成分； 3. 利用从不同天然矿石类型中选取的工艺矿物加工样品和实验室样品，确定钴结壳或结核的工艺特性，初步评价矿石工艺类型划分的合理性； 4. 初步研究钴结壳或结核、沉积物和基岩的物理机械性能及其可能开发的矿山地质条件； 5. 研究已圈定矿区中各区段的水文和周围介质的背景参数； 6. 收集原始资料，以论证评价标准和编写安排勘探工作及其技术经济方案
勘探	1. 查明有关矿区和各潜在矿床所在海域的气象、海洋学、水文学及其他自然条件的各种信息资料； 2. 研究矿区的地质－地貌构造，揭示钴结壳或结核大量集聚体空间分布的基本规律； 3. 按矿区走向、宽度和水深间隔，在平面图上圈定出面积最大钴结壳或结核发育高产区段，调查研究这些地区的主要地质勘探参数的变化特点； 4. 在矿区范围内，对符合标准要求的钴结壳或结核发育区域的分布进行统计和评价； 5. 评价钴结壳或结核的平均质量及其矿物和化学成分； 6. 查明钴结壳或结核的可能工艺类型和品种、典型的定量关系和加工工艺流程的主要特点，并按照主要生产产品编写伴生矿产组分和有害杂质的分布平衡表； 7. 概括研究整个矿区和各矿床内钴结壳或结核、沉积物和基岩的物理机械性能； 8. 有选择地详细评价钴结壳或结核矿床条件和地质勘探参数的可变性，以便做好试验开采的准备工作； 9. 继续进行生态研究和制定出自然环境保护的初步建议； 10. 计算详查地段 C1 和 C2 级钴结壳结核储量及其有工艺价值组分的含量，评价整个潜在矿床的 P1 级预测资源量
详查	1. 评价矿床所在海域的气象、海洋学、水文学及其他自然条件，评价的充分程度应能保证进行采矿企业的设计和生产作业； 2. 调查矿床所在海底的地形，调查研究的充分程度应达到标准开采设计和进行生产作业的要求； 3. 确定地质构造、岩石学、地貌及确定矿体空间分布和定位条件的其他因素； 4. 确定各矿体的边界、赋存条件、内部构造特点、地质勘探参数的可变特征和矿石质量； 5. 充分研究各矿体中钴结壳或结核的质量及其化学和矿物组成； 6. 通过半工业化规模的工艺试验，按矿石的每种工艺类型或种类分别确定其工艺特性，以制定确保有用成分综合回收的加工处理流程； 7. 详细研究开采钴结壳或结核各矿体的矿山地质和开采技术条件； 8. 收集资料编写常规技术经济报告； 9. 根据规范计算 C1 和 C2 级储量及其中具有工业价值成分的含量和评价 P1 级预测资源量

各阶段都要完成以下工作：

（1）根据《水文气象台站规范》的要求，进行气象预测；

（2）进行方法试验，试验新仪器设备，明确完成地质勘探工作的方法（占工作量的 30% 以下）；

（3）详查工作，明确下一阶段的地质勘探工作方法（占工作量的 10% 以下）；

（4）调查船航渡过程中进行新资源对象调查，以评价该区域各种矿产资源的前景（占工作量的 10% 以下）。

17.3.2 调查方法

17.3.2.1 区域性调查

区域性调查分三个步骤进行:调查工作设计和组织,即航次设计和组织;海上作业;调查资料室内处理。海上作业的调查方法及技术要求如表 17-22 所示。室内工作包括进行船上无法完成的样品分析,对船上分析结果进行外部地质检验,完成矿石的工艺研究;选出进行普查的区域;编写总结报告。

表 17-22 海上作业调查方法及技术要求

调查阶段	导航均方根误差(绝对和相对)	观测网密度	调 查 方 法
准 备	±300 m	每隔 20 km 一个剖面(各区段 10 km)	地质回波测量,水文磁力测量,多道数字地震声学剖面测量,地质声学剖面测量
主 要	±300 m	地质站位网度 40 km × 40 km(平顶海山每 100 km^2 一个站位)	电视抓斗海底取样,海底照相,拖网取样,取样管取样
详 查(只在矿结范围内)	±200 m	剖面间隔 5 km	地质回波测量,水文磁力测量,多道数字地震声学剖面测量,电视抓斗、拖网海底取样,海底照相和电视摄像

17.3.2.2 普查

查明控制矿物成因和形成过程的因素和条件是缩短普查和研究期及降低地质勘探过程费用的重要任务。大洋铁锰矿成矿控制因素如表 17-23 所示。

表 17-23 大洋铁锰矿成矿控制因素

成因类别	影 响 因 素	作 用
外在因素	1. 来自陆地的陆源物料的沉积; 2. 低纬度气候的分带性; 3. 环绕大陆的分带性; 4. 生物效能	控制含矿物质移往大洋表面且限制于一定气候区域内
内在因素	1. 海洋底部的构造、年代和地球动力; 2. 洋底结构构造和地貌构造特征; 3. 火山作用、热液喷出活动和热质转移; 4. 海洋底部热场和地化学场对海底组成、水文化学特点、海底水及浸润水温度的影响	促进从海洋外表供给原始物质;决定地质化学类型和成矿过程的地球动力;系成矿沉积地貌构造
水成因素	1. 大洋水层的水文化学结构及其垂直方向的分布性,重要的是水中溶解氧含量; 2. 水层的流体动力特点,特别是海底水层; 3. 沉积-成岩作用和水成过程	为铁锰矿物沉积和富集创造有利条件

根据铁锰矿物各相的形成模式,钴结壳的成矿准则、先决条件和特征列于表 17-24 中。

表 17-24 钴结壳的成矿准则

成矿准则		预测	普查	勘探
评价对象		成矿省，矿田	矿结，大矿区	矿区，潜在矿床
成矿先决条件	生物学	海洋生物高生产率区	在海底沉积层和基岩表面存在生物尸体集聚	—
	地质构造	沿古生带火山构造隆起	断裂区成为矿物元素和溶解氧进入近海底水层的可能路径	存在火山爆发后共生的环形和辐射状断裂
	岩浆学	晚侏罗纪白垩代层内火山作用显现	火山岩的巨大分化作用，古火山岩构造形成的完成相，火山岩生成物层	—
	地貌	共底独立平顶海山群或孤立平顶海山	大、中等面积的不规则平面轮廓孤立平顶海山。靠近平顶海山底部存在伴生矿物	由火山形成的平顶海山支脉。山顶边缘明显可见
	地质	最古老的火山构造	最古老火山构造，根据地震和声呐剖面测量数据，在平顶海山顶面和坡面不存在松散沉积物覆盖层	火山生成物发育
	水文	存在富集溶解氧的南极地带冷水	在平顶海山顶部上方存在环流。在周围显现太龙漩流的区段，山顶面松散沉积物表面有波纹征兆	在平顶海山顶面和近海底海流速度为 20~50 cm/s 的区段
	水文化学	—	在水层和海底沉积物中铁和锰含量异常。在近海底水层内氧含量增高	在近海底水层和海底沉积物中有有利的沿海还原环境
	岩石动力	沉积物沉积和成矿作用条件的有利结合	平顶海山顶面、边缘和坡面上无松散沉积物	松散沉积层厚度不大（几厘米）
成矿特征	直接的	—	存在火山岩橙玄玻璃化和岩土化显现	沿环形和反射状断裂的破碎带，热液矿化显现
	间接的	在深海盆地和火山构造隆起带范围乃有铁锰矿物生成显现	根据在深度 3000 m 以内的遥测调查存在钴结壳	平顶海山顶面和坡面存在厚度不小于 1 cm 的钴结壳。第二、第三层结壳发育占主要地位

表 17-25 列出了普查阶段地质勘探工作的对象、面积、调查类型、方法和比例尺、观测网密度和导航保障精度。

表 17-25 普查阶段地质勘探工作

普查阶段	对象面积 /10^3 km^2	工作类型	调查方法	比例尺和网度	导航保障均分根误差/m	备注
准备阶段	矿结 20~50	遥测剖面测量	回声探测法，水文磁力测量，地震剖面法，电视摄像和声学剖面测量	1∶200000，间隔 5 km^2	< ±200	至深海结合部

续表 17-25

普查阶段	对象面积 $/10^3\ km^2$	工作类型	调查方法	比例尺和网度	导航保障均分根误差/m	备注
主要阶段	潜在矿区 2~5	在观测站接触法测量	海底取样	每隔 10 km^2 面积 1 个测站,长方形网	< ±200	沿电视剖面布置
			工程地质取样	—		在海底取样站
			工艺取样分析	工艺矿物样品		根据已划定的矿物类型数量
			水文测量	沿等深线在平顶海山周边每隔 5~10 海里布设 1 个测站		在 4000 m 等深线以内,对近海面和近海底水层进行水文化学测量
详查阶段	矿田区段 1~2	遥测剖面测量,在观测站接触法测量	多波束回声测深	1:50000	< ±50	在等深线 3000 m 以内
			声呐和水声测量	每隔 2.5 km^2 的正方形剖面网		一定覆盖中间剖面空间
			电视摄像,海底取样	1 个站位 5 km^2,正方形网		同时用电视监视取样点海底
			工程地质取样分析	—		尽可能用原位测量
			工艺取样试验分析	样品量不少于 500 kg		—
			水文生态调查研究	在标准试验区,5 km×5 km 站网		基准试验区位置应得到上级批准

17.3.2.3 勘探

勘探阶段综合调查方法和基本要求如表 17-26 所示。

表 17-26 勘探阶段综合调查方法和基本要求

调查阶段	调查对象面积$/km^2$	作业类型	调查方法	绘图比例尺;网度	定位精度/m;测深误差/%	备注
准备阶段	矿田 2000~5000	遥测剖面	多波束探测,声呐和水声测量,电视摄像	1:5000;5 km 相互关联剖面网	< ±50;1.7	在 3000 m 等深线以内
主要阶段	潜在矿床 1000~2000	测站接触式作业	海底取样	每个站位 5 km^2 的长方形测网	< ±50;1.7	按电视摄像剖面布置海底取样站,同时用电视监视海底
			工程地质取样分析	在海底取样站和专门取样		包括矿物和基岩强度性能原位测定
			工艺取样分析	实验室和工艺加工		必要时修正矿物工艺流程
			在自然环境保护基准试验区进行水文生态研究	取样站网度 5 km×5 km		按专门计划执行

续表 17-26

调查阶段	调查对象面积/km²	作业类型	调查方法	绘图比例尺；网度	定位精度/m；测深误差/%	备注
详查阶段	矿床区段 20~50	遥测剖面	多波束探测	1:10000	<±20；1	在3000 m等深线以内，必须覆盖剖面之间的空间
			声呐和水声测量	间隔1.25 km的长方形剖面网		
			电视摄像			
			海底取样	间隔1.25 km的长方形剖面网		取样时电视监视海底
			工程地质取样分析	在海底取样站和专门挑选的样品		
			在自然环境保护基准试验区进行水文生态研究	测站网度1 km×1 km		按专门计划执行
			由采矿冶金联合企业调查	沿矿体走向和倾斜的各个剖面		用照片和采集的样品
试验开采区段准备	矿床区段 10~20	遥测剖面；在取样站用接触式作业；剖面测量和接触式作业	多波束探测，声呐和水声测量，电视摄像	1:50000	<±10；1	在矿体范围内
			海底取样	取样站网度0.1 km×(0.25~0.3) km		用电视监视海底
			工程地质取样分析	在海底取样站和专门采集的样品		按专门计划执行
			在自然环境保护基准试验区进行水文生态研究	测站网度1 km×1 km		按专门计划执行
			由采矿冶金联合企业调查	各个剖面		用照片和采集的样品
试验开采	矿床区段 10~20	从确定的面积上连续回采；在取样站用接触式作业	按采用的工艺方案从基岩上剥采钴结壳并提升到采矿船上	连续开采	确定开采中矿石的损失和贫化，用2年时间	修正开采工艺和矿石加工方案
			综合生态调查	按专门计划执行		制定自然环境保护措施
			矿石的工艺加工研究	按相应计划确定试样的数量和重量	在结束阶段进行矿石半工业实验	

17.3.3 国际海底固体矿产资源/储量分类建议方案

1999年我国出台了《固体矿产资源/储量分类(GB/T 17766—1999)》国家标准。2006年国土资源部咨询研究中心承担了“十五”项目研究课题——国际海底固体矿产资源/储量分类研究，并向国际海底管理局提出了建议方案，经过国际海底管理局法律与技术委员会的辩论，得到了肯定，现介绍如下。

17.3.3.1 考虑因素

基于国际海底固体矿产资源勘查和开发的现状，建议方案考虑了以下因素。

(1)“区域”[1]的矿产资源/储量分类系统应该融入联合国的国际矿产资源/储量分类框架，并尽可能使用联合国框架所定义的和世界矿业界广泛使用的术语。

(2)由于在“区域”开展矿产资源勘查的历史很短，发现的“矿床”有限，现在采用的工程间距是否反映相应的地质可靠程度，尚未得到检验；开采活动尚未进行，开采的可行性尚未确定。因此应用于“区域”的分类系统，宜粗不宜细，也就是说，应该相对简单些，分类系统的确定因素和资源/储量类型较陆上分类系统相对少些。

(3)在当前国际海底固体矿产资源勘查、开发的技术经济条件下，有些资源/储量类型，如证实储量尚难以探获(尚无采矿实践证实何种工程间距和经济参数能满足证实储量的条件)，但它又是将来开发时必须探获的。可以认为，这些类型在可预见的将来是可以探获的。一旦技术经济条件发生重大变化，某些勘查或采矿项目将证明能获得这些类型的资源/储量，于是它们就具有了实际意义。这就是为什么将这些目前还不能达到的类型列入到分类方案的原因。

17.3.3.2 建议的分类方案

表17-27是建议的国际海底固体矿产资源/储量分类方案。建议方案划分为查明矿产资源和潜在矿产资源。查明矿产资源包括两个主要资源/储量类型：储量和资源量。储量又分为证实储量和概率储量；资源量分为测定的资源量、指示的资源量和推断的资源量；潜在矿产资源分为假设的资源量和推想的资源量。这一分类系统不仅从概念上区分了储量和资源量，而且还区分了查明矿产资源和潜在矿产资源。对本分类系统的资源和储量术语定义如下。

(1)查明矿产资源(Identified Resources)　是已查明的不同地质可靠程度的矿产资源/储量的总称，其位置、品位、质量、数量和开采技术条件，已通过综合手段探获的不同地质可靠程度的地质证据估算的。查明矿产资源包括经济的储量、潜在经济的或内蕴经济的资源量。按照地质可靠程度的递增顺序，查明矿产资源可划分为推断的、指示的和测定的。

(2)储量(Reserves)　是测定的资源量和指示的资源量中的经济可采部分。储量包含开采过程中的贫化物质和扣除设计和开采过程中的损失物质，储量需要通过合适的评价手段(包括可行性/预可行性研究)获得。在评价中要结合现实的采矿、冶金、经济、市场、法律、环境、社会和政府因素，对参数进行修改后获得资源量，评价要对勘查报告提交时刻矿床开采的合理性做出论证。按照地质可靠程度和经济意义的递增顺序，可将储量划分为概率储量和证实储量(表17-27中的红色部分)。

(3)证实储量(Proved Reserve)(111)　是测定的资源量经可行性研究后的经济可采部分(当只进行了预可行性研究时，其编码为121)。证实储量包含开采过程中的贫化物质和扣除设计和开采过程中的损失物质。在可行性研究中要结合现实的采矿、冶金、经济、市场、法律、环境、社会和政府因素，对参数进行修改后获得储量。评价要对勘查报告提交时刻矿床开采的合理性做出论证。

(4)概率储量(Probable Reserve)(122)　是指示的资源量经预可行性研究后的经济可采部分。概率储量包含开采过程中的贫化物质和扣除设计和开采过程中的损失物质。在预可行性研究中要结合现实的采矿、冶金、经济、市场、法律、环境、社会和政府因素，对参数进行修改。评价要对在勘查报告提交时刻矿床开采的合理性做出论证。

---

[1] 指国际海底区域，等于世界海洋范围内海底总面积减去专属经济区和大陆架所对应的海底面积。

(5) 测定的资源量(Measured Resources)(231) 是查明资源量的一部分,对矿体形态、产状、矿物含量、物理性质、品位和体重等已经查明,对矿石量等能以很高的地质可信度进行估计。这一类型资源量是通过使用合适的技术,对海底露头、浅钻和其他多种手段以及取样和测试所获信息进行详细而可靠的分析研究、圈定矿体、估算获得。获得这一类型资源量要求有足够的勘查工程间距,以确定地质的和品位的连续性。

(6) 指示的资源量(Indicated Resources)(232) 是查明资源量的一部分,对矿体形态、产状、矿物含量、物理性质、品位和体重等已经查明,对矿石量等能以合理的地质可信度进行估计。这一类型资源量是通过使用合适的技术,对海底露头、浅钻和其他多种手段以及取样和测试所获信息进行分析研究、圈定矿体、估算获得。获得这一类型资源量的勘查工程密度偏稀,不足以确认地质的和品位的连续性,但对于确定假设的连续性是足够的。

(7) 推断的资源量(Inferred Resources)(233) 是查明资源量的一部分,对矿体形态、产状、矿物含量、物理性质、品位和体重等已经查明,对矿石量等能以较低的地质可信度进行估计。这一类资源量是据地质证据推断的,其地质的和品位的连续性是推断的,并未经证实。这一类型资源量是通过使用合适的技术,对海底露头和其他多种手段所获信息进行分析研究、圈定矿体、估算获得。但工程数量很少,勘查结果的质量和可靠性的不确定程度高。

(8) 潜在矿产资源(Undiscovered Resources) 是一种资源量,它存在于那些通过推论而构想的"矿床"中,这些构想的矿床不在查明矿产资源所在的范围之内。对潜在矿产资源涉及的"矿床"的品位和空间位置进行推想,并设想其应满足经济的、潜在经济的和内蕴经济的要求。潜在矿产资源按照地质可靠程度的递增顺序可划分为假想的资源量和假设的资源量(表 17 - 27 中的灰色部分)。

(9) 假设的资源量(Hypothetical Resource)(234) 是潜在矿产资源的一部分。假设的资源量所在矿体同已知矿体类似,因此可以合理地期望在具有类似地质条件的生产矿区范围内及邻近地段或区域内评估假设的资源量。一旦勘查工作确认了这类构想的矿床的存在,并揭示了关于其质量、品位和数量的足够信息,它们将被归入查明资源量范畴。

(10) 假想的资源量(Speculative Resource)(235) 是潜在资源量的一部分。它们既有可能属于已知矿床类型,出现在同该已知矿床类型具有类似地质条件但尚未发现矿床的地区,也有可能属于经济潜力未知的矿床类型。一旦勘查工作确认了这类构想的"矿床"的存在,并揭示了关于其质量、品位和数量的足够信息,它们将可归入查明矿产资源范畴。

在当前国际海底矿产资源勘查、开发的技术经济条件下,在表 17 - 27 所定义的 7 种类型中,有两类资源/储量类型可能尚难以达到或部分难以达到该类型的技术经济条件要求。首先是证实储量目前尚难以达到,因为迄今为止还没有一例关于海底固体矿产已完成勘探和可行性研究,并经开采证实其勘探程度满足设计要求和具有经济可采价值或已实现商业性开采的报道。因此,对满足证实储量的技术经济要求来说,仍然有许多的不确定性因素。其次,关于测定的资源量,对多金属结核和富钴结壳而言,考虑到勘查程度和采样技术水平,获得这一类型的资源量尚无实践证明其能达到设计矿山所需的精度要求;而对于海底多金属硫化物勘查来说,由于目前的钻探深度太浅,岩心采取率低,因此尚不足以获取测定资源量。在表 17 - 27 中,凡用符号☑标明的资源/储量类型,表明在当前技术经济条件下是基本可以达到的;而用符号☒标明的资源/储量类型,表明在当前技术经济条件下是难以达到的。

应该指出,在联合国 UNFC 的分类中,划分出经济的、潜在经济的、内蕴经济的三个经济类别,但在本分类方案中,仅设置了两个经济类别:第一类是经济的,第二类是将潜在经济的和内蕴经济的两类合并为一类。之所以这样处理,是因为目前在国际海底所探明的矿床非常有限,已完成可行性/预可行性研究的矿床就更少，经济可采的尚未进行试采，经论证不具备经济可采条件的潜在经济的资源量的拟采时日更是遥远，也就没有必要将其单独列出。实际上，矿业开发机构，如国际采矿冶金协会委员会的矿产资源/储量分类系统，就将经可行性研究或预可行性研究证实为不经济的（潜在经济的）资源量全部归入内蕴经济的资源量。

表 17－27　建议的国际海底固体矿产资源/储量分类方案

（Proposed Resource/Reserve Classification Sysytem for Seabed Minerals of the Area）

资源储量类型 (Category) ＼ 地质可靠程度 (Geological identification) ＼ 经济意义 (Economic Significance)	查明矿产资源 (Identified Resources)			潜在矿产资源 (Undiscovered Resources)	
	测定的 (Measured)	指示的 (Indicated)	推断的 (Inferred)	假设的(位于工作区) (Hypothetical, In known area)	假想的(位于未知区) (Speculative, In undiscovered area)
经济的 (Economic)	☒ 证实储量 (Proven reserves) 111	☑ 概率储量 (Probable reserves) 122			
可行性/预可行性研究					
潜在经济的和/或内蕴经济的 (Potential or Intrinsically Economic)	☑☑☒ 测定的资源量 (Measuered resources)	☑ 指示的资源量 (Indicated resources) 232	☑ 推断的资源量 (Inferred resources) 233	☑ 假设的资源量 (Hypothetical resources) 234	☑ 假想的资源量 (Speculative resources) 235

注：☒表示在当前技术经济条件下尚难以获得该类型资源/储量；☑ 表示在当前技术经济条件下有可能获得该类型资源/储量。经济意义须通过矿产资源储量可行性评价划分。只有经可行性研究或预可行性研究才能区分经济的或潜在经济的，经地质研究(概略研究)的只能是内蕴经济的。经济的为储量，潜在经济的和内蕴经济的均为资源量。

对资源/储量类型编码的说明：鉴于国际海底固体矿产资源与陆地上的矿产资源在诸多内外部因素上有很大差别，对这些海底矿产资源的勘查程度又有明显的不同，尤其是至今尚无任一国家，对其中任何一种矿产资源进行商业性的开发。因此，目前尚无法准确设置编码的种类和数量，只能据目前的认识，宜粗不宜细的进行划分，待今后有了开发的实践之后，再来补充、修改、完善。

17.3.3.3　分类因素与类型条件

本方案采用矿产资源/储量分类的因素是：经济意义因素、可行性评价因素、地质可靠程度因素。对每一种因素，都应设置对不同资源/储量类型的技术经济标准。

A　经济因素

（1）经济的（Economic）　资源的数量和质量分别用吨/体积和品位/质量表示，已经过（按精度递增的顺序）预可行性研究、可行性研究或采矿报告的论证。论证结果表明，在当前的技术、经济环境和其他有关的商业条件下，资源的提取是经济的。

（2）潜在经济的（Potentially Economic）　资源的数量和质量分别用吨/体积和品位/质量的形式报告，它已经过（按精度递增的顺序）预可行性研究、可行性研究或采矿报告的论证。论证结果表明，在当前的技术、经济环境和其他有关的商业条件下，资源不具有现实意义的提取价值，但可能具有未来意义的提取价值。

（3）内蕴经济的（Intrinsically Economic）　资源的数量和质量分别用吨/体积和品位/质量的形式报告，它是以地质研究这种可行性研究形式估计的。由于地质研究仅对已勘查资源的经济意义进行初步的评价，无法区分该资源量是经济的还是潜在经济的，因此它们处于经济的和潜在经济的范围之内。

B 可行性评价因素

（1）可行性研究/采矿报告（Feasibility Study or/and Mining Report） 可行性研究/采矿报告对所提交的资源储量进行论证，成本数据必须合理而精确，能满足投资决策的需要，之后无须做进一步的研究。开展可行性研究所需信息的精度是：详细勘探提供的资源储量数据、生产性技术试验、投资和经营成本计算（如设备报价等）以及论证当时所需的国际市场有关的各种信息。

可行性研究要对一个采矿项目的技术正确性和经济意义进行评价，评价报告可作为投资决策和申请银行贷款的文件。可行性研究要组织对该项目所累积的地质的、工程的、环境的、法律的和经济的信息进行审计。一般说来，要求进行单独的环境影响评价研究。

采矿报告指的是在矿床的生命期内报告其勘查和开发状态的当前文件，采矿计划是其主要形式。报告由矿山经营者编制。报告研究的主要内容包括：在报告所确定的周期内提取的矿石的数量和质量、由于矿产品价格和生产成本的变化导致资源/储量类型经济类别的变化、有关技术的开发、新出台的环境的或其他的规章、矿山生产过程中勘探工作获得的最新数据等。采矿报告描述了矿床的当前状态，提供了对储量和其余资源量的详细的、精确的、最新的通报。

（2）预可行性研究（Pre-feasibility Study） 预可行性研究是对一个矿床的技术正确性和经济意义进行初步评价，并以此作为论证进一步投资（进行详细勘探和可行性研究）的依据。预可行性研究通常是在紧随着一个比较成功的勘查项目之后进行，要列出和概述到研究之日为止所积累的全部地质的、工程的、环境的、法律的、经济的信息。预可行性研究的事项与可行性研究的事项完全相同，但研究的详细程度要低一些。

（3）地质研究（Geological Study） 地质研究是对经济意义的最初步的评价，通过同条件相似矿山的类比，粗略确定品位、厚度、深度的合适边界值。由于地质资料的局限性和经济参数选择的不确定性，因此，地质研究不能定义类型的经济意义。仅据地质研究估计的资源数量意味着在经济上是内蕴的。地质研究通常在普查阶段进行，但有时也见于初步勘探、详细勘探阶段。地质研究的目的是评估有无投资机会。

C 地质可靠程度因素

地质可靠程度因素以以下矿产地质工作四阶段的形式表示。

（1）详细勘探阶段（Detailed Exploration） 相当于我国的勘探阶段，这一阶段主要是查明测定的资源量。详细勘探需要通过抓斗、浅钻等取样手段及海底电视等其他手段，对矿体进行圈定。取样间距小，以便以足够的精度查明矿床的形态、构造、品位及其他有关特征。要求采取用于矿石加工试验的大样，并经试验证实是可选冶的。对矿床是否进行可行性研究需要根据详细勘探提供的信息决定。在这一阶段，克里格法是估计概率储量或测定的资源量的最常用方法。

（2）一般勘探阶段（General Exploration） 相当于我国的详查阶段，这一阶段主要是查明指示的资源量，要求对矿体进行初步圈定。为了对矿床的数量和质量（如果需要的话，要求进行实验室规模的矿物加工试验）进行初步评价，使用的方法有填图、多种探矿手段、大间距取样以及基于非直接调查方法的有限内插。初步勘探的目的是查明矿床的主要地质特征，对矿体的连续性给出一个合理的判断，对矿体的规模、形态、结构和品位做出初步估计。初步勘探的精度要足以为下一步是否进行预可行性研究和详细勘探的决策提供依据。在这一勘探阶段，多边形法、剖面法、距离倒数法是估计指示的资源量的常用方法。

（3）普查阶段（Prospecting） 普查阶段主要是查明推断的资源量，这是一个不断缩小找矿范围系统搜索和发现矿体的过程。普查阶段主要使用的方法有：露头观察、地质填图，以及非直接方法如地球物理和地球化学调查等，可以进行有限的钻探和取样。所估计的资源量是根据地质的、地球物理的和地球化学的解释而推断的。

(4) 潜在矿产资源评价阶段(Undiscovered Mineral Resources Assessment) 这是一个为评价未发现的资源而进行的数据处理、数据解释和地质模拟过程。这一评价依据区域地质研究、区域地质填图、区域地球物理、区域地球化学、遥感调查以及其他非直接的数据和资料，在区域的尺度上确定矿化有利地区。地质模型系统(GMS)、多元统计方法(MS)、决策支持系统(DSS)和地理信息系统(GIS)被作为潜在资源量的评价工具得到广泛使用。进行潜在矿产资源评价的目的是圈定值得进一步调查并可能发现矿床的矿化有利区，对资源数量的估计只有在同已知矿床可以类比，并有足够的数据的条件下才进行，所估计出的资源量只具数量级的意义。

17.3.4 探查设备与仪器

探查仪器设备主要有水面支持调查船、取样设备、光学视像设备、声学测深与地形探测设备和多种物理、化学、生物仪器设备，以及水下机器人和海底长期观测系统。这些设备在海上使用概况参见图17－14所示。

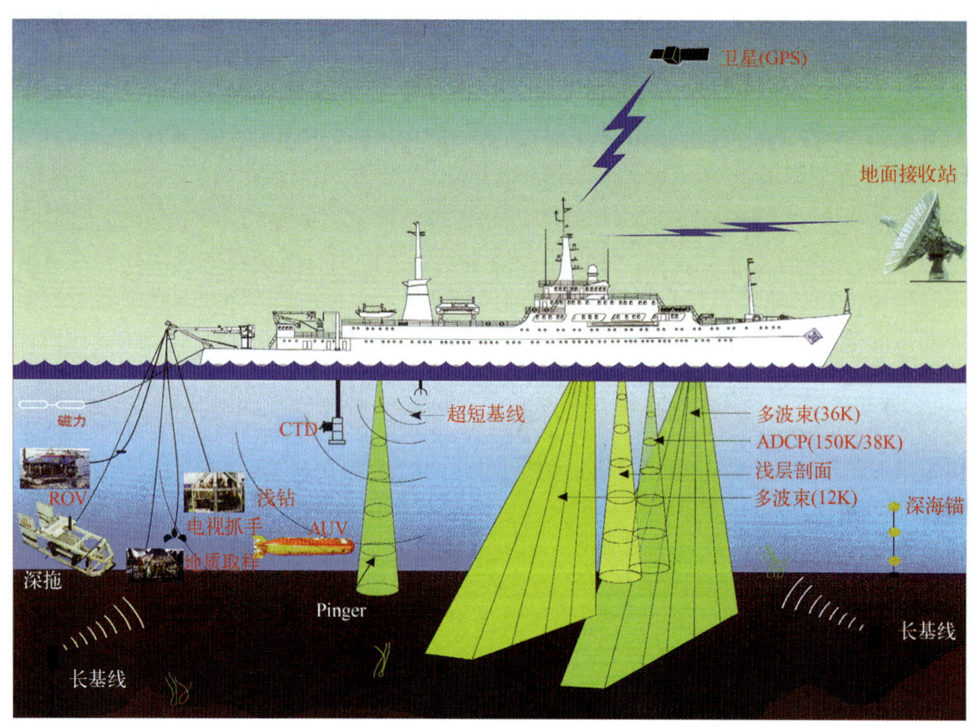

图17－14 各种深海探查设备

17.3.4.1 调查船

目前世界上长度大于70 m的海洋调查船有120多艘，其中美国拥有约25艘，俄罗斯有58艘，日本有18艘，英国有12艘，加拿大、德国和法国各有4艘以上。这些船只50%以上是20世纪90年代以后建造的。现役海洋调查船中3200～3500 t级的约占40%；5000 t级的约占30%；8000～11000 t级的约占10%。这些调查船绝大多数为综合调查船，经济航速达15 kn(1 kn＝1.82 km/h)，续航力达15000海里，自持力90天，抗风力12级，能够进行全海域调查，参见图17－15。

图 17－15 深海调查船

调查船装备有完备的导航定位系统与通讯系统，功能齐全的实验室，适用多种资源调查和海洋科学研究的探测系统、仪器设备及配套的甲板起吊设备与作业空间。参见表 17－28。

表 17－28 调查船的基本装备

装备类型	基本配置
导 航	GPS 和 DGPS，罗兰脉冲时差双曲线远程导航系统（Loran C），陀螺罗经，多普勒速度仪，X/S 波段雷达，回声测深仪，计算机控制的精确动力定位系统
通 讯	单波段和甚高频无线电通讯、INMARST、气象传真、电报和电子信函
永久调查设备	深水多波束测深系统、声学多普勒海流剖面仪，重力仪、磁力仪、地震仪、浅地层剖面仪、常规回声测深器，长基线和超短基线导航定位系统，水文气象仪器，后甲板的可扩展闭路电视监视系统，网络系统等
甲板设备	1. 液压悬臂吊，船舶起重机，移动式可折叠多用途起重机； 2. 10000 m 水文地理绞车（牵引/储缆绞车），配有 0.680 英寸光缆或同轴缆和 9/16 英寸免扭钢缆； 3. 23～26 t 吊放能力的船艉 A 型架及绞车吊放系统，如美国 Atlantis 号调查船、日本 Yokosaka 号调查船、法国 LAtalante 号调查船，用于吊放载人潜水器及 ROV； 4. 大通过空间的船艉 A 型架及配套光纤电缆绞车吊放系统，如日本白岭丸 2 号、德国 Sonne 号调查船，A 型架宽 5.6 m，内高 8.3 m，起吊能力 15 t，光缆外径 24.6 mm，长 12000 m，用于吊放钻深 30～100 m 岩芯钻机； 5. 可在恶劣海况下作业的 A 型架－升沉补偿－牵引绞车吊放系统，如日本 Yokosuka 号调查船、用于吊放世界上唯一的潜深 11000 m 的海沟号 ROV； 6. 装备大吨位液压悬臂吊船侧吊放系统，如俄罗斯 Keldvshk 号调查船，用于吊放 МИР 号 6000 m 载人潜水器； 7. 在船中部设置通过船体下放调查设备的月池、设置直升机坪、大吨位外伸吊架、配备遥控工作艇等都在未来考虑之中
科学实验室	重力、磁力、声学实验室，综合性干式（地质样品分析、土工测试）、湿式（水文、化学、常规生物）实验室，生物基因实验室，计算机室等

17.3.4.2 探查技术装备

探查技术设备主要类型如表 17－29 所示。

表 17－29 探查技术设备主要类型

装备类型		主要用途	主要设备、仪器和传感器
综合深拖		资源探测、环境监测、海洋突发活动观测	照相、摄像、微地形声呐、CTD、海流计、磁力计、重力计、浊度计、光谱分析仪、浅剖等探测拖体
物理力学特性原位测试系统	沉积物	剪切、承压强度等	剪切仪、贯入阻力传感器
	岩　石	动静态强度、破碎阻力	岩石静动态特性测试装置
海底长期、观测站/网	海底固定	地球科学：地震海潮、洋壳运动、海底扩张等 资源探测：矿产、生物 环境监测	海底地震仪、倾斜仪、应力位移计、间隙水压力、激光和γ射线光谱仪、浅剖、高保真（水、热液、生物）取样器及其他物化传感器等
	海底移动		
	海底埋设		
	锚　系		
取样设备	海底表层取样	海底表层沉积物和矿岩物化性能分析	电视抓斗、拖网、箱式取样器、沉积物多管取样器、重力活塞取样器、沉积物保压取样器、浅层岩芯钻机
	海底浅层取样	硫化物、气体水合物、浅层地质构造资源评价	海底岩芯钻机
	海底深层取样	洋壳构造、矿产探测评价	大洋钻井船
	生物取样	物种分析、热液口生态系统分析	大生物捕获网、微生物过滤浓缩保真取样器
	水体取样	海水和热液物化性能分析	采水器、热液保真取样器
机器人	载人潜器	深海观测取样	摄像、照相、声呐、机械手、取样器及其他传感器
	ROV	深海观测取样	摄像、照相、声呐、机械手、取样器及其他探测传感器
	AUV	热液口寻找，环境探测	摄像、照相、声呐及其他探测传感器
	ARV（HOV）	潜入最深海底、长距离航行、冰层下和海洋突发事件的快速反应探测，携带各种测量、取样仪器进行海洋资源勘查与环境监测、地球科学研究	摄像、照相、声呐、取样器及其他探测传感器
	底行机器人	海底移动探测、钻孔埋设探测仪表、岩土动态特性测试、开采工作机构试验	探测和作业机械臂、机械手、钻孔装置、取样器、摄像机、照相机、声呐探测和定位装置、各种物化传感器等

17.4 开采技术发展概况

17.4.1 国际上开采技术发展概况

17.4.1.1 起步的年代

从 20 世纪 60 年代开始，人们对深海多金属结核的开采方法进行了广泛研究。1960 年美国 Mero 教授提出拖斗采矿法。1967 年日本人孟田善雄提出了连续索斗法（CLB），并于 1970 年在南太平洋塔希里提岛海域（水深 3760 m）进行了 1∶10 比例的开采试验，取得成功后随即成立了 CLB 采矿法国际协会，成员单位有日本、美国、澳大利亚、联邦德国和法国等多家公司。

17.4.1.2 达到高潮的年代

20 世纪 70 年代,全球经济的增长对深海矿床资源开发活动起了较大刺激作用,形成了多金属结核开发研究的高潮。70 年代初期,开始进行了深海结核采集的初步试验,70 年代中后期进入工业采矿系统初步设计和论证试验,深海采矿技术取得突破性进展。

1970 年美国冒险公司在佛罗里达外大西洋布莱克海台 1000 m 水深进行了首次结核采矿系统原型试验。试验系统为拖曳集矿机和气力提升系统,利用 6500 t 货船改装成试验船,装备 25 t 起重机,设置 6 m×9 m 中央月池。

1972 年 8 月,CLB 采矿法国际协会在夏威夷西南海域进行了日产几百吨结核能力的采矿试验,但是仅从海底采集上来十余吨结核,由于拖缆缠绕而暂停。随后法国提出了双船作业系统,两船间距达 1000 ~2000 m,以 0.01 ~0.5 kn 速度拖曳相当于水深至少 3 倍的环行缆索,以解决拖缆缠绕问题和提高作业效率,计划 1975 年继续试验。由于经费等问题而放弃。

到 1974 年,以美国为首,包括了加拿大、英国、联邦德国、比利时、荷兰、意大利和日本数家公司参加的 4 大国际采矿财团肯尼科特(KCON)、海洋采矿协会(OMA)、海洋管理公司(OMI)、海洋矿业公司(OMCO)以及法国大洋研究开发协会(IFENOD)和日本深海矿物协会(DOMA)相继成立,同时更多的国家参与了海底矿物开采活动,包括苏联南方地质勘探研究所和印度海洋开发部等。

在 1977 ~1979 年间,国际上共进行了以下 3 项半工业开采试验。

(1) OMI 于 1978 年春季,利用"SEDCO 445"号勘探船改装成采矿船,在夏威夷檀香山东南 800 海里海域,首次成功地进行了五分之一比例拖曳射流负压抽吸水力集矿机 – 水力和气力提升采矿系统试验,共进行三次深水试验,40 h 从水深 5200 m 海底采集结核约 600 t,系统最大能力为 30 t/h。

(2) OMA 利用 20000 t"Wesser Ore"运矿船改装成采矿船"R/V Deepsea Miner Ⅱ"号,于 1977 年,在加利福尼亚圣地哥西南 1900 km 海域进行了第一次试验,试验系统为拖曳式抽吸水力集矿机 – 气力提升采矿系统,由于沿管线的电气接头漏水而停止。1978 年初进行第二次试验,遇到了新的困难,集矿机陷入沉积物中和出现飓风。最后,1978 年 10 月进行了第三次试验,18 h 采出 500 t 结核,系统最大生产能力为 50 t/h。这次试验因抽吸泵叶片破断引起电动机损坏而停止。

(3) OMCO 租用美国海军打捞苏联核潜艇的"Glomar Explorer"号打捞船改装成采矿船,这艘长 188 m、排水量达 33000 t 的动力定位船,具有 61 m×22 m 月池用于下放集矿机。该公司研制出阿基米得螺旋自行式机械挖取集矿机 – 矿浆泵水力提升采矿系统,与众不同的还有集矿机采集的结核经软管输送到中继舱,再由矿浆泵通过硬管提升到海面。这套系统在远离加利福尼亚海岸的 1800 m水深处经过几次试验后,于 1978 年末在夏威夷南深水海域首次进行正式试验,但由于月池底门打不开试验未果。最后,于 1979 年 3 月试验才获得成功,从 5000 m 海底采集结核约 1000 t。

这些海上试验充分证明了采矿系统的可行性,可以转入工业样机试制。因此,日本于 20 世纪 70 年代末转向拖曳水力集矿机 – 水力提升采矿系统研制。

法国自 1972 年至 1976 年间对流体提升系统进行了技术分析,提出水力提升比气力提升更可行。同时,于 1972 年开始提出一种集矿和提升为一体的无人往返潜水采运车新概念。

联邦德国于 1972 年开始进行深海采矿技术研究,成立了以普鲁萨格公司(Preussag)为首的海洋矿物资源开发协会(ARM),参加了以美国公司为首的 OMI 财团(占 24% 股份)的试验研究工作,并为海试提供了扬矿管道、多级矿浆泵和拖曳式机械采集集矿机(海试下放时丢失)。随后,又在 2200 m 水深的红海进行了金属软泥的试采,取得了成功。

17.4.1.3 进入低潮的年代

由于世界新经济危机,特别是金属价格下跌,而且大洋采矿投资大、风险高以及采矿法律地位的不确定性等,商业开采期预计会远在几十年以后,国际财团于 20 世纪 80 年代基本退出深海采矿活动,仅一些研究单位和大学在进行相关理论研究以及大洋采矿对环境影响的研究。

法国于1980~1984年完成了无人往返潜水采运车模型机(1:10比例,PLA型)的试验研究,经可行性研究认为,每台8 h只能采运250 t矿石,还需从陆地运送大量压载废石,电池重量大,控制难度大,造价和运营成本高,商业前景渺茫,于1984年放弃,又重新回到水力提升采矿系统研究上来,成立了DEMONOD组织,研究了水力、气力和浓矿浆三种提升系统。期间,前联邦德国开展了履带自行复合式集矿机的研制、流体提升系统以及设备有效遥控和可靠性的深入研究,取得了重大进展。

苏联自1980年开始深海采矿技术研发,以海洋地质技术股份公司中央设计局为首50多个单位参加,同时与芬兰合作研发结核采矿系统,于1991年完成了系统设计,并在黑海100~1000 m水深进行了1:10模型样机试验,集矿机重15 t,生产能力为20~30 t/h,之后未再继续。与其他国家不同的是,除了进行水力管道提升试验,还提出了吊桶式提升系统。

日本于20世纪80年代转入拖曳水力集矿机-矿浆泵水力提升采矿系统研究开发,进行大量实验室模拟试验和理论分析,研制出海上试验用的潜水矿浆泵。

17.4.1.4 亚洲新兴国家积极介入多种资源开发研究

鉴于20世纪80年代发达国家对深海富钴结壳进行了大量调查,到90年代已初步圈定了预期的矿区,同时鉴于多金属硫化物矿床调查取得很大进展,特别是专署经济区内低温热液富金银矿床的发现,刺激了人们转向大洋多种资源开发的研究。从而相应地进行了一些富钴结壳、多金属硫化物、海洋气体水合物开采方法的探索及其生物基因的研究开发。美国、日本、俄罗斯等国相继提出了富钴结壳开采方案,主要有类似露天采煤机的滚筒截割采矿机-水力提升法、绞车牵引螺旋挠性滚筒截割采矿机-水力提升法、振动或射流破碎采矿机-管道链斗挖掘提升法等。

1997年12月27日《纽约时报》头版报道巴布亚新几内亚政府在世界上首次向澳大利亚的鹦鹉螺矿业公司颁发了两个海底硫化物矿床的海洋勘探许可证,目前已拥有7块探采区,总面积为1.5×10^4 km^2,计划在未来5~10年内进行开采。这一消息引起世界许多公司的震动。澳大利亚已制造出一种硫化物采矿机。

这一时期,在多金属结核采矿系统技术方面没有更多的新进展,多数进展集中在提升管线动力学、控制仿真和整体系统虚拟等方面。

亚洲新兴国家开始积极介入大洋采矿的研究,如韩国、印度利用商业开采前的有利契机,制订发展规划,以掌握发达国家先进技术为起点,通过试验研究逐步形成本国的采矿系统。印度1990年开始筹资开发结核集矿机,与德国济根大学合作,于2000年在Tuticorn海滨外水深410 m海底进行了小比例抽吸头采集软管输送采矿系统采泥试验,该系统采用德国济根大学的履带车,但集矿机陷入软泥0.7 m,无法行驶。韩国自20世纪80年代开始深海资源调查,90年代才开始资源开发研究,正在开始按国家计划进行各子系统的理论分析和模拟试验。目前深海开采技术研究仍然处于实验室研究阶段。

此外,日本由于政府和工业界近期看不到深海采矿的前景,放弃了采矿系统试验。仅于1997年,在太平洋海域对80年代研制的拖曳式水力集矿机进行了试验,并对富钴结壳、多金属硫化物和海洋气体水合物的开发方案进行了许多概念性研究。

17.4.2 中国开采技术发展概况

17.4.2.1 研究开发准备阶段

1979年长沙矿山研究院开始了深海采矿技术的调研,20世纪80年代初,北京有色冶金设计研究总院、长沙矿冶研究院先后开展了大洋多金属结核采矿技术研究。

1991 年 6 月 1 日中国大洋协会成立，当年 9 月编制出中国《大洋多金属结核资源研究开发第一期（1991～2005 年）发展规划》和《大洋多金属结核资源研究开发“八五”计划》，11 月确定了“八五”期间大洋专项任务设立 5 个项目：开辟区勘探项目、基础地质研究项目、开采技术与设备研究项目、选冶试验研究项目、综合性项目。1992 年 3 月中旬大洋协会与开采技术开发承担单位签订了 3 个课题方向的 9 个专题合同。至此，正式开始了中国深海采矿技术与装备的研究开发。

17.4.2.2 深海采矿技术的第一期发展规划

A 总体目标

第一期发展规划中深海采矿技术研究开发的总体目标为：以矿址结核平均丰度不小于 6 kg/m^2（干重）为条件，采矿系统净采矿率 25%（或 20%）为参照指标，通过室内试验、扩大试验及浅海或深海试验，基本解决深海多金属结核采矿技术与设备研制的关键问题，为我国第二期开发深海多金属结核进行工业性试采提供技术方案。第一期发展规划分三个五年计划执行：

（1）“八五”期间的阶段目标是通过实验室基础研究与试验，确定我国采矿技术的发展方向，设计、研制出 1～2 种集矿机的模型样机，提出优化的扬矿工艺和合理参数，研究开发出集矿模型机，室内水下试验和扬矿试验系统的测控装置；

（2）“九五”期间，通过扩大试验研究，进一步优化开采技术方案，完成海上试验系统的设计，并进行主要设备研制，1998 年 5 月大洋协会根据专家建议，确定增加《大洋多金属结核中试采矿系统湖试任务》，对采矿系统工艺技术和设备进行验证，提高工作的显示度；

（3）“十五”期间，确定海上试验区，完成海上试验设备的制造与安装，在“十五”末期进行海上采矿试验。

B 基础研究

（1）研制出水力和复合式两种集矿机的模型样机，进行了水力式、机械式、水力机械复合式 3 种集矿机总体方案和采集、输送、行驶机构的工作原理、合理结构及工作参数的实验研究，解决了采集率高、含泥率低的集矿方法和车辆在稀软海底可行驶性等关键技术，研制成功水力式和水力机械复合式 2 种集矿模型机。

（2）优选出矿浆泵或清水泵水力管道提升两种扬矿方法，进行了大洋多金属结核物理力学特性研究及模拟结核试样的制作，30 m 高矿浆管道提升（射流泵、潜水矿浆泵、清水泵、气力、轻介质）方法与机理、系统工艺参数试验及计算机仿真研究，扩大试验筛选出潜水矿浆泵、清水泵 2 种提升系统方案。

（3）研究开发出两套分别用于水力和复合集矿模型机专用遥测遥控系统。

（4）确定了以“履带自行水力或复合式集矿机和矿浆泵或清水泵水力提升系统”为我国采矿技术的发展方向，制定出年产 15×10^4 t 的《大洋多金属结核采矿系统海上中试方案（指南）》和实施路线图。

（5）建立了大型集矿实验水池和 30 m 高扬矿试验系统。

C 扩大试验研究

（1）采矿系统关键技术的扩大试验研究，取得突破性进展，具体表现在以下几个方面。

在集矿子系统方面：

1）海底沉积物土工力学特性扩大取样测试和原位测试研究，取得了中国矿区沉积物的剪切强度和贯入阻力方面可贵的实用设计数据；

2）利用能量平衡原理，优化水力集矿头喷嘴水力特性与水泵特性的匹配关系，提高了水力采集系统的能量利用率；

3）通过阿基米得螺旋行走机构与履带车模型机比较试验，验证了履带车在稀软海底沉积物上行驶的优越性；

4）对不同齿距、齿高和齿形履带齿进行了牵引力和压陷深度试验，为履带车设计提供了可靠依据，并建立了履带车行驶动力学模型；

5）研制出破碎机排放大块或过硬物机构，解决了系统卡塞难题，并研究了破碎机振动对车辆行驶的影响；

6）研究提出了把软管作为“梁”处理，考虑软管的拉、弯、扭和剪切力，建立了非线性大变形的空间“梁”数学模型，解决了软管对集矿机和中继舱的作用力和软管空间形态，以及集矿机相对中继舱的安全行驶区域的分析方法，这一方法得到了计算实例、模型实验和湖试验证，比过去采用“索”单元更符合实际。

在提升子系统方面：

1）硬管系统进行了垂直管、倾斜管水力提升参数扩大试验和提升管道升沉和摇摆对扬矿参数影响的试验研究，取得了系统工艺设计参数的依据，并修正了硬管两相流矿浆水力提升的总阻力坡降计算公式；

2）为中继舱研制出弹性叶片轮给料机，解决了给料不卡堵、矿仓不结拱、紧急排料等技术；

3）进行了实际尺寸软管对水平 -90° ~ +90°的倾斜输送试验和驼峰空间形态大曲率180°回转弯管输送试验，取得了不同倾角、输送速度和体积浓度的摩阻坡度值，并利用积分计算推演方法获得了空间曲线管路输送压力损失，有效地解决了管路运动状态下的输送参数计算问题，并研究建立了软管系统液-固耦合非线性动力学模型，为软管空间形态和受力分析奠定了基础；

4）建立了系统在各种实际采矿条件下的运动和受力状态及其变化的深海采矿中试系统数学、力学模型；基于非线性、大位移、小应变有限元技术，采用CR法（随体旋转法），作非线性大位移和大旋转结构分析计算，给出整个管道系统形态的变化、管道系统任一点或任一单元处的作用力、轨迹和应力的变化历程；并在拖曳水池中进行了定常流和振荡流中圆柱带1~3根小圆管不同分布角度条件下的流体动力系数试验，获得了各种组态定常流中圆柱带小圆管的阻力系数 C_D、升力系数 C_L、扭矩系数 C_{MY} 与雷诺数 Re 的关系曲线及振荡流中阻力系数 C_D、质量系数 C_m 与 K_C 数的关系曲线。

在测控与动力系统方面：

1）研究确定了以罗盘导航和声学定位修正进行按预定开采路径行驶、电视和图像声呐辅助搜寻相邻轨迹与监测障碍的作业车行驶控制方式，并具有手动、半自动和自动控制功能，可根据观测的海底结核丰度和坡度调节车速；

2）研究开发出以模糊控制、神经元网络控制和专家智能决策相结合（包括速度环、方位环等）的自动直线行驶控制模型及算法，实验验证误差在5%左右；

3）研究确定了系统采用开放式集散系统（DCS）、分层数据总线和高速公路结构，系统最顶层为以个人计算机为核心、以 intellution FIX 模件为基础的船上控制中心，具有记录、显示和实时图像分析处理功能，实施信息的输入/输出、控制和与水下设备的通讯；水下工作站为一具有数字量、模拟量处理能力的计算机控制系统，执行向车上测控设备提供低压交直流电，采集水下传感器的信号，进行履带车行走速度的闭环控制，驱动所有传动装置，与船上控制系统通讯等功能；

4）研究确立了水下高压供电、水面低压侧软启动和控制的动力系统方案，解决了水下大功率设备体积大、费用高、可靠性低、维修不便等技术难题。

（2）优化了我国“海底履带自行水力集矿机采集-水力管道矿浆泵提升-海面采矿船支持”的深海采矿技术方案，完成了《中试采矿系统总体设计》（1999年1月）和《中试采矿系统技术设计》(2001 年 4 月)。

(3) 水面支持系统及其水下设备收放系统完成了方案设计,提出了用排水量 2 万 t 的旧货船,加装首尾侧推动力动力定位系统、船中央设井架和月池,利用具有升沉补偿摇摆架的液压升降机吊放水下设备的方案。

(4) 圆满完成了中试采矿系统的湖试。开展国际技术合作,中方负责集矿机及其控制系统总体方案设计、采矿专有技术设计制造、监控软件的开发、发电与配电设备设计和配套,法国自动控制公司负责液压系统、控制系统与检测仪表及通用配套软件平台的施工设计与制造、整机集成调试,于 2001 年 8 ~9 月完成了湖试。达到了打通采矿系统工艺流程、考核设备运转情况、系统能从湖底采集模拟结核并输送到水面船上的目的,并进行了采矿试验对环境影响的调查和模拟结核铺撒效果取样分析,以及水下机器人在采前与采后对湖底的观测。

D 中试采矿系统 1000 m 水深试验系统的制造、集成和海试

(1) 完成了 1000 m 海试系统的技术设计和制订了试验方案;

(2) 进行了集矿机的改进和完善;

(3) 完成了四级硬管提升泵和电动机的设计,制造出两级泵样机,通过了实验室试验;

(4) 进行了海试采矿船的选型调研;

(5) 进行了采矿系统虚拟现实探索研究;

(6) 钴结壳剥离破碎方式的基础研究,特别是微地形变化探测和自适应技术,研制出截齿滚筒切削机构模型,试验数据为未来设计提供了参考依据,同时建立了各种行走方式力学仿真模型,进行了可行驶性分析。

17.5 多金属结核开采

17.5.1 开采条件

太平洋 CC 区结核区开采条件和环境参数如表 17 – 30 所示。

表 17 – 30 中国大洋多金属结核矿区开采作业条件

<table>
<tr><th colspan="2">开采条件</th><th>技术指标</th></tr>
<tr><td colspan="2">作业水深</td><td>6000 m</td></tr>
<tr><td rowspan="3">作业海况</td><td>商业系统
6 级海况</td><td>1. 平均风速 16 m/s,阵风 3σ(持续时间 60 s);
2. 海浪:浪高 4 m,浪涌周期 10 s;
3. 海流:海面洋流速度为 1.7 m/s ;海底流速度为 0.15 m/s</td></tr>
<tr><td>中试系统
4 级海况</td><td>1. 平均风速 8 m/s(国外为 10 m/s);
2. 海浪:浪高 2.5 m;浪涌周期为 10 s;
3. 海流:海面洋流速度为 1.7 m/s;海底流速度为 0.15 m/s</td></tr>
<tr><td>起伏补偿</td><td>高度 ±2.5 m(国外最高为 ±4 m);补偿周期 10 s(国外为 8 ~12 s)</td></tr>
<tr><td colspan="2">海　水</td><td>1. 海面水温为 22 ~30.2℃,平均为 28.2℃;
2. 海底水温为 1 ~2℃;
3. 海水密度:表层为 1.022 g/cm^3;5000 m 深处为 1.052 g/cm^3</td></tr>
<tr><td colspan="2">海底地形</td><td>1. 总体坡度≤5°,局部坡度≤15°,>10°的只占 10%;
2. 相对高差为 100 ~300 m;
3. 绕行障碍:露头或礁石高度 >0.5 m;堑沟宽度 >1 m</td></tr>
</table>

续表 17 - 30

开采条件	技术指标
海底沉积物	最小剪切强度≥3 kPa,摩擦角 4.5°~5.6°,湿密度 1.2~1.5 kg/m^3
结核矿	1. 采集深度 10 cm; 2. 采集结核粒径 2~10 cm; 3. 采集结核平均丰度 6 kg/m^2(国外为 10~15 kg/m)干重,最高达 20 kg/m^2; 4. 湿密度 1.7~2.16 kg/m^3,平均湿容重 2 kg/m^3; 5. 含水率 30%; 6. 抗压强度 5 MPa
矿区尺寸	1. 单个可采矿体宽度 3~8 km,长度 100~200 km; 2. 最小可采矿块 10 m×1 km

根据目前和可预见的采矿系统设备性能和对金属市场不产生难以承受的冲击,最有经济潜力的年生产能力为 1 万~2 万 t 干结核。目前趋于以两套 150 万 t 干结核的采矿系统实现年产 300 万 t 矿山生产规模。

由于地形因素某些地段采矿机无法进入(约损失 30%)、无矿或丰度低(约损失 35%)、采矿机采集率(约损失 30%)及采矿机机动(约损失 30%)等影响,目前总回采率仅能达到 24% 左右。

17.5.2 开采系统主要类型

目前有 4 种基本开采技术系统:拖斗采矿系统、连续索斗采矿系统(CLB)、往返潜水采运车系统、集矿机-流体提升采矿系统。到目前为止,后一种被世界公认为是最有应用前景的采矿系统。

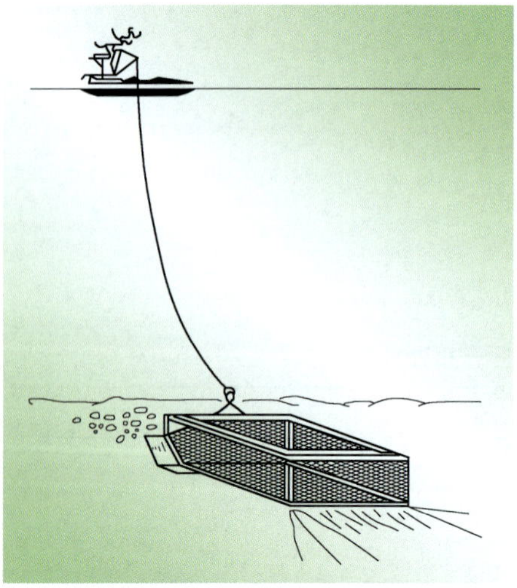

图 17-16 拖斗采矿系统

17.5.2.1 拖斗采矿系统

拖斗采矿系统由 3 个部分组成:采矿船,拖缆和铲斗,如图 17-16 所示。拖斗上装有听音器和摄像机,检测拖斗工况。

一般采用 2000 t 级船,斗尺寸为 6 m×3.7 m×0.9 m,斗重约 3 t。若装满系数为 65%,物料密度 0.9 t/m^3,扣除 25% 废石,每斗可采集 10 t 结核。拖斗升降速度较慢(下降 3 m/s,提升 3.8 m/s),若水深 1500 m,提升速度为 7.6 m/s,需功率 2900 kW,生产成本为每吨 18.4 美元。水深 3000 m 时,提升速度一般为 3.8 m/s,生产成本达到每吨 30.6~41.2 美元。因此,这种方法不经济,加之拖斗在海底无法控制,资源大量丢失,没有商业开采应用价值。

17.5.2.2 CLB

该系统是日本人益田善雄于 1967 年提出的,工作原理是在一根约 20 km 长的无极绳圈上,间隔一定距离固定铲斗,穿过一艘或两艘海面船上的滑轮,用摩擦传动循环运动,铲斗拖过海底采集结核矿石带到船上,见图 17-17。法国提出双船方式,两船间距达 1000~2000 m,以 0.01~0.5 kn 速度拖曳相当于水深至少 3 倍的环行缆索,以解决拖缆缠绕问题和提高作业效率。试验证明,尽管这种系统具有结构简单、投资少、运转费低等优点,但是具有致命的缺点:铲斗和绳索易相互缠绕,铲斗在海底采集轨迹几乎无法控制,难以避开海底悬崖和障碍,造成采集率低(20%),资源损失大,对海洋环境影响非常大等严重缺点,无法满足大洋采矿要求,已被世人放弃。

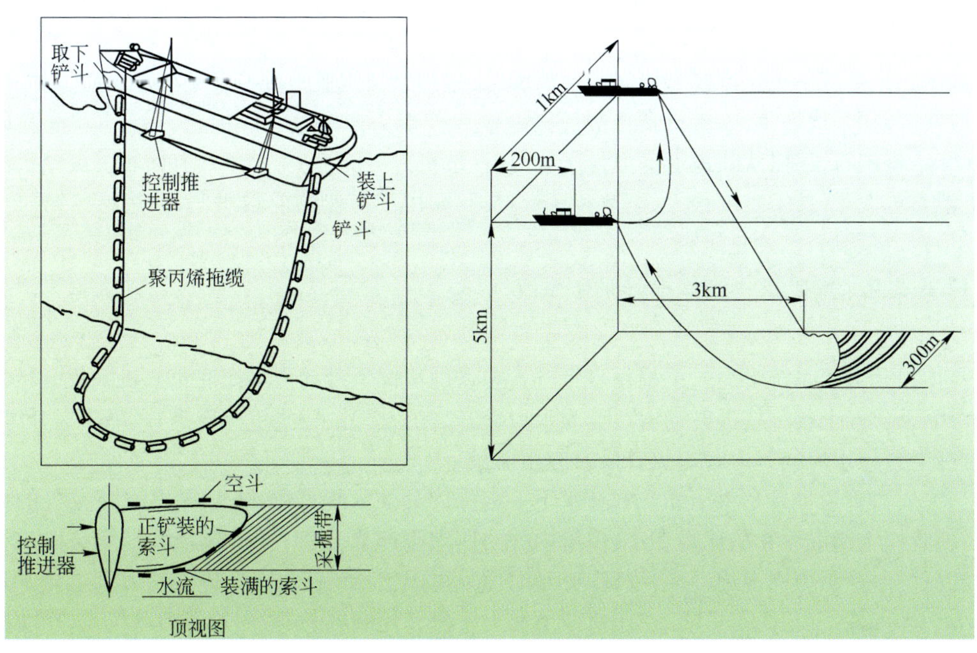

图 17－17　CLB 采矿系统

17.5.2.3　往返潜水采运车系统

该系统是由法国大洋结核调查研究协会主持于 1972 年开始研究的一种集矿和提升为一体的水下机器人采矿设备，如图 17－18 所示。其工作原理是：用浮力材料使水中自重为零的采运车，带有水中重量等于即将采集的结核在水中重量的压载物，由螺旋推进器产生的动力克服水动力阻力下降，在海底由阿基米得螺旋行驶机构驱动，前进集矿，同时抛弃重量相当的压载物，在压载全部抛弃前，停止采集，然后抛弃其余压载物，直至机体在水中的重量为零或略具浮力，在螺旋推进器作用下，采运车升至海面，靠近海面半潜平台码头卸下结核，补充压载物再开始新一轮采矿循环。

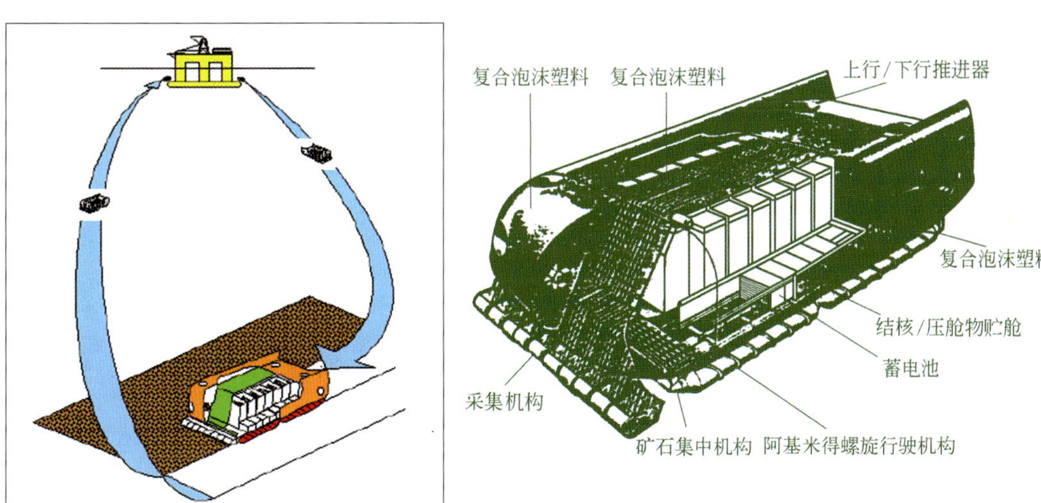

图 17－18　往返潜水采运车系统

系统由多台往返潜水采运车和半潜海面平台组成。每台采运车由海面平台通过声学系统控制。

该系统只进行了小比例模型机实验室试验，未进行采集试验。其特点是机动灵活，对海底地形适应性好，回采损失小，一台机器出故障对系统生产能力影响甚小。但是，每台车 8 h 只能采运 250 t 结核矿石，还需从陆地运送大量压载废石，单机有可能丢失，必须具有回收失灵单机的方法，电池重量太重，技术难度很大，制造和运行费用高，用于商业的前景渺茫，在进行了第二代模型机 PLA-2 试验后，已停止研究。

17.5.2.4 集矿机－流体提升采矿系统

A 流体提升采矿系统

流体提升采矿系统是通过一根垂直提升管道借助流体上升动力将海底集矿机采集的结核提升到海面采矿船上的。按提升动力可分为水力提升、气力提升、轻或重介质提升、戽斗提升等，目前，国际上公认水力或气力管道提升最有应用前景。

(1) 气力管道提升是将压缩空气在水下一定深度处注入提升管内，依靠海水与空气的比例变化，使管内上部混合物的比重变小，由管内外的压差引起提升管内流体运动，带动结核矿石克服三相流的摩擦阻力向上运动而将其提升到海面采矿船上，参见图 17－19。气力管道提升具有水下无运动部件，工艺简单可靠，空压机位于船上维修和控制容易、寿命长等显著优点，因此国外海试最初都采用气力管道提升方式，如美国 OMI 和 OMA 海试采矿提升系统。但是，海试和实验室研究证明，其扬矿效率低，最大不超过 20%，能耗(27 kW · h/t)比水力式(20 kW · h/t)高 35%，而输送结核矿石的体积浓度最大只能达到 10%，三相流控制困难，由于受空气注入管内产生的压力下降影响，管外作用着相当大的径向压力，从而管壁厚、直径大、重量重，因此国际上提出的商业采矿系统设计中基本不采用此种方式。

(2) 水力管道提升是利用了不同深度上的矿浆泵、清水泵、射流泵将海底集矿机采集的结核矿石与海水混合，通过扬矿管提升到海面采矿船上，参见图 17－18。射流泵具有与气力泵提升同样的优点，但其扬矿效率更低，不到 10%，而且需要多级射流泵串联运行，无实用价值。清水泵提升具有结核不通过泵、减少了泵的磨损、扬矿效率较高等优点，但海底给料装置复杂，可靠性相对差些，付诸实践有相当大困难。矿浆泵提升具有工艺简单、工作相对可靠、扬矿效率高达 50% 以上等优点。因此 20 世纪 70 年代海试时，OMI、OMCO 公司均进行了矿浆泵提升系统试验，取得了较好效果。70 年代末日本也由 CLB 法转向矿浆泵提升系统的实验研究，80 年代末法国、联邦德国和苏联提出的商业采矿系统方案均采用矿浆泵方式。

B 采矿系统按集矿机行走方式分类

采矿系统按集矿机行走方式分为拖曳式和自行式。

(1) 拖曳式集矿机由海面采矿船通过扬矿管牵引海底集矿机行驶采集结核矿石。这种集矿机具有结构简单、对海底扰动和破坏小等显著优点，因此 20 世纪 70 年代海试时，OMI、OMA 公司均采用拖曳式行走方式，参见图 17－19。但试验表明，拖曳式控制不便，不能准确地按预定开采路线行走，采集效率低，回采损失大，避障更困难，几乎不可能用于工业试采。

(2) 自行式集矿机其具有机动性好、避障容易、采集路径控制准确(±0.5 m)、回采率高、结核丰度变化时利用变速行驶保持产量相对恒定等突出优点，20 世纪 70 年代末海试时，OMCO 公司就采用了阿基米得螺旋自行式集矿机采矿系统，参见图 17－20，这是一种较完备的海底采矿系统。尽管这种行走方式的设备特别是控制系统相对复杂，但随着现代微电子和相关的航天、航海等技术的高速发展，其系统可靠性已不再是影响选用的决定因素了。因此，80 年代末法国、联邦德国和苏联提出的采矿系统均采用自行式行走方式,如图 17-21 和图 17-22 所示。

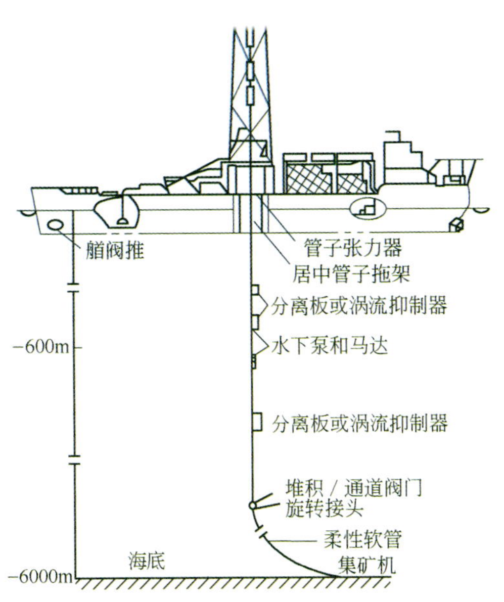

图 17-19 拖曳集矿机-气力提升采矿系统

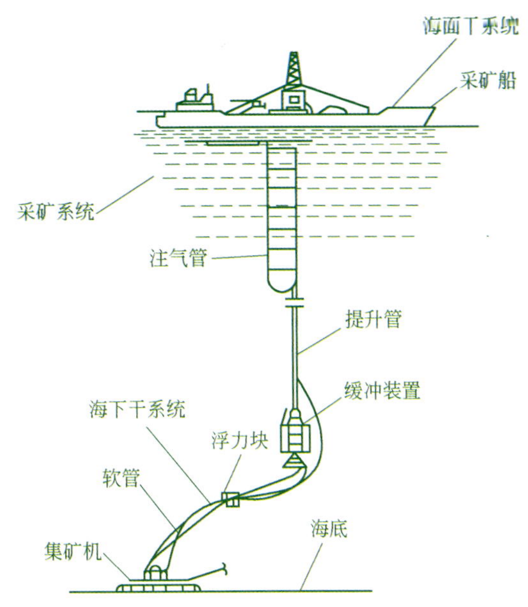

图 17-20 自行集矿机-矿浆泵水力提升采矿系统

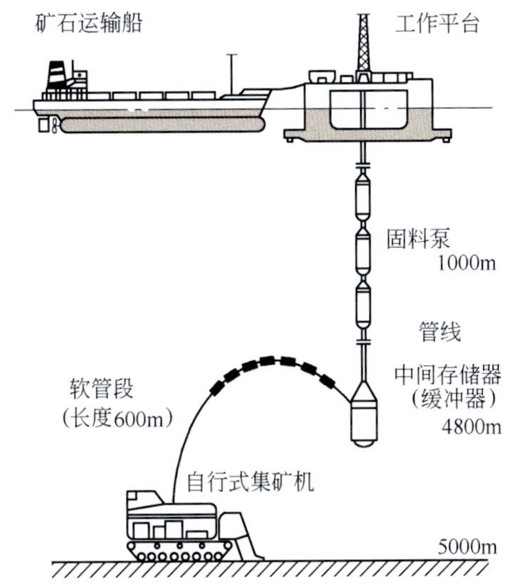

图 17-21 法国 Gemonod 开发组采矿系统概念图

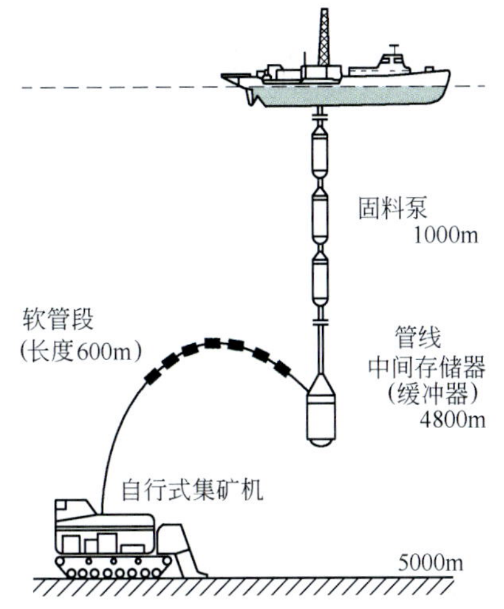

图 17-22 联邦德国 Preussag 公司采矿系统概念图

综合国外的研究、海试和方案设计可以得出结论,未来第一代商业采矿系统将是自行式集矿机水力管道提升采矿系统。

17.5.3 系统组成和功能

采矿系统的基本功能是在海上将海底结核采集起来,提升到海面,并运输到港口。为此,采矿系统由以下 4 个子系统组成:

(1) 海底采集子系统,在海底按规定路线最大限度的采集结核,进行去除沉积物和破碎,并送往提升系统；

（2）提升子系统，将结核从海底提升到海面；

（3）监控子系统，开采系统的导航定位、作业控制和管理；

（4）水面支持系统，包括采矿作业平台和运输支持系统，采矿作业平台为海下设备提供存放、收放、悬挂、拖曳、动力、维修、存储和向矿石船转运矿石，以及人员生活支持；运输支持系统将矿石运输到港口，向采矿作业平台供应补给品及人员轮换支持。

17.5.4 集矿机

集矿机是采矿系统中技术最复杂、最关键的部分。尽管1978年的海上试验验证了采矿技术原则上是可行的，但距离商业实用最有效的道路仍然是相当漫长的。原因之一是还没有一种集矿机能无故障地连续工作几十小时，原因之二是从结构原理上讲，从海底携带大量沉积物并满足联合国海洋法公约关于海洋环境保护要求仍有一定困难。

迄今为止，在技术和经济上有价值的采集原理主要为三类：机械式、水力式和复合式，其原理示意图列于表17－31中。目前最有前景的集矿原理是双排喷嘴射流冲采－附壁喷嘴吸送式和双排喷嘴射流冲采－齿链输送式。

表17－31 集矿原理主要类型

类型		原理图	类型		原理图
机械式	链带耙齿式		水力式	轴流泵吸扬式	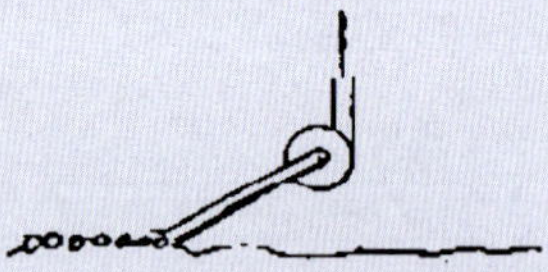
	滚筒耙齿式	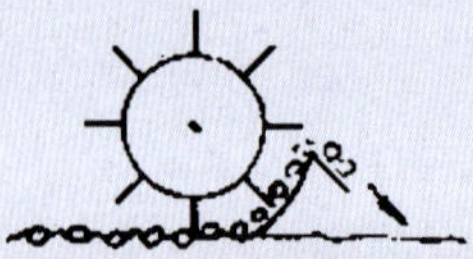		附壁喷嘴吸入式	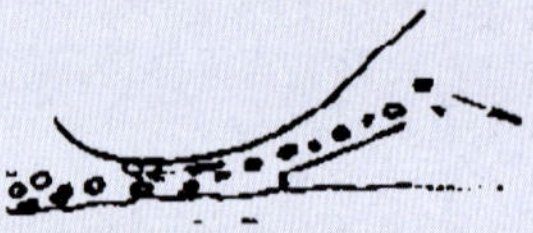
	链斗式			射流冲采－附壁喷嘴吸入式	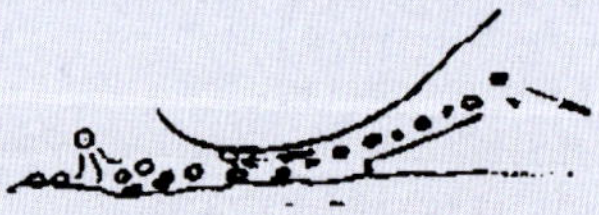
	轮斗式		复合式	单排喷嘴射流冲采－齿链输送式	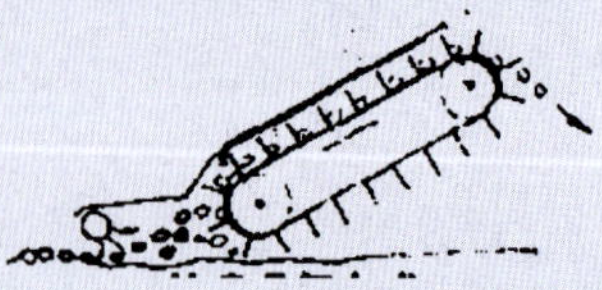
	滚筒耙齿－齿链输送式	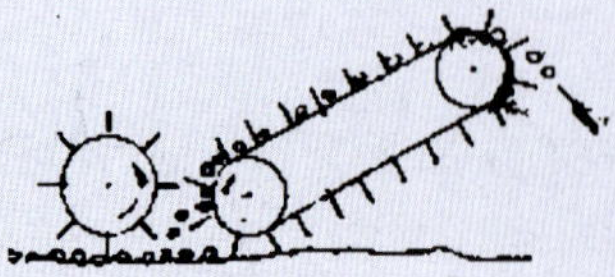		双排喷嘴射流冲采－齿链输送式	

根据对集矿机的功能要求和工作原理，集矿机主要由以下主要部分组成：

(1) 集矿机构包括采集、冲洗、向破碎机输送结核等部件；

(2) 破碎机构包括受料口、破碎机本体、大块排出装置等部件；

(3) 行走机构包括牵引、悬挂、转向等部件；

(4) 动力供应包括电力和液压等部件；

(5) 测控系统包括采集控制、破碎控制、行驶控制、导航定位、工况参数检测等部件；

(6) 对地比压调节构件浮力件。

17.5.4.1 集矿机构

A 双排喷嘴冲采 - 附壁喷嘴负压输送水力采集机构

双排喷嘴冲采 - 附壁喷嘴负压输送水力采集机构示意图如图 17 - 23 所示，它的工作原理是利用离海底一定高度的前后两排斜向海底的喷嘴，产生射流将结核冲离沉积层，洗掉一部分沉积物，在形成的上升水流作用下将结核举起，在集矿装置向前移动和附壁喷嘴产生负压的作用下送入破碎机料口。水力集矿机构实际设计都是用半经验公式进行估算，然后通过模型试验进行修正加以确定。

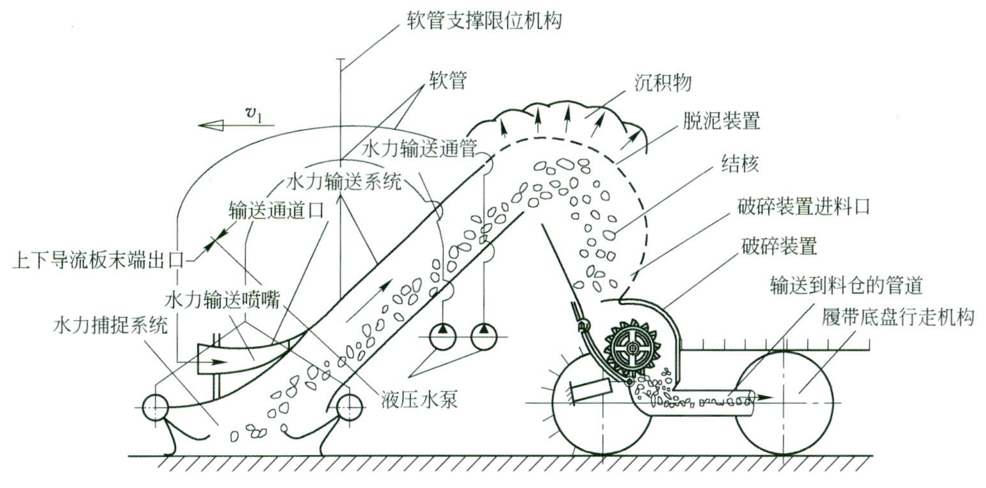

图 17 - 23 双排喷嘴冲采 - 附壁喷嘴负压输送水力采集机构示意图

B 双排喷嘴冲采机构与齿链输送机构相结合的采集机构

该机构如图 17 - 24 所示，这种结构可以避免纯机械式挖齿容易损坏和负压输送能耗高的缺点。

齿链输送机构主要有两种类型：刮板链(底板固定)和齿板链(底板与链齿一起运动)。

刮板链由刮板牵引链、驱动链轮、导向链轮、张紧链轮、输送台板、机架、侧挡板和驱动马达等组成，刮板链牵引计算如图 17 - 25 所示。

刮板由横板条和上下刮齿组成。多个上下齿间隔一定距离固定在横板条上，形成齿耙状。上齿为圆柱形，长度大于最大结核粒径，用于刮送结核，下齿较短，用于清理输送台筛条间隙，避免结核卡塞。多条刮板的两端安装在两条牵引链上，牵引链为耐磨环链，由液压马达驱动星轮带动。台板为筛条结构，便于输送过程中进一步清除掉黏附在结核上的沉积物。

17.5.4.2 行走机构

多金属结核赋存在稀软的沉积物表层，其承载力极低，摩擦系数接近于零，只能靠集矿机构剪切力产生推进力,能适应这种底质条件的承载行驶车主要分为拖曳式和遥控自行式两大类,如表 17－32 所示。

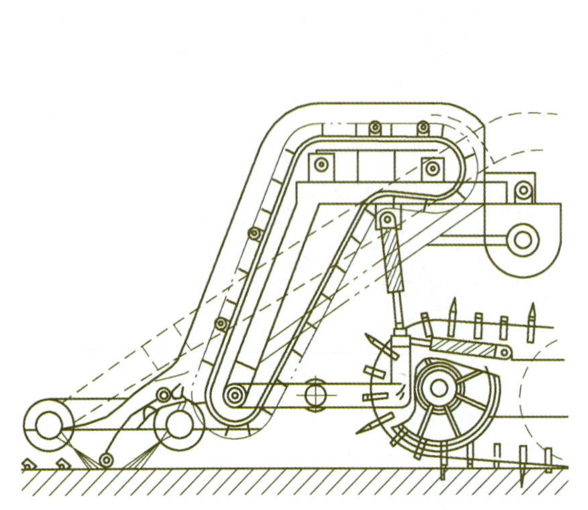

图 17－24　水力机械复合集矿机构原理图

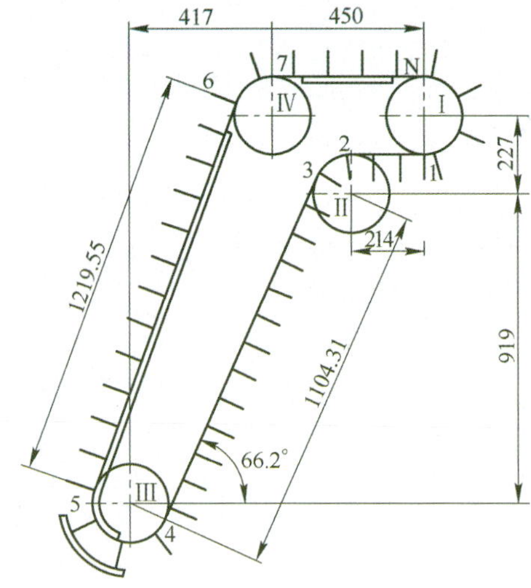

图 17－25　刮板链牵引计算简图

表 17－32　承载行驶原理主要类型

拖　曳　式	自　行　式		
	螺旋桨推进式	阿基米得螺旋推进式	履带行走式

A　拖曳式

拖曳式行驶机构是由海面采矿船通过提升管牵引雪橇式承载底盘行驶。优点是结构简单,对海底扰动和破坏小。但是,不能精确定位,无法控制方向和按预定轨迹行驶,避开障碍困难,难以实现固定速度前进和采集速率变化,海底资源损失大。因此,这种承载行驶方式只适于首次在海上做采集原理试验用,不适于商业性系统。

B　遥控自行式

自行式机构是由采矿船通过电缆供电,操作者按自动、半自动和手动模式遥控行驶。这种机构可控制开采路线,越障或绕行,机动性好,采集覆盖面积大,资源回收率高,能根据结核丰度变化改变行驶速度,保持生产能力恒定。因此,自行式机构成为目前公认的集矿机承载行驶方式。可行的自行方式主要有以下几种:

(1) 螺旋桨推进式　这种机构的结构简单,但是牵引力小,精确定位慢速行驶困难,对海底扰动严重,有可能将邻近采集路径内的结核吹走或埋入沉积层内,不能适应商业性深海采矿的需要。

(2) 阿基米得螺旋推进式　这种行驶方式最初是美国海军为沼泽地带用车辆而开发的。最早的阿基米得螺旋行走车,为两条中心距 1.8 m 的螺旋,长度 5.4 m、外径 0.98 m、螺旋叶片高 0.24 m,可载 2 人,载重 980 kg。在软泥地、沼泽、雪地上行走性能良好,但在硬岩上几乎不可能行走。美国 OMCO 公司于 1979 年在太平洋海域结核矿区稀软沉积物底质进行了行驶试验,尽管未得到公司的证实，螺旋有钻入海底的趋势，破坏海底范围大，这一缺点抵消了其结构简单的优点。随后，法国、联邦德国、苏联和中国对阿基米得螺旋行走方式进行了广泛的研究和比较试验，发现其静态压陷深度远大于履带式，即承载能力低，参见图 17－26；单位车重的牵引力远小于履带式，行走功率远大于履带式，约为 40∶7.4；越障和转弯困难；螺旋凹槽易被沉积物敷住，影响产生牵引力，造成打滑，行走能力下降。

因此，阿基米得螺旋实际用于稀软海底行驶，尚待进一步研究和改进

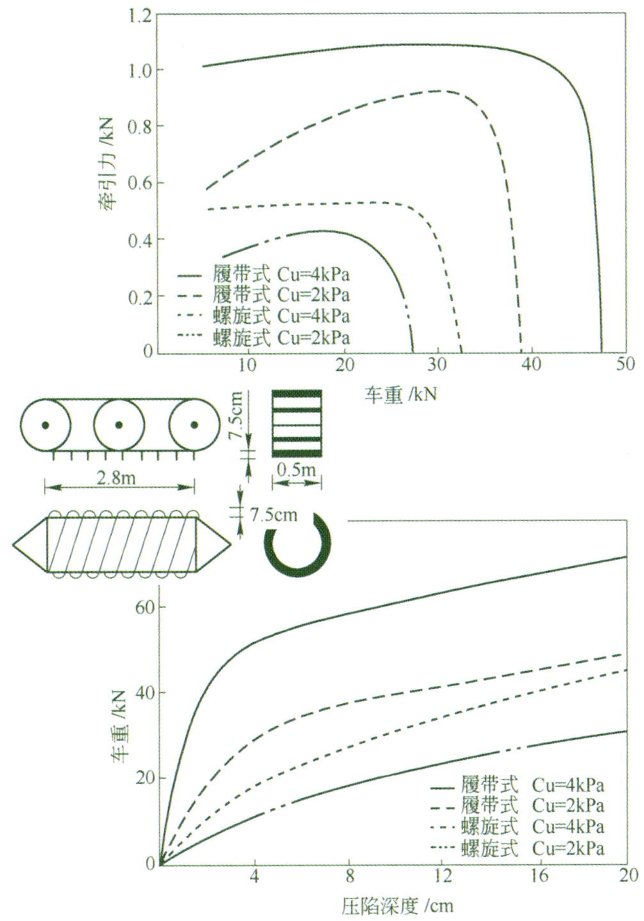

图 17－26 履带式与螺旋式行走机构对比试验结果

（3）履带行走式 履带车是通用行驶设备，1972 年开始用于海底行驶试验。由于履带接地面积比其他行驶方式的大得多，产生的牵引力也大，底质承载能力越低优越性越明显；履带车的可行驶性（包括越障或绕障）、操纵性、对环境影响程度均能很好地满足稀软海底行驶要求。因此，成为首选行驶方式。

17.5.4.3 破碎机

要求给矿尺寸为采集结核的最大尺寸，一般为 15 cm；排矿尺寸一般不大于 5 cm，过粉碎量不大于 20%；具有超硬或过大块自动排放功能。

根据结构简单、重量轻的要求和破碎对象强度低（平均抗压强度 5 MPa）的条件，单齿辊破碎机较为合适。典型的破碎机如图 17－27 所示，具有液控过载开颚板和联动开底门排放机构。

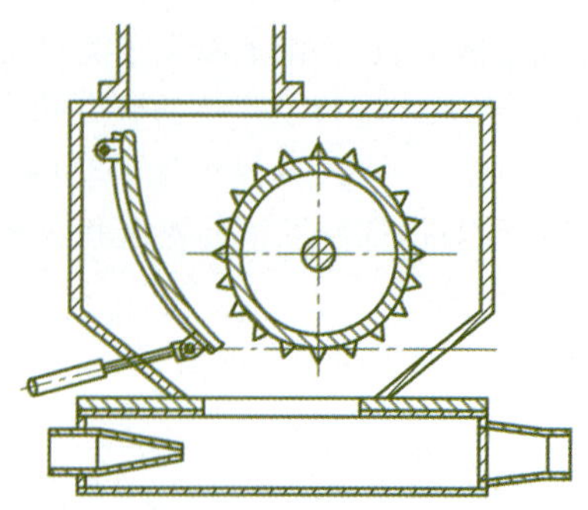

图 17-27 单齿辊破碎机

17.5.5 提升系统

17.5.5.1 矿浆泵水力提升系统

A 提升系统原理和工艺参数

提升系统原理是按顺序将矿浆泵安装在不同水深处的提升管道上，通过泵提供的压头提升结核。第一组泵的位置视空穴作用而定，对于 6000 m 深度提升，一般第一组泵位于海面以下 1000 ~ 2000 m 左右。为防止突然停电矿浆沉积而堵塞管道，在适当位置安装旁通阀。也有安装涡流抑制板防止侧面涡流对管道产生的激振。

提升系统工艺参数主要有：矿浆浓度、流速、管径、结核粒径、水力坡降、矿浆泵扬程、功率等。

系统主要部件包括垂直提升管、提升泵、中间舱和软管系统。

B 垂直提升管

（1）提升管材一般采用高屈服强度钢管，也可选择其他材料，如铝合金、复合材料等。国外几次海试和设计的扬矿管材质和有关技术数据列入表 17-33。

表 17-33 国外扬矿提升管线技术数据

技术参数	OMI 海试扬矿管线	OMA 海试扬矿管线	OMCO 海试扬矿管线	日本设计海试扬矿管线	Preussag 红海试采扬矿管线	法国商业设计扬矿管线
内径/mm	215 ~ 224	241 ~ 160	150	226 ~ 148		382
外径/mm	245	298 ~ 178	450	298 ~ 168	127	406
每节长/m	11	11	30	12		27
总长/m	5250	4422	5000	5160	2200	4800
钢　级	S135	P110	高强度钢	高强度钢		高强度钢
屈服强度/MPa	931	774				
抗拉强度/MPa	1000	879		1050		
连接方式	螺纹	螺纹与夹持器	螺纹	螺纹		快速接头
管线总重/t				666/580		750

（2）管段壁厚是变化的。按静载拉应力，考虑升沉动载系数和弯曲应力系数计算管道壁厚。为了减轻重量，一般分为 4 ~ 8 段分别确定壁厚。在 4 或 5 级海况作业时，升沉动载系数：有升沉补偿时约为 1.1，无升沉补偿时不小于 1.4；弯曲应力系数 1.2。基本参数确定后，对管线进行动力学分析，根据分析结果进行修正。

算例：5000 m 扬矿管分为四段计算壁厚，若中间舱选 50 t、100 t 两个等级，泵重 8 t × 2，电缆重 10 kg/m，每节管长 20 m，螺纹连接，接头重取管重的 10%，许用应力选抗拉强度的 40%。计算结果列于表 17－34。另一设计实例是，内径 338 mm、总长 6000 m 管线，顶端壁厚 17 mm，底段壁厚 8.5 mm。而法国 4800 m 提升管，总重 750 t，底端有 100 t 的配重，用以改善管线的动态特性，并在水深 2000 m 以上分布管状浮力块，以减轻管线重量。

表 17－34　提升管结构参数计算结果

技术参数	第一段管线	第二段管线	第三段管线	第四段管线
水深/m	5000～3500	3500～2000	2000～1000	1000～0
管道钢号	D_{75}	D_{75}	D_{75}	D_{75}
抗拉强度 σ_b/MPa	900	900	900	900
每节管长/m	20	20	20	20
管道内径/mm	206	206	206	206
管道外径/mm	226	232	238	250
管道承载能力/t	244	322	402	575
管道自重/t	80	116	97	138
水下设备重/t	100	—	—	16
电缆重/t	20	15	10	10
总重（水中重）/t	180	294	382	524
连接方式	螺纹	螺纹	螺纹	螺纹

C　提升泵

（1）20 世纪 70 年代末国外海上试验所使用的矿浆泵与通用潜水泵和配有混合流叶片的立式井泵基本相似，但根据水力提升系统要求做了如下适应性改进：

1）为保证提升管中各点流体速度明显高于结核的沉降速度，泵中流体通过速度最小值定为 2.5 m/s；

2）每级最高工作压力限定为 0.6 MPa，保持足够的寿命；

3）泵内通过断面最小尺寸为 75 mm，叶轮为 3 片；

4）泵内流体路径偏离轴线小，通路形状有利于泵送或逆流时不堵塞，叶轮外边圆周速度尽可能低，以降低转数和磨损；

5）泵流量－压力曲线平滑，合理工作点区间大，如图 17－28 所示；

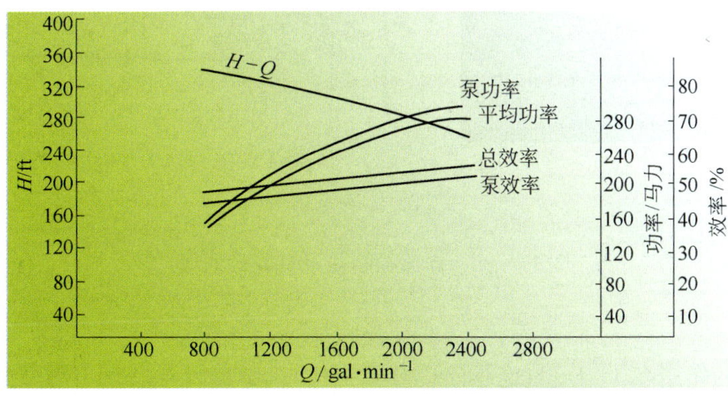

图 17－28　两级提升泵功率和压头与提升能力的关系

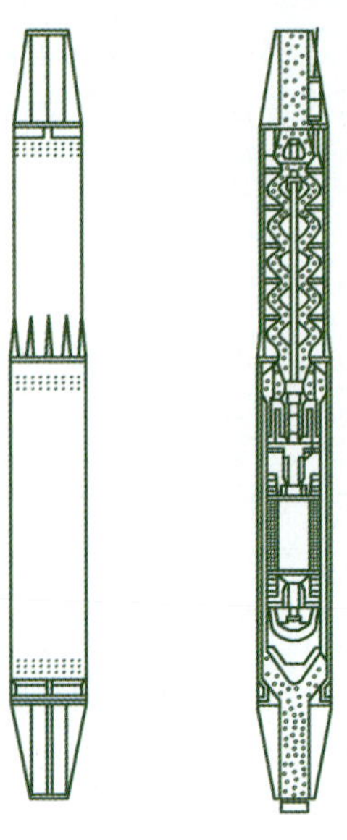

图 17－29　矿浆泵结构示意图

6）泵的重量和外形尺寸适应安装在管道段之间，泵的结构示意图见图 17－29。

这种泵最初由德国 KSB 公司制造，其排量为 500 m^3/h、扬程 265 m、转数 1726 r/min，功率 800 kW，外径 534 mm，长 6.65 m，重 5.5 t。法国为产量 150 万 t 干结核工业采矿系统设计了 4 台沿管道间隔串联泵，直径 1.1 m，长度 15 m，重 27 t。我国为中试采矿系统研制出这种类泵的样机，如图 17－30 所示。

（2）德国 Preussag 公司和法国 Gemonod 专项研究组针对结核提升量 $m_s=500$ t/h、输送体积浓度 $C_t=15\%$（最大 20%）作出了商业性提升系统泵的设计。根据 16 英寸外径提升管线的特性曲线，泵工作点的压力 $p_{ges}=11.33$ MPa，相应的输送流量 $V_{ges}=1667$ m^3/h。确定的泵基本参数如表 17－35 所示。

若最高转速限制在 1652 r/min 之内，最下面的泵下潜 1200 m 就足够了，上面的泵以相隔 300 m 来配置。泵工作点效率为 74%。

（3）在泵提升中，因结核通过泵级时所产生的细粒物而造成的磨损是最为严重的问题，首要的薄弱部位是隔离环密封件。各种物料的磨损试验表明，用陶瓷代替铬钢，隔离环的寿命大为改善，将提高 16 倍。

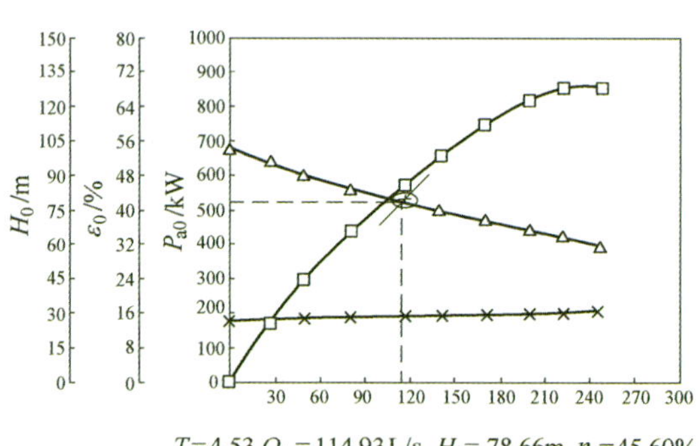

图 17－30　矿浆泵样机及其特性曲线

D　中间舱

（1）中间舱的作用在于当定量连续向提升管给料时，避免因受结核丰度变化引起集矿量波动对提升系统的影响，从而保证扬矿工艺参数的稳定，提高扬矿效率，并为采矿水下系统提供设备仪器安装平台，同时也起配重作用，有助于保持管线的垂直，改善管线的动态特性。

表 17-35 德国和法国商业性提升系统泵的基本参数

技术参数	取 值	技术参数	取 值
泵台数	4	每台泵额定功率/kW	2000
每台泵级数	5	比转数	61
每级压力/MPa	0.5	转子类型	半轴流式
每级清水扬程/m	53.9	转子外径/mm	478.5
额定转速/r·min^{-1}	1480	泵内自由通经/mm	~90

(2) 中间舱主要由连接装置、框架、矿仓、给料机、设备安装平台等部件组成。矿仓容积依采集路径无结核不小于15 min的供矿量确定，仓内设置料位计。给料机最好是弹性叶片轮式，可以解决卡堵现象，达到均匀给料，给料误差小于5%。在给料机与垂直提升管连接处下端安装紧急排放阀，为电液关闭弹簧重锤开启阀，当系统停电或故障时排出提升管内的结核，防止提升管被沉积结核堵死，不能再次启动运行。

(3) 设备安装平台主要安装软管输送系统中的矿浆泵、输配电系统中的变压器、水密电子舱、液压系统以及定位声呐等。

E 软管系统

(1) 软管系统的功能是从集矿机向中继舱输送多金属结核，保证集矿机有一定的自由活动区域，并有效隔离来自采矿船的扰动 。在集矿机下放及回收过程中充当起重缆索和挂钩，集矿机故障时拖曳集矿机，同时悬挂水下电缆。

(2) 软管输送方式有压送式和吸送式两种，压送式的输送泵安装在集矿机上，管内压力高于管外海水静压，软管径向承受张力，软管受力状态比较有利；吸送式的输送泵安装在中间舱上，管内压力低于管外海水静压，它既要具有较高抗压扁和拉伸的强度，又要具有较好的柔性。从软管输送角度，采用压送方式较好，如法国系统。但是，一台重约2 t，功率达150 kW的输送泵安装在集矿机上，必然占用空间，增加机重，会给集矿机的设计和运行作业带来很大的难度；而输送泵安装在中间舱还能起到一定的配重作用，泵的选型也可不受限制，我国系统采用这种方式。

(3) 软管泵，开采过程中，随着结核丰度和集矿机产量的变化软管输送浓度是变化的，从而也引起输送阻力的变化，因此，软管输送泵应具有硬工作特性，在管网阻力（输送压力）变化时，流量保持不变或变化很小。

容积泵是具有完全硬特性的输送泵，但输送粗颗粒物料有可能在活塞缸内会产生沉淀，通过阀腔也比较困难，甚至很可能出现卡住现象，工作可靠性较差。

离心泵结构简单，作业连续，工作可靠。但是输送粗颗粒物料要求叶轮通道足够宽畅，即工作轮叶片少，流道短而宽，即高比转数离心泵或混流泵。这种泵的特点是具有软工作特性，扬程较低，流量较大，往往采用多级泵的形式。对于软管输送距离不长（约400~600 m）、提升高度不大（约100~200 m），采用单级泵或双级泵则可满足输送扬程的要求。同时，为了更好地适应软管输送特性的需要，可考虑进行泵的自动调速。

一般趋向于采用高比转数离心泵或混流泵。

(4) 软管长度及空间形态，软管长度一般为400~600 m。为了满足集矿机与中继舱之间相对位置变化要求和有利于软管输送，利用在软管上合理布置浮力材料使软管空间几何形态保持上拱形态（法国系统）或驼峰形态（中国系统）。并在集矿机以上几十米处布置一定数量浮力块，保持软管下端垂直，减小软管对集矿机行驶的影响。法国采用均匀分布浮力材料，中国采用分两处集中悬挂，一处在离中继舱70 m，另一处离中继舱150 m。

软管应具有足够的抗拉能力(吊放或故障时拖曳集矿机)和抗管内外压差(1～1.5 MPa)的能力,并具有良好的扭曲性能。

目前,能同时满足这些条件的主要是法国生产的海底采油金属软管。软管的结构为:里层是密封输送管,外层是保护层,由耐磨橡胶或耐磨的高分子弹性材料制成;第二层为抗径向压力层;第三层为钢拉力层,由扁钢带绕制成类似蛇皮管的具有一定间隙的扣环状,以满足弯曲要求,如图 17－31 所示。软管可以制成整根绕在卷筒上储存。为消除扭矩用球铰接头与集矿机和中间舱连接,并用浮子平衡重量。

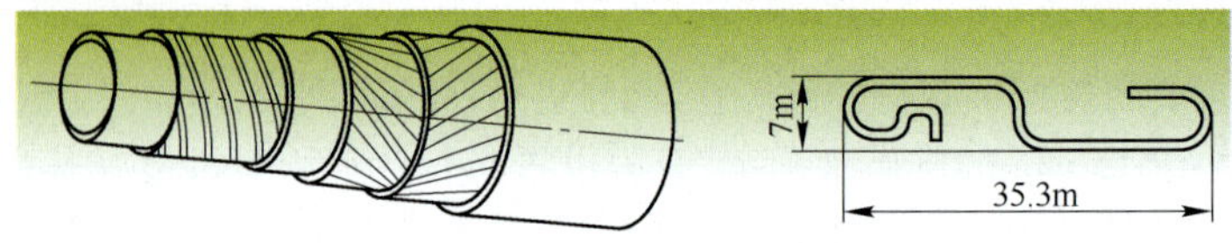

图 17－31　软管结构示意图

17.5.5.2　气力提升系统

A　气力提升原理

气力提升是在一定水深处向提升管内注入压缩空气,使管道内产生负压,带动底部的结核向上运动。在注入口之上所输送的为结核、空气和水混合物的三相流体,在注入口之下输入的为水和结核混合物的两相流体。

在气、液两相流中,当空气比较少时,空气产生的小气泡上升到液体中,集聚成大气泡,最终充满管道全断面,使液体只沿管道壁形成一圈环状薄膜,从而使管内气体和液体成断续状态即活塞流。固体在三相流中,就是借助活塞流提升上去的。当空气量不断增加,液体变成薄膜状,沿管壁上升,并逐渐成为水滴浮在空气中,最后使液体雾化沿管内上升。由于空气量过多,从而产生不连续提升固体状态。为此,空气注入深度和空气量的选择非常重要。同时,还必须考虑在上升管道途中设置气水分离装置,或在船上设置减压阀以控制空气膨胀。

压气量是气力提升系统最难控制的物理量,它的大小对提升效率有直接影响。采用内径 155.4 mm、长 40 m 提升管输送模拟结核的压气量与提升固体量的关系示于图 17－32 中,提升矿量下降率与浓度的关系如图 17－33 所示,气力提升与水力提升管径比较如图 17－34 所示。

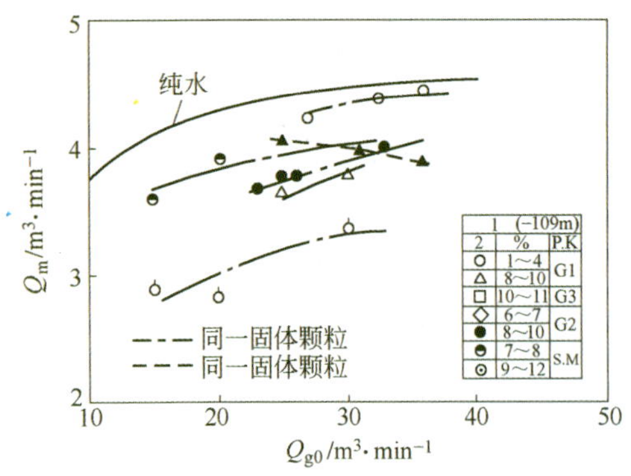

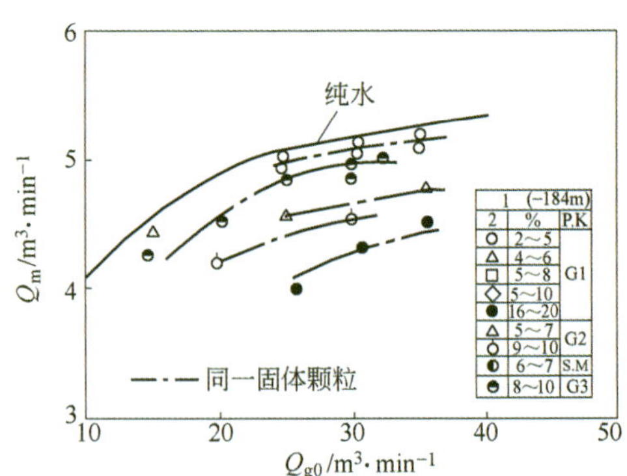

图 17－32　提升矿量与供气量的关系(日立造船株式会社清水贺之)

B　系统参数取值实例

(1) 空气注入口一般在水下 1500～2500 m。

(2) 美国采矿协会 1978 年海上试验采用两台往复式空气压缩机,每台 6 级压缩,排气压力为 21 MPa(3000 lb/in^2),最大排气量 119 m^3/min(4200 ft^3/min),每台功率 880 kW(1200 hp)。

(3) 美国 OMA 气力提升系统主要参数:管径 158 mm,矿浆速度 1.4~2.8 m/s,矿浆体积密度 1031 kg/m^3,海水密度 1022 kg/m^3,平均生产率 0.085 m^3/s。

(4) OMI 气力提升系统主要参数:管径 220 mm,矿浆速度 2.5~2.6 m/s,矿浆体积密度 1030~1024 kg/m^3,海水密度 1022 kg/m^3,平均生产率 0.16~0 10 m^3/s。

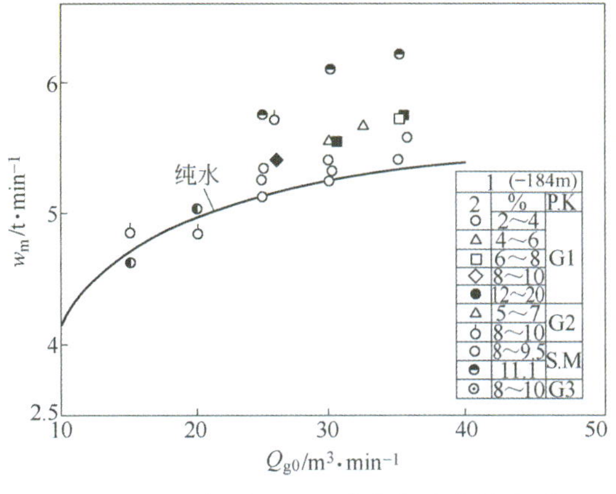

图 17-33 提升矿量下降率与浓度的关系

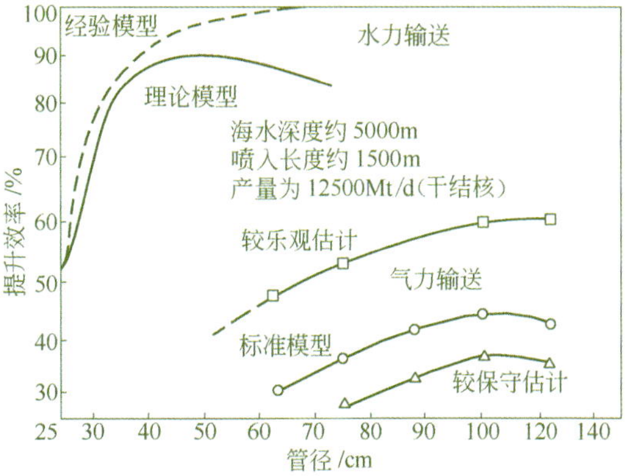

图 17-34 气力提升与水力提升管径的比较

C 系统主要部件

(1) 空气压缩机 可用工业常用空气压缩机,活塞式空气压缩机无故障连续运行时间达 20000 h,透平式空气压缩机达 10000 h 或连续运行一年以上,都可以满足要求,但排气量直接影响提升的固体重量和提升效率。未来商业气力提升系统,需要研制大排量(100 万 m^3/h)和压力(25 MPa)的透平空气压缩机及其发动机。

(2) 提升管 气力提升管注气口以下管段与水力提升管基本一样,所不同的是管径要大(图 17-33),注气口以上管段为双层套管,内管壁上有许多小孔,其目的是产生小气泡以提高提升效率。

(3) 设计实例 德国按年生产能力 300 万 t 即 500 t/h 设计的商业性气力提升系统是一种对直径进行分级处理为特征的管线配置。主输送钢管的内径为 590 mm,扩径的管段内径为 800 mm,始于水面以下 20 m 处。所有的计算都是按一种半经验方法进行的。设计计算的原始数据如表17-36 所示,正常工作条件下系统的工作点参数如表 17-37 所示。

表 17-36 德国商业性气力提升系统设计计算的原始数据

输入参数		参数值
固料	密度	1970 kg/m^3
	临界沉降速度	0.675 m/s
	粒径	50 mm
水	外部密度	1039 kg/m^3
	内部密度	1050 kg/m^3
管道	水面以上高度	14.0 m
	水面以下长度	5000 m
	空气注入口深度	2000 m

17.5.5.3 气力提升与泵提升的比较

对于结核商业开采系统选择合适的提升系统,既要考虑技术方面的也要考虑到经济方面的

表 17-37 德国商业性气力提升系统工作点参数

技术参数	指 标	技术参数	指 标
结核输送能力	$M_c=500$ t/h	注入空气压力	$p_e=16$ MPa
输送浓度	$C_t=10.0\%$	注入口处功率	$N=7381.6$ kW
体积浓度	$C_s=12.7\%$	压缩机压力	$p_c=16.68$ MPa
正常条件下空气容积流量	$V_{io}=14.7\ m^3/s$	压缩机输出功率	$N_c=7409.0$ kW
管线出口处的空气比	$E_1=87.8\%$		

准则。要在这两种提升系统之间作一比较，显然有些困难，因为只有少数准则可以量化，比如能耗及投资。关于设备安装或拆卸时的"搬运"等，尚没有足够的经验。德国和法国共同对这两种提升系统的优缺点进行评价，各准则的加权数从5（意义最大）到1（意义一般）分级，评价也相同，即5（很好）~1（合格）。此外，经济方面准则的意义与技术方面准则的意义相比，以3∶2的比例，结果，在总分为320分的情况下，气力提升以206分略领先于获得187分的泵提升，见表17-38。

表 17-38 气力提升与泵提升的加权评分比较

准 则	加 权	评 估		结 果	
		气力提升	泵提升	气力提升	泵提升
技术准则（加权系数:2）					
达到商业生产能力500 t/h的实际性能	5	2	3	10	15
管道尺寸（重量、流阻、动态特性）	3	2	3.5	6	10.5
提升设备搬运	2	4	2	8	4
可利用技术	2	4.5	3	9	6
控制（适应性）	2	3	2	6	4
磨损、疲劳（提升管、设备）	3	4	2	12	6
磨损与处理	1	4	3	4	3
小计				55×2=110	48.5×2=97
经济准则（加权系数:3）					
可靠性 MTBF（故障） MTBO（维修）	5	4	3	20	15
投资	2	3	3	6	6
作业成本（动力消耗、维修、成本、备品）	3	2	3	6	9
小计				32×3=96	30×3=90
总计（理论最高分=320）				206	187

气力提升的主要优点在于对系统无技术上的要求，即水下无运动部件，所需的空气压缩机相当于当今的技术水平。其主要缺点是要求较大的管径，设备效率低。

与此相反，泵提升系统的优点在于设备效率具有优势，以及能够采用较小的管径。但另一方面，其对输送泵的要求远远超出了当今的技术水平。

目前，这两种提升系统中没有哪一种能够取得无可置疑的领先地位。还需要看今后的技术发展，以及在实际条件下进行对比试验。然而，目前多数比较倾向于泵提升系统。

17.5.6 供电与控制系统

17.5.6.1 供电系统

水下采矿系统供电主要分为集矿机供电、中间舱供电、扬矿泵供电和水下控制仪器设备供电。水下供电系统的特殊要求是:电缆必须耐水压,具有足够抗拉力的动力、数据和图像传输及控制芯线的复合缆;接头采用成品水密插配套件,分电箱、变压器为充油压力补偿式;为了降低输电电压损失和电动机重量,采用高压送电,水下充油电动机驱动,船上低压变频器控制。

A 集矿机动力与供电

集矿机行走机构功率大,两条履带一般分别采用闭式回路液压系统驱动,电力由发电机发出低压交流电,经两路低压变频器(启动和调速)-升压变压器(如380/3300 V或6000 V)-滑环电缆绞车-复合缆送到集矿机分电箱-主高压电动机,驱动两台闭式回路行走液压泵。

水力采集和输送水泵、破碎机、液压缸、下放方位调整推进器等均采用液压马达驱动,分别由串接在主液压泵上的液压泵供压力油,经压力补偿液压阀箱的比例阀控制驱动。

B 中间舱供电

中间舱软管抽吸矿浆泵电动机供电驱动类似于集矿机主电动机,矿浆泵电动机同时驱动液压泵,向给料机提供液压动力源。

C 扬矿泵供电

垂直扬矿管提升泵的电力由发电机发出和不同等级低压交流电,经两路低压变频器(启动和调速)-升压变压器(如380/3300 V或6000 V)-滑环电缆绞车-复合缆-充油压力补偿分电器,送到位于不同水深处提升泵主高压电动机。

D 仪器设备供电

集矿机、中间舱、扬矿泵处仪器设备的照明低压电,均由各自的分电箱-充油压力补偿变压器或耐压舱内小型干式变压器提供。

17.5.6.2 测控系统

测控系统的测控对象是集矿机、扬矿系统、水面支持系统及采矿船。测控功能包括采矿系统下放、回收、集矿机行驶、采集作业、扬矿系统运行、水下系统导航定位和采矿船的协调航行控制等。

A 采矿系统控制功能

a 集矿机测控系统的功能

(1) 对集矿机设备进行起动、顺序、连锁控制,并实现设备运行参数监测和保护。

(2) 集矿机下放和回收控制:调节下放速度,保持姿态、方位,实现平稳着底。

(3) 集矿机行走路线和定位控制:以不受磁场干扰的光纤激光陀螺导航和声学定位修正控制原则,根据预先规划的采集路径,实时探测采集前方结核丰度、是否存在障碍和可能中断作业的不利地形、履带压陷深度,控制集矿机行驶速度,实现手动、半自动和自动直线行驶或绕障、转弯调头,避免相邻采集路径重叠和实现间距最小,并实时显示和记录行走轨迹和相对中间舱的位置,保持在软管长度允许的范围内。

(4) 集矿作业控制:按照作业程序控制集矿机构采集、输送、冲洗、破碎过程,调节工作参数实现高效率采集和供矿。主要监测工作参数包括水力采集头离底高度或耙齿采集头插入海底深度、输送速度、冲洗喷嘴压力、破碎机转数和载荷、向软管供矿状态以及采集前方海底结核丰度和海底地形特别是障碍图像等;并对采集作业参数、作业环境与工况数据实时采集、传输和处理,显示、打印、存储和报警。

b 扬矿作业测控系统的功能

(1) 对扬矿系统设备进行启动、顺序、连锁控制,并实现设备运行参数监测和保护。

(2) 扬矿管内工艺过程参数压力、流量、流速、浓度进行实时监控,并计量提升的干结核量。

(3) 对扬矿管吊点应力进行实时监测和过载报警。

（4）进行管线形态监测，管线和中间舱位置定位。

（5）对中间舱的给料机进行定量给料和料斗破拱机构进行控制，保证扬矿系统运行稳定。

（6）具有故障诊断、报警、趋势图显示、作业报表打印功能。

c 水面支持系统测控功能

（1）采矿船航行与定位控制：利用 GPS 精确确定采矿船的坐标，检测其航速、航向，根据气象、海况和采矿系统动力学特性，控制主推进器和动力定位推进器，使采矿船跟随集矿机运动，保持采矿船与集矿机之间合理的相对位置。

（2）水下设备在船上的搬运、存放、吊放回收过程和相应吊运设备控制：布放的顺序依次为：集矿机、软管、中继仓、硬管、扬矿泵、硬管，而复合缆同时下放。回收顺序刚好相反。动力与通信不能中断，除了集矿机姿态调节、收放速度等极少数几项可实施闭环自动控制外，一般不进行闭环自动控制。

（3）采出结核脱水或分离空气和海水、存储过程和设备控制。

（4）升沉补偿设备参数调节与控制。

（5）结核制浆泵送到运输船的作业过程和设备控制。

（6）生产过程集中监视、数据处理、协调调度与控制。具有生产统计、报表、开采计划安排、故障分析以及开采技术经济分析评价等功能。

d 导航定位系统功能

导航定位系统主要用于测定采矿船在海面的位置坐标和水下设备对采矿船的相对位置坐标或大地绝对坐标（包括水中设备离海底高度）。

B 测控系统结构

控制系统主要采用集散系统（DCS），分层数据总线和高速公路结构。工作站结构设计成开放式，以便能根据需要很方便的扩展。采矿系统测控与动力配置结构框图如图 17－35 所示。

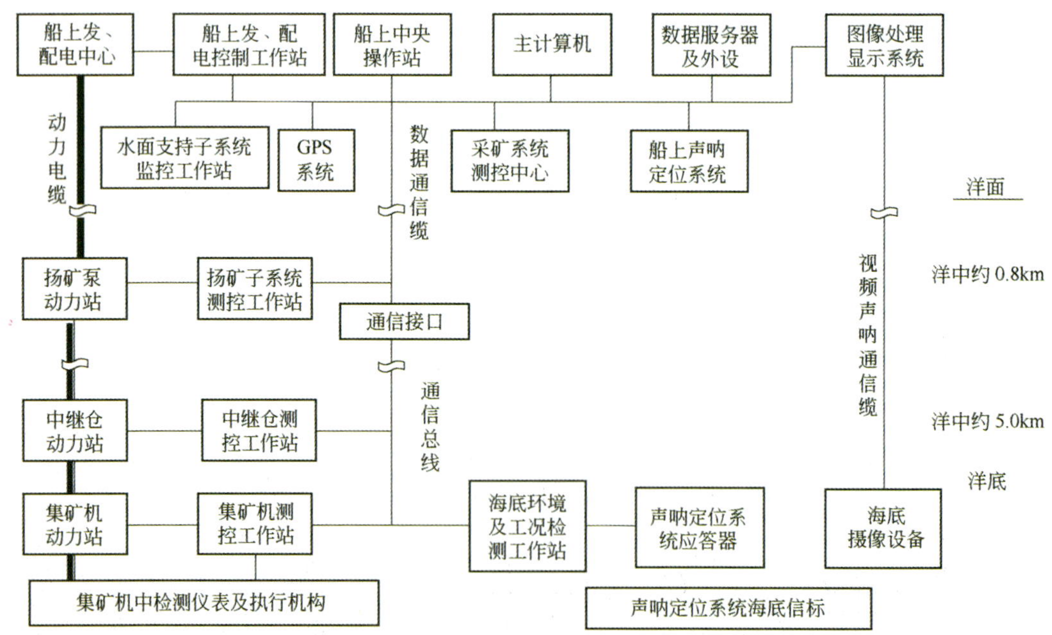

图 17－35 采矿系统测控与动力配置结构框图

17.5.7 水面支持系统

水面支持系统主要有大型采矿船和半潜平台两种类型。

水面支持系统应具有能在 6 ~ 7 级海况下正常航行，在 4 级海况并考虑短时出现 6 级海况下支持水下开采安全作业的能力；满载航速不低于 13 kn；具有 3 ~ 5 天采矿量的湿结核矿储存能力；设置全球导航定位和声学定位系统、水文气象测量系统、动力及控制系统。船中部设置月池，具有足够的存放水下设备的空间及操作场地，并配有机械电气维修间。

17.5.7.1 大型采矿船

A 基本参数

根据船载水下采矿系统的重量、贮存湿结核矿石量、船上增设配套设备的重量，以及这些设备存放的面积和空间、作业时船体的稳定性等因素，对于年生产能力 150 万 t 的采矿系统，采矿船的总载重量一般不小于 5 万 t，总长度达 180 ~ 230 m，宽度达 30 m，吃水深度约 10 m，储存湿结核量达到 4 万 t，用大直径软管以矿浆向运输船转运能力应达到 0. 5 t/s。

以法国提出的动力定位船设计为例，配备输出功率约为 3000 kW 的两个艉推进器和 3 个艏推进器，输出功率为 5000 kW 的变螺距侧向推进器，航速达 12 kn，推进和动力定位总功率达 25 MW。动力定位主要为 X/Y 模式，配备 30 MW 的柴油发电设备，海洋采矿设备需要的功率约为 12 MW。

耐波性——浪高$(\xi)_{1/3}$为 ±2. 5 m。

B 船上采矿系统专用结构和配套设备

船上采矿系统专用结构和配套设备如图 17 - 36 所示。

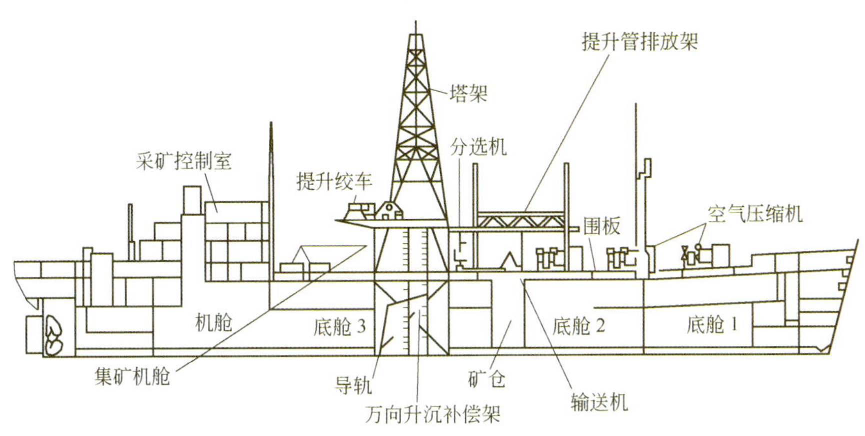

图 17 - 36 船上采矿系统专用结构和配套设备示意图

(1) 大型月池。在船升沉摇摆运动最小的位置(船中央)设置月池，用于集矿机、脐带缆、中间舱、提升钢管、扬矿泵等水下作业设备的布放和回收。月池的尺寸根据下放的设备大小决定，一般不小于 10 m × 15 m。在月池下船底板开口处设活动拉门，合上后既可承载设备又可做工作平台。

(2) 重型吊运设施和工作平台。在月池上方设置类似于钻井设备的采矿系统安装、回收和维护的塔架与工作平台，塔架顶部配备提升机、动滑轮和吊钩。即使采用浮力块减轻扬矿钢管的重量，吊挂的载荷也会达 600 ~ 800 t。

(3) 扬矿管悬吊、接卸和升沉摇摆补偿设备。通常采用万向悬架支承水下作业系统，接卸扬矿管的升降液压缸和两端部液压卡、降低船舶升沉产生的动载荷的液压缸升沉补偿装置。

（4）电缆吊放绞车。在塔架甲板附近设置滑环电缆绞车，用于布放 400 m、800 m 深处扬矿泵控制－动力缆，布放 5000 m 海底中间舱和集矿机控制－动力缆。

（5）管架。在塔架侧面设置扬矿钢管排放架、排放扬矿钢管和软管。

（6）结核脱水系统及输送设备。塔架附近配备来自扬矿管的结核矿浆脱水系统，如图 17－37所示。矿浆流进格筛，大块结核从筛上滚到输送带上，被送往矿舱内，泥浆通过筛孔进入旋流器，粉矿由下口排入矿舱内，废水由上口用水泵排入水下。矿舱内积水适时用水泵排入水下。为减少对上层水体生态环境影响，排入深度应达到 600～1000 m 水深处。

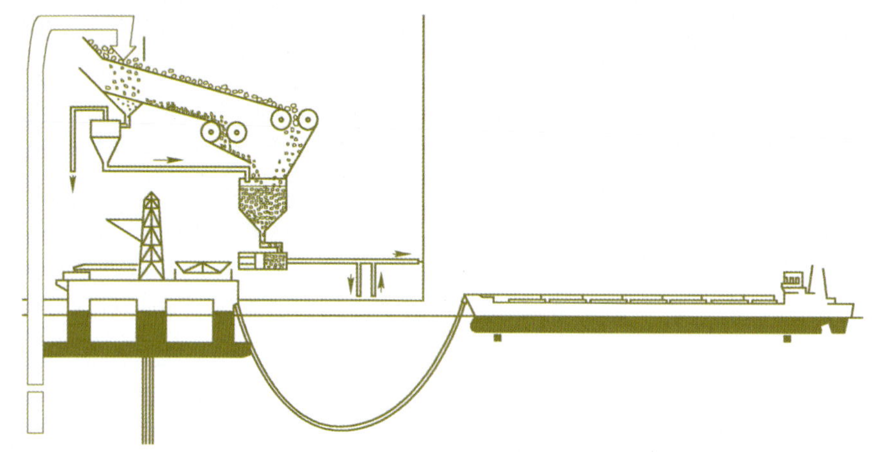

图 17－37　结核脱水系统及输送设备示意图

（7）导航定位设备。船上配备的导航设备主要有 GPS 系统、陀螺、磁罗经、全自动劳兰－C 导航仪、自动航迹计程仪、测深仪、风速风向仪、流速流向仪、自动航迹仪和导航雷达等。

（8）通讯设备与计算机网络系统。

（9）甲板设备包括各种锚泊设施、起重机、牵引绞车、A 型架、维修间等。

17.5.7.2　半潜采矿平台

半潜采矿平台的优越性在于更适于在支承桩之间吊放水下设备，而且受浪和涌作用产生的运动比采矿船小。

半潜平台的结构类似于钻井平台。法国提出的设计方案基本参数为：总长度 110 m，宽度70 m，高度 40 m，吃水深度 22 m，航移时排水量 28600 t，作业时的排水量 41600 t，如图 17－38 所示。

17.5.8　深水设备特殊技术

17.5.8.1　压力补偿

压力补偿的目的是将外部海水压力转化为内部液体压力，使内外压力平衡，达到不用高压舱结构，保证液压油箱、油管、电机壳体等在外部高水压下不会变形损坏，并补偿液压缸动作、液压油的压缩和热膨胀以及允许的油泄漏而产生的油液体积变化。

A　压力补偿器类型及原理

实际应用的压力补偿器主要分为两大类：内外压力平衡式和预加内压式。内外压力平衡式利用隔膜或皮囊的变形补偿体积变化，这种压力补偿器结构简单，重量轻。隔膜式补偿容积小，而皮囊式补偿容积较大。预加内压式同样利用隔膜、皮囊、金属波纹管的变形或活塞位移补偿容积变化，与内外压力平衡式的区别是封闭油箱或者空腔内注油时利用弹簧预加 0.1 ~0.2 MPa 压力，可防止海水进入液压油中。其中活塞式略有渗漏，弹簧加压皮囊式应用较多。典型压力补偿器如图 17 – 39 所示。

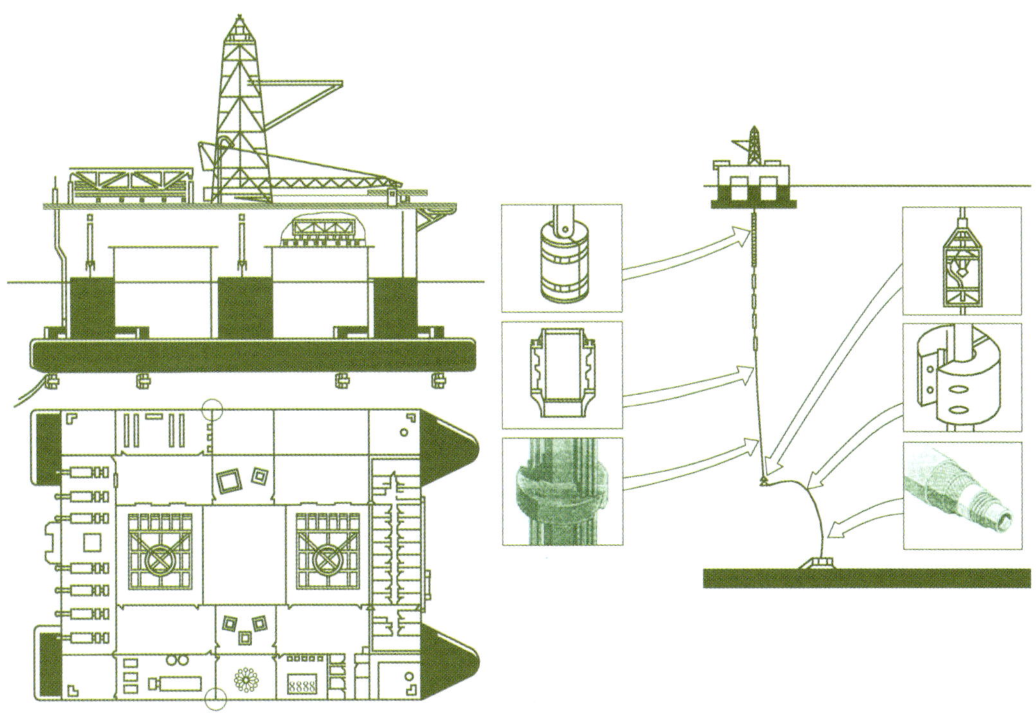

图 17 – 38　半潜采矿平台

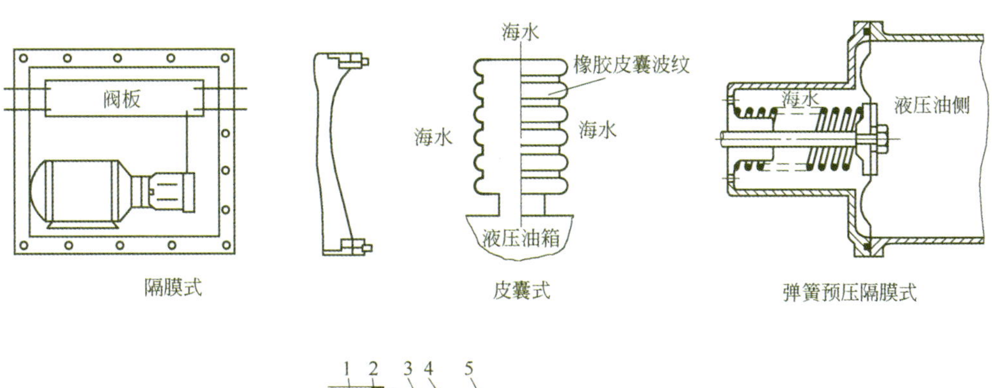

图 17 – 39　几种典型压力补偿器

B 补偿容积的计算

压力补偿实质上是液压油容积变化补偿。以液压油为补偿介质时，补偿体积变化主要包括以下四个方面。

(1) 液压油在高压下的压缩变化　液压油在高压下，体积压缩量(m^3)可按下式计算：

$$\Delta V_p = -\beta_p V_0 \Delta p \tag{17-1}$$

式中　β_p——液压油体积压缩系数(体积弹性模量 E_0 的倒数，MPa)(mm^2/N)，理想状态液压油的 $E_0=(1.2\sim2)\times10^3$ MPa；含气泡的非理想状态时 $E_0=(0.7\sim1.4)\times10^3$ MPa；

V_0——液压油的原始体积，m^3；

Δp——压力变化量，MPa。

计算表明，1 m^3 体积液压油受到60 MPa压力作用的压缩量为：理想状态下达30～50 L；非理想状态下达43～86 L。可以看出，其压缩量达到3%～8.6%，相当可观，而且保持液压油处于理想状态也是非常重要的。

(2) 液压油热膨胀体积变化　温度变化主要由以下工况产生的：常温(如20℃)加油，设备在船上受阳光照射而升温，下深水温度降为4℃左右。

液压油温度变化，引起的体积变化量(L)可按下式计算：

$$\Delta V_t = \beta_t V_0 \Delta T \tag{17-2}$$

式中　β_t——液压油温度膨胀系数，L/℃，石油基液压油 $\beta_t=8.75\times10^{-4}$ L/℃；

ΔT——液压油温度变化量，℃。

计算表明，1 m^3 体积液压油温度变化20℃，体积变化达17.5 L，约变化2%。

(3) 液压缸工作产生的油箱内液压油的体积变化　由于液压缸一侧有活塞杆，工作时两腔进排油量不等，造成油箱内液压油的体积发生变化。设计压力补偿器时必须对同时工作液压缸两腔体积变化之和进行补偿。

(4) 液压系统允许的液压油泄漏　任何液压系统都不可能做到完全不泄漏，特别是外露的活塞杆等动密封处、接头静密封处等，工作一段时间或多或少都会出现微量泄漏。设计压力补偿器时，用余量系数加以考虑。

17.5.8.2　耐压密封舱

主要用于水密封装不耐高压或不能用压力补偿的电子元器件。

耐压密封舱基本结构为两端具有水密封头的厚壁圆筒，对于深水载人潜水器舱则为圆球形结构，封头通过水密电缆接头对舱内供电和进行测控信息交流。主要选用耐海水腐蚀的不锈钢、高强度合金铝、钛合金。极少数用碳纤维和金属陶瓷制造。

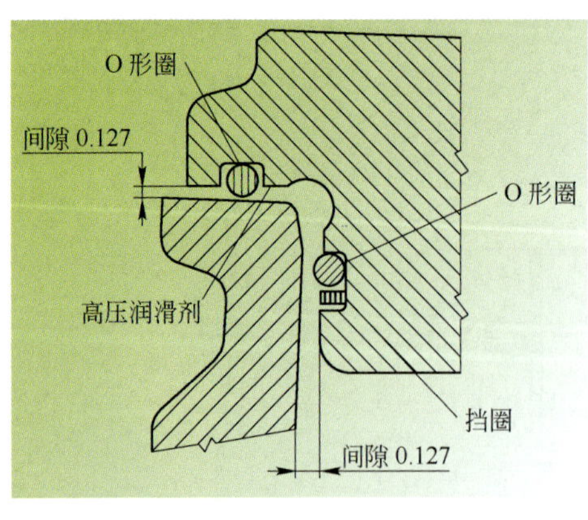

图17－40　封头密封结构

耐压密封舱封头典型密封结构如图17－40所示。

为了提高可靠性，只要可能应安装2个O形圈。端面O形圈用螺栓轴向压紧，浸入水中后由水压压紧，第二道为径向压紧。

O形圈有不同的材料，取决于环境介质(酸、油、盐水，气体)、压力和成本。VITON和NITRILE是最普通的材料。VITON的寿命(20年)比NITRILE(4年)高，而材料压缩反应VITON比NITRILE更好。

因此,所有密封应选择 VITON 材料的 O 形圈。

密封耐压舱的强度计算按压力容器国家标准或行业标准推荐的方法进行。

为了检验耐压和水密性,每个耐压容器都必须在充满水的压力舱中进行耐压试验。耐压试验步骤和技术要求如表 17 – 39 所示。

表 17 – 39 耐压容器压力试验

静压试验		动压试验	
1	用千分尺测量几何形状	1	容器充满 90% 的油
2	容器充满 90% 的油	2	容器放入压力试验舱内
3	容器放入压力试验舱内	3	以 1.2 MPa/min 的速率升高压力舱中的压力,到最大工作压力的 0.825 倍
4	压力舱中水温降到 2℃	4	保温保压 1 h
5	以 1.2 MPa/min 的速率升高压力舱中的压力,到最大工作压力的 1.1 倍	5	以 1.2 MPa/min 的速率将压力舱的压力降到大气压力
6	保温保压 24 h	6	保持大气压力 1 h
7	以 1.2 MPa/min 的速率将压力舱的压力降到大气压力	7	反复试验 10 次
8	从压力试验舱内取出试验容器	8	从压力试验舱内取出试验容器
9	用千分尺测量几何形状	9	用千分尺测量几何形状

17.5.8.3 高压下运动副公差配合与选材

深海环境下,物体在各个方向上都受到压力作用,体积将发生微小变化。所有尺寸都是以同一比例变化,物体形状保持相似。

一般情况下,同种材料制造的运动付组合,在深水高压和低温环境下,配合间隙变化并不大。但是采用不同材料组合的轴与轴承、轴承与轴承座、活塞与缸筒时,配合间隙变化可能超过允许公差范围,造成运动付卡死,因此有必要放大间隙。

高压和低温条件下,运动副配合间隙变化量用无量纲形式表示如下:

$$\Omega = \frac{\Delta h}{r_N} = (\alpha_A - \alpha_B)(T - T^*) - (\beta_A - \beta_B)(P - P^*) \tag{17-3}$$

式中 Ω——单位半径的间隙变化;

Δh——配合间隙变化量;

r_N——半径额定尺寸值;

α_A——运动副 A 材料的线性热膨胀系数;

α_B——运动副 B 材料的线性热膨胀系数;

β_A——运动副 A 材料的压力弹性系数;

β_B——运动副 B 材料的压力弹性系数。

深海设备运动副选材的基本原则:

(1) 尽可能选用同一种材料;

(2) 必须选择不同材料时,应选取 α 和 β 值相近的两种材料,最佳组合为钛合金和不锈钢,不锈钢和碳钢;最不利的组合是铝壳与陶瓷活塞;

(3) 尽可能少选铸造件,

(4) 应选用各向同性均质材料。

17.5.8.4 耐腐蚀和振动冲击

为了满足工作寿命和耐海水介质要求,应采取如下基本设计准则:

(1) 大多数精密件采用耐腐蚀合金(钛),钛合金耐海水作用好,腐蚀率不大于0.00025 mm/a,而钢的腐蚀率为0.1~1 mm/a;

(2) 为了防止电化学腐蚀,不同金属之间用塑料垫进行电气绝缘;

(3) 考虑腐蚀余量,加大碳钢零件尺寸;

(4) 碳钢零件上作保护涂层;

(5) 碳钢零件用锌阳极防护化学反应电流;

(6) 孔、螺孔应最少,结构件的“容积”要“封闭”即容积内水与海水连通但不应自由流动。

机械结构和耐压容器设计的环境条件:

(1) 工作过程中容器由于海流的作用受到1~5 Hz的振动,装运过程中的振动达到1~55 Hz;

(2) 容器在支撑架吊放过程中,尽管防止了直接撞击,对机架冲击也可能传递到容器,也有一些危险,如搬运过程中容器可能落下,可以设计容器落下0.7 m,并防止其电子器件连带损坏;

(3) 容器、电子器件长期受到阳光辐射、盐雾、温度循环作用,性能应没有明显地下降。

17.5.9 采矿系统实例

17.5.9.1 OMA海试采矿系统

系统生产能力为商业生产系统的1:4~1:5,由集矿机、提升系统、采矿船、测控系统和矿石转运五部分组成。系统简图如图17-41所示。

A 集矿机

集矿机的设计使用条件为:

作业水深 4876.8 m;

结核丰度 0~20 kg/m², 平均6.6 kg/m²;

结核粒径 ~14 cm;

沉积物剪切强度 0.3~0.6 m深处较高;

攀过大块 1.2 m;

越过台阶 1.8 m;

回采能力 45 t/h;

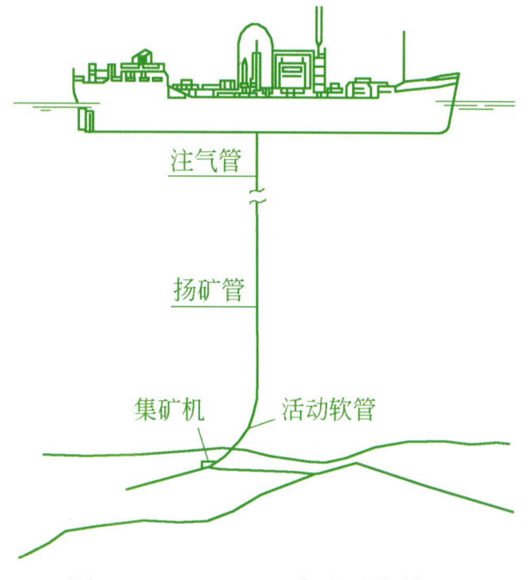

图17-41 OMA采矿系统简图

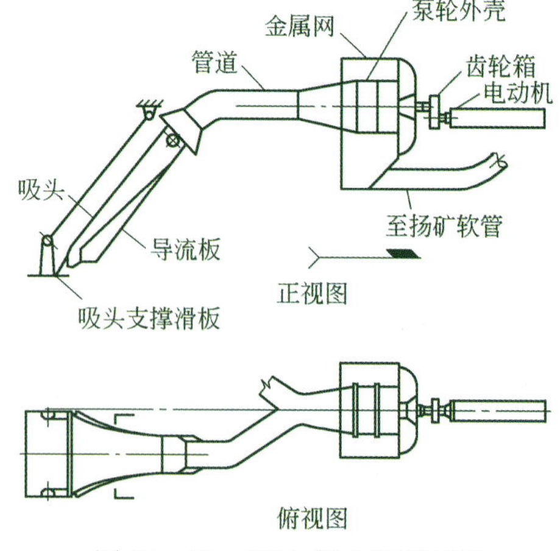

图17-42 OMA集矿机原理图

商业系统　连续60天无故障；

原理为利用轴流叶片泵、管道和扁吸口抽吸结核，如图17－42所示，结构如图17－43所示，外形如图17－44所示。

集矿机的外形尺寸为13.7 m×14.3 m×5.3 m，（包括稳定翼7.6 m），重量15.6 t。

B　提升系统

提升系统为气力提升，包括气泵、注气管、牵引钢管、软管及附件。提升系统参数为：最大生产能力70 t/h，最低流速3 m/s，最大滑移速度0.84 m/s，最大期望浓度20%，管底内径157.5 mm。

（1）气泵最大供气量118 m^3/min，空气压缩机排气压力21 MPa，功率1200马力。管线下部水流速度超过5.2 m/s（仅气－水时）。提升结核能力达到70 t/s（设计能力为45 t/h）。

（2）牵引扬矿管尺寸和静拉应力分布见表17－40。管底端内径根据生产能力、载体速度、结核滑移速度、体积浓度确定。管体内表面有塑料衬里，外表面有锌氧化物涂层，防止结核磨损和海水腐蚀。

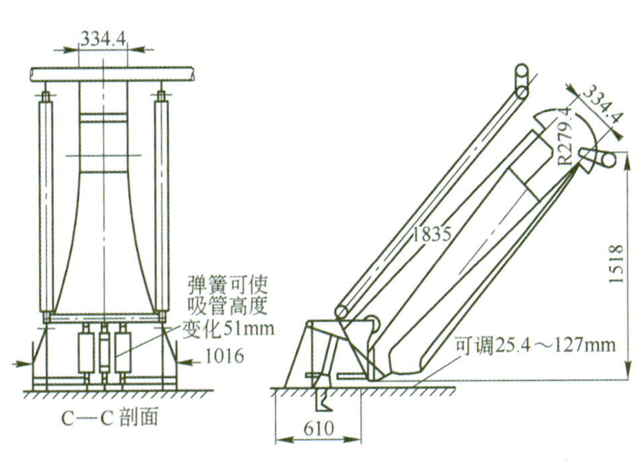

图17－43　OMA集矿头结构示意图

图17－44　OMA集矿机外形图

表17－40　牵引扬矿管尺寸和静拉应力

序　号	长度范围/m	内径/mm	外径/mm	节点号	深度/m	最大轴向拉力/MPa
1	44	241	298	1	0	107
2	154	243	273	2	44	206
3	112	213	244	3	198	206
4	176	214	244	4	318	204
5	220	217	244	5	494	204
6	241	191	219	6	713	202
7	296	194	219	7	955	199
8	318	168	194	8	1251	196
9	307	172	194	9	1569	193
10	230	157	178	10	1876	192
11	208	159	178	11	2107	192
12	205	159	178	12	2315	173
13	33	1592	232	13	4367	－40
				14	4422	－45

(3) 牵引扬矿管的管接头为卡箍型,空气管接头参见图 17－45。

(4) 用于牵引扬矿管支撑和接卸的悬吊架和排管架如图 17－46 和图 17－47 所示。

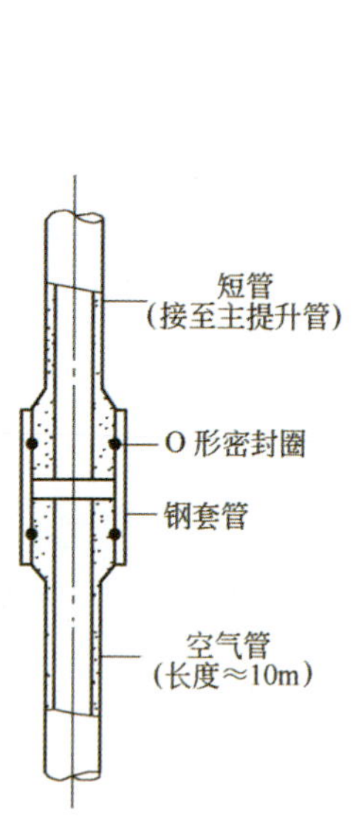

图 17－45　空气管接头

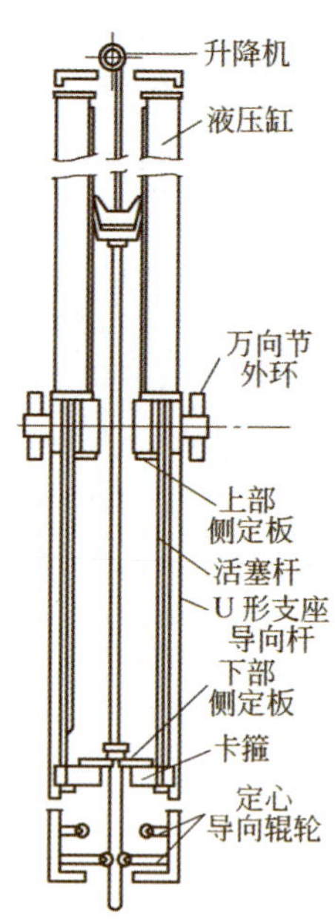

图 17－46　牵引扬矿管接卸和悬吊架

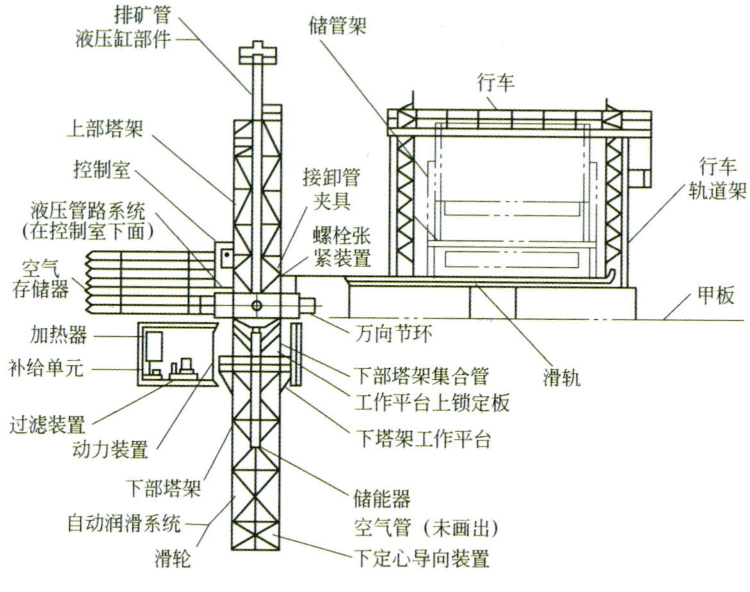

图 17－47　牵引扬矿管排管架

C　*采矿船*

采矿船为 R/V deepsea Minner Ⅱ号,用 20000 t 运矿船改造而成,参见图 17－48。改造前有 3 个货舱和 9 个舱口,基本配置为:双船底的单一甲板和海水压载舱,船中部的桥楼,船尾生活区,7 缸柴油机直接传动固定螺距推进器,额定功率 8570 马力。主要改造项目如下:

(1) 主甲板前部安装 2 台 1300 马力柴油机传动的 6 级往复空气压缩机($65\ m^3/min$, 24.6 MPa),为气力提升泵提供高压空气;

(2) 在船中部开设下放采矿设备的月池,安装提升管线的悬吊与接卸系统、存放架和搬运系统;

(3) 在月池右侧的原压舱水箱处改装液压站,左舷设置维修间,在主甲板右舷安装液压起重机,用于布放与回收集矿机;

(4) 3 段构成的软管(每段长 76.2 m)储存在主甲板右舷的倾斜管架上,第一根与集矿机相连,另一端与钢管相连,用前甲板的系泊绞车下放;

(5) 在井筒后部设置结核 - 空气 - 水分离装置;

(6) 增设动力定位推进系统,包括 2 台 1250 马力电动机驱动的全回转可伸缩推进器,一台在前货舱前部,另一台在后货舱的后部;

(7) 新系统由装在主甲板左舷的 3 台柴油发电机供电,2 台供推进器,1 台供采矿设备;

(8) 水下设备控制中心设在甲板上的集装箱内,配有导航、拖曳控制,数据采集与处理,信息显示系统,控制中心后面有一小型电子维修间。

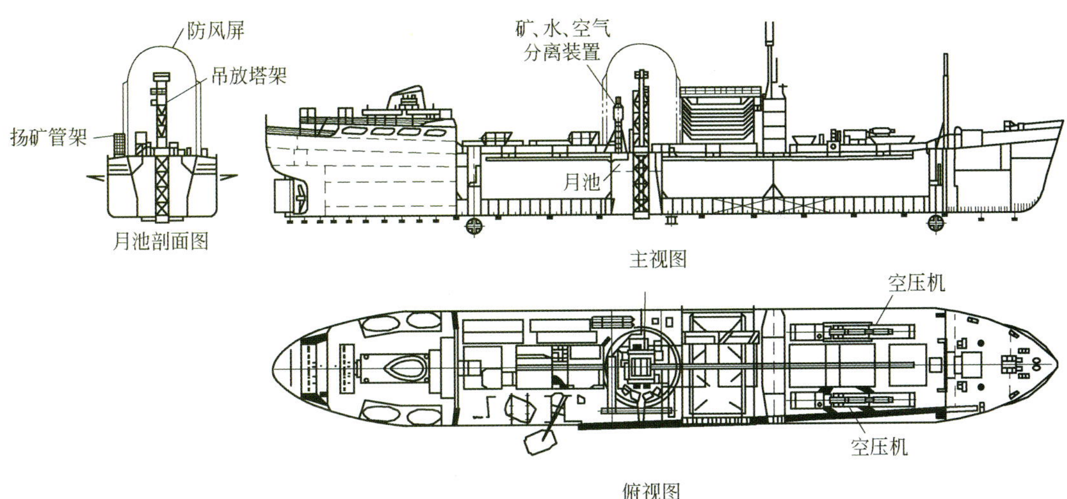

图 17 - 48　R/V deepsea Minner Ⅱ 号采矿船

D　测控和仪表

测控和仪表主要包括集矿机控制、气力提升、牵引扬矿管线特性、悬吊系统和采矿船运动参数监测,图 17 - 49 为其中之一。

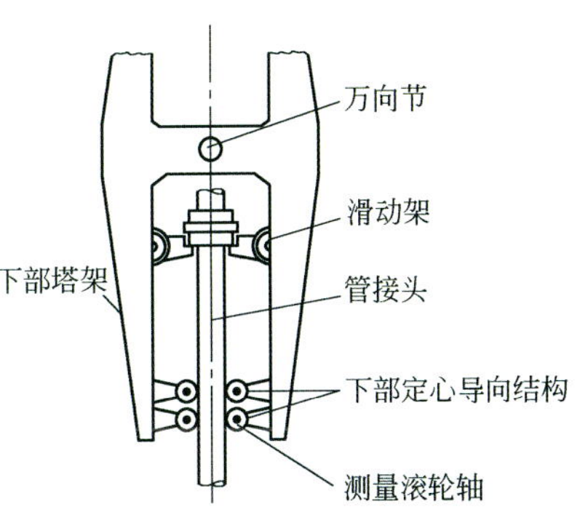

图 17 - 49　扬矿管应力监测系统

(1) 集矿机用两条电缆供电。主电缆向抽吸泵供三相电 2300 V AC,降压到 208 V AC 向液压站供电。主电缆中的 2 根导线传输 440 V AC 辅助电。集矿机上有 1 台 2300/208 V AC、2 台 440/110 V AC 充油变压器和充油分电箱,满足所有用电需要。

所有根据海面控制指令选择仪器的开关均装在控制耐压密封筒内,主要是 5 个液压动作;集矿机与采矿船之间的控制指令和数据传输的编码与解码器则装在遥测耐压密封筒内。

主要测量仪器如表 17－41 所示。

表 17－41 集矿机配置的主要测量仪器

名 称	用 途
高度声呐	精确测量集矿机着底时的离底高度
声发射器	测量集矿机对海底或船的相对位置
导航发射应答器	测定集矿机相对声学导航网络的位置
光学编码罗径	提供集矿机航向信息
角度传感器	测定拖缆对水平的倾斜角
测力传感器	测定拖曳力
摄像头	提供海底和拖曳状态图像。1 台为海面控制的云台摄像机，另 1 台摄像机包括 6 盏深水电视照明灯和配重

（2）提升系统的主要测量仪器参见表 17－42。

表 17－42 提升系统配置的主要测量仪器

测量参数	仪器配置
牵引扬矿管线应力	在 9 个位置设置应力测量系统，监测轴向、圆周、弯曲、扭转应力
管端应力	管顶端弯曲应力连续监测，见图 17－46
扬矿管内流量和压力	在应力计位置布置压力计。管底处和空气注入点各装 1 台多普勒流量计
管底位置	在管底端第一根管接头处安装 12 kHz 声发射器
牵引扬矿管线倾角	电位计倾角仪

17.5.9.2 OMCO 海试采矿系统

OMCO 海试采矿系统为自行集矿机－气力提升采矿系统，由水下系统和水面系统两大部分组成。水下部分包括集矿机、中间舱、连接集矿机与中间舱的柔性管；水面部分包括采矿船和水力或气力提升系统。

A 集矿机

OMCO 海试集矿机外形参见图 17－50，结构参见图 17－51。

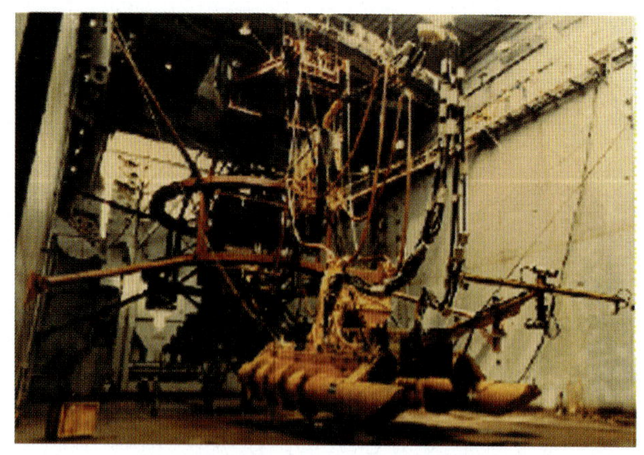

图 17－50 OMCO 集矿机外形图

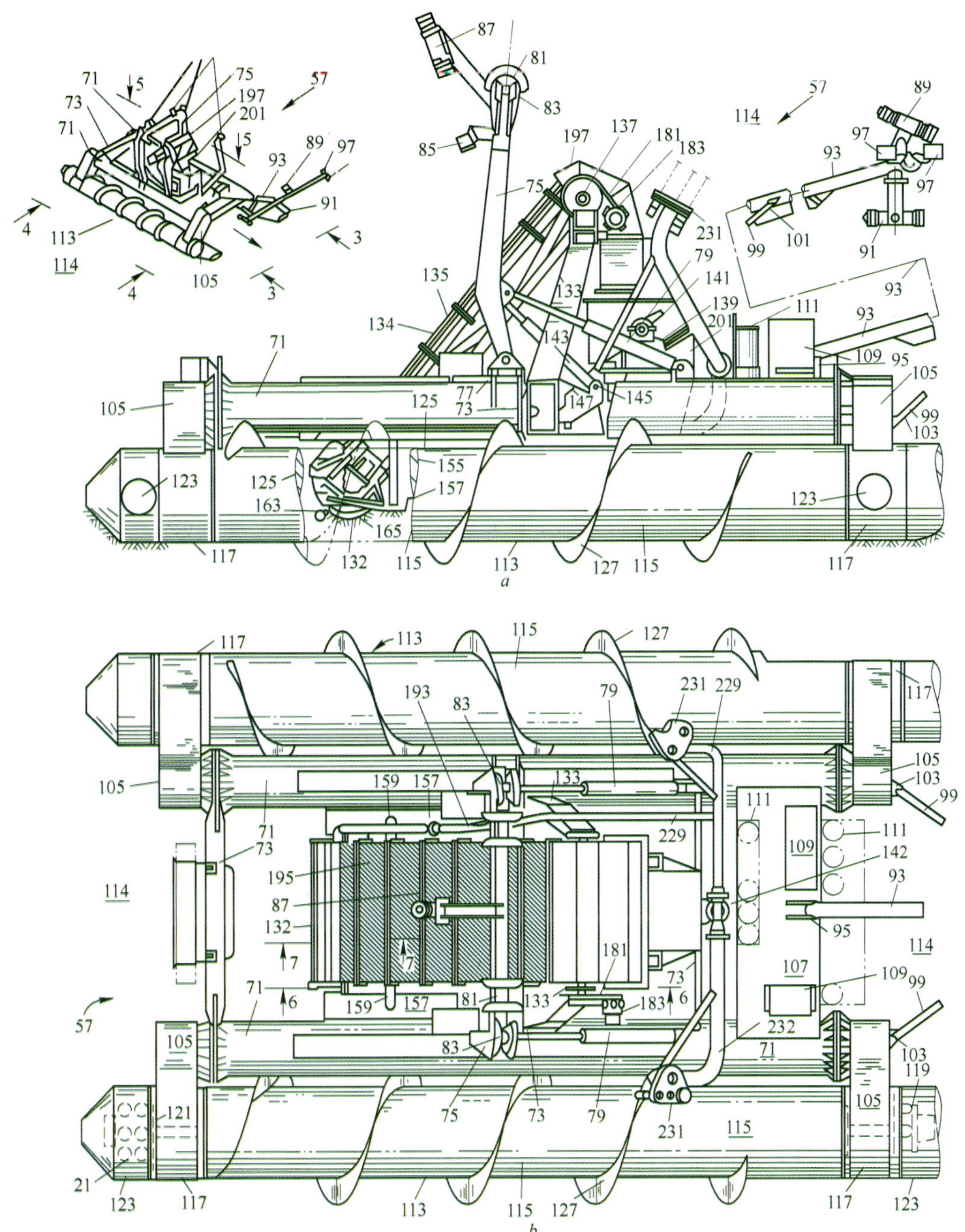

图 17－51 OMCO 集矿机结构图

a—主视图；*b*—俯视图

71—主纵梁；73—横梁；75—摆动起吊架；77—接头；79—起吊架摆动液压缸；81—吊环；83—起吊孔；85，97—照明灯；87—后视摄像头；89，91—前视摄像头；93—前伸臂；95—前伸臂铰支点；99—前伸臂撑杆；101，103—撑杆上下铰点；105—螺旋支撑架；107—设备安装底板；109—液压阀箱；111—充油压力补偿缸；113—行走螺旋；115—螺旋筒；117—行走螺旋轴承箱；119—单级齿轮液压马达；121—直接传动液压马达；123—检查孔盖板；125—浮力材；127—螺旋板；132—耙式采集机构；133—支架；134—输送机；135—输送机架；137—集矿头上铰支点；139—耳轴；141—破碎机主轴；142—喷射泵；143—液压缸；145—铰接轴；147—凸缘；155—纵向调整支柱；157—采集头浮动滑板；163—耙齿；165—导入齿条；181—传动带；183—输送带液压马达；159，193—密封件；195—防护网罩；197—导管；201—破碎机壳体；231—出矿管接头；232—管系

(1) 采集机构　采用可控角度和挖取深度的无极链带耙齿采集机构，参见图17－52、图17－53和图17－54。主要结构特点：用支柱155调节耙取机构132插入海泥的深度；耙齿163和165之间的侧向间隙决定采集结核的最小尺寸；利用液压缸143和固定在输送机架上的浮动滑板跟随地形保持插入深度在一定范围内；耙取的结核由链齿185向上输送，输送过程中用来自中间舱海水泵326的高压水冲洗脱泥；在末端设有刮离机构，使绝大部分结核进入锤击式破碎机，破碎到选定的尺寸；然后由射流泵142输送到中间舱。

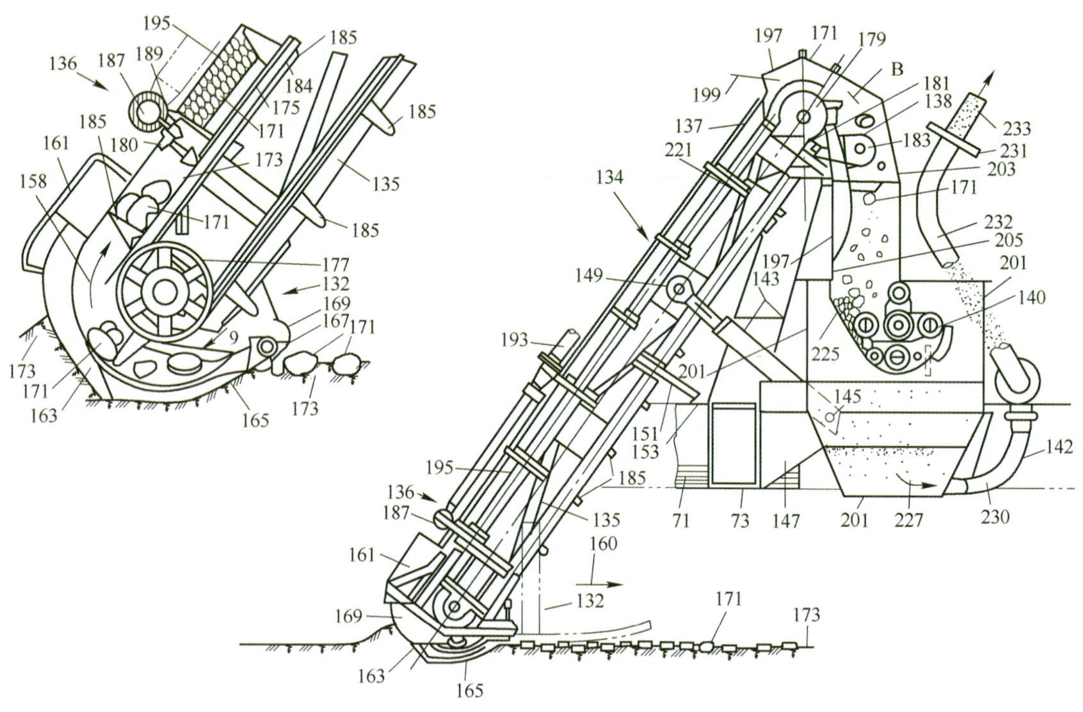

图17－52　OMCO集矿机采集机构结构图

71—主纵梁；73—横梁；132—耙式采集机构；134—输送机；135—输送机架；136—洗矿装置；137—上铰接支点；138—刮离装置；140—破碎机；142—喷射泵；143—摆角液压缸；145，149—摆角缸上下铰接点；147—凸缘；151，153—摆角限位件；158—输送机转动方向；161—封闭盖板；163—耙齿；165—导入齿条；169—侧面连接板；171—结核；173—海泥；175—输送带；179—上链轮；180—冲洗水方向；181—传动带；183—输送带驱动液压马达；185—输送带齿；187—歧管；189—喷嘴；193—高压水管；195—防护网罩；197—结核导管；199—水流；201—破碎机壳体；203，205—挠性件；221—输送带传动装置安装架；225—孔板；227—结核回收方向；230—输送管；231—出矿管接头；232—管系；233—出矿管

(2) 行走机构　采用两个长阿基米得螺旋体行走机构，参见图17－55，每个螺旋由2台液压马达驱动（后部的备用）。为了控制集矿机对地比压，浮力材料装在螺旋筒内。附加浮力块131用于调节浮力和机器重心。

(3) 集矿机的基本参数　集矿机的基本参数如表17－43所示。

B　中间舱

中间舱的主要功能是提供所有不必装在集矿机上的设备安装位置，使集矿机承载和牵引力最小，机动性好；储存来自集矿机的结核，以均匀速度向提升系统供矿，避免提升系统出现堵塞或流量波动。中间舱由储矿仓、可控速率叶片给料机、海水和液压泵站、电力与测控单元及其附件和机架等组成。结构参见图 17－56，配置参见图 17－57。

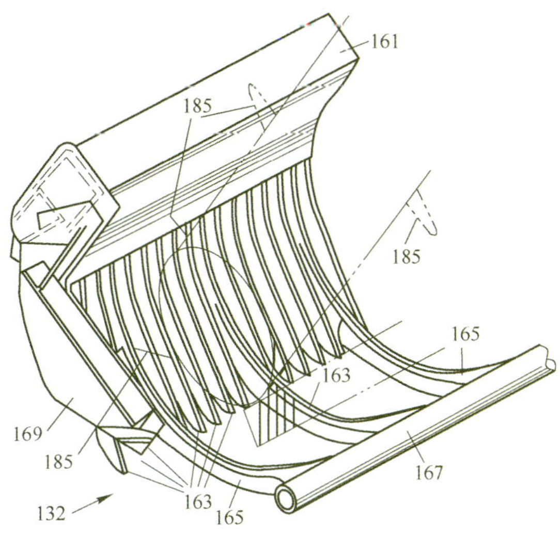

图 17－53　耙齿和刮离器

132—耙取机构；161—封闭框架；163—耙齿；167—管状杆；169—侧面连接板；185—输送链带齿

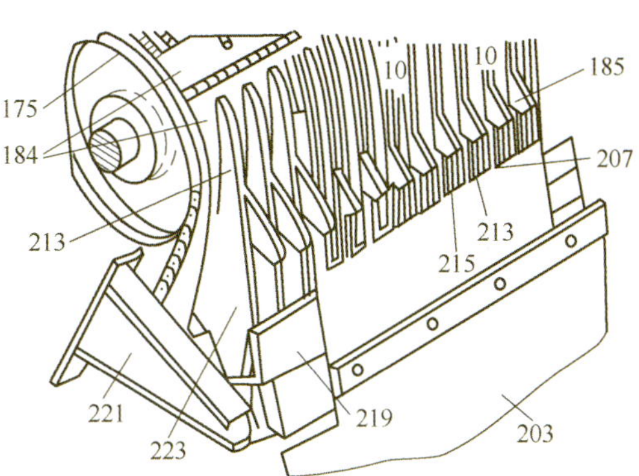

图 17－54　输送链带刮脱器

175—输送链带；184—横板条；185—链带输送齿；203—挠性件；207—刮板；213—耙齿清洁齿；215—挡板；219—间隔固定板；221—托架；223—支架外缘；214—链带输送齿尖

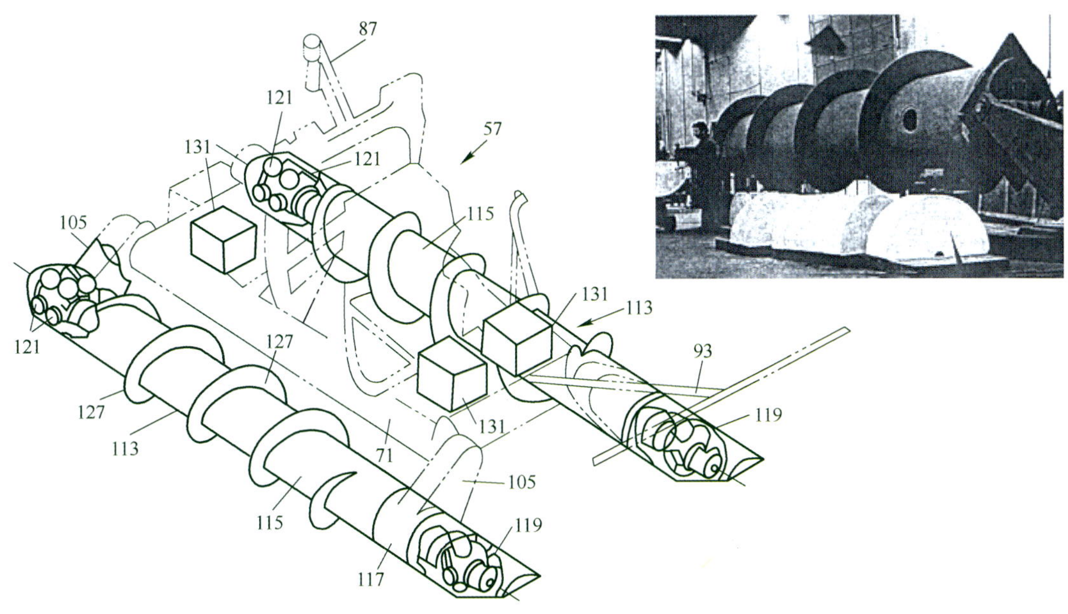

图 17－55　OMCO 集矿机行走机构结构图

71—主纵梁；87—摄像头；93—前伸臂；105—行走螺旋支撑架；113—行走螺旋；115—螺旋筒体；117—螺旋轴承箱；119—单级齿轮液压马达；121—直接传动液压马达；127—螺旋板；131—浮力件

其主要结构特点是中间舱用万向节与垂直提升管相连，允许摆动 ±20°；通过过渡段与软管连接系相连；机电设备位于下部，包括海水液压单元 315、油压单元（包括 760 kW 液压泵 313、过滤器 319、液压阀箱、充油压力补偿器 317）、2 台电力变压器和分电箱、电子部件耐压舱；给矿料斗配有防结拱搅动装置；在导管287下面配有弹簧加载的卸荷阀289，用于管内过压或提升系统故障时排放提升管内结核，避免堵管；中间舱外面设有围栏，用于回收时防撞。

表17-43 集矿机的基本参数

参数		指标	参数	指标
作业条件	作业水深	5500 m	行驶速度	1~1.5 m/s，无级调节
	生产能力	300万~400万t	轨迹误差	±0.5 m
	最低平均结核丰度	5 kg/m²，变化	阿基米得螺旋尺寸	长度9.14 m，外径1.52 m
	结核粒径		越障能力	长度3 m、高度1 m大块
采集宽度		10 m	总功率	
采集方式		对船横向折返采集	外形尺寸	15.32 m×10.36 m×5.79 m
采集率		95%	重量	25 t

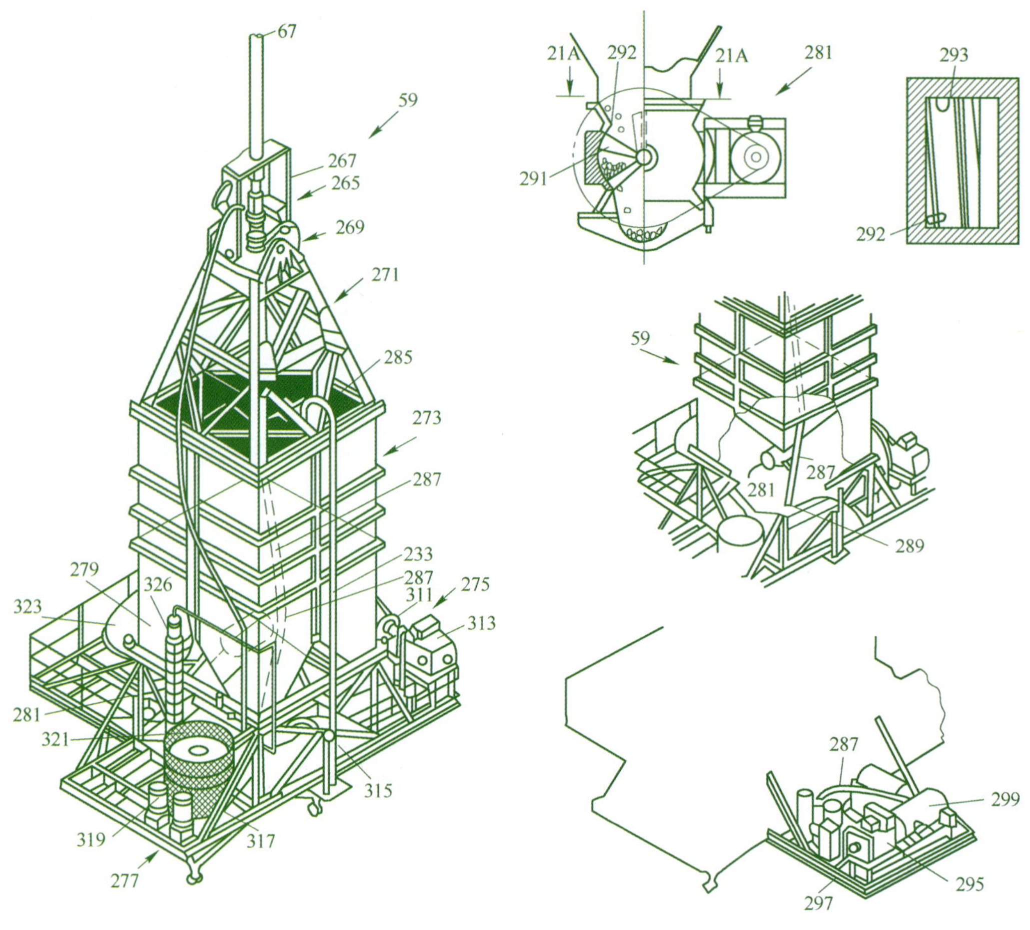

图17-56 中间仓结构图

67—提升硬管；233—储矿仓进料管；265—万向节；267—U型件；269—万向环；271—方锥吊架；273—储矿仓；275—机电设备；277—尼龙绳连接件；279—锥形给料斗；281—星轮叶片给料机；285—金属网；287—离心泵出料管；291—星轮叶片；292—给料机圆筒壁；293—给料机筒侧壁；295—离心泵；297—离心泵吸入口；299—泵电动机；311—液压泵电动机；313—液压泵；315—底架；317—充油压力补偿器；319—过滤器；321—护网；323—球形耐压舱；326—分级皮尔勒斯泵

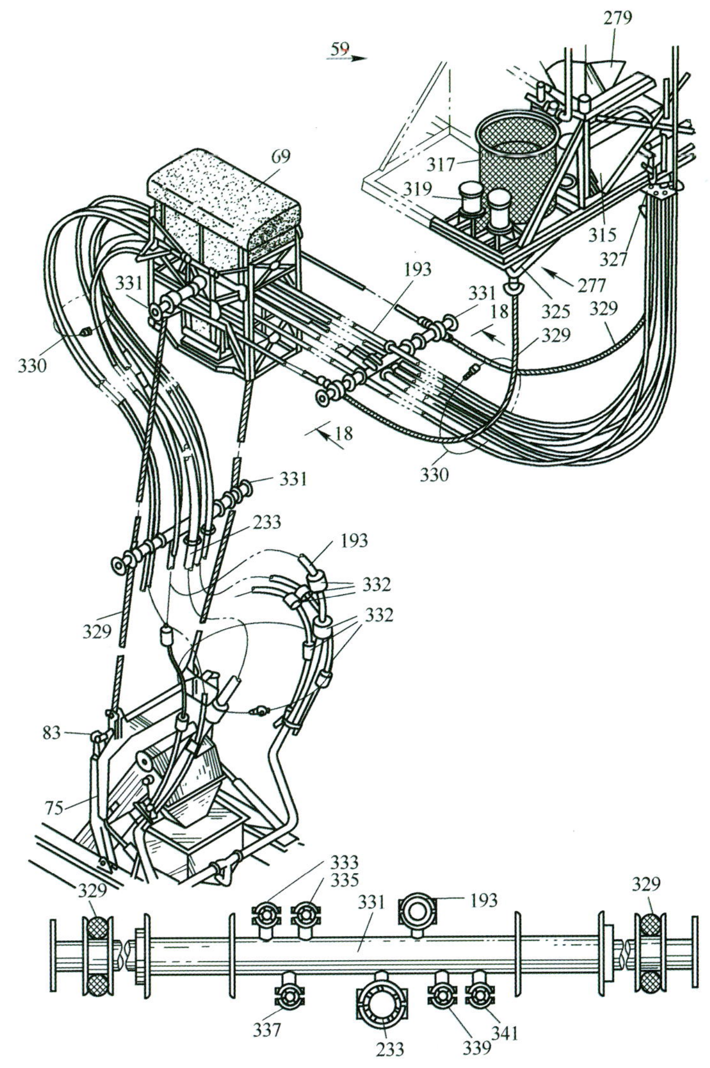

图 17－57 软管连接系结构图

69—浮力块;75—摆动起吊架;83—起吊孔;193—高压水管;233—结核输送管;277—尼龙绳连接件;279—锥形给料斗;315—海水液压泵组;317—充油压力补偿器;319—过滤器;325—尼龙绳连接件;327—管线托架;329—直径为 127 mm 的尼龙绳;330—扎带;331—管线分隔撑杆;332—浮力环;333—脐带缆;335,337,339,341—液压管

C 软管连接系

软管连接系主要功能是隔离集矿机与中间舱之间的动载影响,缓冲地形变化和保证集矿机偏离中间舱中心一定范围自由行驶。主要由 2 条 127 mm 承载尼龙绳、浮力块、1 条脐带缆、1 条高压海水管、2 条液压油管及泄油管组成。结构特点:浮力块保持软管系成 S 形;用分离杆固定管线,并有多个扎带;靠近集矿机的管线包有浮力环,避免缠绕到集矿机上。结构见图 17－57。

D 提升系统

气力提升系统及基本结构参见图 17－58。

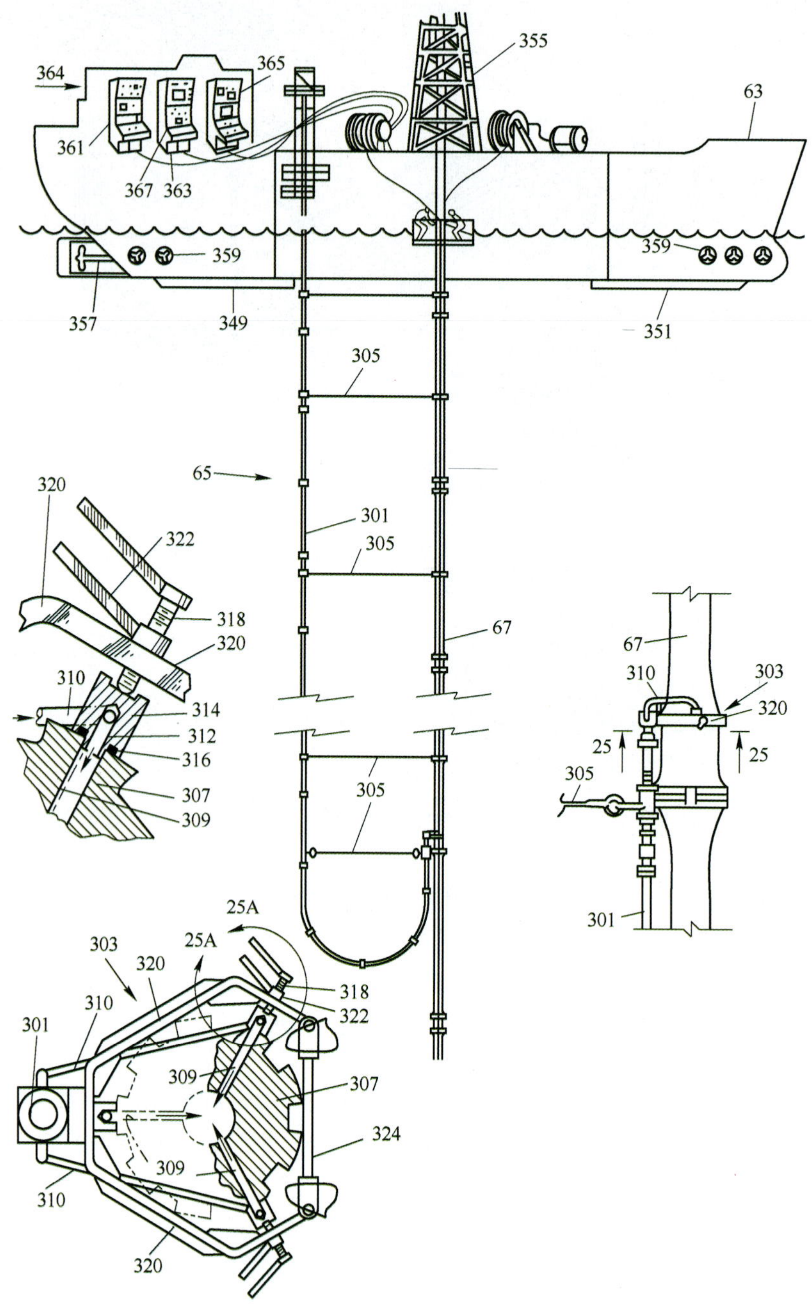

图 17－58 气力提升系统基本结构图

301—压气管;303—提升管接头;305—系绳;307—压气注入连接装置;309—接头进气通路;310—分气管;312—进气接头;314—支撑;316—密封件;318—锁紧螺钉;320—管架;322—锁紧螺母;324—管架夹紧件;355—塔架;357—主推进器;359—侧向推进器;361,363,365—控制台

E 采矿船

a 基本性能

OMCO 租用美国海军打捞俄罗斯核潜艇的“Glomar Explorer”号打捞船改装成采矿船，外形示意图见图 17－59。这艘长 188.6 m、宽 35.3 m、排水量达 33000 t 的动力定位船，有 5 台 16 缸 Hordberg 柴油机，驱动 4160 V AC 发电机组，6 台 2200 马力直流电动机直接驱动推进器。满载航速10 kn，最大耐风速 100 kn。船中部具有 61 m×22 m 月池用于下放集矿机，上方设有水下设备吊放和扬矿管接卸塔架与支撑设备。塔架下部设有扬矿管升沉摇摆补偿功能的支持系统，支撑力840 t，升降能力为 608 t。

图 17－59 “Glomar Explorer”采矿船

船上除配备常规航海设备仪器外，还配备了吊放牵引绞车、复合缆收放绞车、排管架、矿舱及气水分离设施、控制室等采矿专有设施。下面重点介绍具有特色的升沉补偿吊放系统。

b 升沉摇摆补偿悬吊系统

该船具有最完备的升沉摇摆补偿悬吊系统，为提升系统与悬吊载荷提供稳定支撑，目的是确保由于船的运动扬矿管高应力引起弯曲载荷最小。万向节结构参见图 17－60，升沉补偿系统原理图、系统布置图、升沉补偿缸万向节支撑和液压缸结构参见图 17－61～图 17－64，升沉补偿器控制系统框图参见图 17－65。

万向节平台由内万向环（纵摇）和外万向环（横摇）组成。外环通过叉形支座支撑在前后升沉补偿器活塞上，升沉补偿器活塞用横在月池上的 A 形架结构支撑，叉形支座与万向环之间用两个纵向销和作为横摇转轴的大轴承连接，每个叉形支座在 A 形架内的垂直导轨槽保持万向升沉，总行程 4.572 m(15 ft)。内环与外环用大轴承上的纵摇轴相连，并由内环悬臂销悬吊。

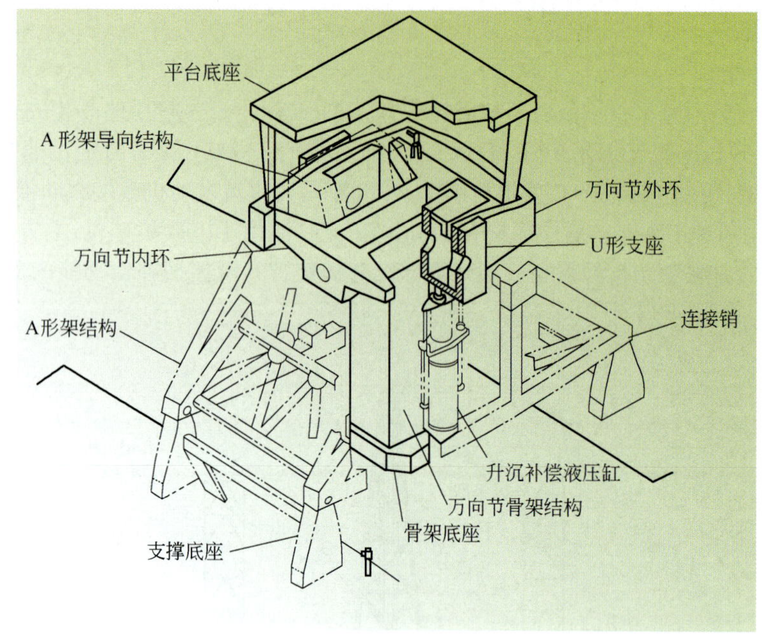

图 17－60　万向节结构图

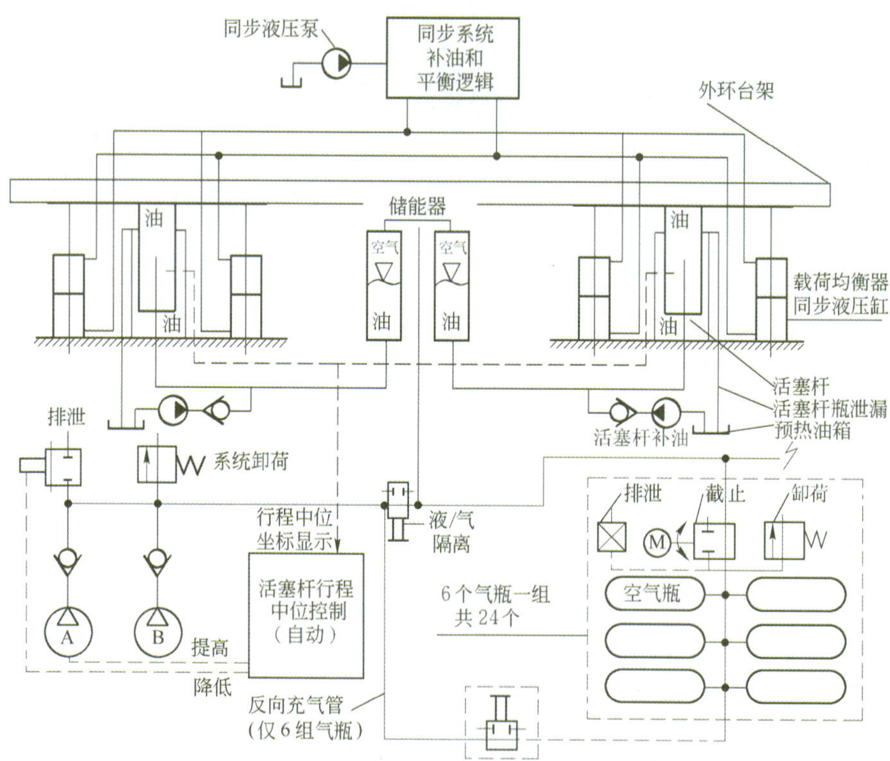

图 17－61　升沉补偿系统原理图

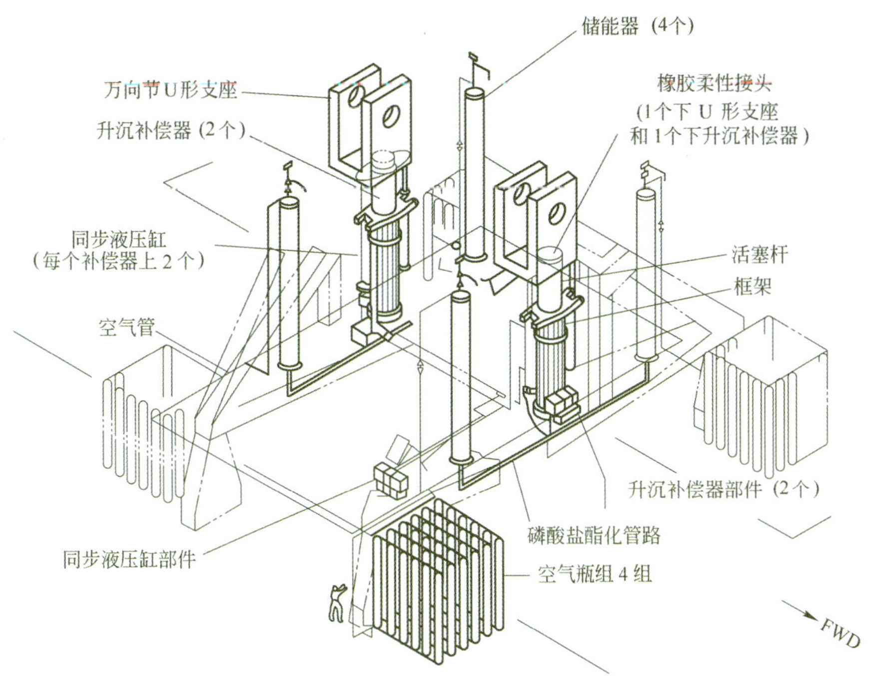

图17－62　升沉补偿器系统布置图

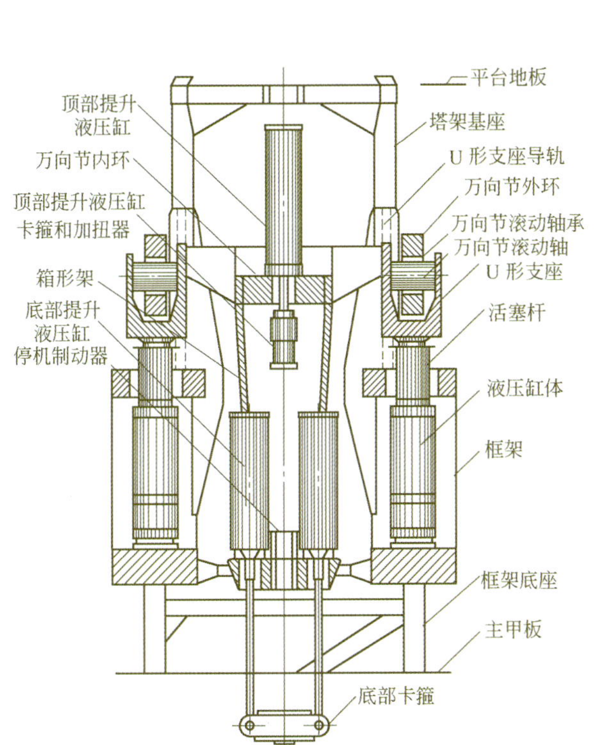

图17－63　升沉补偿器液压缸万向节支撑图

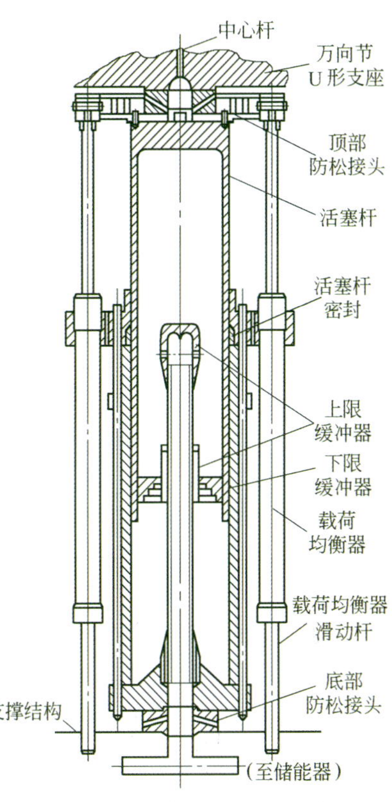

图17－64　升沉补偿器液压缸部件图

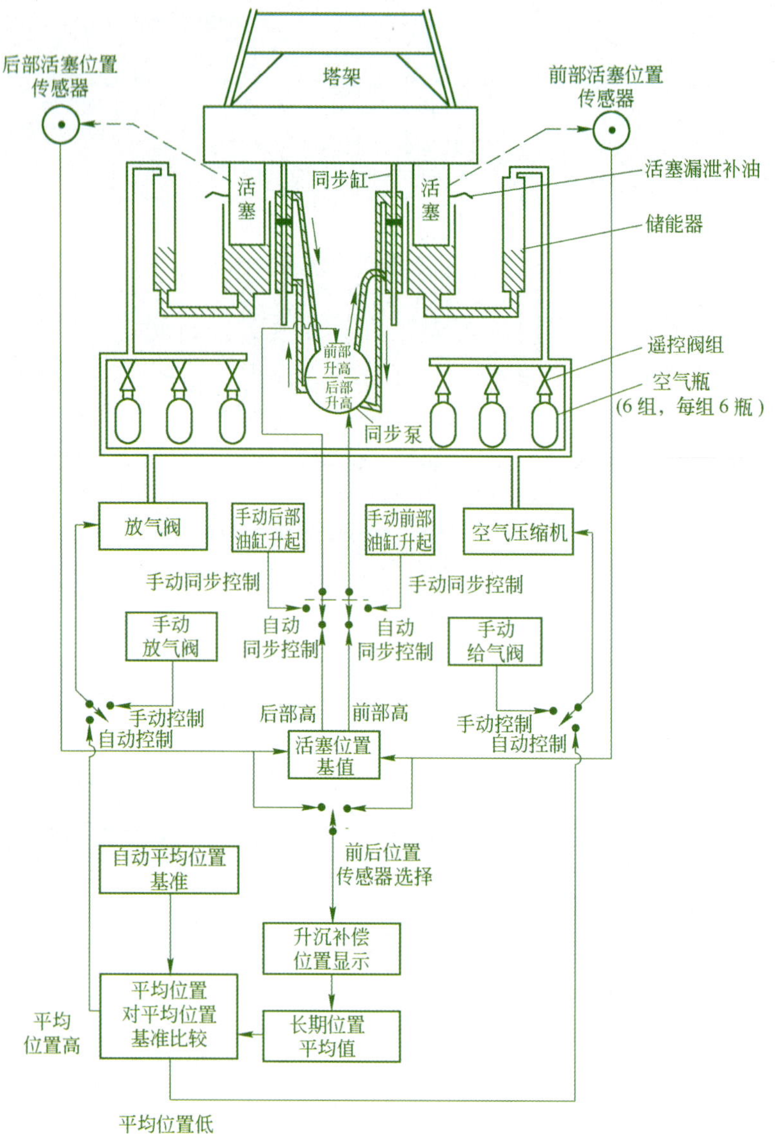

图 17-65　升沉补偿器控制系统方框图

不取决于船横摇、纵摇和升沉运动的内环，形成 Glomar Explorer 船稳定平台概念的核心。一对提升缸的上端装在内环上，在内环下面，一个箱形结构悬吊着支撑一对重型提升缸下端的支座，这个支撑环底板和扬矿管起重辅助基础结构也支撑在内环上。万向节系统能调节船与扬矿管之间的相对运动：升沉 ±2.2836 m，横摇 ±8.5°，纵摇 ±5°。减振系统在这些运动有些过大时，保护结构和提升管。这种设备也能控制和保护万向节系统。对于不同作业条件下的系统设计准则列于表 17-44 中。升沉补偿器活塞上支撑的系统总重量为 1905.12 t。

c　设备存放和吊放

水下系统从船上下放回收的方式是采矿作业的关键操作过程。

(1) 下放准备　水下系统部件放在月池内，如图 17-66 所示，中间舱和集矿机分别坐在船底滑动拉门 349 和 351 上的支座 345 和 347 上，中间舱上部的围栏 340 在船舱的导入环内；浮力块 69 用绞车 343 的缆绳悬吊在空中；绞车 344 的缆绳挂在集矿机上。

表 17－44 升沉补偿万向节的设计和工作技术条件

工作状态	技术参数	指标
航行时	海况	9 级(暴风雨)
	风速	100 kn
	船纵摇双倍幅度和周期	15°,8.1 s
	船横摇双倍幅度和周期	60°,11.5 s
	船升沉加速度	0.12 g
	稳定平台	锁住
	提升系统	不工作
出入船坞时	海况	4 级(海浪 1.52 m,浪涌 1.22 m)
	风速	20 kn
	船纵摇两倍幅度和周期	4°,9 s
	船横摇两倍幅度和周期	4°,11 s
	船升沉两倍幅度和周期	1.524 m,8.8 s
	稳定平台	万向节锁住
	提升系统	4536 t
升沉摇摆系统工作	海况	5 级(海浪 2.44 m,浪涌 3.66 m)
	风速	25 kn
	船纵摇两倍幅度和周期	8°,7.5 s
	船横摇两倍幅度和周期	15°,15.3 s
	船升沉两倍幅度和周期	5.18 m,7.5 s
升沉摇摆系统工作	稳定平台 万向节纵摇两倍幅度 万向节横摇两倍幅度 升沉补偿双倍幅度 升沉补偿变动负载	不锁住 6° 7° 3.05 m,行程 4.57 m 8391.6 t
	提升系统 变动负载(静负载加动负载,最大值) 性能负载(最大值)	工作 6350.4 t 6350.4 t, 在 1.83 m/s 时
静止不动/刹车上的负载	海况	6 级(海浪 3.66 m,浪涌 5.49 m)
	风速	50 kn
	船纵摇两倍幅度和周期	15°,7.7 s
	船横摇两倍幅度和周期	22°,15.8 s
	船升沉两倍幅度和周期	9.75 m,7.7 s
	稳定平台	不锁住
	万向节纵摇两倍幅度	10°
	万向节横摇两倍幅度	17.2°
	升沉补偿幅度	±2.13 m, 行程 4.57 m
	升沉补偿变动负载	9072 t
	提升系统	不工作(刹车负载)

(2) 设备入水　月池注水到图 17－67 左上图所示水平，解开缆绳 343A，浮力块浮在水中；绞车 344 提升集矿机离开支座，塔架起重机 355 提升中间舱离开支座，然后拉开滑动门，集矿机和中间舱通过井口下放；当软管连接系 61 完全伸出承载集矿机的位置，缆绳 353 从绞车 344 上解开，系在提升管上，以便回收时系到绞车上。

(3) 集矿机着底　利用塔架起重机和升沉摇摆补偿机构接长提升管，集矿机上的声呐高度计测出接近海底 33 m 时，打开集矿机前伸臂上的照明灯和摄像头，观察海底地形，利用船的移动寻找合适位置，将集矿机着底，继续下放中间舱，到离底 23 m，这取决于软管连接系的长度。

F　测控系统

(1) 主要功能　采矿系统测控主要包括水下系统吊放控制和采矿作业控制两大部分。

集矿机作业控制主要包括：集矿机在采区初始位置、集矿机运动速度和方向、挖齿插入海底深度、输送机倾角、采集结核与海泥量、结核与海泥分离、结核向破碎机输送、结核破碎、粉料回收、避障、大块剔除、采矿船跟随集矿机运动的位置。

提升系统运行控制主要包括：中间舱给料速度控制、提升系统状态与参数等。

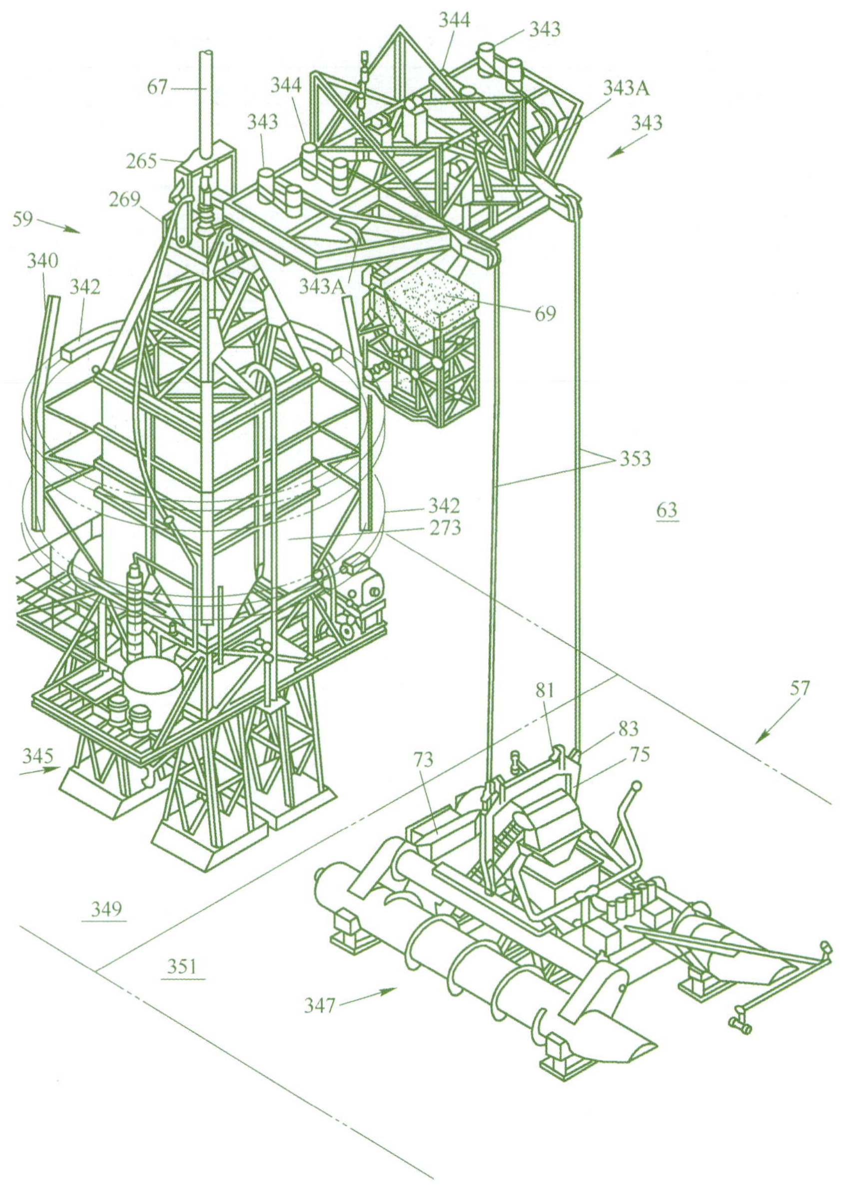

图 17-66　水下子系统用牵引绞车吊放前在船月池内存放图

57—集矿机;59—中间舱;63—月池;67—提升管;69—浮力块;73—横梁;75—集矿机起吊架;81—吊环;83—起吊孔;265—U 形件;269—万向环;273—储矿仓;340—防护栏;342—围栏;343—收放浮力块绞车;343A—浮力块吊放缆绳;344—收放集矿机绞车;345—中间舱支撑座;347—集矿机支撑座;349,351—滑动底门;353—集矿机吊放缆绳

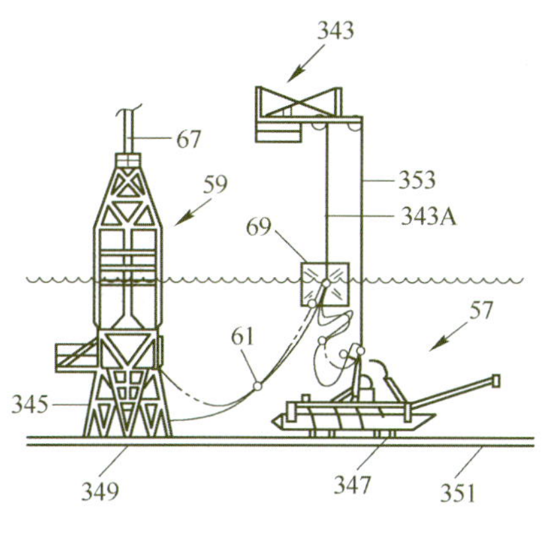

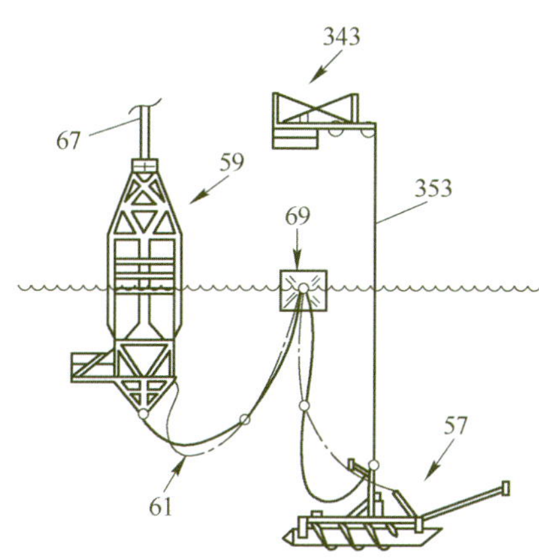

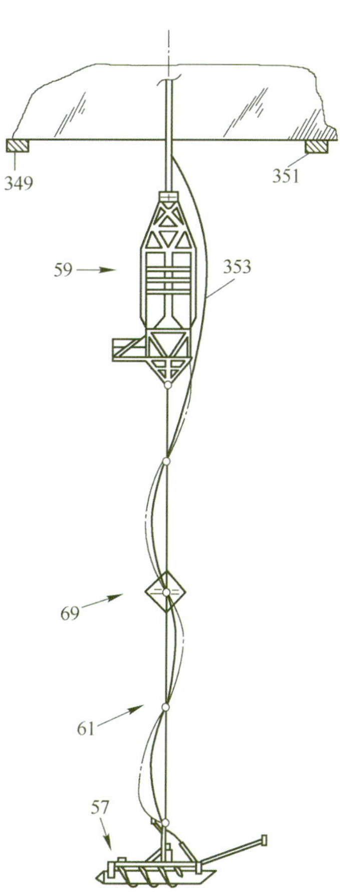

图 17-67　水下系统用牵引绞车吊放过程示意图

57—集矿机;59—中间舱;61—软管连接系;67—提升管;69—浮力块;
343—浮力块收放绞车;343A—浮力块吊放缆绳;345—中间舱支撑座;
347—集矿机支撑座;349,351—滑动底门;353—吊放缆绳

（2）测控台　控制台 361 是集矿机采集输送控制台，操作者根据摄像头图像和机构运行参数，控制采集过程以及中间舱给料机定量向提升管给料，如图 17－68 所示。

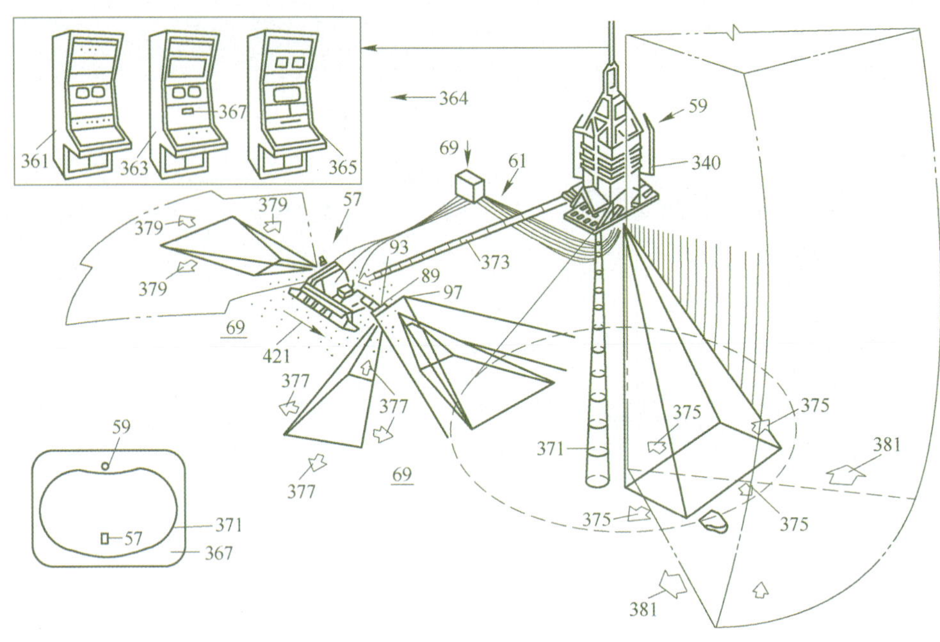

图 17－68　集矿机测控系统示意图

57—集矿机；59—中间舱；61—软管连接系；69—浮力块；89—前视摄像头；93—前伸臂；
97—照明灯；340—护板；361—采集控制台；363—行驶控制台；364—集矿机控制中心；
365—避障控制台；367—显示屏；371—声呐高度计；373—声呐测距仪；
375—中间舱上摄像头扫描方向；377—集矿机前视摄像头扫描方向；
379—集矿机后视摄像头扫描方向；381—侧扫声呐扫描方向；
421—集矿机行进方向；

控制台 363 为集矿机行驶控制台，操作者控制集矿机行驶速度和方向，根据中间舱定位声呐测定的集矿机位置，向采矿船发出指令改变船的速度和方向，使船的运动与集矿机的运动相互协调，保持集矿机在软管允许的包络线内工作。

控制台 365 是避障控制台，操作者根据侧扫声呐探测的集矿机周围地形，以及摄像头图像、位置和方向参数判断是否需要避障。

采矿系统采用长基线导航定位原理。

（3）采矿系统测控原理如图 17－69 所示。

17.5.9.3　中国中试采矿系统

我国“大洋多金属结核中试采矿系统”是按商业系统生产能力 1∶10 设计的，由集矿子系统、扬矿子系统、测控与动力子系统和水面支持子系统组成，如图 17－70 所示。

该系统于 2001 年 7～9 月在云南抚仙湖 130 m 水深、底质剪切强度不小于 1.8 kPa 区域进行了采集模拟结核试验，验证了技术可行、设备运行正常，达到设计技术指标。

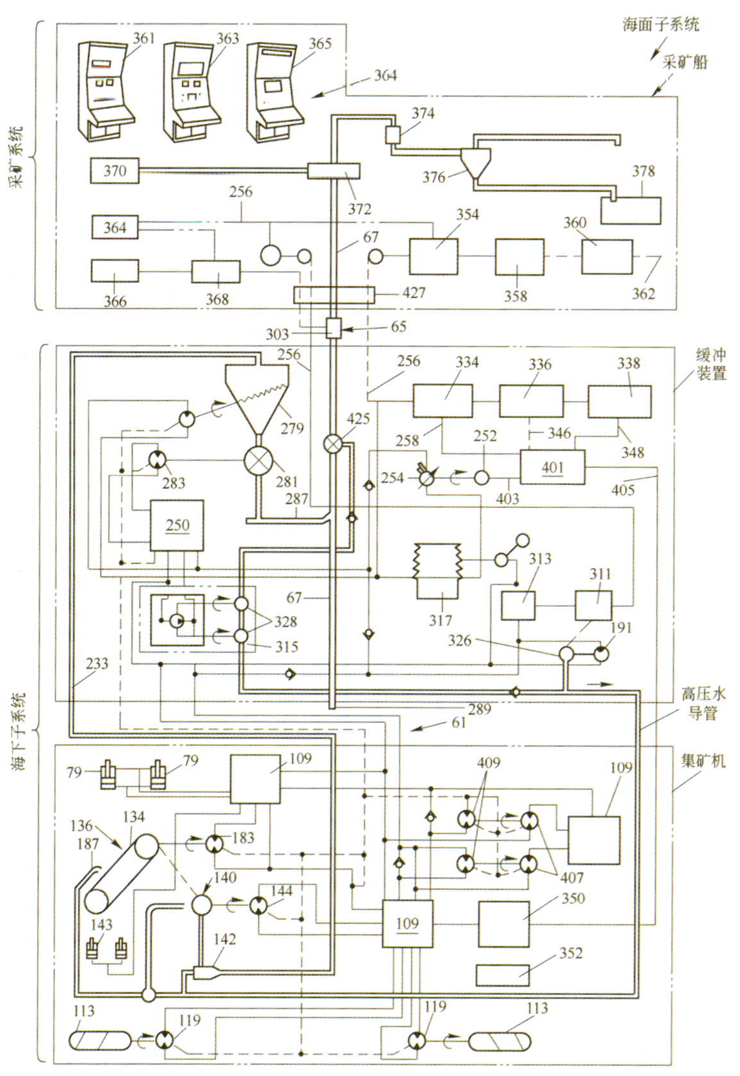

图 17－69　采矿系统监控原理图

61—软管连接系;65—注气管;67—垂直提升管;79—起吊梁摆角液压缸;109—液压阀箱;113—行走螺旋;119—单级齿轮传动行走液压马达;134—输送机;136—结核冲洗装置;140—破碎机;142—射流泵;143—输送机调角液压缸;144—液压马达;183—液压马达;187—冲洗水管;191—液压马达或电动机;193—高压水管;233—集矿机送矿软管;250—液压阀箱;252—电动机;254—液压泵(备用压力海水);256—动力、控制和数据传输缆;258—数据与指令缆;279—锥形储矿料仓;281—星型叶片给料机;283—液压马达;287—给料机出矿管;289—挡板卸荷阀;303—提升管接头;311—电动机;313—液压泵;315—海水泵;317—充油压力补偿器;326—多级泵;328—水轮机;334—分电箱;336—低压变压器;338—高压变压器;346—110 V 单相电缆;348—440 V 三相电缆;350—配电箱;352—集矿机上电子控制耐压舱;354—电气滑环;358—变压器;360—断路器;361,363,365—控制台;362—电源母线;364—集矿机控制中心;366—空气压缩机;368—节气歧管;370—海水泵;372—高压水连接器;374—空气分离器;376—海水分离器;378—储矿舱;401—控制器;403—动力电缆;405—脐带缆;407—液压马达;409—液压马达;425—转换阀;427—滑环

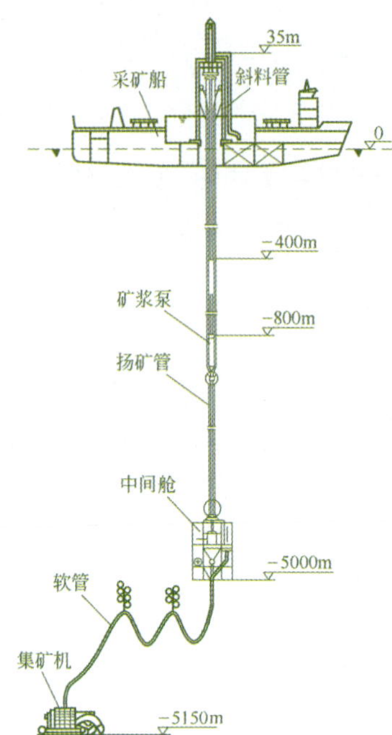

图 17－70　中国大洋多金属结核中试采矿系统及中间舱、集矿机

A　系统结构

a　集矿子系统

该系统是利用集矿宽度 2.4 m 的双排喷嘴低压大流量冲采结核、附壁喷嘴射流产生的负压输送到破碎机口的水力集矿头，配备 4 台 15 kW 水泵，流量为 960 m^3/h 时，压力 0.05 MPa，结核通过 10 kW 的单辊破碎机破碎到 5 cm 排料。作业车采用尖三角金属高齿工程塑料履带板，2 条履带分别采用液压马达链条驱动，由变量油泵调速。总牵引功率 160 kW，接地比压用车载 21 m^3 浮力材调节到 5 kPa。作业车上配备 2 台控制集矿机下水时方位角的 1.3 kN 推力螺旋桨。集矿头通过四连杆平行机构与作业车相连，用液压缸调节喷嘴离地高度和倾角。整机为液压驱动，由 2 台 175 kW 高压电动机带动 2 台主变量油泵和 4 台辅助定量油泵。行走和螺旋桨马达为闭式液压回路，电液比例阀控制，其余为开式回路。破碎机和水泵马达用调速阀改变转数，破碎机设有防卡回路。全部液压件装在压力补偿箱内，液压系统配有工作参数检测警报传感器。

b　扬矿子系统

扬矿子系统由软管输送段、中间舱、硬管输送段和船上脱水与储存四部分构成。

（1）软管长 300 m、内径 15 cm，其上装有浮力件，使软管在水下呈驼峰形，对集矿机和硬管间起缓冲调节作用。140 kW 软管输送泵安装在中间舱上，从集矿机破碎机出口抽吸结核矿浆送入中间舱矿仓，流量 255 m^3/h，扬程 70 m，输送速度为 3.5～4 m/s，体积浓度 10%。

（2）中间舱通过万向节连接到硬管下端，离海底约 150 m，内设 13 m^3 容积的上部开口矿仓，可存储 15 t 湿结核，矿仓下部连接额定给矿能力 44 t/h 的弹性叶轮给矿机，由 10 kW 液压马达驱动，电液比例阀无级调速，实现给料调节，保持扬矿系统运行稳定。仓内设有破拱和料位检测装置。

(3) 硬管扬矿段，全长 5000 m，单根长 12 m，内径为 20.6 cm。2 台 800 kW 硬管提升半轴流矿浆管道泵分别安装在水下 400 m 和 800 m 处的硬管中间，流量 360 m^3/h，扬程 300 m；在软管输送泵出口和中间仓以上 20 m 处各安装 1 台紧急排放阀，当扬矿系统运行出现故障或突然停电时快速打开，将管道中的结核排入海中，防止管道和泵的堵塞。系统最小输送速度为 2.3 ~ 2.7 m/s，体积浓度 5% ~ 10%。

c 测控与动力子系统

(1) 供电系统配置 包括船上 3.2 MVA、380 V 发电机组，变配电站，用干式变压器升压至 4000 V，经 2 台 6000 m 电缆绞车和 1 台 1000 m 电缆绞车分别送至集矿机、中间舱和硬管提升泵。集矿机、矿浆泵电动机与本地压力补偿式分电箱直接相连，由船上低压侧的软启动器控制起停，低压用电由相应分电箱经变压器提供。1000 m 海试供电系统参见图 17 – 71。

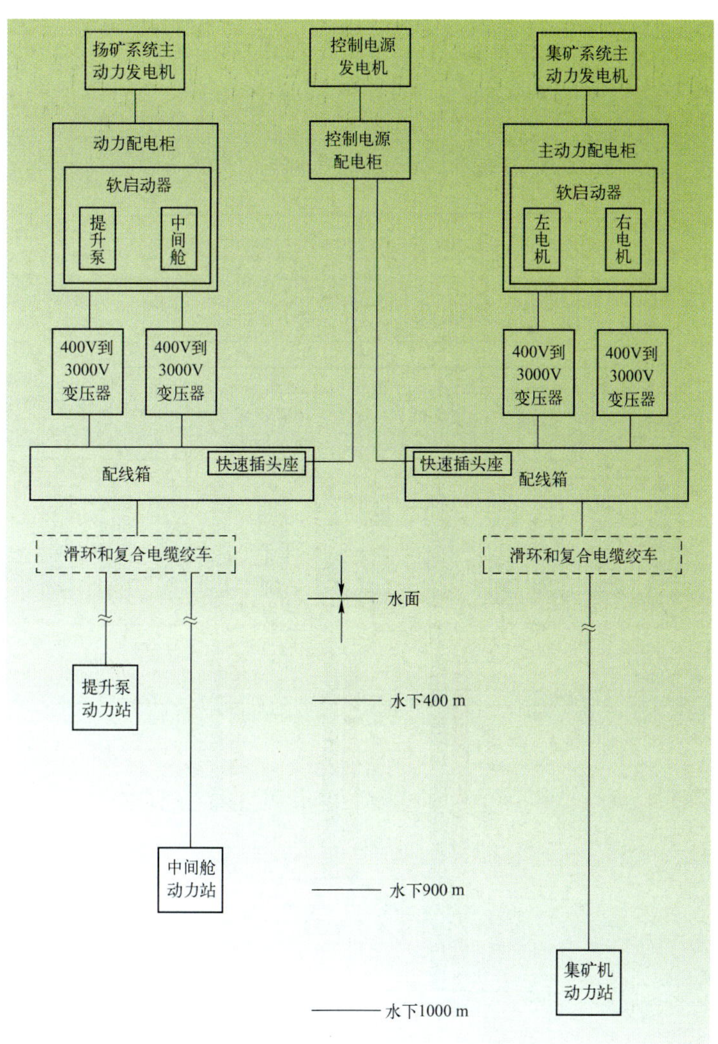

图 17 – 71 中国 1000 m 海试采矿系统的水下设备供电框图

(2) 控制系统配置　为设在集矿机、中间舱、扬矿泵的三个水下计算机控制站和船上控制中心的集散结构,光缆数字通讯。水下控制站为一装在圆筒形压力舱内的具有数字量、模拟量和开关量处理能力及高速网络通讯能力的微控制器系统,执行向控制装置提供低压交直流电、采集传感器信息、控制驱动装置、接收控制中心指令和上行传递信息数据;水面控制中心包括总控制台、集矿机与扬矿控制台、水面支持系统控制台。

(3) 集矿系统控制　在控制中心集矿机操作台上操作自动顺序起停集矿系统;以罗盘导航和声学定位修正实现按预定开采路径行驶,利用电视摄像和图像声呐在线监测障碍与辅助寻找上次轨迹,自动、半自动及全自动控制履带车行驶,手动控制绕障和调头,并根据观测到的结核丰度及海底地形调节车速;手动调解集矿头离地高度;手动、自动控制集矿机下放过程的方位角和实现纵横向位移;操纵员通过监视器借助图形、图像、曲线、图表和动态画面实施如下作业过程监测:作业车下放速度、潜入深度、离底高度、管线受力监视,作业车行驶姿态、方位角、车速、压陷深度、履带张力与打滑率、行走轨迹的监视,车前地形与障碍物图形及参数监视,摄像头焦距、云台、照明的控制与显示;集矿机液压动力站工况及参数的监视,故障定位指示及声光报警等。集矿机遥测遥控系统和配置框图分别参见图 17－72 和图 17－73。

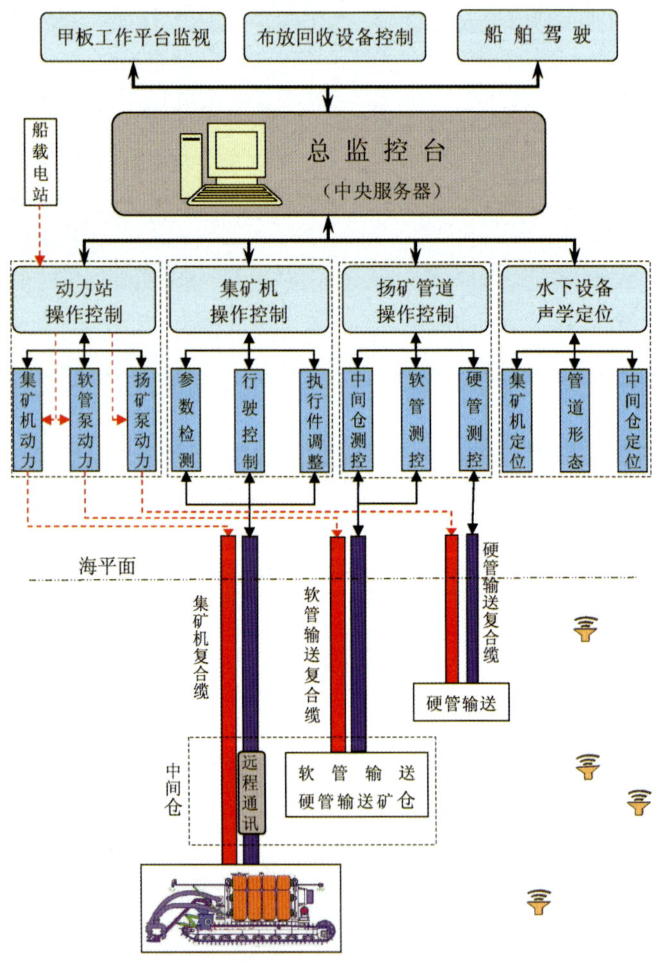

图 17－72　集矿机遥测遥控系统图

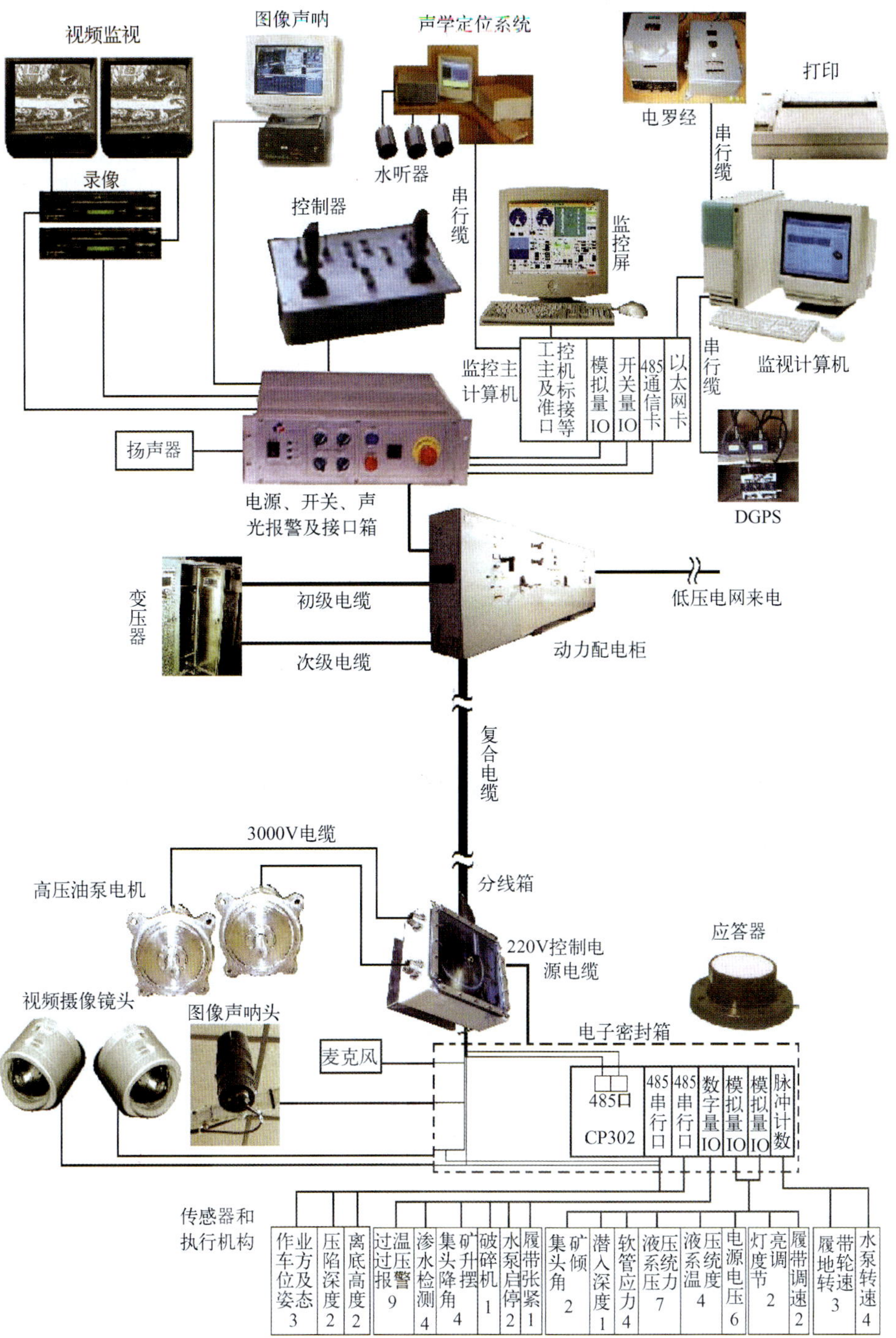

图 17－73　集矿机遥测遥控系统配置框图

(4) 扬矿系统控制　在控制中心扬矿操作台上操作扬矿系统自动顺序起停;控制中间舱给料机转速调节矿浆浓度;通过显示器监视矿浆浓度与流速;矿仓破拱、系统故障紧急排料监控;设备工况及参数监视。

(5) 水下系统布放与回收控制　通过控制中心操作台与塔架升降悬吊系统、电缆绞车本地控制站联合控制集矿机与电缆收放、扬矿管接卸、浮力件拆装的协调进行。

(6) 采矿系统运行总体控制　根据开采路线图和集矿机相对采矿船的安全作业位置包络图,按采矿船跟踪集矿机原则,利用全球卫星定位系统、水声基线定位系统、自动驾驶仪与动力定位系统,通过总控制台和船驾驶台实施采矿船 - 扬矿系统 - 集矿机协调运行控制与监视(集矿机定位控制原理参见图 17 - 74,测控耐压设施参见图 17 - 75),并实施船上结核脱水与矿仓均衡存矿控制。

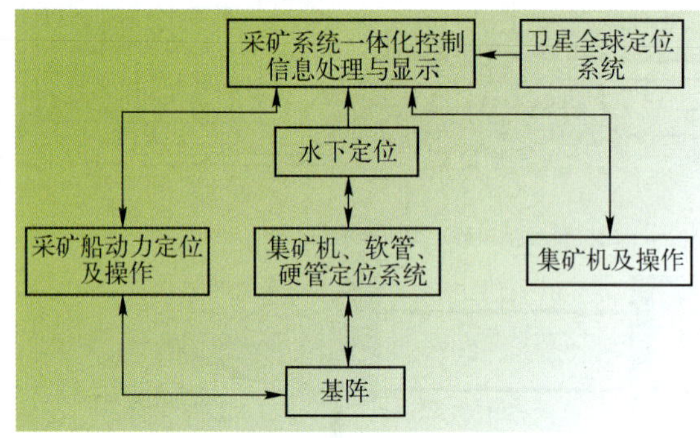

图 17 - 74　集矿机水下定位原理框图

图 17 - 75　集矿机测控耐压水密电子仓

d　水面支持系统的基本配置

初步确定采用 1.7×10^4 t 排水量的宽体船,主尺度为长度 110 m、宽度 30 m,航速 13 kn,动力定位误差不大于 ±30 m。中央设 12 m × 12 m 井口,设备出入水用双层船底,配备 20 ~ 30 m 高塔架和升沉摇摆补偿悬吊装置、600 t 液压升降接卸管机构,吊车、储管架、结核脱水和 3000 t 存储矿仓等采矿专用设备,相应的实验室、维修间,水下设备存放空间,以及通用船用设施。

B 系统的主要技术性能

中国大洋多金属结核中试采矿系统的主要技术性能如表 17－45 所示。

表 17－45 中国大洋多金属结核中试采矿系统的主要技术性能

主要参数		指标	主要参数		指标
设计生产能力		15×10^4 t/a	采矿船定位精度		±30 m
作业水深		6000 m	采矿船储矿量		3000 t
海况		4 级,短时 6 级	系统功率	装备功率	2100 kW
海底地形	坡度	总体≤5°,局部≤15°	系统功率	集矿机	350 kW
海底地形	相对高差	100～300 m	系统功率	软管泵	140 kW
海底地形	绕行障碍	高度＞0.5 m	系统功率	硬管泵	800×2 kW
海底地形	绕行障碍	沟宽＞1 m	系统功率	中间舱给料机	10 kW
海底沉积物剪切强度		≥3 kPa	外形尺寸	集矿机	8.4 m×5.2 m×3.3 m
采集结核粒径		2～10 cm	外形尺寸	中间舱	4.5 m×4.5 m×10 m
采集深度		10 cm	外形尺寸	软管	内径 150 mm 长度 10 m,30 根
采集结核的最大丰度		20 kg/m^3			
采集覆盖率		75%	外形尺寸	硬管	内径 206 m 总长 5000 m
集矿头采集率		86%			
矿区矿石总回收率		24%	部件重量	集矿机	30(水中 16)t
采集结核含泥率		≤15%	部件重量	中间舱	30(水中 25)t
扬矿管矿浆浓度		7%～12%	部件重量	软管	15(水中 12)t
集矿机行驶速度		0～1 m/s	部件重量	硬管和泵	460 t
集矿机行驶轨迹偏差		±1 m	年作业时间		250 d/a,20 h/d

17.6 钴结壳矿床开采

17.6.1 富钴结壳矿床开采条件

钴结壳矿床开采条件中的决定因素是海底大地貌和微地形、基岩类型、矿体连续性、沉积物分布、钴结壳和基岩的物理力学特性。我国现尚未最后圈定富钴结壳矿区,确定钴结壳矿床开采条件时可参照表 17－46 中列出的参考数据。

表 17－46 钴结壳矿山矿床开采地质条件参考数据

开采条件	技术指标
作业水深	800～3500 m
海底地形	1. 总体坡度:小于 10°,局部坡度小于 15°,大于 10°的只占 10%; 2. 相对高差为 100～300 m; 3. 绕行障碍:露头或礁石高度大于 0.5 m,堑沟宽度大于 1 m
海底沉积物	表面剪切强度 3～14 kPa;摩擦角:3.1°～18.5°;湿密度:1.2～1.5 kg/m^3

续表 17－46

开采条件	技术指标
基　岩	抗压强度:20～50 MPa;密度:1.76～2.75 kg/m^3
结壳矿	1. 厚度:平均 4 cm,最大采掘厚度 10 cm; 2. 平均丰度 60 kg/m^2(干重); 3. 湿密度:1.7～2.16 kg/m^3,平均湿容重 2 kg/m^3; 4. 含水率:30%; 5. 抗压强度:≤8 MPa
矿区尺寸	1. 单个可采矿体宽 3～8 km,长 100～200 km; 2. 最小可采矿块 10 km×1 km

17.6.2　钴结壳开采的难点

根据对钴结壳矿床赋存地质条件和结壳与基岩物理力学特性的分析研究,钴结壳的特性类似于煤,而钴结壳矿床赋存的地质条件极其复杂,除了一部分矿区在山顶边缘 2～3 km 地带较为平坦外,绝大部分富矿区都在坡度为 10°～20°的坡面上,存在着 3～5 m 高的悬崖峭壁、3～5 m 宽的断裂、高达 100 m 的海蚀平台,微地形波动非常之大,加之结壳厚度很薄,平均厚度只有 4 cm。因此,结壳的实际开采,在技术上比从海底收集结核困难得多。研发适应微地形变化的剥离破碎头,成为研发效率高、损失贫化低的剥离破碎机构的主要技术难点。研发中必须解决的关键技术主要有以下几点。

(1) 适应微地形波动非常大的剥离薄层结壳的破碎方法、破碎头结构和适应性控制技术。要达到回收的结壳中含基岩尽量少,以免因贫化而显著降低矿石的品位，同时应尽量避免的漏采结壳,以降低资源损失。目前,可以考虑采用机械原理的浮动刀头或随动控制技术,以及两种方法相结合的技术加以解决。

(2) 截割深度检测和切割一定厚度结壳的控制技术。主要解决破碎刀头不超切基岩或漏切结壳,达到采集的矿石贫化损失率最低。目前,可以考虑利用超声波或放射性辐射传感器探测结壳厚度和采用智能随动控制技术根据微地形变化控制进刀机构加以解决。

(3) 剥离破碎机构工作参数的匹配和工程设计计算方法。参数匹配应以额定工况为基准,并考虑破碎对象条件的变化,确定机构参数的可调范围,以便在工作过程中加以适应性调整。

17.6.3　开采工艺方法

结壳开采包括五个独立作业:剥离、破碎、提升、挑选、分离。

国外通常讨论的回收方法是海底履带采矿车、水力提升管系统和海面船组成的系统。采矿车提供自身前进力和约 20 cm/s 的移动速度。车上铰接剥离结壳的滚筒切割头,剥离下的材料在提升前通过重力选矿机选矿,剔除采集的基岩。

其他可能的方法包括连续索斗法、水射流法和原地浸出技术等。这些开采系统需要进一步研究其可能性。

17.6.3.1　履带自行多滚筒截割采矿机－管道提升矿石采矿系统

美国提出的这种采矿系统,由 2 条船(采矿船和运矿船)、矿石转运管线、海底采矿机和矿石气力提升系统组成,如图 17－76 所示。除采矿机为单独研制以外,其余部分与大洋多金属结核采矿系统完全一致。设定的开采条件如表 17－47 所示。

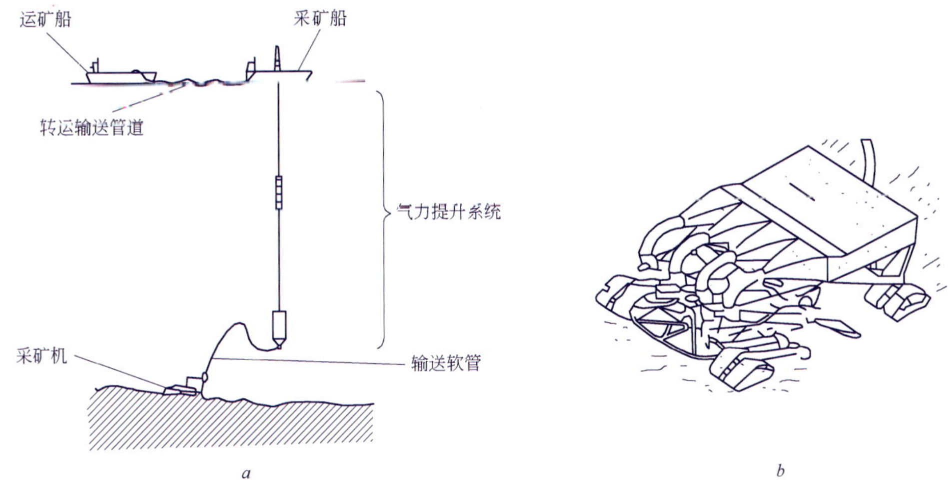

图 17－76 履带自行多滚筒截割采矿机－管道提升矿石采矿系统

a—系统图；*b*—采矿机简图

表 17－47 履带自行多滚筒截割采矿机－管道提升矿石采矿系统设定的开采条件

条件参数	指　标	条件参数		指　标
矿床的赋存深度	800～2400 m	生产规模		100 万 t/a
海底面倾角	平均 10°(最大 20°)	年作业时间	连续作业时间	225 d
矿床面积	10～50 km^2		恶劣天气时间	35 d
结壳矿床覆盖率	60%		故障时间	25 d
结壳厚度	平均 4 cm(最大 10 cm)		船补给时间(船入坞等)	35 d
矿石金属品位	Co 0.9%，Ni 0.5%，Mn 28%，Pt 0.4×10^{-4}%		开采及技术条件准备时间	45 d

采矿车主要由牵引车、剥离破碎机构和采集机构组成。牵引车为四条浮动履带；剥离破碎机构为布置在前后履带之间的多个悬臂式双滚筒截割头；采集机构为水力吸送系统。

在采矿过程中，采矿船跟随沿海底移动的采矿机航行。采矿系统的操纵性和移动速度能适应水深变化 100 m。

采矿机具有切割结壳、吸取及破碎矿石、向软管输送矿石机构。主要技术参数如下：

沿海底行驶速度	0.2 m/s
作业功率	约 900 kW
采矿机行驶	500 kW
吸取破碎矿石	200 kW
向软管输送矿石	150 kW
外形尺寸：	
长	13 m
宽	8 m
空气中重量	100 t

这种采矿系统对于开采微地形变化莫测的钴结壳而言，是一种比较有效的方式，但必须解决切割头随微地形变化浮动技术。

17.6.3.2 绞车牵引挠性螺旋滚筒截割采矿机－管道提升矿石采矿系统

这是俄罗斯提出的采矿系统，由采矿船、垂直提升管、潜水中间矿仓、提升软管和绞车牵引挠性螺旋滚筒截割采矿机组成，如图 17－77 所示。

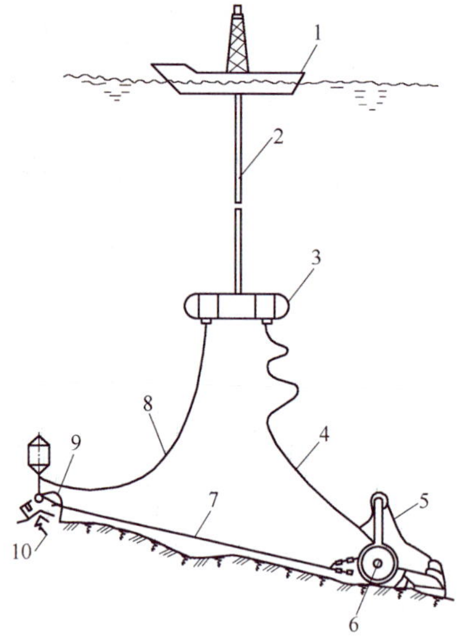

图 17－77 绞车牵引挠性螺旋滚筒截割采矿机－管道提升矿石采矿系统

1—采矿船；2—提升管；3—潜水平台；4—输送软管；5—浮动机架；6—挠性螺旋滚筒截割采矿机；7—牵引钢丝绳；8—缆绳；9—牵引绞车；10—锚固绞车座

采矿机挠性螺旋滚筒由左右螺旋两部分组成，每个螺旋的两端置于轴承座内，两螺旋滚筒分别由位于其外轴承座处的电动机经减速机驱动。螺旋滚筒外面装有切割刀和截齿，里面装有叶片，构成轴流泵。螺旋滚筒切割刀和截齿外面沿轴向设有两个弹性外罩，外罩用橡胶加固，用金属骨架铰接在一起，隔一定间隔用拉杆将螺旋滚筒轴与弹性外罩壁板连接起来。整个滚筒两端轴包括吸入管和软管与浮动机架相连，支撑在行走轮上，并通过几根索链与牵引钢丝绳相连，如图 17－78 所示。

采矿系统参数如表 17－48 所示。

A 采矿机的工作方式

采矿船驶抵矿区，下放提升管、潜水平台，然后采矿机从潜水平台下放到海底。采矿船后退一定距离，装设用缆索与潜水平台连接的锚固绞车座。启动电动机，通过减速机驱动螺旋滚筒轴，滚筒上的切割刀和截齿切割结壳。相邻截线切割刀有一定重叠，避免漏切。当刀轴旋转时，泵叶片也旋转。叶片相互分开安装，以便保证沿外罩长度方向均匀分布吸入力，其数量要足够克服外罩下固液混合物运动的流体阻力。提升泵在从外罩吸入水和固体物料时，保证了外壁对海底所需的吸入力，因此可调节滚筒轴对工作面的力。外罩壁在外部压力作用下，借助铰链和拉杆保证滚筒轴对工作面所加的力。外罩前后壁铰链连接，具有足够的挠性，可以靠紧各种地形的海底面。开采过程中，整个装置用绞车通过索链和钢丝绳拉向锚固绞车座，同时，滚筒轴的旋转要使整个装置在旋转力作用下也力图朝向锚固绞车座方向移动。为了不使滚筒轴叠加和不缩小横移带宽，安装了浮动机架，其上部比水轻，因此它处于垂直状态。由于滚筒轴具有对地面的计算压力，可以切割下相当坚硬的结壳，而不能切割下在其上生长结壳的较坚硬的基岩。在切割进路结束时，移动锚固绞车座，重复上述过程。

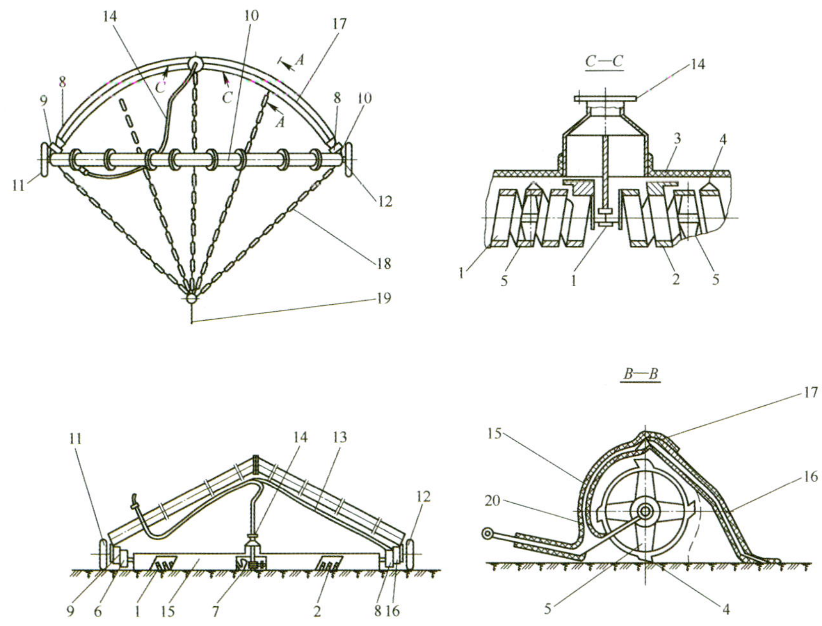

图 17－78 采矿机原理图

1,2—左右螺旋滚筒;3—切割刀;4—截齿;5—泵叶轮;6,7,8—滚筒轴轴承座;9,10—左右电动机和减速机;11,12—左右行走轮;13—浮动机架;14—破碎结壳吸入管;15,16—前后弹性外罩板;17—前后弹性外罩连接铰链;18—索链;19—牵引钢丝绳;20—挠性螺旋滚筒与外罩板的拉杆

表 17－48 绞车牵引螺旋挠性滚筒截割采矿机－管道提升矿石采矿系统技术参数

技术参数		指标
采矿机	生产能力	30 m^3/h
	一次切割分层厚度	6 cm
	切割力	60 kN
	钝刀单位切割阻力	2.5 MPa
	滚刀切割器直径	0.6 m
	切割功率	27 kW
	推进力	20 kN
	垂直切割力	42 kN
	移动速度	0.028 m/s(100 m/h)
	切割宽度	5 m
	管道直径	250 mm
	提升速度	1.24 m/s
	通过最大块度	50 mm
提升系统	固液比	1:6
	矿浆密度	1.095 t/m^3
	排水量	180 m^3/h
	系统压头	1.117 MPa

技术参数			指标
开采工作面		切割分层高度	5～6 cm(结壳厚度 4～24 cm)
		工作线长度	2～3 km
水泵		台数	2 台
		排水量	220 m^3/h
		压头	2×71 m
		转数	1450 r/min
		通过断面	55 mm
		电动机功率	2×75 kW
		质量	2×296 kg
开采总回收率	回采损失率	未采全厚损失	≤50%
		微地形不平损失	10%～15%
		采集机构工作不协调损失	5%～10%
		合计	25%
	提升损失率		
	装入矿仓损失		
	运输转载损失		
系统总功率		生产能力 25 万 t 时	300 kW
		生产能力 50 万 t 时	400 kW

B 矿石提升的两种方案

第一种方案是泵提升。提升上来的矿石在船舱内沉积，而具有+3℃左右温度的澄清水和极细粒级结壳一起排入400～1000 m的水深处。船舱装满矿石后，采矿设备回收到船上，船驶回港口，在港口卸矿和为下一航次做好准备。如果采用运输船，船内配置从矿浆中分离矿石并将其转运到散装船内的设备。

第二种方案是索斗提升。泵入管道内的矿石，沉积在挂在垂直钢丝绳上的管内筛网料斗内提升，空载段在管外下行。当筛网料斗的设计网孔为0.2 mm×1.0 mm，料斗直径0.2 m，筛分面积0.126 m^{2}时，为达到过滤60 L/s，1 min有20个料斗卸载，索斗提升驱动功率约为250 kW。这种方案的优点是降低了提升能耗，由于管道内外压力相同减轻了管道重量，只有单条管道有可能单独移动采矿机，管道可在海底架设支架，简化了采矿作业的控制，并减少了对环境的不利影响。

这种采矿系统对于开采微地形变化莫测的钴结壳而言，机构简单，是一种有前景的采矿系统。

17.6.3.3 采矿机破碎－链斗管道提升采矿系统

采矿机破碎－链斗管道提升采矿系统利用多排冲击器破碎结壳，破碎后的矿石由采矿机拖动提升链斗直接挖掘矿石并提升到海面，如图17－79所示。该系统的采矿机能适应微地形变化莫测的钴结壳开采条件，但是链斗挖掘则有一定困难，不是丢失很多矿石就是挖掘过多的废石，系统协调运行复杂，不如用水力送入中间舱再用链斗提升更切合实际。

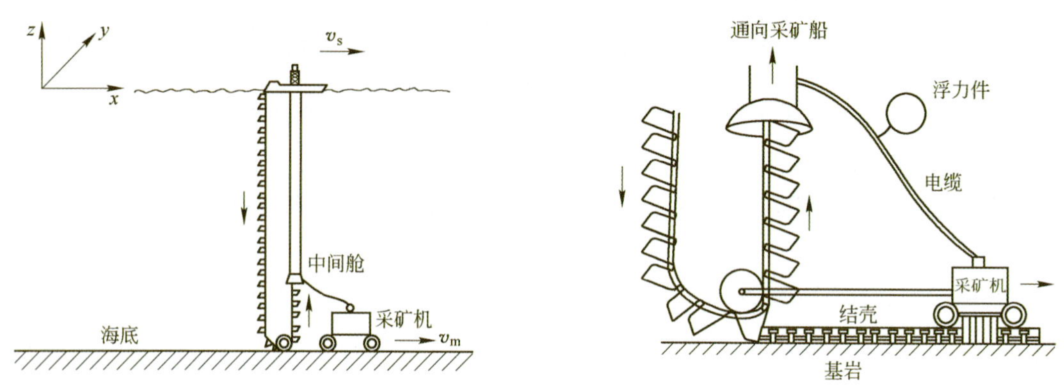

图17－79 采矿机破碎－链斗管道提升采矿系统示意图

17.7 块状多金属硫化物矿床开采

17.7.1 海底块状硫化物矿床开采的现实可采性

国外一些采矿公司目前已明确认为海底块状硫化物矿床具有现实可采性。基本认识归纳如下：

(1) 遥控观测、定位和水下技术的不断提高，采矿机可以在几千米水深工作；

(2) 硫化物矿水深较浅，仅为结核矿水深的一半，在浅水低温热液喷口附近发现了高品位金和银，其含量为陆地经济可采矿床的10倍以上，经济价值可观；

(3) 大部分硫化物矿床位于专署经济区内(如巴布亚新几内亚、日本、所罗门群岛和斐济),不受国际海底管理局约束;

(4) 酸性矿水可被碱性海水中和,开采对环境的影响小;

(5) 具有成本优势,不需陆地矿山采尽时废弃的基建工程(其中包括:昂贵的竖井掘进费约1美元/m和巷道费约1000~2000美元/m以及大量综合建筑),大型采矿船或运输船可从一个矿点移动到另一个矿点,较小的矿体都便于开采;

(6) 在上述情况下,初步估算,年产200万t、开采10年即可盈利。

17.7.2 海底块状硫化物矿床开始进入生产勘探阶段

1997年12月,巴布亚新几内亚政府在世界上首次向澳大利亚的鹦鹉螺矿业公司颁发了在巴新专属经济区俾斯麦海和所罗门海的17万 km^2 面积的探采执照。其中一个矿化带的金属含量为:金22 g/t,铜15%,锌3.4%。

2007年1月该公司已向南太平洋斐济和汤加政府提出总面积达9万 km^2 的海底探矿执照区的申请,一旦获准将与相关公司组成联合企业进行探采。探采区位置示于图17-80~图17-82,金属品位分别如表17-49和表17-50所示。

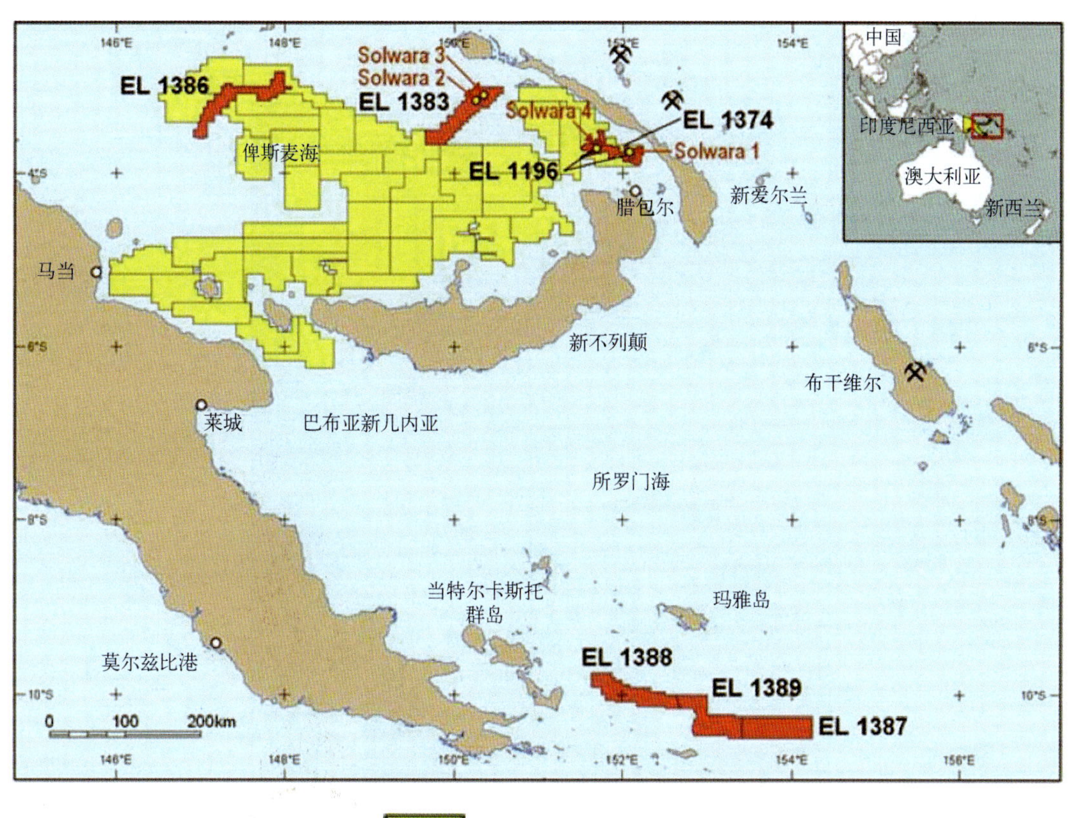

图17-80 2006年12月鹦鹉螺矿物公司公布的勘探执照区位置

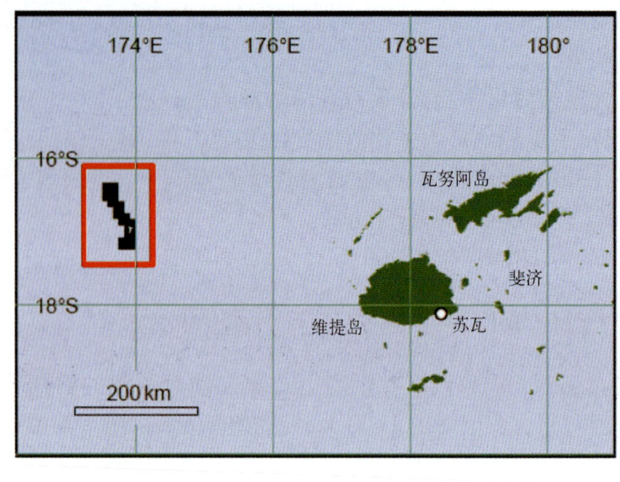

：探矿执照申请区

图 17－81　鹦鹉螺矿物公司向斐济政府申请的探矿执照区位置

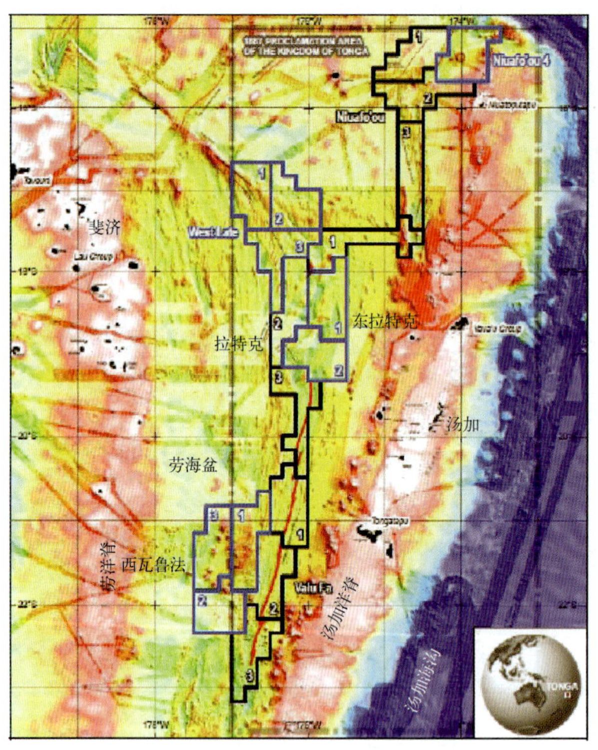

图 17－82　鹦鹉螺矿物公司向汤加王国申请的探矿执照区位置

表 17 – 49 鹦鹉螺矿物公司向斐济政府申请的探矿执照区内前人采样分析的金属品位

位 置	样品数	铜/%	锌/%	铅/%	金/×10^{-4}%	银/×10^{-4}%
Pere Lachaise	30	17.85	5.85	0.03	4.05	216
S099 Fieid	28	0.58	12.83	0.15	3.59	306
White Lady	16	7.99	4.69	0.04		
Yogi mound	27	0.60	15.13		1.14	68.4

表 17 – 50 鹦鹉螺矿物公司向汤加王国申请的探矿执照区内前人采样分析的金属品位

位 置	样品数	铜/%	锌/%	金/×10^{-4}%	银/×10^{-4}%
White Chuch	44	0.41	6.51	2.59	83.4
Northern Valu Fa Ridge Site2	12	9.53	13.91	2.34	86.3
Northern Valu Fa Ridge Site2	7	4.42	24.34	1.91	88.6
Vai Lili	89	5.35	26.88	3.32	123.6
Hine Hina	26	1.63	10.96	1.43	405.2
King' s Triple Junction	78	5.59	28.20		17.5

另一个澳大利亚公司海王星资源公司于 2000 年获得了新西兰 Havre 海沟北部的勘探许可证。日本和意大利均在上述地区申请了探采区。日本已把伊豆诸岛附近的 900 万 t 储量的黎明(sunrise)矿床列为开采对象。俄罗斯将大西洋洋中脊的 2 个矿区列为首先开采对象。

预计在 2010 以后将进入试采阶段。

17.7.3 深海硫化物矿床赋存条件及特性

(1) 主要分布在洋中脊、海山断裂带,海岛背弧扩张中心水深浅处(100 ~ 2000 m)。

(2) 块状硫化物矿床多数不大,储量约为几千吨到上亿吨,要达到开采规模需十几个矿点。

(3) 表层硫化物矿床有一定深度,可达 30 ~ 40 m,且在矿堆上部几米厚金属高度富集。

(4) 硫化物烟囱的干密度为 1 ~ 2 g/cm^3,原位含水量为 25% ~ 50%。由于压实、充填和受热液作用再结晶,沉积矿堆内部密度较大,一般湿密度为 3.2 t/m^3。

(5) 样品分析表明,硫化物矿为细结晶的复杂共生硫化物和脉石(硅石、重晶石、硬石膏),硫化物烟囱微粒为 10 μm ~ 1 cm,黄铁矿、闪锌矿、黄铜矿的晶粒尺寸为 1 ~ 600 μm,强度很低,抗压强度约为 3.1 ~ 38 MPa。

17.7.4 块状多金属硫化物采矿方法和设备

目前,海底块状硫化物开采主要集中在海底表面,用露天剥离或抛掷法采掘。国外提出的采矿整体系统基本与多金属结核采矿系统雷同。

世界上第一个进行深海底商业采矿的公司鹦鹉螺矿物公司,于 2006 年上市发行股票,已筹资 1.216 亿美元(Teck Cominco 公司 9.2%,Anglo American 公司 10.1%,Epion 公司 19.9%—俄罗斯私人公司,Barrick 公司 5.18%),用于建造 2 套海底采矿机、动力缆、深水泵、1800 m 长扬矿管和相应的设备。并与总部设在比利时的 Jan De Nul 公司(世界第二大采掘公司)达成了建造专用深海采矿船和合作采矿的协议。计划于 2009 年完成设备制造,实施商业开采。根据协议 Jan De Nul 公司负责采矿作业,并提供驳船、拖船等作业设备,以及在未来一段时间内回购鹦鹉螺矿物公司制造的采矿设备。

鹦鹉螺矿物公司于2006年利用大型ROV安装小比例掘进机截割头进行了水下采矿试验，从13个地点采掘了13 t矿物，试验装置如图17－83所示，采矿系统如图17－84所示。Jan De Nul公司制造的采矿船定名为“Jules 7Veme”，船长191 m，吨位2.4万t。鹦鹉螺矿物公司试制的采矿机原理和样机参见图17－85和图17－86。由于表面土质软，易于破碎，提出与采煤机几乎类似的截齿式遥控连续采矿机。国外另一种硫化物采矿机的概念图如图17－87所示。

图17－83　鹦鹉螺矿物公司海底采矿试验装置

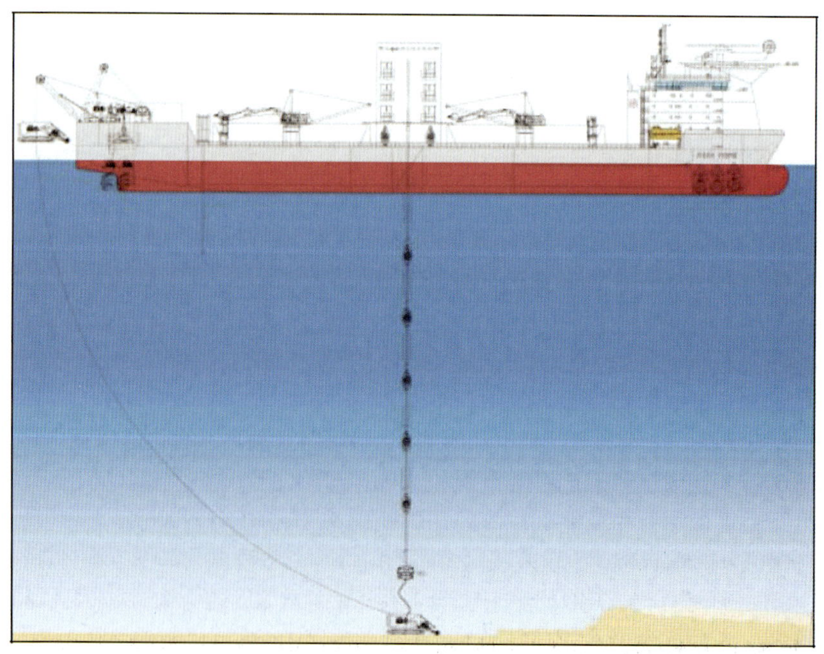

图17－84　鹦鹉螺矿物公司深海底硫化物矿采矿系统

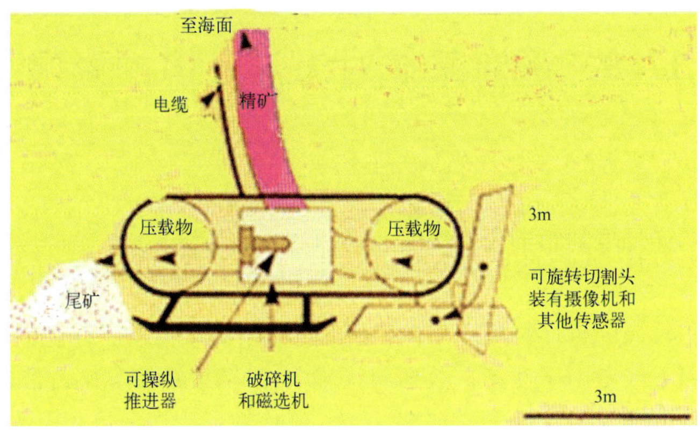

图 17－85　鹦鹉螺矿物公司试制的块状硫化物采矿机原理图

图 17－86　鹦鹉螺矿物公司试制的块状硫化物采矿机样机图

图 17－87　国外另一种硫化物采矿机的概念图

17.8 深海采矿对海洋环境的影响

17.8.1 深海底采矿对海洋环境的可能影响

深海底采矿对海洋环境的影响包括海底、水体和海面三部分。

A 对海底的影响

(1) 采矿机采集轨迹的直接影响。采矿机采掘过程中,海底表面存在的生物群落被搅动的沉积物埋入海底面以下或者由于搅动扩散到羽状流中,以及被结核等矿石带走。

(2) 深海底生物群落随羽状流远离结核、结壳、硫化物采矿现场沉积下来而窒息或被掩埋。

(3) 海底悬浮食物被带入海泥中,沉积的食物源被稀释,影响生物的生存。

B 对水体的影响

(1) 使生活在中水深或昼夜、季节性移往这一深度的浮游动物物种死亡。

(2) 中层或中深海底鱼类和其他自由生物的捕食受到沉积物羽状流或相关金属的直接或者间接影响。

(3) 对深潜哺乳动物的影响,如影响捕食的丰盛程度。

(4) 由于中层或中深海底区内细粒沉积物的增加,影响浮游细菌。

(5) 由于依附在浮游微粒上的细菌发育,损耗氧。

(6) 沉积物或微量金属影响鱼类的习性和营区死亡。

(7) 浮游动物死亡或物种发生变化。

(8) 重金属(如铜和铅)在氧最低区分散和混入到食物链中。

(9) 水柱滤除的微粒有可能使浮游动物死亡。

C 对上部水体的影响

如果接近海面排放尾矿、沉积物和污水,对水体将产生附加影响。

(1) 采矿排放的微量金属有可能积聚在海面水中。

(2) 由于海面排放,浮游植物发暗,降低了初级生长速率。

(3) 海面排放的微量金属影响浮游植物。

(4) 采矿作业影响了哺乳动物的习性。

如果采矿废料和污水排放到温度突变层以下深水区域(特别是海面至1000 m深度)和海底,使这一区域海水发生化学变化,造成区内不迁移浮游生物或迁移到这些区域的浮游生物大量死亡。

17.8.2 环境影响研究概况

自20世纪70年代以来,随着深海多金属结核勘查和开发活动的日益频繁,大洋采矿可能引起的环境问题引起了国际社会的广泛关注。根据《联合国海洋法公约》的规定,为了保护和保全深海生物多样性和海洋自然环境,防止、减少和控制采矿活动对海洋环境的污染及破坏,参与国际海底区域勘探与开发活动的国家和组织必须进行深海探采活动对海洋生态环境影响的监测及评价。

最初的环境影响研究,始于20世纪70年代大洋多金属结核半工业试验。在随后的十年,于太平洋和印度洋做了几次海底扰动试验。这些研究包括在可能的采矿区域内收集环境基线数据,试验区扰动试验和影响的周期性监测,目的是预测采矿对不同环境参数的影响程度,评估深海环境恢复及动物群落重新集聚的过程。

目前,环境研究已达到基本了解采矿对动物群落及其环境的影响。并通过总结所做研究工作确定未来研究区域,进一步收集工程数据,为按扰动后新环境设计采矿系统提供依据。

过去一些主要试验工作概述如下。

(1) 美国深海采矿环境研究(DOMES 项目,1972~1981) 该项目是美国国家海洋和大气局对 OMI 和 OMA 于 1978 年在太平洋进行大洋多金属结核采矿系统半工业试验过程中对环境影响进行的监测。主要测量了集矿机产生的羽状流中的颗粒浓度,以及对海面和深海底水中生物的影响。

对表层水域羽状颗粒云团的监测结果表明:采矿废水排放产生的颗粒云团在距采矿船 2 km 之内可见,宽度达 300~400 m。用浊度计可在 7~8 km 以外测到云团存在。距采矿船 70 m 处颗粒密度为 0.9 g/L,在 8 km 处下降为 70 mg/L(表层水基线颗粒为 30 mg/L),5 小时后扩散到长 4 km、宽 1 km。未漂移前颗粒下沉到水下 20 m,排放的温度为 4.4~5.2℃,表层水域的颗粒在排放 1 小时后可减少40%。海底水的排放对海水的营养影响甚小,现场微细颗粒的平均沉降速度为 6×10^{-2} m/s。

对海底排放物的研究结果包括对集矿机引起海底扰动的观测数据。海底颗粒云团主要由悬浮颗粒组成(随底流的漂移速度为 2.1~5.2 cm/s)。A 试验区的云团厚度为 10 m,可持续数天,长度可延续 10 km,甚至在远离 16 km 处仍可发现其轻微的影响,影响面积达 50 km^2。

(2) 德国扰动与生物恢复试验和工艺技术对东南太平洋深海影响研究(DISCOL 和 ATESEPP 项目,1988~1998) 德国汉堡大学科学家在秘鲁海盆进行了扰动和生物恢复试验。主要收集了东南太平洋(88°W-07°S)10.8 km^2 圆形面积内用犁耙产生扰动前后环境基线数据,监测了扰动后 6 个月、3 和 7 年后的影响和生物恢复状况。根据沉积物柱状样、海底照相和 CTD 测量结果,经过一个时间周期,显示一组深海生物数量恢复,但动物种群与未扰动前不同,表明在密度和多样性方面种群完全恢复是一个缓慢过程,且某些深海有机体可能需要更长时间。随后的试验收集了沉积物被搬移时底质力学和地球化学方面影响的附加信息。发现对沉积物顶部 20 cm 结构的地质化学状态影响很大。

(3) 美国深海环境影响试验(NOAA—BIE 项目,1991~1993) 该项目是美国国家海洋和大气局在太平洋 CC 区内进行的。在预选区内基线研究后利用犁耙在 150 m×3000 m 区域内扰动 49 次,然后用沉积物捕获器、柱状取样器取样和 CTD 测量,显示出生物种群发生变化。9 个月后,一些较小型底栖生物大量降低,大型底栖生物数量增加。

(4) 日本深海环境影响试验(JET 项目,1994~1997) 该项目是日本金属矿业会社在太平洋 CC 区内进行的犁耙扰动试验。在 1600 m 长两条平行轨迹上 19 个断面进行了扰动。根据沉积物取样、海底照相、沉积物捕获器和 CTD 测量,显示小型底栖生物大量降低,两年后恢复到原来水平,但种群构成不同。个别巨型和大型底栖生物数量仍然比未扰动前少。

(5) 海金联海底环境影响试验(IOM—BIE) 海金联于 1995 年利用犁耙在太平洋 CC 区内 2000 m×2500 m 区域内进行了 14 次拖曳扰动试验。试验表明,再沉积区域内小型底栖生物的密度和种群结构变化不大,可是扰动区内小型底栖生物聚集发生变化。

(6) 印度海洋环境影响试验(IDEX,1995~1997) 印度国家海洋研究院在中印度洋底 200 m×3000 m 区域内进行了 26 次犁耙扰动试验,期间有 6000 m^3 沉积物再次悬浮。

(7) 韩国海洋环境影响试验(KODOS,1995~) 主要目的是建立水柱和底层生态系统环境基线和评价扰动对底层环境的影响。目前集中在一般的基线调查研究。

(8) 我国海洋环境影响调查研究 我国自 1995 年开始实施了研究海洋生态系及其年际变

化的“基线及其自然变化(NaVaBa)”计划。收集了生物、化学、物理和地质资料,基本了解和掌握了中国开辟区环境基线的变化规律,为今后采矿试验对环境影响的评价分析提供了依据。

17.8.3 降低深海采矿对环境影响的聚焦点

降低深海采矿对环境影响必须采取有效措施的主要方面有:

(1) 采矿机压入沉积物中的深度应最小;

(2) 避免扰动比较坚固的低氧化物沉积层;

(3) 降低被旋起而进入底层海水中的沉积物数量;

(4) 促进采矿机后面羽状流高速再沉积;

(5) 减少排放到深水或海底的废料或污水量,确定最佳排放水深;

(6) 提高沉降速度,降低废料的漂流。

17.8.4 采矿环境监测

17.8.4.1 环境基线参数

尽管现在并不知道开采多金属结核等深海资源的实际工艺方法,但是开采技术原理已很清楚,在一定程度上可以预测对环境的扰动。因此,国际海底管理局发布了采集环境基线数据的指导原则,有助于正确评估采矿对海洋环境的可能影响。对基线数据的要求如表 17-51 所示。

表 17-51 对环境基线数据的要求

<table>
<tr><td rowspan="3">海洋物理</td><td colspan="2">1. 表征海洋学状态的基本参数包括海底以上的海流、温度和浊度,用于确定采矿羽状流的可能影响;
2. 在排放深度测量海流和颗粒物,用于预测排放羽状流的状态;
3. 表征基线环境条件需要在上层进行这些调查</td></tr>
<tr><td>海底水物理状态</td><td>1. 观测海流时要考虑地形和区域上层水柱中与海面流体力学活动的影响;
2. 至少需 4 个锚系,1 个达到密度跃层深度,锚系阵间隔 50 ~ 100 km,对于多变性必须测量上层海流和温度场;
3. 锚系上的海流计数量取决于海底地形特征,最低的海流计离底一般 1 ~ 3 m,上层海流计位置应超过地形最高点乘以 1.2 ~ 2 系数;
4. 海流计离底高度分别为 5、15、50、200 m;
5. 浊度计附在所有海流计上,记录微粒浓度</td></tr>
<tr><td>排放深度和上层海流状况</td><td>1. 长锚系上至少 4 个海流计,一个在密度跃层,一个在排放深度以下;
2. 从海底至海面测量 CTD 剖面,用于表征全部水柱分层特性,海流和温度场可用长锚系数据和 ADCP 剖面及其他海流测量法数据辅助推知;
3. 了解区域内大概海面活动和大比例现象可用人造卫星数据分析</td></tr>
<tr><td rowspan="2">海洋化学</td><td>海底水化学</td><td>1. 结核附着的海水用化学表征,用于评估沉积物和水柱之间的化学变化过程;
2. 应测量溶解氧浓度及营养物包括磷酸盐、硝酸盐、亚硝酸盐和硅酸盐、总有机碳(TOC)</td></tr>
<tr><td>水柱化学</td><td>1. 水柱化学特性对于评估向海水排放之前本底是最基本的;
2. 需要测量 TOC 垂直剖面、营养物包括磷酸盐、硝酸盐、亚硝酸盐和硅酸盐以及温盐和溶解氧浓度及其随时间的变化;
3. 如果是季节性的微量金属不需确定,年度之间的变化可忽略</td></tr>
</table>

续表 17－51

<table>
<tr><td rowspan="3">沉积物特性</td><td colspan="2">1. 确定沉积物基本特性，包括土力学测量，对于充分描述地表沉积物沉淀和深水羽状流可能来源是必须的；
2. 沉积物取样至少要 4 个站位，测量水的成分、比重、容积密度、剪切强度和颗粒尺寸，以及从氧化物变为低值氧化物状态的沉积物深度；
3. 应至少在沉积物 20 cm 或次氧化层以下测量沉积物中有机和无机碳，以及营养物（磷酸盐，硝酸盐和硅酸盐）、碳酸盐（碱度）和空隙中氧化还原系统；
4. 间隙水和沉积物的地质化学应至少在 20 cm 以下或次氧化层以下测定</td></tr>
<tr><td>生物扰动率</td><td>1. 测量生物扰动即沉积物与生物体混合，用于分析开采前后表面沉积物数量；
2. 速率由 Pb-210 放射性剖面计算出，每个区域至少 5 个多管取样器，每个管单独随机定位下放，放射性剩余量以每个管至少 5 个深度（0～1，2～3，4～5，6～7，9～10，14～15 cm）为基础计算；
3. 生物扰动率和深度由标准平流或扩散模型直接计算</td></tr>
<tr><td>沉　淀</td><td>1. 上部水柱的物质流入深海，对海底栖息的有机生物的食物循环有重大影响；
2. 推荐布放有两个沉积物采集器的双锚系，一个采集器在 200 m 以下，用于描述来自透光区域的颗粒流；另一个在海底以上 500 m，用于测量到达海底的物质流；
3. 沉积物采集器至少放置 12 个月，每月采集一次样品，以检测季节性变化</td></tr>
<tr><td rowspan="8">海底生物</td><td colspan="2">海底采矿对海底生物群落有重大影响。海上调查计划应结合适当最少 4 个站位的取样设计，关键环境因素如结核过多的量、地形地貌和深度都应纳入区域设计。每个站内随机取样。为了评估时间变化率，至少一年一次观测 3 年</td></tr>
<tr><td>宏生物</td><td>1. 大型动物分布、数量、种类和多样性数据应以每个调查现场最少 5 张覆盖 1 km 长、单张 2 m 宽、最小尺寸分辨率 >2 cm 的照片为基础确定；
2. 照片还可评估结核丰度、尺寸分布和沉积物结构；
3. 侧扫声呐深拖照相在海底以上 3 m 航行，绘出区域生态的一般情况；
4. 大型动物、微量有机生物和表面沉积物结构记录可用于选择参照区和调查区</td></tr>
<tr><td>微生物</td><td>1. 微生物（>250 μm）丰度、物种、数量、多样性和深度分布（0～1，1～5，5～10 cm）以每个调查区 10 个多管取样器（0.25 m^2）为基础确定；
2. 微生物一般应用 500 和 250 μm 滤网过滤</td></tr>
<tr><td>较小底栖生物</td><td>1. 较小底栖生物（>32 μm <250 μm）丰度、物种、数量、多样性和深度分布（深度 0～0.5，0.5～1.0，1～2，2～3 cm）以每个调查区 10 个多管取样器（0.25 m^2）为基础确定，每个管单独下放；
2. 较小底栖生物应用套装的 1000、500、200 和 32 μm 滤网过滤处理</td></tr>
<tr><td>微生物数量</td><td>应采用腺苷三磷酸或其他标准化验确定，每个调查区 10 个随机分布多管取样器，间隔 0～1 cm，每个管单独下放</td></tr>
<tr><td>结核动物群落</td><td>结核动物群落的丰度和种类以每个调查区 10 个箱式样随机取 10 个结核进行分析</td></tr>
<tr><td>底部食腐动物</td><td>1. 每个调查区放置定时照相机至少 1 年，用于确定表面沉积物的物理动态和记录大型动物活动程度和再悬浮现象的频率；
2. 诱饵照相机系统可用于描述水底食腐动物群落特性</td></tr>
<tr><td>底栖、中和深水有机物中微量金属</td><td></td></tr>
<tr><td rowspan="3">浮游生物</td><td>深水浮游生物</td><td>1. 必须评估深水浮游动物的构成和羽状流深度周围与深海底边界层中鱼类；
2. 推荐以至少 3 个深度分层取样为基础评估 1500 m 以上鱼类群落，一昼夜重复取样，评估随时间的变化率</td></tr>
<tr><td>海面水浮游生物</td><td>1. 应描述 200 m 以上水柱中浮游生物群落的特征，测量浮游植物构成、数量和生长速率，浮游动物的构成、数量，以及浮游细菌的数量和生长速率；
2. 应调查上部海水中浮游生物群落的时间变化率；
3. 遥感可用于扩大调查范围，结果的核准和数据有效性应予评估</td></tr>
<tr><td>海洋哺乳动物</td><td>在基线调查中要记录海洋哺乳动物的视域，建议对站间横断面记录海洋哺乳动物的数量和习性。应评估随时间的变化率</td></tr>
</table>

17.8.4.2 采矿试验及环境监测

国际海底区域矿床开采承包商应向国际海底管理局提交试采计划。这个计划包括工程试验初期特征和合同有效期内实施的监测措施。试验详细资料(包括降低对环境影响的措施和附加的基线调查)必须经由法律和技术委员会审查,最后得到管理局的认可。

A 采矿系统特性

国际海底管理局最关注提出的采矿系统两方面特性的评价:

(1) 评价采矿系统对环境影响降低到已进行第一代工艺技术环境影响分析的程度;

(2) 提供影响预测模拟试验工作的数据。

因此,与结核采集、深海底排放或海面排放相关的采矿系统特性都要进行试验。管理局关注的工艺方法与参数如表 17-52 所示。

表 17-52 管理局关注的工艺方法与参数

序号	工艺方法与参数	序号	工艺方法与参数
1	结核采矿方法	6	结核向海面输送方法
2	挖入海底的深度	7	采矿船上结核与粉矿分离系统和溢流排放
3	海底行驶机构	8	船上结核粉矿保留方案
4	海底沉积物分离包括结核冲洗方法(在海底以上排放深度和排放体积速率)	9	评估的平均结核回收率
		10	从海底采集结核的速度
5	结核破碎方法	11	结核生产能力的评估,包括每小时多少吨

B 采矿试验前提交的数据

承包商在试采之前至少两年应向管理局提交下列数据:

(1) 试验现场的位置和边界;

(2) 试验方案(即开采方式和集矿机的速度);

(3) 区域内的运输通道;

(4) 评估的海面和海底排放特征,包括排放点的几何形状、速度及随时间的变化、成分和密度、排放温度以及悬浮颗粒的尺寸分布。

C 试采过程中的环境监测

试采过程中环境监测的目的是确定这些影响是否与现有环境评价预测的相一致,以确保发现未曾预料到的有害情况。最重要的是监测结果将成为采矿影响评价的重要基础。

试采之前、过程中和之后,都应收集基线参数。要得到正确的统计数据,应根据科学原则确定监测周期。

试采过程中环境监测的项目如表 17-53 所示。

表 17-53 试采过程中环境监测的项目

序号	监测项目	说明
1	深海底的影响和动物群落自然演替	取样、照相、电视或其他方法的数据有助于确定对海底生物的影响,可以判别影响显著性问题和开发适当的商业回采减轻影响的措施。开采之后动物群落自然演替资料可以确定受采矿影响的海底种群恢复的可能性。数据应包括开采前后当前试验区内、在选择的远离已采区和采后选定时间的样品,用于确定海底羽状流的影响
2	对浮游生物的影响和微量金属的效应	为了完整地判定对浮游植物和浮游动物的影响和微量金属效应,有必要水下监测、船上和实验室实验相结合

续表 17－53

序号	监 测 项 目	说　　明
3	上层水生物群落观测	羽状流对中层水其他影响的信息可以用观测不寻常事件推断，如采矿排放区内鱼类因栓塞死亡，鱼类、哺乳动物和鸟类不寻常的集中
4	再沉淀厚度	采矿排放引起的沉积物埋藏厚度信息有助于确定排放不利影响最低的最佳采矿模式和建立再沉淀厚度与动物群落自然演替之间关系
5	垂直透光分布	垂直透光分布直接影响透光带的初级生长速率。垂直光强度剖面将显示排放的颗粒对光衰减的影响
6	水中颗粒物分布	采矿排放的固体分布数据将改变现有的分布模型，达到精确地预测羽状流特性和有助于根据试采的羽状流特性推断商业规模开采的羽状流特性
7	原位沉淀速度	对于中深水和近海底中采矿排放颗粒物的原位沉淀速度的了解，有助于验证和改进中深水和海底羽状流精确预测数学模型的性能

参 考 文 献

1 联合国国际经济与社会事业局海洋经济与技术组编. 海底矿物丛书(1～5卷). 金建才等译. 中国大洋矿产资源研究开发协会,1995

2 盛桂浓等译. 深海采矿技术文集. 中国大洋矿产资源研究开发协会,1995

3 谢龙水. 深海多金属结核采集技术的研究(调研报告). 长沙矿山研究院,1993

4 谢龙水. 深海多金属结核扬矿技术的研究(调研报告). 长沙矿山研究院,1993

5 德国 Preussag 石油与天然气股份公司. 多金属结核开采技术的发展. 芮钟英译. 长沙矿山研究院,1988

6 大洋多金属结核资源勘探报告(DY85-4). 国家海洋局,1995

7 大洋多金属结核资源勘探报告(阶段Ⅰ). 中国大洋协会,1997

8 大洋多金属结核资源勘探阶段(Ⅱ). DY95-8 航次现场总结报告. 大洋一号科学考察船,1998

9 大洋多金属结核资源勘探阶段(Ⅱ)DY95-9 航次现场总结报告. 海洋四号科学考察船,1998

10 大洋矿产资源勘查航次报告(DY95-6、DY95-8). 国家海洋局第二海洋研究所,1999

11 中国大洋协会编. 进军大洋十五年. 北京:海洋出版社,2006

12 [俄]俄罗斯联邦地质和资源利用委员会. 世界大洋钴结壳勘探规范性文件集. 王维德等译. 长沙矿山研究院,1996

13 M. M. 扎多尔诺多. 钴结壳－新型矿物原料. 王维德译. 莫斯科:俄罗斯联邦地质和资源利用委员会,1996

14 Marine Mineral Resources, International Seabed Authority, 2003

15 Bramley J. Murton, "A global review of non-living resources on the extended continental shelf", Rev. Bras. Geof. Vol. 18 No. 3, 2000

16 International Seabed Authority, "polymetallic sulphide", 2003

17 International Seabed Authority: ISBA/8/A/1, Summary presentations on polymetallic massive sulphide deposits and cobalt－rich ferromanganese crusts, 9 may 2002

18 Комитет Российской Федераций по геологий и использованию недр: ТЕХНИКО-ЭКОНОМИЧЕСКИЕ СООБРАЖЕНИЯ (ТЭС): О целесообразности постановки поисково-разведочных работ на кобальтомарганцевые корки в пределах поля магеллановы горы (С проектом оценочных кондиций), 1994

19 Dr. Frank R. Rack, Technical progress report #1, 2002

20 William s. et al., Requirements for robotic underwater drills in U. S. marine geologic research, 3-4 November 2000

21 Texas A&M University Dept. of Oceanography, "Feasibility study for remotely operated seafloor drilling

equipment for the US scientific community",2000

22 Dr. Peter H. et al., Technical requirements for the exploration and mining of seafloor massive sulphides deposits and cobalt-rich ferromanganese crusts

23 I. G. Priede & M. Solan, European Seafloor Observatory Network, University of Aberdeen, 2002

24 R. Detrick et al, Deos Moored Buoy Observatory Design Study, National Science Foundation, 2002

25 M. Hendry-Brogan, Design of a Mobile Coastal Communications Buoy, Massachusetts Institute of Technology, 2004

26 陈鹰等. 海底观测系统. 北京:海洋出版社,2006

27 采矿项目总师组王明和等. 中试采矿系统总体设计(研究设计报告). 中国大洋矿产资源研究开发协会,1999

28 王明和等. 中试采矿系统湖试试验报告. 中国大洋矿产资源研究开发协会,2001

29 Jin s. Chung et al., "Advance in Deep-Ocean Mining System Recearch", Proceedings of the Fourth (1994) International Offshore and Polar Engineering Conference, Osaka, 1994

30 Jin s. Chung, "Deep-ocean mining technology: Development Ⅱ", Proceeding of sixth (2005) ISOPE Ocean mining symposium, Changsha, China, October 9-13, 2005

31 C. G. Welling, "An Advanced design deep sea mining system", OTC 4094

32 G. Herrouin et al, "A Manganese nodule industrial venture would be profitable: Summary of a 4-year study in France", OTC 5997

33 H. Amann et al, "Sift ocean mining", OTC 6553

34 Mining methods according to the present situation, southgeologiya-preussag-ifremer, 19

35 C. G. Welling, "Manganese Nodule Design Concepts", International Seminer on Deep Sea-bed Mining Technolory, Beijing, 1996

36 王明和,简曲等. 复合式集矿方法和模型机的研究(研究报告). 长沙矿山研究院,1995

37 李力等. 自行式海底作业车的研制(研究报告). 长沙矿山研究院,2001

38 唐红平等. 集矿机构和破碎机的改进与完善(研究报告). 长沙矿冶研究院,1999

39 Ingo Rehorn, "Entwicklung eines Tiefeeraupenfahrzeugs and Untersuchung seiner inneren Fahrwiderstande", Verlag Shaker, 1994

40 G. Dörfler, Untersuchungen der Fahrwerk-Boden-Interaktion zur Gestaltung von Raupen-Fahrzeugen für die Befahrung Weicher Tiefseeböden, Universitat Fridericiana in Karlsruhe 1995

41 W. Schwarz, Geo-und ingenieurwissenschaftliche Erforschung der Nutzungskonflikte am Tiefseeboden, Universität Siegen, 1994

42 邹伟生等. 扬矿硬管系统工艺与参数研究(研究报告). 长沙矿冶研究院,1999

43 金星等. 软管输送系统工艺和参数研究(研究报告). 长沙矿山研究院,1999

44 中国大洋协会办公室编. 2001′中国大洋矿产资源研究开发学术研讨会论文集. 中国大洋协会办公室,2001

45 R. Kaufman et al, "The Design Operation of a Pacific Ocean Deep-Ocean mining test Ship: R. V Deepsea Miner Ⅱ", OTC4901, 1985

46 J. F. McNary et al, "A 7500 Ton Capacity Shipboard Completely Gimballed and Heave Compensated Platform", OTC 2630, 1976

47 Mining Strategy, GEMONOD, 1994

48 A. Montanvert; J. M. Chassery; C. Charies, "Nodule mining strategy by image analysis", The 6th Scandinavian conference on image analysis, Finland, 1989

49 张文明等. 深海采矿扬矿管运动学和动力学研究(研究报告). 北京科技大学,2000

50 郭小刚等. 深海采矿软管空间运动形态动力学分析(研究报告). 长沙矿山研究院,1999

51 简曲等. 输送软管对集矿机行驶性能影响研究(研究报告). 长沙矿山研究院,1999
52 C. Charles et al, “Numerical Study of the Dynamic Behavior of a Deep Sea Mining System Using Hydraulic Lift”, OTC 5238, 1986
53 FLEXAN Cray User’s guide, CISI Petrole Services, Engineering Dpt. , May 1984
54 Schoentgen, Flexan: static and dynamic analysis of underwater cables and flexible pipes systems, Structural Analysis Systems, Vol. 3, ED. A. Nikulari, Pergamon Press Ltd, to be published 1986
55 [苏]E. 3. 保晋等著. 采煤机破煤理论. 王庆康译. 北京:煤炭工业出版社,1992
56 [苏]A. B. 多库金等著. 采煤机械参数选择. 翟培祥等译. 北京:煤炭工业出版社,1979
57 Dr. Peter H. et al. , Technical requirements for the exploration and mining of seafloor massive sulphides deposits and cobalt-rich ferromanganese crusts
58 PM Herzig . . . , Polymetallic massive sulphide deposits at the modern seafloor and their resource potential, International Seabed Authority
59 Nautilus and Placer Prepare to test Subsea Mining Potential, PNG Resources Issue 4 2004
60 深海底矿产资源采矿业的前景. 国际海底信息,2007(31)
61 Nautilus 公司向斐济和汤加申请海底探矿执照. 国际海底信息,2007(31)
62 E. A. 维利奇科等著. 世界大洋的地质和矿产. 王长恭译. 北京:海洋出版社,1983. 172
63 崔清晨等. 海洋资源. 北京:商务印书馆,1981
64 朱而勤编著. 海底矿产. 济南:山东科学技术出版社,1980
65 Georghion L. ,“Arab Silver from the Red Sea Mud, New Scientist”, 1981, Vol. 89
66 Amann H. ,“Pevelopment of ocean mining in the Red Sea”, Marine mining, Crane Russak, New York, 1985
67 J. A. Jankowski and W. Zielke “Data Support for the Deep-Sea Mining Impact Modelling”, Universität Hannover, 1996
68 J. Magne markussen, “Deep Seabed Mining and the Environment: Consequences, Perceptions, and Regulation”, Green Globe Yearbook, 1994
69 “Recommendations from the Workshop to Develop Guidelines for the Assessment of the Possible Environmental Impact Arising from Exploration for Polymetallic Nodules in the Area”, International Seabed Authority, 1999

18 矿业并购和合同采矿

作为复合型采矿工程师可能希望开阔视野,不仅掌握采矿技术,还从战略的角度了解经济全球化及其对矿产资源市场的影响;研究矿业资本市场的运作规律,探索在矿业全球化的条件下如何提高我国企业的国际竞争力等。本章就此作简要介绍。

18.1 国际矿业重组和并购活动

纵观世界金属工业发展史,企业间的联合兼并以及经营的全球化是推动行业发展的重要动力,亦是今后发展的必然趋势。

18.1.1 国际矿业公司重组并购高潮迭起

18.1.1.1 并购规模增长迅速

20 世纪 90 年代以来,全球矿业公司跨国兼并重组浪潮一直暗流涌动。到 2001 年达到一个高峰。据瑞典原材料集团公司(RMG) 统计,2001 年全球矿业共花了 400 多亿美元用于矿业企业的兼并活动。这是自 1994 年以来的最高金额,比 1998 年的并购记录高出了 60 %(见表 18-1)。

表 18-1 1997~2001 年全球矿业并购金额

年 份	1997	1998	1999	2000	2001
总计/亿美元	185	257	191	187	409
大型交易(大于 1000 万美元)宗数	91	88	100	80	81

原材料集团公司称,2001 年涉及新的并购案值 61 亿美元,共有 81 宗交易,其中超过 1000 万美元的 24 起。

2004 年以来,随着世界金属价格的走强,金属和矿业公司的并购重组再掀新一轮高潮,大宗的并购交易呈现增长趋势(表 18-2),有资料介绍,2005 年仅黄金和贱金属公司的并购使得公司并购额达到 420 亿美元。

表 18－2　金属和矿业的并购交易　　（亿美元）

年　份	2002	2003	2004	2005①	未决交易
总计（大于1亿美元的交易）	138	134	157	245	270

① 2005年数据截止到2005年11月5日。
资料来源：彭博资讯。

2005年以后市场牛市为企业重组推波助澜，并购个案金额攀升（见表18－3），2006年全年并购总金额为1830亿美元，2007年上半年前后宣布的并购交易总额就高达1060亿美元，随后必和必拓/力拓和淡水河谷/斯特拉塔两宗未决交易数额逾千万美元。主要并购案的金额明显扩大（表18－4）。

表 18－3　2005年世界五大金属和矿业交易项目　　（百万美元）

目标公司	收购者	金　额
鹰桥（Falconbridge）镍公司	国际镍业（Inco）公司①	13737
普顿（Placer Dome）公司	巴力克黄金（Barrick Gold）公司	9348
澳大利亚西部矿业（WMC Resources）公司	必和必拓（BHP Billiton）公司	8198
墨西哥矿物（Minera México）公司	秘鲁南方铜业（Southern Copper）公司	3334
鹰桥（Falconbridge）镍公司	诺兰达（Noranda）公司	2444

①未决，资料来源2005年11月中国国际矿业大会。

表 18－4　2006年以来全球重大矿业并购

买　方	目标公司	金额/亿元
斯特拉塔（Xstrata）公司	鹰桥（Falconbridge）公司	181（美元）
淡水河谷（CVRD）公司	国际镍业（Inco）公司	190①（加元）（全现金）
弗里波特－麦克莫伦（Freeport-McMoRan Copper & Gold Inc）公司	菲尔普·道奇（Phelps Dodge）公司	259（美元）（现金＋股票）
米塔尔（Mittal Steel）公司	阿塞洛（Arcelor）公司	330①（美元）
俄罗斯联合铝业（United Company RUSAL）公司	俄罗斯铝业（Rusal）66%，西伯利亚乌拉尔铝业（Sual）22%和嘉能可国际（Glencore International）12%合并	合并，各家股份为合并后在俄铝联合公司中的份额
必和必拓（BHP Billiton）公司	力拓（Rio Tinto）公司	1500②（美元）
力拓（Rio Tinto）公司	加拿大铝业（Alcan）公司	381（美元）（现金）
诺里斯克（Norilsk）镍业公司	莱昂（Lionore Mining International）矿业国际公司	63.35（美元）
中铝 Chalc 公司	力拓 Rio Tinto 12%	140.5（美元）

① 估计；②未决。

18.1.1.2　全球矿业集中度提高

并购带来跨国投资、跨国勘查、开发、经营，跨国上市等众多跨国的资源、经济、技术、管理活动，使世界矿业集中度进一步提高。这极大地提升了跨国矿业公司技术创新和抵御各类风险的能力，使其综合国际竞争力大幅度提高。同时矿业集中度的日益提高将对全球矿业市场构成潜在的垄断。

在经过过去几年的几次合并和并购后，铁矿石开采业在各矿业领域，产业集中度是最高的之一。国际铁矿石市场的供给方——必和必拓、力拓和淡水河谷三大公司垄断了大部分货源，2004年三巨头控制了海运贸易的68%，逐渐出现寡头企业垄断趋势。

铝业的集中度不断提高。2007年3月，俄罗斯铝业公司（Rusal）、西伯利亚乌拉尔铝业公司

(Sual)和嘉能可国际公司(Glencore International)合并成立了俄罗斯铝业联合公司(United Company RUSAL),新公司的氧化铝和原铝产量分别位居全球第一位和第二位,占据约12.5%的世界原生铝市场和16%的氧化铝市场,公司资产约300亿美元,打造了全球铝业的一支航母。如果力拓对加拿大铝业的并购完成后,全球五大铝生产商将控制全球铝供给54%的份额,较一年前的43%进一步提升。这样的集中度其实已经远远超过了人们通常会提到的"石油寡头"——欧佩克12个成员国才控制着全球41%的原油产量。

铜的矿产集中度正在提高,2004年全球最大10家公司的矿铜产量占世界总产量的55%,其中前3家智利国家铜公司、必和必拓公司和费尔浦斯·道奇公司占27%。继2001年BHP与Billiton公司合并一举称雄世界矿业后,2005年BHPB以81.89亿美元收购WMC镍公司,成为世界第二大铜生产商和第三大镍生产商。Barrick公司以93.48亿美元收购Placer Dome公司,成为世界最大的黄金生产商。而2007年FCX收购PD公司,成为全球最大的公众贸易铜公司。

18.1.1.3 多元化综合性资源公司受到追捧

企业兼并经历了横向兼并-纵向兼并-混合兼并的发展过程。如果说几年前一些专业化跨国矿业公司还在500强企业中占据要位,而近几年这一结果已受到颠覆。德国克虏伯、美国铝业公司已退出前3。多数情况下前3位的公司都是多元化资源公司或垄断型钢铁公司如阿塞洛-米塔尔,经过并购后的综合性资源公司实力迅速壮大,排位急速提升(表18-5)。在必和必拓和力拓的业务构成中,镍、铜、铝、铁矿石、石油产品、锌、氧化铝、动力煤、银、铅、锰合金和钻石等各种产品都占据着一定的份额。铁矿石巨头CVRD也涉足有色金属业,并将加拿大Inco公司收入麾下(表18-13),从福布斯2006材料业排名第12,跃升到2007年第4;同样Xstrada从18上升至第7;而Arcelor-Mittal则占据第1。

表18-5 近两年福布斯2000材料类企业排名的变化

公 司	国 家	2006年排位	2007年排位
BHP Billiton	澳大利亚/英国	1	2
Anglo American	英 国	2	3
Arcelor	卢森堡	3	1
Rio Tinto	英国/澳大利亚	4	5
Nippon Steel	日 本	5	6
Mittal Steel	荷 兰	6	1
Alcoa	美 国	7	9
JFE Holdings	日 本	8	8
Posco	韩 国	9	10
ThyssenKrupp Group	德 国	10	
International Paper	美 国	11	14
Vale do Rio Doce	巴 西	12	4
Xstrata	瑞 士	18	7

争相抢占全球第一宝座的同时,通过投资不同的金属资源来平抑投资风险,是矿业巨头们所追求的。

其他,如并购活动表现为强强联合、企业兼并策略从主权资金兼并转向举债兼并等都是近期企业重组相当突出的特点。

18.1.2 国内的企业整合和重组

国内大型有色企业近年也通过重组和整合,使竞争实力迅速增强。2005 年以来,中国铝业公司加大了对国内电解铝企业的并购步伐,先后将山西华圣铝业公司、焦作万方铝业股份公司、兰州连城铝业公司、白银红鹭铝业公司、山东华宇铝业公司、抚顺铝业公司、遵义铝业公司、四川广元启明星铝业公司等企业收于旗下,还托管了中迈公司在河南的两个电解铝厂,使其控制的电解铝产能迅速增加到 300 万 t 以上。2007 年 7 月鑫达金银开发中心所属的中国稀土开发公司无偿划转中国铝业公司,至此中国铝业公司在打造铝、铜、稀土金属三大业务板块中,逐步完善其产业链。中国有色矿业集团公司通过资产重组,在国内有色金属工业中的地位迅速上升。2005 年以来,中国有色矿业集团先后将沈阳冶金机械公司、辽宁红透山铜矿等企业纳入麾下,增强了在境外开发国内短缺矿产资源的能力。最近其在朝鲜的铜矿开发取得重要进展,就是依托红透山铜矿实现的。2007 年中国有色矿业集团还进行了一系列的诸如与澳大利亚等国企业的开发建设合作,积极打造其国际竞争力。

此外,湖南有色金属控股集团公司通过增资出资成功控制了自贡硬质合金 80% 的股权,直接或间接持有 45% 中钨高新的股权后,成为世界上最大的硬质合金生产商。经过整合云南铜业集团公司已掌控了全省 60% 的铜资源,云南锡业集团公司集中了全省 74% 的锡资源等。中国五矿通过购买产能、开展境外资本并购、获取资源采矿权和建立战略联盟等方式,获得海外矿产资源,在国内整合了全国近 40% 的钨资源量。西部矿业公司、福建紫金集团公司等企业也积极参与我国有色金属工业的战略整合,通过资产重组,实现了生产经营规模的扩大,优化产业结构,增强了企业实力,提高了产业的集约化程度。2007 年在世界财富 500 强企业排位中,我国首次有两家金属和资源产业相关的企业进入其中。

我国上市企业在境外资源项目参股、控股运作方面取得进展。以紫金矿业集团为发起人,联合铜陵铜业、厦门建发成功地收购了英国上市公司(创业板)Monterrico 公司 90% 的股份。中国铝业公司于 2008 年 2 月通过其合资子公司获得力拓公司 12% 的现有股份。

18.2 合同采矿

18.2.1 概述

20 世纪 80 年代以后,全球的矿业开发呈现多样性,传统的单一业主投资 - 建设 - 运营的模式已悄然变化, BOT(Building Operation Transfer)、TOT(Transfer Operation Transfer)、EPC(Engineering Purchase Contract)、EPCM(Engineering Purchase Contract Management)等国际上通行的承包方式均拓展到矿山建设开采中。在专业化的矿山建设承包基础上,其他专业化的承包,如合同采矿、矿山管理运营、专业化设备维护等作为一种新承包方式也已异军突起,它使项目的运营和投资等理念发生巨大变化,为提高矿山效益和活力发挥了积极作用。

投资型合同采矿对项目投资影响显著。成熟的采矿承包商自行配备作业设备,抑或沿用业主设备,承包费用大多以作业量计。这种方式将会减少业主基建投资中作业设备的投入,适当增加矿山经营成本。国内外一些矿业承包商成长历程以及合同采矿案例印证了这一新事物的发展前景。

18.2.1.1 国外矿业承包商

国外的合同采矿最早可回溯到 20 世纪 70 年代。采矿承包大多是在矿井建设,地下矿开拓等专业化承包的基础上发展起来，澳大利亚的合同采矿十分具有代表性（表 18－6）。

目前，矿业发达国家的合同采矿已经十分普及，80％的新建矿山采用了合同采矿的模式，绝大部分承包商是专业的矿山建设公司，他们将矿山咨询、设计、建设和采矿合为一体，他们具有雄厚的技术实力，矿山的所有者对承包商是十分信赖的，他们是一种合作关系，承包商的管理团队与业主的管理团队融合在一起，形成一种联盟。这种合作关系往往是伴随着矿山的服务年限而中止。在这一领域中比较著名的几家公司有：澳大利亚的礼顿建设（Leighton Construction）公司，是亚太地区最大的建筑承包商之一，也是最大的露天矿建设和合同采矿承包商；伯尼卡特（BYRNECUT）是澳大利亚最大的井下矿山建设和合同采矿承包商，它的大股东是著名的德国矿山建设公司 Thyssen Schachtbau；Redpath 是加拿大一家大型国际矿山建设和合同采矿承包商；Murray & Roberts 公司和 Shaftsinker 公司都是南非的大型矿山建设公司和合同采矿承包商。

表 18－6　国外的主要采矿承包商

序　号	承　包　商	涉及领域	主要业绩	所在国
1	Byrnecut Mining International Ltd	地下采矿	在全球 20 多家镍、金、钛、铜、铅锌地下矿山作业。年钻凿天井、巷道、竖井 55 km，深孔进尺 45 万 m，分段崩落法、大孔采矿和充填法作业量 300 万 t，锚杆安装 45 万余，混凝土喷射 2.5 万 m^2	澳大利亚
2	BGC Contracting	露采及土方工程	露天采矿，土石方工程，道路桥梁，穿孔爆破，运输，物料破碎，管线及坝体等。近 5 年承包采矿：西澳 Barrick Gold 公司 Plutonic 金矿，BHP 公司 Jimblebar 铁矿、Bulong 镍矿、Minjar 金矿、Wodgina 钽铁矿、Harmony 金矿、Newmont 公司 Jundee 矿、St Ives 金矿等，涉及露天矿开采，运输，破碎供矿等业务	澳大利亚
3	Leighton Holdings Ltd	露采及土木	建筑和隧道，露天采矿；香港大型基础设施，澳门游乐场，印尼煤矿开采，印度住宅、医疗等服务设施	澳大利亚
4	Australian Contract Mining（ACM）	地下采矿	井建及安装，井修复，混凝土喷射、岩层支护，地下开拓、Alimak 地下机械化大孔采矿等	澳大利亚
5	Thyssen Mining	地下采矿	竖井掘进，天井钻进，地下矿开拓，地下采矿，工业场地建设，机电安装，岩层稳固和治水。地下采矿承包：Stillwate 采矿公司的 East Boulder 和 Nye 项目、Cameco 公司 Eagle Point 项目及 Cluff Lake 矿	加拿大
6	Murray & Roberts Cementation（Pty）Ltd		矿山项目咨询设计、建设管理、采矿承包、井建和安装及资源钻探，无轨设备开拓和采矿等	南非
7	Atlas Fausett		矿山项目咨询评估，基础设施建设，地下矿山开拓。美国 Mayflower 矿、Brimstone Gold Corp 项目的主要承包商	美国
8	Voest-Alpine Materials Handling GmbH & Co KG（Sandvik）	矿物运输	露天矿连续开采和运输，如胶带运输、提升及包括筑堆、配矿、复垦用的堆积运输设备，码头贮运设备。为澳大利亚 Marandoo 矿提供复垦设备，中国秦皇岛提供装船机，澳大利亚 Worsley 铝土矿复垦用输送机	奥地利
9	TAKRAF GmbH	矿物运输	露天开采和散装物料运输。设备商。在以色列提供卸船机、秘鲁装船机，智利 Radomiro Tomic 铜矿复垦输送机，智利 Escondida 铜矿、Collahuasi 铜矿和印尼 Grasberg 铜矿半移动破碎机，秘鲁 Toquepala 矿履带运输机和布料机	德国

续表 18－6

序 号	承 包 商	涉 及 领 域	主 要 业 绩	所在国
10	Croup Five	建筑和采矿	采矿和基础设施建设等，承包 Anglo Platinum 公司 Hackney 矿平硐和斜井、博茨瓦纳 Phoenix 矿的电力仪表设施，Skorpion 锌矿的堆积设备等	南非
11	Shaft Sinkers（Pty）Ltd	地下采矿	竖井钻进，合同采矿，大型地下工程开挖、隧道工程，设计、咨询绘图，工程采购承包管理（EPCM）	南非
12	Bechtel ARA	工程与建筑	工程承包和管理，智利铜公司 Codelco Norte	澳大利亚
13	Fluor	工程与建设	智利 Escondida 硫化矿浸出，西澳大利亚 BHP Billiton 铁矿、40km 重轨支线铁路港口扩建的 EPCM，加拿大阿尔伯塔 Muskeg River 油砂矿项目 EPC/EPCM，印尼 Batu Hijau 铜金矿项目可研、EPC 等	美国

18.2.1.2 我国矿业的采矿承包

我国合同采矿伴随着国际矿业承包的发展而逐步兴起。20 世纪 80 年代中后期，中国华北冶金建设公司完成青海锡铁山铅锌矿基建工程，中标该矿采矿承包，开创了全国矿山生产新模式的先河，此后，南京栖霞铅锌矿、阿希金矿等先后采用了基建转采矿承包的模式经营矿山。金诚信矿山建设有限公司在 90 年代中期也进入了这一行业，与武山铜矿和鸡冠嘴金矿分别签订了采矿承包合同，而且一直延续至今；紫金山铜金矿 1997 年全面实施露天开采，各种矿山工程由金宇、金建、鸿阳、新华都等工程施工队带设备承包，用中小型国产采掘设备解决了大型开采的技术问题。进入 21 世纪后，阿舍勒铜锌矿、多宝山铜矿、东沟钼矿等一些新建矿山是按承包商带设备承包经营方式设计的，削减采矿设备投资。金堆城露天钼矿投产 30 年后亦变为采矿承包模式。在我国控股或参股的国外资源项目中也引入多种承包模式，如赞比亚谦比西铜矿采用业主提供设备的采矿承包，我国武钢、江苏沙钢等 4 家企业参股的澳大利亚西澳 Jimblebar 铁矿则由当地著名的承包商 BGC 公司实行带设备的生产承包作业。

18.2.2 合同采矿的分类和形式

按照采矿方法可以分为露天矿合同采矿和井下矿山合同采矿。根据承包商的设备投入水平，合同采矿可分为劳务合同采矿和投资合同采矿。

劳务合同采矿一般是指，提供劳务服务并自备简单工具或常规运输车辆。技术管理和主要设备由矿主提供，主要设备的操作、管理、保养和大中修都由矿主负责。这种模式可以减轻矿主劳动力管理的压力，也可以节省部分工人生活设施的建设投资。但矿主需要一支较高水平的管理队伍和技术队伍。这种模式适用于具有生产管理经验的老矿山，新建的小型矿山；或者说特大型新建矿山，一般承包商不具备相应的投资能力。

投资型合同采矿是指，承包商除提供劳务服务外，还将提供除固定设备以外的所有设备，固定设备是指需要牢固基础来安装固定的设备，比如坑内破碎设备、集中排水设备、变电设备等，这些设备由矿主提供。这种模式的合同采矿一般适应新建的矿山，而且需要承包商具有雄厚的技术实力和资本实力，在基建期承包商就需要按照初步设计配置设备，并按照投产日程配置正常生产期的设备，设备的管理、维修、大修、更替均有承包商负责。这种模式需要合同双方具有较高的互相信任度，各自都具有很高的管理素质和沟通能力。在日常管理中双方能够形成一个共同体，技术管理主要由承包商负责，矿主负责审查监督。矿主必须具备良好的财务状况和支付能力。

这种模式的实质是承包商参与了投资,从而降低了矿主的投资风险,增加了承包商的经营风险。大幅降低了矿主的基本建设投资,但增加了生产经营成本。因为承包商需要更高的利润来弥补风险投资。

18.2.2.1 露天矿合同采矿

与井下矿山相比露天矿的采矿管理较为简单、容易。近几年国内新建的大中型露天矿很少,大部分为小型露天矿。小型露天矿的开采比较容易,往往由具有土石方施工能力的施工队伍承担,大部分来源于非矿山施工企业,合同采矿单价都比较低。由于队伍人员素质、培训和装备水平参差不齐,安全和技术支持有待加强,特别是边坡管理等方面。

澳大利亚大部分露天矿的承包方式是投资型合同采矿,承包商拥有大量的专业技术人才和设备物资资源,他们采购设备时可以获得最优惠的价格和完善的售后服务,因为他们是设备供应商的高端客户。

18.2.2.2 地下矿山的合同采矿

地下矿山的开采和管理比露天矿复杂得多,因此从事井下矿山建设和采矿承包的施工队伍要求更专业化,必须具备矿山总承包资质才能承接该类业务。在国内地下矿山仍属于高危、高风险、强体力、劳动密集型行业,矿山管理最重要的是安全管理,其次才是技术管理,当然技术管理是安全管理的保障。因此要求承包商必须具备完善的安全管理体系和职业健康防护体系。

A　地下矿山合同采矿的生产环节

井下矿山的生产环节已经在其他章节中有了详细的描述,本章重复介绍的目的是从合同采矿的角度,来划分采矿的几个主要环节,以利于划分业主和承包商的责任及合同价款计算。

按照方便管理、便于计量结算,通常分为以下几个环节:

(1) 采切掘进:包括采区斜坡道、出矿穿脉、回采进路、底盘采矿巷道、底盘出矿巷道、矿石溜井、回风巷道、切割巷道、切割井等。

(2) 凿岩落矿:包括钻凿爆破孔(或中深孔)、爆破落矿、崩落覆盖层等,根据采矿方法不同,内容不同。

(3) 出矿运输提升:出矿包括铲运机出矿、电耙出矿、人工出矿等,运输提升包括坑内外轨道运输、坑内外无轨运输、斜坡道运输、斜井提升、竖井提升等。

(4) 支护:包括巷道支护和采场支护,支护方式包括木支护、钢支架、锚杆支护、喷射混凝土支护、金属网支护、混凝土砌碹等。

(5) 充填:常用的为废石充填或尾砂(胶结)充填、充填工作可能包括充填料的制备、充填料的输送、管路敷设、滤、隔水设施建设等。

(6) 系统通风排水通讯:系统通风设备、管路的操作与维护;系统排水设备与管路的操作与维护,水仓、泵房的管理;通讯线路的维护。

B　地下矿山合同采矿的技术管理

计划的制定

(1) 年度采掘生产作业计划和采矿技术指标需要业主和承包商共同协商制定;

(2) 季度和月度生产作业计划在上个季(月)度末由承包人编制完成后送业主审查,业主对承包商编制的月度、季度作业计划进行较大调整时,应与承包商协商,发生分歧时以年度采掘计划为依据;

设计工作管理

(1) 业主负责地质边界品位的确定和矿体的圈定。提供单体设计的相关技术基础资料(含

必要的图件,如:矿块相关剖面图;矿块地质矿量、品位;地质界线等);

(2)业主负责确定矿床开采的总体技术方案和回采顺序,负责矿区各大系统的设计;

(3)业主审批承包人所做的各种单体设计和各采场采准回采设计;

(4)业主负责地、测、采专业技术资料的综合整理、成图、分类归档;

(5)承包商负责编制分采区的三级矿量平衡表,负责采场采准回采设计和相应的采矿、地质、测量技术和管理工作,并按业主要求及时、准确地提供相关资料。

生产过程中承包商应做的技术工作

(1)根据实际的矿岩情况优化采矿方法,及时调整回采工艺参数;

(2)当采用崩落法采矿时,需制定出矿管理方案,实行均匀顺序放矿,并加强放矿试验研究;

(3)在房柱法采矿时,加强岩石力学的监测和研究,在条件允许时尽量加大矿房尺寸,减小矿柱损失;

(4)中深孔设计时,核实采准设计地质边界与二次圈定地质边界的一致性,按照设计要求组织中深孔的施工,保证凿岩爆破的质量;

(5)按业主要求合理安排开采顺序和出矿顺序,贫富兼采,合理配矿;

(6)合理确定出矿截止品位,同时搞好现场采样化验工作,保证出矿符合设计要求。采场出矿品位波动较大,出现低品位时,地质、采矿技术人员要及时深入现场,查清原因;

(7)组织专门技术人员对损失贫化进行监测、管理和分析研究,以采场为单元建立质量管理数据库,为现场采矿设计提供准确的数据。

C 地下矿山的设备管理

地下矿山设备也可分为固定设备和移动设备。固定设备包括:提升机、竖井装备、有轨运输设备、坑内碎矿设备、水泵、变电设备、系统通风设备、集中压风设备、充填设备、放矿设备等;移动设备包括:手气动凿岩机、中深孔钻机、掘进凿岩台车、中深孔台车、铲运机、井下卡车、装药车、辅助车辆等。

通常条件下,业主负责购置和安装固定设备。在大部分矿山,固定设备的运行管理也是由业主负责,也可以委托给承包商负责。在合同采矿项目中,移动设备的购置方式和途径是通过招投标条件和合同条款来确定的。中小型设备通常是由承包商负责采购、使用维护。大型无轨设备的购置方式有多种选择,实力雄厚的业主一般会自己采购大型无轨设备,这样会有更多的主动权,在选择承包商时也有更多的选择余地,当双方合作出现问题时可以更换承包商,而且不会带来大的损失;如果业主希望承包商共担风险,由承包商采购大型无轨设备,承包商将会要求得到较高的利润,从而防范风险带来的损失,这种合作方式要求承包商具有雄厚的资金实力,合作双方具有较高的互信度,如果合作出现问题而终止时,双方都会受到极大损失,尤其是业主方很难在短时间内寻找到在装备方面符合矿山生产能力的承包商。

对于采用大型无轨设备开采的矿山,要求承包商拥有一支高水平的设备管理队伍,在设备维护保养、大中修方面具有丰富的经验,具有良好的备品、备件采购渠道。满足了这些条件才能保证设备的完好率和出勤率,才能保证生产稳定有序。

D 地下矿山的安全管理

承包商必须具备省级政府安全主管部门颁发的安全许可证方可承担合同采矿项目。井下矿山的大部分工作岗位均要求特殊工种上岗证,承包商必须按照有关规定对工人进行培训,以确保工人熟悉本岗位的安全操作规程,严格遵守业主的安全管理规定。

安全责任是按照承包商的工作范围来界定的,在承包商的工作范围内,承包商应对该区域内的安全管理负责;在业主的工作范围内,业主负责该区域内的安全管理,采取必要的防范措施和应急措施。属于违章违纪而造成的安全事故由责任人承担。

18.2.3 合同采矿的价格组成

在矿山建设领域，无论是工程招投标，还是议标，业主和承包商都同意采用行业定额作为计算报价的基础。在金属矿山行业普遍被接受的定额有三种：冶金定额、有色定额和黄金定额，但黄金定额由于取费较低，与目前的市场价格水平相差较大，采用黄金定额的项目越来越少。另外，煤炭定额也开始在金属矿山使用，虽然其取费是矿山行业最高的，但由于矿山建设市场的牛市，很多金属矿山也开始采用，以便吸引有实力的承包商参与投标。

合同采矿项目的定价和报价还不能完全采用定额，因为在采矿生产环节中的某些工艺在定额中是没有的，另外由于近几年高技术含量的大型采矿设备的引入，设备台效和成本构成发生了很大变化，无法直接套用定额。因此成本法报价已逐渐成为合同采矿项目招标的主要方式。

合同采矿项目报价组成例表见表18－13、表18－14。

18.2.3.1 采切掘进价格组成

采切掘进的报价可以按照定额标准报价，也可以按照成本法报价。当采用无轨设备组织生产时，按照成本法报价更符合实际。成本法的关键是准确计算机台工作效率和机台作业成本。人工费按照市场价格执行，间接费和辅助费按照作业条件、人员配备和辅助材料消耗进行计算。掘进凿岩台车相关计算参数参考表18－7。

表18－7 掘进凿岩台车单位台班消耗计算参考（工作效率）

参数名称	计算公式	数　值
台班产量 $A/\mathrm{m}\cdot$台班$^{-1}$	$A=[(T-T_1)\times K_1\times V]/100$ 式中 T——每班作业时间； T_1——准备及结束工作时间； K_1——纯钻进时间系数，一般为0.7； V——每分钟凿岩速度	
台班消耗		
每循环炮孔长度	炮孔数×孔深	
每循环掘进/m^3	掘进断面面积×孔深×炮效	
每门炮消耗台班	每循环炮孔长度/台班产量	
每立方米消耗台班	每门炮清耗台班数/每循环掘进	

机台台班作业成本的计算包括：折旧费、大修费、中修费、经修费、燃料动力费和其他消耗费用（轮胎、润滑油、液压油、机油等）。

18.2.3.2 落矿价格组成

落矿价格包括凿岩和爆破两项费用，爆破费用中应包括大块二次爆破费用。落矿价格的计算一般采用成本法，尤其当采矿方法是崩落法、空场法和机械化作业的房柱法时，没有定额可以参考。

爆破费用的炸药消耗量一般可以参考同类采矿方法、类似矿岩性质的矿山实际消耗量。有条件时与业主协商，经过试验采矿后再确定炸药单位消耗量。

中深孔凿岩台车和分层采矿凿岩台车的机台工作效率计算参考表18－8和表18－9。

表 18-8 中深孔采矿凿岩台车台班效率及成本计算参考

内 容	计算公式	数 值
台班产量 A/m·台班$^{-1}$	$A=[(T-T_1)\times K_1\times V]/100$ 式中 T——每班作业时间; T_1——准备及结束工作时间; K_1——纯钻进时间系数,一般为0.6; V——每分钟凿岩速度	
台班消耗		
每排炮孔平均长度	设计指标	
每排炮孔平均消耗台班	每排炮孔平均长度/台班产量	
每米炮孔平均崩矿量	设计指标	
每排炮孔平均崩矿量	每排炮孔平均长度×每米炮孔平均崩矿量	
吨矿消耗台班	每排炮孔平均消耗台班/每排炮孔平均崩矿量	

表 18-9 分层采矿凿岩台车台班效率及成本计算参考

参数名称	计算公式	数 值
台班产量 A/m·台班$^{-1}$	$A=[(T-T_1)\times K_1\times V]/100$ 式中 T——每班作业时间; T_1——准备及结束工作时间; K_1——纯钻进时间系数,一般为0.7; V——每分钟凿岩速度	
台班消耗		
每循环炮孔长度	炮孔数×孔深	
每循环掘进/m^3	掘进断面面积×孔深×炮效	
每循环掘进/t	每循环掘进量/矿石密度	
每立方米消耗台班	每循环炮孔长度÷台班产量÷每循环掘进量	
吨矿消耗台班	每立方米消耗台班数/矿石密度	

通过机台工作效率和机台作业成本就可以计算出吨矿机台费用。

18.2.3.3 铲运矿价格组成

铲运矿价格包括铲运机的作业费、汽车运矿费用、电机车运矿费用、放矿费用、矿岩提升费用。铲运机出矿、电机车和运矿卡车的工作效率计算参数见表 18-10、表 18-11 和表 18-12。

表 18-10 铲运机出矿台班效率计算参考

参数名称	计算公式	数 值	备 注
铲运机基本运距			
铲运机基本运行速度			
铲运机纯作业时间	0.55×8(h)		
每完成一次铲运卸耗时/min			
铲斗容积	额定容积×0.8		装满系数0.8
每100 m^3 矿石铲运卸次数	100×1.65/铲斗容积		岩石松方系数1.65
每100 m^3 矿石铲运卸耗时	每百立方米矿石铲运卸次数×每完成一次铲运卸耗时/60		

续表 18－10

参数名称	计算公式	数　值	备　注
每100 m^3 矿石消耗铲运机台班	每百立方米矿石铲运卸耗时/铲运机纯作业时间		
每吨矿石消耗铲运机台班	每百立方米矿石消耗铲运机台班/(100×矿石平均密度)		
台班效率	100×矿石平均密度/每百立方米矿石消耗铲运机台班		

表 18－11　电机车台班效率计算参考

参数名称	计算公式	数　值	备　注
基本运距			东1200 m，西2000 m
运行速度/$m \cdot s^{-1}$			
单程运行时间/min	基本运距/(运行速度×60)		
双程运行时间/min	单程运行时间×2		
装车时间/min			
卸车时间/min			
调车时间/min			
列车一趟运行时间/min	双程运行时间＋装车时间＋卸车时间＋调车时间		
班有效作业时间/h			
班循环次数	班有效作业时间×60/列车一趟运行时间		
每趟牵引矿车总容积/m^3	单矿车容积×车数		
每趟牵引重量	每趟牵引矿车总容积×装满系数/松方系数×矿石平均密度		
每班运矿总量	循环次数×每趟重量		两列车
每吨矿消耗电机车台班	电机车数/每班运矿总量		机车台数为:4
每 m^3 矿岩消耗电机车台班	每吨矿消耗电机车台班/矿石密度		

表 18－12　运矿卡车台班效率计算参考

参数名称	计算公式	数　值	备　注
基本运距/km			
汽车行驶速度/$km \cdot h^{-1}$			
装卸、调头耗时			
运输往返耗时	基本运距×2/行驶速度		
每运一次渣耗时	装卸、调头耗时＋运输往返耗时		
汽车纯作业时间			
台班时间运输次数	汽车纯作业时间×60/每运一次渣耗时		
汽车斗容			
台班产量	台班时间运输次数×汽车斗容×装满系数/矿石密度/松方系数		岩石松方系数1.65
每 m^3 巷道运渣台班消耗	矿石密度×松方系数/(台班时间运输次数×汽车斗容×装满系数)		

18.2.3.4 充填单价的组成

充填价格的组成取决于充填方式,不同的充填方式价格差异很大,常用的几种充填有:全尾砂充填、废石充填、胶结充填、人工水砂充填。充填费用主要是充填料制备费、输送费、维护费和排水费。

18.2.3.5 间接费

间接费的计取与双方承包的职责范围有关,需要计取费用的项目由双方协商确定。或者承包商在投标费用中综合计取。间接费需要考虑的因素包括:职工福利费、劳动保护费、培训费、材料二次搬运费、其他固定资产使用费、工具用具使用费、社会保险、差旅费、交通费、试验检验费、财务费用、办公费、招待费、公司管理费、通讯费、探亲费、物资发运费、员工体检费、设施维护费、其他费用等。

18.2.3.6 辅助费

在成本法报价中,生产辅助材料、物资和设备需要另行计算,计算依据为采场详细设计和采矿生产组织方案。辅助费用的计算是比较复杂的,只有具备丰富的生产管理实践的人才可能计算出比较准确的费用总和。辅助费通常需要考虑如下项目。

(1) 局部通风,包括:

1) 风筒;

2) 通风电缆;

3) 风机;

4) 其他。

(2) 排水,包括:

1) 排水管路;

2) 排水电缆;

3) 水泵;

4) 其他。

(3) 供风,包括:

1) 管路;

2) 法兰、阀门;

3) 其他。

(4) 供水,包括:

1) 管路;

2) 法兰、阀门;

3) 其他。

(5) 供电,包括:

1) 电缆;

2) 开关箱及其他。

(6) 照明,包括:

1) 井下照明;

2) 井下照明灯具;

3) 井下照明变压器。

(7) 机加工。

(8) 材料运输费。

(9) 溜井系统,包括:

1) 溜井格筛加工;

2) 格筛维护;

3) 主溜井维护;

4) 放矿闸门维修;

5) 振动放矿电机;

6) 液压站维护费用。

(10) 运输系统维护费,包括:

1) 卸矿站维护费;

2) 轨道维护费。

(11) 巷道维护费。

(12) 通风多级站维护费。

(13) 充填系统维护,包括:

1) 充填站维护;

2) 充填管路维护;

3) 其他。

(14) 其他等。

18.2.3.7 合同定价的几种方式

A 全包吨矿单价合同

当设计已经十分完整、地质资料也比较详细准确,水文、地质条件比较简单,这种情况下可以采用全包单价合同,即吨矿单价中包括了采切、落矿、出矿等所有坑内直接成本、间接成本、辅助费用、利润、税取费和各种风险费。这种合同结算过程比较简单,但承包商的风险比较大,业主的灵活度、机动性和指导能力比较差。

B 不包括采切掘进的吨矿单价合同

在金属市场牛市期间,投资者为了尽快出矿以缓解投资成本的压力,获得更多利益,在地质资料不够准确、设计尚未全部完成时急于在上部矿体出矿,通常该部分矿体比较窄小、变化较大,很难确定准确的采切比。因此将采切掘进按照每立方米单价单独计价、结算,采切工程按照不断更新的采场设计执行。这种方式对合作双方都有利,不必要冒更多的风险,从而达到双赢的目的。业主具有更灵活的调整余地,可以根据产品市场决定采切比和其他采矿技术经济参数。

C 综合定价分项结算合同

合同定价时就是按照工艺环节定价,月度结算时按照各项实际完成验收量予以结算。这种合同通常将以下几个部分单独结算:采切工程、支护工程、充填工程、辅助系统(系统排水、系统通风、提升系统)。其他部分工程费用全部进入吨矿单价。这种方式更加公平合理、降低各自的风险,同时避免承包商在某些工艺环节上偷工减料,但是需要业主加大管理强度和监督力度,从而增加了业主的管理成本。

D 实际成本加利润率和费用的定价合同

首先要求承包商按照计划完成当月的生产任务,承包商将当月发生的所有成本进行统计,在此基础上计算当月的工程费用。

公式表达为:

$$当月工程费用合计 = 当月成本 \times (1 + 利润率\% + 综合考核系数\%)$$

这种合同方式在国外被广泛使用，但在国内很难推广，主要原因是国内人与人之间、企业与企业之间、甲乙方之间缺乏足够的互信，缺乏公平、平等的观念。

在本章的18.5节中详细介绍了该种合同的定价方法。图18－1表明了协定标的成本合同的概念和合同各方的相关关系。

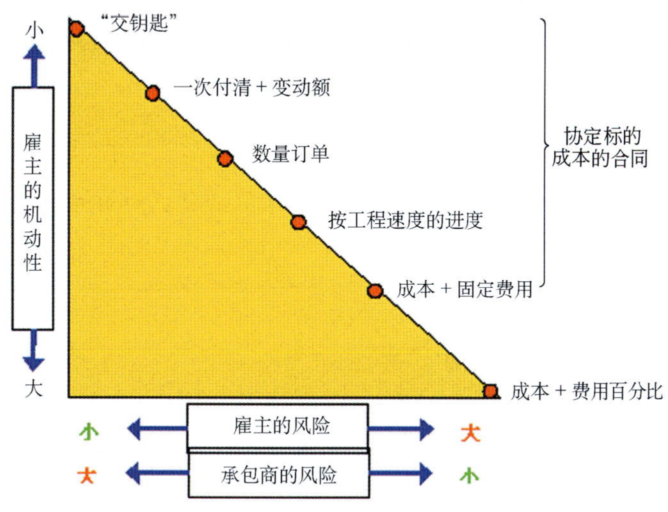

图18－1　协定标的成本合同示意图

18.2.4　选择承包商需要考虑的几个问题

合同采矿是一种提供系统技术和劳务服务的商业活动，与一般的有形产品或必须按图施工的建筑物不同。

目前，在合同采矿应用得比较成功的南非、澳大利亚和加拿大，广泛推行签订协定标的成本合同：

协定标的成本合同是指业主和承包商在以下方面建立合作关系：

(1) 技术、技能、经验及有组建独立团队的实力；

(2) 经双方协议以最好的方式完成项目之——计划、设计、执行及管理；

(3) 在双方风险最小、收益最大前提下，尽可能达成有效、有力、经济的计划。

要达成上述合同双方必须具备下述条件和要素：

(1) 诚信；

(2) 来自高层的绝对承诺；

(3) 对"双赢的充分理解"；

(4) 具有信念、态度及行为的革新；

(5) 坦率；

(6) 联合的项目团队；

(7) 对承包人的期望有共同的客观的理解；

(8) 理解雇主的期望；

(9) 共同认可的激励方案；

(10) 合同文件。

这种方式在国内正在逐渐被认同，非公有经济模式的业主已开始采用以上某种方式，但具体程序上还需要不断改进。

针对目前国内的具体情况,建议业主在选择承包商时注意以下几个方面:

(1) 承包商的资质;

(2) 承包商的安全许可证和安全管理体系的运行状态,检查其安全管理记录;

(3) 承包商的安全、职业健康管理认证;

(4) 承包商的技术实力和技术管理体系,以及质量管理体系的运行状况,信息管理记录;

(5) 承包商的经济实力、融资能力和财务状况;

(6) 承包商对大型采矿设备的管理和维修能力;

(7) 确认承包商的生产资源的有效性,生产能力规模;

(8) 考察承包商的业绩工程,并与其前业主会面了解情况,与承包商的员工了解情况;

(9) 承包商处理大型冒顶和涌水治理的能力,应对紧急情况的能力。

18.2.5 合同采矿项目实例介绍

18.2.5.1 驰宏锌锗会泽铅锌矿

驰宏锌锗股份公司所属的会泽铅锌矿于2002年6月开始深部资源接替工程的建设,于2004年底竣工投产。金诚信矿业建设有限公司负责承建了其所有井下建设工程和混合井井塔工程。由于承包商在基建施工过程中的出色表现,竣工投产后业主将其采矿生产总量(60万t/a)的50%委托给金诚信负责开采,形成合同采矿的关系。

承包商的合同责任范围是采区内的采切、落矿、支护、充填和中段运输至主溜井,采区内通风和排水,所有施工生产所用的设备、材料、物资均由承包商负责(火工材料除外)。合同定价方式是责任范围内的全包吨矿单价合同。

业主对承包商的监督考核内容包括:月度和年度供矿量、矿石品位、实际贫化率指标、矿石损失率、保证生产持续的矿量平衡。

18.2.5.2 西部矿业锡铁山铅锌矿

1987年中冶集团公司华冶资源公司进入锡铁山铅锌矿负责其扩建工程,之后开始承担其采矿生产任务。至2006年,年采矿达到122.24万t,完成掘进总量20222.43 m/125428.58 m^3。实现年营业收入1.18亿元。采用的采矿方法主要为分段空场法和浅空留矿法。

该合同采矿项目所使用的所有设备均由业主提供,设备的大中修费将根据实际发生的维修项目由业主另外支付,维修费和日常维护费包含在吨矿单价中。开拓掘进、硐口加热、空区处理费用也不包含在单价中,其他所有工序而需要的费用都包含在吨矿单价中。因此说该项目采用的合同方式为全包吨矿单价合同。

18.2.5.3 密云首云铁矿挂帮矿体采矿项目

首云铁矿即密云首钢铁矿,位于北京市密云县城东16 km,原隶属首钢总公司,于2003年划拨给密云县冶金矿山公司,1959年建矿,露天开采至今。2006年开始露天转井下的基本建设工程,与此同时,露天矿的挂帮矿体实施坑内开采。挂帮矿体的开采时间为3~4年,年出矿为60万t。采矿方法从空场法和浅孔留矿法,逐步过渡到深部开采时采用分段崩落法。

该项目由金诚信矿业建设有限公司承担,系统排水和系统通风、压风设备由业主负责提供,其他所有设备均由承包商负责。开拓和采切工程按照设计施工并单独计价,对出矿品位、供矿量、贫化率、损失率等技术经济指标进行考核。

18.2.5.4 赞比亚谦比西铜矿

赞比亚谦比西铜矿是中国有色建设集团公司在海外购买的一座复产矿山,2000年开始恢复建设,2003 年投入生产。金诚信矿业建设公司参与恢复建设后,承担起合同采矿任务。2006 年采矿量 125 万 t,开拓和采切掘进完成 22 万 m^3。该矿装备了当今最先进的坑内无轨采矿设备三十多台套,其中 Boomer281 凿岩台车 8 台,Simba1354 采矿台车 2 台,铲运机 10 台。所有无轨设备均由业主采购。

采矿合同中不包括竖井提升的所有费用、不包括系统排水和系统通风费用。结算方式采用综合定价分项结算合同。

18.2.5.5 澳大利亚纽蒙特金矿

Jundee 金矿隶属纽蒙特(Newmont)矿业公司,该矿与 1997 年由露天矿转入井下开采,主开拓运输系统为斜坡道,如图 18－2 所示,没有竖井提升系统,采矿方法为下向空场法。2001 年伯尼卡特公司承担其全部井下开拓和采矿生产任务。至 2006 年该矿生产矿石达到 100 万 t,掘进量 20 多万 m^3。承包商在该矿的全部雇员仅为 205 人。

该矿的主要装备都是承包商负责提供的,主要设备有:

5 台 Tamrock Axera D07 双臂凿岩台车;

2 台 Tamrock Solomatic 720 中深孔台车;

1 台 Tamrock CableBolter 锚杆台车;

4 台 卡特皮勒 Elphinstone R2900 铲运机;

4 台 卡特皮勒 Elphinstone R1700 铲运机;

6 台 卡特皮勒 Elphinstone AD55 运矿卡车;

1 台 推土机;

3 台 Normet 装药车;

21 台 轻型卡车;

5 台 卡特皮勒遥控操作系统。

该采矿合同的结算方式为实际成本加利润率和费用,计算方式的详细解释见本章的 18.5 节。

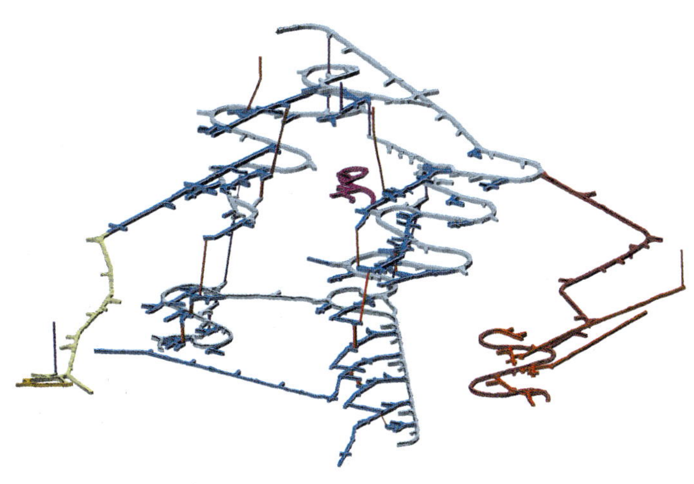

图 18－2 Jundee 金矿开拓系统图

18.3 采矿合同主要条款摘录

18.3.1 发包人工作及义务

发包人应按约定的时间和要求完成以下工作：

(1) 施工场地具备施工条件的要求及完成的时间：已完成；

(2) 将施工所需的动力、电讯线路接至施工场地的时间、地点和供应要求：

掘进、采矿工程于开始前一周开通动力、电讯设施：施工用电送至各中段采区变电所、临时变电所；通讯线路及电话送至各中段及其他双方核定的地点，年初进行核定安装到位；通讯线路、器材按上述要求完成安装后即移交承包人负责管理与维修；

(3) 负责地表配电室、井下采区变电所、临时变电所高压设施及高压供电线路的运行和管理工作；负责竖井井筒供水管和各中段马头门减压水仓的运行和管理工作；

(4) 负责除承包人使用的矿灯之外的其他矿灯的管理、发放和维护工作；

(5) 负责主溜井矿石的破碎、矿废石提升、地表运输工作，包括某中段以下的矿废石主溜井堵塞的处理；

(6) 每年 11 月底前根据企业发展规划，经双方协商后下达下一年度采掘生产作业计划，每季度最后一个月的 25 日之前审批承包人根据年度计划编制的下一季度作业计划，每月 29 日前审批承包人的次月月度作业计划。发包人对承包人编制的月度、季度作业计划进行调整时，应与承包人协商，发生分歧时以年度采掘计划为依据；

(7) 审批承包人制定的各采区采准回采设计，提供采场施工图设计的相关技术基础资料(含必要的图件，如：矿块纵横剖面图；矿块地质矿量、品位；地质界限等)，审批承包人所做的各采场采准回采设计，负责采场技术经济指标的确定；

(8) 协调承包人与发包人各单位、部门之间的相关事宜；

(9) 进行月度工作量预验收并按时进行财务月度预结算；

(10) 负责矿井主通风系统技术管理工作和地表主扇的运行和管理工作；主排水系统(从水仓入口处算起)及主排泥系统(包括沉淀池清理)的运行和管理工作；

(11) 负责管路钻孔以上部分充填管路及充填站的运行和管理。保证尾砂充填浓度不低于××%，努力实现×××目的尾砂粒级含量不低于××%，以确保充填质量；

(12) 负责计量的管理和维护工作；

(13) 承担承包人在生产中矿石品位的检验及经发包人同意的检验工作。付样按发包方付样管理规定留存计检中心，提出异议时找有资质的仲裁机构仲裁；

(14) 负责提供充足有效的采掘运设备，统筹管理大修工作。制定大修计划，确定大修费用，进行大修后质量验收；

(15) 负责工业厂区内的治安保卫工作，协助承包方涉及的当地法律纠纷的解决；

(16) 负责地、测、采专业技术资料的综合整理、成图、分类归档，以及矿床开采的技术方案、回采顺序和矿区各大系统的建设；

(17) 负责主斜坡道口外道路的管理和维护；

(18) 负责对承包人按季度和年度提交的、分采区编报的矿量平衡表的审查和核定；每季度的第一个月组织对承包方提供的上季度掘进工程完成情况和分采区矿量平衡表进行核实；

(19) 月度计划下达后，若涉及到作业面调整以及采掘部署调整，发包人应指定专业部门以书面形式下达更改通知书，承包人按照通知要求执行，并作为月度考核的依据；反之，也照此办理；涉及有安全隐患的工程，确属非承包方原因导致采矿工程塌落所造成的损失由发包方承担；

(20) 负责矿山的地质综合研究及水文地质工作，及时为生产承包单位提供必要的水文地质资料(含图件)，开展日常的水文地质技术管理工作；

(21) 凡发包方委托承包方承担的零星工程，应以委托书方式下达，并附必要的文字说明、图纸，承包人接受委托并做出预算后，经批复方可施工。

18.3.2 承包人工作及义务

承包人应按约定时间和要求，完成以下工作：

(1) 需由承包人完成的设计文件提交时间：承包人负责完成的设计文件应在工程开工前根据工程类别的不同，按如下要求提供：分层法采场单体回采设计、采场中深孔设计等在工程开工前两天，采准工程设计等在工程开工前一周；

(2) 应提供计划、报表的名称及完成时间：按发包人有关规定执行；

(3) 对发包人提供的生产和生活房屋及设施，由承包人负责管理和维护；

(4) 施工场地清洁卫生的要求：按发包人管理规定搞好现场文明施工；

(5) 按发包人下达的年生产作业计划组织均衡生产，保证发包人制定的年度计划和审批的季度、月度生产作业计划的全面完成，并确保实现其相应的技术经济指标；

(6) 负责采准、回采设计和相应的采矿、地质(含中孔排线剖面图)、测量技术和管理工作，并按发包人要求及时、准确地提供相关资料；

(7) 每季度最后一个月的20日之前和每月25日之前向发包人报批根据年度作业计划编制的下一季度、月度生产作业计划；

(8) 承担井下开拓、采准、切割、回采、支护、运输及充填等工作内容；

(9) 负责卸载站、有轨设备及设施的运行管理和维修及中段文明生产工作；

(10) 关于通风系统多级机站的运行管理和维护工作，详见《通风系统多级机站部分的管理和维护规定》，费用另行计算；

(11) 负责所辖区域内排水排泥工作(包括充填法采场沉淀池)和文明生产工作；

(12) 保证发包人所提供设备的完好率，负责发包人提供的所有采掘运设备的运行管理和中修、经常性修理及日常保养工作；承担由发包人委托给承包人的大修工作，费用由双方确定。承包人负责申报大修计划，按发包人要求报送设备运行及维修管理报表；

(13) 负责采区变电所低压供电柜出线端以后及采区临时变电所变压器两次出线侧之后的供电设施、所辖区域的通讯设施和井筒马头门减压水仓外供水系统的运行和管理工作；

(14) 负责承包人自己使用的矿灯管理、发放和维护工作；

(15) 负责钻孔底部到采区的充填管路的运行管理、日常巡检及维护维修工作；

(16) 负责主斜坡道的日常管理和维护；负责发包方提供的、承包方所辖区域内的井下通讯系统的日常管理与维护；

(17) 负责地面澡堂的日常管理和维护；

(18) 负责承包人井下所用物资的下放和运输工作(发包人负责罐笼运行)及所辖区域内炸药库和油库的管理工作；

(19) 遵守当地法律法规和发包人制定的(出台前与承包方协商)相关规章制度；

(20) 承担由于承包人原因而引起的法律责任和所有费用。

18.3.3 合同价款与支付

18.3.3.1 合同价款及调整

本合同价款采用可调价格合同,合同价款调整方法:

合同期间每年对承包项目结算单价调整一次,××××年采掘工程结算方式采用铜金属原矿含量综合单价结算,每吨铜金属结算单价为×××元,掘进工程结算单价为×××元/m^3、掘进支护钢筋锚杆单价为×××元/根,管缝锚杆单价为×××元/根;员工工资计算标准为×××/月,年度总结算;

综合结算单价中不含设备折旧费、大修费、采掘水电费、营业税、增值税、开拓工程及单项工程费用。

18.3.3.2 工程量确认

每月2日由发包人生产技术部组织有关部门对承包人上月所完成的工作量进行月度预验收,验收标准为《有色金属矿山井巷工程施工及验收规范》(YSJ 413—93)以及经发包人批准的设计施工图或设计变更,验收内容有:开拓量、采准切割量、采场出矿量、充填量、支护量及其他,各个量的确认方法如下:

(1) 当月井下出矿金属量:以当月选矿厂原矿入选金属量为结算金属量;

(2) 当月井巷工程掘进量:以实际验收量为准;

(3) 充填量:分层充填量结合实测图,以现场实测量为准;嗣后充填量以采出矿量折算成充填量为准;发包人鼓励承包人利用掘进废石进行采场充填,废石充填量以发包人月度验收报表数为准,废石充填及充填密闭墙单价见双方签订的补充协议;

(4) 支护量:分层充填法采场内支护量已进入综合成本,不再验收;掘进支护量以及发包人临时委托锚杆支护、钢支架支护、混凝土支护,结合实测图,以月度现场验收量为准,承包人应做好隐蔽工程记录;

(5) 其他:以发包人生产技术部门月度预验收报表及签证为准。

18.3.3.3 合同款项支付

双方约定的工程款(进度款)支付的方式和时间:

承包人应在次月10日前按上月生产完成情况向发包人提交任务结算单,发包人对其结算单进行审核,扣除承包人当月在发包人处领用的材料款(不包括本合同之外的安装工程材料和其他零星工程材料)、备品备件款,加减考核后按95%拨付,余下的5%在年底清算后,30天内一次拨付。

18.3.3.4 其他

(1) 发包人向承包人所承担的本合同工程免费供水供电,如有浪费现象按发包人有关规定进行处罚;

(2) 承包人改变采矿方法,必须在征得发包人同意的情况下进行,但合同成本和出矿品位不作调整;允许承包人在不改变设计的前提下,改变施工手段(主要指施工设备的改变),而相应项目结算(单价及原设计工程量)不作调整;由于发包人改变采矿方案而相应采矿成本发生改变时,其相应采矿结算单价应作相应调整;

(3) 由承包人提出合理化建议而使采矿成本降低时,其相应采矿结算单价可不作调整,如需发包人增加投入时,其获利按四六比例分成(发包人四,承包人六);

(4) 发包人所供材料、备品备件及设备交货地点为发包人矿区供应仓库;

(5) 轨道、架线、重机修天车及维修设施出现非责任性大宗的维护更换费用，由承包人向发包人报送施工组织设计及费用预算计划，经发包人批准并支付所发生的全部费用；

(6) 发包人委托承包人施工的安装工程执行单项合同(安装工程中方人员工资已进入单价)，单项合同与本合同具有同等法律效力；

(7) 为使设备正常运转、确保矿山生产的顺利进行，需要储备一定量的设备备品备件，发包人和承包人根据实际需求共同确定库存备件占用资金额度，达到额度之后由承包人负责补充已消耗的备件采购和相应费用，承包人应确保备件补充及时，使库存量在核定量的正负10%之内；为使××年的设备满足生产需要，需要购置部分设备总成，承包方负责报批具体计划；由发包人审核后采购。总成件在使用中制定具体管理办法；

(8) 次年的合同项目结算单价应在1月1日之前确定。如双方就合同项目结算单价无法达成一致意见时，半年后本合同自动终止，双方相互不计赔偿，在此期间所完成的工程，其项目结算单价按上一年度项目结算单价执行；

(9) 本合同经双方签字后即时生效，任何一方除不可抗力的因素外不得单方终止本合同，否则，单方终止合同一方须向另一方支付赔偿金×××万元；

(10) 合同签字生效后，如承包人连续三个月没有完成发包人下达月计划的85%时，发包人有权单方终止合同的履行，而不受本款第(15)条的限制；

(11) 如发包人连续三个月付款额达不到承包人月支付额的85%时，承包人有权单方终止合同的履行；

(12) 矿石含水补贴 = 当月矿石铲运量 × 含水率×% × 铲运综合成本。

18.4 采矿合同分项价格组成

采矿合同分项价格组成参见表18－13、表18－14所示。

表18－13 作业成本表

项目	单位	单价/元	分层采矿/t		分段崩落采矿/t		嗣后充填采矿/t		平斜巷掘进/m^3		天井掘进/m^3		管缝锚杆/根		钢筋锚杆/根		分层充填/m^3		嗣后充填/m^3		副产矿/t		耗量	金额/万元
			单耗	金额	单耗	金额	单耗	金额	单耗	金额	单耗	金额	单耗	金额	单耗	金额	单耗	金额	单耗	金额	单耗	金额		
作业量																								
主要材料	元																							
炸药	kg																							
炸药	kg																							
起爆雷管	个																							
非电雷管	个																							
非电雷管	个																							
导爆索	m																							
橡皮绝缘线	m																							
起爆弹	个																							
连接块	个																							

续表 18－13

项目	单位	单价/元	分层采矿/t		分段崩落采矿/t		嗣后充填采矿/t		平斜巷掘进/m^3		天井掘进/m^3		管缝锚杆/根		钢筋锚杆/根		分层充填/m^3		嗣后充填/m^3		副产矿/t		耗量	金额/万元
			单耗	金额	单耗	金额	单耗	金额	单耗	金额	单耗	金额	单耗	金额	单耗	金额	单耗	金额	单耗	金额	单耗	金额		
作业量																								
钻头(φ102 mm)	个																							
钻头(φ76 mm)	个																							
钻头(φ45 mm)	个																							
钻头(φ38 mm)	个																							
钻头(φ38 mm)	个																							
钻杆(1.5 m)	根																							
导向管(1.8 m)	根																							
钻杆(4.0 m)	根																							
钻杆(2.5 m)	根																							
中空六角钢	kg																							
掘进台车钎尾	根																							
中深孔台车钎尾	根																							
连接套	根																							
冲击头	根																							
轮胎 1800－25	个																							
轮胎 1750－25	个																							
轮胎 1600－25	个																							
润滑油	L																							
木材	m^3																							
充填管 4 号	m																							
快速接头	个																							
麻袋滤水布	m																							
尼龙滤水布	m																							
钢材	kg																							
金属网	m																							
编织袋	个																							
锚杆(管缝)	根																							
其他材料	%																							
其他材料	元																							
机械、修理费																								
Simba	台班																							
Boomer	台班																							
铲运机	台班																							

续表 18－13

项目	单位	单价/元	分层采矿/t		分段崩落采矿/t		嗣后充填采矿/t		平斜巷掘进/m^3		天井掘进/m^3		管缝锚杆/根		钢筋锚杆/根		分层充填/m^3		嗣后充填/m^3		副产矿/t		耗量	金额/万元
			单耗	金额	单耗	金额	单耗	金额	单耗	金额	单耗	金额	单耗	金额	单耗	金额	单耗	金额	单耗	金额	单耗	金额		
作业量																								
气腿式凿岩机	台班																							
锻钎机	台班																							
电机车 14t	台班																							
矿车 6.8 m^3	台班																							
卡车 MT2000	台班																							
锚杆台车	台班																							
其他机械费	%																							
工资	元																							
辅费	元																							
间接费	元																							
小计	元																							
利润	%																							
结算单价	元																							
合计	万元																							
铜金属结算单价	元																							

表 18－14 年生产计划指标

项目	单位	数量	说明
1. 矿山作业量			
（1）采掘总量	万 t		
1）采矿量	万 t		
分层充填采矿	万 t		
分段崩落	万 t		
分段嗣后充填采矿	万 t		
2）掘进量	万 t		
其中:副产矿	万 t		
（2）掘进量	m		
	m^3		
其中:平巷	m		
	m^3		
其中:开拓平巷	m		
	m^3		
采准平巷	m		
	m^3		

续表 18 - 14

项　　目	单　位	数　　量	说　　明
低天井	m		
	m^3		
锚　杆	根		
其中:掘进锚杆	根		
采场锚杆	根		
(3) 充填量	m^3		
其中:分层充填	m^3		
分段嗣后充填	m^3		
(4) 出矿量	万 t		
(5) 排水量	m^3		
(6) 平均日出矿	t/d		
(7) 作业天数	d		
2. 金属量			
分层充填采矿	万 t		
分段崩落	万 t		
分段嗣后充填采矿	万 t		
副产矿	万 t		
3. 技术经济指标			
(1) 采矿损失率			
分层充填	%		
分段崩落	%		
嗣后充填	%		
(2) 采矿贫化率			
分层充填	%		
分段崩落	%		
嗣后充填	%		
(3) 出矿品位(平均)	%		
分层充填	%		
分段崩落	%		
嗣后充填	%		
副产矿	%		
(4) 精矿品位	%		
(5) 回收率	%		

18.5　国外采矿合同定价方式

合同采矿项目中的合同价款计算办法通常是采用可变合同价格,每个月初承包商按照合同约定申报上个月的工程款,物资、材料和消费品价格每个季度按照市场价格调整一次。承包商的报酬通常由以下部分组成:进场费、撤离费、固定成本、变动成本、消耗品、运费、分包商费用、利润和管理费等。

合同中有专门条款规定了进场费、撤离费、固定成本、变动成本、消耗品、运费、分包商费用、利润和管理费(各项管理费)是如何确定的,费率和价格及其调整的必备条件在合同中有明文规定。

每个月初,承包商经过与业主的及时磋商,承包商准备好并向业主递交付款申请,申请付款是根据合同当月已经完成的工作量来进行支付。

付款申请要注明单独的参考号,要采用业主公司认可的电子表格形式。月度付款申请要包括合同中的每个项目,及当月数量、累计总量、合同规定的成本概要。

18.5.1 付款公式

承包商的月度报酬和付款按照以下公式来计算:

$$PAY = (MOB + DEMOB + FCO + VCP + CONS + FRT) \times (1 + PP) + CORP + FCPM + SUB$$

式中 PAY——指当月支付给承包商报酬的总数;

MOB——指根据标书调遣计划计算出的支付承包商的当月进场费;

DEMOB——指根据标书调遣计划计算出的支付承包商的当月撤离费;

FCPM——指根据约定计算出的支付承包商的当月主要设备固定成本;

FCO——指根据约定计算出的支付承包商的当月其他固定成本;

VCP——指根据约定计算出的支付承包商的当月变动成本;

CONS——指根据约定计算出的支付承包商的当月消耗品费;

FRT——指根据约定计算出的支付承包商的当月用于向现场运送货物、配件、消耗品而产生的运费;

SUB——指根据约定计算出的支付承包商的当月分包商费用;

PP——指承包商当月的利润率和绩效考核指标;

CORP——指承包商商标书承诺的当月企业管理费。

18.5.2 付款公式参数说明

18.5.2.1 进场费"MOB"

如果承包商当月向现场调入了设备或建造了基础设施,根据合同中规定的费率来计算需支付的金额。

只有业主认为按照合同规定的进程,为完成工程现场需要某一设备时,承包商才能被支付该设备的进场费。

18.5.2.2 撤离费"DEMOB"

承包商当月从现场撤离的设备或设施,要根据合同规定的费率来得到撤离费。

业主的下述要求得到完成后,撤离费才能够支付:

(1) 入口和运输道上的杂物被清理干净,清除积水;

(2) 将矿仓和废石堆场的渣石清理干净,保留安全护栏和标志;

(3) 燃料和油料的存储设备是空的;

(4) 小型临时车间、临时建筑和基础设施被清理出现场;

(5) 承包商使用过的地方已经整理好;

(6) 完成合同规定的环境保护责任;

(7) 业主规定的其他合理要求。

18.5.2.3 固定成本“FCPM”和“FCO”

承包商当月在现场的设备或人员的花费,无论设备是否运行、人员是否投入工作,还包括财务费用、折旧、保险、工资等,均被记入固定成本。

(1) 承包商当月的主要设备固定成本,简称 FCPM,是根据合同规定,可计入该项费用的全部合理项目,并随后根据有关条款的规定进行调整。其他固定成本,简称 FCO,是除 FCPM 之外的可计入该项费用的全部合理项目。

承包商当月的固定成本根据下列条款确定:

1) 对承包商固定成本的每一项的付款开始于:确定设备良好可以使用,并已经从承包商总公司所在城市装上船、飞机、火车或业主同意的其他货运方式。

2) 下列情况,承包商将不被支付固定成本费用:

① 标书中没有标明可以使用的固定成本项目,不管其是否在现场。

② 标书中规定的固定成本项,但还没有调往现场。

③ 已经调离现场的固定成本项。

④ 完工日期之后提出支付的固定成本项目。

如果业主确认某固定成本项已经或尚未调入现场,或在当月的所有时间均不适合使用及没有批准使用,当某固定成本项在月中调入或调离现场,那么相关的月度费用则要根据实际情况进行调整,将固定成本项的适当费用除以该月的天数,再乘以现场实际使用的天数或是批准使用的天数。

(2) 矿山设备固定成本的调整:

大型矿山设备实际完好率与计划完好率的比率将影响固定成本费率的调整:

$$调整后费率 = 额定费率 \times (实际完好率/计划完好率)$$

每项设备的实际完好率的测定按合同相关条款执行。

每项设备的(实际完好率/计划完好率)比值最小是 0.9 和最大是 1.1 。

矿山设备的完好率的测定:

$$完好率(\%) = (总时间 - 停机时间)/总时间 \times 100\%;$$

总时间是所用的全部时间(天数 ×24 h),停机时间是机器不能使用的时间。

停机时间包括:

1) 用于维修和保养的时间,无论是否是计划内的;

2) 确保采矿设备正常使用的检测与评估的时间;

3) 等待安排维修工进行维修的时间;

4) 更换或修理轮胎、履带、附属装置的时间;

5) 预定维修期的时间,而设备正需要使用。

停机时间不包括以下时间:

1) 预定维修期的时间,且设备不需要使用,及在用餐时间和换班时间进行维修的时间;

2) 进行检测和评估但不影响采掘设备的正常操作的时间;

3) 遇到承包商不能预见的合理维修,等待零配件运送到现场的时间,涉及主要移动设备的年限和条件;

4) 采掘设备经过保养和维修,当承包商将其送到安全地方后,停机时间结束。

(3) 辅助设备的固定成本。辅助设备费用包括配件维修费用,但合同中作为消耗品列明的零配件外(如水泵配件)。

(4) 基础设施的固定成本。

(5) 管理和行政人员的固定费用。包括所有间接成本,包括退休金、年假、长期服务假、病假、旷工、加薪、奖金、工人赔偿及其他关税,但不仅限于此。上述费用还包括所有法定税金,如果这些税金增加或减少,相应产生的节余或花费由业主来承担。

为避免疑义,承包商负责支付间接成本的管理费用,承包商实际花费的增加或减少由其自己承担,但上述法定费用除外。

(6) 其他劳动力固定成本。上述费用包括全部雇佣间接成本,包括退休金、年假、长期服务假、病假、旷工、加薪、奖金、工人赔偿及其他关税,但不仅限于此。上述费用还包括所有法定税金,如果这些税金增加或减少,相应产生的节余或花费由业主来承担。

为避免疑义,承包商负责支付间接成本的管理费用,承包商实际花费的增加或减少由其自己承担,但上述法定费用除外。

18.5.2.4 变动成本支付"VCP"

变动成本主要包括工人工资和采掘设备的配件费用及维修费用。维修费中不包括操作工和维修工的人工费用。

(1) 钻机设备的变动成本。钻机设备的变动成本的计算,按工作面钻头冲击时间乘以规定的小时费率。

(2) 卡车设备的变动成本。卡车系列的变动费用的支付将根据记录的设备工作时间和规定的费率来计算,如果设备空闲时间超出计划目标值,每小时费用就要调整,调整的公式如下:

$$\text{调整后的费率} = \text{额定小时费率} \times \left(\frac{\text{目标空闲时间}}{\text{空闲时间}}\right)$$

调整比例限制在最小0.8,最大1.2。

(3) 装载机变动费用。装载机变动费用的支付根据记录的设备工作时间和规定的费率。

(4) 辅助车辆变动费用。辅助车辆变动费用的支付根据记录的车辆工作时间和规定的费率。

(5) 人工费用。这里的人工是指采掘工人、支护工人、电工、机械维修人员、测量员、质检员、技术支持人员、操作工、其他辅助工人。承包商应采取计件工资的方式支付工资,必须提供详细的激励计划交业主批准。

人工费的计算将依据当月实际完成的供矿量、掘进量、支护量、其他业主安排的工作量。

18.5.2.5 消耗品费用"CONS"

业主将偿付承包商完成工程所需的实际消耗品;承包商提出正式申请后,消耗品按承包商的月度发票向业主收取费用。

如果消耗品的实际费用大于或少于正式申请的预计费用,按下述支付条件调整。为避免疑虑,合同内现场耗费和使用的所有消耗品所有权归业主。承包商应采取合理的措施确保业主的消耗品成本最小,损耗最小。

(1) 支护:提供每米进尺所需锚杆、金属网、喷射混凝土(如果应用,允许回弹)和附件(如树脂)的型号和数量。

(2) 炸药:提供每米进尺消耗的炸药(包括周边眼和底眼的不同类型)、雷管及其附件的类型和数量。

(3) 钻具消耗:提供每米进尺所用的钻进钻头、扩孔钻头、钎杆、钎尾、钎套的型号和数量。承包商还需提供每个钻头重新磨快的次数。

(4) 其他消耗:包括通风管(包括爆破损失的百分率)和附件,电缆、各种管路、各种油料、工具和承包商完成工程的所有必需的其他消耗品。

(5) 预计价格:承包商需列表提供上述其他消耗品的预计价格,支护项目需提供每根锚杆和每平方米的支护量,承包商应提供每个项目的供应商,价格应明确无误,来源于何处。

18.5.2.6 运费

业主支付承包商工程所需的所有运输费用;承包商提出运输的正式申请后,业主承担承包商每月发票中的运费;如果实际运费高于或低于预计,按以下步骤调整:

(1) 合同需要项目快递或类似的紧急运输,优先组织运输的费用,承包商应获得业主代表或其代理人的批准;

(2) 由于承包商的原因致使货物损坏或不能运输,运输费用将由承包商承担。

18.5.2.7 分包商的支付

所有经业主批准的工程分包商的服务费,将按照实际花费由业主偿还承包商,业主批准的分包商服务项目在合同中明示。

分包商的费用列在承包商每月发票中由业主承担,再由承包商按月支付给分包商。

18.5.2.8 利润和绩效考核

该月的绩效薪酬应该根据以下方式计算:

$$PP = PM \times AF$$

这里:

PM 是计划利润率,一般在 10% ~20%

AF 是一个可以根据以下方式调节的因素:

$$AF = 0.2 \times SF + 0.1 \times EF + 0.6 \times DPF + 0.1 \times CF$$

式中 SF——安全因素;

EF——环境因素;

DPF——开拓和生产因素;

CF——团队因素。

SF 安全因素

承包人会有一个不大于 1 的安全生产分值,它取决于在支付期内安全管理的完成情况和安全事故的发生情况。安全管理占 70% 的比例,事故情况占 30% 的比例,安全管理的考核依据是业主和政府的安全管理部门例行检查的结果和评价。

EF 环境因素

承包人会有一个不大于 1 的关于环境的生产分值,它取决于在支付期内根据以下要求完成的情况:

$$EF = 0.5 \times HBF + 0.5 \times IF$$

式中,HBF = 碳氢化合物平衡因素 = 机油和液压油的回收量除以每个月的使用量;

IF = 检查因素 = 实际环境检查的次数除以计划环境检查次数。

DPF 开拓掘进和生产因素

在承包人完成少于或多于月度计划说明的开拓或生产数量,开拓和生产因素应该根据以下公式计算:

$$DPF = (AP/TP + AD/TD)/2$$

式中 AP——当月实际供矿量;

TP——该月采矿生产的目标量;

AD——承包商在一个月中实际的开拓量;

TD——月度计划中设定的计划开拓量。

CF 团队因素

承包人会有一个不大于1的关于团队活动的评价。

18.5.2.9 上级公司管理费

管理费或其中一部分为月度固定开支。

企业管理费包括现场以外的管理费用,例如承包商公司总部提供给现场的支持费用(包括劳动力、职业健康和安全开支 、人力资源、财务运作、行政管理)。这些项目包括公司管理人员视察现场的差旅费用。企业管理费不属于利润。

18.5.2.10 账目

承包商应保存真实和完整的账目及其他一些业主需要的与工作相关的记录(核实有关索赔),在合同期内和其后的两年内,业主有权质疑承包商提出的任何索赔,并修改一切错误,尽管这些索赔业主已经支付。

参考文献

1 http://www.mining-technology.com/2007.6

2 http://www.mining-technology.com/contractors/project/group_five/

3 http://www.mining-technology.com/contractors/project/wk/

4 http://www.mining-technology.com/contractors/project/murray_roberts/

5 http://www.mining-technology.com/contractors/materials/voest2/

6 http://www.mining-technology.com/contractors/highwall/man_takraf/

7 http://www.hyqd.com.cn/cn/operation_8.htm,2007.6.13

8 顾润波,佘延双.我国矿业并购重组研究.http://www.paper.edu.cn,2007.6.14

附录　单位的换算

附录 1　国际单位 - 导出单位 - 非国际单位换算

附表 1　长度

法定计量单位		常见非法定计量单位		换算关系
名　称	符　号	名　称	符号	
千米(公里)	km		KM	1 千米(公里) =2 市里 =0.6214 英里
米	m	公尺	M	1 米 =1 公尺 =3 市尺 =3.2808 英尺 =1.0926 码
分米	dm	公寸		1 分米 =1 公寸 =0.1 米 =3 市寸
厘米	cm	公分		1 厘米 =1 公分 =0.01 米 =3 市分 =0.3937 英寸
毫米	mm	公厘	m/m, MM	1 毫米 =1 公厘
		公丝		1 公丝 =0.1 毫米
微米	μm	公微	μ, mμ, μM	1 微米 =1 公微
		丝米	dmm	1 丝米 =0.1 毫米
		忽米	cmm	1 忽米 =0.01 毫米
纳米	nm	毫微米	mμm	1 纳米 =1 毫微米
		市里		1 市里 =150 市丈 =0.5 公里
		市尺		1 市尺 =10 市寸 =0.1 市丈 =0.3333 米 =1.0936 英尺
		英里	mi	1 英里 =1760 码 =5280 英尺 =1.609344 公里
		码	yd	1 码 =3 英尺 =0.9144 米
		英尺	ft	1 英尺 =12 英寸 =0.3048 米 =0.9144 市尺
		英寸	in	1 英寸 =2.54 厘米
飞米	fm	费密	fermi	1 飞米 =1 费密 =10^{-15} 米
		埃	Å	1 埃 =10^{-10} 米
		海里①	n mile	1(国际)海里 =6076.115 英尺 =1852 米

① 此处为国际海里，我国采用国际海里。此外还有英海里(=1853.184 米)、美国海里等。

附表2　面积

法定计量单位		常见非法定计量单位		换算关系
名　称	符号	名　称	符号	
平方千米(平方公里)	km^2		KM^2	1平方千米(平方公里)=100公顷=0.3861平方英里
		公亩	a	1公亩=100平方米=0.15市亩=0.2247英亩
平方米	m^2	平方,米		1平方米=1平米=9平方市尺=10.7639平方英尺=1.1960平方码
平方分米	dm^2			1平方分米=0.01平方米
平方厘米	cm^2			1平方厘米=0.01平方分米=0.0001平方米
		市顷		1市顷=100市亩=16.4666英亩=6.6667公顷
		市亩		1市亩=10市分=60平方丈=6000平方市尺=6.6667公亩=0.1647英亩
		平方市尺		1平方市尺=100平方市寸=0.1111平方米=1.1960平方英尺
		平方英里	$mile^2$	1平方英里=640英亩=2.58998811平方公里
		英亩		1英亩=4840平方码=40.4686公亩=6.0720市亩
		平方码	yd^2	1平方码=9平方英尺=0.8361平方米
		平方英尺	ft^2	1平方英尺=144平方英寸=0.09290304平方米
		平方英寸	in^2	1平方英寸=6.4516平方厘米
		靶恩	b	1靶恩=10^{-28}平方米

附表3　体积

法定计量单位		常见非法定计量单位		换算关系
名　称	符号	名　称	符号	
立方米	m^3	方,公方		1立方米=1方=27立方市尺=35.3147立方英尺=1.3080立方码
立方分米	dm^3			1立方分米=0.001立方米
立方厘米	cm^3			1立方厘米=0.000001立方米
		立方市尺		1立方市尺=1000立方市寸=0.001立方丈=0.0370立方米=1.3078立方英尺
		立方码	yd^3	1立方码=27立方英尺=0.7646立方米
		立方英尺	ft^3	1立方英尺=1728立方英寸=0.028317立方米
		立方英寸	in^3	1立方英寸=16.3871立方厘米

附表4　容积

法定计量单位		常见非法定计量单位		换算关系
名　称	符号	名　称	符号	
升	L(l)	公升,立升		1升=1公升=1立升=1市升
分升	dL,dl			1分升=0.1升=1市合
厘升	cL,cl			1厘升=0. 01升
毫升	mL,ml	西西	c.c,cc	1毫升=0.001升=1西西
		市石		1市石=10市斗=100市升=100升
		加仑(英)	UKgal	1加仑(英)=4夸脱(英)=4.54609升

续附表4

法定计量单位		常见非法定计量单位		换算关系
名称	符号	名称	符号	
		品脱(英)	UKpt	1品脱(英)=4及耳(英)=0.5夸脱(英)=5.6826分升
		品脱(美,液)	(US liq pt)	1品脱(美,液)=0.4732升

注:1901CGPM(Conference Generale des Poids et Mesures 国际度量衡会议[法])定义升为1千克水在标准大气压和最大密度时的容积,即1升(1901)=1.000028 dm^3。目前通用的升等于1 dm^3,1964年CIPM(International Committee for Weights and Measures 国际计量委员会)声明1升=1 dm^3。

附表5 质量

法定计量单位		常见非法定计量单位		换算关系
名称	符号	名称	符号	
吨	t	公吨	T	1吨=1公吨=1000千克=0.9842英吨=1.1023美吨
		公担	q	1公担=100千克=2市担
千克(公斤)	kg		KG,kgs	1千克=1公斤=2市斤=2.2046磅(常衡)
克	g	公分	gm,gr	1克=0.001千克=15.4324格令
分克	dg			1分克=0.0001千克=2市厘
厘克	cg			1厘克=0.00001千克
毫克	mg			1毫克=0.000001千克
		公两		1公两=100克
		市斤		1市斤=10市两=0.5千克=1.1023磅(常衡)
		英吨(长吨)	UKton	1英吨(长吨)=2240磅=1016.047千克
		美吨(短吨)	sh ton USton	1美吨(短吨)=2000磅=907.185千克
		磅	lb	1磅=16盎司=0.4536千克
		盎司	oz	1盎司=16打兰=28.3495克
		打兰	dr	1打兰=27.34375格令=1.7718克
		格令	gr	1格令=1/7000磅=64.79891毫克

附表6 频率

法定计量单位		常见非法定计量单位		换算关系
名称	符号	名称	符号	
赫[兹]	Hz	周	C	1赫=1周
兆赫	MHz	兆周	MC	1兆赫=1兆周
千赫	kHz	千周	KC,kc	1千赫=1千周

附表7 温度

法定计量单位		常见非法定计量单位		换算关系
名称	符号	名称	符号	
开[尔文]	K	开氏度	°K	1开=1开氏度=1绝对度=1摄氏度
摄氏度	℃	度	deg	1deg=1开=1摄氏度
		华氏度	°F	1华氏度=1列氏度=$\frac{5}{9}$开
		列氏度	°R	

附表 8　力、重力

法定计量单位		常见非法定计量单位		换算关系
名　称	符号	名　称	符号	
牛[顿]	N	千克,公斤	kg	
		千克力,公斤力	kgf	1 千克力 = 9.80665 牛
		达　因	dyn	1 达因 = 10^{-6} 牛

附表 9　压力、压强、应力

法定计量单位		常见非法定计量单位		换算关系
名　称	符号	名　称	符号	
帕[斯卡]	Pa	巴	bar,b	1 巴 = 10^3 帕
		毫巴	mbar	1 毫巴 = 10^2 帕
		托	Tor	1 托 = 133.322 帕
		标准大气压	atm	1 标准大气压 = 101.325 千帕
		工程大气压	at	1 工程大气压 = 98.0665 千帕
		毫米汞柱	mmHg	1 毫米汞柱 = 133.322 帕
		毫米水柱	mmH_2O	1 毫米水柱 = 9.80665 帕
				1 兆帕 = 10^6 帕 = 10.19718 kgf/cm^2
			kgf/cm^2	1 kgf/cm^2 = 98.06625 kPa
		lbf/in^2	psi	1 psi = 6.89473 kPa = 0.0703 kgf/cm^2 = 0.06894 bar

附表 10　其他

分　类	法定计量单位		常见非法定计量单位		换算关系
	名　称	符号	名　称	符号	
线密度	特[克斯]	tex	旦[尼尔]	den,denier	1 旦 = 0.111111 特
平面角			弧度	rad	1 弧度 = $\frac{180}{\pi}$°
			度	°	1 度 = 0.0174533 弧度
角速度			弧度/分	rad/min	1 弧度/分 = 0.159155 转/分
			转/分	rev/min	1 转/分 = 6.28319 弧度/分
功、能、热	焦[耳]	J	尔格	erg	1 尔格 = 10^{-7} 焦
			千卡	kcal	1Btu = 0.251996 千卡
功　率	瓦[特]	W	[英制]马力	hp	1 kW = 1.341[英制]马力
					1[英制]马力 = 745.712 瓦
			[米制]马力	ps	1 kW = 1.36[米制]马力
					1[米制]马力 = 735.499 瓦
动　量			千克 米/秒	kg m/s	1 千克 米/秒 = 7.233 磅,英尺/秒 = 86.796 磅,英寸/秒 = 1338.74 盎司 英寸/秒
磁感应强度磁通密度	特[斯拉]	T	高斯	Gs	1 高斯 = 10^{-4} 特
磁场强度	安[培]每米	A/m	奥斯特	Oe	1 奥斯特 = $\frac{1000}{4\pi}$ 安/米

续附表 10

分　类	法定计量单位		常见非法定计量单位		换算关系
	名　称	符号	名　称	符号	
电　感			楞次		1 楞次 = 1 安/米
			国际欧姆	Ωint	1 国际欧姆 = 1.00049 欧姆
物质的量	摩[尔]	mol	克原子，克分子 克当量，克式量		与基本单元粒子形式有关
发光强度	坎[德拉]	cd	烛光，支光，支		1 烛光≈1 坎
光照度	勒[克斯]	lx	辐透	ph	1 辐透 = 10^4 勒
光亮度	坎[德拉]每平方米	cd/m^2	熙提	sb	1 熙提 = 10^4 坎/米^2
放射性活度	贝可[勒尔]	Bq	居里	Ci	1 居里 = 3.7×10^{10} 贝可
吸收剂量	戈[瑞]	Gy	拉德	rad，rd	1 拉德 = 10^{-2} 戈
剂量当量	希[沃特]	Sv	雷姆	rem	1 雷姆 = 10^{-2} 希
照射量	库[仑]每千克	C/kg	伦琴	R	1 伦琴 = 2.58×10^{-4} 库/千克

附录 2　矿物粒度直径换算

矿物的目数，即孔数，为每平方英寸（25.4 mm^2）上的孔数目。目数越大，孔径越小。一般来说，目数 × 孔径（微米数）= 15000。比如，400 目筛网的孔径为 38 μm 左右；500 目筛网的孔径是 30 μm 左右。由于存在开孔率的问题，即编织网用丝粗细的不同，不同国家的标准也不一样，目前存在美国标准、英国标准和日本标准三种，其中英国和美国的相近，日本的差别较大。我国使用的是美国标准，也就是可用上面给出的公式计算。

附表 11　矿物粒度直径换算表

目数/mesh	微米/μm	目数/mesh	微米/μm
2	8000	35	425
3	6700	40	380
4	4750	42	355
5	4000	45	325
6	3350	48	300
7	2800	50	270
8	2360	60	250
10	1700	65	230
12	1400	70	212
14	1180	80	180
16	1000	90	160
18	880	100	150
20	830	115	125
24	700	120	120
28	600	125	115
30	550	130	113
32	500	140	109

续附表 11

目数/mesh	微米/μm	目数/mesh	微米/μm
150	106	325	45
160	96	400	38
170	90	500	25
175	86	600	23
180	80	800	18
200	75	1000	13
230	62	1340	10
240	61	2000	6. 5
250	58	5000	2. 6
270	53	8000	1. 6
300	48	10000	1. 3

附录 3　坡度换算对照

附表 12　坡度换算对照表

Ⅰ:坡度－角度的对照		Ⅱ:角度－坡度对照		Ⅰ:坡度－角度的对照		Ⅱ:角度－坡度对照	
坡度/%	角度	角度	坡度/%	坡度/%	角度	角度	坡度/%
1	0°34′	1	1. 75	16	9°06′	16	28. 67
2	1°09′	2	3. 49	17	9°39′	17	30. 57
3	1°43′	3	5. 24	18	10°13′	18	32. 49
4	2°17′	4	6. 99	19	10°46′	19	34. 43
5	2°52′	5	8. 75	20	11°29′	20	36. 40
6	3°26′	6	10. 51	21	11°52′	21	38. 39
7	4°00′	7	12. 28	22	12°25′	22	40. 40
8	4°35′	8	14. 05	23	12°58′	23	42. 45
9	5°09′	9	15. 84	24	13°30′	24	44. 52
10	5°43′	10	17. 63	25	14°02′	25	46. 63
11	6°17′	11	19. 44	26	14°34′	26	48. 77
12	6°51′	12	21. 26	27	15°07′	27	50. 95
13	7°25′	13	23. 09	28	15°39′	28	53. 17
14	7°58′	14	24. 93	29	16°10′	29	55. 43
15	8°32′	15	26. 79	30	16°42′	30	57. 74

附录 4　货币名称中文对照

附表 13　货币名称中文对照表

国家或地区、实体	货 币 名 称	ISO-4217:2001 代码	缩　写	中 文 名 称
阿富汗	Afghani	AFA	Af	阿富汗尼
阿尔巴尼亚	Lek	ALL	Lek	列克

续附表 13

国家或地区、实体	货币名称	ISO-4217:2001 代码	缩　写	中文名称
阿尔及利亚	Algerian Dinar	DZD	DA	阿尔及利亚第纳尔
美属萨摩亚	US Dollar	USD	$	美元
安道尔[5]	euro Spanish Peseta French Franc Andorran Peseta	EUR ESP FRF ADP	€	欧元 西班牙比塞塔 法国法郎 安道尔比塞塔
安哥拉	Kwanza	AOA		宽扎
安圭拉	East Caribbean Dollar	XCD		东加勒比海元
安提瓜岛和巴布拉岛	East Caribbean Dollar	XCD		东加勒比海元
阿根廷	Argentine Peso	ARS	$a	阿根廷比索
亚美尼亚	Armenian Dram	AMD		亚美尼亚打兰
阿鲁巴	Aruban Guilder	AWG		阿鲁巴盾
澳大利亚	Australian Dollar	AUD	A $	澳大利亚元
奥地利[5]	euro Schilling	EUR ATS	€ Sch.	欧元 先令
阿塞拜疆	Azerbaijanian Manat	AZM		阿塞拜疆马纳特
巴哈马	Bahamian Dollar	BSD		巴哈马元
巴林	Bahraini Dinar	BHD		巴林第纳尔
孟加拉	Taka	BDT		塔卡
巴巴多斯	Barbados Dollar	BBD		巴巴多斯元
白俄罗斯	Belarussian Ruble	BYR		白俄罗斯卢布
比利时[5]	euro Belgian Franc	EUR BEF	€ BF	欧元 比利时法郎
伯利兹	Belize Dollar	BZD		伯利兹元
贝宁	CFA Franc BCEAO[1]	XOF		非洲金融共同体法郎
百慕大	Bermudian Dollar(Bermuda Dollar)	BMD		百慕大元
不丹	Indian Rupee Ngultrum	INR BTN		印度卢比 努尔特鲁姆
玻利维亚	Boliviano	BOB	$b	玻利维亚诺
波斯尼亚、黑塞哥维那	Convertible Marks	BAM		可兑换马克
博茨瓦纳	Pula	BWP		普拉
布维岛	Norwegian Krone	NOK		挪威克朗
巴西	Brazilian Real	BRL	Cr $	巴西克鲁塞罗
布列颠印度洋地区	US Dollar	USD	$	美元
文莱	Brunei Dollar	BND		文莱元
保加利亚	Lev Bulgarian Lev	BGL BGN	Lv	列弗 保加利亚列弗
布基纳法索	CFA Franc BCEAO[1]	XOF		非洲金融共同体法郎
布隆迪	Burundi Franc	BIF	FBu	布隆迪法郎

续附表13

国家或地区、实体	货币名称	ISO-4217:2001代码	缩　写	中文名称
柬埔寨	Riel	KHR		瑞尔
喀麦隆	CFA Franc BEAC②	XAF		中非金融合作法郎
加拿大	Canadian Dollar	CAD	Can. $	加拿大元
佛得角	Cape Verde Escudo	CVE		佛得角埃斯库多
开曼	Cayman Islands Dollar	KYD		开曼群岛元
中非	CFA Franc BEAC②	XAF		中非金融合作法郎
乍得	CFA Franc BEAC②	XAF		中非金融合作法郎
智利	Chilean Peso	CLP	Ch $	智利比索
中国	Yuan Renminbi	CNY	RMB(￥)	人民币元
圣诞岛	Australian Dollar	AUD	A $	澳大利亚元
科科斯(基林)	Australian Dollar	AUD	A $	澳大利亚元
哥伦比亚	Colombian Peso	COP	Col $	哥伦比亚比索
科摩罗	Comoro Franc	KMF		科摩罗法郎
刚果	CFA Franc BEAC②	XAF		中非金融合作法郎
民主刚果	Franc Congolais	CDF		刚果克朗
库克群岛	New Zealand Dollar	NZD		新西兰元
哥斯达黎加	Costa Rican Colon	CRC	¢	哥斯达黎加科郎
科特迪瓦	CFA Franc BCEAO①	XOF		非洲金融共同体法郎
克罗地亚	Croatian Kuna	HRK		克罗地亚库纳
古巴	Cuban Peso	CUP	Cub $	古巴比索
塞浦路斯	Cyprus Pound	CYP	£ C	塞浦路斯镑
捷克	Czech Koruna	CZK	Kcs	捷克克朗
丹麦	Danish Krone	DKK	D. Kr.	丹麦克朗
吉布提	Djibouti Franc	DJF		吉布提法郎
多米尼加	East Caribbean Dollar	XCD		东加勒比海元
多米尼加共和	Dominican Peso	DOP		多米尼加比索
东帝汶	Timor Escudo Rupiah	TPE IDR		帝汶埃斯库多 卢比
厄瓜多尔	US Dollar	USD	$	美元
埃及	Egyptian Pound	EGP	LE	埃及镑
萨尔瓦多	El Salvador Colon	SVC		萨尔瓦多科朗
赤道几内亚	CFA Franc BEAC②	XOF		中非金融合作法郎
厄立特里亚	Nakfa	ERN		纳克法
爱沙尼亚	Kroon	EEK		克鲁恩
埃塞俄比亚	Ethiopian Birr	ETB		比尔
福克兰(马尔维纳斯)群岛	Falkland Islands Pound	FKP		福克兰群岛镑

续附表 13

国家或地区、实体	货币名称	ISO-4217:2001 代码	缩写	中文名称
法罗群岛	Danish Krone	DKK	D. Kr.	丹麦克朗
斐济	Fiji Dollar	FJD		斐济元
芬兰⑤	euro Markka	EUR FIM	€ FMk.	欧元 芬兰马克
法国⑤	euro French Franc	EUR FRF	€ F. F.	欧元 法国法郎
法属圭亚那⑤	euro French Franc	EUR FRF	€ F. F.	欧元 法国法郎
法属玻利尼西亚	CFP Franc	XPF		法属太平洋金融共同体法郎
加蓬	CFA Franc BEAC②	XAF		中非金融合作法郎
冈比亚	Dalasi	GMD	DG	达拉西
格鲁吉亚	Lari	GEL		拉里
德国	euro Deutsche Mark	EUR DEM	€	欧元 德国马克
加纳	Cedi	GHC	¢	塞地
直布罗陀	Gibraltar Pound	GIP		直布罗陀镑
希腊⑤	euro Drachma	EUR GRD	€ Dr	欧元 德拉克马
格陵兰	Danish Krone	DKK	D. Kr.	丹麦克朗
格林纳达	East Caribbean Dollar	XCD		东加勒比海元
瓜德罗普⑤	euro French Franc	EUR FRF	€ F. F.	欧元 法国法郎
关岛	US Dollar	USD	$	美元
危地马拉	Quetzal	GTQ	Q	格查尔
几内亚	Guinea Franc	GNF		几内亚法郎
几内亚比绍	Guinea-Bissau Peso CFA Franc BCEAO①	GWP XOF		几内亚比绍比索 非洲金融共同体法郎
圭亚那	Guyana Dollar	GYD		圭亚那元
海地	Gourde US Dollar	HTG USD	G $	古德 美元
赫德岛和麦当劳群岛	Australian Dollar	AUD	A $	澳大利亚元
罗马教廷(梵蒂冈)⑤	euro Italian Lira	EUR ITL	€	欧元 意大利里拉
洪都拉斯	Lempira	HNL	L	伦皮拉
香港	Hong Kong Dollar	HKD	HK. $	港元
匈牙利	Forint	HUF	Ft	福林
冰岛	Iceland Krona	ISK	I. Kr.	冰岛克朗
印度	Indian Rupee	INR	I. Rs.	印度卢比
印度尼西亚	Rupiah	IDR	Rps	卢比
国际货币基金(IMF)③	SDR	XDR		

续附表13

国家或地区、实体	货币名称	ISO 4217:2001 代码	缩写	中文名称
伊朗	Iranian Rial	IRR	Rls	伊朗里亚尔
伊拉克	Iraqi Dinar	IQD	ID	伊拉克第纳尔
爱尔兰[⑤]	Euro Irish Pound	EUR IEP	€ £ Ir	欧元 爱尔兰镑
以色列	New Israeli Sheqel[④]	ILS		以色列新谢克尔
意大利[⑤]	euro Italian LiraI	euro Italian Lira	€ Lire	欧元 意大利里拉
牙买加	Jamaican Dollar	JMD	J $	牙买加元
日本	Yen	JPY	¥	圆
约旦	Jordanian Dinar	JOD	JD	约旦第纳尔
哈萨克斯坦	Tenge	KZT		腾格
肯尼亚	Kenyan Shilling	KES	K. Sh	肯尼亚先令
基里巴斯	Australian Dollar	AUD	A $	澳大利亚元
朝鲜	North Korean Won	KPW	W	朝鲜圆
韩国	Won	KRW		圆
科威特	Kuwaiti Dinar	KWD	KD	科威特第纳尔
吉尔吉斯斯坦	Som	KGS		索姆
老挝	Kip	LAK	K	基普
拉脱维亚	Latvian Lats	LVL		拉脱维亚拉特
黎巴嫩	Lebanese Pound	LBP	LL	黎巴嫩镑
莱索托	Rand Loti	ZAR Loti		南非兰特 马洛蒂
利比里亚	Liberian Dollar	LRD	L $	利比里亚元
阿拉伯利比亚	Libyan Dinar	LYD	LD	利比亚第纳尔
列支敦士登	Swiss Franc	CHF		瑞士法郎
立陶宛	Lithuanian Litus	LTL		立陶宛立特
卢森堡	euro Luxembourg Franc	EUR LUF	€ LuxF	欧元 卢森堡法郎
澳门	Pataca	MOP	Pat	澳门元
马其顿	Denar	MKD		第纳尔
马达加斯加	Malagasy Franc	MGF	FMG	马尔加什法郎
马拉维	Kwacha	MWK	MK	马拉维克瓦查
马来西亚	Malaysian Ringgit	MYR	M $	马来西亚林吉特
马尔代夫	Rufiyaa	MVR		马尔代夫拉菲亚
马里	CFA Franc BEAC[②]	XOF	MF	中非金融合作法郎
马耳他	Maltese Lira	MTL		马耳他里拉
马歇尔群岛	US Dollar	USD	$	美元
马提尼克[⑤]	euro French Franc	euro French Franc	€ F. F.	欧元 法国法郎

续附表 13

国家或地区、实体	货币名称	ISO-4217:2001 代码	缩写	中文名称
毛里塔尼亚	Ouguiya	MRO	UM	乌吉亚
毛里求斯	Mauritius Rupee	MUR	M. Rs.	毛里求斯卢比
墨西哥	Mexican Peso Mexican Unidad de Inversion	MXN MXV	Mex $	墨西哥比索
密克罗尼西亚	US Dollar	USD	$	美元
摩尔多瓦	Moldovan Leu	MDL		摩尔多瓦列伊
摩纳哥[5]	euro French Franc	euro French Franc	€ F. F.	欧元 法国法郎
蒙古	Tugrik	MNT	Tug	图格里克
蒙特塞拉特岛	East Caribbean Dollar	XCD		东加勒比海元
摩洛哥	Moroccan Dirham	MAD	DH	摩洛哥迪拉姆
莫桑比克	Metical	MZM		梅蒂卡尔
缅甸	Kyat	MMK	K	元
纳米比亚	Rand Namibia Dollar	ZAR NAD		兰特 纳米比亚元
瑙鲁	Australian Dollar	AUD	A $	澳大利亚元
尼泊尔	Nepalese Rupee	NPR	N. Rs.	尼泊尔卢比
荷兰[5]	euro Netherlands Guilder	EUR NLG	€ H. Fl(D. Fl)	欧元 荷兰盾
荷兰安的列斯群岛	Netherlands Antillian Guilder	ANG		荷兰安的列斯盾
新喀里多尼亚	CFP Franc	XPF		法属太平洋金融共同体法郎
新西兰	New Zealand Dollar	NZD	NZ. $	新西兰元
尼加拉瓜	Cordoba Oro	NIO	C $	科多巴
尼日尔	CFA Franc BEAC[2]	XOF		中非金融合作法郎
尼日利亚	Naira	NGN	₦	奈拉
纽埃岛	New Zealand Dollar	NZD	NZ. $	新西兰元
诺福克	Australian Dollar	AUD	A $	澳大利亚元
北部马里亚纳群岛	US Dollar	USD	$	美元
挪威	Norwegian Krone	NOK	N. Kr.	挪威克朗
阿曼	Rial Omani	OMR		阿曼里亚尔
巴基斯坦	Pakistan Rupee	PKR	P. Rs.	巴基斯坦卢比
帕劳群岛	US Dollar	USD	$	美元
巴拿马	Balboa US Dollar	PAB USD	B	巴波亚 美元
巴布亚新几内亚	Kina	PGK		基那
巴拉圭	Guarani	PYG	₲	瓜拉尼
秘鲁	Nuevo Sol	PEN	S/	新索尔

续附表 13

国家或地区、实体	货币名称	ISO-4217:2001 代码	缩写	中文名称
菲律宾	Philippine Peso	PHP	₱	菲律宾比索
皮特克恩	New Zealand Dollar	NZD	NZ. $	新西兰元
波兰	Zloty	PLN	Zl	兹罗提
葡萄牙	euro Portuguese Escudo	EUR PTE	€ Esc	欧元 葡萄牙埃斯库多
波多黎各	US Dollar	USD	$	美元
卡塔尔	Qatari Rial	QAR		卡塔尔里亚尔
留尼旺岛	euro French Franc	euro French Franc	€ F. F.	欧元 法国法郎
罗马尼亚	Leu	ROL	ROL (L)	列伊
俄罗斯联邦	Russian Ruble Russian Ruble	RUR RUB		俄罗斯卢布
卢旺达	Rwanda Franc	RWF	RF	卢旺达法郎
圣赫勒拿岛	Saint Helena Pound	SHP		圣赫勒拿岛镑
圣基茨和尼维斯	East Caribbean Dollar	XCD		东加勒比海元
圣卢西亚	East Caribbean Dollar	XCD		东加勒比海元
圣皮埃尔和密克隆⑤	euro French Franc	EUR French Franc	€ F. F.	欧元 法国法郎
圣文森特和格林纳丁斯	East Caribbean Dollar	XCD		东加勒比海元
萨摩亚群岛	Tala	WST		他拉
圣马力诺⑤	euro Italian Lira	EUR ITL	€	欧元 意大利里拉
圣多美和普林西比	Dobra	STD		多布拉
沙特阿拉伯	Saudi Riyal	SAR	SRls	沙特里亚尔
塞内加尔	CFA Franc BEAC②	XOF		中非金融合作法郎
塞舌尔	Seychelles Rupee	SCR		塞舌尔卢比
塞拉利昂	Leone	SLL	Le	利昂
新加坡	Singapore Dollar	SGD	S $	新加坡元
斯洛伐克	Slovak Koruna	SKK		斯洛伐克克朗
斯洛文尼亚	Tolar	SIT		托拉捷夫
所罗门	Solomon Islands Dollar	SBD		所罗门半岛元
索马里	Somali Shilling	SOS	SOS (S. sh)	索马里先令
南非	Rand	ZAR		兰特
西班牙	euro Spanish Peseta	EUR ESP	€ Ptas	欧元 西班牙比塞塔
斯里兰卡	Sri Lanka Rupee	LKR	S. Rs	斯里兰卡卢比
苏丹	Sudanese Dinar	SDD(2006 年将第纳尔改为镑)	£S	苏丹镑
苏里南	Suriname Guilder	SRG		苏里南盾

续附表 13

国家或地区、实体	货币名称	ISO-4217:2001 代码	缩　写	中文名称
斯瓦尔巴群岛和扬马延岛	Norwegian Krone	NOK		挪威克朗
斯威士兰	Lilangeni	SZL		里兰吉尼
瑞典	Swedish Krona	SEK	S. kr.	瑞典克朗
瑞士	Swiss Franc	CHF	S. F(S. Fr)	瑞士法郎
叙利亚	Syrian Pound	SYP	LS	叙利亚镑
中国台湾	New Taiwan Dollar	TWD		新台币
塔吉克斯坦	Somoni	TJS		索莫尼
坦桑尼亚	Tanzanian Shilling	TZS	T. Sh	坦桑尼亚先令
泰国	Baht	THB	B	铢
多哥	CFA Franc BCEAO①	XOF		非洲金融共同体法郎
托克劳群岛	New Zealand Dollar	NZD	NZ. $	新西兰元
汤加	Pa'anga	TOP		帕安卡
特立尼达和多巴哥	Trinidad and Tobago Dollar	TTD	TT $	特立尼达和多巴哥元
突尼斯	Tunisian Dinar	TND	D	突尼斯第纳尔
土耳其	Turkish Lira	TRL	LT	土耳其里拉
土库曼斯坦	Manat	TMM		马纳特
特克斯和凯科斯群岛	US Dollar	USD	$	美元
图瓦卢	Australian Dollar	AUD	A $	澳大利亚元
乌干达	Uganda Shilling	UGX	U. Sh	乌干达先令
乌克兰	Hryvnia	UAH		格里夫纳
阿联酋	UAE Dirham	AED		阿联酋迪拉姆
英国	Pound Sterling	GBP	£(Stg)	英镑
美国	U. S. Dollar	USD	(U. S.)$	美元
美国本土外小岛屿	US Dollar	USD	$	美元
乌拉圭	Peso Uruguayo	UYU	Ur $	乌拉圭比索
乌兹别克斯坦	Uzbekistan Sum	UZS		乌兹别克斯坦苏姆
瓦努阿图	Vatu	VUV		瓦图
委内瑞拉	Bolivar	VEB	$b	博利瓦
越南	Dong	VND	D	盾
维尔京群岛(英属,美属)	US Dollar	USD	$	美元
瓦利斯和富图纳	CFP Franc	XPF		法属太平洋金融共同体法郎
西撒哈拉	Moroccan Dirham	MAD		摩洛哥迪拉姆
也门	Yemeni Rial	YER	YD	也门第纳尔
南斯拉夫	Yugoslavian Dinar	YUM	Din	南斯拉夫第纳尔
赞比亚	Kwacha	ZMK	K	克瓦查

续附表13

国家或地区、实体	货币名称	ISO-4217:2001代码	缩　写	中文名称
津巴布韦	Zimbabwe Dollar	ZWD		津巴布韦元
	euro	EUR	€	欧元(欧洲货币联盟(EMU)国家单一货币)

① CFA Franc BCEAO; Responsible authority: Banque Centrale des États de l'Afrique de l'Ouest. 非洲金融共同体法郎，西非货币联盟；

② CFA Franc BEAC; Responsible authority: Banque des États de l'Afrique Centrale. 中非金融合作法郎；

③ 该条目非ISO3166内容，但为方便起见，按字母顺序排列包含在表中；

④ 1985年9月4日货币名称1985年9月4日生效；

⑤ 以下给出欧元转换时间表：

EUR:1999年1月1日起用于文件(希腊为2001年1月1日)，自2002年1月1日起用于现金兑换；

ATS、BEF和FIM:2001年12月31日后终止在文件中使用，2002年2月28日后终止现金作为法定货币；

FRF:2001年12月31日后终止在文件中使用，2002年2月17日后终止现金作为法定货币；

DEM:2001年12月31日后终止在文件中使用，终止现金作为法定货币。然而，根据1998年10月22日专业协会的联合声明，商业部门至少在2002年2月28日前接受国家货币单位；

GRD、ITL、LUF、PTE、ESP:2001年12月31日后终止在文件中使用，2002年2月28日后终止现金作为法定货币；

IEP:2001年12月31日后终止在文件中使用，2002年2月9日后终止现金作为法定货币；

NLG:2001年12月31日后终止在文件中使用，2002年1月28日后终止现金作为法定货币。